Tabelle physikalischer Konstanten

Größe	Symbol	Wert	Einheiten	
			SI	CGS
Lichtgeschwindigkeit	c	2,997925	10^{8} m s^{-1}	10^{10} cm s^{-1}
Ladung des Protons	e	1,60219	10^{-19} C	—
		4,80325	—	10^{-10} esu
Plancksches Wirkungsquantum	h	6,62620	10^{-34} J s	10^{-27} erg s
	$\hbar = h/2\pi$	1,05459	10^{-34} J s	10^{-27} erg s
Avogadrosche Zahl	N	$6{,}02217 \times 10^{23}$ Mol^{-1}	—	—
Atomare Masseneinheit	AME	1,66053	10^{-27} kg	10^{-24} g
Ruhmasse des Elektrons	m	9,10956	10^{-31} kg	10^{-28} g
Ruhmasse des Protons	M_p	1,67261	10^{-27} kg	10^{-24} g
Masse des Protons/ Masse des Elektrons	M_p/m	1836,11	—	—
Reziproke Feinstruktur-konstante	a^{-1}	137,036	—	—
Klassischer Elektronen-radius	r_0	2,81794	10^{-15} m	10^{-13} cm
Comptonwellenlänge des Elektrons	$\lambda\!\!\!^{-}_e$	3,86159	10^{-13} m	10^{-11} cm
Bohrscher Radius	a_H	5,29177	10^{-11} m	10^{-9} cm
Bohrsches Magneton	μ_B	9,27410	10^{-24} J T^{-1}	10^{-21} erg G^{-1}
1 Elektronenvolt	eV	1,60219	10^{-19} J	10^{-12} erg
		$2{,}41797 \times 10^{14}$ Hz	—	—
		8,06546	10^{5} m^{-1}	10^{3} cm^{-1}
		$1{,}16048 \times 10^{4}$ K	—	—
Rydbergkonstante	R_∞	2,17991	10^{-18} J	10^{-11} erg
		13,6058 eV		
Boltzmannkonstante	k_B	1,38062	10^{-23} J grd^{-1}	10^{-16} erg grd^{-1}
Influenzkonstante	ϵ_0	—	$10^{7}/4\pi c^{2}$	1
Induktionskonstante	μ_0	—	$4\pi \times 10^{-7}$	1

Quelle: B.N. Taylor, W.H. Parker und D.N. Langenberg, Rev. Mod. Phys. **41**, 375 (1969).

Charles Kittel

Festkörperphysik

Einführung in die Festkörperphysik

von Charles Kittel

Professor of Physics at the University of California, Berkeley
Member of the U. S. National Academy of Sciences

Mit 519 Bildern und 59 Tabellen
4. verbesserte Auflage 1976

R. Oldenbourg Verlag München Wien

Autorisierte Übersetzung der englischsprachigen Originalausgabe, erschienen im Verlag John Wiley & Sons, Inc., New York, unter dem Titel: „*Introduction to Solid State Physics, 4th Edition*".

Übersetzer:

1. und 2. Auflage Dipl.-Ing. *Ferdinand Baasel*
Dipl.-Phys. *Fritz Teufel*
3. Auflage Dipl.-Phys. *Hans-Jürgen Coufal*
Dipl.-Phys. *Rolf Schumacher*
Dipl.-Phys. *Hubert Wegener*

Durchsicht der 4. Auflage: *Rudolf Oldenbourg*

CIP-Kurztitelaufnahme der Deutschen Bibliothek

Kittel, Charles
Einführung in die Festkörperphysik. – 4., verb. Aufl. – München, Wien : Oldenbourg, 1976.
Einheitssacht.: Introduction to solid state physics ⟨dt.⟩.
ISBN 3-486-32764-X

4. Auflage 1976

Druck: Esta-Druck, München
Bindearbeiten: R. Oldenbourg Graph. Betriebe GmbH, München

ISBN 3-486-32764-X

Inhalt

Verzeichnis wichtiger Tabellen

Vorwort zur dritten und vierten Auflage

Das vorliegende Buch bringt eine elementare Darstellung der wichtigsten Erscheinungen aus der Festkörperphysik. Es ist gedacht als Lehrbuch für fortgeschrittene Studenten der Naturwissenschaften und des Ingenieurwesens. Vorausgesetzt werden Kenntnisse im Umfang einer Atomphysik-Vorlesung.

Die Festkörperphysik befaßt sich mit den besonderen Eigenschaften, die Atome und Moleküle im Verband und der regelmäßigen periodischen Ordnung des Kristalls aufweisen. Diese Eigenschaften können mit Hilfe einfacher Modelle des Festkörpers erklärt werden. Die realen Festkörper sind zwar komplizierter, trotzdem läßt sich die Leistungsfähigkeit und die Nützlichkeit solcher einfachen Modelle kaum überschätzen.

Die dritte Auflage wurde etwa zur Hälfte neu geschrieben, hundertvierzig neue Abbildungen wurden hinzugefügt. Die wichtigsten Veränderungen sind:

1. Das Internationale Einheitensystem [International System of Units (SI)] wird parallel zum Gaußschen CGS-System benutzt; der eigentliche Text ursprünglich im CGS-System abgefaßt, ist weitgehend "zweisprachig" in beiden Systemen. Die Einschränkungen werden weiter unten diskutiert. Das internationale Einheitensystem ist im wesentlichen dasselbe wie das MKSA-System.

2. Neue Gebiete, einige nur kurz oder in Aufgaben diskutiert, werden behandelt wie Festkörper-Laser, Josephson-Kontakte, Flußquantisierung, der Mott-Übergang, die Fermi-Flüssigkeit, Zener-Tunneln, der Kondo-Effekt, Helikons und Anwendungen der magnetischen Resonanz. Die dielektrische Funktion wird eingeführt als vereinigendes Thema,um die Behandlung der Ausbreitung elektromagnetischer Wellen, optischer Schwingungen, Plasmonen, Abschirmung und Polaritonen zu vereinheitlichen.

3. Die Kapitel über Kristallbeugung, Energiebänder, Supraleitung und magnetische Resonanz wurden weitgehend neu geschrieben. Ständiges Bemühen wurde auf einen klaren, verständlichen und mit vielen Abbildungen versehenen Text gerichtet, der den Bedürfnissen des Studenten entgegenkommt. Ich habe mich bemüht, die Anregung von studentischer Seite zu berücksichtigen.

4. Die Tabellen der Festkörperdaten wurden beträchtlich erweitert und überarbeitet. Vierzig Tabellen, die ein weites Feld der Anwendung finden, sind im Inhaltsverzeichnis separat aufgeführt. Fast jede wichtige Gleichung ist sowohl in SI- als auch in CGS-Einheiten angeführt, sofern Unterschiede auftreten. Von dieser Regel weichen die Bildunterschriften, der Anhang, die Kapitelzusammenfassungen und jeder lange Textabschnitt ab, wo einzelne Substitutionen (1 statt c oder $1/4\pi\epsilon_0$ statt 1) den Übergang von CGS- zu SI-Einheiten erleichtern. Tabellen werden in herkömmlichen Einheiten angegeben. Die Seiten mit der Inhaltsübersicht über einzelne Kapitel enthalten Bemerkungen, die den parallelen Gebrauch einfach und natürlich als Erleichterung gestatten. Aufgaben können in jedem beliebigen System gelöst werden, dies bleibt ganz dem Leser oder dem Lehrer überlassen. Ich habe einige historische Elemente hinzugefügt, weil die Festkörperphysik die direkteste und erfolgreichste Anwendung der Quantentheorie auf die natürliche Welt um uns herum darstellt. Doch sollte man sich der fragmentarischen Dokumente bewußt sein; ich mußte oft an die Zeilen von Jorge Luis Borges denken: "Was gut ist, gehört einem selbst nicht mehr, sondern der Sprache und der Überlieferung".

Die Reihenfolge der Kapitel ermöglicht es auch, den für eine einsemestrige Vorlesung geeigneten Stoff leicht auszuwählen. Dazu könnte das meiste aus den Kapiteln 1 bis 11 gehören, ergänzt durch Gebiete aus späteren Kapiteln und aus anderen Quellen. Man sollte die Auswahl der Themen der späteren Kapitel nicht als einen Versuch ansehen, die Bedeutung der Gebiete, die gegenwärtig aktuell sind, zu werten. Ein einzelnes Buch kann nicht die Bandbreite der aktuellen kreativen Aktivitäten anbieten.

Für Themen, die in diesem Buch nicht behandelt sind, und für ausführliche Bibliographien seien die Artikel in der ausgezeichneten Reihe von Seitz-Turnbull empfohlen. In der Literatur gibt es vielleicht zehntausend Veröffentlichungen sehr guter Qualität, die zu zitieren nützlich wäre. Ich habe versucht, daraus eine kleine Auswahl zu treffen, mit Bevorzugung der englischsprachigen.

Die Übersetzungen früherer Auflagen dieses Buches ins Französische, Deutsche, Spanische, Japanische, Russische, Polnische, Ungarische und Arabische geben oft weitere Literaturhinweise in diesen Sprachen.

Die Anmerkung (18) bezieht sich auf die Gleichungsnummer 18 des laufenden Kapitels, (3.18) jedoch bezieht sich auf die Gleichung 18 von Kapitel 3. Auf Bilder wird in gleicher Weise Bezug genommen.

Das Zeichen e bedeutet die Ladung des Protons: $e = +4{,}80 \cdot 10^{-10}$ esE (elektrostatische CGS-Einheiten). Das "Dach" über dem $\hat{\mathbf{k}}$ bezeichnet einen Einheitsvektor.

Aufgaben mit besonderer Länge oder Schwierigkeit sind durch einen Stern gekennzeichnet.

Die Vorbereitung dieser Auflage wurde ermöglicht durch die Mitarbeit vieler Kollegen und Freunde. Einige ihrer Beiträge möchte ich erwähnen; aus Platzgründen können es leider nicht alle sein. Neuerdings möchte ich besonders danken T. Nagamiya, V. Heine, D. F. Holcomb, C. H. Townes, A. R. Verma, U. Essmann, H. Träuble, P. W. Montgomery, K. Gschneidner, jr., H. P. R. Frederikse, W. Känzig, F. A. E. Engel, C. Quate, C. Y. Fong, P. G. Angott, G. Thomas, R. W. De Blois, H. E. Stanley, S. Geller, R. Cahn, R. Gray, P. Richards und L. Falicov. Teile des Manuskripts wurden von W. L. McLean und Margaret Geller durchgesehen, das ganze Manuskript von Robert Kleinberg. Ich bin nicht sicher, ob Mrs. Madeline Moore diese Auflage hätte ohne mich schreiben können, doch ich hätte es sicher nicht ohne sie gekonnt. Robert Goff ist verantwortlich für das wirkungsvolle und attraktive Design dieses Buches. Donald Denek und Gerhard Brahms danke ich für gute Zusammenarbeit und Ratschläge. Im Vorwort zur dritten Auflage standen folgende Dankesworte: "Das ganze Manuskript wurde stark durch eingehende Kritik von Marvin L. Cohen und Michael Millmann beeinflußt; ihnen bin ich zu großem Dank verpflichtet. Ching Yao Fong und Joseph Ryus lasen freundlicherweise die verschiedenen Entwürfe, Leonhard Sander prüfte die Aufgaben nach. Einzelne Kapitel wurden von Adolf Pabst, Charles S. Smith, David Templeton, Raymond Bowers, Sidney Abrahams, Earl Parker, G. Thomas und M. Tinkham durchgesehen. Eine umfassende Auswahl von Ergebnissen der Neutronenbeugung wurde von Walter Marshall vorbereitet. Adolf Pabst, P. P. Ewald, Elizabeth Huff, Muriel Kittel, Georgianne Titus und der Physik-Bibliothekar der Ecole Normale Supérieure unterstützten die Vorbereitung der historischen Einleitung.

Für die sachkundige Beratung bei der Auswahl der experimentellen Werte für die Tabellen danke ich Leo Brewer, R. M. Bozorth, Norman Phillips, Bernd Matthias, Vera Compton, M. Tinkham, Charles S. Smith, E. Burstein, F. P. Jona und S. Strässler.

Die Abbildungen stammen in ihrer endgültigen Form von Felix Cooper, bei ihrer Vorbereitung hat Ellis Myers geholfen. Die Herkunft der einzelnen Photographien und Zeichnungen ist jeweils angegeben; eine außerordentliche Hilfe bei ihrer Zusammenstellung waren Robert van Nordstrand, T. Geballe, W. Parrish, Betsy Burleson, I. M. Templeton und G. Thomas; ebenso H. McSkimin, H. J. Williams, R. W. De Blois, E. L. Hahn, A. von Hippel, B. N. Brockhouse, R. C. Miller, R. C. Le Craw, E. W. Müller, P. R. Swann, G. E. Bacon, G. M. Gordon und Alan Holden".

Berkeley, Kalifornien C. Kittel

Hinweise für den Leser

Die Kapitel 1 und 2 über Strukturanalyse sind grundlegend. Jede in Kapitel 2 entwickelte Vorstellung wird in den Kapiteln über Energiebänder und Halbleiter dringend benötigt; dies gilt besonders vom reziproken Gitter und den Brillouin-Zonen. Die in Anhang A entwickelte allgemeine Methode für die Röntgenbeugung ist in Kapitel 9 als Grundlage der Bändertheorie für Elektronen wiederholt. Kapitel 4 kann beim ersten Lesen überschlagen werden. Die Kapitel 5 und 6 befassen sich mit Geschwindigkeit, Quantisierung und Wechselwirkung von elastischen Wellen in Kristallen; zu ihren im späteren verwendeten Begriffen gehören die Abzählung der Zustände in einer Brillouin-Zone und die Zahl der Zustände pro Energieintervall Eins. Die Kapitel 7, 8, 9 und 10 sind den Elektronen in Metallen gewidmet. Die Kapitel 9 und 10 über Energiebänder sind die wichtigsten Einzelkapitel des Buches; die bei der Ableitung verfolgte Linie ist für ein Lehrbuch etwas neu, sie entspricht jedoch dem Denken in der gegenwärtigen Forschung auf diesem Gebiet. Der Beweis des Bloch-Theorems ist für das Verständnis dieser Kapitel entscheidend. Die Diskussion der Eigenschaften von Defektelektronen wird als Vorbereitung für Kapitel 11 über Halbleiter besonders sorgfältig geführt.

Kapitel 12 über die Supraleitung bringt die wesentlichen experimentellen Tatsachen unter dem Gesichtspunkt der BCS-Theorie, eine vernünftige Ableitung der Theorie ist auf diesem Niveau jedoch unmöglich; in dieser Frage kann die Quantentheorie der Festkörper des Autors herangezogen werden (zitiert mit QTF) oder das Buch von Ziman. Die Kapitel 13 und 17 beschreiben die dielektrischen und magnetischen Eigenschaften von Festkörpern. Kapitel 18 behandelt Exitonen und optische Eigenschaften und eine Diskussion der Festkörper-Laser. Die beiden abschließenden Kapitel (19, 20) befassen sich hauptsächlich mit Kristallfehlern; sie können zu jeder beliebigen Zeit gelesen werden.

An instructor's manual is available to instructors who have adopted the text for classroom use. Requests may be directed to
R. Oldenbourg Verlag, Lektorat, 8 München 80, Rosenheimer Straße 145.

Allgemeine Literaturhinweise

Atomphysik

Max Born, Atomic physics, Hafner, New York, 7. Aufl. 1962

R.L. Sproull, Modern physics, Wiley, 2. Aufl. 1963

Grundlagen der statistischen Physik

C. Kittel, Physik der Wärme, R. Oldenbourg, J. Wiley, 1972

Kristallographie

F.C. Phillips, An introduction to crystallography, Wiley, 3. Aufl. 1963

J.F. Nye, Physical properties of crystals: their representation by tensors and matrices, Oxford, 1957

Aufgabensammlung

H.J. Goldsmid, ed., Problems in solid state physics, Academic Press, 1968

Fortgeschrittene Reihen

F. Seitz und D. Turnbull, Solid state physics, advances in research and applications, Academic Press. Hier mit Solid state physics zitiert.

Fortgeschrittene Texte

R.E. Peierls, Quantum theory of solids, Oxford, 1955

C. Kittel, Quantentheorie der Festkörper, R. Oldenbourg, 1970. Hier zitiert als QTF.

J.M. Ziman, Principles of the theory of solids, Cambridge, 1964

Tabellenwerk

American Institute of Physics Handbook, McGraw-Hill, 3. Auflage 1971

Zum Gebrauch der Literatur

Der Zugang zu den Originalarbeiten früherer Forschungsgenerationen auf diesem Gebiet bietet sich am bequemsten über die großen wissenschaftlich-biographischen Reihen an, die als Poggendorf-Reihen bekannt sind. Dies bezieht sich auf die letzten 100 Jahre oder mehr. Die wertvollste Hilfe moderner Bibliographie stellt der Scientific citation index dar. Literaturhinweise über Daten spezifischer Materialien findet man in den Formelregistern zu Chemical abstracts und den Sachverzeichnissen von Physics abstracts und Solid state abstracts. Die Übersichtsartikel in Reports on progress in physics, Critical reviews in solid state sciences, Solid state physics (siehe oben), Springer tracts in modern physics, Reviews of modern Physics, Soviet Physics (Uspekhi), Comments in Solid State Physics und Advances in Physics enthalten oft gute Bibliographien.

1. Die Struktur der Kristalle

Hinweis: 1 Å = 1 Angström = 10^{-8} cm = 10^{-10} m.
Kristallgitterparameter werden manchmal in kx-Einheiten angegeben:
1,00208 kxE = 1 Å

Die Erforschung der physikalischen Eigenschaften des festen Aggregatzustandes - als Teilgebiet der Atomphysik betrachtet - setzte in den ersten Jahren unseres Jahrhunderts ein. Heute bedeutet Festkörperphysik die Physik der Kristalle und die der Elektronen in Kristallen. Noch vor einem Jahrhundert beschränkte sich die Erforschung der Kristalle auf ihre äußere Form und auf die Symmetrieeigenschaften der verschiedenen Koeffizienten, die die physikalischen Eigentümlichkeiten der Kristalle ausmachen. Erst nach 1910 beschäftigten sich die Physiker eingehend mit atomaren Kristallmodellen. Diese Entwicklung folgte der Entdeckung der Röntgenbeugung an Kristallen und der Veröffentlichung einer ganzen Reihe einfacher und erfolgreicher Berechnungen und Vorhersagen von Eigenschaften kristalliner Körper.

Viele kristalline Minerale und Edelsteine - besonders Quarz - sind seit Jahrtausenden bekannt und immer wieder beschrieben worden. Eine der ersten Zeichnungen eines Kristalls ist in einem chinesischen Arzneibuch des 11. Jahrhunderts nach Christus zu finden. Quarzkristalle aus Kronen werden seit 768 n. Chr. im Shōsōin, dem Lagerhaus japanischer Kaiser in Nara aufbewahrt. Unter "Christall" verstand man bis ins Spätmittelalter nur Quarz, erst später erhielt das Wort eine allgemeinere Bedeutung.

Die Regelmäßigkeit des Aussehens und der äußeren Form der aus natürlichen Vorkommen stammenden (Bild 1) wie der im Labor gewachsenen Kristalle hat die Betrachter seit dem 17. Jahrhundert immer wieder zu der Überzeugung gebracht, daß Kristalle durch eine regelmäßige Wiederholung gleicher Bausteine entstehen (Bild 2). Wenn ein Kristall unter konstanten Umgebungsverhältnissen wächst, ändert sich seine Form wäh-

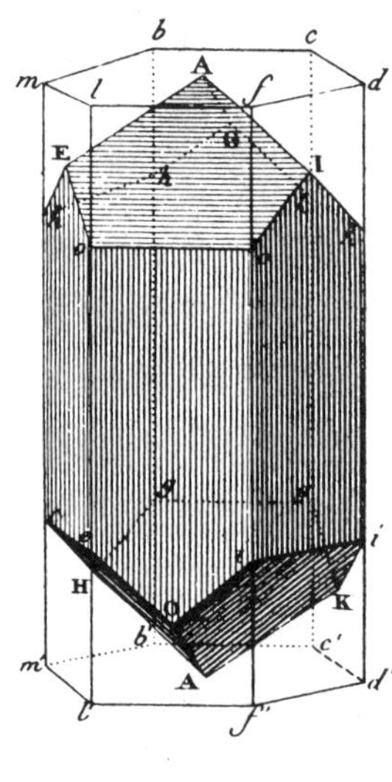

Bild 1:
Skizze eines Kristalls, aus einer frühen Abhandlung über Mineralogie (Haüy).

(a)

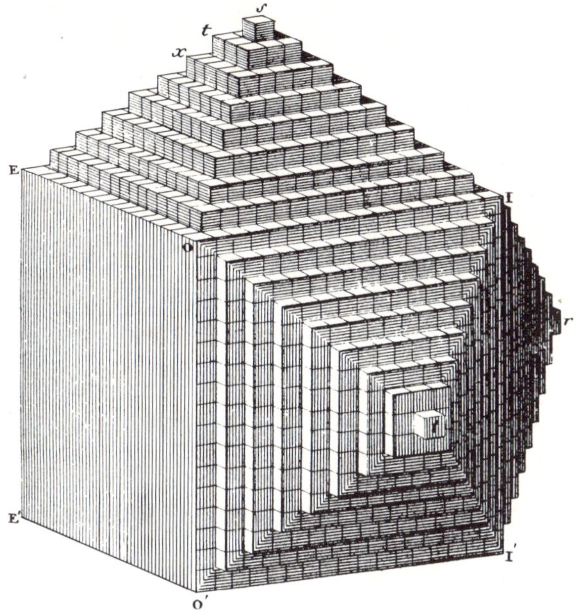

(b)

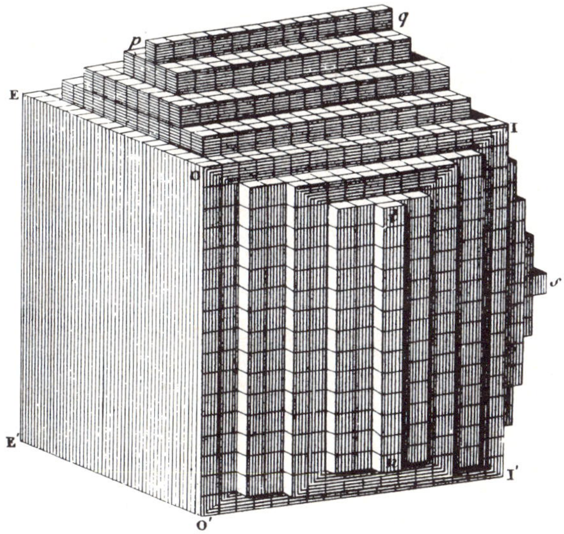

Bild 2:
Zusammenhang zwischen der äußeren Form von Kristallen und der Form der Elementarbausteine. Die Elementarbausteine in (a) und (b) sind identisch, jedoch haben sich unterschiedliche Kristalloberflächen gebildet (Haüy, Traité de cristallographie, 1822).

rend des Wachstums nicht, als ob ihm identische Bausteine kontinuierlich hinzugefügt würden. Heute weiß man, diese Elementarbausteine sind Atome oder Atomgruppen: Kristalle sind dreidimensional periodische Anordnungen von Atomen.

Im 18. Jahrhundert machten Mineralogen die wichtige Entdeckung, daß die Indexzahlen (nach einem bestimmten Indexschema, das später be-

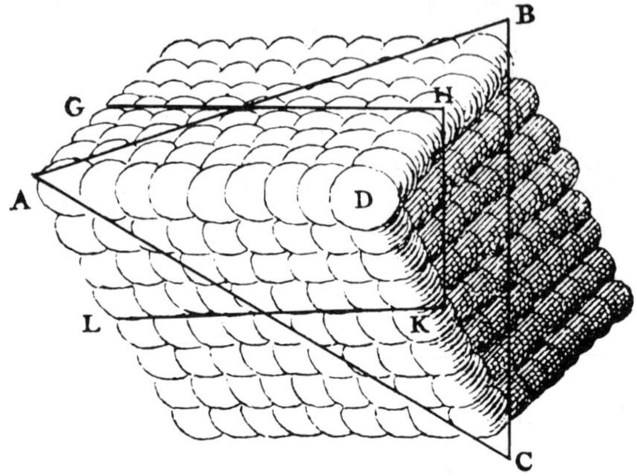

Bild 3:
Modell des Kalkspats ($CaCO_3$), aus C. Huygens, Traité de la lumière, 1690.

schrieben werden soll) der Richtungen aller Flächen eines Kristalles genau ganze Zahlen sind. Haüy [1]) zeigte, daß die Anordnung von identischen Teilchen in einer dreidimensional periodischen Ordnung dieses Gesetz der rationalen Indizes erklären könnte. A. L. Seeber [2]) aus Freiburg schlug 1824 vor, die Elementarbausteine der Kristalle als kleine Kugeln zu betrachten. Davon ausgehend stellte er auf empirischer Grundlage ein Gesetz für die interatomaren Kräfte mit anziehenden und abstoßenden Bereichen auf, wie es erforderlich ist, um eine Gitterordnung als das stabile Gleichgewicht eines Systems identischer Atome zu erhalten.

Das wahrscheinlich wichtigste Datum in der Geschichte der Festkörperphysik ist der 8. Juni 1912. An diesem Tage wurde der Bayerischen Akademie der Wissenschaften eine Arbeit [3]) mit dem Titel "Interferenz-Er-

---

1) R. J. Haüy, Essai d'une théorie sur la structure des cristaux, Paris, 1784, Traité de cristallographie, Paris, 1801.

2) A. L. Seeber, "Versuch einer Erklärung des inneren Baues der festen Körper" in: Annalen der Physik (Gilbert) **76**, 229 - 248, 349 - 372 (1824).

3) W. Friedrich, W. P. Knipping und M. v. Laue, "Interferenzerscheinungen bei Röntgenstrahlen", in: Sitzungsberichte der Bayerischen Akademie der Wissenschaften, Math.-Phys. Klasse, 303-322, 1912.

Diese Veröffentlichung ist zusammen mit einigen anderen Beiträgen von Wissenschaftlern aus der Gruppe um Laue mit wertvollen Anmerkungen im Band 207 von "Ostwalds Klassiker der exakten Naturwissenschaften" wiedergegeben (Akad. Verlag, Leipzig, 1923); die historischen Auszüge aus der Rede von Laues anläßlich der Verleihung des Nobelpreises sind von besonderer Bedeutung. Eine Sammlung von Originalarbeiten aus den ersten Jahren der Erforschung der Röntgenbeugung findet man in dem Buch Fifty Years of x-ray diffraction, Herausgeber: P. P. Ewald, A. Oosthoeks Uitgeversmij, Utrecht, 1962. Sehr scharfsinnige Vorhersagen über die Struktur einer Anzahl von Kristallen sind schon viel früher von B. Barlow, Nature **29**, 186, 205, 404, 1883 veröffentlicht worden. Seine Argumente beruhen auf Symmetrieeigenschaften und Packungsmöglichkeiten (dem Ausfüllen des Raumes).

scheinungen bei Röntgenstrahlen" vorgelegt. Im ersten Teil dieser wissenschaftlichen Arbeit entwickelt Laue eine elementare Theorie der Beugung von Röntgenstrahlen an einer periodischen Anordnung von Atomen. Im zweiten Teil berichten Friedrich und Knipping über die erste experimentell beobachtete Beugung von Röntgenstrahlen an Kristallen.

Diese Veröffentlichung bewies, daß Röntgenstrahlen Wellen sind, weil sie gebeugt werden können, und darüber hinaus, daß Kristalle aus einer periodischen Anordnung von Atomen zusammengesetzt sind. Dieser experimentelle Beweis kennzeichnet den Beginn der modernen Festkörperphysik. Mit einem solchermaßen gewonnenen atomaren Kristallmodell konnten die Physiker von nun an weiterdenken oder -rechnen. Wichtige Pionierarbeit auf dem Gebiet der Festkörperphysik wurde darum in den unmittelbar folgenden Jahren geleistet.

Als erster berichtete W. L. Bragg 1913 über die Bestimmung von Kristallstrukturen durch Analyse der Röntgenbeugung: die Strukturen von KCl, NaCl, KBr und KJ wurden von ihm angegeben [Proc. Roy. Soc. (London) A **89**, 248, (1913)].

Periodische Anordnung von Atomen

Zur Beschreibung von Kristallstrukturen hat sich eine eigene Symbolsprache entwickelt. Wer diese Sprache der Kristallographie beherrscht, kann einen Kristall aus wenigen gegebenen Kennzeichen rekonstruieren. Wir geben hier einige grundlegende Ideen dieser Sprache wieder. Sie reichen aus, um die Geometrie einfacher Kristallstrukturen zu beschreiben.

Ein Idealkristall baut sich durch die unendliche, regelmäßige Wiederholung identischer Struktureinheiten im dreidimensionalen Raum auf. In den

Ein Oktaeder aus Flußspat (CaF_2). (Foto: Optovac.)

Ein Steinsalzkristall wird gespalten. (Foto: Optovac.)

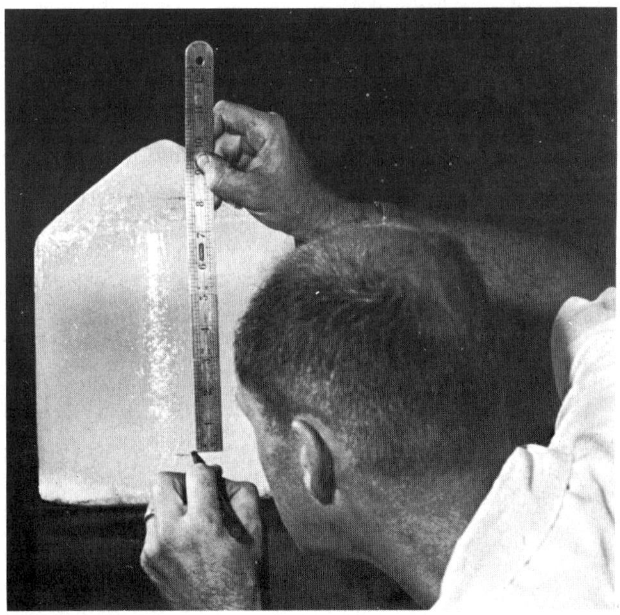

Großer Einkristall aus Natriumjodid, dotiert mit Thallium für den Einsatz als Gammastrahlendetektor. (Foto: Crystal Division, Isotopes, Inc.)

einfachsten Kristallen wie z. B. Kupfer, Gold und Alkalimetalle, enthält die Struktureinheit ein einziges Atom. Im allgemeinen enthält die Struktureinheit mehrere Atome oder Moleküle, in anorganischen Kristallen[4])

[4]) Die intermetallische Verbindung $NaCd_2$ hat eine kubische Grundzelle mit 1192 Atomen als kleinste Struktureinheit. Vgl. S. Samson, Nature **195**, 259 (1962).

Cäsiumjodid-Einkristall, der aus einem Kyropoulos-Czolchralski-Ofen gezogen wird. Der 60 Pfund schwere Kristall hängt an dem kleinen Keimkristall. Die Halterung über dem Ofen ist automatisch gesteuert. Um ein gleichmäßiges Wachstum zu gewährleisten, wird der Kristall kontinuierlich gedreht und ganz langsam mit einer Geschwindigkeit von ungefähr 2, 5 cm pro Tag aus der Schmelze gezogen. (Foto: Crystal Division, Isotopes, Inc.)

bis zu ungefähr hundert, in Protein-Kristallen bis zu 10^4. Ein Kristall kann aus mehr als einem chemischen Element zusammengesetzt sein (wie NaCl), oder er kann miteinander verbundene Gruppen identischer Atome enthalten (wie H_2). Man beschreibt die Struktur von Kristallen durch die Angabe eines einzigen periodischen Gitters, wobei jedem Gitterpunkt oder jedem elementaren Parallelepiped eine Gruppe von Atomen zugeordnet ist. Diese Atomgruppe nennt man die **Basis**; die Basis wiederholt sich im Raum und baut so den Kristall auf. Wir wollen nun diese Definitionen genauer formulieren.

Translationen und Gitterformen

Ein idealer Kristall setzt sich aus Atomen zusammen, die in einem durch drei **fundamentale Translationsvektoren** **a, b, c** definierten Gitter*) angeordet sind. Diese Translationsvektoren haben die Eigenschaft, daß von jedem Punkt **r** aus betrachtet die Anordnung der Atome in jeder Hinsicht gleich aussieht wie vom Punkt

(1) $$\mathbf{r}' = \mathbf{r} + n_1\mathbf{a} + n_2\mathbf{b} + n_3\mathbf{c},$$

wobei n_1, n_2, n_3 beliebige ganze Zahlen sind (Bild 4). Kristallographen bezeichnen gewöhnlich die fundamentalen Translationsvektoren mit $\mathbf{a}_1, \mathbf{a}_2, \mathbf{a}_3$

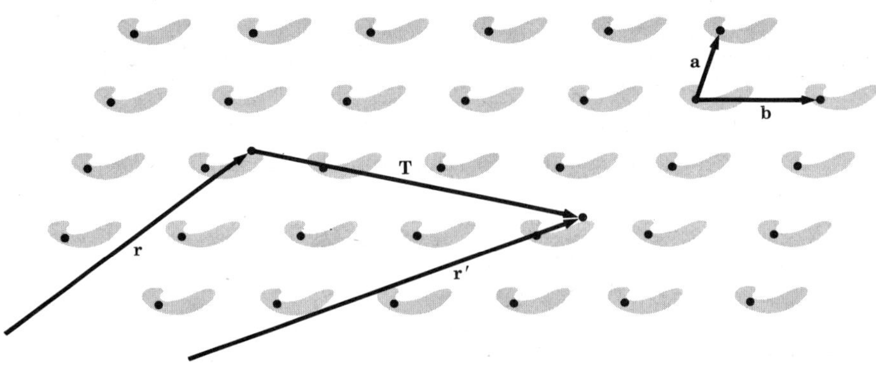

Bild 4: Teil eines imaginären Kristalls aus Proteinmolekülen in einer zweidimensionalen Welt. (Wir haben ein Proteinmolekül ausgewählt, weil es dann wahrscheinlich keine Eigensymmetrie ausweist.) Die Anordnung der Atome in dem Kristall sieht für einen Beobachter am Ort **r′** genau so aus wie für einen Beobachter am Ort **r**, vorausgesetzt, daß der Vektor **T**, der **r′** und **r** verbindet, als ganzes Vielfaches der Vektoren **a** und **b** ausgedrückt werden kann. In unserem Beispiel ist $\mathbf{T} = -\mathbf{a} + 3\mathbf{b}$. Die Vektoren **a** und **b** sind primitive Translationsvektoren des zweidimensionalen Gitters.

*) (Anmerkung des Übersetzers:) Streng genommen müßte der Audruck mit "Punktgitter" oder "Translationsgitter" wiedergegeben werden; im folgenden wird der Einfachheit halber meist das Wort "Gitter" verwendet.

Die Punktgruppe, die durch (1) für alle Werte der ganzen Zahlen n_1, n_2, n_3 festgelegt ist, definiert ein **Translationsgitter**. Ein Translationsgitter[5]) ist eine regelmäßige, periodische Anordnung von Punkten im Raum. Ein Gitter ist eine mathematische Abstraktion: die Kristallstruktur wird erst aufgebaut, wenn eine Basisgruppe aus Atomen völlig gleichartig jeden Gitterpunkt besetzt. Daher gilt:

Gitter + Basis = Kristallstruktur.

Das Gitter und die Translationen **a, b, c** heißen **primitiv***), wenn für alle Punkte **r** und **r**′, von denen aus die Anordnung der Atome gleich aussieht[6]), stets die Gleichung (1) erfüllt ist, falls die ganzen Zahlen n_1, n_2, n_3 passend gewählt sind.

Man benutzt oft die primitiven Translationsvektoren, um die **Kristallachsen a, b, c** zu definieren, obwohl nichtprimitive Kristallachsen ebenso benützt werden können, besonders wenn sie einfacher oder bequemer sind. Die Kristallachsen **a, b, c** bilden drei sich schneidende Achsen eines Parallelepipeds. Wenn also die Gitterpunkte ausschließlich die Endpunkte dieses Parallelepipeds besetzen, dann handelt es sich um ein primitives Parallelepiped.

Eine **Gittertranslation** oder eine **Kristalltranslation** wird durch den Vektor **T** definiert. Er beschreibt eine Verschiebung des Kristalls parallel zu sich selbst durch den Translationsvektor

(2) $$\mathbf{T} = n_1\mathbf{a} + n_2\mathbf{b} + n_3\mathbf{c}$$ in kristallographischer Schreibweise.

Zwei beliebige Gitterpunkte können immer durch diesen Vektor verbunden werden.

---

[5]) Wir gebrauchen die Worte "Gitter" und "Gitterpunkt" abwechselnd in gleicher Bedeutung. Nach Bravais sind die Wurzeln der Gleichung

$$\sin^2(\pi\xi/a) + \sin^2(\pi\eta/b) + \sin^2(\pi\zeta/c) = 0$$

identisch mit den Gitterpunkten. Dabei bedeuten ξ, η, ζ räumliche Koordinaten, bezogen auf ein dreiachsiges, im allgemeinen schiefwinkliges System. Die Einheitsvektoren des Koordinatensystems sind $\hat{\mathbf{a}}$, $\hat{\mathbf{b}}$, $\hat{\mathbf{c}}$.

*) (Anmerkung des Übersetzers:) Im Deutschen lautet die genaue Übersetzung des englischen Begriffs "primitive lattice" "einfach-primitives Punktgitter". Der Einfachheit und der Übersicht halber wird im folgenden statt der kristallographisch korrekten Bezeichnung "einfach-primitiv" die Bezeichnung "primitiv" verwendet.

[6]) Diese Definition mag schwerfällig klingen, aber sie garantiert, daß keine Elementarzelle mit kleinerem Volumen existiert, die als Baustein der Struktur dienen könnte.

Symmetrieoperationen

Bei der Beschreibung einer Kristallstruktur müssen vier wichtige Fragen beantwortet werden: Um welches Gitter handelt es sich[7]? Welche Kristallachsen **a, b, c** wollen wir zur Beschreibung des Gitters verwenden? Welche Basis tritt auf? Durch welche Symmetrieoperationen kann das Gitter in sich selbst übergeführt werden?

Zu den Symmetrieoperationen gehört die durch Gleichung (2) bestimmte Translation. Außerdem gibt es noch Rotations- und Reflexionsoperationen, die man **Punktoperationen** nennt; Punktoperationen deshalb, weil eine Drehung um einen Punkt im Raum (es kann sich um Gitterpunkte handeln oder um ausgezeichnete Punkte in einem elementaren Parallelepiped) oder eine Spiegelung an einem Punkt die Kristallstruktur wieder mit sich selbst zur Deckung bringen kann. Eine weitere Gruppe der Symmetrieoperationen sind die zusammengesetzten Operationen; sie ergeben sich durch eine Kombination von Translationen mit Punktoperationen. Die Sprache der Kristallographie widmet sich daher weitgehend der prägnanten Beschreibung von Symmetrieoperationen.

Die Kristallstruktur in Bild 4 ist so gezeichnet, daß sie nur Translationen zuläßt, abgesehen von der trivialen Punktoperation einer Drehung um 360°. Die Kristallstruktur in Bild 5 erlaubt sowohl Translationen wie punktsymmetrische Operationen. Die primitiven Translationen sind **a** und **b**. Wenn man den Kristall um einen der mit x gekennzeichneten Punkte um 180° dreht, wird die Kristallstruktur mit sich selbst zur Deckung gebracht. Dies gilt auch für die gleichwertigen Punkte in anderen Zellen, hier sind aber nur die Punkte x einer Zelle gekennzeichnet.

Basis und Kristallstruktur

Wir ordnen jedem Gitterpunkt eine Basis aus Atomen zu. Alle Basisgruppen sind einander in Zusammensetzung, Anordnung und Orientierung gleich. Den Aufbau der Kristallstruktur durch das Hinzufügen einer Basis an jeden Gitterpunkt zeigt Bild 6. In den Strukturen der Bilder 4 und 5 war das Gitter durch Punkte eingezeichnet, in Bild 6c sind die Punkte weggelassen. Die Zahl der Atome einer Basis kann eins betragen, so bei vielen Metallen und den Edelgasen, doch sind sowohl anorganische wie bio-

---

[7]) Bei einer gegebenen Struktur sind immer mehrere Gitter möglich, und ebenso sind für ein gegebenes Gitter immer mehrere Tripel der Kristallachsen möglich. Die Basis kann aber erst aufgestellt werden, wenn das Gitter und die Kristallachsen ausgewählt sind. Alle Ergebnisse (z. B. die Bilder der Röntgenbeugung) ergeben die gleichen Ergebnisse, solange die Basis für die verwendeten Kristalle richtig ausgewählt ist.

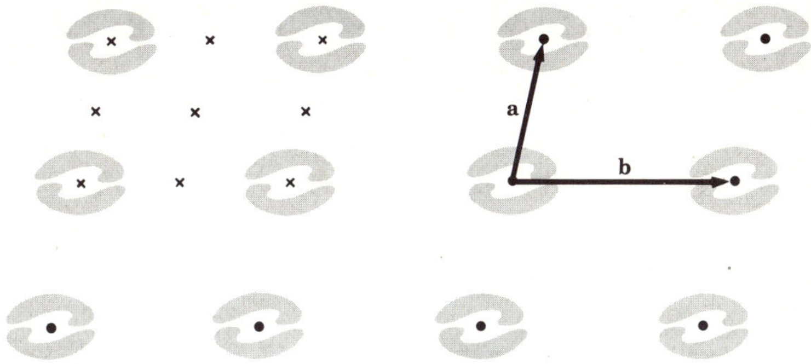

Bild 5: Die Anordnung ist ähnlich der in Bild 4, jedoch sind die Proteinmoleküle paarweise angeordnet. Die Kristalltranslationen sind **a** und **b**. Eine Drehung von 180° um einen der mit × bezeichneten Punkte führt den Kristall in sich selbst über.

Bild 6: Die Kristallstruktur entsteht, indem zu jedem Gitterpunkt des Gitters (a) eine Basis (b) hinzugefügt wird. Wenn man (c) betrachtet, kann man die Basis erkennen und danach das Raumgitter finden. Ohne Bedeutung ist die Lage der Basis in bezug auf ihren Gitterpunkt.

chemische Strukturen bekannt, wo die Zahl der Basisatome bis eintausend beträgt. Die Beschreibung der Kristallstruktur als Gitter plus Basis eignet sich sehr gut für die Strukturanalyse durch Beugung von Röntgenstrahlung und Neutronen, wie wir in Kapitel 2 sehen werden.

Eine Basis von N Atomen oder Ionen ist durch den Satz von N Vektoren

$$\mathbf{r}_j = x_j\mathbf{a} + y_j\mathbf{b} + z_j\mathbf{c}$$

festgelegt, die die Lage der Mittelpunkte der Basisatome relativ zu einem Gitterpunkt angeben. Man richtet es gewöhnlich so ein, daß $0 \leq x_j, y_j, z_j \leq 1$.

Die primitive Gitterzelle

Das Parallelepiped (Bild 7b), das durch die primitiven Achsen **a, b, c** aufgespannt wird, heißt **primitive Elementarzelle**. Die primitive Elementarzelle ist eine der möglichen **Einheitszellen**. Eine Einheitszelle erfüllt den ganzen Raum, wenn auf sie die geeigneten Translationsoperationen angewendet werden. Die primitive Zelle ist eine Einheitszelle, die bei gegebenem Gitter das kleinst mögliche Volumen hat [8]). Die primitive Zelle weist eine Dichte von einem Gitterpunkt pro Zelle auf [9]). Zwar befindet

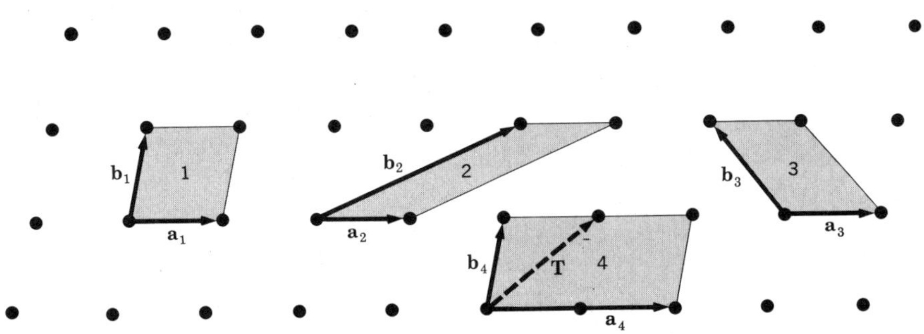

Bild 7a: Gitterpunkte eines Raumgitters in zwei Dimensionen. Alle Vektorpaare **a, b** sind Translationen des Gitters. Jedoch sind $\mathbf{a}_4$, $\mathbf{b}_4$ nichtprimitive Translationen, weil man die Gittertransformation **T** nicht aus ganzzahligen Kombinationen von $\mathbf{a}_4$ und $\mathbf{b}_4$ darstellen kann. Alle anderen gezeigten Vektorenpaare können als primitive Grundtranslationen dieses Gitters betrachtet werden. Die Parallelogramme 1, 2, 3 haben die gleiche Fläche und können als primitive Elementarzellen genommen werden. Das Parallelogramm 4 hat die doppelte Fläche einer primitiven Elementarzelle.

---

[8]) Es gibt viele Möglichkeiten, die primitiven Achsen und die primitive Zelle eines gegebenen Gitters aufzustellen (Bild 7a).

[9]) Die Anzahl der Atome in einer primitiven Zelle ist gleich der Anzahl der Atome in der Basis.

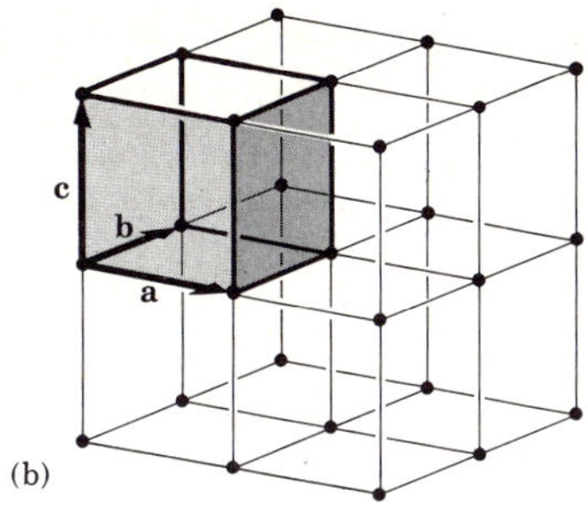

(b)

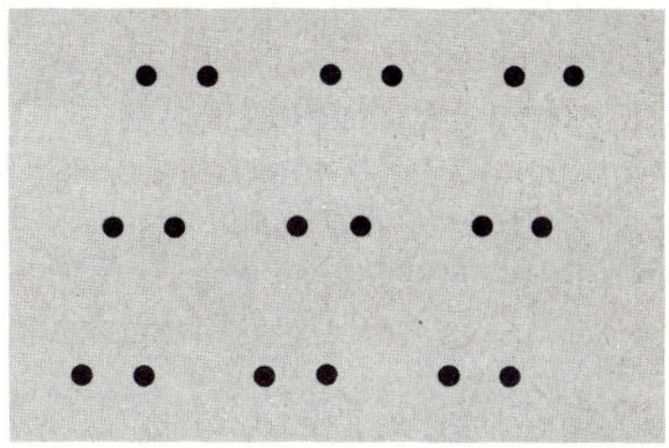

(c)

Bild 7b: Primitive Elementarzelle eines Raumgitters in drei Dimensionen.

Bild 7c: Wie liegen die primitiven Achsen dieses "Gitters"? Die Frage ist sinnlos, weil es sich hier nicht um ein Gitter im Sinn unserer Definition handelt: die gezeigten Punkte können nicht alle als Endpunkte von Vektoren der Form $n_1\mathbf{a} + n_2\mathbf{b}$ dargestellt werden. Dies gilt für alle ganzzahligen n_1 und n_2. **Setzen Sie nun voraus, die Punkte wären identische Atome: Zeichnen Sie in die Abbildung eine Schar Gitterpunkte, ein Paar primitiver Achsen, eine primitive Zelle und die Basis ein, die zu jedem Gitterpunkt gehört.**

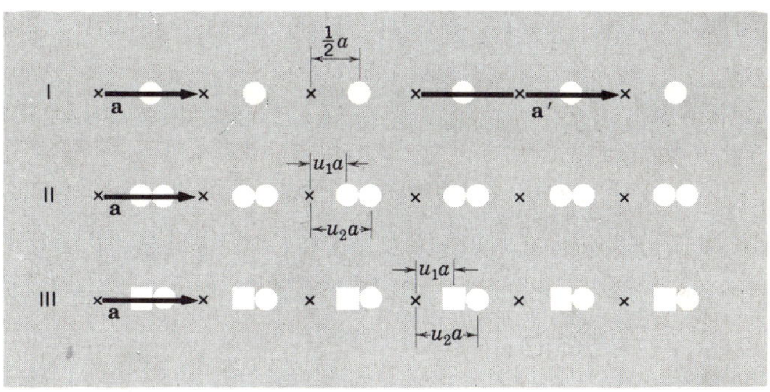

Bild 7d: Drei lineare Kristallstrukturen. Die Gitterpunkte sind durch ein x gekennzeichnet: bei der Struktur I haben wir die Gitterpunkte willkürlich in der Mitte zwischen zwei Atomen angenommen; wir hätten sie auch an jedem anderen Ort annehmen können, solange die Länge und die Richtung von $\mathbf{a}$ konstant bleiben. In allen drei Strukturen werden die Gitterpunkte durch die Translation $\mathbf{a}$ verbunden, wobei $\mathbf{a}$ eine primitive Translation in jedem der drei Gitter ist. Die primitive (kleinste) Basis der Struktur I besteht aus einem Atom am Ort $\frac{1}{2}\mathbf{a}$. Die primitive Basis der Struktur II besteht aus zwei identischen Atomen, eines am Orte $u_1\mathbf{a}$, das andere am Orte $u_2\mathbf{a}$. Die primitive Basis der Struktur III besteht aus zwei verschiedenen Atomen, eines bei $u_1\mathbf{a}$, das andere bei $u_2\mathbf{a}$. Wenn wir die Struktur I durch die nichtprimitive Translation $\mathbf{a}'$ ($=2\mathbf{a}$) darstellen wollen, dann besteht die zu $\mathbf{a}'$ gehörige Basis aus zwei identischen Atomen, einem bei $\frac{1}{4}\mathbf{a}'$ und einem bei $\frac{3}{4}\mathbf{a}'$. Wenn wir den Ursprung von $\mathbf{a}'$ in einem der Atome annehmen, besteht die Basis aus zwei Atomen mit den Koordinaten 0 und $\frac{1}{2}\mathbf{a}'$. Das zu $\mathbf{a}'$ gehörige Gitter weist halb so viele Gitterpunkte auf wie das zu $\mathbf{a}$ gehörige.

sich in allen acht Ecken des Parallelepipeds ein Gitterpunkt, aber dieser Gitterpunkt muß auf die acht Elementarzellen, die sich hier berühren, aufgeteilt werden. Das Volumen V_c einer primitiven Zelle, definiert durch die primitiven Achsen **a, b, c**, beträgt, wie sich aus der elementaren Vektoranalysis ergibt,

$$V_c = |\mathbf{a} \times \mathbf{b} \cdot \mathbf{c}|. \tag{3}$$

Eine weitere Methode, eine Zelle vom Volumen V_c zu finden, zeigt Bild 8. Die auf diese Weise aufgebaute Zelle ist unter Physikern als **Wigner-Seitz-Zelle** bekannt.

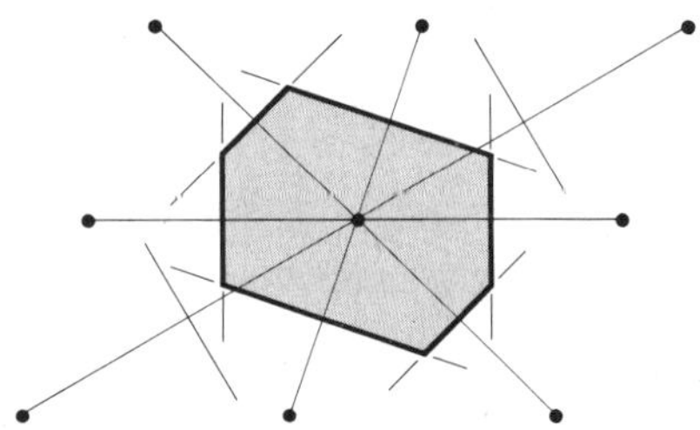

Bild 8: Eine primitive Zelle kann auch durch folgendes Verfahren gefunden werden: 1. Man zeichnet die Verbindungsgeraden von einem gegebenen Gitterpunkt zu allen seinen Nachbarpunkten; 2. man konstruiert die Mittelsenkrechten (im Dreidimensionalen: Ebenen durch die Mittelpunkte senkrecht zu den gegebenen Geraden) der Verbindungsgeraden. Das kleinste, auf diese Weise entstandene Volumen ist eine primitive Elementarzelle, die Wigner-Seitz-Zelle. Mit diesen Zellen kann - ebenso wie mit den Elementarzellen des Bildes 7 - der ganze Raum ausgefüllt werden.

Die fundamentalen Gitterarten[10])

Kristallgitter können nicht nur durch die Translation **T** der Gleichung (2) in sich selbst übergeführt werden, man kann dafür auch verschiedene andere Symmetrieoperationen ausnützen, z. B. die Drehung um eine Achse,

---

[10]) Die Originalarbeit von A. Bravais aus dem Jahre 1848 ist in seinen Etudes cristallographiques, Gautier-Villars, Paris 1866, abgedruckt. Eine deutsche Übersetzung ist in Ostwalds Klassiker der exakten Naturwissenschaften **90**, (1897), erschienen. Eine gründliche Diskussion der Kristallsymmetrien findet man bei F. Seitz, Zschr. Krist. **88**, 433 (1934); **90**, 289 (1935); **91**, 336 (1935); **94**, 100 (1936) und in International Tables for x-ray crystallography, Band I, Kynoch Press, Birmingham, 1952. Eine besonders leicht lesbare Diskussion der Eigenschaften von Raumgruppen zeichnet das Buch von F. C. Phillips, An introduction to crystallography, Wiley, 3. Aufl., 1963, aus.

die durch einen Gitterpunkt geht. Es gibt Gitter, bei denen ein-, zwei-, drei-, vier- und sechszählige Rotationsachsen erlaubt sind. Dies entspricht dann einer Drehung um 2π, $2\pi/2$, $2\pi/3$, $2\pi/4$ und $2\pi/6$ und um deren ganze Vielfache. Diese **Drehachsen** werden durch die Symbole 1, 2, 3, 4 und 6 gekennzeichnet.

Man kann kein Gitter finden, das durch andere Rotationen mit sich selbst zur Deckung gebracht wird, wie z. B. durch eine Drehung um $2\pi/7$ oder $2\pi/5$. Ein einzelnes Molekül kann jeden Grad von Rotationssymmetrie aufweisen, nicht aber ein unendliches, periodisches Gitter. Man kann einen Kristall aus Molekülen aufbauen, von denen jedes eine fünfzählige Drehachse aufweist, aber man darf nicht erwarten, daß das Gitter dieselbe Symmetrieeigenschaft besitzt. In Bild 9a wird gezeigt, was geschieht,

Bild 9a:
Ein Gitter kann keine fünfzählige Symmetrieachse besitzen, da es unmöglich ist, den Raum mit zusammenhängenden Fünfecken auszufüllen. In Bild 32 findet man ein Beispiel für eine regelmäßige fünfeckige Packung, die nicht die Translationsinvarianz eines Gitters zeigt.

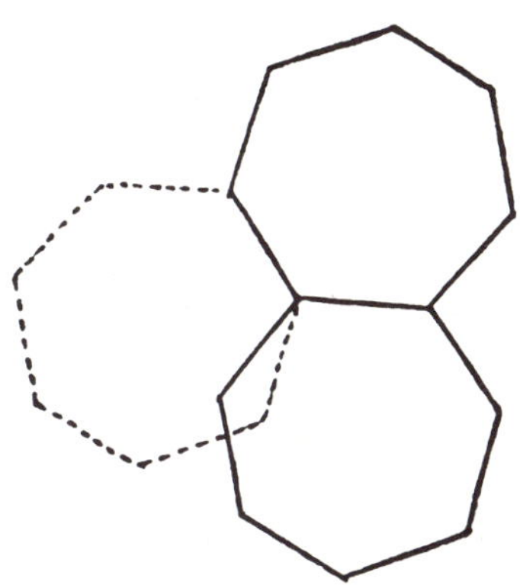

Bild 9b:
Kepplers Beweis (Harmonice mundi, 1619) für die Unmöglichkeit einer siebenzähligen Gittersymmetrie (Gesammelte Werke, Band 6, Beck, München, 1940).

wenn man versucht, ein periodisches Gitter mit fünfzähliger Symmetrie zu konstruieren: Die Fünfecke passen nicht sauber zusammen. Wir sehen, daß man eine fünfzählige Rotationssymmetrie und eine Translationssymmetrie nicht vereinen kann. Bild 9b zeigt die Verhältnisse bei siebenzähliger Symmetrie. Wie der algebraische Beweis geführt wird, ist in Bild 10 angedeutet.

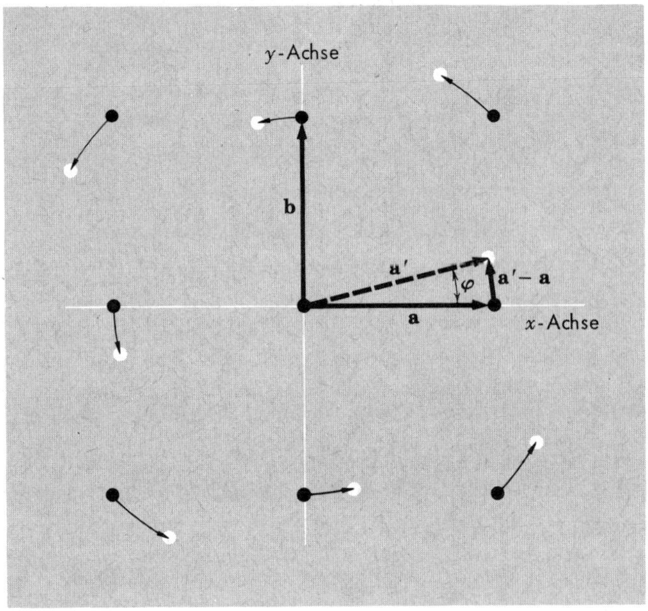

Bild 10: Das Kristallgitter wird um einen Gitterpunkt um den Winkel φ gedreht. Dabei wird der Vektor **a** in **a**′ transformiert. Für spezielle Werte von φ stimmt das gedrehte Gitter mit dem ursprünglichen Gitter überein. Bei einem quadratischen Gitter sind diese speziellen Werte $\varphi = \frac{1}{2}\pi$ und dessen Vielfache, so daß die Punktgruppe des quadratischen Gitters eine vierzählige Rotation einschließt. Jedesmal, wenn das gedrehte Gitter mit dem ursprünglichen übereinstimmt, ist der Vektor **a**′ − **a** ein Gittervektor. Diese Gittervektoren sind nie kürzer als **a**, da kein Gittervektor kürzer als **a** ist (außer Null). Ähnliche Einschränkungen gelten für die speziellen Werte von φ aller möglichen Gitter.

Unter einer **Gitterpunktgruppe** versteht man die Gesamtheit der Symmetrieoperationen, die, wenn sie um einen Gitterpunkt als Zentrum angewandt werden, das Gitter invariant lassen. Die möglichen Rotationen haben wir bereits früher angegeben. Außerdem gehört noch die **Spiegelung** m an einer Ebene durch einen Gitterpunkt und die **Inversion** zu den Symmetrieoperationen. Die Inversion besteht aus einer Drehung um 180°, der eine Spiegelung an einer Ebene senkrecht zur Drehachse folgt, d.h. insgesamt ist der Vektor **r** durch −**r** zu ersetzen.

Die Orte gleichwertiger Punkte von vier Punktgruppen zeigt Bild 11. Die Symmetrieoperationen einer Gruppe bringen einen Punkt mit allen anderen zur Deckung. Die Punkte selbst müssen keine Symmetrieelemente auf-

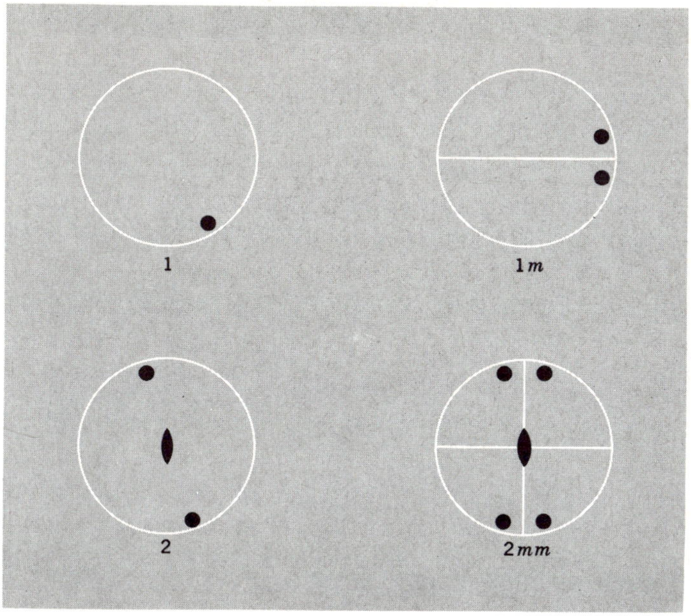

Bild 11: Veranschaulichung der Eigenschaften von vier Punktgruppen; gleichwertige Punkte sind eingezeichnet. Die Punktgruppe 1 hat keine Symmetrieeigenschaften, also ist nur ein Punkt eingezeichnet. Die Punktgruppe 1 *m* hat eine Spiegelebene: Der eine Punkt ergibt sich durch Reflexion des anderen an der Spiegelebene. 2 hat eine zweizählige Symmetrieachse; eine Rotation um π führt den einen Punkt in den anderen über. Bei einer zweizähligen Symmetrieachse und einer Spiegelebene ergibt sich automatisch eine zweite Spiegelebene senkrecht zur ersten, und man erhält die 2 *mm*-Gruppe mit vier gleichwertigen Punkten.

weisen; es können schiefwinkelige Dreiecke sein oder Moleküle ohne jede Symmetrie; die Symmetrieachsen und -Ebenen eines Würfels zeigt Bild 12.

Zweidimensionale Gitter

Die Zahl der möglichen Gitter ist unbegrenzt, da es keine natürliche Beschränkung für die Längen a, b der Translationen und für den Winkel φ zwischen ihnen gibt. Das Gitter des Bildes 7a wurde für beliebiges **a** und **b** gezeichnet. Man bezeichnet ein so allgemeines Gitter wie dieses

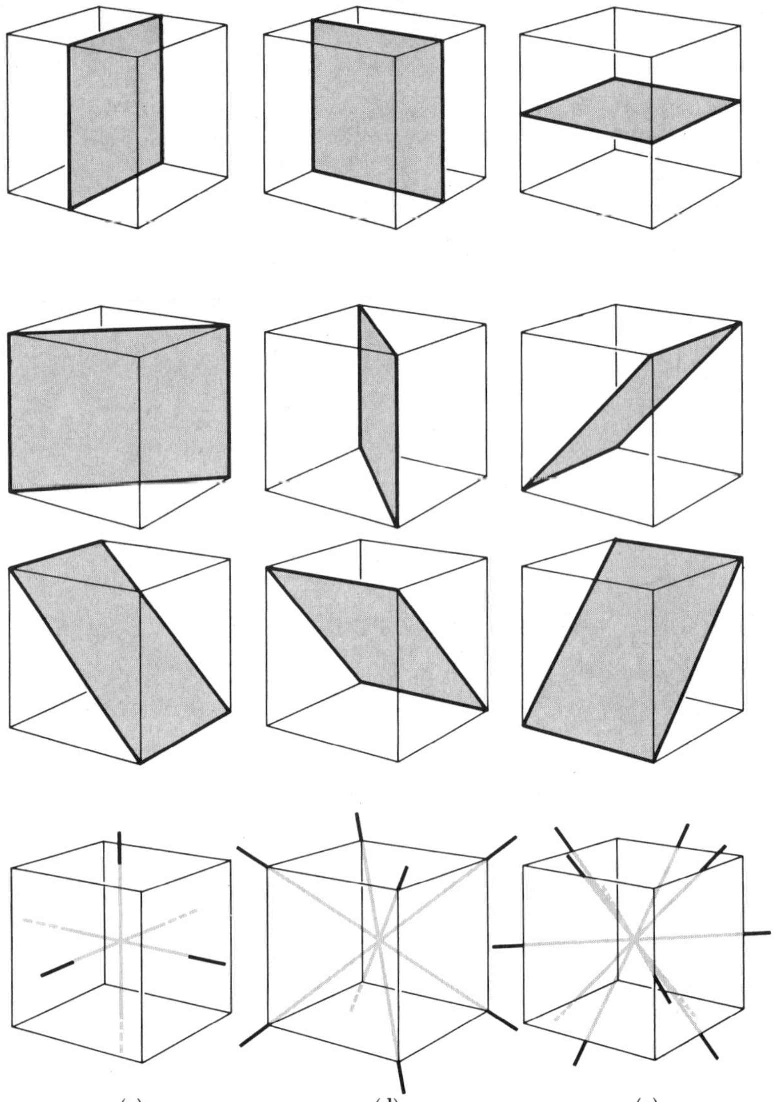

Bild 12: (a) Die drei Symmetrieebenen parallel zu den Oberflächen des Würfels. (b) Die sechs Symmetrieebenen des Würfels, die diagonal verlaufen. (c) Die drei vierzähligen Achsen des Würfels. (d) Die vier dreizähligen Achsen des Würfels. (e) Die sechs zweizähligen Achsen des Würfels. Das Inversionszentrum ist nicht eingezeichnet.

als ein **schiefwinkeliges Gitter.** Das Gitter ist invariant gegenüber Drehungen um π oder 2π um jeden beliebigen Gitterpunkt.

Schiefwinkelige Gitter können auch gegenüber Drehungen um $2\pi/3$,

$2\pi/4$ oder $2\pi/6$ oder gegenüber Spiegelungen invariant sein. Man muß noch einschränkende Bedingungen für **a** und **b** gelten lassen, wenn man ein Gitter aufbauen will, das gegenüber einer oder gegenüber mehreren dieser neuen Operationen invariant ist. Solche Einschränkungen sind im folgenden aufgeführt: Es ergeben sich genau vier scharf definierte Einschränkungen, und jede führt zu einer Gitterart, die wir **spezielles Gitter** nennen wollen.

Also ergeben sich fünf verschiedene Punktgitter im Zweidimensionalen, das schiefwinkelige und die vier speziellen Gitter. **Bravais-Gitter**[11]) ist der gebräuchliche Name für eine bestimmte Gitterart, folglich gibt es genau fünf Bravais-Gitter im Zweidimensionalen.

Die Punktoperation 4 verlangt ein quadratisches Gitter (Bild 13a). Die Punktoperationen 3 und 6 erfordern ein hexagonales Gitter (Bild 13b). Dieses Gitter ist gegenüber einer Drehung von $2\pi/6$ um eine Achse durch einen Gitterpunkt und senkrecht zur Gitterebene invariant.

Die Spiegelung m hat wichtige Folgen. Wir stellen die primitiven Translationen **a, b** durch die Einheitsvektoren $\hat{\mathbf{x}}$ und $\hat{\mathbf{y}}$ in Richtung der x- und y-Achse durch die Gleichungen

$$(4) \qquad \mathbf{a} = a_x\hat{\mathbf{x}} + a_y\hat{\mathbf{y}}; \qquad \mathbf{b} = b_x\hat{\mathbf{x}} + b_y\hat{\mathbf{y}}$$

dar. Wenn man die primitiven Vektoren an der x-Achse spiegelt, werden **a, b** durch die Reflexion in die neuen Vektoren $\mathbf{a}'$, $\mathbf{b}'$ transformiert,

$$(5) \qquad \mathbf{a}' = a_x\hat{\mathbf{x}} - a_y\hat{\mathbf{y}}; \qquad \mathbf{b}' = b_x\hat{\mathbf{x}} - b_y\hat{\mathbf{y}}.$$

Wenn das Gitter gegenüber dieser Spiegelung invariant ist, müssen $\mathbf{a}'$, $\mathbf{b}'$ Gittervektoren sein, d. h. sie müssen der Form $n_1\mathbf{a} + n_2\mathbf{b}$ genügen, wobei n_1 und n_2 ganze Zahlen sind. Wenn wir

$$(6) \qquad \mathbf{a} = a\hat{\mathbf{x}}; \qquad \mathbf{b} = b\hat{\mathbf{y}}$$

setzen, ist $\mathbf{a}' = \mathbf{a}$ und $\mathbf{b}' = -\mathbf{b}$, so daß das Gitter in sich selbst übergeführt wird. Das durch (6) definierte Gitter ist rechtwinkelig (Bild 13c).

Es gibt noch eine zweite Möglichkeit, **a** und **b** so zu wählen, daß das entstehende Gitter ebenfalls reflexionsinvariant ist. **b** ist ein Gittervektor, wenn die Gleichung

$$(7) \qquad \mathbf{b}' = \mathbf{a} - \mathbf{b}$$

[11]) Es ist uns nicht gelungen, eine Definition zu finden, die mit "Ein Bravais-Gitter ist . . . " beginnt; die zu Rate gezogenen Quellen beschreiben erst und geben dann an: "Das war ein Bravais-Gitter". Die Umschreibung "fundamentale Gitterart" kann man sich eher vorstellen.

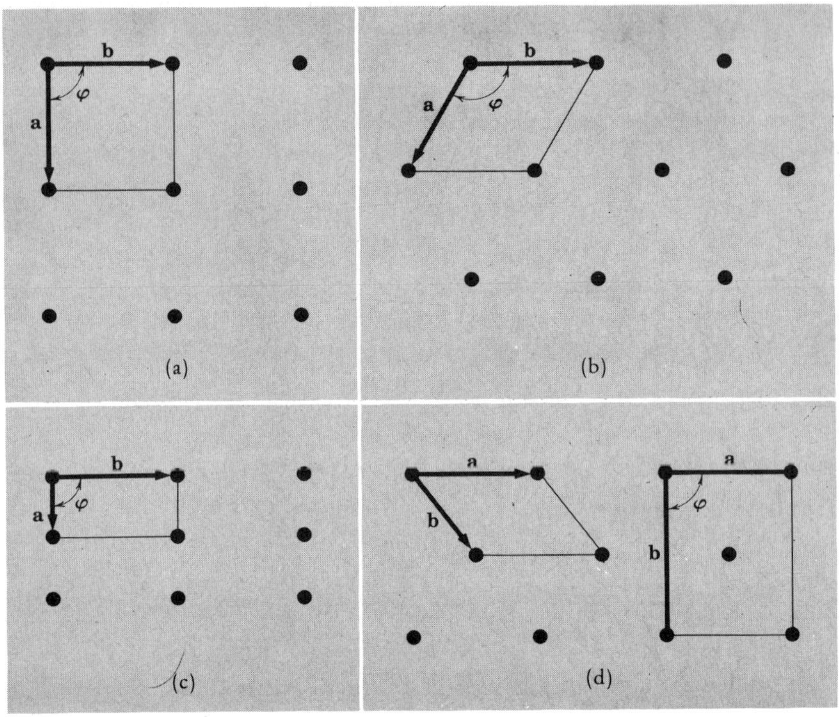

Bild 13: (a) Quadratisches Gitter $|\mathbf{a}| = |\mathbf{b}|$; $\varphi = 90°$; (b) Hexagonales Gitter $|\mathbf{a}| = |\mathbf{b}|$; $\varphi = 120°$; (c) Rechtwinkeliges Gitter $|\mathbf{a}| \neq |\mathbf{b}|$; $\varphi = 90°$; (d) Zentriertes rechtwinkeliges Gitter. Es sind die Achsen der primitiven Zelle und die der rechtwinkeligen Einheitszelle eingezeichnet. Für die rechtwinkelige Einheitszelle gilt $|\mathbf{a}| \neq |\mathbf{b}|$; $\varphi = 90°$.

erfüllt ist. Mit (5) erhält man dann die Gleichungen

(8) $$b_x' = a_x - b_x = b_x; \qquad b_y' = a_y - b_y = -b_y.$$

Diese Gleichungen haben eine Lösung, wenn $a_y = 0$; $a_x = 2b_x$ ist. Die primitiven Translationen eines spiegelsymmetrischen Gitters können deshalb durch die Gleichungen

(9) $$\mathbf{a} = a\hat{\mathbf{x}}; \qquad \mathbf{b} = \tfrac{1}{2}a\hat{\mathbf{x}} + b_y\hat{\mathbf{y}}$$

dargestellt werden. Diese Wahl ergibt ein zentriertes rechtwinkeliges Gitter (Bild 13d).

Wir haben nun alle zweidimensionalen Bravais-Gitter behandelt, die mit den Symmetrieoperationen der Punktgruppen vereinbar sind. Die fünf möglichen Bravais-Gitter im Zweidimensionalen sind in Tabelle 1 zusammengestellt. Die angegebene Punktsymmetrie ist die des Gitters; die tatsäch-

Tabelle 1: Die fünf zweidimensionalen Bravais-Gitter. (Die Bezeichnung *mm* bedeutet, daß zwei Spiegellinien vorhanden sind.)

Gitter	gebräuchl. Einheitszelle	Achsen der gebräuchl. Einheitszelle	Punktgruppensymmetrie des Gitters um einen Gitterpunkt
schiefwinkelig	Parallelogramm	$a \neq b, \quad \varphi \neq 90°$	2
quadratisch	Quadrat	$a = b, \quad \varphi = 90°$	4 *mm*
hexagonal	60° Raute	$a = b, \quad \varphi = 120°$	6 *mm*
einfach rechtwinkelig	Rechteck	$a \neq b, \quad \varphi = 90°$	2 *mm*
zentriert rechtwinkelig	Rechteck	$a \neq b, \quad \varphi = 90°$	2 *mm*

liche Kristallstruktur kann eine geringere Symmetrie aufweisen als ihr Gitter. So kann ein Kristall mit quadratischem Gitter eine vierzählige Drehachse aufweisen, ohne deshalb alle Symmetrieeigenschaften der Operation 4 *mm* zu besitzen.

Dreidimensionale Gitter

Im Zweidimensionalen sind die Punktgruppen mit fünf verschiedenen Gitterarten verknüpft. In drei Dimensionen ergeben sich aus den Symmetrieeigenschaften der Punktgruppen vierzehn verschiedene Punktgitter (ein allgemeines und dreizehn spezielle). Sie sind in Bild 14 dargestellt und in Tabelle 2 aufgeführt. Das allgemeine Gitter ist das trikline Gitter.

Die vierzehn Grundgitter werden gewöhnlich in sieben **kristallographische Gitter-Systeme** eingeteilt, gemäß den sieben gebräuchlichen Einheitszellen, der triklinen, monoklinen, orthorhombischen, tetragonalen, kubischen, rhomboedrischen*) und hexagonalen. Die Unterteilung in kristallographische Systeme wird am einfachsten durch die Angabe der speziellen Achsen der gebräuchlichen Einheitszelle wiedergegeben. Die Achsen **a**, **b**, **c** und die Winkel α, β, γ werden in Bild 15 definiert.

Die Einheitszellen in Bild 14 sind die gebräuchlichen Einheitszellen; diese sind nicht immer primitive Zellen. Manchmal ist nämlich der Zusammenhang zwischen einer nicht primitiven Zelle und den Symmetrieeigenschaften der Punktgruppe offensichtlicher als dieser Zusammenhang bei einer primitiven Zelle. Wir besprechen nun die verschiedenen Gitter gemäß ihrer Klassifikation in den Kristallsystemen.

*) Im Englischen "trigonal lattice".

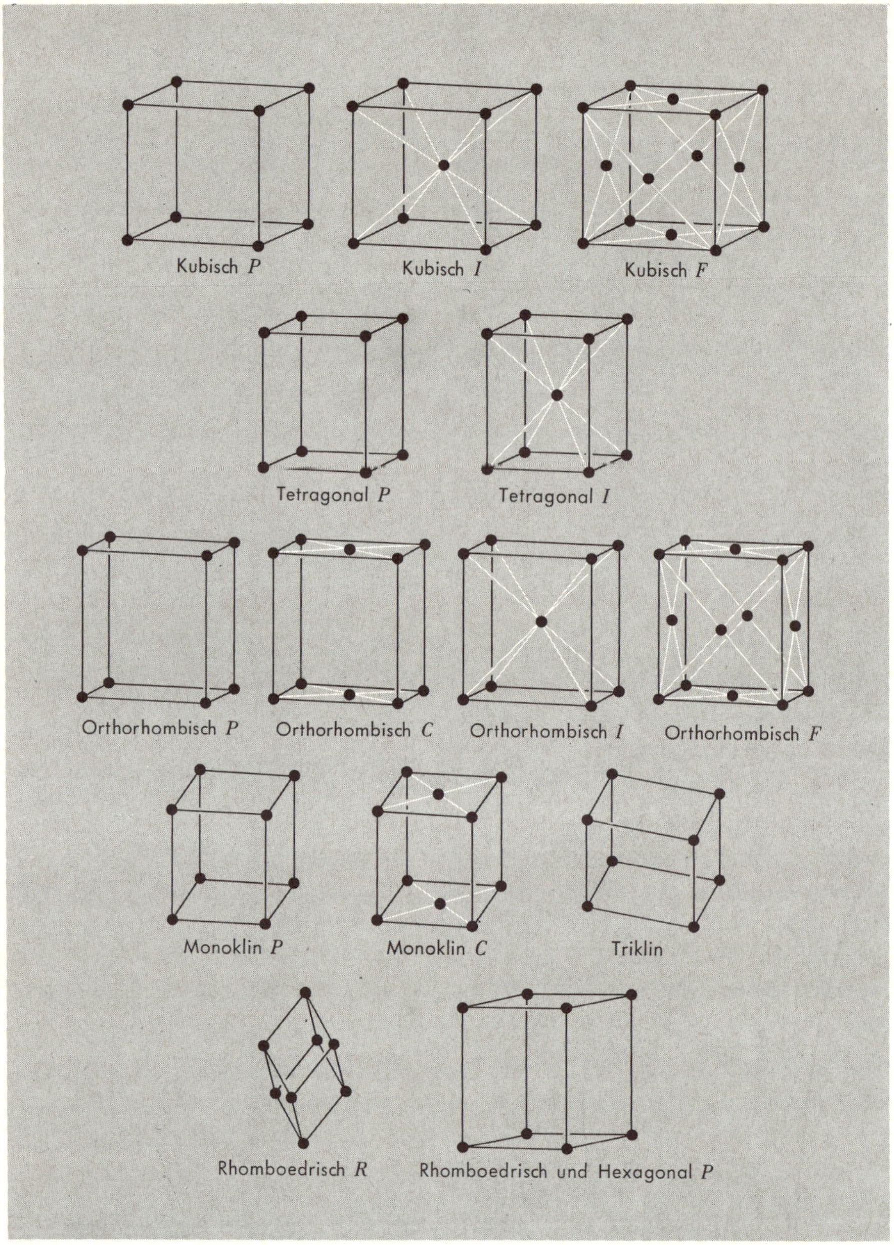

Bild 14: Die vierzehn Bravais- oder Raumgitter. Die dargestellten Zellen sind die gebräuchlichen Einheitszellen; sie sind nicht immer primitiv.

Tabelle 2: Die vierzehn Bravais-Gitter im Dreidimensionalen

System	Anzahl der Gitter im Symbol	Gitter-symbol	Einschränkungen bezüglich der Achsen und Winkel der gebräuchlichen Einheitszelle
Triklin	1	P	$a \neq b \neq c$ $\alpha \neq \beta \neq \gamma$
Monoklin	2	P, C	$a \neq b \neq c$ $\alpha = \gamma = 90° \neq \beta$
Rhombisch	4	P, C, I, F	$a \neq b \neq c$ $\alpha = \beta = \gamma = 90°$
Tetragonal	2	P, I	$a = b \neq c$ $\alpha = \beta = \gamma = 90°$
Kubisch	3	P oder sc I oder bcc F oder fcc	$a = b = c$ $\alpha = \beta = \gamma = 90°$
Rhomboedrisch (oder trigonal)	1	R	$a = b = c$ $\alpha = \beta = \gamma < 120°, \neq 90°$
Hexagonal	1	P	$a = b \neq c$ $\alpha = \beta = 90°$ $\gamma = 120°$

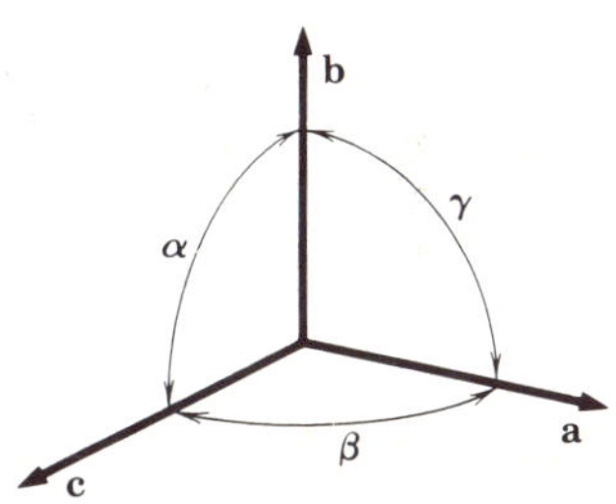

Bild 15:
Die Kristallachsen **a**, **b**, **c**. Der Winkel α wird von den Achsen **b** und **c** eingeschlossen.

1. Im **triklinen** System hat die einzige Gitterart eine primitive (P) Einheitszelle mit drei Achsen unterschiedlicher Länge, die drei verschiedene Winkel einschließen.

2. Im **monoklinen** System gibt es zwei verschiedene Gitterarten, eine mit primitiver Einheitszelle, die andere mit einer nicht primitiven, konventionellen Zelle, die basiszentriert sein kann (C). Diese hat dann Gitterpunkte in den Mittelpunkten der Gitterebenen senkrecht zur a,b-Ebene.

3. Im **rhombischen** System gibt es vier Gitterarten: ein Gitter hat eine primitive Zelle, eines ist basiszentriert, eines ist innenzentriert (I), und eines ist flächenzentriert (F).

4. Im **tetragonalen** System ist die einfachste Einheit ein rechtwinkeliges, quadratisches Prisma; dies ist eine primitive Zelle, die mit einem tetragonalen Raumgitter verknüpft ist. Die zweite tetragonale Gitterart ist innenzentriert.

5. Im **kubischen** System gibt es drei Gitter: das einfach kubische (sc)*) Gitter mit primitiver Elementarzelle, das kubisch raumzentrierte (bcc)**) und das kubisch flächenzentrierte (fcc)***) Gitter. Die wichtigsten Eigenschaften der drei kubischen Gitter sind in Tabelle 3 zusammengestellt.

Tabelle 3: Charakteristische Eigenschaften der kubischen Gitter (Tabellen über die Anzahl der Nachbarn und die Abstände in sc, bcc, hcp und Diamantstrukturen findet man in dem Buch von J. Hirschfelder, C.F. Curtis und R.B. Bird, Molecular theory of gases and liquids, Wiley, 1964).

	einfach kubisch	raumzentriert	flächenzentriert
Volumen der gebräuchlichen Einheitszelle	a^3	a^3	a^3
Anzahl der Gitterpunkte pro Einheitszelle	1	2	4
Volumen der primitiven Zelle	a^3	$\frac{1}{2}a^3$	$\frac{1}{4}a^3$
Anzahl der Gitterpunkte pro Einheitsvolumen	$1/a^3$	$2/a^3$	$4/a^3$
Anzahl der nächsten Nachbarn[a])	6	8	12
Abstand zweier nächster Nachbarn	a	$3^{1/2}a/2$ $= 0{,}866\,a$	$a/2^{1/2}$ $= 0{,}707\,a$
Anzahl der übernächsten Nachbarn	12	6	6
Abstand vom übernächsten Nachbarn	$2^{1/2}a$	a	a

[a]) Das Wort "Nachbar" bezeichnet den zu einem beliebigen Gitterpunkt nächstgelegenen Gitterpunkt.

Eine primitive Einheitszelle des kubisch raumzentrierten Gitters zeigt Bild 16, die primitiven Translationen Bild 17. Die primitiven Translationen des kubisch flächenzentrierten Gitters sind in Bild 18 dargestellt. Die primitiven Elementarzellen enthalten nur einen Gitterpunkt, aber die gebräuchlichen kubischen Einheitszellen enthalten zwei Gitterpunkte (bcc) oder vier Gitterpunkte (fcc).

6. Im **rhomboedrischen** System wird gewöhnlich ein Rhomboeder als Einheitszelle gewählt. Das Gitter ist primitiv.

---

*) (sc) Abkürzung für simple cubic.

**) (bcc) Abkürzung für body-centred cubic.

***) (fcc) Abkürzung für face-centred cubic.

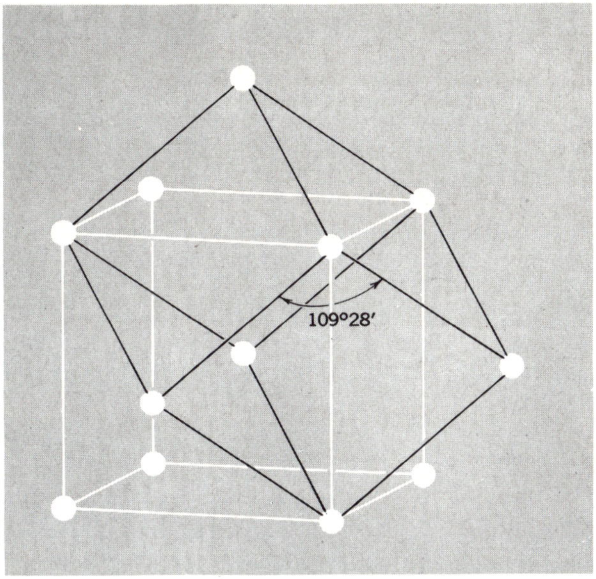

Bild 16:
Kubisch raumzentriertes Gitter mit primitiver Einheitszelle. Die dargestellte primitve Einheitszelle ist ein Rhomboeder mit der Seitenlänge $\frac{1}{2}\sqrt{3}\,a$; der Winkel zwischen sich schneidenden Kanten beträgt 109° 28′.

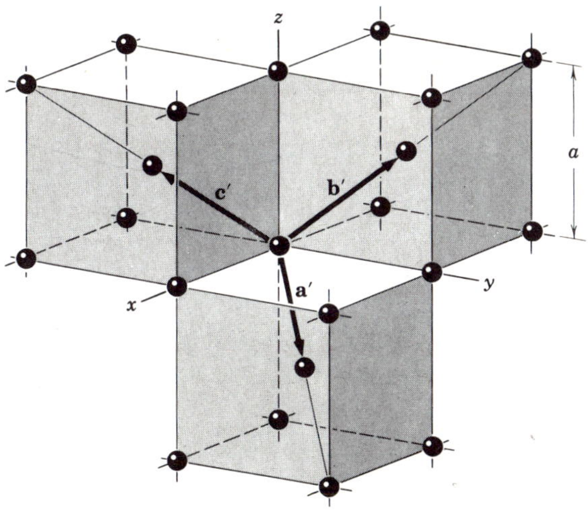

Bild 17: Primitive Translationen des kubisch innenzentrierten Gitters; diese Vektoren verbinden den Gitterpunkt am Ursprung mit dem Gitterpunkt in der Würfelmitte. Die primitive Gitterzelle erhält man, wenn man aus diesen Achsen ein vollständiges Rhomboeder aufbaut. Stellt man die primitiven Translationen als Funktion der Kantenlänge a des Würfels dar, ergeben sie sich zu:

$$\mathbf{a}' = \frac{a}{2}(\hat{\mathbf{x}} + \hat{\mathbf{y}} - \hat{\mathbf{z}}); \quad \mathbf{b}' = \frac{a}{2}(-\hat{\mathbf{x}} + \hat{\mathbf{y}} + \hat{\mathbf{z}}); \quad \mathbf{c}' = \frac{a}{2}(\hat{\mathbf{x}} - \hat{\mathbf{y}} + \hat{\mathbf{z}}).$$

Diese primitiven Achsen schließen einen Winkel von 109° 28′ miteinander ein.

7. Im **hexagonalen** System ist die gebräuchliche Einheitszelle ein rechtwinkeliges Prisma, dessen Grundfläche eine Raute mit einem 60°-Winkel bildet. Das Gitter ist primitiv. Den Zusammenhang zwischen einer rhombischen Zelle und einem hexagonalen Prisma zeigt Bild 19.

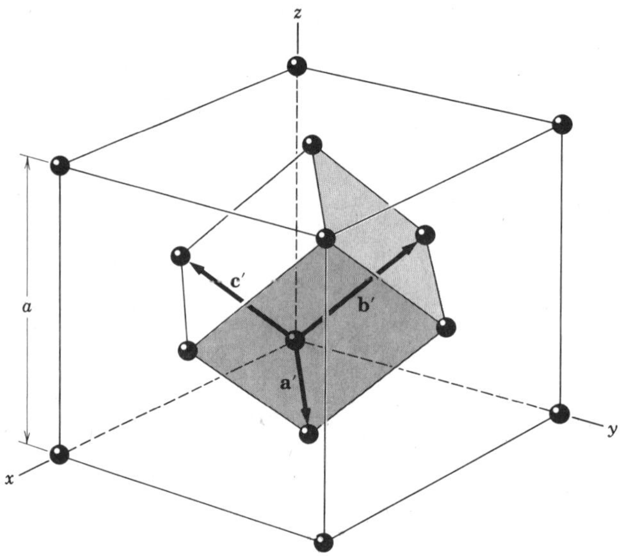

Bild 18: Die primitive Zelle des kubisch flächenzentrierten Gitters ist ein Rhomboeder. Die primitiven Translationen **a**′, **b**′, **c**′ verbinden den Gitterpunkt am Ursprung mit den Gitterpunkten in den Flächemittelpunkten. Wie sich aus der Zeichnung ergibt, sind die primitiven Translationen:

$$\mathbf{a}' = \frac{a}{2}(\hat{\mathbf{x}} + \hat{\mathbf{y}}); \quad \mathbf{b}' = \frac{a}{2}(\hat{\mathbf{y}} + \hat{\mathbf{z}}); \quad \mathbf{c}' = \frac{a}{2}(\hat{\mathbf{z}} + \hat{\mathbf{x}}).$$

Die Winkel zwischen den Achsen betragen 60°.

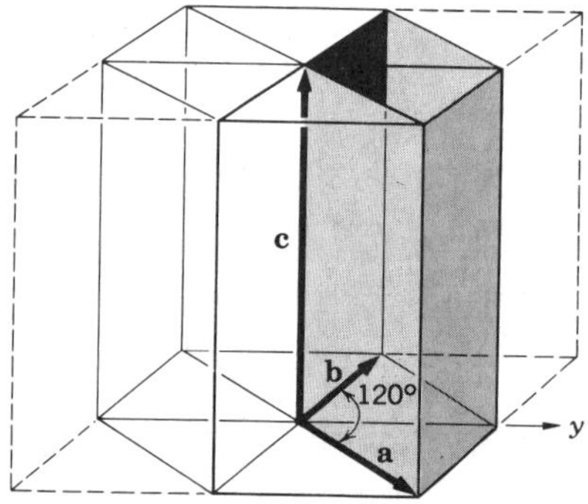

Bild 19: Zusammenhang zwischen der primitiven Zelle im hexagonalen System (dick ausgezogene Linien) und einem Prisma mit hexagonaler Symmetrie. Hierbei ist $a = b \neq c$.

Ort und Lage von Kristallebenen

Der Ort und die Lage einer Kristallebene werden durch drei Punkte dieser Ebene festgelegt, vorausgesetzt, diese Punkte liegen nicht auf einer Geraden. Wenn jeder dieser Punkte auf einer Kristallachse liegt, kann die Ebene durch die Angabe dieser Punkte bestimmt werden. Dabei gibt man die Koordinaten der Punkte in Einheiten der Gitterkonstanten längs der Gitterachsen an. Wenn z. B. die Atome, die die Ebene bestimmen, in bezug auf die Achsenvektoren von einem beliebigen Ursprung die Koordinaten (4, 0, 0), (0, 1, 0), (0, 0, 2) haben, kann die Ebene durch drei Zahlen, nämlich durch 4, 1, 2 angeben werden.

Für die Strukturanalyse ist es aber nützlicher, die Lage der Ebene durch die **Millerschen Indizes** [12]) anzugeben, wie sie in Bild 20 bestimmt sind:

1. Bestimme die Schnittpunkte der Ebene mit den Achsen **a, b, c**, und drücke das Ergebnis in Einheiten der Gitterkonstanten aus. Die Achsen können primitiv sein oder nicht.

2. Bilde die Kehrwerte dieser Zahlen und suche dann drei ganze Zahlen, die zueinander im gleichen Verhältnis wie die drei Kehrwerte stehen, nor-

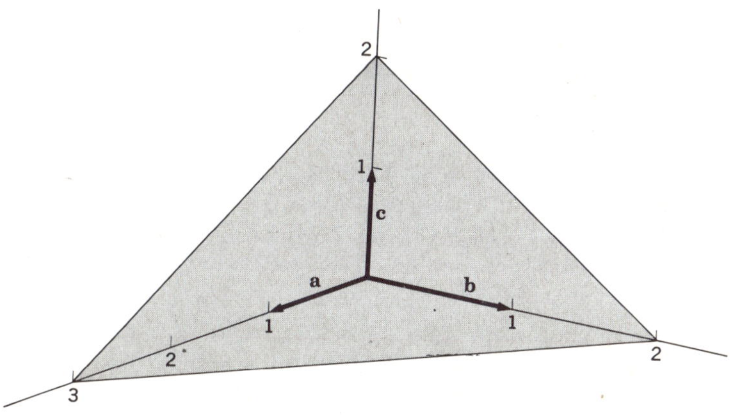

Bild 20: Diese Ebene schneidet die Achsen **a**, **b**, **c** bei 3**a**, 2**b**, 2**c**. Die Kehrwerte dieser Zahlen sind $\frac{1}{3}$, $\frac{1}{2}$, $\frac{1}{2}$. Die drei kleinsten ganzen Zahlen, die in demselben Verhältnis stehen, sind 2, 3, 3. Also sind die Millerschen Indizes dieser Ebene (233).

malerweise die drei kleinsten ganzen Zahlen. Das Ergebnis wird in Klammern gesetzt: (hkl).

---

[12]) Auf den ersten Blick erscheinen die Millerschen Indizes nicht sehr nützlich; erst im zweiten Kapitel wird klar, wie zweckmäßig und elegant ihre Anwendung ist.

Für die Ebene mit den Schnittpunkten 4, 1, 2 lauten die Kehrwerte $\frac{1}{4}$, 1 und $\frac{1}{2}$ und die Millerschen Indizes (142). Liegt ein Schnittpunkt im Unendlichen, ist der zugehörige Index 0. Die Millerschen Indizes einiger wichtiger Ebenen im kubischen Kristall werden in Bild 21 veranschaulicht.

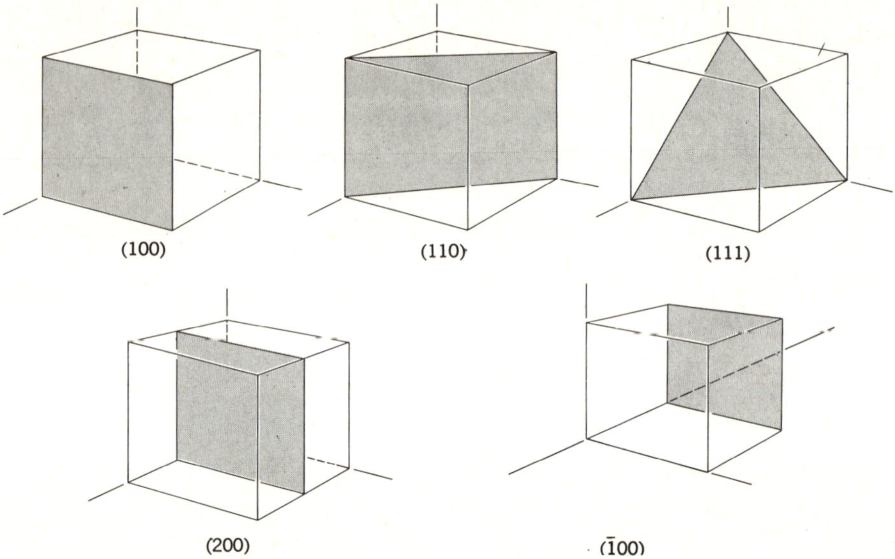

Bild 21: Die Millerschen Indizes wichtiger Ebenen im kubischen Kristall. Die Ebene (200) ist parallel zur (100)-Ebene.

Die Indizes (hkl) können eine einzige Ebene oder eine Schar paralleler Ebenen[13]) bezeichnen. Schneidet eine Ebene eine Achse auf der negativen Seite des Ursprungs, so ist der zugehörige Index negativ. Dies wird durch ein Minuszeichen über dem Index angezeigt $(h\bar{k}l)$. Die Würfeloberflächen eines kubischen Kristalls sind (100), (010), (001), ($\bar{1}$00), (0$\bar{1}$0) und (00$\bar{1}$). Ebenen, die aus Symmetriegründen gleichwertig sind, können durch geschweifte Klammern um die Millerschen Indizes gekennzeichnet werden; die Gruppe der Würfeloberflächen wird demnach mit $\{100\}$ bezeichnet. Oft spricht man auch einfach nur von den 100-Flächen. Wenn man von der (200)-Ebene spricht, meint man eine Ebene, die parallel zur (100)-Ebene liegt, aber die **a**-Achse im Punkt $\frac{1}{2}$**a** schneidet. In Bild 21a, b, c ist die Bildung der (110)-, (111)- und (322) - Ebenen einer fcc Kristallstruktur aus (100)-Ebenen gezeigt.

Die Indizes einer Richtung im Kristall werden durch die Gruppe kleinster ganzer Zahlen ausgedrückt, die dasselbe Verhältnis untereinander haben

---

[13]) In der Kristallographie werden häufig andere Symbole verwendet. So findet man u, v, w an Stelle der hier gebrauchten h, k, l

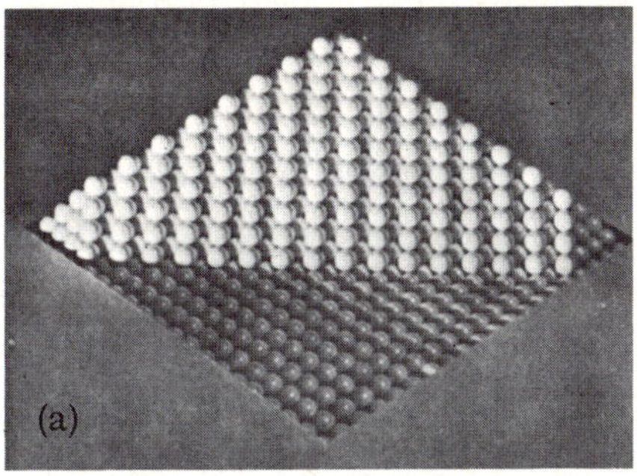

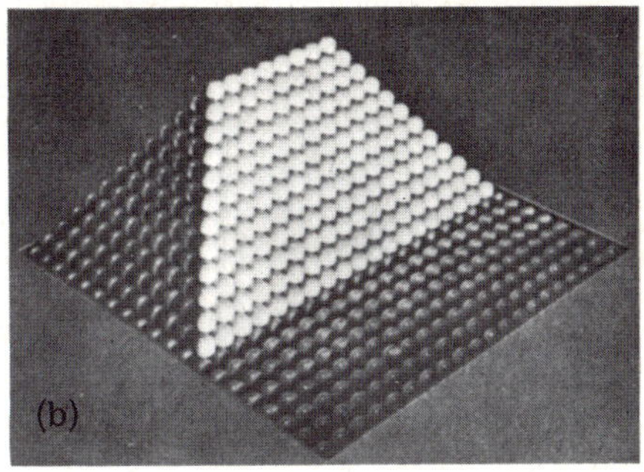

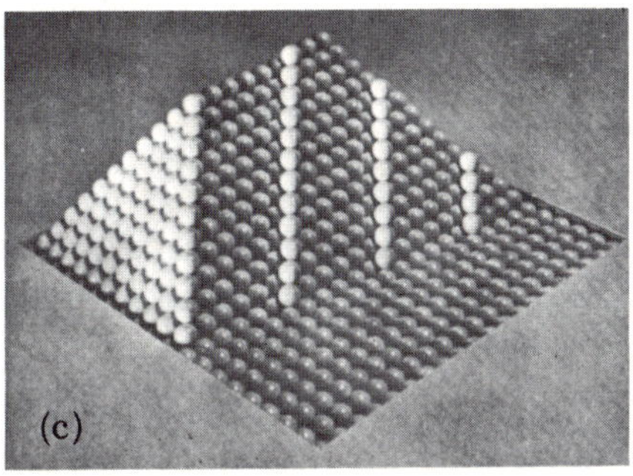

Bild 21a: Eine (100)-Ebene einer fcc-Kristallstruktur. (Dieses und die folgenden Bilder stammen aus J. F. Nicholas, "Atlas of models of crystal surfaces", Gordon and Breach, 1965.)

Bild 21b: Eine (111)-Ebene einer fcc-Kristallstruktur aus (100)-Ebenen.

Bild 21c: Eine (322)-Ebene einer fcc-Kristallstruktur aus (100)-Ebenen. Die Konzentration der Atome ist in Ebenen mit hohen Indizes kleiner als in Ebenen mit kleinen Indizes.

wie die Komponenten eines Vektors in der gewünschten Richtung, bezogen auf die Kristallachsen. Diese ganzen Zahlen werden in eckige Klammern geschrieben $[hkl]$. In einem kubischen Kristall weist die x-Achse in die $[100]$-Richtung, die $-y$-Achse in die $[0\bar{1}0]$-Richtung. In diesem Sinn spricht man von den $[hkl]$- und den gleichwertigen Richtungen, oder

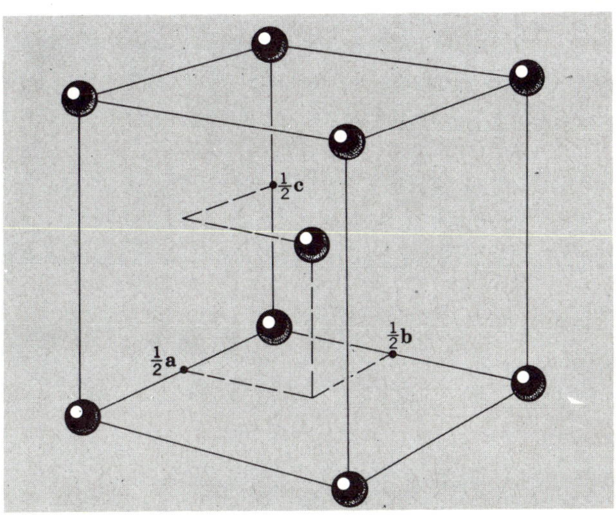

Bild 22: Die Koordinaten des Mittelpunktes einer Elementarzelle sind $\frac{1}{2}\,\frac{1}{2}\,\frac{1}{2}$, wenn man sie in Bruchteilen der Achsenlängen angibt.

einfach von den $[hkl]$-Richtungen. In kubischen Kristallen steht die Richtung $[hkl]$ immer senkrecht auf der Ebene (hkl) mit denselben Indizes (Aufgabe 3). Aber das gilt nicht allgemein in anderen Kristallsystemen.

Die Kristallkoordinaten in der Einheitszelle

Die Orte von Punkten in einer Einheitszelle werden in **atomaren Koordinaten** u, v, w angegeben. Dabei ist jede Koordinate einem Bruchteil der Achsenlängen a, b oder c in Richtung der Koordinatenachsen gleich, wobei der Koordinatenursprung in einer Ecke der Einheitszelle angenommen wird. So ergeben sich die Koordinaten des Mittelpunktes einer Elementarzelle zu $\frac{1}{2}\frac{1}{2}\frac{1}{2}$. Zu den Punkten in den Flächenmitten gehören $\frac{1}{2}\frac{1}{2}0; 0\frac{1}{2}\frac{1}{2}; \frac{1}{2}0\frac{1}{2}$.

Die Koordinaten der Atome in fcc und bcc Gittern drückt man gewöhnlich durch Terme der herkömmlichen kubischen Elementarzelle aus. In den Tabellen von Kristallstrukturen werden gewöhnlich Typ und Größe einer Zelle genau aufgeführt und dann werden die Atomkoordinaten x_i, y_i, z_i eines jeden Atoms der Zelle angegeben.

Einfache Kristallstrukturen

Wir diskutieren kurz eine kleine Anzahl einfacher Kristallstrukturen von allgemeinem Interesse, darunter die Strukturen von Natriumchlorid, Cäsiumchlorid, der hexagonal dichtesten Kugelpackung, des Diamants der kubischen Form des Zinksulfids und der hexagonalen Struktur des Zinksulfids.

Die Natriumchloridstruktur

Die Struktur des Natriumchlorids, NaCl, zeigen die Bilder 23 und 24. Das Bravais-Gitter ist kubisch flächenzentriert. Die Basis besteht aus einem Na-Atom und einem Cl-Atom, deren Abstand voneinander gleich der halben Raumdiagonalen des Einheitswürfels ist. In jedem Einheitswürfel befinden sich vier Einheiten NaCl mit den Atomen bei

$$\text{Na:}\quad 000;\ \tfrac{1}{2}\tfrac{1}{2}0;\ \tfrac{1}{2}0\tfrac{1}{2};\ 0\tfrac{1}{2}\tfrac{1}{2}.$$

$$\text{Cl:}\quad \tfrac{1}{2}\tfrac{1}{2}\tfrac{1}{2};\ 00\tfrac{1}{2};\ 0\tfrac{1}{2}0;\ \tfrac{1}{2}00.$$

Jedes Atom hat als nächste Nachbarn sechs Atome der anderen Art.

Repräsentative Kristalle mit NaCl-Struktur sind in der folgenden Tabelle angegeben, die Kantenlänge a des Würfels (Gitterkonstante) ist in Angström angegeben: 1 Å = 10^{-8}cm = 10^{-10} m.

Kristall	*a*	Kristall	*a*
LiH	4,08 Å	AgBr	5,77 Å
NaCl	5,63	MgO	4,20
KCl	6,29	MnO	4,43
PbS	5,92	KBr	6,59

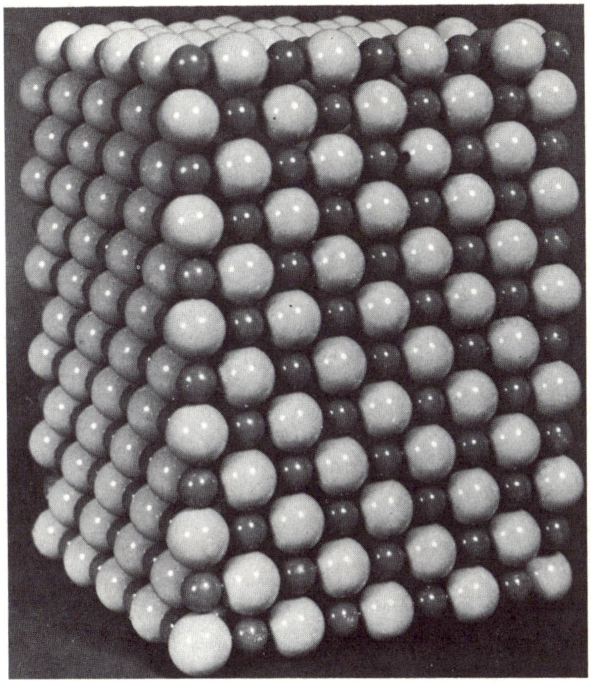

Bild 23:
Modell des Natriumchlorids. Die Natriumionen sind kleiner als die Chlorionen (aus A. N. Holden und P. Singer, "Crystals and crystal growing").

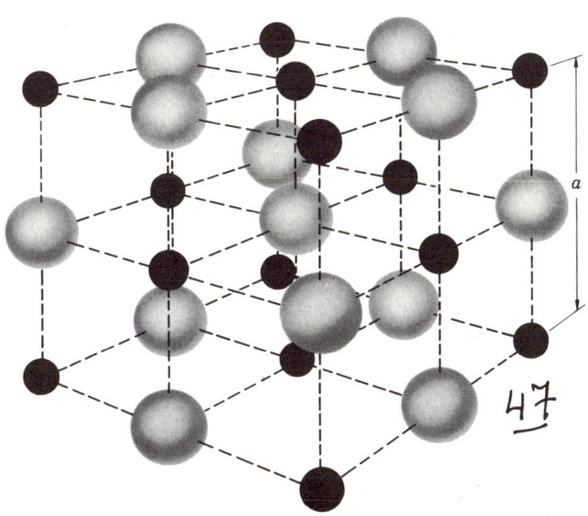

Bild 24:
Die Kristallstruktur von Natriumchlorid. Das Raumgitter ist kubisch flächenzentriert. Die Basis besteht aus einem Na^+-Ion bei 000 und einem Cl^--Ion bei $\frac{1}{2}\frac{1}{2}\frac{1}{2}$.

Bild 25 zeigt die Fotografie eines Bleisulfid-Kristalles aus Joplin, Missouri (USA). Die in Joplin gefundenen Exemplare kristallisieren in schönen Würfeln.

Bild 25:
Bleisulfidkristalle aus natürlichen Vorkommen. Bleisulfid, PbS, hat dieselbe Kristallstruktur wie NaCl. (Foto: Betsy Burleson.)

Die Cäsiumchloridstruktur

Die Cäsiumchlorid(CsCl)-Struktur zeigt Bild 26. Auf jede Einheitszelle entfällt ein Molekül mit den Atomen an den innenzentrierten Positionen:

$$\text{Cs:} \quad 0\,0\,0 \qquad \text{und} \qquad \text{Cl:} \quad \tfrac{1}{2}\,\tfrac{1}{2}\,\tfrac{1}{2}.$$

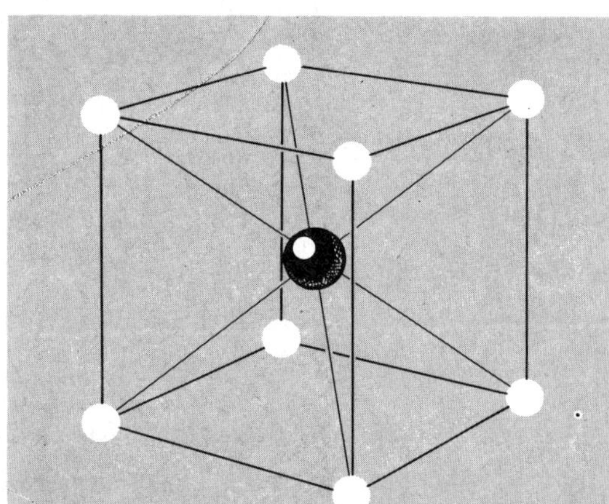

Bild 26:
Kristallstruktur von Cäsiumchlorid. Das Raumgitter ist einfach kubisch, die Basis besteht aus einem Cs^{+}-Ion bei 0 0 0 und einem Cl^{-}-Ion bei $\frac{1}{2}\frac{1}{2}\frac{1}{2}$.

Das Raumgitter ist einfach kubisch[14]). Jedes Atom befindet sich im Mittelpunkt eines Würfels, der aus Atomen der anderen Art besteht. Also beträgt die Koordinationszahl Acht. Typische Kristalle mit CsCl-Struktur sind in der folgenden Tabelle angegeben:

Kristall	*a*	Kristall	*a*
CsCl	4,11 Å	CuZn (β-Messing)	2,94 Å
TlBr	3,97	AgMg	3,28
TlI	4,20	LiHg	3,29
NH_4Cl	3,87	AlNi	2,88
CuPd	2,99	BeCu	2,70

*Die hexagonal dichteste Kugelpackung (hcp)**)

Es gibt zwei Möglichkeiten (Bild 27a), gleichwertige Kugeln regelmäßig anzuordnen und gleichzeitig den unausgefüllten Zwischenraum möglichst klein zu halten. Die eine Möglichkeit führt auf eine Struktur mit kubischer

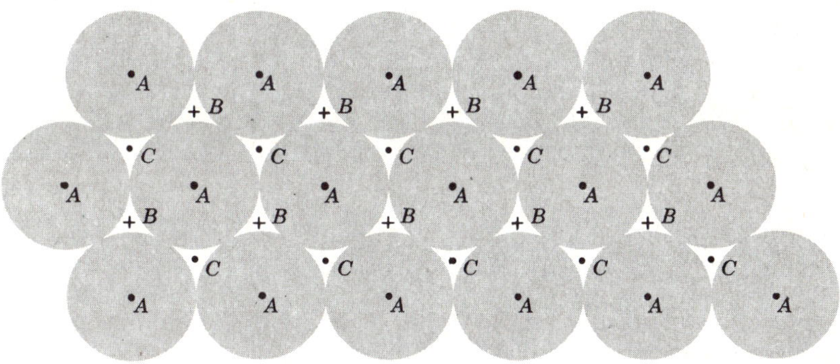

Bild 27a: Das Bild zeigt eine dichtest gepackte Schicht von Kugeln, deren Mittelpunkt mit den Punkten *A* zusammenfallen. Eine zweite identische Schicht von Kugeln kann so über dieser angeordnet werden, daß deren Kugelmittelpunkte über die Punkte *B* gelangen (oder über die gleichwertigen Punkte *C*). Ist die zweite Schicht über *B* angeordnet, so gibt es zwei nicht gleichwertige Möglichkeiten für die dritte Schicht. Man kann sie über *A* oder über *C* anordnen. Wenn man sie über *A* anordnet, lautet die Reihenfolge *ABABAB* . . ., und die Struktur ist hexagonal dichtest gepackt. Wenn man die dritte Schicht über *C* anordnet, ist die Reihenfolge *ABCABCABC* . . ., und die Struktur ist kubisch flächenzentriert; die erste Ebene ist dann eine (111)-Ebene.

[14]) Kristallstrukturen mit einfach kubischen Bravais-Gittern sind nicht selten, jedoch kristallisiert kein häufig vorkommendes Element in einer sc-Struktur, die weder durch die Packungsdichte noch durch gerichtete Bindungen begünstigt ist.

*) (hcp) Abkürzung für hexagonal close-packed.

Symmetrie, die sogenannte kubisch flächenzentrierte Struktur (kubisch dichtest gepackt), die andere hat hexagonale Symmetrie und heißt hexagonal dichteste Kugelpackung (Bild 27b). Der Anteil des ausgefüllten Raumes beträgt 0,74 sowohl für die fcc- als auch für hcp-Strukturen.

Kugeln können in einer einzigen, dichtest gepackten Schicht so angeordnet werden, daß jede Kugel sechs andere berührt. Solch eine Schicht kann entweder die Grundfläche einer hcp-Struktur oder die (111)-Ebene der fcc-Struktur sein. Eine zweite gleichartige Schicht wird so auf die erste gepackt, daß jede Kugel drei Kugeln der Unterlage berührt (wie in Bild 27a). Als nächstes kann eine dritte Schicht auf zwei Arten hinzugefügt werden: in der fcc-Struktur werden die Kugeln der dritten Schicht über den Löchern der ersten Schicht, die nicht von der zweiten Lage besetzt sind, angeordnet. In der hexagonalen Struktur werden die Kugeln der dritten Lage genau über den Kugeln der ersten Schicht angeordnet. Während die fcc-Struktur nach dem Schema *ABCABC ...* gepackt ist, gilt für die hcp-Struktur das Schema *ABABAB....* Die Einheitszelle der hcp-Struktur ist die hexagonale primitive Grundzelle; die Basis enthält zwei Atome, wie in Bild 27b gezeigt wird. Die primitive Zelle fcc in Bild 18 enthält ein Atom.

Das Verhältnis c/a beträgt für die hexagonal dichteste Packung $(\frac{8}{3})^{1/2} = 1,633$. Man ist übereingekommen, Kristalle auch dann noch als hcp-Kristalle zu bezeichnen, wenn das tatsächliche Verhältnis c/a vom theoretischen Wert etwas abweicht. So wird Zink mit $c/a = 1,86$ ($a = 2,66$ Å, $c = 4,94$ Å) im allgemeinen als hcp bezeichnet, obwohl die Winkel zwischen den interatomaren Bindungskräften von denen der idealen hcp-Struktur stark abweichen. Magnesium mit $c/a = 1,623$ kommt der idealen hcp-Struktur sehr nahe. Viele Metalle ändern bei bestimmten Temperaturen

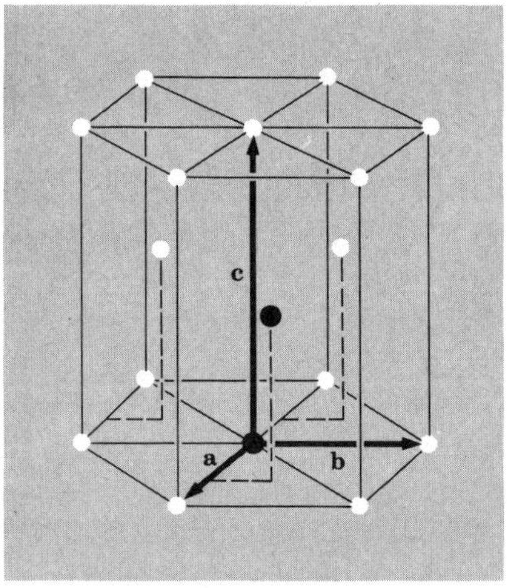

Bild 27b:
Die hexagonal dichtest gepackte Struktur. Die Atome in dieser Struktur liegen nicht auf den Punkten eines Raumgitters. Das Raumgitter ist einfach hexagonal, wobei zwei identische Atome zu jedem Gitterpunkt gehören. Die zwei Atome einer Basis sind schwarz in das Bild eingezeichnet. Das eine Atom der Basis befindet sich am Ursprung, 000, das andere bei $\frac{2}{3}\frac{1}{3}\frac{1}{2}$, d.h., am Ort $\mathbf{r} = \frac{2}{3}\mathbf{a} + \frac{1}{3}\mathbf{b} + \frac{1}{2}\mathbf{c}$.

leicht ihre Struktur zwischen der fcc- und der hcp-Struktur. Wir möchten noch bemerken, daß die **Koordinationszahl,** definiert als die Zahl der nächsten Nachbaratome, für die beiden Strukturen gleich ist. Wenn die Bindungsenergie nur von der Zahl der Bindungen zwischen nächsten Nachbarn abhinge, gäbe es keinen Energieunterschied zwischen der fcc- und der hcp-Struktur.

Beispiele für hcp-Strukturen sind

Kristall	c/a	Kristall	c/a	Kristall	c/a
He	1,633	Zn	1,861	Zr	1,594
Be	1,581	Cd	1,886	Gd	1,592
Mg	1,623	Co	1,622	Lu	1,586
Ti	1,586	Y	1,570		

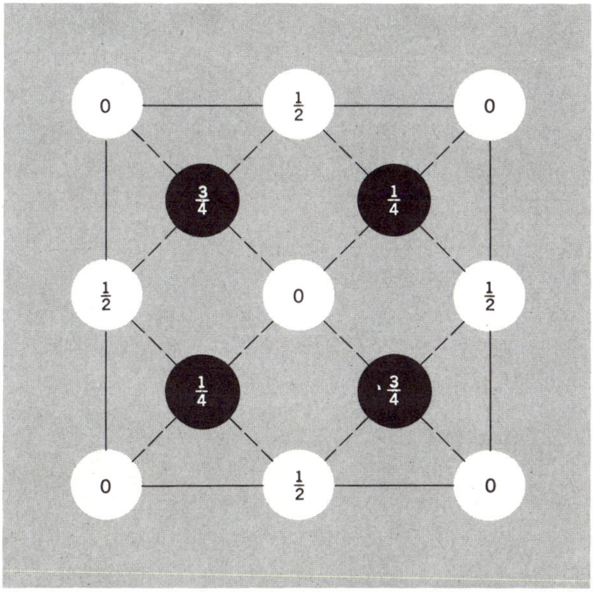

Bild 28: Die Orte der Atome in der Einheitszelle der Diamantstruktur auf eine Würfelfläche projiziert. Die Brüche geben die Höhe über dieser Fläche in Bruchteilen der Kantenlänge des Würfels an. Die Punkte bei 0 und $\frac{1}{2}$ gehören zu einem fcc-Gitter, die Punkte bei $\frac{1}{4}$ und $\frac{3}{4}$ gehören zu einem Gitter gleichen Typs, das auf der Raumdiagonalen um ein Viertel ihrer Länge verschoben ist. Bei einem fcc-Raumgitter besteht die Basis aus zwei identischen Atomen bei 0 0 0 und $\frac{1}{4}\frac{1}{4}\frac{1}{4}$.

Die Diamantstruktur

Das Raumgitter des Diamants ist kubisch flächenzentriert. Eine primitive Basis aus zwei identischen Atomen bei 0 0 0 und $\frac{1}{4}\,\frac{1}{4}\,\frac{1}{4}$ ist mit jedem Gitterpunkt[15]) verbunden, wie in Bild 28 gezeigt wird. Die tetraedrische Bindung in der Diamantstruktur ist in Bild 29 wiedergegeben. Jedes Atom hat vier nächste und zwölf übernächste Nachbarn. In jedem Einheitswürfel befinden sich acht Atome. Das Diamantgitter ist verhältnismäßig leer; der maximale Raumanteil, der von harten Kugeln ausgefüllt werden kann, beträgt 0, 34 oder rund 46% der dichtesten Kugelpackung. Kohlenstoff, Silizium, Germanium und Zinn kristallisieren in der Diamantstruktur mit Gitterkonstanten von 3, 56, 5, 43, 5, 65 und 6, 46 Å. Die Diamantstruktur ist das Ergebnis konvalenter Bindung, die in Kapitel 3 behandelt wird.

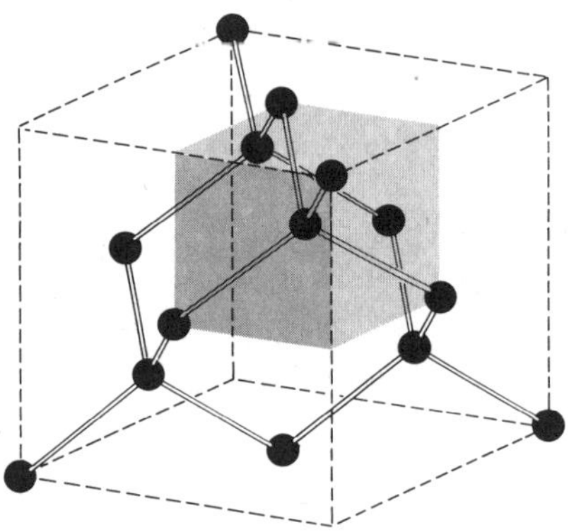

Bild 29:
Die Kristallstruktur von Diamant; deutlich ist die tetraedrische Bindung zu erkennen.

Die kubische Zinkblendestruktur

Wir haben gezeigt, daß die Diamantstruktur aus zwei fcc-Gittern zusammengesetzt ist, die um ein Viertel der Raumdiagonalen gegeneinander verschoben sind. Die Struktur des kubischen Zinksulfids oder der Zinkblende folgt aus der Diamantstruktur, wenn die Zn-Atome auf das eine fcc-Gitter verteilt werden und die S-Atome auf das andere, wie in Bild 30 dargestellt ist. Die Koordinaten der Zn-Atome sind 0 0 0; $0\,\frac{1}{2}\,\frac{1}{2}$; $\frac{1}{2}\,0\,\frac{1}{2}$; $\frac{1}{2}\,\frac{1}{2}\,0$, die Koordinaten der S-Atome sind $\frac{1}{4}\,\frac{1}{4}\,\frac{1}{4}$; $\frac{1}{4}\,\frac{3}{4}\,\frac{3}{4}$; $\frac{3}{4}\,\frac{1}{4}\,\frac{3}{4}$; $\frac{3}{4}\,\frac{3}{4}\,\frac{1}{4}$. Das Raumgitter ist kubisch flächenzentriert (fcc). Jede Einheitszelle enthält vier Mole-

---

[15]) Der gebräuchliche Einheitswürfel enthält acht Atome. Wenn man als Gitterpunkte nur die Eckpunkte dieses Einheitswürfels zuläßt, enthält die Basis acht Atome. Es gibt keine primitive Einheitszelle, bei der die Basis des Diamants nur ein Atom enthält.

küle ZnS. Jedes Atom ist von vier gleich weit entfernten Atomen der anderen Art auf den Ecken eines regelmäßigen Tetraeders umgeben.

Die Diamantstruktur besitzt ein Inversionszentrum im Mittelpunkt jeder Verbindungslinie zweier nächster Nachbarn; die ZnS-Struktur zeigt keine Inversionssymmetrie[16]. Diese Tatsache wird besonders auffällig, wenn man die Anordnung der Atome längs einer Raumdiagonalen betrachtet. Im Diamant (Bild 28 und 29) ist die Reihenfolge CC..CC..CC, wobei die Punkte freie Plätze bedeuten. In ZnS (Bild 30) ist die Reihenfolge ZnS..ZnS..ZnS; diese Folge ist gegenüber einer Inversion bezüglich eines beliebigen Punktes nicht invariant.

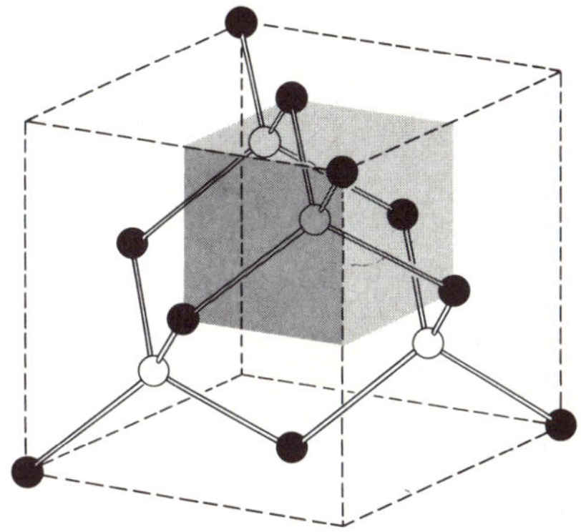

Bild 30:
Die Kristallstruktur der Zinkblende (kubisches Zinksulfid).

Die kubische Zinksulfidstruktur besitzen u. a.:

Kristall	*a*	Kristall	*a*
CuF	4,26 Å	CdS	5,82 Å
CuCl	5,41	InAs	6,04
AgI	6,47	InSb	6,46
ZnS	5,41	SiC	4,35
ZnSe	5,65	AlP	5,42

16) Bei der Inversionsoperation führt man jeden Punkt **r** in den Punkt −**r** über. Ein Tetraeder ist bekanntlich bezüglich seines Mittelpunktes nicht inversionssymmetrisch.

Die hexagonale Zinkblendestruktur

Eine hexagonale Diamantstruktur wurde in Meteoriten entdeckt und im Laboratorium künstlich hergestellt [17]. Ebenso wie die kubische Diamantstruktur hat sie tetraedische Bindung. Die Dichten der beiden Strukturformen sind gleich; in welcher Beziehung aber stehen diese beiden Strukturen zueinander? Die Beziehung ist die gleiche wie die zwischen der kubischen und hexagonalen [18] Form der Zinkblende ZnS. Diesen Strukturen werden die beiden Diamantformen nachgebildet, indem alle Atome durch Kohlenstoffatome ersetzt werden. Bild 31 zeigt das kubische ZnS mit einem Satz tetraedischer Bindungen in der Position rechts oben. Ebenso sieht man das hexagonale ZnS mit einem Satz tetraedischer Bindungen, ebenfalls in der Position rechts oben. Die kubische Form der Zinkblende geht oberhalb 1300 K in die hexagonale über.

Sowohl kubische als auch hexagonale Strukturen sind in dieser Orientierung paarweise in Schichten angeordnet, eine Ebene in jedem Paar ist Zn, die

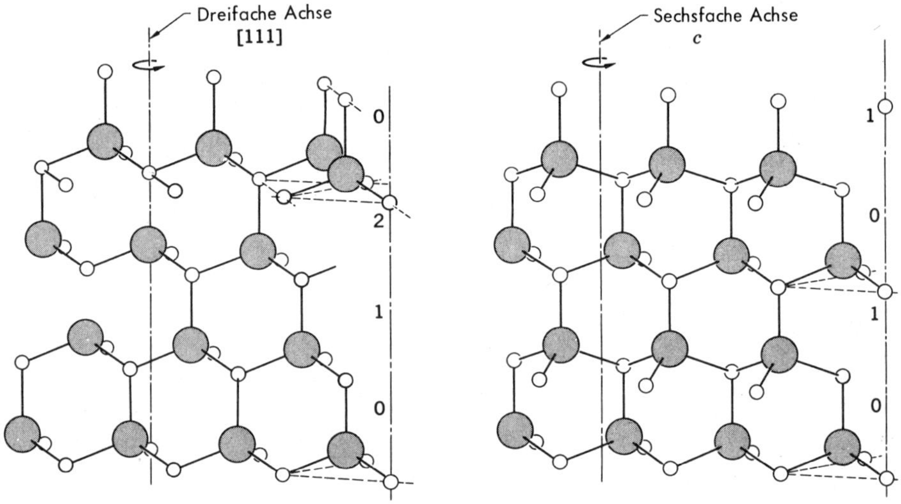

Bild 31: Die Stapelung tetraedischer Schichten im kubischen und hexagonalen ZnS. Die großen Atome sind S, die kleinen Zn. Die senkrechte Achse des hexagonalen ZnS ist eine sechszählige Drehachse, die eine Translation von c/2 für je 60 Grade der Rotation einschließt. Die Stapelfolgen 012012... und 0101... sind ganz ähnlich den Folgen der fcc und hcp Strukturen, die wir aus Bild 27a kennen. (Nach Berry und Mason.)

[17] R. E. Hannemann, H. M. Strong and F. P. Bundy, Science **155**, 955 (1967).

[18] Eine ausgezeichnete Beschreibung der beiden Strukturen geben L. G. Berry and B. Mason in Mineralogy, Freeman, S.308-313, 1959. Hexagonale Zinkblende wird gewöhnlich Wurzit genannt; Wychoff nannte die Struktur Zinkid nach ZnO.

andere S. Die zwei Schichten in beiden Strukturen sind übereinander gepackt und nachfolgende Paare sind horizontal verschoben. Eine solche Verschiebung ist notwendig um das tetraedische Bindungsschema zu erhalten: ohne Verschiebung würde eine Folge S-Zn-S auf einer Geraden liegen. Dies aber steht im Widerspruch zum tetraedischen Schema, das einen Winkel von 109°28' zwischen diesen Bindungen verlangt.

Im kubischen ZnS sind die beiden Schichten so verschoben, daß die Paare 0, 3, 6, ... genau übereinander liegen ohne seitliche Verschiebung. Die Stapelfolge im kubischen ZnS schreibt man deshalb 012012012... Nach dem Stapelschema im hexagonalen ZnS liegen die Paare 0, 2, 4... genau übereinander und folglich ist die Stapelfolge mit 010101... bezeichnet. Alle Bindungen nächster Nachbarn sind in beiden Schemata tetraedisch. Wenn wir für ein gegebenes Atom nur die nächsten Nachbarn betrachten, können wir nicht sagen, ob es sich um einen kubischen oder hexagonalen Kristall handelt. Aber wenn wir uns außerdem noch die Atome der übernächsten Nachbarn anschauen, so können wir die kubischen und hexagonalen Strukturen unterscheiden. Die Bindungslängen nächster Nachbarn von Zn-S sind in beiden Strukturen nahezu gleich. Hexagonale Zinkblendestruktur haben z.B.

Kristall	*a*	*c*	Kristall	*a*	*c*
ZnO	3,25 Å	5,12 Å	SiC	3,25 Å	5,21 Å
ZnS	3,81	6,23	Hex. Diamant	2,52	4,12
ZnSe	3,98	6,53	CdS	4,13	6,75
ZnTe	4,27	6,99	CdSe	4,30	7,02

Auftreten nichtidealer Kristallstrukturen

Der ideale Kristall der klassischen Kristallographen wird durch periodische Wiederholung im Einheitsraum gebildet. Aber es gibt keinen allgemeinen Beweis[19], daß der ideale Kristall tatsächlich am absoluten Nullpunkt im Zustand minimaler Energie der Atome ist. In der Natur gibt es viele Strukturen die zwar regelmäßig aber nicht ganz periodisch sind. Das Ideal der Kristallographen ist nicht notwendigerweise ein Naturgesetz.

Pentagonales Wachstum (Zucht)

Atome können sich nach einer genau befolgten regelmäßigen Vorschrift anlagern, um eine Struktur zu bilden, die nicht ideal ist. Ein Beispiel

---

[19]) Nach Courant wurde der Satz bewiesen, daß die Anordnung von Kreisen als dichteste Packung in einer Ebene ein Gitter bilden; der entsprechende Satz wurde dreidimensional für Kugeln nicht bewiesen.

dafür ist die dichte Packung harter Kugeln mit einer einzigen fünffachen Symmetrieachse (Bild 32), wie sie Bagley[20]) diskutiert.

Man konstruiert aus Kugeln eine Ebene so, daß sie konzentrische "Pentagons" mit einer ungeraden Zahl von Bällen pro Pentagon-Seite bilden. Jeder Ball an einem Eckpunkt wird so gezählt, daß er zur Hälfte zu jeder angrenzenden Seite gehört. Die Kugeln entlang der Seiten des Fünfecks berühren sich, die parallelen Seiten nicht. Eine zweite Ebene wird wie in Bild 32 so konstruiert, daß die Kugeln konzentrische Fünfecke mit einer geraden Kugelzahl pro Pentagonseite bilden. Diese Ebene ist im Kontakt zur ersten angeordnet. Diese beiden Ebenen bilden eine Doppelschicht; gleiche Doppelschichten können bis ins unendliche übereinander

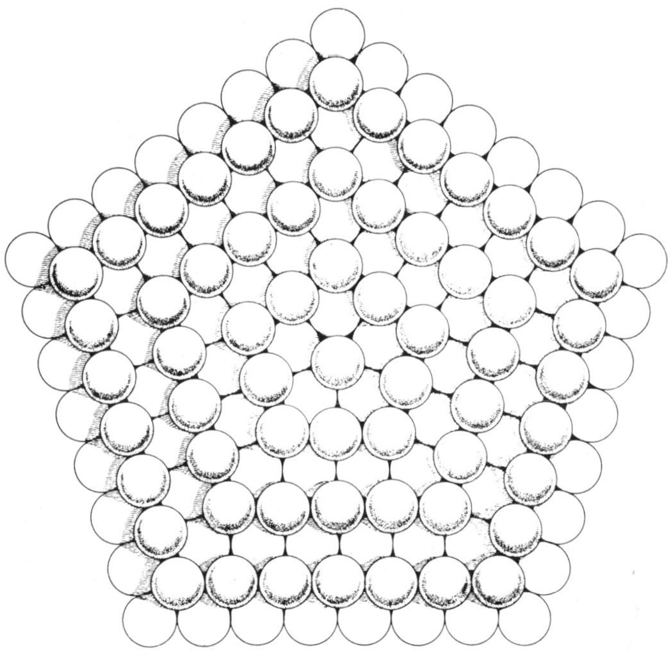

Bild 32: Zwei Ebenen harter Kugeln sind zu einem konzentrischen Fünfeck zusammengebaut. Die Fünfecke der unteren Ebene haben auf jeder Seite eine ungerade Zahl an Kugeln und die auf der oberen Ebene haben auf jeder Seite eine gerade Zahl. Die Kugeln an den Ecken werden zu jeder Seite nur je zur Hälfte zugezählt. (Nach B. G. Bagley.)

20) B. G. Bagly, Nature **208**, 674 (1965). Bagley gibt Literaturhinweise für eine mögliche Realisierung einer fünffachen Symmetrie in künstlich hergestellten Diamanten, Kupferdendriten, Whiskern von Ni, Fe und Pt, sowie in Kobalt-Kristallen, die durch Wasserstoff-Reduktion von $CoBr_2$ hergestellt wurden.

gestapelt werden, wobei ihre fünffachen Symmetrieachsen zusammenfallen. Es gibt also eine einzige fünffache Achse und nicht ein regelmäßiges Gitter fünffacher Achsen. Das Packungsverhältnis ist 0,72357, ein wenig geringer als der Packungsanteil 0,74048 von fcc und hcp Strukturen.

Die regelmäßige pentagonale Struktur kann dreidimensional von einem geeigneten Keimling aus wachsen. Obwohl selten, ist es doch die wahrhaft vernünftigste Wachstumsart für eine Struktur. Die pentagonale Struktur muß nicht unbedingt die Struktur mit dem absolut tiefsten Energiezustand des Systems sein. Das Gebiet der klassischen Kristallographie muß um solche Strukturen erweitert werden.

Die pentagonale Packung von Virusteilchen wurde von G. Milman, B.G. Uzman, A. Mitchell und R. Langridge, Science **152**, 1381 (1966) beobachtet, wie Bild 33 zeigt. Die einzelnen Virusteilchen haben wahrscheinlich ikosaedische Symmetrie. Wie Bild 34 zeigt, begünstigt eine fünffache Symmetrieachse innerhalb des Teilchens das Bagleysche-Zuchtschema. Paleontologen sehen das Auftreten einer fünffachen Achse in Fossilien als Beweis für deren biologischen Ursprung an, im Gegensatz zu geologischen Formationen.

Zufällige Stapelung) und Polytypismus*

Wie wir gesehen haben, bestehen sowohl die fcc als auch die hcp Strukturen aus dicht gepackten Ebenen von Atomen (Bild 27a) und unterscheiden sich nur in der Stapelfolge der Ebenen. Dabei hat fcc die Folge ABCABC... und hcp die Sequenz ABABAB... Man kennt auch Strukturen, deren Stapelfolge dicht gepackter Schichten zufällig d.h. statistisch verteilt zustande gekommen ist [21]), also ACBACBAC... Das nennt man zufällige Stapelung. Dies findet man z.B. bei kleinen Kobalt-Teilchen. Kobalt hat zwei normale Kristallformen, wobei hcp unterhalb 400°C und fcc oberhalb stabil ist. Die Energiedifferenz der beiden Formen ist bei Zimmertemperatur klein. In mancher Hinsicht kann man sich eine zufällige Stapelung als etwas vorstellen, das in 2 Dimensionen kristallin und in der dritten glasartig ist. Die Struktur von Glas hat statistisch zufällig verteilte Elemente in allen drei Dimensionen.

---

*) im Engl. random stacking

[21]) Man beachte, daß die Folgen wie ACCB in der Praxis ausgeschlossen sind: eine dichtgepackte Ebene kann nicht unmittelbar auf eine andere gesetzt werden, ohne daß die Energie sehr groß wird.

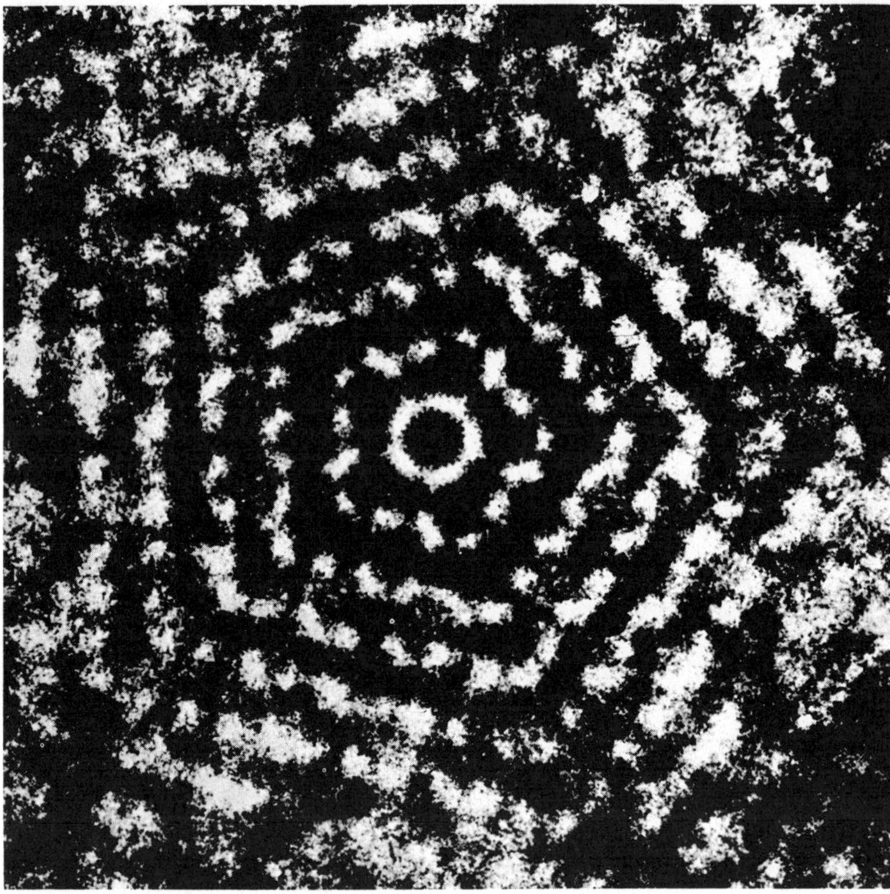

Bild 33: Packungsanordnung von Virusteilchen (wahrscheinlich der R17 Virus) um eine eindeutige fünfzählige Achse, beobachtet mit einem Elektronenmikroskop bei 430 000facher Vergrößerung. Die Symmetrie wird durch die photographische Überlagerung von fünf nachfolgenden Bildern unterstrichen, die man erhält, wenn man die ursprüngliche Photographie um 72° um den Mittelpunkt der pentagonalen Gruppe dreht. (Nach Milman, Uzman, Mitchell und Langridge.)

Polytypismus[22]) wird durch eine Stapelfolge mit langer Wiederholungseinheit charakterisiert. Das klassische Beispiel ist SiC das nicht nur in den Folgen 012012... wie das kubische ZnS, sondern auch in 45 weiteren

---

22) Siehe A.R. Verma and P. Krishna, Polymorphism and polytypism in Crystals, Wiley, 1966. Eine Zusammenfassung über Polytypismus in SiC bringt Wyckoff, Band 1, S. 113-120. Die Beziehung zwischen Polytypismus und Versetzungen (Kapitel 20) behandelt A. R. Verma in Silicon carbide, J. R. O' Connor and J. Smiltens, eds, Pergamon, 1960.

bekannten Stapelfolgen der hexagonalen Schichten vorkommt. So hat z.B. der Polytyp von SiC, der unter 393 R bekannt ist, eine primitive Zelle mit a = 3,079 Å und c = 989,6 Å. Die größte primitive Zelle, die man bei Sic beobachtet hat, besitzt eine Wiederholungslänge von 594 Schichten. Der Mechanismus, der solche kristallographische Fernordnungen induziert, gründet sich nicht auf fernreichweitige Kräfte, sondern auf das Vorhandensein spiralartiger Stufen, die auf Verschiebungen im Kern (Kap. 20) zurückzuführen sind. Die Stapelfolgen im Polytypismus sind nicht statistisch zufällig verteilt, weil eine vorgegebene Sequenz oftmals in einem Einkristall wiederholt wird. Polytypismus läßt sich in die klassische Kristallographie einordnen, obgleich man überrascht ist, daß es das Phänomen überhaupt gibt.

Magnetische Ordnung. Ein magnetischer Kristall kann verschiedene primitive Zellen haben, jenachdem ob wir die Periodizität der Ladungsdichte,

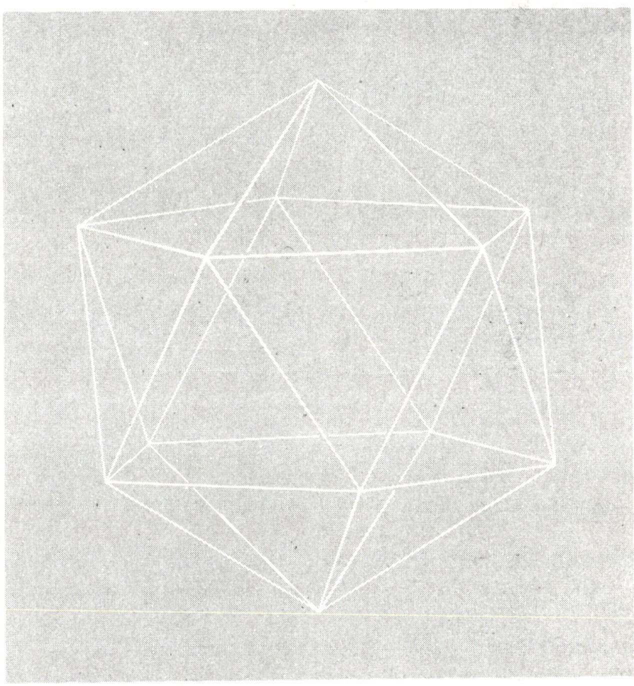

Bild 34: Ein regelmäßiger Ikosaeder hat 5-, 3- und 2-zählige Symmetrie. Es gibt zwanzig Flächen. Viele Virusteilchen haben diese Form; jedes Teilchen ist aus vielen Untereinheiten aufgebaut. Die Symmetrie verlangt mindestens 60 Untereinheiten: vergl. "Structure of small viruses" von F. H. C. Crick und J. D. Watson, Nature **177**, 473.475 (1956); "Physical principles in the construction of regular viruses," von D. L. D. Caspar und A. Klug, Cold Spring Harbor Sym. Quant. Biol. **27**, 1 (1962).

die den chemischen Wiederholungsabstand angibt, oder die Periodizität der Dichte des magnetischen Moments der Elektronen betrachten, die den magnetischen Wiederholungsabstand ergibt. Man kann sich die Ladungsverteilung mittels Röntgen-Beugung (Kap. 16) anschauen. Die beiden Periodizitäten müssen nicht als ganze Vielfache zueinander im Verhältnis stehen: ist die Spinanordnung spiralförmig, dann muß die Wiederholungslänge entlang der Achse nicht ein ganzes Vielfaches der Wiederholungslänge der chemischen Struktur sein.

Zusammenstellungen von Daten über Kristallstrukturen

Leser, die die Kristallstruktur einer Substanz nachschlagen wollen, sollten vor allem die hervorragende Zusammenstellung von Wyckoff, die in der Literaturübersicht angegeben ist, benützen. "Strukturberichte", "Structure Reports" und die Zschr. "Acta Crystallographica" sind außerdem wertvolle Hilfen.

In Tabelle 4 geben wir die häufig benötigten normalen Kristallstrukturen und Gitterkonstanten einer Anzahl von Elementen an. Von Hume-Rothery [23]) stammt eine nützliche Sammlung der Kristallstrukturen von Elementen, die entsprechend den Gruppen des Periondensystems geordnet ist. Werte für die Dichte und die Konzentration findet man in Tabelle 5.

Viele Elemente kommen in verschiedenen Kristallformen vor und gehen bei Temperaturänderung von der einen in die andere über. Wieder andere Übergänge werden durch Druck ausgelöst. Manchmal können zwei Strukturen bei derselben Temperatur gleichzeitig bestehen, obwohl vielleicht die eine etwas stabiler ist als die andere. Es soll hinzugefügt werden, daß die Unterschiede in der Energie oder freien Energie verschiedener Strukturen sehr klein sein können; oft können wir sie nicht einmal theoretisch berechnen. Es werden nun einige Beispiele für solche Übergänge angeführt:

(a) Natrium hat bei Zimmertemperatur bcc-Struktur. Es geht teilweise in die hcp-Struktur über[24]), wenn es unter 36 K abgekühlt oder unterhalb 51 K deformiert wird.

(b) Lithium ist bei Zimmertemperatur bcc. Bei 78 K bestehen bcc- und hcp-Struktur gleichzeitig nebeneinander. Die hcp-Phase geht in die fcc-Phase über, wenn man sie bei tiefen Temperaturen kalt verformt.

---

[23]) W. Hume-Rothery, Structure of metals and alloys, Institute of Metals, London, 4. Aufl. 1962.

[24]) C. S. Barrett, Acta Cryst. **9**, 671 (1955).

Tabelle 4: Kristallstrukturen der Elemente.

Die angeführten Werte gelten für die gewöhnlichsten Formen bei Zimmertemperatur, sonst - wie angegeben - in Kelvin. Weitere Beschreibung der Elemente findet man bei Wyckoff, Band 1, Kapitel 2 und in der Tabelle A-6 von Barrett und Massalski. Die Strukturen, die hier mit komplex bezeichnet werden, sind dort beschrieben. Die Bezeichnung ABAC bezieht sich auf die Folge dicht gepackter Ebenen.

← Kristallstruktur →
← *a*, Gitterkonstante, in Å →
← *c*, Gitterkonstante, in Å →

H^1 4K hcp 3,75 6,12																	**He**^{4} 2K hcp 3,57 5,83
Li 78K bcc 3,491	**Be** hcp 2,27 3,59											**B** rhomb.	**C** Diamant-str. 3,567	**N** 20K kubisch 5,66 (N_2)	**O** komplex (O_2)	**F**	**Ne** fcc 4,46
Na 5K bcc 4,225	**Mg** hcp 3,21 5,21											**Al** fcc 4,05	**Si** Diamant-str. 5,430	**P** komplex	**S** komplex	**Cl** komplex (Cl_2)	**Ar** 4K fcc 5,31
K 5K bcc 5,225	**Ca** fcc 5,58	**Sc** hcp 3,31 5,27	**Ti** hcp 2,95 4,68	**V** bcc 3,03	**Cr** bcc 2,88	**Mn** kubisch komplex	**Fe** bcc 2,87	**Co** hcp 2,51 4,07	**Ni** fcc 3,52	**Cu** fcc 3,61	**Zn** hcp 2,66 4,95	**Ga** komplex	**Ge** Diamant-str. 5,658	**As** rhomb.	**Se** hex. Kettenstr.	**Br** komplex (Br_2)	**Kr** 4K fcc 5,64
Rb 5K bcc 5,585	**Sr** fcc 6,08	**Y** hcp 3,65 5,73	**Zr** hcp 3,23 5,15	**Nb** bcc 3,30	**Mo** bcc 3,15	**Tc** hcp 2,74 4,40	**Ru** hcp 2,71 4,28	**Rh** fcc 3,80	**Pd** fcc 3,89	**Ag** fcc 4,09	**Cd** hcp 2,98 5,62	**In** tetr. 3,25 4,95	**Sn** (α) Diamant-str. 6,49	**Sb** rhomb.	**Te** hex. Kettenstr.	**I** komplex (I_2)	**Xe** 4K fcc 6,13
Cs 5K bcc 6,045	**Ba** bcc 5,02	**La** hex. 3,77 *ABAC*	**Hf** hcp 3,19 5,05	**Ta** bcc 3,30	**W** bcc 3,16	**Re** hcp 2,76 4,46	**Os** hcp 2,74 4,32	**Ir** fcc 3,84	**Pt** fcc 3,92	**Au** fcc 4,08	**Hg** rhomb.	**Tl** hcp 3,46 5,52	**Pb** fcc 4,95	**Bi** rhomb.	**Po** sc 3,34	**At** —	**Rn** —
Fr —	**Ra** —	**Ac** fcc 5,31															

Ce fcc 5,16	**Pr** hex. 3,67 *ABAC*	**Nd** hex. 3,66	**Pm** —	**Sm** komplex	**Eu** bcc 4,58	**Gd** hcp 3,63 5,78	**Tb** hcp 3,60 5,70	**Dy** hcp 3,59 5,65	**Ho** hcp 3,58 5,62	**Er** hcp 3,56 5,59	**Tm** hcp 3,54 5,56	**Yb** fcc 5,48	**Lu** hcp 3,50 5,55
Th fcc 5,08	**Pa** tetr. 3,92 3,24	**U** komplex	**Np** komplex	**Pu** komplex	**Am** hex. 3,64 *ABAC*	**Cm** —	**Bk** —	**Cf** —	**Es** —	**Fm** —	**Md** —	**No** —	**Lw** —

Tabelle 5: Dichte und atomare Konzentration der Elemente.

Die Werte gelten für Atmosphärendruck und Zimmertemperatur oder für die angegebene Temperatur in Kelvin (Kristallmodifikationen wie in Tabelle 4).

H 4K 0,088																	He 2K 0,205 (bei 37 atm)
Li 78K 0,542 4,700 3,023	Be 1,82 12,1 2,22											B 2,47 13,0	C 3,516 17,6 1,54	N 20K 1,03	O	F 1,44	Ne 4K 1,51 4,36 3,16
Na 5K 1,013 2,652 3,659	Mg 1,74 4,30 3,20	← Dichte, in g cm^{-3} (10^{3} kg m^{-3}) → ← Konzentration, in 10^{22} cm^{-3} (10^{28} m^{-3}) → ← Abstand nächster Nachbarn, in Å (10^{-10} m) →										Al 2,70 6,02 2,86	Si 2,33 5,00 2,35	P	S	Cl 93K 2,03 2,02	Ar 4K 1,77 2,66 3,76
K 5K 0,910 1,402 4,525	Ca 1,53 2,30 3,95	Sc 2,99 4,27 3,25	Ti 4,51 5,66 2,89	V 6,09 7,22 2,62	Cr 7,19 8,33 2,50	Mn 7,47 8,18 2,24	Fe 7,87 8,50 2,48	Co 8,9 8,97 2,50	Ni 8,91 9,14 2,49	Cu 8,93 8,45 2,56	Zn 7,13 6,55 2,66	Ga 5,91 5,10 2,44	Ge 5,32 4,42 2,45	As 5,77 4,65 3,16	Se 4,81 3,67 2,32	Br 123K 4,05 2,36	Kr 4K 3,09 2,17 4,00
Rb 5K 1,629 1,148 4,837	Sr 2,58 1,78 4,30	Y 4,48 3,02 3,55	Zr 6,51 4,29 3,17	Nb 8,58 5,56 2,86	Mo 10,22 6,42 2,72	Tc 11,50 7,04 2,71	Ru 12,36 7,36 2,65	Rh 12,42 7,26 2,69	Pd 12,00 6,80 2,75	Ag 10,50 5,85 2,89	Cd 8,65 4,64 2,98	In 7,29 3,83 3,25	Sn 5,76 3,62 2,81	Sb 6,69 3,31 2,91	Te 6,25 2,94 2,86	I 4,95 2,36 3,54	Xe 4K 3,78 1,64 4,34
Cs 5K 1,997 0,905 5,235	Ba 3,59 1,60 4,35	La 6,17 2,70 3,73	Hf 13,20 4,52 3,13	Ta 16,66 5,55 2,86	W 19,25 6,30 2,74	Re 21,03 6,80 2,74	Os 22,58 7,14 2,68	Ir 22,55 7,06 2,71	Pt 21,47 6,62 2,77	Au 19,28 5,90 2,88	Hg 227 14,26 4,26 3,01	Tl 11,87 3,50 3,46	Pb 11,34 3,30 3,50	Bi 9,80 2,82 3,07	Po 9,31 2,67 3,34	At —	Rn —
Fr —	Ra —	Ac 10,07 2,66 3,76															

Ce 6,77 2,91 3,65	Pr 6,78 2,92 3,63	Nd 7,00 2,93 3,66	Pm —	Sm 7,54 3,03 3,59	Eu 5,25 2,04 3,96	Gd 7,89 3,02 3,58	Tb 8,27 3,22 3,52	Dy 8,53 3,17 3,51	Ho 8,80 3,22 3,49	Er 9,04 3,26 3,47	Tm 9,32 3,32 3,54	Yb 6,97 3,02 3,88	Lu 9,84 3,39 3,43
Th 11,72 3,04 3,60	Pa 15,37 4,01 3,21	U 19,05 4,80 2,75	Np 20,45 5,20 2,62	Pu 19,81 4,26 3,1	Am 11,87 2,96 3,61	Cm —	Bk —	Cf —	Es —	Fm —	Md —	No —	Lw —

(c) Kobalt: bei Zimmertemperatur ist hcp eine stabile Form von Kobalt, obwohl feines Kobaltpulver fcc sein kann. Oberhalb 400 K ist fcc die stabile Form.

(d) Kohlenstoff tritt als Diamant, Graphit, hexagonaler Diamant und in amorphen Formen auf. Alle sind im wesentlichen bei Zimmertemperatur stabil.

(e) Eisen ist bis 910°C bcc, zwischen 910°C und 1400°C fcc und oberhalb 1400°C bcc.

Zusammenfassung

1. Ein Gitter ist ein Feld von Punkten, die miteinander durch den Gittertranslations-Operator

$$\mathbf{T} = n_1\mathbf{a} + n_2\mathbf{b} + n_3\mathbf{c}$$

verknüpft sind. n_1, n_2, n_3 sind ganzzahlig und **a, b, c** sind die Kristallachsen.

2. Um einen Kristall aufzubauen, legt man in jeden Gitterpunkt eine identische Basis von N Atomen an den Orten $\mathbf{r}_j = x_j\mathbf{a} + y_j\mathbf{b} + z_j\mathbf{c}$, mit $j = 1, 2, \ldots, N$. x, y, z können Werte zwischen 0 und 1 haben.

3. Die Achsen **a, b, c** sind primitiv für das kleinste Zellvolumen $|\mathbf{a} \cdot \mathbf{b} \times \mathbf{c}|$, für das die Kristallstruktur aus einem Gittertranslationsoperator **T** und einer Basis in jedem Gitterpunkt konstruiert werden kann.

4. Es kann vorteilhaft sein (besonders für kubische Kristalle), einen Kristall als herkömmliche Zelle zu beschreiben, deren Volumen ein ganzzahliges Vielfaches des Volumens einer primitiven Zelle ist.

5. Kristallebenen werden durch die Miller'schen Indizes (hkl), und eine Kristallrichtung durch $[hkl]$ gekennzeichnet.

6. Zu den wichtigen einfachen Strukturen gehören bcc, fcc, hcp, Diamant, NaCl, CsCl, kubische ZnS- und hexagonale ZnS-Strukturen.

Aufgaben

1. **Die Diamantstruktur.** a) Wieviele Atome befinden sich in der primitiven Grundzelle des Diamants? b) Geben Sie die Länge der primitiven Translationsvektoren in Angström an. c) Zeigen Sie, daß der Winkel zwischen den tetraedisch angeordneten Valenzkräften des Diamants 109° 28′

beträgt. (H i n w e i s: Wie in Bild 16 ist dies der Winkel zwischen den Raumdiagonalen des Würfels.) d) Wieviele Atome befinden sich in der gebräuchlichen kubischen Einheitszelle?

2. **Fünfzählige Achsen.** Ein Gitter kann keine fünfzählige Rotationssymmetrie aufweisen. Führen Sie einen algebraischen Beweis dieser Behauptung an. Gehen Sie dazu von der kleinsten, nichtverschwindenden Translation $\mathbf{a}$ aus; zeigen Sie, daß der Vektor $\mathbf{a}'' + \mathbf{a}'$ kleiner als $\mathbf{a}$ ist. $\mathbf{a}'$ und $\mathbf{a}''$ sind Vektoren, die durch Rotation von $\mathbf{a}$ um $\pm 2\pi/5$ entstehen.

3. **Senkrechte auf eine Ebene.** Beweisen Sie, daß in einem kubischen Kristall die Richtung $[hkl]$ senkrecht auf der Ebene (hkl) mit denselben Indizes steht.

4. **Packungsverhältnis.** Zeigen Sie, daß der maximale Anteil des verfügbaren Volumens, der von starren Kugeln ausgefüllt werden kann, in verschiedenen Gittern die folgenden Werte hat: einfach kubisch 0,52; kubisch innenzentriert 0,68; kubisch flächenzentriert 0,74.

5. **hcp-Struktur.** a) Zeigen Sie, daß das Verhältnis c/a einer idealen dichtest gepackten Struktur gleich $(\frac{8}{3})^{1/2} = 1,633$ ist. b) Vergleichen Sie dieses Ergebnis mit den experimentell gefundenen Werten von drei hcp-Kristallen. c) Zeigen Sie, daß es kein hcp-Raumgitter geben kann (mit einer Basis von e i n e m Atom pro Gitterpunkt). H i n w e i s: Zeigen Sie, daß man keine drei Gittervektoren $\mathbf{a}, \mathbf{b}, \mathbf{c}$ finden kann, für die die Schar der Translationen $\mathbf{T}$ der Gleichung (2) ein hcp-Gitter aufbaut; zwar kann man $\mathbf{a}$ und $\mathbf{b}$ so wählen, daß sie ein hexagonales Netz in der Grundfläche aufspannen, aber die Schwierigkeit liegt bei $\mathbf{c}$.

6. **Kristallstrukturen.** Beschreiben Sie die Kristallstrukturen des hexagonalen ZnO, des NiAs und des α-Quarzes. Geben Sie das gewählte Gitter und die jeweilige Basis an.

7. **Untergitter.** Zeigen Sie, daß das bcc-Gitter in zwei sc (einfach kubisch)-Gitter A und B mit der Eigenschaft aufgeteilt werden kann, daß keiner der nächsten Nachbarn eines Gitterpunktes von A zu A gehört, und mit der entsprechenden Eigenschaft für B. Zeigen Sie, daß ein sc-Gitter, um dieselbe Eigenschaft wiederum zu erhalten, in zwei fcc-Gitter, und ein fcc-Gitter in vier sc-Gitter aufgeteilt werden müssen. Diese Betrachtungen sind von Interesse für den Antiferromagnetismus (Kapitel 15).

8. **Dichteste Packung von Zylindern.** Bestimmen Sie die dichteste Packung identischer, unendlich langer, gerader Zylinder mit Kreisquerschnitt. Wie groß ist das Packungsverhältnis dieser Anordnung?

9. Dreizählige Achsen und kubische Kristalle. Zeigen Sie, daß ein Kristall, der vier dreizählige Achsen aufweist, die Tetraederwinkel miteinander einschließen (Aufgabe 1), ein kubisches Gitter haben muß. (Dies ist die minimale Symmetrieforderung an einen kubischen Kristall.)

10. Cäsiumchloridstruktur. Betrachten Sie ein Cs^+-Ion an der Stelle 000 in der einfach-kubisch primitiven Zelle. a) Geben Sie die Zahl der erst- zweit- und drittnächsten Nachbarionen an. Die erstnächsten Nachbarn sind Cl^-, die zweitnächsten Cs^+ und die drittnächsten Cs^+. Anleitung: Die Folge der Nachbarn erkennt man am einfachsten, wenn man eine (110)-Ebene betrachtet. Diese Ebene besitzt die drei kubischen Hauptrichtungen: Würfelkante, Flächendiagonale und Körperdiagonale.
b) Geben Sie die atomaren Koordinaten x, y, z aller erst-, zweit- und drittnächsten Nachbarn zum Cs^+-Ion in 000 an.

Literaturhinweise

Grundlagen

L. G. Berry, and B. Mason, Mineralogy, Freeman, 1959.
B. Chalmers, J. G. Holland, K. A. Jackson, and R. B. Williamson, Crystallography: A programmed course in three dimensions, Books 1 through 6. Appleton, 1965.
A. Holden, Nature of solids, Columbia University Press, 1965.
A. Holden, and P. Singer, Crystals and crystal growing, (Anchor S7) Doubleday, 1960.

Kristallographie

M. J. Buerger, Elementary crystallography, Wiley, 1963.
F. C. Phillips, An introduction to crystallography, Wiley, 3. Aufl. 1963.

Geometrie

D. Hilbert and S. Cohn-Vossen, Geometry and the imagination, Chelsea, New York, 1952. Siehe vor allem Kapitel 2.
H. S. M. Coexter, Regular polytopes, Methuen, London 1948. Behandlung geometrischer Eigenschaften von Polyedern.

Kristallzüchtung

J. J. Gilman, The art and science of growing crystals, Wiley, 1963.
W. D. Lawson, and S. Nielsen, Preparation of single crystals, Butterworths, 1958.

A. Smakula, Einkristalle, Springer, 1962.

W. G. Pfann, Zone melting, Wiley, 1966.
Der Prozeß des Zonenschmelzens ermöglicht die Herstellung von Materialien sehr hoher Reinheit. Siehe auch den Artikel von Pfann in Scientific American, Dezember 1967.

Journal of Crystal Growth.

Kristall und Technik (Zeitschrift).

Klassische Tabellen und Handbücher

P. H. Groth, Chemische Kristallographie, 5 Bände, W. Engelmann, Leipzig, 1906.

International tables for x-ray crystallography, 3 Bände, Kynoch Press, Birmingham, 1952 - 1962.

C. Palache, H. Berman, and C. Frondel, Dana's system of mineralogy, Band I, II und III, Wiley, 7. Auflage, 1944, 1951, 1962.

R. W. G. Wyckoff, Crystal structures, Interscience, 2. Aufl., 1963.

W. B. Pearson, Handbook of Lattice spacings and structures of metals and alloys, Pergamon, 1958, 1967 (2 Bände).

J. D. H. Donnay and G.Donnay, Crystal data, determinative tables, Amer. cryst. Assoc. 1963, 2. Aufl.

C. S. Barrett and T. B. Massalski, Structure of metals: crystollographic methods, principles, data, McGraw-Hill, 3. Aufl. 1966

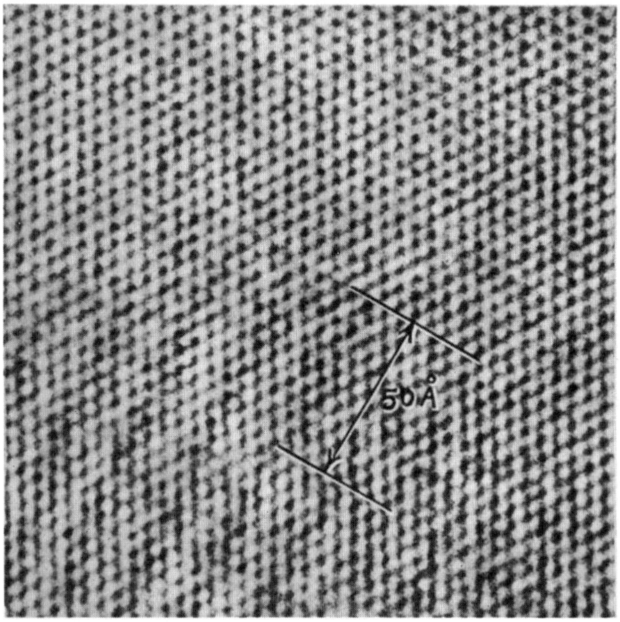

Bild B (zu S. 68): Elektronenmikroskopische Aufnahme einer $Al_2O_3 \cdot 4\,SiO_2 \cdot H_2O$-Ebene bei 3 250 000facher Vergrößerung. (Foto: Perkin-Elmer-Hitachi)

2. Die Beugung am Kristall und das reziproke Gitter

Lieber Nikolai Aleksandrovich, 2. Oktober 1912

Du schließt Deinen Brief mit den Worten, daß das menschliche Auge niemals die Atome sehen werde. Das schriebst Du etwa um dieselbe Zeit, da Menschen mit ihren eigenen Augen Atome beobachteten; wenn auch nicht die Atome selbst, so doch die Bilder, die sie verursachen... Für uns Kristallographen ist diese Entdeckung von äußerster Wichtigkeit...

E. Fedorov

Auszug aus einem Brief an N.A. Morozov, wiedergegeben in Fifty years of x-ray crystallography, herausgegeben von P.P. Ewald.

Nur selten ist es möglich, mit einem Mikroskop direkt das Bild einer Kristallstruktur zu gewinnen. Ein Elektronenmikroskop mit einem Auflösungsvermögen von 2 Å kann die bekannten Ebenen laminarer Kristalle, wie Graphit, auflösen. Aber die Auflösung des Elektronenmikroskops erlaubt gegenwärtig nicht, unbekannte Kristallstrukturen genau und direkt zu bestimmen. Eine bemerkenswert direkte Abbildung [1]) der Atome auf der Spitze einer Wolframnadel zeigt Bild A. Eine direkte Abbildung atomarer Ebenen in einem Kristall zeigt Bild B (S. 66), aufgenommen mit einem Elektronenmikroskop. Im allgemeinen nützt man jedoch zur Erforschung von Kristallstrukturen die Beugung von Wellen aus, die mit Atomen in Wechselwirkung treten und deren Wellenlänge dem interatomaren Abstand (10^{-8} cm) in Kristallen vergleichbar ist. Strahlung größerer Wellenlänge kann die Einzelheiten von Strukturen atomarer Größe nicht auflösen, Strahlung mit wesentlich kleinerer Wellenlänge wird unter unpraktisch kleinen Winkeln gebeugt. Das Zitat aus einem Brief von Fedorov am Anfang des Kapitels bezieht sich auf die ersten Beobachtungen von Röntgen-Beugung an Kristallen. Unsere Aufgabe in diesem Kapitel ist es, die Größe der Einheitszelle, den Ort der Atomkerne innerhalb der Einheitszelle und die Verteilung der Elektronen innerhalb der Einheitszelle zu bestimmen.

[1]) Eine Übersicht über die Methode der Feldemissions-Mikroskopie gibt der Artikel von R.H. Good und E.W. Müller, Encyclo. of physics **21**, 176 - 231 (1956); vgl. auch E.W. Müller, ASTM Special Tech. Publ. No. 340, 80 - 98 (1962).

Einzelne Atome eines schweren Elements, das auf einem Kohlenstoffsubstrat aufbaut, konnten von A.V. Crewe, J. Wall und J. Langmore mit einem hochauflösenden Rasterelektronenmikroskop gesehen werden (Science **168**, 1338 (1970)). Ihr elektronenoptisches System produziert fokussierte Punkte von Elektronen mit etwa 5 Å Durchmesser.

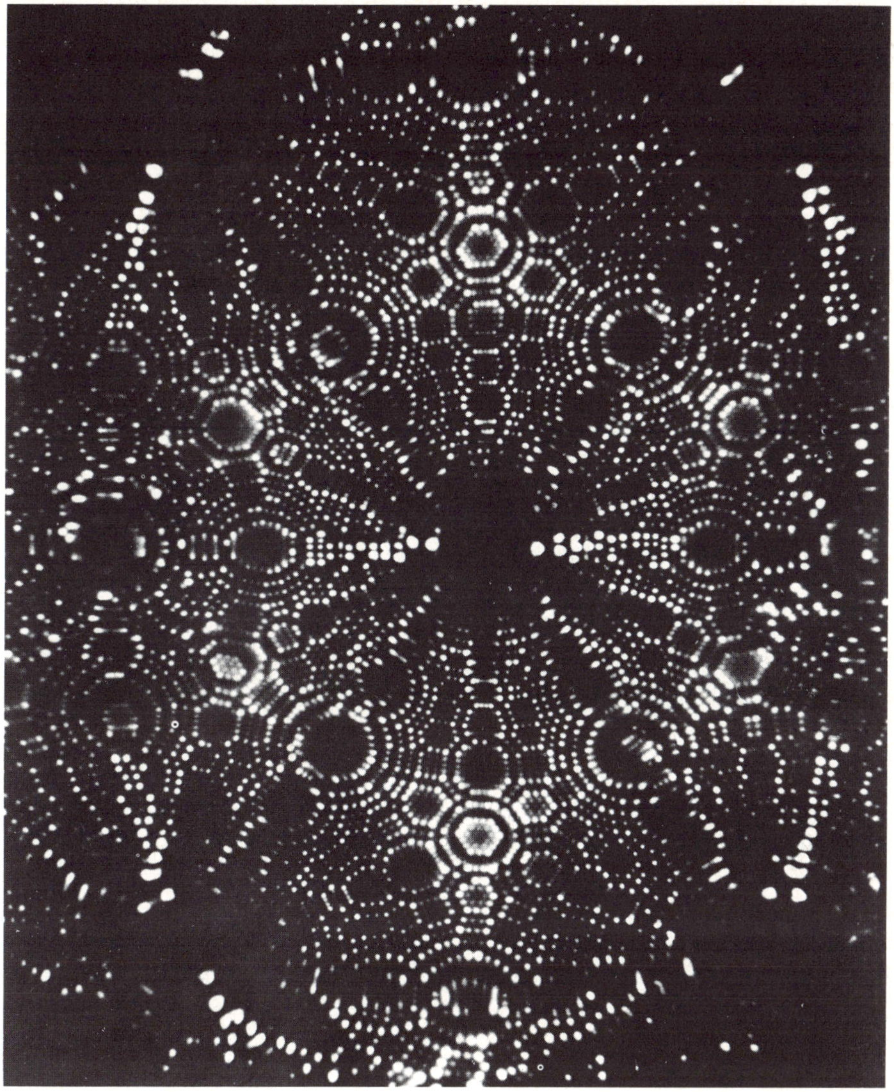

Bild A: Mit dem Feldionenmikroskop aufgenommenes Abbild der Spitze einer Wolframnadel. Der Krümmungsradius der Spitze beträgt ungefähr 450 Å. (Foto: E.W. Müller.)

Die einfallende Strahlung

Man analysiert Kristallstrukturen durch die Beugung von Photonen, Neutronen und - weniger häufig - von Elektronen. Der Winkel, unter dem eine Welle durch einen Kristall gebeugt wird, hängt hauptsächlich von der Kristallstruktur und von der Wellenlänge der Strahlung ab.

Röntgenstrahlung. Die Energie eines Röntgenphotons hängt mit seiner Wellenlänge λ durch die Beziehung $\epsilon = h\nu = hc/\lambda$ zusammen, wobei $h = 6,62 \cdot 10^{-27}$ erg-sec das Plancksche Wirkungsquantum ist. In Laboreinheiten gilt

$$(1) \qquad \lambda(\text{Å}) = \frac{12,4}{\epsilon(\text{keV})} .$$

In (1) ist die Wellenlänge λ in Angströmeinheiten, die Energie ϵ in Kiloelektronenvolt einzusetzen ($1\ \text{eV} = 1,60 \cdot 10^{-12}$ erg). Man sieht aus Bild 1, daß man in der Kristallforschung Photonenenergien im Bereich von 10 bis 50 keV benötigt. Röntgenstrahlung wird bei der Abbremsung von Elektronen in Metallen und durch die unelastische Anregung von inneren Elektronen erzeugt. Der erste Prozeß ergibt ein breites kontinuierliches Spektrum, der zweite scharfe Linien. Die Strahlung eines Kupfertargets, das mit Elektronen beschossen wird, weist eine starke Linie bei 1,541 Å auf (die $K\alpha_1$-Linie), ein Molybdäntarget hat seine $K\alpha_1$-Linie bei 0,709 Å.

Wenn ein Atom elektromagnetischer Strahlung ausgesetzt ist, können die Atomelektronen einen Teil oder die gesamte Strahlung elastisch streuen,

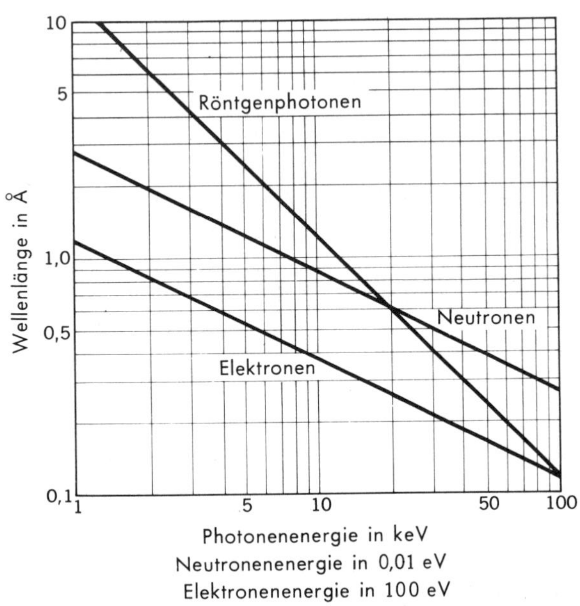

Bild 1:
Die Wellenlänge als Funktion der Teilchenenergie für Photonen, Neutronen und Elektronen.

d. h. die gestreute Strahlung hat die gleiche Frequenz wie die einfallende Strahlung. Bei optischen Wellenlängen, wie z. B. 5000 Å, ergibt die Überlagerung der von den einzelnen Atomen eines Kristalles elastisch gestreuten Wellen die normale optische Brechung. Wird die Wellenlänge der Strahlung mit der Gitterkonstanten vergleichbar oder kleiner als sie, so findet man ein oder mehrere gebeugte Strahlenbündel, deren Richtung von der Einfallsrichtung beträchtlich abweicht.

Neutronen. Die Energie eines Neutrons hängt mit seiner de Broglie-Wellenlänge λ durch die Beziehung $\epsilon = h^2/2M_n\lambda^2$ zusammen ($M_n = 1,675 \cdot 10^{-24}$ g ist die Masse des Neutrons). (Bekanntlich gilt $\epsilon = p^2/2M_n$, und die Wellenlänge λ ist mit dem Impuls p nach der Formel $\lambda = h/p$ verknüpft.) In Laboreinheiten gilt:

$$\lambda(\text{Å}) \cong \frac{0{,}28}{[\epsilon(\text{eV})]^{1/2}}, \tag{2}$$

wobei ϵ die Neutronenenergie in eV ist. Aus Bild 1 ersieht man, daß für $\lambda = 1$ Å die Neutronenenergie $\epsilon \approx 0,08$ eV ist.

Wegen ihres magnetischen Momentes treten Neutronen mit den magnetischen Elektronen eines Festkörpers in Wechselwirkung. Deshalb sind Methoden, die auf der Verwendung von Neutronen beruhen, außerordentlich wertvoll in der Analyse magnetischer Kristalle. In unmagnetischen Materialien treten Neutronen mit den Atomkernen in Wechselwirkung.

Elektronen. Die Energie eines Elektrons hängt mit seiner de Broglie-Wellenlänge λ durch die Beziehung $\epsilon = h^2/2m\lambda^2$ zusammen ($m = 0,911 \cdot 10^{-27}$ g ist die Masse des Elektrons). In Laboreinheiten gilt:

$$\lambda(\text{Å}) \cong \frac{12}{[\epsilon(\text{eV})]^{1/2}}. \tag{3}$$

Elektronen sind geladen und reagieren sehr intensiv mit Materie; sie dringen deshalb auch nur eine verhältnismäßig kurze Strecke in den Kristall ein. Elektronenbeugung ist wichtig in der Strukturanalyse von Oberflächen, dünnen Schichten, sehr dünnen Kristallen und von Gasen.

Die Braggsche Reflexionsbedingung

W. L. Bragg[2]) erklärte auf einfache Weise, warum die von einem Kristall gebeugten Strahlenbündel unter bestimmten Winkeln beobachtet werden.

---

[2]) W. L. Bragg, Proc. Cambridge Phil. Soc. **17**, 43 (1913). Braggs Ableitung ist einfach, aber nur deshalb überzeugend, weil sie wieder auf die Ergebnisse Laues - die Gleichung (22) führt. Die Beugung an einer einzigen Netzebene wird in der Aufgabe 6 behandelt.

Man nimmt an, daß die einfallenden Wellen an parallelen Netzebenen des Kristalls gespiegelt (d. h. Einfallswinkel = Ausfallswinkel) werden, wobei jede Netzebene nur einen sehr kleinen Bruchteil der Strahlung reflektiert - wie bei einem nur sehr leicht versilberten Spiegel. Gebeugte Strahlung findet man nur in den Richtungen, in denen die an parallelen Ebenen reflektierte Strahlung konstruktiv interferiert, wie in Bild 2 gezeigt wird. Wir betrachten hier nur elastische Streuung, d. h. die Wellenlänge der Photonen oder Neutronen ändert sich bei der Reflexion nicht. Unelastische Streuung (Streuung, die von einer Anregung elastischer Wellen im Kristall begleitet ist) wird im Kapitel 5 behandelt.

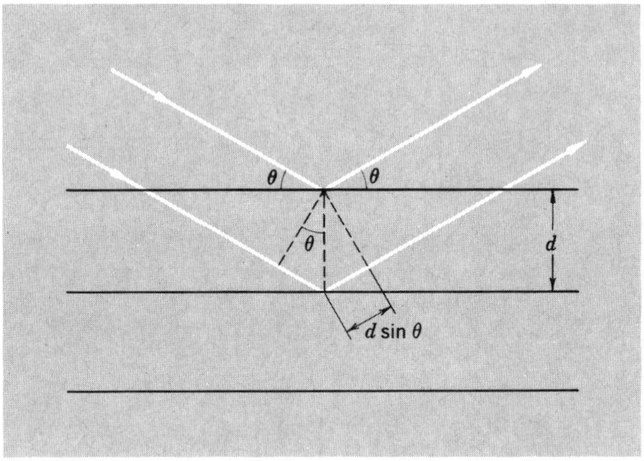

Bild 2: Ableitung der Braggschen Reflexionsbedingung $2d\sin\theta = n\lambda$. Hier ist d der Abstand paralleler Netzebenen und $2n\pi$ die Phasendifferenz zwischen Strahlen, die an aufeinanderfolgenden Netzebenen reflektiert wurden. Was versteht man (in diesem Zusammenhang) unter einer Schar paralleler Netzebenen? Jede Schar paralleler Ebenen, vorausgesetzt, die einzelne Ebene enthält mindestens drei Gitterpunkte, die nicht auf einer Geraden liegen. Bild 3 zeigt mehrere Beispiele. Die Netzebenen sind nicht mit den Oberflächen, die einen speziellen Körper begrenzen, zu verwechseln, da für Röntgen- oder Neutronenstrahlen alle Ebenen oder Flächen mit Gitterpunkten gleichwertig sind.

Wir betrachten eine Schar paralleler Netzebenen, die voneinander jeweils den gleichen Abstand d haben. Die Einfallsebene der Strahlung fällt mit der Zeichenebene zusammen. Der Gangunterschied zwischen Strahlen, die von benachbarten Ebenen reflektiert wurden, beträgt $2d \sin\theta$, wobei θ der Winkel zwischen dem einfallenden Strahl und den Gitterebe-

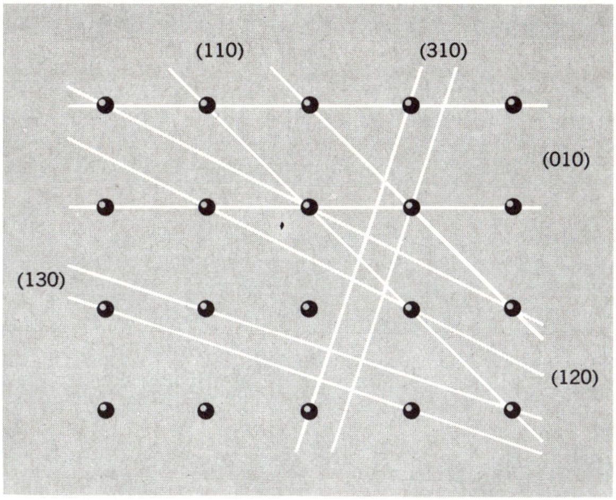

Bild 3: Mehrere Arten von Netzebenen des einfach kubischen Gitters. Die eingezeichneten Ebenen sind mit ihren Millerschen Indizes versehen. Es sind jeweils zwei parallele Ebenen einer Schar eingezeichnet. Der Abstand benachbarter paralleler Ebenen nimmt ab, wenn die Millerschen Indizes größer werden. Also erfordern Reflexionen bei hohen Indizes kürzere Wellenlängen. Im Prinzip ist die Anzahl der Scharen möglicher Netzebenen unbegrenzt, wenn der Kristall unendlich groß ist.

nen ist. Konstruktive Interferenz zwischen den von benachbarten Ebenen reflektierten Strahlen tritt immer dann auf, wenn ihr Gangunterschied ein ganzzahliges Vielfaches n ihrer Wellenlänge λ ist. Also lautet die Bedingung für konstruktive Reflexion der einfallenden Strahlung:

$$2d \sin\theta = n\lambda. \tag{4}$$

Das ist die **Braggsche Reflexionsbedingung**, auch kurz **Bragg-Bedingung** genannt. Man beachte, daß - obwohl die Reflexionen an jeder einzelnen Ebene als spiegelsymmetrisch (Einfallswinkel = Ausfallswinkel) angenommen wurden - die von allen parallelen Ebenen reflektierten Strahlen nur für bestimmte Werte von θ gleiche Phase besitzen und sich daher nur für diese Werte ein kräftiges reflektiertes (gebeugtes) Strahlenbündel ergibt. Im Gegensatz dazu würde bei vollständig reflektierenden Ebenen nur die erste Ebene einer Schar von der Strahlung erreicht und jede Wellenlänge reflektiert werden.

Die Braggsche Reflexionsbedingung folgt aus dem periodischen Aufbau der Raumgitter. Sie bezieht sich nicht auf die Anordnung von Atomen (die Basis), die zu jedem Gitterpunkt gehört. Die Zusammensetzung der Basis bestimmt das Verhältnis der Intensitäten der verschiedenen Ordnungen n bei der Beugung an einer Schar paralleler Ebenen.

Bragg-Reflexion tritt nur für Wellenlängen $\lambda \leq 2d$ auf. Darum kann man auch kein sichtbares Licht benutzen! Was geschieht, wenn Strahlung mit einer Wellenlänge von 1,54 Å auf einen kubischen Kristall mit einer Gitterkonstanten von 4,00 Å fällt? Die Reflexion erster Ordnung ($n = 1$) an parallelen (100)-Ebenen des Kristalls tritt unter dem Winkel

$$\theta = \text{arc sin}\,(\lambda/2d) = \text{arc sin}\,(1{,}54/8{,}00) = 11^\circ$$

auf. Wenn die Wellenlänge verringert wird, nimmt auch der Winkel ab. Gammastrahlen müssen streifend einfallen.

Experimentelle Methoden der Röntgen- und Neutronenbeugung

Die Braggsche Reflexionsbedingung (4) verlangt, daß θ und λ aufeinander abgestimmt sind: Röntgenstrahlen der Wellenlänge λ, die auf einen dreidimensionalen Kristall unter einem beliebigen Winkel treffen, werden im allgemeinen nicht reflektiert. Um die Bragg-Bedingung zu erfüllen, ist es notwendig, entweder die Wellenlänge oder den Winkel über einen weiten Bereich zu variieren. Im Experiment erreicht man dies, indem man einen kontinuierlichen Bereich von entweder λ oder θ (normalerweise θ) vorgibt. Die Standardmethoden der Röntgen- und Neutronenbeugung, die in der Strukturanalyse von Kristallen verwendet werden, sind genau auf dieses Ziel hin entwickelt worden. In der laufenden Forschung werden drei Verfahren, zum Teil mit sehr komplizierten Modifikationen, verwendet.

Das Laue-Verfahren

Beim **Laue-Verfahren** wird ein feststehender Einkristall von Röntgen- oder Neutronenstrahlung mit einem kontinuierlichen Spektrum durchstrahlt. Der Kristall beugt nur die diskreten Werte von λ, für die Netzebenen vorhanden sind, die die Bragg-Bedingung erfüllen, d. h. die voneinander den Abstand d haben und die mit der Einfallsrichtung den Winkel θ einschließen. Das Laue-Verfahren ist sehr gut geeignet für die schnelle Bestimmung von Kristallorientierung und Kristallsymmetrie. Man benützt es außerdem, um die Ausdehnung von Kristallfehlern bei mechanischer und thermischer Beanspruchung zu analysieren.

Die schematische Darstellung einer Laue-Kamera für Röntgenstrahlung zeigt Bild 4. Die verwendete Strahlungsquelle erzeugt Röntgenstrahlen, deren Spektrum einen weiten Bereich von Wellenlängen umfaßt, beispielsweise von 0,2 bis 2 Å. Ein Kollimator aus mehreren Blenden erzeugt

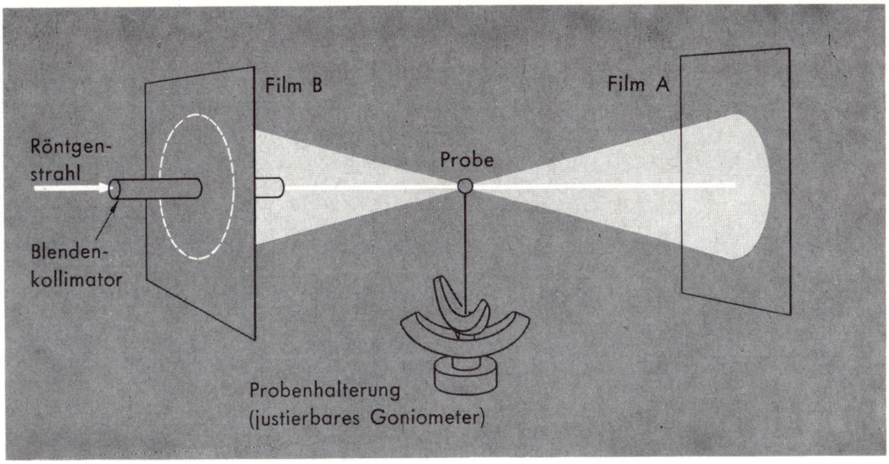

Bild 4: Kamera für Planfilm. Mit Röntgenstrahlung, die ein kontinuierliches Spektrum aufweist, und einem Einkristall als Probe können mit dieser Kamera Laue-Diagramme aufgenommen werden. Die justierbare Halterung erleichtert die Orientierung der Einkristalle, was bei Experimenten in der Festkörperphysik oft nötig ist. Der Film B dient zur Aufnahme der Laue-Diagramme in Rückwärtsreflexion. (Zeichnung: Philips Electronic Instruments.)

einen dünnen Parallelstrahl. Die Abmessungen des zu untersuchenden Einkristalls brauchen nicht mehr als 1 mm zu betragen. Auf Planfilm werden entweder die gebeugten durchgelassenen Strahlen oder die gebeugten reflektierten Strahlen aufgenommen. Das Beugungsbild (Laue-Diagramm) besteht aus einem Punktmuster, wie das von Silizium in Bild 5 zeigt.

Jede Reflexionsebene im Kristall sondert aus dem einfallenden Strahlenbündel eine Wellenlänge aus, die die Bragg-Bedingung $2d \sin \theta = n\lambda$ erfüllt. Das Beugungsbild weist dann dieselbe Symmetrie auf wie der Kristall: wenn ein Kristall mit vierzähliger Symmetrie so orientiert wird, daß die Symmetrieachse und der einfallende Strahl parallel sind, so weist das Laue-Diagramm auch vierzählige Symmetrie auf, wie aus Bild 5 hervorgeht. Laue-Diagramme werden sehr häufig verwendet, um Kristalle für Experimente in der Festkörperphysik auszurichten.

Das Laue-Verfahren wird praktisch nie angewandt, um Kristallstrukturen zu bestimmen. Da das verwendete Spektrum sehr breit ist, können mehrere Wellenlängen an einer einzigen Ebene in verschiedenen Ordnungen reflektiert werden. Dies hat zur Folge, daß sich möglicherweise Beugungsmaxima verschiedener Ordnung in einem Punkt überlagern. Die Bestimmung der Intensität der reflektierten Strahlung und damit der Basis, wird dadurch sehr erschwert.

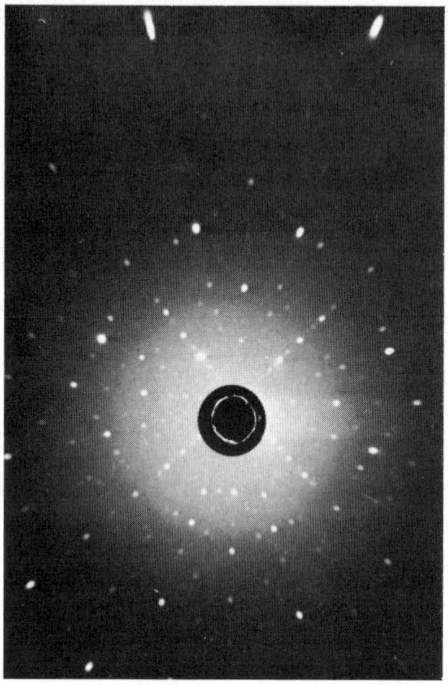

Bild 5:
Laue-Diagramm eines Siliziumkristalles in angenäherter [100]-Orientierung. Bemerkenswert ist, daß das Diagramm gegenüber einer Drehung um $2\pi/4$ fast invariant ist. Diese Invarianz folgt aus der vierzähligen Symmetrie des Siliziums um eine [100]-Achse. (Foto: J. Washburn.)

Das Drehkristallverfahren

Beim **Drehkristallverfahren** wird ein Einkristall in einem monoenergetischen Röntgen- oder Neutronenstrahl um eine feste Achse gedreht. Durch die Änderung des Winkels θ tritt nacheinander Reflexion an verschiedenen Netzebenen auf. Ein abgewandeltes Drehkristallverfahren

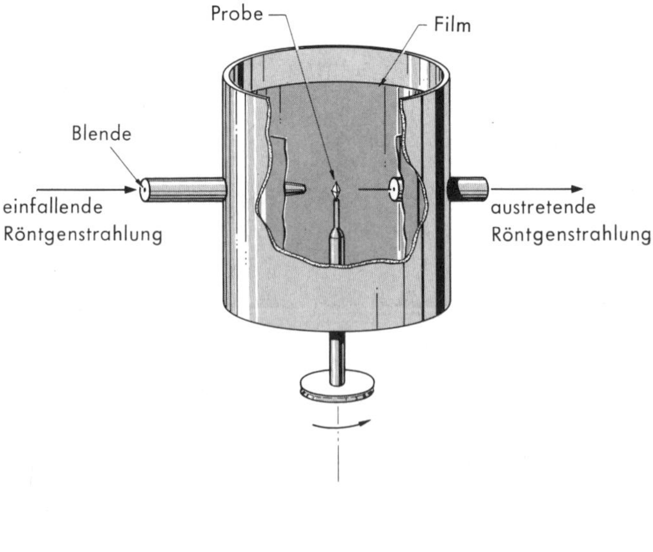

Bild 6:
Drehkristallkamera (Aus Structure of metals, von C. S. Barrett).

wird zur Strukturbestimmung angewandt, wenn ein Einkristall des zu untersuchenden Materials nicht zur Verfügung steht.

Bild 6 zeigt eine einfache Drehkristall-Röntgenkamera. Der Film ist an der Innenwand einer zylindrischen Halterung befestigt. Diese ist konzentrisch zu einer Drehspindel, auf der der Einkristall befestigt ist. Die Abmessungen des Kristalls brauchen normalerweise nicht mehr als 1 mm zu betragen. Der einfallende Röntgenstrahl ist nach dem Passieren von Filtern oder der Reflexion an einem anderen Kristall fast monochromatisch. Er wird jedesmal an einer gegebenen Netzebene gebeugt, wenn im Verlauf der Drehung ein Wert von θ die Bragg-Bedingung erfüllt. Ebenen parallel zur vertikalen Drehachse ergeben Reflexe, die in einer horizontalen Ebene verlaufen. Ebenen anderer Orientierung reflektieren in Ebenen oberhalb oder unterhalb der horizontalen Ebene.

Die Intensitätsverteilung der Strahlung einer 30-keV-Röntgenröhre mit einer Antikathode aus Molybdän zeigt Bild 7a, das Energiespektrum von Reaktorneutronen Bild 7b. Wenn die Röntgenstrahlung oder der Neutronenstrahl an einem Kristallmonochromator reflektiert wird, wie in Bild 8, ergibt sich die in Bild 7b schraffierte Verteilung. Ein einfaches Drehkristall-Neutronenspektrometer, das in den Laboratorien von Harwell verwendet wird, zeigt Bild 9.

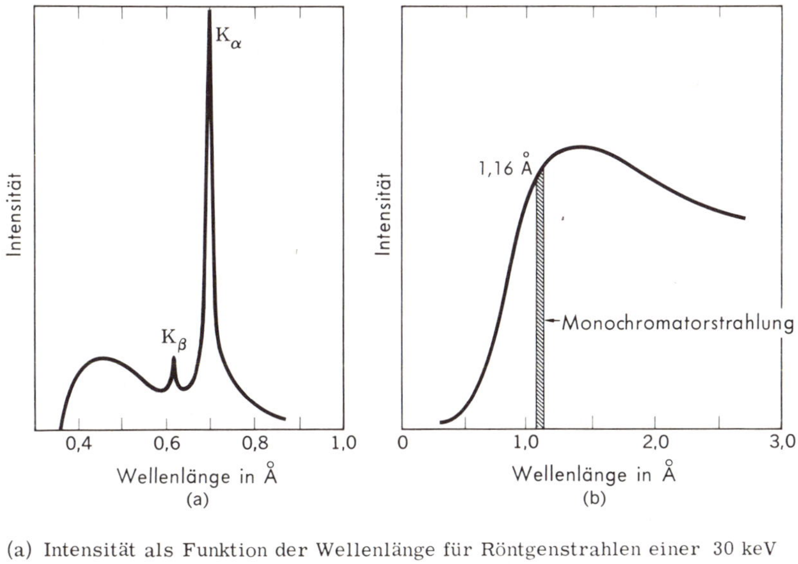

Bild 7: (a) Intensität als Funktion der Wellenlänge für Röntgenstrahlen einer 30 keV Röntgenröhre mit Molybdän Antikathode; (b) für Neutronen, die aus einem Reaktor austreten. Der von einem Kristallmonochromator selektierte Bereich ist schraffiert. (Nach G. Bacon.)

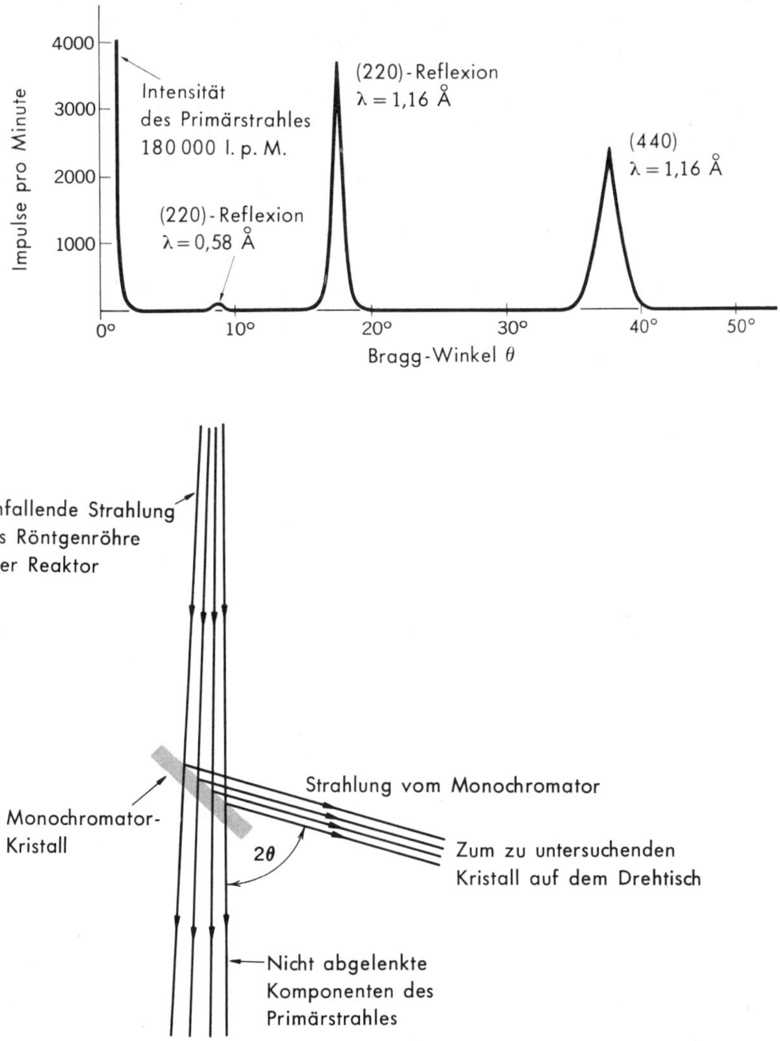

Bild 8: Skizze eines Monochromators, der durch Bragg-Reflexion aus dem breiten Spektrum des einfallenden Strahls ein schmales Spektrum abspaltet. Der obere Teil des Bildes zeigt die Analyse (die durch Reflexion an einem zweiten Kristall erfolgt) eines Neutronenstrahles von 1, 16 Å aus einem Monochromator mit Kalziumfluoridkristall. Die Maximalintensität bei 0, 58 Å beträgt weniger als 1% der Intensität im Maximum bei 1, 16 Å. Der Hauptstrahl ist der Teil des Strahlenbündels, der nicht an dem zweiten Kristall reflektiert wird. (Nach G. Bacon.)

Bild 9: Ein kleines Drehkristall-Neutronenspektrometer in Harwell. Der große Zylinder enthält einen Zähler, umgeben von einer Abschirmung. Die meisten Zähler, die bei Beugungsexperimenten mit Neutronen verwendet werden, enthalten mit B^{10} angereichertes Bortrifluorid. (Foto: G. Bacon.)

Mehrere Variationen des Drehkristallverfahrens sind allgemein in Gebrauch. Bei Schwingkristall-Aufnahmen schwingt der Kristall über einen begrenzten Winkelbereich, anstatt um ganze 360° gedreht zu werden. Diese Begrenzung vermindert die Möglichkeit überlappender Reflexionen. Beim Weissenberg-Goniometer und bei Präzessionskameras wird der Film synchron zu den Kristallschwingungen transportiert. Dieses Verfahren schließt überlappende Reflexionen aus und ist auch für analytische Zwecke sehr gut geeignet. Moderne Verfahren benützen Diffraktometer, in denen Szintillationszähler oder Proportionalzählrohre die gebeugte Strahlung registrieren. Mit diesem Verfahren lassen sich die Daten automatisch sammeln: komplexe Strukturen weisen bis zu 10 000 gebeugte Strahlen auf.

Fast alle Kristalle mit einfachen Strukturen wurden schon vor langer Zeit durch die Röntgen-Analyse untersucht. Von großem Interesse in der heutigen Röntgenstrukturanalyse ist die Bestimmung der Anordnung von Enzymen mit einem Molekulargewicht zwischen 10 000 und 100 000. Die Kristallisation eines Enzyms und die nachfolgende Röntgen-Analyse dieser Kristallstruktur stellt die effektivste Methode dar, um Aufschluß über die Form und Gestalt der Moleküle zu gewinnen. Man möchte die Koordinaten von 500 bis 5 000 Atomen in einer Zelle kennen; also braucht man

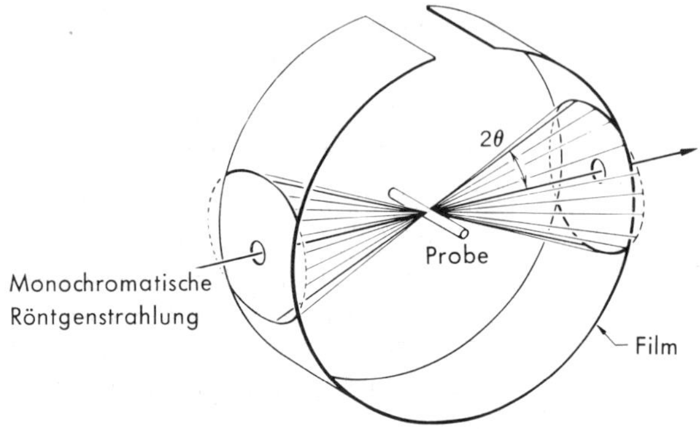

Bild 10:
Röntgenkamera für das Pulververfahren. Die Probe ist polykristallines Pulver. (Foto und Zeichnung: Philips Electronic Instruments.)

ebenso viele reflektierte Röntgenlinien. Solche Probleme der Strukturbestimmung wurden sehr stark vereinfacht durch die Benutzung geeigneter Computer-Programme.

Das Pulververfahren (Debye-Scherer-Verfahren)

Beim **Pulververfahren** (Bild 10) durchstrahlt der einfallende monochromatische Strahl eine Probe, die sehr fein pulverisiert ist oder aus feingekörntem polykristallinem Material besteht und in einer dünnwandigen Kapillarröhre enthalten ist. Die Kristallite sind fast kontinuierlich in jeder nur möglichen Richtung orientiert. Die Pulvermethode ist vor allem deshalb so praktisch, weil keine Einkristalle benötigt werden. Gebeugte

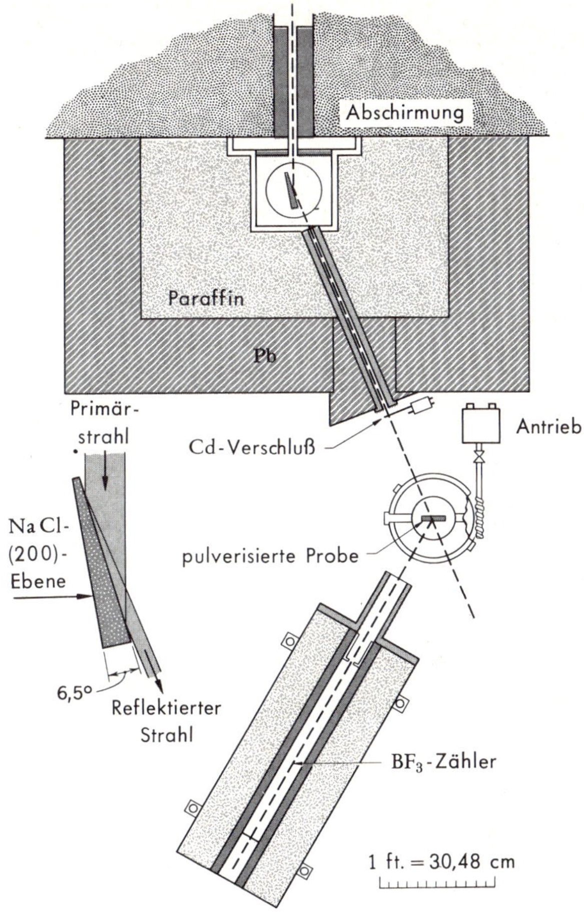

Bild 11:
Ein frühes Neutronenspektrometer für das Pulververfahren nach E. O. Wollan und C. G. Shull, Phys. Rev. **73**, 830 (1948). Die Skizze zeigt den Kristallmonochromator (im Detail in der Mitte links), Blenden, Abschirmung, das zweite Spektrometer mit der Probe in Pulverform und den Zähler.

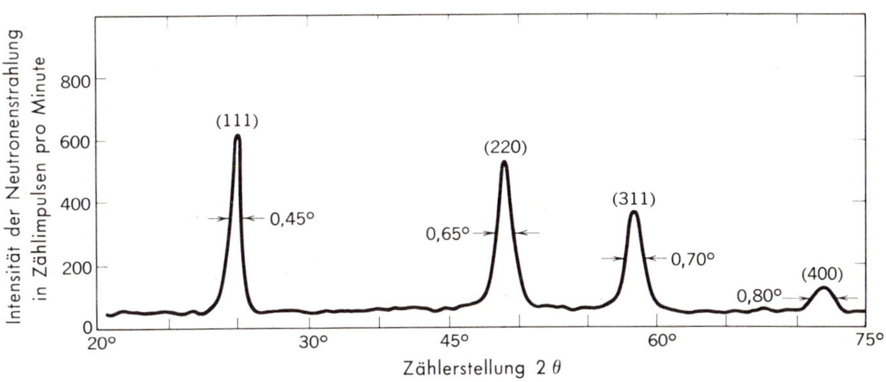

Bild 12: Ergebnis eines Beugungsexperimentes mit Neutronen an Diamantpulver. (Nach G. Bacon.)

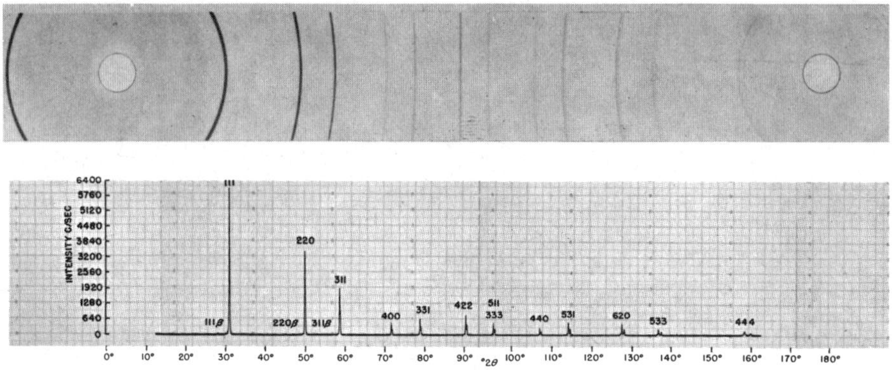

Bild 13: Beugung an Silizium: Foto und Diffraktometeraufzeichnung nach dem Pulververfahren. (Mit freundlicher Genehmigung von W. Parrish, Philips Laboratories und Philips Electronic Instruments.)

Strahlen gehen von den Kristalliten aus, die zufällig so orientiert sind, daß einige ihrer Netzebenen mit dem Primärstrahl einen Winkel θ einschließen, der die Braggsche Reflexionsbedingung erfüllt. Ein frühes Pulverspektrometer für Neutronen, wie es in Oak Ridge verwendet wurde, zeigt Bild 11. Die Bilder 12 und 13 geben Ergebnisse wieder, die nach dem Pulververfahren gewonnen wurden. Die gebeugten Strahlen liegen auf Kegelmänteln, die konzentrisch zum Primärstrahl sind. Diese Kegelmäntel schließen mit dem Primärstrahl den Winkel 2θ ein - wenn θ der Braggsche Winkel ist - und schneiden den Film in einer Schar konzentrischer Kreise.

Die Lauesche Ableitung für die Amplitude der gestreuten Welle

Die Braggsche Ableitung der Beugungsbedingung ist einfach und physikalisch klar. Sie ist insbesondere geeignet, wenn man die Streuung an Punktladungen, die auf einem Raumgitter angeordnet sind, betrachtet. Fragt man nach der Intensität der Streuung an Elektronen, die innerhalb jeder Einheitszelle räumlich verteilt sind, ist eine ausführlichere Analyse notwendig. Das einfachste Verfahren geht hier auf von Laue zurück.

Es besteht darin, daß man die Beiträge aller Wellen, die von jedem Volumenelement des Kristalls gestreut werden, aufaddiert. Ein anderes Verfahren ist im Anhang A angegeben. Dabei werden Lösungen der Wellengleichung in einem Medium gesucht, in dem die dielektrische Konstante eine periodische Funktion des Ortes innerhalb des Kristalls ist.

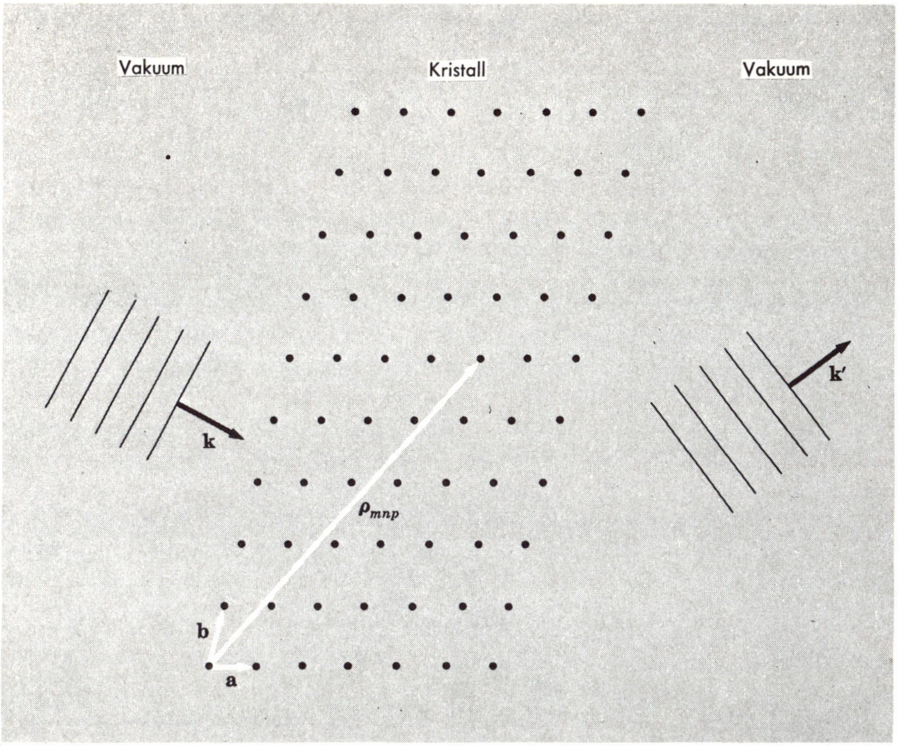

Bild 14: Eine elektromagnetische Welle mit dem Wellenvektor $\mathbf{k}$ fällt auf einen Kristall. Wir wollen den Wellenvektor $\mathbf{k}'$ der ausgehenden Wellen finden, die durch Beugung an den Kristallatomen erzeugt werden. Der Vektor ρ_{mnp} erstreckt sich von einem Gitterpunkt als Ursprung 0 zu einem Gitterpunkt bei

$$\boldsymbol{\rho}_{mnp} = m\mathbf{a} + n\mathbf{b} + p\mathbf{c}$$

m, n, p sind ganze Zahlen. Ist der Phasenfaktor der einfallenden Welle im Ursprung 1, dann ist der Phasenfaktor der einfallenden Welle bei $\boldsymbol{\rho}_{mnp}$ $\exp[i\mathbf{k}\cdot\boldsymbol{\rho}_{mnp}]$.

Das Problem, das von Laue behandelte, besteht darin, die Richtungen der Wellen zu finden, die einen Kristall verlassen, wenn man davon ausgeht, daß die Richtung der einfallenden Welle gegeben ist (Bild 14). Das Ergebnis sind die Gleichungen (20) und (22). Wir nehmen an, das Ansprechen des Kristalls sei linear. Das bedeutet, daß die Frequenz ω' der gestreuten Welle, die also durch das Ansprechen des Kristalls erzeugt wurde, übereinstimmt mit der Frequenz ω der einfallenden Welle. Im Vakuum ist der Betrag des Wellenvektors [3]) einer Welle gleich $\omega = c \cdot k$.

[3]) Der Wellenvektor $\mathbf{k}$ steht senkrecht auf den Ebenen gleicher Phase; sein Betrag ist $2\pi/\lambda$, wobei λ die Wellenlänge ist.

Wenn also $\omega' = \omega$ ist, dann folgt $k' = k$. k' ist der Betrag des Wellenvektors einer gestreuten Welle im Vakuum. Wir fassen noch einmal zusammen

$$\omega' = \omega \; ; \qquad k' = k \; . \tag{5}$$

Wir wollen die Richtung einer gestreuten Welle $\mathbf{k}'$ finden, ausgedrückt durch die einfallende Welle $\mathbf{k}$ und die Vektoren $\mathbf{a}, \mathbf{b}, \mathbf{c}$ des primitiven Kristallgitters.

Eine Komponente des elektrischen Feldes der einfallenden Welle hat im freien Raum die Form

$$E(\mathbf{x}) = E_0 e^{i(\mathbf{k}\cdot\mathbf{x}-\omega t)} \; . \tag{6}$$

Physikalische Bedeutung hat nur der Realteil dieses Ausdrucks, aber wir werden weiterhin komplex rechnen und erst am Ende den Realteil herausgreifen. Diese Welle wirkt auf ein Streuzentrum, das die Position ϱ hat. Die Antwort dieses Streuzentrums ist die gestreute Welle. Sie hat die Form

$$E_{sc} = CE(\boldsymbol{\rho})\frac{e^{ikr}}{r} = CE_0 e^{i\mathbf{k}\cdot\boldsymbol{\rho}}\frac{e^{i(kr-\omega t)}}{r} \; . \tag{7}$$

Hier wurde der winkelabhängige Faktor weggelassen. Die Amplitude der gestreuten Welle ist proportional zur Amplitude (6) der in ϱ einfallenden Welle [4]): das ergibt den Faktor $E(\varrho)$. C ist eine Proportionalitätskonstante, in die die Einzelheiten des Streuzentrums eingehen. Der Faktor $1/r$ sorgt für die Erhaltung des gestreuten Energieflusses. Der gesamte Ausdruck (7) ist eine Lösung der radialen Wellengleichung

$$\left(\frac{\partial^2}{\partial r^2} + \frac{2}{r}\frac{\partial}{\partial r} - \frac{1}{c^2}\frac{\partial^2}{\partial t^2}\right)E_{sc}(r) = 0 \; . \tag{8}$$

Wir sehen, daß dies die Form der klassischen elektromagnetischen Welle im Vakuum ist:

$$\nabla^2 E = \frac{1}{c^2}\frac{\partial^2 E}{\partial t^2} \; . \tag{9}$$

Wir wollen die einzelnen Wellenzüge, die von allen Kristallzentren gestreut werden, aufsummieren, um so die totale Amplitude der gestreuten Welle zu erhalten, die durch einen Photonenzähler registriert wird, der

[4]) Wir nehmen an, daß der Kristall so klein ist, daß wir in erster Näherung die Abschwächung der einfallenden Welle innerhalb des Kristalls vernachlässigen können.

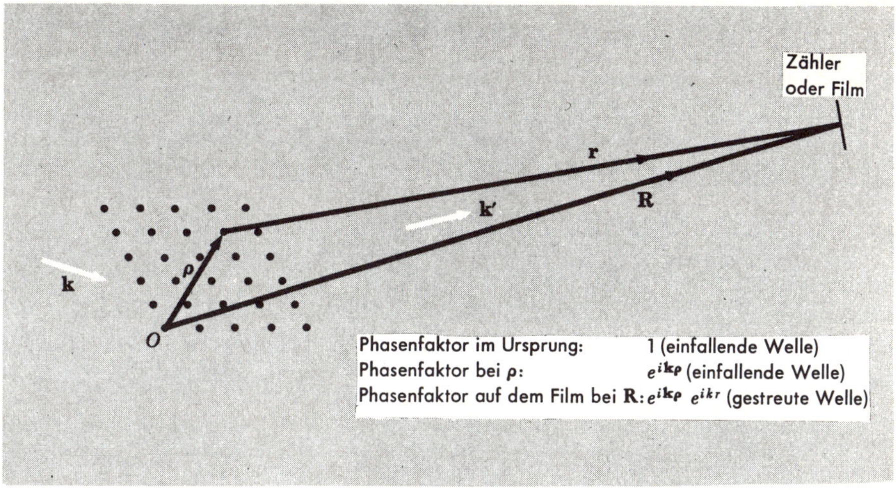

Bild 15: Der Vektor $\mathbf{r}$ genügt der Gleichung $\boldsymbol{\rho} + \mathbf{r} = \mathbf{R}$, oder $\mathbf{r} = \mathbf{R} - \boldsymbol{\rho}$. Wir quadrieren beide Seiten und erhalten

$$r^2 = (\mathbf{R} - \boldsymbol{\rho})^2 = R^2 - 2\rho R \cos(\boldsymbol{\rho},\mathbf{R}) + \rho^2 \; .$$

Ziehen wir jetzt die Wurzel:

$$r = R\left[1 - \frac{2\rho}{R}\cos(\boldsymbol{\rho},\mathbf{R}) + \left(\frac{\rho}{R}\right)^2\right]^{\frac{1}{2}} \cong R\left(1 - \frac{\rho}{R}\cos(\boldsymbol{\rho},R) + \cdots\right) .$$

In der Entwicklung der Wurzel haben wir $(\rho/R)^2$ und höhere Glieder vernachlässigt.

in einem Punkt $\mathbf{R}$ relativ zum Ursprung O im Gitter angeordnet ist. Aus der Bildunterschrift von Bild 15 entnehmen wir, daß

$$(10) \qquad r \cong R - \rho\cos(\boldsymbol{\rho},\mathbf{R}) \;,$$

vorausgesetzt der Film ist weit weg vom Kristall, verglichen mit dessen Ausdehnungen. Man kann nun die räumlichen Phasenfaktoren der gestreuten Welle (7) kombinieren und erhält, mit Verwendung der Gleichung (10):

$$(11) \qquad e^{i(\mathbf{k}\cdot\boldsymbol{\rho}+kr)} = e^{ikR}e^{i[\mathbf{k}\cdot\boldsymbol{\rho}-k\rho\cos(\boldsymbol{\rho},\mathbf{R})]} \; .$$

Aber nach (5) ist $k' = k$ und die Richtung von $\mathbf{k}'$ soll als Richtung von $\mathbf{R}$ definiert sein. Dann erhalten wir aufgrund der Definition des Skalarprodukts

$$(12) \qquad k\rho\cos(\boldsymbol{\rho},\mathbf{R}) = k'\rho\cos(\boldsymbol{\rho},\mathbf{k}') = \mathbf{k}'\cdot\boldsymbol{\rho} \; .$$

Daraus folgt, daß der Phasenfaktor in (11) wie folgt geschrieben werden kann:

$$(13) \qquad e^{i(\mathbf{k}\cdot\boldsymbol{\rho}+kr)} = e^{ikR}e^{i(\mathbf{k}\cdot\boldsymbol{\rho}-\mathbf{k}'\cdot\boldsymbol{\rho})} = e^{ikR}e^{-i\boldsymbol{\rho}\cdot\Delta\mathbf{k}} \; .$$

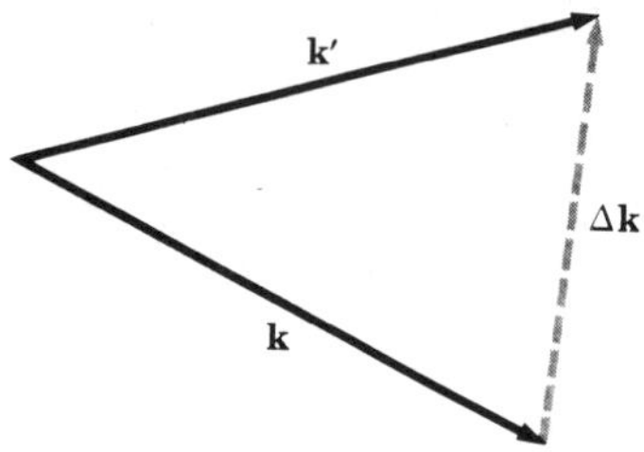

Bild 16: Definition des Streuvektors $\Delta\mathbf{k}$ derart, daß $\mathbf{k} + \Delta\mathbf{k} = \mathbf{k}'$. Bei elastischer Streuung wird $k' = k$ erfüllt.

$\Delta\mathbf{k}$ ist hier definiert als die Änderung des Wellenvektors aufgrund der Streuung, wie man in Bild 16 sieht:

$$(14) \qquad \Delta\mathbf{k} = \mathbf{k}' - \mathbf{k} \; ; \qquad \mathbf{k}' = \mathbf{k} + \Delta\mathbf{k} \; .$$

Der Streuvektor $\Delta\mathbf{k}$ spielt in der Theorie eine wichtige Rolle.

Wir können nun für die durch ein Zentrum bei $\boldsymbol{\rho}_{mnp}$ gestreute Welle statt (7) auch schreiben

$$(15) \qquad E_{sc}(r) = \left(\frac{CE_0\, e^{ikR}\, e^{-i\omega t}}{R}\right) \exp\left(-i\boldsymbol{\rho}_{mnp} \cdot \Delta\mathbf{k}\right) \; ,$$

im Nenner wurde in vernünftiger Näherung r durch R ersetzt. Die gesamte Streuung in einer gegebenen Richtung eines Gitters von punktförmigen Atomen erhält man nun, wenn man in (15) die Summe von E_{sc} über alle Gitterspunkte bildet. Hierbei ist besonders die Summe der Phasenfaktoren interessant:

$$(16) \qquad \mathfrak{a} \equiv \sum_{mnp} \exp\left(-i\boldsymbol{\rho}_{mnp} \cdot \Delta\mathbf{k}\right) \; .$$

Diese Summe bestimmt nämlich die erlaubten Streurichtungen, wie später gezeigt wird. Ganz allgemein kommt die Streuung von der Elektronenverteilung im Kristall her. Ist die Streuung an einem Volumenelement dV des Kristalls proportional zur lokalen Elektronenkonzentration $n(\varrho)$, dann ist die Streuamplitude proportional zum Integral

$$(17) \qquad \boxed{\int dV\, n(\boldsymbol{\rho})\, e^{-i\boldsymbol{\rho}\cdot\Delta\mathbf{k}} \; .}$$

Streuung an einem Gitter aus punktförmigen Atomen

In einem endlichen Kristall, der die Form eines Parallelepipeds hat, sei jeder Gitterpunkt

$$(18) \qquad \boldsymbol{\rho}_{mnp} = m\mathbf{a} + n\mathbf{b} + p\mathbf{c} \; ,$$

von identischen punktförmigen Streuzentren besetzt. m, n, p sind ganze Zahlen, die von 0 bis M laufen. Der Kristall besitzt M^3 primitive Zellen. Nach (16) ist die gesamte gestreute Strahlung proportional zu

(19) $$\mathfrak{a} \equiv \sum_{mnp} \exp[-i(m\mathbf{a} + n\mathbf{b} + p\mathbf{c}) \cdot \Delta\mathbf{k}] \ .$$

$\mathfrak{a}$ nennt man die **Streuamplitude.**

Die Summe über alle Gitterpunkte erreicht dann ein Maximum, wenn

(20) $$\boldsymbol{\rho}_{mnp} \cdot \Delta\mathbf{k} = (m\mathbf{a} + n\mathbf{b} + p\mathbf{c}) \cdot \Delta\mathbf{k} = 2\pi \,(\text{ganze Zahl})$$

für alle Gitterpunkte $\boldsymbol{\rho}_{mnp}$ gilt. Denn jeder Term $\exp(-i\boldsymbol{\rho}_{mnp} \cdot \Delta\mathbf{k})$ ist gleich Eins. Genügt $\Delta\mathbf{k}$ der Gl. (20), dann ergibt die Summe über M^3 Gitterpunkte eines Kristalls die Streuamplitude

(21) $$\mathfrak{a}_{\max} = M^3 \ .$$

Für jeden Wert von $\Delta\mathbf{k}$, der (20) nicht erfüllt, würde der Wert der Summe (19) drastisch reduziert. In Aufgabe 6 soll gezeigt werden, daß die Streuamplitude verschwindet, wenn die Zahl der Gitterpunkte groß wird. Es gibt eine Ausnahme, wenn nämlich $\Delta\mathbf{k}$ genau die Beugungs-Bedingung (20) erfüllt.

Beugungsbedingungen

Die Größe $\Delta\mathbf{k} = \mathbf{k}' - \mathbf{k}$ erfüllt die Beugungsbedingung (20), wenn die folgenden drei Gleichungen für ganzzahlige Werte von $h, k, l,$ gleichzeitig erfüllt werden:

(22) $$\boxed{\mathbf{a} \cdot \Delta\mathbf{k} = 2\pi h; \qquad \mathbf{b} \cdot \Delta\mathbf{k} = 2\pi k; \qquad \mathbf{c} \cdot \Delta\mathbf{k} = 2\pi l \ .}$$

Diese drei Gleichungen, bekannt als **Lauesche Gleichungen** für die Beugungsmaxima, können nach dem Vektor $\Delta\mathbf{k}$ aufgelöst werden. Wenn $\Delta\mathbf{k}$ diesen Gleichungen (22) genügt, dann ergibt sich für die Streuamplitude (19)

(23) $$\mathfrak{a} = \sum_{mnp} \exp[-2\pi i(mh + nk + pl)] \ ,$$

vorausgesetzt, daß die Summe $mh + nk + pl$ nur ganze Werte annimmt, weil auch h, k, l ganzzahlig sind. Das Ergebnis sieht für einen Kristall, der die Form eines Parallelepipeds mit den Kanten Ma, Mb, Mc hat, wie folgt aus

(24) $$\mathfrak{a} = \sum_{m=0}^{M} \sum_{n=0}^{M} \sum_{p=0}^{M} (1) = M^3.$$

Dabei muß $\Delta\mathbf{k}$ die Laue-Gleichungen für ein Beugungsmaximum [5]) erfüllen.

Besonders einfach ist die Lösung der Laueschen Gleichungen, wenn die Kristallachsen $\mathbf{a}, \mathbf{b}, \mathbf{c}$ zueinander orthogonal sind. Dann ist

(25) $$\Delta\mathbf{k} = 2\pi\left(\frac{h}{a}\hat{\mathbf{a}} + \frac{k}{b}\hat{\mathbf{b}} + \frac{l}{c}\hat{\mathbf{c}}\right)$$

die Lösung, wobei $\hat{\mathbf{a}}, \hat{\mathbf{b}}, \hat{\mathbf{c}}$ Einheitsvektoren bezüglich der Kristallachsen und h, k, l ganze Zahlen sind. Sind die Kristallachsen nicht orthogonal, dann ist auch (25) keine Lösung der Laueschen Gleichungen, weil dann Größen wie z.B. $\hat{\mathbf{a}}\cdot\hat{\mathbf{b}}$ nicht alle Null sind. Zur Lösung dieses Problems müssen wir das Konzept reziproker Gittervektoren entwickeln. Diese Konzeption ist so hilfreich, elegant und allgemeingültig, daß wir sie für alle Ausdrücke von Wellenproblemen in Kristallen in diesem Buch verwenden werden, eingeschlossen die Theorie der Energiebänder. Diese Konzeption verdanken wir J. Willard Gibbs.

Das reziproke Gitter

In der Gleichung

(26) $$\Delta\mathbf{k} = h\mathbf{A} + k\mathbf{B} + l\mathbf{C} \ ,$$

sind h, k, l die ganzen Zahlen, die durch Gleichung (22) definiert wurden und $\mathbf{A}, \mathbf{B}, \mathbf{C}$ unbekannte Vektoren. Durch direktes Einsetzen erkennt man, daß (26) eine Lösung von (22) ist, wenn alle folgenden Beziehungen erfüllt sind:

(27) $$\begin{aligned} &\mathbf{A}\cdot\mathbf{a} = 2\pi, \quad &&\mathbf{B}\cdot\mathbf{a} = 0, \quad &&\mathbf{C}\cdot\mathbf{a} = 0;\\ &\mathbf{A}\cdot\mathbf{b} = 0, &&\mathbf{B}\cdot\mathbf{b} = 2\pi, &&\mathbf{C}\cdot\mathbf{b} = 0;\\ &\mathbf{A}\cdot\mathbf{c} = 0, &&\mathbf{B}\cdot\mathbf{c} = 0, &&\mathbf{C}\cdot\mathbf{c} = 2\pi. \end{aligned}$$

Aus der ersten Spalte von (27) geht hervor, daß $\mathbf{A}$ senkrecht auf $\mathbf{b}$ und $\mathbf{c}$ stehen muß. Ein Vektor senkrecht zu $\mathbf{b}$ und $\mathbf{c}$ kann durch das Vektorprodukt $\mathbf{b}\times\mathbf{c}$ dargestellt werden. Um $\mathbf{A}$ zu erhalten, muß also nur noch das Produkt $\mathbf{b}\times\mathbf{c}$ richtig normiert werden, und die Gleichung $\mathbf{A}\cdot\mathbf{a} = 2\pi$

[5]) Wie die Braggsche Reflexionsbedingung sind auch die Laueschen Gleichungen notwendige Bedingungen für das Entstehen eines gebeugten Strahls; wenn die Elementarzelle des Kristalls mehr als ein Atom enthält, sind die Gleichungen nicht mehr hinreichend; denn die Streuamplitude verschwindet, wenn der Strukturfaktor (siehe weiter unten) Null ist.

ist erfüllt. Mit folgendem Ansatz können wir sämtliche Gleichungen (27) erfüllen:

$$(28) \qquad \mathbf{A} = 2\pi \frac{\mathbf{b}\times\mathbf{c}}{\mathbf{a}\cdot\mathbf{b}\times\mathbf{c}}\,; \qquad \mathbf{B} = 2\pi \frac{\mathbf{c}\times\mathbf{a}}{\mathbf{a}\cdot\mathbf{b}\times\mathbf{c}}\,; \qquad \mathbf{C} = 2\pi \frac{\mathbf{a}\times\mathbf{b}}{\mathbf{a}\cdot\mathbf{b}\times\mathbf{c}}\,.$$

Das [6]) sind die **fundamentalen Translationen des reziproken Gitters**. Sie sind nur dann orthogonal, wenn **a, b, c** orthogonal sind. Wir haben für alle Nenner $\mathbf{a}\cdot\mathbf{b}\times\mathbf{c}$ eingesetzt, da nach elementarer Vektoralgebra gilt:

$$\mathbf{b}\cdot\mathbf{c}\times\mathbf{a} = \mathbf{c}\cdot\mathbf{a}\times\mathbf{b} = \mathbf{a}\cdot\mathbf{b}\times\mathbf{c}\,.$$

dies ist gleich dem Volumen der Einheitszelle des Kristallgitters. Jeder beliebige Satz primitiver Vektoren **a, b, c** führt zum selben reziproken Gitter.

Es ist ebenso wichtig, sich vom reziproken Gitter eine Vorstellung machen zu können, wie auch eine Vorstellung vom wirklichen Kristallgitter zu haben. Zu jeder Kristallstruktur gehören zwei wichtige Gitter, das Kristallgitter und das reziproke Gitter. Diese beiden Gitter stehen durch die Definitionen (28) miteinander in Beziehung. Wenn man einen Kristall dreht, dreht man sowohl das Kristallgitter (auch einfach Gitter genannt) als auch das reziproke Gitter. Die Vektoren des Kristallgitters haben die Dimension [Länge], die Vektoren des reziproken Gitters die Dimension $[\text{Länge}]^{-1}$. Das Kristallgitter ist ein Gitter im wirklichen oder normalen Raum, das reziproke Gitter ist ein Gitter im Fourier-Raum. Die Bezeichnung **Fourier-Raum** wird weiter unten begründet.

Die Punkte ρ_{mnp} eines Kristallgitters sind durch die Gleichung

$$(29) \qquad \rho_{mnp} = m\mathbf{a} + n\mathbf{b} + p\mathbf{c}\,, \quad (m, n, p = \text{ganze Zahlen})$$

gegeben. In gleicher Weise definieren wir die **Punkte des reziproken Gitters** oder die **reziproken Gittervektoren G** im Fourier-Raum als

$$(30) \qquad \mathbf{G} = h\mathbf{A} + k\mathbf{B} + l\mathbf{C}\,, \qquad (h, k, l = \text{ganze Zahlen}).$$

---

[6]) Kristallographen lassen normalerweise den Faktor 2π in den Definitionen weg und nennen die reziproken Gittervektoren b_1, b_2, b_3; die meisten Festkörperphysiker behalten den Faktor 2π bei. Beide Gruppen haben ein intensives Gefühlsleben; einer der berühmtesten Kristallographen schrieb einmal: "Willard Gibbs wird mit zunehmender Geschwindigkeit im Grabe rotieren, solange dieses Verbrechen durch die Festkörperphysiker an seiner schönen Erfindung der reziproken Gittervektoren verübt wird." (Private Mitteilung von P.P. Ewald).

Jeder Punkt im Fourierraum hat seine Bedeutung, aber die durch (30) definierten Punkte des reziproken Gitters sind von besonderer Wichtigkeit. Diese Punkte haben die Form (26), daraus folgt: ist $\Delta\mathbf{k}$ gleich einem beliebigen reziproken Gittervektor $\mathbf{G}$, dann sind die Laueschen Gleichungen für ein Beugungsmaximum erfüllt. Um die Bedeutung der Vektoren $\mathbf{G}$ zu erkennen, bilde man das Skalarprodukt:

$$\begin{aligned}\mathbf{G}\cdot\boldsymbol{\rho}_{mnp} &= (h\mathbf{A} + k\mathbf{B} + l\mathbf{C})\cdot(m\mathbf{a} + n\mathbf{b} + p\mathbf{c}) \\ &= 2\pi(hm + kn + lp) = 2\pi(\text{ganze Zahl}).\end{aligned}$$

Daraus folgt

$$\exp(i\mathbf{G}\cdot\boldsymbol{\rho}_{mnp}) = 1 \;.$$

Beispiel: Fourier-Analyse periodischer Funktionen

Die Elektronenkonzentration $n(\varrho)$ eines Kristalls kann als Fourier-Reihe [7]) geschrieben werden

(31) $$n(\boldsymbol{\rho}) = \sum_{\mathbf{K}} n_{\mathbf{K}}\, e^{i\mathbf{K}\cdot\boldsymbol{\rho}} \;,$$

ϱ ist irgendein Kristallpunkt. Wir beweisen nun ein wichtiges Theorem: In einer beliebigen Funktion, die translatorische Gitterperiodizität besitzt, tauchen für $\mathbf{k}$ in der entsprechenden Fourierreihe nur die Werte auf, die mit den reziproken Gittervektoren $\mathbf{G}$ aus (30) identisch sind. Wir bilden nun $n(\boldsymbol{\rho} + \boldsymbol{\rho}_{mnp})$, $\boldsymbol{\rho}_{mnp} = m\mathbf{a} + n\mathbf{b} + p\mathbf{c}$ ist die Translation eines Kristallgitters:

(32) $$n(\boldsymbol{\rho} + \boldsymbol{\rho}_{mnp}) = \sum_{\mathbf{K}} n_{\mathbf{K}} e^{i\mathbf{K}\cdot\boldsymbol{\rho}} e^{i\mathbf{K}\cdot\boldsymbol{\rho}_{mnp}} \;.$$

---

[7]) Die Entwicklung einer reellen periodischen Funktion $n(x)$ in eine Fourier-Reihe schreibt man eindimensional gewöhnlich wie folgt

(31a) $$n(x) = C_0 + \sum_{p>0} (C_p \cos px + S_p \sin px) \;.$$

Alle Koeffizienten C und S sind reell. Die Reihe

(31b) $$\begin{aligned} n(x) &= n_0 + \sum_{p\neq 0} n_p e^{ipx} \\ &= n_0 + \sum_{p>0} [n_p(\cos px + i \sin px) + n_{-p}(\cos px - i \sin px)] \end{aligned}$$

ist jener von (31a) identisch gleich, wenn man die reellen und imaginären Anteile der komplexen Koeffizienten n_p und n_{-p}:

(31c) $$C_p = \Re\{n_p + n_{-p}\} \;; \qquad S_p = in_p - in_{-p} = -\Im\{n_p - n_{-p}\} \;; \qquad n_p^* = n_{-p} \;.$$

geeignet wählt.

Dies ist dann gleich $n(\varrho)$, wenn

(33) $\mathbf{K} \cdot (m\mathbf{a} + n\mathbf{b} + p\mathbf{c}) = 2\pi$ (ganze Zahl).

gilt. Aber das ist genau die Bedingung $\mathbf{G} \cdot \boldsymbol{\rho}_{mnp} = 2\pi \cdot$(ganze Zahl), die wir in (24) berechnet haben. (31) wird also reduziert zu

(34) $$n(\boldsymbol{\rho}) = \sum_{\mathbf{G}} n_{\mathbf{G}} e^{i\mathbf{G}\cdot\boldsymbol{\rho}} ,$$

$\mathbf{G} = h\mathbf{A} + k\mathbf{B} + l\mathbf{C}$ ist ein beliebiger Gittervektor. Laut Definition der $\mathbf{G}$ -Vektoren sind h, k, l ganze Zahlen.

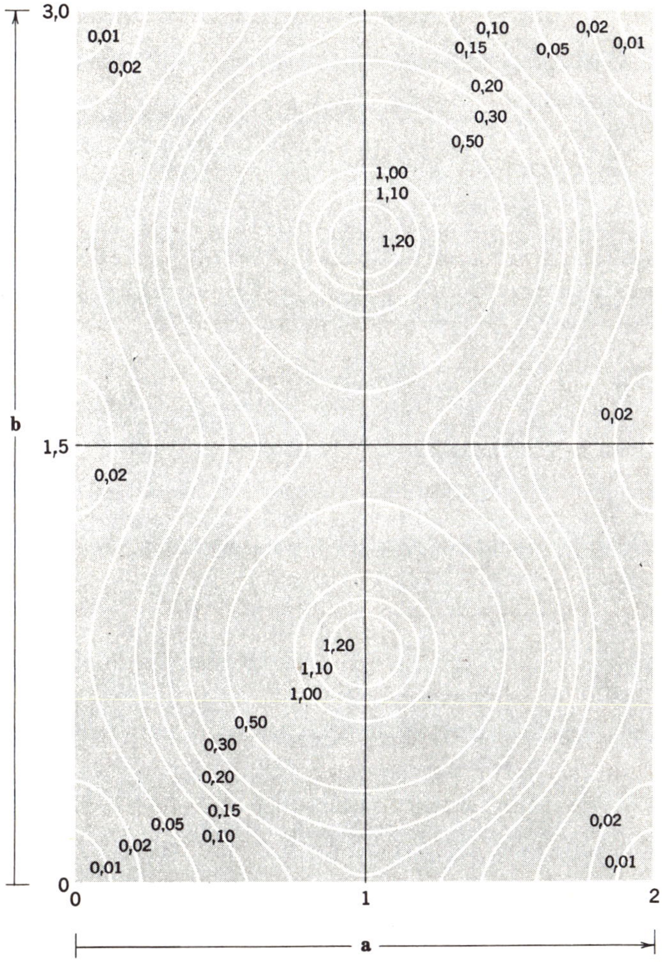

Bild 17

Der Satz von Größen n_G beschreibt vollständig die Elektronenverteilung im ganzen Kristall. Ebenso beschreibt er die Beugung der Röntgenstrahlen. Um dies zu zeigen, kombinieren wir (17) mit (34) zu

$$\int dV\, n(\boldsymbol{\rho}) e^{-i\boldsymbol{\rho}\cdot\Delta\mathbf{k}} = \sum_{\mathbf{G}} n_{\mathbf{G}} \int dV\, e^{i\mathbf{G}\cdot\boldsymbol{\rho}} e^{-i\Delta\mathbf{k}\cdot\boldsymbol{\rho}} \; . \tag{35}$$

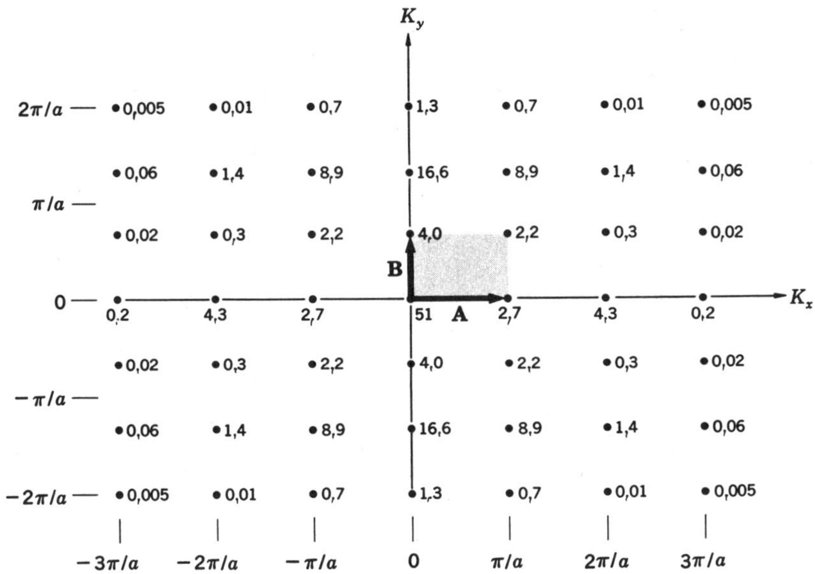

Bild 18: Die Wahrscheinlichkeitsdichte kann man durch eine Fourierreihe $n(\mathbf{r}) = \sum_{\mathbf{G}} n_{\mathbf{G}} e^{i\mathbf{G}\cdot\mathbf{r}}$ ausdrücken, wobei die **G**'s Vektoren im reziproken Gitter sind. Wir geben hier Werte von $10^3 \times |n_{\mathbf{G}}|$ für reziproke Gitterpunkte in der Nähe des Ursprungs im Fourierraum an, entsprechend der Ladungsverteilung in Bild 17. Es gibt in der Tat unendlich viele reziproke Gitterpunkte. Man beachte, wie schnell die Fourierkoeffizienten kleiner werden, wenn wir uns von $\mathbf{G} = 0$ wegbewegen. Diese charakteristische Abnahme ist der Grund für die Schwierigkeit, die beim Nachweis gebeugter Röntenstrahlen bei hohen G-Werten auftritt. Die Ladungsverteilung wurde als Gaussverteilung angenommen, um die numerische Arbeit zu vereinfachen. Die Verteilung um ein Wasserstoffatom ist jedoch nicht eine Gaussverteilung; sie ändert sich mit $e^{-\lambda r}$, wo λ eine Konstante ist (Nach Y. Tsang).

Das Integral hat den Wert V, falls $\Delta\mathbf{k}$ gleich dem reziproken Gittervektor **G** ist. Man kann zeigen, daß das Integral Null wird, wenn $\Delta\mathbf{k}$ nicht gleich dem reziproken Gittervektor ist. Aus (35) sehen wir nun, daß $n_{\mathbf{G}}$ ein Maß für die Amplitude des gebeugten Strahls ist.

Im Bild 17 und 18 ist ein Beispiel für die Fourieranalyse einer periodischen Verteilung in einem Kristall dargestellt. Bild 17 zeigt eine einzelne rechtwinklige, primitive Zelle mit den Achsen **a**, **b** und der Basis von zwei identischen Atomen. Die weißen Linien geben die konstante Elektronenkonzentration wieder. Das schattierte Gebiet in Bild 18 ist eine Zelle des reziproken Gitters. Reziproke Gitterpunkte sind zusammen mit den n_G -Werten für die Fourier-Koeffizienten der Ladungsverteilung von Bild 17 dargestellt.

Beispiel: Reziprokes Gitter in zwei Dimensionen. Ein spezielles zweidimensionales Gitter (Bild 19) hat die Basisvektoren $\mathbf{a} = 2\,\hat{\mathbf{x}}$; $\mathbf{b} = \hat{\mathbf{x}} + 2\,\hat{\mathbf{y}}$. Geben Sie die Basisvektoren des reziproken Gitters an.

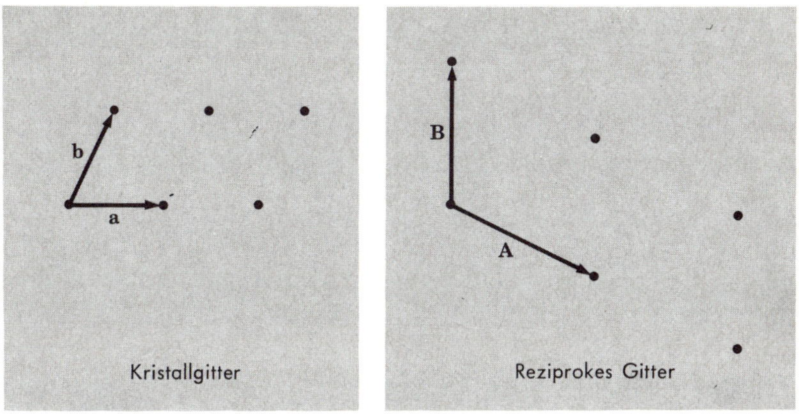

Bild 19: Reziprokes Gitter in zwei Dimensionen: **A** und **B** sind zu je einer Schar von Ebenen (Geraden) des Kristallgitters senkrecht, nämlich zu den Geraden parallel zu **a** bzw. **b**. Jeder Vektor, der zwei Punkte des reziproken Gitters verbindet, steht senkrecht auf einer Ebene des Kristallgitters.

Wir können unsere Definitionen aus dem Dreidimensionalen auf dieses zweidimensionale Problem anwenden, wenn wir annehmen, daß **c** parallel zur z -Achse verläuft, denn dann liegen die Vektoren des reziproken Gitters **A** und **B** in der durch **a** und **b** aufgespannten Ebene. Wir setzen darum $\mathbf{c} = \hat{\mathbf{z}}$. Dann gilt:

$$\mathbf{c} \times \mathbf{a} = \hat{\mathbf{z}} \times (2\hat{\mathbf{x}}) = 2\hat{\mathbf{y}};$$

$$\mathbf{b} \times \mathbf{c} = \hat{\mathbf{x}} \times \hat{\mathbf{z}} + 2\hat{\mathbf{y}} \times \hat{\mathbf{z}} = -\hat{\mathbf{y}} + 2\hat{\mathbf{x}}; \qquad \mathbf{a} \cdot \mathbf{b} \times \mathbf{c} = 4.$$

Diese Ergebnisse in (28) eingesetzt liefern, wie in Bild 19 skizziert ist

$$\mathbf{A} = \pi\hat{\mathbf{x}} - \tfrac{1}{2}\pi\hat{\mathbf{y}}; \qquad \mathbf{B} = \pi\hat{\mathbf{y}}.$$

Die Ewaldsche Kugel

Ein gebeugter Strahl unterliegt zwei Bedingungen: einmal bezüglich der Frequenz zum andern bezüglich des Wellenvektors. Kombiniert man die beiden Bedingungen, so führt dies zu einer sehr hilfreichen geometrischen Konstruktion für die Beugungsgleichung. Wir bezeichnen den Wellenvektor mit $\mathbf{k}$ und die Frequenz des einfallenden Strahls mit ω; $\mathbf{k}'$ und ω' beziehen sich auf den gestreuten Strahl. Wir unterscheiden zwei Fälle:

a) Die Streuung ist elastisch, d.h. die Energie des Röntgenquants bleibt erhalten:

(36) $$\hbar\omega' = \hbar\omega \, .$$

Mit der Dispersionsbedingung für elektromagnetische Wellen im freien Raum erhalten wir $\omega' = c \cdot k'$ und $\omega = c \cdot k$. Daraus folgt

(37) $$k' = k \, .$$

b) Die Beugungsbedingung bezüglich des Wellenvektors lautet $\Delta\mathbf{k} = \mathbf{G}$ oder

(38) $$\mathbf{k}' = \mathbf{k} + \mathbf{G} \, ,$$

wir haben dabei von der Definition von $\Delta\mathbf{k}$ (14) und der Lösung (30) der Laueschen Gleichungen Gebrauch gemacht. Die Gleichung (38) stellt offenbar eine Auswahlregel [8]) für den gestreuten Wellenvektor $\mathbf{k}'$ dar.

---

[8]) Man kann die Auswahlregel $\mathbf{k}' = \mathbf{k} + \mathbf{G}$ als Ausdruck für die Impulserhaltung in einem Kristall ansehen. Ein Photon mit der Energie $\hbar\omega$ hat im freien Raum den Impuls $\hbar\omega/c = \hbar\mathbf{k}$. Eine ebene Welle der Form $e^{i\mathbf{k}\cdot\mathbf{r}}$ im freien Raum wird nach dem Eindringen in den Kristall durch die periodische Verteilung der Elektronenladung oder durch den lokalen Brechungsindex moduliert.
Im Kristall gilt

$$e^{i\mathbf{k}\cdot\mathbf{r}} \rightarrow e^{i\mathbf{k}\cdot\mathbf{r}} \sum_{\mathbf{G}} C_{\mathbf{G}} e^{i\mathbf{G}\cdot\mathbf{r}} \, ,$$

wo die $C_{\mathbf{G}}$ Konstanten sind, die von der Elektronenverteilung abhängen. Wir sehen, daß eine ebene Welle im freien Raum im Kristall zusätzlich Vektorkomponenten $\mathbf{k} + \mathbf{G}$ hat. Diese Komponenten bilden die gebeugten Wellen. Eine einzelne gebeugte Welle erscheint dann so, als ob sie den Photonenimpuls $\hbar(\mathbf{k} + \mathbf{G})$ habe. Das ist offenbar der Impuls des Photons, das den Kristall wieder verläßt, um in den freien Raum zu gelangen. Die Erhaltung des Gesamtimpulses des Systems trifft dann sicher zu, wenn der Kristall einen Rückstoß mit dem Impuls $\hbar\mathbf{G}$ erhält, wie in Bild 20a dargestellt. Der Rückstoß im Kristall ist jedoch so klein, daß man ihn nicht beobachten kann, obwohl ähnliche Rückstoßprozesse an Atomen und Kernen beobachtet wurden. Die Rückstoßgeschwindigkeit eines Kristalls der Masse 1g ist für eine Reflexion mit dem reziproken Gittervektor der Länge 10^{-8} cm:

$$v = \frac{\hbar G}{M} \approx 10^{-19} \, \frac{\text{cm}}{\text{sec}} \, ,$$

also viel zu klein für eine Detektion.

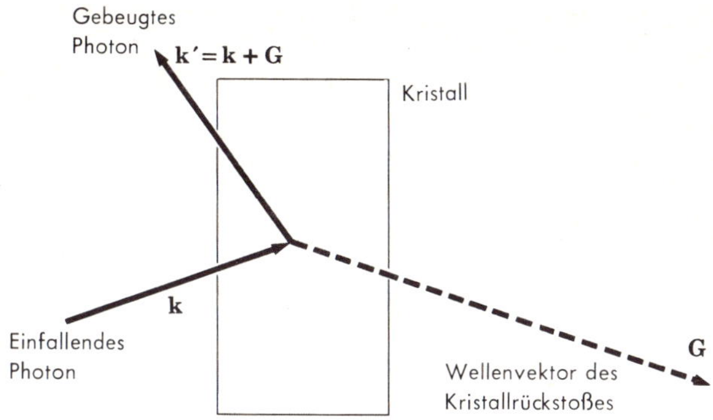

Bild 20a: Bei einer Reflexion, die durch $\mathbf{k}' = \mathbf{k} + \mathbf{G}$ beschrieben wird, erfährt die Kristallprobe einen Rückstoß mit dem Impuls $\hbar\mathbf{G}$. Das läßt erkennen, daß der Impuls $\hbar\mathbf{k}' - \hbar\mathbf{G}$ des Gesamtsystems, Probe plus Photon, nach der Reflexion gleich dem Gesamtimpuls $\hbar\mathbf{k}$ des Systems ist, wie es sich am Anfang in Ruhe befand. Der Impuls des einfallenden Photons beträgt $\hbar\mathbf{k}$ mit $k = \omega/c$.

Quadrieren wir nun beide Seiten von (38), so erhalten wir

$$(39) \qquad k'^2 = (\mathbf{k} + \mathbf{G})^2 = k^2 + 2\mathbf{k}\cdot\mathbf{G} + G^2 \ .$$

Mit (37) können wir $k'^2 = k^2$ bilden, so daß sich (39) vereinfacht zu

$$(40) \qquad \boxed{2\mathbf{k}\cdot\mathbf{G} + G^2 = 0 \ .}$$

Dieser Gleichung werden wir immer wieder bei Problemen, die die Ausbreitung von Wellen in Kristallen betreffen, begegnen. Man kann zeigen, daß sie der Bragg-Gleichung $2d \sin\theta = n\lambda$ äquivalent ist und man kann sich durchaus auf (40) beziehen, wenn man die Bragg-Bedingungen meint. Wir wollen die Äquivalenz nicht beweisen, weil wir die Beugungsbedingungen immer in der Form (40) benutzen werden. Dieser Ausdruck wird auch bei der Konstruktion der Brillouin-Zonen herangezogen werden.

Die Auswahlregeln (37) und (38) haben im Fourierraum die geometrische Bedeutung, die Bild 20b wiedergibt. Man beachte, daß die Länge des Vektors $\mathbf{k}'$ gleich der Länge des Vektors $\mathbf{k}$ ist, wenn $\mathbf{k}'$ auf der Oberfläche der Kugel mit Radius k endet. Außerdem erkennt man, daß $\mathbf{k}$ und $\mathbf{k}'$ durch einen reziproken Gittervektor verknüpft werden müssen, wenn beide an reziproken Gitterpunkten enden. Daraus folgt, daß $\mathbf{k}' = \mathbf{k} + \mathbf{G}$. Das Bild zeigt die Konstruktion, die als Ewaldsche Kugel bekannt ist. Sie findet besonders bei der Untersuchung der Röntgen- und Neutronenbeugung Anwendung. Der folgende Abschnitt behandelt die Brillouin-Konstruktion, die oft zur Beschreibung von Elektronenzuständen in festen

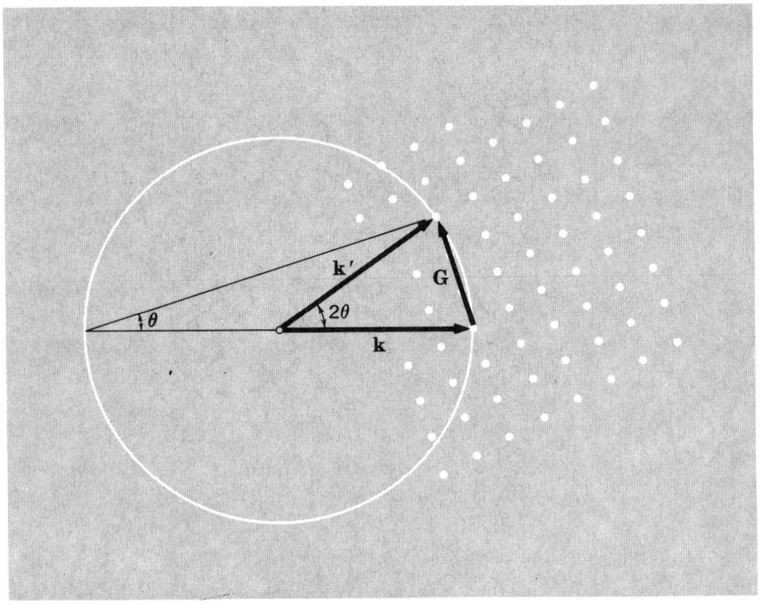

Bild 20b: Die Punkte auf der rechten Seite sind reziproke Gitterpunkte des Kristalls. Der Vektor **k** weist in die Einfallsrichtung der Röntgenstrahlung und endet an einem beliebigen Punkt des reziproken Gitters. Nun zeichnet man eine Kugel (Ewaldsche Kugel) mit dem Radius $k = 2\pi/\lambda$ um den Ursprung von **k**. Schneidet die Kugel einen beliebigen anderen Punkt des reziproken Gitters, so entsteht ein gebeugter Strahl. Wie die Kugel hier gezeichnet ist, schneidet sie einen Punkt, der mit dem Ende von **k** durch den reziproken Gittervektor **G** verbunden ist. Der gebeugte Röntgenstrahl weist in die Richtung $\mathbf{k}' = \mathbf{k} + \mathbf{G}$. Diese Konstruktion ist eine Abwandlung der Konstruktion nach P. P. Ewald.

Körpern benutzt wird. Sie wird zwar bei Röntgenstrahlungsuntersuchungen selten herangezogen, vermittelt aber trotzdem ein anschauliches Bild der Beugungsbedingungen.

Brillouin-Zonen

Eine Brillouin-Zone ist eine Wigner-Seitz-Zelle im reziproken Gitter. (Die Wigner-Seitz-Zelle wurde im Bild 1.8 beschrieben). Die Definition der Brillouin-Zone stellt eine anschauliche geometrische Interpretation der Beugungsbedingung $2\mathbf{k}\cdot\mathbf{G} + G^2 = 0$ dar. Es ist bequemer, **G** durch - **G** zu ersetzen. Die Beugungsbedingung hat dann die Form

$$(41) \qquad 2\mathbf{k}\cdot\mathbf{G} = G^2 \,.$$

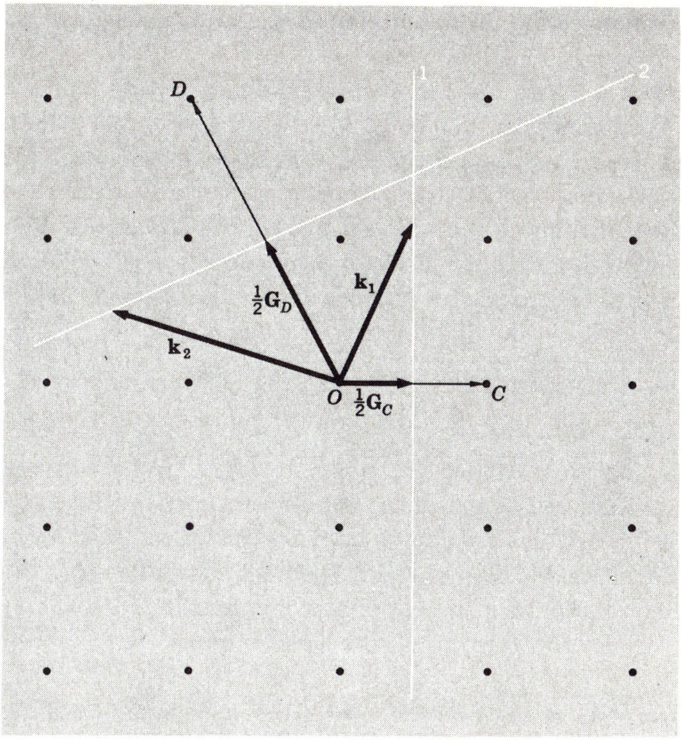

Bild 21: Reziproke Gitterpunkte in der Nähe des Punktes O im Ursprung des reziproken Gitters. Der reziproke Gittervektor $\mathbf{G}_C$ verbindet die Punkte OC, $\mathbf{G}_D$ verbindet OD. Die beiden Ebenen 1 und 2 (weiß gezeichnet) sind Mittelsenkrechten von $\mathbf{G}_C$ und $\mathbf{G}_D$. Jeder Vektor vom Ursprung zur Ebene 1, z.B. $\mathbf{k}_1$ erfüllt die Beugungsbedingung $\mathbf{k}_1 \cdot (\frac{1}{2}\mathbf{G}_C) = (\frac{1}{2}\mathbf{G}_C)^2$. Jeder Vektor vom Ursprung zur Ebene 2, z.B. $\mathbf{k}_2$, , erfüllt die Beugungsbedingung $\mathbf{k}_2 \cdot (\frac{1}{2}\mathbf{G}_D) = (\frac{1}{2}\mathbf{G}_D)^2$.

Diese Substitution ändert nichts an der Aussage der Beugungsbedingung; wenn nämlich $\mathbf{G}$ ein Vektor im reziproken Gitter ist, dann gilt dies auch für $-\mathbf{G}$. Wir wollen (41) umschreiben:

$$\text{(42)} \qquad \mathbf{k} \cdot (\tfrac{1}{2}\mathbf{G}) = (\tfrac{1}{2}G)^2 \ .$$

Wir konstruieren nun eine Ebene, deren Mittelsenkrechte der Vektor $\mathbf{G}$ ist. **Dann erfüllt** (Bild 21) **jeder beliebige Vektor k vom Ursprung zur Ebene die Beugungsbedingung.** Die so beschriebene Ebene bildet einen Teil des Randes der Brillouin-Zone.

Ein reziproker Gittervektor hat eine bestimmte Länge und eine bestimmte Richtung bezüglich der Kristallachsen **a**, **b**, **c** der Kristallprobe, die zu

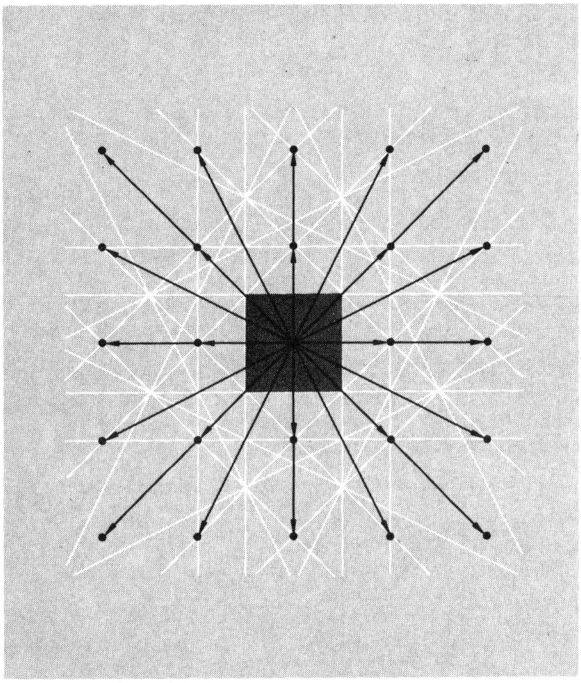

Bild 22: Ein quadratisches reziprokes Gitter mit schwarz gezeichneten reziproken Gittervektoren. Die weißen Linien sind die Mittelsenkrechten der reziproken Gittervektoren. Das zentrale Quadrat ist das kleinste Volumen um den Ursprung und ist vollständig durch weiße Linien begrenzt. Das Quadrat ist die primitive Wigner-Seitz-Zelle des reziproken Gitters.

untersuchen ist. Fällt auf den Kristall ein Röntgen-Strahl, so wird dieser gebeugt, wenn Betrag und Richtung eines Wellenvektors mit der Forderung (42) übereinstimmen und die Richtung des gebeugten Strahls gleich der Richtung des Vektors $\mathbf{k} + \mathbf{G}$ ist.

Die Netzebenen, die durch die Mittelsenkrechten der verschiedenen reziproken Gittervektoren gebildet werden, sind von besonderem Interesse in der Theorie der Ausbreitung von Wellen in Kristallen. Denn jede Welle, deren Wellenvektor im Ursprung beginnt und auf irgendeiner dieser Ebenen endet, genügt der Beugungsbedingung. Diese Ebenen unterteilen den Fourierraum des Kristalls in ungerade Stücke, wie es zweidimensional Bild 22 verdeutlicht. Das Quadrat in der Mitte von Bild 22 ist eine Einheitszelle des reziproken Gitters; man erkennt, daß die Einheitszelle entsprechend der Beschreibung in Kapitel 1 für die primitive Wigner-Seitz-Zelle gezeichnet wurde, mit der Ausnahme, daß dort die Zelle im reellen Raum und hier im Fourierraum betrachtet wird.

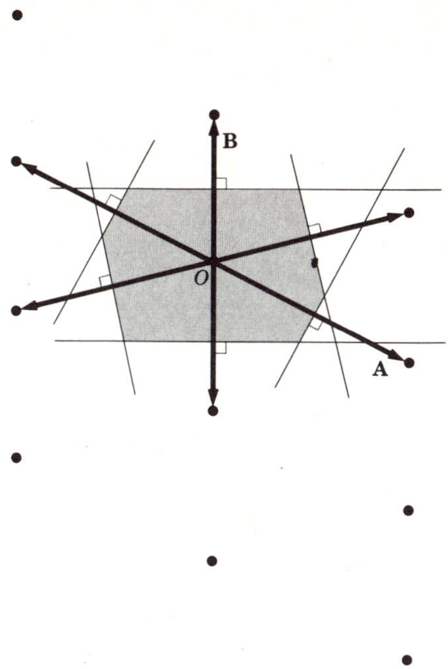

Bild 23:
Konstruktion der ersten Brillouin-Zone eines schiefwinkligen Gitters in zwei Dimensionen. Das Kristallgitter ähnelt dem des Bildes 21. Zuerst zeichnet man eine ausreichende Anzahl von reziproken Gittervektoren von O zu naheliegenden Punkten des reziproken Gitters. Als nächstes konstruiert man deren Mittelsenkrechte. Die kleinste so eingeschlossene Fläche ist die erste Brillouin-Zone.

Diese zentrale Zelle im reziproken Gitter spielt eine besondere Rolle in der Theorie der Festkörper; man nennt sie auch die erste Brillouin-Zone. **Die erste Brillouin-Zone stellt das kleinste Volumen dar, das vollständig durch Ebenen eingeschlossen ist, die die Mittelsenkrechten im reziproken Gitter sind, wenn man sie vom Ursprung aus zeichnet.** Die erste Brillouin-Zone eines schiefen, zweidimensionalen Gitters ist in Bild 23, die eines linearen eindimensionalen Gitters in Bild 24 konstruiert. Die Zonengrenzen des linearen Gitters liegen bei $k = \pm\pi/a$, wobei a der Betrag der primitiven Achse des Kristallgitters ist. Historisch gesehen sind die Brillouin-Zonen kein Teil der "Volkskunde" der Röntgenbeugungsanalyse von Kristallstrukturen; man kann sie jedoch als wesentlichen Teil der Analyse elektronischer Energiebänderstrukturen von Kristallen ansehen, die ausführlich in Kap. 9 und 10 diskutiert werden. Die besondere Bedeutung der ersten Brillouin-Zone wird in Kap. 10 dargelegt. **Die Konstruktion der Brillouin-Zonen hebt die Besonderheit der einfallenden Wellenvektoren k hervor, die durch den Kristall eine Bragg-Reflexion erfahren.**

Das reziproke Gitter des einfach-kubischen (sc) Gitters. Die primitiven Translationsvektoren eines einfach-kubischen Gitters kann man wie folgt annehmen:

(43) $$\mathbf{a} = a\hat{\mathbf{x}} \; ; \qquad \mathbf{b} = a\hat{\mathbf{y}} \; ; \qquad \mathbf{c} = a\hat{\mathbf{z}} \; .$$

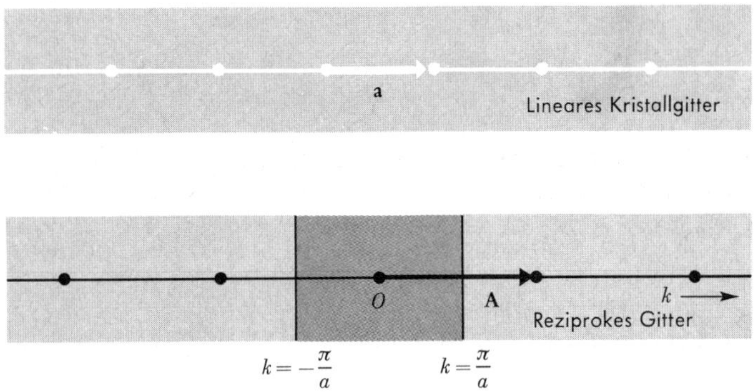

Bild 24: Kristall und reziprokes Gitter (eindimensional). Der Basisvektor im reziproken Gitter ist **A** mit der Länge $2\pi/a$. Die kürzesten reziproken Gittervektoren vom Ursprung aus sind **A** und **−A**. Die Mittelsenkrechten dieser Vektoren bilden die Ränder der ersten Brillouinzone. Diese Ränder liegen bei $k = \pm\pi/a$.

Das Volumen der Zelle beträgt $\mathbf{a}\cdot\mathbf{b}\times\mathbf{c} = a^3$. Man findet die primitiven Translationsvektoren des reziproken Gitters aus der Standard-Vorschrift (28):

$$(44) \qquad \mathbf{A} = 2\pi\frac{\mathbf{b}\times\mathbf{c}}{\mathbf{a}\cdot\mathbf{b}\times\mathbf{c}} = \frac{2\pi}{a}\hat{\mathbf{x}}\ ; \qquad \mathbf{B} = \frac{2\pi}{a}\hat{\mathbf{y}}\ ; \qquad \mathbf{C} = \frac{2\pi}{a}\hat{\mathbf{z}}\ .$$

Daher ist das reziproke Gitter selbst ein einfach-kubisches Gitter mit der Gitterkonstanten $2\pi/a$.

Der Rand der ersten Brillouin-Zone wird durch die Ebenen gebildet, die senkrecht zu den sechs Vektoren

$$(45) \qquad \pm\tfrac{1}{2}\mathbf{A} = \pm\frac{\pi}{a}\hat{\mathbf{x}}; \qquad \pm\tfrac{1}{2}\mathbf{B} = \pm\frac{\pi}{a}\hat{\mathbf{y}}; \qquad \pm\tfrac{1}{2}\mathbf{C} = \pm\frac{\pi}{a}\hat{\mathbf{z}}$$

stehen. Die sechs Ebenen schließen einen Würfel mit der Kantenlänge $2\,\pi/a$ und dem Volumen $(2\pi/a)^3$ ein. Dieser Würfel ist die erste Brillouin-Zone des sc-Gitters.

Das reziproke Gitter des kubisch raumzentrierten (bcc-) Gitters. Bild 25 zeigt die primitiven Translationen des bcc-Gitters. Sie sind durch die folgenden Gleichungen bestimmt:

$$\mathbf{a}' = (a/2)(\hat{\mathbf{x}} + \hat{\mathbf{y}} - \hat{\mathbf{z}});$$
(46) $$\mathbf{b}' = (a/2)(-\hat{\mathbf{x}} + \hat{\mathbf{y}} + \hat{\mathbf{z}});$$
$$\mathbf{c}' = (a/2)(\hat{\mathbf{x}} - \hat{\mathbf{y}} + \hat{\mathbf{z}}).$$

a ist die Kantenlänge des gebräuchlichen Einheitswürfels, $\hat{\mathbf{x}}, \hat{\mathbf{y}}, \hat{\mathbf{z}}$ sind orthogonale Einheitsvektoren parallel zu den Würfelkanten. Das Volumen der primitiven Einheitszelle beträgt

(47) $$V = |\mathbf{a}' \cdot \mathbf{b}' \times \mathbf{c}'| = \tfrac{1}{4}a^3.$$

Die primitiven Translationen $\mathbf{A}, \mathbf{B}, \mathbf{C}$ des reziproken Gitters sind durch (28) definiert. Aus (46) und (47) folgt

(48) $$\mathbf{A} = (2\pi/a)(\hat{\mathbf{x}} + \hat{\mathbf{y}}); \quad \mathbf{B} = (2\pi/a)(\hat{\mathbf{y}} + \hat{\mathbf{z}}); \quad \mathbf{C} = (2\pi/a)(\hat{\mathbf{x}} + \hat{\mathbf{z}}).$$

Aus einem Vergleich mit Bild 1.18 ersieht man sofort, daß dies die primitiven Translationen des kubisch flächenzentrierten (des fcc-) Gitters sind. Das fcc-Gitter ist also das reziproke Gitter des bcc-Gitters. Sind h, k, l ganze Zahlen so ist der allgemeine reziproke Gittervektor

(49) $$\mathbf{G} = h\mathbf{A} + k\mathbf{B} + l\mathbf{C} = (2\pi/a)[(h + l)\hat{\mathbf{x}} + (h + k)\hat{\mathbf{y}} + (k + l)\hat{\mathbf{z}}].$$

Die kürzesten nicht verschwindenden Vektoren $\mathbf{G}$ sind die folgenden zwölf; sämtliche Vorzeichen können voneinander unabhängig gewählt werden:

(50) $$(2\pi/a)(\pm\hat{\mathbf{x}} \pm \hat{\mathbf{y}}); \qquad (2\pi/a)(\pm\hat{\mathbf{y}} \pm \hat{\mathbf{z}}); \qquad (2\pi/a)(\pm\hat{\mathbf{x}} \pm \hat{\mathbf{z}}).$$

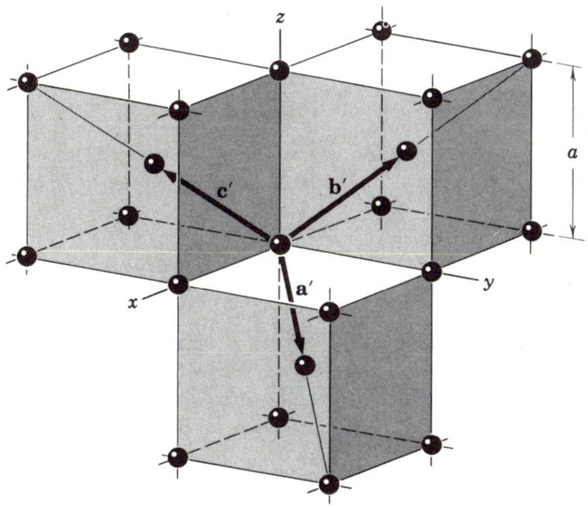

Bild 25:
Primitive Translationen des kubisch innenzentrierten Gitters.

Die primitive Elementarzelle des reziproken Gitters kann aus den durch (48) definierten Translationen **A, B** und **C** aufgebaut werden. Dieses Parallelepiped enthält dann einen Punkt des reziproken Gitters, denn jeder der acht Eckpunkte muß unter acht Einheitszellen aufgeteilt werden, so daß jedes Parallelepiped ein Achtel von jedem seiner acht Eckpunkte enthält. Es hat sich jedoch in der Festkörperphysik eingebürgert, als primitive Elementarzelle des reziproken Gitters das kleinste Volumen zu nehmen, das von den Ebenen eingeschlossen wird, die senkrecht auf den (kürzeren) **G**'s stehen und durch deren Mittelpunkte gehen. Das ist natürlich nur eine andere Methode, den Raum in identische Elementarzellen, die ihn gleichförmig ausfüllen, aufzuteilen. Jede dieser neuen Zellen enthält einen Gitterpunkt, der den Mittelpunkt der Elementarzelle bildet. Diese Elementarzelle ist im Wesentlichen die Wigner-Seitz-Zelle (Kapitel 1), jedoch im reziproken Gitter; d.h. die erste Brillouin-Zone des bcc-Gitters.

Diese Zone wird also durch die Ebenen aufgebaut, die senkrecht zu den 12 Vektoren der Gl. (50) stehen und durch deren Mittelpunkte gehen. Die Zone ist ein regulärer zwölfflächiger Körper, ein rhombischer Dodekaeder, wie Bild 26 zeigt. Die Vektoren vom Ursprung zum Mittelpunkt einer jeden Fläche sind die halben Vektoren von (50):

$$(51) \qquad \frac{\pi}{a}(\pm\hat{\mathbf{x}} \pm \hat{\mathbf{y}}) \; ; \qquad \frac{\pi}{a}(\pm\hat{\mathbf{y}} \pm \hat{\mathbf{z}}) \; ; \qquad \frac{\pi}{a}(\pm\hat{\mathbf{x}} \pm \hat{\mathbf{z}}) \; .$$

Die Wahl der Vorzeichen ist beliebig, sie ergibt gerade die 12 Vektoren.

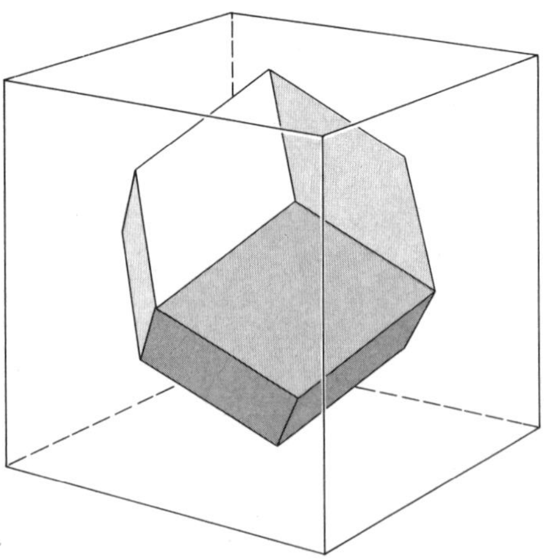

Bild 26:
Erste Brillouin-Zone des kubisch innenzentrierten Gitters. Es ergibt sich ein regelmäßiges rhombisches Dodekaeder.

Das reziproke Gitter des kubisch flächenzentrierten (fcc-) Gitters. Die primitiven Translationen des fcc-Gitters sind, wie in Bild 27 dargestellt:

(52) $\mathbf{a}' = (a/2)(\hat{\mathbf{x}} + \hat{\mathbf{y}})$; $\mathbf{b}' = (a/2)(\hat{\mathbf{y}} + \hat{\mathbf{z}})$; $\mathbf{c}' = (a/2)(\hat{\mathbf{z}} + \hat{\mathbf{x}})$.

Sie sind parallel zu den durch (48) bestimmten Vektoren.

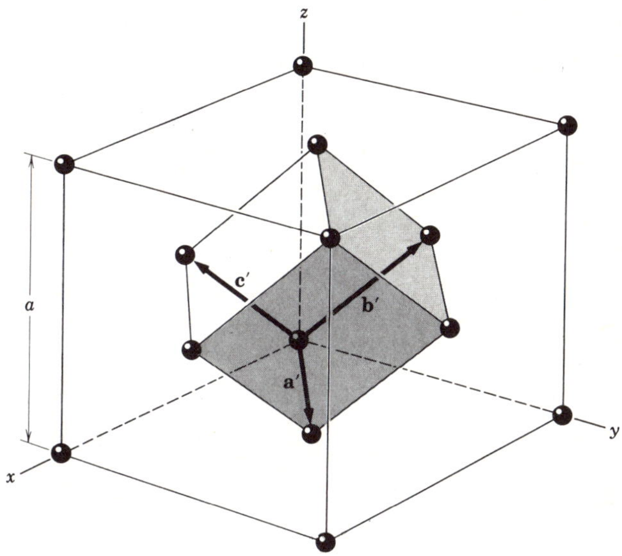

Bild 27: Primitive Translationen des kubisch flächenzentrierten Gitters.

Aus den Definitionen (28) ergeben sich die primitiven Translationen **A**, **B**, **C** des zum fcc-Gitter gehörigen reziproken Gitters

(53)
$$\mathbf{A} = (2\pi/a)(\hat{\mathbf{x}} + \hat{\mathbf{y}} - \hat{\mathbf{z}});$$
$$\mathbf{B} = (2\pi/a)(-\hat{\mathbf{x}} + \hat{\mathbf{y}} + \hat{\mathbf{z}});$$
$$\mathbf{C} = (2\pi/a)(\hat{\mathbf{x}} - \hat{\mathbf{y}} + \hat{\mathbf{z}}).$$

Das Volumen der Elementarzelle im reziproken Gitter ist $|\mathbf{A} \cdot \mathbf{B} \times \mathbf{C}| = 4(2\pi/a)^3$. Für die reziproken Gittervektoren erhalten wir jetzt

(54)
$$\mathbf{G} = \frac{2\pi}{a}\left[(h - k + l)\hat{\mathbf{x}} + (h + k - l)\hat{\mathbf{y}} + (-h + k + l)\hat{\mathbf{z}}\right] ,$$

wo h, k, l beliebige ganze Zahlen sind. Die kürzesten, nicht verschwindenden **G**'s sind die acht Vektoren

(55)
$$\frac{2\pi}{a}(\pm\hat{\mathbf{x}} \pm \hat{\mathbf{y}} \pm \hat{\mathbf{z}}) .$$

Die Ränder einer primitiven Elementarzelle des reziproken Gitters ergeben sich größtenteils aus den acht Ebenen, die senkrecht auf den Mittelpunkten dieser Vektoren errichtet werden. Die Ecken des so gebildeten Oktaeders werden jedoch von Ebenen abgeschnitten, die die Mittelsenkrechten der sechs reziproken Translationen [9])

$$(2\pi/a)(\pm 2\hat{\mathbf{x}}); \qquad (2\pi/a)(\pm 2\hat{\mathbf{y}}); \qquad (2\pi/a)(\pm 2\hat{\mathbf{z}}) \tag{56}$$

sind. Die primitive Elementarzelle ist dann das in Bild 28 dargestellte Oktaeder ohne Spitzen. Es ist die erste Brillouin-Zone des fcc-Kristallgitters.

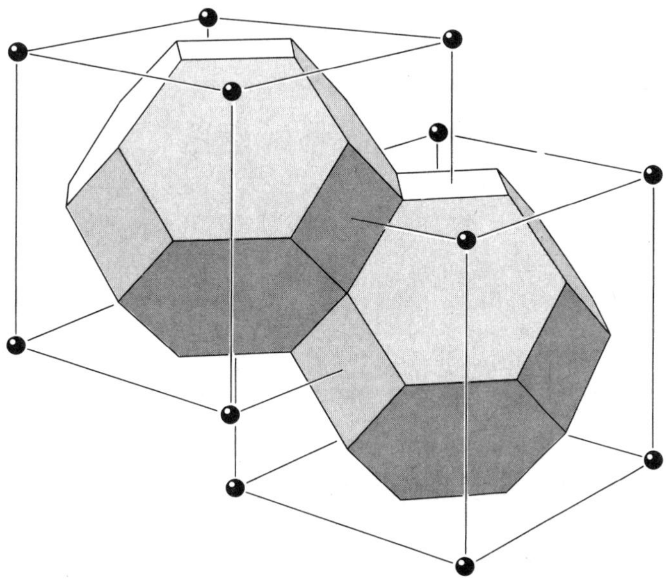

Bild 28: Brillouin-Zonen des kubisch flächenzentrierten Gitters. Die Einheitszellen sind im k-Raum; also wird das reziproke Gitter, wie hier eingezeichnet, innenzentriert.

Die Strukturamplitude

Die Gleichung (22) bestimmt alle Refelxionen $\Delta\mathbf{k}$, die in einem gegebenen Kristallgitter möglich sind. Diese möglichen Reflexionen (hkl) werden durch die Punkte $\mathbf{G}(hkl) = h\mathbf{A} + k\mathbf{B} + l\mathbf{C}$ des reziproken Gitters beschrieben, die relative Intensitäten der verschiedenen Reflexe hängen vom Inhalt der Einheitszelle ab: von der Zahl, dem Ort und der Elektronenverteilung der Atome innerhalb der Einheitszelle. Wir wollen nun diesen Zusammenhang entwickeln.

[9]) Der Vektor $(2\pi/a)(2\hat{\mathbf{x}})$ ist eine reziproke Translation, da er gleich $\mathbf{A} + \mathbf{C}$ ist.

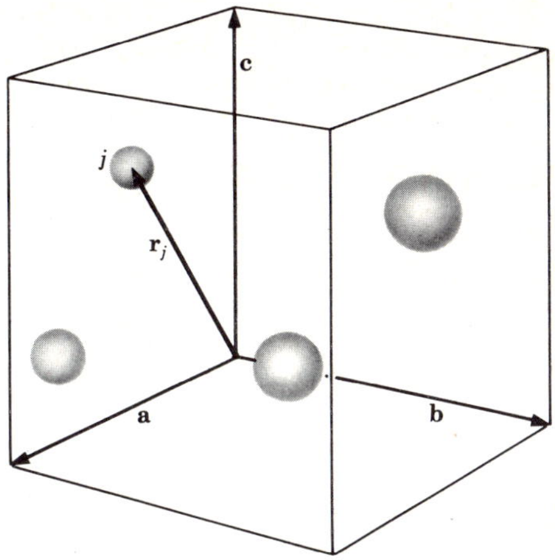

Bild 29:
Der Ort des Atomes j in der Einheitszelle wird durch den Vektor $\boldsymbol{\rho}_j = x_j\mathbf{a} + y_j\mathbf{b} + z_j\mathbf{c}$ angegeben. x_j, y_j, z_j sind Konstanten.

Es seien s Atome in jeder Elementarzelle; der Kern des j-ten Atoms in der Elementarzelle befinde sich am Ort (Bild 29)

(57a) $$\boldsymbol{\rho}_j = x_j\mathbf{a} + y_j\mathbf{b} + z_j\mathbf{c}$$

bezogen auf den Gitterpunkt

$$\boldsymbol{\rho}_{mnp} = m\mathbf{a} + n\mathbf{b} + p\mathbf{c}$$

als dem Ursprung von $\boldsymbol{\rho}_j$. Dieser Gitterpunkt ist mit der Zelle verknüpft, die wir betrachten, so daß wir die Zelle durch m, n, p markieren können. Es sei der eigentliche Ursprung im Gitterpunkt

$$\boldsymbol{\rho}_{000} = 0 \;;$$

bezogen auf diesen Gitterpunkt befindet sich dann das j-te Atom in der Zelle m, n, p am Ort

$$\boldsymbol{\rho}_j + \boldsymbol{\rho}_{mnp} \; .$$

Die Elektronen sind nicht am Kern eines jeden Atoms konzentriert, sondern verteilt über die Nachbarschaft. Ihre Verteilung im Kristall kann man als Überlagerung der Funktionen c_j der Elektronenkonzentration beschreiben, die zu jedem Atom gehören.

Die Funktion

(57b) $$c_j(\boldsymbol{\rho} - \boldsymbol{\rho}_j - \boldsymbol{\rho}_{mnp})$$

definiert die Elektronenkonzentration am Ort $\boldsymbol{\rho}$ in der Nähe des Atoms j der Zelle m, n, p. Daher kann man die Gesamtelektronenkonzentration $n(\boldsymbol{\rho})$ im Kristall als Summe schreiben:

(57c) $$n(\boldsymbol{\rho}) = \sum_{mnp} \sum_{j=1}^{s} c_j(\boldsymbol{\rho} - \boldsymbol{\rho}_j - \boldsymbol{\rho}_{mnp}) \; .$$

Die Summe über j erstreckt sich über s Atome einer Basis, die Summe über m, n, p wird über alle Gitterpunkte genommen, was früher als M^3 bezeichnet wurde. Die Zerlegung von $n(\boldsymbol{\rho})$ nach (57c) ist nicht eindeutig, falls sich die Ladungsverteilung verschiedener Ionen überlappt. Man kann nämlich oft nicht sagen, wie sehr die Ladung mit jedem Atom verknüpft ist; aber das macht keine allzugroßen Schwierigkeiten.

Wie in (17) angedeutet, kann man die totale Streuamplitude für den Streuvektor $\Delta\mathbf{k}$ im Kristall wie folgt schreiben

(58a) $$\mathfrak{a}_{\Delta\mathbf{k}} = \int dV\, n(\boldsymbol{\rho}) e^{-i\boldsymbol{\rho}\cdot\Delta\mathbf{k}} = \sum_{mnp} \sum_{j} \int dV\, c_j(\boldsymbol{\rho} - \boldsymbol{\rho}_j - \boldsymbol{\rho}_{mnp}) e^{-i\boldsymbol{\rho}\cdot\Delta\mathbf{k}} .$$

Der Beitrag des Terms $c_j(\boldsymbol{\rho} - \boldsymbol{\rho}_j - \boldsymbol{\rho}_{mnp})$ in (58a) zu $\mathfrak{a}$ ist

(58b) $$\begin{aligned} &\int dV\, c_j(\boldsymbol{\rho} - \boldsymbol{\rho}_j - \boldsymbol{\rho}_{mnp}) e^{-i\boldsymbol{\rho}\cdot\Delta\mathbf{k}} \\ &\qquad = \int dV\, c_j(\boldsymbol{\rho}')\, e^{-i\boldsymbol{\rho}'\cdot\Delta\mathbf{k}} \exp\left[-i(\boldsymbol{\rho}_j + \boldsymbol{\rho}_{mnp})\cdot\Delta\mathbf{k}\right] \\ &\qquad = f_j \exp\left[-i(\boldsymbol{\rho}_j + \boldsymbol{\rho}_{mnp})\cdot\Delta\mathbf{k}\right] . \end{aligned}$$

Wir haben hier von der Substitution

$$\boldsymbol{\rho}' \equiv \boldsymbol{\rho} - \boldsymbol{\rho}_j - \boldsymbol{\rho}_{mnp}$$

Gebrauch gemacht und den **atomaren Formfaktor**

(59a) $$\boxed{f_j = \int dV\, c_j(\boldsymbol{\rho}') e^{-i\boldsymbol{\rho}'\cdot\Delta\mathbf{k}} ,}$$

eingeführt (siehe den folgenden Abschnitt). Die Streuamplitude stellt sich jetzt wie folgt dar:

$$\mathfrak{a}_{\Delta\mathbf{k}} = \sum_{mnp} \sum_{j} f_j \exp\left[-i(\boldsymbol{\rho}_j + \boldsymbol{\rho}_{mnp})\cdot\Delta\mathbf{k}\right]$$

oder
$$= \Big(\sum_{mnp} \exp(-i\boldsymbol{\rho}_{mnp}\cdot\Delta\mathbf{k})\Big)\Big(\sum_{j} f_j \exp(-i\boldsymbol{\rho}_j\cdot\Delta\mathbf{k})\Big),$$

(59b) $$\mathfrak{a}_{\mathbf{G}} = M^3 \mathfrak{S}_{\mathbf{G}} .$$

Hier haben wir das frühere Ergebnis (21) benutzt, das besagt, daß

$$\sum_{mnp} \exp(-i\boldsymbol{\rho}_{mnp}\cdot\Delta\mathbf{k})$$

nur dann verschieden von Null ist, wenn $\Delta\mathbf{k}$ gleich dem reziproken Gittervektor ist. Die Summe

(59c) $$\boxed{\mathfrak{S}_{\mathbf{G}} = \sum_{j} f_j \exp(-i\boldsymbol{\rho}_j\cdot\mathbf{G})}$$

heißt **Strukturamplitude***) der Basis.

Man spricht von einer Reflexion (oder auch Reflex) (*hkl*), wenn der reziproke Gittervektor durch $\mathbf{G} = 2\pi(h\mathbf{A} + k\mathbf{B} + l\mathbf{C})$ dargestellt werden kann. Für diese Reflexion gilt, mit $\boldsymbol{\rho}_j$ aus (57a):

(60) $$\boldsymbol{\rho}_j \cdot \mathbf{G} = (x_j\mathbf{a} + y_j\mathbf{b} + z_j\mathbf{c}) \cdot (h\mathbf{A} + k\mathbf{B} + l\mathbf{C}) = 2\pi(x_jh + y_jk + z_jl) \quad ,$$

so daß sich für die Strukturamplitude folgender Ausdruck ergibt:

(61) $$\boxed{\mathcal{S}(hkl) = \sum_j f_j \exp\left[-i2\pi(x_jh + y_jk + z_jl)\right] \ .}$$

Die Strukturamplitude kann auch komplex sein; die Intensität hängt von $\mathcal{S}^*\mathcal{S}$, dem Strukturfaktor ab, worin $\mathcal{S}^*$ das konjugierte Komplexe von $\mathcal{S}$ ist.

Zunächst gilt unser Interesse den Nullstellen von $\mathcal{S}$, d.h. wenn $\mathcal{S}$ Null ist, gibt es keine Intensität bezüglich einer Reflexion $\mathbf{G}$ im Raumgitter. Die Strukturamplitude kann einige Reflexe, die aufgrund des Raumgitters erlaubt sind, aufheben. Daher können die fehlenden Reflexe zur Bestimmung der Struktur beitragen.

Strukturamplitude des bcc-Gitters. Die Basis der bcc-Struktur, bezogen auf die normale kubische Einheitszelle, besteht aus identischen Atomen bei 000 und $\frac{1}{2}\frac{1}{2}\frac{1}{2}$. Für das eine Atom gilt $x_1 = y_1 = z_1 = 0$ und für das andere $x_2 = y_2 = z_2 = \frac{1}{2}$. Damit wird aus (61)

(62) $$\mathcal{S}(hkl) = f\{1 + \exp\left[-i\pi(h + k + l)\right]\}.$$

f ist das Streuvermögen eines Atoms. Der Betrag von $\mathcal{S}$ ist nur dann null, wenn die Exponentialfunktion den Wert -1 annimmt. Das ist der Fall, wenn ihr Argument ein ungerades Vielfaches von $-i\pi$ beträgt. Also ist

$$\mathcal{S} = 0, \quad \text{wenn } h + k + l \text{ ungerade ist,}$$

$$\mathcal{S} = 2f, \quad \text{wenn } h + k + l \text{ gerade ist.}$$

Festes Natrium hat eine kubisch raumzentrierte Struktur. Das Beugungsspektrum enthält keine Linien wie z.B. die (100), (300), (111) oder die (221)-Linie, wohl aber Linien wie die (200), (110) und die (222)-Linie. Dabei sind die Ebenen (*hkl*) auf eine kubische Einheitszelle bezogen.

*) (Anmerkung des Übersetzers:) $\mathcal{S}$ wird vielfach in ungenauer Weise auch als Strukturfaktor bezeichnet, streng genommen versteht man jedoch unter dem Strukturfaktor das Produkt $\mathcal{S}^*\mathcal{S}$.

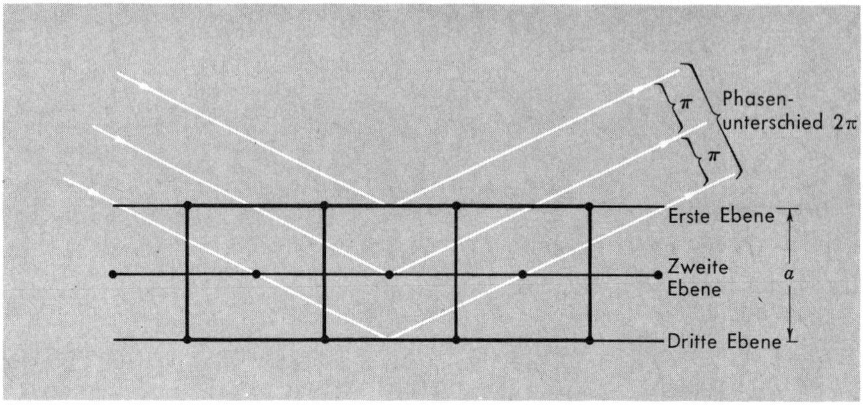

Bild 30: Erklärung des Fehlens der (100)-Reflexion bei einem kubisch innenzentrierten Gitter. Die Phasendifferenz der an benachbarten Ebenen reflektierten Strahlen ist genau π, die reflektierte Amplitude beträgt dann $1 + e^{-i\pi} = = 1 - 1 = 0$.

Was ist der physikalische Grund für das Verschwinden der (100)-Reflexion bei einem bcc-Gitter? Normalerweise tritt die (100)-Reflexion auf, wenn die Reflexionen an der ersten und an der dritten Ebene des Bildes 30 um 2π gegeneinander phasenverschoben sind. Diese zwei Ebenen begrenzen den Einheitswürfel. Im bcc-Gitter liegt noch eine Ebene zwischen ihnen, die zweite Ebene in unserer Abbildung; das Streuvermögen dieser Netzebene ist dem der beiden anderen genau gleich. Da sie außerdem in der Mitte zwischen den beiden anderen liegt, erzeugt sie eine Reflexion, die um π gegenüber dem Beitrag der ersten Ebene phasenverschoben ist und ihn darum aufhebt. Im bcc-Gitter verschwindet also die (100)-Reflexion, weil alle Netzebenen dieselbe Zusammensetzung haben; bei der CsCl-Struktur (Bild 1.26) tritt diese Auslöschung jedoch nicht auf. Zwar folgt auf jede Netzebene aus Cs-Ionen eine aus Cl-Ionen und auf diese wieder eine aus Cs-Ionen, das Streuvermögen des Cs ist jedoch viel größer als das Streuvermögen des Cl, weil Cs^+ 54 Elektronen hat und Cl^- nur 18.

Strukturamplitude des fcc-Gitters. Bezieht man die Basis einer fcc-Struktur auf den üblichen Einheitswürfel, dann hat sie an den Punkten $0\,0\,0$; $0\,\frac{1}{2}\,\frac{1}{2}$; $\frac{1}{2}\,0\,\frac{1}{2}$; $\frac{1}{2}\,\frac{1}{2}\,0$ identische Atome. Also folgt aus (61)

$$\mathcal{S}(hkl) = f\{1 + \exp\left[-i\pi(k + l)\right] + \exp\left[-i\pi(h + l)\right] + \exp\left[-i\pi(h + k)\right]\}. \tag{63}$$

Wenn alle Indizes gerade sind, dann ist $\mathcal{S} = 4f$; das gleiche gilt, wenn alle Indizes ungerade sind. Ist jedoch nur ein Index gerade, so sind zwei Exponenten ungerade Vielfache von $-i\pi$ und $\mathcal{S}$ verschwindet. Ist andererseits ein Index ungerade, dann gilt dasselbe, und $\mathcal{S}$ ist wieder null. Also treten im fcc-Gitter keine Reflexionen auf, deren Indizes teilweise gerade und teilweise ungerade sind. Dies wird durch Bild 31 gut veranschaulicht: KCl und KBr haben ein kubisch flächenzentriertes Gitter, jedoch wirkt die KCl-Struktur wie ein einfach kubisches Gitter, weil die K^+ und die Cl^--Ionen dieselbe Anzahl von Elektronen aufweisen. Das Beugungsbild für einen Kristall mit fcc-Struktur, Aluminium, zeigt Bild 32.

Der atomare Streufaktor oder Formfaktor

In der Bestimmungsgleichung (61) der Strukturamplitude tritt die Größe f_j als das Maß für das Streuvermögen des Atomes j in der Einheitszelle auf. Wodurch ist f_j bestimmt? Bei Röntgenstrahlen hängt das Streuvermögen nur von den Elektronen der Atomhülle ab, da die Atomkerne zu schwer sind, um merklich auf ein Röntgenphoton zu reagieren.

Der Wert von f hängt von der Anzahl und der Verteilung der Hüllenelektronen sowie von der Wellenlänge und dem Streuwinkel der Strahlung ab. Diese Faktoren treten auf, weil die endliche Ausdehnung der Atome Interferenzen verursacht. Es folgt eine klassische Berechnung des Streukoeffizienten.

Bei der gestreuten Strahlung eines einzelnen Atoms muß man auch die Interferenzeffekte innerhalb des Atoms berücksichtigen. Wir haben in (59a) die Funktion

$$f_{\mathbf{G}} = \int dV\, c(\mathbf{r}) e^{-i\mathbf{r}\cdot\mathbf{G}} , \tag{64}$$

definiert. Das Integral erstreckt sich über die Elektronenkonzentration $c(\mathbf{r})$, die zu jedem einzelnen Atom gehört. Wir nennen f den **atomaren Streu- oder Atomfaktor** . Schließt $\mathbf{r}$ mit $\mathbf{G}$ den Winkel α ein, dann ist $\mathbf{r}\cdot\mathbf{G} = r\cdot G\cos\alpha$. Ist die Elektronenverteilung kugelsymmetrisch bezüglich des Ursprungs, so gilt

$$f_G \equiv 2\pi\int r^2\, dr\, d(\cos\alpha) c(r) e^{-iGr\cos\alpha} = 2\pi\int dr\, r^2 c(r)\cdot\frac{e^{iGr}-e^{-iGr}}{iGr} \cdot$$

Wir haben hier über d (cos α) von -1 bis +1 integriert.

Also folgt für den atomaren Streukoeffizienten

$$\boxed{f_G = 4\pi\int dr\, c(r) r^2 \frac{\sin Gr}{Gr} .} \tag{65}$$

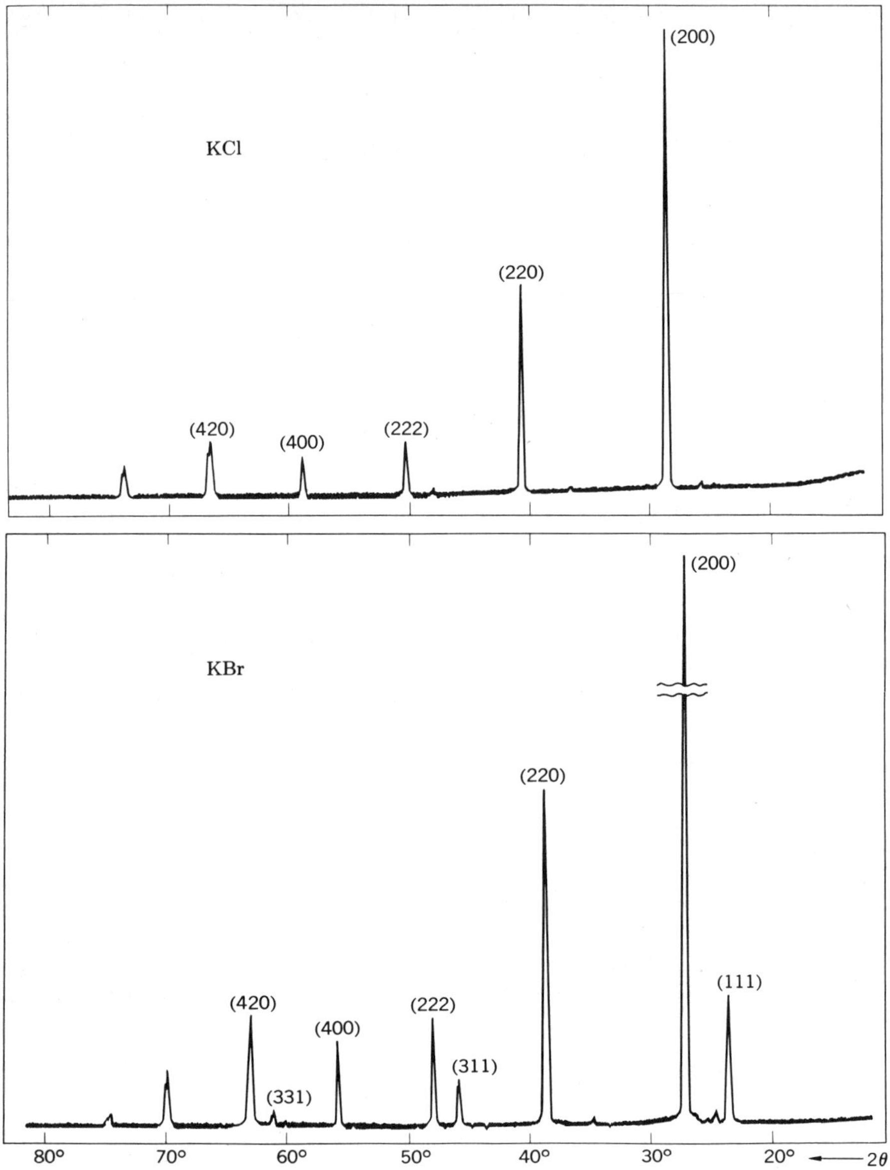

Bild 31: Vergleich der Röntgenreflexionen an KCl und KBr-Pulver. Im KCl sind die Atomfaktoren der K^+- und der Cl^--Ionen fast exakt gleich; für Röntgenstrahlung sieht der Kristall daher so aus, als hätte er nur ein einfach kubisches Gitter mit der Gitterkonstanten $a/2$, das von nur einer Atomsorte besetzt ist. Es erscheinen nur gerade Millersche Indizes für die Reflexionsebenen, da sie auf ein kubisches Gitter mit der Gitterkonstanten a bezogen werden. Im KBr sind die Formfaktoren von K^+ und Br^- sehr verschieden, so daß alle Reflexe des fcc-Gitters auftreten. (Nach Robert van Nordstrand.)

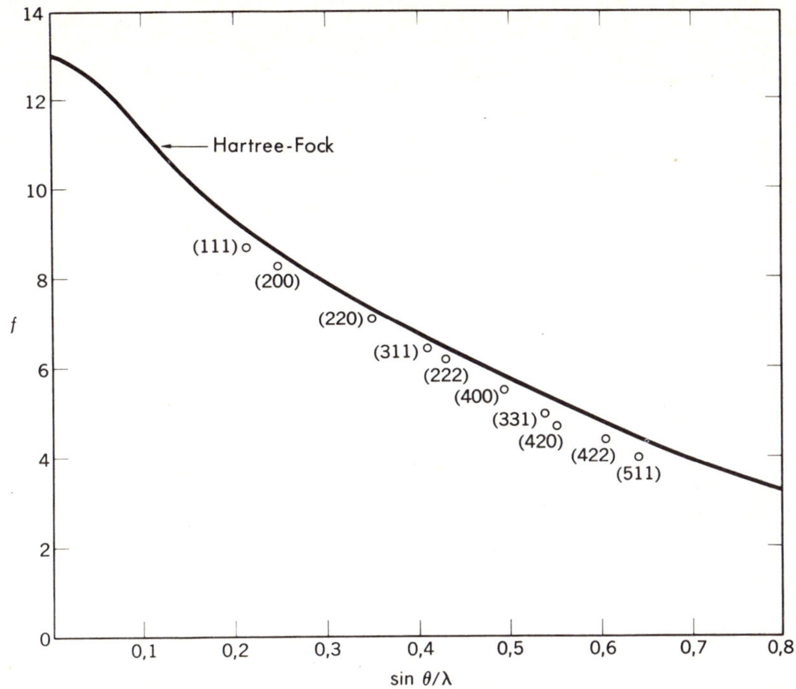

Bild 32: Experimentell ermittelte atomare Streufaktoren von Aluminium; nach Batterman, Chipman und DeMarco. Jeder beobachtete Reflex ist mit den zugehörigen Millerschen Indizes gekennzeichnet. Die einfallende Strahlung war MoK_α mit $\lambda = 0,709$ Å. Man beachte, daß keine Reflexion auftritt, bei der die Indizes teilweise gerade und teilweise ungerade sind. Das war gemäß Gleichung (63) für einen fcc-Kristall zu erwarten.

Wäre die gesamte Elektronendichte im Ursprung $r = 0$ konzentriert, dann würde in dem Integral der Gleichung (65) nur $Gr = 0$ zum Integranden beitragen. Für diesen Grenzfall ist dann $(\sin Gr)/Gr = 1$ und

$$f_G = 4\pi \int dr\, c(r) r^2 = Z \,, \qquad (66)$$

der Anzahl der Elektronen. f ist also gleich dem Verhältnis aus der Amplitude einer an der tatsächlichen Elektronenverteilung eines Atoms gestreuten Welle und aus der Amplitude einer an der Punktladung e^- gestreuten Welle.

Für $\theta = 0$ ergibt die gleiche Betrachtung $G = 0$ und $f_G = Z$. Aus der Lösung der Aufgabe 3 geht hervor, daß bei sehr kurzen Wellenlängen die

Amplitude der gestreuten Welle durch Interferenzeffekte sehr stark geschwächt wird[10]).

Insgesamt kommt die Elektronenverteilung im Festkörper der Verteilung der entsprechenden freien Atome ziemlich nahe. Das bedeutet nicht, daß die Verteilung der Außen- oder Valenzelektronen sich beim Aufbau des Festkörpers nicht ändert; es bedeutet lediglich, daß die Intensität der Röntgenreflexe durch die für freie Atome berechneten Atomfaktoren gut

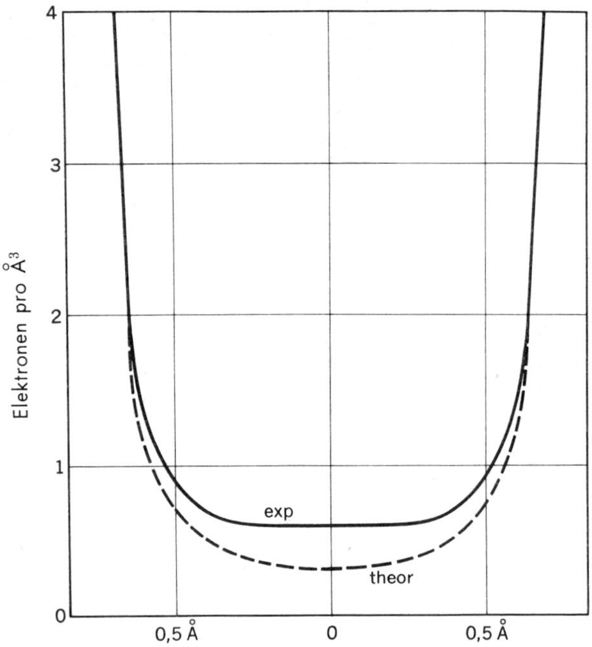

Bild 33: Elektronendichte in der Nähe des Mittelpunktes zwischen zwei benachbarten Si-Atomen in der [111]-Richtung des Gitters. Die durchgezogene Kurve ist aus beobachteten Werten von f berechnet, die gestrichelte Kurve entstand durch Überlagerung berechneter Ladungsdichten freier Atome. Der Unterschied wird teils durch die Ausdehnung der Ladungsverteilung im Kristall, teils durch eine zusätzliche Konzentration der Ladungsträger in der chemischen Bindung hervorgerufen. (Nach Göttlicher et al.)

[10]) Bei genauerer Betrachtung findet man, daß die Amplitude und die Phase bei Streuung an den inneren Elektronen, deren Bindungsenergie die Energie der Röntgenphotonen erreicht oder übertrifft, sehr unterschiedliche Werte annehmen können. Dieser Effekt, meist als anomale Dispersion bezeichnet, führt zu Komplikationen, die in der Strukturanalyse sehr nützlich sein können.

vorhergesagt werden kann. Batterman und Mitarbeiter [11]) finden beispielsweise bei einem Vergleich der Röntgenintensitäten bei Bragg-Reflexion an den Metallen Eisen, Kupfer und Aluminium mit den theoretischen Werten für freie Atome Übereinstimmung innerhalb 1%. Die theoretischen Werte wurden hier aus den nach dem Hartree-Fock-Verfahren angenäherten Wellenfunktionen ermittelt. Die Ergebnisse für Aluminium zeigt Bild 32.

Es ist oft versucht worden, die tatsächliche Elektronenverteilung in der kovalenten Bindung, besonders in Kristallen mit Diamantstruktur [12]), direkt mit Röntgenstrahlung zu ermitteln. Dieses Problem liegt im Grenzbereich dessen, was mit der Röntgenbeugung erforscht werden kann. Bei Silizium weist einiges darauf hin, daß die Elektronenkonzentration in der Mitte zwischen nächsten Nachbaratomen deutlich über dem Wert liegt, der sich aus der Überlappung von zwei freien Si-Atomen errechnet (vgl. Bild 33).

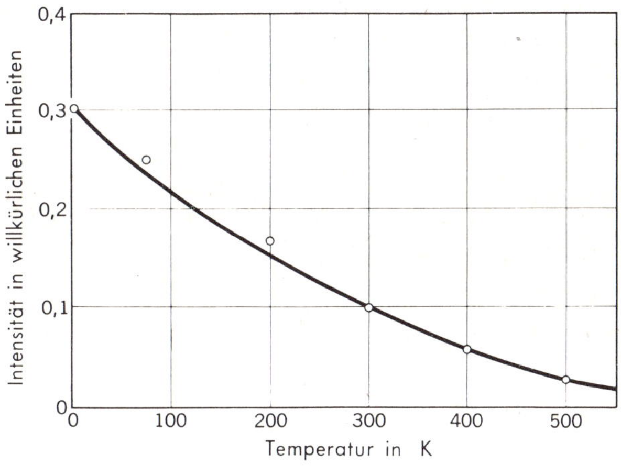

Bild 34: Temperaturabhängigkeit der Reflexion der integrierten Röntgenintensität der MoK_α-Linie an den (800)-Ebenen von Kupfer, nach P. A. Flinn, G. M. McManus und J. A. Rayne, Phys. Rev. **123**, 809 (1961).

Die Temperaturabhängigkeit der reflektierten Linien

"Ich kam zu dem Schluß, daß die Schärfe der Interferenzlinie nicht beeinträchtigt werde; dafür sollte aber ihre Intensität mit wachsendem Streuwinkel abnehmen und das um so stärker, je höher die Temperatur ist."

(P. Debye)

---

[11]) B.W. Battermann, D.R. Chipman und J.J. DeMarco, Phys. Rev. **122**, 68 (1961); siehe auch L.D. Jennings, et al., Phys. Rev. **135**, 1612 (1964).

[12]) Ergebnisse für Diamant findet man in der Veröffentlichung von G.B. Carpenter, J. Chem. Phys. **32**, 525 (1960), Ergebnisse für Silizium bei S. Göttlicher, et al., Z. f. Physikalische Chemie **21**, 133 (1959).

Erhöht man die Temperatur des Kristalls, so erniedrigt sich die Intensität der abgebeugten Strahlen, die Winkelbreite der einzelnen Reflexe ändert sich aber nicht. Bild 34 zeigt experimentelle Ergebnisse bei einer Bragg-Reflexion an Kupfer. Es ist überraschend, daß man an Atomen, die sich in willkürlicher thermischer Bewegung mit beträchtlichen Amplituden befinden, wobei sich der Abstand zum nächsten Nachbarn bei Zimmertemperatur bis zu ungefähr 10% ändert, eine scharfe Röntgenreflexion erhält. Ehe das Lauesche Experiment tatsächlich durchgeführt war, aber als der Vorschlag dazu bereits in Münchner Kaffeehäusern diskutiert[13]) wurde, wurde auch der Einwand erhoben, die momentanen Positionen der Kristallatome seien wegen der beträchtlichen Wärmebewegung bei Zimmertemperatur weit davon entfernt, eine regelmäßige periodische Anordnung darzustellen. Deshalb, so lautete das Argument weiter, könne man keinen wohldefinierten gebeugten Strahl erwarten.

Warum gibt es aber trotzdem einen wohldefinierten gebeugten Strahl? Das Hauptargument lieferte Debye 1912. Um diese Frage zu beantworten, geht man von dem Ausdruck (19) für die Amplitude einer an einem Kristall gestreuten Welle aus. Der Ort der Atome sei durch ihre Gleichgewichtslage $\boldsymbol{\rho}_0$ und einen zeitabhängigen Term $\mathbf{u}(t)$ gegeben:

(67) $$\boldsymbol{\rho}(t) = \boldsymbol{\rho}_0 + \mathbf{u}(t).$$

Wir setzen voraus, daß jedes Atom ganz unabhängig um seine Gleichgewichtslage schwingt [14]). Dann ergibt sich das Temperaturmittel der gestreuten Amplitude (59c) zu

(68) $$\langle \mathfrak{a} \rangle = \mathfrak{a}_0 \langle \exp(-i\mathbf{u}\cdot\mathbf{G}) \rangle .$$

$\mathbf{G}$ ist gleich der Änderung des Wellenvektors bei der Reflexion, und die spitze Klammer $\langle \cdots \rangle$ kennzeichnet das thermische Mittel. Das Auftreten von $\mathfrak{a}_0$ sichert die Schärfe aller gebeugten Linien. Die Exponentialfunktion in Gleichung (68) führt zu einer Abnahme ihrer Intensität. Um dies zu zeigen, entwickelt man in eine Potenzreihe.

(69) $$\langle \exp(-i\mathbf{u}\cdot\mathbf{G}) \rangle = 1 - i\langle \mathbf{u}\cdot\mathbf{G} \rangle - \tfrac{1}{2}\langle (\mathbf{u}\cdot\mathbf{G})^2 \rangle + \cdots .$$

Hier ist jedoch $\langle \mathbf{u}\cdot\mathbf{G} \rangle = 0$, denn $\mathbf{u}$ ist eine willkürliche Bewegung, die in keiner Weise mit der Richtung von $\mathbf{G}$ korreliert ist. Weiter gilt

(70) $$\langle (\mathbf{u}\cdot\mathbf{G})^2 \rangle = \tfrac{1}{3}\langle u^2 \rangle (\mathbf{G})^2 .$$

[13]) P. P. Ewald, private Mitteilung.

[14]) Dies ist das Einsteinsche Modell des Festkörpers. Es ist bei tiefen Temperaturen nicht sehr gut, aber es bewährt sich bei hohen Temperaturen (Kapitel 6). Für unseren jetzigen Zweck führt es auf ein einfaches Ergebnis. Eine realistischere Behandlung bringt QTS, Kapitel 20.

Der Faktor $\frac{1}{3}$ ergibt sich, weil bei geometrischen Mitteln in drei Dimensionen nur die Komponente des Vektors **u** in der Richtung von $\mathbf{G}$ eine Rolle spielt.

Um ein Gefühl für die Physik zu bekommen, könnten wir uns auf (69) beschränken. Aber es ist ganz nützlich zu sehen, daß die Funktion

$$\exp[-\tfrac{1}{6}\langle u^2\rangle G^2] = 1 - \tfrac{1}{6}\langle u^2\rangle G^2 + \cdots \tag{71}$$

in ihrer Reihenentwicklung mit der Reihe (69) in den ersten beiden Gliedern identisch ist. Bei einem harmonischen Oszillator kann diese Identität für alle Glieder bewiesen werden. Also ist die Intensität der gestreuten Welle gleich dem Quadrat von (71)

$$I = I_0 \exp[-\tfrac{1}{3}\langle u^2\rangle \; G^2] . \tag{72}$$

I_0 ist die früher schon behandelte Intensität der Streuwelle des starren Gitters. Die Exponentialfunktion ist unter dem Namen **Debye-Waller-Faktor** bekannt.

Hier ist $\langle u^2\rangle$ das mittlere Auslenkungsquadrat eines Atoms. Die mittlere potentielle Energie eines klassischen harmonischen Oszillators ist $\frac{1}{2}k_BT$; damit gilt

$$\langle U\rangle = \tfrac{1}{2}C\langle u^2\rangle = \tfrac{1}{2}M\omega^2\langle u^2\rangle = \tfrac{1}{2}k_BT . \tag{73}$$

In (73) ist C die Kraftkonstante, M die Masse des Atoms und ω die Frequenz des Oszillators. Außerdem wird die Beziehung $\omega^2 = C/M$ verwendet. Also erhalten wir für die Intensität der gestreuten Welle

$$I(hkl) = I_0 \exp\left[-\frac{k_BTG^2}{3M\omega^2}\right] . \tag{74}$$

Die Indizes hkl sind durch den Zusammenhang $\Delta\mathbf{k} = h\mathbf{A} + k\mathbf{B} + l\mathbf{C}$ bestimmt. Bei hohen Temperaturen ist dieses klassische Ergebnis eine gute Näherung. Bei quantenmechanischer Behandlung verschwindet $\langle u^2\rangle$ wegen der Nullpunktbewegung auch für $T = 0$ nicht.

Wir fahren fort mit dem Modell des unabhängigen harmonischen Oszillators für die Bewegung eines Atoms: am absoluten Nullpunkt kann die Bewegung durch die Nullpunktsenergie $\frac{3}{2}\hbar\omega$ beschrieben werden. Das ist aber die Energie eines dreidimensionalen harmonischen Quantenoszillators im Grundzustand, bezogen auf die klassische Energie desselben Oszillators in Ruhe. Die Hälfte der Energie eines Oszillators ist die potentielle Energie, so daß wir mit (73) den Ausdruck für die mittlere potentielle Energie im Grundzustand erhalten:

$$\langle U\rangle = \tfrac{1}{2}M\omega^2\langle u^2\rangle = \tfrac{3}{4}\hbar\omega , \tag{75}$$

oder

$$\langle u^2 \rangle = \frac{3\hbar}{2M\omega} \,. \tag{76}$$

Daraus folgt, mit (72):

$$I = I_0 \exp\left[-\frac{\hbar G^2}{2M\omega}\right] \tag{77}$$

gültig am absoluten Nullpunkt. Für $G = 10^9\ \text{cm}^{-1}$, $\omega = 10^{14}\ \text{sec}^{-1}$ und $M = 10^{-22}\text{g}$ wird das Argument der Exponentialfunktion annähernd 0.1, so daß $I/I_0 = 0{,}9$ wird. Bei diesem Zahlenbeispiel wird am absoluten Nullpunkt 90% des Strahls elastisch gestreut und 10% inelastisch. Der Energieverlust bei der inelastischen Komponente des Röntgenstrahls erscheint wieder in der Energie des Atoms, das in einen angeregten Oszillatorzustand gehoben wird.

Aus (74) und Bild 34 sieht man, daß die Intensität der gebeugten Linie mit steigender Temperatur abnimmt. Die Reflexionen mit kleinem **G**

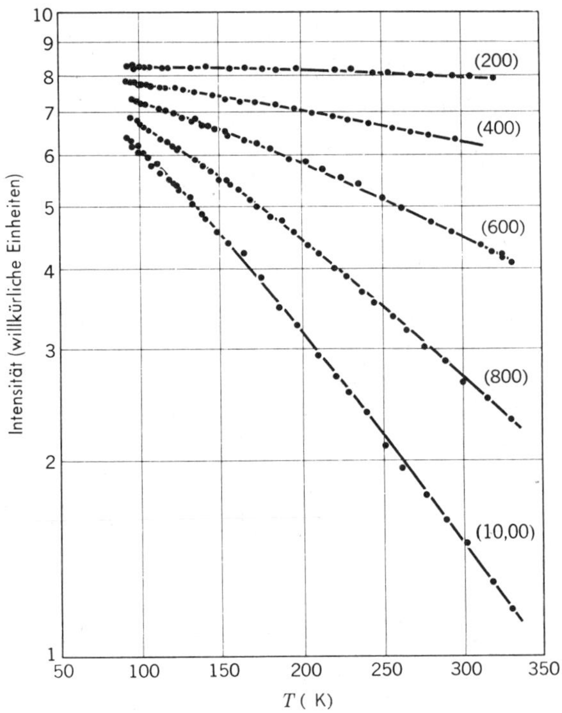

Bild 35: **Abhängigkeit der Intensität von der Temperatur für die (hoo) Röntgenreflexe an Aluminium. (h00) Reflexe mit ungeraden h sind verboten für eine fcc Struktur. [Nach R. M. Nicklow und R. A. Young, Phys. Rev. 152, 591 (1966).]**

sind davon weniger betroffen als die Reflexionen mit großem G. Gleichung (74) bestimmt die Intensität der kohärenten Beugung oder elastischen Streuung in die wohldefinierten Braggrichtungen. Der Anteil der Intensität, der aus dem Hauptstrahl verlorengeht, wenn die Temperatur erhöht wird, erscheint als diffuser Untergrund. Die Ursache dieses Intensitätsverlusts ist die unelastische Streuung von Photonen; sie wird in Kapitel 5 besprochen. Bei einem unelastischen Streuprozeß verursacht das Röntgenphoton die Anregung oder Absorption einer Gitterschwingung; das Photon ändert dabei Energie und Richtung.

Für eine gegebene Temperatur wird der Debye-Waller-Faktor einer reflektierten Linie kleiner, wenn der Betrag des reziproken Gittervektors G, der mit der Reflexion verknüpft ist, größer wird. Je größer $|G|$ ist, desto schwächer wird bei hohen Temperaturen die Reflexion sein. Die Temperaturabhängigkeit der Intensität des reflektierten Strahls für die (hoo)-Reflexe von Aluminium ist in Bild 35 dargestellt.

Die hier für die Röntgenreflexion ausgearbeitete Theorie läßt sich ebenso gut auf den **Mössbauer-Effekt**[15]) anwenden. Unter dem Mössbauer-Effekt versteht man die rückstoßfreie Emission von Gammastrahlen durch Atomkerne, die in einem Kristall gebunden sind. Auch die Streuung von Neutronen läßt sich mit unserer Theorie beschreiben.

Ein Röntgenstrahl kann in einem Kristall auch durch inelastische Prozesse absorbiert werden. Diese treten zusammen mit der Photoionisation von Elektronen und mit der Compton-Streuung auf. Beim Photoeffekt wird ein Röntgenquant absorbiert und ein Elektron aus dem Atom herausgeschlagen. Beim Compton-Effekt wird das Photon an einem Elektron gestreut: das Photon verliert Energie und das Elektron wird aus dem Atom herausgestoßen. Die Eindringtiefe[16]) des Röntgen-Strahls hängt von der Beschaffenheit des festen Körpers und der Photonenenergie ab; etwa 1 cm ist ein typischer Wert. Bei der Bragg-Reflexion in einem idealen Kristall bildet sich gewöhnlich ein reflektierter Strahl schon in viel kürzerer Distanz, etwa 10^{-5} bis 10^{-4} cm.

Zusammenfassung

Wir haben ein langes und wichtiges Kapitel hinter uns. Es ist daher angebracht, die einzelnen Schritte, die von der Kristallstruktur zu den rela-

---

[15]) Ch. Kittel, Quantentheorie der Festkörper QTF, R. Oldenbourg, München-Wien, Kap. 20

[16]) vgl. W. Heitler, Quantum theory of radiation, Clarendon Press, 1954, 3. Aufl., S. 223.

tiven Intensitäten der an dieser Struktur gebeugten Strahlung führen, noch einmal zusammenzufassen. Setzen Sie voraus, wir hätten die Struktur erraten. Dann können wir das Beugungsbild der angenommenen Struktur voraussagen und unsere Voraussage mit dem beobachteten Beugungsbild vergleichen. Das beobachtete Interferenzdiagramm ist ein Abbild des reziproken Gitters, das die Werte von $\Delta\mathbf{k} \equiv \mathbf{k}' - \mathbf{k}$ liefert, für die gebeugte Strahlen gefunden werden.

Erster Schritt: Wir wählen eine Translationsgruppe $\mathbf{a}, \mathbf{b}, \mathbf{c}$ für die angenommene Struktur. Diese Translationsvektoren können primitiv sein oder nicht. Von $\mathbf{a}, \mathbf{b}, \mathbf{c}$ ausgehend bestimmen wir die fundamentalen Translationen $\mathbf{A}, \mathbf{B}, \mathbf{C}$ des reziproken Gitters. In eine Zeichnung tragen wir die Punkte $\mathbf{G} = h\mathbf{A} + k\mathbf{B} + l\mathbf{C}$ für ganzzahlige Werte von h, k, l ein. Einige oder alle dieser Punkte sollten nun mit den Punkten des experimentell gewonnenen Abbilds der $\Delta\mathbf{k}$ übereinstimmen. Ist keine Übereinstimmung gegeben, haben wir wahrscheinlich die Beträge der Vektoren $\mathbf{a}, \mathbf{b}, \mathbf{c}$ falsch vorgewählt. Man muß also die Längen der Vektoren solange verändern, bis einige Punkte $\mathbf{G}$ mit den beobachteten $\Delta\mathbf{k}$ übereinstimmen. Die entsprechenden $\mathbf{a}, \mathbf{b}, \mathbf{c}$ definieren dann das Kristallgitter.

Zweiter Schritt: Jeder Punkt $\Delta\mathbf{k}$ fällt nun mit einem Punkt $\mathbf{G}$ zusammen. Entspricht einem Punkt $\mathbf{G}$ kein Punkt $\Delta\mathbf{k}$, so ist die Strukturamplitude $\mathcal{S}$ für diesen Wert von $\mathbf{G}$ null. Wir berechnen $\mathcal{S}$ für die angenommene Basis der Achsen $\mathbf{a}, \mathbf{b}, \mathbf{c}$ und überprüfen, ob die Nullstellen von $\mathcal{S}$ mit den Werten von G übereinstimmen, für die kein gebeugter Strahl beobachtet wurde. Wir passen die Koordinaten x_i, y_i, z_i der Atome in der angenommenen Basis solange an, bis die Nullstellen von $\mathcal{S}$ mit den "fehlenden" Reflexionen übereinstimmen. Die so gefundenen atomaren Koordinaten x_i, y_i, z_i definieren die zu dem Kristallgitter gehörige Basis.

Dritter Schritt: Werte des atomaren Streufaktors f für die interessierenden Atome und für die betrachteten Werte von $\mathbf{G}$ sind in "International tables for x-ray crystallography" [17]) zu finden. Die genauen Indizes der Nullstellen von $\mathcal{S}$ kann man normalerweise ohne Verwendung der jeweiligen Werte von f bestimmen. Wir sollten wenigstens qualitativ die berechneten und die beobachteten Werte für die relativen Intensitäten der gebeugten Strahlen vergleichen. Um diesen Vergleich durchzuführen, benützt man die Werte von f, um $|\mathcal{S}(hkl)|^2$ zu errechnen. Multipliziert man diese Werte mit dem Debye-Waller-Temperaturfaktor $\exp[-2W(hkl)]$, so erhält man ein ungefähres Maß für die zu erwartende relative Intensität eines gegebenen Reflexes hkl.

17) Bd. III, S. 201-227

Die verlorengegangene Intensität erscheint wieder als lange, niedrige Ausläufer am Ort der Beugungslinie.

Wir wiederholen noch einmal die einprägsamsten Ergebnisse dieses Kapitels:

1. Es gibt verschiedene Ausdrücke für die Bragg-Bedingung

$$2d \sin\theta = n\lambda \; ; \qquad \Delta\mathbf{k} = \mathbf{G} \; ; \qquad 2\mathbf{k}\cdot\mathbf{G} = \mathbf{G}^2 \; .$$

2. Die Laue-Gleichungen lauten:

$$\mathbf{a}\cdot\Delta\mathbf{k} = 2\pi h \; ; \qquad \mathbf{b}\cdot\Delta\mathbf{k} = 2\pi k \; ; \qquad \mathbf{c}\cdot\Delta\mathbf{k} = 2\pi l \; .$$

3. Die primitiven Translationsvektoren des reziproken Gitters sind:

$$\mathbf{A} = 2\pi\frac{\mathbf{b}\times\mathbf{c}}{\mathbf{a}\cdot\mathbf{b}\times\mathbf{c}} \; ; \qquad \mathbf{B} = 2\pi\frac{\mathbf{c}\times\mathbf{a}}{\mathbf{a}\cdot\mathbf{b}\times\mathbf{c}} \; ; \qquad \mathbf{C} = 2\pi\frac{\mathbf{a}\times\mathbf{b}}{\mathbf{a}\cdot\mathbf{b}\times\mathbf{c}} .$$

   $\mathbf{a}, \mathbf{b}, \mathbf{c}$ sind dabei die primitiven Translationsvektoren des Kristallgitters.

4. Ein reziproker Gittervektor hat die Form

$$\mathbf{G} = h\mathbf{A} + k\mathbf{B} + l\mathbf{C}$$

h, k, l sind ganze Zahlen oder gleich Null.

5. Die Streuamplitude in der Richtung $\Delta\mathbf{k} = \mathbf{k}' - \mathbf{k} = \mathbf{G}$ ist proportional zu

$$\mathcal{a} = \mathcal{S}_{\mathbf{G}} \times \left(\sum_{mnp} \exp\,(-i\boldsymbol{\rho}_{mnp}\cdot\mathbf{G})\right) .$$

6. Die geometrische Strukturamplitude ist

$$\mathcal{S}_{\mathbf{G}} \equiv \sum_{j=1}^{N} f_j \exp\,(-i\boldsymbol{\rho}_j\cdot\mathbf{G}) = \sum f_j \exp\,[-i2\pi(x_j h + y_j k + z_j l)] \; ,$$

   die Summation j erstreckt sich über die N Atome der Basis, und f_j ist der atomare Formfaktor (65) des j-ten Atoms der Basis. Der Ausdruck auf der rechten Seite gilt für einen (hkl) Reflex, der durch $\mathbf{G} = h\mathbf{A} + k\mathbf{B} + l\mathbf{C}$ beschrieben wird.

7. Jede Funktion, die gegenüber einer Gittertranslation invariant ist, kann in eine Fourierreihe der Form

$$n(\boldsymbol{\rho}) = \sum_{\mathbf{G}} n_{\mathbf{G}} e^{i\mathbf{G}\cdot\boldsymbol{\rho}} \; .$$

   entwickelt werden.

8. Die erste Brillouin-Zone ist die primitive Wigner-Seitz-Zelle des reziproken Gitters. Jede Welle, deren Wellenvektor im Ursprung beginnt und auf einer Oberfläche der Brillouin-Zone endet, wird durch den Kristall gebeugt.

9.

Kristallgitter	*erste Brillouin-Zone*
einfach kubisch (sc)	Würfel
kubisch raumzentriert (bcc)	rhombischer Dodecaeder (Bild 26)
kubisch flächenzentriert (fcc)	verkürzter Oktaeder (Bild 28)

10. Thermische Bewegung verbreitert nicht die Reflexions-Linie, aber verringert die Intensität.
Die verlorengegangene Intensität erscheint wieder als lange, niedrige Ausläufer am Ort der Beugungslinie.

Aufgaben

1. **Brillouinzone des orthorhombischen Gitters.** Ein orthorhombisches Gitter wird charakterisiert durch die drei primitiven Achsen

$$\mathbf{a} = 5.0\hat{\mathbf{x}}\ ; \qquad \mathbf{b} = 2.0\hat{\mathbf{y}}\ ; \qquad \mathbf{c} = 1.0\hat{\mathbf{z}}\ .$$

Die Werte sind in Å angegeben. Geben Sie die Dimension und Form der ersten Brillouin-Zone an.

2. **Hexagonales Raumgitter.** Die primitiven Translationen des hexagonalen Raumgitters können wie folgt angenommen werden:

$$\mathbf{a} = (3^{\frac{1}{2}}a/2)\hat{\mathbf{x}} + (a/2)\hat{\mathbf{y}}\ ;$$
$$\mathbf{b} = -(3^{\frac{1}{2}}a/2)\hat{\mathbf{x}} + (a/2)\hat{\mathbf{y}}\ ;$$
$$\mathbf{c} = c\hat{\mathbf{z}}\ .$$

a) Beweisen Sie mit $V = |\mathbf{a}\cdot\mathbf{b}\times\mathbf{c}|$, daß das Volumen der primitiven Elementarzelle $(3^{1/2}/2)a^2c$ beträgt.
b) Zeigen Sie, daß die primitiven Translationen des reziproken Gitters

$$\mathbf{A} = (2\pi/3^{\frac{1}{2}}a)\hat{\mathbf{x}} + (2\pi/a)\hat{\mathbf{y}}\ ;$$
$$\mathbf{B} = -(2\pi/3^{\frac{1}{2}}a)\hat{\mathbf{x}} + (2\pi/a)\hat{\mathbf{y}}\ ;$$
$$\mathbf{C} = (2\pi/c)\hat{\mathbf{z}}\ ,$$

sind. Also stellt dieses Gitter bei einer Drehung der Achsen sein eigenes reziprokes Gitter dar, aber mit einer Rotation der Achsen.
c) Beschreiben Sie die erste Brillouin-Zone des hexagonalen Raumgitters, und fertigen Sie eine Skizze davon an.

3. Streufaktor einer homogenen Kugel. Bestimmen Sie den Streufaktor f für eine gleichmäßige mit Z Elektronen ausgefüllte Kugel vom Radius R. Hinweis: Setzen Sie in (65) C (r) = C ein;

dann gilt $f = (4\pi c/G^3)\int_0^{GR} x \sin x\, dx$; nun lösen Sie das Integral.

Sei $GR \gg 1$; zeigen Sie, daß der Streufaktor proportional ist zu

$$f \propto G^{-2} \cos GR,$$

und daß die Amplitude der gestreuten Welle mit wachsendem G abnimmt.

4. Strukturamplitude des Diamants. Die Kristallstruktur des Diamants wird in Kapitel 1 beschrieben. Wenn man einen Würfel als Einheitszelle nimmt, besteht die Basis aus acht Atomen. a) Bestimmen Sie die Strukturamplitude dieser Basis. b) Bestimmen Sie die Nullstellen von $\mathcal{S}$, und zeigen Sie, daß die erlaubten Reflexionen der Diamentstruktur die Gleichung $h + k + l = 4n$ erfüllen, wenn alle Indizes gerade sind und n eine ganze Zahl ist; oder wenn alle Indizes ungerade sind. c) Zeigen Sie, daß die verbotene (222)-Reflexion auftritt, wenn eine zusätzliche Elektronenkonzentration in der Mitte zwischen nächsten Nachbarn gegeben ist (vgl. Bild 36).

5. Breite des Beugungsmaximums. Wir gehen davon aus, daß es in einem linearen Kristall identische Streuzentren in jedem Gitterpunkt $\boldsymbol{\rho}_m = m\mathbf{a}$ gibt; m ist eine ganze Zahl. In Analogie zu (19) wird die totale Amplitude der gestreuten Strahlung, die man bei $\mathbf{R}$ beobachtet, proportional zu $\mathcal{A} = \Sigma \exp[-im\mathbf{a} \cdot \Delta\mathbf{k}]$ sein.

a) Zeigen Sie, daß die Summe über die M Gitterpunkte den Wert

$$\mathcal{A} = \frac{1 - \exp[-iM(\mathbf{a} \cdot \Delta\mathbf{k})]}{1 - \exp[-i(\mathbf{a} \cdot \Delta\mathbf{k})]},$$

hat, indem Sie die Reihendarstellung

$$\sum_{m=0}^{M-1} x^m = \frac{1 - x^M}{1 - x}.$$

benutzen.

b) Die Streuintensität ist proportional zu $|\mathcal{A}|^2$.
Zeigen Sie, daß

$$|\mathcal{A}|^2 \equiv \mathcal{A}^* \mathcal{A} = \frac{\sin^2 \frac{1}{2}M(\mathbf{a} \cdot \Delta\mathbf{k})}{\sin^2 \frac{1}{2}(\mathbf{a} \cdot \Delta\mathbf{k})}.$$

c) Wir wissen, daß ein Beugungsmaximum auftritt, wenn $\mathbf{a} \cdot \Delta\mathbf{k} = 2\pi h$ (h ganzzahlig). Wir ändern $\Delta\mathbf{k}$ ein wenig und definieren ϵ in $\mathbf{a} \cdot \Delta\mathbf{k} = 2\pi h + \epsilon$

so, daß ϵ die Lage der ersten Nullstelle von $\sin \frac{1}{2}M(\mathbf{a}\cdot\Delta\mathbf{k})$ angibt. Zeigen Sie, daß $\epsilon = 2\pi/M$, so daß die Breite des Beugungsmaximums proportional zu $1/M$ ist und extrem schmal sein kann für makroskopische Werte von M. Dasselbe Ergebnis gilt für einen dreidimensionalen Kristall.

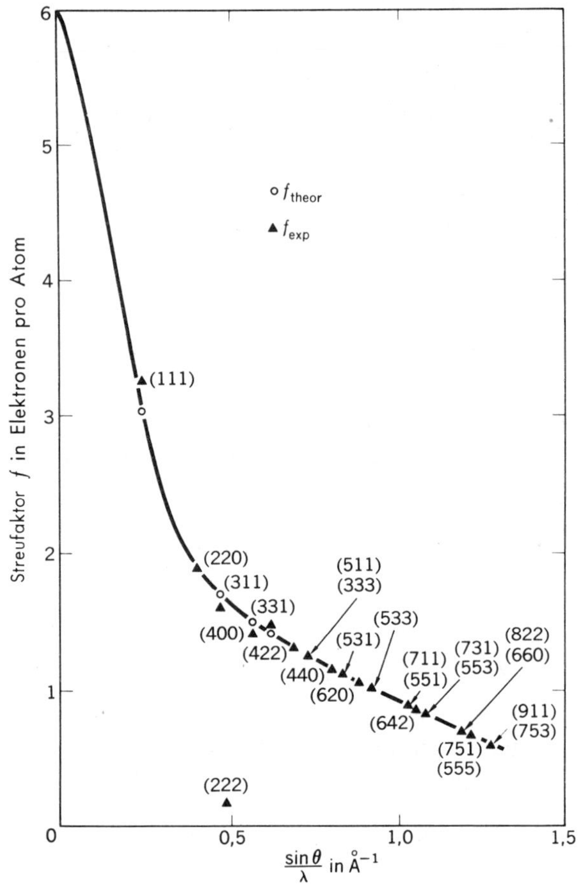

Bild 36: Experimentell und theoretisch ermittelte atomare Streufaktoren für Röntgenreflexion an Diamant; nach S. Göttlicher und E. Wölfel, Z. Elektrochemie **63**, 891 (1959). Die theoretischen Werte gelten für ein Gitter aus Atomen mit kugelsymmetrischer Ladungsverteilung, wie man sie mit der Hartree-Methode errechnet. Das Auftreten der verbotenen (222)-Reflexion zeigt eine zusätzliche Konzentration von Elektronen (ungefähr 0,4 Elektronen) in der Bindung zwischen nächsten Nachbarn an, die über die Konzentration hinausgeht, die man durch einfache Überlappung von zwei kugelsymmetrischen Ladungsverteilungen erhält.

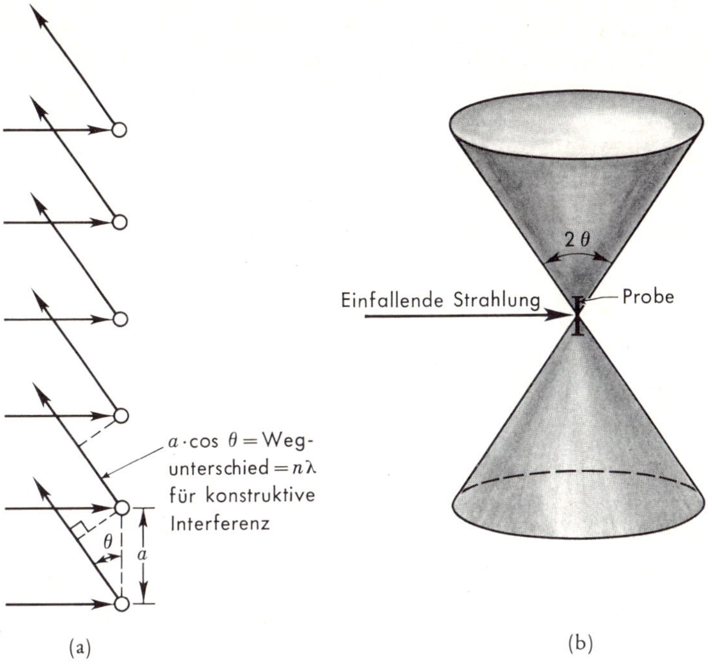

Bild 37: Das Beugungsbild eines linearen Gitters der Gitterkonstanten a in einem monochromatischen Röntgenstrahl senkrecht zum Gitter. (a) Die Bedingung für konstruktive Interferenz lautet: $a \cos\theta = n\lambda$. n ist eine ganze Zahl. (b) Für gegebenes n liegen die gebeugten Strahlen auf einem Kegelmantel.

6. Beugung an einer linearen und an einer quadratischen Anordnung. Das Beugungsbild einer linearen Struktur mit der Gitterkonstanten a wird in Bild 37 erklärt [18]. In gewisser Hinsicht ähnliche Strukturen sind in der Molekularbiologie von Bedeutung: DNA und viele Proteine haben die

---

[18]) Auch ein anderer Standpunkt ist nützlich: Bei einem linearen Gitter kann das Beugungsbild durch die eine Lauesche Gleichung $\mathbf{a} \cdot \Delta\mathbf{k} = 2\pi q$ beschrieben werden. q ist hier ganzzahlig. Die Gittersummen, die auf die anderen Laueschen Gleichungen führen, treten bei einem linearen Gitter nicht auf. $\mathbf{a} \cdot \Delta\mathbf{k}$ = const. ist die Gleichung einer Ebene, also ist das reziproke Gitter eine Schar paralleler Ebenen senkrecht zum linearen Gitter. Was geschieht bei einer einzelnen Netzebene? (Jetzt gibt es natürlich zwei Lauesche Gleichungen.) Bei der Diskussion ein- oder zweidimensionaler Strukturen muß man mit dem Konzept der reziproken Gitterpunkte vorsichtig umgehen; denn die reziproken Gitterpunkte werden in einer ebenen Struktur eine reziproke Gittergerade und in einer linearen Struktur eine reziproke Gitterebene.

Form linearer Spiralen[19]. a) Ein zylindrischer Film wird von dem Beugungsmuster des Bildes 37b belichtet, die Zylinderachse fällt mit der Achse der linearen Struktur oder des Stäbchens zusammen. Beschreiben Sie das Beugungsbild auf dem Film. b) Eine ebene Fotoplatte wird jetzt hinter der stabförmigen Probe senkrecht zum einfallenden Strahl aufgestellt. Fertigen Sie eine einfache Skizze des Beugungsbildes auf der Platte an. c) Eine einzige Netzebene bildet ein quadratisches Gitter mit der Gitterkonstanten a. Diese Ebene steht senkrecht zu dem einfallenden Röntgenstrahl. Fertigen Sie eine einfache Skizze des Beugungsbildes[20] auf einer Fotoplatte. Hinweis: Die Beugung an einer einzelnen Netzebene kann aus den Interferenzdiagrammen von zwei aufeinander senkrechten linearen Gittern abgeleitet werden. d) Bild 38 zeigt das Beugungsbild der Rückwärtsstreuung von Elektronen, die auf die (110)-Oberfläche eines Nickelkristalles einfallen. Erklären Sie die Orientierung des Beugungsbildes in Bezug auf die Positionen der Atome auf der Oberfläche des gezeigten Modells. Nehmen Sie an, daß nur Oberflächenatome zu der Reflexion niederenergetischer Elektronen beitragen.

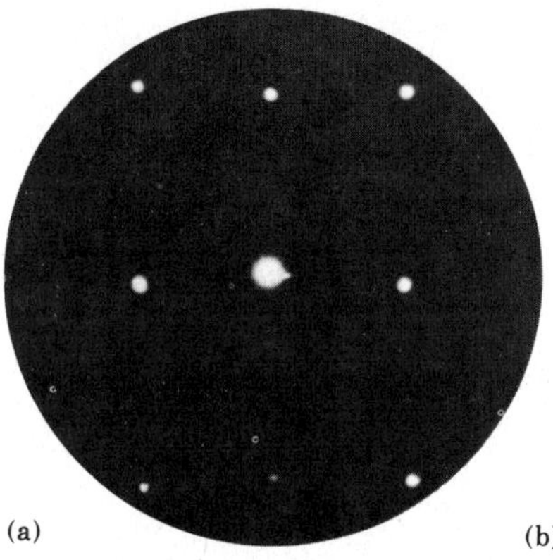
(a)

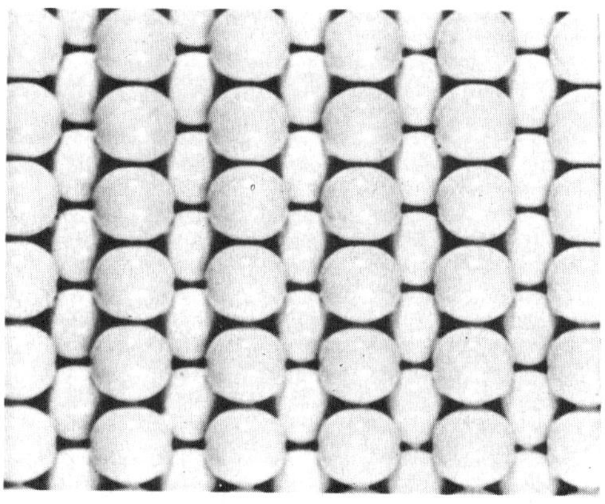
(b)

Bild 38: (a) Beugungsbild der Rückwärtsstreuung von 76 eV-Elektronen, die senkrecht auf die (110)-Oberfläche eines Nickelkristalles einfallen. Ein Modell der Oberfläche zeigt das Bild (b). (Fotos: A. U. MacRae.)

---

19) Das Beugungsbild einer Spirale wird von W. Cochran, F. H. C. Crick und V. Vand, Acta Cryst. **5**, 581 (1952) sowie von A. Klug, F. H. C. Crick und H. W. Wyckoff, Acta Cryst. **11**, 199 (1958) behandelt. Eine elementare Darstellung hat C. Kittel in Amer. J. Physics **36**, 610 (1968) gegeben.

20) Vgl. L. H. Germer "Structure of crystal surfaces", Sci. American, März 1965, S. 32.

7. Lineares Gitter aus zwei verschiedenen Atomsorten. Betrachten Sie ein lineares Gitter mit der Atomfolge $ABAB \ldots AB$ mit einer Bindung der Länge $\frac{1}{2}a$ zwischen A und B. Die atomaren Streufaktoren sind f_A und f_B für die Atome A bzw. B. Der einfallende Röntgenstrahl steht senkrecht auf dem linearen Gitter. a) Zeigen Sie, daß die Bedingung für konstruktive Interferenz $n\lambda = a \cos\theta$ lautet. θ ist der Winkel zwischen dem gebeugten Strahl und der mit Atomen besetzten Geraden. b) Zeigen Sie, daß die Intensität des gebeugten Strahls für ungerades n proportional zu $|f_A - f_B|^2$ und für gerades n proportional zu $|f_A + f_B|^2$ ist. c) Erklären Sie, was sich für den Fall $f_A = f_B$ ereignet.

8. Reziprokes Gitter und erlaubte Reflexe.
a) Warum gibt es in einem gegebenen Volumen des Fourierraumes für den Fall, daß die Einheitszelle des Kristallgitters primitiv ist, weniger reziproke Gitterpunkte $\mathbf{G}$ als für den Fall einer nichtprimitiven Einheitszelle?
b) Wieso können die erlaubten Reflexe einer gegebenen Struktur, ausgehend von der Frage a), von der Wahl der Einheitszelle des Kristallgitters unabhängig sein?

Literaturhinweise

Röntgenbeugung

C. S. Barret und T.P. Massalski, Structure of metals: crystallographic methods, principles, data, McGraw-Hill, 1966, 3. Aufl. (Ein ausgezeichnetes Buch zur praktischen Anwendung der Beugungsmethoden).

W. L. Bragg, "Structure of some crystals as indicated by their diffraction of x-rays," Proc. Roy. Soc. (London) **A 89**, 248 (1913). (Eine sorgfältige Analyse; die ersten korrekten Strukturbestimmungen sind hier angegeben.)

M. J. Buerger, Crystal structure analysis, Wiley, 1960.

A. Guinier, X-ray diffraction in crystals, imperfect crystals and amorphous bodies, Freeman, 1963.

W. C. Hamilton, "The revolution in crystallography," Science **169**, 133 (1970).

K. C. Holmes and D. M. Blow, Use of x-ray diffraction in the study of protein and nuclei acid structure, Interscience, 1966.

R. W. James, The optical principles of the diffraction of x-rays, G. Bell and Sons, Ltd., London, neue Aufl., 1950.

R. W. James, "Dynamical theory of x-ray diffraction," Solid state physics **15**, 53 - 220 (1963).
H. Lipson und W. Cochran, The determination of crystal structures, G. Bell and Sons, Ltd., London, 3. überarbeitete und erweiterte Auflage 1966.
L. Muldawer, "Resource Letter XR-1 on x-rays", Amer. J. Physics **37**, 132 (1969). (Kommentierte Bibliographie).
W. H. Zachariasen, Theory of x-ray diffraction in crystals, Wiley, 1945.

Neutronenbeugung

G. E. Bacon, Neutron diffraction, Oxford, 2. Aufl., 1962.

Elektronenbeugung

R. Gevers, in Strumane et al., Hrsg., Interaction of radiation in solids, North-Holland, Amsterdam, 1964.

3. Bindungsverhältnisse in Kristallen

Hinweis: Die Wahl des Maßsystems spielt in diesem Kapitel nur bei der Coulomb-Wechselwirkung eine Rolle: $\pm q^2/r$ im CGS-System und $\pm q^2/4\pi\epsilon_0 r$ im SI-System, ϵ_0 ist die Dielektrizitätskonstante im Vakuum.

Tabelle 1: Bindungsenergien* der Elemente.

Die Bindungsenergie ist die Energie, die man zur Abtrennung neutraler Atome aus dem Festkörper bei 0 K aufwenden muß. Die Werte in Klammern gelten für 298,15 K oder für den Schmelzpunkt, je nachdem welche Temperatur die niedrigere ist. Um die Energie in $J\,mol^{-1}$ zu erhalten, multipliziert man die Energie in $kcal\,mol^{-1}$ mit $4,184 \cdot 10^{3}$. Um sie in erg pro Atom zu erhalten, multipliziert man die Energie in eV pro Atom mit $1,60219 \cdot 10^{-12}$.

(In jedem Feld: Element; eV pro Atom; kcal pro Mol)

H 4,48 103																	He
Li 1,65 38,0	Be 3,33 76,9											B 5,81 134,	C 7,36 170,	N (114)	O (60)	F (20)	Ne 0,02 0,45
Na 1,13 26,0	Mg 1,53 35,3											Al 3,34 76,9	Si 4,64 107	P (79,2)	S 2,86 66,1	Cl (32,2)	Ar 0,080 1,85
K 0,941 21,7	Ca 1,825 42,1	Sc 3,93 90,6	Ti 4,855 112,0	V 5,30 122,	Cr 4,10 94,5	Mn 2,98 68,7	Fe 4,29 98,9	Co 4,387 101,2	Ni 4,435 102,3	Cu 3,50 80,8	Zn 1,35 31,1	Ga 2,78 64,2	Ge 3,87 89,3	As 3,0 69,	Se 2,13 49,2	Br 1.22 (28,2)	Kr 0,116 2,67
Rb 0,858 19,8	Sr (39,1)	Y 4,387 101,2	Zr 6,316 145,7	Nb 7,47 172,	Mo 6,810 157,1	Tc	Ru 6,615 152,6	Rh 5,752 132,7	Pd 3,936 90,8	Ag 2,96 68,3	Cd 1,160 26,76	In 2,6 59	Sn 3,12 71,9	Sb 2,7 62,	Te 2,0 46	I (25,6)	Xe (3,57)
Cs 0,827 19,1	Ba 1,86 (42,8)	La 4,491 103,6	Hf 6,35 146,	Ta 8,089 186,6	W 8,66 200,	Re 8,10 187,	Os (187)	Ir 6,93 160,	Pt 5,852 135,0	Au 3,78 87,3	Hg (0,694) (16,0)	Tl 1,87 43,2	Pb 2,04 47,0	Bi 2,15 49,6	Po (34,5)	At	Rn
Fr	Ra	Ac															

Ce 4,77 110	Pr 3,9 89	Nd 3,35 77,2	Pm	Sm 2,11 48,6	Eu 1,80 41,5	Gd 4,14 95,4	Tb 4,1 94	Dy 3,1 71	Ho 3,0 70	Er 3,3 77	Tm 2,6 59	Yb 1,6 36	Lu (4,4) (102)
Th 5,926 136,7	Pa 5,46 126	U 5,405 124,7	Np 4,55 105	Pu 4,0 92	Am 2,6 60	Cm	Bk	Cf	Es	Fm	Md	No	Lw

* Die Daten wurden von Leo Brewer zusammengestellt und von S. Strässler umgerechnet.

In unserer Umwelt finden wir feste Materie in sehr verschiedenartigen Formen: biologische Stoffe wie DNS und die Enzyme, die verschiedenen Gesteine von Granit bis Glimmer, Tausende von Metallegierungen in der Metallurgie und Millionen Verbindungen in der organischen Chemie. Alle diese Festkörper bauen sich aus den Atomen von ungefähr 100 chemischen Elementen auf. Die heutige Festkörperphysik beschäftigt sich in größerem Umfang nur mit Einkristallen aus Elementen oder einfachen Verbindungen: auf diesem Gebiet hat man schon tiefgehende Einblicke und weitgehendes Verständnis gewonnen. Messungen an Einkristallen haben immer mehr Bedeutung und liefern mehr Information als Messungen an polykristallinen Körpern, aber auch nichtkristalline Materialien haben eine enorme praktische Bedeutung.

Die beobachteten Unterschiede zwischen den verschiedenen Formen der festen Materie werden durch Unterschiede in der Verteilung der Elektronen und der Atomkerne hervorgerufen, besonders durch die unterschiedliche Verteilung der Außenelektronen und der Ionenrümpfe. Bei der Analyse eines Kristalls interessiert deshalb zuerst die Frage: Wo befinden sich die Atomkerne und wo die Elektronen? Die Struktur des Festkörpers kann oft mit Hilfe der in Kapitel 2 beschriebenen Beugungsmethoden bestimmt werden.

In diesem Kapitel beschäftigen wir uns mit der Frage: Was hält einen Kristall zusammen? D i e e l e k t r i s c h e A n z i e h u n g z w i s c h e n d e n n e g a t i v g e l a d e n e n E l e k t r o n e n u n d d e n p o s i t i v g e l a d e n e n A t o m k e r n e n i s t d i e e i n z i g e U r s a c h e f ü r d e n Z u s a m m e n h a l t d e r F e s t k ö r p e r. Magnetische Kräfte haben nur eine geringe Bedeutung, und Gravitationskräfte sind ganz vernachlässigbar. Ist die räumliche Verteilung und die Geschwindigkeit der Elektronen und der Atomkerne in einem Kristall bekannt (die man prinzipiell mit Hilfe der Quantenmechanik bestimmt), so kann man die Bindungsenergie des Kristalls berechnen. Eine spezielle Terminologie wird nur angewandt, um unterschiedliche Gegebenheiten gegeneinander abzugrenzen, so z. B. Austauschenergie, Van der Waals-Kräfte und kovalente Bindung.

Um Atome durch elektrostatische Anziehung zwischen den Valenzelektronen und den Ionenrümpfen zu einem Festkörper zu vereinen, kann man von vier Forderungen ausgehen, die jedoch nicht alle miteinander vereinbar sind:

1. Die positiv geladenen Ionen sollten in großen Abständen voneinander festgehalten werden, um die Coulombabstoßung gleichnamiger Ladungen möglichst klein zu halten.

2. Die Valenzelektronen sollten auch große Abstände voneinander haben.

3. Die Valenzelektronen sollten einen kleinen Abstand von den positiven Ionen haben, um die Coulombanziehung ungleichnamiger Ladungen möglichst groß werden zu lassen.

4. Diese drei Forderungen können die potentielle Energie des Systems erniedrigen, sie müssen aber so ausgeführt werden, daß sich die kinetische Energie des Systems dadurch nicht zu sehr erhöht. Legt man nämlich die Lage der Elektronen zu genau fest, so erhöht sich gemäß der Quantentheorie die kinetische Energie [1]) sehr stark.

Um den Zusammenhalt (die Kohäsion) des Festkörpers zu diskutieren, vergleichen wir seine Gesamtenergie, d. h. die potentielle plus kinetische Energie, mit der Energie derselben Anzahl neutraler Atome in unendlich großer Entfernung voneinander. Ein Kristall kann nur dann stabil sein, wenn seine Gesamtenergie kleiner ist als die Gesamtenergie der freien Atome oder Moleküle. Die Differenz (Energie der freien Atome) - (Energie des Kristalls) wird als **Bindungs-** oder auch **Gitterenergie** definiert.

Die Bindungsenergien kristalliner Elemente, bezogen auf die freien neutralen Atome, werden in Tabelle 1 angegeben. Solche Werte werden normalerweise durch die Kombination thermodynamischer und spektroskopischer Daten ermittelt. Bemerkenswert ist der große Unterschied zwischen den Bindungsenergien in den verschiedenen Spalten der Tabelle. Die Kristalle der Edelgase sind schwach gebunden (äußerste Spalte rechts), ihre Bindungsenergien betragen weniger als ein paar Prozent der Bindungsenergien in der Spalte mit den Elementen C, Si, Ge.... Die Kristalle der Alkalimetalle (Spalte ganz links) haben mittelgroße Gitterenergien. Die Übergangsmetalle (in den mittleren Spalten) sind ziemlich stark gebunden. Ionische Verbindungen (hier nicht aufgeführt) sind auch stark gebunden.

In Bild 1 sind die vier Grundtypen kristalliner Bindungskräfte veranschaulicht. In diesem Kapitel werden wir versuchen, die Gründe für einige der verschiedenen Eigenschaften dieser Bindungskräfte zumindest qualitativ zu verstehen.

Edelgaskristalle

Die Edelgase bilden die in vieler Hinsicht allereinfachsten Kristalle. Ihre Eigenschaften am absoluten Nullpunkt sind in Tabelle 2 zusammengefaßt.

[1]) Beträgt die Ortsunschärfe eines Elektrons in einer Dimension Δx, so ist die zugehörige Impulsunschärfe gemäß der Heisenbergschen Unschärferelation $\Delta(mv) \geq h/2\pi\,\Delta x$. h ist das Plancksche Wirkungsquantum. Also beträgt die kinetische Energie $\frac{1}{2}mv^2$ mindestens $h^2/2m(2\pi\,\Delta x)^2$. Setzt man $\Delta x \approx 10^{-8}$ cm, dann ist die kinetische Energie $\approx 5 \cdot 10^{-12}$ erg ≈ 3 eV.

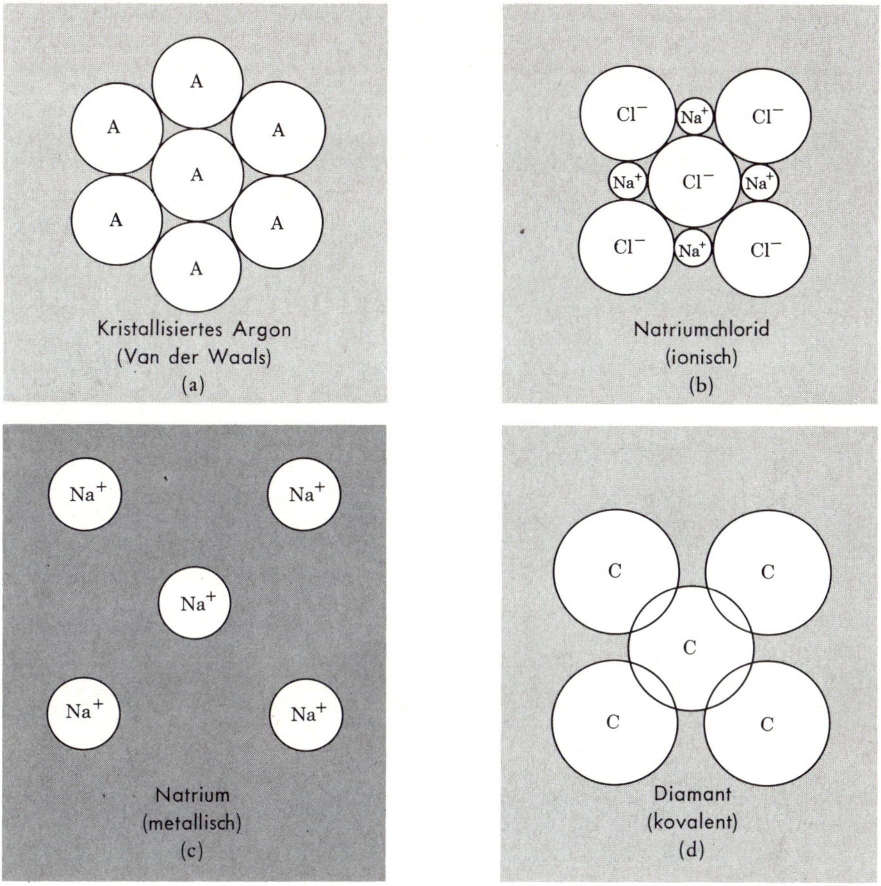

Bild 1: Die Haupttypen kristalliner Bindungskräfte. In (a) werden neutrale Atome durch Van der Waals-Kräfte zusammengehalten. Diese Kräfte sind relativ schwach, sie entstehen durch Fluktuationen in den Ladungsverteilungen der Atome. In (b) haben die Alkaliatome Elektronen an die Halogenatome abgegeben. Die so entstandenen Ionen werden durch anziehende elektrostatische Kräfte zwischen den positiv und den negativ geladenen Ionen zusammengehalten. In (c) hat jedes Alkaliatom sein Valenzelektron an den gemeinsamen Elektronensee abgegeben. In diesen Elektronensee sind die positiv geladenen Ionen eingebettet. In (d) sind die neutralen Atome durch die überlappenden Teile ihrer Elektronenverteilungen zusammengehalten.

Diese Kristalle sind durchsichtige Isolatoren, schwach gebunden, und sie haben niedrige Schmelzpunkte. Sie sind aus Atomen zusammengesetzt, die sehr hohe Ionisierungsenergien besitzen (siehe Tabelle 3). Die äußerste Elektronenschale der Atome ist ganz aufgefüllt, und die Verteilung der Elektronenladung in den freien Atomen ist kugelsymmetrisch. Bei diesen

Kristallen sprechen alle Gründe für ein möglichst dichtes Packen der Edelgasatome: sie besitzen auch tatsächlich alle die kubisch dichtest gepackte Struktur (fcc) (Bild 2), außer He^3 und He^4 [2]).

Bild 2: Kubisch dichtest gepackte (fcc)-Kristallstruktur der festen Edelgase Ne, Ar, Kr und Xe. Die Gitterkonstanten der Einheitswürfel betragen 4,46, 5,31, 5,64 bzw. 6,13 Å bei 4 K.

---

[2]) Die Nullpunktsenergie (kinetische Energie am absoluten Nullpunkt) ist ein Quanteneffekt, der bei He^3 und He^4 eine überragende Rolle spielt. Beide Elemente verfestigen sich beim Druck Null sogar am absoluten Nullpunkt nicht. Die durchschnittliche Auslenkung bei 0 K eines He-Atoms aus seiner Gleichgewichtslage beträgt 30 - 40% seines Abstands zum nächsten Nachbarn. [Vgl. L. H. Nosanow und G. L. Shaw, Phys. Rev. **128**, 546 (1962).] Je schwerer das Atom, desto weniger wichtig sind Nullpunkteffekte, wie wir noch sehen werden. Lassen wir die Nullpunktsbewegung weg, so können wir den Parameter für die Reichweite und Gl. (15) benutzen, um ein molares Volumen von 9 cm^3 mol^{-1} für festes Helium zu berechnen. Dies kann man mit den gemessenen Daten von 27,5 cm^3 mol^{-1} für flüssiges He^4 und 36,8 cm^3 mol^{-1} für flüssiges He^3 vergleichen. Um den Grundzustand von Helium zu verstehen, muß man allerdings die Nullpunktsbewegung der Atome berücksichtigen.

Was hält einen Edelgaskristall zusammen? Man nimmt heute an, daß die Elektronenverteilung im Kristall sich nur unbedeutend von der Elektronenverteilung um freie Atome unterscheiden kann, weil die Bindungsenergie eines Kristallatoms nur 1% oder weniger der Ionisierungsenergie eines Atomelektrons beträgt (vgl. Tabelle 2). Also ist nicht viel Energie zur Veränderung der Ladungsverteilung gegenüber der Verteilung bei freien Atomen verfügbar.

Die Van der Waals-Wechselwirkung

Gegeben seien zwei Edelgasatome im Abstand R. Dieser Abstand sei groß gegenüber den Atomradien. Welche Wechselwirkung besteht zwischen den beiden neutralen Atomen?

Wäre die Ladungsverteilung der Atome starr, so gäbe es keine Wechselwirkung, da das elektrostatische Potential der kugelsymmetrisch verteilten Elektronen außerhalb eines neutralen Atoms von dem elektrostatischen Potential der Kernladung aufgehoben wird. In diesem Fall könnten die Edelgase also keine Kohäsion zeigen und keinen Festkörper bilden - im Gegensatz zum Experiment. Richtig an dieser Betrachtung ist, daß das Zeitmittel der elektrischen Momente verschwindet; jedoch bewegen sich die Elektronen auch in ihrem niedrigsten Energiezustand um den Kern, und

Tabelle 2: Eigenschaften von Edelgaskristallen. (Auf 0 K und 0 atm Druck extrapoliert.)

	Abstand zwischen nächsten Nachbarn, in Å	Bindungsenergie[a]), kcal/Mol	Bindungsenergie[a]), eV/Atom	Schmelzpunkt, K	Ionisierungsenergie[b]) des freien Atoms, eV	Parameter im Lennard-Jones-Potential[c]) der Gleichung (4), ϵ, in 10^{-16} · erg	σ, in Å
He		flüssig bei 0 atm.			24,58	14	2,56
Ne	3,13	0,45 ± 0,01	0,02	24	21,56	50	2,74
Ar	3,76	1,85	0,080	84	15,76	167	3,40
Kr	4,01	2,67	0,116	117	14,00	225	3,65
Xe	4,35	3,83 ± 0,05	0,17	161	12,13	320	3,98

a) Siehe E.R. Dobbs und G.O. Jones, Rpts. Prog. Phys. **20**, 516 (1957); die Werte für Ar und Kr stammen von L. Brewer.

b) Siehe C.E. Moore, Atomic energy levels, Circular of the National Bureau of Standards 467, Band I, Teil XL. Diese Bände sind die maßgeblichen Quellen für Daten über die Energieniveaus der Elektronen freier Atome.

c) N. Bernardes, Phys. Rev. **112**, 1534 (1958).

Tabelle 3: Ionisierungsenergie der Elemente.

Die Gesamtenergie die zur Entfernung der ersten beiden Elektronen erforderlich ist, ist die Summe der ersten und zweiten Ionisationspotentiale.
Quelle: National Bureau of Standards Circular 467.

← Energie zur Entfernung eines Elektrons, in eV. →
← Energie zur Entfernung zweier Elektronen, in eV. →

H 13,595																	He 24,58 78,98
Li 5,39 81,01	Be 9,32 27,53											B 8,30 33,45	C 11,26 35,64	N 14,54 44,14	O 13,61 48,76	F 17,42 52,40	Ne 21,56 62,63
Na 5,14 52,43	Mg 7,64 22,67											Al 5,98 24,80	Si 8,15 24,49	P 10,55 30,20	S 10,36 34,0	Cl 13,01 36,81	Ar 15,76 43,38
K 4,34 36,15	Ca 6,11 17,98	Sc 6,56 19,45	Ti 6,83 20,46	V 6,74 21,39	Cr 6,76 23,25	Mn 7,43 23,07	Fe 7,90 24,08	Co 7,86 24,91	Ni 7,63 25,78	Cu 7,72 27,93	Zn 9,39 27,35	Ga 6,00 26,51	Ge 7,88 23,81	As 9,81 30,0	Se 9,75 31,2	Br 11,84 33,4	Kr 14,00 38,56
Rb 4,18 31,7	Sr 5,69 16,72	Y 6,5 18,9	Zr 6,95 20,98	Nb 6,77 21,22	Mo 7,18 23,25	Tc 7,28 22,54	Ru 7,36 24,12	Rh 7,46 25,53	Pd 8,33 27,75	Ag 7,57 29,05	Cd 8,99 25,89	In 5,78 24,64	Sn 7,34 21,97	Sb 8,64 25,1	Te 9,01 27,6	I 10,45 29,54	Xe 12,13 33,3
Cs 3,89 29,0	Ba 5,21 15,21	La 5,61 17,04	Hf 7, 22,	Ta 7,88 24,1	W 7,98 25,7	Re 7,87 24,5	Os 8,7 26,	Ir 9,	Pt 8,96 27,52	Au 9,22 29,7	Hg 10,43 29,18	Tl 6,11 26,53	Pb 7,41 22,44	Bi 7,29 23,97	Po 8,43	At	Rn 10,74
Fr	Ra 5,28 15,42	Ac 6,9 19,0															

Ce 6,91	Pr 5,76	Nd 6,31	Pm	Sm 5,6	Eu 5,67	Gd 6,16	Tb 6,74	Dy 6,82	Ho	Er	Tm	Yb 6,2	Lu 5,0
Th	Pa	U 4	Np	Pu	Am	Cm	Bk	Cf	Es	Fm	Md	No	Lw

infolge dieser Bewegung besteht in jedem Augenblick eine gewisse Wahrscheinlichkeit, daß ein nicht verschwindendes Dipolmoment auftritt [3]. Ein momentanes Dipolmoment mit dem Betrag p_1 in dem einen Atom (Bild 3) erzeugt am Mittelpunkt des zweiten Atoms im Abstand R vom ersten Atom ein elektrisches Feld der Größe $2p_1/R^3$. Dieses Feld induziert ein momentanes Dipolmoment $p_2 = \alpha E = 2\alpha p_1/R^3$ im zweiten Atom. α ist hier die elektronische Polarisierbarkeit, wie sie in Gl. (13.31) als Dipolmoment pro elektrische Feldeinheit definiert wird.

Das bekannte Ergebnis aus der Elektrostatik für die Wechselwirkungsenergie zweier Dipole mit den Momenten p_1 und p_2, die voneinander im Abstand R getrennt sind, lautet:

$$U(R) = \frac{\mathbf{p}_1 \cdot \mathbf{p}_2}{R^3} - \frac{3(\mathbf{p}_1 \cdot \mathbf{R})(\mathbf{p}_2 \cdot \mathbf{R})}{R^5} \,. \qquad \text{(1a)} \qquad \text{(CGS)}$$

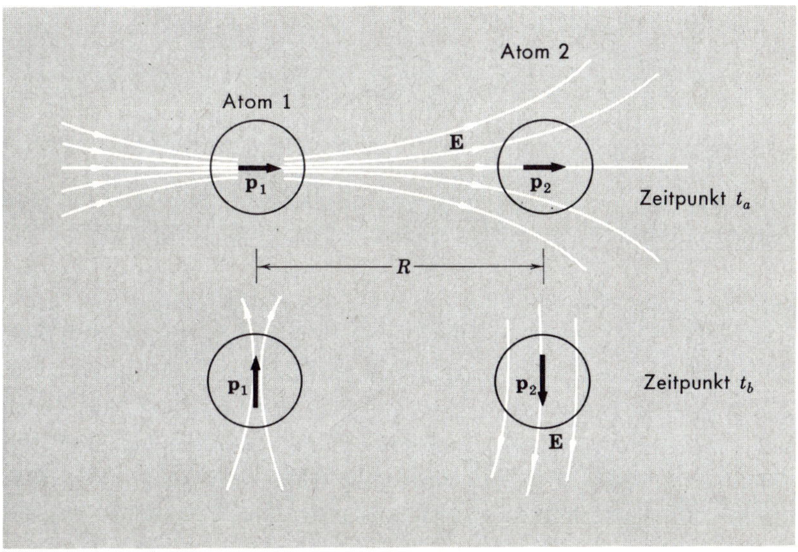

Bild 3: Ursprung der Van der Waals-Wechselwirkung im klassischen Bild. Zu einem bestimmten Zeitpunkt hat das Atom 1 das Dipolmoment p_1. Dies erzeugt ein elektrisches Feld E am Atom 2, das dadurch das induzierte Dipolmoment p_2 erhält. Die Darstellung zeigt zwei Zeitpunkte t_a und t_b. Die Wechselwirkung ist immer anziehend: je geringer der Abstand der Atome, desto fester ist die Bindung.

[3]) Dieses halbklassische Modell führt auf das richtige Ergebnis, aber die Argumentation sollte nicht zu wörtlich genommen werden. Ein einfaches quantenmechanisches Modell (zwei harmonische Oszillatoren) wird im Anhang B behandelt.

Weil bei der Van der Waals Wechselwirkung die induzierten Momente parallel sind, erhalten wir für die potentielle Energie des Dipolmoments

(1b) $$U(R) \approx -\frac{2p_1p_2}{R^3} = -\frac{4\alpha p_1^2}{R^6}\ . \qquad \text{(CGS)}$$

Diese Wechselwirkung ist anziehend. Um (1) im SI-System zu erhalten, multipliziert man die rechte Seite mit $1/4\pi\epsilon_0$.

Der Koeffizient αp_1^2 kann folgendermaßen abgeschätzt werden: Polarisierbarkeiten haben die Dimension [Länge]^3, wie man aus der Formel $p_2 = 2\alpha p_1/R^3$ sieht; die hier in Frage kommende Länge ist ein Atomradius, abgekürzt r_0. Dipolmomente haben die Dimension [Ladung] · [Länge], in unserm Fall sind sie von der Größenordnung er_0. Also gilt

(2) (CGS) $$U(R) \approx -\frac{4e^2r_0^5}{R^6} \approx -\frac{4(5\cdot 10^{-10})^2(1\cdot 10^{-8})^5}{R^6} \approx -\frac{10^{-58}}{R^6}$$

in erg für R in cm. r_0 ist hier ungefähr gleich 10^{-8} cm gesetzt.

Wir können nun für die Wechselwirkung ansetzen

(3) $$U(R) = -C/R^6.$$

Dies ist als **Van der Waals-Potential**[4]) oder als London-Wechselwirkung bekannt. Sie ist die wichtigste anziehende Wechselwirkung in Edelgaskristallen und in vielen organischen Molekülkristallen. Setzt man $C \approx 10^{-58}$ erg · cm^6, so beträgt die Wechselwirkungsenergie [5]) bei einem Abstand $R = 4$ Å, wie z.B. für Krypton ungefähr $U \approx 10^{-58}/4\cdot 10^{-45} \approx$ $\approx 2\cdot 10^{-14}$ erg $\approx$ 100 K; dieser Wert liegt in der Größenordnung des Schmelzpunktes der Edelgaskristalle.

Wegen der R^{-6}-Abhängigkeit steigt die Wechselwirkung bei kürzeren Abständen sehr stark an. Beispielsweise beträgt bei einem interatomaren Abstand von 2,55 Å für das Metall Kupfer die Van der Waals-Wechselwirkungsenergie zwischen den Cu^+ Ionen $\approx 2\cdot 10^{-13}$ erg für den obigen Wert von C. Ein genauerer Wert für C kann bis zu zehnmal so groß sein und kann einen beträchtlichen Teil der hohen Bindungsenergie von Kupfer erklären (Tabelle 1).

---

[4]) Die quantenmechanische Theorie wird von H. Margenau in Rev. Mod. Phys. **11**, 1 (1939) behandelt; Siehe auch Advances in chemical physics **12**: Intermolecular forces, J.O. Hirschfelder, Hrsg.; Interscience, 1967, und S. Doniach, Phil. Mag **8**, 129 (1963).

[5]) Man kann sich von der Größenordnung einer Wechselwirkungsenergie U leichter eine Vorstellung machen, wenn sie durch eine effektive Temperatur ausgedrückt wird. Die effektive Temperatur wird durch die Gleichung $U = k_BT$ definiert. k_B ist die Boltzmann-Konstante.

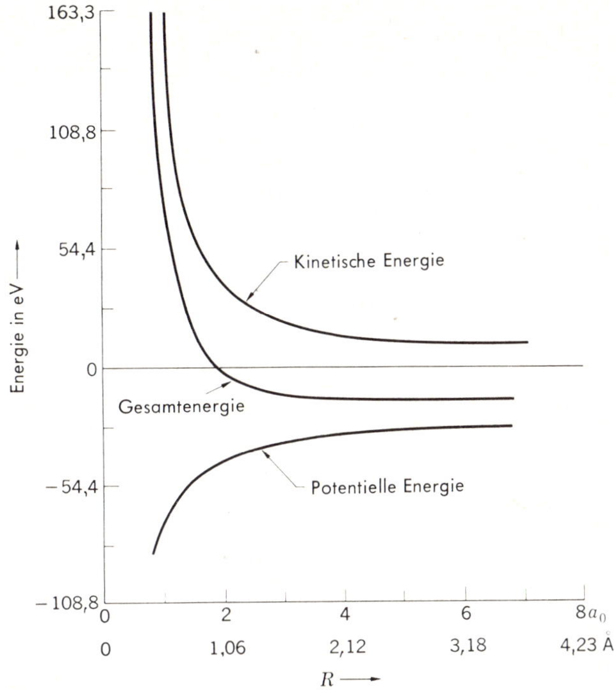

Bild 4: Kinetische, potentielle und Gesamtenergie eines Wasserstoffatoms in einem starren, kugelförmigen Behälter mit dem Radius R. Die Gesamtenergie des Atoms nimmt mit abnehmenden Radius des Behälters zu.
Nach S. R. de Groot und C. A. ten Seldam, Physica **12**, 669 (1946).

Die abstoßende Wechselwirkung

Wir stellen uns vor, wir könnten die Elektronenverteilung eines Atoms dadurch zusammenpressen, daß wir das Atom in einem festen, kugelförmigen Behälter einsperren. Die kinetische Energie der Elektronen im Atom wird dann durch diese Beschränkung größer werden, wie es in Bild 4 für das Wasserstoffatom gezeigt wird. Das Anwachsen der Energie wirkt sich nun als abstoßende Kraft auf den Behälter aus; diese Kraft widersteht jeglicher Kompression. Der Effekt der Begrenzung ist ein Beitrag zur abstoßenden Energie der Atome in einem Kristall. Ein weiterer wichtiger Beitrag zur Abstoßung kann von der Überlappung der Elektronenverteilung zweier Atome herrühren, die sehr nahe beieinander sind.

Bringt man zwei Atome immer näher zusammen, so beginnen sich ihre Ladungsverteilungen zu überlappen (Bild 4), und die Energie des Systems

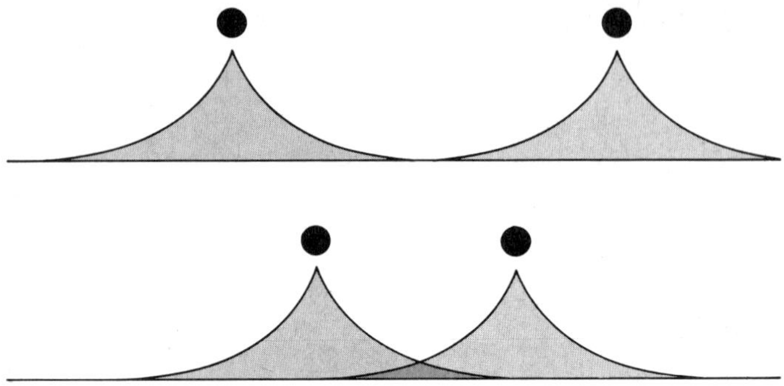

Bild 5: Überlappung der Ladungsverteilungen bei Annäherung der Atome. Die schwarzen Kreise stellen die Atomkerne dar.

ändert sich. Bei genügend kleinem Abstand wirkt die Überlappungsenergie abstoßend. Bei Atomen mit aufgefüllten Elektronenschalen kann die Überlappung in dem ganzen interessierenden Abstandsbereich (rund 0,5 - 5 Å) abstoßend[6]) wirken, vor allem wegen des Paulischen Ausschließungsprinzips.

In der elementaren Formulierung besagt das **Paulische Eindeutigkeitsprinzip** (auch **Ausschließungsprinzip** genannt), daß die Quantenzahlen zweier Elektronen nicht alle gleich sein dürfen. Das Pauli-Prinzip verhindert so, daß zwei Elektronen denselben Quantenzustand besetzen: wenn die Ladungsverteilungen zweier Atome überlappen, besteht die Tendenz, daß Elektronen des Atoms B teils auch Zustände des Atoms A einnehmen, die bereits durch Elektronen von A besetzt sind und umgekehrt. Das Pauli-Prinzip schließt aber jede Mehrfachbesetzung aus. Die Ladungsverteilung von Atomen mit abgeschlossener Schale können also nur dann überlappen, wenn gleichzeitig Elektronen in unbesetzte, höhere Energieniveaus der Atome angehoben werden. Die Überlappung der Elektronenverteilung erhöht somit die Gesamtenergie des Systems und ergibt darum einen abstoßenden Beitrag zum Wechselwirkungspotential. Ein extremes Beispiel für vollständige Überlappung zeigt Bild 6.

Wir wollen hier nicht den Versuch unternehmen, das abstoßende Wechselwirkungspotential aus physikalischen Grundgesetzen abzuleiten. Das empirisch gewonnene abstoßende Potential B/R^{12} (B ist eine positive Konstante) stimmt, wenn es mit dem weitreichenden anziehenden Potential der Gleichung (3) kombiniert wird, gut mit experimentellen Daten für Edel-

[6]) Die Überlappungsenergie hängt natürlich von der radialen Verteilung der Ladung um jedes einzelne Atom ab. Ihre Berechnung ist immer sehr kompliziert, auch wenn die Ladungsverteilung bekannt ist. Eine klare Diskussion für zwei Wasserstoffatome findet man im 12. Kapitel von L. Pauling und E. B. Wilson, Introduction to quantum mechanics, McGraw-Hill, 1935.

gase überein. Die Konstanten B und C sind empirische Parameter, die aus Messungen in der Gasphase bestimmt werden; zu den dabei verwendeten Daten gehören die Virialkoeffizienten und die Viskosität. Normalerweise schreibt man das gesamte Potential von zwei Atomen im Abstand R in der Form

$$U(R) = 4\epsilon\left[\left(\frac{\sigma}{R}\right)^{12} - \left(\frac{\sigma}{R}\right)^{6}\right]. \tag{4}$$

ϵ und σ sind hier die Parameter; es gilt $4\epsilon\sigma^6 \equiv C$ und $4\epsilon\sigma^{12} \equiv B$. Das Potential (4) bezeichnet man als Lennard-Jones-Potential; Bild 7 zeigt eine graphische Darstellung. Die Kraft zwischen den beiden Atomen ist gleich $-dU/dR$. Tabelle 2 enthält Werte von ϵ und σ nach Angaben von Bernardes; diese Werte können aus Daten der Gasphase ermittelt werden, so daß die Berechnung von Eigenschaften der festen Phase nicht von frei verfügbaren Parametern abhängt.

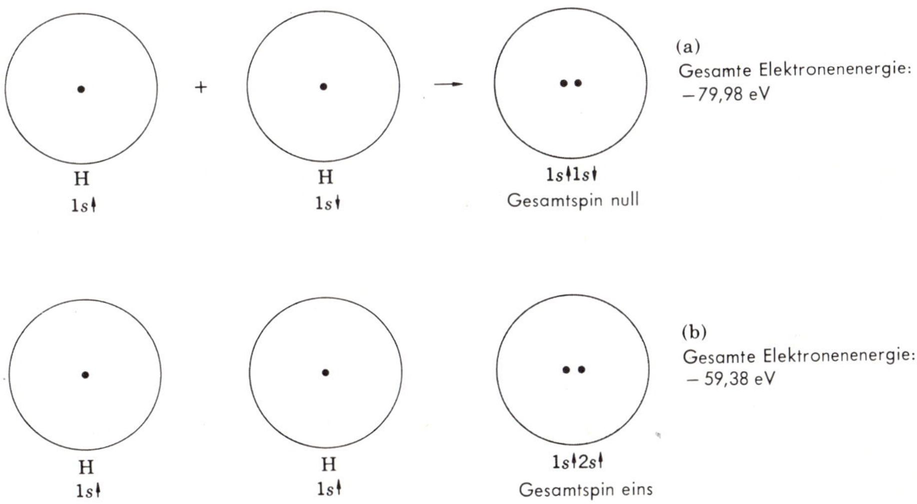

Bild 6: Die Wirkung des Pauli-Prinzips auf die rückstoßende Energie: ein extremes Beispiel, wo zwei Wasserstoffatome zusammenstoßen bis sich die Protonen nahezu berühren. Die Energie des Elektronensystems alleine erhält man aus Beobachtungen von atomarem He, das zwei Elektronen hat. In a) haben die Elektronen antiparallele Spins und das Pauli-Prinzip hat keinen Einfluß: die Elektronen sind durch -78, 98 eV gebunden. In b) sind die Spins parallel: das Pauli-Prinzip erzwingt den Aufstieg eines 1s ↑ Elektrons von H in eine 2s ↑ Bahn von He. Die Elektronen sind jetzt durch - 59, 38 eV gebunden, um 19,60 eV weniger als bei a). Das ist der Betrag, um den das Pauli-Prinzip die rückstoßende Wirkung vergrößert hat. Wir haben die rückstoßende Coulomb-Energie der beiden Protonen außerachtgelassen, weil sie für a) und b) gleich ist.

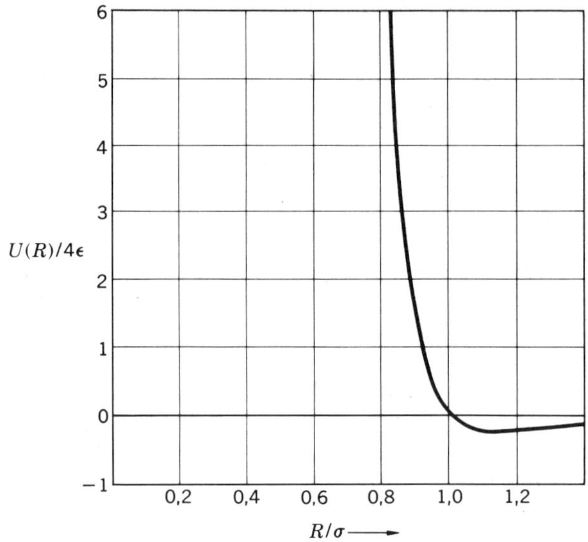

Bild 7: Lennard-Jones-Potential (4) für die Wechselwirkung zwischen zwei Edelgasatomen. Das Minimum tritt bei $R/\sigma = 2^{1/6} \cong 1{,}12$ auf. Bemerkenswert sind der steile Abfall vor dem Minimum und der flache Auslauf nach dem Minimum. Der Wert von U am Minimum ist $-\epsilon$; für $R = \sigma$ ist $U = 0$. Das Minimum von V liegt bei $R \cong 1{,}122\,\sigma$.

Auch andere empirische Formen des abstoßenden Potentials werden oft verwendet [7]), insbesondere die Exponentialform $\lambda \exp(-R/\rho)$; hier ist ρ ein Maß für die Reichweite des Potentials. Diese Form ist im allgemeinen analytisch genauso leicht zu behandeln wie das abstoßende Potential B/R^{12}. Das klassische Coulombpotential von zwei neutralen Atomen

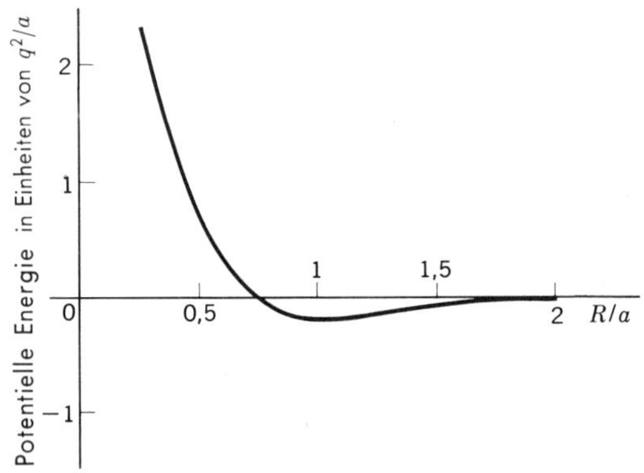

Bild 8: Coulomb-Energie zweier Kugeln vom Radius a als Funktion des Abstandes R zwischen ihren Mittelpunkten. Jede Kugel trägt die Ladung $+q$ in ihrem Mittelpunkt und die Ladung $-q$ homogen über ihr gesamtes Volumen verteilt. Die Ladungen sind als starr angenommen, so daß Van der Waals- und Polarisations-Effekte in diesem Modell nicht eingeschlossen sind (Nach C.Y. Fong.). Das Modell berücksichtigt nicht das Pauli-Prinzip; diesbezüglich ist die Rechnung analog zu jener für die Kurve N in Bild 15 (siehe unten) (Nach C. Y. Fong.).

---

[7]) Diskutiert werden die abstoßenden Terme von M. P. Tosi, Solid state physics **16**, 1 (1964), Hirschfelder, Curtis und Bird, Molecular theory of gases and liquids, Wiley (1954); F.G. Fumi und M. P. Tosi, J. Phys. Chem. Solids **25**, 31, 45 (1964).

zeigt Bild 8. Statische Elektronen sollen in diesem Fall homogen in zwei Kugeln verteilt sein. Die Wechselwirkung ist wegen der elektrostatischen Abstoßung der beiden Protonen bei kleinen Abständen abstoßend.

Die Gitterkonstanten des Gleichgewichts

Vernachlässigt man die kinetische Energie der Edelgasatome, so erhält man die Bindungsenergie der Edelgaskristalle durch Aufsummieren des Lennard-Jones-Potentials (4) über alle Atompaare im Kristall. Wenn der Kristall aus N Atomen besteht, ist die gesamte potentielle Energie

$$(5)\qquad U_{\text{tot}} = \tfrac{1}{2}N(4\epsilon)\left[\sum_j{}'\left(\frac{\sigma}{p_{ij}R}\right)^{12} - \sum_j{}'\left(\frac{\sigma}{p_{ij}R}\right)^{6}\right].$$

$p_{ij}R$ ist der Abstand zwischen dem Bezugsatom i und jedem beliebigen anderen Atom j, ausgedrückt durch R, den Abstand zwischen nächsten Nachbarn. Der Faktor $\frac{1}{2}$ tritt auf, damit nicht jedes Paar zweimal gezählt wird. Die Teilsummen in (5) wurden ausgerechnet [8]. Sie ergeben für die fcc-Struktur

$$(6)\qquad \sum_j{}' p_{ij}^{-12} = 12,131; \qquad \sum_j{}' p_{ij}^{-6} = 14,454.$$

In der fcc-Struktur hat jedes Atom zwölf nächste Nachbarn; man sieht, daß die Reihen sehr schnell konvergieren und Werte haben, die in der Nähe von Zwölf liegen. Also tragen die nächsten Nachbarn am meisten zur Wechselwirkungsenergie der Edelgaskristalle bei.

Wenn wir U_{tot} in (5) als die Gesamtenergie des Kristalls ansehen, dann ergibt sich der Gleichgewichtswert R_0 aus dem Minimum von U_{tot}. Wir differenzieren die Gesamtenergie des Kristalls nach dem Abstand zweier nächster Nachbarn R und erhalten:

$$(7)\qquad \frac{dU_{\text{tot}}}{dR} = 0 = -2N\epsilon\left[(12)\cdot(12{,}13)\,\frac{\sigma^{12}}{R^{13}} - (6)\cdot(14{,}45)\,\frac{\sigma^{6}}{R^{7}}\right].$$

Daraus folgt

$$(8)\qquad R_0/\sigma = 1,09.$$

Das gilt für alle Elemente mit fcc-Struktur. Die beobachteten Werte von R_0/σ betragen:

	Ne	Ar	Kr	Xe
R_0/σ	1, 14	1, 11	1, 10	1, 09

[8]) J. E. Lennard-Jones, A. E. Ingham, Proc. Roy. Soc. (London) **A 107**, 636 (1925). Eine Aufsummierung der Exponenten von -4 bis -30 findet man auf Seite 1040 des Buches von Hirschfelder, Curtis und Bird.

Sie wurden mit den unabhängig bestimmten Werten von σ aus Tabelle 2 errechnet. Die Übereinstimmung mit (8) ist bemerkenswert. Die geringfügige Abweichung von dem für Edelgase allgemein gültigen, vorhergesagten Wert 1,09 kann durch Quanteneffekte [9]) erklärt werden. Die Messungen an der Gasphase erlaubten eine Vorhersage der Gitterkonstanten des Kristalls.

Implizite sind wir von der Annahme ausgegangen, daß die fcc-Struktur für die Lennard-Jones-Wechselwirkung (5) die Struktur mit der kleinsten Energie ist. Rechnungen [10]) legen den Schluß nahe, daß die hcp Struktur eine um 0,01% niedrigere Energie am absoluten Nullpunkt hat. Die Experimente jedoch zeigen, daß die fcc Struktur die stabilste ist, ausgenommen bei Helium.

Die Bindungsenergie

Die Bindungsenergie eines Edelgaskristalles am absoluten Nullpunkt der Temperatur beim Druck Null erhält man, wenn man (6) und (8) in (5) einsetzt:

$$U_{\text{tot}}(R) = 2N\epsilon\left[(12{,}13)\left(\frac{\sigma}{R}\right)^{12} - (14{,}45)\left(\frac{\sigma}{R}\right)^{6}\right]; \tag{9}$$

und für $R = R_0$ folgt

$$U_{\text{tot}}(R_0) = -(2{,}15)(4N\epsilon). \tag{10}$$

Das gilt für alle Edelgase. Diese Rechnung stimmt nur, wenn die kinetische Energie null ist. Bernardes hat quantenmechanische Korrekturen errechnet, die auch den Beitrag der kinetischen Energie berücksichtigen. Diese Korrekturen bewirken eine Verringerung der Bindungsenergie und belaufen sich für Ne, Ar, Kr und Xe auf 28, 10, 6 und 4% von Gl. (10). Je schwerer das Atom, desto kleiner ist die Quantenkorrektur. Wir können die Herkunft dieser Quantenkorrektur besser verstehen, wenn wir ein einfaches Modell betrachten, in welchem ein Atom durch feste Grenzen eingeschränkt ist. Wenn das Teilchen die de Broglie-Wellenlänge λ hat, wobei λ durch die Grenzen bestimmt wird, dann beträgt seine kinetische Energie $p^2/2M = (h/\lambda)^2/2M$. Es gilt hier die de Broglie-Beziehung $p = h/\lambda$, die Impuls und Wellenlänge eines Teilchens verknüpft. In

---

[9]) N. Bernardes, Phys. Rev. **112**, 1534 (1958), siehe auch L. H. Nosanow und G. L. Shaw, Phys. Rev. **128**, 546 (1962). T. R. Koehler, Phys. Rev. Letters **17**, 89 (1966).

[10]) T. A. K. Barron and C. Domb, Proc. Roy. Soc. (London) **A 227**, 447 (1955); Siehe auch R. Bullough, H. R. Glyde, and J. A. Venables, Phys. Rev. Letters **17**, 249 (1966).

diesem Modell ist die Quantenkorrektur für die Energie am absoluten Nullpunkt umgekehrt proportional zur Masse. Dies gilt in recht guter Übereinstimmung mit dem Verhältnis der Korrekturen für Neon (Atomgewicht 20, 2) und Xenon (Atomgewicht 130), wie oben angegeben wurde. Die endgültig errechneten Bindungsenergien stimmen mit den experimentellen Werten der Tabelle 2 innerhalb von 1 bis 7% überein.

Eine Konsequenz dieser kinetischen Quantenenergie ist, daß ein Kristall des Isotops Ne^{20} eine größere Gleichgewichtsgitterkonstante hat als ein Kristall von Ne^{22}. Die höhere kinetische Quantenenergie des leichteren Isotops dehnt das Gitter aus und darum wird die kinetische Energie durch Ausdehnung wieder reduziert. Die beobachteten Werte [11]) für die Gitterkonstanten (von 2,5 K auf 0 K extrapoliert) sind:

Ne^{20} 4,4644 Å Ne^{22} 4,4559 Å

Die Kompressibilität und der Kompressionsmodul

Der **Kompressionsmodul** K, definiert durch Gleichung (11), ermöglicht eine unabhängige Prüfung der Theorie.

$$K = -V\frac{dp}{dV}\,. \tag{11}$$

V ist das Volumen und p der Druck. Die Kompressibilität ist der Kehrwert des Kompressionsmoduls. Am absoluten Nullpunkt ist die Entropie konstant, so daß $dU = -p\,dV$ die mit einer Änderung des Volumens um dV verbundene Änderung der Energie ist. Also gilt $dp/dV = -d^2U/dV^2$; darauf folgt

$$K = V\frac{d^2U}{dV^2}\,. \tag{12}$$

Der Kompressionsmodul ist ein Maß für die Elastizität des Kristalls oder für die Energie, die erforderlich ist, um eine gegebene Deformation zu erzeugen. Je größer der Kompressionsmodul, desto starrer ist der Kristall.

N Atome in einem fcc-Gitter der Gitterkonstanten a nehmen ein Volumen $V = \frac{1}{4}Na^3$ ein, denn das Volumen pro Atom beträgt $\frac{1}{4}a^3$ (Kapitel 1). Ersetzen wir a durch $R = a/\sqrt{2}$, dem Abstand zum nächsten Nachbarn, ist $V = NR^3/\sqrt{2}$. Die potentielle Energie (9) kann wie folgt geschrieben werden:

---

[11]) D.N. Batchelder, D.L. Losee, and R.O. Simmons, Phys. Rev. **173**, 873 (1968).

(13) $$U_{tot}(V) = \frac{b_{12}}{V^4} - \frac{b_6}{V^2}.$$

Die Parameter b_{12} und b_6 ergeben sich aus (5) und (6) zu

$$b_{12} \equiv \tfrac{1}{2}(12{,}13)N^5\epsilon\sigma^{12}; \qquad b_6 \equiv (14{,}45)N^3\epsilon\sigma^6.$$

Im Gleichgewicht beim Druck Null ist

(14) $$\frac{dU_{tot}}{dV} = 0 = -\frac{4b_{12}}{V^5} + \frac{2b_6}{V^3}.$$

Daraus ergibt sich das Gleichgewichtsvolumen zu

(15) $$V_0 = \left(\frac{2b_{12}}{b_6}\right)^{\frac{1}{2}} = \left(\frac{12.13}{14.45}\right)^{\frac{1}{2}} N\sigma^3 .$$

Der Kompressionsmodul ist gemäß (13)

(16) $$K = \left(V\frac{d^2U}{dV^2}\right)_{V_0} = \frac{20b_{12}}{V_0{}^5} - \frac{6b_6}{V_0{}^3} = \sqrt{2}\,\frac{b_6{}^{5/2}}{b_{12}{}^{3/2}}.$$

K hat also die Größenordnung ϵ/σ^3.

Mit dem aus Daten der Gasphase abgeleiteten empirischen Potential (4) für zwei Atome kann man die beobachteten Eigenschaften der Edelgaskristalle Ne, Ar, Kr und Xe ausgezeichnet beschreiben. Quantenmechanische Korrekturen verbessern die Übereinstimmung noch weiter.

Ionenkristalle

Ionenkristalle bauen sich aus positiv und negativ geladenen Ionen auf. Die Ionen ordnen sich dabei so an, daß ihre Coulomb-Anziehung durch ungleichnamige Ladungen stärker ist als die Coulomb-Abstoßung der Ionen gleicher Ladung. Die **ionische (heteropolare) Bindung** ist das Ergebnis der elektrostatischen Wechselwirkung zwischen entgegengesetzt geladenen Ionen. Zwei bei Ionenkristallen sehr häufige Kristallstrukturen, die Natriumchlorid- und die Cäsiumchloridstruktur, zeigten die Bilder 23 und 26 des Kapitels 1.

Den Elektronenkonfigurationen der Ionen eines einfachen Ionenkristalls entsprechen wie bei den Edelgasatomen abgeschlossene Schalen. Im Lithiumfluorid sind die Konfiguration der neutralen Atome nach dem Periodensystem in der Einbanddecke des Buches,

$$\text{Li:}\quad 1s^2 2s; \qquad \text{F:}\quad 1s^2 2s^2 2p^5.$$

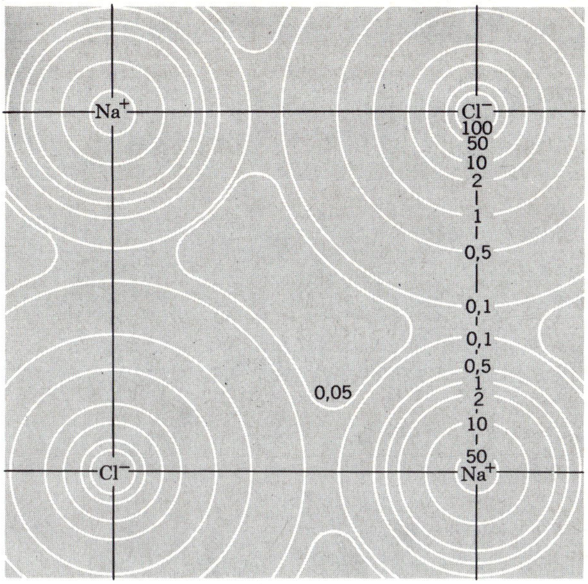

Bild 9:
Verteilung der Elektronendichte in der Grundfläche von NaCl, nach Röntgenanalysen von G. Schoknecht, Z. Naturforschg. **12 a**, 983 (1957).

Die einfach geladenen Ionen besitzen die Konfigurationen

$$Li^+: \quad 1s^2, \qquad F^-: \quad 1s^2 2s^2 2p^6,$$

genau wie Helium bzw. Neon. Edelgase besitzen abgeschlossene Schalen mit kugelsymmetrischen Ladungsverteilungen. Es ist daher zu erwarten, daß die Ladungsverteilungen der Ionen eines Ionenkristalles auch angenähert kugelsymmetrisch sind, mit geringen Verformungen an den Kontaktstellen zu den Nachbaratomen. Dieses Bild wird durch die Röntgenanalyse von Elektronenverteilungen bestätigt (Bild 9).

Schon eine rasche Abschätzung ergibt, daß die elektrostatische Wechselwirkung einen großen Teil der Bindungsenergie der Ionenkristalle ausmacht. Der Abstand zwischen einem positiv geladenen Ion und dem nächsten negativ geladenen beträgt in kristallinem Natriumchlorid $2{,}81 \cdot 10^{-8}$ cm. Damit ergibt sich der anziehende Teil der potentiellen Energie für die beiden Ionen zu 5,1 eV.

Dieser Wert kann mit dem aus Tabelle 5 bekannten Wert von 7, 9 eV pro Molekül für die Bindungsenergie von kristallinen NaCl verglichen werden (Bild 10). Beide Werte beziehen sich auf freie Na^+- und Cl^- -Ionen; ihre größenordnungsmäßige Übereinstimmung bestätigt unsere erste Annahme. Wir wollen nun die Gitterenergie (Bindungsenergie) genauer berechnen.

Die Abschätzung in Bild 10 benutzt den experimentellen Wert, der in Tabelle 4 für die Elektronenaffinität des Cl^--Ions angegeben ist.

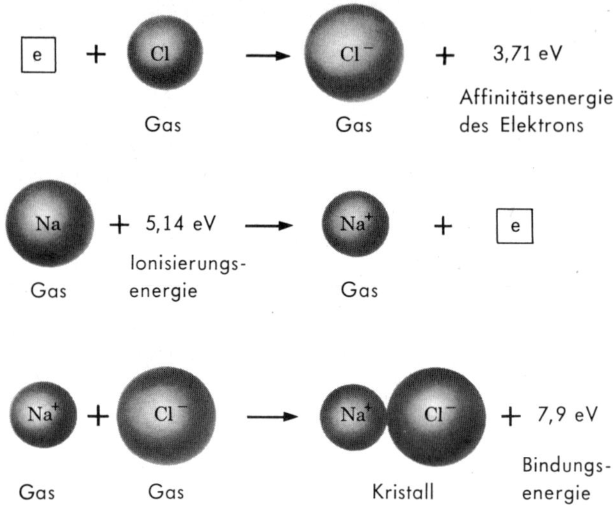

Bild 10: Die Energie pro Molekül ist in einem Kristall aus Natriumchlorid um (7,9 - 5,1 + 3,6)= = 6,4 eV geringer als die Energie der freien, neutralen Atome. Die Bindungsenergie, bezogen auf freie Ionen, beträgt 7,9 eV pro Molekül. Alle Werte in dieser Darstellung wurden experimentell bestimmt.

Die elektrostatische oder Madelung-Energie

Die langreichweitige Wechselwirkung zwischen Ionen der Ladung $\pm q$ ist das elektrostatische Potential $\pm q^2/r$. Es wirkt anziehend zwischen Ionen entgegengesetzter Ladung und abstoßend zwischen gleich geladenen Ionen. Die Ionen ordnen sich immer genau in den Kristallstrukturen an, die die größtmögliche Anziehung ergeben, die mit der abstoßenden Wechselwirkung vereinbar ist. Die Abstoßung setzt bei kurzen Entfernungen zwischen den Ionenrümpfen ein, sie gleicht bei Ionen mit Edelgaskonfiguration derjenigen zwischen Edelgasatomen. Die Van der Waals-Anziehung macht in Ionenkristallen nur einen verhältnismäßig kleinen Anteil, ungefähr 1 oder 2 % der Bindungsenergie aus. Der Hauptbeitrag zur Bindungsenergie der Ionenkristalle ist elektrostatischen Ursprungs; man nennt ihn **Madelung-Energie**.

Wenn U_{ij} die Wechselwirkungsenergie zwischen den Ionen i und j ist, dann ist die Gesamtenergie eines beliebigen Ions i

(17) $$U_i = \sum_j{}' U_{ij},$$

wobei die Summierung alle Ionen außer $j = i$ einschließt. Wir nehmen nun an, daß U_{ij} als Summe eines abstoßenden Potentials der Form $\lambda \exp(-r/\rho)$ und eines Coulomb-Potentials $\pm q^2/r$ geschrieben werden kann. $\lambda \exp(-r/\varrho)$ ist das Potential eines Zentralfeldes mit den empirischen Parametern λ und ρ. Also gilt:

(18) $$U_{ij} = \lambda \exp(-r_{ij}/\rho) \pm \frac{q^2}{r_{ij}}. \qquad \text{(CGS)}$$

Tabelle 4: Elektronenaffinität negativer Ionen. Weitgehend aus B. L. Moiseiwitsch, Advances in atomic and molecular physics 1, 61 (1965).

Anmerkung: Die Elektronenaffinität ist positiv für ein stabiles negatives Ion. Das elektrostatische Feld eines neutralen Atoms reicht allein nicht aus, ein zusätzliches Elektron zu binden. Das Elektron induziert jedoch elektrische Dipol- und höhere Multipolmomente im Atom, wodurch ein anziehendes Potential entsteht, das in großer Entfernung proportional zu $-1/r^4$ ist. In vielen Fällen ist dieses Polarisationspotential stark genug, das zusätzliche Elektron an das freie Atom zu binden.

Energie der Elektronenaffinität, in eV

Atom	Theorie	Experiment
H	0,7542	0,77 ± 0,02
Li	0,58	-
C	1,17	1,25 ± 0,03
N	- 0,27	-
O	1,22	1,465 ± 0,005
F	3,37	3,448 ± 0,005
Na	0,78	-
Al	0,49	-
Si	1,39	-
P	0,78	-
S	2,12	2,07 ± 0,07
Cl	3,56	3,613 ± 0,003
Br	-	3,363 ± 0,003
I	-	3,063 ± 0,003
W	-	0,50 ± 0,3
Re	-	0,15 ± 0,1

Das + Zeichen gilt für gleichnamige Ladungen, das − Zeichen für ungleichnamige. Der abstoßende Term beschreibt die Tatsache, daß die abgeschlossenen Elektronenschalen wie harte Kugeln wirken und sich daher jedes Ion einer Überlappung der Elektronenverteilung mit benachbarten Ionen widersetzt. Wir haben schon besprochen, daß dies zu einem großen Teil eine Auswirkung des Paulischen Ausschließungsprinzips ist. Wir betrachten die Stärke λ und die Reichweite ρ als Konstante, die aus den experimentell bestimmten Werten[12]) der Gitterkonstanten und der Kompres-

[12]) Für Ionen sind keine Daten der Gasphase verfügbar, die die unabhängige Bestimmung von λ und ρ erlauben. Wir merken an, daß ρ ein Maß für die Reichweite der abstoßenden Wechselwirkung ist: wenn $r = \rho$ ist, so ist die abstoßende Wechselwirkung auf e^{-1} des Wertes bei $r = 0$ reduziert. In SI-Einheiten ist die Coulomb-Wechselwirkung $\pm q^2/4\pi\epsilon_0 r$. Wir benutzen in diesem Abschnitt das CGS-Einheitensystem, in dem die Coulomb-Wechselwirkung $\pm q^2/r$ ist.

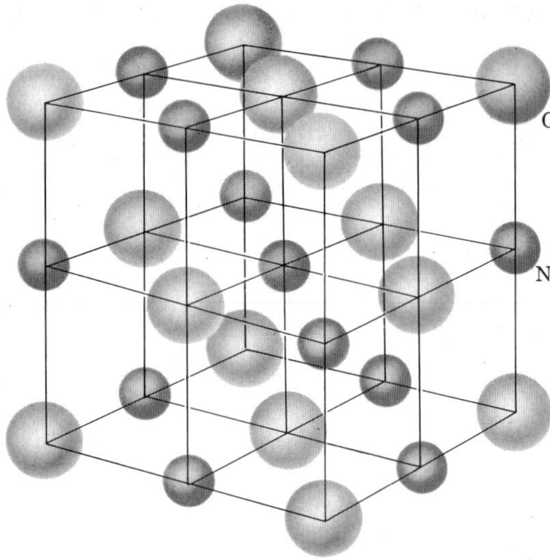

Bild 11: Die Kristallstruktur von Natriumchlorid entsteht durch abwechselnde Anordnung von Na^+ und Cl^--Ionen an den Gitterpunkten eines einfach kubischen Gitters. In diesem Kristall ist jedes Ion von sechs nächsten Nachbarn mit entgegengesetzter Ladung und von zwölf gleich geladenen übernächsten Nachbarn umgeben. Das Na^+-Ion trägt eine positive Ladung, so daß seine Elektronenkonfiguration mit der des Neon identisch ist. Das Cl^--Ion hat eine negative Ladung und besitzt die Konfiguration des Argon. Das Raumgitter ist, wie in Kapitel 1 besprochen, kubisch flächenzentriert (fcc).

sibilität ermittelt werden sollen. Wir haben hier die Exponentialform des empirischen, abstoßenden Potentials verwendet und nicht die Form R^{-12}, die bei den Edelgasen benützt wurde. Diese Wahl erfolgt aus zwei Gründen: einmal, um der Abwechslung in der Darstellung willen und zum anderen, da sie der abstoßenden Wechselwirkung besser entsprechen kann.

In der NaCl-Struktur (Bild 11) hängt der Wert von U_i nicht davon ab, ob das Bezugsion i negativ oder positiv geladen ist. Die Summe (17) kann so umgeformt werden, daß sie sehr schnell konvergiert. Dann hängt ihr Wert nicht von der speziellen Lage des Bezugsions im Kristall ab, solange es sich nur nicht in der Nähe der Oberfläche befindet. Vernachlässigt man Oberflächeneffekte, so kann man die gesamte Bindungsenergie U_{tot} eines Gitters aus N Molekülen oder $2N$ Ionen wie folgt schreiben mit U_i aus (17):

$$(19) \qquad U_{tot} = NU_i.$$

Hier tritt N auf, nicht $2N$! Denn bei der Bestimmung der gesamten Gitterenergie darf jedes I o n e n p a a r nur einmal gezählt werden. Die Gitterenergie (19) ist die Energie, die benötigt wird, um den Kristall in einzelne Ionen mit unendlichem Abstand voneinander zu zerlegen.

Es ist üblich, wieder Größen p_{ij} mit der Eigenschaft $r_{ij} \equiv p_{ij}R$ einzuführen. R ist der Abstand der nächsten Nachbarn im Kristall. Wenn wir nur die Abstoßung zwischen nächsten Nachbarn berücksichtigen, dann erhalten wir

$$(20)\ (\text{CGS})\quad U_{ij} = \begin{cases} \lambda \exp(-R/\rho) - \dfrac{q^2}{R} & \text{(Beitrag der nächsten Nachbarn)} \\ \pm \dfrac{1}{p_{ij}} \dfrac{q^2}{R} & \text{(Beitrag von allen anderen).} \end{cases}$$

Damit gilt:

$$(21)\qquad U_{\text{tot}} = NU_i = N\left(z\lambda e^{-R/\rho} - \frac{\alpha q^2}{R}\right); \qquad (\text{CGS})$$

z ist die Anzahl der nächsten Nachbarn eines Ions und

$$(22)\qquad \boxed{\alpha \equiv \sum_j \frac{(\pm)}{p_{ij}} \equiv \textbf{Madelung-Konstante}\,.}$$

Die Summe sollte mindestens die Beiträge der nächsten Nachbarn einschließen, der Summationsindex liefe dann bis z. Das Zeichen $(\pm)$ wird kurz vor Gleichung (26) diskutiert. Der Wert der Madelung-Konstante ist von zentraler Bedeutung in der Theorie der Ionenkristalle. Ihre Berechnung wird etwas später besprochen.

Beim Gleichgewichtsabstand ist $dU_{\text{tot}}/dR = 0$, so daß

$$(23)\qquad N\frac{dU_i}{dR} = -\frac{Nz\lambda}{\rho}\exp(-R/\rho) + \frac{N\alpha q^2}{R^2} = 0 \qquad (\text{CGS})$$

oder

$$(24)\qquad R_0^2 \exp(-R_0/\rho) = \frac{\rho\alpha q^2}{z\lambda}. \qquad (\text{CGS})$$

Gleichung (24) bestimmt den Gleichgewichtsabstand R_0, wenn die Parameter ϱ und λ des abstoßenden Potentials bekannt sind. Im SI-System wird bei q^2 wieder der Faktor $1/4\,\pi\,\varepsilon_0$ eingefügt.

Die totale Gitterenergie eines Kristalls aus $2N$ Ionen im Gleichgewichtsabstand R_0 ergibt sich mit (21) und (24) zu

$$(25)\qquad U_{\text{tot}} = -\frac{N\alpha q^2}{R_0}\left(1 - \frac{\rho}{R_0}\right).$$

Der Term $-N\alpha q^2/R_0$ ist die Madelung-Energie. Aus Gleichung (33) wird hervorgehen, daß ρ ungefähr den Wert $0{,}1\,R_0$ hat, so daß die Bindungsenergie hauptsächlich vom Beitrag der Madelung-Energie bestimmt wird. Der geringe Wert von ρ/R_0 bedeutet eine kurze Reichweite und einen sehr steilen Abfall des abstoßenden Potentials.

Ermittlung der Madelung-Konstanten[13]

E. Madelung[14] berechnete als erster die Konstante α der Coulomb-Energie. Eine allgemeine Methode zur Berechnung der Gittersummen wurde von Ewald[15] entwickelt. Evjen und Frank[16] geben einfache Methoden an, bei denen die Summen so umgestellt werden, daß sie sehr schnell konvergieren.

Die Definition (22) der Madelung-Konstanten α lautet

$$\alpha = \sum_j{}' \frac{(\pm)}{p_{ij}} .$$

Nehmen wir als Bezugsion eine negative Ladung, so wird das Pluszeichen für positiv geladene Ionen eingesetzt und das Minuszeichen für negativ geladene Ionen. Eine äquivalente Definition ist

$$\frac{\alpha}{R} = \sum_j{}' \frac{(\pm)}{r_j} . \tag{26}$$

Hier ist r_j der Abstand des Ions j vom Referenzion und R der Abstand zwischen nächsten Nachbarn. Es muß daraufhingewiesen werden, daß ein gegebener Wert von α davon abhängt, ob die Madelung-Konstante als Funktion des Abstands nächster Nachbarn R oder der Gitterkonstanten a oder einer anderen gerade praktischen Länge definiert ist. Also Vorsicht!

Als Beispiel berechnen wir den Wert der Madelung-Konstanten für ein unendliches lineares Gitter (Kette) aus Ionen, die abwechselnd negativ und positiv geladen sind (Bild 12). Als Bezugsion sei ein negativ geladenes Ion gewählt, R sei der Abstand zwischen nächsten Nachbarn. Dann gilt

$$\frac{\alpha}{R} = 2\left[\frac{1}{R} - \frac{1}{2R} + \frac{1}{3R} - \frac{1}{4R} + \cdots\right]$$

---

[13] Eine genaue Übersicht mit Bibliographie gibt M. P. Tosi in Solid state physics **16**, 1 (1964).

[14] E. Madelung, Physik. Z. **19**, 524 (1918).

[15] P. P. Ewald, Ann. Physik **64**, 253 (1921); siehe auch den Anhang A der 2. Auflage der amerikanischen Originalausgabe von "Introduction to solid state physics".

[16] H. M. Evjen, Phys. Rev. **39**, 675 (1932); F. C. Frank, Phil. Mag. **41**, 1287 (1950).

oder

$$\alpha = 2\left[1 - \frac{1}{2} + \frac{1}{3} - \frac{1}{4} + \cdots\right].$$

Der Faktor 2 tritt auf, weil zwei Ionen, eines links und eines rechts, im gleichen Abstand r_j vorhanden sind. Wir summieren diese Reihen gemäß der Entwicklung

$$\ln(1 + x) = x - \frac{x^2}{2} + \frac{x^3}{3} - \frac{x^4}{4} + \cdots.$$

Also beträgt die Madelung-Konstante für diese eindimensionale Kette

(27) $\qquad \alpha = 2 \ln 2.$

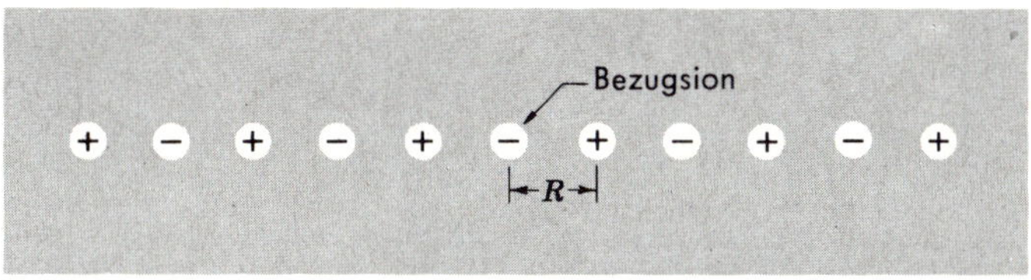

Bild 12: Lineares Gitter aus abwechselnd positiv oder negativ geladenen Ionen im Abstand R.

Im Dreidimensionalen bereitet die Aufsummierung größere Schwierigkeiten. Es ist in diesem Fall nicht mehr möglich, die aufeinanderfolgenden Summenglieder wie beim linearen Gitter einfach hinzuschreiben. Noch wichtiger ist aber die Tatsache, daß die Reihen nur dann konvergieren, wenn die einzelnen Summenglieder so geordnet werden, daß sich die Beiträge der negativen und positiven Glieder beinahe aufheben.

In der NaCl-Struktur (Bild 11) sind die nächsten Nachbarn des negativ geladenen Bezugsions sechs positiv geladene Ionen bei $p = 1$; sie ergeben zu α den positiven Beitrag $6/1$. Zwölf negativ geladene Ionen sind bei $p = 2^{1/2}$; sie liefern $-12/2^{1/2}$; acht positiv geladene Ionen bei $p = 3^{1/2}$ ergeben $8/3^{1/2}$, sechs negative Ionen bei $p = 2$ ergeben $-6/2$; usw. Also gilt

$$\begin{aligned}\alpha &= \frac{6}{1} - \frac{12}{2^{1/2}} + \frac{8}{3^{1/2}} - \frac{6}{2} + \cdots \\ &= 6{,}000 - 8{,}485 + 4{,}620 - 3{,}000 + \cdots.\end{aligned}$$

Die Konvergenz ist offensichtlich schlecht.

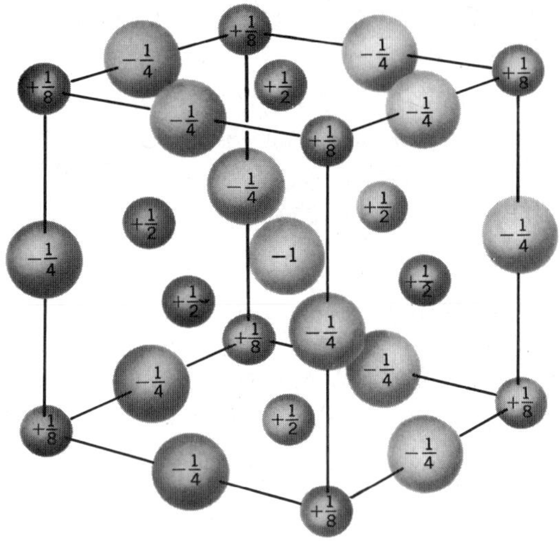

Bild 13:
Verteilung der Ladungsbruchteile zur Berechnung der Madelung-Konstante der NaCl-Struktur nach der Methode von Evjen. Die Atome auf den Flächen besitzen die Ladung $+\frac{1}{2}$, die auf den Kanten die Ladung $-\frac{1}{4}$, die auf den Ecken die Ladung $+\frac{1}{8}$.

Wir können die Konvergenz verbessern, indem wir mit neutralen oder fast neutralen Ionengruppen arbeiten, wobei wir, wenn nötig, ein Ion unter mehrere Gruppen aufteilen und dann mit Ladungsbruchteilen rechnen. Der physikalische Grund dafür besteht darin, daß das Potential einer neutralen Ionengruppe mit der Entfernung schneller[17]) abfällt als das Potential einer geladenen Gruppe.

In der Natriumchloridstruktur erhalten wir fast neutrale Gruppen, wenn wir die Ladungen auf Würfeln betrachten. Dabei werden Ladungsträger auf Würfelflächen unter zwei Zellen aufgeteilt, die auf Kanten unter vier und die auf Ecken unter acht. Der erste Würfel (Bild 13), der das negative Bezugsion umgibt, weist sechs positiv geladene Ionen auf den Würfelflächen, zwölf negativ geladene Ionen auf den Würfelkanten und acht positiv geladene Ionen auf den Würfelecken auf. Der Beitrag des ersten Würfels zu α beträgt also

$$\frac{\frac{6}{2}}{1} - \frac{\frac{12}{4}}{2^{1/2}} + \frac{\frac{8}{8}}{3^{1/2}} = 1{,}46.$$

Wenn man in gleicher Weise noch die Ionen auf dem nächst größeren Würfel[18]), der den ursprünglichen Würfel einschließt, in Betracht zieht, erhält man $\alpha = 1{,}75$; das kommt dem genauen Wert von $\alpha = 1{,}747565$ für Natriumchlorid sehr nahe.

[17]) Das Potential einer Punktladung fällt mit $1/r$, das eines Dipols mit $1/r^2$ und das eines Quadrupols mit $1/r^3$ ab.

[18]) Die nicht zum ersten Würfel gezählten Ladungsbruchteile werden als zum zweiten Würfel gehörig angesehen.

Typische Werte der Madelung-Konstante, bezogen auf den Abstand zwischen nächsten Nachbarn, sind in der folgenden Tabelle aufgeführt:

Struktur	α
Natriumchlorid, NaCl	1,747565
Cäsiumchlorid, CsCl	1,762675
Zinkblende, kubisches ZnS	1,6381

Die Struktur des Cäsiumchlorids zeigt Bild 1.26. Jedes Ion ist der Mittelpunkt eines Würfels, der von acht entgegengesetzt geladenen Ionen gebildet wird. Bei gleichem Abstand zwischen nächsten Nachbarn ist bei der Cäsiumchloridstruktur der Beitrag der Madelung-Energie zur Bindungsenergie etwas ($\sim 1\%$) größer als bei der Natriumchloridstruktur, da der Wert der Madelung-Konstanten α für Cäsiumchlorid größer ist. Jedoch hat jedes Ion im CsCl auch mehr nächste Nachbarn und damit ein höheres abstoßendes Potential. Jedes Ion hat hier acht nächste Nachbarn, die zur Abstoßung beitragen, während es bei Natriumchlorid nur sechs sind. Das abstoßende Potential beträgt rund 10% der Gesamtenergie des Natriumchlorids; grob geschätzt erwarten wir daher, daß das abstoßende Potential für Cäsiumchlorid $\frac{8}{6} \cdot 10\% \approx 13\%$ der Gesamtenergie beträgt. Dieser Überschuß übersteigt den Unterschied der Madelung-Energien und kann daher die Natriumchloridstruktur geringfügig begünstigen. Aufgabe 3 bringt einen Vergleich zwischen den Strukturen von NaCl und Zinkblende.

Es sind viel mehr Ionenkristalle mit Natriumchloridstruktur als mit Cäsiumchloridstruktur bekannt. Die Unterschiede in den Bindungsenergien sind jedoch gering. Die Entscheidung, welche Struktur für ein spezielles Salz stabil ist, kann nur durch die Berücksichtigung der Beiträge zweiter Ordnung zur Bindungsenergie erfolgen. Eine eingehende Diskussion der Stabilität dieser beiden Gitter bringt der Übersichtsartikel von Tosi.

Der Kompressionsmodul

Gemäß (12) ist der Kompressionsmodul am absoluten Nullpunkt durch die Beziehung $K = V\, d^2U/dV^2$ gegeben; V ist hier das Volumen. Für die NaCl-Struktur beträgt das von N Molekülen benötigte Volumen $V = 2NR^3$, R ist hier der Abstand zwischen nächsten Nachbarn. Dies folgt aus dem Volumen pro Molekül $\frac{1}{4}a^3$ und aus $a = 2R$ (Bild 11).

Weiter gilt:

$$\frac{dU}{dV} = \frac{dU}{dR}\frac{dR}{dV}; \qquad \frac{dR}{dV} = \frac{1}{dV/dR} = \frac{1}{6NR^2}, \tag{28}$$

(29) $$\frac{d^2U}{dV^2} = \frac{d^2U}{dR^2}\left(\frac{dR}{dV}\right)^2 + \frac{dU}{dR}\frac{d^2R}{dV^2}.$$

Im Gleichgewicht ist $R = R_0$ und $dU/dR = 0$, woraus folgt

(30) $$K = V\frac{d^2U}{dR^2}\left(\frac{1}{6NR^2}\right)^2 = \frac{1}{18NR_0}\frac{d^2U}{dR^2}.$$

Mit (21) und (24) folgt:

$$\left(\frac{d^2U}{dR^2}\right)_{R_0} = \frac{Nz\lambda}{\rho^2}e^{-R_0/\rho} - \frac{2N\alpha q^2}{R_0{}^3} = \frac{N\alpha q^2}{R_0{}^3}\left(\frac{R_0}{\rho} - 2\right) \qquad \text{(CGS)}$$

und

(31) $$K = \frac{\alpha q^2}{18R_0{}^4}\left(\frac{R_0}{\rho} - 2\right). \qquad \text{(CGS)}$$

ρ läßt sich aus (31) berechnen, indem man experimentell bestimmte Werte von R_0 und den Kompressionsmodul in die Formel einsetzt. Aus (25) folgt dann die Gitterenergie, die mit experimentellen Ergebnissen verglichen werden kann. Dieser Vergleich soll nun für KCl durchgeführt werden. Der experimentell ermittelte Wert des Kompressionsmoduls von KCl, auf den absoluten Nullpunkt extrapoliert, ist $K = 1,97 \cdot 10^{11}$ dyn/cm², oder $1,97 \cdot 10^{10}$ N/m² gemäß Gleichung (4.29) und Tabelle 4.1. Der Abstand zwischen nächsten Nachbarn ist $R_0 = 3,14 \cdot 10^{-8}$ cm, α ist gleich 1,75. Mit diesen Werten erhält man aus (31)

(32) $$\frac{R_0}{\rho} = \frac{18R_0{}^4K}{\alpha q^2} + 2 \cong 10,4. \qquad \text{(CGS)}$$

Die Reichweite der abstoßenden Wechselwirkung beträgt damit $\rho \cong 0,30 \cdot 10^{-8}$ cm.

Mit diesem Wert für R_0/ρ wird die aus (25) zu berechnende Bindungsenergie

(33) $$\frac{U_{tot}}{N} = -\frac{\alpha q^2}{R_0}\left(1 - \frac{\rho}{R_0}\right) \cong -1,16 \cdot 10^{-11}\ \text{erg} \cong -7,26\ \text{eV}. \qquad \text{(CGS)}$$

Es besteht ausgezeichnete Übereinstimmung mit dem beobachteten Wert von -7,397 eV für KCl in der Nähe von 0 K (Tabelle 5).

Der Parameter λ des abstoßenden Potentials kann mit (24) gefunden werden:

(34) $$z\lambda = \frac{\rho\alpha q^2}{R_0{}^2}e^{R_0/\rho} \cong 3,8 \cdot 10^{-8}\ \text{erg}. \qquad \text{(CGS)}$$

Die Anzahl der nächsten Nachbarn beträgt in diesem Beispiel $z = 6$. Die

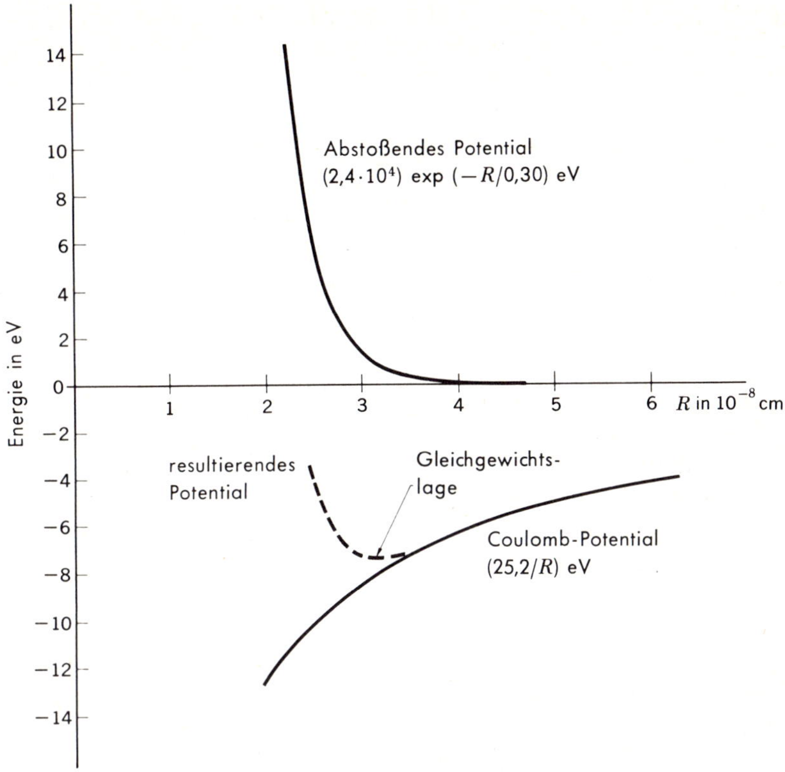

Bild 14: Potential der Moleküle im KCl-Kristall. Die Beiträge des Coulomb-Potentials und des abstoßenden Potentials sind getrennt eingezeichnet.

Beiträge der Madelung-Energie und des abstoßenden Potentials zum Potential von KCl zeigt Bild 14.

In Tabelle 5 sind Eigenschaften von Alkalihalogenidkristallen mit Natriumchloridstruktur aufgeführt. Die Werte der Parameter des abstoßenden Potentials ρ und λ sind sehr empfindlich gegenüber den Werten für K und R_0, die Gitterenergie selbst erweist sich jedoch als verhältnismäßig unempfindlich[19]) gegenüber dem für ρ gewählten Betrag. Die berechneten Werte der Gitterenergie stimmen mit den beobachteten Werten ausgezeichnet überein.

[19]) In dem von uns berechneten Beispiel [Gleichung (33) bis (35)] benützten wir einen Wert für den Kompressionsmodul von KCl bei 0 K, der sich nur um rund 10% von dem in Tabelle 5 angegebenen Wert für Zimmertemperatur unterscheidet. Eine Änderung von B um 10% ändert λ um ungefähr einen Faktor 3. Die Bindungsenergie ist nicht sehr empfindlich gegenüber dem Wert des Kompressionsmoduls.

Tabelle 5: Eigenschaften von Alkalihalogenidkristallen. [Die Daten stammen aus verschiedenen Tabellen in M. P. Tosi, Solid state physics **16**, 1 (1964).]

Alle Werte (die in Klammern ausgenommen) gelten bei Zimmertemperatur und Atmosphärendruck. Korrekturen auf Grund der Abweichungen von R_0 und U von ihren Werten am absoluten Nullpunkt sind nicht berücksichtigt worden. Die Werte in Klammern, die am absoluten Nullpunkt gelten, stammen von L. Brewer (private Mitteilung).

	Abstand zwischen nächsten Nachbarn R_0, in Å	Kompressionsmodul K in 10^{11} dyn/cm²	Stärke a) des abstoßenden Potentials $z\lambda$, in 10^{-8} erg	Reichweitenparameter des abstoßenden Potentials b) ρ, in Å	Bindungsenergie bezogen auf freie Ionen, in kcal/Mol	
					Experimenteller Wert	Berechneter Wert c)
LiF	2,014	6,71	0,296	0,291	-242,3 [-246,8]	-242,2
LiCl	2,570	2,98	0,490	0,330	-198,9 [-201,8]	-192,9
LiBr	2,751	2,38	0,591	0,340	-189,8	-181,0
LiI	3,000	(1,71)	0,599	0,366	-177,7	-166,1
NaF	2,317	4,65	0,641	0,290	-214,4 [-217,9]	-215,2
NaCl	2,820	2,40	1,05	0,321	-182,6 [-185,3]	-178,6
NaBr	2,989	1,99	1,33	0,328	-173,6 [-174,3]	-169,2
NaI	3,237	1,51	1,58	0,345	-163,2 [-162,3]	-156,6
KF	2,674	3,05	3,31	0,298	-189,8 [-194,5]	-189,1
KCl	3,147	1,74	2,05	0,326	-165,8 [-169,5]	-161,6
KBr	3,298	1,48	2,30	0,336	-158,5 [-159,3]	-154,5
KI	3,533	1,17	2,85	0,348	-149,9 [-151,1]	-144,5
RbF	2,815	2,62	1,78	0,301	-181,4	-180,4
RbCl	3,291	1,56	3,19	0,323	-159,3	-155,4
RbBr	3,445	1,30	3,03	0,338	-152,6	-148,3
RbI	3,671	1,06	3,99	0,348	-144,9	-139,6

a) Berechnet nach Gleichung (24) und Gleichung (31) mit K und R_0. Für die NaCl-Struktur ist $z = 6$.

b) Berechnet nach Gleichung (31) mit K und R_0.

c) Berechnet nach Gleichung (33) mit K und R_0.

Kovalente Kristalle

Die kovalente Bindung ist die klassische Elektronenpaar- oder homöopolare Bindung der Chemie, besonders der organischen Chemie. Sie ist sehr stark: die Bindungsenergie zwischen zwei Kohlenstoffatomen im Diamant beträgt 7,3 eV bezogen auf die neutralen freien Atome. Das ist mit der Bindungsstärke in Ionenkristallen vergleichbar, trotz der Tatsache, daß die kovalente Bindung zwischen neutralen Atomen wirkt. Die kovalente Bindung ist eine in starkem Maße gerichtete Bindung. So kristallisieren

Kohlenstoff, Silizium[20]) und Germanium in der Diamantstruktur, bei der die Bindungen zu den vier nächsten Nachbarn Tetraederwinkel miteinander einschließen, und das obwohl diese Anordnung nur eine geringe Raumausfüllung ergibt. In der Diamantstruktur angeordnete Kugeln erfüllen nur 0,34 des verfügbaren Raums, gegenüber 0,74 im Falle einer dichtest gepackten Struktur (Aufgabe 1.4). Die tetraedrische Bindung erlaubt nur vier nächste Nachbarn, eine dichtest gepackte Struktur dagegen zwölf.

Die kovalente Bindung wird normalerweise von zwei Elektronen gebildet, wobei je ein Elektron von jedem der an der Bindung beteiligten Atome stammt. Die an der Bindung beteiligten Elektronen halten sich bevorzugt zwischen den beiden verbundenen Atomen auf. Die Spins der beiden Elektronen in der Bindung stehen antiparallel.

Das Pauli-Prinzip ergibt eine abstoßende Wechselwirkung zwischen Atomen mit aufgefüllten Schalen. Bei nicht abgeschlossenen Schalen können Elektronen überlappen, ohne daß dabei eine Anregung in höhere Energieniveaus erfolgt. Man vergleiche z.B. die Länge der Bindung (2 Å) von Cl_2 mit dem interatomaren Abstand (3,76 Å) von Ar in festem Ar; man vergleiche außerdem die Bindungsenergien aus Tabelle 1. Der Unterschied zwischen Cl_2 und Ar_2 besteht darin, daß das Cl-Atom fünf Elektronen in der 3p-Schale hat, das Ar-Atom aber sechs, und damit eine abgeschlossene Schale. Folglich ist die abstoßende Wechselwirkung in Ar stärker als in Cl.

Den Elementen C, Si und Ge fehlen vier Elektronen zu einer abgeschlossenen Schale; deshalb kann z.B. bei diesen Elementen mit der Überlappung von Ladungen eine anziehende Wechselwirkung verbunden sein. Die Elektronenkonfiguration von Kohlenstoff ist $1s^2\,2s^2\,2p^2$. Weitere Einzelheiten findet man in Büchern über die Quantentheorie chemischer Verbindungen, wo gezeigt wird, daß zur Bildung eines tetraedischen Systems kovalenter Bindungen das Kohlenstoffatom zuerst auf die Konfiguration $1s^2\;2s^2\;2p^3$ gebracht werden muß. Diese Anregung aus dem Grundzustand erfordert nur 4 eV; dieser Betrag wird bei weitem zurückgewonnen, wenn die Bindungen ausgebildet werden. Eine halbempirische Theorie des fraktionierten ionischen oder kovalenten Charakters einer Bindung in einem dielektrischen Kristall wurde mit beachtlichem Erfolg von J. C. Phillips entwickelt. Einige seiner Ergebnisse sind in Tabelle 6 wiedergegeben.

[20]) Man sollte die Ähnlichkeit in der Bindung für Kohlenstoff und Silizium nicht allzusehr betonen; schließlich nimmt Kohlenstoff eine einzigartige Stellung in der belebten Materie ein.

Tabelle 6: Grad des ionischen Charakters einer Bindung in zweiwertigen Kristallen. Nach J. C. Phillips, Phys. Rev. Letters **22**, 705 (1969); Physics Today **23**, Febr. 1970, S. 23

Kristall	Grad des ionischen Charakters	Kristall	Grad des ionischen Charakters
Si	0,00		
SiC	0,18	CuCl	0,75
Ge	0,00	CuBr	0,74
ZnO	0,62	AgCl	0,86
ZnS	0,62	AgBr	0,85
ZnSe	0,63	AgI	0,77
ZnTe	0,61	MgO	0,84
CdO	0,79	MgS	0,79
CdS	0,69	MgSe	0,79
CdSe	0,70	LiF	0,92
CdTe	0,67	NaCl	0,94
InP	0,44	RbF	0,96
InAs	0,35		
InSb	0,32		
GaAs	0,32		
GaSb	0,26		

Man sieht NaCl als typischen Ionenkristall an, während SiC und GaAs [21]) als weitgehend kovalent gelten. Atome mit fast aufgefüllten Schalen (Na, Cl) gehen im allgemeinen ionische Bindungen ein, die Atome in den Spalten III, IV und V des Periodensystems tendieren zur kovalenten Bindung (In, C, Ge, Si, As). Die Stärke der kovalenten Bindung wird in Tabelle 7 angegeben.

Das Wasserstoffmolekül (H_2) ist ein einfaches Beispiel für die kovalente Bindung. Dieses Problem wird in allen Einzelheiten von Pauling und Wilson [22]) diskutiert. Die stärkste Bindung (Bild 15) tritt auf, wenn die Spins

[21]) Galliumarsenid hat die Struktur der Zinkblende (Kapitel 1). Die Röntgenstrukturamplitude für die (200)-Reflexion hängt von der Differenz zwischen den atomaren Streufaktoren der Ga- und der As-Atome ab. Sind die Atome ionisiert, so haben sie die gleiche Anzahl von Elektronen, und die (200)-Strukturamplitude kann nur die unterschiedliche Verteilung der Elektronen anzeigen. Sind die Atome nicht ionisiert, so besteht ein Unterschied von zwei Elektronen zwischen As und Ga, so daß die Strukturamplitude größer als im ionischen Fall ist. Messungen von J.J. DeMarco und R.J. Weiss [Physic Letters **13**, 209 (1964)] weisen qualitativ nach, daß die Ga- und As-Atome mit größerer Wahrscheinlichkeit neutral sind als ionisch.

[22]) L. Pauling und E.B. Wilson, Introduction to quantum mechanics, McGraw-Hill, 1935.

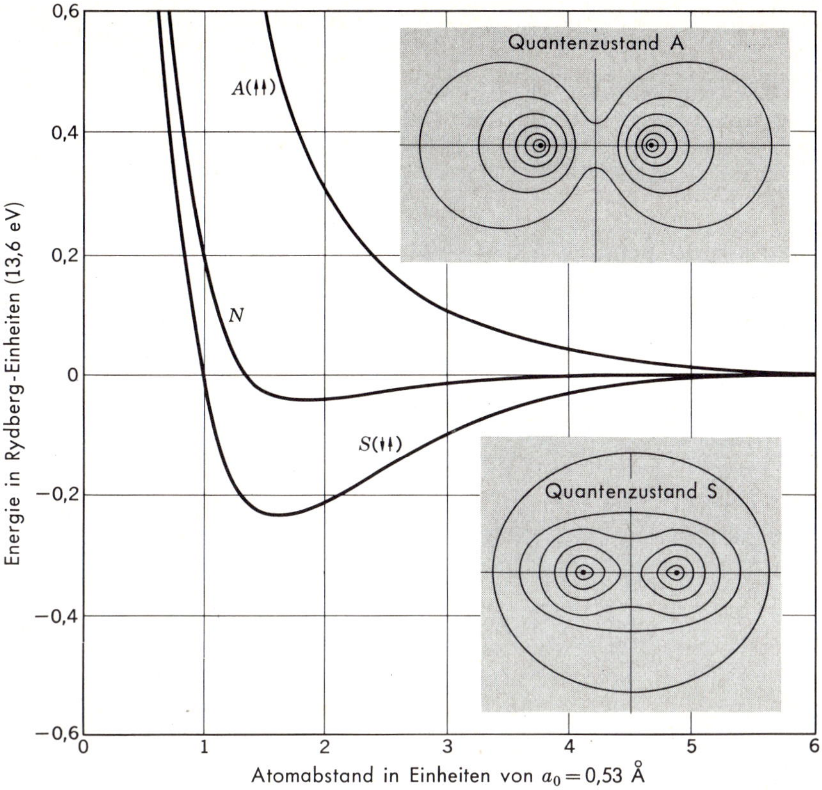

Bild 15: Energie des Wasserstoffmoleküls ($\mathbf{H_2}$), bezogen auf freie neutrale Atome. Negative Energien entsprechen gebundenen Zuständen. Die Kurve *N* ist das Ergebnis einer klassischen Rechnung mit den Ladungsdichten der freien Atome; *A* zeigt das Ergebnis unter Berücksichtigung des Pauli-Prinzips für parallele Elektronenspins und *S* (der stabile Zustand) das für antiparallele Spins. Die Ladungsdichten der Zustände *A* und *S* sind zusätzlich durch Höhenlinien angegeben.

Tabelle 7: Bindungsenergien für eine einzelne kovalente Bindung zwischen gleichen Atomen. (Nach Pauling.)

	Bindungsenergie			Bindungsenergie	
Bindung	eV	kcal/Mol	Bindung	eV	kcal/Mol
H - H	4,5	104	P - P	2,2	51
C - C	3,6	83	O - O	1,4	33
Si - Si	1,8	42	Te - Te	1,4	33
Ge - Ge	1,6	38	Cl - Cl	2,5	58

der beiden Elektronen antiparallel ausgerichtet sind. Die Bindung hängt von der relativen Spineinstellung nicht deshalb ab, weil es etwa starke magnetische Dipolkräfte zwischen den Spins gibt, sondern weil das Pauli-Prinzip die Ladungsverteilung je nach der Orientierung der Spins ändert. Dieser Effekt heißt **Austausch-Wechselwirkung**.

Metallbindung

Metalle sind durch eine hohe elektrische Leitfähigkeit gekennzeichnet. In einem Metall muß folglich eine große Anzahl von Elektronen frei beweglich sein, normalerweise sind es ein bis zwei Elektronen pro Atom. Diese frei beweglichen Elektronen heißen Leitungselektronen. In einigen Metallen macht die Wechselwirkung der Ionenrümpfe mit den Leitungselektronen einen großen Anteil an der Bindungsenergie aus. Aber der Vergleich mit dem freien Atom zeigt, daß das charakteristische der Metallbindung die Verringerung der kinetischen Energie des Valenzelektrons im Metall ist. Dieser Aspekt wird in Kapitel 9 dargelegt.

Wie in Bild 1 können wir uns einen Alkalimetallkristall als eine Anordnung positiver Ionen vorstellen, die in einen mehr oder weniger homogenen See aus negativer Ladung eingebettet ist. Bei den Übergangsmetallen treten noch zusätzliche Bindungskräfte aus den Wechselwirkungen zwischen den inneren Elektronenschalen auf. Übergangsmetalle haben unvollständige *d*- Schalen und sind durch hohe Bindungsenergien gekennzeichnet (Tabelle 1). Die Ursache dafür kann einerseits die kovalente Bindung, andererseits die Van der Waals Wechselwirkung der Atomrümpfe sein. Im Eisen und im Wolfram z.B. tragen die inneren Elektronenschalen wesentlich zur Bindung bei.

Die Bindungsenergie eines Alkalimetallkristalles ist beträchtlich geringer als die eines Alkalihalogenidkristalles: die von den quasi-freien Leitungselektronen aufgebaute Bindung ist nicht sehr stark. Die interatomaren Abstände in den Alkalimetallen sind verhältnismäßig groß, weil dies die kinetische Energie der Leitungselektronen verringert. Dies führt dann zu einer schwachen Bindung. Im allgemeinen haben die Metalle das Bestreben, in relativ dicht gepackten Strukturen zu kristallisieren: hcp, fcc, bcc und andere dichte Strukturen.

Wir schließen diesen Abschnitt mit einer Anmerkung von Wigner und Seitz[23]. "Wenn man eine riesige Rechenmaschine hätte, könnte man sie mit dem Problem beschäftigen, die Schrödinger-Gleichung für jedes Me-

[23]) E. P. Wigner und F. Seitz, Solid state physics 1, 97 (1955).

tall zu lösen. Man würde auf diese Weise interessierende physikalische Größen wie die Bindungsenergie, die Gitterkonstante und ähnliche Parameter erhalten. Es ist jedoch durchaus nicht klar, ob damit auch viel gewonnen wäre. Vermutlich würden ihre Ergebnisse mit den experimentell bestimmten Größen übereinstimmen, etwas wirklich Neues ließe sich aus der Rechnung aber kaum entnehmen. Es wäre stattdessen vorzuziehen, sich ein lebendiges Bild vom Verhalten der Wellenfuktionen zu verschaffen, eine einfache Beschreibung der grundlegenden Faktoren, die die Kohäsion bestimmen und ein Verständnis der Herkunft der von Metall zu Metall verschiedenen Eigenschaften."

Kristalle mit Wasserstoffbrücken

Da neutraler Wasserstoff nur ein Elektron besitzt, sollte man annehmen, daß er eine kovalente Bindung mit nur einem anderen Atom eingehen kann. Tatsächlich kann unter bestimmten Umständen ein Wasserstoffatom jedoch von zwei Atomen mit ziemlich starken Kräften angezogen werden und auf diese Weise zwischen beiden eine sogenannte **Wasserstoffbrücke**[24]) bilden. Die Bindungsenergie von Wasserstoffbrücken liegt in der Größenordnung von 0,1 eV. Man ist heute der Ansicht, daß die Bindung durch Wasserstoffbrücken weitgehend ionischen Charakter besitzt und sich nur zwischen den am stärksten elektronegativen Atomen, besonders zwischen F, O und N, ausbildet. In der extrem ionischen Form der Wasserstoffbrücke verliert das Wasserstoffatom sein Elektron vollständig an ein anderes Atom im Molekül; das nackte Proton bildet dann die Wasserstoffbrücke. Die geringe Größe des Protons erlaubt nur zwei Atome als nächste Nachbarn: die dem Proton benachbarten Atome haben nämlich einen so geringen Abstand, daß mehr als zwei sich gegenseitig stören würden. Folglich kann die Wasserstoffbrücke nur zwei Atome verbinden (Bild 16a).

Die Wasserstoffbrücke bildet einen wichtigen Teil der Wechselwirkung zwischen H_2O-Molekülen, und sie ist zusammen mit der elektrostati-

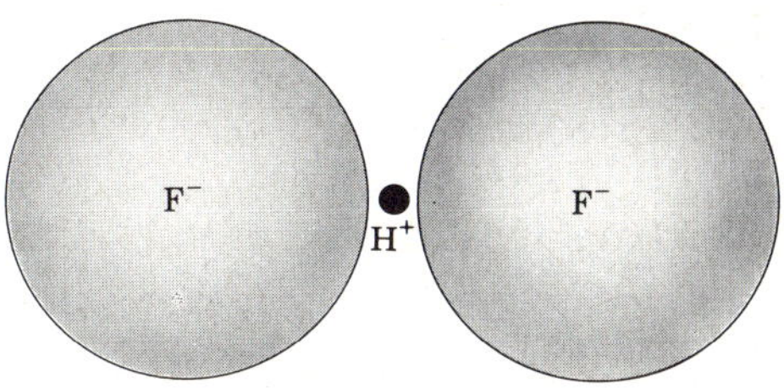

Bild 16a:
Das Wasserstoffdifluoridion $\mathbf{HF_2^-}$ wird durch eine Wasserstoffbrücke gebildet. Die Zeichnung gibt ein extremes Modell wieder, extrem deshalb, weil das Proton ganz ohne Elektron dargestellt ist.

[24]) G. Pimentel und A. McClellan, Hydrogen bond, Freeman, 1960.

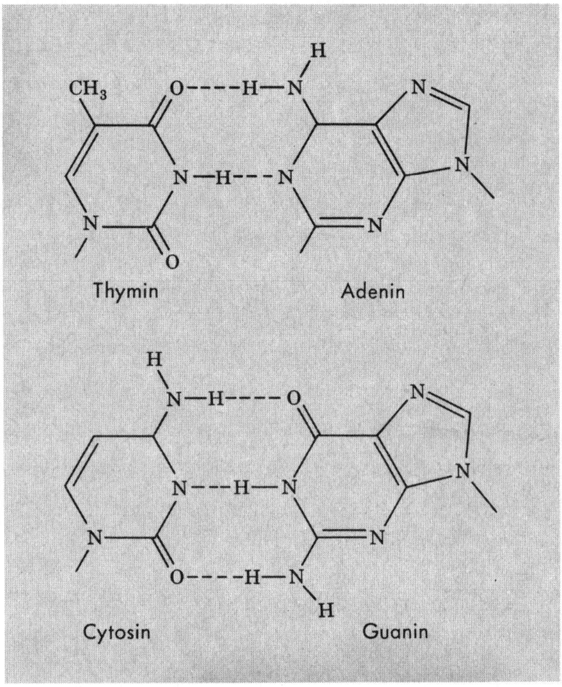

Bild 16b: Wasserstoffbrücken zwischen organischen Basen wie in DNS, nach F. H. C. Crick und J. D. Watson.

schen Anziehung der elektrischen Dipolmomente für die verblüffenden physikalischen Eigenschaften von Wasser und von Eis [25]) verantwortlich. Die Wasserstoffbrücke beschränkt Eiweißmoleküle auf ihre normale geometrische Form. Sie ist z. B. auch für die Polymerisation von Fluorwasserstoff und Ameisensäure verantwortlich. Weiter ist sie in bestimmten ferroelektrischen Kristallen wie z. B. Kaliumdihydrophosphat von Bedeutung. Auch in der Molekulargenetik [26]) spielt sie eine wichtige Rolle, da sie z. T. die Vereinigung zweier Äste eines DNS-Moleküls kontrolliert (Bild 16b).

Atomradien

Abstände zwischen Kristallatomen können mit den Methoden der Röntgenbeugung sehr genau gemessen werden, oft mit einer Genauigkeit bis zu 1 zu 10^5. Kann man nun behaupten, von dem beobachteten Abstand zwischen den Atomen oder Ionen gehöre ein bestimmter Teil zu dem Atom A und

[25]) Vgl. L. Pauling, General Chemistry, Freeman, 1956, S. 327 - 331.

[26]) F. C. H. Crick und J. D. Watson, Proc. Roy. Soc. (London) **A 223**, 80 (1954); vergleiche auch F. W. Stahl, Mechanics of inheritance, Prentice-Hall, 1964, G. Stent, Molecular biology of bacterial viruses, Freeman, 1963.

der restliche Teil zu dem Atom B? Kann dem Radius eines Atoms oder Ions überhaupt eine genau bestimmte Bedeutung zugemessen werden, ohne Ansehen der Natur und der Zusammensetzung des Kristalls?

Genau genommen lautet die Antwort, nein. Die Ladungsverteilung um ein Atom hat keine starre Kugelschale als Begrenzung. Die Ausdehnung eines Natriumatoms hängt davon ab, ob es frei ist, ob es in einem Metall oder ob es in einem Ionenkristall gebunden ist. Den Radius eines Natriumatoms in metallischem Natrium kann man zu 1,86 Å annehmen, gleich der Hälfte des Abstands zwischen nächsten Nachbarn (3,72 Å). Elektronenbeugungsuntersuchungen an gasförmigem F_2 ergaben einen F - F Kernabstand von 1,44 Å, die Hälfte davon ist 0,72 Å. Addiert man 1,86 Å und 0,72 Å, so ergibt dies 2,58 Å als geschätzten Wert für den Na-F Bindungsabstand.

Der tatsächliche Na-F Abstand in kristallinem Natriumfluorid ist wesentlich kleiner, nämlich 2,32 Å. Wenn wir also den Mittelwert der Atomradien bilden, ergibt das keinen richtigen Wert. Die Werte der Ionenradien von Na^+ und F^- betragen nach Tabelle 8 0,98 Å bzw. 1,33 Å. Die Summe der Ionenradien ergibt 2,31 Å. Die gute Übereinstimmung mit dem beobachteten Wert 2,32 Å für den Kristall kommt nicht überraschend: die Werte von Ionenradien in Tabellen sind gewöhnlich gut ausgewählt, so daß ihre Summen Durchschnittswerte der Kernabstände in Kristallen bei Zimmertemperatur darstellen.

Mit Vorsicht, und im richtigen Zusammenhang angewandt, kann der Begriff des Atomradius aber sehr nützlich sein. Der Abstand zwischen den C-Atomen im Diamant beträgt 1,54 Å; die Hälfte davon ist 0,77 Å. Im Silizium, das dieselbe Kristallstruktur hat, ist die Hälfte des interatomaren Abstands gleich 1,17 Å. SiC kristallisiert in zwei Formen; in beiden ist jedes Atom von vier Atomen der anderen Sorte umgeben. Addieren wir die gerade angegebenen Radien von C und Si, so finden wir für die C-Si-Bindung eine Bindungslänge von 1,94 Å. Dieser Wert stimmt gut mit den beobachteten 1,89 Å überein. Diese Übereinstimmung (nämlich innerhalb von ein paar Prozent) ist bei der Verwendung von Tabellen über Atomradien charakteristisch. [27])

[27]) Weitere Literaturhinweise über Atom- und Ionenradien findet man in: L. Pauling, The nature of the chemical bond, Cornell University Press, N.Y. 1960, 3. Aufl., Kapitel 7, 11, 13; Landolt-Börnstein, Tabelle 1:4 (1950), Seite 521ff.; J.C. Slater, J. Chem. Phys. **41**, 3199 (1964); B.J. Austin und V. Heine, J. Chem. Phys. **45**, 928 (1966); R.G. Parons und V.F. Weisskopf, Zeits. f. Physik **202**,492 (1967); S. Geller, Z. Kristallographie **125**, 1 (1967); siehe Tabelle 2 von H.G.F. Winkler, Struktur und Eigenschaften der Kristalle, Springer, 1955, 2. Auflage. Eine ausführliche Untersuchung über Ionenradien in Oxiden und Fluoriden wurde von R.D. Shannon und C.T. Prewitt, Acta Crysr. **B 25**, 925 (1965) gemacht.

Tabelle 8: Atom- und Ionenradien.

(Nur Näherungswerte: vergl. Tabelle 9 zum Gebrauch der Standardradien von Ionen; Einheit: 1 Å = 10^{-10} m)

← Standardradien für Ionen mit Edelgaskonfiguration (gefüllte Schale) →

← Atomradien in tetraedisch-kovalenten Bindungen →

← Ionenradien für die Wertigkeit, die als hochgestellte Ziffer angezeigt ist. →

H																	He
Li 0,68	Be 0,30 1,06											B 0,16 0,88	C 0,77	N 0,70	O 1,46 0,66	F 1,33 0,64	Ne 1,58
Na 0,98	Mg 0,65 1,40											Al 0,45 1,26	Si 0,38 1,17	P 1,10	S 1,90 1,04	Cl 1,81 0,99	Ar 1,88•
K 1,33	Ca 0,94	Sc 0,68	Ti 0,60 $^{2+}$0,90	V $^{2+}$0,88	Cr $^{2+}$0,84	Mn $^{2+}$0,80	Fe $^{2+}$0,76	Co $^{2+}$0,74	Ni $^{2+}$0,72	Cu 1.35 $^{+}$0,96	Zn 1.31 $^{2+}$0,83	Ga 1,26 $^{3+}$0,62	Ge 1,22 $^{4+}$0,44	As 1,18 $^{3+}$0,69	Se 1,14	Br 1,95 1,11	Kr 2,00
Rb 1,48	Sr 1,10	Y 0,88	Zr 0,77	Nb 0,67	Mo	Tc	Ru	Rh	Pd $^{2+}$0,86	Ag 1,52 $^{+}$1,13	Cd 1,48 $^{2+}$1,03	In 1,44 $^{3+}$0,92	Sn 1,40 $^{4+}$0,74	Sb 1,36 $^{3+}$0,90	Te 1,32	I 2,16 1,28	Xe 2,17
Cs 1,67	Ba 1,29	La 1,04	Hf	Ta	W	Re	Os	Ir	Pt	Au $^{+}$1,37	Hg 1,48 $^{2+}$1,12	Tl $^{3+}$1,05	Pb $^{4+}$0,84	Bi	Po	At	Rn
Fr 1,75	Ra 1,37	Ac 1,11															

Ce 0,92 $^{3+}$1,11	Pr	Nd $^{3+}$1,08	Pm	Sm $^{3+}$1,04	Eu	Gd $^{3+}$1,02	Tb	Dy $^{3+}$0,99	Ho	Er $^{3+}$0,96	Tm	Yb $^{3+}$0,94	Lu
Th 0,99	Pa 0,90	U 0,83 $^{4+}$1,05	Np	Pu	Am	Cm	Bk	Cf	Es	Fm	Md	No	Lw

Die Atomradien in kovalenten Verbindungen tetraedischer Struktur

Die in Tabelle 5 zusammengefaßten Atomradien kovalenter Verbindungen wurden von Pauling angegeben. Sie gelten für Atome in Kristallen mit Koordinationszahl Vier, wobei die nächsten Nachbarn die Ecken eines Tetraeders bilden. Beispiele dafür sind Diamant, die kubische und die hexagonale ZnS-Struktur. Eine große Zahl beobachteter interatomarer Abstände in entsprechenden Verbindungen stimmt gut mit den Summen dieser Atomradien überein.

Die Atomradien der Ionenkristalle

Die in Tabelle 8 aufgeführten Atomradien in Ionenkristallen mit Edelgaskonfiguration wurden von Zachariasen angegeben. Die Ionenradien sollten in Verbindung mit Tabelle 9 benutzt werden. Als Beispiel für den Gebrauch von solchen Tabellen betrachten wir $BaTiO_3$ (Bild 14.2), mit einer experimentell bestimmten durchschnittlichen Gitterkonstante von 4,004 Å bei Zimmertemperatur. Jedes Ba^{++} -Ion ist von zwölf O^{--} -Ionen als nächsten Nachbarn umgeben, also ist Zwölf die Koordinationszahl und Δ_{12} die diesem Fall entsprechende Korrektur aus Tabelle 9. Setzen wir voraus, daß Ba-O-Bindung die Struktur bestimmt, so erhalten wir aus Tabelle 8 $D_{12} = 1{,}29 + 1{,}46 + 0{,}19 = 2{,}94$ Å oder $a = 4{,}16$ Å. Bestimmt dagegen die Ti-O-Bindung die Struktur, so ergibt sich $D_6 = 0{,}60 + 1{,}46 = 2{,}06$ Å oder $a = 4{,}12$ Å. Die tatsächliche Gitterkonstante ist etwas kleiner als die so abgeschätzten. Dies kann daraufhinweisen, daß die Bindung nicht rein ionisch, sondern auch teilweise kovalent ist. Bei Natriumchlorid, einer wahrscheinlich rein ionischen Verbindung, erhält man $D_6 = 0{,}98 +$

Tabelle 9: Ionenradien in Å, nach Zachariasen. (Unveröffentlicht.)

Der Abstand D zwischen den Ionen ist durch $D_N = R_C + R_A + \Delta_N$ gegeben. Hier ist N die Koordinationszahl des Kations (positiv geladenes Ion), R_C und R_A sind die Standardradien des Kations und des Anions, Δ_N ist eine Korrektur, die die Koordinationszahl berücksichtigt. Die Werte gelten bei Zimmertemperatur.

N	Δ_N(Å)	N	Δ_N(Å)	N	Δ_N(Å)
1	−0,50	5	−0,05	9	+0,11
2	−0,31	6	0	10	+0,14
3	−0,19	7	+0,04	11	+0,17
4	−0,11	8	+0,08	12	+0,19

+ 1,81 = 2,79 Å oder a = 5,58 Å; der beobachtete Wert beträgt bei Zimmertemperatur 5,63 Å. Bindungsabstände und -energien für ein-, zwei- und dreifache Kohlenstoffbindungen gibt Tabelle 10 wieder.

Tabelle 10: Kohlenstoff-Kohlenstoff-Bindungen

Typ	Bindungslänge in Å	Bindungsenergie in eV
C - C	1,54	3,60
C = C	1,33	6,37
C ≡ C	1,20	8,42

Zusammenfassung

1. Die Bindung von Edelgaskristallen beruht auf der Van der Waals Wechselwirkung (induzierte Dipol-Dipol-Wechselwirkung). Diese hängt vom Abstand mit $1/R^6$ ab.

2. Die abstoßende Wechselwirkung zwischen Atomen rührt allgemein von drei Mechanismen her:
a) der Zunahme der kinetischen Energie der äußeren Elektronen, was eine Folge ihrer Begrenzung ist,
b) der elektrostatischen Abstoßung von überlappenden Ladungsverteilungen und
c) dem Pauli-Prinzip, das verlangt, daß überlappende Elektronen mit parallelem Spin auf Bahnen höherer Energie steigen müssen.

3. Die Bindung von Ionenkristallen erfolgt durch elektrostatische Anziehung geladener Ionen mit entgegengesetztem Ladungsvorzeichen. Eine Struktur von 2 N Ionen der Ladung ± q hat eine elektrostatische Energie

$$U = -N\alpha\frac{q^2}{R} = -N\sum\frac{(\pm)q^2}{r_{ij}}\ , \qquad \text{(CGS)}$$

α ist die Madelung-Konstante und R der Abstand zwischen nächsten Nachbarn.

4. Die Metallbindung ist in starkem Maße auf die Erniedrigung der kinetischen Energie der Valenzelektronen im Metall zurückzuführen, wie der Vergleich mit dem freien Atom zeigt.

5. Die kovalente Bindung wird durch das Überlappen der Ladungsverteilungen von Elektronen mit antiparallelen Spins charakterisiert. Der Pauli-Beitrag zur Abstoßung wird für antiparallele Spins vermindert, was einen größeren Grad an Überlappung ermöglicht. Die Bindung zwischen überlappenden Elektronen und ihren zugehörigen Ionenrümpfen geschieht durch elektrostatische Anziehung.

Aufgaben

1. Ionenradien. a) Vergleichen Sie die von Zachariasen angegebenen Radien (Tabelle 8) mit den beobachteten Gitterkonstanten von CsCl, NaCl und KBr. b) Vergleichen Sie die Radien der Tabelle 8 mit den Gitterkonstanten von CuF, ZnS und InSb. Hinweis: Die Gitterkonstanten sind in Kapitel 1 angegeben.

2. Linearer Ionenkristall. Eine lineare Kette besteht aus $2N$ Ionen, die abwechselnd die Ladung $\pm q$ tragen. Zwischen nächsten Nachbarn wirkt das abstoßende Potential A/R^n. a) Zeigen Sie, daß im Gleichgewichtsabstand gilt:

$$U(R_0) = -\frac{2Nq^2 \ln 2}{R_0}\left(1 - \frac{1}{n}\right). \qquad \text{(CGS)}$$

b) Der Kristall soll zusammengedrückt werden, und zwar so, daß $R_0 \rightarrow R_0(1 - \delta)$. Zeigen Sie, daß die Kompressionsarbeit bezogen auf die Länge 1 in erster Näherung von dem Term $\frac{1}{2}C\delta^2$ bestimmt wird, wobei

$$C = \frac{(n-1)q^2 \ln 2}{R_0{}^2}. \qquad \text{(CGS)}$$

Hinweis: Dieses Ergebnis kann nicht aus dem Ausdruck für $U(R_0)$ erhalten werden, man muß es aus dem vollständigen Ausdruck für $\overline{U(R)}$ ableiten. Um die Ergebnisse im SI-System zu erhalten, ersetzt man q^2 durch $q^2/4\pi\epsilon_0$.

3. Kubische Struktur der Zinkblende. Berechnen Sie mit λ und ρ aus Tabelle 3 und der im Text angegebenen Madelung-Konstanten die Bindungsenergie von KCl in der kubischen Zinkblendestruktur, die in Kapitel 1 beschrieben ist. Vergleichen Sie diesen Wert mit dem für KCl in der NaCl-Struktur berechneten Wert.

4. Kompressionsmodul von LiF. Berechnen Sie aus den experimentell ermittelten Werten der Bindungsenergie und dem Abstand zwischen nächsten Nachbarn den Kompressionsmodul von LiF. Vergleichen Sie den berechneten Wert mit dem beobachteten.

5. Wasserstoffbrücken in Eis. Was spricht für das Auftreten von Wasserstoffbrücken in Eis? (Schlagen Sie dazu z. B. im Buch von Pauling nach.)

Literaturhinweise

M. Born and K. Huang, Dynamical theory of crystal lattices, Oxford, 1954. Das klassische Buch über Ionenkristalle.

G. Leibfried, in Encyclo. of physics **7**, 1, 1955. Hervorragende Übersicht der Gittereigenschaften.

Advances in chemical physics **12**: Intermolecular Forces, J.O. Hirschfelder, Hersg. , Interscience, 1967.

L. Pauling, Nature of the chemical bond, Cornell University Press, 1960, 3. Aufl. Siehe Kap. 13, "Sizes of ions and the structure of ionic crystals." Besonders wertvoll für die Diskussion der Prinzipien, die die Struktur komplexer Ionenkristalle bestimmen, S. 543-562.

J. Hirschfelder, C. F. Curtis and R. B. Bird, Molecular theory of gases and liquids, Wiley, 1964.

G. K. Horton, "Ideal rare gas crystals", American Journal of Physics **36** , 93 (1968). Ein guter Überblick der Gittereigenschaften der Edelgaskristalle.

4. Elastische Konstanten und elastische Wellen*)

*) Anmerkung: Dieses Kapitel ist in erster Linie zur Unterrichtung aufgenommen worden und muß beim ersten Lesen des Buches nicht unbedingt durchgearbeitet werden. Das Material ist weitgehend in keiner einfachen Form zugänglich.

Dieses Kapitel handelt von den elastischen Eigenschaften des festen Körpers. In diesem Zusammenhang werden wir einen Kristall nicht als eine periodische Anordnung von Atomen betrachten, sondern als homogenes, kontinuierliches Medium. Diese Näherung ist normalerweise für elastische Wellen oberhalb einer Wellenlänge von 10^{-6} cm gültig; das entspricht Frequenzen unter 10^{11} oder 10^{12} Hz. Höhere Frequenzen sind heute mit den Mitteln der Elektronik schwer zu erreichen. Für das Studium von elastischen Wellen noch höherer Frequenz benutzt man deshalb die in Kapitel 5 besprochenen Methoden der unelastischen Streuung.

Der Frequenzbereich, in dem die Kontinuumsnäherung gilt, ist in der Festkörperphysik sehr wichtig. Mit Ultraschallwellen mißt man elastische Konstanten, untersucht man Gitterdefekte, die elektronische Struktur von Metallen und die Supraleitung. Außerdem gibt es zahlreiche Anwendungsmöglichkeiten in der Technik.

Einiges in den folgenden Ableitungen sieht wegen der unvermeidlichen Vielfalt von Indizes kompliziert aus; die grundlegenden physikalischen Gesetze sind jedoch einfach: wir benützen lediglich das Hooksche Gesetz und das Newtonsche Aktionsprinzip (Kraft ist Masse mal Beschleunigung). Das **Hooksche Gesetz** besagt, daß bei einem elastischen Festkörper die Dehnung der Spannung direkt proportional ist. Dieses Gesetz gilt jedoch nur für kleine Auslenkungen (Bild 1). Werden die Dehnungen so groß, daß das Hooksche Gesetz nicht mehr erfüllt ist, so befindet man sich in dem sogenannten **nichtlinearen Bereich**.

Elastische Dehnungen

Wir geben die Dehnung durch die im folgenden Text definierten Komponenten e_{xx}, e_{yy}, e_{zz}, e_{xy}, e_{yz}, e_{zx} an. Es werden nur infinitesimal kleine Dehnungen behandelt. In der verwendeten Schreibweise wird nicht zwischen isothermer (d.h. bei konstanter Temperatur erfolgender) und adiabatischer (d.h. bei konstanter Entropie erfolgender) Verformung unterschieden. Die geringen Unterschiede zwischen den isothermen und den adiabatischen elastischen Konstanten sind bei Zimmertemperatur und auch tieferen Temperaturen nur selten von Bedeutung.

Wir gehen von drei orthogonalen Einheitsvektoren $\hat{\mathbf{x}}$, $\hat{\mathbf{y}}$, $\hat{\mathbf{z}}$ aus, die in dem noch ungedehnten Festkörper fest verankert sind (Bild 2). Nach einer kleinen gleichförmigen[1] Verformung des Festkörpers hat sich die Länge und Orientierung der Achsen geändert. Die neuen Achsen $\mathbf{x}'$, $\mathbf{y}'$, $\mathbf{z}'$ können durch die alten Achsen ausgedrückt werden.

[1]) Bei einer gleichförmigen Verformung wird jede primitive Elementarzelle des Kristalls in gleicher Weise verformt.

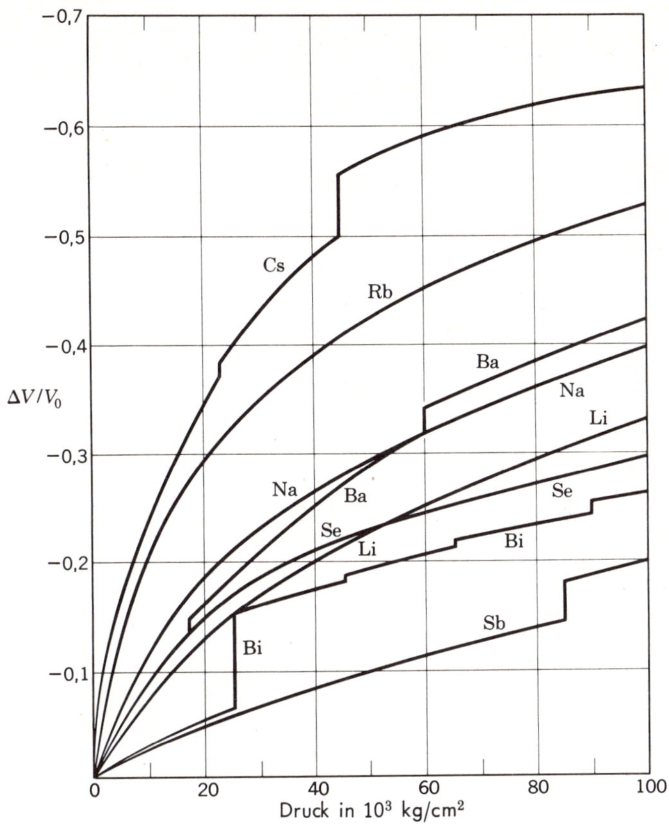

Bild 1: Änderung des Relativvolumens als Funktion des Druckes bis maximal 100 000 kp/cm² für eine Anzahl verschiedener Stoffe. Der Kompressionsmodul erfüllt das Hookesche Gesetz in den Druckbereichen, in denen diese Kurven gut durch eine Gerade angenähert werden können; diese können sich über ungefähr 10^4 Atmosphären erstrecken, entsprechend einer Volumendilatation von −0,05. Die senkrechten Stufen bezeichnen Übergänge zu anderen Kristallstrukturen und gelegentlich auch zu anderen Elektronenkonfigurationen der Ionenrümpfe. [Nach P. W. Bridgman, Endeavour **10**, 68 (1951).]

$$\mathbf{x}' = (1 + \epsilon_{xx})\hat{\mathbf{x}} + \epsilon_{xy}\hat{\mathbf{y}} + \epsilon_{xz}\hat{\mathbf{z}};$$

(1)
$$\mathbf{y}' = \epsilon_{yx}\hat{\mathbf{x}} + (1 + \epsilon_{yy})\hat{\mathbf{y}} + \epsilon_{yz}\hat{\mathbf{z}};$$

$$\mathbf{z}' = \epsilon_{zx}\hat{\mathbf{x}} + \epsilon_{zy}\hat{\mathbf{y}} + (1 + \epsilon_{zz})\hat{\mathbf{z}}.$$

Die Koeffizienten $\epsilon_{\alpha\beta}$ bestimmen die Deformation. Sie sind dimensionslos; für kleine Dehnungen sind ihre Beträge $\ll 1$. Die ursprünglichen Achsen waren Einheitsvektoren, die neuen Achsen sind es dagegen nicht notwendigerweise. Z. B. gilt:

$$\mathbf{x}' \cdot \mathbf{x}' = 1 + 2\epsilon_{xx} + \epsilon_{xx}^2 + \epsilon_{xy}^2 + \epsilon_{xz}^2 .$$

Daraus folgt $x' \cong 1 + \epsilon_{xx} + \cdots$. Die relativen Längenänderungen der $\hat{\mathbf{x}}$, $\hat{\mathbf{y}}$, $\hat{\mathbf{z}}$-Achsen sind also in erster Näherung durch $\epsilon_{xx}, \epsilon_{yy}, \epsilon_{zz}$ bestimmt.

Bild 2: Koordinatenachsen zur Beschreibung des Dehnungszustands. Die orthogonalen Einheitsvektoren des ungedehnten Zustands (a) werden im gedehnten Zustand verformt (b).

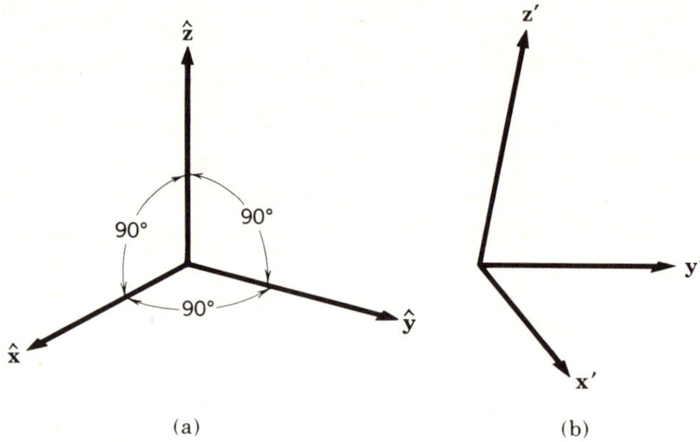

Welche Wirkung hat die Deformation (1) auf einen Punkt (oder ein Atom), der sich vor der Verformung am Ort $\mathbf{r} = x\hat{\mathbf{x}} + y\hat{\mathbf{y}} + z\hat{\mathbf{z}}$ befindet? Der Ursprung kann in einem beliebigen anderen Atom angenommen werden. Ist die Deformation gleichförmig (Bild 3a), dann befindet sich der Punkt nach der Deformation am Ort[2]) $\mathbf{r}' = x\mathbf{x}' + y\mathbf{y}' + z\mathbf{z}'$. Die **Verschiebung** $\mathbf{R}$ der Deformation ist durch

(2) $$\mathbf{R} \equiv \mathbf{r}' - \mathbf{r} = x(\mathbf{x}' - \hat{\mathbf{x}}) + y(\mathbf{y}' - \hat{\mathbf{y}}) + z(\mathbf{z}' - \hat{\mathbf{z}})$$

definiert. Mit (1) folgt

(3) $$\mathbf{R}(\mathbf{r}) \equiv (x\epsilon_{xx} + y\epsilon_{yx} + z\epsilon_{zx})\hat{\mathbf{x}} + (x\epsilon_{xy} + y\epsilon_{yy} + z\epsilon_{zy})\hat{\mathbf{y}} + (x\epsilon_{xz} + y\epsilon_{yz} + z\epsilon_{zz})\hat{\mathbf{z}}.$$

Gleichung (3) kann durch Einführung der Größen u, v, w auf eine allgemeinere Form gebracht werden, so daß die Verschiebung nun lautet:

(4) $$\boxed{\mathbf{R}(\mathbf{r}) = u(\mathbf{r})\hat{\mathbf{x}} + v(\mathbf{r})\hat{\mathbf{y}} + w(\mathbf{r})\hat{\mathbf{z}}.}$$

Ist die Deformation wie in Bild 3b nicht gleichförmig, muß man u, v, w auf die ortsabhängigen Dehnungen beziehen. Wir legen den Ursprung von $\mathbf{r}$ in die Nähe des interessierenden Gebiets. Dann ergibt die Kombination von (3) und (4) zusammen mit der Entwicklung von $\mathbf{R}$ in eine Taylorreihe und dem Ergebnis $\mathbf{R}(0) = 0$

[2]) Dieses Ergebnis ist ganz offensichtlich richtig, wenn man die $\hat{\mathbf{x}}$-Achse so wählt, daß $\mathbf{r} = x\hat{\mathbf{x}}$. Dann ist $\mathbf{r}' = x\mathbf{x}'$ gemäß unserer Definition.

(5) $$x\epsilon_{xx} = x\frac{\partial u}{\partial x}; \quad y\epsilon_{yx} = y\frac{\partial u}{\partial y}; \quad \text{usw.}$$

Die Ableitungen sind unabhängig von dem gewählten Ursprung von **R**.

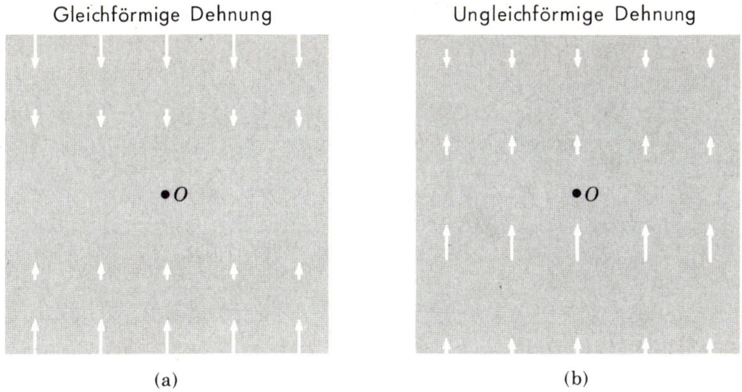

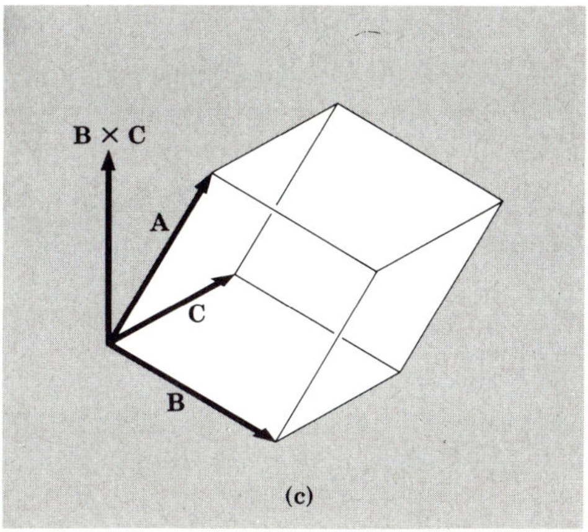

Bild 3:
(a) Die Verschiebungsvektoren **R** aus Gleichung (4) bei einer gleichförmigen Dehnung und (b) bei einer ungleichförmigen Dehnung. Der Ursprung liegt bei O. (c) $\mathbf{A}\cdot\mathbf{B}\times\mathbf{C}$ ist gleich dem Volumen des Parallelepipeds mit den Kanten **A**, **B**, **C**. Bekanntlich ist $\mathbf{B}\times\mathbf{C}$ ein Vektor senkrecht zu der von **B** und **C** aufgespannten Ebene, dessen Betrag gleich der Fläche des Parallelogramms mit den Seiten **B** und **C** ist.

Normalerweise werden die Komponenten $e_{\alpha\beta}$ statt der Komponenten $\epsilon_{\alpha\beta}$ verwendet. Man definiert die **Dehnungskomponenten** oder Verzerrungskomponenten e_{xx}, e_{yy}, e_{zz} durch die Gleichungen

(6) $$\boxed{e_{xx} \equiv \epsilon_{xx} = \frac{\partial u}{\partial x}; \quad e_{yy} \equiv \epsilon_{yy} = \frac{\partial v}{\partial y}; \quad e_{zz} \equiv \epsilon_{zz} = \frac{\partial w}{\partial z}}$$

unter Benützung von (5). Die restlichen Dehungskomponenten e_{xy}, e_{yz}, e_{zx} werden durch die Winkeländerungen zwischen den Achsen ausgedrückt: Mit (1) definiert man

(7)
$$e_{xy} \equiv \mathbf{x}' \cdot \mathbf{y}' \cong \epsilon_{yx} + \epsilon_{xy} = \frac{\partial u}{\partial y} + \frac{\partial v}{\partial x};$$
$$e_{yz} \equiv \mathbf{y}' \cdot \mathbf{z}' \cong \epsilon_{zy} + \epsilon_{yz} = \frac{\partial v}{\partial z} + \frac{\partial w}{\partial y};$$
$$e_{zx} \equiv \mathbf{z}' \cdot \mathbf{x}' \cong \epsilon_{zx} + \epsilon_{xz} = \frac{\partial u}{\partial z} + \frac{\partial w}{\partial x}.$$

Die Zeichen "ungefähr gleich" ($\cong$) können durch Gleichheitszeichen ($=$) ersetzt werden, wenn man die Terme der Ordnung ϵ^2 vernachlässigt. Die sechs Komponenten $e_{\alpha\beta}(=e_{\beta\alpha})$ bestimmen die Dehnung vollständig. Nach Definition sind die Dehnungskomponenten dimensionslos.

Relative Volumenänderung (Volumendilatation)

Die relative Volumenzunahme bei einer Deformation bezeichnet man als Volumendilatation. Bei hydrostatischem Druck ist z. B. die Dilatation negativ. Der Einheitswürfel mit den Kanten $\hat{\mathbf{x}}, \hat{\mathbf{y}}, \hat{\mathbf{z}}$ hat nach der Deformation das Volumen

(8)
$$V' = \mathbf{x}' \cdot \mathbf{y}' \times \mathbf{z}'$$

gemäß dem wohlbekannten Ergebnis für das Volumen eines Parallelepipeds mit den Kanten $\mathbf{x}', \mathbf{y}', \mathbf{z}'$ (Bild 3c). Mit (1) folgt

(9)
$$\mathbf{x}' \cdot \mathbf{y}' \times \mathbf{z}' = \begin{vmatrix} 1+\epsilon_{xx} & \epsilon_{xy} & \epsilon_{xz} \\ \epsilon_{yx} & 1+\epsilon_{yy} & \epsilon_{yz} \\ \epsilon_{zx} & \epsilon_{zy} & 1+\epsilon_{zz} \end{vmatrix} \cong 1 + e_{xx} + e_{yy} + e_{zz}.$$

Produkte von zwei und mehr Dehnungskomponenten sind vernachlässigt worden. Für δ findet man dann

(10)
$$\delta \equiv \frac{V' - V}{V} \cong e_{xx} + e_{yy} + e_{zz}.$$

Die Spannungskomponenten

Die Kraft auf eine Flächeneinheit des Festkörpers bezeichnet man als Spannung. Die neun Spannungskomponenten sind: $X_x, X_y, X_z, Y_x, Y_y, Y_z, Z_x, Z_y, Z_z$. Die Großbuchstaben geben die Richtung der Kraft an, die Indizes die Normalenrichtung der Fläche, auf die die Kraft wirkt. In Bild 4 bezeichnet die Spannungskomponente X_x eine Kraft in x-Richtung, die an einer Flächeneinheit einer Ebene angreift, deren Normale in die x-Richtung weist. Die Spannungskomponente X_y entspricht einer Kraft in

Bild 4:
Die Spannungskomponente X_x ist eine Kraft in x-Richtung pro Flächeneinheit einer Ebene mit der Normalen in x-Richtung, X_y greift in x-Richtung an einer Flächeneinheit einer Ebene mit der Normalen in y-Richtung an.

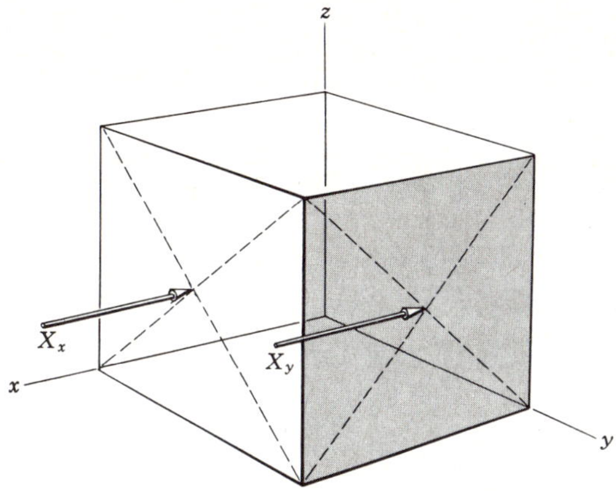

x-Richtung auf eine Einheitsfläche mit der Normalen in y-Richtung. Die Anzahl unabhängiger Spannungskomponenten verringert sich von Neun auf Sechs, wenn für jeden Elementarwürfel des betrachteten Festkörpers (Bild 5) die Winkelbeschleunigungen[3]) und damit das resultierende Drehmoment gleich Null werden. Diese Einschränkung bedingt, daß

$$(11) \qquad Y_z = Z_y; \quad Z_x = X_z; \quad X_y = Y_x.$$

Als unabhängige Spannungskomponenten nehmen wir $X_x, Y_y, Z_z, Y_z, Z_x, X_y$.

Bild 5:
Für einen Körper im statischen Gleichgewicht muß gelten: $Y_x = X_y$. Die Summe der Kräfte in x-Richtung verschwindet, ebenso die Summe der Kräfte in y-Richtung. Das Gesamtdrehmoment um den Ursprung ist auch null, wenn $Y_x = X_y$.

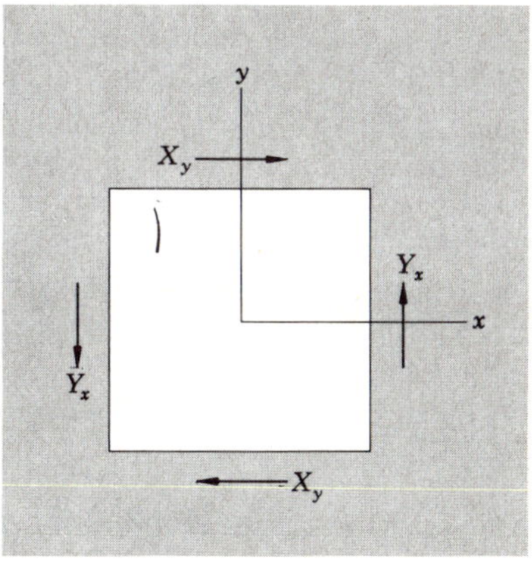

Spannungskomponenten haben die Dimension Kraft pro Fläche oder Energie pro Volumen. Die Dehnungskomponenten sind Längenverhältnisse und daher dimensionslos.

[3]) Das bedeutet nicht, daß wir Probleme, in denen Winkelbeschleunigungen auftreten, nicht behandeln könnten, es bedeutet lediglich, daß die elastischen Konstanten im stationären Zustand definiert werden können.

Elastische Konstanten

Nach dem Hookschen Gesetz ist für genügend kleine Deformationen die Dehnung der Spannung direkt proportional. Also sind die Dehnungskomponenten lineare Funktionen der Spannungskomponenten:

$$
\begin{aligned}
e_{xx} &= S_{11}X_x + S_{12}Y_y + S_{13}Z_z + S_{14}Y_z + S_{15}Z_x + S_{16}X_y;\\
e_{yy} &= S_{21}X_x + S_{22}Y_y + S_{23}Z_z + S_{24}Y_z + S_{25}Z_x + S_{26}X_y;\\
e_{zz} &= S_{31}X_x + S_{32}Y_y + S_{33}Z_z + S_{34}Y_z + S_{35}Z_x + S_{36}X_y;\\
e_{yz} &= S_{41}X_x + S_{42}Y_y + S_{43}Z_z + S_{44}Y_z + S_{45}Z_x + S_{46}X_y;\\
e_{zx} &= S_{51}X_x + S_{52}Y_y + S_{53}Z_z + S_{54}Y_z + S_{55}Z_x + S_{56}X_y;\\
e_{xy} &= S_{61}X_x + S_{62}Y_y + S_{63}Z_z + S_{64}Y_z + S_{65}Z_x + S_{66}X_y.
\end{aligned}
\tag{12}
$$

Umgekehrt sind auch die Spannungskomponenten lineare Funktionen der Dehnungskomponenten:

$$
\begin{aligned}
X_x &= C_{11}e_{xx} + C_{12}e_{yy} + C_{13}e_{zz} + C_{14}e_{yz} + C_{15}e_{zx} + C_{16}e_{xy};\\
Y_y &= C_{21}e_{xx} + C_{22}e_{yy} + C_{23}e_{zz} + C_{24}e_{yz} + C_{25}e_{zx} + C_{26}e_{xy};\\
Z_z &= C_{31}e_{xx} + C_{32}e_{yy} + C_{33}e_{zz} + C_{34}e_{yz} + C_{35}e_{zx} + C_{36}e_{xy};\\
Y_z &= C_{41}e_{xx} + C_{42}e_{yy} + C_{43}e_{zz} + C_{44}e_{yz} + C_{45}e_{zx} + C_{46}e_{xy};\\
Z_x &= C_{51}e_{xx} + C_{52}e_{yy} + C_{53}e_{zz} + C_{54}e_{yz} + C_{55}e_{zx} + C_{56}e_{xy};\\
X_y &= C_{61}e_{xx} + C_{62}e_{yy} + C_{63}e_{zz} + C_{64}e_{yz} + C_{65}e_{zx} + C_{66}e_{xy}.
\end{aligned}
\tag{13}
$$

Die Größen $S_{11}, S_{12}, \ldots$ heißen **Elastizitätskoeffizienten**, die Größen $C_{11}, C_{12}, \ldots$ heißen **Elastizitätsmoduln**. Auch andere Bezeichnungen sind geläufig *). Die Elastizitätskoeffizienten S haben die Dimension [Fläche]/[Kraft] oder [Volumen]/[Energie], die Elastizitätsmoduln C die Dimension [Kraft]/[Fläche] oder [Energie]/[Volumen].

Energiedichte des elastischen Festkörpers

Die Zahl der 36 Konstanten in (12) oder (13) kann durch die folgenden Überlegungen verringert werden: Die elastische Energiedichte U ist in der Näherung des Hookschen Gesetzes eine quadratische Funktion der Dehnung (man denke z. B. an den Ausdruck für die Energie einer gespannten Feder). Also kann man ansetzen:

$$
U = \frac{1}{2} \sum_{\lambda=1}^{6} \sum_{\mu=1}^{6} \tilde{C}_{\lambda\mu} e_\lambda e_\mu . \tag{14}
$$

---

*) (Anmerkung des Übersetzers:) Die so definierten Elastizitätsmoduln sind nicht mit dem linearen Elastizitätsmodul, u. a. in der technischen Literatur ausschließlich Elastizitätsmodul genannt, zu verwechseln. Zur Definition des linearen Elastizitätsmoduls (auch Youngscher Elastizitätsmodul) siehe Aufgabe 1.

Die Indizes 1 bis 6 sind folgendermaßen definiert:

(15) $1 \equiv xx; \quad 2 \equiv yy; \quad 3 \equiv zz; \quad 4 \equiv yz; \quad 5 \equiv zx; \quad 6 \equiv xy.$

Die Konstanten $\tilde{C}$ sind Funktionen der Konstanten C in (13) (siehe (17) weiter unten).

Die Spannungskomponenten ergeben sich als Ableitungen von U nach den zugehörigen Dehnungskomponenten. Dieses Ergebnis folgt direkt aus der Definition der potentiellen Energie. Z. B. gilt für X_x:

(16) $$X_x = \frac{\partial U}{\partial e_{xx}} \equiv \frac{\partial U}{\partial e_1} = \tilde{C}_{11} e_1 + \frac{1}{2} \sum_{\beta=2}^{6} (\tilde{C}_{1\beta} + \tilde{C}_{\beta 1}) e_\beta.$$

Man sieht, daß nur die Kombinationen $\frac{1}{2}(\tilde{C}_{\alpha\beta} + \tilde{C}_{\beta\alpha})$ in der Spannungs-Dehnungs-Beziehung auftreten. Daraus folgt, daß die Elastizitätsmoduln symmetrisch sind:

(17) $$C_{\alpha\beta} = \tfrac{1}{2}(\tilde{C}_{\alpha\beta} + \tilde{C}_{\beta\alpha}) = C_{\beta\alpha}.$$

Also reduzieren sich die 36 Elastizitätsmoduln auf 21.

Elastizitätsmoduln des kubischen Kristalls

Bei einem Kristall mit Symmetrieeigenschaften verringert sich die Anzahl der unabhängigen elastischen Konstanten noch weiter. So besitzt ein kubischer Kristall nur drei unabhängige elastische Konstanten.

Um dies zu beweisen, gehen wir von der Behauptung aus, daß sich die elastische Energiedichte eines kubischen Kristalls als

(18) $$U = \tfrac{1}{2} C_{11}(e_{xx}^2 + e_{yy}^2 + e_{zz}^2) + \tfrac{1}{2} C_{44}(e_{yz}^2 + e_{zx}^2 + e_{xy}^2) + \\ + C_{12}(e_{yy}e_{zz} + e_{zz}e_{xx} + e_{xx}e_{yy}),$$

schreiben läßt, und daß quadratische Terme der Form

(19) $$(e_{xx}e_{xy} + \cdots); \quad (e_{yz}e_{zx} + \cdots); \quad (e_{xx}e_{yz} + \cdots)$$

nicht auftreten.

Die Minimalforderung [4]), die sich aus Symmetriebetrachtungen an einer kubischen Struktur ergibt, ist das Auftreten von vier dreizähligen Drehachsen. Diese Achsen weisen in die [111]-Richtung und die dazu äquivalenten Richtungen (Bild 6). Eine Drehung von $2\pi/3$ um diese vier Ach-

---

[4]) Man vergleiche dazu die stereographischen Darstellungen der Symmetrieelemente der kubischen Punktgruppe in kristallographischen Handbüchern. Die kubische Punktgruppe mit der geringsten Anzahl von Symmetrieachsen ist in diesen Büchern mit 23 gekennzeichnet.

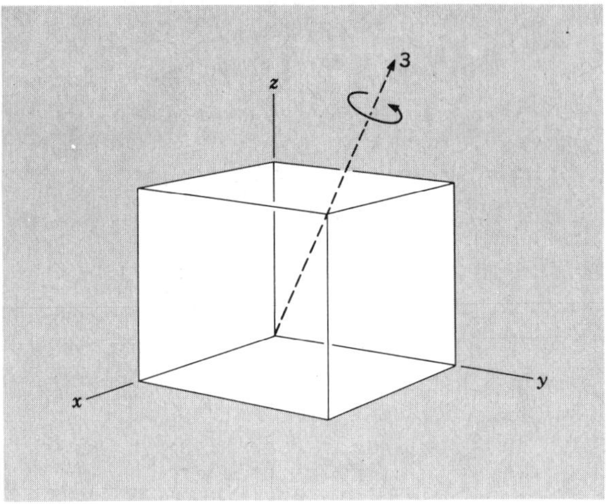

Bild 6:
Eine Drehung von $2\pi/3$ um die mit 3 gekennzeichnete Achse vertauscht $x \to y$, $y \to z$, und $z \to x$.

sen bewirkt den Austausch der x, y, z-Achsen nach den folgenden Schemata, je nachdem, welche Achse gewählt wurde:

$$x \to y \to z \to x; \quad -x \to z \to -y \to -x;$$
$$x \to z \to -y \to x; \quad -x \to y \to z \to -x. \tag{20}$$

Wendet man z. B. das erste Schema an, so erhält man

$$e_{xx}^2 + e_{yy}^2 + e_{zz}^2 \to e_{yy}^2 + e_{zz}^2 + e_{xx}^2.$$

Entsprechendes gilt für die andern Klammerausdrücke in (18). Also ist (18) invariant gegenüber den betrachteten Symmetrieoperationen. Alle Terme in (19) sind dagegen in mindestens einem Index von ungerader Symmetrie. Jeder Term ändert bei Anwendung der entsprechend gewählten Rotation aus den Schemata (20) sein Vorzeichen, denn es gilt z. B. $e_{xy} = -e_{x(-y)}$. Also sind die Terme in Gleichung (19) nicht invariant gegenüber den obigen Symmetrieoperationen der kubischen Struktur.

Es bleibt noch zu beweisen, daß die numerischen Faktoren in (18) richtig sind. Aus (16) folgt

$$\partial U/\partial e_{xx} = X_x = C_{11}e_{xx} + C_{12}(e_{yy} + e_{zz}). \tag{21}$$

Der Faktor $C_{11}e_{xx}$ stimmt mit (13) überein. Vergleichen wir weiter, so sieht man, daß

$$C_{12} = C_{13}; \quad C_{14} = C_{15} = C_{16} = 0. \tag{22}$$

Außerdem folgt aus (18)

$$\partial U/\partial e_{xy} = X_y = C_{44}e_{xy}. \tag{23}$$

Vergleichen wir wieder mit (13), so erhalten wir

(24) $$C_{61} = C_{62} = C_{63} = C_{64} = C_{65} = 0; \qquad C_{66} = C_{44}.$$

Letztlich ergibt sich also aus unserer Behauptung (18), daß sich die Elastizitätsmoduln für einen kubischen Kristall durch die folgende Matrix darstellen lassen:

(25)

	e_{xx}	e_{yy}	e_{zz}	e_{yz}	e_{zx}	e_{xy}
X_x	C_{11}	C_{12}	C_{12}	0	0	0
Y_y	C_{12}	C_{11}	C_{12}	0	0	0
Z_z	C_{12}	C_{12}	C_{11}	0	0	0
Y_z	0	0	0	C_{44}	0	0
Z_x	0	0	0	0	C_{44}	0
X_y	0	0	0	0	0	C_{44}

Die Elastizitätskoeffizienten und die Elastizitätsmoduln sind für kubische Kristalle durch die folgenden Gleichungen verknüpft.

(26) $$C_{44} = 1/S_{44}; \quad C_{11} - C_{12} = (S_{11} - S_{12})^{-1};$$
$$C_{11} + 2C_{12} = (S_{11} + 2S_{12})^{-1}.$$

Diese Beziehungen folgen aus der Berechnung der zu (25) inversen Matrix.

Kompressionsmodul und Kompressibilität

Wir gehen von der gleichförmigen Verformung $e_{xx} = e_{yy} = e_{zz} = \frac{1}{3}\delta$ aus. Bei dieser Deformation beträgt die Energiedichte (18) eines kubischen Kristalls

(27) $$U = \tfrac{1}{6}(C_{11} + 2C_{12})\delta^2.$$

Man definiert den **Kompressionsmodul** B durch die Beziehung

(28) $$U = \tfrac{1}{2}B\delta^2.$$

Damit ergibt sich für kubische Kristalle

(29) $$B = \tfrac{1}{3}(C_{11} + 2C_{12}).$$

Die **Kompressibilität** K ist durch $K \equiv 1/B$ definiert. Werte für B und K findet man in Tabelle 1.

Tabelle 1: Isothermer Kompressionsmodul und Kompressibilität der Elemente bei Zimmertemperatur.

Nach K. Gschneidner, Jr., Solid state physics, **16**, 275-426 (1964); verschiedene Daten stammen aus Handbook of physical constants von F. Birch, Geological Society of America Memoir **97**, 107-173 (1966). Originalarbeiten sollten herangezogen werden, falls man Werte für die aktuelle Forschung braucht. Die Werte in Klammern sind geschätzt. Buchstaben in runden Klammern beziehen sich auf die Form des Kristalls. Buchstaben in eckigen Klammern beziehen sich auf folgende Temperatur:

[a] = 77 K; [b] = 273 K; [c] = 1 K; [d] = 4 K; [e] = 81 K.

Kompressionsmodul, in 10^{12} dyn/cm^2 oder 10^{11} N/m^2;
Kompressibilität, in 10^{-12} cm^2/dyn oder 10^{-11} m^2/N.

H [d] 0,002 500																	**He** [d] 0,00 1168
Li 0,116 8,62	**Be** 1,003 0,997											**B** 1,78 0,562	**C** (d) 5,45 0,183	**N** [e] 0,012 80	**O**	**F**	**Ne** [d] 0,010 100
Na 0,068 14,7	**Mg** 0,354 2,82											**Al** 0,722 1,385	**Si** 0,988 1,012	**P** (b) 0,304 3,29	**S** (r) 0,178 5,62	**Cl**	**Ar** [a] 0,016 93,8
K 0,032 31,	**Ca** 0,152 6,58	**Sc** 0,435 2,30	**Ti** 1,051 0,951	**V** 1,619 0,618	**Cr** 1,901 0,526	**Mn** 0,596 1,68	**Fe** 1,683 0,594	**Co** 1,914 0,522	**Ni** 1,86 0,538	**Cu** 1,37 0,73	**Zn** 0,598 1,67	**Ga** [b] 0,569 1,76	**Ge** 0,772 1,29	**As** 0,394 2,54	**Se** 0,091 11,0	**Br**	**Kr** [a] 0,018 56
Rb 0,031 32,	**Sr** 0,116 8,62	**Y** 0,366 2,73	**Zr** 0,833 1,20	**Nb** 1,702 0,587	**Mo** 2,725 0,366	**Tc** (2,97) (0,34)	**Ru** 3,208 0,311	**Rh** 2,704 0,369	**Pd** 1,808 0,553	**Ag** 1,007 0,993	**Cd** 0,467 2,14	**In** 0,411 2,43	**Sn** (g) 1,11 0,901	**Sb** 0,383 2,61	**Te** 0,230 4,35	**I**	**Xe**
Cs 0,020 50,	**Ba** 0,103 9,97	**La** 0,243 4,12	**Hf** 1,09 0,92	**Ta** 2,00 0,50	**W** 3,232 0,309	**Re** 3,72 0,269	**Os** (4,18) (0,24)	**Ir** 3,55 0,282	**Pt** 2,783 0,359	**Au** 1,732 0,577	**Hg** [c] 0,382 2,60	**Tl** 0,359 2,79	**Pb** 0,430 2,33	**Bi** 0,315 3,17	**Po** (0,26) (3,8)	**At**	**Rn**
Fr (0,020) (50,)	**Ra** (0,132) (7,6)	**Ac** (0,25) (4,)															

Ce (γ) 0,239 4,18	**Pr** 0,306 3,27	**Nd** 0,327 3,06	**Pm** (0,35) (2,85)	**Sm** 0,294 3,40	**Eu** 0,147 6,80	**Gd** 0,383 2,61	**Tb** 0,399 2,51	**Dy** 0,384 2,60	**Ho** 0,397 2,52	**Er** 0,411 2,43	**Tm** 0,397 2,52	**Yb** 0,133 7,52	**Lu** 0,411 2,43
Th 0,543 1,84	**Pa** (0,76) (1,3)	**U** 0,987 1,01	**Np** (0,68) (1,5)	**Pu** 0,54 1,9	**Am**	**Cm**	**Bk**	**Cf**	**Es**	**Fm**	**Md**	**No**	**Lw**

Elastische Wellen in kubischen Kristallen

Aus den an einem Volumenelement des Kristalls angreifenden Kräften (Bild 7) findet man die Bewegungsgleichung in x-Richtung

$$\rho \frac{\partial^2 u}{\partial t^2} = \frac{\partial X_x}{\partial x} + \frac{\partial X_y}{\partial y} + \frac{\partial X_z}{\partial z} . \tag{30}$$

Hier ist ρ die Dichte und u die Verschiebung in x-Richtung. Analoge

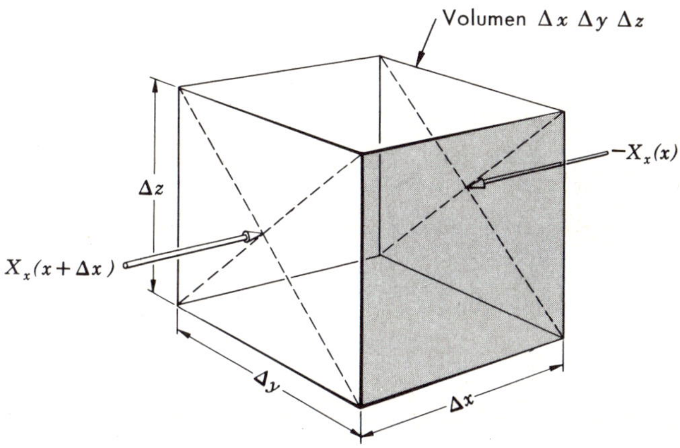

Bild 7: Würfel mit dem infinitesimalen Volumen $\Delta x\, \Delta y\, \Delta z$. Auf die Fläche bei x wirkt eine Spannung $-X_x(x)$ und auf die Parallelflächen bei $x + \Delta x$ die Spannung $X_x(x + \Delta x) \cong X_x(x) + \frac{\partial X_x}{\partial x}\Delta x$. Die resultierende Kraft ist $\left(\frac{\partial X_x}{\partial x}\Delta x\right)\Delta y\, \Delta z$. Andere Kräfte in x-Richtung ergeben sich aus der Änderung der Spannungen X_y und X_z längs des Würfels, sind aber nicht eingezeichnet. Die resultierende Kraftkomponente in x-Richtung auf den Würfel ist

$$F_x = \left(\frac{\partial X_x}{\partial x} + \frac{\partial X_y}{\partial y} + \frac{\partial X_z}{\partial z}\right) \Delta x\, \Delta y\, \Delta z.$$

Diese Kraft ist gleich der Masse des Würfels mal der x-Komponente der Beschleunigung. Die Masse beträgt $\rho\, \Delta x\, \Delta y\, \Delta z$, die Beschleunigung $\partial^2 u/\partial t^2$.

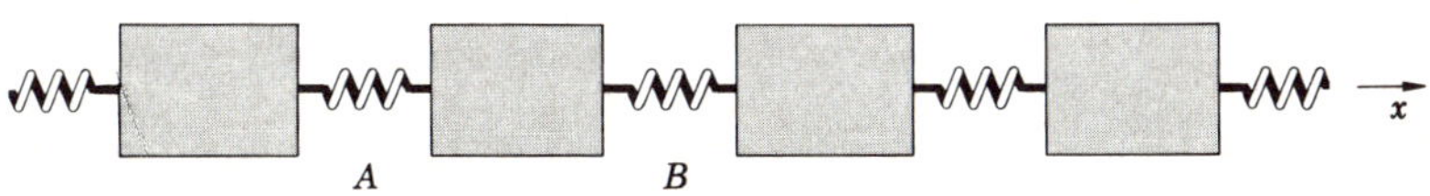

Bild 8: Bei gleicher Spannung der Federn A und B wirkt auf den Block zwischen ihnen keine resultierende Kraft. Das veranschaulicht die Tatsache, daß eine gleichförmige Spannung X_x in einem Festkörper keine resultierende Kraft hervorruft. Ist die Feder B stärker als die Feder A gespannt, dann wird der Block dazwischen durch die Kraft $X_x(B) - X_x(A)$ beschleunigt.

Gleichungen gelten für die y- und die z-Richtung. Aus (13) und (25) folgt für einen kubischen Kristall

$$\rho \frac{\partial^2 u}{\partial t^2} = C_{11} \frac{\partial e_{xx}}{\partial x} + C_{12} \left(\frac{\partial e_{yy}}{\partial x} + \frac{\partial e_{zz}}{\partial x} \right) + C_{44} \left(\frac{\partial e_{xy}}{\partial y} + \frac{\partial e_{zx}}{\partial z} \right). \tag{31}$$

Die x, y, z-Richtungen sollen dabei parallel zu den Würfelkanten verlaufen. Unter Verwendung der Definitionen (6) und (7) für die Dehnungskomponenten erhalten wir

(32 a)

$$\rho \frac{\partial^2 u}{\partial t^2} = C_{11} \frac{\partial^2 u}{\partial x^2} + C_{44} \left(\frac{\partial^2 u}{\partial y^2} + \frac{\partial^2 u}{\partial z^2} \right) + (C_{12} + C_{44}) \left(\frac{\partial^2 v}{\partial x\, \partial y} + \frac{\partial^2 w}{\partial x\, \partial z} \right).$$

u, v, w sind die durch (4) definierten Komponenten der Verschiebung $\mathbf{R}$.

Aus Symmetriegründen kann man die (32a) entsprechenden Bewegungsgleichungen für $\partial^2 v/\partial t^2$ und $\partial^2 w/\partial t^2$ direkt formulieren

(32 b)

$$\rho \frac{\partial^2 v}{\partial t^2} = C_{11} \frac{\partial^2 v}{\partial y^2} + C_{44} \left(\frac{\partial^2 v}{\partial x^2} + \frac{\partial^2 v}{\partial z^2} \right) + (C_{12} + C_{44}) \left(\frac{\partial^2 u}{\partial x\, \partial y} + \frac{\partial^2 w}{\partial y\, \partial z} \right);$$

(32 c)

$$\rho \frac{\partial^2 w}{\partial t^2} = C_{11} \frac{\partial^2 w}{\partial z^2} + C_{44} \left(\frac{\partial^2 w}{\partial x^2} + \frac{\partial^2 w}{\partial y^2} \right) + (C_{12} + C_{44}) \left(\frac{\partial^2 u}{\partial x\, \partial z} + \frac{\partial^2 v}{\partial y\, \partial z} \right).$$

Wir wollen nun einige einfache Lösungen dieser Gleichungen besprechen.

Wellen in [100]-Richtung

Eine Lösung von (32a) ist die Longitudinalwelle

$$u = u_0 \exp\,[i(Kx - \omega t)]. \tag{33}$$

Hier ist u die x-Komponente der Verschiebung (Auslenkung) der Teilchen. Der Wellenvektor und die Bewegung der Teilchen sind parallel zur Würfelkante in x-Richtung. $K = 2\pi/\lambda$ ist die Wellenzahl und $\omega = 2\pi\nu$ ist die Kreisfrequenz. Setzen wir (33) in (32a) ein, so ergibt sich

$$\omega^2 \rho = C_{11} K^2. \tag{34}$$

Also beträgt die Geschwindigkeit einer Longitudinalwelle in [100]-Richtung

$$v_s = \nu\lambda = \omega/K = (C_{11}/\rho)^{1/2}. \tag{35}$$

Die Gleichung einer Transversalwelle (oder Scherwelle) mit dem Wellenvektor in x-Richtung und der Teilchenauslenkung v in y-Richtung lautet:

$$v = v_0 \exp [i(Kx - \omega t)]. \tag{36}$$

In (32b) eingesetzt ergibt sich die Dispersionsrelation

$$\omega^2 \rho = C_{44} K^2. \tag{37}$$

Also beträgt die Geschwindigkeit ω/K einer Transversalwelle in der [100]-Richtung

$$v_s = (C_{44}/\rho)^{1/2}. \tag{38}$$

Dieselbe Geschwindigkeit erhält man, wenn die Auslenkung der Teilchen in z-Richtung erfolgt; liegt also $\mathbf{K}$ parallel zur [100]-Richtung, so haben die beiden von einander unabhängigen Transversalwellen dieselbe Geschwindigkeit. Dieses Ergebnis gilt nicht mehr, wenn $\mathbf{K}$ eine beliebige Richtung im Kristall hat.

Wellen in [110]-Richtung

Besonders wichtig sind Wellen, die sich in Richtung einer Flächendiagonalen des kubischen Kristalls ausbreiten, da sich aus den drei Ausbreitungsgeschwindigkeiten in diesen Richtungen auf einfache Weise die drei elastischen Konstanten des kubischen Kristalls bestimmen lassen.

Die Gleichung einer Transversalwelle in der xy-Ebene mit Teilchenverschiebung w in z-Richtung lautet:

$$w = w_0 \exp [i(K_x x + K_y y - \omega t)]. \tag{39}$$

Damit liefert (32c)

$$\omega^2 \rho = C_{44}(K_x^2 + K_y^2) = C_{44} K^2, \tag{40}$$

unabhängig von der Ausbreitungsrichtung in der Ebene.

Jetzt seien andere Wellen betrachtet, die sich zwar ebenfalls in der xy-Ebene ausbreiten, deren Teilchenbewegung aber in der xy-Ebene erfolgt: es sei also

$$\begin{aligned} u &= u_0 \exp [i(K_x x + K_y y - \omega t)]; \\ v &= v_0 \exp [i(K_x x + K_y y - \omega t)]. \end{aligned} \tag{41}$$

Aus (32a) und (32b) folgt:

$$\begin{aligned} \omega^2 \rho u &= (C_{11} K_x^2 + C_{44} K_y^2) u + (C_{12} + C_{44}) K_x K_y v; \\ \omega^2 \rho v &= (C_{11} K_y^2 + C_{44} K_x^2) v + (C_{12} + C_{44}) K_x K_y u. \end{aligned} \tag{42}$$

Diese beiden Gleichungen haben eine besonders einfache Lösung für Wellen in der [110]-Richtung, d. h. für $K_x = K_y = K/\sqrt{2}$. Das Gleichungssystem (42) ist lösbar, wenn die Koeffizientendeterminante (43) verschwindet.

$$\begin{vmatrix} -\omega^2\rho + \frac{1}{2}(C_{11} + C_{44})K^2 & \frac{1}{2}(C_{12} + C_{44})K^2 \\ \frac{1}{2}(C_{12} + C_{44})K^2 & -\omega^2\rho + \frac{1}{2}(C_{11} + C_{44})K^2 \end{vmatrix} = 0. \tag{43}$$

Diese Gleichung hat die Lösungen

$$\omega^2\rho = \tfrac{1}{2}(C_{11} + C_{12} + 2C_{44})K^2; \qquad \omega^2\rho = \tfrac{1}{2}(C_{11} - C_{12})K^2. \tag{44}$$

Die erste Lösung beschreibt eine Longitudinalwelle, die zweite eine Transversalwelle. Wie bestimmt man nun die Richtung der Teilchenverschiebung? Die erste Lösung aus (44) in (42) eingesetzt, ergibt

$$\tfrac{1}{2}(C_{11} + C_{12} + 2C_{44})K^2 u = \tfrac{1}{2}(C_{11} + C_{44})K^2 u + \tfrac{1}{2}(C_{12} + C_{44})K^2 v. \tag{45}$$

Also erfüllen die Verschiebungskomponenten die Gleichung $u = v$, und die Teilchenverschiebung erfolgt in [110]-Richtung parallel zum Vektor **K** (Bild 9). Die zweite Lösung aus (44) in (42) eingesetzt, liefert

$$\tfrac{1}{2}(C_{11} - C_{12})K^2 u = \tfrac{1}{2}(C_{11} + C_{44})K^2 u + \tfrac{1}{2}(C_{12} + C_{44})K^2 v \tag{46}$$

und damit $u = -v$; also erfolgt die Teilchenauslenkung in $[1\bar{1}0]$-Richtung senkrecht zum Vektor **K**.

In Tabelle 2 sind ausgewählte Werte der adiabatischen Elastizitätskonstanten kubischer Kristalle für tiefe Temperaturen und für Zimmertempera-

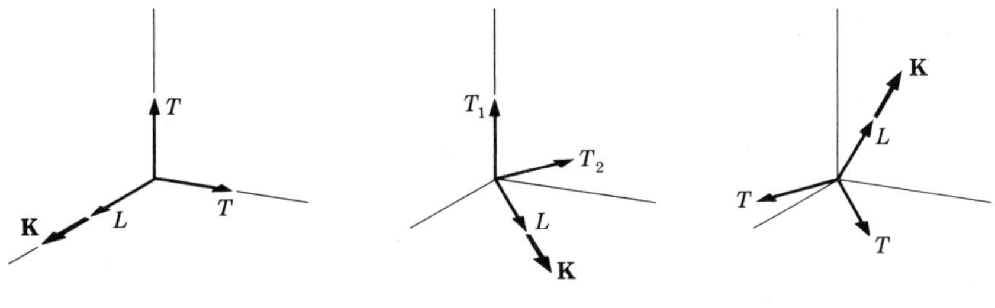

Welle in [100]-Richtung
$L: C_{11}$
$T: C_{44}$

Welle in [110]-Richtung
$L: \frac{1}{2}(C_{11} + C_{12} + 2C_{44})$
$T_1: C_{44}$
$T_2: \frac{1}{2}(C_{11} - C_{12})$

Welle in [111]-Richtung
$L: \frac{1}{3}(C_{11} + 2C_{12} + 4C_{44})$
$T: \frac{1}{3}(C_{11} - C_{12} + C_{44})$

Bild 9: Die wirksamen elastischen Konstanten für drei elastische Wellen in die Hauptausbreitungsrichtungen des kubischen Kristalls. Die beiden Transversalwellen sind bezüglich der Ausbreitung in die [100]- und in die [111]-Richtung entartet.

Tabelle 2: Adiabatische Elastizitätskonstanten für kubische Kristalle bei tiefen Temperaturen und bei Zimmertemperatur

Die für 0 K angegebenen Werte wurden durch Extrapolation von Meßwerten bis zu 4 K erhalten. Die Tabelle wurde mit der freundlichen Unterstützung von Professor Charles S. Smith zusammengestellt [a]).

Kristall	Elastizitätsmoduln in 10^{12} dyn/cm^2			Temperatur, K	Dichte, g/cm^3
	C_{11}	C_{12}	C_{44}		
W	5,326	2,049	1,631	0	19,317
	5,233	2,045	1,607	300	-
Ta	2,663	1,582	0,874	0	16,696
	2,609	1,574	0,818	300	-
Cu	1,762	1,249	0,818	0	9,018
	1,684	1,214	0,754	300	-
Ag	1,315	0,973	0,511	0	10,635
	1,240	0,937	0,461	300	-
Au	2,016	1,697	0,454	0	19,488
	1,923	1,631	0,420	300	-
Al	1,143	0,619	0,316	0	2,733
	1,068	0,607	0,282	300	-
K	0,0416	0,0341	0,0286	4	
	0,0370	0,0314	0,0188	295	
Pb	0,555	0,454	0,194	0	11,599
	0,495	0,423	0,149	300	-
Ni	2,612	1,508	1,317	0	8,968
	2,508	1,500	1,235	300	-
Pd	2,341	1,761	0,712	0	12,132
	2,271	1,761	0,717	300	-
V	2,324	1,194	0,460	0	6,051
	2,280	1,187	0,426		-
LiF	1,246	0,424	0,649	0	2,646
	1,112	0,420	0,628	300	-
KCl	0,483	0,054	0,066	4	2,038
	0,403	0,066	0,063	300	-
BaF_2	0,981	0,448	0,254	0	-
	0,891	0,400	0,254	300	4,886

[a]) Literaturhinweise auf die Originalarbeiten findet man in dem Artikel von C. Kittel in "Phonons", herausgegeben von R. W. H. Stevenson, Oliver & Boyd, 1966.

tur angegeben. Bemerkenswert ist, daß die Elastizitätskonstanten mit steigender Temperatur abnehmen. Ergebnisse für Silber sind in Bild 10

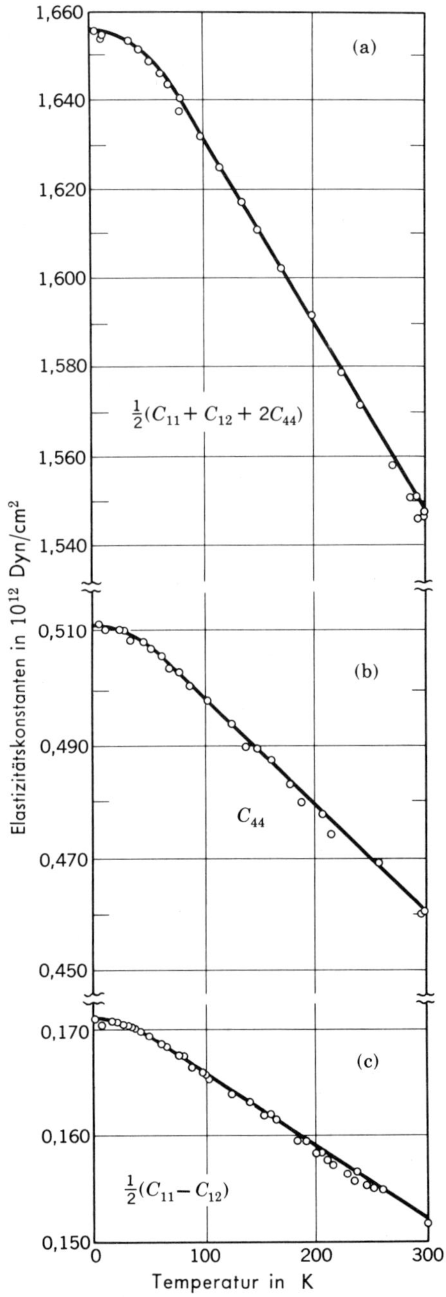

Bild 10:
Elastizitätskonstanten von Silber als Funktion der Temperatur, nach J.R. Neighbours und G.A. Alers, Phys. Rev. **111**, 707 (1958). Die aufgetragenen Größen sind a): $\frac{1}{2}(C_{11} + C_{12} + 2C_{44})$ b): C_{44} c): $\frac{1}{2}(C_{11} - C_{12})$. Diese Kombinationen entsprechen den drei Wellen in die [110]-Richtung.

und für BaF_2 in Bild 11 dargestellt. Weitere Werte - aber nur für Zimmertemperatur - sind in Tabelle 3 zusammengefaßt.

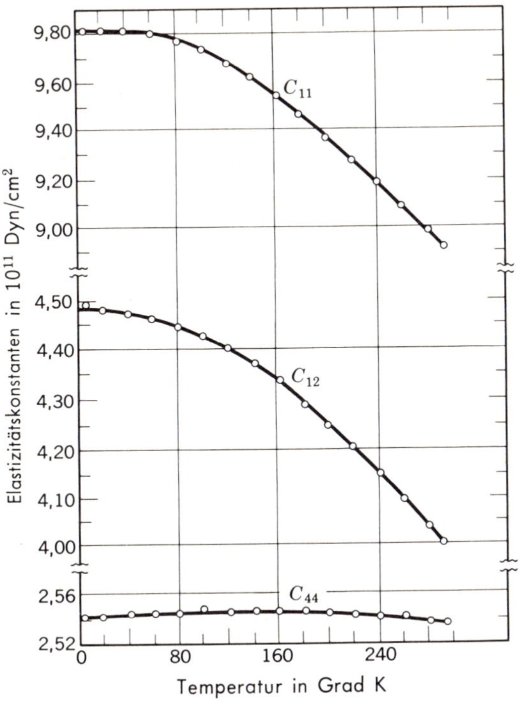

Bild 11:
Die Elastizitätskonstanten von BaF_2 als Funktion der Temperatur, nach D. Gerlich, Phys. Rev. **135** , A 1331 (1964)

Tabelle 3:
Adiabatische Elastizitätskonstanten einiger kubischer Kristalle bei Zimmertemperatur ($\approx$ 300K). [Die meisten Daten stammen aus der Zusammenstellung von H. B. Huntington. Siehe auch D. I. Bolef und M. Menes, J. Appl. Physics **31**, 1010 (1960).]

	Elastizitätskonstanten in 10^{12} dyn/cm^2		
	C_{11}	C_{12}	C_{44}
Diamant	10, 76	1, 25	5, 76
Na	0, 073	0, 062	0, 042
Li	0, 135	0, 114	0, 088
Ge	1, 285	0, 483	0, 680
Si	1, 66	0, 639	0, 796
GaSb	0, 885	0, 404	0, 433
InSb	0, 672	0, 367	0, 302
MgO	2, 86	0, 87	1, 48
NaCl	0, 487	0, 124	0, 126
RbBr	0, 317	0, 042	0, 039
RbI	0, 256	0, 031	0, 029
CsBr	0, 300	0, 078	0, 076
CsI	0, 246	0, 067	0, 062

Nützliche Tabellen über elastische Konstanten findet man u. a. in den folgenden Veröffentlichungen:

H. B. Huntington, Solid state physics **7**, 213 (1958);
R. F. S. Hearmon, Advances in physics **5**, 323 (1956);
K. S. Aleksandrov und T. V. Ryzhova, Soviet Physics (Crystallography) **6**, 228 (1961).

In Kristallen gibt es - bei gegebener Größe und Richtung von **K** - drei verschiedene Normalschwingungen. Im allgemeinen sind diese Wellen nicht genau parallel oder senkrecht zu **K** polarisiert (Polarisation: Richtung der Teilchenauslenkung). In den speziellen Ausbreitungsrichtungen [100], [111] und [110] des kubischen Kristalls sind jedoch immer zwei unabhängige Wellen genau transversal zu **K** und die dritte genau longitudinal (d. h. parallel zu **K**). Die Analyse ist in diesen Spezialfällen viel einfacher als im allgemeinen Fall [5].

Experimentelle Bestimmung elastischer Konstanten

Die klassischen Meßmethoden zur Bestimmung der elastischen Konstanten von Kristallen hat Hearmon beschrieben [6]. Seit dem Erscheinen dieser Veröffentlichung haben Ultraschall-Impulsmethoden eine sehr weite Verbreitung [7] gefunden, besonders da sie unter den verschiedensten experimentellen Bedingungen anwendbar sind. Sie haben daher viele andere Methoden, die auch wertvoll sind und ebenfalls noch angewandt werden, zurückgedrängt. Bei dieser Methode wird ein von einem Quarzschallgeber [8] erzeugter Ultraschallimpuls durch den zu untersuchenden Kristall geschickt, der nach Reflexion an der Rückseite des Kristalls wieder zum Schallgeber zurückläuft (Bild 12). Die Zeit zwischen dem Aussenden und dem Empfang des Impulses wird elektronisch gemessen (Bilder 13 bis 15). Teilt man nun die Länge eines vollen Umfangs durch

[5] Siehe W. P. Mason, Physical acoustics and the properties of solids, Van Nostrand, 1958.

[6] R. F. S. Hearmon, Revs. Modern Phys. **18**, 409 (1946).

[7] Siehe z. B. H. Huntington, Phys. Rev. **72**, 321 (1947); J. K. Galt, Phys. Rev. **72**, 1460 (1948).

[8] Eine kleine Platte kann so aus einem Quarzkristall herausgeschnitten werden, daß entweder longitudinale oder transversale Wellen angeregt werden, wenn ein hochfrequentes Wechselfeld mit Hilfe zweier, auf gegenüberliegenden Flächen der Platte aufgedampfter Elektroden angelegt wird. Die Theorie des piezoelektrischen Effekts wird in Kapitel 13 kurz besprochen.

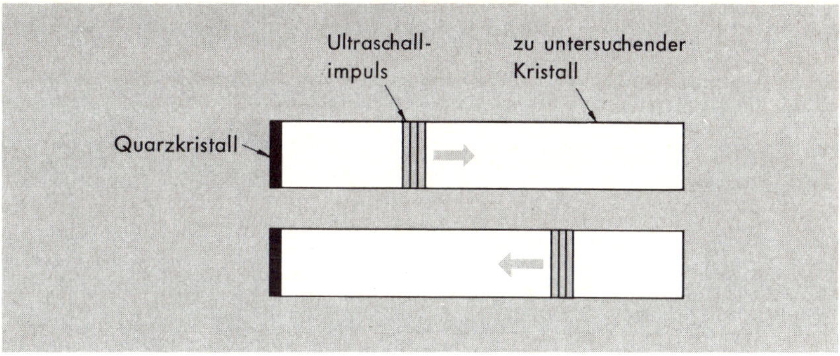

Bild 12: Bei der Bestimmung der Ausbreitungsgeschwindigkeiten von elastischen Wellen mit der Ultraschall-Impulsmethode wird ein Schallimpuls von einem piezoelektrischen Schallgeber erzeugt. Der Impuls wird hin- und herreflektiert und jedesmal, wenn er den Schallgeber wieder erreicht, registriert.

die gemessene Zeit, so erhält man die gesuchte Geschwindigkeit. In repräsentativen Anordnungen beträgt die im Experiment verwendete Frequenz ungefähr 15 MHz und die Impulslänge 1μsec; die Wellenlänge liegt in der Größenordnung von $3 \cdot 10^{-2}$ cm, die Länge des zu untersuchenden Kristalls bei 1 cm.

Literaturhinweise auf Ultraschalltechniken bei Mikrowellenfrequenzen gibt E. H. Jacobsen in dem Buch von Bak; siehe auch H. E. Bömmel und K. Dransfeld, Phys. Rev. **117**, 1245 (1960); T. O. Woodruff und H. Ehrenreich, Phys. Rev. **123**, 1553 (1961).

Die drei Elastizitätskonstanten C_{11}, C_{12}, C_{44} von kubischen Kristallen können, wie schon erwähnt, aus den Fortpflanzungsgeschwindigkeiten von drei Wellen bestimmt werden. Dabei kann für alle drei Wellen dieselbe Kristallorientierung verwendet werden. Der Schnitt und die Einspannung des Schwingquarzes müssen jedoch entsprechend der gewünschten Teilchenbewegung im Kristall geändert werden.

Elastische Konstanten dritter Ordnung

Im Gültigkeitsbereich des Hookschen Gesetzes ist die elastische Energiedichte eine quadratische Funktion der Dehnungskomponenten [vgl. (14)]. Jenseits dieses Bereichs treten Glieder höherer Ordnung auf. Die elastischen Konstanten dritter Ordnung verknüpfen die Energie mit Produk-

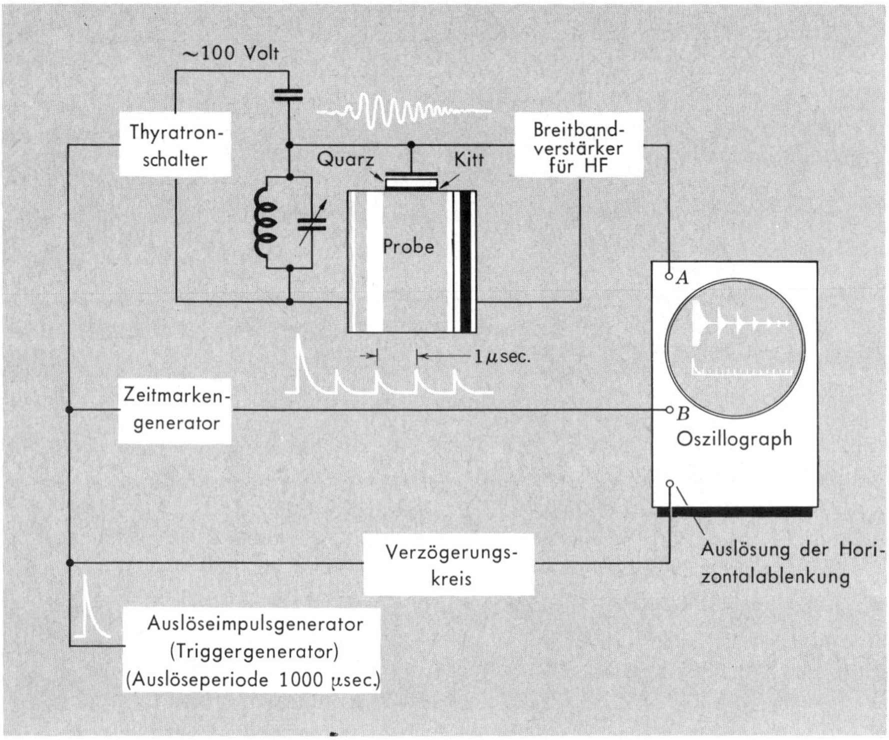

Bild 13: Blockschaltbild der Elektronik zur Messung der Schallgeschwindigkeit mit Hilfe der Ultraschallimpuls-Echotechnik. Der Auslöseimpulsgenerator (Triggergenerator) setzt den ganzen Prozeß durch Schließen des Thyratronschalters in Gang. Dadurch wird ein Kondensator über den LC-Schwingkreis entladen und die eingezeichnete Spannung an den Quarz-Schallgeber angelegt. Der Schallgeber ist mit der Probe verkittet. Aus der elektrischen Welle wird ein Schallimpuls, der in der Probe hin- und herläuft und eine Folge von Echoimpulsen auf dem Oszillographenschirm erzeugt. Der Zeitmarkengenerator und ein Verzögerungskreis für die Horizontalablenkung erlauben es, die Ankunft eines beliebigen Echos sehr genau zu messen. [Nach G. A. Alers und J. R. Neighbours, J. Phys. Chem. Solids **7**, 58 (1958).]

ten aus drei Dehnungskomponenten. Sie sind die Konstanten niedrigster Ordnung, die in die Beschreibung nichtlinearer Effekte (Kapitel 6) eingehen, zu denen z. B. die Wechselwirkung zwischen Phononen und die thermische Ausdehnung gehören. Die elastischen Konstanten dritter Ordnung können aus der Ausbreitungsgeschwindigkeit von Schallwellen kleiner Amplitude in Medien, die unter stationärer, mechanischer Spannung stehen, bestimmt werden. Eine gute Übersicht über die Definitionen der elastischen Konstanten dritter Ordnung und über die Theorie der Meßmethoden

Bild 14: Fotografie eines Aluminiumeinkristalls in einer gefederten Halterung zur Schallgeschwindigkeitsmessung mit der Ultraschallimpuls-Echotechnik. Die obere Stirnfläche des Kristalls ist eine (110)-Kristallebene, auf die ein Schwingquarz mit einer Metallelektrode und der Hochfrequenzzuführung aufgekittet ist. (Foto: Scientific Laboratory, Ford Motor Company.)

geben K. Brugger, Phys. Rev. **133**, A1611 (1964), R. N. Thurston und K. Brugger, Phys. Rev. **133**, A1604 (1964).

Aufgaben

1. Linearer Elastizitätsmodul und Poissonsche Zahl. Ein kubischer Kristall stehe unter einer Zugspannung in [100]-Richtung. Bestimmen Sie den linearen Elastizitätsmodul E und die Poissonsche Zahl als Funktion der Elastizitätsmoduln C. Der lineare Elastizitätsmodul und die Poissonsche Zahl sind in Bild 16 definiert.

2. Geschwindigkeit von Longitudinalwellen. Zeigen Sie, daß die Geschwindigkeit einer Longitudinalwelle in einem kubischen Kristall in [111]-Richtung durch $v_s = [\frac{1}{3}(C_{11} + 2C_{12} + 4C_{44})/\rho]^{1/2}$ gegeben ist. Hinweis: Für solche Wellen gilt $u = v = w$. Machen Sie den Ansatz $u = u_0 e^{iK(x+y+z)/\sqrt{3}} e^{-i\omega t}$ und verwenden Sie (32a).

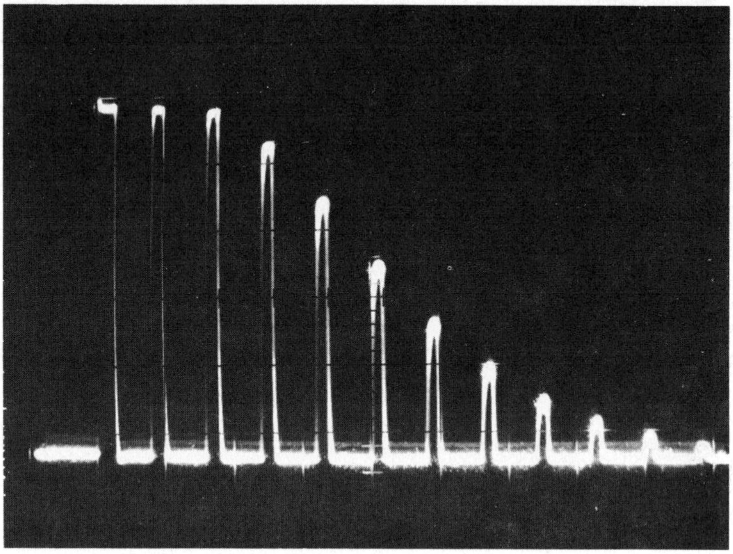

Bild 15: Folge von Ultraschallimpulsechos in einem Kristall. Die Zeit zwischen aufeinanderfolgenden Impulsen wird mit dem Oszillographen gemessen; sie ist gleich der Zeit, die der Ultraschallimpuls für einen ganzen Umlauf im Kristall benötigt. Die Dämpfung der Welle kann man aus dem Abfall der Pulshöhen aufeinanderfolgender Impulse bestimmen, wenn man noch Reflexionsverluste an den Endflächen berücksichtigt. Die an den Schwingquarz angelegte elektrische Spannung ist der mechanischen Spannung in der Welle direkt proportional. (Foto: H. J. McSkimin.)

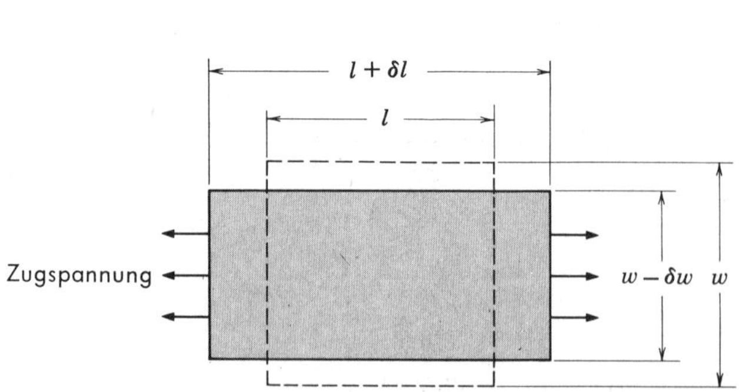

Bild 16: Der lineare Elastizitätsmodul E ist definiert durch die Gleichung $\frac{\delta l}{l} = \frac{1}{E} \cdot \sigma$. Hier ist σ eine Zugspannung in einer Richtung, die Seiten des Körpers sind frei. Die Definition der Poissonschen Zahl μ lautet: $\mu = \frac{\delta \omega}{\omega} : \frac{\delta l}{l}$.

3. Geschwindigkeit von Transversalwellen. Zeigen Sie, daß die Geschwindigkeit einer Transversalwelle in der [111]-Richtung eines kubischen Kristalls durch $v_s = [\frac{1}{3}(C_{11} - C_{12} + C_{44})/\rho]^{1/2}$ gegeben ist. Hinweis: Siehe Aufgabe 2.

4. Schubmodul. Zeigen Sie, daß der Schubmodul $\frac{1}{2}(C_{11} - C_{12})$ eines kubischen Kristalls dadurch definiert ist, daß man, wie in Bild 17, alle Dehnungen außer $e_{xx} = -e_{yy} = \frac{1}{2}e$ Null setzt. Hinweis: Gehen Sie von

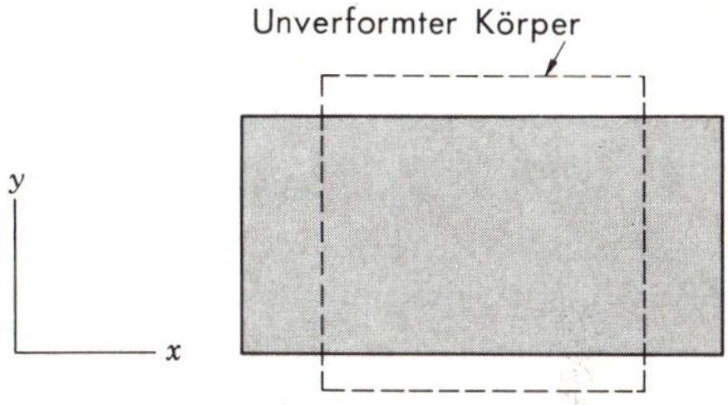

Bild 17:
Diese Deformation setzt sich aus den zwei Dehnungskomponenten $e_{xx} = -e_{yy}$ zusammen.

der Energiedichte (18) aus, und suchen Sie eine Konstante C', die die Bedingung $U = \frac{1}{2}C'e^2$ erfüllt.

5. Das Determinantenverfahren. Bekanntlich[9]) hat eine R-dimensionale Determinante aus lauter Einsern die Wurzeln R und 0, wobei die Wurzel R einmal auftritt und die Null $(R - 1)$-mal. a) Zeigen Sie mit diesem Ergebnis, daß, wenn alle Elemente den Wert p haben, die Wurzeln Rp und 0 sind. b) Sind die Diagonalelemente gleich q und alle anderen gleich p, dann ist eine Lösung gleich $(R - 1)p + q$ und $R - 1$ Lösungen gleich $q - p$. Beweis! c) Zeigen Sie, ausgehend von Gleichung (32), daß die Determinante für eine Welle in [111]-Richtung eines kubischen Kristalls, die ω^2 als Funktion von K liefert, lautet:

$$\begin{vmatrix} q - \omega^2\rho & p & p \\ p & q - \omega^2\rho & p \\ p & p & q - \omega^2\rho \end{vmatrix} = 0 .$$

Hier ist $q \equiv \frac{1}{3}K^2(C_{11} + 2C_{44})$ und $p \equiv \frac{1}{3}K^2(C_{12} + C_{44})$. Das Nullsetzen der Determinante ist die Bedingung dafür, daß die drei linearen homogenen algebraischen Gleichungen der drei Verschiebungskomponenten u, v, w eine Lösung haben. Benützen Sie das Ergebnis von Teil b, um die drei Wurzeln von ω^2 zu finden. Vergleichen Sie Ihr Ergebnis mit den in den Aufgaben 2 und 3 angegebenen Resultaten.

[9]) Die Elemente einer Determinantengleichung sind $a_{ij} = 1 - \lambda\delta_{ij}$. λ ist eine Wurzel der Gleichung. Vgl. Anhang L. δ_{ij} ist das Kronecker-Symbol.

6. Allgemeine Ausbreitungsrichtung. a) Bestimmen Sie durch Einsetzen in (32) die Determinantengleichung, die die Bedingung dafür ausdrückt, daß die Verschiebung

$$\mathbf{R}(\mathbf{r}) = [u_0\hat{\mathbf{x}} + v_0\hat{\mathbf{y}} + w_0\hat{\mathbf{z}}] \exp[i(\mathbf{K}\cdot\mathbf{r} - \omega t)]$$

eine Lösung der elastischen Wellengleichungen in kubischen Kristallen ist. b) Die Summe der Wurzeln einer Determinantengleichung ist gleich der Summe der Diagonalelemente a_{ii}. Zeigen Sie von Aufgabe 6a ausgehend, daß die Summe der Quadrate der drei elastischen Wellengeschwindigkeiten für jede beliebige Richtung im kubischen Kristall gleich $(C_{11} + 2C_{44})/\rho$ ist. Verwenden Sie dazu die Beziehung $v_s^2 = \omega^2/K^2$.

* **7. Stabilitätskriterien.** Ein kubischer Kristall mit einem Atom pro primitiver Elementarzelle ist nur dann gegenüber kleinen homogenen Verformungen stabil, wenn die Energiedichte (18) für alle möglichen Kombinationen der Dehnungskomponenten positiv ist. Welche Beschränkungen ergeben sich damit für die Elastizitätsmoduln C? (In der Sprache der Mathematik lautet dieses Problem: Bestimmen Sie die Bedingungen dafür, daß eine reelle, symmetrische, quadratische Form rein positiv definit ist. Die Lösung findet man in Büchern über Algebra. Siehe Korn und Korn, Mathematical handbook, McGraw-Hill, 1961, Kap. 13.5 - 6.) Antwort: $C_{44} > 0$, $C_{11} > 0$, $C_{11}^2 - C_{12}^2 > 0$ und $C_{11} + 2C_{12} > 0$. Ein Beispiel für die Instabilität, die sich ergibt, wenn $C_{11} \cong C_{12}$, findet man bei L. R. Tesardi et al., Phys. Rev. Letters **15**, 250 (1965).

Literaturhinweise

J. F. Nye, Physical properties of crystals: their representation by tensors and matrices, Oxford, 1957.

H. B. Huntington, "Elastic constants of crystals", Solid state physics *7*, 213 (1958).

A. E. H. Love, A treatise on the mathematical theory of elasticity, Dover paperback, 1944.

W. P. Mason, ed., Physical acoustics and the properties of solids, Van Nostrand, 1958.

W. P. Mason, ed., Physical acoustics, in mehreren Bänden, Academic Press, Vol. I, 1964.

C. Zener, Elasticity and anelasticity of metals, University of Chicago Press, 1948.

T. A. Bak, ed., Phonons and phonon interactions, Benjamin, 1964.

5. Phononen und Gitterschwingungen

Anmerkung: Im CGS-System gilt $D = \epsilon \cdot E$; ϵ heißt Dielektrizitätskonstante oder relative Dielektrizitätskonstante (relativ zum Vakuum). Für die Fourierkomponenten ergibt sich $D(\omega, \mathbf{K}) = \epsilon(\omega, \mathbf{K}) \cdot E(\omega, \mathbf{K})$, mit $\epsilon(\omega, \mathbf{K})$ als dielektrischer Funktion. Im SI-System ist die Schreibweise $D = \epsilon \cdot \epsilon_0 \cdot E$, wobei ϵ die Dielektrizitätskonstante und ϵ_0 die Permeabilität im Vakuum ist. In Fourierkomponenten: $D(\omega, \mathbf{K}) = \epsilon(\omega, \mathbf{K}) \cdot \epsilon_0 \cdot E(\omega, \mathbf{K})$. Die Werte von ϵ und $\epsilon(\omega, \mathbf{K})$ sind in den beiden Maßsystemen gleich. Siehe auch die entsprechenden Seiten des Kapitels 13.

Die Quantisierung der Gitterschwingungen

Die Energie einer Gitterschwingung oder elastischen Welle ist gequantelt. Das Energiequant einer elastischen Welle nennt man **Phonon**, in Analogie zu der Bezeichnung Photon für das Energiequant einer elektromagnetischen Welle (Bild 1). Es lohnt sich, in diesem Zusammenhang die Eigenschaften des Photons zu wiederholen, denn fast alle Vorstellungen, die

Zeichen	Name	Feld
	Elektron	—
	Photon	Elektromagnetische Welle
	Phonon	Elastische Welle
	Plasmon	Kollektive Elektronenschwingung
	Magnon	Magnetisierungswelle
–	Polaron	Elektron + elastische Deformation
–	Exziton	Polarisationswelle

Bild 1: Einige wichtige, elementare Anregungszustände in Festkörpern. Die abgebildeten Zeichen werden in diesem Buch verwendet. Die Herkunft der Namen der Anregungen werden von C.T.Walker und G.A.Slack in Am.J.Phys. **38**, 1380 (1970) diskutiert.

mit dem Begriff des Photons zusammenhängen, wie z. B. der Dualismus "Teilchen-Welle", gelten genauso für Phononen. Schallwellen in Kristallen bestehen aus Phononen. Wärmeschwingungen in Kristallen sind thermisch angeregte Phononen und völlig analog den thermisch angeregten Photonen der elektromagnetischen Strahlung im Hohlraum eines schwarzen Strahlers.

Die Entwicklung der Quantentheorie setzte im Jahr 1900 ein, damals zeigte Max Planck, daß eine Quantisierung der Energie die beobachtete Frequenzverteilung der elektromagnetischen Strahlung eines schwarzen Körpers im thermischen Gleichgewicht erklären kann. Die Energie jeder Eigenschwingung des elektromagnetischen Feldes in einem Hohlraum sollte nach Annahme Plancks ein ganzzahliges Vielfaches von $h\nu$ sein. Die Energie eines Photons ist $\epsilon = h\nu$; die Energie von n Photonen in einer Eigenschwingung der Frequenz ν ist

$$(1) \qquad \epsilon = nh\nu .$$

n ist eine ganze Zahl größer oder gleich Null; die Konstante h (das Plancksche Wirkungsquantum) hat den Wert $6,6262 \cdot 10^{-27}$ erg sec. Man nennt n die Anzahl der Photonen oder Lichtquanten in der betrachteten Eigenschwingung. In Gleichung (1) ist der Bequemlichkeit halber die sonst berücksichtigte Nullpunktsenergie $\frac{1}{2}h\nu$ weggelassen; sie hat keine direkten Folgen für die zu behandelnden Fragen. Heutzutage ist die Schreibweise $\epsilon = n\hbar\omega$ üblicher. Dabei ist $\omega \equiv 2\pi\nu$ die Kreisfrequenz und $\hbar \equiv h/2\pi \cong 1{,}0546 \cdot 10^{-27}$ erg sec. Wir wissen aus unzähligen Beugungsexperimenten, daß sich das elektromagnetische Feld in vieler Hinsicht ganz wie eine Welle verhält. Aus dem lichtelektrischen Effekt lernen wir, daß die Energie des elektromagnetischen Feldes gequantelt ist. Dieselbe Betrachtung gilt auch für elastische Wellen.

Wie kann man nun experimentell beweisen, daß die Energie der elastischen Wellen gequantelt ist? Zu den zwingendsten Beweisen gehören u. a.:

Der Beitrag des Gitters zur spezifischen Wärme von Festkörpern (Kapitel 6) geht mit der Temperatur gegen Null. Das kann nur erklärt werden, wenn die Gitterschwingungen gequantelt sind. Dies war der früheste Beweis für die Existenz der Phononen.

Bei unelastischer Streuung von Röntgenstrahlung und Neutronen an Kristallen treten Energie- und Impulsänderungen auf, die der Erzeugung oder Absorption von einem oder mehreren Phononen entsprechen. Mißt man den Rückstoß der gestreuten Röntgenstrahlung oder der Neutronen, so kann man die Eigenschaften einzelner Phononen bestimmen. Solche Experimente stellen die beste Möglichkeit dar, die Dispersionsrelation, d. h. den Verlauf der Frequenz als Funktion der Wellenlänge, für Phononen zu bestimmen. Sie sind außerdem der überzeugendste Beweis für die Existenz der Phononen.

Der Impuls der Phononen

Ein Phonon mit dem Wellenvektor $\mathbf{K}$ tritt mit anderen Teilchen oder mit Feldern in Wechselwirkung, als hätte [1]) es einen Impuls $\hbar\mathbf{K}$. Ein Phonon in einem Gitter hat in Wirklichkeit keinen Impuls. (In Aufgabe 5 wird

[1]) G. Leibfried, Handbuch der Physik VII/1, 104 (1955), G. Süssmann, Z. Naturf. **11a**, 1 (1956) und G. Beck, Anals. Acad. Brasil. Ci. **26**, 64 (1954) untersuchen diesen delikaten Punkt näher. Ein Phonon in einem Gitter hat deshalb keinen Impuls außer bei $\mathbf{K} = 0$, weil der Ort des Phonons von den Relativ-Koordinaten der Atome abhängt. So ist in einem H_2-Molekül $\mathbf{r}_1 - \mathbf{r}_2$ die Koordinate der internuklearen Schwingung eine Relativkoordinate, die keinen Impuls tragen kann. Die Schwerpunktskoordinate $\frac{1}{2}(\mathbf{r}_1 + \mathbf{r}_2)$ entspricht der Fundamentalschwingung (Grundschwingung), und diese kann einen Impuls tragen.

gezeigt, daß nur das $\mathbf{K} = 0$ - Phonon oder Phonon der Fundamentalschwingung einen richtigen physikalischen Impuls besitzt.) In den meisten praktisch vorkommenden Fällen jedoch benimmt sich ein Phonon so, als hätte es den Impuls $\hbar\mathbf{K}$. Man nennt $\hbar\mathbf{K}$ darum auch den **Quasiimpuls** oder den Pseudoimpuls. In Kristallen gibt es Impulserhaltungssätze im Sinn von Auswahlregeln für erlaubte Übergänge zwischen den Quantenzuständen: in diesen Auswahlregeln tritt $\hbar\mathbf{K}$ auf. Darin liegt die physikalische Bedeutung von $\hbar\mathbf{K}$.

In Kapitel 2 sahen wir, daß bei elastischer Streuung (Bragg-Reflexion) eines Röntgenphotons an einem Kristall folgende Auswahlregel für Wellenvektoren gilt

(2) $$\mathbf{k}' = \mathbf{k} + \mathbf{G}.$$

Hier ist $\mathbf{G}$ ein Vektor des reziproken Gitters, $\mathbf{k}$ der Wellenvektor des einfallenden Röntgenphotons und $\mathbf{k}'$ der Wellenvektor des gestreuten Photons. (Bei der Reflexion (2) erfährt der Kristall als Ganzes einen Rückstoß mit dem Impuls $\hbar\mathbf{G}$; diese Tatsache wird aber fast nie explizit in Betracht gezogen.) Der Gesamtwellenvektor wechselwirkender Wellen bleibt in einem periodischen Gitter erhalten, aber nur mit der möglichen Addition eines reziproken Gittervektors. Der wahre Impuls des ganzen Systems bleibt streng erhalten.

Wird bei unelastischer Streuung eines Photons ein Phonon mit dem Wellenvektor $\mathbf{K}$ erzeugt, so nimmt die Auswahlregel der Wellenvektoren die folgende Form an[2]:

---

[2]) Wir können an einem Beispiel den mathematischen Gehalt der verschiedenen Auswahlregeln für ein Gitter und für ein Kontinuum darstellen. Wir nehmen an, zwei Phononen $\mathbf{K}_1$, $\mathbf{K}_2$ treten infolge der unharmonischen Terme dritter Ordnung in der elastischen Energie (Kapitel 6) in Wechselwirkung und erzeugen dabei ein drittes Phonon $\mathbf{K}_3$. Die Wahrscheinlichkeit dieses Dreiphononen-Stoßes hängt von dem Produkt der Wellenamplituden der drei Phononen, summiert über alle Gitterpunkte, ab: (Phonon $\mathbf{K}_1$ rein) (Phonon $\mathbf{K}_2$ rein) (Phonon $\mathbf{K}_3$ raus)

$$\propto \sum_n e^{-i\mathbf{K}_1\cdot\mathbf{r}_n} e^{-i\mathbf{K}_2\cdot\mathbf{r}_n} e^{i\mathbf{K}_3\cdot\mathbf{r}_n} = \sum_n \exp\,[i(\mathbf{K}_3 - \mathbf{K}_1 - \mathbf{K}_2)\cdot\mathbf{r}_n]\ .$$

Im Grenzfall vieler Gitterplätze geht diese Summe gegen Null es sei denn, es ist $\mathbf{K}_3 = \mathbf{K}_1 + \mathbf{K}_2$ oder $\mathbf{K}_3 = \mathbf{K}_1 + \mathbf{K}_2 + \mathbf{G}$. Wenn eine der beiden Bedingungen, von denen die erste ein Spezialfall der zweiten ist, erfüllt ist, so ist die Summe gleich der Zahl N der Gitterplätze. Eine ähnliche Summe wurde in Aufgabe 2.5 betrachtet. In einem Kontinuum hängt das Matrixelement desselben Problems von dem Integral

$$\int d^3x\,\exp\,[i(\mathbf{K}_3 - \mathbf{K}_1 - \mathbf{K}_2)\cdot\mathbf{r}] = (2\pi)^3\delta(\mathbf{K}_3 - \mathbf{K}_1 - \mathbf{K}_2)$$

ab. (δ ist die Diracsche Deltafunktion.) Im Kontinuum tritt also der Vektor $\mathbf{G}$ nicht auf; wenn das zuträfe, müßte der kürzeste, nichtverschwindende Vektor unendliche Länge haben.

(3) $\mathbf{k}' + \mathbf{K} = \mathbf{k} + \mathbf{G}.$

Wird ein Phonon $\mathbf{K}$ in dem Prozeß absorbiert, gilt statt (3):

(4) $\mathbf{k}' = \mathbf{k} + \mathbf{K} + \mathbf{G}.$

Die Gleichungen (3) und (4) sind natürliche Verallgemeinerungen von (2).

Unelastische Streuung von Photonen an langwelligen Phononen

Ein Photon der Frequenz $\nu = \omega/2\pi$ durchläuft einen Kristall. Wird der Kristall als Kontinuum mit dem Brechungsindex n betrachtet, dann bestimmt sich der Wellenvektor des Photons durch die Gleichungen

(5) $\omega = ck/n$ oder $\lambda\nu = c/n.$

c ist die Lichtgeschwindigkeit. Der Impuls des Photons ist

(6) $\mathbf{p} = \hbar\mathbf{k}.$

Nun soll der Fall betrachtet werden, daß ein Photon mit einem Phononenbündel oder einer Schallwelle in Wechselwirkung tritt. Das Photon kann dabei von der Schallwelle gestreut werden. Diese Wechselwirkung ist möglich, weil das elastische Dehnungsfeld der Schallwelle die örtliche Konzentration der Atome und damit den Brechungsindex ändert. Die Schallwelle moduliert also die optischen Eigenschaften des Mediums. Umgekehrt erzeugt das elektrische Feld der Lichtwelle eine periodische mechanische Spannung in dem Medium und moduliert so die elastischen Eigenschaften des Mediums.

In einem Kristall kann ein Photon ein Phonon erzeugen oder absorbieren, dabei wird das Photon gestreut: sein Wellenvektor geht von $\mathbf{k}$ in $\mathbf{k}'$ über und seine Frequenz von ω zu ω'. Nehmen wir an, ein erzeugtes Phonon habe den Wellenvektor $\mathbf{K}$ und die Kreisfrequenz Ω. Die Kinematik dieses Stoßprozesses ist einfach (Bild 2). Aus dem Energiesatz folgt

(7) $\hbar\omega = \hbar\omega' + \hbar\Omega$

und aus der Erhaltung der Wellenvektoren (Impulssatz)

(8) $\hbar\mathbf{k} = \hbar\mathbf{k}' + \hbar\mathbf{K}.$

Der Einfachheit halber haben wir in (8) die Möglichkeit (3) einer gleichzeitigen Bragg-Reflexion, die einen reziproken Gittervektor des Kristallgitters bedingen würde, ausgeschlossen. Ist die Schallgeschwindigkeit v_s konstant, so gilt $\Omega = v_s K$, denn es ist $\lambda\Omega/2\pi = v_s$.

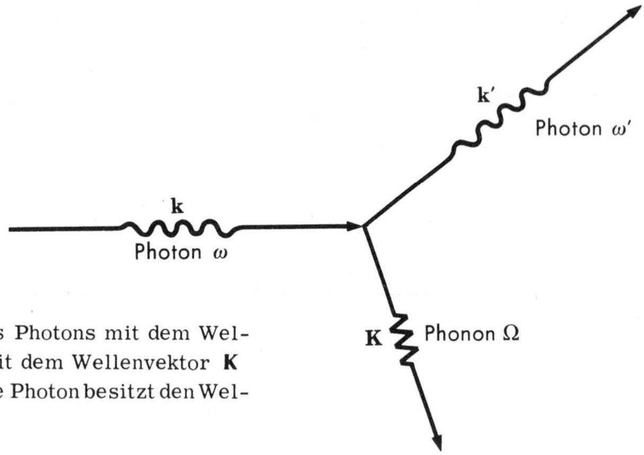

Bild 2:
Unelastische Streuung eines Photons mit dem Wellenvektor **k**. Ein Phonon mit dem Wellenvektor **K** wird erzeugt, das gestreute Photon besitzt den Wellenvektor **k**'.

Nun kann ein Phonon aber nur einen geringen Teil der Energie des einfallenden Photons wegtragen: die Schallgeschwindigkeit v_s ist nämlich viel kleiner als die Lichtgeschwindigkeit c. Ist die Wellenzahl K eines Phonons ungefähr gleich der Wellenzahl k des Photons, so gilt $ck \gg v_sK$. Weiter ist $\omega = ck$ und $\Omega = v_sK$ und damit $\omega \gg \Omega$. Aus (7) folgt dann $\omega' \cong \omega$ und $k' \cong k$.

Mit $k' \cong k$ ersieht man aus Bild 3, daß

(9) $$K \cong 2k \sin \tfrac{1}{2}\varphi$$

oder, mit $k = \omega n/c$ aus (5)

(10) $$v_sK \cong \frac{2v_s\omega n}{c} \sin \tfrac{1}{2}\varphi.$$

Wird das Photon unelastisch um den Winkel φ aus der Einfallrichtung gestreut, so haben die dabei entstehenden Phononen wegen $\Omega = v_sK$ die Frequenz

(11) $$\Omega \cong (2v_s\omega n/c) \sin \tfrac{1}{2}\varphi.$$

n ist hier der Brechungsindex des Kristalls.

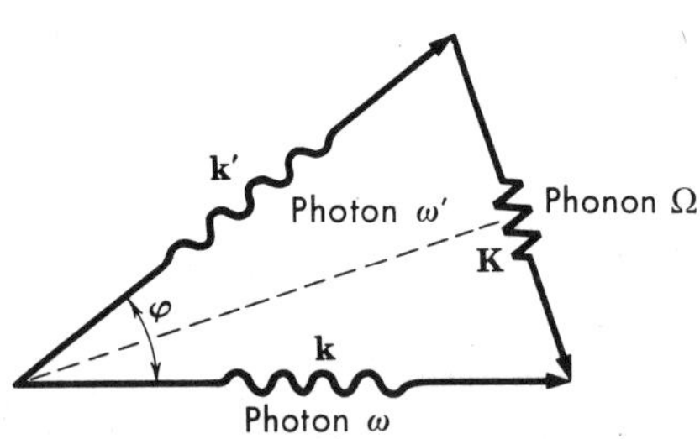

Bild 3:
Vektordreieck zur Impulserhaltung bei dem Prozeß des Bildes 2. Für $k = k'$ ist das Dreieck gleichschenklig. Die Grundlinie des Dreiecks ist dann $K = 2k \sin \frac{1}{2}\varphi$.

Beispiel: Erzeugung von Phononen. Die Maximalfrequenz von Phononen, die bei der Streuung von sichtbarem Licht der Vakuumwellenlänge $\lambda = 4\,000$ Å entstehen, ist für $v_s \approx 5 \cdot 10^5$ cm/sec und $n \approx 1,5$ gemäß (11) mit $\sin \frac{1}{2}\varphi = 1$ gleich

(12) $$\Omega \approx 2 \cdot (5 \cdot 10^5) \cdot (2\pi) \cdot 1,5/4 \cdot 10^{-5} \approx 2 \cdot 10^{11} \text{ sec}^{-1}.$$

Für diese Frequenz ist $K = \Omega/v_s \approx 4 \cdot 10^5$ cm^{-1}. Die relative Frequenzänderung des Lichts bei der Streuung beträgt $5 \cdot 10^{-5}$.

Die Streuung von sichtbarem Licht eines Lasers, der als intensive Lichtquelle Verwendung findet, diente zur Erzeugung von Phononen im Quarz und Saphir [3]). Die Phononenfrequenzen lagen dabei im Mikrowellenbereich. Die beobachteten Frequenzverschiebungen der Photonen stimmen gut mit den aus (11) berechneten Verschiebungen überein, wenn man der Rechnung Schallgeschwindigkeiten zugrunde legt, die bei niedrigeren Frequenzen mit Ultraschallmethoden gemessen wurden.

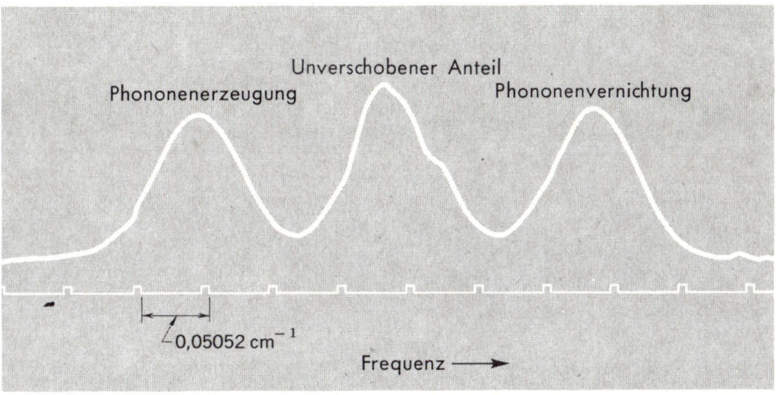

Bild 4: Streuspektrum für Licht von 6328 Å bei Streuung an Wasser bei Zimmertemperatur. Das dargestellte Streuspektrum wurde unter einem Winkel von 90° gegen die Einfallsrichtung aufgenommen. Die unverschobene Mittellinie bei der Laserfrequenz rührt hauptsächlich von der Tyndallstreuung an kleinen Teilchen im Wasser her. Die Linienbreite ergibt sich aus der Schlitzbreite des Spektrographen. Die Ablenkzeit des Schreibers betrug 5 Minuten. Die Phononenfrequenz wurde aus diesem Spektrum bestimmt, sie beträgt $(4,33 \pm 0,02) \cdot 10^9$ Hz. Die Geschwindigkeit wurde aus Gleichung (18) berechnet, sie beträgt $(1,457 \pm 0,010) \cdot 10^5$ cm/sec. [Nach G. B. Benedek et al., J. Opt. Soc. Amer. **54**, 1284 (1964).]

3) R. Y. Chiao, C. H. Townes und B. P. Stoicheff, Phys. Rev. Letters **12**, 592 (1964).

Die Streuung von Licht an Phononen in Festkörpern und Flüssigkeiten wird als **Brillouin-Streuung**[4]) bezeichnet. Das Spektrum nach Streuung von monochromatischem Licht an Wasser zeigt Bild 4. Die Anregung von Mikrowellenphononen in Kristallen wurde durch die Beugung von Licht [5]) nachgewiesen.

Unelastische Streuung von Röntgenstrahlung an Phononen

Die unelastische Streuung von Röntgenstrahlung ist eine der Methoden, das Phononenspektrum von Festkörpern zu untersuchen. Wird bei der un-

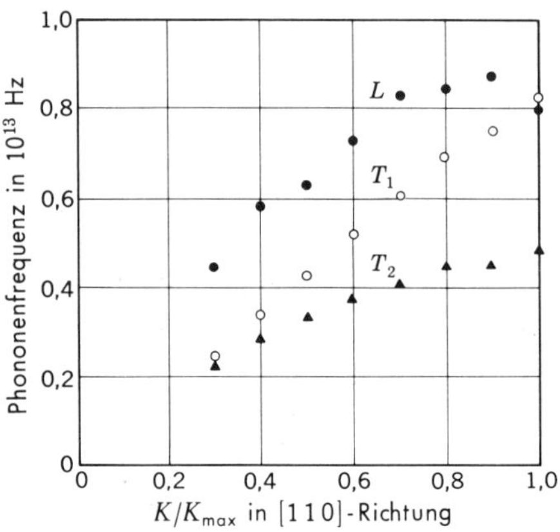

Bild 5:
Dispersionskurven von Phononen, die sich in Aluminium längs der [110]-Achse ausbreiten. Die Kurven wurden durch unelastische Streuung von Röntgenstrahlung bestimmt. Die Longitudinalwelle ist durch die schwarzen Kreise dargestellt, die Transversalwelle T_1, bei der die Teilchenauslenkung in Richtung der [001]-Achse verläuft, durch die unausgefüllten Kreise und die Transversalwelle T_2 parallel zur [110]-Achse durch schwarze Dreiecke. [Nach C. B. Walker, Phys. Rev. **103**, 547 (1956).]

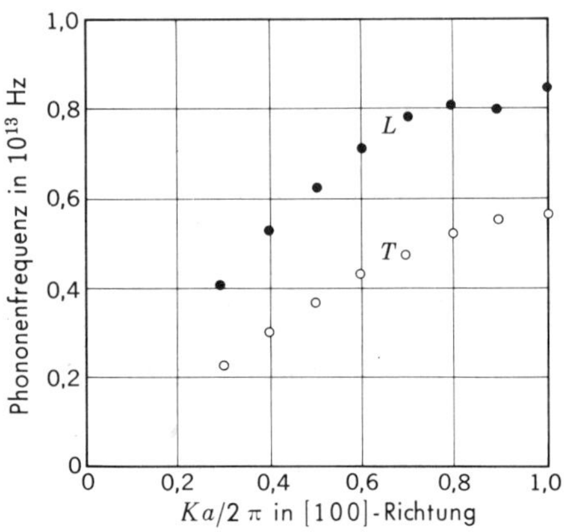

Bild 6:
Dispersionskurven für elastische Wellen, die sich in Aluminium längs der [100]-Achse ausbreiten. Diese Ergebnisse wurden durch unelastische Streuung von Röntgenstrahlung gewonnen. Die Longitudinal- und die Transversalwellen sind durch schwarze bzw. weiße Kreise dargestellt. (Nach C. B. Walker.)

---

[4]) L. Brillouin, Ann. phys. **17**, 88 (1922). Eine Übersicht über den Ramaneffekt in Kristallen gibt R. Loudon, Adv. in Physics **13**, 424 - 482 (1964).

[5]) K. N. Baranskii, Soviet Physics Doklady **2**, 237 (1957). Vgl. dazu auch Bild 1 in H. E. Bömmel und K. Dransfeld, Phys. Rev. Letters **1**, 234 (1958).

elastischen oder diffusen Streuung von Röntgenphotonen ein Phonon erzeugt oder absorbiert, so können wieder die oben beschriebenen Prinzipien angewandt werden. Ergebnisse von Walker für Aluminium sind in den Bildern 5 und 6 dargestellt.

In solchen Experimenten sucht man die Phononenfrequenz als Funktion des Wellenvektors **K** zu bestimmen. Der Wellenvektor wird dabei durch Anwendung der allgemeinen Erhaltungssätze (10) und (11) ermittelt. Unglücklicherweise ist es schwierig, die geringe Frequenzverschiebung der gestreuten Röntgenstrahlung direkt zu messen. Streuexperimente mit Neutronen sind darum vorteilhafter: hier kann die Energieverschiebung normalerweise direkt gemessen werden.

Unelastische Streuung von Neutronen an Phononen

Neutronen treten hauptsächlich mit den Atomkernen eines Kristallgitters in Wechselwirkung. Die Kinematik der Neutronenstreuung wird durch die allgemeine Auswahlregel für Wellenvektoren (3) oder (4) beschrieben:

$$\mathbf{k} + \mathbf{G} = \mathbf{k}' \pm \mathbf{K}\,. \tag{13}$$

Außerdem gilt natürlich noch der Energiesatz. Hier ist **K** der Wellenvektor des in dem Prozeß erzeugten (−)- oder absorbierten (+)-Phonons, **G** ein beliebiger Vektor des reziproken Gitters.

Ist M_n die Neutronenmasse, so ist die kinetische Energie des einfallenden Neutrons gleich $p^2/2M_n$. Der Impuls **p** ist durch $\hbar\mathbf{k}$ gegeben, wenn

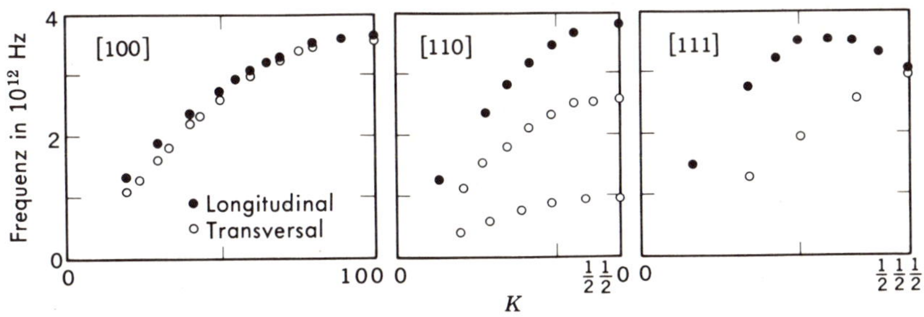

Bild 7a: Dispersionskurven von Natrium bei 90 K für Phononen mit den Ausbreitungsrichtungen [100], [110] und [111]. Diese Ergebnisse wurden durch unelastische Streuung von Neutronen gewonnen. [Woods, Brockhouse, March und Bowers, Proc. Phys. Soc. London **79**, Teil 2, 440 (1962).]

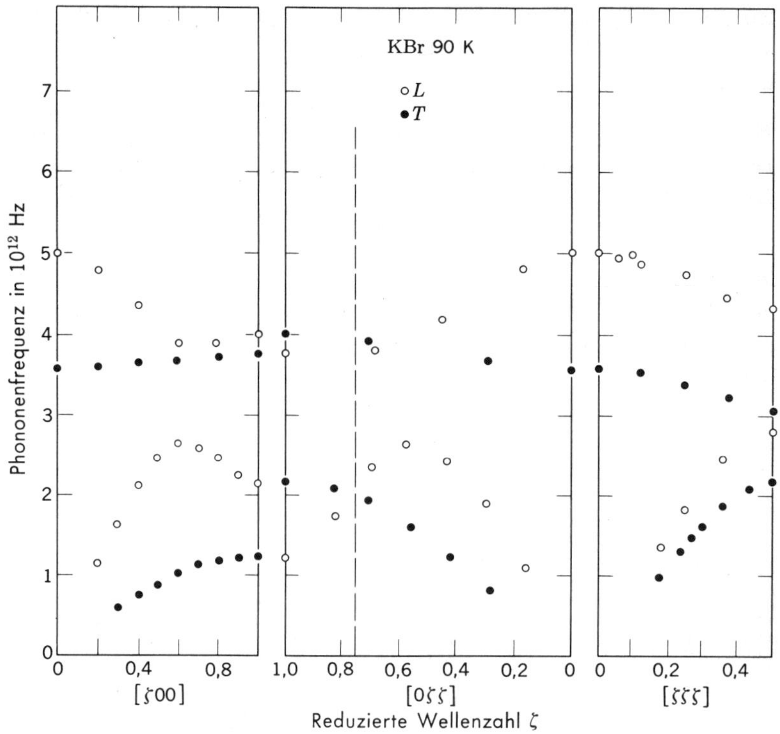

Bild 7b: Dispersionskurven für die optischen und die akustischen Äste des Phononenspektrums von Kaliumbromid bei 90 K, nach A. D. B. Woods, B. N. Brockhouse, R. A. Cowley und W. Cochran, Phys. Rev. **131**, 1025 (1963). Diese Daten können sehr gut mit einem einfachen Modell, dem sogenannten Schalenmodell, in Übereinstimmung gebracht werden. Das Schalenmodell wird von A. D. B. Woods, W. Cochran und B. N. Brockhouse, Phys. Rev. **119**, 980 (1960), B. J. Dick und A. W. Overhauser, Phys. Rev. **112**, 90 (1958), J. E. Hanlon und A. W. Lawson, Phys. Rev. **113**, 472 (1959) besprochen.

$\mathbf{k}$ der Wellenvektor des Neutrons ist. Damit wird $\hbar^2k^2/2M_n$ die kinetische Energie des einfallenden Neutrons. Mit $\mathbf{k}'$, dem Wellenvektor des gestreuten Neutrons lautet die kinetische Energie $\hbar^2k'^2/2M_n$. Der Energiesatz nimmt dann die folgende Form an:

$$\frac{\hbar^2k^2}{2M_n} = \frac{\hbar^2k'^2}{2M_n} \pm \hbar\omega_{\mathbf{K}} . \tag{14}$$

Hier ist $\hbar\omega_{\mathbf{K}}$ die Energie des in diesem Prozeß erzeugten (+)- oder absorbierten (−)-Phonons.

Zur Bestimmung der Dispersionsrelation [6]) aus (13) und (14) braucht man aus dem Experiment den Energieverlust oder -Gewinn der gestreuten Neutronen als Funktion der Streurichtung $\mathbf{k} - \mathbf{k}'$.

Beispielhaft für die genaue Bestimmung von Phononenspektren in Metallen sind die in Bild 7a dargestellten Dispersionskurven von Natrium. Bild 7b zeigt die Phononenspektren für den Ionenkristall Kaliumbromid.

Unter günstigen Versuchsbedingungen ist die Neutronenstreuung das ideale Verfahren zur Bestimmung von Phononenspektren. Die Methode ist nicht anwendbar, wenn die Neutronen von den Atomkernen des Kristalls zu stark absorbiert werden. In einigen Fällen kann man aus der Linienbreite des gestreuten Neutronenstrahls wichtige Daten über die Lebens-

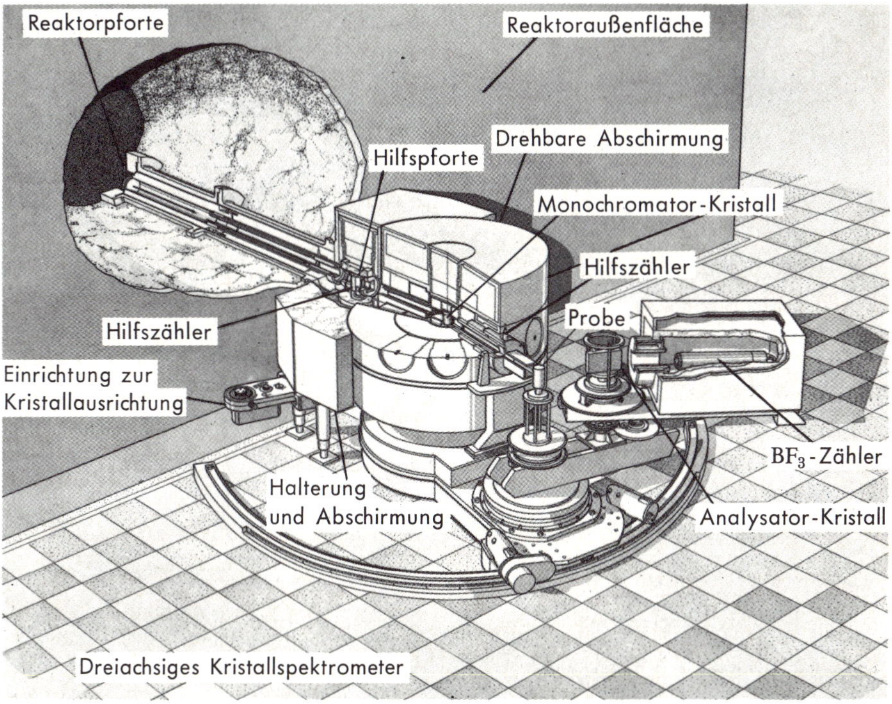

Bild 8: Schnittbild des dreiachsigen Brockhouse-Kristallspektrometers aus Bild 9.

[6]) Eine geometrische Darstellung, die die Kinematik der unelastischen Neutronenstreuung veranschaulicht, findet man auf S. 337 von QTS. Eine ausgezeichnete zusammenfassende Arbeit über unelastische Neutronenstreuung von B. N. Brockhouse, S. Hautecler und H. Stiller enthält das von Strumane et al. herausgegebene Buch "Interaction of radiation with solids", North-Holland, 1963.

Bild 9: Dreiachsiges Kristallspektrometer am Hochflußreaktor der Chalk River Nuclear Laboratories der Atomic Energy of Canada Limited. Das Spektrometer wurde von Dr. B. N. Brockhouse und Kollegen entwickelt, um mittels unelastischer Neutronenstreuung Phononen in Kristallen zu untersuchen.

dauer der Phononen entnehmen. Das in Chalk River, einem der Mittelpunkte für die Forschung auf diesem Gebiet, verwendete Spektrometer zeigen die Bilder 8 und 9. Eine größere Anlage steht in Brookhaven auf Long Island (USA).

Schwingungen in Gittern aus gleichartigen Atomen

Wir erweitern nun den Bereich unserer Diskussion der elastischen Schwingungen von Kristallen und betrachten auch kurze Wellenlängen - so kurz, daß sie mit der Gitterkonstanten vergleichbar sind. Die Periodizität der Kristallstruktur hat dann - genau wie bei Röntgenstrahlung - wichtige Folgen für elastische Wellen.

Zur Vereinfachung beschränken wir uns auf Wellen in Ausbreitungsrichtungen, für die die Polarisation der Welle rein transversal oder rein longitudinal [7]) ist. (Wir gehen außerdem von Kristallen aus, deren primitive Basis nur ein Atom enthält.) In einem kubischen Kristall sind das die [100], [111] und die [110]-Richtungen. Breitet sich eine Welle in einer dieser Richtungen aus, dann bewegen sich immer ganze Netzebenen des Kristalls in Phase. Ihre Bewegung verläuft bei longitudinal polarisierten Wellen parallel zur Fortpflanzungsrichtung und senkrecht dazu, wenn die Welle transversal polarisiert ist. Aus dem Zusammenhang zwischen der Frequenz ω und dem Wellenvektor $\mathbf{K}$ dieser speziellen Ausbreitungsrichtungen kann man sehr viel über die Kräfte zwischen den verschiedenen Netzebenen des Kristalls erfahren. Die Mathematik hierfür ist einfach.

Werden die Netzebenen beim Durchgang einer Welle als Ganzes parallel oder senkrecht zum Wellenvektor $\mathbf{K}$ verschoben, so kann man die Auslenkung der Ebene s aus der Gleichgewichtslage durch eine einzige Koordinate u_s beschreiben. Das Problem ist dann eindimensional. Wir wollen vorläufig annehmen, daß alle Netzebenen identisch sind und beschränken uns entweder auf longitudinal polarisierte oder auf transversal polarisierte Wellen. Bild 10 zeigt die Auslenkung der Teilchen bei einer Longitudinalwelle, Bild 11 die Auslenkung bei einer Transversalwelle.

Die Kraft auf die Ebene mit dem Index s, die durch die Verschiebung der Ebene $s + p$ entsteht, soll proportional zur Differenz ihrer Auslenkungen $u_{s+p} - u_s$ sein. Dann ist die gesamte Kraft auf die Ebenen s gegeben durch

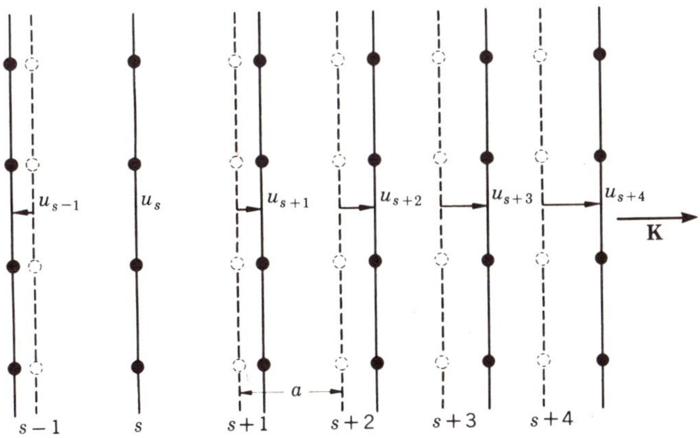

Bild 10: Gestrichelte Linien: Netzebenen in der Gleichgewichtslage. Ausgezogene Linien: von einer Longitudinalwelle ausgelenkte Netzebenen.

[7]) Für beliebige Ausbreitungsrichtungen sind elastische Wellen nicht rein transversal oder rein longitudinal polarisiert.

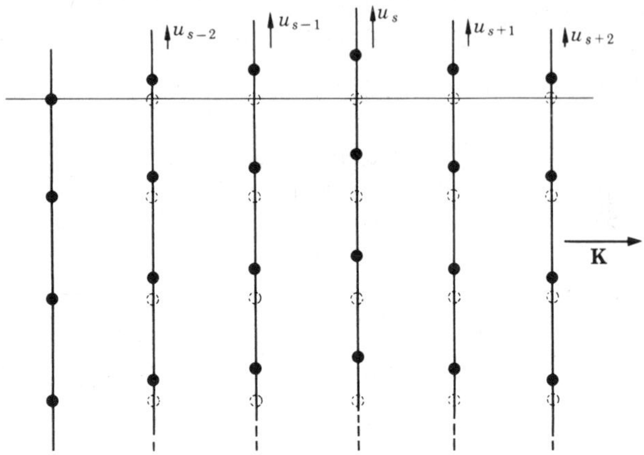

Bild 11:
Auslenkung der Netzebenen durch eine Transversalwelle.

$$(15) \qquad F_s = \sum_p C_p(u_{s+p} - u_s).$$

Diese Gleichung ist in den Verschiebungen linear, sie hat also die Form des Hookschen Gesetzes. Die Konstante C_p ist die Richtgröße (Kraftkonstante, Direktionskraft) zwischen den Ebenen, deren Abstand voneinander p beträgt. Der Wert von C_p ist für Longitudinal- und Transversalwellen verschieden. Meist definiert man F und C_p für ein Atom der Netzebene, so daß F_s die Kraft auf ein Atom der Ebene s ist. Welche Verknüpfung besteht zwischen C_p und potentieller Energie zweier Atome? Sei $U(R_0)$ die potentielle Energie zweier Atome im Gleichgewichtsabstand R_0. Vergrößert man den Abstand um ΔR, so ergibt sich für die neue potentielle Energie

$$(15a) \qquad U(R) = U(R_0) + \left(\frac{dU}{dR}\right)_{R_0} \Delta R + \tfrac{1}{2}\left(\frac{d^2U}{dR^2}\right)_{R_0} (\Delta R)^2 + \cdots .$$

Der Beitrag dieser Bindung zu der Kraft zwischen zwei Ebenen ist

$$(15b) \qquad F = -\frac{dU}{d\,\Delta R} = -\left(\frac{dU}{dR}\right)_{R_0} - \left(\frac{d^2U}{dR^2}\right)_{R_0} \Delta R + \cdots .$$

Wir beschäftigen uns nicht weiter mit dem Term $-(dU/dR)_{R_0}$, weil er nicht von ΔR abhängt. Außerdem muß die gesamte Kraft im Gleichgewichtsabstand Null sein, wenn über alle Ebenen summiert wird, die mit einer gegebenen Ebene wechselwirken. Wir definieren jetzt eine Kraftkonstante C durch $F = -C\,\Delta R$, so daß

$$(15c) \qquad C = \left(\frac{d^2U}{dR^2}\right)_{R_0}$$

den Beitrag dieses Atompaares zur Kraftkonstanten liefert. Trägt man für das Lennard-Jones-Potential C gegen R auf, so erhält man für Argon Bild 12.

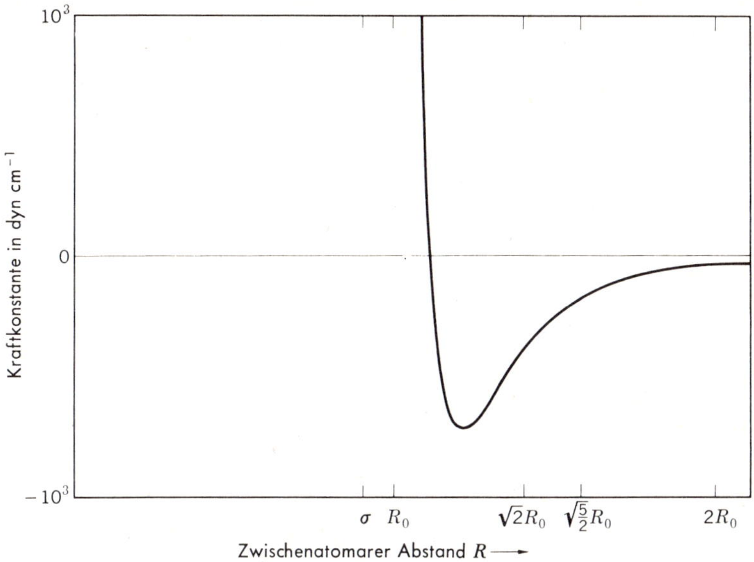

Bild 12: Kurvenverlauf der Kraftkonstanten $C = \partial^2 U/\partial R^2$ zwischen zwei Argonatomen nach dem Lennard-Jones-Potential. Die Abstände der ersten, zweiten, dritten und vierten nächsten Nachbarn im Kristall sind an der horizontalen Achse markiert. Die Kraftkonstante zwischen einem Atompaar bei $R_0 = 1.11\sigma$, dem Gleichgewichtsabstand im Kristall, beträgt $+ 6{,}6 \cdot 10^3$ dyn cm^{-1} oder 6,6 N m^{-1}. (Nach R. Gray)

Die Summe der Beiträge aller Atompaare in den beiden Ebenen dividiert durch die Zahl der Atome in einer Ebene, ergibt dann C_p. Die Bewegungsgleichung der Ebene s lautet:

(16) $$M \frac{d^2 u_s}{dt^2} = \sum_p C_p (u_{s+p} - u_s).$$

Hier ist M die Masse eines Atoms. Bei der Aufsummierung durchläuft p alle positiven und negativen ganzen Zahlen.

Als Lösungen der Bewegungsgleichung (16) setzen wir laufende Wellen an

(17) $$u_{s+p} = u\, e^{i(s+p)Ka} e^{-i\omega t}$$

wobei a der Abstand [8]) zwischen den Netzebenen und K die Wellenzahl ist. Damit wird aus (16)

$$(18)\qquad -\omega^2 M u e^{isKa} e^{-i\omega t} = \sum_p C_p \left(e^{i(s+p)Ka} - e^{isKa}\right) u e^{-i\omega t} .$$

$u\, e^{isKa} e^{-i\omega t}$ kann man auf beiden Seiten kürzen, d. h.

$$(19)\qquad \omega^2 M = -\sum_p C_p (e^{ipKa} - 1).$$

Da die primitive Basis nur ein Atom enthält, gilt aus Symmetriegründen $C_p = C_{-p}$. Damit kann (19) umgeformt werden zu

$$(20)\qquad \omega^2 M = -\sum_{p>0} C_p (e^{ipKa} + e^{-ipKa} - 2).$$

Mit der Identität $2 \cos pKa \equiv e^{ipKa} + e^{-ipKa}$ erhält man die Dispersionsrelation

$$(21)\qquad \boxed{\omega^2 = \frac{2}{M} \sum_{p>0} C_p (1 - \cos pKa).}$$

Man sieht, daß die Kurve ω gegen K jeweils Null wird bei $K = \pm\pi/a$. Also

$$(22)\qquad \frac{d\omega^2}{dK} = \frac{2}{M} \sum_{p>0} paC_p \sin pKa = 0$$

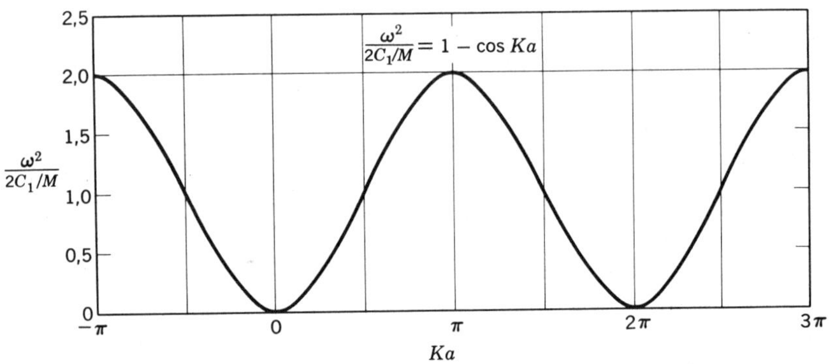

Bild 13a: ω^2 in Abhängigkeit von K für ein Gitter, bei dem die Wechselwirkung auf die nächsten Nachbarebenen beschränkt ist. Die Kraftkonstante zwischen Nachbarebenen ist C_1, der Abstand zwischen ihnen ist a.

[8]) Bei gegebenem Gitter hängt der Abstand a zwischen den einzelnen Netzebenen von der Richtung von $\mathbf{K}$ ab.

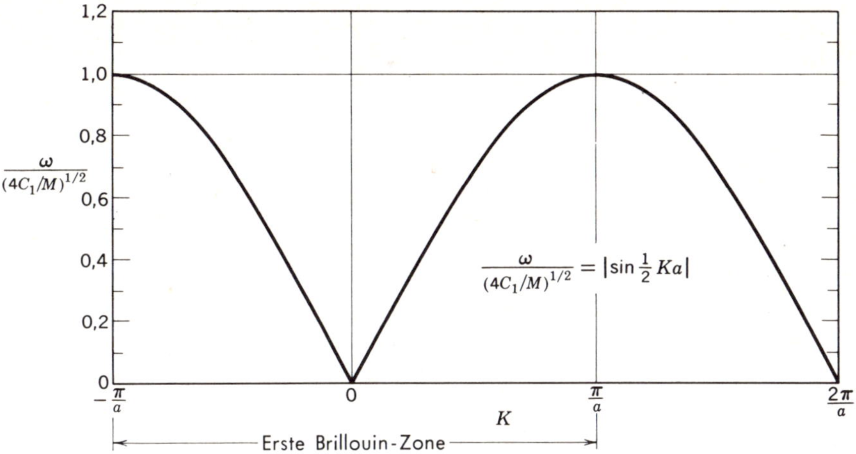

Bild 13b: ω in Abhängigkeit von K für das Modell aus Bild 12. Der Bereich $K \ll 1/a$ oder $\lambda \gg a$ entspricht der Kontinuumsnäherung; hier ist ω direkt proportional zu K.

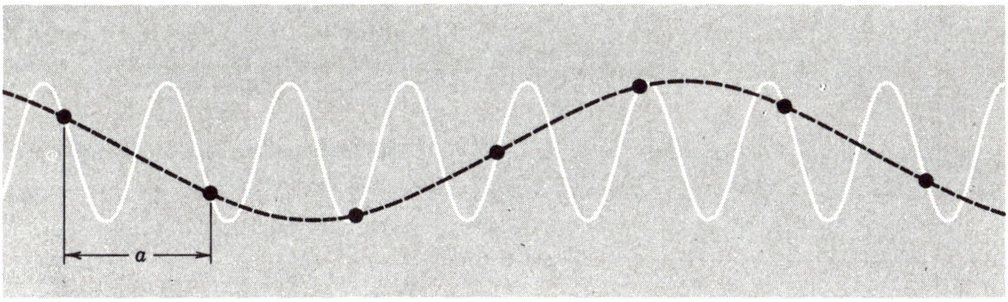

Bild 13c: Die Welle der durchgezogenen Kurve übermittelt keine Information, die nicht auch durch die gestrichelte Kurve gegeben wird. Man braucht lediglich Wellenlängen größer 2a, um die Bewegung wiederzugeben. (Nach P. Hansma).

bei $K = \pm\pi/a$, denn hier wird $\sin pKa = \sin(\pm p\pi) = 0$. Dieses Ergebnis legt den Schluß nahe, daß die Wellenvektoren von Phononen, die auf dem Rand der Brillouinzone liegen, eine besondere Bedeutung haben, ähnlich wie die Wellenvektoren von Photonen; dies wurde in Kap. 2 diskutiert. Besteht die Wechselwirkung nur zwischen nächsten Nachbarebenen, so vereinfacht sich (21) auf

(23a) $$\omega^2 = (2C_1/M)(1 - \cos Ka).$$

Durch Anwendung trigonometrischer Formeln läßt sich (22) noch weiter umformen:

(23b) $$\omega^2 = (4C_1/M)\sin^2 \tfrac{1}{2}Ka; \qquad \omega = (4C_1/M)^{1/2}\,|\sin \tfrac{1}{2}Ka|.$$

Das Vorzeichen der Wurzel wird so gewählt, daß die Kreisfrequenz ω für stabile Gitter immer positiv ist. In Bild 13a ist ω^2 in Abhängigkeit von Ka, in Bild 13b ist ω in Abhängigkeit von K aufgetragen. Beide Kurven sind periodische Funktionen von K mit der Periode $2\pi/a$.

Die erste Brillouin-Zone

Welcher Bereich von K hat eine physikalische Bedeutung? Diese Frage ist sehr wichtig. Aus (17) ergibt sich das Verhältnis aus den Auslenkungen benachbarter Netzebenen

(24) $$\frac{u_{s+1}}{u_s} = \frac{ue^{i(s+1)Ka}e^{-i\omega t}}{ue^{isKa}e^{-i\omega t}} = e^{iKa} .$$

Der Bereich von $-\pi$ bis $+\pi$ für die Phase Ka von e^{iKa} umfaßt alle unabhängigen Werte der Exponentialfunktion. Es ist ganz und gar sinnlos zu behaupten, zwei entgegengesetzte Atome seien um mehr als $+\pi$ außer Phase: denn eine relative Phase von $1{,}2\,\pi$ zum Beispiel ist physikalisch identisch mit einer relativen Phase von $-0{,}8\,\pi$ oder eine relative Phase von $4{,}2\,\pi$ ist identisch mit einer von $0{,}2\,\pi$.

Wir lassen positive und negative Werte von K zu, da die Wellen sowohl nach rechts als auch nach links laufen können. Also kann der Bereich unabhängiger K-Werte durch die Ungleichungen

(25) $$-\pi \leq Ka \leq \pi \qquad \text{oder} \qquad -\frac{\pi}{a} \leq K \leq \frac{\pi}{a}$$

angegeben werden[9]). Dieser Bereich von K ist die **erste Brillouin-Zone** des linearen Gitters, wie sie schon in Kapitel 2 definiert wurde. Die Extremwerte von K in diesem Bereich sind

(26) $$K_{\max} = \pm\frac{\pi}{a} .$$

$K_{\max}$ hat die Größenordnung von rund $10^8\ \text{cm}^{-1}$.

---

[9]) Beachten Sie den wesentlichen Unterschied zum elastiscnen Kontinuum. Im Grenzfall des elastischen Kontinuums gilt $a \to 0$ und $K_{\max} \to \pm\infty$.

Was ergibt sich, wenn wir in (17) Werte für K einsetzen, die außerhalb der ersten Brillouin-Zone liegen? Nichts Neues: Diese Werte ergeben nur Gitterbewegungen, die bereits durch die K-Werte innerhalb der Grenzen $\pm\pi/a$ beschrieben sind. Liegt daher ein K-Wert außerhalb dieser Grenzen, so wird davon das entsprechende ganze Vielfache von $2\pi/a$ abgezogen, so daß sich ein Wellenvektor innerhalb dieser Grenzen ergibt.

Liegt eine Wellenzahl K außerhalb der ersten Brillouin-Zone, $K' \equiv K - 2\pi n/a$ (n ist eine ganze Zahl) jedoch innerhalb, so wird in diesem Fall aus dem Auslenkungsverhältnis (24)

(27) $$u_{s+p+1}/u_{s+p} = e^{iKa} \equiv e^{2\pi ni}e^{i(Ka-2\pi n)} \equiv e^{iK'a},$$

denn es ist $e^{i2\pi n} = 1$. Folglich kann die Auslenkung immer durch einen Wert des Wellenvektors aus der ersten Brillouin-Zone beschrieben werden.

Wir stellen fest: $2\pi n/a$ ist ein reziproker Gittervektor, weil $2\pi/a$ ein solcher ist. Durch Subtraktion eines geeigneten reziproken Gittervektors von K erhält man immer einen äquivalenten Wellenvektor in der ersten Brillouin-Zone.

An den Grenzen $K_{\max} = \pm\pi/a$ der Brillouin-Zone stellt die Lösung $u_s = u \exp[i(sKa - \omega t)]$ keine laufende, sondern eine stehende Welle[10]) dar: an den Zonenrändern gilt $sK_{\max}a = \pm s\pi$, weshalb folgt

(28) $$u_s = ue^{\pm is\pi}e^{-i\omega t} = u(-1)^s e^{-i\omega t} .$$

Das ist die Gleichung einer stehenden Welle, d.h. bei dieser Welle bewegen sich Atome benachbarter Netzebenen in entgegengesetzter Phase, da $\cos s\pi = \pm 1$ ist, je nachdem, ob s gerade oder ungerade. Diese Situation ist der Bragg-Reflexion von Röntgenstrahlen äquivalent: ist die Bragg-Bedingung erfüllt, so kann sich eine laufende Welle nicht mehr im Gitter fortpflanzen; vielmehr baut sich durch Hin- und Herreflexionen eine stehende Welle auf. Der Grenzwert $K_{\max} = \pm\pi/a$, den wir hier gefunden haben, erfüllt die Braggsche Reflexionsbedingung $2d \sin\theta = n\lambda$; und zwar ist $\theta = \frac{1}{2}\pi$, $d = a$, $K = 2\pi/\lambda$, $n = 1$ und damit $\lambda = 2a$. Bei Röntgenstrahlen kann n außer 1 auch andere ganzzahlige Werte annehmen, da eine Wellenamplitude auch in dem Raum zwischen den Atomen ihre Bedeutung beibehält, die Verschiebungsamplitude einer elastischen Welle besitzt dagegen nur am Ort der Atome selbst eine Bedeutung.

[10]) In Kapitel 9 wird gezeigt, daß die Wellenfunktion von Leitungselektronen an den Zonenrändern dieselbe Eigenschaft besitzt.

Bild 14: Gruppengeschwindigkeit v_g in Abhängigkeit von K für das Modell aus Bild 12. Am Rand der Brillouin-Zone ist die Gruppengeschwindigkeit null. Der Bereich von K, der die im Laboratorium erzeugten Ultraschallwellen umfaßt, ist heute noch zu begrenzt, um auf der linken Seite der Zeichnung sichtbar zu werden.

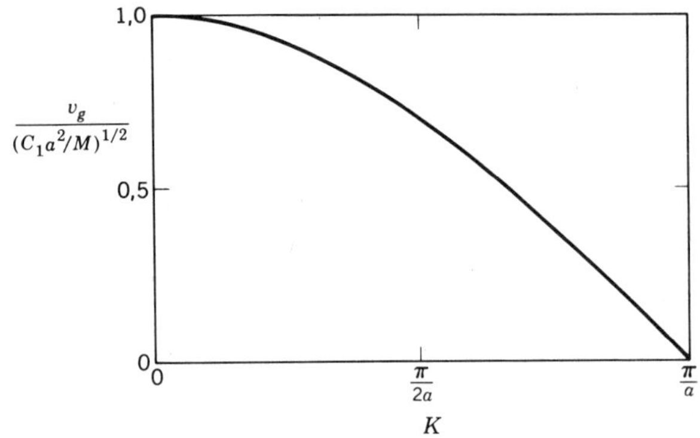

Die Gruppengeschwindigkeit

Die Geschwindigkeit eines Wellenpakets ist die Gruppengeschwindigkeit; ihre Definition aus der Wellenoptik lautet:

$$(29a) \qquad v_g = \frac{d\omega}{dK}, \qquad \text{oder} \qquad \mathbf{v}_g = \text{grad}_{\mathbf{K}}\,\omega(\mathbf{K}) .$$

Dies gilt zwei- oder dreidimensional, wobei $\text{grad}_{\mathbf{K}}$ der Gradient bezüglich $\mathbf{K}$ ist. Die Gruppengeschwindigkeit ist gleich der Geschwindigkeit des Energietransports durch das Medium. Aus der Dispersionsrelation (23) ergibt sich die Gruppengeschwindigkeit (Bild 14) zu

$$(29b) \qquad v_g = (C_1a^2/M)^{1/2} \cos \tfrac{1}{2}Ka.$$

Unser allgemeines Ergebnis (22) zeigt, daß die Gruppengeschwindigkeit am Rand der Brillouin-Zone verschwindet. Genau das erwartet man von einer stehenden Welle.

Langwelliger Grenzfall

Für $pKa \ll 1$ gilt $\cos pKa \cong 1 - \frac{1}{2}(pKa)^2$. Damit nimmt die Dispersionsrelation (21) die folgende Form an:

$$(30) \qquad \omega^2 = K^2\left(\frac{a^2}{M}\right)\sum_{p>0} p^2C_p.$$

Nach Kapitel 4 ist $\omega^2 = K^2 \cdot$ (Elastizitätsmodul/Dichte). Der Term p^2 in der Summe (30) verstärkt den Einfluß der weitreichenden Kraftkomponenten, die deshalb bei der Bestimmung der makroskopischen elastischen Konstanten eine maßgebende Rolle spielen.

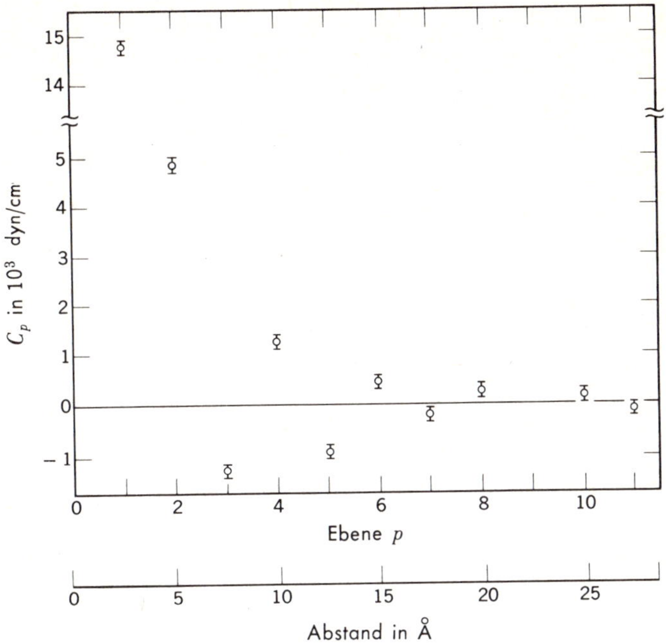

Bild 15: Die Kraftkonstanten zwischen den Netzebenen von Blei bei 100 K für Longitudinalwellen in [100]-Richtung; nach Brockhouse et al., Phys. Rev. **128**, 1099 (1962). Die horizontale Achse gibt den Abstand der Ebene von der Bezugsebene an. (10^3 dyn cm^{-1} = 1 N m^{-1})

Ableitung von Kraftkonstanten aus experimentell ermittelten Dispersionsrelationen

In vielen Metallen können die wirksamen Kräfte eine ziemlich große Reichweite haben. Man hat Effekte gefunden, bei denen sogar über 20 Netzebenen[11]) hinweg eine Wirkung erfolgt. Eine Aussage über die Reichweite der Kräfte kann man leicht aus einer bekannten Dispersionsrelation für ω machen.

Wir lösen Gleichung (21) nach C_p auf, indem wir beide Seiten mit cos rKa multiplizieren (r ist ganzzahlig) und über den gesamten Bereich unabhängiger K-Werte integrieren:

---

[11]) J. M. Rowe, B. N. Brockhouse und E. C. Svenson, Phys. Rev. Letters **14**, 554 (1965).

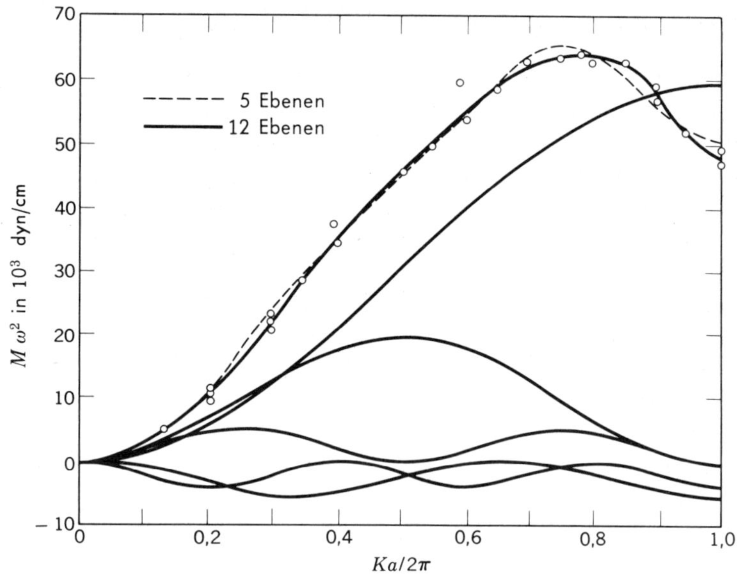

Bild 16: Werte von $M\omega^2$ in Blei für den longitudinalen Zweig in [100]-Richtung über der reduzierten Wellenzahl aufgetragen. Die angepaßten Kurven für zwölf Ebenen (gute Übereinstimmung) und für fünf Ebenen sind eingezeichnet, ebenso die fünf ersten Fourierkomponenten.

$$\text{(31 a)} \qquad M\int_{-\pi/a}^{\pi/a} dK\,\omega_K^2 \cos rKa = 2\sum_{p>0} C_p \int_{-\pi/a}^{\pi/a} dK(1 - \cos pKa)\cos rKa = -2\pi C_p/a.$$

Das Integral verschwindet außer für p = r.
Also gilt

$$\text{(31 b)} \qquad C_p = -(Ma/2\pi)\int_{-\pi/a}^{\pi/a} dK\,\omega_K^2 \cos pKa.$$

Dieses wichtige Ergebnis[12]) drückt die Kraftkonstante der p-ten Netzebene mit Hilfe der Fouriertransformierten von ω^2 als Funktion von $\boldsymbol{K}$ aus. Es gilt nur für Gitter aus gleichartigen Atomen.

---

[12]) Das Ergebnis (31 b) wurde von A. J. E. Foreman und W. M. Lomer, Proc, Phys. Soc. (London) **B 70**, 1143 (1957) abgeleitet. Seine Anwendung auf den beobachteten Dispersionsverlauf bei Blei (Bild 15 und Bild 16) diskutieren Brockhouse et al., Phys. Rev. **128**, 1099 (1962). Der Ursprung der in einigen Metallen beobachteten langreichweitigen Kräfte wird von W. A. Harrison, Phys. Rev. **129**, 2512 (1963) und von S. H. Koenig, Phys. Rev. **135**, A1693 (1964) diskutiert. Die erste Veröffentlichung in dieser Richtung stammt von T. Toya (für Natrium) aus dem Jahre 1958.

Gitter mit zwei Atomen in der primitiven Elementarzelle

Bei Kristallen mit mehr als einem Atom in der primitiven Elementarzelle zeigt das Schwingungsspektrum neue charakteristische Eigenschaften. Wir gehen von zwei Atomen pro primitiver Elementarzelle aus, wie es z.B. bei der NaCl- und bei der Diamantstruktur der Fall ist. Für jede mögliche Polarisation mit vorgegebener Fortpflanzungsrichtung liefert die Dispersionsrelation ω als Funktion von K zwei Äste, die als **optische** und **akustische Äste** bezeichnet werden. Es gibt also longitudinale (LA) und transversale akustische (TA) Phononen, sowie longitudinale (LO) und transversale optische (TO) Phononen. Befinden sich p Atome in der primitiven Elementarzelle, dann liefert die Phononendispersionsbeziehung 3p Äste: 3 akustische und 3p - 3 optische Äste. So hat Diamant z.B. mit den 2 Kohlenstoffatomen in der primitiven Zelle 6 Phononenäste: ein LA, ein LO, zwei TA und zwei TO (siehe Bild 17a).

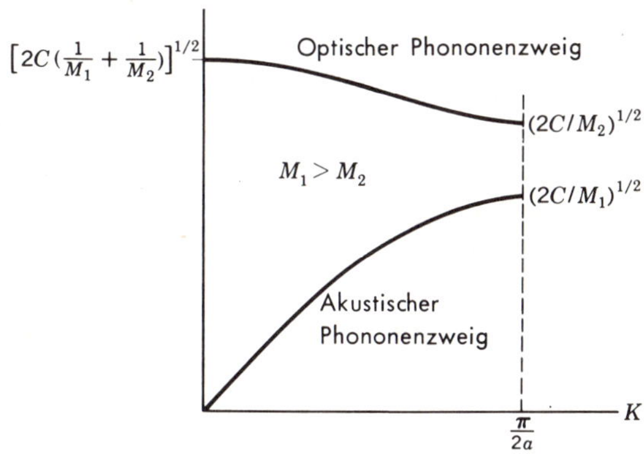

Bild 17a:
Optischer und akustischer Phononenzweig aus der Dispersionsrelation eines linearen Gitters aus zwei verschiedenen Atomsorten. Die Grenzfrequenzen für $K = 0$ und $K = K_{max} = \pi/2a$ sind eingezeichnet; a ist die Gitterkonstante.

Wir betrachten nun einen kubischen Kristall (Bild 17c), bei dem die Atome mit der Masse M_1 die mit u bezeichneten Netzebenen bilden und die Atome mit der Masse M_2 die mit v bezeichneten. (Es ist nicht wesentlich, daß die Massen verschieden sind; die Indizes 1 und 2 beziehen sich auf die beiden Atome der Basis, auch wenn sie identisch sind. Die Kraftkonstanten können dann trotzdem, wie in Aufgabe 6, verschieden sein.) Die Netzebenen sollen voneinander den Abstand a haben, so daß sich die Ebenen nach der Strecke a identisch wiederholen. Wir betrachten auch nur Wellen, deren Ausbreitungsrichtung mit Symmetrierichtungen zusammenfällt, bei denen die Netzebenen nur jeweils eine Atomart enthalten, wie z.B. die [111]-Richtung in NaCl oder die [100]-Richtung in CsCl.

Mit der Annahme, daß jede Ebene nur von der nächsten Nachbarebene beeinflußt wird und daß die Kraftkonstanten für alle Ebenenpaare aus näch-

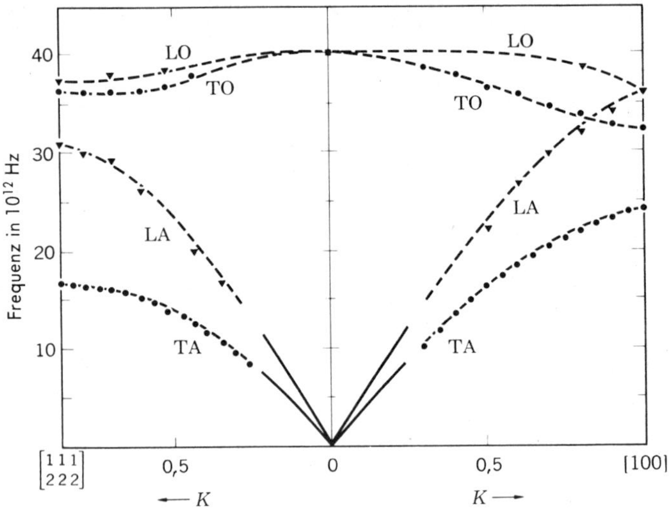

Bild 17b: Experimentelle Dispersionskurven ν gegen K für Diamant in (100) und (111) Richtung; K ist der reduzierte Wellenvektor in Einheiten von π/a. Man beachte die optischen und akustischen Äste, die eigentlich in einem Kristall mit zwei Atomen (obwohl sie identisch sind) pro Elementarzelle auftreten. Die rechte Bildhälfte gilt für Phononen in (100) Richtung, die linke für Pononen in (111) Richtung. In den Ausbreitungsrichtungen sind die transversalen Eigenschwingungen zweifach entartet: es gibt zwei unabhängige Polarisationsrichtungen für jeden Punkt auf der TA- und TO-Kurve. (Nach J. L. Warren, R. G. Wenzel und J. L. Yarnell, Inelastic scattering of neutrons, IAEA, Wien 1965).

sten Nachbarn gleich sind, lauten dann die Bewegungsgleichungen unter Bezugnahme auf Bild 17c

(32)
$$M_1 \frac{d^2u_s}{dt^2} = C(v_s + v_{s-1} - 2u_s) \; ;$$
$$M_2 \frac{d^2v_s}{dt^2} = C(u_{s+1} + u_s - 2v_s) \; .$$

Als Lösung setzen wir laufende Wellen an, jedoch mit verschiedenen Amplituden u und v für die gerade und die ungerade bezifferten Netzebenen:

(33)
$$u_s = u\, e^{isKa} e^{-i\omega t} \; ; \qquad v_s = v\, e^{isKa} e^{-i\omega t} \; .$$

Setzen wir (33) in (32) ein, so erhalten wir

(34)
$$-\omega^2 M_1 u = Cv(1 + e^{-iKa}) - 2Cu \; ;$$
$$-\omega^2 M_2 v = Cu(e^{iKa} + 1) - 2Cv \; .$$

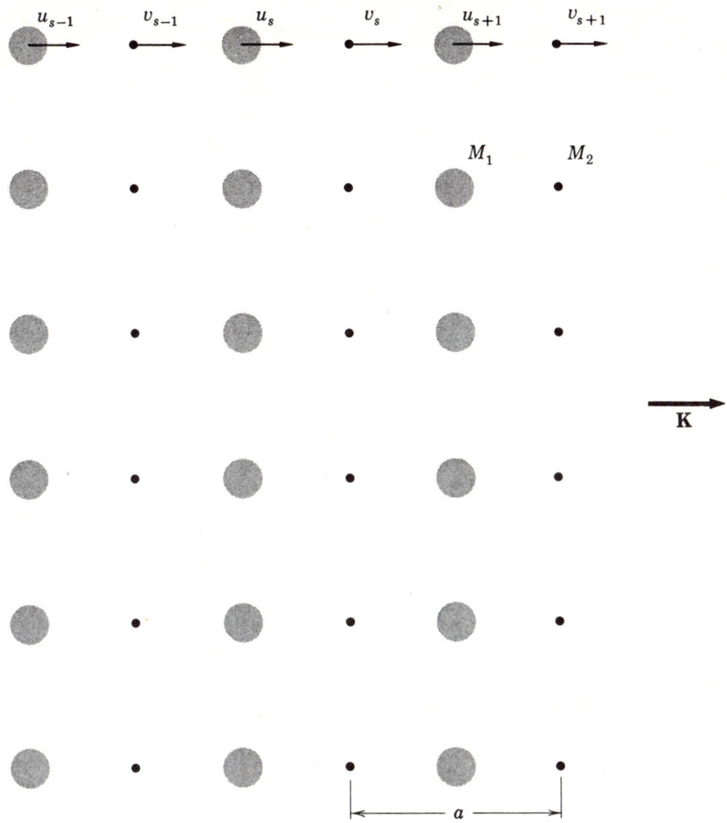

Bild 17c: Eine Kristallstruktur mit zwei Atomsorten der Massen M_1 und M_2 , die durch die Kraftkonstante C zwischen benachbarten Ebenen verbunden sind. Die Verschiebungen der Atome M_1 sind mit $u_{s-1}, u_s, u_{s+1}, \ldots$ bezeichnet, die der Atome M_2 mit v_{s-1}, v_s, v_{s+1}. Die Wiederholungslänge a liegt in der Richtung des Wellenvektors K. Die Atome werden hier in ihrer unverschobenen Position gezeigt.

Das lineare, homogene Gleichungssystem (34) für die zwei Unbekannten u und v hat nur dann eine nichttriviale Lösung, wenn die Koeffizientendeterminante von u und v verschwindet:

$$\begin{vmatrix} 2C - M_1\omega^2 & -C(1 + e^{-iKa}) \\ -C(1 + e^{iKa}) & 2C - M_2\omega^2 \end{vmatrix} = 0 \ , \tag{35}$$

oder

$$M_1M_2\omega^4 - 2C(M_1 + M_2)\omega^2 + 2C^2(1 - \cos Ka) = 0 \ . \tag{36}$$

Wir können diese Gleichung für ω^2 exakt lösen, aber es ist einfacher, die Grenzfälle $Ka \ll 1$ und $Ka = \pm\pi$ am Zonenrand zu prüfen. Für kleine Werte Ka gilt $\cos Ka \cong 1 - \frac{1}{2}K^2a^2 + \ldots$, und die beiden Wurzeln von (36) sind

(37) $$\omega^2 \cong 2C\left(\frac{1}{M_1} + \frac{1}{M_2}\right) \qquad \text{(optischer Ast)},$$

(38) $$\omega^2 \cong \frac{2C}{M_1 + M_2} K^2a^2 \qquad \text{(akustischer Ast)}.$$

Die erste Brillouin-Zone ist durch die Ungleichung $-\pi/2a \leq K \leq \pi/2a$ definiert; wenn $2a$ die Wiederholungslänge des Gitters ist. Bei $K_{max} = \pm\pi/2a$ lauten die Lösungen

(39) $$\omega^2 = 2C/M_1; \qquad \omega^2 = 2C/M_2.$$

Die durch Gleichung (36) beschriebene Änderung von ω mit K zeigt Bild 17a für $M_1 > M_2$.

Die Auslenkung der Teilchen in den TA und TO Zweigen ist in Bild 18 dargestellt. Für den optischen Zweig findet man aus (34) und (37) für $K = 0$

(40) $$\frac{u}{v} = -\frac{M_2}{M_1}\ .$$

Die Atome schwingen hier gegeneinander, ihr gemeinsamer Schwerpunkt bleibt dabei jedoch in Ruhe. Tragen die zwei Atome ungleichnamige Ladungen, so kann eine solche Bewegung durch das elektrische Feld einer Licht-

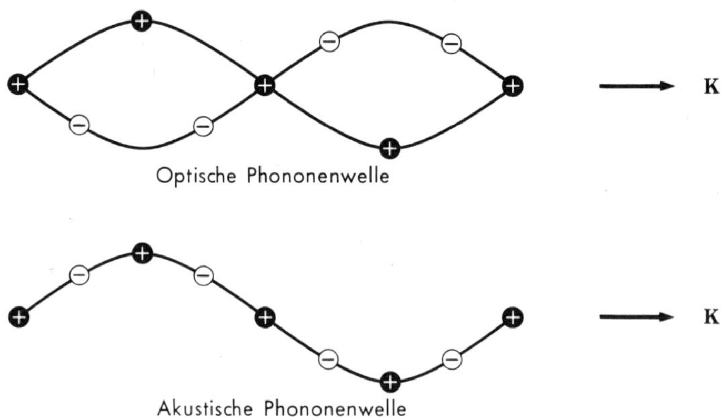

Bild 18: Transversale optische und transversale akustische Wellen in einem linearen Gitter aus zwei verschiedenen Atomsorten, veranschaulicht durch die Teilchenauslenkung für zwei Schwingungen derselben Wellenlänge.

welle [13]) angeregt werden; aus diesem Grund wird dieser Ast als optischer Ast bezeichnet [14]).

Wird ein Phonon [15]) bei der Absorption eines Photons im Kristall erzeugt, so folgt aus dem Impulssatz $\mathbf{k}_{\text{photon}} = \mathbf{K}_{\text{phonon}}$. Die Wellenzahlen der Photonen liegen bei den in Frage kommenden Frequenzen ($\sim 10^{13}$ Hz) in der Größenordnung von $10^3\,\text{cm}^{-1}$, die Wellenzahlen von Phononen betragen dagegen bis zu $10^8\,\text{cm}^{-1}$. Die so angeregten Phononen besitzen folglich sehr kleine Wellenzahlen.

Bild 17a zeigt, daß für Frequenzen zwischen $(2C/M_1)^{1/2}$ und $(2C/M_2)^{1/2}$ keine oszillatorischen Lösungen existieren. Das ist ein charakteristisches Merkmal der elastischen Wellen in diatomaren Gittern. Am Rand $K_{\max} = \pm\pi/2a$ der ersten Brillouin-Zone tritt eine **Frequenzlücke** auf. Suchen wir die Lösungen mit reellem ω in der Lücke, so wird die Wellenzahl K komplex, die Welle ist also räumlich gedämpft. Derselbe Effekt wird für Photonen im Anhang A besprochen. Eine ausgezeichnete Diskussion der Wellenausbreitung in diatomaren Gittern ist in dem Buch von Brillouin zu finden.

Außer (40) gibt es noch eine zweite Lösung für das Amplitudenverhältnis bei kleinem K, nämlich $u = v$. Die Atome (und ihre Schwerpunkte) bewegen sich alle zusammen, wie bei akustischen Schwingungen langer Wellenlänge der Gl. (38); deswegen die Bezeichnung akustischer Ast.

Optische Eigenschaften im Infraroten

Wir wollen das Verhalten eines Kristalls mit 2 Atomsorten, der Ionen der Ladung $\pm e$ enthält, gegenüber Infrarotphotonen untersuchen. Im Grenzfall langer Wellenlängen sind die Verschiebungen u_s, v_s unabhängig vom Index s. Die Bewegungsgleichung in einem lokalen elektrischen Feld $Ee^{-i\omega t}$ erhält man durch Hinzufügen eines Kraftterms zu (34)

$$(41) \qquad \begin{aligned} -\omega^2 M_1 u &= 2C(v-u) + eE\ ; \\ -\omega^2 M_2 v &= 2C(u-v) - eE\ . \end{aligned}$$

---

[13]) Die Wirkung des Magnetfeldes der Lichtwelle ist schwächer, weil die magnetische Kraft auf eine Ladung von v/c abhängt. v ist hier die Geschwindigkeit der Ionen im Gitter.

[14]) Die Absorptionsfrequenzen des optischen Astes liegen im infraroten Spektralbereich.

[15]) Dieser Prozeß ist von dem früher besprochenen, bei dem ein Photon durch die Erzeugung oder Absorption eines Phonons gestreut wird, zu unterscheiden!

Wir dividieren jetzt die erste Gleichung durch M_1 und die zweite durch M_2 . Dann subtrahieren wir die zweite Gleichung von der ersten und erhalten

(42) $$u - v = \frac{eE/\mu}{\omega_T{}^2 - \omega^2} ,$$

mit den Definitionen

(43) $$\frac{1}{\mu} \equiv \frac{1}{M_1} + \frac{1}{M_2} ; \qquad \omega_T{}^2 \equiv \frac{2C}{\mu} .$$

μ ist die reduzierte Masse eines Ionenpaares und ω_T die Frequenz des optischen Zweiges für $K \rightarrow 0$. Die Gleichung (42) zeigt eine Resonanzstelle für $\omega = \omega_T$.

Das Anlegen des elektrischen Feldes bewirkt, daß die positiven und negativen Ionen in entgegengesetzter Richtung verschoben werden und so den Kristall polarisieren.

Die dielektrische Polarisation **P** wird als Dipolmoment pro Volumeneinheit definiert. Sind N positiv geladene und N negativ geladene Ionen in der Volumeneinheit enthalten, so ist der Beitrag zur Polarisation durch die Verschiebung der Ionen

(44) $$P\,(\text{ionisch}) = Ne(u - v) = \frac{Ne^2/\mu}{\omega_T^2 - \omega^2} E_l .$$

Beachtenswert ist das Resonanzverhalten für $\omega = \omega_T$. In den Gleichungen (41) bis (44) ist E das lokale elektrische Feld [16]) und ist nicht notwendigerweise identisch mit dem mittleren makroskopischen elektrischen Feld der Maxwell-Gleichungen, die in Kap. 13 diskutiert werden. Dennoch führt Gl. (44) immer zu einer frequenzabhängigen Dielektrizitätskonstanten der allgemeinen Form:

(45) $$\epsilon(\omega) = \epsilon(\infty) + \frac{\omega_T{}^2}{\omega_T{}^2 - \omega^2} \cdot [\epsilon(0) - \epsilon(\infty)] ,$$

die in Bild 19a dargestellt ist. Dieses Ergebnis trifft auf einen kubischen Kristall zu, der zwei Atome pro primitive Elementarzelle hat. $\epsilon(0)$ ist hier die statische Dielektrizitätskonstante und $\epsilon(\infty)$ ist so definiert, daß es den Beitrag der Rumpfelektronen zur Dielektrizitätskonstanten mit einschließt. Bild 19b zeigt die experimentellen Ergebnisse.

---

[16]) In Kapitel 13 wird gezeigt, daß das lokale Feld in einem Punkt des Würfels

$\mathbf{E} + 4\pi\mathbf{P}/3$ in CGS-Einheiten oder

$\mathbf{E} + \mathbf{P}/3\epsilon_0$ in SI-Einheiten ist.

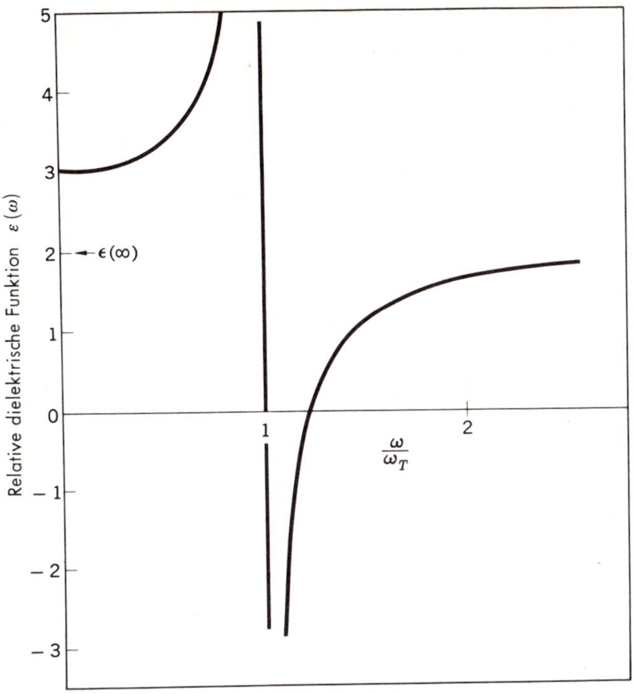

Bild 19a: Graphische Darstellung von $\epsilon(\omega)$ nach (45) für $\epsilon(\infty) = 2$ und $\epsilon(0) = 3$. Die dielektrische Konstante ist zwischen $\omega = \omega_T$ und $\omega = \omega_L = (3/2)^{\frac{1}{2}}\omega_T$ negativ; d.h. zwischen dem Pol (Unendlichkeitsstelle) und der Nullstelle von $\epsilon(\omega)$. Einfallende elektromagnetische Wellen, deren Frequenzen im Gebiet $\omega_T < \omega < \omega_L$ liegen, breiten sich in dem Medium nicht aus, sondern werden an dessen Grenze reflektiert. Alle ϵ sind in unserem Fall relative dielektrische Funktionen (Dielektrizitätskonstanten).

Nullstellen und Pole der dielektrischen Funktion

Eine wichtige und überraschende Eigenschaft der Dielektrizitätskonstanten (45) ist, daß sich elektromagnetische Wellen in einem unendlichen Kristall nicht ausbreiten können, wenn ihre Frequenz in den verbotenen Bereich

$$(46) \qquad \omega_T^2 < \omega^2 < \omega_L^2 \equiv \omega_T^2 \cdot \frac{\epsilon(0)}{\epsilon(\infty)}$$

fällt. Die Frequenz ω_L wird durch die Beziehung der rechten Seite von (46) definiert; die Bedeutung von ω_L folgt weiter unten. Mit dieser Definition läßt sich (45) umformen:

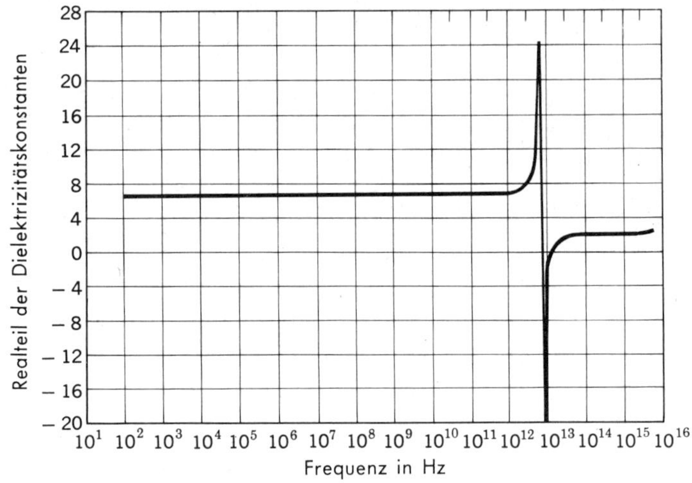

Bild 19b: Experimentell bestimmte Dielektrizitätskonstante (Realteil) von SrF_2 über einen weiten Frequenzbereich. Deutlich ist der Abfall der ionischen Polarisierbarkeit bei hohen Frequenzen zu erkennen. (Nach A. von Hippel.)

(47) $$\epsilon(\omega) = \epsilon(\infty)\left(\frac{\omega_L{}^2 - \omega^2}{\omega_T{}^2 - \omega^2}\right) \; ;$$

zwischen ω_L und ω_T wird die Dielektrizitätskonstante negativ.

Aus der elektromagnetischen Wellengleichung findet man die Beziehung zwischen Frequenz und Wellenvektor für eine elektromagnetische Welle in einem Dielektrikum:

(48) $$c^2K^2 = \epsilon(\omega)\omega^2 \; ; \quad \text{(CGS)} \qquad \textbf{(SI)} \quad c^2K^2 = \epsilon(\omega)\epsilon_0\omega^2 \; .$$

Ist ω reell und $\varepsilon\ (\omega)$ negativ, dann muß K imaginär sein und die Welle nimmt die Form

(49) $$e^{iKx} \rightarrow e^{-|K|x} \; ,$$

an, wobei sie im Raum gedämpft ist und sich nicht ausbreitet. Eine solche Welle kann nur eine dünne Scheibe durchdringen, die eine Dicke der Ordnung 1/K hat. Der Ausdruck **verbotener Bereich** bedeutet, daß die Wellen, die im Frequenzbereich zwischen ω_T und ω_L auf den Kristall treffen, wieder reflektiert werden. Der verbotene Frequenzbereich unterscheidet sich sehr stark von dem Bereich bei der Bragg-Reflexion, weil die Infrarot-Reflexion überhaupt nichts mit der Periodizität des Gitters zu tun hat.

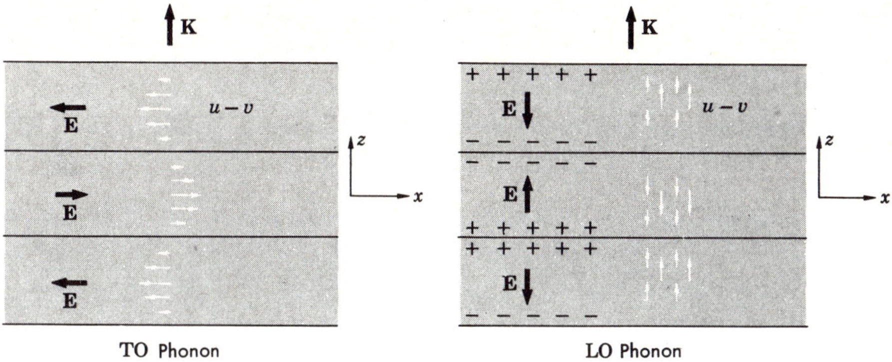

Bild 19c: Die Pfeilgruppen stellen die relativen Verschiebungen der positiven und negativen Ionen zu einem gewissen Zeitpunkt dar für eine Welle einer optischen Eigenschwingung, die sich längs der z-Achse ausbreitet. Die Ebenen, in denen Knoten auftreten (keine Verschiebung), sind hervorgehoben. Für Phononen langer Wellenlänge sind die "Knotenebenen" voneinander durch viele Ebenen von Atomen getrennt. In der transversalen optischen Phononenschwingung, linkes Bild, ist die Teilchenauslenkung senkrecht zum Wellenvektor **K** . Für die dargestellte Eigenschwingung liegt das makroskopische elektrische Feld in einem unendlichen Medium nur in $\pm x$-Richtung. Die Symmetrie des Problems ergibt dann $\partial E_x/\partial x = 0$. Daraus folgt, daß div $\mathbf{E} = 0$ ist für ein TO-Phonon. In der longitudinalen optischen Phononschwingung im Bild rechts sind die Teilchenauslenkungen und folglich die dielektrische Polarisation **P** parallel zum Wellenvektor. Das makroskopische elektrische Feld **E** genügt der Beziehung $\mathbf{D} = \mathbf{E} + 4\pi\mathbf{P} = 0$ (in CGS) oder $\epsilon_0\mathbf{E} + \mathbf{P} = 0$ (in SI). Aus Symmetriegründen sind **E** und **P** parallel zur z-Achse und es gilt $\partial E_z/\partial z \neq 0$. Also ist div $\mathbf{E} \neq 0$ für ein LO-Phonon und $\epsilon(\omega)$ div $\mathbf{E} = 0$ nur für $\epsilon(\omega) = 0$.

Die obere Grenze des verbotenen Frequenzbandes fällt mit ω_L zusammen, der Nullstelle der Gleichung (47):

$$(50) \qquad \epsilon(\omega_L) = 0 \; .$$

Man kann die Frequenz ω_L , die durch (46) oder (50) definiert wurde, mit der **longitudinalen optischen Phononenfrequenz** für kleine K gleichsetzen. Dieser überraschende Zusammenhang soll im folgenden ganz allgemein dargelegt werden. Die Maxwellsche Gleichung

$$(51) \qquad \mathrm{div}\,\mathbf{D} = 0 \qquad \text{oder} \qquad \epsilon(\omega)\,\mathrm{div}\,\mathbf{E} = 0$$

hat zwei Arten von Lösungen. Einerseits ist div $\mathbf{E} = 0$ immer erfüllt, wenn der Wellenvektor **K** senkrecht auf **E** steht, wie bei einer transversalen optischen Schwingung, siehe Bild 19c. Die andere Lösung wird bedeutsam für $\varepsilon(\omega) = 0$, wie sich aus (50) ergibt. Hierfür ist $\mathbf{D} = 0$, ein charakteristisches Merkmal einer longitudinalen optischen Schwingung [17].

Durch diese Identifizierung der beiden Wurzeln enthält die Definition (46) von ω_L ein bedeutendes physikalisches Ergebnis:

$$\boxed{\frac{\omega_T^2}{\omega_L^2} = \frac{\epsilon(\infty)}{\epsilon(0)}} , \tag{52}$$

ω_T ist die TO- und ω_L die LO-Frequenz, beide gelten bei kleinem K. Das ist die **Lyddane-Sachs-Teller-Beziehung** [18]. Man beachte, daß für $\omega_T \longrightarrow 0$, $\varepsilon(0) \longrightarrow \infty$; das hat Auswirkungen bei der Ferroelektrizität (Kap. 14).

Welche physikalische Bedeutung hat ein Pol (Unendlichkeitsstelle) der Dielektrizitätskonstanten $\varepsilon(\omega)$? Wir sahen bereits bevor die Verknüpfung mit transversalen elektromagnetischen Wellen eingeführt wurde, daß der Pol bei $\omega = \omega_T$ identisch ist mit der Frequenz einer transversalen optischen Schwingung. Mit der Verknüpfung bleibt die Bedeutung des Pols bei ω_T unverändert, vorausgesetzt wir betrachten Wellenvektoren, deren Wert groß genug ist, daß wir nicht mehr im Bereich der Nullstelle sind, wo Phononen und Photonen sehr stark miteinander vermischt sind.

Für eine freie mechanische transversale Schwingung wird die Polarisation P viel größer als das elektrische Feld E; denn in einer transversal polarisierten Welle nimmt das elektrische Feld durch die Ankopplung an das

---

[17] Wir bieten zwei Argumente an. Aufgrund der Geometrie einer longitudinalen Polarisierungswelle gibt es ein Depolarisierungsfeld $\mathbf{E} = -4\pi\mathbf{P}$ (siehe Kapitel 13). Daher gilt $\mathbf{D} \equiv \mathbf{E} + 4\pi\mathbf{P} = 0$. Im SI-Einheitensystem: $\mathbf{D} = \epsilon_0\mathbf{E} + \mathbf{P} = 0$. Ein weiteres Argument ist, daß es in einer longitudinalen Welle keine magnetische Komponente gibt, so daß die Maxwell-Gleichung

$$\text{(CGS)}\quad \text{rot}\,\mathbf{H} = \frac{1}{c}\frac{\partial\mathbf{D}}{\partial t} = -\frac{i\omega\epsilon(\omega)}{c}\mathbf{E} ;$$

für $\mathbf{H} = 0$ nur erfüllt ist, wenn $\epsilon(\omega) = 0$. In der Gleichung in SI-Einheiten bezeichnet $\epsilon(\omega)$ die relative Dielektrizitätskonstante oder die dielektrische Funktion (Anm. des Übersetzers: im folgenden werden diese beiden Ausdrücke gleich behandelt). Sie hat denselben Wert wie in der Gleichung im CGS-System.

[18] Die Ausdehnung auf komplexe Strukturen wurde in verschiedenen Arbeiten behandelt; siehe vor allem A.S.Barker, Jr. "Infrared dielectric behavier of ferroelectric crystals", in Ferroelectricity, E.F.Weller (Hrsg), Elsevier, 1967. Barker gibt eine interessante Ableitung der LST-Beziehung über Kausalitätsbetrachtungen an.

elektromagnetische Feld zu. Die Kopplung ist aber nur groß in der Nähe der Nullstelle. Aus

(53) $$P = \frac{\epsilon(\omega) - 1}{4\pi} E \ ; \ \text{(CGS)} \qquad \text{(SI)} \ P = [\epsilon(\omega) - 1]\epsilon_0 E \ ,$$

folgt, daß man nur dann eine "mechanische" Schwingung erhält, wenn $\varepsilon(\omega) \gg 1$; 1 ist der Pol von $\varepsilon(\omega)$.

Daher sind die Pole der Dielektrizitätskonstanten eng verbunden mit transversalen optischen Phononen; dies gilt für Wellenvektoren oberhalb $10^4\ \mathrm{cm}^{-1}$.

Wir vergleichen Werte für ω_L/ω_T aus der inelastischen Neutronenstreuung [19]) mit experimentellen Werten $[\epsilon(0)/\epsilon(\infty)]^{\frac{1}{2}}$ aus dielektrischen Messungen:

NaI	KBr	GaAs
1.44 ± 0.05	1.39 ± 0.02	1.07 ± 0.02
1.45 ± 0.03	1.38 ± 0.03	1.08

Die Übereinstimmung mit dem vorhergesagten Ergebnis (52) ist erstaunlich.

In Bild 20 sind die Lösungen der Dispersionsrelation $\omega^2 = c^2k^2/\epsilon(\omega)$ für elektromagnetische Wellen in Materie dargestellt. Man erkennt zwei Äste mit einer verbotenen Frequenzlücke zwischen ω_T und ω_L. Ungedämpfte elektromagnetische Wellen, deren Frequenz innerhalb der Lücke liegt, können sich in einem unendlichen Kristall nicht ausbreiten. Das Reflexionsvermögen einer Kristalloberfläche ist, wie Bild 21 zeigt, in diesem Frequenzbereich hoch. Bei Schichten, deren Dicke weniger als eine Wellenlänge beträgt, wird ein anderes Verhalten beobachtet: Weil die Welle bezüglich der Frequenzen in der Lücke wie e^{-iKa} abgeschwächt wird, kann die Strahlung durch einen Film bei kleinen $|K|$ -Werten durchgehen; für große $|K|$ -Werte in der Nähe von ω_T jedoch wird sie reflektiert, wie Bild 22 zeigt. Bei nicht senkrechtem Einfall kann die Frequenz ω_L der longitudinalen optischen Phononen in Reflexion beobachtet werden; dies zeigt Bild 23.

Die zu ω_T gehörende Wellenlänge bezeichnet man als Reststrahlwellenlänge. Die Dispersion der Ionenkristalle wird in Prismen für die Infrarotspektroskopie ausgenützt. Die Absorptionskoeffizienten und die Brechungsindizes im Infraroten für eine Reihe von Kristallen zeigen die Bilder 24 und 25. Große Einkristalle werden kommerziell für die Verwen-

---

19) A.D.B.Woods et al., Phys. Rev. **131**, 1025 (1963); J.L.T.Waugh and G.Dolling, Phys. Rev. **132**, 2410 (1963).

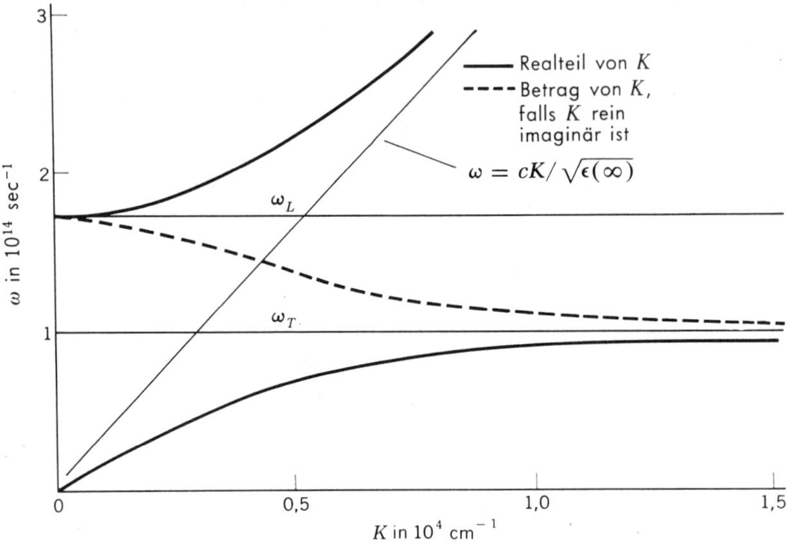

Bild 20: Die dünne waagrechte Linie stellt Oszillatoren der Frequenz ω_T dar bei fehlender Kopplung an das elektromagnetische Feld. Die dünne Linie, an welcher $\omega = cK/\sqrt{\epsilon(\infty)}$ steht, entspricht elektromagnetischen Wellen im Kristall ohne jedoch an die Gitteroszillatoren ω_T gekoppelt zu sein. Die dick gezeichneten Linien entsprechen Dispersionsbeziehungen bei Vorhandensein einer Kopplung zwischen den Gitteroszillatoren und der elektromagnetischen Welle. Die Kopplung vergrößert die Dielektrizitätskonstante über

$$\frac{\omega_T{}^2}{\omega_T{}^2 - \omega^2}[\epsilon(0) - \epsilon(\infty)] \ ,$$

wie man Gl. (45) entnehmen kann. Ein Effekt der Kopplung besteht darin, daß eine Frequenzlücke zwischen ω_L und ω_T erzeugt wird: innerhalb dieser Lücke ist der Wellenvektor rein imaginär und hat die durch die gestrichelte Linie angegebene Größe. In der Lücke wird die Welle wie $e^{-|K|x}$ abgeschwächt; wie die Zeichnung zeigt, ist die Abschwächung in der Nähe von ω_T viel stärker als in der Nähe von ω_L. Der Bereich von K ist von der Größenordnung 10^4 cm^{-1} in diesem Bild, was also dem äußersten linken Teil der Dispersionsbeziehungen in Bild 17a entspricht, die für Oszillatoren gelten, die nicht an das elektromagnetische Feld gekoppelt sind. In Bild 20 sind keine akustischen Phononen gezeigt und auch keine LO-Phononen, denn diese sind nicht an das transversale elektromagnetische Feld gekoppelt. Die gekoppelten Photon-Phonon-Eigenschwingungsquanten nennt man **Polaritonen**.

dung als Prismen, optische Fenster und Linsen hergestellt. Für einige Zwecke soll die Frequenz ω_T möglichst niedrig liegen: Die Massen der verwendeten Atome müssen dann so groß wie möglich sein. Ein Mischkristall aus Thalliumbromid und Thalliumiodid, KRS-5 genannt, findet wegen der großen Masse seiner Atome ausgedehnte Verwendung.

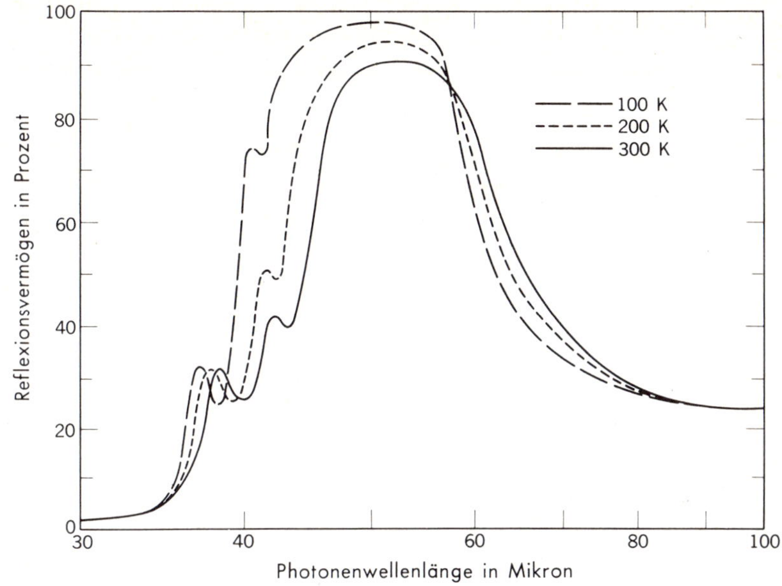

Bild 21: Reflexionsvermögen eines dicken NaCl-Kristalles in Abhängigkeit von der Wellenlänge bei mehreren Temperaturen. Den theoretischen Werten von ω_L und ω_T entsprechen bei Zimmertemperatur Wellenlängen von 38 und 61 Mikron. [Nach A. Mitsuishi et al. J. Opt. Soc. Amer. **52**, 14 (1962).]

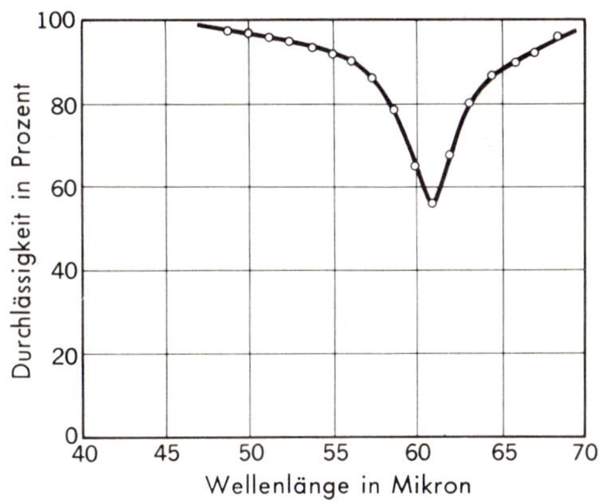

Bild 22: Transmission einer dünnen (0,17 μ) Natriumchloridschicht für Infrarotstrahlung bei senkrechtem Einfall. Im Minimum ist $\omega = \omega_T$. [Nach R. B. Barnes, Z. Physik **75**, 723 (1932).]

Experimentell bestimmte Werte von $\epsilon(0)$, $\epsilon(\infty)$ und ω_T werden in Tabelle 1 angegeben. Sie stammen zum großen Teil aus einem Übersichtsartikel von E. Burstein. Die Werte für ω_L wurden aus den anderen Daten mit der LST-Beziehung (49) berechnet. Die Werte für ω_T bei 4 K wurden von Jones et al. [20]) angegeben.

[20]) G. O. Jones, et al., Proc. Roy. Soc. (London), **A 261**, 10 (1961).

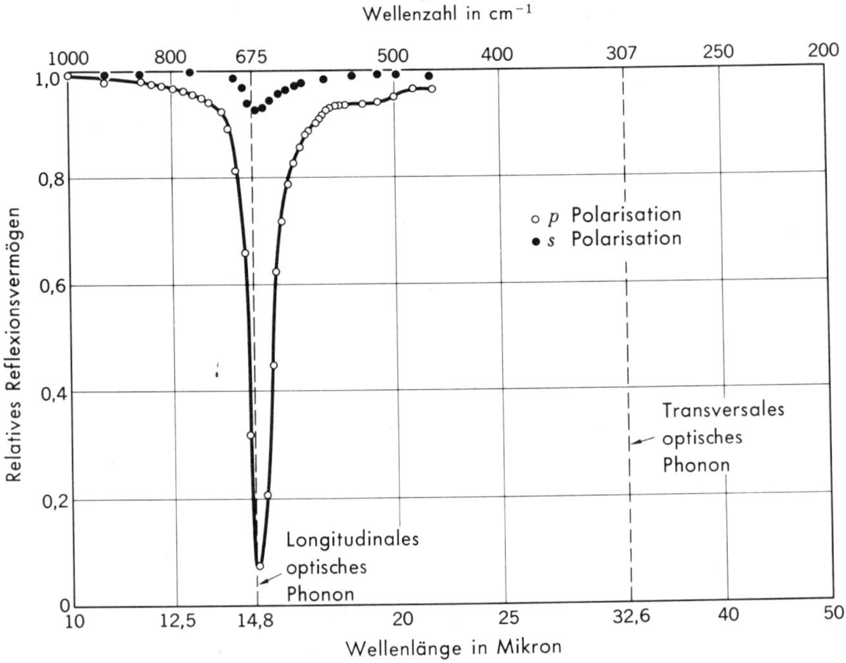

Bild 23: Reflexionsvermögen einer LiF-Schicht auf Silber als Funktion der Wellenlänge. Der Einfallswinkel der Strahlung beträgt rund 30°. Die longitudinalen optischen Phononen absorbieren die senkrecht zur Schichtebene polarisierte (p) Strahlung stark, die parallel (s) zur Schicht polarisierte Strahlung aber nur sehr schwach. [Nach D.W. Berremann, Phys. Rev. **130**, 2193 (1963)].

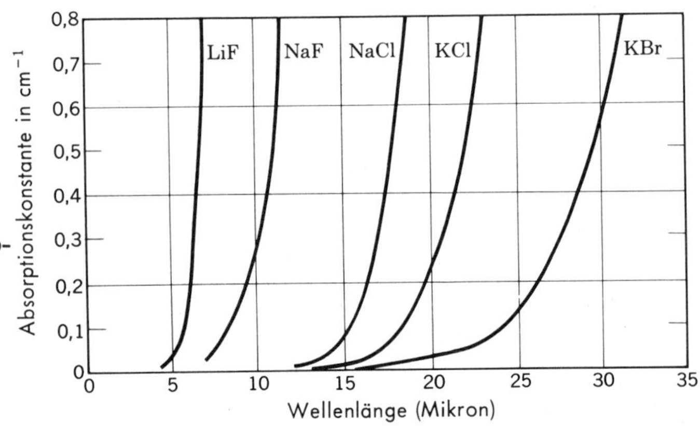

Bild 24: Absorptionskoeffizienten verschiedener Kristalle im **Infraroten. (Nach G. Joos.) Die Absorp**tionskonstante ist die Größe α in dem Ausdruck $I(x) = I_0 10^{-\alpha x}$ für die Intensität.

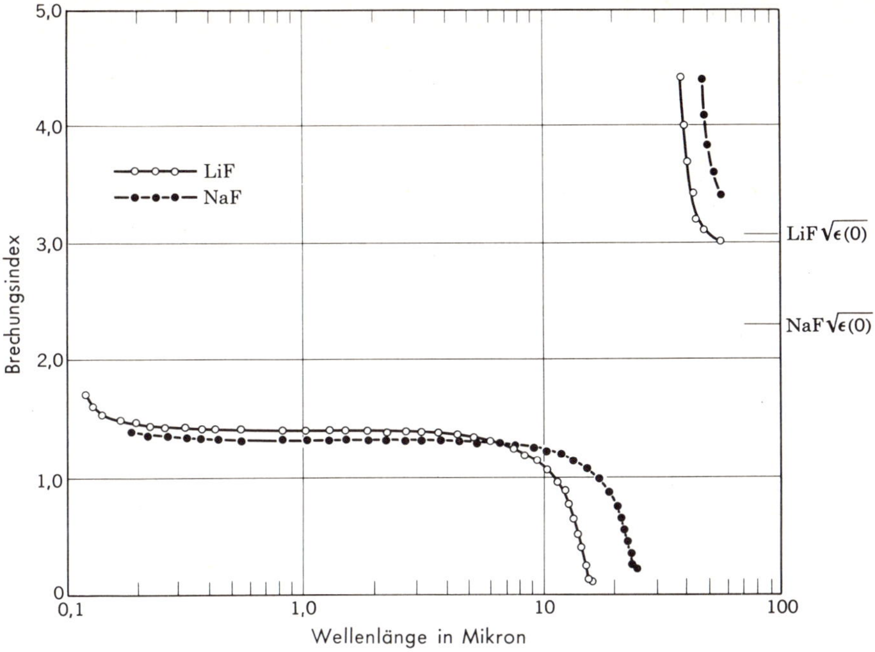

Bild 25: Brechungsindex von LiF- und NaF-Kristallen als Funktion der Wellenlänge. [Nach H.W. Hohls, Ann. Physik **29**, 433 (1937).]

Lokalisierte Gitterschwingungen

Das Phononenspektrum eines Kristalls wird durch Gitterfehler und Fremdatome verändert. So kann ein schweres Ion durch ein leichtes Ion ersetzt sein, z. B. in einem KCl-Kristall ein schweres Cl^--Ion durch ein leichtes H^--Ion (Bild 26). Dieses Fremdatom nennt man U-Zentrum. Es ist leicht einzusehen, daß sich nun eine hochfrequente Schwingung ausbilden kann, bei der das leichte H^--Ion in seinem Käfig aus den umgebenden schweren K^+-Ionen hin- und herschwingt. Bei dieser Schwingung tritt ein elektrisches Dipolmoment auf. Das Kristallgitter wird sich während der Bewegung des H^--Ions geringfügig verformen, die Amplitude dieser Deformation nimmt jedoch mit dem Abstand von dem H^--Ion sehr schnell ab. Solche Schwingungen heißen **lokalisierte Gitterschwingungen** oder **lokalisierte Phononen**. Die ersten theoretischen Arbeiten über lokalisierte Gitterschwingungen stammen von Lifshitz[21]).

---

[21]) Ein umfangreiches Literaturverzeichnis der theoretischen Arbeiten findet man in Kapitel V von A.A. Maradudin, E.W. Montroll und G.H. Weiß, Theory of lattice dynamics in the harmonic approximation, Academic Press, 1963.

Tabelle 1: Gitterschwingungsparameter im Infraroten für Kristalle mit NaCl- und CsCl-Strukturen. (Bei Zimmertemperatur.)

Kristall	Statische Dielektrizitätskonstante $\epsilon(0)$	Optische Dielektrizitätskonstante $\epsilon(\infty)$	ω_T in 10^{13} sec^{-1}, experimenteller Wert	ω_L in 10^{13} sec^{-1}, berechnet mit der LST-Beziehung aus den Werten der vorhergehenden Spalten
LiH	12,9	3,6	11,0	21,0
LiF	8,9	1,9	5,8	12,0
LiCl	12,0	2,7	3,6	7,5
LiBr	13,2	3,2	3,0	6,1
NaF	5,1	1,7	4,5	7,8
NaCl	5,9	2,25	3,1	5,0
NaBr	6,4	2,6	2,5	3,9
KF	5,5	1,5	3,6	6,1
KCl	4,85	2,1	2,7	4,0
KI	5,1	2,7	1,9	2,6
RbF	6,5	1,9	2,9	5,4
RbI	5,5	2,6	1,4	1,9
CsCl	7,2	2,6	1,9	3,1
CsI	5,65	3,0	1,2	1,6
TlCl	31,9	5,1	1,2	3,0
TlBr	29,8	5,4	0,81	1,9
AgCl	12,3	4,0	1,9	3,4
AgBr	13,1	4,6	1,5	2,5
MgO	9,8	2,95	7,5	14,0

Absorptionen im optischen durch lokalisierte Phononen, die zu H^--Ionen in Alkalihalogeniden gehörten, hat G. Schaefer experimentell nachgewiesen. Seine Ergebnisse für KCl sind in Bild 27 wiedergegeben. Auch durch Neutronenstreuung sind lokalisierte Phononen beobachtet worden.

Das einfachste Modell für eine lokalisierte Gitterschwingung ist ein lineares Gitter aus Atomen der Masse M, in dem ein Atom durch ein anderes der Masse $M' < M$ ersetzt ist. Wir wollen nun zeigen, daß eine der Normalschwingungen des Gitters auf die Umgebung des leichteren Atoms beschränkt ist, und daß die Frequenz dieser Schwingung höher ist als die obere Grenzfrequenz ω_{max} des ungestörten Gitters. Die angenommene nächste Nachbarwechselwirkung soll zwischen M' und M dieselbe sein wie zwischen M und M.

Das leichte Atom befinde sich am Ursprung, d.h. bei $s = 0$. Die Bewegungsgleichungen des Gitters lauten:

$$M' \frac{d^2 u_0}{dt^2} = C(u_1 + u_{-1} - 2u_0), \tag{54}$$

$$M \frac{d^2 u_1}{dt^2} = C(u_2 + u_0 - 2u_1). \quad \text{usw.} \tag{55}$$

Wir suchen eine Lösung dieser Gleichungen, die exponentiell mit dem Abstand von $s = 0$ abklingt und die im Grenzwert $M' \rightarrow M$ mit der Normal-

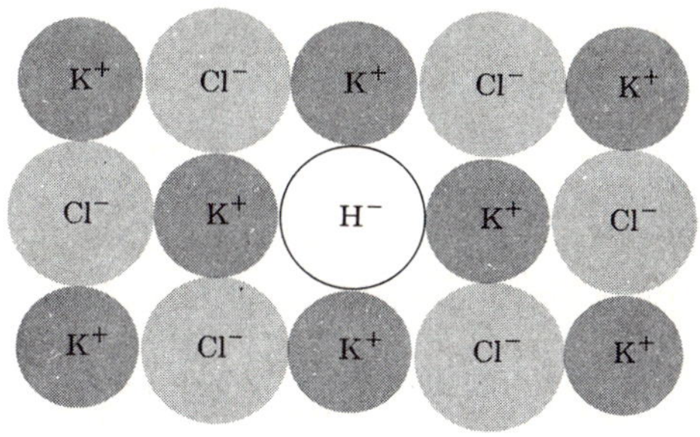

Bild 26:
Ein H^--Ion hat ein Cl^--Ion in einem KCl-Kristall ersetzt. Solche Störstellen nennt man U-Zentren. Das H^--Ion verursacht hochfrequente lokalisierte Gitterschwingungen.

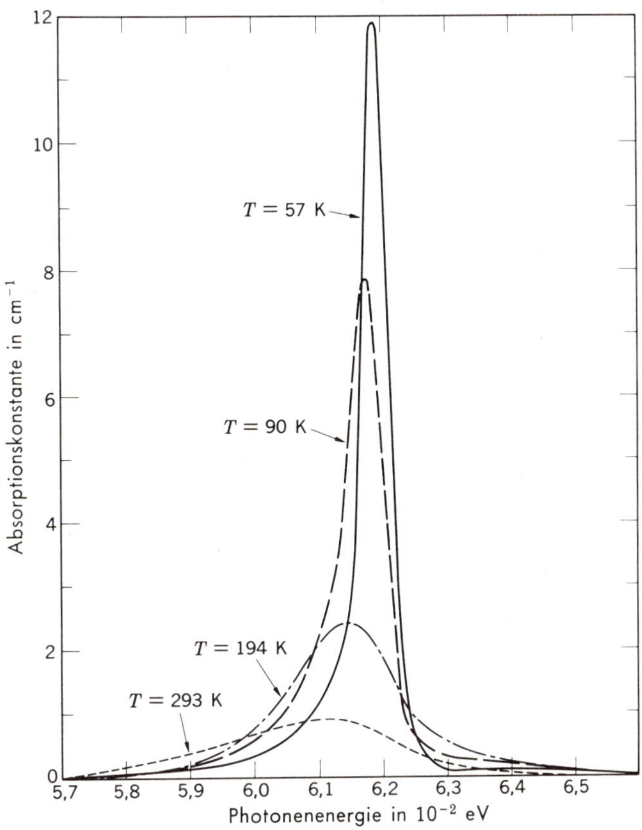

Bild 27:
Absorption im Infraroten durch H^--Ionen in KCl bei verschiedenen Temperaturen. Die Konzentration der H^--Ionen beträgt $3 \cdot 10^{17}/cm^3$. Die Photonenenergie in der Linienmitte entspricht einer Wellenlänge von rund 21 μm. [Nach G. Schaefer, J. Phys. Chem. Solids **12**, 233 (1960).]

schwingung höchster Frequenz des ungestörten Gitters übereinstimmt. Die Lösung an den Grenzen der Brillouin-Zone ist für das ungestörte Gitter durch (28) gegeben: $u_s = u(0) \cos s\pi \, e^{-i\omega t} \equiv u(0)(-1)^s e^{-i\omega t}$. Bei dem gestörten Gitter versuchen wir es mit

$$u_s = u_0(-1)^s e^{-i\omega t} e^{-|s|\alpha}, \tag{56}$$

wobei α noch bestimmt werden muß. Setzen wir (56) in (55) ein, so folgt

$$\omega^2 = (C/M)(2 + e^{-\alpha} + e^{\alpha}). \tag{57}$$

in (54) eingesetzt, liefert

$$\omega^2 = (C/M')(2 + 2e^{-\alpha}). \tag{58}$$

Die Gleichungen (57) und (58) sind nur miteinander vereinbar, wenn $e^{\alpha} = (2M - M')/M'$. Daraus folgt

$$\omega^2 = \omega_{\max}{}^2 \cdot \frac{M^2}{2MM' - M'^2}. \tag{59}$$

Hier ist $\omega_{\max} = (4C/M)^{1/2}$ die Grenzfrequenz des ungestörten Gitters [vgl. (23)], bei dem $M' = M$. Für $M' \ll M$ vereinfacht sich (59) zu $\omega^2 = \omega_{\max}{}^2 (M/2M')$.

Andere Schwingungen[22]), die von Verunreinigungen herrühren, sind möglich in zweiatomigen Kristallen, die zwei verschiedene Atome pro primitive Elementarzelle aufweisen. Bild 28 gibt die atomaren Bewegungen wieder, die in lokalisierten Schwingungen, sowie Lücken und Resonanzschwingungen auftreten. Wir haben bereits gesehen, daß eine **lokalisierte Schwingung** dadurch entsteht; daß ein leichtes Atom ein schwereres verdrängt, z.B. wenn Cl^- in KCl durch H^- ersetzt wird. Die Frequenz einer lokalen Schwingung liegt oberhalb der maximalen Phononenfrequenz des reinen Kristalls. Bei einer **Lückenschwingung** liegt die Frequenz innerhalb des Bereichs zwischen dem akustischen und dem optischen Zweig. Man beobachtet eine Lückenschwingung, wenn Cl^- in KCl durch J^- ersetzt wird.

Verschiedene Verunreinigungsarten, vor allem sehr schwere, können die Ursachen für **quasilokalisierte Resonanzschwingungen** sein, deren Frequenzen im Bereich der erlaubten Phononenfrequenzen des perfekten Gastkristalls liegen. Solche Schwingungen sind durch eine stark vergrößerte Amplitude der Schwingung des Verunreinigungsatoms charakterisiert. Das wird beobachtet, wenn K^+ in KJ durch Ag^+ ersetzt wird.

---

[22]) Hilfreiche Literaturhinweise findet man bei A.J. Sievers, A.A. Maradudin und S.S. Jaswal, Phys. Rev. **138**, A 272 (1965) und bei K.F. Renk, Z. Phys. **201**, 445 (1967).

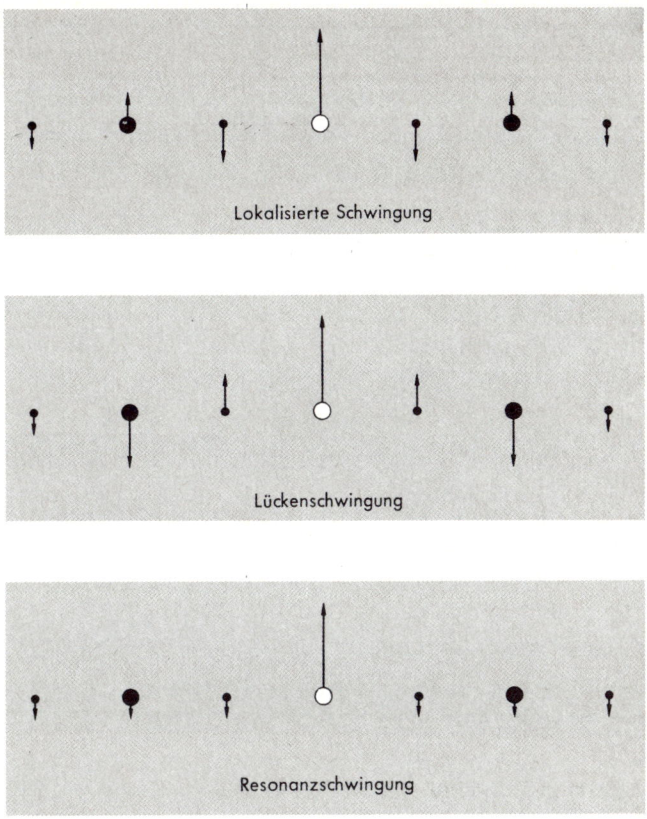

Bild 28: Teilchenamplituden für lokalisierte, Lücken- und Resonanzschwingungen in einem Kristall mit zwei Atomen pro Elementarzelle. Der weiße Kreis bezeichnet ein Verunreinigungsatom. Berechnungen der Verschiebungsamplituden für lokalisierte und Lücken-Schwingungen gibt K. F. Renk, Z. Physik **201** 445 (1967) an und solche für Resonanzschwingungen findet man bei R. Weber, Doktorarbeit, Freiburg, 1967.

Zusammenfassung

1. Ein Phonon ist die Quanteneinheit einer Gitterschwingung. Ist ω die Kreisfrequenz, so beträgt die Energie eines Phonons $\hbar\omega$.

2. Wird ein Phonon mit dem Wellenvektor $\mathbf{K}$ durch inelastische Streuung eines Photons oder Neutrons erzeugt, dessen Wellenvektor von $\mathbf{k}$ zu $\mathbf{k}'$ übergeht, so wird dieser Prozeß durch folgende Auswahlregel bestimmt:

$$\mathbf{k} = \mathbf{k}' + \mathbf{K} + \mathbf{G} \ ,$$

$\mathbf{G}$ ist ein reziproker Gittervektor.

3. Alle Gitterwellen können durch Wellenvektoren beschrieben werden, die innerhalb der ersten Brillouin-Zone im reziproken Raum liegen.

4. Gibt es p Atome in der primitiven Elementarzelle, so hat die Phononendispersionsbeziehung 3 akustische und 3p - 3 optische Phononenzweige.

5. In einem zweiatomigen Kristall gibt es eine verbotene Lücke zwischen ω_T und ω_L für gekoppelte Phonon-Photon-Schwingungen. Bei Frequenzen innerhalb dieser Lücke breiten sich transversale Wellen im Kristall nicht aus.

6. Die Lyddane-Sachs-Teller-Beziehung

$$\frac{\omega_L^2}{\omega_T^2} = \frac{\epsilon(0)}{\epsilon(\infty)}$$

verbindet ω_L und ω_T mit den dielektrischen Konstanten bei tiefen und hohen Frequenzen.

7. Die Nullstellen der dielektrischen Funktion $\varepsilon(\omega)$ oder $\varepsilon(\mathrm{K}, \omega)$ sind verknüpft mit longitudinalen Schwingungen, die Pole mit transversalen Schwingungen.

8. Lokalisierte Phononen hängen mit Punkt- und Liniendefekten, sowie mit der Oberfläche des Kristalls zusammen.

Aufgaben

1. **Schwingungen des quadratischen Gitters.** Gegeben sei ein ebenes quadratisches Gitter aus Reihen und Spalten mit identischen Atomen. $u_{l,m}$ bezeichnet die Verschiebung senkrecht zur Gitterebene des Atomes in der Spalte l und der Reihe m (Bild 29). Die Masse der Atome sei M, und C die Kraftkonstante zwischen nächsten Nachbaratomen. a) Zeigen Sie, daß die Bewegungsgleichung lautet:

$$M(d^2u_{lm}/dt^2) = C[(u_{l+1,m} + u_{l-1,m} - 2u_{lm}) + (u_{l,m+1} + u_{l,m-1} - 2u_{lm})].$$

b) Setzen Sie Lösungen der Form

$$u_{lm} = u(0)e^{i(lK_xa + mK_ya - \omega t)}$$

an. Hier ist a der Abstand zwischen nächsten Nachbarn. Zeigen Sie, daß die Bewegungsgleichung erfüllt ist, wenn

$$\omega^2 M = 2C(2 - \cos K_xa - \cos K_ya).$$

Das ist die Dispersionsrelation dieses Problems.

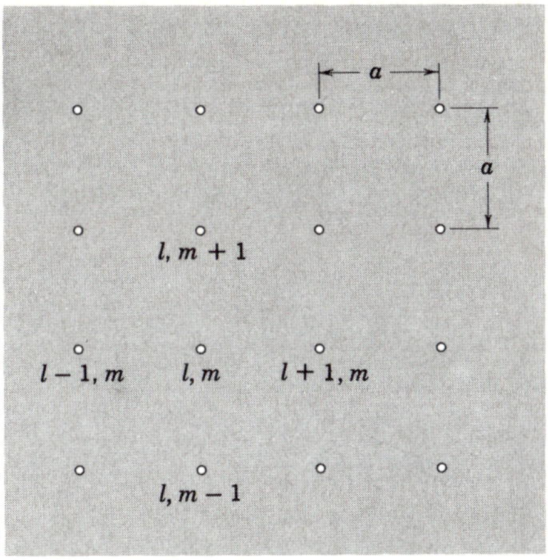

Bild 29:
Quadratisches Gitter der Gitterkonstanten a. Die betrachtete Auslenkung erfolgt senkrecht zur Gitterebene.

c) Zeigen Sie, daß der Bereich des **K**-Raumes, für den unabhängige Lösungen existieren, ein Quadrat der Seitenlänge $2\pi/a$ ist. Das ist die erste Brillouin-Zone des quadratischen Gitters.

Zeichnen Sie ω als Funktion von K für $K = K_x$ mit $K_y = 0$ und für $K_x = K_y$.

d) Zeigen Sie, daß für $Ka \ll 1$

$$\omega = (Ca^2/M)^{1/2}(K_x{}^2 + K_y{}^2)^{1/2} = (Ca^2/M)^{1/2}K.$$

2. Lineares Gitter aus identischen Atomen. Gegeben sei eine Longitudinalwelle

$$u_s = u(0)\cos(\omega t - sKa),$$

die sich in einem linearen Gitter aus Atomen der Masse M ausbreitet. Der Abstand zwischen nächsten Nachbarn sei a, die Wechselwirkung zwischen ihnen C.

a) Zeigen Sie, daß die Gesamtenergie der Welle durch

$$E = \tfrac{1}{2}M\sum_s (du_s/dt)^2 + \tfrac{1}{2}C\sum_s (u_s - u_{s+1})^2$$

gegeben ist. s läuft über alle Atome.

b) Setzen Sie u_s in diesen Ausdruck ein, und zeigen Sie, daß für das Zeitmittel der Gesamtenergie pro Atom gilt:

$$\tfrac{1}{4}M\omega^2u^2 + \tfrac{1}{2}C(1 - \cos Ka)u^2 = \tfrac{1}{2}M\omega^2u^2\ ,$$

Im letzten Schritt der Ableitung wurde die Dispersionsrelation (23a) für dieses Problem verwendet.

3. Wellengleichung im Kontinuum. Zeigen Sie, daß sich für große Wellenlängen die Bewegungsgleichung (16) auf die Wellengleichung des elastischen Kontinuums

$$\frac{\partial^2 u}{\partial t^2} = v^2 \frac{\partial^2 u}{\partial x^2}$$

vereinfacht. Hier ist v die Schallgeschwindigkeit.

4. Optische Phononen. Für optische Phononen mit $K = 0$ ist die relative Auslenkung benachbarter Ionen in einem Gitter aus zwei verschiedenen Atomen durch $u - v$ gegeben, wenn wir uns an die Schreibweise in Gleichung (33) halten. Schätzen Sie die Wurzel aus dem mittleren Quadrat der Auslenkung $u - v$ in Å für 1 cm^3 KCl ab, wenn in der betrachteten Schwingung 100 Phononen angeregt sind.

5. Phononenimpuls. a) Zeigen Sie, ausgehend von (17), daß der Impuls eines Kristalls, in dem eine Welle der Wellenzahl K angeregt ist, durch die Gleichung

$$\mathbf{p} = -i\omega M \mathbf{u}\, e^{-i\omega t} \sum_{r=0}^{N-1} e^{irKa} ,$$

dargestellt werden kann. Der betrachtete Kristall soll aus N Ebenen mit jeweils N^2 Atomen der Masse M bestehen.

b) Zeigen Sie, daß für $K \neq 0$ die Summe in Teil (a) den Wert

$$\frac{1 - e^{iNKa}}{1 - e^{iKa}}$$

annimmt.

c) Nehmen Sie die periodische Randbedingung $u_r = u_{r+N}$ an. Zeigen Sie, daß dadurch die K-Werte auf die Wurzeln der Gleichung $\exp(iNKa) = 1$ beschränkt werden. Mit dem Ergebnis von (b) sieht man, daß $\mathbf{p} = 0$ ist (außer für $K = 0$). Also hat ein Phonon wirklich den Impuls Null - ausgenommen ist lediglich der Fall $K = 0$.

6. Basis aus zwei identischen Atomen. Bestimmen und zeichnen Sie das Spektrum der longitudinalen, akustischen und der longitudinalen, optischen Phononen eines linearen Gitters mit der primitiven Gitterkonstante a, wenn die zugehörige Basis aus zwei identischen Atomen der Masse M im Gleichgewichtsabstand $\delta < \frac{1}{2}a$ besteht. Beide Basisatome liegen auf der Gittergeraden. Die Kraftkonstante C_1 wirkt zwischen den Atomen einer Basis und die Kraftkonstante C_2 zwischen einem Atom dieser Basis und dem nächsten Atom einer Nachbarbasis (Bild 30). Hinweis: Diese Struktur ähnelt einer Kohlenwasserstoffkette.

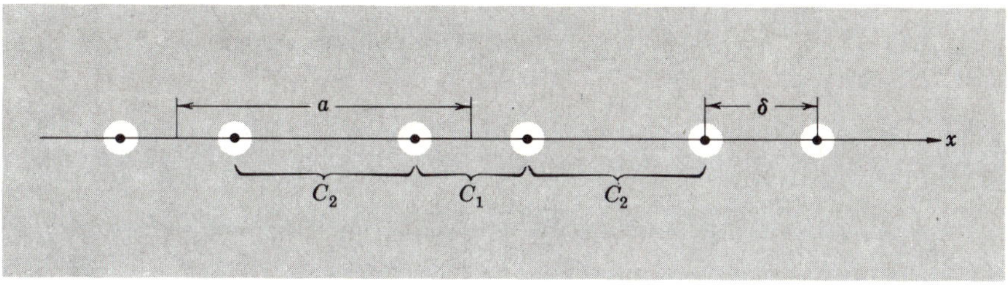

Bild 30: Ein lineares Gitter aus Atomen gleicher Masse. Die primitive Basis besteht aus zwei Atomen im Abstand δ. Die Gitterkonstante ist a. Es sollen zwei Kraftkonstanten gegeben sein.

7. **Basis aus zwei verschiedenen Atomen.** Bestimmen Sie das Amplitudenverhältnis u/v der beiden Zweige bei $K_{max} = \pi/2a$ für das in den Gleichungen (32) bis (39) behandelte Problem. Zeigen Sie, daß bei diesem K-Wert ein Gitter ruht, während sich das andere bewegt.

8. **Kohn-Anomalie.** Wir nehmen an, die interplanare Kraftkonstante C_p der Gl. (15) habe die Form

$$C_p = A\,\frac{\sin pk_0a}{pa} \;,$$

wo A und k_0 Konstanten sind und p alle ganzen Zahlen durchläuft. Eine solche Form erwartet man bei Metallen. Verwenden Sie dies zusammen mit Gl. (21), um einen Ausdruck für ω^2 und ebenso für $\partial\omega^2/\partial K$ zu finden. Beweisen Sie, daß für $K = k_0$ der Ausdruck $\partial\omega^2/\partial K$ unendlich wird. Trägt man ω^2 gegen K oder ω gegen K auf, so ergibt sich bei k_0 eine vertikale Tangente: in der Phononendispersionsbeziehung $\omega(K)$ tritt bei k_0 ein Knoten auf. Dieser Effekt wurde durch W. Kohn vorhergesagt (Phys. Rev. Letters **2**, 393 (1959)).

Literaturhinweise

A. A. Maradulin, E. W. Montroll, and G. H. Weiß, "Theory of lattice dynamics in the harmonic approximation", in: Solid state physics, Supp. **3** (1963).

S. S. Mitra, "Vibration spectra of solids", in: Solid state physics **13**, 1 - 80 (1962).

W. Cochran, "Lattice vibrations", Repts. Prog. Phys. **26**, 1 (1963).

M. Born and K. Huang, Dynamical theory of crystal lattices, Oxford, 1954.

L. Brillouin, Wave propagation in periodic structures, Dover, 1953.

T. A. Bak, ed., Phonons and phonon interactions, Benjamin, 1964.

R. F. Wallis, ed., Lattice dynamics (Copenhagen conference 1963), Pergamon, 1965.

P. W. Kruse, L. D. McGlauchlin, and R. B. McQuistan, Elements of infrared technology, Wiley, 1962.

D. E. McCarthy, "Reflection and transmission of infrared materials: 1, Spectra from 2 - 50 microns; 2, Bibliography", Applied Optics **2**, 591, 596 (1963).

G. Leibfried, Gittertheorie der mechanischen und thermischen Eigenschaften der Kristalle, Handbuch der Physik, VII/1, 104 - 324 (1955).

R. W. H. Stevenson, ed., Phonons (Aberdeen 1965 summer school), Oliver and Boyd, 1966.

R. H. Enns and R. R. Haering, Hrsg. Phonons and their interactions, Gordon and Breach, 1969.

A. Hadin, L' infrarouge lointain, Presse Universitaires, 1969. Übersicht über die Forschung im fernen Infraroten.

6. Thermische Eigenschaften von Isolatoren

Wir besprechen in diesem Kapitel das Einsteinsche und das Debyesche Modell für den Beitrag der Gitterschwingungen zur spezifischen Wärme von Kristallen. Die Grundzüge genauerer Berechnungen werden angedeutet. Dann betrachten wir Effekte, die durch anharmonische Gitterwechselwirkungen hervorgerufen werden, darunter die Wärmeausdehnung, die Grüneisen-Beziehung und die Wärmeleitung in Isolatoren. Die thermischen Eigenschaften von Metallen werden in Kapitel 7 behandelt, die von Supraleitern in Kapitel 12 und die besonderen thermischen Eigenschaften der magnetischen Materialien in den Kapiteln 15 und 16.

Spezifische Wärme des Gitters

Unter spezifischer Wärme werden wir hier normalerweise die spezifische Wärme bei konstantem Volumen verstehen. Im Experiment mißt[1] man zwar direkt die spezifische Wärme bei konstantem Druck, die spezifische Wärme bei konstantem Volumen hat aber mehr grundsätzliche physikalische Bedeutung. Ihre Definition lautet (meist auf ein Mol oder ein Atom bezogen):

$$C_V \equiv T\left(\frac{\partial S}{\partial T}\right)_V = \left(\frac{\partial E}{\partial T}\right)_V . \tag{1}$$

Hierbei ist S die Entropie, E die innere Energie und T die Temperatur.

Die experimentell festgestellten Tatsachen über die spezifische Wärme anorganischer Festkörper sind:

1. Im Bereich der Zimmertemperatur beträgt die spezifische Wärme fast aller Festkörper $3Nk_B$ oder 25 Joule/Mol · Grad.

2. Bei tieferen Temperaturen nimmt die spezifische Wärme auffallend ab (Bild 1) und geht bei Isolatoren wie T^3 und bei Metallen wie T gegen Null. Wird das Metall supraleitend, ist der Abfall sogar noch viel steiler.

3. Bei magnetischen Festkörpern (Kapitel 15) findet man in der Nähe der Temperatur, bei der die magnetischen Momente geordnet werden[2], einen

[1]) Eine einfache Beziehung aus der Thermodynamik verknüpft C_V und C_p:

$$C_p - C_V = 9\alpha^2 BVT.$$

Hierbei ist α der lineare Wärmeausdehnungskoeffizient, V das Volumen und B der Kompressionsmodul. Der relative Unterschied zwischen C_p und C_V ist verhältnismäßig klein und kann oft vernachlässigt werden, besonders unterhalb der Zimmertemperatur.

[2]) Eine Änderung des Ordnungsgrades bedeutet eine Änderung der Entropie und damit einen Beitrag zur spezifischen Wärme.

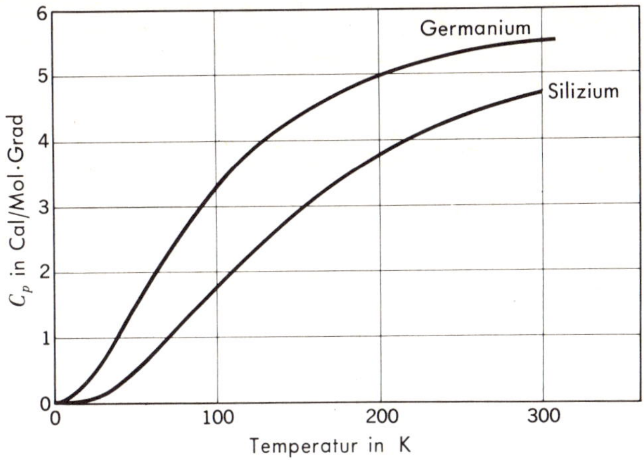

Bild 1:
Molwärme von Silizium und Germanium. Bemerkenswert ist der Abfall bei tiefen Temperaturen. Multipliziert man mit 4,186, so erhält man J/Mol · Grad.

großen Beitrag zur spezifischen Wärme. Unterhalb von 0,1 K kann das Ausrichten der Kernmomente zu sehr großen spezifischen Wärmen führen.

Die Normalschwingungen eines Gitters sind dann voneinander unabhängig, wenn das Hooksche Gesetz anwendbar ist. Also hängt die Energie eines Schwingungszustands nur von seiner Frequenz ω und seiner Besetzungszahl n (n ist die Anzahl der Phononen mit Frequenz ω) ab, nicht aber von der Besetzungszahl der anderen Gitterschwingungen. Im thermischen Gleichgewicht bei der Temperatur T ist die Besetzungszahl durch die Planck-Verteilung gegeben:

$$(2) \qquad \langle n \rangle = \frac{1}{e^{\hbar\omega/k_BT} - 1}\ , \text{ oder } \qquad \langle n \rangle + \frac{1}{2} = \frac{1}{2} \left|\text{ctnh}\right| \frac{\hbar\omega}{2k_BT}\ .$$

Hier bezeichnet die Klammer $\langle \cdots \rangle$ den Mittelwert im thermischen Gleichgewicht und k_B ist die Boltzmann-Konstante. In Bild 2 ist diese Funktion dargestellt.

Wiederholung: Die Plancksche Formel [3]). Gegeben sei ein System identischer harmonischer Oszillatoren im thermischen Gleichgewicht. Der Quotient aus der Zahl der angeregten Oszillatoren im angeregten Zustand mit der Quantenzahl $n+1$ und der Zahl der angeregten Oszillatoren im Zustand n lautet

$$(3) \qquad N_{n+1}/N_n = e^{-\hbar\omega/\tau}\ , \qquad \tau \equiv k_BT\ .$$

3) Siehe C. Kittel, Physik der Wärme, R. Oldenbourg, München-Wien, Kap. 9, 15, 16.

Also beträgt die Zahl der Oszillatoren im Zustand n, bezogen auf die Gesamtzahl der Oszillatoren,

$$(4) \qquad \frac{N_n}{\sum_{s=0}^{\infty} N_s} = \frac{e^{-n\hbar\omega/\tau}}{\sum_{s=0}^{\infty} e^{-s\hbar\omega/\tau}}$$

Aus (4) ergibt sich die mittlere Quantenzahl eines Oszillators:

$$(5) \qquad \langle n \rangle = \frac{\sum_s s e^{-s\hbar\omega/\tau}}{\sum_s e^{-s\hbar\omega/\tau}} .$$

Die Summe im Nenner von (5) hat die Form

$$(6) \qquad \sum_s x^s = \frac{1}{1-x}$$

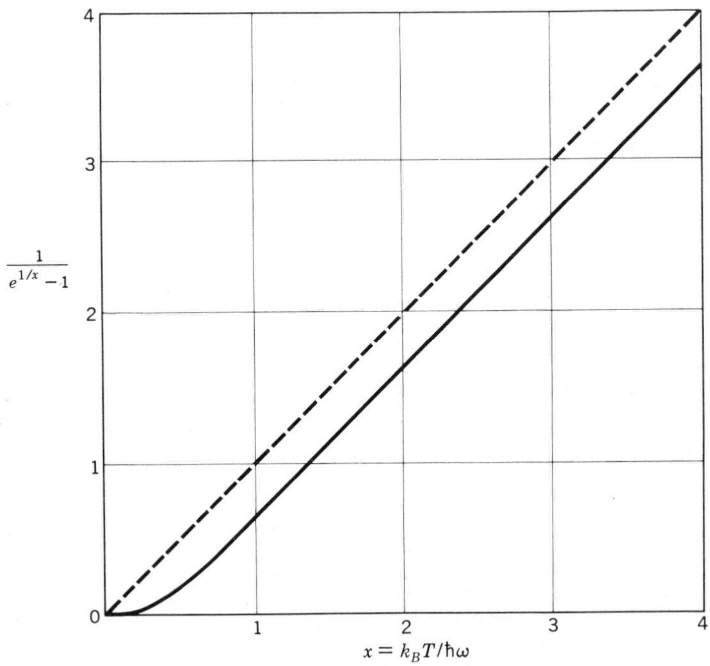

Bild 2: Verlauf der Planckschen Verteilungsfunktion. Man beachte, daß bei hohen Temperaturen die Besetzung eines Zustands angenähert proportional zur Temperatur ist. Die nicht eingezeichnete Funktion $\langle n \rangle + \frac{1}{2}$ nähert sich aymptotisch bei hohen Temperaturen der gestrichelten Geraden. Die gestrichelte Gerade stellt den klassischen Grenzfall dar.

mit $x = \exp(-\beta\hbar\omega)$. Der Zähler hat die Form

(7) $$\sum_s s x^s = x \frac{d}{dx} \sum_s x^s = \frac{x}{(1-x)^2} .$$

Also kann man (5) zur Planckschen Verteilungsfunktion umformen:

(8) $$\langle n \rangle = \frac{x}{1-x} = \frac{1}{e^{\hbar\omega/\tau} - 1} .$$

Nach Bild 2 gilt

(9) $$\langle n \rangle \cong k_B T/\hbar\omega ,$$

denn für $\hbar\omega < k_B T$ ist

(10) $$e^{\hbar\omega/\tau} \cong 1 + (\hbar\omega/\tau) + \cdots .$$

Ist (9) erfüllt, bezeichnet man die Besetzungen der Niveaus als klassisch, da dann jeder Oszillator die Energie $\langle n \rangle \hbar\omega \approx k_B T$ besitzt. Das gilt sogar noch ungefähr für $\hbar\omega/k_B T \sim 1$. Bei tiefen Temperaturen ist $\hbar\omega/k_B T \gg 1$ und damit

(11) $$\langle n \rangle \cong e^{-\hbar\omega/\tau} .$$

Das Einsteinsche Modell

Die mittlere Energie eines Oszillators der Frequenz ω beträgt $\langle n \rangle \hbar\omega$. N Oszillatoren derselben Resonanzfrequenz besitzen die Energie

(12) $$E = N\langle n \rangle \hbar\omega = \frac{N\hbar\omega}{e^{\hbar\omega/\tau} - 1} .$$

Die spezifische Wärme dieser Oszillatoren beträgt

(13) $$C_V = \left(\frac{\partial E}{\partial T}\right)_V = N k_B \left(\frac{\hbar\omega}{\tau}\right)^2 \frac{e^{\hbar\omega/\tau}}{(e^{\hbar\omega/\tau} - 1)^2} ,$$

Ihr Verlauf ist in Bild 3 dargestellt.

Das ist das Ergebnis des Einsteinschen Modells für den Beitrag von N Oszillatoren derselben Resonanzfrequenz zur spezifischen Wärme von Festkörpern. Wird N durch $3N$ ersetzt, da jedes der N Atome drei Freiheitsgrade besitzt, ergibt sich für (13) im Grenzwert hoher Temperaturen $3Nk_B$, also der aus der Dulong-Petitschen Regel bekannte Wert.

Bei tiefen Temperaturen fällt (13), wie auch in Bild 3 zu sehen ist, mit $C_V \propto e^{-\hbar\omega/\tau}$, ab, der experimentell bestimmte Beitrag des Gitters ist aber

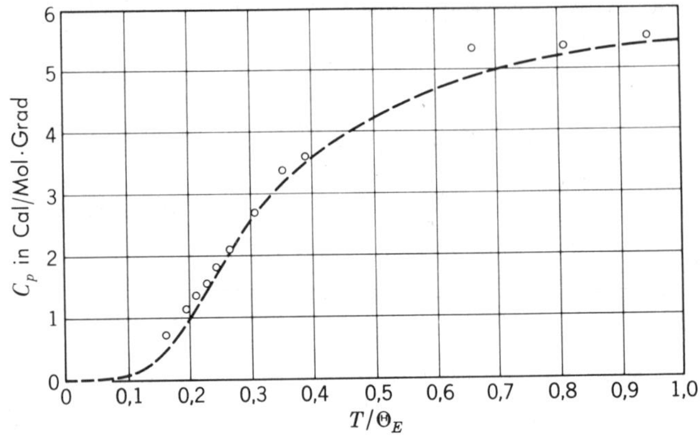

Bild 3: Vergleich zwischen der experimentell bestimmten Molwärme von Diamant und Werten, die aus dem Einsteinschen Modell mit der charakteristischen Temperatur $\Theta_E = \hbar\omega/k_B = 1320$ K berechnet wurden. [Nach A. Einstein, Ann. Physik **22**, 180 (1907).] Die Umrechnung in J/Mol · Grad erfolgt durch Multiplikation mit 4,186.

bekanntlich $C_V \propto T^3$. Diesem Abfall entspricht das Debyesche Modell, das noch besprochen wird. Die Unzulänglichkeit des Einsteinschen Modells liegt vor allem darin, daß in Wirklichkeit die elastischen Wellen eines Festkörpers nicht alle dieselbe Frequenz aufweisen. (Seinerzeit wollte Einstein nur zeigen[4]), daß auch mechanische Oszillatoren der Quantenbedingung unterliegen, genauso wie dies Planck für Strahlungsoszillatoren getan hatte. Sein Beispiel lieferte fürs erste einmal die Begründung für den Abfall der spezifischen Wärme von Festkörpern auf Null, wenn T gegen Null geht. Jedoch wird das Einsteinsche Modell auch heute oft benützt, um Teile des Phononenspektrums, insbesondere die Verteilung optischer Phononen, anzunähern.)

Abzählung der Eigenschwingungen

Die Energie einer Gesamtheit von Oszillatoren verschiedener Frequenzen $\omega_{\mathbf{K}}$ im thermischen Gleichgewicht beträgt

$$E = \sum_{\mathbf{K}} \langle n_{\mathbf{K}} \rangle \hbar\omega_{\mathbf{K}} . \tag{14}$$

Dabei ist jedes $\langle n_{\mathbf{K}} \rangle$ mit $\omega_{\mathbf{K}}$ durch die Planck-Statistik verknüpft. Es ist oft angebracht, die Summe in (14) durch ein Integral zu ersetzen.

4) Siehe die historische Anmerkung von M. J. Klein, Physics Today (1/1965), S. 38.

Daher setzen wir voraus, der Kristall habe $\mathfrak{D}(\omega)\, d\omega$ Eigenschwingungen in dem Frequenzbereich zwischen ω und $\omega + d\omega$. Dann ist die Energie

(15) $$E = \int d\omega\, \mathfrak{D}(\omega)\, n(\omega,T)\, \hbar\omega \;;$$

Die spezifische Wärme erhält man durch Differentiation von $E(\omega,T)$ nach der Temperatur. Das Hauptproblem besteht jetzt darin, $\mathfrak{D}(\omega)$, die Zustandsdichte pro Frequenzintervall Eins zu finden.

Zustandsdichte im Eindimensionalen

Gegeben sei eine elastische Kette der Länge L, die aus $N + 1$ Teilchen im Abstand a besteht (Bild 4). Wir nehmen an, die Teilchen $s = 0$ und

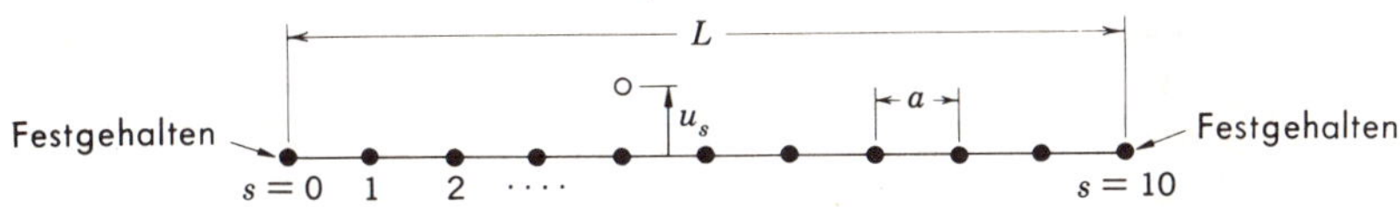

Bild 4: Elastische Kette aus $N + 1$ Atomen mit $N = 10$ und der Randbedingung, daß die Endatome $s = 0$ und $s = 10$ festgehalten seien. Die Teilchenauslenkungen in den Eigenschwingungen und zwar sowohl in den longitudinalen als auch in der transversalen sind von der Form $u_s \propto \sin sKa$. Diese Funktion verschwindet automatisch an dem Ende $s = 0$. K wird dazu so gewählt, daß die Auslenkung auch am anderen Ende, $s = 10$, zu Null wird.

$s = N$ an den Enden der Strecke seien festgehalten. Jede Eigenschwingung dieser Anordnung ist eine stehende Welle:

(16) $$u_s = u(0)e^{-i\omega_K t} \sin sKa.$$

ω_K ist mit K durch die entsprechende Dispersionsrelation, wie z.B. in Kap. 5, verknüpft. Hierbei ist K auf Werte beschränkt, die durch die Randbedingungen für feste Enden bestimmt sind:

(17) $$K = \frac{\pi}{L}\,,\ \frac{2\pi}{L}\,,\ \frac{3\pi}{L}\,,\dots,\ \frac{(N-1)\pi}{L}\,,$$

Siehe Bild 5.

Die Lösung für $K = \pi/L$ lautet:

(18a) $$u_s \propto \sin\,(s\pi a/L).$$

Sie verschwindet - wie verlangt - bei $s = 0$ und $s = N$. Die Lösung für $K = N\pi/L = \pi/a = K_{max}$ ist

(19) $$u_s \propto \sin s\pi.$$

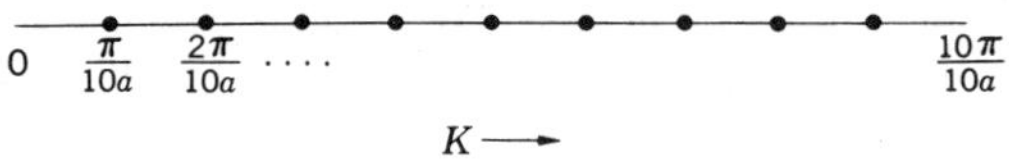

Bild 5: Die Randbedingung $\sin sKa = 0$ für $s = 10$ wird erfüllt, wenn man $K = \pi/10a$, $2\pi/10a, \dots, 10\pi/10a$ setzt. Dabei ist $10a$ gleich der Länge L der Kette. Die vorliegende Darstellung gilt im K-Raum. Die Punkte bedeuten nicht Atome, sondern die erlaubten Werte von K. Von den $N + 1$ Teilchen der Kette können sich nur $N - 1$ bewegen; deren allgemeinste Bewegung kann durch die $N - 1$ erlaubten K-Werte beschrieben werden. Diese Quantelung von K hat nichts mit Quantenmechanik zu tun, sondern folgt klassisch aus der Randbedingung, daß die Endatome fest gehalten sein sollen. (Es gibt für jeden Wert von K drei verschiedene Polarisationen: zwei transversal polarisierte Wellen - eine, bei der die Teilchen sich in der Zeichenebene auf und abbewegen, und eine, bei der sie sich senkrecht dazu aus der Zeichenebene heraus und wieder hinein bewegen - und eine longitudinal polarisierte Welle, bei der die Bewegung parallel zur linearen Anordnung der Atome verläuft.)

Bei dieser Lösung stehen alle Atome still, da $\sin s\pi$ an den Orten der Atome verschwindet. Also gibt es $N - 1$ erlaubte, unabhängige Werte von K in (17), d. h. genau ebensoviele K-Werte wie bewegliche Teilchen. Jeder erlaubte Wert von K gehört zu einer Lösung der Form (16).

Bei einem eindimensionalen Gitter der Gitterkonstanten a fällt jeweils eine Eigenschwingung in das Intervall $\Delta K = \pi/L$. Also gilt:

$$w(K) = \begin{cases} L/\pi & \text{für } K \leq \dfrac{\pi}{a}; \\ 0 & \text{für } K > \dfrac{\pi}{a}. \end{cases}$$

Es gibt noch eine weitere Methode zur Abzählung der Zustände. Sie ist der ersten völlig gleichwertig und wird auch oft angewandt. Wir betrachten dazu das Medium als unbegrenzt, verlangen aber, daß sich die Lösungen nach einer großen Länge L identisch wiederholen, so daß also $u(sa) = u(sa + L)$ ist. Diese Methode der **periodischen Randbedingungen** (Bild 6 und Bild 7) ändert den physikalischen Gehalt des Problems bei einem großen System in keiner grundsätzlichen Hinsicht. Die Lösungen sind dann laufende Wellen $u_s = u(0) \exp[i(sKa - \omega_K t)]$ mit den erlaubten K-Werten

$$(20) \qquad K = 0, \quad \pm 2\pi/L, \quad \pm 4\pi/L, \quad \pm 6\pi/L, \dots, \quad N\pi/L.$$

Diese Methode ergibt dieselbe Anzahl von Zuständen wie (18) (einen pro bewegliches Atom), aber es sind nun sowohl positive als auch negative Werte von K erlaubt, und das Intervall zwischen benachbarten K-Werten beträgt nun $\Delta K = 2\pi/L$. Bei periodischen Randbedingungen gilt:

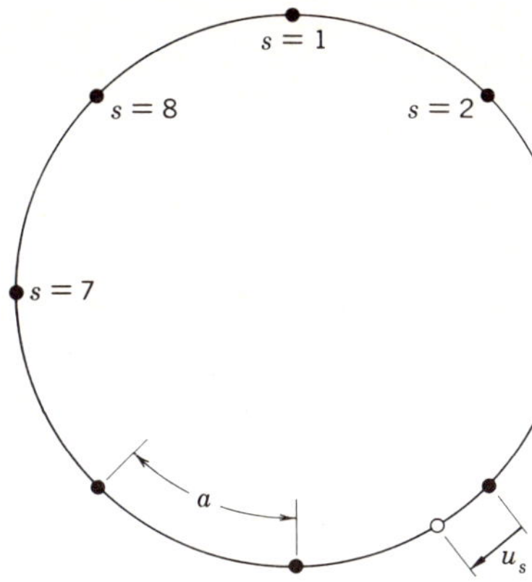

Bild 6: Gegeben sind N Teilchen auf einem Kreis. Die Teilchen können schwingen, als ob sie durch elastische Federn verbunden wären. In Normalschwingungen hat die Auslenkung u_s des Atoms s die Form $\sin sKa$ oder $\cos sKa$: diese beiden Schwingungsformen sind voneinander unabhängig. Infolge der geometrischen Periodizität des Kreisrings lautet die Randbedingung $u_{N+s} = u_s$ für alle s. Also muß NKa ein ganzzahliges Vielfaches von 2π sein. Nur für $N = 8$ sind die erlaubten, unabhängigen Werte von K gleich $0, 2\pi/8a, 4\pi/8a, 6\pi/8a$ und $8\pi/8a$. Der Wert $K = 0$ hat nur für die Kosinusglieder Bedeutung, da $\sin s0a = 0$. Der Wert $8\pi/8a$ hat gleichfalls nur für die Kosinusglieder Bedeutung, da $\sin(s8\pi a/8a) = \sin s\pi = 0$. Die drei anderen Werte von K sind sowohl für Sinusschwingungen als auch für Kosinusschwingungen erlaubt, so daß sich insgesamt acht erlaubte Eigenschwingungen für die acht Teilchen ergeben. Die periodische Randbedingung führt also auf eine erlaubte Schwingung pro Teilchen, genau wie die Randbedingung für feste Enden des Bildes 4. Nehmen wir für die Normalschwingungen die komplexe Form $\exp(isKa)$ an, dann führt die periodische Randbedingung wie in Gleichung (20) auf die acht Eigenschwingungen mit $K = 0, \pm 2\pi/Na, \pm 4\pi/Na, \pm 6\pi/Na$ und $8\pi/Na$.

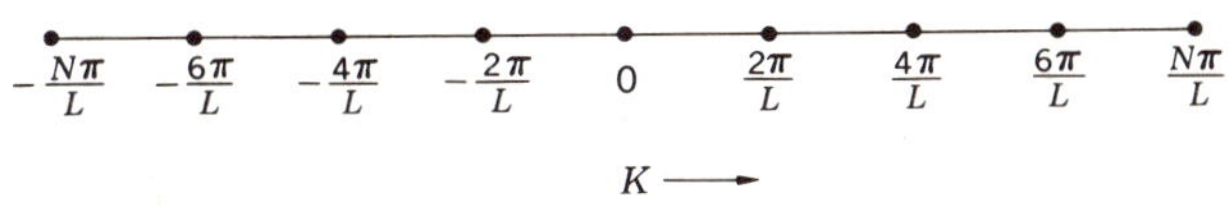

Bild 7: Erlaubte Werte der Wellenzahl K für periodische Randbedingungen, die auf ein lineares Gitter mit der Periodizität $N = 8$ Atome auf einer Strecke der Länge L angewendet werden. Die Lösung mit $K = 0$ entspricht der Fundamentalschwingung. Die Spezialfälle $\pm N\pi/L$ stellen nur eine Lösung dar, weil $e^{i\pi s} = e^{-i\pi s}$; folglich gibt es acht erlaubte Schwingungen, wobei die Verschiebung des Atomes s durch 1, $e^{\pm i\pi s/4}$, $e^{\pm i\pi s/2}$, $e^{\pm i3\pi s/4}$, $e^{i\pi s}$ beschrieben wird.

$$w(K) = \begin{cases} L/2\pi & \text{für } -\frac{\pi}{a} \leq K \leq \frac{\pi}{a}; \\ 0 & \text{für alle übrigen Werte.} \end{cases}$$

Wenn wir aus Bequemlichkeit K auf positive Werte beschränken, erhalten wir wieder L/π. Die Verhältnisse in einem zweidimensionalen Gitter gibt Bild 8 wieder.

Für das Weitere brauchen wir $\mathfrak{D}(\omega)$, die Anzahl der Zustände pro Frequenzintervall Eins. $\mathfrak{D}(\omega)\,d\omega$ die Anzahl der Zustände im Intervall $d\omega$ bei ω, ist

$$\text{(21)} \qquad \mathfrak{D}(\omega)\,d\omega = \frac{L}{\pi}\frac{dK}{d\omega}\,d\omega = \frac{L}{\pi}\cdot\frac{d\omega}{d\omega/dK}\,.$$

Die Gruppengeschwindigkeit $d\omega/dK$ ergibt sich aus der Dispersionsrelation. $\mathfrak{D}(\omega)$ verhält sich immer dann singulär, wenn in der Dispersionsrelation $\omega(K)$ eine horizontale Tangente auftritt, d.h. wenn die Gruppengeschwindigkeit null ist.

In der Kontinuums- oder Debyeschen Näherung ist $\omega = vK$, damit wird $d\omega/dK = v$, d.h. gleich der konstanten Schallgeschwindigkeit. In einer Dimension erhält man aus (21) für $\omega \leq v\pi/a$

$$\text{(22)} \qquad \mathfrak{D}(\omega) = \frac{L}{\pi v}$$

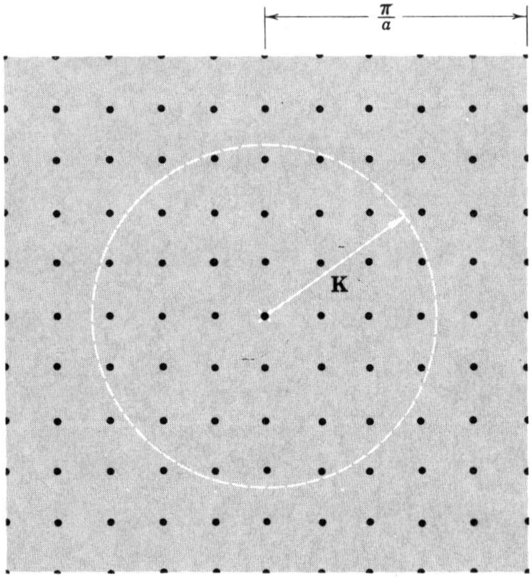

Bild 8: Erlaubte Werte des Phononenwellenvektors für ein quadratisches Gitter mit der Gitterkonstanten a im Fourier-Raum, bei dem periodischen Randbedingungen auf ein Quadrat der Seitenlänge $L = 10a$ angewendet wurden. Die Fundamentalschwingung ist mit einem Kreuz gekennzeichnet, pro Flächenelement $(2\pi/10a)^2 = (2\pi/L)^2$ ergibt sich ein erlaubter Wert von $\mathbf{K}$, so daß innerhalb eines Kreises der Fläche πK^2 die Zahl der erlaubten Punkte $\pi K^2(L/2\pi)^2$ beträgt.

und $\mathfrak{D}(\omega) = 0$ für alle anderen Werte. Das Spektrum wird bei $\omega_D = v\pi/a$ abgebrochen, um den richtigen Wert N für die Gesamtzahl der Normalschwingungen zu erhalten. Das Ergebnis (23) stellt die Zustandsdichte für jeden einzelnen Polarisationszustand dar. Gehören zu jedem K-Wert drei Schwingungen verschiedener Polarisation, dann ist (23) über diese drei Polarisationszustände aufzusummieren, wobei für jede Polarisation die entsprechende Schallgeschwindigkeit v einzusetzen ist.

Für N Einsteinsche Oszillatoren der Frequenz ω_E gilt

$$\mathfrak{D}(\omega) = N\delta(\omega - \omega_E); \tag{23a}$$

δ ist die Diracsche Deltafunktion.

Diese Funktion ist definiert durch die Eigenschaft

$$\int_{-\infty}^{\infty} dx\, f(x)\, \delta(x - a) = f(a) \ , \tag{23b}$$

für eine beliebige Funktion $f(x)$. Man kann die Deltafunktion als Grenzwert einer sehr scharfen Funktion ansehen.

Die Dispersionsrelation eines linearen Gitters aus identischen Atomen mit Wechselwirkung zwischen nächsten Nachbarn muß notwendigerweise die Form der Gleichung (5.23) haben [(5.23) gilt für Wechselwirkung zwischen parallelen Atomschichten],

$$\omega = \omega_m |\sin \tfrac{1}{2} Ka| \, . \tag{24}$$

Hier ist a die Gitterkonstante und ω_m die Maximalfrequenz. Wir können nach K als Funktion von ω auflösen:

$$K = \frac{2}{a} \text{ arc sin } \frac{\omega}{\omega_m} \tag{25}$$

Daraus folgt

$$\frac{dK}{d\omega} = \frac{2}{a} \cdot \frac{1}{(\omega_m{}^2 - \omega^2)^{1/2}} \, . \tag{26}$$

Aus (22) ergibt sich dann die Zustandsdichte

$$\mathfrak{D}(\omega) = \frac{L}{\pi} \cdot \frac{dK}{d\omega} = \frac{2L}{\pi a} \cdot \frac{1}{(\omega_m{}^2 - \omega^2)^{1/2}} \, . \tag{27}$$

Diese Funktion ist in Bild 9 dargestellt; die Singularität folgt aus der Nullstelle von $d\omega/dK$ bei $K = \pi/a$.

Gleichung (5.36) ist die Dispersionsrelation für diatomare lineare Gitter unter Annahme von nächster Nachbarwechselwirkung. Die Zustandsdichte im akustischen Ast gleicht in gewisser Hinsicht der Gleichung (27). Im

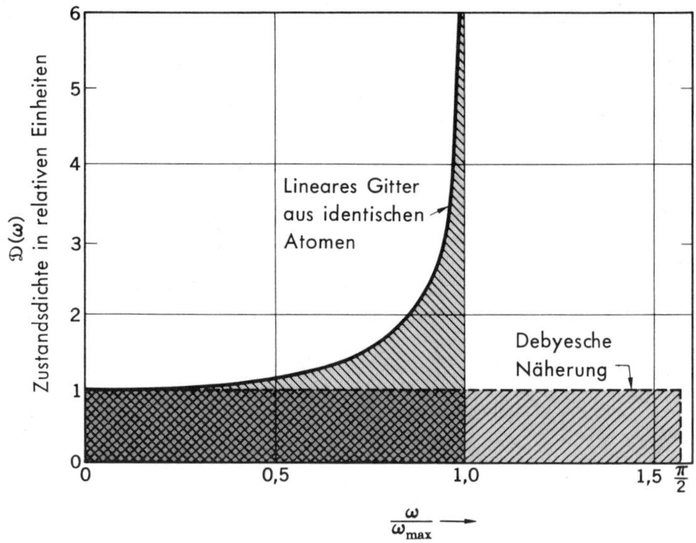

Bild 9: Zustandsdichte $\mathfrak{D}(\omega)$ für Phononen eines linearen Gitters aus identischen Atomen mit Wechselwirkung zwischen nächsten Nachbarn nach Gleichung (27), verglichen mit der Zustandsdichte in der Debyeschen oder der Kontinuumsnäherung nach Gleichung (23) für dieselbe Schallgeschwindigkeit im Grenzwert kleiner Frequenzen. Das Gittermodell weist eine Singularität auf, die bei der Debyeschen Näherung fehlt. Das Debye-Spektrum muß bei $\omega_D = \pi\omega_{max}/2$ abgebrochen werden, wenn die Gesamtzahl der Zustände gleich der Zahl der Atome sein soll.

optischen Ast des linearen Gitters treten bei der oberen und unteren Grenzfrequenz in der Zustandsdichte Singularitäten auf. Ist die Masse des einen Ions sehr viel geringer als die des anderen, so folgt aus Gleichung (5. 36), daß die Frequenz im optischen Ast näherungsweise von der Wellenzahl unabhängig wird. Also ist $d\omega/dK$ fast null, die Zustandsdichte im optischen Ast kann daher durch eine Deltafunktion bei der entsprechenden Frequenz angenähert werden. Dies ist ein Beispiel für die Anwendbarkeit des Einsteinschen Modells.

Die thermische Energie der akustischen Schwingung kann durch das Debye-Modell angenähert werden, die thermische Energie der optischen Schwingung durch das Einstein-Modell. Die Energien und somit auch die spezifischen Wärmen zweier verschiedener Eigenschwingungen sind additiv.

Zustandsdichte im Dreidimensionalen

Wir wenden periodische Randbedingungen auf N^3 primitive Zellen in einem

Würfel mit der Kantenlänge L an. Dann ist $\mathbf{K}$ durch die folgende Bedingung bestimmt:

(28) $$e^{i(K_x x + K_y y + K_z z)} \equiv e^{i[K_x(x+L)+K_y(y+L)+K_z(z+L)]}.$$

Daraus folgt

(29) $$K_x, K_y, K_z = 0; \quad \pm 2\pi/L; \quad \pm 4\pi/L; \quad \ldots; \quad N\pi/L.$$

Im $\mathbf{K}$-Raum nimmt jeder erlaubte Wert von $\mathbf{K}$ ein Volumen $(2\pi/L)^3$ ein; oder anders ausgedrückt: pro Volumeneinheit im $\mathbf{K}$-Raum gibt es für jede Polarisationsrichtung und für jeden Zweig

(30) $$\left(\frac{L}{2\pi}\right)^3 = \frac{V}{8\pi^3}$$

erlaubte Werte von $\mathbf{K}$. Das Volumen der Probe ist $V = L^3$.

Beispiel[5]: Allgemeines Ergebnis für $D(\omega)$.
Wie lautet nun im Dreidimensionalen der Ausdruck für $\mathfrak{D}(\omega)$, die Zahl der Zustände pro Frequenzintervall Eins, wenn die Phononendispersionsbeziehung $\omega(\mathbf{K})$ gegeben ist? Die Anzahl der Zustände mit Frequenzen zwischen ω und $\omega + d\omega$ ist mit (30)

(31) $$\mathfrak{D}(\omega)\, d\omega = \left(\frac{L}{2\pi}\right)^3 \int_{\text{Schale}} d^3K \,.$$

Das Integral erstreckt sich über das Volumen einer Schale im $\mathbf{K}$-Raum, die die Frequenzen zwischen ω und $\omega + d\omega$ einschließt. dS_ω bezeichne (Bild 10a) ein Flächenelement der Oberfläche, auf der die Frequenz kon-

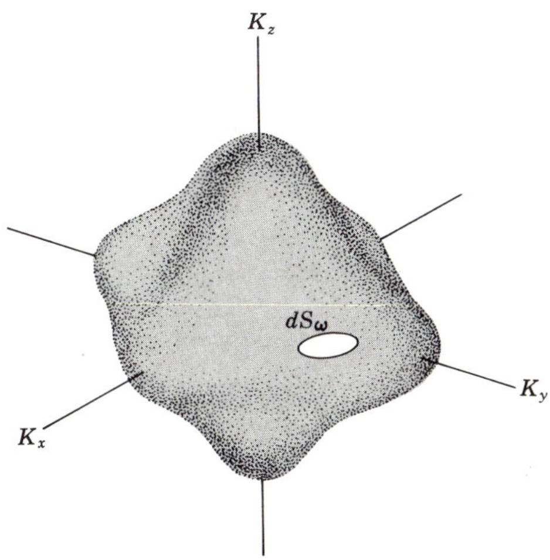

Bild 10a:
Flächenelement dS_ω auf einer Oberfläche konstanter Frequenz im $\mathbf{K}$-Raum. Das Volumen zwischen zwei Oberflächen konstanter Frequenz ω und $\omega + d\omega$ ist gleich $\int dS_\omega\, d\omega/|\nabla_{\mathbf{K}}\,\omega|$.

[5]) Dieses Beispiel kann beim ersten Lesen übergangen werden.

stant und gleich ω ist. Das Volumenelement im **K**-Raum zwischen den Flächen konstanter Frequenz ω und $\omega + d\omega$ ist also ein Zylinder mit Grundfläche dS_ω und Höhe $dK_\perp$,

$$\int_{\text{shell}} d^3K = \int dS_\omega \, dK_\perp \; .$$

$dK_\perp$ ist die senkrechte Entfernung (Bild 10b) zwischen der Oberfläche ω = konst. und der Oberfläche $\omega + d\omega$ = konst. Der Wert $dK_\perp$ variiert von Punkt zu Punkt der Oberfläche. Der Gradient von ω, $\nabla_{\mathbf{K}}\omega$, steht ebenfalls auf der Oberfläche $\omega =$ konst. senkrecht und die Größe

$$|\nabla_{\mathbf{K}}\omega| \, dK_\perp = d\omega \; , \tag{33a}$$

ist der Frequenzunterschied zwischen den beiden Oberflächen, die durch $dK_\perp$ verbunden sind. Folglich ergibt sich für das Volumenelement

$$dS_\omega \, dK_\perp = dS_\omega \frac{d\omega}{|\nabla_{\mathbf{K}}\omega|} = dS_\omega \frac{d\omega}{v_g} \; , \tag{33b}$$

$v_g = |\nabla_{\mathbf{K}}\omega|$ ist der Betrag der Gruppengeschwindigkeit eines Phonons. Die Gl. (31) läßt sich dann umschreiben zu

$$\mathfrak{D}(\omega) \, d\omega = \left(\frac{L}{2\pi}\right)^3 \int \frac{dS_\omega}{v_g} \, d\omega \; . \tag{33c}$$

Dividieren wir beide Seiten durch $d\omega$ und schreiben wir $V = L^3$ für das Kristallvolumen, so erhalten wir als Ergebnis für die Dichte der Eigenschwingungen

$$\boxed{\mathfrak{D}(\omega) = \frac{V}{(2\pi)^3} \int \frac{dS_\omega}{v_g}} \tag{34}$$

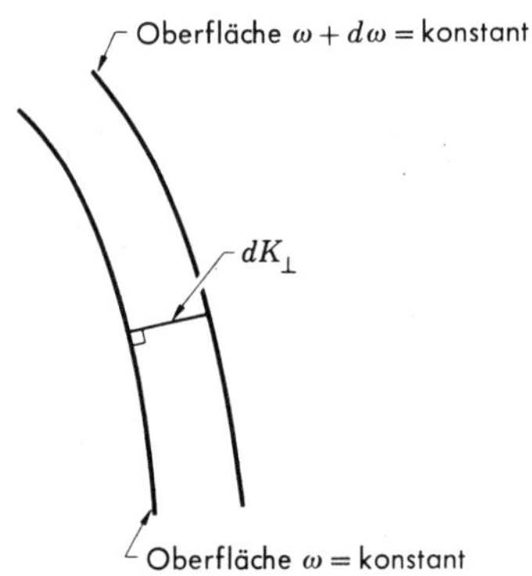

Bild 10b: Die Größe $dK_\perp$ ist der senkrechte Abstand zwischen Oberflächen konstanter Frequenz im **K** - Raum, zwischen der Frequenz ω und der Frequenz $\omega + d\omega$.

Das Integral erstreckt sich über die Oberfläche konstanter Frequenz ω im **K**-Raum. Das Ergebnis gilt für einen einzelnen Zweig der Dispersionsbeziehung. Wir können dieses Ergebnis auch wieder in der Elektronen-Bänder-Theorie verwenden (siehe Kap. 9 und 10).

Von besonderem Interesse für den Einfluß auf $\mathfrak{D}(\omega)$ sind die Punkte, an denen die Gruppengeschwindigkeit Null ist. Solche kritischen Punkte erzeugen Singularitäten (bekannt als Van Hove [6]) Singularitäten) in der Verteilungsfunktion. Eine einführende Diskussion darüber findet sich im weiterführenden Anhang C, wo gezeigt wird, daß Sattelpunkte von $\omega(\mathbf{K})$ besonders wichtig sind.

In der Kontinuums- oder Debyschen Näherung ist die Schallgeschwindigkeit eine Konstante:

$$\omega(\mathbf{K}) = v \cdot K \ .$$

Die Gesamtzahl der Eigenschwingungen mit Wellenvektoren kleiner als K, Gl. (30), ist $(L/2\pi)^3$ mal das Volumen einer Kugel mit dem Radius K; daraus folgt

$$N = \left(\frac{L}{2\pi}\right)^3 \frac{4\pi}{3} K^3 = \left(\frac{L}{2\pi}\right)^3 \frac{4\pi\omega^3}{3v^3} = \frac{V\omega^3}{6\pi^2 v^3} \tag{35}$$

für jede Polarisation. Die Dichte der Eigenschwingungen beträgt für jede Polarisation:

$$\mathfrak{D}(\omega) = \frac{dN}{d\omega} = \frac{V\omega^2}{2\pi^2 v^3} \ . \tag{36}$$

Bei N primitiven Zellen in der Probe ist N die Gesamtzahl der Eigenschwingungen der akustischen Phononen. Die Grenzfrequenz ω_D läßt sich aus (35) bestimmen:

$$\omega_D{}^3 = \frac{6\pi^2 v^3 N}{V} \ . \tag{37}$$

Dieser Frequenz entspricht ein Grenzwellenvektor im **K**-Raum:

$$K_D = \frac{\omega_D}{v} = \left(\frac{6\pi^2 N}{V}\right)^{\frac{1}{3}} \ . \tag{38}$$

Im Debyeschen Modell sind nur Schwingungen zugelassen, deren Wellenvektor kleiner als K_D ist. Die Zahl der Eigenschwingungen für $K \leq K_D$ braucht gerade die Zahl der Freiheitsgrade eines einatomigen Gitters auf.

---

[6]) L. Van Hove, Phys. Rev. **89**, 1189 (1953); siehe auch H. P. Rosenstock, Phys. Rev. **97** , 290 (1955); J. C. Phillips, Phys. Rev. **104**, 1263 (1956).

In der Debyeschen Näherung wird also nicht nur die tatsächliche Zustandsdichte durch die Zustandsdichte (36) ersetzt, [(36) folgt aus der linearen Dispersionsrelation $\omega = v\mathbf{K}$], sondern man wählt auch noch als Integrationsgebiet eine Kugel im **K**-Raum statt einer Brillouin-Zone, wie es eigentlich korrekt wäre. In Bild 11 ist die Zustandsdichte der Debyeschen Näherung (36) zusammen mit der Zustandsdichte des richtigen Integrationsgebietes für ein einfach kubisches Gitter aufgetragen - jedoch noch immer unter der Annahme einer konstanten Schallgeschwindigkeit. Mit $v = 5 \cdot 10^5$ cm/sec und $N/L^3 = 10^{23}$ Atome/cm³ gilt:

$$\omega_D \simeq 1 \cdot 10^{14} \text{ sec}^{-1}$$

und

$$K_D \simeq 2 \cdot 10^8 \text{ cm}^{-1}. \tag{39}$$

Die Verteilungsfunktion $\mathfrak{D}(\omega)$ kann auch aus experimentell bestimmten oder realistischeren theoretischen Dispersionsrelationen berechnet werden. Die damit verbundene Mühe kann sehr groß werden; man behandelt dieses Problem deshalb oft mit Hilfe von Elektronenrechnern. Man muß dabei zuerst den Verlauf von ω über ein sehr feinmaschiges Netz im **K**-Raum bestimmen und dann daraus ein Frequenzdiagramm konstruie-

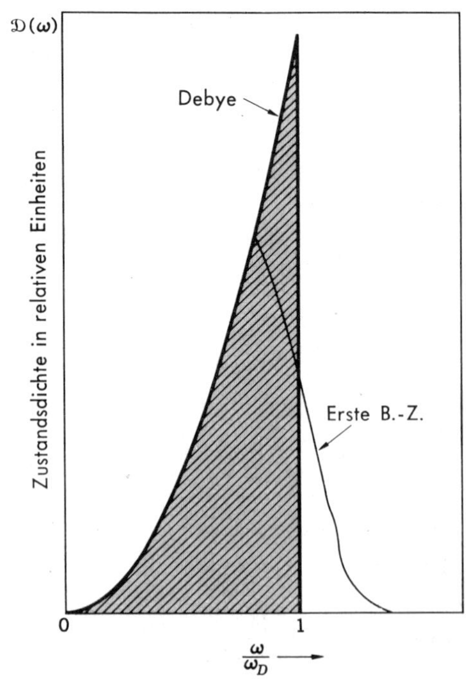

Bild 11:
Zustandsdichte $\mathfrak{D}(\omega)$ in Abhängigkeit von ω bei als konstant angenommener Phononengeschwindigkeit. Es ist einmal im **K**-Raum über die Debyesche Kugel (schraffierte Fläche) und einmal über die erste Brillouin-Zone eines einfach kubischen Gitters aus identischen Atomen integriert. (Nach C. Fong.)

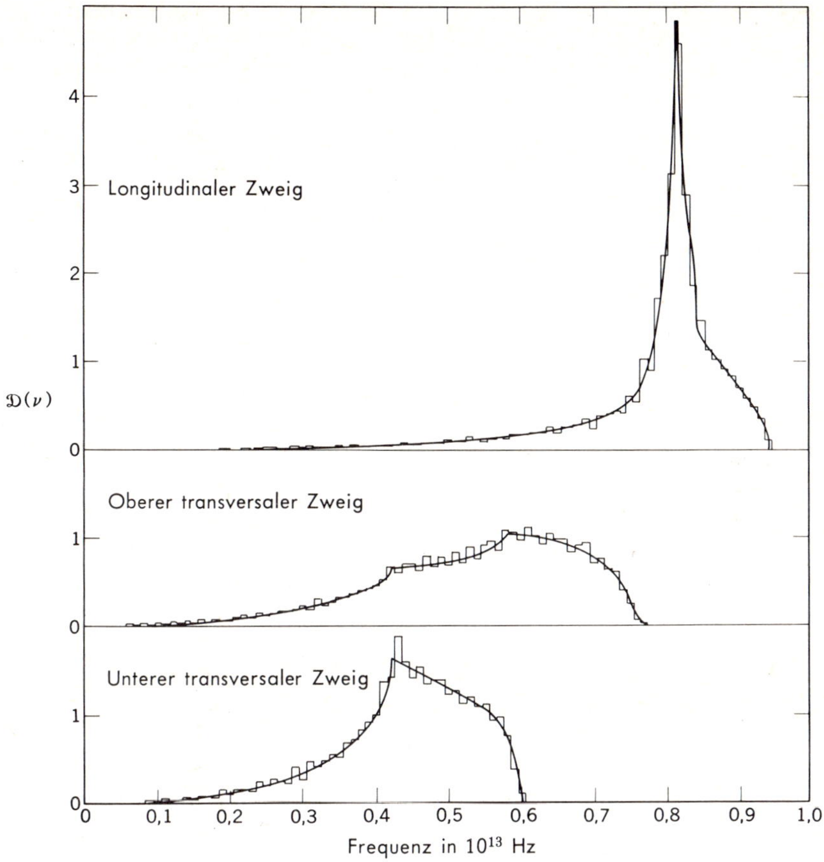

Bild 12: Zustandsdichte $\mathfrak{D}(\nu)$ der Phononen für die drei Äste in Aluminium; hier ist $\nu = \omega/2\pi$. Die Diagramme wurden aus Frequenzen ermittelt, die vorher für 2791 Wellenvektoren berechnet waren. [Nach C. B. Walker, Phys. Rev. **103**, 547 (1956). Weitere Ergebnisse für Aluminium findet man bei R. Stedman, L. Almquist und G. Nilsson, Phys. Rev. **162**, 549 (1967).

ren, das die Anzahl der Netzpunkte in kleinen gleichen Intervallen von ω angibt. Rechenergebnisse für Aluminium zeigen die Bilder 12 und 13. Der Effekt der Van Hove Singularitäten ist deutlich zu bemerken.

Debyesches Modell für die spezifische Wärme des Gitters

Die Energie (15) ist für jede Polarisationsrichtung

$$E = \int d\omega\, \mathfrak{D}(\omega)\, n(\omega)\, \hbar\omega = \int_0^{\omega_D} d\omega \left(\frac{V\omega^2}{2\pi^2 v^3}\right)\left(\frac{\hbar\omega}{e^{\hbar\omega/\tau} - 1}\right). \tag{40}$$

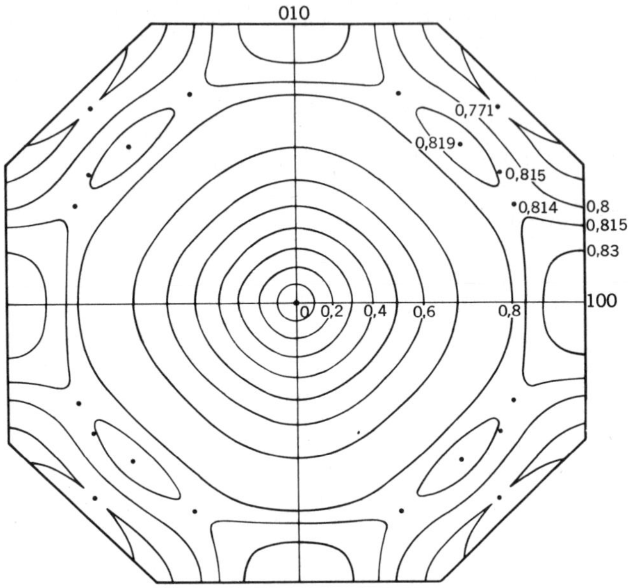

Bild 13: Oberflächen konstanter Frequenz für longitudinale Phononen in Aluminium. Der dargestellte Bereich ist die (100)-Ebene des reziproken Gitters. (Nach C. B. Walker.)

Um die Rechnung abzukürzen, nehmen wir an, daß die Phononengeschwindigkeiten nicht von der Polarisation abhängen. Dann können wir (40) mit 3 multiplizieren und erhalten

(41) $$E = \frac{3V\hbar}{2\pi^2 v^3}\int_0^{\omega_D} d\omega \, \frac{\omega^3}{e^{\hbar\omega/\tau} - 1} = \frac{3Vk_B{}^4T^4}{2\pi^2 v^3\hbar^3}\int_0^{x_D} dx \, \frac{x^3}{e^x - 1} .$$

Hierbei gilt $x \equiv \hbar\omega/\tau \equiv \hbar\omega/k_BT$ und

(42) $$x_D \equiv \hbar\omega_D/k_BT \equiv \Theta/T.$$

Damit ist die **Debye-Temperatur** Θ mit Hilfe von ω_D aus (37) definiert. Man kann für Θ ansetzen,

(43) $$\theta = \frac{\hbar v}{k_B}\cdot\left(\frac{6\pi^2 N}{V}\right)^{\frac{1}{3}} .$$

Dann wird aus (41)

(44) $$E = 9Nk_BT\left(\frac{T}{\Theta}\right)^3 \int_0^{x_D} dx \, \frac{x^3}{e^x - 1} .$$

Hier ist N die Anzahl der Atome im Festkörper und $x_D = \Theta/T$.

Am leichtesten findet man den Beitrag des Gitters zur spezifischen Wärme durch Differentiation des mittleren Ausdrucks in (41) nach der Temperatur. Dann erhält man

$$C_V = \frac{3V\hbar^2}{2\pi^2 v^3 k_B T^2} \int_0^{\omega_D} d\omega \, \frac{\omega^4 e^{\hbar\omega/\tau}}{(e^{\hbar\omega/\tau} - 1)^2} = 9Nk_B\left(\frac{T}{\theta}\right)^3 \int_0^{x_D} dx \, \frac{x^4 e^x}{(e^x - 1)^2} \, . \tag{45}$$

Es sind umfangreiche Tabellen für E, C_V und andere Größen der Debyeschen Theorie ausgerechnet. Man findet sie in den Tabellenwerken von Landolt-Börnstein und von Jahnke-Emde-Lösch. Den Verlauf der Molwärme zeigt Bild 14. Für $T \gg \Theta$ nähert sie sich dem klassischen Wert $3Nk_B$.

Debyesches T^3-Gesetz

Bei tieferen Temperaturen kann man Gleichung (44) durch eine Näherung ersetzen, indem man die obere Grenze des Integrals gegen Unendlich gehen läßt.

$$\int_0^{\infty} dx \, \frac{x^3}{e^x - 1} = \int_0^{\infty} dx \, x^3 \sum_{s=1}^{\infty} e^{-sx} = 6 \sum_1^{\infty} \frac{1}{s^4} = \frac{\pi^4}{15} \, . \tag{46}$$

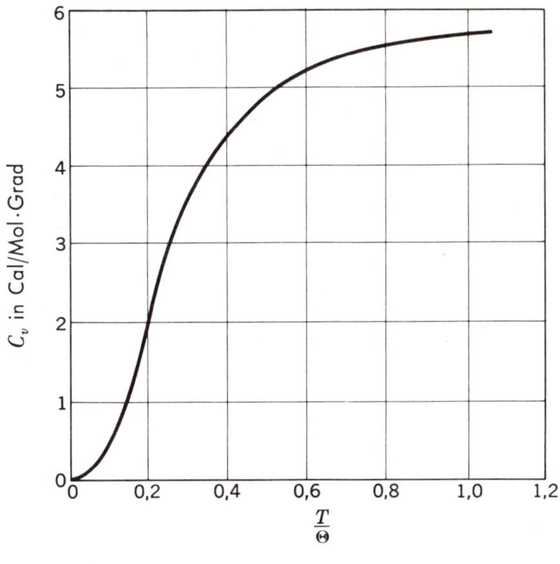

Bild 14: Molwärme eines Festkörpers nach der Debyeschen Näherung. Die Dimension der senkrechten Skala ist J Mol $^{-1}$ Grad $^{-1}$. Auf der waagrechten Skala ist die Temperatur, auf die Debye-Temperatur θ normiert, aufgetragen. Das Gebiet des T^3-Gesetzes liegt unterhalb $0{,}1 \cdot \theta$. Der asymptotische Wert für große T/θ-Werte beträgt 24,943 J · Mol^{-1} Grad $^{-1}$.

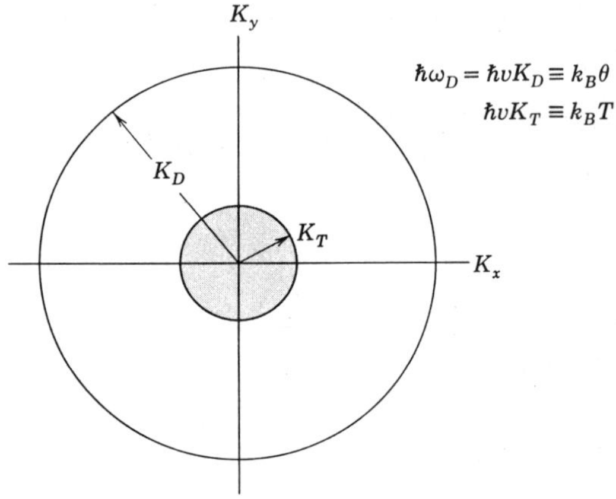

Bild 15: Um einen qualitativen Ausdruck für das Debyesche T^3-Gesetz zu bekommen, nehmen wir an, daß alle Phononenschwingungen, deren Wellenzahl kleiner als K_T ist, die klassische thermische Energie k_BT haben und alle Eigenschwingungen zwischen K_T und dem Debyeschen Grenzwert K_D überhaupt nicht angeregt sind. Der Bruchteil der angeregten Schwingungen von allen $3N$ möglichen beträgt $(K_T/K_D)^3 = (T/\theta)^3$, denn das ist gerade das Verhältnis des Volumens der inneren Kugel zu dem der äußeren Kugel. Die Energie beträgt

$$E \approx k_BT \cdot 3N\left(\frac{T}{\theta}\right)^3 ,$$

und die spezifische Wärme

$$C_V = \frac{\partial E}{\partial T} \approx 4Nk_B\left(\frac{T}{\theta}\right)^3 .$$

Die Summe über s^{-4} findet man in Tabellen. Also ist $E \cong 3\pi^4 Nk_BT^4/5\Theta^3$ für $T \ll \Theta$ und damit

(47) $$C_V \cong (12\pi^4 Nk_B/5)(T/\Theta)^3 = 234Nk_B(T/\Theta)^3.$$

Diese Gleichung zeigt die Debyesche T^3-Näherung. Bei genügend tiefen Temperaturen sollte die Debyesche Näherung recht gut sein, da dort nur akustische Schwingungen langer Wellenlänge angeregt sind. Das sind aber gerade die Schwingungen, die man wie die Schwingungen eines elastischen Kontinuums mit makroskopischen elastischen Konstanten behandeln kann. Die Energie der kurzwelligen Schwingungszustände ist zu groß, als daß diese bei tiefen Temperaturen noch besetzt sein könnten [siehe Gleichung (11)].

Man kann den T^3-Verlauf durch eine einfache Überlegung verständlich machen (Bild 15). Nur die Gitterschwingungen mit $\hbar\omega \leq k_BT$ sind bei einer tiefen Temperatur T in merklichem Ausmaß angeregt. Die Anregung dieser Schwingungszustände ist angenähert klassisch, ihre Energien

Tabelle 1: Debye-Temperatur θ_0 in K.

(Der Index 0 an θ bezeichnet die Tieftemperaturgrenze der experimentellen Werte.)

Li	Be											B	C	N	O	F	Ne
344	1440												2230				75
Na	Mg											Al	Si	P	S	Cl	Ar
158	400											428	645				92
K	Ca	Sc	Ti	V	Cr	Mn	Fe	Co	Ni	Cu	Zn	Ga	Ge	As	Se	Br	Kr
91	230	360.	420	380	630	410	470	445	450	343	327	320	374	282	90		72
Rb	Sr	Y	Zr	Nb	Mo	Tc	Ru	Rh	Pd	Ag	Cd	In	Sn w	Sb	Te	I	Xe
56	147	280	291	275	450		600	480	274	225	209	108	200	211	153		64
Cs	Ba	La (β)	Hf	Ta	W	Re	Os	Ir	Pt	Au	Hg	Tl	Pb	Bi	Po	At	Rn
38	110	142	252	240	400	430	500	420	240	165	71,9	78,5	105	119			
Fr	Ra	Ac															

Ce	Pr	Nd	Pm	Sm	Eu	Gd	Tb	Dy	Ho	Er	Tm	Yb	Lu
						200		210				120	210
Th	Pa	U	Np	Pu	Am	Cm	Bk	Cf	Es	Fm	Md	No	Lw
163		207											

Die meisten der Daten wurden von N. Pearlman zur Verfügung gestellt; Literaturhinweise findet man in A.I.P. Handbook 3. Auflage.

liegen in der Nähe von $k_B T$, gemäß Gleichung (9) und Bild 2. Das Volumen im **K**-Raum, das die angeregten Schwingungen einnehmen, liegt in der Größenordnung von $(K_T/K_D)^3$, wo K_T eine Wellenzahl ist, die so definiert ist, daß $\hbar v K_T = k_B T$ erfüllt ist und K_D die Debeyesche Grenzwellenzahl, definiert durch (38) oder $(T/\Theta)^3$, dem Gesamtvolumen im **K**-Raum: Also liegt die Zahl der angeregten Schwingungen bei $N(T/\Theta)^3$, und jede Schwingung hat die Energie $k_B T$. Die innere Energie ist dann $\sim N k_B T (T/\Theta)^3$, die spezifische Wärme ist damit $\sim 4\, N k_B (T/\Theta)^3$. Das Auftreten des großen numerischen Faktors 234 in Gleichung (47) kann darauf zurückgeführt werden, daß in der Definition (43) von Θ konventionsgemäß der Faktor $(6\pi^2)^{1/3}$ hinzugefügt wurde.

Methoden zur Bestimmung einer passenden mittleren Schallgeschwindigkeit, aus der dann Θ berechnet werden kann, werden von Blackman[7])

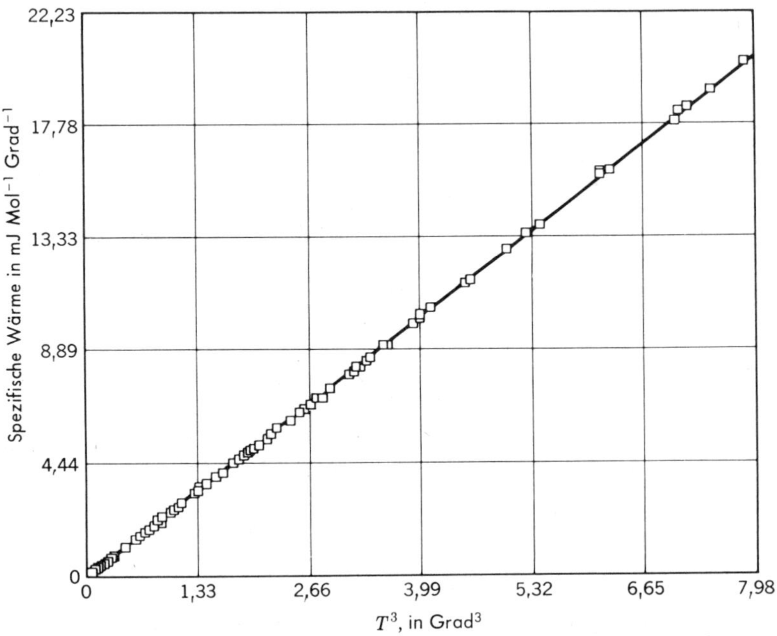

Bild 16: Spezifische Wärme bei tiefen Temperaturen für festes Argon, gegenüber T^3 aufgetragen. In diesem Temperaturbereich stimmen die experimentellen Ergebnisse ausgezeichnet mit dem Debyeschen T^3 -Gesetz überein; θ_0 hat hier den Wert 92,0 Grad (Nach L. Finegold und N. E. Phillips.)

7) M. Blackman, Repts. Prog. Phys. **8**, 11 (1941); einen Vergleich zwischen Werten für die Debye-Temperatur Θ, die aus den elastischen Konstanten bestimmt wurden, und Werten, die kalorimetrisch ermittelt wurden, findet man in dem Artikel von G. A. Alers und J. R. Neighbours, Rev. Mod. Phys. **31**, 675 (1959).

angegeben. Für reale Gitter liegen die Temperaturen, bei denen die T^3-Näherung stimmt, ziemlich tief. Es kann sich als notwendig erweisen, bis unter $T = \Theta/50$ zu gehen, damit das T^3-Verhalten einigermaßen rein zutage tritt. Die spezifische Wärme ist jedoch ziemlich unempfindlich gegenüber Änderungen in der Zustandsdichte der Schwingungen.

Die beste Methode zur praktischen Bestimmung der Zustandsdichte besteht in der Messung der Dispersion für bestimmte Kristallrichtungen durch unelastische Neutronenstreuung. Die Meßergebnisse werden dann durch Anpassen eines theoretischen Ansatzes möglichst gut wiedergegeben; daraus findet man die Dispersionsrelation für eine allgemeine Richtung und daraus wiederum mit Hilfe eines Elektronenrechners $\mathfrak{D}(\omega)$.

Ausgewählte Werte von Θ werden in Tabelle 1 angegeben. Bemerkenswert ist beispielsweise, daß bei den Alkalimetallen die schwersten Atome die kleinsten Werte von Θ aufweisen, da die Schallgeschwindigkeit mit zunehmender Dichte abnimmt. Experimentelle Ergebnisse für Argon, ein dielektrischer Kristall mit einem Atom in der primitiven Elementarzelle, sind in Bild 16 dargestellt.

Anharmonische Wechselwirkungen in Kristallen

Bei der Theorie der Gitterschwingungen, wie wir sie in diesem und den vorhergehenden Kapiteln besprochen haben, war die potentielle Energie nur von dem Quadrat der interatomaren Verschiebungen (Auslenkungen) abhängig. Das ist die harmonische Näherung; sie hat u. a. zur Folge:

1. Es gibt keine Wärmeausdehnung.
2. Adiabatische und isotherme elastische Konstanten sind gleich.
3. Die elastischen Konstanten sind von Druck und Temperatur unabhängig.
4. Die spezifische Wärme wird bei hohen Temperaturen ($T > \Theta$) konstant.
5. Zwei Gitterschwingungen beeinflussen sich nicht gegenseitig. Eine einzelne Welle ist weder gedämpft noch ändert sich ihre Form mit der Zeit.

In realen Kristallen ist keine dieser Folgerungen genau erfüllt. Die Abweichungen können auf die Vernachlässigung anharmonischer (d. h. Glieder mit höherer Ordnung als 2) Terme der interatomaren Verschiebung zurückgeführt werden. Wir werden nur einige einfachere Aspekte der anharmonischen Gitterwechselwirkungen behandeln, wegen weiterer Einzelheiten sei auf das Literaturverzeichnis am Ende dieses Kapitels hingewiesen.

Sehr schön veranschaulicht werden anharmonische Effekte durch Experimente, bei denen durch die Wechselwirkung zweier Phononen ein drittes Phonon der Frequenz $\omega_3 = \omega_1 + \omega_2$ erzeugt wird. Shiren[8]) beschreibt ein Experiment, bei dem ein Bündel longitudinaler Phononen der Frequenz 9, 20 GHz in einem MgO-Kristall mit einem parallelen Bündel longitudinaler Phononen der Frequenz 9, 18 GHz reagiert. Die Wechselwirkung der beiden Strahlenbündel (Bild 17) erzeugt ein drittes Bündel longitudinaler Phononen mit der Frequenz 9, 20 + 9, 18 = 18, 38 GHz.

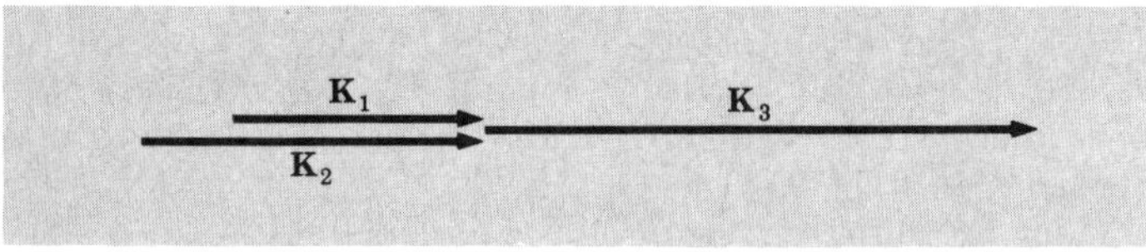

Bild 17: Wechselwirkung zweier paralleler longitudinaler Phononen mit Erzeugung eines dritten longitudinalen Phonons. Im Bereich des Phononenspektrums ohne Dispersion ist es möglich, mit dieser Anordnung gleichzeitig den Energiesatz und den Erhaltungssatz für Wellenvektoren zu erfüllen, d. h. $\omega_1 + \omega_2 = \omega_3$ und $\mathbf{K}_1 + \mathbf{K}_2 = \mathbf{K}_3$. In dem Experiment von Shiren wurde bei einer Wechselwirkungslänge von 2 cm und einer eingestrahlten Leistungsdichte von $\sim 0,5$ Watt/cm^2 eine Energieumwandlung von bis zu 70% beobachtet.

Rollins[9]) et al. führten das elegante, in Bild 18 dargestellte Experiment durch. Zwei enge Ultraschallbündel werden in der Nähe des Mittelpunktes einer großen Kreisscheibe miteinander zur Wechselwirkung gebracht.

Es konnte nachgewiesen werden, daß in dem Wechselwirkungsvolumen nur dann ein drittes Strahlenbündel erzeugt wird, wenn die Energie und die Wellenvektoren (der drei Strahlenbündel) erhalten bleiben.

Dreiphononen-Prozesse werden durch kubische Terme in der potentiellen Energie des Gitters hervorgerufen. Ein typischer Term ist z. B.

$$U_3 = A e_{xx} e_{yy} e_{zz} \quad . \tag{48}$$

Die e bedeuten Dehnungskomponenten, und A ist eine Konstante. Die Konstanten A haben die gleiche Dimension wie die Elastizitätsmoduln aus Kapitel 4, ihr Zahlenwert kann jedoch bis zu einer Größenordnung

8) N. S. Shiren, Phys. Rev. Letters **11**, 3 (1963).

9) F. R. Rollins, Jr., L. H. Taylor und P. H. Todd, Jr., Phys. Rev. **136**, A 597 (1964).

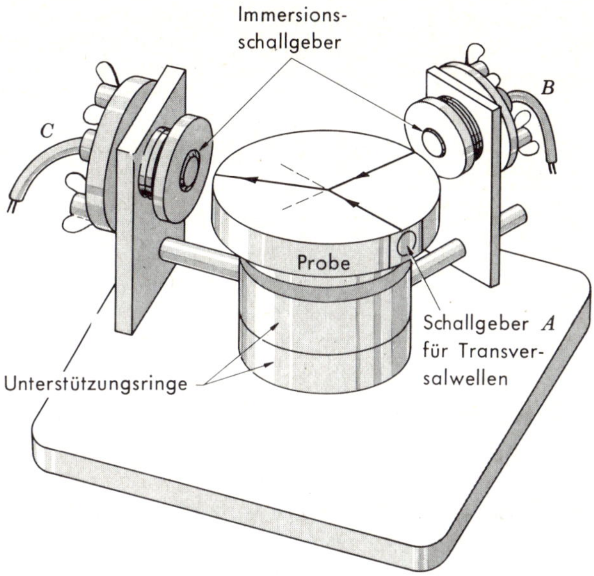

Bild 18: Ultraschallexperiment zur Dreiphononen-Wechselwirkungen. In einem charakteristischen Experiment erzeugt der Schallgeber A eine Transversalwelle von 10 MHz, die in der Nähe des Mittelpunkts des scheibenförmigen Probekörpers mit einer von B erzeugten Longitudinalwelle von 15 MHz in Wechselwirkung tritt, um dadurch eine Longitudinalwelle von 25 MHz zu erzeugen. Diese wird im Schallgeber C nachgewiesen: $L(15) + T(10) \rightarrow L(25)$. Die Wellenvektoren erfüllen die Gleichung $\mathbf{K}_{15} + \mathbf{K}_{10} = \mathbf{K}_{25}$. Der Winkel φ kann aus dieser Gleichung und den Wellengeschwindigkeiten leicht berechnet werden. Die ganze Apparatur wird in eine geeignete Flüssigkeit eingetaucht, um die Immersionsschallgeber mit dem Probekörper zu koppeln. (Nach Rollins, Taylor und Todd.)

Bild 19:
Die Verschiebungsamplitude in der erzeugten Schallwelle sollte proportional zum Produkt aus den Amplituden der beiden Primärwellen sein. Diese Kurven (nach Rollins et al.) zeigt den experimentell festgestellten linearen Zusammenhang zwischen ($V_1 V_2$) und V_3. V_1 und V_2 sind die Spannungen an den Schallgebern für die Primärwellen, V_3 ist die Spannung am Schallgeber, die durch die bei der Wechselwirkung entstandene Welle hervorgerufen wird.

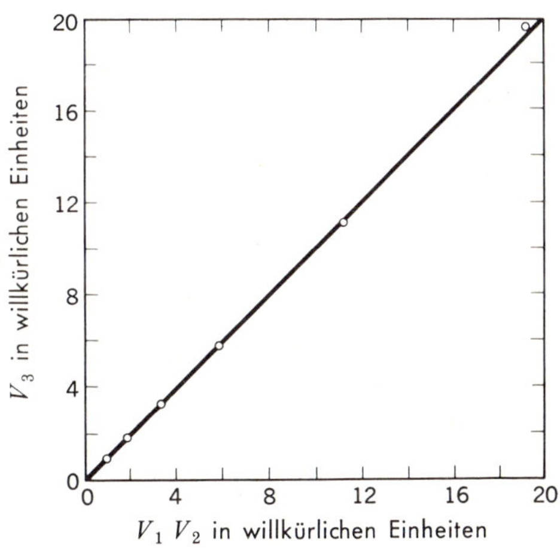

höher liegen als der für die elastischen Konstanten C. Die Physik der Phononenwechselwirkung kann ganz einfach beschrieben werden: Die Anwesenheit eines Phonons verursacht eine periodische elastische Deformation, die (durch die anharmonische Wechselwirkung) die elastischen Konstanten des Kristalls in Raum und Zeit moduliert. Ein zweites Phonon spürt diese Modulation und wird daraufhin gestreut, genauso wie an einem sich bewegenden dreidimensionalen Beugungsgitter. Ohne anharmonische Terme tritt diese akustische Modulation nicht auf.

Wärmeausdehnung

Der Ursprung der Wärmeausdehnung wird verständlich, wenn man bei einem klassischen Oszillator die Auswirkung betrachtet, die von anharmonischen Termen im Ausdruck für die potentielle Energie auf den mittleren Abstand zweier Atome bei der Temperatur T hervorgerufen wird. Die potentielle Energie U der beiden Atome sei bei der Auslenkung x aus ihrem Gleichgewichtsabstand bei 0 K durch

$$U(x) = cx^2 - gx^3 - fx^4 \tag{49}$$

gegeben. Die Konstanten c, g und f sind alle positiv. Der Term mit x^3 gibt die Asymmetrie in der gegenseitigen Abstoßung der Atome wieder, und der Term mit x^4 die Abschwächung der Schwingung bei großen Amplituden. Das Minimum von (49) bei $x = 0$ ist kein absolutes Minimum, doch liefert diese Form für kleine Oszillationen trotzdem eine ausreichend gute Darstellung eines interatomaren Potentials, wie z. B. in Bild (3.7).

Man berechnet die mittlere Verschiebung (Auslenkung) $\langle x \rangle$ mit Hilfe der Boltzmannschen Verteilungsfunktion, die die möglichen Werte von x gemäß ihrer thermodynamischen Wahrscheinlichkeit mit einem Gewichtsfaktor versieht:

$$\langle x \rangle = \frac{\int_{-\infty}^{\infty} dx\, x e^{-\beta U(x)}}{\int_{-\infty}^{\infty} dx\, e^{-\beta U(x)}}, \tag{50}$$

wobei $\beta \equiv 1/k_B T$ ist. Für Auslenkungen, bei denen die anharmonischen Terme in der Energie klein gegen $k_B T$ sind, kann man die Integranden in (50) entwickeln:

$$\int dx\, x e^{-\beta U} \cong \int dx\, e^{-\beta c x^2}(x + \beta g x^4 + \beta f x^5) = (3\pi^{1/2}/4)(g/c^{5/2})\beta^{-3/2}, \tag{51}$$

$$\int dx\, e^{-\beta U} \cong \int dx\, e^{-\beta c x^2} = (\pi/\beta c)^{1/2}. \tag{52}$$

Daraus folgt

$$\langle x \rangle = (3g/4c^2)k_B T. \tag{53}$$

Dieses Ergebnis gilt nur im klassischen Bereich[10]).

Tabelle 2:
Lineare Ausdehnungs koeffizienten im Bereich der Zimmertemperatur [a])
$\alpha = \frac{1}{\ell}\frac{\partial \ell}{\partial T}$

Stoff	$\alpha \cdot 10^6$ pro K	Stoff	$\alpha \cdot 10^6$ pro K
Li	45	Fe	11,7
Na	71	Ni	12,5
K	83	Cr	7,5
Cs	97	Mo	5,2
Cu	17,0	Ta	6,6
Ag	18,9	W	4,6
Au	13,9	Ir	6,5
Ca	22,5	Pd	11,6
Al	23,6	Pt	8,9
Pb	28,8		

a) Siehe W. B. Pearson, A handbook of lattice spacings and structures of metals and alloys, Pergamon 1958. Daten für tiefe Temperaturen findet man in der Veröffentlichung von K. Andres, Phys. kondens. Materie **2**, 294 (1964).

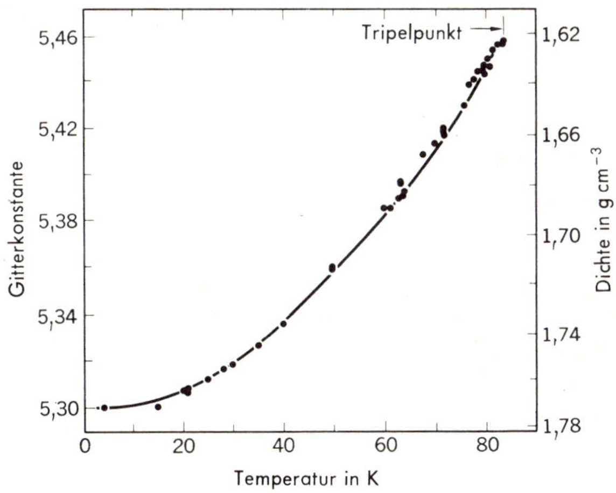

Bild 20: Gitterkonstante von festem Argon als Funktion der Temperatur, von verschiedenen Wissenschaftlern gemessen (O. G. Peterson, D. N. Batchelder und R. O. Simmons, Phys. Rev. **150**, 703 (1966).

10) Man vergleiche diese Darstellung mit der Diskussion des anharmonischen Oszillators auf den Seiten 227-229 des "Berkeley physics course", Band I, McGraw-Hill (1964).

Man beachte, daß in (51) cx^2 in der Exponentialfunktion unverändert blieb, aber $\exp(\beta g x^3 + \beta f x^4) \cong 1 + \beta g x^3 + \beta f x^4 + \cdots$ in eine Reihe entwickelt wurde. In Tabelle 2 sind einige lineare Ausdehnungskoeffizienten zusammengestellt. Messungen an festem Argon zeigt Bild 20.

Wärmeleitfähigkeit

Die Wärmeleitzahl K kann am einfachsten in bezug auf den stationären Wärmetransport durch einen langen Stab mit einem Temperaturgradienten dT/dx definiert werden:

$$(54) \qquad Q = K \frac{dT}{dx} \, ,$$

Hier ist Q der Wärmefluß (d. h. die Energie, die pro Zeiteinheit durch eine Flächeneinheit hindurchtritt);

In Gleichung (54), die die Wärmeleitzahl definiert, steckt als Voraussetzung, daß der Wärmetransport ein statistischer Prozeß ist. Die Energie tritt nicht einfach an einem Ende des Festkörpers ein und wandert dann geradewegs zum andern Ende, vielmehr diffundiert die Energie durch den Körper und erleidet dabei häufig Stoßprozesse. Würde die Energie auf direktem Weg ohne Ablenkungen durch den Körper wandern, so hinge die Gleichung für den Wärmefluß nicht von dem Temperaturgradienten sondern nur vom Temperaturunterschied ΔT zwischen den Endflächen des Körpers ab, unabhängig von dessen Länge. Die statistische Natur des Leitungsprozesses allein bringt den Temperaturgradienten in die Wärmeleitungsgleichung.

Aus der kinetischen Gastheorie ist weiter unten in einer bestimmten Näherung folgender Ausdruck für die Wärmeleitzahl abgeleitet:

$$(55) \qquad K = \tfrac{1}{3} C \cdot v \cdot \ell .$$

Hier ist C die Wärmekapazität pro Volumeneinheit, v die mittlere Teilchengeschwindigkeit und ℓ die mittlere freie Weglänge zwischen den Zusammenstößen eines Teilchens. Dieses Ergebnis wurde zuerst von Debye zur Beschreibung der Wärmeleitung in dielektrischen Festkörpern angewandt, und zwar ist dann C die Wärmekapazität der Phononen, v deren Geschwindigkeit und ℓ deren mittlere freie Weglänge. In Tabelle 3 sind einige repräsentative Werte für die mittlere freie Weglänge von Phononen zusammengestellt.

Wir wollen nun die Gleichung (55) aus der elementaren kinetischen Theorie ableiten. Der Teilchenfluß in $\mathbf{x}$-Richtung sei $\frac{1}{2} n \langle |v_x| \rangle$ (n ist die Molekülkonzentration). Im Gleichgewicht existiert ein Fluß gleicher Größe

Tabelle 3: Mittlere freie Weglängen von Phononen. [Aus (55) berechnete; dabei wurde $v = 5 \cdot 10^5$ cm/sec als repräsentativer Wert für die Schallgeschwindigkeit eingesetzt. Die so erhaltenen Werte von ℓ beziehen sich auf die durch (61) definierten Umklapprozesse.]

Kristall	T, °C	C, cal/cm³ · Grad	K, cal/cm · Grad · sec	ℓ, in Å
Quarz [a]	0	0,48	0,03	40
	−190	0,13	0,12	540
NaCl	0	0,45	0,17	23
	−190	0,24	0,064	100

[a]) Parallel zur optischen Achse.

in die entgegengesetzte Richtung. Die Klammer $\langle \cdots \rangle$ bezeichnet den Mittelwert. Bewegt sich ein Teilchen aus einem Gebiet mit der lokalen Temperatur $T + \Delta T$ in ein Gebiet mit der Ortstemperatur T, so gibt es dabei die Energie $c\,\Delta T$ ab (c ist die Wärmekapazität des Teilchens). Zwischen den Endpunkten einer freien Weglänge des Teilchens ist ΔT durch

$$(56) \qquad \Delta T = \frac{dT}{dx}\ell = \frac{dT}{dx} v_x \tau \ ,$$

gegeben. Hierbei ist τ die mittlere Zeit zwischen zwei Zusammenstößen.

Der resultierende Energiefluß (aus beiden Flußrichtungen der Teilchen) ist daher

$$(57) \qquad Q = n\langle v_x^2\rangle\, c\tau \frac{dT}{dx} = \tfrac{1}{3} n \langle v^2 \rangle\, c\tau \frac{dT}{dx}.$$

Ist, wie bei Phononen, v konstant, so kann man (57) zu

$$(58) \qquad Q = \tfrac{1}{3} C v \ell \frac{dT}{dx}$$

umformen ($\ell \equiv v\tau$ und $C \equiv nc$). Durch Vergleich mit (65) findet man dann $K = \frac{1}{3} C v \ell$.

Wärmewiderstand des Gitters

Die mittlere freie Weglänge ℓ von Phononen wird hauptsächlich durch zwei Prozesse bestimmt, nämlich die Streuung an Kristallfehlern und die Streuung an anderen Phononen. Wären die Kräfte zwischen Atomen rein harmonisch, so gäbe es keinen Mechanismus, der zu Stößen zwischen verschiedenen Phononen führt, und ihre freie Weglänge wäre nur durch die Begrenzung des Kristalls und durch Gitterfehler eingeschränkt. Es gibt auch Situationen, wo diese Effekte die Hauptrolle spielen. Bei anharmonischen Gitterwechselwirkungen, wie z. B. bei (48), besteht dagegen eine Kopplung zwischen Phononen, die ihre mittlere freie Weglänge begrenzt. Die Phononen sind dann nicht mehr genaue Normalschwingungen des Systems. Wir betrachten nun zuerst den Wärmewiderstand durch Gitterwechselwirkungen.

Die Theorie über den Einfluß einer anharmonischen Kopplung auf den Wärmewiderstand ist ein schwieriges Problem. Eine Näherungslösung wurde von Debye[11]) angegeben, von Peierls[12])[13]) stammt eine sehr eingehende Untersuchung des Problems. Beide zeigen, daß bei hohen Temperaturen ℓ proportional zu $1/T$ ist. Dieses Ergebnis wird von vielen Experimenten bestätigt. Wir können diese Abhängigkeit verstehen, wenn wir von der Zahl der Phononen ausgehen, mit denen ein gegebenes Phonon in Wechselwirkung treten kann: bei hohen Temperaturen ist gemäß Gleichung (9) die Gesamtzahl der angeregten Phononen proportional zu T. Die mittlere freie Weglänge eines gegebenen Phonons ist umgekehrt proportional zur Zahl der Phononen, mit denen es zusammenstoßen kann, d. h. $\ell \propto 1/T$.

Damit überhaupt eine Wärmeleitfähigkeit auftritt, muß im Kristall ein Mechanismus vorhanden sein, der die Verteilung der Phononen lokal in thermisches Gleichgewicht bringen kann. Ohne einen solchen Mechanismus hat es keinen Sinn zu sagen, die Phononen am einen Ende des Kristalls hätten die Temperatur T_2 und die Phononen am anderen Ende die Temperatur T_1 im thermischen Gleichgewicht. Bei der Wärmeleitung muß also nicht nur die mittlere freie Weglänge begrenzt werden, es muß außerdem auch noch ein Mechanismus gegeben sein, durch den eine echte Gleichgewichtsverteilung der Phononen zustande kommt.

---

[11]) P. Debye, "Zustandsgleichung und Quantenhypothese mit einem Anhang über Wärmeleitung". In: "Vorträge über die kinetische Theorie der Materie und der Elektrizität" von M. Planck et al. (Mathematische Vorlesungen an der Universität Göttingen: IV.) Teubner, Leipzig, 1914, S. 19-60.

[12]) R. Peierls, Ann. Physik **3**, 1055 (1929).

[13]) C. Herring, Phys. Rev. **95**, 954 (1954); J. Callaway, Phys. Rev. **113**, 1046 (1959); R. E. Nettleton, Phys. Rev. **132**, 2032 (1963) und die am Ende des Kapitels zitierten zusammenfassenden Artikel. Die Arbeiten von Callaway und Nettleton tragen zum Verständnis der kombinierten Effekte durch Streuung am Gitter und an Gitterfehlern bei. Siehe auch M. G. Holland, Phys. Rev. **132**, 2461 (1963); P. Erdös, Phys. Rev. **138**, A 1200 (1965).

Phononenzusammenstöße mit einem stationären Gitterfehler oder einer Kristallbegrenzung ergeben kein thermisches Gleichgewicht, da sich dabei die Energie der einzelnen Phononen nicht ändert: die Frequenz ω_2 des gestreuten Phonons ist gleich der Frequenz ω_1 des einfallenden Phonons.

Bemerkenswert ist, daß auch Dreiphononen-Stöße

$$\mathbf{K}_1 + \mathbf{K}_2 = \mathbf{K}_3 \tag{59}$$

zu keinem thermischen Gleichgewicht führen, und zwar aus einem nicht so offensichtlichen Grund: der Gesamtimpuls des Phononengases ändert sich bei solchen Stößen nicht. Eine Phononen-Gleichgewichtsverteilung mit Temperatur T kann durch einen Kristall mit einer Driftgeschwindigkeit wandern, die nicht von Dreiphononen-Stößen[14]) der Form (59) gestört wird. In solchen Stößen bleibt nämlich der Phononenimpuls

$$\mathbf{J} = \sum_K \hbar \mathbf{K} n_{\mathbf{K}} \tag{60}$$

erhalten, da dann die Änderung von $\mathbf{J}$ dabei gleich $\mathbf{K}_3 - \mathbf{K}_2 - \mathbf{K}_1 = 0$ ist. $n_{\mathbf{K}}$ ist hier die Anzahl der Phononen mit dem Wellenvektor $\mathbf{K}$. Bei einer Verteilung mit $\mathbf{J} \neq 0$ können Stöße wie (59) zu keinem vollständigen thermischen Gleichgewicht führen, da sie $\mathbf{J}$ unverändert lassen. Setzen wir eine Verteilung heißer Phononen in einem Stab mit $\mathbf{J} \neq 0$ in Be-

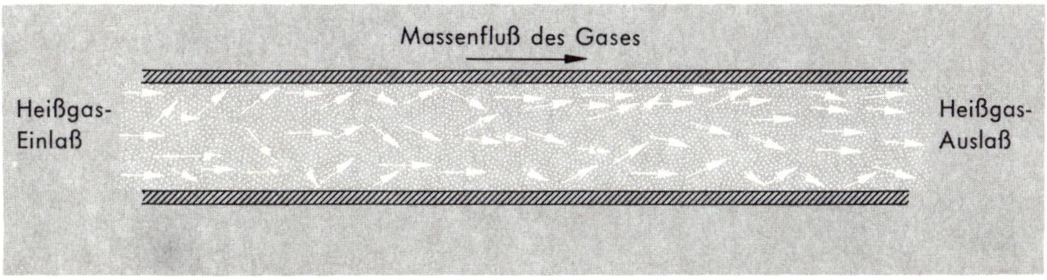

Bild 21a: Fluß von Gasmolekülen durch eine lange offene Röhre mit reibungsfreien Wänden. Elastische Stöße zwischen den Gasmolekülen ändern den Impuls und den Energiefluß des Gases nicht, denn bei jedem Stoß bleiben die Geschwindigkeit des Schwerpunkts der zusammenstoßenden Teilchen sowie ihre Energie unverändert. Also wird ohne den Antrieb durch ein Temperaturgefälle Energie von links nach rechts transportiert; der Wärmewiderstand ist deshalb null und die Wärmeleitzahl unendlich.

[14]) Siehe R. E. Peierls, Quantum theory of solids, Oxford, 1955, S. 41 - 45. Dasselbe Ergebnis gilt auch für Stoßprozesse mit einer beliebigen Zahl von Phononen.

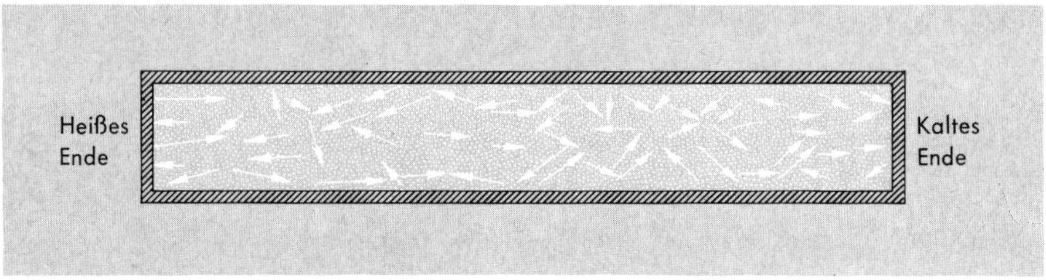

Bild 21b: Die übliche Definition der Wärmeleitfähigkeit eines Gases bezieht sich auf eine Situation, bei der kein Massenfluß erlaubt ist. Hier ist die Röhre an beiden Enden verschlossen, um das Eintreten oder Entweichen von Molekülen zu verhindern. Bei einem Temperaturgefälle wandern die Stoßpaare mit überdurchschnittlicher Schwerpunktsgeschwindigkeit bevorzugt nach rechts, die mit unterdurchschnittlichen Geschwindigkeiten nach links. Ein leichtes Konzentrationsgefälle resultiert, das auf der rechten Seite hoch ist; der Gesamtmassenfluß wird dadurch null, während der Gesamtenergietransport vom warmen zum kalten Ende erfolgt.

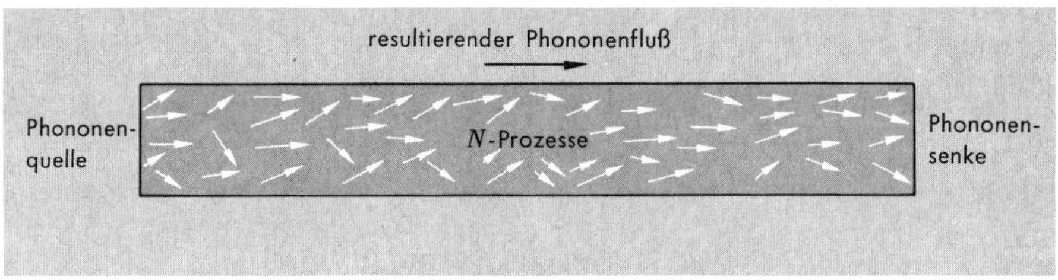

Bild 21c: Durch Bestrahlung des einen Kristallendes mit einer Lampe werden in einem Kristall Phononen hauptsächlich an dieser Stelle (hier links) erzeugt. Von diesem Ende baut sich ein Phononengesamtfluß in Richtung des rechten Kristallendes auf. Treten nur N-Prozesse ($\mathbf{K}_1 + \mathbf{K}_2 = \mathbf{K}_3$) auf, so ändert sich der Impuls des Phononenflusses durch Stöße nicht, und ein gewisser Fluß wird über die ganze Länge des Kristalls aufrecht erhalten. Erreichen die Phononen das rechte Ende, so kann man wenigstens prinzipiell den größten Teil ihrer Energie in Strahlung zurückverwandeln und so eine Senke für Phononen erzeugen. Genau wie bei a) ist der Wärmewiderstand null.

wegung, so wird diese Verteilung mit unverändertem $\mathbf{J}$ durch den Stab wandern. In solchen Fällen tritt also kein Wärmewiderstand auf.

Dieser in Bild 21 veranschaulichte Sachverhalt gleicht genau dem dort ebenfalls gezeigten für Stöße zwischen Gasmolekülen in einer geraden Röhre mit reibungsfreien Wänden.

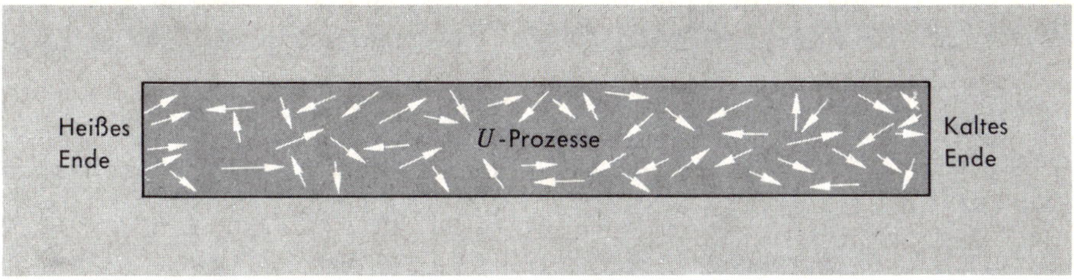

Bild 21d: In U-Prozessen ($\mathbf{K}_1 + \mathbf{K}_2 = \mathbf{K}_3 + \mathbf{G}$ wie in Bild 22b) ändert sich der Phononenimpuls bei jedem Stoß sehr stark. Ein anfänglicher Phononenfluß am linken Ende wird dann bei der Ausbreitung nach rechts sehr schnell abnehmen. Die Enden können als Quellen und Senken wirken. Unter dem Einfluß eines Temperaturgradienten tritt mit einer gewissen Ähnlichkeit zu b) ein Energietransport auf.

Umklapprozesse

Peierls wies darauf hin, daß die für die Wärmeleitung wichtigen Dreiphononen-Prozesse nicht von der Form $\mathbf{K}_1 + \mathbf{K}_2 = \mathbf{K}_3$ wie in Gleichung (59) sondern von der Form

$$\mathbf{K}_1 + \mathbf{K}_2 = \mathbf{K}_3 + \mathbf{G} \tag{61}$$

sind; $\mathbf{G}$ ist hierbei ein reziproker Gittervektor (Bild 22). Bekanntlich kann bei Kristallgittern $\mathbf{G}$ in allen Impulserhaltungssätzen auftreten.

Wir haben schon in den Kapiteln 2 und 5 Beispiele für Wechselwirkungen zwischen Wellen in Kristallen kennengelernt, bei denen die Änderung des Gesamtwellenvektors nicht null sein mußte, sondern gleich einem reziproken Gittervektor sein konnte. Solche Prozesse sind in periodischen Gittern immer möglich, in einem Kontinuumsmodell dagegen ist $\mathbf{G}$ immer null.

Prozesse oder Stöße, bei denen $\mathbf{G} \neq 0$ ist, nennt man **Umklapprozesse**. Das Wort bezieht sich auf den Umstand (Bild 22b), daß bei einem Stoß zweier Phononen mit negativem K_x sich durch das "Umklappen" nach dem Stoß ein Phonon mit positivem K_x ergeben kann. Umklappprozesse werden auch U-Prozesse genannt. Stöße, bei denen $\mathbf{G} = 0$ ist, nennt man **Normalprozesse** oder N-Prozesse. Einen typischen Umklapprozeß zeigt Bild 23 für ein lineares Gitter.

Bei hohen Temperaturen ($T > \Theta$) sind alle Phononen angeregt, da $k_B T > \hbar\omega_{max}$ ist. Ein wesentlicher Teil aller Phononenstöße sind dann Umklapprozesse und daher von einer großen Impulsänderung beim Stoß

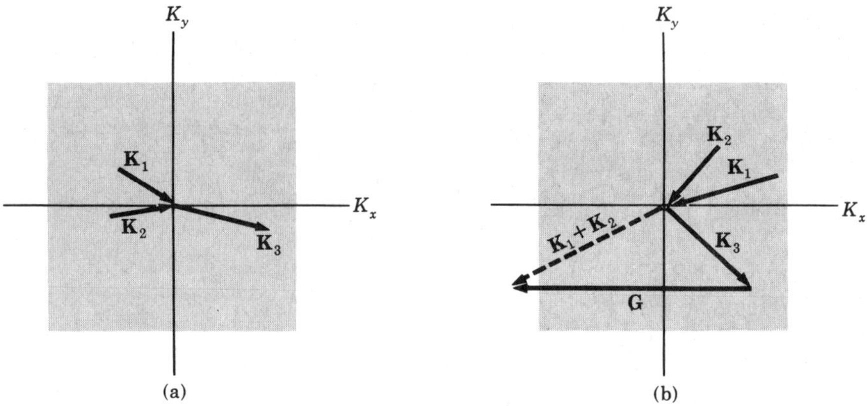

Bild 22: (a) Normal- $\mathbf{K}_1 + \mathbf{K}_2 = \mathbf{K}_3$ und (b) Umklapp- $\mathbf{K}_1 + \mathbf{K}_2 = \mathbf{K}_3 + \mathbf{G}$ -Phononenstoßprozeß in einem zweidimensionalen quadratischen Gitter. Das Quadrat in den Abbildungen stellt die erste Brillouin-Zone im $\mathbf{K}$-Raum dar. Sie enthält alle möglichen unabhängigen Phononenwellenvektoren. Die Vektoren $\mathbf{K}$ mit den Pfeilspitzen im Mittelpunkt der Zone stellen bei den Stoßprozessen absorbierte Phononen dar, die vom Mittelpunkt wegweisenden Vektoren repräsentieren Phononen, die beim Stoß erzeugt wurden. Der eingezeichnete reziproke Gittervektor hat die Länge $2\pi/a$ und ist parallel zur K_x-Achse. Hierbei ist a die Gitterkonstante des Kristallgitters. Bei allen Prozessen (N oder U) bleibt die Energie erhalten, so daß immer gilt: $\omega_1 + \omega_2 = \omega_3$.

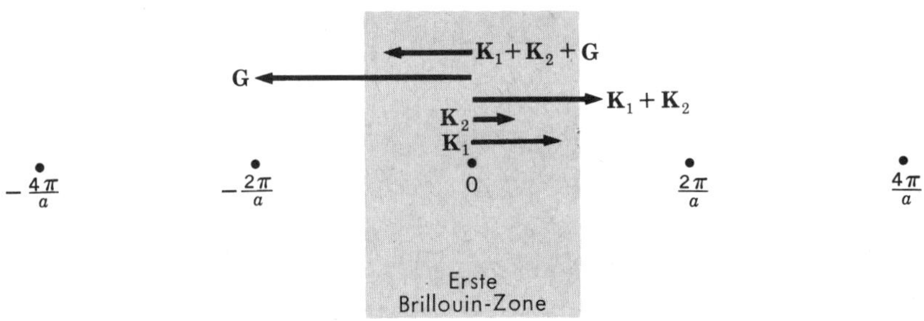

Bild 23: Mittelpunkte des reziproken Gitters eines linearen Kristalls der Gitterkonstanten a aus identischen Atomen. Hier ist ein typischer Umklapprozeß dargestellt: ein Phonon mit dem Wellenvektor $\mathbf{K}_1$ stößt mit einem Phonon mit dem Wellenvektor $\mathbf{K}_2$ zusammen. Die Summe $\mathbf{K}_1 + \mathbf{K}_2$ liegt außerhalb der ersten Brillouin-Zone des reziproken Gitters, jedoch ist gemäß Gleichung (5.24) ein solcher $\mathbf{K}$-Wert immer einem Wellenvektor $\mathbf{K}_1 + \mathbf{K}_2 + \mathbf{G}$ innerhalb der ersten Brillouin-Zone gleichwertig. ($\mathbf{G}$ ist ein geeigneter Vektor des reziproken Gitters.) Im dargestellten Prozeß ist $G = -2\pi/a$. Für die Wärmeleitung besteht ein Unterschied zwischen Prozessen, bei denen $\mathbf{K}_1 + \mathbf{K}_2$ innerhalb der ersten Brillouin-Zone liegt, und Prozessen bei denen $\mathbf{K}_1 + \mathbf{K}_2$ außerhalb liegt und durch Addition eines geeigneten reziproken Gittervektors $\mathbf{G}$ zurückgebracht werden muß.

begleitet. Man kann den Wärmewiderstand abschätzen, ohne besonders zwischen U- und N-Prozessen zu unterscheiden. Nach unseren früheren Erfahrungen mit nichtlinearen Effekten erwarten wir, daß der Wärmewiderstand des Gitters bei hohen Temperaturen proportional zu T sein wird.

Die Energie der Phononen $\mathbf{K}_1$ und $\mathbf{K}_2$, die für einen Umklapprozeß geeignet sein sollen, liegt in der Größenordnung von $k_B\Theta/2$, da jedes der beiden Phononen 1 und 2 Wellenzahlen in der Größenordnung von $G/2$ haben muß, damit der Stoß (61) überhaupt möglich wird. (Haben beide Phononen kleine Wellenzahlen K und damit auch geringe Energien, so kann sich bei einem Stoß dieser beiden unmöglich ein Phonon mit einer Wellenzahl in der Größenordnung von $\frac{1}{2}G$ ergeben. Beim Umklapprozeß gilt der Energiesatz genauso wie auch beim Normalprozeß.) Bei tiefen Temperaturen dürfte die Anzahl geeigneter Phononen mit der hohen benötigten Energie $k_B\Theta/2$ gemäß der Boltzmann-Verteilung ungefähr durch $e^{-\Theta/2T}$ bestimmt sein. Diese Annahme stimmt gut mit experimentellen Ergebnissen überein. Zum Abschluß muß noch gesagt werden, daß die mittlere freie Weglänge in (55) die freie Weglänge nur für Umklappstöße ist und nicht für beliebige Stöße zwischen Phononen.

Kristallfehler

Auch Geometrieeffekte können bei der Begrenzung der mittleren freien Weglänge eine wichtige Rolle spielen. Dazu gehören die Streuung an Kristallgrenzen, an der Verteilung verschiedener Isotope in natürlichen chemischen Elementen, an chemischen Verunreinigungen, an Gitterfehlern und an amorphen Strukturen.

Wird bei tiefen Temperaturen die mittlere freie Weglänge ℓ mit der Dicke des Versuchskörpers vergleichbar, dann wird auch der Wert von ℓ durch die Dicke beschränkt, und die Wärmeleitfähigkeit wird eine Funktion der Abmessungen des Versuchskörpers. Dieser Effekt wurde von de Haas und Biermasz[15]) entdeckt, die Erklärung wurde von Peierls vorgeschlagen und von Casimir[16]) ausgearbeitet. Bild 24 zeigt Meßergebnisse für Kaliumchloridkristalle. Der scharfe Abfall der Wärmeleitfähigkeit reiner Kristalle bei tiefen Temperaturen wird durch deren geringe Abmessungen verursacht. Bei tiefen Temperaturen kann der Umklapp-

[15]) W.J. De Haas und T. Biermasz, Physica **2**, 673 (1935); **4**, 752 (1937); **5**, 47, 320, 619 (1938); siehe auch R. Berman, Proc. Roy. Soc. (London) **A 208**, 90 (1951).

[16]) H.B.G. Casimir, Physica **5**, 495 (1938); R.E.B. Makinson, Proc. Cambridge Phil. Soc. **34**, 474 (1938).

prozeß die Wärmeleitfähigkeit nicht mehr einschränken, und der Einfluß der Kristallgröße dominiert, wie auch aus Bild 25 hervorgeht. Es ist dann zu erwarten, daß die mittlere freie Weglänge der Phononen konstant und ungefähr gleich dem Durchmesser D des Kristalls wird, so daß

$$K \approx C \cdot v \cdot D. \tag{62}$$

Die einzige temperaturabhängige Größe auf der rechten Seite ist C, die die spezifische Wärme ist, die bei tiefen Temperaturen mit T^3 abfällt. Man kann daher erwarten, daß die Wärmeleitfähigkeit bei tiefen Temperaturen wie T^3 verläuft. Der Einfluß der Kristallgröße wird immer dann spürbar, wenn die mittlere freie Weglänge der Phononen mit dem Durchmesser des Probekörpers vergleichbar wird.

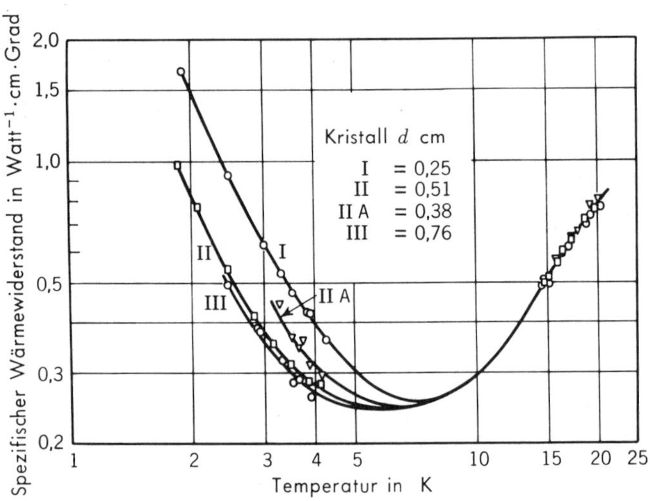

Bild 24: Spezifischer Wärmewiderstand eines Kaliumchlorideinkristalls nach Messungen von Biermasz und de Haas. Unter 5 K ist der Widerstand eine Funktion der Kristalldicke d, da die mittlere freie Weglänge der Phononen durch die Kristallabmessungen begrenzt wird. Der Anstieg des Wärmewiderstands bei tiefen Temperaturen wird durch den Abfall der spezifischen Wärme verursacht, der Anstieg bei Temperaturen oberhalb 10 K ist durch das exponentielle Einsetzen von Umklapprozessen zu erklären.

In sonst idealen Kristallen verursacht das Auftreten von verschiedenen Isotopen oft eine beträchtliche Phononenstreuung. (Die willkürliche Verteilung der Isotope stört die Periodizität des Gitters für eine elastische Welle.) In einigen Substanzen ist die Phononenstreuung in Isotopen so-

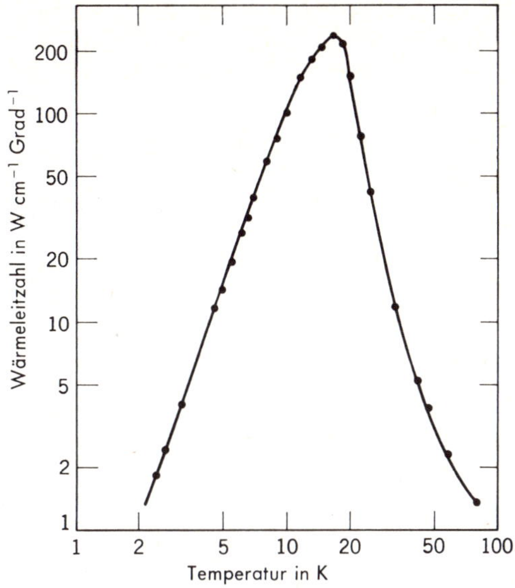

Bild 25: **Wärmeleitzahl eines hochreinen Natriumfluoridkristalls, nach H.E.Jackson, C.T.Walker und T.F.McNelly, Phys. Rev. Letters 25, 26 (1970). Dieser Kristall wurde bei der Untersuchung der Ausbreitung der Wärmepulse und des zweiten Schalls in Kristallen verwendet. (Die Ausbreitung des zweiten Schalls wird in QTF, S. 40-42 behandelt.)**

gar bei Zimmertemperatur [17]) mit der Streuung von Phononen an Phononen vergleichbar. Bild 26 zeigt Meßergebnisse für Germanium.

In Gläsern nimmt die Wärmeleitfähigkeit (Bild 27) sogar bei Zimmertemperatur mit der Temperatur ab. Die Wärmeleitzahlen bei Zimmertemperatur sind für Gläser ungefähr eine Größenordnung kleiner als für Kristalle. Die mittlere freie Weglänge bei Zimmertemperatur beträgt in Quarzglas 8 Å, d.h. sie ist ungefähr gleich den Abmessungen eines Siliziumdioxidtetraeders (7 Å). Ein Glas wie Quarzglas besteht aus einem sich unregelmäßig fortsetzenden Netz [18]) (Bild 28) aus Silizium-Sauerstoff-Bindungen. Die wirksame Kristallitgröße liegt daher nur in der Größenordnung eines einzelnen Tetraeders dieser Struktur. Es ist daher zu erwarten, daß (außer bei tiefen Temperaturen, bei denen die Phononen-

[17]) Siehe J.M. Ziman, Electrons and phonons, Oxford 1960, Kap. 8.6.

[18]) W.H. Zachariasen, J. Am. Chem. Soc. **54**, 3841 (1932); B.E. Warren, J. Appl. Phys. **8**, 645 (1937); **13**, 602 (1942); E.U. Condon, Physics of the glassy state, Am. J. Phys. **22**, 43, 132, 224, 310 (1954).

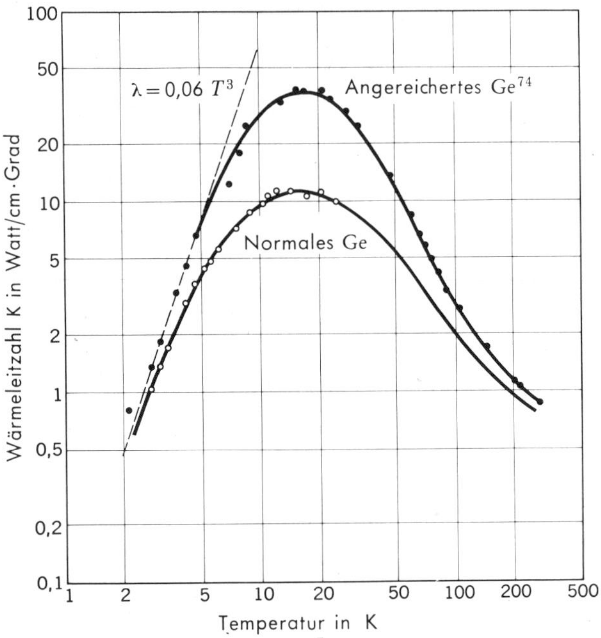

Bild 26: Der Einfluß von Isotopen auf die Wärmeleitfähigkeit von Germanium beläuft sich bis auf einen Faktor Drei im Maximum der Wärmeleitfähigkeit. Die angereicherte Probe enthält 96% Ge^{74}; natürliches Germanium enthält 20% Ge^{70}, 27% Ge^{72}, 8% Ge^{73}, 37% Ge^{74} und 8% Ge^{76}. Unter 5 K gilt für die angereicherte Probe $\lambda = 0,060\ T^3$, was gut mit Casimirs Theorie für den Wärmewiderstand durch Streuung an Kristallgrenzen übereinstimmt. Die Wärmeleitzahlen führten auf eine mittlere freie Weglänge für die Streuung an Kristallgrenzen von 1,80 mm. Zum Vergleich wurde aus der Querschnittsfläche ein Wert von 1,57 errechnet. [Nach T. H. Geballe und G. W. Hull, Phys. Rev. **110**, 773 (1958).]

wellenlänge so groß ist, daß die Struktur homogen wirkt) die mittlere freie Weglänge der Phononen durch die Größe der Kristallite begrenzt und daher konstant ist, und daß die Abnahme der Wärmeleitfähigkeit mit der Temperatur auf den Abfall der spezifischen Wärme zurückgeführt werden kann.

Dielektrische Kristalle können genauso gute Wärmeleiter sein wie Metalle. Synthetischer Saphir (Al_2O_3) hat eine der höchsten Wärmeleitzahlen überhaupt: fast 200 Watt/cm · Grad bei 30 K. Die Werte für Gläser dagegen können $5 \cdot 10^{-4}$ Watt/cm · Grad bei 2 K betragen. Berman[19]) ver-

[19]) R. Berman, Phys. Rev. **76**, 315 (1949).

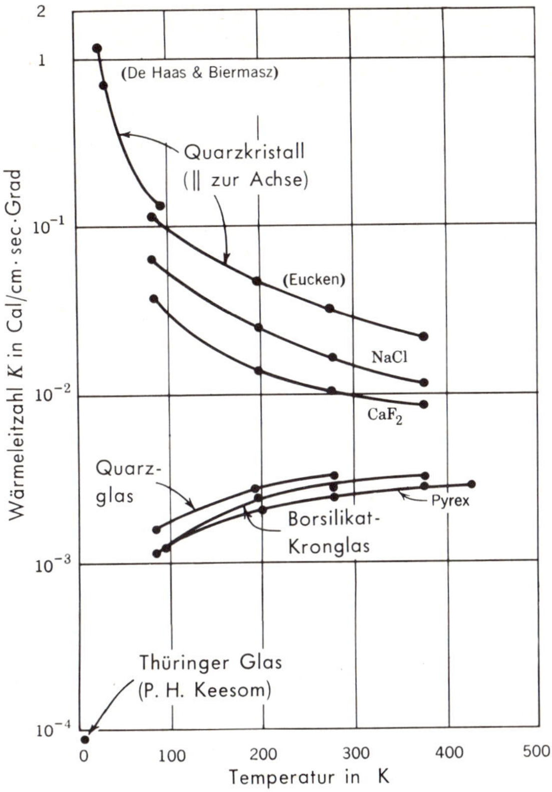

Bild 27:
Temperaturabhängigkeit der Wärmeleitzahl verschiedener Kristalle und Gläser.

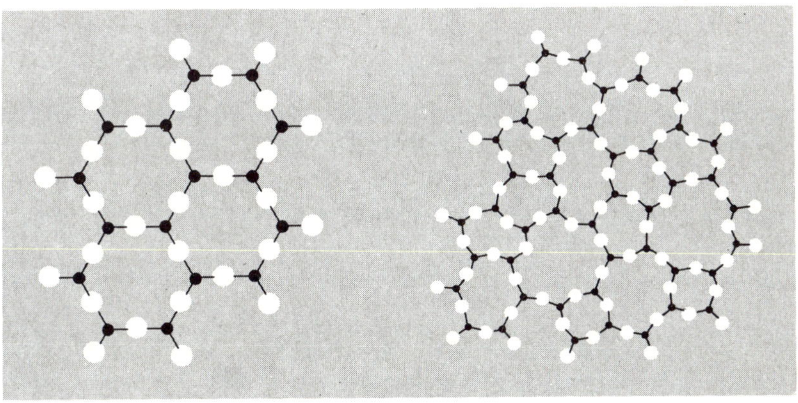

Bild 28: Schematische, zweidimensionale Darstellung nach Zachariasen zur Veranschaulichung des Unterschieds zwischen (a) der sich regelmäßig wiederholenden Struktur eines Kristalls und (b) dem willkürlichen Aufbau eines Glases. Die schwarzen Punkte sind Sauerstoffatome.

mutet, daß die Wärmeleitzahl von mikrokristallinem Graphit bei 1 K 10^{-5} Watt/cm · Grad beträgt. Der Maximalwert der Wärmeleitzahl von Saphir ist größer als der Maximalwert von 50 Watt/cm Grad für Kupfer[20]. Metallisches Gallium jedoch hat eine Wärmeleitzahl[21] von 845 Watt cm^{-1} $Grad^{-1}$ bei 1,8 K. Der Beitrag der Elektronen zur Wärmeleitung in Metallen wird in Kapitel 7 behandelt.

Zusammenfassung

Wir wollen hier die Debyesche Theorie auf eine andere Art entwickeln[21]. Wir betrachten stehende Wellen in einem Würfel der Kantenlänge L unter der Bedingung, daß die Grenzen nicht verschoben werden. Die isotrope Wellengleichung lautet

$$\nabla^2 u = \frac{1}{v^2}\frac{\partial^2 u}{\partial t^2}\ ; \qquad v = \text{Schallgeschwindigkeit}$$

Die Lösungen für die Teilchenverschiebung u haben die Form

$$u = Ae^{-i\omega t}\sin\frac{n_x\pi x}{L}\sin\frac{n_y\pi y}{L}\sin\frac{n_z\pi z}{L}\ ,$$

hier ist A eine Konstante und

$$\omega^2 = \left(\frac{v\pi}{L}\right)^2(n_x{}^2 + n_y{}^2 + n_z{}^2) = \left(\frac{v\pi}{L}\right)^2 n^2\ ,$$

n_x, n_y, n_z ist ein beliebiges, positives ganzes Zahlentripel.
Den größten Wert von n bestimmt man durch

$$\frac{1}{8}\cdot\frac{4\pi}{3}n_{\max}{}^3 = N\ ,$$

wo die linke Seite das Volumen des positiven Oktanten einer Kugel im Raum der n_x, n_y, n_z ist. Die Gesamtzahl der Eigenschwingungen einer beliebigen einzelnen Polarisation ist gleich N, der Zahl der Atome.
Die thermische Energie der Phononen findet man mit $\tau \equiv k_B T$ zu

$$E = \sum_{n_x n_y n_z}\frac{\hbar\omega_{\mathbf{n}}}{e^{\hbar\omega_{\mathbf{n}}/\tau} - 1} = \frac{3}{8}\cdot 4\pi\int_0^{n_{\max}} n^2\,dn\frac{\hbar\omega_{\mathbf{n}}}{e^{\hbar\omega_{\mathbf{n}}/\tau} - 1}\ .$$

---

20) R. Berman und D. K. C. MacDonald, Proc. Roy. Soc. (London) **A 211**, 122 (1952). Der Spitzenwert der Wärmeleitzahl von NaF im Experiment des Bildes 25 beträgt 240 Watt/cm Grad.

21) Wir halten uns hier an die Entwicklung von Physik der Wärme der Kapitel 10 und 16.

Mit $\omega_n = v\pi n/L$ und $x = (\pi v\hbar/L\tau)n$, erhält man

$$E = \frac{3\pi}{2}\tau^4\left(\frac{L}{\hbar\pi v}\right)^3 \int_0^{x_m} \frac{x^3\,dx}{e^x - 1} \ .$$

Hier bedeutet

$$x_m \equiv \frac{\pi v\hbar}{Lk_BT} n_{\max} = \frac{\hbar v}{k_BT} \cdot \left(\frac{6\pi^2 N}{V}\right)^{\frac{1}{3}} = \frac{\theta}{T} \ .$$

Weitere wichtige Themen dieses Kapitels sind:

(a) $$\mathfrak{D}(\omega) = \frac{V}{(2\pi)^3}\int \frac{dS_\omega}{v_g} \ ; \qquad v_g = |\nabla_{\mathbf{K}}\omega| \ .$$

(b) Van Hove Singularitäten
(c) Effekte anharmonischer Kristallwechselwirkungen
(d) Wärmeleitfähigkeit $K = \frac{1}{3}Cv\ell$.
(e) Besonderheit der Umklapp-Prozesse beim Wärmewiderstand.

Aufgaben

1. Wärmekapazität eines eindimensionalen Gitters. Zeigen Sie, daß in Debyescher Näherung die Wärmekapazität eines eindimensionalen Gitters aus identischen Atomen für tiefe Temperaturen ($T \ll \Theta$) proportional zu T/Θ ist. Hierbei ist $\Theta = \hbar\omega_m/k_B = \hbar\pi v_0/k_Ba$ die für eine Dimension gültige Debye-Temperatur; k_B ist die Boltzmann-Konstante und a der Abstand der Gitteratome.

2. Energie und Zustandssumme. Zeigen Sie, daß die mittlere Energie eines Systems durch die Gleichung

$$\langle E\rangle = k_BT^2\frac{d\ \ln Z}{dT}$$

wiedergegeben werden kann. Hier ist Z die Zustandssumme für ein klassisches eindimensionales System, definiert durch

$$Z = \int\int dp\,dx \exp\left[-E(p,x)/k_BT\right].$$

p ist der Impuls.

3. Spezifische Wärme des anharmonischen Oszillators. Zeigen Sie, daß für das anharmonische Potential $U(x) = cx^2 - gx^3 - fx^4$ die spezifische Wärme des klassischen anharmonischen Oszillators angenähert durch

$$C \cong k_B\left[1 + \left(\frac{3f}{2c^2} + \frac{15g^2}{8c^3}\right)k_BT\right]$$

wiedergegeben werden kann. Hinweis: Für $\delta \ll 1$ ist $\ln(1+\delta) \cong \delta - \frac{1}{2}\delta^2$. Die Rechnung wird kürzer, wenn die Zustandssumme (Aufgabe 2) verwendet wird. Die Oszillationen um $x = 0$ sollen klein sein, so daß $c\langle x^2\rangle$ der maßgebliche Term in U ist. Belassen Sie $-\beta c x^2$ in der Exponentialfunktion, aber entwickeln Sie die übrigen Terme. Man muß Terme der Ordnung g^3 in allen Entwicklungen beibehalten. Es wurde $\beta = 1/k_B T$ gesetzt.

4. **Dreiphononen-Wechselwirkung.** Gegeben ist ein Kristall, für den $\omega_L = v_L K$ und $\omega_T = v_T K$ ist, wobei v_L und v_T von $\mathbf{K}$ unabhängig sind. Die Indizes L und T bezeichnen die Eigenschaften "longitudinal" und "transversal". Zeigen Sie, daß für $v_L > v_T$ der normale Dreiphononen-Prozeß $T + L \leftrightarrow T$ die Erhaltungssätze für die Energie und den Wellenvektor nicht erfüllen kann.

Literaturhinweise

A. A. Maradudin, E. W. Montroll, and G. H. Weiß, "Theory of lattice dynamics in the harmonic approximation", in: Solid state physics, Supp. **3**, 1963.

G. Leibfried and W. Ludwig, "Theory of anharmonic effects in crystals", in: Solid state physics **12**, 276 - 444 (1961).

Wärmeleitung

P. G. Klemens, "Thermal conductivity and lattice vibration modes", Solid state physics **7**, 1 - 98 (1958); siehe auch "Handbuch der Physik" **14**, 198 (1956).

K. Mendelssohn and H. M. Rosenberg, "Thermal conductivity of metals at low temperatures", in: Solid state physics **12**, 223 - 274 (1961).

H. M. Rosenberg, Low temperature solid state physics, Oxford, 1963, Chap. 3.

J. M. Ziman, Electrons and phonons, Oxford, 1960, Chap. 8.

7. Das freie Elektronengas I

"Eine Theorie, die solche Ergebnisse liefert, enthält sicherlich sehr viel Wahrheit" Lorentz.

Eine Anzahl wichtiger physikalischer Eigenschaften von Metallen - insbesondere von einfachen Metallen - kann durch das Modell des freien Elektrons erklärt werden. Nach diesem Modell bewegen sich die am schwächsten gebundenen Atomelektronen frei durch das Volumen des Metalls. Die Valenzelektronen der Atome übernehmen im Metall den Elektrizitätstransport und heißen deshalb Leitungselektronen. Die Kräfte zwischen den Leitungselektronen und den Ionenrümpfen werden in dieser Näherung (des freien Elektrons) vernachlässigt: alle Berechnungen gehen so vor sich, als ob die Elektronen sich völlig frei innerhalb des Metalles bewegen könnten. Freie Elektronen besitzen nur kinetische Energie; ihre potentielle Energie ist vernachlässigt.

Andererseits ist es bekannt, daß sich das elektrostatische Potential der Ionenrümpfe sogar bei solchen Metallen in der tatsächlichen Ladungsverteilung der Leitungselektronen widerspiegelt, bei denen sich das Modell des freien Elektrons gut bewährt. Die Nützlichkeit dieses Modells beruht hauptsächlich auf den kinetischen Eigenschaften der Leitungselektronen. Ein späteres Kapitel beschäftigt sich mit den Effekten durch die Wechselwirkung zwischen den Leitungselektronen und dem Gitter.

Zu den einfachen Metallen werden die Alkalimetalle (Lithium, Natrium, Kalium, Cäsium und Rubidium) gerechnet. Die Leitungselektronen aller Metalle verhalten sich nahezu wie freie Elektronen, mit Ausnahme der Metalle, wo die Energie der d-Elektronen mit jener im Leitungsband überlappt oder ihr nahe kommt. d-Elektronen streben nach stärkerer Lokalisierung und geringerer Beweglichkeit als s- und p-Elektronen. Weitere einfache Metalle sind Be, Mg, Ca, Sr, Ba, Al, Ga, In, Tl, Zn, Cd, Hg und Pb. Nichteinfache Metalle sind die Edelmetalle (Kupfer, Silber, Gold), die Übergangsmetalle, sowie die Lanthaniden und Aktiniden.

Die Leitungselektronen der einfachen Metalle sind die früheren Valenzelektronen der Atome, die den Kristall aufbauen. Im Natriumatom befindet sich das Valenzelektron in einem $3s$-Zustand; im Metall wird aus diesem Elektron ein Leitungselektron, das im ganzen Kristall umherwandern kann. Ein Kristall aus N einwertigen Atomen besteht aus N Leitungselektronen und N positiv geladenen Ionenrümpfen. Dabei füllen z. B. die zehn Elektronen des Na^+-Ionenrumpfes die $1s$-, die $2s$- und die $2p$-Niveaus des freien Ions auf, denn die Verteilung der Rumpfelektronen ist im Metall grundsätzlich dieselbe wie die im freien Ion.

Die Ionenrümpfe erfüllen, wie in Bild 1 dargestellt ist, nur 15% des Volumens eines Natriumkristalls. Der Radius des freien Na^+-Ions [Tabel-

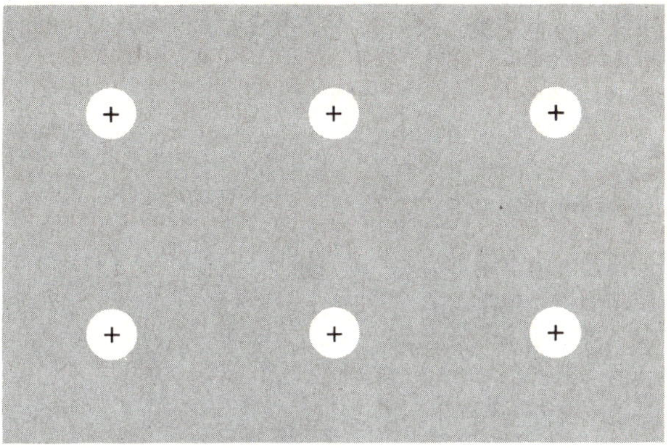

Bild 1: Schematisches Modell eines Natriumkristalls. Die Atomrümpfe sind Na^+-Ionen; sie sind in einem See aus Leitungselektronen eingebettet. Die Leitungselektronen bilden sich aus den $3s$ Valenzelektronen des freien Atoms. Die Atomrümpfe enthalten zehn Elektronen in der Konfiguration $1s^2\ 2s^2\ 2p^6$. In Alkalimetallen erfüllen die Atomrümpfe nur einen verhältnismäßig kleinen Teil (ungefähr 10%) des Kristallvolumens, in Edelmetallen (Cu, Ag, Au) sind die Atomrümpfe relativ größer und können sich sogar gegenseitig berühren. Die normale Kristallstruktur bei Zimmertemperatur für die Alkalimetalle ist kubisch raumzentriert und kubisch flächenzentriert für die Edelmetalle.

le (3, 8)] beträgt 0,98 Å, die Hälfte des Abstands zwischen nächsten Nachbarn dagegen im Metall [Tabelle (1.5)] 1,83 Å.

Die Erklärung der Metalleigenschaften durch das Modell des freien Elektrons begann lang vor der Entwicklung der Quantenmechanik. Die klassische Theorie hatte dabei mehrere hervorragende Erfolge und mehrere bemerkenswerte Fehlschläge aufzuweisen. Zu ihren Erfolgen gehört die Ableitung des Ohmschen Gesetzes, das den elektrischen Strom mit dem elektrischen Feld verknüpft, sowie die Ableitung des Zusammenhangs zwischen der elektrischen Leitfähigkeit und der Wärmeleitfähigkeit. Die klassische Theorie versagt dagegen völlig bei dem Versuch, die spezifische Wärme und die paramagnetische Suszeptibilität der Leitungselektronen zu erklären.

Es besteht noch eine weitere Schwierigkeit: Die klassische Theorie kann die großen mittleren freien Weglängen der Elektronen nicht erklären. Aus vielen verschiedenartigen Experimenten geht jedoch zweifelsfrei hervor, daß ein Leitungselektron in einem Metall frei und geradlinig über viele Atomabstände hinwegwandern kann, ohne durch Stöße mit anderen Leitungselektronen oder Atomrümpfen abgelenkt zu werden. In sehr reinen Metallen und bei tiefen Temperaturen findet man mittlere freie Weglängen bis zu 10^8 oder 10^9 Atomabständen (mehr als 1 cm); das ist weit mehr, als man nach den bekannten Querschnittflächen der Atome erwarten würde. Es drängt sich daher die Frage auf, warum kondensierte Materie für Leitungselektronen so durchlässig ist. Leitungselektronen benehmen sich in dieser Hinsicht wie ein Gas aus nichtwechselwirkenden Teilchen.

Die Antwort auf unsere Frage zerfällt in zwei Teile: a) Ein Leitungselektron wird von den Ionenrümpfen eines periodischen Gitters nicht abgelenkt, da sich Materiewellen in einer periodischen Struktur ungehindert ausbreiten können. In Kapitel 2 wurde die freie Ausbreitung von Röntgenstrahlen in periodischen Gittern besprochen, in Kapitel 9 werden Elektronenwellen in Gittern behandelt. b) Ein Leitungselektron wird nur selten an anderen Leitungselektronen gestreut. Diese Eigenschaft ist eine Folge des Paulischen Ausschließungsprinzips: Unter einem **Fermi-Gas freier Elektronen** versteht man also ein Gas aus freien und nichtwechselwirkenden Elektronen, die dem Pauli-Prinzip gehorchen.

Energieniveaus und Zustandsdichte im Eindimensionalen

Wir besprechen zuerst das Verhalten eines freien Elektronengases im Eindimensionalen unter Berücksichtigung der Quantentheorie und des Pauli-Prinzips. Dazu betrachten wir ein Elektron der Masse m, das durch unendlich hohe Potentialschwellen auf eine Strecke der Länge L beschränkt ist (Bild 2). Die Wellenfunktion $\psi_n(x)$ dieses Elektrons wird durch die Schrödinger-Gleichung $\mathcal{H}\psi = \epsilon\psi$ beschrieben; unter Vernachlässigung der potentiellen Energie ergibt sich $\mathcal{H} = p^2/2m$; p ist der Impuls. In der Quantentheorie wird p durch $-i\hbar\, d/dx$ dargestellt. Dann ist

$$(1) \qquad \mathcal{H}\psi_n = -\frac{\hbar^2}{2m}\frac{d^2\psi_n}{dx^2} = \epsilon_n\psi_n \ ,$$

wobei ϵ_n die Energie des Elektrons im Zustand [1]) n ist. Die Randbedingungen lauten:

[1]) Wir gebrauchen den Ausdruck Zustand (oder Eigenzustand oder Bahn oder Niveau), um eine Lösung der Wellengleichung für ein System zu kennzeichnen, das nur aus einem Teilchen besteht. Der Ausdruck erlaubt die Unterscheidung zwischen einem exakten Quantenzustand der Wellengleichung eines Systems von N Elektronen und einem genäherten Quantenzustand, den wir so konstruieren, daß wir die N Elektronen N verschiedenen Niveaus zuweisen. Zu jedem dieser Niveaus gehört eine Lösung der Wellengleichung für ein Teilchen. Das Zustandsmodell ist exakt, solange es keine Wechselwirkung zwischen den Teilchen gibt.

(2) $\psi_n(0) = 0; \qquad \psi_n(L) = 0\,.$

Sie werden durch die unendlich hohen Potentialschwellen an den Enden der Strecke festgelegt. Diese Randbedingungen sind automatisch erfüllt, wenn die Wellenfunktion sinusförmig ist, und dabei zwischen 0 und L n halbe Wellenlängen Platz finden:

(3) $\psi_n \propto \sin\left(\frac{2\pi}{\lambda_n}x\right); \qquad \tfrac{1}{2}n\lambda_n = L.$

Also gilt:

(4) $\psi_n = A \sin\left(\frac{n\pi}{L}x\right),$

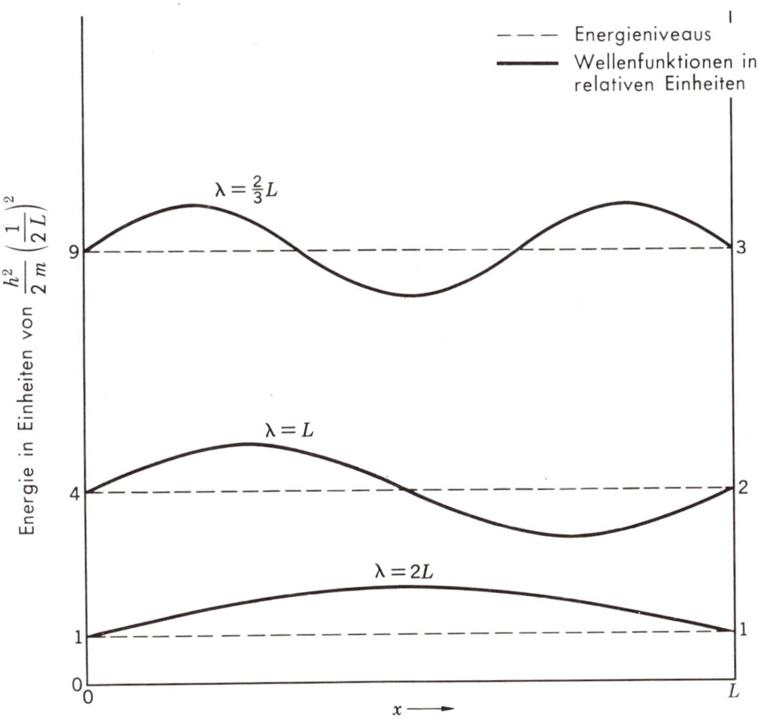

Bild 2: Die ersten drei Energieniveaus und Wellenfunktionen eines freien Elektrons der Masse m auf einer Strecke der Länge L. Die Energieniveaus sind mit den Quantenzahlen n gekennzeichnet, die gleich der Anzahl der halben Wellenlängen in der Wellenfunktion sind. Die Wellenlängen sind auf den Wellenfunktionen angegeben. Die Energie ϵ_n des Niveaus mit der Quantenzahl n ist gleich $(h^2/2m)(n/2L)^2$.

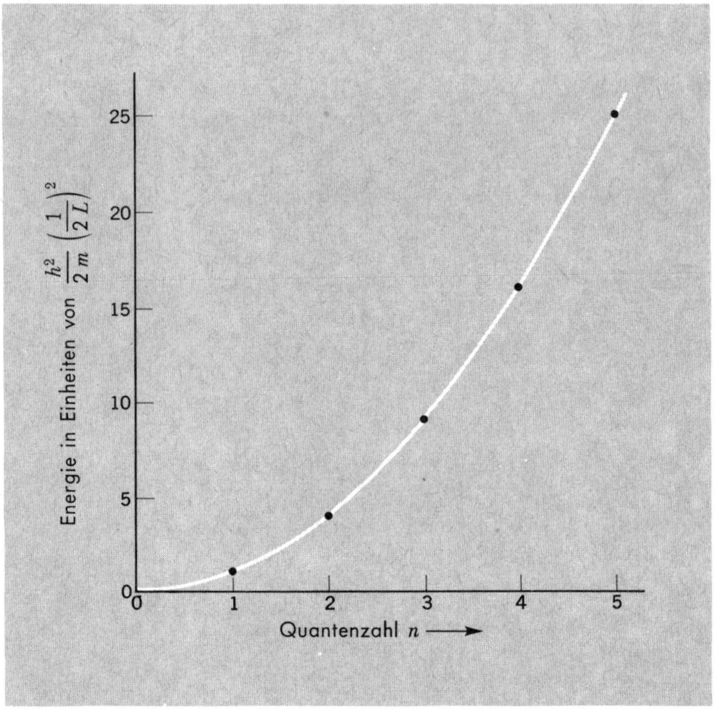

Bild 3: Für ein freies Elektron, das auf eine Strecke L beschränkt ist, ist die Energie eine quadratische Funktion der Quantenzahl n.

wobei A eine Konstante ist. (4) ist also eine Lösung der Schrödinger-Gleichung (1), da

$$\frac{d\psi_n}{dx} = A\left(\frac{n\pi}{L}\right)\cos\left(\frac{n\pi}{L}x\right); \qquad \frac{d^2\psi_n}{dx^2} = -A\left(\frac{n\pi}{L}\right)^2 \sin\left(\frac{n\pi}{L}x\right),$$

woraus der Energieeigenwert ϵ_n für das eindimensionale Problem folgt:

$$\epsilon_n = \frac{\hbar^2}{2m}\left(\frac{n\pi}{L}\right)^2 . \tag{5}$$

Die Energie ist eine quadratische Funktion der Quantenzahl n (Bild 3).

Wir wollen nun N Elektronen auf dieser Strecke anordnen. In elementarer Formulierung besagt das **Paulische Ausschließungsprinzip:** Es dürfen niemals zwei Elektronen in allen Quantenzahlen übereinstimmen. Mit anderen Worten, jeder Quantenzustand kann höchstens von einem Elektron besetzt sein. Das gilt für Atome, Moleküle und Festkörper. In einem linearen Festkörper sind die Quantenzahlen der Leitungselektronen n und m_s: für einen gegebenen Wert der ganzen Zahl n in Gleichung (4) gibt es zwei mögliche Orientierungen des Elektronenspins, z.B. in $+\hat{z}$- oder in $-\hat{z}$-Richtung. Jedes durch eine Quantenzahl n gekennzeichnete Paar von Energieniveaus[2]) kann damit zwei Elektronen aufnehmen, eines mit dem Spin nach oben und eines mit dem Spin nach unten. Bei einem System mit acht Elektronen sind folglich im Grundzustand die gefüllten Niveaus jene, die in der Tabelle aufgeführt sind.

n	m_s	Besetzung durch Elektronen	n	m_s	Besetzung durch Elektronen
1	↑	1	4	↑	1
1	↓	1	4	↓	1
2	↑	1	5	↑	0
2	↓	1	5	↓	0
3	↑	1			
3	↓	1			

Mit n_F wollen wir das oberste Niveau bezeichnen, das besetzt wird, wenn wir mit dem niedrigsten ($n = 1$) anfangen und dann die höheren Niveaus so lange besetzen, bis alle N Elektronen untergebracht sind. Zweckmäßigerweise nimmt man die Zahl N als gerade an. Dann wird n_F durch die folgende Bedingung festgelegt:

$$2n_F = N.$$

Die **Fermi-Energie** ϵ_F (auch Fermische Grenzenergie) ist nach Definition die Energie des obersten besetzten Niveaus. Aus (5) folgt mit $n = n_F$

$$\text{(6)} \qquad \epsilon_F = \frac{\hbar^2}{2m}\left(\frac{n_F\pi}{L}\right)^2 = \frac{\hbar^2}{2m}\left(\frac{N\pi}{2L}\right)^2 \quad \text{(eindimensional)}$$

Einfluß der Temperatur auf die Fermi-Dirac-Verteilung

Der Grundzustand ist der Zustand des Systems am absoluten Nullpunkt der Temperatur. Was geschieht nun, wenn die Temperatur erhöht wird? Das ist eine Standardfrage in der elementaren statistischen Mechanik; ihre Lösung (Anhang E) ist die Fermi-Diracsche Verteilungsfunktion. Die kinetische Energie des Elektronengases wächst mit steigender Temperatur: einige der Energieniveaus, die am absoluten Nullpunkt unbesetzt

---

[2]) Verschiedene **Energieniveaus** haben nach Definition verschiedene Energien. Jedoch können mehrere **Quantenzustände** die gleiche Energie haben. Solche Zustände gleicher Energie nennt man **entartet**.

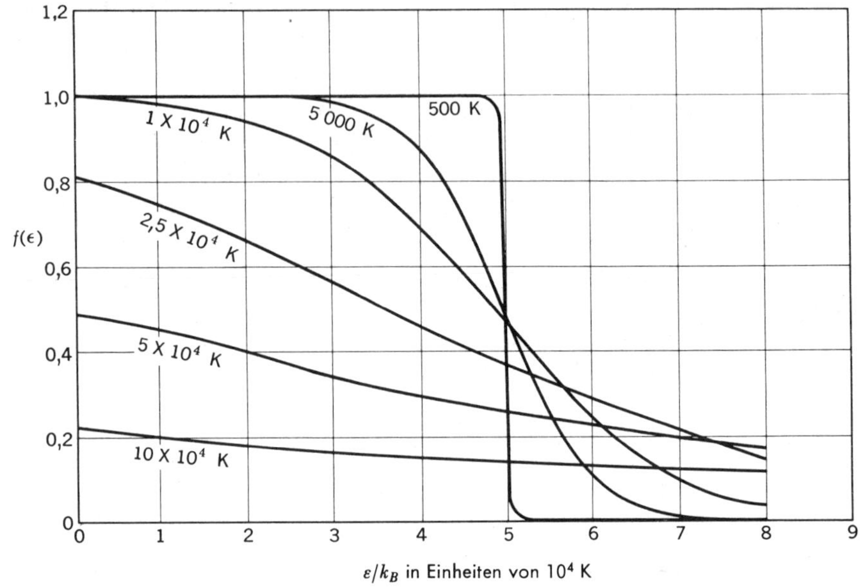

Bild 4: Fermi-Dirac-Verteilungsfunktion bei verschiedenen Temperaturen mit $T_F \equiv \epsilon_F/k_B = 50\,000$ K. Die Ergebnisse gelten für ein dreidimensionales Gas. Die Gesamtzahl der Teilchen ist konstant und unabhängig von der Temperatur (Nach B. Feldman).

waren, werden besetzt, und einige Niveaus, die am absoluten Nullpunkt besetzt waren, werden frei.

Dieses Verhalten wird durch Bild 4 veranschaulicht; die Gleichung der dort dargestellten Kurven lautet:

$$f(\epsilon) = \frac{1}{e^{(\epsilon-\mu)/k_B T} + 1}. \tag{7}$$

Das ist die Fermi-Diracsche Verteilungsfunktion oder kurz **Fermi-Dirac-Verteilung**. Sie gibt die Wahrscheinlichkeit dafür an, daß ein Zustand der Energie ϵ eines idealen Elektronengases im thermischen Gleichgewicht besetzt ist.

Die Größe μ ist eine Funktion der Temperatur; μ wird in jedem speziellen Problem so gewählt, daß die Gesamtzahl der Teilchen im System richtig herauskommt, d. h. gleich[3]) N. Am absoluten Nullpunkt ist $\mu = \epsilon_F$, weil in der Grenze $T \to 0$ die Funktion $f(\epsilon)$ bei $\epsilon = \epsilon_F = \mu$ von dem Wert 1

[3]) Sind die Energieniveaus ϵ_i, dann muß bei jeder Temperatur gelten: $\sum_i f(\epsilon_i) = N$. In Integralform: $\int_0^\infty d\epsilon\, f(\epsilon)\, \mathfrak{D}(\epsilon) = N$, die Zustandsdichte $\mathfrak{D}(\epsilon)$ wird unten definiert.

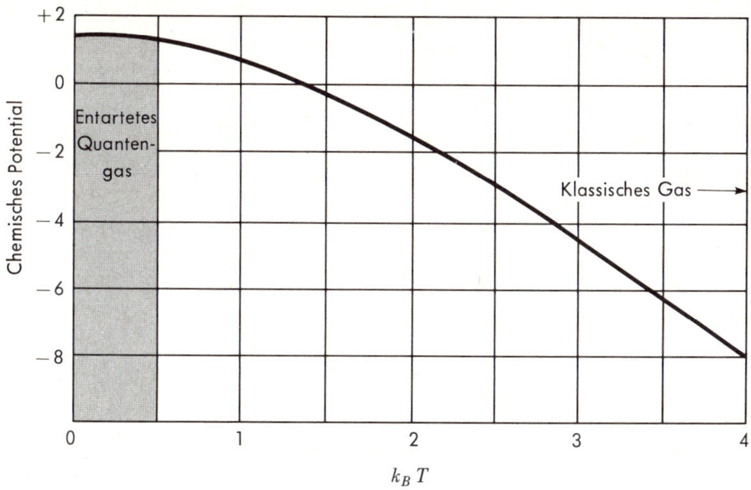

Bild 5: Verlauf des chemischen Potentials gegenüber der Temperatur für ein Gas von nichtwechselwirkenden Fermionen (dreidimensional). Um bequemer zeichnen zu können, wurde die Teilchenkonzentration so gewählt, daß $\mu(0) \equiv \epsilon_F = (\frac{3}{2})^{\frac{2}{3}}$ ist.

(besetzt) auf den Wert 0 (unbesetzt) springt. *Falls $\epsilon = \mu$ gilt bei allen Temperaturen:* $f(\epsilon) = \frac{1}{2}$, denn in diesem Fall hat der Nenner von (7) den Wert 2. Die Größe μ wird als **chemisches Potential**[4]) bezeichnet. Am absoluten Nullpunkt ist das chemische Potential gleich der Fermi-Energie. Bei tiefen Temperaturen unterscheidet sich μ, wie auch aus Bild 5 hervorgeht, nur wenig vom Wert der Fermi-Energie. Nach Definition ist die Fermi-Energie gleich der Energie des energetisch höchsten, besetzten Zustandes am absoluten Nullpunkt.

Für den hochenergetischen Schwanz der Verteilung gilt: $\epsilon - \mu \gg k_B T$. Hier überwiegt die Exponentialfunktion im Nenner von (7), so daß dann

---

[4]) Bei Anwesenheit eines äußeren Feldes ändert sich ϵ, aber auch μ. Der neue Wert von μ heißt gewöhnlich das elektrochemische Potential. Der Ausdruck chemisches Potential wird dann reserviert für das elektrochemische Potential minus der potentiellen Energie des Teilchens aufgrund des äußeren Feldes. Dies ist üblich in der Halbleiterphysik in Verbindung mit Kontaktphänomenen.

folgt: $f(\epsilon) \cong e^{(\mu-\epsilon)/k_BT}$. Das ist im wesentlichen wieder die Boltzmann-Verteilung.

Freies Elektronengas im Dreidimensionalen

Die Schrödinger-Gleichung eines freien Teilchens lautet im Dreidimensionalen:

$$(8) \qquad -\frac{\hbar^2}{2m}\left(\frac{\partial^2}{\partial x^2}+\frac{\partial^2}{\partial y^2}+\frac{\partial^2}{\partial z^2}\right)\psi_{\mathbf{k}}(\mathbf{r}) = \epsilon_{\mathbf{k}}\psi_{\mathbf{k}}(\mathbf{r}).$$

Sind die Elektronen in einem Kasten (Würfel) der Kantenlänge L eingeschlossen, so lautet die zur normierten Wellenfunktion (4) analoge Funktion

$$(9) \qquad \psi_{\mathbf{n}}(\mathbf{r}) = A \sin(\pi n_x x/L) \sin(\pi n_y y/L) \sin(\pi n_z z/L) \ ,$$

n_x, n_y und n_z sind positive ganze Zahlen. Das ist die Gleichung einer stehenden Welle.

Es ist zweckmäßig, Wellenfunktionen einzuführen, die periodische Randbedingungen erfüllen, wie wir es auch in Kapitel 6 für Phononen taten. Man verlangt darum, daß die Wellenfunktionen in x, y, z periodisch mit der Periode L sind, d. h.

$$(10) \qquad \psi(x+L, y, z) = \psi(x, y, z)$$

und entsprechend für die y- und die z-Koordinaten. Wellenfunktionen, die die Schrödinger-Gleichung eines freien Teilchens (8) und die periodischen Randbedingungen (10) erfüllen, sind laufende ebene Wellen,

$$(11) \qquad \boxed{\psi_{\mathbf{k}}(\mathbf{r}) = e^{i\mathbf{k}\cdot\mathbf{r}}} \ .$$

Vorausgesetzt ist, die Komponenten des Wellenvektors $\mathbf{k}$ erfüllen die Bedingungen:

$$(12) \qquad k_x = 0; \quad \pm\frac{2\pi}{L}; \quad \pm\frac{4\pi}{L}; \quad \ldots .$$

Entsprechendes gilt für k_y und k_z, d. h. jede Komponente von $\mathbf{k}$ ist ein positives oder negatives ganzzahliges Vielfaches von $2n\pi/L$. Die Quantenzahlen dieses Problems sind also die Komponenten von $\mathbf{k}$ zusammen mit den Quantenzahlen m_s für die Spinrichtung. Wir vergewissern uns noch, daß diese Werte von k_x die Gleichung (10) erfüllen:

$$(13) \quad \exp[ik_x(x+L)] = \exp[i2n\pi(x+L)/L] =$$
$$= \exp(i2n\pi x/L)\exp(i2n\pi) = \exp(i2n\pi x/L) = \exp(ik_x x).$$

Setzt man (11) in (8) ein, so folgt für die Energieeigenwerte $\epsilon_{\mathbf{k}}$ des Quantenzustands mit dem Wellenvektor $\mathbf{k}$ (hierbei ist $\epsilon_{\mathbf{k}} = 0$ für $\mathbf{k} = 0$):

(14) $$\epsilon_{\mathbf{k}} = \frac{\hbar^2}{2m} k^2 = \frac{\hbar^2}{2m} (k_x^2 + k_y^2 + k_z^2).$$

Der Betrag des Wellenvektors, die Wellenzahl, hängt mit der Wellenlänge λ über die Beziehung

(15) $$k = 2\pi/\lambda$$

zusammen. Der Impuls $\mathbf{p}$ kann in der Quantenmechanik durch den Operator $\mathbf{p} = -i\hbar\nabla$ dargestellt werden. Daraus folgt für den Zustand (11)

(16) $$\mathbf{p}\psi_{\mathbf{k}}(\mathbf{r}) = -i\hbar\nabla\psi_{\mathbf{k}}(\mathbf{r}) = \hbar\mathbf{k}\psi_{\mathbf{k}}(\mathbf{r}).$$

Also ist die ebene Welle $\psi_{\mathbf{k}}$ eine Eigenfunktion des Impulses mit dem Eigenwert $\hbar\mathbf{k}$. Die Teilchengeschwindigkeit im Zustand $\mathbf{k}$ ist durch die Gleichung

(17) $$m\mathbf{v} = \hbar\mathbf{k}$$

bestimmt.

Im Grundzustand eines Systems aus N freien Elektronen können die besetzten Zustände als Punkte innerhalb einer Kugel im $\mathbf{k}$-Raum dargestellt werden. Die Energie an der Oberfläche der Kugel ist die Fermi-Energie; die Wellenzahl k_F an der Fermi-Oberfläche (Bild 6) ist durch die folgende Beziehung definiert:

(18) $$\epsilon_F = \frac{\hbar^2}{2m} k_F^2.$$

Aus den Bedingungen (12) ersieht man, daß genau ein erlaubter Wellenvektor, d. h. ein bestimmtes Tripel der Quantenzahlen k_x, k_y, k_z, auf das Volumenelement $(2\pi/L)^3$ des $\mathbf{k}$-Raumes entfällt. Also ist in einer Kugel vom Volumen $4\pi k_F^3/3$ die Gesamtzahl der erlaubten Zustände gleich

(19) $$2 \cdot \frac{4\pi k_F^3/3}{(2\pi/L)^3} = \frac{V}{3\pi^2} k_F^3 = N.$$

Der Faktor 2 auf der linken Seite folgt aus den zwei erlaubten Werten von m_s, der Spinquantenzahl, für jeden erlaubten Wert von $\mathbf{k}$. Wir haben die Anzahl der Zustände gleich N, der Anzahl der Elektronen, gesetzt. Daraus folgt

(20) $$k_F = (3\pi^2 N/V)^{1/3}.$$

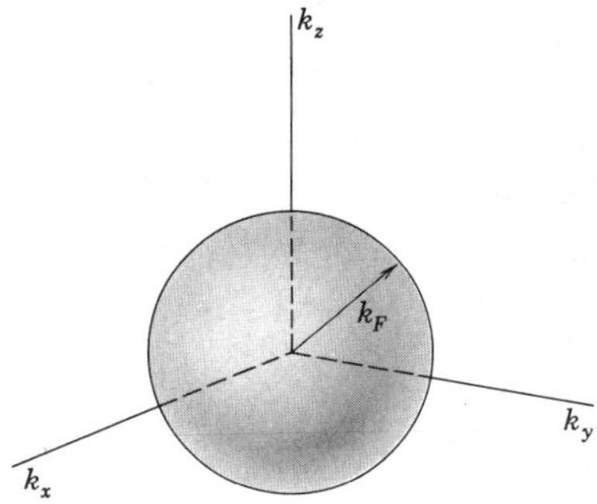

Bild 6:
Im Grundzustand eines Systems aus N freien Elektronen erfüllen die besetzten Quantenzustände des Systems eine Kugel mit dem Radius k_F, wobei $\epsilon_F = \hbar^2 k_F^2/2m$ die Energie eines Elektrons mit der Wellenzahl k_F auf der Oberfläche der Kugel ist.

Diese Beziehung hängt nicht mehr von der Teilchenmasse, sondern nur noch von der Teilchenkonzentration ab.

Mit (18) ergibt sich

$$\epsilon_F = \frac{\hbar^2}{2m}(3\pi^2 N/V)^{2/3}. \tag{21}$$

Diese Gleichung verknüpft die Fermi-Energie mit der Elektronenkonzentration N/V und der Elektronenmasse m. Die Geschwindigkeit der Elektronen v_F auf der Fermi-Fläche ist

$$v_F = \hbar k_F/m = (\hbar/m)(3\pi^2 N/V)^{1/3}. \tag{22}$$

In Tabelle 1 sind berechnete Werte von k_F, v_F und ϵ_F für einwertige Metalle zusammengestellt; außerdem ist noch die Größe T_F, definiert durch ϵ_F/k_B, angegeben. (Die Größe T_F hat nichts mit der Temperatur des Elektronengases zu tun!)

Es folgt ein Ausdruck für die Anzahl der Zustände im Energieintervall Eins, $\mathfrak{D}(\epsilon)$, oft die Zustandsdichte genannt. Wir benutzen (21), um die gesamte Zahl der Energieneveaus $\leq \epsilon_F$ als Ausdruck von ϵ_F zu berechnen:

$$N = \frac{V}{3\pi^2}\left(\frac{2m\epsilon_F}{\hbar^2}\right)^{\frac{3}{2}}. \tag{23}$$

Die Niveaudichte an der Fermikante ist also

$$\mathfrak{D}(\epsilon_F) \equiv \frac{dN}{d\epsilon_F} = \frac{V}{2\pi^2}\cdot\left(\frac{2m}{\hbar^2}\right)^{\frac{3}{2}}\cdot\epsilon_F^{\frac{1}{2}}. \tag{24}$$

Dieses Ergebnis kann man wesentlich einfacher ausdrücken, wenn man (23) umschreibt:

$$\log N = \frac{3}{2}\log\epsilon_F + \text{Konstante}; \qquad \frac{dN}{N} = \frac{3}{2}\cdot\frac{d\epsilon_F}{\epsilon_F}.$$

Tabelle 1: Berechnete Parameter der Fermi-Fläche freier Elektronen für Metalle.

(Die Werte gelten bei allen Metallen für Zimmertemperatur, ausgenommen bei Na, K, Rb, Cs für 5 K und Li für 78 K).

Anmerkung: Die Elektronenkonzentration N/V findet man, wenn man die Valenz mit der atomaren Konzentration aus Tabelle 1.5 multipliziert. Die Einheiten sind cm^{-1} für k_F, $cm\ s^{-1}$ für v_F und cm^3 für V. Die folgenden numerischen Berechnungen liegen zugrunde: die Fermi-Wellenzahl ist $k_F = (3\pi^2 N/V)^{\frac{1}{3}} = (29,609\ N/V)^{\frac{1}{3}}$; die Fermi-Geschwindigkeit ist $v_F = \hbar k_F/m = 1,157\ k_F$; die Fermi-Energie beträgt $\varepsilon_F = 1/2 \cdot m v_F^2$ oder $\varepsilon_F(\mathrm{eV}) = 0,284 \cdot 10^{-15} v_F^2$; die Fermi-Temperatur ist T_F (K) $= 1,16 \cdot 10^4\, \epsilon_F$ (eV).

Valenz	Metall	Elektronenkonzentration in cm^{-3}	Radiusparameter*) r_s	Fermi-Wellenzahl in cm^{-1}	Fermi-Geschwindigkeit in $cm\ s^{-1}$	Fermi-Energie in eV	Fermi-Temperatur $T_F = \epsilon_F/k_B$, in K
1	Li	$4,70 \cdot 10^{22}$	3,25	$1,11 \cdot 10^8$	$1,29 \cdot 10^8$	4,72	$5,48 \cdot 10^4$
	Na	2,65	3,93	0,92	1,07	3,23	3,75
	K	1,40	4,86	0,75	0,86	2,12	2,46
	Rb	1,15	5,20	0,70	0,81	1,85	2,15
	Cs	0,91	5,63	0,64	0,75	1,58	1,83
	Cu	8,45	2,67	1,36	1,57	7,00	8,12
	Ag	5,85	3,02	1,20	1,39	5,48	6,36
	Au	5,90	3,01	1,20	1,39	5,51	6,39
2	Be	24,2	1,88	1,93	2,23	14,14	16,41
	Mg	8,60	2,65	1,37	1,58	7,13	8,27
	Ca	4,60	3,27	1,11	1,28	4,68	5,43
	Sr	3,56	3,56	1,02	1,18	3,95	4,58
	Ba	3,20	3,69	0,98	1,13	3,65	4,24
	Zn	13,10	2,31	1,57	1,82	9,39	10,90
	Cd	9,28	2,59	1,40	1,62	7,46	8,66
3	Al	18,06	2,07	1,75	2,02	11,63	13,49
	Ga	15,30	2,19	1,65	1,91	10,35	12,01
	In	11,49	2,41	1,50	1,74	8,60	9,98
4	Pb	13,20	2,30	1,57	1,82	9,37	10,87
	Sn(w)	14,48	2,23	1,62	1,88	10,03	11,64

*) Der dimensionslose Radiusparameter ist wie folgt definiert: $r_s = r_0/a_H$; a_H ist der erste Bohrsche Radius ($0,529 \cdot 10^{-8}$ cm) und r_0 ist der Radius einer Kugel, die ein Elektron enthält.

Daraus folgt

$$(25) \qquad \mathfrak{D}(\epsilon_F) \equiv \frac{dN}{d\epsilon_F} = \frac{3N}{2\epsilon_F} \; .$$

Bis auf einen Faktor der Ordnung Eins ist die Zahl der Energieniveaus pro Energieeinheit an der Fermikante genau gleich der Gesamtzahl der Leitungselektronen, dividiert durch die Fermienergie.

Dieses Ergebnis gilt für freie Elektronen mit ϵ proportional zu k^2. Das Ergebnis für eine allgemeine Beziehung $\epsilon(\mathbf{k})$ erhält man in direkter Analogie aus Gl. (6.34):

$$\mathfrak{D}(\epsilon) = \frac{2V}{(2\pi)^3}\int \frac{dS_\epsilon}{|\mathrm{grad}_{\mathbf{k}}\,\epsilon|} \,. \qquad (26)$$

Der Faktor 2 steht wegen der beiden Spinrichtungen; V ist das Probenvolumen und dS_ϵ ist das Flächenelement im $\mathbf{k}$-Raum der Oberfläche konstanter Energie ϵ.

Die spezifische Wärme des Elektronengases

Die Frage, deren Lösung die größten Schwierigkeiten in den Anfängen der Entwicklung einer Elektronentheorie der Metalle verursachte, betrifft den Beitrag der Leitungselektronen zur spezifischen Wärme. Die klassische statistische Mechanik sagt für ein freies punktförmiges Teilchen eine Wärmekapazität von $\frac{3}{2}k_B$ voraus. k_B ist die Boltzmann-Konstante. Gibt von N Atomen jedes ein Valenzelektron an das Elektronengas ab, und sind diese Elektronen frei beweglich, so sollte der Beitrag der Elektronen zur spezifischen Wärme gleich $\frac{3}{2}Nk_B$ sein. Jedoch wurde experimentell festgestellt, daß der Beitrag der Elektronen bei Zimmertemperatur normaler-

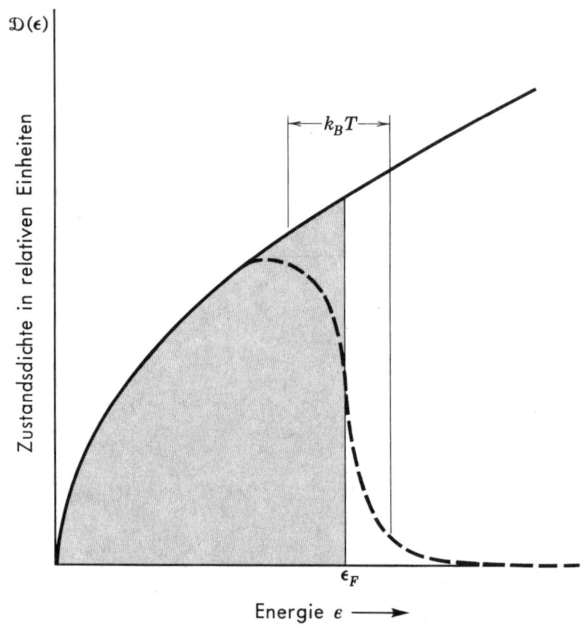

Bild 7:
Dichte von Einteilchenzuständen als Funktion der Energie für ein freies Elektronengas im Dreidimensionalen. Die gestrichelte Kurve stellt den Verlauf der Dichte $f(\epsilon, T)\mathfrak{D}(\epsilon)$ der besetzten Zustände bei einer endlichen Temperatur dar, für die k_BT klein im Vergleich zu ϵ_F ist. Die schattierte Fläche gibt die beim absoluten Nullpunkt besetzten Quantenzustände wieder. Die mittlere Energie wächst, wenn die Temperatur von 0 auf T ansteigt, denn dann werden Elektronen aus dem Gebiet 1 ins Gebiet 2 thermisch angeregt.

weise nicht mehr als 0,01 dieses Wertes beträgt. Dieser Widerspruch irritierte Physiker früher sehr, wie z. B. Lorentz: wie konnten die Elektronen an der elektrischen Leitung teilnehmen, als seien sie frei beweglich, und trotzdem nichts zur spezifischen Wärme beitragen? Diese Frage wurde erst nach der Entdeckung des Paulischen Ausschließungsprinzips und der Fermi-Verteilungsfunktion beantwortet. Fermi fand die richtige Gleichung, so daß er schreiben konnte: "Man erkennt, daß die spezifische Wärme am absoluten Nullpunkt verschwindet und daß sie bei tiefen Temperaturen der absoluten Temperatur proportional ist."

Aus Bild 7 ist ersichtlich, daß beim Aufheizen vom absoluten Nullpunkt an nicht, wie man klassisch erwarten würde, jedes Elektron einen Energiebetrag von $\sim k_B T$ gewinnt, sondern daß nur Elektronen thermisch angeregt werden, deren Zustände innerhalb eines Energiebereichs $k_B T$ vom Fermi-Niveau liegen. Der Energiegewinn dieser Elektronen liegt dann, wie im Bild, bei ungefähr $k_B T$.

Diese drastische Veränderung der thermischen Eigenschaften der Leitungselektronen ergibt sofort eine qualitative Lösung für den Elektronenanteil der spezifischen Wärme. Ist N die Gesamtzahl der Elektronen, so kann nur ein Bruchteil der Größenordnung T/T_F bei der Temperatur T thermisch angeregt werden, denn nur diese Elektronen liegen innerhalb eines Energiebereichs der Größenordnung $k_B T$, von der Kante der Energieverteilung gerechnet. Jedes dieser NT/T_F Elektronen hat eine thermische Energie von der Größenordnung $k_B T$, und deshalb ist die gesamte Wärmeenergie E_{el} der Elektronen von der Größenordnung

$$\Delta E \approx \frac{NT}{T_F} k_B T \ .$$

Der Beitrag der Elektronen zur spezifischen Wärme ist dann durch

$$C_{el} = \frac{\partial \, \Delta E}{\partial T} \approx N k_B \cdot \frac{T}{T_F} \tag{27}$$

gegeben. Er ist also direkt proportional zur T - in Übereinstimmung mit experimentellen Ergebnissen, wie im folgenden Abschnitt besprochen wird. Bei Zimmertemperatur ist C_{el} aus (27) um einen Faktor von 0,01 (oder noch geringer) kleiner als der klassische Wert $\frac{3}{2} N k_B$, wenn man für $T_F \sim 5 \cdot 10^4$ Grad (aus Tabelle 1) einsetzt.

Wir wollen nun für tiefe Temperaturen $k_B T \ll \epsilon_F$ einen quantitativen Ausdruck für den Beitrag der Elektronen zur spezifischen Wärme ableiten. Die Begründung ist leicht zu verstehen, aber etwas umständlich. Die

Änderung ΔE der Gesamtenergie eines Systems von N Elektronen (Bild 7) durch Aufheizen von 0 auf T beträgt

$$\Delta E = \int_0^\infty d\epsilon\, \epsilon\, \mathfrak{D}(\epsilon)\, f(\epsilon) - \int_0^{\epsilon_F} d\epsilon\, \epsilon\, \mathfrak{D}(\epsilon) \quad . \tag{28}$$

Hier bedeuten $f(\epsilon)$ die Fermi-Dirac-Funktion und $\mathfrak{D}(\epsilon)$ die Zahl der Niveaus pro Energieeinheit. Wir multiplizieren die Zahl der Teilchen

$$N = \int_0^\infty d\epsilon\, f(\epsilon)\, \mathfrak{D}(\epsilon)$$

mit ϵ_F und erhalten

$$\epsilon_F N = \epsilon_F \int_0^\infty d\epsilon\, f(\epsilon)\, \mathfrak{D}(\epsilon) \quad . \tag{29}$$

Jetzt differenzieren wir (28) und (29):

$$C_{el} = \frac{\partial\, \Delta E}{\partial T} = \int_0^\infty d\epsilon\, \epsilon\, \mathfrak{D}(\epsilon) \frac{\partial f}{\partial T} \; ; \tag{30}$$

$$0 = \epsilon_F \frac{\partial N}{\partial T} = \int_0^\infty d\epsilon\, \epsilon_F\, \mathfrak{D}(\epsilon) \frac{\partial f}{\partial T} \; , \tag{31}$$

und subtrahieren die Gl. (31) von Gl. (30).

Der Beitrag der Elektronen zur spezifischen Wärme beträgt also

$$C_{el} = \frac{\partial\, \Delta E}{\partial T} = \int_0^\infty d\epsilon (\epsilon - \epsilon_F) \frac{\partial f}{\partial T} \mathfrak{D}(\epsilon) \quad . \tag{32}$$

Bei den uns interessierenden tiefen Temperaturen ($k_B T/\epsilon_F < 0,01$) ist der Wert der Ableitung $\partial f/\partial T$ nur in der Nähe von ϵ_F groß, so daß man $\mathfrak{D}(\epsilon)$ mit seinem Wert bei ϵ_F vor das Integral setzen kann:

$$C_{el} \cong \mathfrak{D}(\epsilon_F) \int_0^\infty d\epsilon\, (\epsilon - \epsilon_F)\, \frac{\partial f}{\partial T} . \tag{33}$$

Nun ersetzen wir in Gleichung (7) für f das chemische Potential μ durch die konstante Fermi-Energie ϵ_F, da nach Definition gilt: $\epsilon_F \equiv \mu\,(0)$. Auch Bild 4 [5]) bestätigt unsere Maßnahme; wir können sicher annehmen, daß unsere Näherung einschließlich der ersten Ordnung in T richtig ist. Damit ergibt sich

$$\frac{\partial f}{\partial T} = \frac{\epsilon - \epsilon_F}{k_B T^2} \cdot \frac{e^{(\epsilon - \epsilon_F)/k_B T}}{[e^{(\epsilon - \epsilon_F)/k_B T} + 1]^2} \; .$$

[5]) Diese Ableitung wurde von J. Twidell vorgeschlagen (persönliche Mitteilung).

Setzt man

$$x \equiv (\epsilon - \epsilon_F)/k_B T,$$

dann folgt aus (33):

$$C_{el} = \mathfrak{D}(\epsilon_F)(k_B{}^2 T) \int_{-\epsilon_F/k_B T}^{\infty} dx\, x^2 \frac{e^x}{(e^x+1)^2}\,. \tag{34}$$

Da der Faktor e^x im Integranden bei $x = -\epsilon_F/k_B T$ vernachlässigbar ist, können wir mit Sicherheit die untere Grenze durch $-\infty$ ersetzen. Für dieses bestimmte Integral ergibt sich[6]):

$$\int_{-\infty}^{\infty} dx\, x^2 \frac{e^x}{(e^x+1)^2} = \frac{\pi^2}{3} \tag{35}$$

oder

$$\boxed{C_{el} = \tfrac{1}{3}\pi^2 \mathfrak{D}(\epsilon_F) k_B{}^2 T.} \tag{36}$$

Aus (25) erhält man für ein freies Elektronengas:

$$\mathfrak{D}(\epsilon_F) = \frac{3N}{2\epsilon_F} = \frac{3N}{2k_B T_F}, \tag{37}$$

mit $k_B T_F \equiv \epsilon_F$. Also gilt:

$$C_{el} = \tfrac{1}{2}\pi^2 N k_B \cdot \frac{k_B T}{\epsilon_F} = \tfrac{1}{2}\pi^2 N k_B \cdot \frac{T}{T_F} \tag{38}$$

in Übereinstimmung mit dem qualitativen Ergebnis (27).

Experimente zur spezifischen Wärme von Metallen

Bei Temperaturen, die weit unter der Debye-Temperatur und sehr weit unter der Fermi-Temperatur liegen, kann die spezifische Wärme von Metallen bei konstantem Volumen als Summe der Beiträge des Gitters und der Elektronen geschrieben werden:

$$C = \gamma T + A T^3.$$

γ und A sind für das betreffende Material charakteristische Konstanten und durch (36) und (6.47) bestimmt. Der Term für den Beitrag der Elektronen ist linear in T und überwiegt deshalb bei genügend tiefen Tempe-

[6]) Man vergleiche z. B. Integral 313.11b der Integraltafeln von Gröbner und Hofreiter, Band 2. Dabei ist zu beachten, daß der Integrand eine gerade Funktion von x ist. Siehe auch Physik der Wärme, Kap. 14

raturen. Es ist praktisch, die experimentell bestimmten Werte von C in einem Diagramm der Form C/T in Abhängigkeit von T^2 aufzutragen,

$$C/T = \gamma + AT^2, \tag{39}$$

denn dann liegen die Punkte auf einer Geraden mit der Steigung A und dem Achsenabschnitt γ. Bild 8 zeigt eine derartige Darstellung für Kalium. Die Apparatur, die für diese Messungen verwendet wurde, zeigt Bild 9.

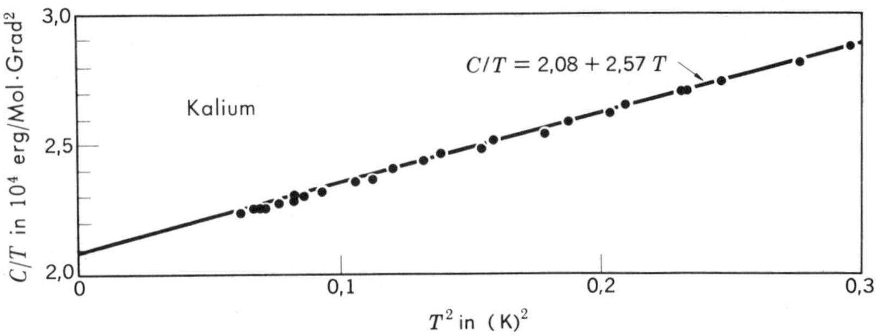

Bild 8: Experimentell bestimmte Werte der Molwärme von Kalium, aufgetragen in der Form: C/T in Abhängigkeit von T^2. Die Punkte wurden mit einem nach der Methode der adiabatischen Entmagnetisierung abgekühlten Kristall gemessen. [Nach W. H. Lien und N. E. Phillips, Phys. Rev. **133**, A 1370 (1964).]

In Tabelle 2 sind beobachtete Werte von γ angegeben. Die Werte der Debye-Temperatur Θ in Tabelle 6.1 sind aus beobachteten Werten von A abgeleitet. Die angegebenen Werte von γ sind innerhalb eines Fehlers von ungefähr 2% verläßlich; sie beziehen sich auf ein Mol.

Die beobachteten Werte von γ haben ungefähr die erwartete Größe, stimmen aber oft nicht gut mit γ_f überein, dem für freie Elektronen der Masse m berechneten Wert. Aus (36) und (37) ergibt sich pro Mol

$$\gamma_f = \tfrac{1}{3}\pi^2 \mathfrak{D}(\epsilon_F) k_B{}^2 = \frac{\pi^2 N_0 k_B{}^2 z}{2\epsilon_F}. \tag{40}$$

Hierbei ist N_0 die Avogadrosche Zahl und z die Valenz des Elements. Es ist allgemein üblich, das Verhältnis aus dem experimentell bestimmten zu dem γ-Wert für freie Elektronen gleich dem Verhältnis aus einer **thermisch effektiven Masse** m^*_{th} und der Elektronenmasse m zu setzen. m^*_{th} ist durch die folgende Gleichung definiert:

$$\gamma_{\text{exp}}/\gamma_f \equiv m^*_{th}/m. \tag{41}$$

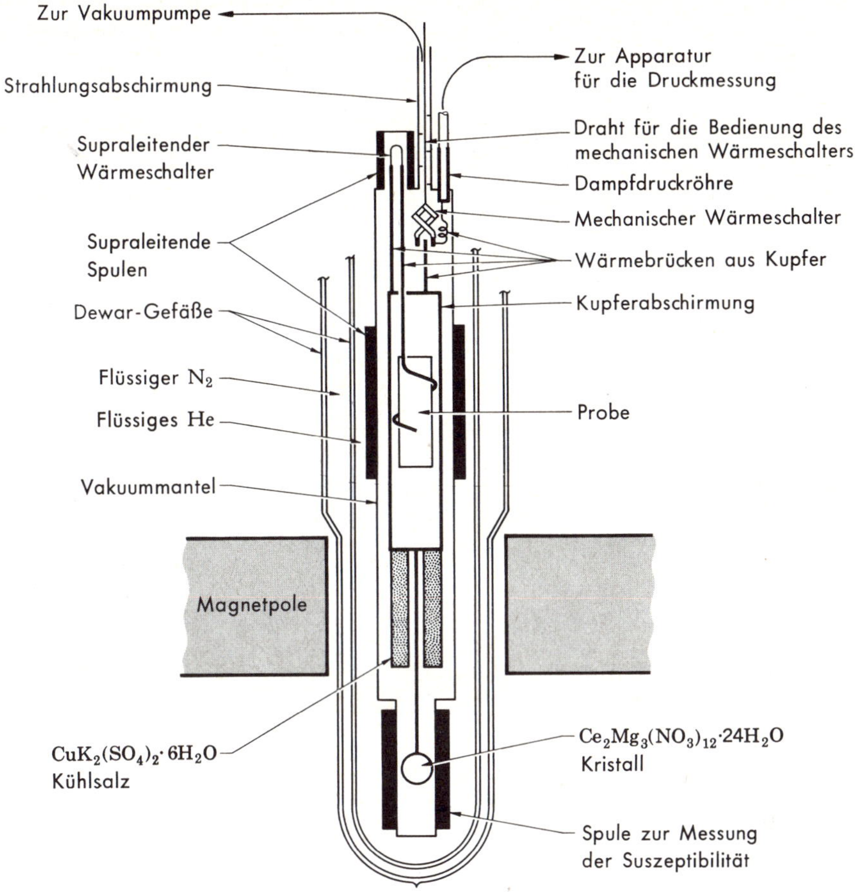

Bild 9: Apparatur zur Messung der spezifischen Wärme zwischen 0, 05 und 1 K. Mit Hilfe des mechanischen Wärmeschalters werden die Probe und paramagnetische Salze durch Verdampfen von flüssigem Helium auf 1 K abgekühlt. Temperaturen unter 1 K werden durch adiabatische Entmagnetisierung (Kapitel 15) von $CuK_2(SO_4)_2 \cdot 6H_2O$ erzeugt und durch die magnetische Suszeptibilität von $Ce_2Mg_3(NO_3)_{12} \cdot 24H_2O$ gemessen, das bei diesen Temperaturen dem Curieschen Gesetz folgt. Der Wärmekontakt zwischen der Probe und den paramagnetischen Salzen wird durch den supraleitenden Wärmeschalter hergestellt. Dieser Wärmeschalter ist ein Pb-Draht, der durch Regulierung des Stroms in der umgebenden supraleitenden Spule entweder normal leitend (guter Wärmeleiter) oder supraleitend (schlechter Wärmeleiter) gemacht werden kann. Ein Widerstandsthermometer, das gegen das magnetische Thermometer geeicht ist, und ein Heizdraht sind direkt an der Probe befestigt. (Nach N. Phillips.)

T a b e l l e 2: Experimentelle und aus dem freien Elektronengas hergeleitete Werte der elektronischen Wärmekonstanten γ für Metalle.

(Freundlicherweise von N. Phillips und N. Pearlman zusammengestellt).

Beobachtete γ in m J Mol $^{-1}$ Grad $^{-2}$.
Berechnete γ (freie Elektronen in m J Mol $^{-1}$ Grad $^{-2}$
m^*/m = (beobachtetes γ)/(γ freier Elektronen)

Li	**Be**											**B**	**C**	**N**
1,63	0,17													
0,749	0,500													
2,18	0,34													
Na	**Mg**											**Al**	**Si**	**P**
1,38	1,3											1,35		
1,094	0,992											0,912		
1,26	1,3											1,48		
K	**Ca**	**Sc**	**Ti**	**V**	**Cr**	**Mn**(γ)	**Fe**	**Co**	**Ni**	**Cu**	**Zn**	**Ga**	**Ge**	**As**
2,08	2,9	10,7	3,35	9,26	1,40	9,20	4,98	4,73	7,02	0,695	0,64	0,596		0,19
1,668	1,511									0,505	0,753	1,025		
1,25	1,9									1,38	0,85	0,58		
Rb	**Sr**	**Y**	**Zr**	**Nb**	**Mo**	**Tc**	**Ru**	**Rh**	**Pd**	**Ag**	**Cd**	**In**	**Sn** (w)	**Sb**
2,41	3,6	10,2	2,80	7,79	2,0	—	3,3	4,9	9,42	0,646	0,688	1,69	1,78	0,11
1,911	1,790									0,645	0,948	1,233	1,410	
1,26	2,0									1,00	0,73	1,37	1,26	
Cs	**Ba**	**La**	**Hf**	**Ta**	**W**	**Re**	**Os**	**Ir**	**Pt**	**Au**	**Hg**(α)	**Tl**	**Pb**	**Bi**
3,20	2,7	10,	2,16	5,9	1,3	2,3	2,4	3,1	6,8	0,729	1,79	1,47	2,98	0,008
2,238	1,937									0,642	0,952	1,29	1,509	
1,43	1,4									1,14	1,88	1,14	1,97	

Diese Form ist recht plausibel, denn ϵ_F ist in dem Ausdruck (40) für γ umgekehrt proportional zur Masse des Elektrons, folglich ist $\gamma \propto m$. Werte für das Verhältnis in (41) sind in der Tabelle 2 angegeben. Daß das Verhältnis von 1 abweicht, hat drei verschiedene Effekte als Ursache:

1. Die Wechselwirkung der Leitungselektronen mit dem periodischen Potential des starren Kristallgitters. Die effektive Masse für ein Elektron in diesem Potential nennt man die effektive Masse des Bandes; dies wird in Kapitel 9 und 10 behandelt.
2. Die Wechselwirkung der Leitungselektronen mit Phononen. Ein Elektron hat das Bestreben, den Kristall in seiner Umgebung zu polarisieren oder zu verzerren. Das frei bewegliche Elektron versucht deshalb Ionen an sich zu ziehen, wodurch die effektive Masse des Elektrons vergrößert wird. [7]) In Ionenkristallen hat der Effekt den Namen **Polaronen-Effekt** (Kapitel 11).
3. Die Wechselwirkung der Leitungselektronen untereinander. Ein frei bewegliches Elektron ruft eine träge Reaktion im übrigen Elektronengas hervor, wodurch die effektive Masse des Elektrons vergrößert wird. Der Effekt der Elektron-Elektron-Wechselwirkungen wird gewöhnlich im Rahmen dessen beschrieben, was man die Landausche Theorie der Fermi-Flüssigkeit nennt.

---

[7]) Vergl. z.B. die ausführliche Diskussion von Zn und Cd durch P.B. Allen, M.L. Cohen, L.M. Falicov und R.V. Kasowski, Phys. Rev. Letters **21**, 1794 (1968).

Die Fermi-Flüssigkeit

Ein Fermi-Gas ist ein System nichtwechselwirkender identischer Teilchen, die dem Pauli-Prinzip unterworfen sind. Bei Vorhandensein von Wechselwirkungen nennt man dieses System eine **Fermi-Flüssigkeit**. Leitungselektronen im Metall bilden eine Fermi-Flüssigkeit, ebenso wie flüssiges He^3. Die Theorie der Fermi-Flüssigkeit geht auf Landau [8]) zurück. Gegenstand der Theorie ist die Berücksichtigung des Einflusses der Wechselwirkung zwischen Teilchen gegenüber den Eigenschaften eines Systems von Fermionen. Die Ergebnisse der Theorie lassen sich mit makroskopischen Parametern ausdrücken, die manchmal nach ersten Prinzipien berechnet, manchmal experimentell bestimmt werden [9]).

Landaus Theorie der Fermi-Flüssigkeit gibt eine gute Erklärung der niedrigen Einzelteilchenanregungen eines Systems wechselwirkender Elektronen. Diese Einzelteilchenanregungen heißen **Quasiteilchen**; sie entsprechen eindeutig den Einzelteilchenanregungen des freien Elektronengases. Ein Quasiteilchen kann man sich als einzelnes Teilchen vorstellen, das von einer Verzerrungswolke im Elektronengas umgeben ist. Ein Effekt der Coulomb-Wechselwirkung zwischen Elektronen besteht in der Änderung der effektiven Masse des Elektrons. In den Alkalimetallen beträgt die Vergrößerung ungefähr 25%. Andere Metalle zeigen kleinere Werte des Parameters r_s (siehe Tabelle 1) als die Alkalien. Hier ist deshalb auch die Korrektur der effektiven Masse aufgrund der Coulomb-Wechselwirkung kleiner und kann sogar negativ sein.

Die Theorie sagt zwei Arten kollektiver Schwingungszustände [10]) einer Wellenausbreitung (kollektive Anregungen) in einer Fermi-Flüssigkeit voraus. Die eine Schwingung nennt man Schall 0-ter Ordnung; dabei bewirkt eine Verzerrung der Fermi-Fläche gegenüber der Kugelgestalt die Schwingung. Die andere Schwingung ist analog den Spinwellen des Kapitels 16.

Elektrische Leitung und Ohmsches Gesetz

Der Impuls eines freien Elektrons hängt über die Gleichung (17) mit seinem Wellenvektor zusammen:

$$(42) \qquad m\mathbf{v} = \hbar\mathbf{k} \, .$$

---

[8]) L. Landau, "Theory of a Fermi liquid", Soviet JETP **3**, 920 (1957); siehe auch D. Pines und P. Nozieres, Theory of quantum liquids, Benjamin, 1966, Bd. 1.

[9]) Siehe z. B. die Untersuchung über Na und K durch T. M. Rice, Phys. Rev. **175**, 858 (1968); ebenso T. M. Rice, Annals Phys. **31**, 100 (1965).

[10]) L. Landau "Oscillations in a Fermi liquid", Soviet Physics JETP **5**, 10 (1957).

In einem elektrischen Feld **E** und einem Magnetfeld **B** ist die Kraft **F** auf ein Elektron [11]) gleich $-e[\mathbf{E} + (1/c)\mathbf{v} \times \mathbf{B}]$, so daß aus dem 2. Newtonschen Gesetz die folgende Bewegungsgleichung wird

$$\mathbf{F} = m\frac{d\mathbf{v}}{dt} = \hbar\frac{d\mathbf{k}}{dt} = -e\left(\mathbf{E} + \frac{1}{c}\mathbf{v}\times\mathbf{B}\right) . \qquad (43) \quad \text{(CGS)}$$

Treten keine Stoßprozesse auf, so wird die Fermi-Kugel (Bild 10) im **k**-Raum durch ein äußeres elektrisches Feld gleichförmig verschoben.

Wir integrieren (43) mit **B** = 0 und erhalten

$$\mathbf{k}(t) - \mathbf{k}(0) = -e\mathbf{E}t/\hbar . \qquad (44)$$

Wird das Feld zur Zeit $t = 0$ an ein Elektronengas angelegt, das die Fermi-Kugel mit dem Mittelpunkt im Ursprung des **k**-Raums ausfüllt,

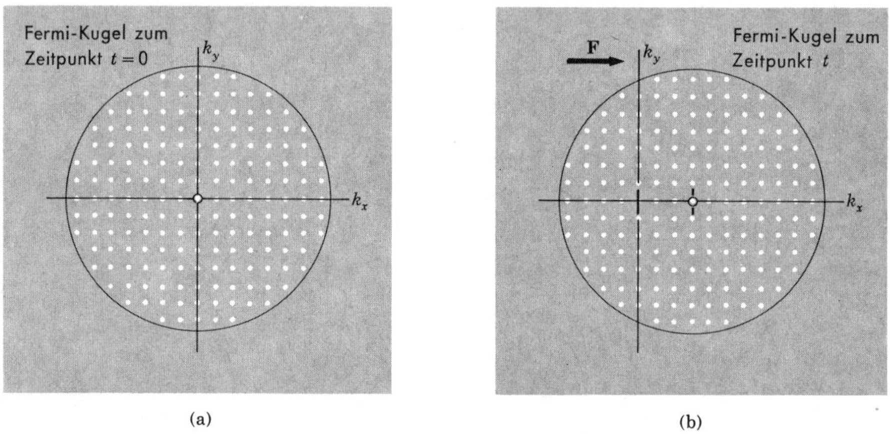

Bild 10: (a) Die Fermi-Kugel schließt im **k**-Raum die besetzten Zustände des Elektronengases im Grundzustand ein. Der Gesamtimpuls ist null, da für jeden besetzten Zustand **k** auch ein besetzter Zustand $-\mathbf{k}$ vorhanden ist. (b) Unter dem Einfluß einer konstanten Kraft **F**, die während des Zeitraums t wirkt, nimmt der **k**-Vektor aller Zustände um $\delta\mathbf{k} = \mathbf{F}\, t/\hbar$ zu. Das entspricht einer Verschiebung der ganzen Fermi-Kugel um $\delta\mathbf{k}$. Für N Elektronen beträgt nun der Gesamtimpuls $N\hbar\delta\mathbf{k}$. Die Anwendung der Kraft erhöht die Energie des Systems um $N(\hbar\delta\mathbf{k})^2/2m$.

dann wird diese Kugel nach einer Zeit τ zu einem neuen Mittelpunkt am Ort

$$\delta\mathbf{k} = -e\mathbf{E}\tau/\hbar . \qquad (45)$$

verschoben sein.

---

[11]) Die Ladung des Protons wird hier mit e bezeichnet.

Infolge der Stöße zwischen Elektronen und Verunreinigungen, Gitterfehlern und Phononen kann die Verschiebung der Fermi-Kugel in einem elektrischen Feld als stationärer Zustand aufrecht erhalten werden. Die Auswirkung der Stöße auf die Verteilung nach dem Abschalten des Feldes zeigt Bild 11. Bei einer Stoßzeit τ ist die Verschiebung der Fermi-Kugel im stationären Zustand gegeben durch (45), die zusätzliche Geschwindigkeit ist

(46) $$\delta\mathbf{v} = -\frac{e\mathbf{E}\tau}{m}\,.$$

Bei n Elektronen der Ladung $q = -e$ pro Volumeneinheit beträgt die elektrische Stromdichte mit (46) in einem konstanten elektrischen Feld $\mathbf{E}$

(47) $$\mathbf{j} = nq\,\delta\mathbf{v} = ne^2\tau\mathbf{E}/m\,.$$

Diese Gleichung hat die Form des Ohmschen Gesetzes. Die spezifische elektrische Leitfähigkeit σ ist durch $\mathbf{j} = \sigma\mathbf{E}$ definiert, so daß

(48) $$\boxed{\sigma = ne^2\tau/m.}$$

Der spezifische elektrische Widerstand ρ ist nach Definition der Kehrwert der Leitfähigkeit. Also gilt:

(49) $$\rho = 1/\sigma = m/ne^2\tau.$$

Tabelle 3 gibt Werte für die elektrische Leitfähigkeit und den spezifischen elektrischen Widerstand der Elemente an.

Das Ergebnis (48) für die spezifische Leitfähigkeit ist leicht verständlich. Man erwartet, daß die transportierte Ladung proportional zur Ladungsdichte ne ist; der Faktor e/m tritt auf, da die Beschleunigung in einem gegebenen elektrischen Feld proportional zu e und umgekehrt proportional zu m ist; die Zeit τ schließlich bestimmt die Zeit, während der das elektrische Feld die Ladungsträger beschleunigt. (Wir setzen voraus, daß der nächste Stoß alle Erinnerung an die Driftgeschwindigkeit löscht.)

Es ist möglich, so reine Kupferkristalle zu erhalten, daß deren Leitvermögen bei der Temperatur des flüssigen Heliums (4 K) fast 10^5-mal so groß ist wie bei Zimmertemperatur. Unter solchen Bedingungen ist $\tau \approx 2\cdot 10^{-9}$ sec bei 4 K.

Die mittlere freie Weglänge ℓ eines Leitungselektrons ist nach Definition

(50) $$\ell = v_F\tau\,.$$

v_F ist die Geschwindigkeit an der Fermi-Oberfläche. Man sieht aus Bild 11, daß nur Elektronen aus der Nähe der Fermi-Fläche an den Stö-

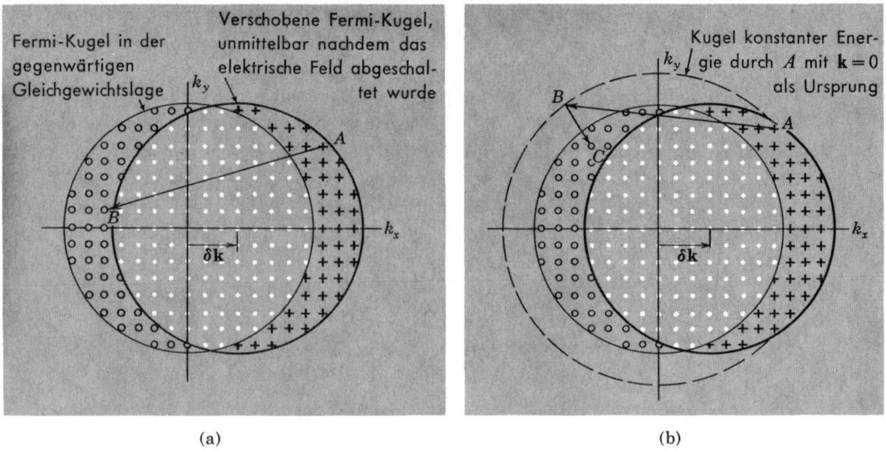

Bild 11: (a) Hört die äußere Krafteinwirkung auf, dann wird das System durch Stoßprozesse in den Grundzustand zurückkehren. Dazu müssen die Elektronen von den besetzten Zuständen (mit einem Kreuz (+) gekennzeichnet) in die leeren Zustände (mit einem Kreis (O) gekennzeichnet) zurückkehren. Ein Elektron kann aus dem Zustand A in einen leeren Zustand, z. B. B, durch Emission eines Phonons geeigneter Wellenzahl und geeigneter Frequenz übergehen. (b) Die elastische Streuung eines Elektrons bei A an einem stationären Gitterfehler oder einer stationären Verunreinigung kann das Elektron an jeden beliebigen Punkt B auf der Kugel konstanter Energie ϵ_A versetzen. Die elastische Streuung vermindert den Gesamtimpuls auf Null, indem sie die besetzten Zustände (+) umverteilt. Jedoch sind Phononenprozesse wie $B \rightarrow C$ nötig, um die Verteilung in den Grundzustand zurückkehren zu lassen.

ßen beteiligt sind. Aus Tabelle 1 ist für Kupfer $v_F = 1,56 \cdot 10^8$ cm/sec. Damit beträgt die mittlere freie Weglänge

$$\ell(300\ \mathrm{K}) \approx 3 \cdot 10^{-6}\ \mathrm{cm}; \qquad \ell(4\ \mathrm{K}) \approx 0,3\ \mathrm{cm}.$$

Mittlere freie Weglängen bis 10 cm wurden in reinen Metallen im Temperaturbereich des flüssigen Heliums beobachtet.

Experimente zum spezifischen Widerstand von Metallen

Der elektrische Widerstand der meisten Metalle wird bei Zimmertemperatur (300 K) hauptsächlich durch Stöße der Leitungselektronen mit Gitterphononen und bei der Temperatur des flüssigen Heliums (4 K) hauptsächlich durch Stöße mit Fremdatomen und mechanischen Gitterfehlern verursacht (Bild 12).

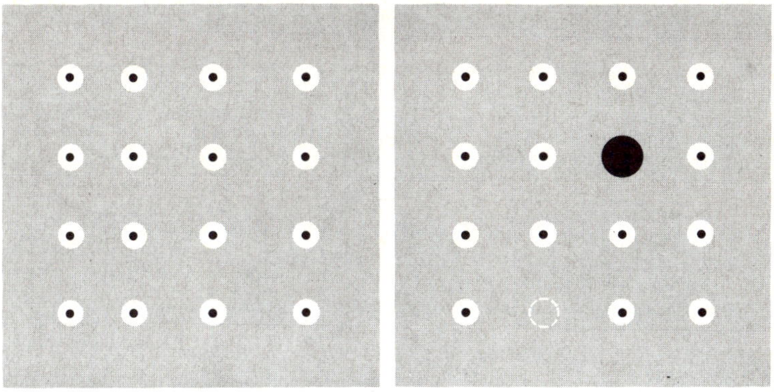

(a) (b)

Bild 12: Der elektrische Widerstand in den meisten Metallen entsteht durch Stöße an Unregelmäßigkeiten des Gitters, wie in (a) an Phononen und in (b) an Verunreinigungen und Fehlstellen.

Der spezifische Widerstand eines Metalls mit Fremdatomen kann normalerweise in der folgenden Form dargestellt werden:

(52) $$\rho = \rho_L + \rho_i,$$

wobei ρ_L der spezifische Widerstand durch die Wärmebewegung des Gitters ist und ρ_i der durch die Streuung der Elektronenwellen an Fremdatomen*), die die Periodizität des Gitters stören. Ist die Konzentration der Fremdatome gering, dann erweist sich ρ_i als von der Temperatur unabhängig. Diese Feststellung ist als **Matthiessensche Regel** bekannt. Der **spezifische Restwiderstand** ist der auf 0 K extrapolierte spezifische Widerstand. Er ist äquivalent zu ρ_i, denn ρ_L verschwindet mit $T \rightarrow 0$. Messungen an Natrium in Bild 13 zeigen, daß der Restwiderstand von Probe zu Probe verschieden sein kann, dagegen ist der durch die Wärmebewegung hervorgerufene Widerstand vom Probekörper unbeeinflußt. Als **Widerstandsverhältnis** einer Probe wird normalerweise das Verhältnis ihres Widerstandes bei Zimmertemperatur zu ihrem Widerstand bei der Temperatur des flüssigen Heliums definiert. In außergewöhnlichen Fällen kann dieses Verhältnis Werte bis zu 10^4 oder sogar 10^5 annehmen; in bestimmten Legierungen kann es in der Größenordnung von 2 liegen.

*) Die Indizes beziehen sich auf "lattice" (Gitter) und "impurity atoms" (Fremdatome).

Tabelle 3: Elektrische Leitfähigkeit und spezifischer elektrischer Widerstand der Metalle bei 295 K.

(Die Widerstandswerte stammen von G. T. Meaden, Electrical resistance of metals, Plenum, 1965; Restwiderstände sind subtrahiert worden.)

Leitfähigkeit in 10^5 (Ohm · cm)$^{-1}$.
Spezifischer Widerstand in 10^{-6} · Ohm · cm.

Li	Be											B	C	N	O	F	Ne
1,07	3,08																
9,32	3,25																
Na	Mg											Al	Si	P	S	Cl	Ar
2,11	2,33											3,65					
4,75	4,30											2,74					
K	Ca	Sc	Ti	V	Cr	Mn	Fe	Co	Ni	Cu	Zn	Ga	Ge	As	Se	Br	Kr
1,39	2,78	0,21	0,23	0,50	0,78	0,072	1,02	1,72	1,43	5,88	1,69	0,67					
7,19	3,6	46,8	43,1	19,9	12,9	139,	9,8	5,8	7,0	1,70	5,92	14,85					
Rb	Sr	Y	Zr	Nb	Mo	Tc	Ru	Rh	Pd	Ag	Cd	In	Sn (w)	Sb	Te	I	Xe
0,80	0,47	0,17	0,24	0,69	1,89	~0,7	1,35	2,08	0,95	6,21	1,38	1,14	0,91	0,24			
12,5	21,5	58,5	42,4	14,5	5,3	~14,	7,4	4,8	10,5	1,61	7,27	8,75	11,0	41,3			
Cs	Ba	La	Hf	Ta	W	Re	Os	Ir	Pt	Au	Hg fl.	Tl	Pb	Bi	Po	At	Rn
0,50	0,26	0,13	0,33	0,76	1,89	0,54	1,10	1,96	0,96	4,55	0,10	0,61	0,48	0,086	0,22		
20,0	39,	79,	30,6	13,1	5,3	18,6	9,1	5,1	10,4	2,20	95,9	16,4	21,0	116,	46,		
Fr	Ra	Ac															

Ce	Pr	Nd	Pm	Sm	Eu	Gd	Tb	Dy	Ho	Er	Tm	Yb	Lu
0,12	0,15	0,17		0,10	0,11	0,070	0,090	0,11	0,13	0,12	0,16	0,38	0,19
81,	67,	59,		99,	89,	134,	111,	90,0	77,7	81,	62,	26,4	53,
Th	Pa	U	Np	Pu	Am	Cm	Bk	Cf	Es	Fm	Md	No	Lw
0,66		0,39	0,085	0,070									
15,2		25,7	118,	143,									

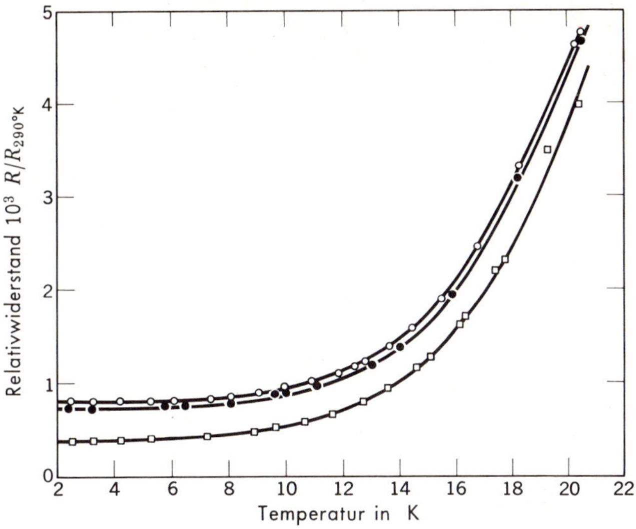

Bild 13:
Widerstand von Natrium unter 20 K nach Messungen an drei verschiedenen Proben von MacDonald und Mendelsohn, Proc. Roy. Soc. (London) **A 202**, 103 (1950).

Der Gitter- oder Phononenbeitrag zum elektrischen Widerstand hängt in einfachen Metallen von der Temperatur im wesentlichen wie folgt ab:

$$\rho_L \propto T \qquad \text{für } T \gg \Theta, \text{ außer bei tiefen Temperaturen};$$

$$\rho_L \propto T^5 \qquad \text{für } T \ll \Theta.$$

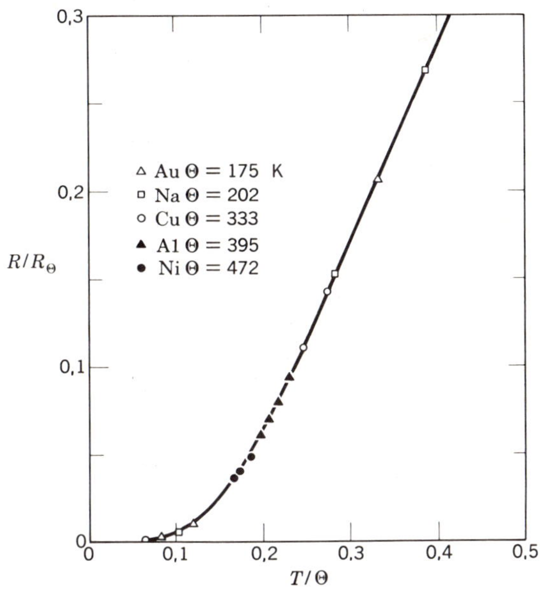

Bild 14:
Theoretische Temperaturabhängigkeit (nach Grüneisen) des elektrischen Widerstands und experimentelle Werte für verschiedene Metalle. (Nach Bardeen.)

Experimentelle Ergebnisse sind in Bild 14 wiedergegeben. Die direkte Proportionalität bei hohen Temperaturen folgt aus der Wahrscheinlichkeit, daß ein Elektron gestreut wird, die proportional zur Anzahl der Phononen ist. (Bei hohen Temperaturen ist die Anzahl der Phononen ein Maß für das mittlere Quadrat der lokalen Dehnung.) Literaturhinweise auf ausführliche theoretische Berechnungen der spezifischen Leitfähigkeit von Metallen findet man bei Meaden.[12])

Wärmeleitfähigkeit von Metallen

In Kapitel 6 fanden wir den Ausdruck

$$K = \tfrac{1}{3} C v \ell$$

für die Wärmeleitzahl von Teilchen der Geschwindigkeit v, der spezifischen Wärme C pro Volumeneinheit und der mittleren freien Weglänge ℓ. Für ein Fermi-Gas ist mit (38) für die spezifische Wärme und $\epsilon_F = \frac{1}{2} m v_F^2$

$$K_{el} = \frac{\pi^2}{3} \cdot \frac{n k_B{}^2 T}{m v_F{}^2} \cdot v_F \cdot \ell = \frac{\pi^2 n k_B{}^2 T \tau}{3m} . \tag{53}$$

Hier ist $\ell = v_F \tau$, n die Elektronenkonzentration und τ die Stoßzeit.

Tragen die Elektronen oder die Phononen den größeren Teil des Wärmestroms in Metallen? Bei Zimmertemperatur haben reine gewöhnliche Metalle im allgemeinen Wärmeleitzahlen, die ein oder zwei Größenordnungen über denen von dielektrischen Festkörpern liegen, so daß unter diesen Voraussetzungen also die Elektronen fast den ganzen Wärmetransport übernehmen sollten.

In reinen Metallen überwiegt der Beitrag der Elektronen bei allen Temperaturen. In verunreinigten Metallen und in ungeordneten Legierungen kann der Beitrag der Phononen mit dem Beitrag der Elektronen vergleichbar werden.

Bild 15 zeigt Meßergebnisse für Kupfer. Experimentell bestimmte Kurven für viele Metalle bei tiefen Temperaturen findet man in den Veröffentlichungen: H. M. Rosenberg, Phil. Trans. Roy. Soc. (London) **A 247**, 441 - 497 (1955) und R. L. Powell and W. A. Blanpied, Thermal conductivities of metals and alloys at low temperatures, National Bureau of Standards Circular 556.

---

[12]) G. T. Meaden, Electrical resistance of metals, Plenum, 1965; siehe besonders A. Hasegawa, J. Phys. Soc. Japan **19**, 504 (1964).

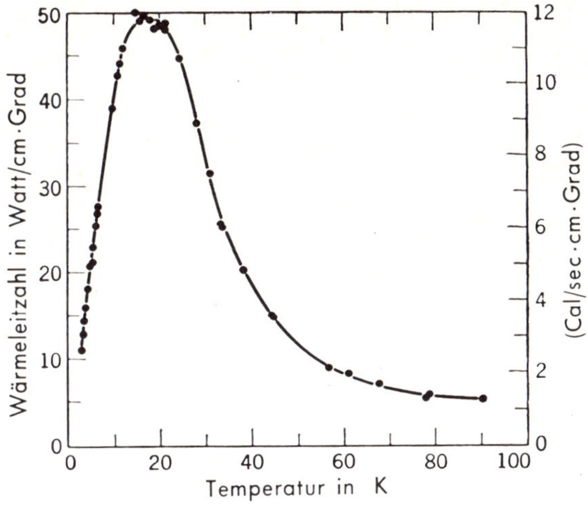

Bild 15: Die Wärmeleitfähigkeit von Kupfer. (Nach Berman und MacDonald.)

Verhältnis aus Wärmeleitfähigkeit und elektrischer Leitfähigkeit

Das Wiedemann-Franzsche Gesetz sagt aus, daß für Metalle bei nicht zu tiefen Temperaturen das Verhältnis aus der Wärmeleitfähigkeit und der elektrischen Leitfähigkeit direkt proportional zur Temperatur ist. Die Proportionalitätskonstante ist dabei von dem jeweiligen Metall unabhängig. Dieses Ergebnis war in der Geschichte der Theorie der Metalle sehr wichtig, denn es bestätigt das Bild vom Elektronengas. Es kann mit (48) für σ und (53) für K erklärt werden:

(54) $$\frac{K}{\sigma} = \frac{\pi^2 k_B{}^2 T n\tau/3m}{ne^2\tau/m} = \frac{\pi^2}{3}\left(\frac{k_B}{e}\right)^2 T.$$

Die **Lorenzsche Zahl** ist nach Definition

(55) $$L \equiv K/\sigma T$$

und sollte gemäß (54) den Wert

(56) $$L = \frac{\pi^2}{3}\left(\frac{k_B}{e}\right)^2 = 2{,}72 \cdot 10^{-13}\ \mathrm{esE/Grad^2} = 2{,}45 \cdot 10^{-8}\ \mathrm{Watt \cdot Ohm/Grad^2}$$

haben.

Dieses bemerkenswerte Ergebnis hängt weder von n noch von m ab. Sind die Relaxationszeiten für elektrische und thermische Prozesse identisch, so hängt dieses Ergebnis auch nicht mehr von τ ab. Die in Tabelle 4 angegebenen experimentell bestimmten Werte von L bei 0° C und bei 100° C stimmen mit (69) gut überein.

Tabelle 4: Experimentell bestimmte Lorenzsche Zahlen

$L \cdot 10^8$ Watt · Ohm/Grad²			$L \cdot 10^8$ Watt · Ohm/Grad²		
Metall	0° C	100° C	Metall	0° C	100° C
Ag	2,31	2,37	Pb	2,47	2,56
Au	2,35	2,40	Pt	2,51	2,60
Cd	2,42	2,43	Sn	2,52	2,49
Cu	2,23	2,33	W	3,04	3,20
Ir	2,49	2,49	Zn	2,31	2,33
Mo	2,61	2,79			

Nach der rein klassischen Theorie mit einer Maxwell-Verteilung der Geschwindigkeiten ist das Ergebnis $L = 3(k_B/e)^2$, was (56) ziemlich nahe kommt und auch in recht guter Übereinstimmung mit dem Experiment steht. Die Bemerkung von Lorentz, die diesem Kapitel vorangestellt ist, bezieht sich auf diese glückliche Übereinstimmung. Bei tiefen Temperaturen $(T \ll \Theta)$ nimmt der Wert von L im allgemeinen ab. Für reines Kupfer ist L bei 15K eine Größenordnung kleiner als (56). Den Grund dafür schreibt man den unterschiedlichen Stoßmittelwerten der thermischen und elektrischen Leitfähigkeit zu. Die Werte der thermischen und elektrischen Relaxationszeiten sind deshalb nicht identisch.

Aufgaben

1. **Teilchen im Kastenpotential.** a) Geben Sie für die Randbedingung $\psi = 0$ auf der Oberfläche eines Würfels der Kantenlänge L alle Wellenfunktionen der ersten drei verschiedenen Energieniveaus an. b) Geben Sie einen Ausdruck für die Energie der Niveaus an. c) Welche Entartung weist jedes der Niveaus auf, d. h. wie groß ist die Anzahl der Wellenfunktionen mit derselben Energie (der Elektronenspin ist bei der Abzählung nicht zu berücksichtigen)?

2. **Kinetische Energie des Elektronengases.** Zeigen Sie, daß die kinetische Energie eines dreidimensionalen Gases aus N freien Elektronen bei 0 K gleich

$$E_0 = \tfrac{3}{5} N \epsilon_F$$

ist.

3. **Druck und Kompressionsmodul eines Elektronengases.** a) Leiten Sie einen Zusammenhang zwischen dem Druck und dem Volumen eines Elek-

tronengases bei 0 K ab. Hinweis: Benützen Sie das Ergebnis von Aufgabe 2 und den Zusammenhang zwischen ϵ_F und der Konzentration der Elektronen. Das Ergebnis kann auf die Form $P = \frac{2}{3}(E_0/V)$ gebracht werden. b) Zeigen Sie, daß der Kompressionsmodul $B = -V(\partial P/\partial V)$ eines Elektronengases bei 0 K durch $B = \frac{5}{3}P = 10E_0/9V$ gegeben ist. c) Schätzen Sie für Kalium unter Verwendung von Tabelle 1 den Beitrag des Elektronengases zum Kompressionsmodul B ab, und vergleichen Sie diesen Beitrag mit dem experimentell bestimmten Wert, indem Sie Tabelle 4.2 und Gleichung (4.29) benützen.

4. Chemisches Potential. Geben Sie eine exakte transzendente Gleichung für das chemische Potential $\mu(T)$ eines Fermi-Gases in zwei Dimensionen an. Beachten Sie: Die Zustandsdichte eines zweidimensionalen Elektronengases hängt nicht von der Energie ab: $\mathfrak{D}(\epsilon) = m/\pi\hbar^2$ pro Flächeneinheit des Körpers.

5. Randbedingung und Wellenfunktion.

a) Ein Kristall habe nichtorthogonale primitive Achsen $\mathbf{a}, \mathbf{b}, \mathbf{c}$. Mit der periodischen Randbedingung über die Oberflächen des Parallelepipeds mit den Kanten $N_1\mathbf{a}, N_2\mathbf{b}, N_3\mathbf{c}$ soll gezeigt werden, daß die Lösung der Wellengleichung für freie Elektronen die Form

$$\psi \propto \exp\left[i\left(\frac{l}{N_1}\mathbf{A} + \frac{m}{N_2}\mathbf{B} + \frac{n}{N_3}\mathbf{C}\right)\cdot\mathbf{r}\right]$$

hat. l, m, n sind beliebige positive oder negative ganze Zahlen; N_1, N_2, N_3 sind ebenfalls ganze Zahlen; $\mathbf{A}, \mathbf{B}, \mathbf{C}$ sind reziproke Gittervektoren.

b) Betrachten Sie dasselbe Problem für die Randbedingung $\psi = 0$ auf den Oberflächen des Parallelepipeds.

6. Fermi-Gase in der Astrophysik.

a) Gegeben ist $M_\odot = 2 \times 10^{33}$ g als Masse der Sonne. Schätzen Sie die Zahl der Elektronen in der Sonne ab. In einem Weißen Zwerg soll diese Zahl der Elektronen separiert werden und in einer Kugel mit dem Radius $2 \cdot 10^9$ cm untergebracht werden. Berechnen Sie die Fermi-Energie der Elektronen in eV.

b) Die Energie eines Elektrons im relativistischen Grenzfall $\epsilon \gg m \cdot c^2$ hängt mit dem Wellenvektor über $\epsilon \cong p \cdot c = \hbar c k$ zusammen. Zeigen Sie, daß die Fermi-Energie in diesem Grenzfall ungefähr $\epsilon_F \approx \hbar \cdot c \cdot (N/V)^{\frac{1}{3}}$ beträgt.

c) Ein Pulsar mit dem Radius 10 km enthalte die oben berechnete Zahl von Elektronen. Zeigen Sie, daß die Fermi-Energie ungefähr 10^8 eV betragen wird. Dieser Wert ist eine Erklärung dafür, daß man glaubt, Pulsare bestünden eher aus Neutronen als aus Protonen und Elektronen; denn die freiwerdende Energie der Reaktion $n \rightarrow p + e^-$ beträgt nur $0{,}8 \cdot 10^6$ eV, was für viele Elektronen nicht ausreicht, einen Fermi-See zu bilden. Der Neutronenzerfall schreitet solange voran, bis die Elektronenkonzentration groß genug ist, um ein Fermi-Niveau von $0{,}8 \cdot 10^6$ eV zu schaffen. In diesem Punkt sind dann die Konzentrationen von Neutronen, Protonen und Elektronen im Gleichgewicht.

7. Flüssiges He^3. Das Atom He^3 hat den Spin $\frac{1}{2}$ und ist folglich ein Fermion. Die Dichte des flüssigen He^3 liegt bei 0,081 g cm^{-3} in der Nähe des absoluten Nullpunktes. Berechnen Sie die Fermi-Energie ϵ_F und die Fermi-Temperatur T_F. (Eine Übersicht der Eigenschaften von flüssigem He^3 gibt J. Wilks, Properties of liquid and solid helium, Clarendon Press, 1967.)

Literaturhinweise

H. M. Rosenberg, Low temperature solid state physics, Oxford 1963, Kap. 4 und 5.

J. M. Ziman, Electrons and Phonons, Oxford, 1960, Kap. 9.

D. N. Langenberg, "Resource Letters OEPM-1 on the ordinary electronic properties of metals", American J. Physics **36**, 777 (1968). Eine ausgezeichnete Bibliographie über Transporteffekte, den anomalen Skin-Effekt, die Azbel-Kaner-Zyklotronresonanz, Wellen von Magnetoplasma, Größen-Effekte, Spinresonanz der Leitungselektronen, optische Spektren und Photoemission, Quantenoszillationen, magnetischen Zusammenbruch, Ultraschall-Effekte und den Kohn-Effekt.

G. T. Meaden, Electrical resistance of metals, Plenum, New York, 1965 "Conduction electron scattering and the resistance of the magnetic elements," Contemp. Phys. **12**, 313 (1971)

8. Das freie Elektronengas II

In diesem Kapitel wird die Behandlung der wichtigsten Eigenschaften des freien Elektronengases vervollständigt. Wir wollen im folgenden ein sicheres Gefühl für das physikalische Verhalten freier Elektronen entwikkeln, ehe wir in Kapitel 9 die Eigenschaften diskutieren, die durch die Wechselwirkung der Leitungselektronen mit dem Kristallgitter entstehen.

Wir beginnen mit der Diskussion des Verhaltens eines Elektronengases in einem angelegten elektrischen Feld. Das statische Verhalten der Elektronen führt zur elektrostatischen Abschirmung der Coulomb-Wechselwirkung. Das dynamische Verhalten des Elektronengases führt zur charakteristischen Lichtreflexion an Metallen und zur Anregung von Plasmonen, einer kollektiven Schwingung des Elektronengases.

Die Maxwell-Gleichung, die das dielektrische Verhalten eines Mediums berücksichtigt, lautet gewöhnlich

(1a)
$$\mathrm{rot}\ \mathbf{H} = \frac{4\pi}{c}\sigma\mathbf{E} + \frac{1}{c}\frac{\partial \mathbf{D}}{\partial t}\ ; \qquad \text{(CGS)}$$

$$\mathrm{rot}\ \mathbf{H} = \sigma\mathbf{E} + \frac{\partial \mathbf{D}}{\partial t}. \qquad \text{(SI)}$$

σ ist die elektrische Leitfähigkeit, **H** das Magnetfeld, **E** das elektrische Feld und **D** die dielektrische Verschiebung. Die Definition der Verschiebung lautet in CGS-Einheiten $\mathbf{D} \equiv \mathbf{E} + 4\pi\mathbf{P}$, in SI-Einheiten $\mathbf{D} \equiv \epsilon_0\mathbf{E} + \mathbf{P}$. Die Polarisation **P** ist das Dipolmoment pro Volumeneinheit[1]. Die beiden Ausdrücke $\sigma\mathbf{E}$ und $\partial\mathbf{P}/\partial t$ rühren von der Verschiebung der Ladungen her, der erste von der Bewegung freier Ladungen und der zweite von gebundenen Ladungen. Diese Unterscheidung ist eigentlich nicht notwendig; es ist zweckmäßiger, die Polarisation **P** so zu definieren, daß sowohl freie als auch gebundene Ladungen einbezogen sind. Dann lautet die Maxwell-Gleichung:

(1b)
$$\mathrm{rot}\ \mathbf{H} = \frac{1}{c}\frac{\partial}{\partial t}(\mathbf{E} + 4\pi\mathbf{P})\ ; \qquad \text{(CGS)}$$

$$\mathrm{rot}\ \mathbf{H} = \frac{\partial}{\partial t}(\varepsilon_0\mathbf{E} + \mathbf{P}). \qquad \text{(SI)}$$

Dielektrisches Verhalten des Elektronengases

Läßt man Stöße außer Betracht, dann gilt für ein freies Elektron in einem elektrischen Feld folgende Bewegungsgleichung:

---

[1] Eine ausführliche Diskussion der Definitionen der dielektrischen Größen findet man in Kapitel 13.

(2) $$m\frac{d^2x}{dt^2} = -eE \; .$$

Hängen x und E exponentiell über $e^{-i\omega t}$ von der Zeit ab, dann wird aus (2)

(3) $$-\omega^2 mx = -eE \; ; \qquad x = \frac{eE}{m\omega^2} \; .$$

Das Dipolmoment p des Elektrons lautet

(4a) $$p = -ex = -\frac{e^2E}{m\omega^2}$$

und für die Polarisation, definiert als Dipolmoment pro Volumeneinheit, gilt

(4b) $$P = -nex = -\frac{ne^2}{m\omega^2}E \; ,$$

n ist die Elektronenkonzentration.

Die **dielektrische Funktion** (oder Konstante) zur Frequenz ω ist wie folgt definiert

(5)
$$\epsilon(\omega) \equiv \frac{D(\omega)}{E(\omega)} \equiv 1 + 4\pi\frac{P(\omega)}{E(\omega)} \; ; \qquad \text{(CGS)}$$

$$\epsilon(\omega) = \frac{D(\omega)}{\epsilon_0 E(\omega)} = 1 + \frac{P(\omega)}{\epsilon_0 E(\omega)} \; . \qquad \text{(SI)}$$

Wir betonen mit Nachdruck, daß E, P und D von der gemeinsamen Frequenz ω abhängen. Ausgehend von (4) und (5) erhalten wir für die dielektrische Funktion des Elektronengases das Ergebnis

(6)
$$\epsilon(\omega) = 1 - \frac{4\pi ne^2}{m\omega^2} \; ; \qquad \text{(CGS)}$$

$$\epsilon(\omega) = 1 - \frac{ne^2}{\epsilon_0 m\omega^2} \; . \qquad \text{(SI)}$$

Die **Plasmafrequenz**[2]) definieren wir über die Beziehung

(7) $$\omega_p{}^2 \equiv \frac{4\pi ne^2}{m} \quad \text{(CGS)} \; ; \qquad \omega_p{}^2 = \frac{ne^2}{\epsilon_0 m} \quad \text{(SI)} \; .$$

---

2) **Ein Plasma ist ein Medium mit gleicher Konzentration positiver und negativer Ladungen, von denen wenigstens eine Sorte beweglich ist. In einem Festkörper werden die negativen Ladungen der Leitungselektronen durch eine gleichgroße Konzentration positiver Ladungen der Ionenrümpfe ausgeglichen.**

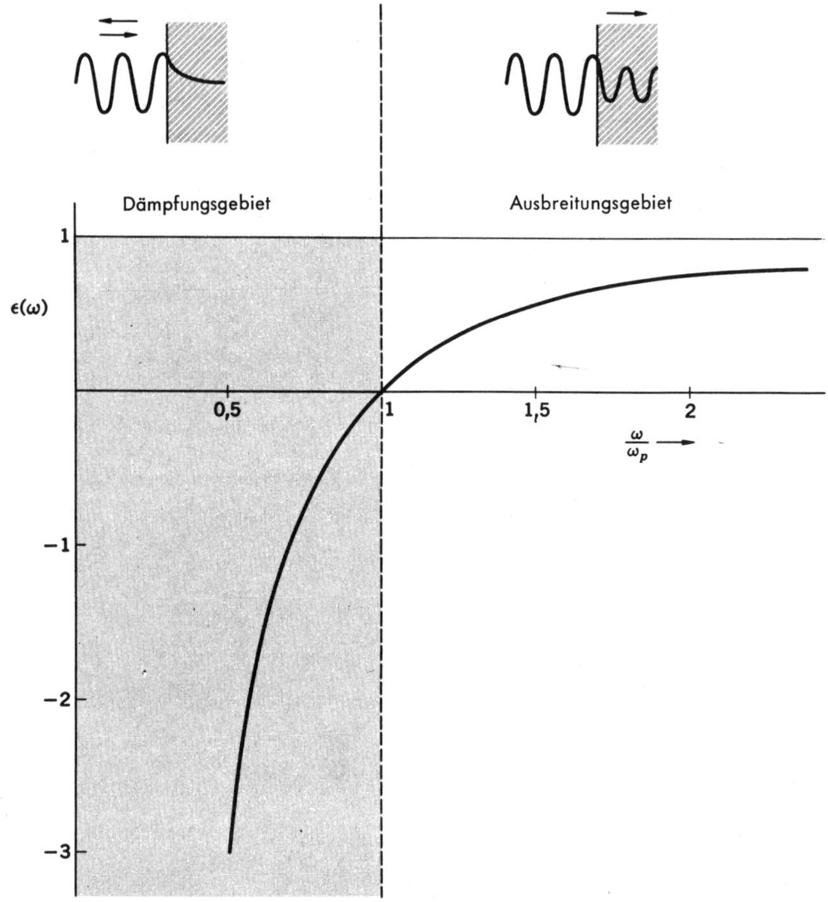

Bild 1: Dielektrische Funktion $\varepsilon(\omega)$ eines freien Elektronengases, aufgetragen gegen die Frequenz in Einheiten der Plasmafrequenz ω_p. Elektromagnetische Wellen breiten sich nur für positive $\varepsilon(\omega)$ aus. Sie werden durch das Medium total reflektiert, wenn $\varepsilon(\omega)$ negativ ist.

Man kann also die dielektrische Funktion folgendermaßen schreiben

$$\epsilon(\omega) = 1 - \frac{{\omega_p}^2}{\omega^2} . \tag{8}$$

Im Bild 1 ist diese Funktion gezeichnet.

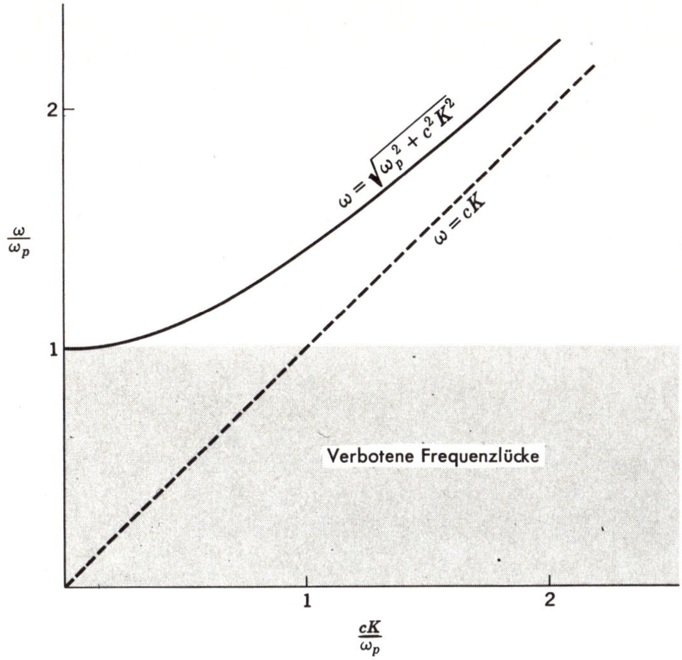

Bild 2a: Dispersionsbeziehung für transversale elektromagentische Wellen in einem Plasma. Die Gruppengeschwindigkeit $v_g = d\omega/dK$ ist die Steigung der Dispersionskurve. Obwohl die dielektrische Funktion zwischen 0 und 1 verläuft, ist die Gruppengeschwindigkeit kleiner als die Lichtgeschwindigkeit im Vakuum.

Transversale optische Schwingungen in einem Plasma

Wir sehen aus der Zeichnung, daß $\epsilon(\omega)$ für alle Frequenzen unterhalb ω_p negativ ist. Die Dispersionsbeziehung für elektromagnetische Wellen

(9) $$\omega^2\epsilon(\omega) = c^2K^2$$

hat keine wellenähnliche Lösungen, wenn die Dielektrizitätskonstante negativ ist. Statt dessen haben die Lösungen die Form $e^{-|K|x}$ im Frequenzbereich $0 < \omega \leq \omega_p$.Wellen, die in diesem Frequenzbereich auf das Medium treffen, werden total reflektiert.

Ein Elektronengas wirkt wie ein Hochpaßfilter: das Gas ist nur für $\omega > \omega_p$ transparent, denn hier ist die dielektrische Funktion positiv. Benutzen wir den Ausdruck (8) für die dielektrische Funktion, dann läßt sich die Dispersionsbeziehung wie folgt schreiben

(10) $$\omega^2 = \omega_p{}^2 + c^2K^2 \;;$$

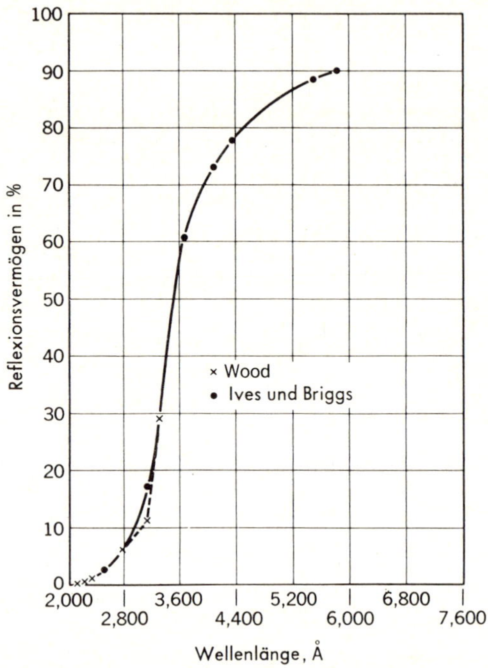

Bild 2b: Reflexionsvermögen von Kalium. Unterhalb 3000 Å wird der größte Teil der auf dünne Kaliumschichten einfallenden Strahlung transmittiert. (Nach H.E. Ives und H.B.Briggs, J. Opt. Soc. Amer. 26 , 238 (1936).)

Dies ist die Beschreibung transversaler elektromagnetischer Wellen in einem Plasma (Bild 2a).

Im folgenden sind die Werte von ω_p und $\lambda_p \equiv 2\pi c/\omega_p$ für Elektronenkonzentrationen, die für Festkörper interessant sind, angegeben. Eine Welle breitet sich in einem Medium nur dann aus, wenn ihre Vakuumwellenlänge kleiner als λ_p ist. (Sonst wird sie reflektiert.)

n in Elektronen/cm^3	10^{22}	10^{18}	10^{14}	10^{10}
ω_p in sec^{-1}	$5,7 \cdot 10^{15}$	$5,7 \cdot 10^{13}$	$5,7 \cdot 10^{11}$	$5,7 \cdot 10^{9}$
λ_p in cm	$3,3 \cdot 10^{-5}$	$3,3 \cdot 10^{-3}$	$0,33$	33

Tabelle 1: Plasmawellenlänge der Alkalimetalle im Ultravioletten, in Å. (Ein Metallfilm ist für $\lambda < \lambda_p$ durchlässig.)

	Li	Na	K	Rb	Cs
λ_p, berechnet für die Masse m	1550	2090	2870	3220	3620
λ_p, beobachtet	1550	2100	3150	3400	-

Optische Eigenschaften der Alkalimetalle im Ultravioletten

Aus der vorhergehenden Diskussion der Dielektrizitätskonstanten kann man schließen, daß einfache Metalle sichtbares Licht reflektieren, jedoch für ultraviolettes Licht transparent sind. Der Effekt wurde von Wood [3]) entdeckt und von Zener [4]) erklärt. In Tabelle 1 werden berechnete und beobachtete Grenzwellenlängen verglichen. Lichtreflexion an einer Metalloberfläche läßt sich vergleichen mit der Reflexion von Radiowellen an der Ionosphäre; denn die freien Elektronen in der Ionosphäre machen die Dielektrizitätskonstante negativ bei tiefen Frequenzen. Experimentelle Ergebnisse für Kalium sind in Bild 2b dargestellt.

Longitudinale optische Schwingungen in einem Plasma

Wir haben in Kapitel 5 gesehen, daß die Nullstellen der dielektrischen Funktion die Frequenzen der longitudinalen optischen Schwingungen festlegen. D.h.,

(11) $$\epsilon(\omega_L) = 0$$

bestimmt die longitudinale Frequenz ω_L . (Diese Bedingung wird auch im Anhang D diskutiert). Die Nullstelle der dielektrischen Funktion eines Elektronengases ist also

(12) $$\epsilon(\omega_L) = 1 - \frac{\omega_p{}^2}{\omega_L{}^2} = 0 \;.$$

Folglich gilt

(13) $$\omega_L = \omega_p \;.$$

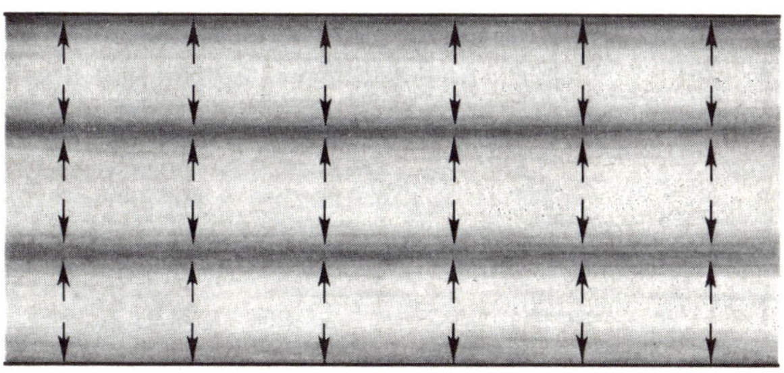

Bild 3: Plasmaschwingung endlicher Wellenlänge. Die Pfeile weisen in die Richtung der Verschiebung der Elektronen.

---

3) R.W. Wood, Phys. Rev. **44**, 353 (1933); R.W. Wood und C. Lukens, Phys. Rev. **54**, 332 (1938); H.E. Ives und H.B. Briggs, J. Opt. Soc. Am. **26**, 238 (1936); **27**, 181 (1937). Eine Übersicht über die optischen Eigenschaften von Metallen findet man bei M. P. Givens, Solid state physics **6**, 313 (1958).

4) C. Zener, Nature **132**, 968 (1933).

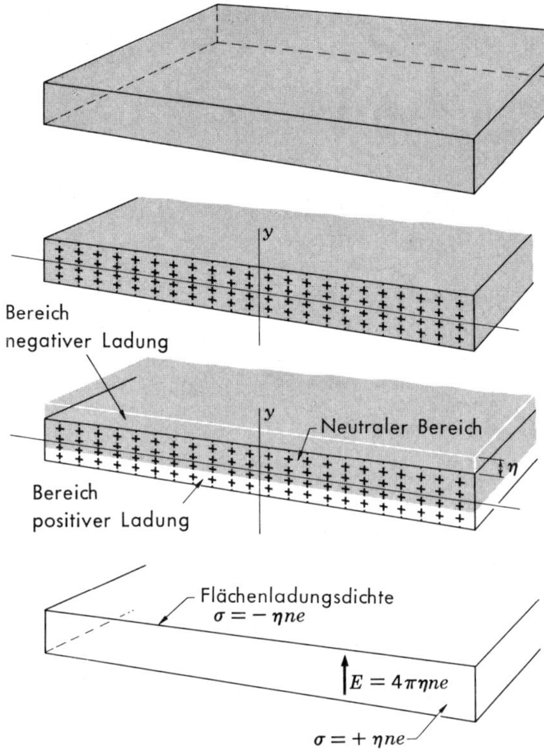

Bild 4: (a) zeigt einen dünnen Metallstreifen oder -Film. In (b) ist ein Querschnitt dargestellt, wobei die positiv geladenen Ionenrümpfe durch + Zeichen und das Elektronengas durch den grauen Hintergrund dargestellt sind. Der Streifen ist elektrisch neutral. In (c) ist die negative Ladung um die kleine Strecke η gleichförmig nach oben verschoben worden (hier übertrieben gezeichnet). Wie in (d) gezeigt wird, erzeugt diese Verschiebung eine Flächenladungsdichte von $-\eta ne$ auf der oberen Fläche und von $+\eta ne$ auf der unteren Fläche des Streifens. n ist die Elektronenkonzentration. Innerhalb des Streifens baut sich das elektrische Feld $E = 4\pi\eta ne$ auf. Dieses Feld übt eine Rückstellkraft zur Gleichgewichtslage (b) auf den Elektronensee aus. In SI-Einheiten: E = neu / ε_0 .

Es gibt also eine freie longitudinale Schwingung (Bild 3) des Elektronengases bei der Plasmafrequenz, die wir weiter oben (Gl. 10), als Grenzfrequenz transversaler elektromagnetischer Wellen beschrieben haben.

In Bild 4 wird die longitudinale Plasmaschwingung als gleichförmige Verschiebung eines Elektronengases in einer dünnen Metallscheibe dargestellt. Das Elektronengas wird als Ganzes relativ zum positivgeladenen Ionenhintergrund bewegt. Die Verschiebung u erzeugt ein elektrisches Feld $E = 4\pi neu$ das als rückstellende Kraft wirkt. Die Bewegungsgleichung für ein Einheitsvolumen des Elektronengases lautet

$$(14) \qquad nm\frac{d^2u}{dt^2} = -neE = -4\pi n^2e^2u \ , \qquad \text{(CGS)}$$

oder

$$(15) \qquad \frac{d^2u}{dt^2} + \omega_p{}^2u = 0 \ ; \qquad \omega_p = \left(\frac{4\pi ne^2}{m}\right)^{\frac{1}{2}} . \qquad \text{(CGS)}$$

Das ist die Bewegungsgleichung eines einfachen harmonischen Oszillators der Frequenz ω_p , der Plasmafrequenz.

Der hier erhaltene Ausdruck für ω_p ist mit Gleichung (7) identisch, die in einem ganz anderen Zusammenhang auftrat. In SI-Einheiten erzeugt die Verschiebung u das elektrische Feld $E = neu/\epsilon_0$, also ist $\omega_p = (ne^2/\epsilon_0 m)^{\frac{1}{2}}$.

Eine Plasmaoszillation mit kleiner Wellenzahl hat näherungsweise die Frequenz ω_p . Es ergibt sich [5]) , daß die Dispersionsrelation für Plasmonen durch

$$(16) \qquad \omega \cong \omega_p\left(1 + \frac{3k^2v_F{}^2}{10\omega_p{}^2} + \cdots\right)$$

dargestellt werden kann (Bild 5). v_F ist die Elektronengeschwindigkeit bei der Fermi-Energie.

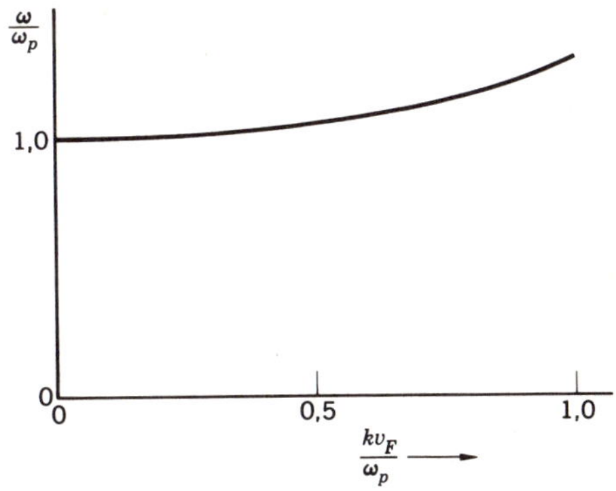

Bild 5:
Theoretische Dispersionsrelation für Plasmonen, d. h. ω in Abhängigkeit von k. Hier ist ω_p die Plasmonenfrequenz für $k \to 0$ und v_F die Elektronengeschwindigkeit auf der Fermi-Fläche.

Plasmonen

Eine Plasma-Oszillation ist ein kollektiver longitudinaler Anregungszustand eines Leitungselektronengases. Ein **Plasmon** ist eine gequantelte Plasmaschwingung. Wir können ein Plasmon anregen, indem wir ein

---

[5]) D. Pines, Elementary excitations in solids, Benjamin, 1963, Kapitel 3. Die theoretische Behandlung der Plasmonen in Metallen erfolgte im wesentlichen durch Bohm und Pines.

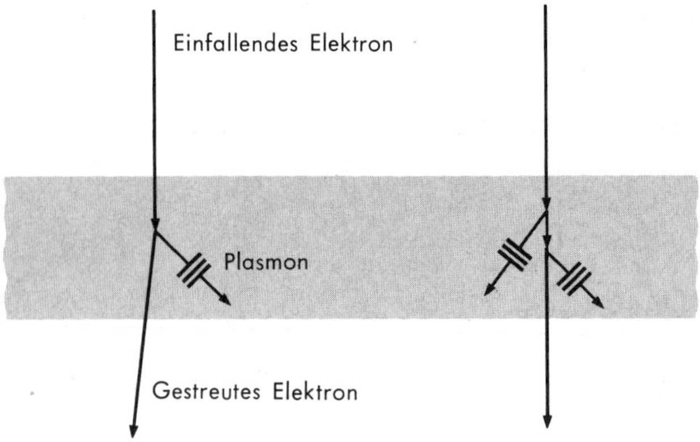

Bild 6: Erzeugung eines Plasmons in einer Metallschicht durch unelastische Streuung eines Elektrons. Die Energie der einfallenden Elektronen liegt bei charakteristischen Experimenten zwischen 1 und 10 keV. Außerdem ist noch ein Prozeß dargestellt, bei dem zwei Plasmonen erzeugt werden.

Elektron durch eine dünne Metallschicht schicken (Bild 6) oder ein Elektron (oder Photon) an einer Schicht reflektieren lassen. Die Elektronenladung koppelt an die elektrostatischen Feldschwankungen der Plasmaschwingungen an. Der Energieverlust des durchgelassenen oder reflektierten Elektrons ist gleich einem ganzen Vielfachen der Plasmonenenergie.

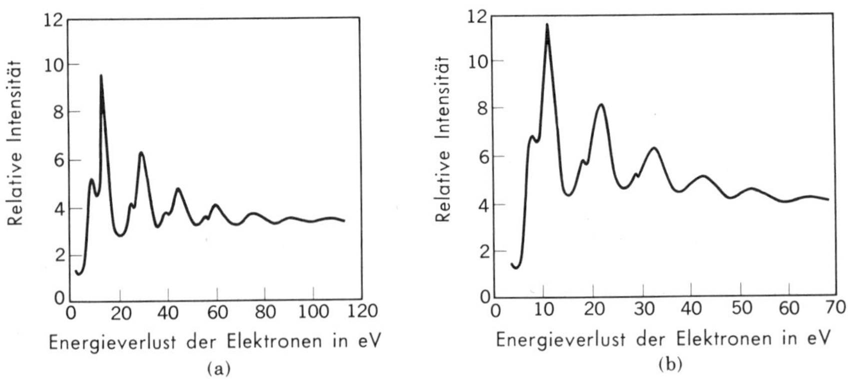

Bild 7: Energieverlustspektren für an dünnen Metallschichten reflektierte Elektronen, (a) für Aluminium, (b) für Magnesium. Die Primärenergie der Elektronen betrug 2020 eV. Die zwölf an Al beobachteten Verlustmaxima setzen sich aus Verlusten von 10,3 und 15,3 eV zusammen, wobei die Verluste von 10,3 eV durch Oberflächenplasmonen (vgl. Aufgabe 6) verursacht werden, die 15,3 eV-Verluste von den durch Gleichung (15) beschriebenen Volumenplasmonen. Die zehn an Mg beobachteten Verlustmaxima werden durch Oberflächenplasmonen von 7,1 eV und Volumenplasmonen von 10,6 eV hervorgerufen. [Nach C. J. Powell und J. B. Swan, Phys. Rev. **115**, 869 (1959); **116**, 81 (1959).]

Bild 7 zeigt experimentell bestimmte Energieverlustspektren für Al und Mg. In Tabelle 2 sind berechnete und beobachtete Plasmonenenergien verglichen. Hinweise auf weitere Daten findet man in dem Übersichtsartikel von Raether. Es ist sogar möglich, kollektive Plasmaschwingungen in dielektrischen Schichten anzuregen. Ergebnisse für verschiedene Dielektrika sind ebenfalls in Tabelle 2 wiedergegeben [6]. Die berechneten

Tabelle 2: Energie von Volumenplasmonen

Material	Beobachteter Wert von $\hbar\omega_p$ in eV	Berechneter Wert von $\hbar\omega_p$ in eV		Angaben nach
		für freie Elektronen, Gleichung (23)	mit Korrektur für die Rumpfpolarisation [7]	
Metall				
Li	7,12	8,02	7,96	a)
Na	5,71	5,95	5,58	a)
	5,85			b)
K	3,72	4,29	3,86	a)
	3,87			c)
Mg	10,6	10,9		d)
Al	15,3	15,8		e)
Dielektrikum				
Si	**16,4 - 16,9**	**16,0**		
Ge	**16,0 - 16,4**	**16,0**		
InSb	**12,0 - 13,0**	**12,0**		

a) C. Kunz, Physics Letters **15**, 312 (1965).
b) J. B. Swan, Phys. Rev. **135**, A 1467 (1964).
c) J. L. Robins und F. E. Best, Proc. Phys. Soc. (London) **79**, 110 (1962).
d) C. J. Powell und J. B. Swan, Phys. Rev. **116**, 81 (1959).
e) C. J. Powell und J. B. Swan, Phys. Rev. **115**, 869 (1959).

---

[6] Die Werte sind der Untersuchung von H. R. Philipp und H. Ehrenreich, Phys. Rev. **129**, 1550 (1963) entnommen. Bei den gemessenen Werten der Tabelle (unter Dielektrische Stoffe) stammen die der unteren Grenze aus optischen Messungen, die der oberen Grenze aus Energieverlustmessungen an Elektronen.

[7] Die Korrektur für die Ionenrumpfpolarisation folgt aus der Äquivalenz der Plasmonenfrequenz und der Wurzel der Dielektrizitätskonstanten

$$(17) \qquad \epsilon(\omega) = \epsilon_{core} - \frac{4\pi ne^2}{m\omega^2} = 0 \qquad \text{bei der Plasmonfrequenz.}$$

Diese ist korrigiert für Ionenrumpfpolarisation,

$$(18) \qquad \omega_p' = \left(\frac{4\pi ne^2}{\epsilon_{core} m}\right)^{\frac{1}{2}} \text{; (CGS)} \qquad \text{(SI)} \quad \omega_p' = \left(\frac{ne^2}{\epsilon_{core}\epsilon_0 m}\right)^{\frac{1}{2}}.$$

Ionenrumpfpolarisierbarkeiten sind in Tabelle 13.1 wiedergegeben; Werte für ε_{Rumpf} lassen sich aus Gl. (13.55) berechnen. Für Na und K haben wir ε_{Rumpf} = 1,14 bzw. 1,24 berechnet.

Plasmaenergien von Si, Ge und InSb gehen von vier Valenzelektronen pro Atom aus. In einem Dielektrikum sind die Plasmaschwingungen physikalisch die gleichen wie in einem Metall: der ganze Elektronensee schwingt relativ zu den Ionenrümpfen hin und her.

Elektrostatische Abschirmung

Enthält ein Metall eine ruhende punktförmige Probeladung q, so tritt in deren Nähe eine derartige Störung der Elektronenkonzentration auf, daß durch diese induzierte Störung das elektrische Feld der Ladung im wesentlichen kompensiert wird. Diese Abschirmung ist innerhalb der sogenannten **Abschirmungslänge** (auch Abschirmradius) noch ziemlich unwirksam, außerhalb wird sie zunehmend immer vollständiger.

Wir wollen nun eine Näherungslösung dieses Problems angeben. Die Poissonsche Gleichung der Elektrostatik lautet

$$\nabla^2\varphi = 4\pi e[n(\mathbf{r}) - n_0] \; ; \tag{19}$$

$$\nabla^2\varphi = (e/\epsilon_0)[n(\mathbf{r}) - n_0] \; .$$

Hierbei ist $\varphi(\mathbf{r})$ das elektrostatische Potential, und $[n(\mathbf{r}) - n_0]$ die Abweichung von einer homogenen Elektronenkonzentration. Wir suchen eine weitere Gleichung, die das elektrostatische Potential mit der Elektronenkonzentration verknüpft; denn das elektrochemische Potential des Elektronengases muß im Gleichgewicht [8]) konstant und unabhängig von der Lage sein. In einem Bereich der Probe, wo kein elektrostatisches Potential ist, ist das chemische Potential μ mit der homogenen Konzentration verbunden durch

$$\mu = \epsilon_F{}^0 = \frac{\hbar^2}{2m}(3\pi^2 n_0)^{\frac{2}{3}} \; . \tag{20a}$$

Dies gilt am absoluten Nullpunkt, in Übereinstimmung mit (7.21). Gilt in einem Bereich das elektrostatische Potential $\varphi(\mathbf{r})$, dann lautet der Ausdruck für das elektrochemische Potential

$$\mu = \epsilon_F(\mathbf{r}) - e\varphi(\mathbf{r}) \cong \frac{\hbar^2}{2m}[3\pi^2 n(\mathbf{r})]^{\frac{2}{3}} - e\varphi(\mathbf{r}) \; . \tag{20b}$$

Diese Schreibweise des elektrochemischen Potentials ermöglicht die sogenannte Thomas-Fermi-Näherung. Der Ausdruck soll für elektrostatische Potentiale Gültigkeit haben, die sich nur langsam verändern, ver-

[8]) Siehe Kapitel 7.

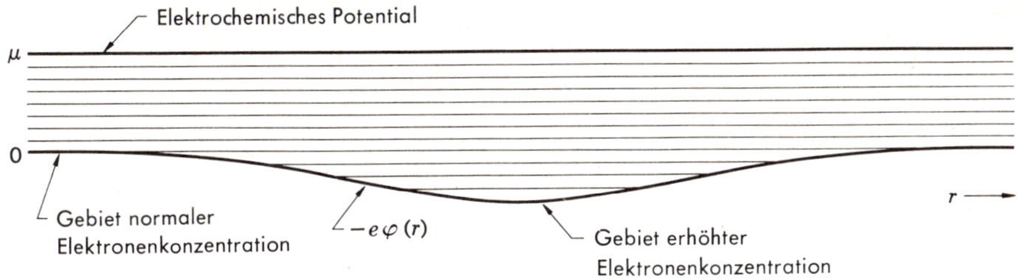

Bild 8: Im thermischen und diffusiven Gleichgewicht ist das elektrochemische Potential konstant. Um es konstant zu halten, vergrößert man die Elektronenkonzentration in Gebieten, wo die potentielle Energie klein ist und verringert sie da, wo das Potential groß ist.

glichen mit der Wellenlänge eines Elektrons. Ist das elektrochemische Potential konstant, während sich das elektrostatische Potential ändert, dann erhalten wir (Bild 8):

$$\frac{\hbar^2}{2m}\left[3\pi^2 n(\mathbf{r})\right]^{\frac{2}{3}} - e\varphi(\mathbf{r}) = \frac{\hbar^2}{2m}\left[3\pi^2 n_0\right]^{\frac{2}{3}} \,. \tag{21}$$

Durch Entwicklung in eine Taylor-Reihe ergibt sich daraus

$$\frac{d\epsilon_F}{dn_0}\left[n(\mathbf{r}) - n_0\right] \cong e\varphi(\mathbf{r}) \,. \tag{21a}$$

Aus (20a) können wir $d\epsilon_F/dn_0 = 2\epsilon_F/3n_0$ herleiten, folglich

$$n(\mathbf{r}) - n_0 \cong \frac{3}{2} n_0 \frac{e\varphi(\mathbf{r})}{\epsilon_F} \,. \tag{21b}$$

Aus (19) wird dann

(22)

$$\nabla^2\varphi = \frac{6\pi n_0 e^2}{\epsilon_F}\varphi = \lambda^2\varphi \;; \qquad \text{(CGS)}$$

$$\nabla^2\varphi = \frac{3n_0 e^2}{2\epsilon_0\epsilon_F}\varphi = \lambda^2\varphi \,, \qquad \text{(SI)}$$

mit

$$\lambda^2 \equiv \frac{6\pi n_0 e^2}{\epsilon_F} = \frac{4me^2 n_0^{\frac{1}{3}}}{\hbar^2}\cdot\left(\frac{3}{\pi}\right)^{\frac{1}{3}} \cong \frac{4n_0^{\frac{1}{3}}}{a_0} \,, \qquad \text{(CGS)} \tag{23}$$

a_0 ist der Bohrsche Radius.

Das gesuchte Potential soll kugelsymmetrisch sein und eine Lösung der Gleichung

$$\left(\frac{d^2}{dr^2} + \frac{2}{r}\frac{d}{dr}\right)\varphi(r) = \lambda^2\varphi(r) \tag{24}$$

darstellen. Der Differentialoperator ist der radiale Teil von ∇^2 in Kugelkoordinaten. Die gesuchte Funktion lautet

$$\boxed{\varphi(r) = \frac{qe^{-\lambda r}}{r},} \tag{25}$$

denn

$$\frac{d\varphi}{dr} = -\frac{qe^{-\lambda r}}{r}\left(\lambda + \frac{1}{r}\right); \qquad \frac{d^2\varphi}{dr^2} = \frac{qe^{-\lambda r}}{r}\left(\lambda^2 + \frac{2\lambda}{r} + \frac{2}{r^2}\right). \tag{26}$$

Den ersten Term aus (25) nennt man das **abgeschirmte Coulomb-Potential**. Die **Abschirmlänge** wird als $1/\lambda$ definiert (Bild 9). Für Kupfer mit $n_0 = 8,5 \cdot 10^{22}$ Elektronen/cm³ ist $1/\lambda = 0,55$ Å.

Verbesserte Rechenverfahren für Abschirmeffekte werden in QTF, Kap. 6 besprochen.

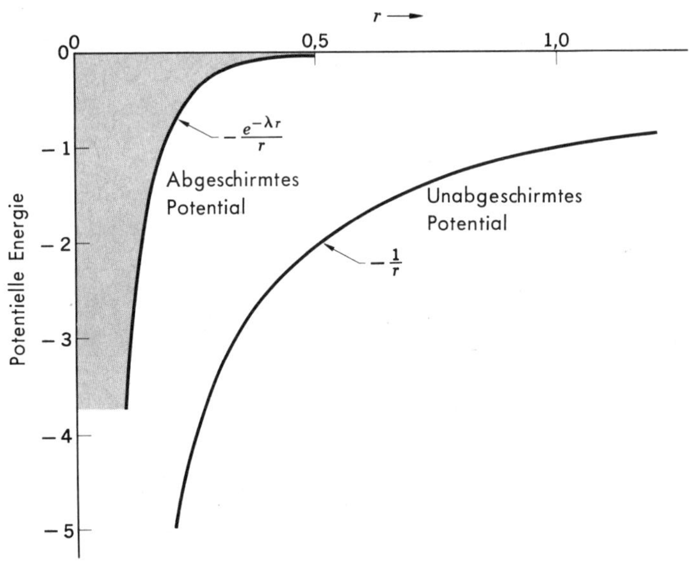

Bild 9: Vergleich zwischen dem abgeschirmten und dem nicht abgeschirmten Coulomb-Potential einer positiven Einheitsladung in einem Fermi-Gas freier Elektronen. Die abschirmende Ladungsdichte hat, wie man aus (31) ersieht, dieselbe Form wie das abgeschirmte Potential. Die Abschirmungslänge $1/\lambda$ ist hier gleich Eins gesetzt.

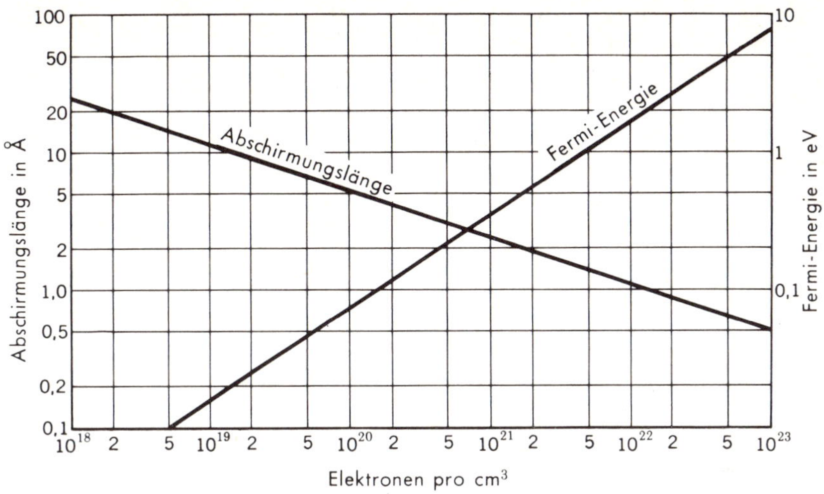

Bild 10: Abschirmungslänge $1/\lambda$ als Funktion der Elektronenkonzentration im Thomas-Fermischen Modell nach Gleichung **(23)** (doppelt logarithmische Skala). Außerdem ist die Fermi-Energie nach Gleichung (7.**21)** aufgetragen.

Es ist oft zweckmäßig, den Abschirmeffekt eines Elektronengases auf ein äußeres sinusförmiges Potential zu betrachten. Diese Untersuchung wird im Anhang D durchgeführt. Das Ergebnis wird als Ausdruck der dielektrischen Funktion $\epsilon(\mathbf{K}, \omega)$ angegeben, der das Verhalten des Elektronengases gegenüber einem äußeren Potential mit dem Wellenvektor $\mathbf{K}$ und der Frequenz ω beschreibt. In der Festkörpertheorie will man möglichst vieles durch die Fouriertransformierte $u(\mathbf{K}, \omega)$ als Funktion des Ortes und der Zeit ausdrücken. Solche Funktionen (zu denen u.a. auch die dielektrische Funktion gehört), die die Abhängigkeit von $\mathbf{K}$ und ω beschreiben, sind in der Theorie sehr wichtig.

Bild 11:
Stoß zwischen zwei Elektronen mit den Wellenvektoren $\mathbf{k}_1$ und $\mathbf{k}_2$. Nach dem Stoß haben die Teilchen die Wellenvektoren $\mathbf{k}_3$ und $\mathbf{k}_4$. Das Paulische Ausschließungsprinzip erlaubt nur Stöße in Endzustände $\mathbf{k}_3$ und $\mathbf{k}_4$, die vorher unbesetzt waren.

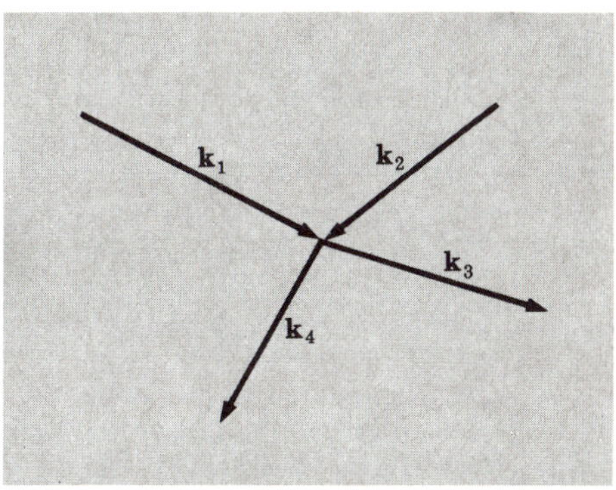

Elektron - Elektron - Stöße

Eine erstaunliche Eigenschaft der Metalle ist, daß Leitungselektronen weite Strecken zwischen zwei Stößen zurücklegen, obwohl sie auf 1 bis 3 Å zusammengedrängt sind. Die mittlere freie Weglänge für Elektron-Elektron-Stöße ist größer als 10^4 Å bei Zimmertemperatur und 10 cm bei 1 K. Zwei Faktoren sind für solch große, mittlere freie Weglängen verantwortlich, ohne die das Modell des freien Elektronengases der Metalle kaum einen Wert hätte: der entscheidendste Faktor ist das Pauli-Prinzip (Bild 11), der zweite die Abschirmung der Coulomb-Wechselwirkung zwischen zwei Elektronen.

Wir zeigen jetzt, auf welche Weise das Pauli-Prinzip die Stoßfrequenz eines Elektrons reduziert, das außerhalb einer gefüllten Fermikugel die geringe Anregungsenergie ε_1 hat (Bild 12). Wir wollen den Effekt des Pauli-Prinzips auf den Zweier-Stoß

$$1 + 2 \rightarrow 3 + 4$$

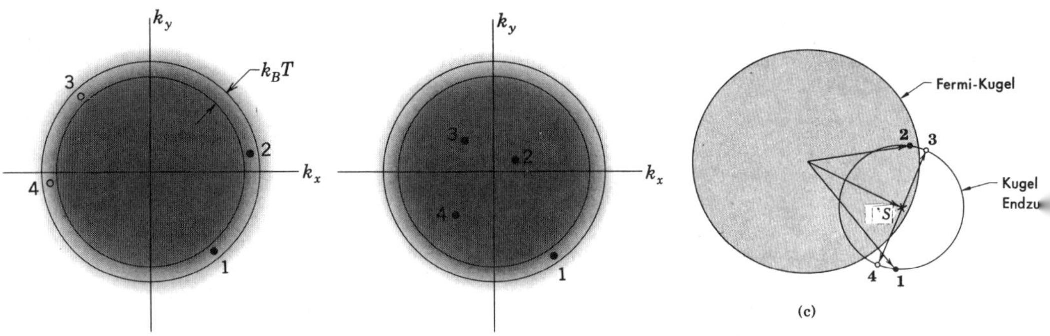

Bild 12: In (a) stoßen die Elektronen in den Anfangszuständen 1 und 2 zusammen. Sind die Quantenzustände 3 und 4 anfangs leer, dann können die Elektronen 1 und 2 die Zustände 3 und 4 nach dem Stoß besetzen. Energie und Impuls werden dabei erhalten. In (b) sind für die Elektronen in den Anfangszuständen 1 und 2 keine leeren Endzustände verfügbar, die die Energieerhaltung beim Stoß erlauben. Zustände wie 3 und 4 würden Energie und Impuls erhalten, sind aber schon von anderen Elektronen besetzt. Wir haben in c) den Wellenvektor des Schwerpunktes von **1** und **2** mit x bezeichnet. In allen Zustandspaaren **3** und **4** bleiben Impuls und Energie erhalten, wenn sie an gegenüberliegenden Enden eines Durchmessers der kleinen Kugel liegen. Die kleine Kugel wurde um den Schwerpunkt durch **1** und **2** gezeichnet.
Aber nicht alle Punktpaare **3** und **4** sind durch das Ausschließungsprinzip zugelassen, denn **3** und **4** müssen außerhalb der Fermi-Kugel liegen: der erlaubte Anteil beträgt $\approx \epsilon_1/\epsilon_F$.

zwischen einem Elektron im angeregten Zustand 1 und einem Elektron im besetzten Niveau 2 des Fermisees abschätzen. Man bezieht gewöhnlich alle Energien auf das Ferminiveau μ, das man als Nullpunkt der Energie ansetzt. Dann ist ϵ_1 positiv und ϵ_2 negativ. Wegen des Pauli-Prinzips müssen die Niveaus 3 und 4 der Elektronen nach dem Stoß außerhalb der Fermikugel liegen; alle Niveaus innerhalb der Kugel sind schon besetzt. Daher müssen die Energien ϵ_3 und ϵ_4 positiv sein.

Die Energieerhaltung verlangt, daß $|\epsilon_2| < \epsilon_1$, denn andernfalls könnte $\epsilon_3 + \epsilon_4 = \epsilon_1 + \epsilon_2$ nicht positiv sein. Das bedeutet, daß nur dann Stöße möglich sind, wenn das Niveau 2 innerhalb einer Schale der Dicke ϵ_1 der Fermi-Oberfläche (Bild 12a) liegt. Folglich ist der Bruchteil $\approx\epsilon_1/\epsilon_F$ der Elektronen in besetzten Niveaus ein geeignetes Target[8a] für das Elektron 1. Aber selbst wenn sich das Targetelektron 2 in der geeigneten Energieschale befindet, ist nur ein kleiner Bruchteil der Endzustände, die Energie- und Impulserhaltung erfüllen, durch das Pauli-Prinzip zugelassen. Das ergibt einen weiteren Faktor ϵ_1/ϵ_F. Bild 12c zeigt eine kleine Kugel, auf der alle Niveaupaare 3, 4 an den entgegengesetzten Enden eines Durchmessers die Erhaltungssätze erfüllen; aber Stöße können nur auftreten, wenn beide Niveaus 3, 4 außerhalb des Fermisees liegen. Das Produkt der beiden Bruchteile ist $(\epsilon_1/\epsilon_F)^2$. Wenn ϵ_1 der Temperatur 1 K und ϵ_F der von 5×10^4 K entspricht, ergibt dies den Wert $(\epsilon_1/\epsilon_F)^2 \approx 4 \times 10^{-10}$. Das ist also der Faktor, um den die Stoßrate durch das Pauli-Prinzip reduziert wird. An dieser Betrachtungsweise ändert sich nichts, wenn man zu einer thermischen Verteilung der Elektronen bei tiefen Temperaturen, also für $k_BT \ll \epsilon_F$ übergeht. Wir ersetzen dann ϵ_1 durch die thermische Energie k_BT. Jetzt verringert sich die Rate der Elektron-Elektron-Stöße gegenüber dem klassischen Wert um $(k_BT/\epsilon_F)^2$, so daß wir für den effektiven Stoßwirkungsquerschnitt

$$\sigma_{el-el} \approx \left(\frac{k_BT}{\epsilon_F}\right)^2 \sigma_0 \,, \tag{27}$$

erhalten. σ_0 ist der Wirkungsquerschnitt für die abgeschirmte Coulomb-Wechselwirkung.

Die größte Reduktion wird jedoch bei weitem durch den Faktor $(k_BT/\epsilon_F)^2$ aufgrund des Pauli-Prinzips verursacht.

Bei Zimmertemperatur ist in typischen Metallen $k_BT/\epsilon_F \sim 10^{-2}$, so daß $\sigma \sim 10^{-4}\sigma_0 \sim 10^{-19}$ cm². Die mittlere freie Weglänge für Elektron-

---

8a) Die Rechnungen wurden von P. Morel und P. Nozieres, Phys. Rev. **126**, 1909 (1962) ausgeführt.

Elektron-Stöße bei Zimmertemperatur liegt daher in der Größenordnung von

$$\ell_{el-el} \approx \frac{1}{n\sigma} \sim 10^{-4}\ \text{cm}\,.$$

Dieser Wert ist mindestens um das 10-fache größer als die mittlere freie Weglänge für Elektron-Phonon-Stöße bei Zimmertemperatur. Die Stöße mit Phononen überwiegen also.

Bei der Messung des Widerstandes von Indium und Aluminium bei Heliumtemperaturen hat man einen Beitrag, der proportional zu T^2 ist, festgestellt [9]. Eine solche Temperaturabhängigkeit ist in Übereinstimmung mit dem Elektron-Elektron-Streuwirkungsquerschnitt (27). Die mittlere freie Weglänge ist wie erwartet in Indium bei 2 K von der Größenordnung 30 cm. Das Pauli-Prinzip erklärt also eins der Hauptprobleme in der Theorie der Metalle, nämlich die Frage, auf welche Weise Elektronen über makroskopische Entfernungen wandern können, ohne miteinander zusammenzustoßen.

Bewegung in Magnetfeldern

In (7.46) stellten wir die Bewegungsgleichung einer Fermi-Kugel auf, die unter der Wirkung einer Kraft $\mathbf{F}$ eine Verschiebung $\delta\mathbf{k}$ erfährt:

$$\hbar\left(\frac{d}{dt} + \frac{1}{\tau}\right)\delta\mathbf{k} = \mathbf{F}. \qquad (28)$$

Der Term für die Beschleunigung des freien Teilchens ist $(\hbar d/dt)\,\delta\mathbf{k}$ und der Effekt der Stöße (Reibung) ist $\hbar\,\delta\mathbf{k}/\tau$, wobei τ die Stoßzeit ist.

Wir wollen nun die Bewegung dieses Systems in einem homogenen Magnetfeld $\mathbf{B}$ bestimmen. Die Lorentz-Kraft auf ein Elektron ist

(29)

$$\mathbf{F} = -e\left(\mathbf{E} + \frac{1}{c}\mathbf{v}\times\mathbf{B}\right). \qquad \text{(CGS)}$$

$$\mathbf{F} = -e(\mathbf{E} + \mathbf{v}\times\mathbf{B})\,. \qquad \text{(SI)}$$

[9]) J.C. Garland und R. Bowers, Phys. Rev. Letters **21**, 1007 (1968).

[9a]) Dies entspricht der Bedingung für ein scharfes Resonanzverhalten bei einem gedämpften harmonischen Oszillator mit der Bewegungsgleichung

$$m\left(\frac{d^2x}{dt^2} + \frac{1}{\tau}\frac{dx}{dt} + \omega_0{}^2x\right) = Ee^{-i\omega t}\,.$$

Für $m\,\delta\mathbf{v} = \hbar\,\delta\mathbf{k}$ lautet die Bewegungsgleichung

$$m\left(\frac{d}{dt} + \frac{1}{\tau}\right)\delta\mathbf{v} = -e\left(\mathbf{E} + \frac{1}{c}\,\delta\mathbf{v} \times \mathbf{B}\right). \tag{30} \quad \text{(CGS)}$$

Im Kraftterm ist $\delta\mathbf{v}$ für den über die Fermi-Kugel gemittelten Wert von v eingesetzt.

Zyklotronfrequenz

Wir betrachten die Bewegung des freien Systems, $\mathbf{B}$ sei parallel zur z-Achse. Zur Vereinfachung setzen wir $\tau \to \infty$ und $\mathbf{E} = 0$. Die Gleichungen könnten jedoch ebensogut für ein endliches τ gelöst werden. Eine wohldefinierte Resonanz tritt nämlich immer dann auf, wenn $\omega_c\tau > 1$ ist; ω_c ist weiter unten durch (33) definiert. Mit diesen Annahmen wird aus

$$m\frac{d}{dt}\,\delta v_x = -\frac{eB}{c}\,\delta v_y; \qquad m\frac{d}{dt}\,\delta v_y = \frac{eB}{c}\,\delta v_x. \tag{31} \quad \text{(CGS)}$$

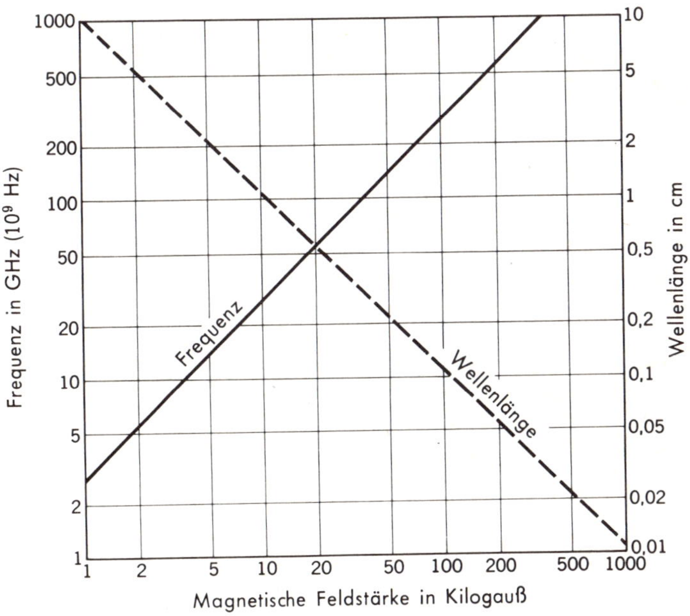

Bild 13: Zyklotron-Resonanzfrequenz f_c in GHz für freie Elektronen in Abhängigkeit von der Magnetfeldstärke in kG. Außerdem ist die elektromagnetische Vakuumwellenlänge λ_c für die Zyklotronresonanz in Abhängigkeit von der Magnetfeldstärke aufgetragen. (Die Skalen für die Frequenz und die Wellenlänge sind unabhängig voneinander.)

Die Lösungen dieser Gleichungen sind

(32) $$\delta v_x = v_0 \cos \omega_c t; \qquad \delta v_y = v_0 \sin \omega_c t$$

mit

(33) $$\omega_c \equiv \frac{eB}{mc} \quad \text{(CGS)} \qquad \omega_c \equiv \frac{eB}{m} \quad \text{(SI)}$$

Dies ist die **Zyklotronfrequenz** des freien Elektrons. Mit Zahlenwerten (vgl. Bild 13) ergibt sich die Form

(34) $$f_c\,(\text{MHz}) \cong 2{,}80\,B\,(\text{Gauß}) = 2.80 \times 10^{-4}\,B\,(\text{Tesla})$$

mit $f_c \equiv \omega_c/2\pi$. Die Konstante v_0 in (32) ist nicht die Fermi-Geschwindigkeit, sondern der Betrag der Anfangsgeschwindigkeit $\boldsymbol{\delta v}$, die dem Fermi-See erteilt wird.

Für ein freies Elektron in einem Feld von 10 KG erhalten wir $\omega_c = 1{,}76 \cdot 10^{11}\ \text{s}^{-1}$. Sind die Relaxationszeiten (z.B. für reines Kupfer) $2 \cdot 10^{-14}$ sec bzw. $2 \cdot 10^{-9}$ sec bei 300 K bzw. 4 K, dann ist $\omega_c \cdot \tau$ gleich $3{,}5 \cdot 10^{-3}$ bzw. $3{,}5 \cdot 10^{2}$. Das Zyklotronniveau ist bei Zimmertemperatur unbesetzt, bei Heliumtemperaturen jedoch sind viele Zustände besetzt.

Gleichstromleitfähigkeit in Magnetfeldern

Auch das folgende Problem ist wichtig: Gegeben sei ein statisches Magnetfeld B in Richtung der z-Achse. Dann gilt für Elektronen

$$m\left(\frac{d}{dt} + \frac{1}{\tau}\right)\delta v_x = -e\left(E_x + \frac{B}{c}\,\delta v_y\right);$$

$$m\left(\frac{d}{dt} + \frac{1}{\tau}\right)\delta v_y = -e\left(E_y - \frac{B}{c}\,\delta v_x\right); \qquad \text{(CGS)}$$

(35) $$m\left(\frac{d}{dt} + \frac{1}{\tau}\right)\delta v_z = -eE_z\,.$$

Ersetzt man c durch 1, so folgen die Gleichungen in SI-Einheiten.

Im stationären Zustand sind die Zeitableitungen alle null, und (35) vereinfacht sich zu

(36) $$\delta v_x = -\frac{e\tau}{m}E_x - \omega_c\tau\,\delta v_y\,; \qquad \delta v_y = -\frac{e\tau}{m}E_y + \omega_c\tau\,\delta v_x\,;$$

$$\delta v_z = -\frac{e\tau}{m}E_z\,.$$

(36) ergibt aufgelöst nach δv_x und δv_y

$$\begin{aligned} \delta v_x &= -\frac{e\tau/m}{1+(\omega_c\tau)^2}(E_x - \omega_c\tau E_y); \\ \delta v_y &= -\frac{e\tau/m}{1+(\omega_c\tau)^2}(E_y + \omega_c\tau E_x). \end{aligned} \tag{37}$$

Die Stromdichte für Elektronen ist $\mathbf{j} = n(-e)\,\delta\mathbf{v}$.

Die Komponenten der elektrischen Stromdichte sind mit $\sigma_0 \equiv ne^2\tau/m$

$$\begin{aligned} j_x &= \sigma_{xx}E_x + \sigma_{xy}E_y = \frac{\sigma_0}{1+(\omega_c\tau)^2}(E_x - \omega_c\tau E_y); \\ j_y &= \sigma_{yx}E_x + \sigma_{yy}E_y = \frac{\sigma_0}{1+(\omega_c\tau)^2}(\omega_c\tau E_x + E_y). \\ j_z &= \sigma_{zz}E_z = \sigma_0 E_z\ . \end{aligned} \tag{38}$$

Die z-Komponente des Stromes wird von einem Magnetfeld in z-Richtung nicht beeinflußt. In Matrixschreibweise folgt für die Stromdichte:

$$\begin{pmatrix} j_x \\ j_y \\ j_z \end{pmatrix} = \frac{\sigma_0}{1+(\omega_c\tau)^2}\begin{pmatrix} 1 & -\omega_c\tau & 0 \\ \omega_c\tau & 1 & 0 \\ 0 & 0 & 1+(\omega_c\tau)^2 \end{pmatrix}\begin{pmatrix} E_x \\ E_y \\ E_z \end{pmatrix}. \tag{39}$$

Man sieht aus (38), daß die Diagonalelemente $\boldsymbol{\sigma_{xx}}$ und $\boldsymbol{\sigma_{yy}}$ des Tensors monoton mit steigendem Magnetfeld (oder $\boldsymbol{\omega_c}$) abnehmen. Die Beträge der nichtdiagonalen Komponenten $\boldsymbol{\sigma_{xy}}$ und $\boldsymbol{\sigma_{yx}}$ steigen bei wachsendem B zuerst an und fallen dann ab. Um jedoch den elektrischen Widerstand eines Strompfades in einem Magnetfeld angeben zu können, muß die Geometrie des Experimentes genau bekannt sein (siehe Aufgabe 4).

Hall-Effekt

Ein stabförmiger Probekörper befinde sich in einem elektrischen Feld $\boldsymbol{E_x}$, das in seine Achsenrichtung weist. Ein Magnetfeld verlaufe senkrecht dazu (Bild 14). Kann in y-Richtung kein Strom aus dem Stab herausfließen, so ist $j_y = 0$. Gemäß (38) ist das nur möglich, wenn gleichzeitig ein elektrisches Transversalfeld $\boldsymbol{E_y}$ vom Betrag

$$E_y = -\omega_c\tau E_x = -\frac{eB\tau}{mc}E_x\ ; \qquad \text{(CGS)}$$

(40)

$$\boldsymbol{E_y = -\omega_c\tau E_x = -\frac{eB\tau}{m}E_x\ .} \qquad \text{(SI)}$$

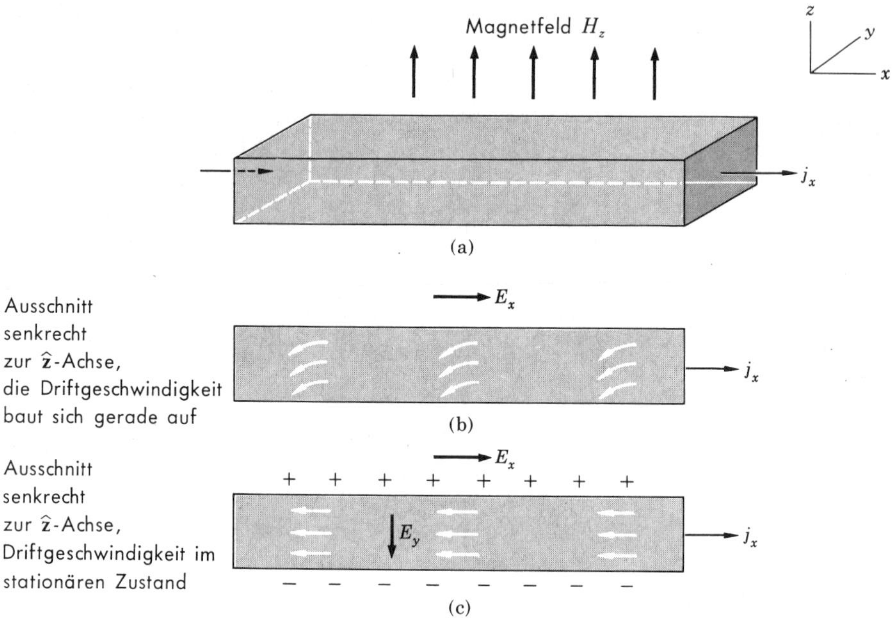

Bild 12: Standardgeometrie für den Halleffekt: Ein stabförmiger Körper mit rechteckigem Querschnitt wird wie in (a) in einem Magnetfeld H_z angeordnet. Ein elektrisches Feld E_x, an die Endelektroden angelegt, verursacht eine Stromdichte j_x in Stabrichtung. Die Driftgeschwindigkeit der Elektronen unmittelbar nach dem Einschalten des elektrischen Feldes ist in (b) dargestellt. Die Ablenkung in $-y$-Richtung wird von dem Magnetfeld erzeugt. An der einen Fläche des Stabes sammeln sich Elektronen, an der Seite gegenüber baut sich ein Überschuß positiv geladener Ionen auf, bis wie in (c) das transversale elektrische Feld (Hall-Feld) die Kraft durch das Magnetfeld gerade aufhebt.

vorhanden ist. Dieses elektrische Transversalfeld kann durch Messungen nachgewiesen werden, es wird **Hall-Feld** genannt. Die Größe

$$R_H = \frac{E_y}{j_x B} \tag{41}$$

heißt **Hall-Konstante.**

Um (41) in unserem einfachen Modell auszuwerten, setzen wir (40) in die erste Zeile von (38) ein und erhalten

$$R_H = -\frac{eB\tau E_x/mc}{ne^2\tau E_x B/m} = -\frac{1}{nec}\,; \qquad \text{(CGS)}$$

(42)

$$R_H = -\frac{1}{ne}\,. \qquad \text{(SI)}$$

Dieser Ausdruck ist negativ für freie Elektronen, denn e ist laut Definition positiv. Je niedriger die Ladungsträgerkonzentration umso größer ist der Betrag der Hall-Konstante. Die Messung von R_H ist eine der Möglichkeiten zur Bestimmung der Ladungsträgerkonzentration.

Das einfache Ergebnis $R_H = -1/nec$ folgt aus der Annahme, daß alle Relaxationszeiten gleich sind, unabhängig von der Geschwindigkeit der Elektronen. Ist die Relaxationszeit eine Funktion der Geschwindigkeit, so tritt noch ein Zahlenfaktor von der Größenordnung von Eins hinzu.

Der Ausdruck wird noch etwas komplizierter, wenn sowohl Elektronen als auch Löcher (s.u.) zur Leitfähigkeit beitragen. Dieser Fall wird in Aufgabe 11.3 behandelt.

Die Theorie des Hall-Effektes wird wiederum einfach in hohen magnetischen Feldern [10]. Dann gilt $\omega_c \cdot \tau \gg 1$; ω_c ist die Zyklotron-Frequenz und τ die Relaxationszeit.

Tabelle 3 gibt einen Vergleich zwischen beobachteten Werten der Hall-Konstanten mehrerer Metalle und von Werten, die direkt aus der Konzentration der Ladungsträger berechnet wurden.

Die genauesten Messungen wurden an reinen Proben bei tiefen Temperaturen und starken Magnetfeldern mit der Helikonresonanz-Methode (Aufgabe 7) durchgeführt.

Die genauen Werte der Hall-Konstanten für die einwertigen Metalle Natrium und Kalium stimmen ausgezeichnet mit den Werten überein, die für ein Valenzelektron pro Atom aus (42) berechnet wurden. Weiter fallen die Werte für die dreiwertigen Elemente Aluminium und Indium auf: die experimentellen Daten stimmen nahezu mit den Ergebnissen der Rechnungen überein, die von einem positiven Ladungsträger (oder Loch) pro Atom ausgegangen sind, widersprechen aber im Vorzeichen und der Größe den Berechnungen für drei Elektronen pro Atom. Das Problem der positiven Hall-Konstanten tritt auch bei Be, As und Sb in der Tabelle auf, denn eine positive Hall-Konstante hängt mit der Bewegung von positiven Ladungsträgern zusammen. Dieses Problem wurde schon in den alten Arbeiten über den Hall-Effekt erkannt; Lorentz schrieb:

"Es scheint sich herauszustellen, daß wir uns zwei Arten freier Elektronen vorstellen müssen; die Bewegung der positiven herrscht in einem Körper vor, in einem andern die der negativen".

---

[10] Eine Übersicht der Galvanomagnetischen Effekte bei hohen Feldern gibt E. Fawcett, Advances in Physics **13**, 139 (1964).

Tabelle 3: Vergleich der beobachteten Hall-Konstanten mit denen, die aus der Theorie der freien Elektronen berechnet wurden.

Die experimentellen Daten für R_H, die man mit konventionellen Methoden gefunden hat, sind zusammengefaßte Daten bei Zimmertemperatur, die in den Tabellen von Landolt-Börnstein, Bd. II. 6, S. 161 (1959) aufgeführt sind. Die mit der Helikonwellenmethode bei 4 K gefundenen Werte stammen von J. M. Goodman, Phys. Rev. **171**, 641 (1968). Die Werte der Ladungsträgerkonzentration n sind, außer für Na, K, Al und In, der Tabelle 1.5 entnommen, hierfür stehen Goodman's Werte. Um die R_H-Werte aus den CGS-Einheiten von Volt · cm/Gauß · A zu übertragen multipliziert man mit $9 \cdot 10^{11}$; um sie in m^3/Coul. zu übertragen multipliziert man mit $9 \cdot 10^{13}$.

Metall	Methode	Experimenteller Wert von R_H in 10^{-24} CGS-Einheiten	Angenommene Ladungsträger pro Atom	Berechnete Werte $-1/nec$ in 10^{-24} CGS-Einheiten
Li	konv.	- 1,89	1 Elektron	- 1,48
Na	Helikon	- 2,619	1 Elektron	- 2,603
	konv.	- 2,3		
K	Helikon	- 4,946	1 Elektron	- 4,944
	konv.	- 4,7		
Rb	konv.	- 5,6	1 Elektron	- 6,04
Cu	konv.	- 0,6	1 Elektron	- 0,82
Ag	konv.	- 1,0	1 Elektron	- 1,19
Au	konv.	- 0,8	1 Elektron	- 1,18
Be	konv.	+ 2,7	-	-
Mg	konv.	- 0,92	-	-
Al	Helikon	+ 1,136	1 Loch	+ 1,135
	konv.	- 0,43		
In	Helikon	+ 1,774	1 Loch	+ 1,780
As	konv.	+50.	-	-
Sb	konv.	- 22.	-	-
Bi	konv.	- 6000.	-	-

Es ist jedoch nicht so, daß einige Metalle mit Positronen gefüllt sind, die anderen mit Elektronen. Im nächsten Kapitel werden wir sehen, daß das Bändermodell die Elektronenbewegung in einigen Fällen erklärt, in denen sie sich so verhalten, als gehörten zu ihnen positive Ladungen. Solche Elektronenbänder heißen dann Löcherbänder. Wir werden auch die enorme Größe der Hall-Konstanten für Halbmetalle (z.B. As, Sb, Bi) und Halbleiter erklären können.

Aufgaben

1. Thomas-Fermi-Näherung. In der Thomas-Fermi-Näherung ist die Elektronenkonzentration n (r) mit dem elektrostatischen Potential $\varphi(\mathbf{r})$ über

$$n(\mathbf{r}) \cong n_0 + \frac{3}{2} n_0 \frac{e\varphi(\mathbf{r})}{\epsilon_F}$$

verknüpft. n_0 ist die Elektronenkonzentration am Ort, wo $\varphi = 0$ ist; ϵ_F ist die Fermi-Energie.

a) Benutzen Sie dieses Ergebnis und zeigen Sie, daß für $x = 0$ das elektrische Potential den Wert

$$\varphi(x) = -\frac{2\pi\sigma}{k_s} e^{-k_s x}$$

hat. Hier stellt σ die äußere Ladungsdichte in der Ebene $x = 0$ dar.

b) Berechnen Sie k_s, ausgedrückt durch die ungestörte Fermi-Geschwindigkeit v_F und die ungestörte Plasmafrequenz ω_p.

c) Schätzen Sie k_s für Natrium ab.

2. Hagen-Rubens-Beziehung für das Reflexionsvermögen von Metallen im Infraroten. Der komplexe Brechungsindex $n + i\kappa$ eines Metalls ist für $\omega\tau \ll 1$ durch

$$\epsilon \equiv (n + i\kappa)^2 = 1 + 4\pi i\sigma_0/\omega$$

gegeben. σ_0 ist die spezifische Leitfähigkeit für Gleichfelder. a) Zeigen Sie mittels der Beziehung

$$R = \frac{(n-1)^2 + \kappa^2}{(n+1)^2 + \kappa^2}$$

für den Reflexionskoeffizienten bei senkrechtem Einfall, daß

$$R \cong 1 - (2\omega/\pi\sigma_0)^{1/2}. \qquad \text{(CGS)}$$

Das ist die Hagen-Rubens-Beziehung.

Hinweis: Experimente an Al werden in der Veröffentlichung von H. E. Bennet, M. Silver und E. J. Ashley, J. Opt. Soc. Am. **53**, 1089 (1963) diskutiert.

3. Brechungsindex für Röntgenstrahlung. Schätzen Sie die Dielektrizitätskonstante und den Brechungsindex von metallischem Na für Röntgenstrahlung der Energie 10 keV ab. Vernachlässigen Sie die Ionisierungsenergie der Elektronen im Vergleich mit der Photonenenergie, d.h. alle Elektronen des Na sollen in diesem Experiment wie freie Elektronen behandelt werden. Nehmen Sie an, die Relaxationszeit τ sei unendlich.

4. Widerstandsänderung im Magnetfeld. Wir definieren als spezifischen Transversalwiderstand eines Festkörpers die Größe E_x/j_x, bezogen auf die Standardgeometrie des Bildes 14. Zeigen Sie, daß (38) auf die Beziehung $j_x = \sigma_0 E_x$ führt, da bei dieser Geometrie $j_y = 0$ ist. Also ist dieser spezifische Widerstand unabhängig von der magnetischen Feldstärke, während er bei Experimenten im allgemeinen mit steigendem Magnetfeld zunimmt. Dieses Versagen unseres Modells ist zum Teil auf die unrealistische Annahme zurückzuführen, alle Elektronen hätten unabhängig von ihrer Geschwindigkeit dieselbe Relaxationszeit τ.

5. Oberflächenplasmonen. Gegeben sei ein Plasma, das sich auf der positiven Seite der Ebene $z = 0$ ins Unendliche erstreckt. Im Plasma lautet eine der Lösungen der Laplace-Gleichung $\nabla^2\varphi = 0$:

$$\varphi_i(x,z) = A(\cos kx)e^{-kz}$$

Daraus folgt $E_{zi} = kA(\cos kx)\,e^{-kz}$ und $E_{xi} = kA(\sin kx)\,e^{-kz}$. a) Zeigen Sie, daß im Vakuum für $z < 0$

$$\varphi_0(x,z) = A(\cos kx)\,e^{kz}$$

die Randbedingung erfüllt, die besagt, daß die Tangentialkomponente von **E** an der Grenze stetig ist, d. h. bestimmen Sie E_{xo}. b) Bekanntlich gilt: $\mathbf{D}_i = \epsilon(\omega)\mathbf{E}_i$; $\mathbf{D}_o = \mathbf{E}_o$. Zeigen Sie, daß die Randbedingung - die Normalkomponente von **D** ist an der Grenze des Plasmas stetig - verlangt, daß $\epsilon(\omega) = -1$ ist, woraus mit (11) folgt, daß

$$\omega_s^2 = \tfrac{1}{2}\omega_p^2 .$$

ω_s ist die Frequenz der Oberflächen-Plasmaoszillationen. Literaturhinweise: R. H. Ritchie, Phys. Rev. **106**, 874 (1957); E. A. Stern und R. A. Ferell, Phys. Rev. **120** , 130 (1960). Resonanzexperimente über das Oberflächenplasma in kleinen Silber- und Goldkügelchen diskutieren V. Kreibig und P. Zacharias, Z. Physik **231** , 128 (1970).

6. Grenzschichtplasmonen. Wir betrachten die Grenzschicht $z = 0$ zwischen dem Metall 1 bei $z > 0$ und Metall 2 bei $z < 0$. Das Metall 1 hat für das ganze Volumen eine Plasmafrequenz ω_{p1} , das Metall 2 ω_{p2}. Die Dielektrizitätskonstanten beider Metalle sind die des freien Elektronengases. Zeigen Sie, daß die Oberflächenplasmonen, die mit der Zwischenschicht verknüpft sind, die Frequenz

$$\omega = [\tfrac{1}{2}(\omega_{p1}^2 + \omega_{p2}^2)]^{\frac{1}{2}} . \tag{44}$$

haben. Solche Plasmonen wurden an einer Al/Mg Grenzschicht beobachtet; vergl. C. Kunz, Z. Phys. **196** , 311 (1966).

7. Helikon-Wellen. In reinen Metallen gibt es bei tiefen Temperaturen eine ungewöhnliche Ausbreitungsschwingung elektromagnetischer Wellen. Die Helikon-Schwingungen wurden zuerst von R. Bowers und seinen Mitarbeitern entdeckt; sie stellen ein gutes Hilfsmittel zur Messung der Hall-Konstanten dar. Wir betrachten ein konstantes Magnetfeld B_a, angelegt in z-Richtung. Bei Frequenzen $\omega \ll 1/\tau$ sind die Komponenten der Driftgeschwindigkeit durch (36) gegeben.

a) Zeigen Sie, daß man (36) wie folgt schreiben kann:

$$E_x = \rho_0 j_x - R_H B j_y \; ; \qquad E_y = R_H B j_x + \rho_0 j_y \; , \tag{45}$$

$\rho_0 = 1/\sigma_0 = m/ne^2\tau$ ist der statische Widerstand, $R_H = -1/nec$ die Hallkonstante in CGS-Einheiten. Wir können in (45) B_a näherungsweise durch B ersetzen.

b) Unter Vernachlässigung des Verschiebungsstromes soll gezeigt werden, daß die Maxwell-Gleichungen (für ein nichtmagnetisches Medium)

$$\text{rot}\ \mathbf{B} = \frac{4\pi}{c} j \; ; \qquad \text{rot}\ \mathbf{E} = -\frac{1}{c}\frac{\partial \mathbf{B}}{\partial t} \; , \qquad \text{(CGS)} \tag{46}$$

so kombiniert werden können, daß daraus, mit rot rot $\mathbf{E} = -\nabla^2 \mathbf{E}$, folgt

$$\nabla^2 \mathbf{E} = \frac{4\pi}{c^2}\frac{\partial \mathbf{j}}{\partial t} \; . \qquad \text{(CGS)} \tag{47}$$

c) Angenommen, $\mathbf{E}$ und $\mathbf{j}$ seien von der Form $e^{i(kz-\omega t)}$ und $R_H B_a \gg \rho_0$ sei die Näherung für große Felder. Vernachlässigen Sie ρ_0 und zeigen Sie, daß (47) die Lösung

$$\omega = k^2 \frac{|R_H| B_a c^2}{4\pi} = k^2 \frac{B_a c}{4\pi ne} \; . \qquad \text{(CGS)} \tag{48}$$

hat. Das ist die Dispersionsbeziehung für Helikon-Wellen; damit soll die Hall-Konstante bestimmt werden.

Literaturhinweise

D. Pines, Solid states physics **1**, 367 (1955).

H. Raether, "Solid state excitations by electrons; plasma oscillations and single electron transitions", in: Ergebnisse der exakten Naturwissenschaften **38**, 84 (1965).

M. P. Givens, "Optical properties of metals", in: Solid state physics **6**, 313 (1958).

F. Stern, "Elementary theory of the optical properties of metals", in: Solid state physics **15**, 300 (1963).

A. C. Smith, J. F. Janak und R. B. Adler, Electronic conduction in solids, McGraw-Hill, 1967.

E. A. Kaner und V. G. Skobov, "Electromagnetic waves in metals in a magnetic field," Advances in Physics **17**, 605 (1968).

A. T. Stewart, "Positron annihilation in metals", in: Positron annihilation, Hrsg. A. T. Stewart und L. O. Roellig, Academic Press, 1966.

Historische Entwicklung

H. A. Lorentz, Collected papers, Bd. 8, Martinus Nijhoff, Den Haag, 1935. Ein guter Überblick über die historische Entwicklung der präquantenmechanischen Elektronentheorie der Metalle.

P. Drude, "Zur Elektronentheorie der Metalle", Annalen der Physik **1**, 566 (1900); **3**, 369 (1900). Zwei Pionierarbeiten auf dem Gebiet der Elektronentheorie der Transporteigenschaften von Metallen; die ältere Veröffentlichung enthält die erste Herleitung des Wiedemann-Franz-Gesetzes.

L. L. Campbell, Galvanomagnetic and thermomagnetic effects, Longmans, Green (1923). Beinhaltet auch die frühe Geschichte des Hall-Effektes.

9. Das Bändermodell I

Dieses und das folgende Kapitel sind zwar nicht die leichtesten, aber doch die wichtigsten dieses Buches[1]. Hier werden alle wichtigen neuen Vorstellungen aus der Quantentheorie der Festkörper entwickelt: Energiebänder, Energielücken, Fermi-Flächen, effektive Masse und Defektelektronen. Eine Übersicht über einige der grundlegenden Experimente zur Bestimmung der Fermi-Fläche wird aufgeführt. Bekanntlich ist die **Fermi-Fläche** als Fläche konstanter Energie ϵ_F im $\mathbf{k}$-Raum definiert.

Das Modell des freien Elektrons, das in den vorhergehenden Kapiteln entwickelt wurde, gab uns eine recht weitgehende Einsicht in die elektronischen Eigenschaften von Metallen. Es gibt jedoch noch eine ganze Reihe anderer elektronischer Festkörpereigenschaften, bei denen dieses Modell nicht weiterhilft. So kann es nicht erklären, warum manche chemische Elemente in Form von guten elektrischen Leitern kristallisieren und manche in Form von Isolatoren; eine weitere Gruppe bildet Halbleiter, deren elektrische Eigenschaften sehr ausgeprägt von der Temperatur abhängen. Der Unterschied zwischen den spezifischen Widerständen gewöhnlicher metallischer Leiter und den spezifischen Widerständen von Isolatoren ist besonders auffallend: der spezifische Widerstand eines reinen Metalles bei tiefen Temperaturen kann in der Größenordnung von 10^{-10} Ohm · cm liegen, der spezifische Widerstand von guten Isolatoren kann bis zu 10^{22} Ohm · cm betragen. Von E. M. McMillan stammt die Feststellung, daß der elektrische Widerstand mit einem beobachteten Variationsbereich von 10^{32} damit alle andern bekannten physikalischen Eigenschaften von Festkörpern übertrifft.

Jeder Festkörper enthält Elektronen. Für die elektrische Leitung ist es wichtig zu wissen, unter welchen Umständen ein Teil dieser Elektronen auf ein äußeres elektrisches Feld so reagiert, als wären diese teilweise frei. Wir werden sehen, wie diese Frage zu beantworten ist: Kristallelektronen sind in Energiebändern angeordnet (Bild 1), die durch Energiebereiche voneinander getrennt sind, in denen keine Elektronenzustände erlaubt sind. Solche verbotenen Bereiche werden als **Energielücken** oder **Bandlücken** bezeichnet. Enthält ein Kristall gerade soviel Elektronen, daß die erlaubten Energiebänder ganz besetzt oder ganz leer sind, so kann sich kein Elektron in einem elektrischen Feld bewegen, und der Kristall ist ein Isolator. Sind ein oder mehrere Bänder teilweise besetzt, ungefähr von 10 bis 90%, dann ist der Kristall ein metallischer Leiter. Sind alle Bänder ganz besetzt, bis auf ein oder zwei Bänder, die entweder sehr wenig

---

[1]) **Eine halbpopuläre Darstellung der Bändertheorie findet man in A. R. Mackintosh, "Fermi surface of metals", Scientific American, July 1963 und in J. Ziman, Electrons in metals - a short guide to the Fermi surface, Taylor and Francis, London, 1963.**

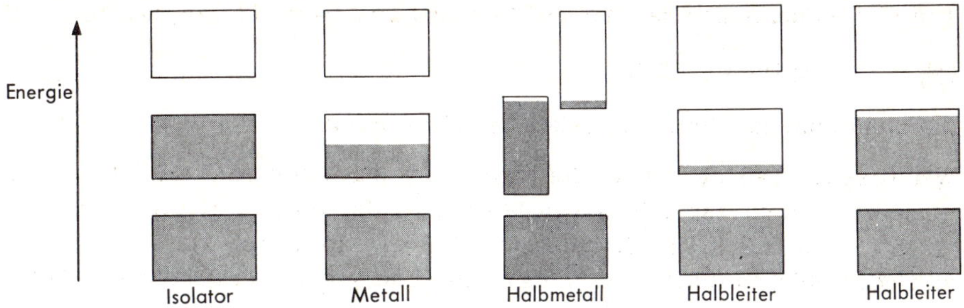

Bild 1: **Schematische Darstellung der Besetzung der erlaubten Energiebänder durch Elektronen für einen Isolator, ein Metall, Halbmetall und zwei Halbleiter. Die Vertikalausdehnung der Rechtecke kennzeichnet die erlaubten Energiebereiche, die schattierten Flächen die mit Elektronen besetzten Bereiche.**

oder fast ganz besetzt sind, dann bezeichnet man den Kristall als Halbleiter oder manchmal auch als Halbmetall [2]).

Um den Unterschied zwischen elektrischen Leitern und Isolatoren erklären zu können, muß das Modell des freien Elektrons so erweitert werden, daß auch die Periodizität des Gitters der Festkörper in Betracht gezogen wird. Die wichtigste neue Eigenschaft, die daraus entspringt, ist das Auftreten einer Energielücke. Wir werden jedoch auch noch auf andere sehr bemerkenswerte Eigenschaften von Elektronen in Kristallen stoßen: Sie reagieren auf ein äußeres elektrisches oder magnetisches Feld so, als hätten sie eine effektive Masse m^*, die kleiner oder größer als die Masse des freien Elektrons oder sogar negativ sein kann.

Beim freien Elektron sind die erlaubten Energiewerte kontinuierlich von Null bis Unendlich verteilt. Nach Kapitel 7 gilt:

$$(1) \qquad \epsilon_{\mathbf{k}} = \frac{\hbar^2}{2m}\,(k_x{}^2 + k_y{}^2 + k_z{}^2)$$

mit der Einschränkung für periodische Randbedingungen über einen Würfel der Kantenlänge L :

$$(2) \qquad k_x,\, k_y,\, k_z = 0; \qquad \pm\frac{2\pi}{L};\ \pm\frac{4\pi}{L};\ \ldots .$$

---

[2]) **In Halbmetallen (z.B. Wismuth) sind sogar am absoluten Nullpunkt ein oder zwei Bänder entweder geringfügig oder fast ganz besetzt, ein Halbleiter wird dagegen am absoluten Nullpunkt zum Isolator. Siehe Kap. 11.**

Die Wellenfunktionen des freien Elektrons sind dann nach (7.12)

(3) $$\psi_{\mathbf{k}}(\mathbf{r}) = e^{i\mathbf{k}\cdot\mathbf{r}}.$$

Das sind laufende Wellen mit dem Impuls $\mathbf{p} = \hbar\mathbf{k}$.

Wir wissen, daß die Bragg-Reflexion ein charakteristisches Kennzeichen für die Ausbreitung von Wellen in Kristallen ist. Auch für die Elektronenwellen in Kristallen tritt Bragg-Reflexion auf, die dann zu Energielücken führt [3]), d. h. es können Energiebereiche beträchtlicher Ausdehnung entstehen, in denen oszillatorische Lösungen der Schrödinger-Gleichung nicht existieren (Bild 2). Diese Energielücken sind von entscheidender Bedeutung für die Frage, ob ein Festkörper ein elektrischer Leiter oder Isolator ist.

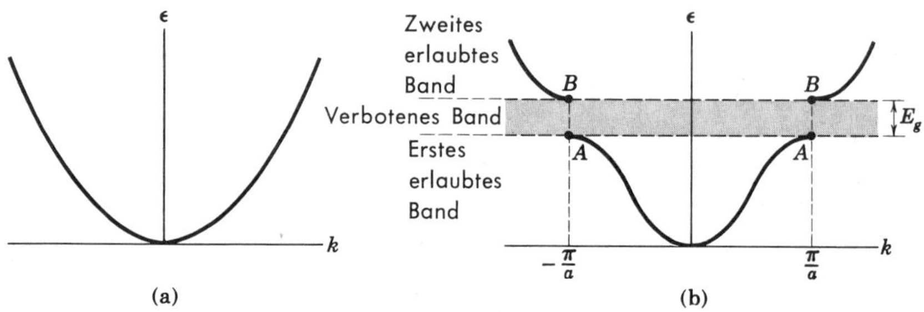

Bild 2: (a) Energie ϵ in Abhängigkeit von der Wellenzahl k für ein freies Elektron. (b) Energie in Abhängigkeit von der Wellenzahl für ein Elektron in einem linearen Gitter der Gitterkonstanten a aus identischen Atomen. Die eingezeichnete Energielücke E_g hängt mit der ersten Bragg-Reflexion bei $k = \pm\pi/a$ zusammen, weitere Lücken treten bei $\pm n\pi/a$ auf (n ist ganzzahlig). Ein ähnliches Bild für Röntgen-Strahlen findet man in Bild A.1.

Das fast freie Elektron

In vielen Fällen kann die Bänderstruktur eines Kristalls durch das Modell des fast freien Elektrons beschrieben werden. In diesem Modell geht man davon aus, daß die Elektronen in den Bändern nur wenig von dem periodischen Potential der Ionenrümpfe gestört sein sollen. Oft können mit diesem Modell die groben Eigenschaften der Bänderstruktur und die feinen Einzelheiten der beobachteten Fermi-Fläche erklärt werden. Wir werden aber auch auf einige Situationen hinweisen, in denen das Modell nicht anwendbar ist. Jedoch kann es fast alle qualitativen Fragen über das Verhal-

[3]) Die Energielücke für Elektronen ist direkt analog zu der Frequenzlücke für Röntgenstrahlung, die in Bild A.1 (Anhang A) dargestellt ist.

ten von Elektronen in Metallen beantworten. Die Gründe für die Gültigkeit des Modells werden unter der Überschrift Pseudopotentiale in Kapitel 10 diskutiert. Aus pädagogischen Überlegungen heraus wird oft das schöne Kronig-Penney-Modell behandelt; aber es entspricht nicht ganz der Wirklichkeit; es wird in der 2. Auflage der amerikanischen Ausgabe, Seite 280-283 entwickelt.

Im folgenden soll der physikalische Grund für das Auftreten verbotener Bänder erklärt werden. Dazu betrachten wir zuerst das einfache Problem eines linearen Gitters mit der Gitterkonstanten a. Den energetisch niedrigen Bereich der Bänderstruktur zeigt Bild 2 qualitativ, in (a) für völlig freie Elektronen und in (b) für Elektronen, die fast frei sind, bei denen aber eine Energielücke bei $k = \pm\pi/a$ auftritt. Die Braggsche Reflexionsbedingung $(\mathbf{k} + \mathbf{G})^2 = k^2$ für die Beugung einer Welle mit dem Wellenvektor $\mathbf{k}$ wird im Eindimensionalen zu

$$k = \pm\tfrac{1}{2}G = \pm n\pi/a. \tag{4}$$

$G = \pm 2n\pi/a$ ist ein reziproker Gittervektor und n eine ganze Zahl. Die erste Reflexion und die erste Energielücke treten bei $k = \pm\pi/a$ auf. Die übrigen Energielücken ergeben sich aus den anderen möglichen Werten von n in (4).

Die Reflexion bei $k = \pm\pi/a$ tritt auf, weil dann die von einem beliebigen Atom des linearen Gitters reflektierte Welle konstruktiv mit der von dem nächsten Nachbaratom reflektierten Welle interferiert. Der Phasenunterschied zwischen den beiden reflektierten Wellen ist für diese zwei k-Werte gerade $\pm 2\pi$. Der Bereich im k-Raum zwischen $-\pi/a$ und π/a wird genau wie in Kapitel 2 als **erste Brillouin-Zone** dieses Gitters bezeichnet.

Bei $k = \pm\pi/a$ können die Wellenfunktionen nicht mehr durch die laufenden Wellen $e^{i\pi x/a}$ und $e^{-i\pi x/a}$ aus dem Modell des freien Elektrons dargestellt werden. Wir werden zeigen, daß die Lösungen für diese speziellen Werte von k zu gleichen Teilen aus nach rechts und nach links laufenden Wellen bestehen: sie sind also stehende Wellen. Zuerst soll nur eine Plausibilitätsbetrachtung folgen. Ist die Bragg-Bedingung erfüllt, so erfährt eine nach rechts laufende Welle sehr bald eine Bragg-Reflexion und läuft danach in der entgegengesetzten Richtung weiter; und jede nachfolgende Bragg-Reflexion dreht wieder die Ausbreitungsrichtung um. Die einzigen stationären Lösungen sind dann stehende Wellen. Aus den beiden laufenden Wellen $e^{i\pi x/a}$ und $e^{-i\pi x/a}$ kann man zwei verschiedene stehende Wellen bilden:

$$\begin{aligned} \psi(+) &\propto (e^{i\pi x/a} + e^{-i\pi x/a}) = 2\cos(\pi x/a); \\ \psi(-) &\propto (e^{i\pi x/a} - e^{-i\pi x/a}) = 2i\sin(\pi x/a). \end{aligned} \tag{5}$$

Die stehenden Wellen sind so konzipiert, daß jede den gleichen Anteil an links- und rechtsgerichteten fortlaufenden Wellen enthält. Sie sind mit $(+)$ oder $(-)$ gekennzeichnet, je nachdem, ob sie gerade oder ungerade Funktionen von x sind.

Gleichung (5) ist nicht normiert.

Ursprung der Energielücke

Die beiden stehenden Wellen $\psi(+)$ und $\psi(-)$ stehen für Elektronen, die sich bezüglich der Ionen in verschiedenen Bereichen befinden; deshalb haben die beiden Wellen unterschiedliche Werte der potentiellen Energie. Das ist der Ursprung der Energielücke.

Die beiden stehenden Wellen $\psi(+)$ und $\psi(-)$ entsprechen in einem Gitter verschiedenen Energien: bekanntlich ist die quantenmechanische Wahrscheinlichkeitsdichte ρ eines Teilchens gleich $|\psi|^2$. Für eine laufende Welle ist $\psi \propto e^{ikx}$, so daß für die Wahrscheinlichkeitsdichte gilt $\rho \propto e^{-ikx}e^{ikx} = 1$. Jedoch ist ρ für eine Linearkombination ebener Wellen nicht konstant. Nehmen wir beispielsweise die Linearkombination $\psi(+)$ in (5); für diese Welle gilt

$$\rho(+) = |\psi(+)|^2 \propto \cos^2 \frac{\pi x}{a} .$$

Dies gilt für eine negative Ladung auf den positiven Ionen [4]) oder in deren Nähe. Die Ionen sitzen am Ort $x = 0, a, 2a, \ldots$ wo die potentielle Energie ein Minimum hat. Bild 3a gibt eine schematische Darstellung des Verlaufs der elektrostatischen potentiellen Energie eines Leitungselektrons in dem Feld der positiven Ionen eines linearen Gitters aus identischen Atomen. Die Ionenrümpfe sind positiv geladen, da sie beim Aufbau des Metalls ein oder mehrere Valenzelektronen verloren haben. Die potentielle Energie eines Leitungselektrons im Feld eines positiv geladenen Ions ist negativ. In Bild 3b ist die Verteilung der Elektronendichte skizziert, und zwar die der stehenden Wellen $\psi(+)$ und $\psi(-)$ und die einer laufenden Welle.

Für die stehende Welle $\psi(-)$ beträgt die Wahrscheinlichkeitsdichte

$$\rho(-) = |\psi(-)|^2 \propto \sin^2 \frac{\pi x}{a} ,$$

wonach die Elektronen vorwiegend in der Mitte zwischen den Ionenrümpfen, d.h. von ihnen weit entfernt verteilt sind.

---

[4]) Der Ursprung von x liegt im Mittelpunkt eines Ions.

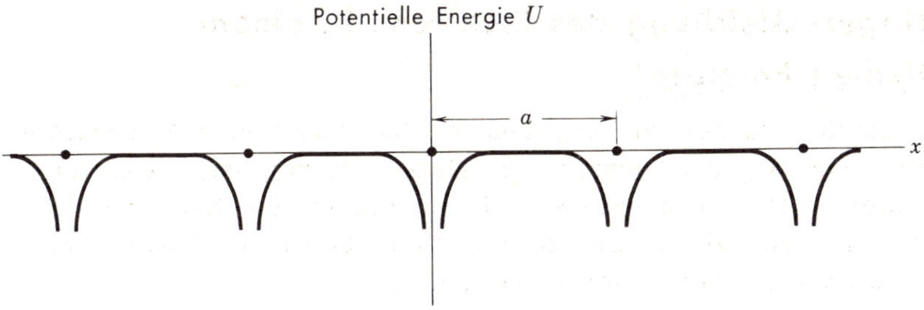

(a)

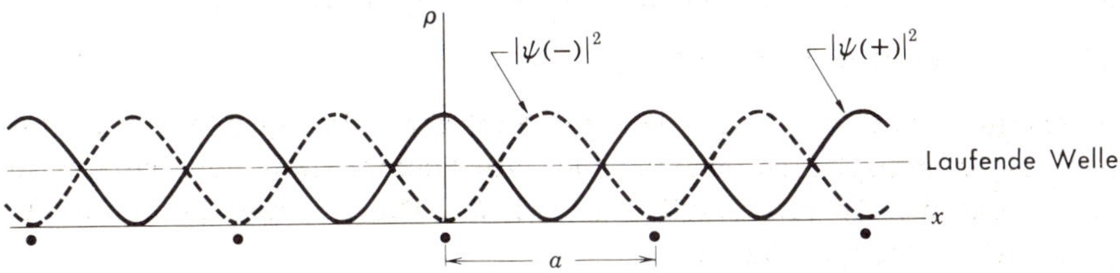

(b)

Bild 3: (a) Potentielle Energie eines Leitungselektrons im Feld der Ionenrümpfe eines linearen Gitters. (b) Wahrscheinlichkeitsdichte ρ in diesem Gitter für $|\psi(-)|^2 \propto \sin^2\pi x/a$, für $|\psi(+)|^2 \propto \cos^2\pi x/a$ und für eine laufende Welle. Die Wellenfunktion $\psi(+)$ führt zu einer Erhöhung der Ladungsdichte der Elektronen bei den Rümpfen der positiv geladenen Ionen und erniedrigt damit die potentielle Energie im Vergleich mit dem Durchschnittspotential laufender Wellen. Die Wellenfunktion $\psi(-)$ erhöht die Ladungsdichte in den Bereichen zwischen den Ionen und zieht Ladung von den Ionenrümpfen ab; dadurch wird die potentielle Energie im Vergleich zu der laufenden Welle erhöht. Dies Bild ist der Schlüssel zum Verständnis des Ursprungs der Energielücke.

Es ist zu erwarten, daß bei einer Berechnung der mittleren potentiellen Energie dieser drei Ladungsverteilungen die potentielle Energie von $\psi(+)$ sich als geringer als die einer laufenden Welle herausstellen wird, hingegen die potentielle Energie von $\psi(-)$ größer sein wird als die einer laufenden Welle. Unterscheiden sich die potentiellen Energien von $\psi(+)$ und $\psi(-)$ um den Betrag E_g*), so befindet sich also eine Energielücke der Breite E_g zwischen den beiden Lösungen bei $k = \pi/a$ oder bei $k = -\pi/a$ (Bild 2). Die Wellenfunktion unterhalb der Energielücke an den Punkten A in Bild 2 ist $\psi(+)$, und die Wellenfunktion oberhalb der Energielücke an den Punkten B ist $\psi(-)$.

*) Der Index g stammt vom englischen Wort "gap" (= Lücke).

Schrödinger-Gleichung des Elektrons in einem periodischen Potential

Wir betrachteten in den vorhergehenden Abschnitten eine Näherungslösung der Schrödinger-Gleichung, wie sie zu erwarten ist, wenn der Wellenvektor an einer Zonengrenze bei $k = \pi/a$ im **k** - Raum liegt. Wir werden nun die Schrödinger-Gleichung und ihre Lösung in allen Einzelheiten für allgemeine Werte von k behandeln.

$U(x)$ sei die potentielle Energie eines Elektrons in einem linearen Gitter der Gitterkonstanten a. Bekanntlich muß der Ausdruck für die potentielle Energie invariant gegenüber einer Kristalltranslation sein:

(6) $$U(x) = U(x + a).$$

In Kapitel 2 wurde gezeigt, daß eine Funktion, die gegenüber Translationen des Kristallgitters invariant ist, als Fourier-Reihe der reziproken Gittervektoren **G** entwickelt werden kann. Die Fourier-Reihe für die potentielle Energie lautet:

(7) $$U(x) = \sum_G U_G e^{iGx} .$$

Für wirkliche Kristallpotentiale nehmen die Werte der Koeffizienten U_G schnell ab, bei wachsender Größe von G . Für ein reines Coulomb-Potential nimmt U_G mit $1/G^2$ ab [5]).

Die potentielle Energie $U(x)$ soll eine reelle Funktion sein, d.h. $U(x)$ muß gleich der komplex konjugierten Form $U^*(x)$ sein. Aus der Fourier-Reihe erhalten wir dann

(8) $$\sum_G U_G e^{iGx} = \sum_G U_G^* e^{-iGx} ,$$

unter Verwendung von $(e^{iGx})^* = e^{-iGx}$.

Mit

(9) $$U_{-G} = U_G^*$$

ist Gleichung (8) erfüllt.

Das ist eine Beschränkung der Fourier-Reihe für $U(x)$.
Wir können den Ursprung so wählen, daß $U(x)$ eine gerade Funktion von x ist, d.h. $U(x) = U(-x)$. Das führt zu einer weiteren Beschränkung von U_G. Mit (7) können wir nun

5) QTF, Seite 17.

(10) $$U(-x) = \sum_G U_G e^{-iGx}$$

bilden. Vergleicht man (10) und (7), so sind die beiden Reihen offensichtlich dann identisch, wenn

(11) $$U_G = U_{-G}$$

erfüllt ist.

Kombiniert man die Forderung (11) mit der tatsächlichen Forderung (9), so erhält man $U_G = U_G^*$. Die U_G's müssen reell sein, wenn $U(x)$ eine gerade Funktion von x ist. Mit (11) können wir schreiben

(12) $$U(x) = \sum_{G>0} U_G(e^{iGx} + e^{-iGx}) = 2\sum_{G>0} U_G \cos Gx \ .$$

Es ist zweckmäßig, $U_0 = 0$ zu setzen. Die Schrödinger-Gleichung eines Elektrons im Kristall lautet $\mathcal{H}\psi = \epsilon\psi$; $\mathcal{H}$ ist der Hamilton-Operator und ϵ der Energieeigenwert.

Die Lösungen ψ nennt man Eigenfunktionen oder Quantenzustände. Explizit lautet die Wellengleichung

(13) $$\left(\frac{1}{2m}p^2 + U(x)\right)\psi(x) = \left(\frac{1}{2m}p^2 + \sum_G U_G e^{iGx}\right)\psi(x) = \epsilon\psi(x) \ ,$$

wobei die Fourier-Reihe (7) für die potentielle Energie herangezogen wurde.

Der Impulsoperator p wird durch $-i\hbar d/dx$ dargestellt, so daß $p^2 = -\hbar^2 d^2/dx^2$ wird. Gleichung (13) gilt in der Ein-Elektronen-Näherung, in der die Zustandsfunktion $\psi(x)$ die Bewegung eines Elektrons im Potential der Ionenrümpfe und dem mittleren Potential der übrigen Leitungselektronen beschreibt.

Die Wellenfunktion $\psi(x)$ kann auch durch eine Fourier-Reihe [6]) ausgedrückt werden, bei der aber über alle durch die Randbedingungen erlaubten Wellenzahlen summiert wird, d. h.

(14) $$\psi(x) = \sum_K C(K)e^{iKx}.$$

K ist reell. Die Reihe der Werte von K hat die Form $2\pi n/L$, denn diese Werte genügen den periodischen Randbedingungen über die Länge L. n ist beliebig und ganzzahlig, positiv oder negativ. Wir machen nicht die Annah-

---

[6]) Diese Analyse verläuft parallel zu der in Anhang A für elektromagnetische Wellen in Kristallen. Im Anhang F wird ein anderer Weg zum Energiebändermodell beschrieben: die Näherung fester Bindungen.

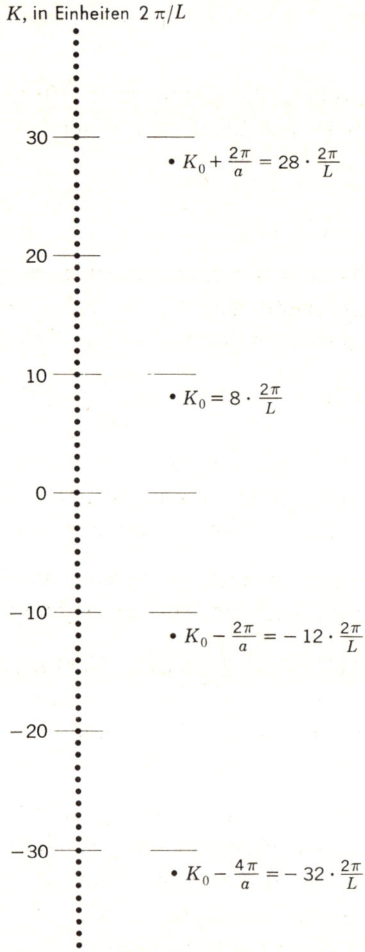

Bild 4: Die Punkte der linken Kolonne stellen die Werte der Wellenzahlen $K = 2\pi n/L$ dar, die durch die periodische Randbedingung für die Wellenfunktion über einem Ring mit dem Umfang L zugelassen sind. Die erlaubten Werte reichen bis $\pm\infty$. Die Punkte der rechten Kolonne sind die ersten wenigen Wellenzahlen, die in der Fourier-Entwicklung (14) einer Wellenfunktion $\psi(x)$ erscheinen, beginnend mit der speziellen Wellenzahl $K_0 = 8 \cdot (2\pi/L)$. Bei der Konstruktion der rechten Kolonne haben wir angenommen, daß der Ring aus 20 Elementarzellen besteht. Folglich ist die Gitterkonstante $a = \frac{1}{20}L$ und der kürzeste reziproke Gittervektor hat die Länge $2\pi/a = 20 \cdot (2\pi/L)$.

me daß $\psi(x)$ periodisch gegenüber der fundamentalen Gittertranslation a ist; die Translationseigenschaften von $\psi(x)$ werden in (34) berücksichtigt. Wir werden zunächst das wichtige Ergebnis beweisen, daß nicht alle Wellenvektoren des Satzes $2\pi n/L$ in der Fourier-Entwicklung (14) irgendeiner partikulären Lösung ψ eines Problems mit periodischem Potential enthalten sind. Ist ein Wellenvektor K_0 zugelassen - d.h. ist K_0 in einer partikulären Lösung ψ enthalten - dann kann man zeigen, daß alle anderen Wellenvektoren der Entwicklung von ψ die Form $K_0 + G$ haben, wobei G ein beliebiger reziproker Gittervektor ist. Wir wollen eine Wellenfunktion ψ, die eine Fourierkomponente K_0 enthält, mit $\psi(K_0)$ bezeichnen oder auch mit $\psi(K_0 + G)$; ist nämlich K_0 in den Fourierreihen enthalten, dann auch $K_0 + G$, wie wir gezeigt haben. Die Wellenvektoren $K_0 + G$, die alle G durchlaufen, sind ein sehr beschränkter Teilsatz der Wellenvektoren $2\pi n/L$, wie in Bild 4 verdeutlicht wird.

Unsere Aufgabe besteht nun darin, die Koeffizienten C in der Fourierentwicklung (14) zu bestimmen. Deshalb drücken wir zunächst einmal die Wellengleichung als System linearer algebraischer Gleichungen für die Konstanten C aus. Wir setzen die Fourierentwicklung (14) in die Wellengleichung (13) ein. Der Term der kinetischen Energie lautet:

$$\text{(15a)}\qquad \frac{1}{2m}p^2\psi(x) = \frac{1}{2m}\left(-i\hbar\frac{d}{dx}\right)^2\psi(x) = -\frac{\hbar^2}{2m}\frac{d^2\psi}{dx^2} = \frac{\hbar^2}{2m}\sum_K K^2C(K)e^{iKx}\ ;$$

und jener der potentiellen Energie

$$\text{(15b)}\qquad \left(\sum_G U_G e^{iGx}\right)\psi(x) = \sum_G\sum_K U_G e^{iGx}C(K)e^{iKx}\ .$$

Die Summe von (15a) und (15b) ergibt dann die Wellengleichung

$$\text{(15c)}\qquad \sum_K\frac{\hbar^2}{2m}K^2C(K)e^{iKx} + \sum_G\sum_K U_G C(K)e^{i(K+G)x} = \epsilon\sum_K C(K)e^{iKx}\ .$$

Die Form dieser Gleichung wird deutlich, wenn wir die Orthogonalitätseigenschaft der verschiedenen Fourierkomponenten hinzuziehen:

$$\text{(15d)}\qquad \int_0^L dx\, e^{-iK'x}e^{iKx} = \begin{cases} \dfrac{1}{i(K-K')}\left[e^{i(K-K')L} - 1\right] = 0\ , & \text{für } K' \neq K\ . \\[2ex] L\ , & \text{für } K' = K\ . \end{cases}$$

Wir haben die Ausdrücke $K = 2\pi n/L$ und $K' = 2\pi n'/L$ benutzt, wo n und n' ganze Zahlen sind. Daraus folgt $\exp\,[i(K - K')L] = \exp\,[2\pi i(n - n')] = 1$. Wir multiplizieren nun beide Seiten von (15c) mit $\exp\,(-iK'x)$, integrieren über dx und erhalten so die Wellengleichung in der Form

(16) $$\frac{\hbar^2}{2m}K'^2C(K') + \sum_G U_G C(K' - G) = \epsilon C(K').$$

Die nichtverschwindenden Terme der Doppelsumme (15c) enthalten wegen (15d) K, so daß $K + G = K'$ oder $K = K' - G$.

Das ist die wichtigste Gleichung der Bändertheorie der Festkörper. Man kann sie etwas knapper fassen, wenn man das willkürliche Indexsymbol K' durch K ersetzt, was wir ohne weiteres tun können. Wir werden auch den Ausdruck

(17) $$\lambda_K \equiv \frac{\hbar^2}{2m}K^2$$

für die kinetische Energie der Fourierkomponenten K gebrauchen. Dann wird aus (16)

(18) $$(\lambda_K - \epsilon)C(K) + \sum_G U_G C(K - G) = 0.$$

Dies ist eine sehr nützliche Darstellung der Wellengleichung (13). Sie erscheint nur deshalb weniger vertraut [7]), weil ein System algebraischer Gleichungen an die Stelle von gewöhnlichen Differentialgleichungen getreten ist. Die Differentialgleichung ist physikalisch etwas unanschaulich und umständlich, besonders im Hinblick auf periodische Potentialfunktionen, für die wir uns interessieren.

Sind die Konstanten C einmal nach (18) bestimmt, so ergibt sich für die Wellenfunktion

(19) $$\psi_K(x) = \sum_G C(K - G)e^{i(K-G)x} .$$

Die Gleichung (18) verknüpft die Fourier-Komponenten $C(K_0)$ der Komponente $\exp[iK_0x]$ einer ebenen Welle eines bestimmten Quantenzustandes mit dem System von Fourierkoeffizienten $C(K_0+G)$ aller übrigen ebenen Wellen $\exp[i(K_0 + G)x]$, die in der Fourierreihe des Quantenzustandes enthalten sind. Es gibt keine feste Regel, wie man den Quantenzustand $\psi_K(x)$ bezeichnen soll, entweder mit K oder mit $K + G$. Zweckmäßig scheint die Übereinkunft, diejenige Komponente des Zustandes ψ mit dem Wellenvektor K_0 zu kennzeichnen, die innerhalb der ersten Brillouin-Zone des Gitters liegt. Eindimensional ist dies der Wellenvektor, der zwischen $-\pi/a$ und $+\pi/a$ liegt. Die Regeln für die Konstruktion von Brillouin-Zonen bestimmen dann, daß alle anderen Komponenten $K_0 + G$ außerhalb der ersten Brillouin-Zone liegen. (Die tiefgesetzte

---

7) Diese Gleichung taucht in der Arbeit von H. Bethe über die Elektronenbeugung durch Kristalle auf: Annalen der Physik **87**, 55 (1928). Man nennt sie Hauptgleichung.

Null an K_0 ist eine zeitweilige Stütze, um einen besonderen Wellenvektor des betrachteten Systems zu markieren).

Für ein beliebiges K_0 aus dem großen Satz von Werten $2\pi n/L$, die durch die periodischen Randbedingungen für das Gitter der Länge L zugelassen sind, kann man immer einen Quantenzustand der Schrödinger-Gleichung finden, indem man das Gleichungssystem (18) löst. Tatsächlich ist dies ein unendliches System von Gleichungen und folglich gibt es eine unendliche Zahl verschiedener Energien für jedes beliebige K_0. Die Lösungen mit der niedrigsten Energie interessieren uns besonders.

Unsere Überlegungen werden verständlicher, wenn wir die Gleichungen einmal explizit für ein Problem lösen. g sei der kürzeste Vektor G; die potentielle Energie soll nur eine Fourierkomponente $U_g = U_{-g}$ enthalten, die wir mit U bezeichnen. Dann enthält (18) die Gleichungen (20), (21a) und (21b); die zweite und dritte der Gleichungen wurde aus (18) gewonnen, indem K_0 durch $K_0 + g$ und $K_0 - g$ ersetzt wurde:

$$(20) \qquad (\lambda_{K_0} - \epsilon)C(K_0) + U[C(K_0 + g) + C(K_0 - g)] = 0 \;;$$

$$(21a) \qquad (\lambda_{K_0+g} - \epsilon)C(K_0 + g) + U[C(K_0 + 2g) + C(K_0)] = 0 \;;$$

$$(21b) \qquad (\lambda_{K_0-g} - \epsilon)C(K_0 - g) + U[C(K_0) + C(K_0 - 2g)] = 0 \;.$$

Wir sehen, daß die Koeffizienten $C(K_0 + 2g)$ und $C(K_0 - 2g)$ mit dem Problem verknüpft wurden; zwei weitere Gleichungen des Systems (18) sind:

$$(22) \qquad (\lambda_{K_0+2g} - \epsilon)C(K_0 + 2g) + U[C(K_0 + 3g) + C(K_0 + g)] = 0 \;;$$

$$(23) \qquad (\lambda_{K_0-2g} - \epsilon)C(K_0 - 2g) + U[C(K_0 - g) + C(K_0 - 3g)] = 0 \;.$$

Wir könnten jetzt Gleichungen für $C(K_0 \pm 3g)$ hinschreiben usw. ad infinitum. In all diesen Gleichungen wird der Energiewert ϵ gleichbleiben (der bestimmt werden soll) und λ_{K_0+sg} bezeichnet $\hbar^2(K_0 + sg)^2/2m$ mit ganzahligem s. Wir erhalten also ein unendliches System von Gleichungen selbst bei einem Problem, dessen Gitterpotential nur aus einer einzigen Fourierkomponenten g besteht.

Wir fassen zusammen: Gleichung (18) stellt den Zusammenhang zwischen einem Fourierkoeffizienten $\mathbf{C(K)}$ und unendlich vielen anderen Fourierkoeffizienten her, für die sich der Wellenvektor von $\mathbf{K}$ um einen reziproken Gittervektor unterscheidet. Man erzeugt ein unendliches System unabhängiger Gleichungen derselben Form, indem man sukzessiv reziproke Gittervektoren von $\mathbf{K}$ subtrahiert. Subtrahieren wir beispielsweise ein spezielles $\mathbf{G'}$ von $\mathbf{K}$, so folgt

$$(24) \qquad (\lambda_{K-G'} - \epsilon)C(K - G') + \sum_G U_G C(K - G' - G) = 0 \;.$$

In der Praxis sind oft jedoch Näherungen mit einer oder zwei Gleichungen für das unendliche System erfolgreich, oder, was noch wichtiger ist, mit einem oder zwei Koeffizienten U_G der potentiellen Energie. (Das ist das Geheimnis der praktischen Anwendungsmöglichkeit der hier entwickelten Methode). Liegen z.B. zwei Gleichungen vor, so muß nur die 2×2 Determinante der Koeffizienten von C gelöst werden, um die beiden Wurzeln und damit die Energieeigenwerte zu finden. Aus diesen beiden Wurzeln kann man dann das Verhältnis der beiden Konstanten C berechnen. Wir wollen aber zunächst einmal eine Begründung dafür geben, daß man unter bestimmten Umständen damit rechnen kann, daß nur zwei Komponenten der Wellenfunktion ψ vorherrschend sind.

Zu diesem Zweck schreiben wir die Hauptgleichung in der Form

$$(25) \qquad C(K) = \frac{\sum_G U_G C(K-G)}{\epsilon - \frac{\hbar^2 K^2}{2m}} \; .$$

Dabei haben wir von der Definition $\lambda_K = \hbar^2 K^2/2m$ Gebrauch gemacht. Die Form (25) unterstreicht, daß ein Koeffizient $C(K)$ zu großen Werten strebt, wenn die kinetische Energie $\hbar^2 K^2/2m$ der ebenen Welle $\exp(iKx)$ nahezu gleich der genauen Energie ϵ des betrachteten Zustandes $\psi_K(x)$ ist. Besonders interessant ist der Fall, wenn $C(K)$ groß ist und die Komponente $\exp[i(K-G')x]$ einer ebenen Welle zum Koefizienten $C(K-G')$ nahezu dieselbe kinetische Energie hat:

$$(26) \qquad \frac{\hbar^2 (K-G')^2}{2m} \cong \frac{\hbar^2 K^2}{2m} \approx \epsilon \; .$$

Dann kann $C(K-G')$ auch groß sein, weil der neue Nenner in der Gleichung, die wir erhalten, wenn wir statt K, $K-G'$ setzen, ebenfalls klein ist:

$$(27) \qquad C(K-G') = \frac{\sum_G U_G C(K-G'-G)}{\epsilon - \frac{\hbar^2}{2m}(K-G')^2} \; .$$

Die Bedingung für eine absolute Vermischung der beiden Komponenten K und $K-G'$ lautet deshalb

$$(28) \qquad (K-G')^2 = K^2 \, .$$

Dies kommt uns aus Kapitel 2 bekannt vor als eben die Bedingung für Bragg-Reflexion von Röntgenstrahlen, Elektronen oder Neutronen an einem Kristallgitter. Der Ausdruck absolute Vermischung bedeutet, daß sowohl exp $[iKx]$ als auch $\exp[i(K - G')x]$ wichtige Komponenten des Quantenzustandes $\psi_K(x)$ sind.

Blochsche Funktionen

Ausgehend von der Haupt-Gleichung (18), kann ein außerordentlich wichtiges und nützliches Ergebnis über die Struktur des Quantenzustands eines Problems mit periodischem Potential hergeleitet werden. Zuerst muß eine Methode zur Kennzeichnung der einzelnen Quantenzustände festgelegt werden. Als solche Kennzeichnung wählen wir einen beliebigen Wellenvektor aus der Fourierreihe (14) für ψ und nennen ihn k; die Kennzeichnung ist dann die folgende:

$$(29) \qquad \psi_k(x) = \sum_K C(K) e^{iKx} .$$

Es spielt dabei keine Rolle, ob unsere Wahl eindeutig ist oder nicht. Früher benutzten wir die Kennzeichnung K_0, jetzt ist es bequemer, k zu schreiben. Aus (19) geht hervor, daß

$$(30) \qquad \psi_k(x) = \sum_G C(k - G) e^{i(k-G)x} .$$

Diese Gleichung kann wie folgt umgeformt werden,

$$(31) \qquad \psi_k(x) = \left(\sum_G C(k - G) e^{-iGx}\right) e^{ikx} = e^{ikx} u_k(x),$$

wobei

$$(32) \qquad u_k(x) \equiv \sum_G C(k - G) e^{-iGx}.$$

Da die Summe $u_k(x)$ eine Fourier-Reihe aus reziproken Gittervektoren ist, ist sie gegenüber Kristalltranslationen T invariant [8]), d. h.

$$(33) \qquad u_k(x) = u_k(x + T).$$

Dies kann man sofort verifizieren, indem man $u_k(x + T)$ berechnet:

$$(33a) \qquad u_k(x + T) = \Sigma C(k - G) e^{-iG(x+T)} = e^{-iGT}(\Sigma C(k - G) e^{-iGx}).$$

Aus $\exp(-iGT) = 1$ folgt, daß $u_k(x + T) = u_k(x)$ ist; es wird also die Perodizität von u_k bestätigt.

Das Ergebnis (31) ist ein Beispiel für das **Blochsche Theorem**, es besagt: Die Eigenfunktionen der Schrödinger-Gleichung eines

---

[8]) **Eine ähnliche Begründung wurde in Kapitel 2 gegeben.**

periodischen Potentials sind von der Form eines Produktes einer ebenen Welle $e^{i\mathbf{k}\cdot\mathbf{r}}$ mit einer Funktion $u_{\mathbf{k}}(\mathbf{r})$:

(34) $$\psi_{\mathbf{k}}(\mathbf{r}) = e^{i\mathbf{k}\cdot\mathbf{r}} u_{\mathbf{k}}(\mathbf{r}).$$

Dabei ist $u_{\mathbf{k}}(\mathbf{r})$ eine innerhalb des Kristallgitters periodische Funktion. Der Index **k** zeigt an, daß die Funktion $u_{\mathbf{k}}(\mathbf{r})$ von **k** abhängt. Eine Funktion der Form (34) wird als **Blochsche Funktion** bezeichnet. Die Lösungen setzen sich aus fortschreitenden Wellen zusammen; sie können als Wellenpakete zusammengefaßt werden, die Elektronen darstellen, welche frei durch das Potentialfeld der Ionenrümpfe wandern.

Pseudoimpuls des Elektrons

Welche Bedeutung hat der Vektor **k**, den wir zur Kennzeichnung der Blochschen Funktion benützten? Er hat mehrere charakteristische Eigenschaften:

a) Bei einer Kristalltranslation, die **r** in **r** + **T** überführt, gilt

(35) $$\psi_{\mathbf{k}}(\mathbf{r}+\mathbf{T}) = e^{i\mathbf{k}\cdot\mathbf{T}} e^{i\mathbf{k}\cdot\mathbf{r}} u_{\mathbf{k}}(\mathbf{r}+\mathbf{T}) = e^{i\mathbf{k}\cdot\mathbf{T}} \psi_{\mathbf{k}}(\mathbf{r}),$$

da $u_{\mathbf{k}}(\mathbf{r}+\mathbf{T}) = u_{\mathbf{k}}(\mathbf{r})$ gemäß (33). Folglich ist $e^{i\mathbf{k}\cdot\mathbf{T}}$ der Phasenfaktor [9]), mit dem eine Bloch-Funktion bei einer Kristalltranslation **T** multipliziert wird.

b) Verschwindet das Gitterpotential, dann vereinfacht sich Gleichung (13) auf $(\lambda_{\mathbf{k}} - \epsilon)C(\mathbf{k}) = 0$. Damit sind alle $C(\mathbf{k}-\mathbf{G})$ null, mit Ausnahme von $C(\mathbf{k})$. $u_{\mathbf{k}}(\mathbf{r})$ wird dann konstant. Es folgt

(36) $$\psi_{\mathbf{k}}(\mathbf{r}) = e^{i\mathbf{k}\cdot\mathbf{r}}$$

genau wie für ein freies Elektron. (Dies setzt voraus, daß wir das "richtige" **k** zur Kennzeichnung auswählten. Für viele Zwecke kann es angebracht sein, eine andere Wahl für **k** zu treffen, wie wir sehen werden.)

c) **k** geht in die Erhaltungssätze ein, die bei Stoßprozessen von Kristallelektronen gelten. Aus diesem Grund nennt man **k** den **Quasi- oder Pseudoimpuls** des Elektrons. Stößt ein Elektron **k** mit einem Phonon mit dem

[9]) Man kann $\exp(i\mathbf{k}\cdot\mathbf{T})$ auch als Eigenwert und $\psi_{\mathbf{k}}$ als Eigenvektor des Translationsoperators $\mathfrak{T}$ auffassen, d. h. $\mathfrak{T}\psi_{\mathbf{k}}(x) = \psi_{\mathbf{k}}(x+\mathbf{T}) = \exp(i\mathbf{k}\cdot\mathbf{T})\psi_{\mathbf{k}}(x)$, und damit wäre dann **k** ein passendes Kennzeichen für den Eigenwert. Bei dieser Ableitung wird ebenfalls das Blochsche Theorem benutzt.

Wellenvektor **K** zusammen und wird das Phonon bei diesem Prozeß absorbiert, so gilt die folgende Auswahlregel:

$$\mathbf{k} + \mathbf{K} = \mathbf{k}' + \mathbf{G}. \tag{37}$$

Das Elektron ist dabei aus dem Quantenzustand **k** in einen Quantenzustand **k**′ gestreut worden; **G** ist ein beliebiger reziproker Gittervektor [10]).

Reduziertes Zonenschema

Es ist möglich und oft auch angebracht, den Wellenvektorindex **k** der Blochschen Funktion so auszuwählen, daß er immer innerhalb der ersten Brillouin-Zone liegt. Diese Darstellungsweise bezeichnet man als **reduziertes Zonenschema**. Liegt bei einer Bloch-Funktion der Form

$$\psi_{\mathbf{k}'}(\mathbf{r}) = e^{i\mathbf{k}'\cdot\mathbf{r}} u_{\mathbf{k}'}(\mathbf{r}) \tag{38}$$

k′ außerhalb der ersten Brillouin-Zone (Bild 5), so kann immer ein geeigneter reziproker Gittervektor **G**′ gefunden werden, so daß

$$\mathbf{k} = \mathbf{k}' - \mathbf{G}' \tag{39}$$

innerhalb der ersten Brillouin-Zone liegt. Damit kann (38) umgeformt werden:

$$\psi_{\mathbf{k}'}(\mathbf{r}) = e^{i\mathbf{k}'\cdot\mathbf{r}} u_{\mathbf{k}'}(\mathbf{r}) = e^{i\mathbf{k}\cdot\mathbf{r}}(e^{i\mathbf{G}'\cdot\mathbf{r}} u_{\mathbf{k}'}(\mathbf{r})) \equiv e^{i\mathbf{k}\cdot\mathbf{r}} u_{\mathbf{k}}(\mathbf{r}) = \psi_{\mathbf{k}}(\mathbf{r}). \tag{40}$$

Es gilt dabei folgende Definition:

$$u_{\mathbf{k}}(\mathbf{r}) \equiv e^{i\mathbf{G}'\cdot\mathbf{r}} u_{\mathbf{k}'}(\mathbf{r}). \tag{41}$$

Sowohl $e^{i\mathbf{G}'\cdot\mathbf{r}}$ als auch $u_{\mathbf{k}'}(\mathbf{r})$ besitzen die Periodizität des Kristallgitters; damit ist auch $u_{\mathbf{k}}(\mathbf{r})$ mit dem Kristallgitter periodisch, und $\psi_{\mathbf{k}}(\mathbf{r})$ weist ebenfalls die Blochsche Form auf. Sogar für freie Elektronen kann es nützlich sein, wie in Bild 6 die Zonenreduktion auszunützen. Auch dann gilt, daß eine beliebige Energie $\epsilon_{\mathbf{k}'}$ (**k**′ soll außerhalb der ersten Zone liegen) einer Energie $\epsilon_{\mathbf{k}}$ gleich ist, wenn **k** mit **k**′ nach Gleichung (39) verknüpft ist. Man muß also für jedes Band nur die Energie in der ersten

---

[10]) Die Stoßwahrscheinlichkeit hängt von einem Matrixelement ab, das ungefähr die folgende Form hat:

$$\int d^3x\, \psi^*_{\mathbf{k}'}(\mathbf{r}) \exp(i\mathbf{K}\cdot\mathbf{r})\, \psi_{\mathbf{k}}(\mathbf{r}) = \int d^3x\, u^*_{\mathbf{k}'}(\mathbf{r}) u_{\mathbf{k}}(\mathbf{r}) \exp[i(\mathbf{k} + \mathbf{K} - \mathbf{k}')\cdot\mathbf{r}].$$

Das Produkt $u^*_{\mathbf{k}'} u_{\mathbf{k}}$ besitzt die Periodizität des Kristallgitters und kann durch eine Fourier-Reihe aus reziproken Gittervektoren **G** ausgedrückt werden. Das Integral verschwindet, wenn nicht die Bedingung $\mathbf{k} + \mathbf{K} - \mathbf{k}' = \mathbf{G}$ erfüllt ist, da das Volumenintegral der Funktion $\exp(i\mathbf{Q}\cdot\mathbf{r})$ über den ganzen Raum verschwindet, außer es ist $\mathbf{Q} = 0$. Das Auftreten von **G** sichert die Willkürlichkeit bei der Bezeichnung von **k** und **k**′.

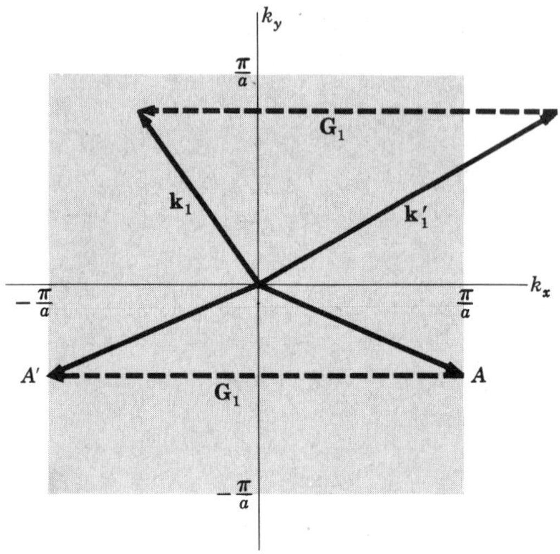

Bild 5:
Erste Brillouin-Zone eines quadratischen Gitters der Seitenlänge a. Der Wellenvektor $\mathbf{k}_1'$ kann durch $\mathbf{k}_1' + \mathbf{G}_1$ in die erste Zone übergeführt werden. Der Wellenvektor am Punkt A auf dem Zonenrand wird durch $\mathbf{G}_1$ in den Punkt A' auf dem gegenüberliegenden Zonenrand übergeführt. Soll man sowohl A als auch A' zur ersten Zone zählen? Man zählt beide als einen identischen Punkt der Zone.

Brillouin-Zone bestimmen. (Ein **Energieband** ist ein einzelner Zweig der $\epsilon_{\mathbf{k}}(\mathbf{k})$-Kurve). Bei der Diskussion des reduzierten Zonenschemas sollte man nicht überrascht sein, wenn verschiedene Energien zum selben Wert des Wellenvektors gehören. Jede unterschiedliche Energie charakterisiert ein verschiedenes Energieband. Zwei Wellenfunktionen, die zwar gleiches $\mathbf{k}$ aber verschiedene Energien haben, sind unabhängig voneinander:

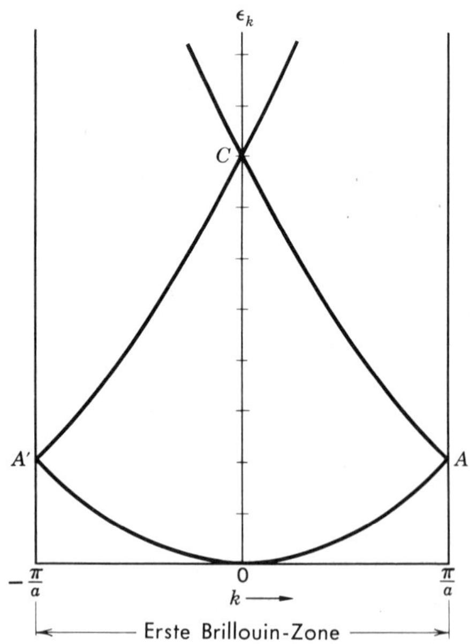

Bild 6:
Energie-Wellenzahl-Beziehung $\epsilon_k = \hbar^2k^2/2m$ für freie Elektronen im reduzierten Zonenschema. Diese Konstruktion gibt oft einen guten Überblick über die Bandstruktur des Kristalles. Der Zweig AC gibt bei Spiegelung an der Vertikalen bei $k = \pi/a$ die übliche Kurve für die ϵ_k freier Elektronen in Abhängigkeit von k (für positives k). Der Zweig $A'C$ gibt bei Spiegelung an $k = -\pi/a$ die übliche Kurve für negatives k. Ein Kristallpotential $U(x)$ führt zu Bandlücken an den Rändern der Zone (wie bei A und A') und an dem Mittelpunkt der Zone (wie bei C). Die Breite und die groben Eigenschaften der Bandstruktur werden jedoch oft durch die "freien Elektronenbänder" im reduzierten Zonenschema richtig wiedergegeben.

die Wellenfunktion setzt sich aus verschiedenen Kombinationen der Komponenten der ebenen Welle $e^{i(\mathbf{k}-\mathbf{G})\cdot\mathbf{r}}$ zusammen. Weil die Koeffizienten $C(\mathbf{k}-\mathbf{G})$ für die beiden Bänder verschieden sind, fügen wir am besten ein Zeichen μ als Bandindex an: $C_\mu(\mathbf{k}-\mathbf{G})$. Jetzt kann man die Blochsche Funktion für einen Zustand mit dem Wellenvektor $\mathbf{k}$ im Energieband μ wie folgt schreiben:

$$\psi_{\mu,\mathbf{k}} = e^{i\mathbf{k}\cdot\mathbf{r}} u_{\mu,\mathbf{k}}(\mathbf{r}) = \sum_G C_\mu(\mathbf{k}-\mathbf{G}) e^{i(\mathbf{k}-\mathbf{G})\cdot\mathbf{r}} \; .$$

Periodisches Zonenschema

Bei der Lösung mancher Probleme hilft es, die erste Brillouin-Zone periodisch durch den ganzen $\mathbf{k}$-Raum zu wiederholen. Eine Zone wiederholen heißt, sie mittels eines reziproken Gittervektors zu übertragen. Kann man den Inhalt anderer Zonen in die erste Zone übertragen, dann kann man auch die erste Zone in eine beliebige oder in alle anderen Zonen übertragen. Das bedeutet, bei dieser Betrachtungsweise besitzt $\epsilon_{\mathbf{k}}$ dieselbe Periodizität wie das reziproke Gitter:

$$\epsilon_{\mathbf{k}} = \epsilon_{\mathbf{k}+\mathbf{G}} . \tag{42}$$

Hier ist vorausgesetzt, daß $\epsilon_{\mathbf{k}+\mathbf{G}}$ zum selben Energieband gehört wie $\epsilon_{\mathbf{k}}$.

Dieses Verfahren bezeichnet man als **periodisches** oder wiederholtes **Zonenschema.** Es ist besonders hilfreich, wenn man zeigen will, daß Elektronenbahnen in Magnetfeldern geschlossen sind (Kap. 10). Die Periodizität der Energie kann man auch sehr leicht aus der Hauptgleichung (18) ersehen.

Als Beispiel betrachten wir ein Energieband eines einfach kubischen Gitters, wie es in der Näherung fester Bindungen berechnet wird, Gleichung (F.9):

$$\epsilon_k = E_0 - \alpha - 2\gamma\,(\cos k_x a + \cos k_y a + \cos k_z a). \tag{43}$$

E_0, α, und γ sind Konstanten. Ein reziproker Gittervektor des sc-Gitters ist $\mathbf{G} = (2\pi/a)\,\hat{\mathbf{x}}$; addieren wir diesen Vektor zu $\mathbf{k}$, so ändert sich in (43) nur das Glied

$$\cos k_x a \rightarrow \cos\,(k_x + 2\pi/a)a = \cos\,(k_x a + 2\pi) \; , \tag{44}$$

das ist aber genau gleich $\cos k_x a$. Wir sehen, daß die Energie sich nicht ändert, wenn der Wellenvektor durch Hinzufügen eines reziproken Gittervektors größer wird. Im periodischen Zonenschema ist die Energie also eine periodische Funktion des Wellenvektors.

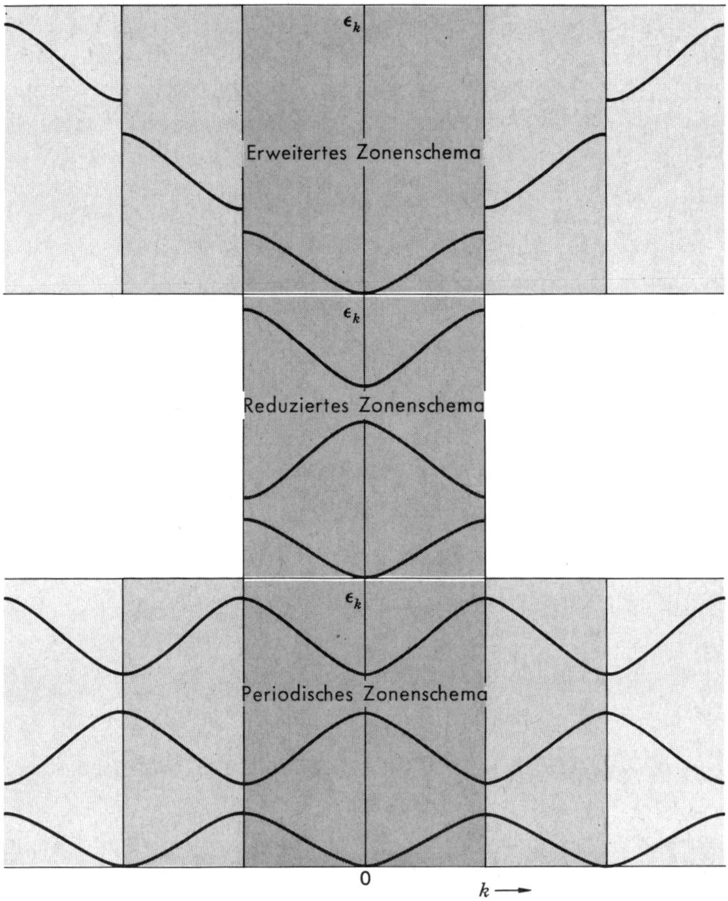

Bild 7: Drei Energiebänder eines linearen Gitters, dargestellt im erweiterten (Brillouin-), im reduzierten und im periodischen Zonenschema.

Es gibt drei verschiedene Arten von Zonenschemata, die alle ihre Anwendung finden:

a) das **erweiterte Zonenschema;** hier werden verschiedene Bänder in verschiedenen Zonen des Vektorraumes gezeichnet.

b) das **reduzierte Zonenschema;** hier sind alle Bänder in der ersten Brillouinzone gezeichnet.

c) das **periodische Zonenschema;** jedes Band ist in jeder Zone gezeichnet.

Sie sind in Bild 7 dargestellt. Das periodische Zonenschema findet man auch in den Bildern 8 und 10.5 wieder.

Näherungslösung nahe der Zonengrenze

Wir wissen nun genug, um das Auftreten von Bandlücken und leichten effektiven Massen sowie die Rolle der Löcher als Ladungsträger verstehen zu können. Wir wollen im folgenden voraussetzen, daß (in einem eindimensionalen Problem) die Fourier-Komponenten U_G der potentiellen Energie klein im Vergleich zur kinetischen Energie $\lambda_k = \hbar^2 k^2/2m$ des freien Elektrons auf der Fermikugel sind. Mit dieser Annahme können wir uns auf einfache Wellenfunktionen beschränken, die näherungsweise als Summe zweier ebener Wellen dargestellt werden können.

Auf der Zonengrenze

Wir betrachten zunächst die Wellenfunktion, die zu einem Wellenvektor gehört, der genau am Zonenrand bei $\frac{1}{2}G_1$ liegt, d.h. bei π/a . Hier gilt:

$$k^2 = (\tfrac{1}{2}G_1)^2 \ ; \qquad (k - G_1)^2 = (\tfrac{1}{2}G_1 - G_1)^2 = (\tfrac{1}{2}G_1)^2. \tag{45}$$

Am Zonenrand ist also die kinetische Energie für die beiden Wellen $\exp\,[ikx]$ und $\exp\,[i(k - G_1)x]$ gleich:

$$\frac{\hbar^2}{2m}k^2 = \frac{\hbar^2}{2m}(k - G_1)^2 = \frac{\hbar^2}{2m}(\tfrac{1}{2}G_1)^2 \ . \tag{46}$$

Ist $C(\frac{1}{2}G_1)$ ein wichtiger Koeffizient des Zustandes am Zonenrand, dann auch $C(-\frac{1}{2}G_1)$. Dies folgt aus der Diskussion von (25). Wir halten weiterhin nur an den Gleichungen der gesamten Hauptgleichung fest, die sowohl die Koeffizienten $C(\frac{1}{2}G_1)$, als auch $C(-\frac{1}{2}G_1)$ enthält und vernachlässigen alle übrigen Koeffizienten. Mit $K = \frac{1}{2}G_1$ und $\lambda_1 \equiv \hbar^2(\frac{1}{2}G_1)^2/2m$ wird dann eine Gleichung von (18)

$$(\lambda_1 - \epsilon)C(\tfrac{1}{2}G_1) + U_1 C(-\tfrac{1}{2}G_1) = 0 \ . \tag{47}$$

Hier haben wir $U_1 = U_{G_1} = U_{-G_1}$ gesetzt. Das Ergebnis hat die Gestalt der Gleichung (20). Mit $K = -\frac{1}{2}G_1$ lautet eine andere Gleichung von (18):

$$(\lambda_{-1} - \epsilon)C(-\tfrac{1}{2}G_1) + U_1 C(\tfrac{1}{2}G_1) = 0 \ , \tag{48}$$

welche die Form der Gleichung (21b) hat. Diese beiden Gleichungen haben genau dann nichttriviale Lösungen für die Koeffizienten $C(\frac{1}{2}G_1)$ und $C(-\frac{1}{2}G_1)$, wenn die Energie ϵ der Determinantengleichung

$$\begin{vmatrix} \lambda_1 - \epsilon & U_1 \\ U_1 & \lambda_{-1} - \epsilon \end{vmatrix} = 0 \tag{49}$$

genügt. Mit $\lambda_1 = \lambda_{-1}$ folgt daraus

(50) $$(\lambda_1 - \epsilon)^2 = U_1^2 \; ; \qquad \epsilon = \lambda_1 \pm U_1 = \frac{\hbar^2}{2m}(\tfrac{1}{2}G_1)^2 \pm U_1 \; .$$

Die Energie hat zwei Wurzeln, die eine liegt um U_1 tiefer als die kinetische Energie des freien Elektrons, die andere um U_1 höher. So hat also die potentielle Energie $2\,U_1 \cdot \cos\, G_1 x$ eine Energielücke $2\,U_1$ am Zonenrand erzeugt. Das Verhältnis der Koeffizienten C erhält man entweder aus (47) oder aus (48):

(51) $$\frac{C(-\frac{1}{2}G_1)}{C(\frac{1}{2}G_1)} = \frac{\epsilon - \lambda_1}{U_1} = \pm 1 \; ,$$

wobei Gleichung (50) benutzt wurde. Die Fourierentwicklung von $\psi(x)$ hat jetzt bis auf einen Normierungsfaktor die beiden Lösungen

(52) $$\psi(x) = e^{i\frac{1}{2}G_1 x} \pm e^{-i\frac{1}{2}G_1 x} \; .$$

Diese Eigenzustände sind identisch mit (5). Eine Lösung gibt die Wellenfunktion am unteren Rand der Energielücke, die andere am oberen wieder. Welche Lösung die niedrigere Energie beinhaltet, das hängt vom Vorzeichen von U_1 der potentiellen Energie ab.

Nahe der Zonengrenze

Wir suchen nun Lösungen für die Eigenzustände, deren Wellenvektor k nahe der Zonengrenze $\frac{1}{2}G_1$ liegen. Wir machen die gleiche Zwei-Komponenten-Näherung wie oben, doch jetzt mit einer Wellenfunktion der Form

(53) $$\psi(x) = C(k)e^{ikx} + C(k - G_1)e^{i(k-G_1)x} \; .$$

Wie durch die Hauptgleichung vorgeschrieben, lösen wir das Gleichungspaar

(54) $$\begin{aligned} &(\lambda_k - \epsilon)C(k) + U_1 C(k - G_1) = 0 \; ; \\ &(\lambda_{k-G_1} - \epsilon)C(k - G_1) + U_1 C(k) = 0 \; . \end{aligned}$$

λ_k ist als $\hbar^2 k^2/2m$ definiert. Diese Gleichungen haben eine Lösung, wenn die Energie ϵ der Gleichung

(55) $$\begin{vmatrix} \lambda_k - \epsilon & U_1 \\ U_1 & \lambda_{k-G_1} - \epsilon \end{vmatrix} = 0$$

genügt. Es folgt daraus:

(56) $$\epsilon^2 - \epsilon(\lambda_{k-G_1} + \lambda_k) + \lambda_{k-G_1}\lambda_k - U_1^2 = 0 \; .$$

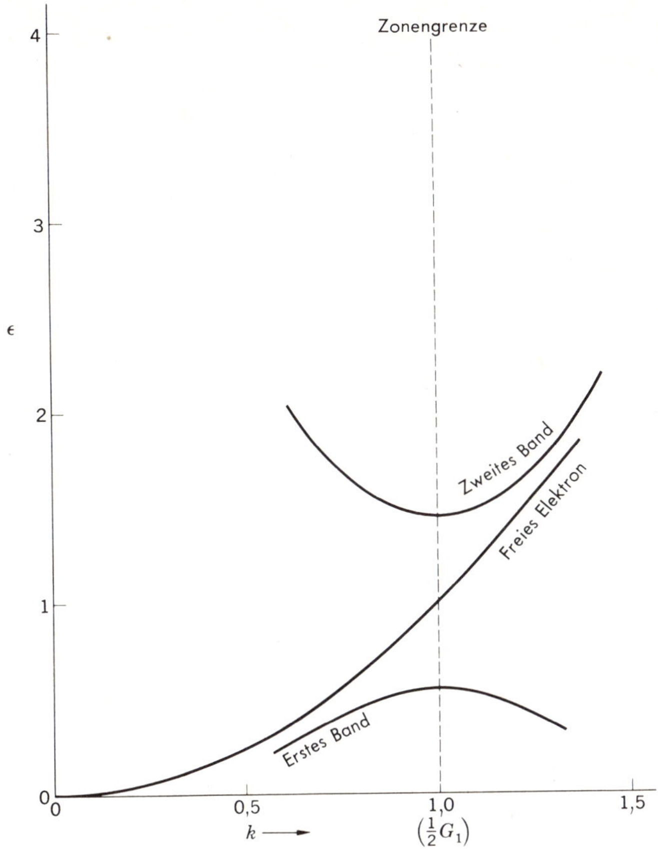

Bild 8a: **Lösungen von (57) im periodischen Zonenschema in der Nähe einer Zonengrenze der ersten Brillouin-Zone. Die Einheiten sind so gewählt, daß $U_1 = -0.45$; $G_1 = 2$ und $\hbar^2/m = 1$. Zum Vergleich ist auch die Kurve für das freie Elektron gezeichnet. Die Energielücke an der Zonengrenze hat den Betrag 0,90. Für diese Darstellung wurde der Wert U_1 absichtlich groß gewählt; er ist zu groß, um für die Zwei-Komponenten-Näherung als exakt zu gelten.**

Die Energie hat zwei Wurzeln:

$$\epsilon = \tfrac{1}{2}(\lambda_{k-G_1} + \lambda_k) \pm [\tfrac{1}{4}(\lambda_{k-G_1} - \lambda_k)^2 + U_1{}^2]^{\frac{1}{2}} \,, \tag{57}$$

jede Wurzel beschreibt ein Energieband. Im Bild 8a sind die beiden Wurzeln im periodischen Zonenschema gezeichnet. Im erweiterten Zonenschema wäre das erste Band nur in der ersten Brillouinzone gezeichnet entsprechend $-\frac{1}{2}G_1 \leq k \leq \frac{1}{2}G_1$ und das zweite Band nur in der zweiten Brillouin-Zone (d.h. in den Bereichen $-G_1 \leq k \leq -\frac{1}{2}G_1$ und $\frac{1}{2}G_1 \leq k \leq G_1$).

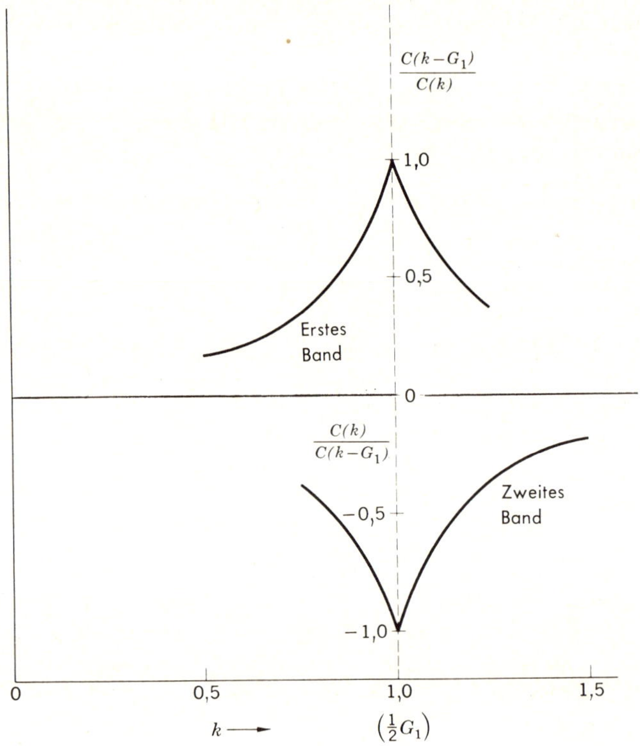

Bild 8b: Verhältnis der Koeffizienten von $\psi(x) = C(k)e^{ikx} + C(k - G_1)e^{i(k-G_1)x}$, berechnet nahe der Zonengrenze der ersten Brillouin-Zone.

Zweckmäßigerweise drückt man die Energie (57) über eine Größe aus, welche die Differenz zwischen k und dem Zonenrand angibt:

(58 $$\delta \equiv \tfrac{1}{2}G_1 - k \; ; \qquad k = \tfrac{1}{2}G_1 - \delta \; .$$

Damit wird aus (57)

(59) $$\begin{aligned} \epsilon_k &= (\hbar^2/2m)(\tfrac{1}{4}G_1{}^2 + \delta^2) \pm [4\lambda_1(\hbar^2\delta^2/2m) + U_1{}^2]^{\frac{1}{2}} \\ &\cong (\hbar^2/2m)(\tfrac{1}{4}G_1{}^2 + \delta^2) \pm U_1[1 + 2(\lambda_1/U_1{}^2)(\hbar^2\delta^2/2m)] \; , \end{aligned}$$

im Bereich $\hbar^2 G_1\delta/2m \ll |U_1|$. Diese Bedingung beschränkt δ auf sehr kleine Werte, denn unsere ganze Berechnung gründet auf der Annahme, daß $\hbar^2 G_1{}^2/2m \gg |U_1|$. Wir kürzen die beiden Wurzeln von (50) durch $\epsilon_1(\pm)$ ab und können damit (59) umschreiben:

(60) $$\epsilon_k(+) = \epsilon_1(+) + \frac{\hbar^2\delta^2}{2m}\left(1 + \frac{2\lambda_1}{U_1}\right) \; ;$$

(61) $$\epsilon_k(-) = \epsilon_1(-) + \frac{\hbar^2\delta^2}{2m}\left(1 - \frac{2\lambda_1}{U_1}\right) .$$

Das sind also die Wurzeln für die Energie, wenn der Wellenvektor nahe der Zonengrenze bei $\frac{1}{2}G_1$ liegt. Man beachte die quadratische Abhängigkeit der Energie von dem Wellenvektor δ. Ist U_1 negativ, dann gehört die Lösung $\epsilon_k(-)$ zum oberen der beiden Bänder und $\epsilon_k(+)$ zum unteren. Man denke an die Annahme $\lambda_1 \gg |U_1|$.

Anzahl der Quantenzustände in einem Band

Wir betrachten einen linearen Kristall, der sich aus primitiven Elementarzellen der Länge a aufbaut. Um die Zustände zu zählen, wendet man auf die Wellenfunktionen periodische Randbedingungen über die Länge des Kristalls an. Die erlaubten Werte der Wellenzahl k eines Elektrons in der ersten Brillouin-Zone sind nach Gleichung (2):

$$(62) \qquad k = 0; \ \pm\frac{2\pi}{L}; \ \pm\frac{4\pi}{L}; \ \cdots; \ \frac{N\pi}{L}.$$

Diese Reihe ist bei $N\pi/L \equiv \pi/a$ abgebrochen, denn damit ist der Rand der Zone erreicht. Der Punkt $-N\pi/L = -\pi/a$ darf nicht als unabhängiger Punkt gezählt werden, da er mit π/a durch einen reziproken Gittervektor verbunden werden kann. Die Gesamtzahl der in (62) angegebenen Punkte ist genau N. Man sieht, jede primitive Elementarzelle trägt genau einen unabhängigen Wert von $\mathbf{k}$ zu jedem Energieband bei. Dieses Ergebnis gilt auch im Dreidimensionalen.

Zieht man noch die zwei Spineinstellungen in Betracht, so gibt es $2N$ unabhängige Quantenzustände in jedem Energieband. Enthält jede primitive Elementarzelle ein einwertiges Atom, so ist das Band zur Hälfte mit Elektronen besetzt.

Trägt dagegen jedes Atom zwei Valenzelektronen zum Band bei, so ist es ganz besetzt (am absoluten Nullpunkt). Befinden sich zwei einwertige Atome in jeder primitiven Elementarzelle, so ist das Band auch genau voll besetzt.

Metalle und Isolatoren

Füllen die Valenzelektronen genau ein oder mehrere Bänder auf, dann ist der Kristall ein Isolator. Ein äußeres elektrisches Feld kann keinen Stromfluß verursachen[11]. Ist ein be-

[11]) Vorausgesetzt, das elektrische Feld ist nicht stark genug, die elektronische Struktur aufzubrechen wie beim Zener-Effekt (siehe J. M. Ziman, Principles of the theory of solids, Cambridge University Press, 1964, Abschnitt 6.8).

setztes Band durch eine Energielücke vom nächsthöheren Band getrennt, dann ist es unmöglich, den gesamten Pseudoimpuls der Elektronen zu ändern. Jeder mögliche Quantenzustand ist bereits besetzt: nichts ändert sich, wenn das Feld angelegt wird. (Diese Situation ist völlig anders als bei freien Elektronen, für die sie z. B. in Bild 7.10 veranschaulicht ist.)

Eine andere Möglichkeit zu bestimmen, was geschieht, bietet die weiter unten angeführte Kraftgleichung (Kap. 10):

$$\hbar\, d\mathbf{k}/dt = \mathbf{F}. \tag{63}$$

Unter der Wirkung einer konstanten Kraft nimmt der Wellenvektor eines Elektrons kontinuierlich mit der Zeit zu. Erreicht jedoch $\mathbf{k}(t)$ den Zonenrand, dann klappt der Wellenvektor um (Bild 9) und ist jetzt auf die entgegengesetzte Zonengrenze gerichtet. Diese Bewegung spielt sich immer wieder ab. Mittelt man jedoch über alle Zustände des Bandes, so ist die resultierende Gesamtbeschleunigung null[12].

Ein Kristall kann nur dann ein Isolator sein, wenn die Zahl der Valenzelektronen in der primitiven Elementarzelle des Kristalls gerade ist. (Manchmal muß für Elektronen in fest gebundenen, inneren Schalen eine Ausnahme gemacht werden, da sie nicht von der Bändertheorie erfaßt werden können.) Enthält nun die primitive Elementarzelle eine gerade Zahl von Valenzelektronen, dann muß noch untersucht werden, ob sich die Bänder energetisch überlappen oder nicht. Überlappen die Bänder, dann können sich statt eines aufgefüllten Bandes ein oder mehrere teilweise besetzte Bänder ergeben, und damit statt eines Isolators ein Metall (Bild 10).

Die Alkalimetalle und die Edelmetalle besitzen ein Valenzelektron pro primitiver Elementarzelle, also müssen sie Metalle sein. Die Erdalkalimetalle besitzen zwei Valenzelektronen pro primitiver Elementarzelle, sie könnten Isolatoren sein. Jedoch überlappen bei ihnen die Bänder (Bild 10b) und darum sind sie Metalle, jedoch sind ihre Metalleigenschaften nicht sehr ausgeprägt[13]. Diamant, Silizium und Germanium haben je-

[12]) Nach dieser Argumentation scheint es so, als wäre auch für ein nicht ganz besetztes Band kein Strom zu erwarten. Genau genommen ist das beim Fehlen von Stoßprozessen richtig. Tatsächlich treten aber Stoßprozesse auf, und dadurch sind die energetisch hohen Zustände des Bandes weniger häufig besetzt als die energetisch tief liegenden, und die elektrische Leitfähigkeit kann wie in den Kapiteln 7 und 8 berechnet werden. Daher ist die Begründung zum Verschwinden des Netzstromes, für die tatsächliche Situation in Metallen nicht relevant.

[13]) Vgl. die Werte des elektrischen Widerstandes in Tabelle 7.3.

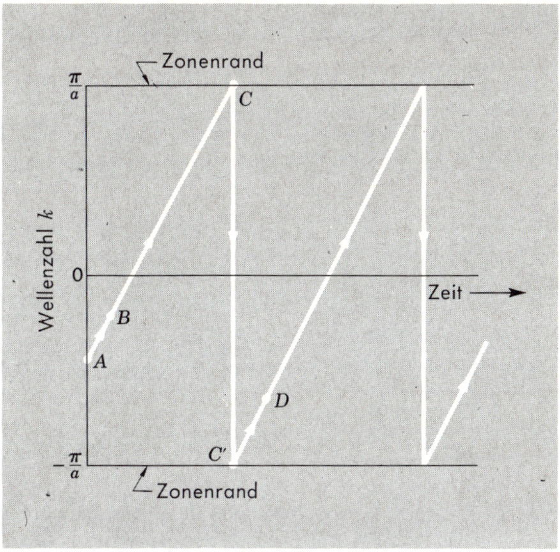

Bild 9:
Änderung der Wellenzahl eines Elektrons in einem linearen Kristall unter dem Einfluß eines äußeren elektrischen Feldes im k-Raum bei Vernachlässigung aller Stoßprozesse. Ein Elektron, dessen Wellenzahl anfangs bei A liegt, wird durch das Feld über B nach C am Zonenrand beschleunigt. C ist jedoch C' am gegenüberliegenden Zonenrand gleichwertig, da beide Punkte durch einen reziproken Gittervektor verbunden werden können. Nach einem weiteren Zeitabschnitt erreicht das Elektron von C' aus D, und der Prozeß wiederholt sich. Es bestehen Zweifel wegen dieser theoretischen Möglichkeit, daß also ein Elektron in einem Energieband oszillieren kann. Das hängt mit den Übergängen zwischen Bändern zusammen, die durch ein elektrisches Feld induziert werden können. Dies schätzten A. Rabinowitch und J. Zak (wird veröffentlicht) ab.

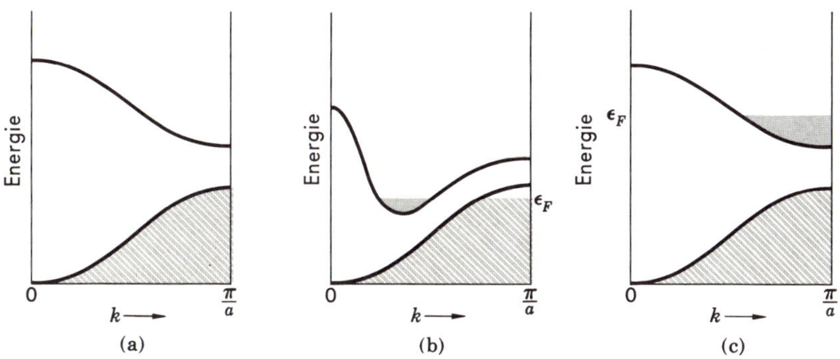

Bild 10: Besetzte Zustände und Bandstrukturen für (a) einen Isolator, (b) ein Metall durch Bänderüberlappung und (c) ein Metall durch Elektronenkonzentration. In (b) muß das Überlappen nicht in gleichen Richtungen in der Brillouin-Zone vorkommen. Ist die Überlappung klein, und sind nur relativ wenige Zustände daran beteiligt, so sprechen wir von einem Halbmetall.

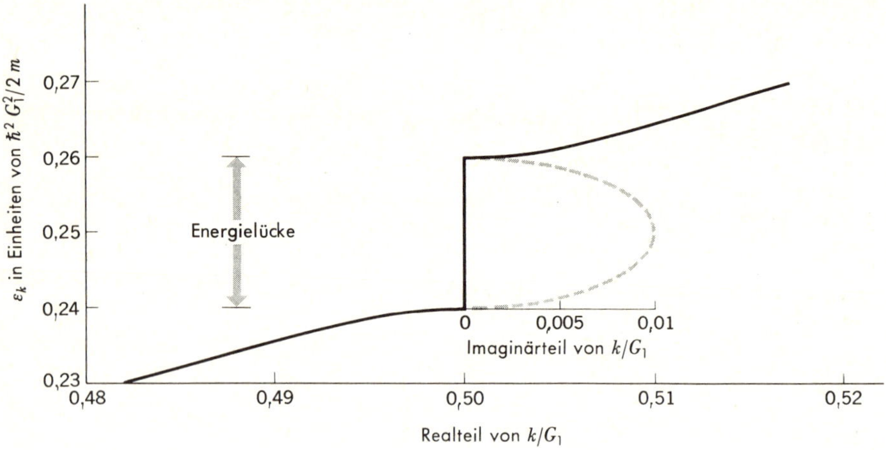

Bild 11: Lösungen der Wellengleichung in der Energielücke treten auf für komplexe Werte des Wellenvektors. An der Grenze der ersten Zone beträgt der Realteil des Wellenvektors $\frac{1}{2}G_1$. Der Imaginärteil ist in der Näherung zweier ebener Wellen für $U_1 = 0.01\,\hbar^2 G_1{}^2/2m$ gezeichnet (Nach R. Cahn).

weils acht Valenzelektronen pro primitiver Elementarzelle; die Bänder überlappen nicht, also sind ihre reinen Kristalle beim absoluten Nullpunkt Isolatoren.

Zusammenfassung

1. Die Lösungen der Wellengleichung in einem periodischen Gitter haben die Blochsche Form

$$\psi_{\mathbf{k}}(\mathbf{r}) = e^{i\mathbf{k}\cdot\mathbf{r}} u_{\mathbf{k}}(\mathbf{r}).$$

Dabei ist $u_{\mathbf{k}}(\mathbf{r})$ gegen Translationen des Kristallgitters invariant. Die $\mathbf{K}$'s in der Entwicklung der Fourierreihe

$$\psi_{\mathbf{k}}(\mathbf{r}) = \sum_{\mathbf{K}} C(\mathbf{K}) e^{i\mathbf{K}\cdot\mathbf{r}}$$

haben alle die Form $\mathbf{k} + \mathbf{G}$, $\mathbf{G}$ läuft über alle reziproken Gittervektoren.

2. Es gibt Energiebereiche, für die keine Lösungen der Blochschen Funktion der Wellengleichung existieren. Diese Energien bilden verbotene Bereiche, in denen die Wellenfunktionen im Raum gedämpft und die $\mathbf{K}$'s komplex sind (siehe Bild 11). Die Existenz von Isolatoren geht auf das Vorhandensein verbotener Energiebereiche zurück.

3. Oft können Energiebänder durch eine oder zwei ebene Wellen angenähert werden: z.B. $\psi_k(x) \cong C(k)e^{ikx} + C(k-G)e^{i(k-G)x}$ nahe der Zonengrenze bei $\frac{1}{2}G$. Zweckmäßigerweise kann man die Bänder durch drei Schemata darstellen: erweiterte (oder Brillouin-Zone), reduzierte und periodische Zone.

4. Die Zahl der Eigenzustände innerhalb eines Bandes beträgt $2N$. N ist die Anzahl der primitiven Elementarzellen in der Probe.

Aufgaben

1. **Quadratisches Gitter, Energie freier Elektronen.** a) Zeigen Sie für ein einfach quadratisches Gitter (zweidimensional), daß die kinetische Energie eines freien Elektrons an einer Ecke der ersten Brillouin-Zone doppelt so groß ist wie die eines Elektrons im Mittelpunkt einer Seitenfläche der Zone. b) Wie ist dieses Verhältnis bei einem einfach kubischen Gitter (dreidimensional)? c) Welche Bedeutung könnte das Ergebnis von b) für die elektrische Leitfähigkeit von zweiwertigen Metallen haben?

2. **Abzählen von Zuständen.** a) Geben Sie die Gestalt der ersten Brillouin-Zone des einfach kubischen Gitters an. b) Ein einfach kubischer Kristall habe N^3 primitive Elementarzellen. Zeigen Sie durch sorgfältiges Abzählen, daß die Anzahl der unabhängigen Werte des Wellenvektors **k** in der ersten Brillouin-Zone genau N^3 ist. Hinweis: Können p Punkte der Zone durch einen reziproken Gittervektor verbunden werden, dann sind alle p + 1 Punkte als ein Punkt zu zählen.

3. **Komplexe Wellenvektoren in der Energielücke.** Suchen Sie einen Ausdruck für den Imaginärteil des Wellenvektors in der Energielücke am Rand der ersten Brillouin-Zone, gemäß der Näherung für Gleichung (50). Geben Sie das Ergebnis so an, daß Im(k) von σ abhängt; σ bezeichnet die Energie, die von der Mitte der Energielücke aus gemessen wird. Das Ergebnis für kleine σ und kleine Im (k)-Werte lautet:

$$\frac{\hbar^2}{2m}[\mathrm{Im}(k)]^2 \approx \frac{U_1^2 - \sigma^2}{\hbar^2 G^2/2m} .$$

Dies ist in Bild 11 dargestellt. Die Form dieser Gleichung hat große Bedeutung in der Theorie des Zener-Tunnelns von einem Energieband zum anderen in Gegenwart eines starken elektrischen Feldes; siehe Ziman, Seite 163-168. Die experimentelle Bestätigung der vorausgesagten Form von Im (k) erfolgte durch G.H. Parker und C.A. Mead "Energy-momentum relationship in InAs", Phys. Rev. Letters **21**, 605 (1968).

4. Potentielle Energie der Diamantstruktur.

a) Zeigen Sie, daß für die Diamantstruktur die Fourierkomponente U_G des Gitterpotentials, das die Elektronen "sehen", für $G = 2A$ Null ist; A ist ein Basisvektor im reziproken Gitter bezogen auf die gewöhnliche kubische Elementarzelle.

b) Zeigen Sie, daß in der üblichen Näherung 1. Ordnung für die Lösungen der Wellengleichung die Energielücke in einem periodischen Gitter an der Ebene der Zonengrenze verschwindet, die senkrecht auf dem Vektor A steht. Zeigen Sie, daß diese Energielücke in der Näherung höherer Ordnung nicht verschwindet.

Literaturhinweise

J. M. Ziman, Principles of the theory of solids, Cambridge University Press, 1964.

N. F. Mott and H. Jones, Theory of the properties of metals and alloys, Oxford, 1936. (Dover-Paperback-Nachdruck)

(Weitere Literaturhinweise über Bändertheorie finden sich am Ende von Kapitel 10.)

10. Das Bändermodell II

Kapitel 10: Bändermodell II

"Es ist interessant festzustellen, welche (Elektronen-) Wellen besonders von diesen Anomalien beeinflußt werden, die von den selektiven Bragg-Reflexen herrühren. Wir konstruieren das reziproke Kristallgitter..."

L. Brillouin, 1930.

Aufbau von Fermi-Flächen

Bei Metallen beschäftigt man sich insbesondere mit der Form der Fermi-Fläche, d.h. der Fläche konstanter Energie ϵ_F im $\mathbf{k}$ -Raum. Die Fermi-Flächen trennen die besetzten Zustände von den unbesetzten Zuständen am absoluten Nullpunkt. Die elektronischen Eigenschaften von Metallen werden weitgehend von der Form der Fermi-Fläche bestimmt, da ein elektrischer Strom auf Veränderungen in der Besetzung der Quantenzustände in der Nähe der Fermi-Fläche zurückgeht. Oft erscheint die experimentell bestimmte Form sehr kompliziert, trotzdem kann sie meist durch das Modell des freien oder des fast freien Elektrons - im reduzierten Zonenschema betrachtet - einfach erklärt werden.

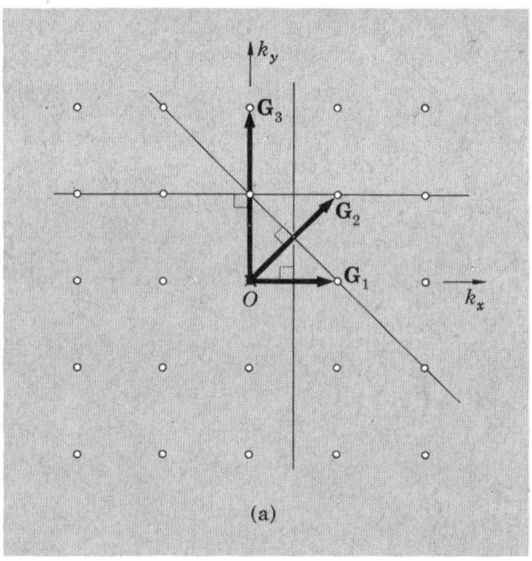

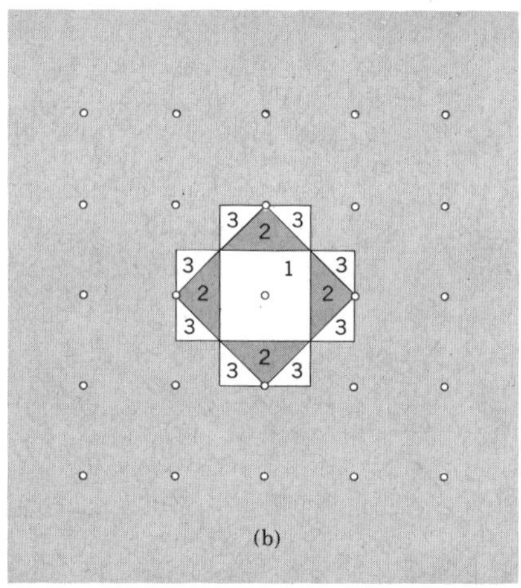

Bild 1: (a) Konstruktion der ersten drei Brillouin-Zonen eines quadratischen Gitters im $\mathbf{k}$-Raum. Die drei kürzesten reziproken Gittervektoren sind mit $\mathbf{G}_1$, $\mathbf{G}_2$ und $\mathbf{G}_3$ bezeichnet. Die eingezeichneten Geraden sind die Mittelsenkrechten dieser $\mathbf{G}$. (b) Man konstruiert alle zu den drei Geraden in (a) aus Symmetriegründen gleichwertigen Linien und erhält so die Bereiche des $\mathbf{k}$-Raumes, die die ersten drei Brillouin-Zonen bilden. Die Zahlen bezeichnen die Zone, zu der der Bereich gehört. Sie sind nach der Länge des Vektors $\mathbf{G}$ geordnet, von dem die Konstruktion der äußeren Zonenränder abhängt.

In Bild 9.6 ist ϵ in Abhängigkeit von k aufgetragen, und zwar im reduzierten Zonenschema für freie Elektronen im Eindimensionalen. Es ist sehr nützlich, diese Analyse wie in Bild 1 auf zwei Dimensionen zu erweitern. Die Bragg-Bedingung (2.40) lautet für die Zonengrenzen $2\mathbf{k}\cdot\mathbf{G} + G^2 = 0$. Diese Gleichung ist erfüllt, wenn der Endpunkt von $\mathbf{k}$ auf einer Ebene liegt, die $\mathbf{G}$ senkrecht im Mittelpunkt schneidet. Die erste Brillouin-Zone des quadratischen Gitters ist die von den Mittelsenkrechten auf $\mathbf{G}_1$ und den drei aus Symmetriegründen zu $\mathbf{G}_1$ gleichwertigen reziproken Gittervektoren eingeschlossene Fläche (Bild 1a). Ist a die Gitterkonstante, dann sind die vier reziproken Gittervektoren, die zur Konstruktion der ersten Zone benötigt werden $\pm(2\pi/a)\hat{\mathbf{k}}_x$ und $\pm(2\pi/a)\hat{\mathbf{k}}_y$.

Die zweite Zone wird aus $\mathbf{G}_2$ und den drei aus Symmetriegründen zu ihm gleichwertigen Vektoren konstruiert. Entsprechendes gilt für die dritte Zone. Die Teilstücke der zweiten und dritten Zone sind in Bild 1b eingezeichnet. Um die Grenzen einer Zone zu bestimmen, zeichnet man Geraden zu einer Schar aus mehreren nicht gleichwertigen reziproken Gitterpunkten. So werden die Ränder des Abschnitts 3_a der dritten Zone von den Mittelsenkrechten der drei folgenden reziproken Gittervektoren gebildet: $(2\pi/a)\hat{\mathbf{k}}_x$; $(4\pi/a)\hat{\mathbf{k}}_y$ und $(2\pi/a)(\hat{\mathbf{k}}_x + \hat{\mathbf{k}}_y)$.

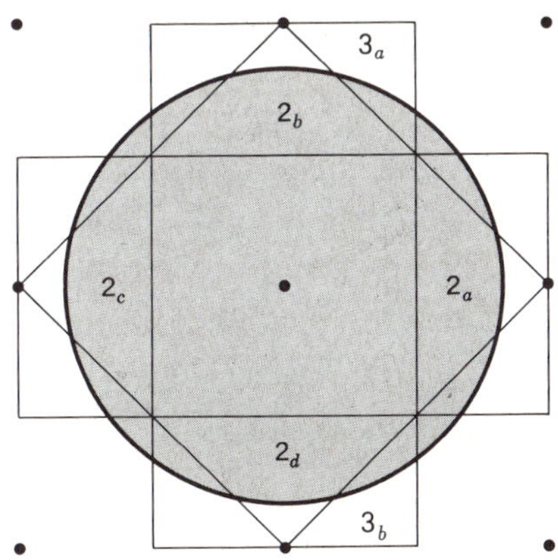

Bild 2: Brillouin-Zonen eines quadratischen Gitters im Zweidimensionalen. Der Kreis ist eine Fläche konstanter Energie für freie Elektronen. Sie ist die Fermi-Fläche einer bestimmten Elektronenkonzentration. Das ganze ausgefüllte Gebiet im $\mathbf{k}$-Raum hängt nur von der Elektronenkonzentration ab und ist unabhängig von der Wechselwirkung der Elektronen mit dem Gitter. Die Form der Fermi-Fläche hängt von der Gitterwechselwirkung ab. Im realen Gitter wird es nicht genau ein Kreis sein. Die Kennzeichnung innerhalb der Abschnitte der zweiten und dritten Zone beziehen sich auf Bild 3.

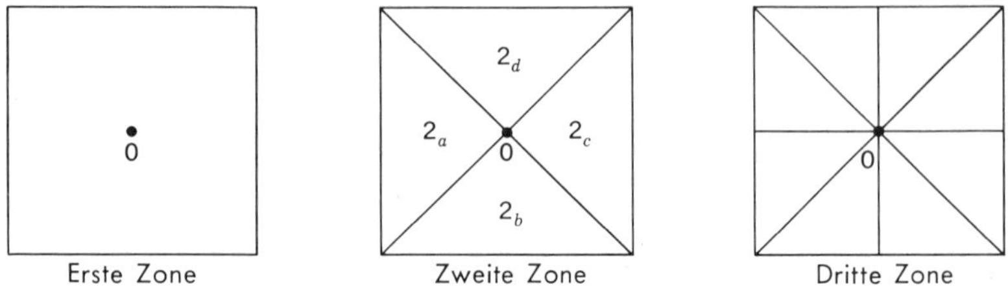

Bild 3: Darstellung der ersten, zweiten und dritten Zone oder Energiebänder im reduzierten Zonenschema. Die Abschnitte der zweiten Zone in Bild 2 werden durch Translation mit einem geeigneten reziproken Gittervektor zu einem Quadrat zusammengesetzt. Für jeden Abschnitt der Zone wird ein anderer Vektor **G** benötigt.

Die Fermi-Fläche von freien Elektronen für eine willkürlich vorgegebene Elektronenkonzentration zeigt Bild 2. Es ist unpraktisch, wenn wie bei der zweiten Zone Abschnitte der Fermi-Fläche, die zu derselben Zone gehören, voneinander getrennt erscheinen. Diese Trennung kann durch eine Transformation in das reduzierte Zonenschema aufgehoben werden. (Das reduzierte Zonenschema wurde in den Gleichungen (9.38) bis (9.41) behandelt.) Man nimmt in Bild 2 das mit 2_a gekennzeichnete Dreieck und versetzt es um einen reziproken Gittervektor, in diesem Fall um $\mathbf{G} = -(2\pi/a)\hat{\mathbf{k}}_x$, so daß das Dreieck dann innerhalb der Fläche der ersten Brillouin-Zone liegt (Bild 3). Mit Hilfe anderer reziproker Gittervektoren können auch die Dreiecke 2_b, 2_c, 2_d in die erste Zone versetzt werden, bis die Übertragung der zweiten Zone in das reduzierte Zonenschema vervollständigt ist. Wie in Bild 4 dargestellt, sind die zur zweiten Zone gehörigen Teile der Fermi-Fläche nun alle miteinander verbunden.

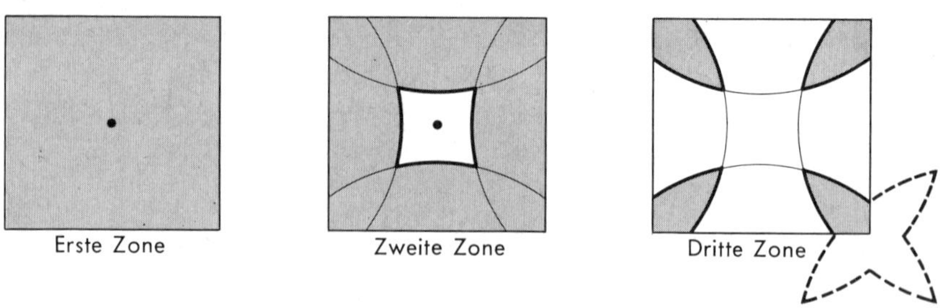

Bild 4: Fermi-Fläche für freie Elektronen des Bildes 11 im reduzierten Zonenschema. Die schattierten Flächen stellen besetzte Elektronenzustände dar. Teile der Fermi-Fläche fallen in die zweite, dritte und vierte Zone. Die vierte Zone ist nicht eingezeichnet. Die erste Zone ist vollständig besetzt.

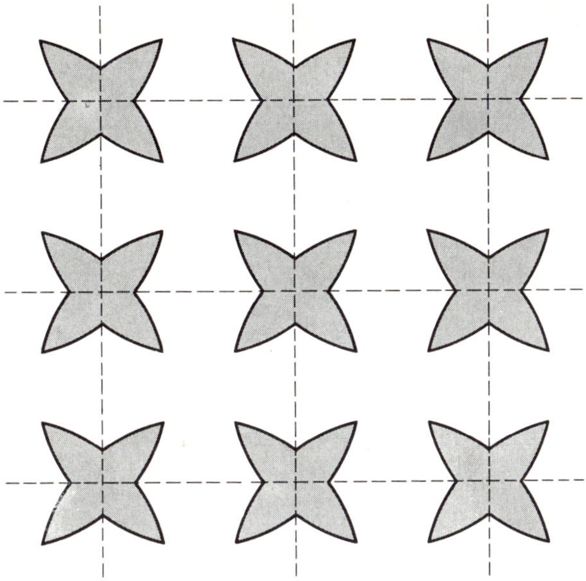

Bild 5: Die Fermi-Fläche der dritten Brillouin-Zone im periodischen Zonenschema. Das Bild wurde konstruiert, in dem die dritte Zone wie in Bild 4 im reduzierten Zonenschema wiederholt wird.

Eine dritte Zone ist in Bild 4 in einem Quadrat zusammengefaßt, jedoch sind die Teile der Fermi-Fläche, die in die dritte Zone fallen, noch unzusammenhängend gezeichnet. Bei der Betrachtung im periodischen Zonenschema (Bild 5) erscheint die Fermi-Fläche als Rosette oder als Rosettengitter.

Wie kommt man aber von Fermi-Flächen für freie Elektronen zu Fermi-Flächen für fast freie Elektronen? Wir können ohne weiteres angenäherte Konstruktionen machen, wenn wir die folgenden vier Fakten berücksichtigen: a) Die Wechselwirkung des Elektrons mit dem periodischen Potential des Kristalls verursacht Energielücken, die an den Zonengrenzen auftreten. b) Fast immer schneidet die Fermi-Fläche Zonengrenzen senkrecht. c) Das Kristallpotential bewirkt außerdem eine Abrundung scharfer Ecken der Fermi-Flächen freier Elektronen. d) Das gesamte Volumen, das durch die Fermi-Fläche eingeschlossen wird, hängt lediglich von der Elektronenkonzentration ab. Es ist unabhängig von den Einzelheiten der Gitterwechselwirkung.

Ohne genaue Berechnung, wie wir sie bereits im Eindimensionalen durchgeführt haben, kann man zwar keine quantitative Aussage machen, rein

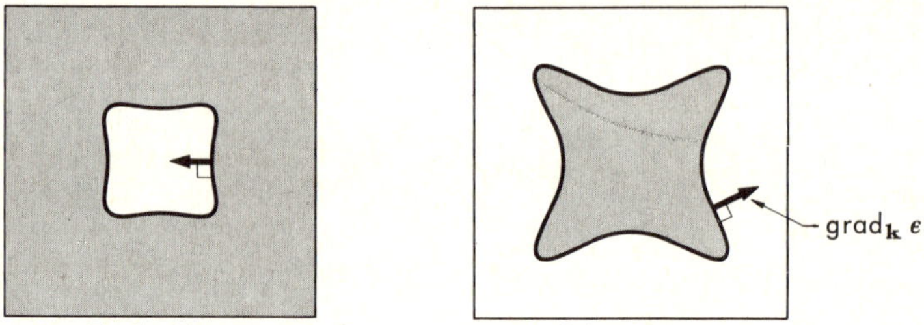

Bild 6: Einfluß eines schwachen periodischen Kristallpotentials auf die Fermi-Fläche des **Bildes 4** in qualitativer Darstellung. An jeweils einem Punkt jeder Fermi-Fläche ist der Vektor grad$_\mathbf{k}$ ϵ eingezeichnet. In der zweiten Zone nimmt die Energie nach innen und in der dritten Zone nach außen zu. Die schattierten Bereiche sind von Elektronen besetzt, sie liegen energetisch tiefer als die unschattierten Gebiete. Im weiteren wird gezeigt, daß eine Fermi-Fläche wie die der dritten Zone elektronenartig ist, während eine wie die der zweiten Zone löcherartig genannt wird.

qualitativ ist jedoch zu erwarten, daß die Fermi-Flächen der zweiten und dritten Zone in Bild 4 zu den Zonen in Bild 6 verändert werden.

Der Aufbau von Fermi-Flächen freier Elektronen geschieht sehr einfach mit einer Methode von W. A. Harrison, Bild 7. Zunächst werden die reziproken Gitterpunkte bestimmt; dann zeichnet man um jeden reziproken

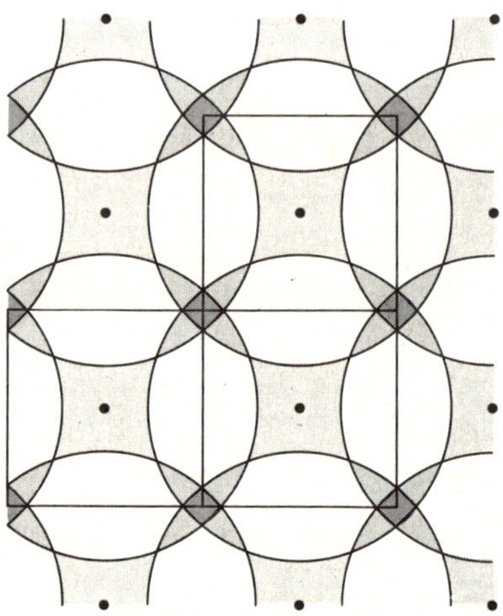

Bild 7: Die Konstruktion von Harrison für Fermi-Flächen des freien Elektrons in der zweiten, dritten und vierten Zone eines quadratischen Gitters. Die Fermi-Fläche stört nicht die erste Zone, die deshalb auch mit Elektronen besetzt ist. Je dunkler die Schattierung ist, desto größer die Zonennummer.

Gitterpunkt eine Kugel des freien Elektrons mit einem Radius, welcher der Elektronenkonzentration angemessen ist. Jeder Punkt im **k** -Raum, der zumindest innerhalb einer der Kugeln liegt, entspricht einem besetzten Zustand in der ersten Brillouin-Zone. Punkte, die in mindestens zwei Kugeln liegen, entsprechen besetzten Zuständen in der zweiten Brillouin-Zone. Entsprechendes gilt für Punkte, die in drei oder mehr Kugeln liegen.

Elektronen, Defektelektronen und offene Bahnen

Wir leiten nun die Bewegungsgleichung eines Elektrons in einem Kristall her. Wir betrachten zunächst die Bewegung eines Wellenpakets in einem linearen Kristall bei angelegtem elektrischen Feld. Man stelle sich vor, daß das Wellenpaket aus Wellenfunktionen in einem einzelnen Band besteht, das zu Wellenvektoren gehört, die ungefähr gleich einem speziellen Wellenvektor **k** sind. Aus der Wellenoptik übernehmen wir den allgemeinen Ausdruck für die Gruppengeschwindigkeit: $v_g = d\omega/dk$. Die Frequenz, die zu einer Wellenfunktion der Energie ϵ gehört, ist mit $\omega = \epsilon/\hbar$ gegeben. Daraus erhalten wir

(1) $$v_g = \hbar^{-1} \frac{d\epsilon}{dk} .$$

Der Einfluß des Kristalls auf die Bewegung des Elektrons ist vollständig in der Dispersionsbeziehung $\epsilon(\mathbf{k})$ enthalten. Die Arbeit $\delta\epsilon$, die durch das elektrische Feld E im Zeitintervall δt an dem Elektron geleistet wird, ist

(2) $$\delta\epsilon = -eEv_g\,\delta t .$$

Wir sehen, daß

(3) $$\delta\epsilon = \frac{d\epsilon}{dk}\delta k = \hbar v_g\,\delta k ,$$

wobei wir auf die Gleichung (1) zurückgegriffen haben. Vergleicht man (2) und (3), so ergibt sich

(4) $$\delta k = -(eE/\hbar)\delta t .$$

Folglich ist $\hbar \cdot dk/dt = -e \cdot E$.

Durch die äußere Kraft **F** ausgedrückt, erhalten wir also

(5) $$\hbar \frac{d\mathbf{k}}{dt} = \mathbf{F} .$$

Das ist eine wichtige Beziehung: In einem Kristall ist $\hbar\, d\mathbf{k}/dt$ gleich der äußeren Kraft auf ein Elektron. Im freien Raum ist $d(m \cdot \mathbf{v})/dt$ gleich der

Kraft. Wir haben Newtons zweites Gesetz nicht überzogen: das Elektron ist in einem Kristall Kräften unterworfen, die sowohl vom Kristallgitter, als auch von äußeren Quellen herrühren. Wenn wir die Bewegung des Elektrons durch die äußeren Kräfte alleine ausdrücken wollen, dann überrascht es uns nicht, daß die resultierende Bewegungsgleichung nicht einfach $\mathbf{F} = m \cdot \mathbf{a}$ lautet. Vielleicht überrascht es mehr, daß überhaupt etwas Gescheites aus einem Ansatz herauskommt, der nur äußere Kräfte berücksichtigt.

Wir wollen annehmen, daß man die Gleichungen (1) bis (5) auch auf die Lorentzkraft übertragen kann, die in einem Magnetfeld auf ein Elektron wirkt. Mühsame Rechnungen haben diese Annahme bestätigt. Dies gilt für gewöhnliche Bedingungen: das Magnetfeld ist nicht so stark, daß es die Bandstruktur zerstört. Die Bewegungsgleichung eines Elektrons mit der Gruppengeschwindigkeit v in einem konstanten Magnetfeld $\mathbf{B}$ ist

$$(6) \qquad \hbar \frac{d\mathbf{k}}{dt} = -\frac{e}{c}\mathbf{v} \times \mathbf{B} \quad \text{(CGS)}; \qquad \hbar \frac{d\mathbf{k}}{dt} = -e\mathbf{v} \times \mathbf{B} \quad \text{(SI)}.$$

Auf der rechten Seite steht die Lorentzkraft, die auf das Elektron wirkt. Mit der Gruppengeschwindigkeit $\hbar \cdot \mathbf{v} = \mathrm{grad}_{\mathbf{k}}\epsilon$ wird die Änderung des Wellenvektors:

$$(7) \qquad \frac{d\mathbf{k}}{dt} = -\frac{e}{\hbar^2 c} \nabla_{\mathbf{k}}\epsilon \times \mathbf{B} \quad \text{(CGS)}; \qquad \frac{d\mathbf{k}}{dt} = -\frac{e}{\hbar^2} \nabla_{\mathbf{k}}\epsilon \times \mathbf{B} \quad \text{(SI)}.$$

Beide Seiten der Gleichung beziehen sich jetzt auf Elektronenkoordinaten im $\mathbf{k}$-Raum. Man sieht aus diesem Vektorprodukt, daß die Bewegung eines Elektrons in einem Magnetfeld senkrecht zur Richtung von $\nabla_{\mathbf{k}}\epsilon$ im $\mathbf{k}$-Raum verläuft, d.h. das Elektron bewegt sich auf einer Fläche konstanter Energie. Die Projektion k_B von $\mathbf{k}$ auf $\mathbf{B}$ ist beliebig, bleibt jedoch während der Bewegung konstant. Diese Komponente ist dieselbe wie die Komponente des ursprünglichen Kristallimpulses des Elektrons. Die Bewegung im $\mathbf{k}$-Raum verläuft in einer Ebene senkrecht zur Richtung von $\mathbf{B}$; die Bahnkurve ist definiert als Schnittpunkt dieser Ebene mit einer Fermi-Fläche konstanter Energie.

Drei Arten von Bahnkurven [1]) in einem Magnetfeld zeigt Bild 8. Die geschlossenen Bahnen von (a) und (b) werden mit entgegengesetztem Dreh-

[1]) In Bild 8 wird die Bewegung von Elektronen auf der Fermi-Fläche diskutiert, man könnte jedoch ebenso gut die Bewegung auf einer beliebigen Energiefläche behandeln. Die meisten Experimente hängen, wenn man sie genau analysiert, nur von den Eigenschaften der Bahnkurven auf der Fermi-Fläche ab, da Veränderungen in der Zustandbesetzung im $\mathbf{k}$-Raum nur nahe der Fermi-Fläche vorsichgehen.

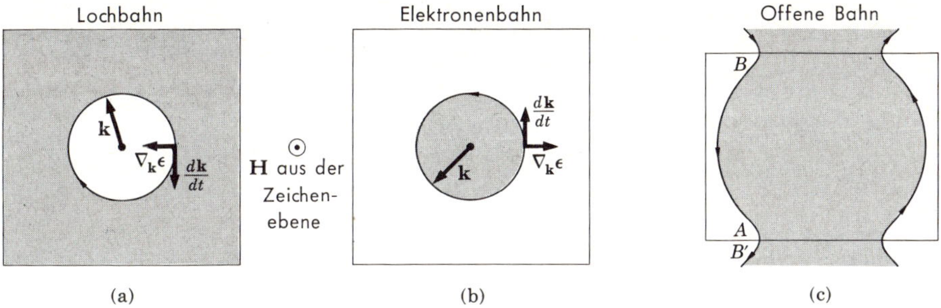

Bild 8: Bewegung des Wellenvektors eines Elektrons auf der Fermi-Fläche in einem Magnetfeld. In (a) und (b) sind die Fermi-Flächen denen des **Bildes 6** topologisch gleichwertig. In (a) bewegt sich der Wellenvektor im Uhrzeigersinn, in (b) gegen den Uhrzeiger. Die Richtung von (b) ist für ein freies Elektron der Ladung $-e$ zu erwarten: die kleineren **k**-Werte besitzen geringere Energien, also liegen die besetzten Elektronenzustände innerhalb der Fermi-Fläche. Die Umlaufbahn in (b) nennt man darum **elektronenartig**. Der Umlaufsinn in einem Magnetfeld ist in (a) entgegengesetzt zu (b), also bezeichnet man die Bahn in (a) als **lochartig**. Ein Loch bewegt sich wie ein Teilchen mit der positiven Ladung e. In (c) wird für eine rechtwinklige Zone eine **offene Bahn** gezeigt. Sie liegt topologisch zwischen einer Lochbahn und einer elektronenartigen Bahn. Um die Darstellung anschaulicher zu gestalten, ist die offene Bahn in ein angedeutetes periodisches Zonenschema eingezeichnet.

sinn umlaufen. Da entgegesetzt geladene Teilchen in Magnetfeldern entgegengesetzten Umlaufsinn aufweisen, ist es nur natürlich, die eine Bahn als **elektronenartig** und die andere Bahn als **lochartig** zu bezeichnen.

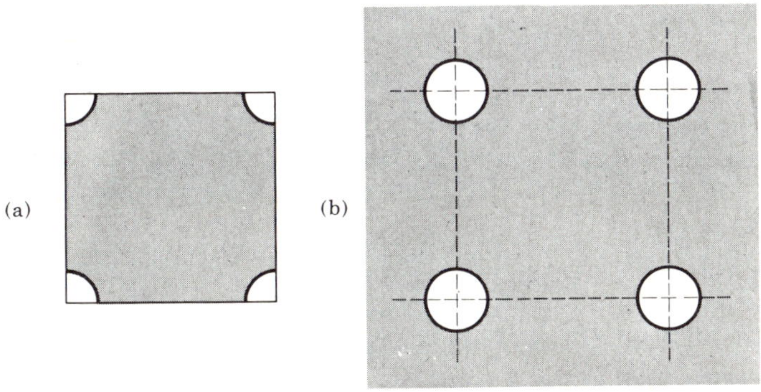

Bild 9: a) Unbesetzte Zustände an den Ecken eines fast gefüllten Bandes, im reduzierten Zonenschema gezeichnet. b) Im periodischen Zonenschema werden die verschiedenen Teile der Fermi-Fläche miteinander verbunden. Jeder Kreis bildet eine lochartige Bahn. Die verschiedenen Kreise sind vollständig äquivalent zueinander; die Zustandsdichte ist die eines einzelnen Kreises. (Die Bahnen müssen nicht wirkliche Kreise sein: für das gezeigte Gitter ist lediglich erforderlich, daß die Bahnen vierfache Symmetrie besitzen.)

Elektronen auf lochartigen Bahnen bewegen sich in einem Magnetfeld, als besäßen sie eine positive Ladung. So geben Löcher auch positive Hall-Konstanten und lösen somit das Problem, das wir in Kapitel 8 diskutiert haben. In (c) ist die Bahnkurve nicht geschlossen: erreicht ein Teilchen den Zonenrand bei A, so wird es augenblicklich in Richtung B umgeklappt. Hier ist B äquivalent zu B', da die beiden Punkte durch einen reziproken Gittervektor verbunden werden können. Solche Bahnen nennt man **offene Bahnen**. Offene Bahnen haben einen wichtigen Einfluß auf die Änderung des elektrischen Widerstands in Magnetfeldern (QTF, Kap. 12).

Unbesetzte Quantenzustände an der Oberkante eines sonst besetzten Bandes rufen löcherartige Bahnen hervor (Bild 9 und 10).

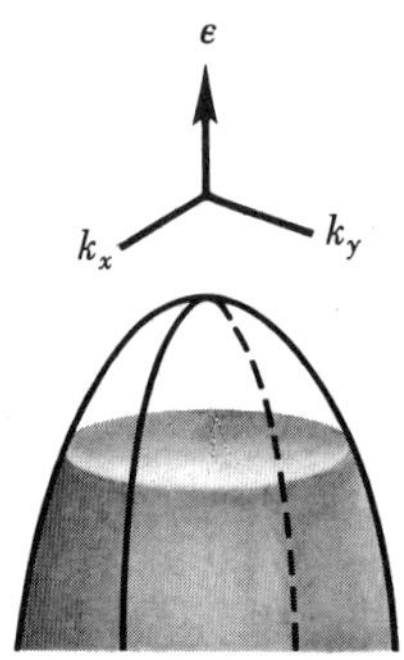

Bild 10:
Unbesetzte Zustände in der Nähe der Oberkante eines besetzten Bandes in einem zweidimensionalen Kristall. Diese Abbildung ist Bild 8a gleichwertig.

Defektelektronen oder Löcher

Das Auftreten von Löchern (auch Defektelektronen genannt) ist eines der interessantesten Charakteristika der Bändertheorie der Festkörper. Es ist außerdem ein Kennzeichen von praktischer Bedeutung, denn die Eigenschaften von Transistoren beruhen direkt auf dem gleichzeitigen Auftreten von Elektronen und Löchern in Halbleiterkristallen.

Unbesetzte Quantenzustände in einem Band werden im allgemeinen Löcher genannt, aber das ist eine ziemlich verschwommene Definition. Im einfachsten Fall ist an der Oberkante eines sonst aufgefüllten Bandes ein einzelner Zustand (oder einige wenige) unbesetzt. Zwar ist der Begriff "Loch-Bahn" wohldefiniert, sogar wenn mehr freie Quantenzustände als besetzte im Band vorhanden sind, jedoch kann die topologische Natur einer Bahn (Loch- oder Elektronenbahn) von der Richtung des äußeren Magnetfeldes abhängen. Ein komplizierter Umstand bestimmt die Eigenschaften der Löcher. Man hat nachweisen können (siehe Kapitel 11), daß Löcher und Elektronen in Magnetfeldern entgegengesetzten Umlaufsinn aufweisen, wie man es für Ladungen entgegengesetzten Vorzeichens zu erwarten hat. Dabei wurde in Zyklotronresonanzexperimenten zirkular polarisierte Strahlung auf Halbleiter eingestrahlt, und man stellte fest, daß die Strahlung für den einen Drehsinn von Elektronen, für den anderen von Löchern absorbiert wurde.

Wir wollen nun die Bewegung eines Lochs in einem äußeren elektrischen Feld betrachten (Bild 11). Anfangs sei das Band ganz besetzt - außer dem einen unbesetzten Quantenzustand F an der oberen Bandkante. Nun wird ein elektrisches Feld E_x in $+x$-Richtung angelegt. Die Bewegung der Elektronen im Band wird durch die übliche Gleichung

$$\hbar\, dk_x/dt = -eE_x \tag{8}$$

beschrieben. Alle Elektronen ändern gleichzeitig ihren Wert von k_x (in der Abbildung ist Δk_x negativ). Die Leerstelle anfangs im Zustand F wird erst zum Zustand E und dann zum Zustand D verschoben. Das bedeutet, das Loch (Defektelektron) bewegt sich mit den Elektronen in die Richtung, in der k_x abnimmt. Der Gesamtwellenvektor der Elektronen eines gefüllten Bandes ist Null:

$$\Sigma \mathbf{k} = 0\ . \tag{9}$$

Das Ergebnis folgt aus der geometrischen Symmetrie der Brillouin-Zone: jeder fundamentale Gittertyp (Kapitel 1) hat eine Symmetrie bei Inversionsoperationen $\mathbf{r} \rightarrow -\mathbf{r}$ um einen Gitterpunkt. Aus der geometrischen Definition folgt außerdem, daß die Brillouin-Zone des Gitters Inversionssymmetrie besitzt. Ist das Band aufgefüllt, so sind alle Zustandspaare $\mathbf{k}$ und $-\mathbf{k}$ notwendigerweise besetzt, und der Gesamtwellenvektor ist Null.

Auch in vollständig besetzten Bändern ändert jedes Elektron seinen $\mathbf{k}$-Wert gemäß der Beziehung $\hbar \cdot d\mathbf{k}/dt = \mathbf{F}$, wie oben abgeleitet wurde. Die Elektronen werden an den Zonenrändern nicht aufgehalten, sondern dort in Richtung des gegenüberliegenden Zonenrandes umgeklappt und bewegen sich dann weiter (siehe Bild 9.9). Wir können die Bewegung der Elektronen auch im periodischen Zonenschema aufzeichnen; dabei steigen die Elektronen kontinuierlich zu höheren $\mathbf{k}$-Werten eines Bandes auf.

Ist das Band bis auf ein im Quantenzustand E fehlendes Elektron besetzt (Bild 11b), dann sagt man, es befinde sich ein Loch im Zustand E. **Die „physikalischen Eigenschaften des Loches" folgen aus denen der Gesamtheit der Elektronen im Band.** Dieser Satz ist der Schlüssel zum Verständnis der Löcher. Die erste Anwendung bezieht sich auf den Wellenvektor eines Loches: Fehlt das Elektron aus dem Zustand $\mathbf{k}_e$, dann ist der Gesamt-

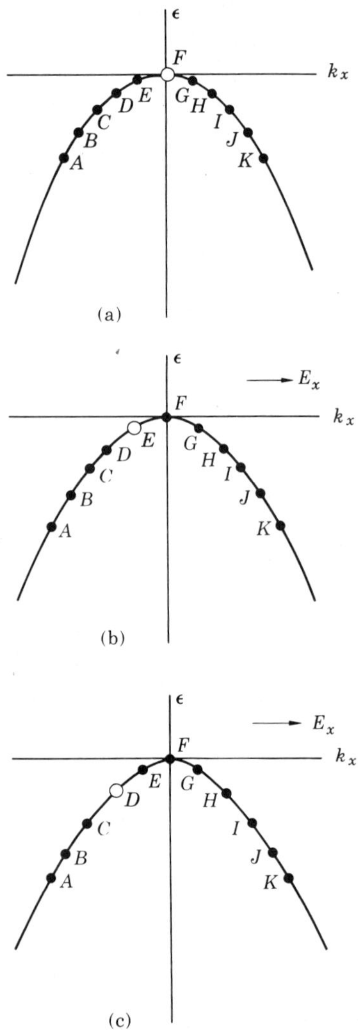

Bild 11:
(a) Bei $t = 0$ sind alle Quantenzustände besetzt, ausgenommen F an der oberen Bandkante; die Geschwindigkeit v_x bei F ist null, da $d\epsilon/dk_x = 0$ ist. (b) Ein elektrisches Feld wird in $+x$-Richtung angelegt. Die Kraft auf die Elektronen wirkt in Richtung $-k_x$, alle Elektronen bewegen sich zusammen durch Übergänge in die $-k_x$-Richtung und versetzen so das Loch in den Zustand E. (c) Nach einem weiteren Zeitabschnitt haben sich die Elektronen im k-Raum so weit bewegt, daß das Loch nun bei D ist.

wellenvektor des Systems $-\mathbf{k}_e$, so daß man dem Loch [2] den Wellenvektor

(10) $$\boxed{\mathbf{k}_h = -\mathbf{k}_e\ ^{*)}}$$

[2] Machen Sie nicht den Fehler und addieren Sie $-\mathbf{k}_e$ für das Loch zu $-\mathbf{k}_e$ für das Ban um $-2\mathbf{k}_e$ für den Wellenvektor des Bandes und des Loches zu bekommen. Das Loch ist nur eine zweckmäßige und alternative Beschreibung eines Bandes, dem ein Ele tron fehlt. Wir werden sagen, daß das Loch den Wellenvektor $-\mathbf{k}_e$ hat oder auch, daß das Band (dem ein Elektron fehlt) den Wellenvektor $-\mathbf{k}_e$ hat.

*) (Anmerkung des Übersetzers:) Der Index "h" geht auf das englische Wort "hole" zurück.

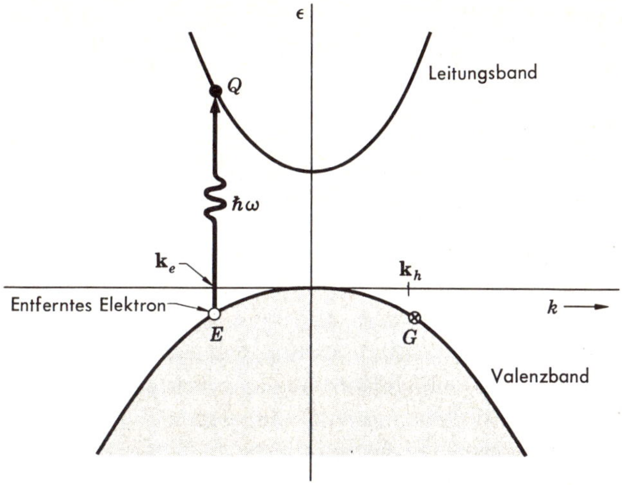

Bild 12: Absorption eines Photons der Energie $\hbar\omega$; ein vernachlässigbarer Wellenvektor bringt ein Elektron von E aus dem besetzten Valenzband nach Q in das Leitungsband. War $\mathbf{k}_e$ der Wellenvektor des Elektrons in E , so wird er derselbe für das Elektron in Q sein. Der Gesamtwellenvektor des Valenzbandes nach der Absorption ist $-\mathbf{k}_e$ und diesen Wellenvektor müssen wir dem Loch zuschreiben, sofern wir das Valenzband so beschreiben, als sei es von einem Loch besetzt. Folglich gilt $\mathbf{k}_h = -\mathbf{k}_e$, der Wellenvektor des Loches ist gleich dem Wellenvektor des Elektrons, das in G verbleibt. Nach der Absorption des Photons ist der Gesamtwellenvektor des ganzen Systems $\mathbf{k}_e + \mathbf{k}_h = 0$. Der Gesamtwellenvektor wird also durch die Absorption des Photons und die Erzeugung eines freien Elektrons und eines freien Loches nicht verändert.

zuordnet. Das ist überraschend: Das Elektron fehlt bei $\mathbf{k}_e$, und der Ort des Loches wird in graphischen Darstellungen üblicherweise bei $\mathbf{k}_e$ angegeben, was auch in unserer Abbildung geschehen ist. Der wahre Wellenvektor des Loches, das sich bei E befindet, ist jedoch $-\mathbf{k}_e$, also gleich dem Wellenvektor des Punktes G. Der wahre Wellenvektor tritt in Auswahlregeln auf, wie beispielsweise in der für die Photonenabsorption in Bild 12.

Die Bewegungsgleichung für ein Elektron in einem Kristall lautet $\hbar\, d\mathbf{k}_e/dt = \mathbf{F}_e$; $\mathbf{F}_e$ ist die Kraft auf ein Elektron.
Wegen $\mathbf{k}_h = -\mathbf{k}_e$ gilt für Löcher:

$$(11) \qquad \hbar \frac{d\mathbf{k}_h}{dt} = -\hbar \frac{d\mathbf{k}_e}{dt} = -\mathbf{F}_e \ ,$$

und daraus folgt

$$\hbar \frac{d\mathbf{k}_h}{dt} = e(\mathbf{E} + \frac{1}{c}\mathbf{v}_e \times \mathbf{B}) \ ; \qquad \text{(CGS)}$$

(12)

$$\hbar \frac{d\mathbf{k}_h}{dt} = e(\mathbf{E} + \mathbf{v}_e \times \mathbf{B}) \ . \qquad \text{(SI)}$$

Das ist die Bewegungsgleichung eines positiv geladenen Teilchens in einem elektrischen Feld; sie gilt auch für das Magnetfeld, vorausgesetzt es gilt $\mathbf{v}_h = \mathbf{v}_e$ (dies wird weiter unten bewiesen). Aus Bild 11 ist der Grund dafür ersichtlich, daß das Vorzeichen von $d\mathbf{k}_h/dt$ entgegengesetzt zu dem von $d\mathbf{k}_e/dt$ ist: der unbesetzte Zustand bewegt sich in Richtung $E \to D \to C \ldots$ genau wie die Elektronen in den benachbarten Zuständen. Aber das zugehörige ungepaarte Elektron bewegt sich in der entgegengesetzten Richtung, nämlich von $G \to H \to I \ldots$ im $\mathbf{k}$ -Raum. $\mathbf{v}_e$ ist die Geschwindigkeit, die das fehlende Elektron haben würde.

Die Geschwindigkeit (oder Gruppengeschwindigkeit) $\mathbf{v}_h$ des Loches wird durch folgende Überlegung bestimmt. Fehlt ein Elektron im Zustand E des Bildes 11b, dann besteht der elektrische Strom im Band nur aus einem ungepaarten Elektron im Zustand G:

(13) $$\mathbf{j} = -e\mathbf{v}(G) = e[-\mathbf{v}(G)] \ .$$

Gleichung (13) kann man als Strom einer positiven Ladung e mit der Geschwindigkeit $-\mathbf{v}(G)$ ansehen. Jetzt ist $-\mathbf{v}(G)$ gleich der Geschwindigkeit $\mathbf{v}(E)$ im Zustand E, dem Zustand, aus dem das Elektron entfernt wurde. Deshalb kann man für den Strom auch schreiben

(14) $$\mathbf{j} = e\mathbf{v}(E) \ .$$

Es gilt $\mathbf{v}(E) = -\mathbf{v}(G)$, weil $d\epsilon/d\mathbf{k}$ Werte mit entgegengesetzten Vorzeichen in den Punkten E und G hat. Der Strom stimmt mit einer positiven Ladung für das Loch überein, wenn die Geschwindigkeit des Loches gleich der des fehlenden Elektrons ist.

Das Elektron fehlt im Zustand $\mathbf{k}_e$. Also gilt, wenn $\mathbf{v}_e$ die Geschwindigkeit ist, die ein Elektron im Zustand $\mathbf{k}_e$ hätte,

(15) $$\boxed{\mathbf{v}_h = \mathbf{v}_e = \hbar^{-1} \nabla_{\mathbf{k}_e}\epsilon(\mathbf{k}_e).}$$

Hier bezeichnet das Symbol $\epsilon(\mathbf{k}_e)$ wieder die Energie eines Elektrons im Quantenzustand $\mathbf{k}_e$. Aus Bequemlichkeit kann man den Energienullpunkt an die Oberkante des völlig oder fast völlig besetzten Bandes legen. Dem

Loch, das durch das Fehlen eines Elektrons bei $\mathbf{k}_e$ entsteht, kann man die Energie

(16) $$\epsilon_h = -\epsilon(\mathbf{k}_e) \ .$$

zuordnen. Ist das Band symmetrisch[3]), d. h. ist $\epsilon(\mathbf{k}) = \epsilon(-\mathbf{k})$, so kann man ϵ_h als $\epsilon_h(\mathbf{k}_h)$ auffassen, weil $\mathbf{k}_h = -\mathbf{k}_e$ ist.

Daraus folgt

(17) $$\boxed{\epsilon_h(\mathbf{k}_h) = -\epsilon(\mathbf{k}_e) \ .}$$

Die Energie des Loches hat das entgegengesetzte Vorzeichen wie die Energie des fehlenden Elektrons - um ein Elektron aus einem energetisch tiefen Zustand zu entfernen, ist mehr Arbeit nötig als aus einem energetisch höheren Zustand. Für symmetrische Bänder folgt aus (15) und (17)

(18) $$\mathbf{v}_h = \hbar^{-1}\nabla\epsilon_h(\mathbf{k}_h).$$

Der Gradient gilt bezüglich $\mathbf{k}_h$. Aus (12) und (15) erhalten wir die Bewegungsgleichung für ein Loch:

(19)
$$\hbar\frac{d\mathbf{k}_h}{dt} = e(\mathbf{E} + \frac{1}{c}\mathbf{v}_h \times \mathbf{B}) = \mathbf{F}_h \ ; \qquad \text{(CGS)}$$

$$\hbar\frac{d\mathbf{k}_h}{dt} = e(\mathbf{E} + \mathbf{v}_h \times \mathbf{B}) = \mathbf{F}_h \ . \qquad \text{(SI)}$$

Dabei kann $\mathbf{v}_h$ aus (15) oder (18) stammen. Das Ergebnis (19) stellt die Bewegungsgleichung einer positiven Ladung dar, die unmittelbar den Vorzeichenunterschied des Hall-Effektes für Löcher und Elektronen erklärt oder für einen n- und p-Typ Halbleiter. Die effektive Masse des Loches (siehe nächster Abschnitt) besitzt immer ein der effektiven Masse des fehlenden Elektrons entgegengesetztes Vorzeichen: Die effektive Masse des Elektrons im Quantenzustand $\mathbf{k}_e$ (in dem es die Geschwindigkeit $\mathbf{v}_e$ besitzt) ist durch $m_e\, d\mathbf{v}_e/dt = -e\mathbf{E}$ definiert, die effektive Masse eines Loches durch $m_h\, d\mathbf{v}_h/dt = e\mathbf{E}$. Gemäß (15) ist $\mathbf{v}_h = \mathbf{v}_e$, so daß $d\mathbf{v}_e/dt = d\mathbf{v}_h/dt$, und damit gilt:

(20) $$\boxed{m_h = -m_e.}$$

3) Bänder sind immer gegenüber der Inversion $\mathbf{k} \to -\mathbf{k}$ symmetrisch, wenn die Spin-Bahn-Wechselwirkung vernächlässigbar ist. Selbst bei Spin-Bahn-Wechselwirkung sind Bänder immer symmetrisch, wenn die Kristallstruktur die Vertauschungsoperation zuläßt. Ohne Symmetriezentrum, aber mit Spin-Bahn-Wechselwirkung sind die Bänder dann symmetrisch, wenn für vergleichbare Nebenbänder die Spinrichtung umgekehrt wird: $\epsilon(\mathbf{k},\uparrow) = \epsilon(-\mathbf{k},\downarrow)$. Siehe QTF, Kapitel 9.

Es besteht ein großer Unterschied zwischen dem Verhalten eines e i n z e l - n e n Loches in der Nähe der oberen Bandkante eines sonst aufgefüllten Bandes und dem Verhalten eines e i n z e l n e n Elektrons in der Nähe der Oberkante eines sonst leeren Bandes. Das einzelne Elektron ist negativ geladen, und die effektive Masse eines Elektrons in der Nähe der oberen Bandkante ist nach den Ausführungen des folgenden Abschnittes negativ. Das Loch verhält sich bei gleicher Lage im Band so, als hätte es eine positive Ladung und eine positive Masse. Also ist das Verhältnis von Ladung zu Masse für das einzelne Elektron dasselbe wie für das entsprechende einzelne Loch. Es folgt weiter, daß das Elektron und das Loch durch ein elektrisches Feld in dieselbe Richtung beschleunigt werden, jedoch leistet dabei das Feld Arbeit am Loch, während das Elektron Arbeit am Feld leistet. In einem statischen Magnetfeld haben die Teilchen denselben Umlaufsinn. Man kann sie jedoch durch bestimmte Effekte wie z. B. durch die elektrische Leitfähigkeit unterscheiden, die vom Verhältnis (Ladung)^2 / Masse abhängt. Die Leitfähigkeit des Loches ist positiv und führt daher in einem elektrischen Feld zu einer Energieabsorption durch die Probe. Die Leitfähigkeit eines einzelnen Elektrons in einem Zustand negativer Masse ist negativ [4]) und führt zu einer Energieemission (im Gegensatz zur Absorption des Loches) der Probe in einem elektrischen Feld. Ein Elektron in einem solchen Quantenzustand ist instabil. Elektronen mit hohem $\epsilon_{\mathbf{k}}$ sinken nämlich bei der Einstellung des Gleichgewichts zu tiefen Energien, Löcher mit kleinem $\epsilon_{\mathbf{k}}$ steigen dagegen zu höheren Energiewerten.

Effektive Masse von Kristallelektronen

Aus (9.61) und Bild 9.8 geht hervor, daß für die Energie eines Elektrons in einem Zustand an der unteren Bandkante des zweiten Bandes folgender Ausdruck gilt:

$$(21) \qquad \epsilon(\delta) = \epsilon_1(-) + \hbar^2 \delta^2/2m^* .$$

Hier ist δ die Wellenzahl, bezogen auf die Zonengrenze als den Nullpunkt und

$$(22) \qquad m^* \equiv m/[1 - 2\lambda_1/U_1];$$

$\lambda_1 = \hbar^2(\frac{1}{2}G_1)^2/2m$; U_1 wird so gewählt, daß $U(x) = U_1 \cos G_1 x$. U_1 soll negativ sein, um am Punkt $x = 0$ ein anziehendes Potential zu ergeben.

---

[4]) Siehe H. Kroemer, Phys. Rev. **109**, 1856 (1955); C. Kittel, Proc. Nat. Acad. Sci. **45**, 744 (1959).

Kleine negative U_1 -Werte führen zu niedrigen Werten der effektiven Masse nahe der Energielücke.

Die Form der Gleichung (21) legt die Auffassung nahe, daß sich Kristallelektronen so verhalten, als hätten sie eine Masse, die sich von der Masse des freien Elektrons unterscheidet. Es gibt tatsächlich auch Kristalle, in denen die effektive Masse der Ladungsträger viel größer oder kleiner ist als m; die effektive Masse kann anisotrop und sogar negativ sein. Effektive Massen kleiner als $0,01\ m$ sind beobachtet worden (Kap. 11). Der Kristall wiegt nicht weniger, wenn m^* kleiner ist als m; auch ist das Newtonsche Aktionsprinzip (Kraft = Masse mal Beschleunigung) nicht verletzt, sofern man den Kristall als Ganzes betrachtet. Worauf es ankommt, ist, daß ein Elektron in einem periodischen Potential durch ein äußeres elektrisches oder magnetisches Feld relativ zum Gitter so beschleunigt wird, als wäre seine Masse gleich einer effektiven Masse, die im folgenden definiert werden soll.

Wir differenzieren das Ergebnis für die Gruppengeschwindigkeit (1) und erhalten

$$\text{(23)} \qquad \frac{dv_g}{dt} = \hbar^{-1}\frac{d^2\epsilon}{dk\,dt} = \hbar^{-1}\left(\frac{d^2\epsilon}{dk^2}\frac{dk}{dt}\right) .$$

Aus Gleichung (5) wissen wir, daß $dk/dt = F/\hbar$ ist, folglich gilt

$$\text{(24)} \qquad \frac{dv_g}{dt} = \left(\frac{1}{\hbar^2}\frac{d^2\epsilon}{dk^2}\right)F \; ; \qquad \text{oder} \qquad F = \frac{\hbar^2}{d^2\epsilon/dk^2}\frac{dv_g}{dt} .$$

Offensichtlich hat $\hbar^2/(d^2\epsilon/dk^2)$ die Funktion einer Masse; dann nimmt (24) die Form von Newtons 2. Gesetz an. Wir definieren die effektive Masse m^* wie folgt:

$$\text{(25)} \qquad \boxed{m^* = \frac{\hbar^2}{d^2\epsilon/dk^2} .}$$

Ist die Energie eine quadratische Funktion von k, so kann man auch schreiben $\epsilon = (\hbar^2/2m^*)k^2$. Ein Ausschnitt von Bändern mit leichter und schwerer effektiver Masse ist in Bild 13 und 14 gezeichnet. (24) und (25) kann leicht so verallgemeinert werden, daß auch anisotrope Energieflächen mit berücksichtigt sind. Wir führen hier die Komponenten des Tensors für die reziproke effektive Masse ein:

$$\text{(26)} \qquad \left(\frac{1}{m^*}\right)_{\mu\nu} = \frac{1}{\hbar^2}\frac{d^2\epsilon_k}{dk_\mu\,dk_\nu} \; ; \qquad \frac{dv_\mu}{dt} = \left(\frac{1}{m^*}\right)_{\mu\nu} F_\nu ,$$

μ und ν sind kartesische Koordinaten.

Der physikalische Grund für das Auftreten der effektiven Masse

Wie ist es möglich, daß ein Elektron der Masse m auf ein äußeres Feld reagiert, als hätte es die Masse m^*, sobald es sich in einem Kristall befindet? Um den Grund dafür zu verstehen, betrachtet man die Bragg-Reflexion von Elektronenwellen in einem Gitter.

Man geht von der in Bild 9.8b dargestellten Bandstruktur aus, die für schwache Bindung gültig ist. Ein Quantenzustand nahe der Unterkante des tieferen Bandes kann recht gut durch eine ebene Welle der Form $\exp(ikx)$ mit dem Impuls $\hbar k$ dargestellt werden. Die Komponente $\exp[i(k - G_1)x]$ mit dem Impuls $\hbar(k - G_1)$ ist klein und wächst nur langsam mit zunehmendem k. In diesem Bereich ist $m^* \cong m$. Eine Zunahme der reflektierten Komponente $\exp[i(k - G_1)x]$ entspricht einer Impulsübertragung zwischen dem Gitter und dem Elektron. In der Nähe des Zonenrandes wird die reflektierte Komponente recht groß. Am Rand selbst ist ihre Amplitude der Amplitude von $\exp(ikx)$ gleich. Hier sind dann die Eigenfunktionen stehende Wellen und nicht mehr laufende Wellen. Hier hebt die Komponente des Impulses $\hbar(-\frac{1}{2}G_1)$ jene des Impulses $\hbar(\frac{1}{2}G_1)$ auf.

Es ist nicht überraschend, knapp unterhalb der Zonengrenze negative Werte für m^* zu finden. Eine negative [5]) effektive Masse bedeutet, daß beim Übergang vom Quantenzustand k zum Quantenzustand $k + \Delta k$ die

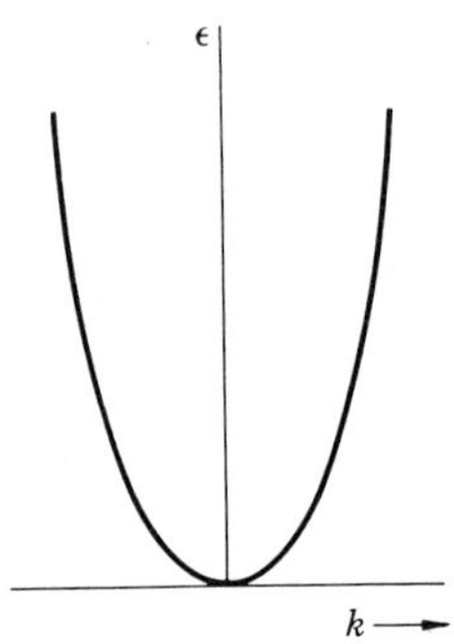

Bild 13:
Energieband mit leicher effektiver Masse.

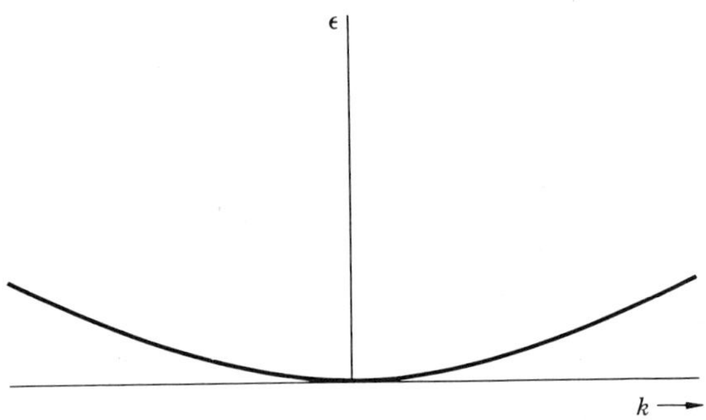

Bild 14:
Energieband mit schwerer effektiver Masse

[5]) Ein einzelnes Elektron in einem Energieband kann eine positive oder negative effektive Masse besitzen: die Quantenzustände positiver effektiver Masse liegen in der Nähe von unteren Bandkanten, da eine positive Masse eine nach oben gerichtete Krümmung ($\partial^2\epsilon/\partial k^2$ ist positiv) des Bandes bedeutet. Zustände negativer effektiver Masse treten an oberen Bandkanten auf.

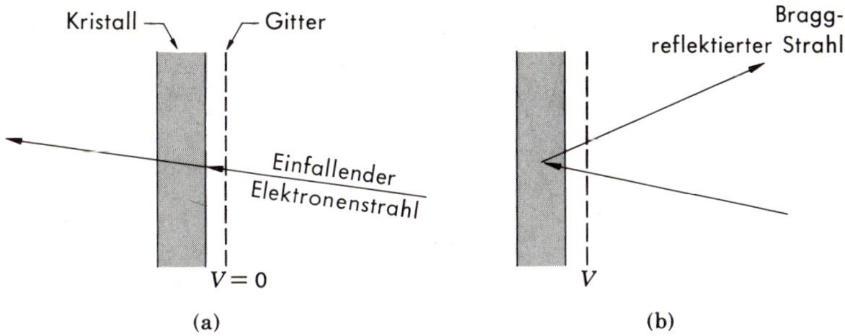

Bild 15: Erklärung der leichten effektiven Massen, die in der Nähe der Grenze einer Brillouin-Zone auftreten. Bei (a) ist die Energie des auf einen dünnen Kristall einfallenden Elektronenbündels etwas zu groß oder etwas zu klein, um die Braggsche Reflexionsbedingung zu erfüllen; das Bündel wird deshalb vom Kristall durchgelassen. Durch das Anlegen einer geringen elektrischen Spannung an das Gitter kann es, wie in (b), möglich werden, die Bragg-Bedingung zu erfüllen, und das Elektronenbündel wird dann von einer geeigneten Schar von Netzebenen reflektiert.

Impulsübertragung vom Gitter an das Elektron entgegengesetzt und größer ist als die Impulsübertragung von der äußeren Kraft an das Elektron. Obwohl k durch das äußere Feld um Δk zunimmt, ergibt die nachfolgende Bragg-Reflexion insgesamt eine Abnahme des nach vorn gerichteten Impulses des Elektrons, so daß die effektive Masse als negativ angesehen werden kann.

Mit wachsendem Abstand von der Zonengrenze im zweiten Band fällt die Amplitude von $\exp[i(k - G_1)x]$ ab, und m^* nimmt einen kleinen positiven Wert an. Hier ist die Zunahme der Elektronengeschwindigkeit durch eine gegebene Kraft größer, als man für ein freies Elektron erwartet. Dieser Unterschied ist durch den Rückstoß verursacht, den das Gitter beim Abfall der Amplitude von $\exp[i(k - G_1)x]$ erfährt. Eine anschauliche Diskussion dieser Gedanken gibt Bild 15.

Eine kleine Änderung der Energie des Elektronenstrahls ist die Ursache für eine große Änderung des Impulses des Strahles. Diese Situation entspricht einer leichten effektiven Masse. In diesem Experiment kann die effektive Masse positiv oder negativ sein, je nachdem ob die Anfangsenergie oberhalb oder unterhalb der Bragg-Energie liegt. Der Kristall selbst erfährt bei der Reflexion eines Elektrons den üblichen klassischen Rückstoß.

Hängt die Energie eines Bandes nur schwach von $\mathbf{k}$ ab, dann ist die effektive Masse sehr groß. D.h. $m^*/m \gg 1$, weil $d^2\epsilon/dk^2$ sehr klein ist. Die Näherung fester Bindungen, wie sie im Anhang F diskutiert wird, erlaubt einen guten Einblick in die Bildung schmaler Bänder.

Wenn die Wellenfunktionen benachbarter Atome ein wenig überlappen, dann wird auch das Überlappungsintegral γ, wie es in (F.6) definiert wird, klein sein. Die Bandbreite (F.9) ist sehr klein, aber die effektive Masse (F.11) sehr groß. Die Überlappung von Wellenfunktionen benachbarter Atome ist klein für die inneren oder Rumpfelektronen. So überlappen die 4f Elektronen der Seltenen Erden sehr wenig. Das Überlappungsintegral bestimmt die Rate des quantenmechanischen Tunnelns eines Elektrons von einem Ion zum andern. Ist die effektive Masse groß, dann tunnelt das Elektron nur langsam von einem Ion zu einem benachbarten Ion im Gitter. Sehr schmale Bänder, die mit den 1s-, 2s- und 2p-Niveaus von Natrium verknüpft sind, findet man auf Seite 240 bei J.C.Slater, Rev. Mod. Phys. **6**, 209 (1934).

Wellenfunktionen für verschwindenden Wellenvektor

Es mag dem Leser so erscheinen, als wären die komplizierten Wellenfunktionen der Elektronen in freien Atomen mit der auf dem Modell des fast freien Elektrons beruhenden Bandstruktur nicht in Zusammenhang zu bringen. Wir wollen nun zeigen, daß über den größten Teil eines Bandes die Energie angenähert in derselben Weise wie beim freien Elektron vom Wellenvektor abhängen kann. Gleichzeitig kann die Form der Wellenfunktionen von ebenen Wellen sehr verschieden sein und ähnlich wie bei einem freien Atom zu einer erhöhten Ladungsdichte bei den positiv geladenen Ionenrümpfen führen.

Die von der Bloch-Funktion erfüllte Schrödinger-Gleichung lautet

$$\left(\frac{1}{2m}p^2 + U(\mathbf{r})\right)e^{i\mathbf{k}\cdot\mathbf{r}}u_{\mathbf{k}}(\mathbf{r}) = \epsilon_{\mathbf{k}}e^{i\mathbf{k}\cdot\mathbf{r}}u_{\mathbf{k}}(\mathbf{r}). \tag{27}$$

Mit $\mathbf{p} \equiv -i\hbar\,\mathrm{grad}_{\mathbf{r}}$ folgt:

$$\mathbf{p}e^{i\mathbf{k}\cdot\mathbf{r}}u_{\mathbf{k}}(\mathbf{r}) = \hbar\mathbf{k}e^{i\mathbf{k}\cdot\mathbf{r}}u_{\mathbf{k}}(\mathbf{r}) + e^{i\mathbf{k}\cdot\mathbf{r}}\mathbf{p}u_{\mathbf{k}}(\mathbf{r}); \tag{28}$$

$$p^2e^{i\mathbf{k}\cdot\mathbf{r}}u_{\mathbf{k}}(\mathbf{r}) = (\hbar\mathbf{k})^2e^{i\mathbf{k}\cdot\mathbf{r}}u_{\mathbf{k}}(\mathbf{r}) + e^{i\mathbf{k}\cdot\mathbf{r}}(2\hbar\mathbf{k}\cdot\mathbf{p})u_{\mathbf{k}}(\mathbf{r}) + e^{i\mathbf{k}\cdot\mathbf{r}}p^2u_{\mathbf{k}}(\mathbf{r}).$$

Damit kann (27) umgeformt werden zu

$$\left(\frac{1}{2m}(\mathbf{p} + \hbar\mathbf{k})^2 + U(\mathbf{r})\right)u_{\mathbf{k}}(\mathbf{r}) = \epsilon_{\mathbf{k}}u_{\mathbf{k}}(\mathbf{r}). \tag{29}$$

Für $\mathbf{k} = 0$ gilt $\psi_0 = u_0(\mathbf{r})$, wobei $u_0(\mathbf{r})$ die Periodizität des Gitters besitzt und in der Nähe der Ionenrümpfe eine gewisse Ähnlichkeit mit der Wellenfunktion des freien Atoms aufweist.

Man findet gewöhnlich leichter eine gute Lösung für $\mathbf{k} = 0$ als für ein allgemeines $\mathbf{k}$. Man betrachte die Funktion

$$(30) \qquad \psi = u_0(\mathbf{r})e^{i\mathbf{k}\cdot\mathbf{r}}.$$

Sie hat zwar die Blochsche Form, ist jedoch keine exakte Lösung von (29), da die $\mathbf{k}$-Abhängigkeit der Funktion u unberücksichtigt bleibt. Trotzdem ist (30) wahrscheinlich eine weit bessere Näherung für die tatsächliche Wellenfunktion als eine ebene Welle. Die Energie der Näherungslösung hängt von $\mathbf{k}$ ab wie $(\hbar k)^2/2m$, genau wie bei der ebenen Welle, obwohl die durch $u_0(\mathbf{r})$ dargestellte Modulation ziemlich stark sein kann. Weil u_0 eine Lösung von

$$(31) \qquad \left(\frac{1}{2m}\mathbf{p}^2 + U(\mathbf{r})\right)u_0(\mathbf{r}) = \epsilon_0 u_0(\mathbf{r}) \ ,$$

ist, beträgt die Energie für die Funktion (30) $\epsilon_0 + (\hbar^2k^2/2m)$.

An einer verläßlichen Berechnung von $u_0(\mathbf{r})$ besteht beträchtliches Interesse, da diese Funktion oft ein gutes Bild von der Ladungsverteilung innerhalb der Einheitszelle gibt. Wigner und Seitz entwickelten ein einfaches und recht genaues Rechenverfahren für $u_0(\mathbf{r})$. Bild 16a zeigt die Wigner-Seitz-Wellenfunktion des tiefsten Quantenzustandes im Leitungsband (3 s-Band) von metallischem Natrium. Diese Funktion ist praktisch über 90% des Atomvolumens konstant. Im selben Maße, in dem die Lösungen für höhere Werte von $\mathbf{k}$ durch $e^{i\mathbf{k}\cdot\mathbf{r}}u_0(\mathbf{r})$ entsprechend (30) angenähert werden können, ist es auch richtig zu sagen, daß die Wellenfunktionen im Leitungsband über den größten Teil des Atomvolumens ebenen Wellen gleichen, die jedoch im Bereich der Ionenrümpfe ausgeprägt oszillieren und anwachsen können.

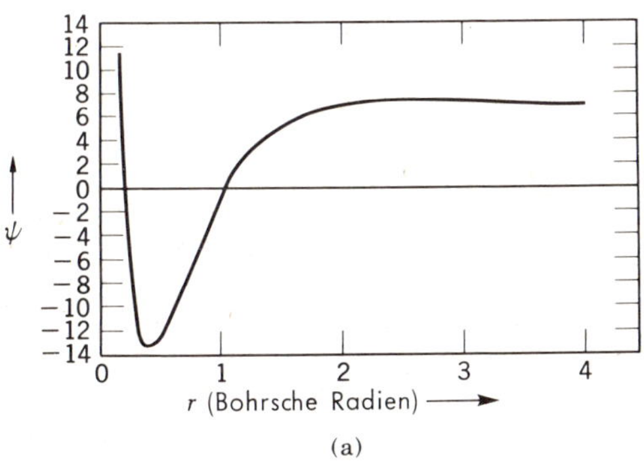

(a)

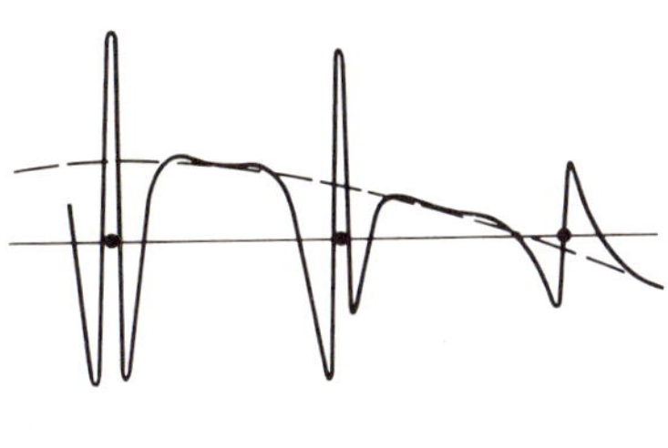

(b)

Bild 16: (a) Die energetisch tiefste Wellenfunktion $u_0(\mathbf{r})$ von metallischem Natrium, nach Wigner und Seitz. Die Längeneinheit beträgt $0,529 \cdot 10^{-8}$ cm. (b) Schematische Wellenfunktion in Natrium für endliches $\mathbf{k}$.

Einfluß des Gitters auf die Bindungsenergie von Metallen

Wir wollen nun die Bindungsenergie einfacher Metalle untersuchen. Bei einfachen Metallen liegt die Energie des Blochzustandes bei $\mathbf{k} = 0$ tiefer als die des elektronischen Grundzustandes freier Atome. Das ist der Grund für die Stabilität der Metalle. Diesen Effekt veranschaulicht Bild 17 für Natrium und Bild 18 für einen linearen, periodischen, anziehenden Potentialwall (Bild 17 zeigt die radiale Wellenfunktion!). Die Energie des Grundzustandes liegt für Atome mit festem Abstand wesentlich tiefer als für isolierte Atome.
Eine Abnahme der Energie des Grundzustandes entspricht einer Verstärkung der Bindung. Diese Abnahme der Energie des Grundzustandes, die bei periodisch wiederkehrender Anordnung der Atome auftritt, folgt aus der Änderung der Randbedingung für die Wellenfunktion: für das freie Atom

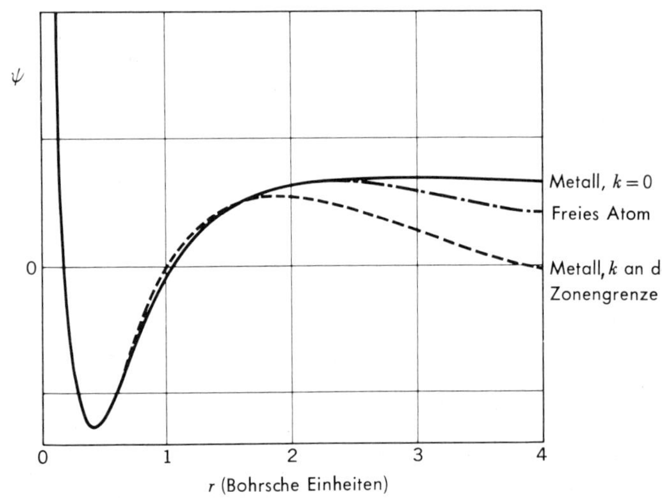

Bild 17: Radiale Wellenfunktionen für die $3s$-Zustände des freien Natriumatoms und das $3s$-Leitungsband des metallischen Natrium. Die Wellenfunktionen erhält man, wenn man die Schrödingergleichung für ein Elektron im Potential eines Na^+-Ionenrumpfes integriert. Integriert man beim freien Atom die Wellenfunktion, so ist diese der gewöhnlichen Schrödingerschen Randbedingung $\psi(r) \to 0$ für $r \to \infty$ unterworfen; der Energieeigenwert ist dann - 5,15 eV. Die Wellenfunktion zum Wellenvektor $k = 0$ im Metall unterliegt der Wigner-Seitz-Randbedingung $d\psi/dr = 0$, wenn r den Wert der halben Distanz der Nachbaratome hat. Die Energie dieses Zustandes beträgt - 8,2 eV, sie liegt also beträchtlich tiefer als die des freien Atoms. An der Zonengrenze sind die Zustände in Natrium nicht besetzt; deren Energie beträgt + 2,7 eV. (Nach E. Wigner und F. Seitz, Phys. Rev. **34**, 804 (1933)).

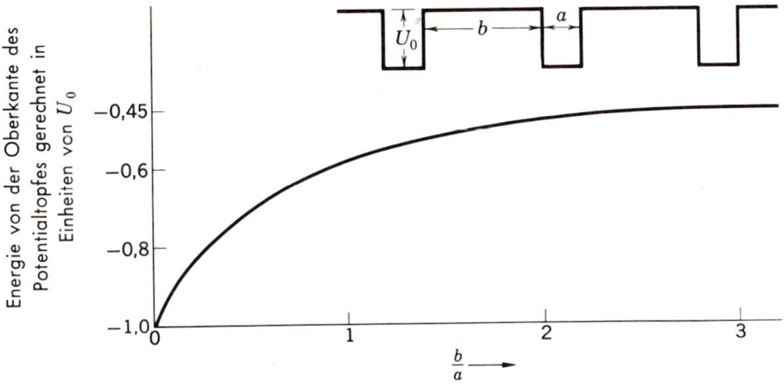

Bild 18: Energie des Grundzustands ($k = 0$) für ein Elektron in einem periodischen Kastenpotential der Tiefe $|U_0| = 2\hbar^2/ma^2$. Die Energie nimmt ab, wenn die Potentialtöpfe näher zusammenrücken. (Mit freundlicher Genehmigung von C. Y. Fong.)

gilt als Randbedingung für die Wellenfunktion $\psi(\mathbf{r}) \to 0$, $r \to \infty$, wobei $d\psi/dr$ stetig ist. Auch im periodischen Kristall sind keine Unstetigkeiten erlaubt, aber die Wellenfunktion $u_0(\mathbf{r})$ an der Stelle $\mathbf{k} = 0$ hat die Symmetrie des Gitters. Damit keine Unstetigkeiten auftreten, muß die Ableitung von ψ im ganzen Bereich zwischen benachbarten Atomen verschwinden. Wir fordern deshalb für die Wigner-Seitz-Zelle in kugelförmiger Näherung

$$(32) \qquad \left(\frac{d\psi}{dr}\right)_{r_0} = 0 \; .$$

r_0 ist der Radius einer Kugel, deren Volumen mit dem einer primitiven Elementarzelle des Gitters übereinstimmt. Für Natrium beträgt r_0 = = 3,95 Bohrsche Einheiten oder 2,08 Å; die Halbdistanz zu den nächsten Nachbarn beträgt 1,86 Å. Die kugelförmige Näherung erweist sich für fcc und bcc Strukturen als recht zweckmäßig.

Die Randbedingung (32) für die Wellenfunktion des Grundzustandes heißt **Wigner-Seitz-Randbedingung.** Diese Bedingung beeinflußt sehr wesentlich die Wellenfunktion: die Wellenfunktion des Grundzustandes darf weniger stark gekrümmt sein als die Randbedingung für das freie Atom zuläßt. Schwächere Krümmungen bedeuten aber geringere kinetische Energie $-(\hbar^2/2m)\nabla^2\psi$. Eine ausführliche Erklärung der neuen Randbedingungen findet man in Bild 19. Sie gelten jedoch nur für $\mathbf{k} = 0$ streng.

In grober Näherung kann man in Natrium die übrigen besetzten Zustände des Leitungsbandes durch Wellenfunktionen nach (30) darstellen. Es gilt

$$(33) \qquad \psi_{\mathbf{k}} = e^{i\mathbf{k}\cdot\mathbf{r}}u_0(\mathbf{r}) \; ; \qquad \epsilon_{\mathbf{k}} = \epsilon_0 + \frac{\hbar^2k^2}{2m} \; .$$

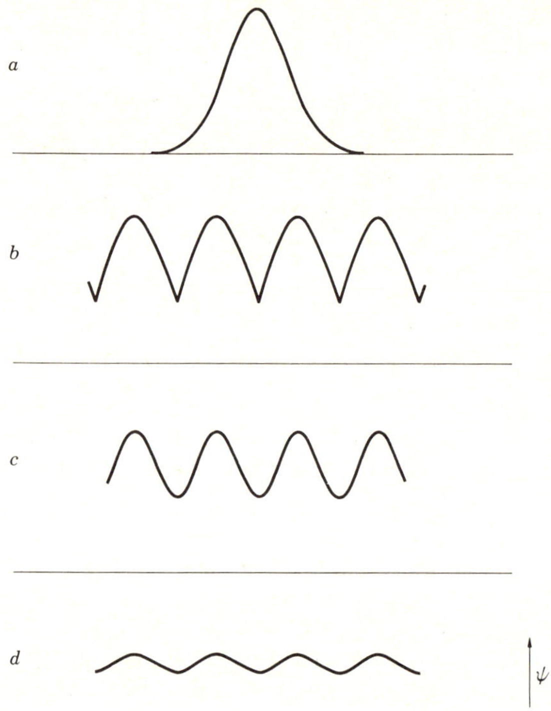

Bild 19: a zeigt die Wellenfunktion eines Teilchens in einem parabelförmigen Potential Teil b, c, d behandelt die Wellenfunktion eines Teilchens, das sich entlang einer linearen Anordnung parabelförmiger Potentiale bewegt. Die Funktion in b erhält man aus der direkten Kombination der Funktionen, die die Form a haben. Wir müssen jedoch b ausschließen, weil $d\psi/dx$ nicht stetig ist. In c ist die Unstetigkeit abgerundet worden, aber die Werte von $d^2\psi/dx^2$ in der Nähe der Vereinigung sind ziemlich groß. Sie werden wahrscheinlich einen zu hohen Wert der kinetischen Energie für diese Funktion liefern, die eine Lösung der Wellengleichung mit konstanter Energie sein soll. Die Lösung mit der tatsächlich tiefsten Energie könnte etwa die von d sein.

Aus Tabelle 7.1. ergibt sich die Fermi-Energie zu 3,1 eV. Die mittlere kinetische Energie pro Elektron beträgt 6/10 der Fermi-Energie, oder 1,9 eV. Für die Lösung in Bild 17 gilt $\epsilon_0 = -8{,}2$ eV; deshalb erhalten wir für die mittlere kinetische Energie

$$\epsilon_k = -8{,}2 + 1{,}9 = -6{,}3 \text{ eV}. \tag{34}$$

Verglichen damit liegt der Wert für ein Valenzelektron des freien Atoms bei - 5,15 eV. Daraus kann man schließen, daß Natrium bis etwa 1,1 eV stabil ist, bezogen auf das freie Atom. Dieses Ergebnis stimmt ziemlich gut mit dem experimentellen Wert von 1,13 eV, der in Tabelle 3.1 angegeben ist, überein. Die Beziehungen der verschiedenen Energien zueinander sind in Bild 20 dargestellt. Wir haben bei unsern Überlegungen verschiedene Korrekturen vernachlässigt, deren Gesamteinfluß bei Natrium jedoch sehr gering ist. Die Bandstruktur von Natrium zeigt Bild 21, berechnet in der Näherung fast freier Elektronen. Der Wert für die relevante Fourierkomponente des Gitterpotentials stammt aus Experimenten über den Haas-Van Alphen-Effekt, der weiter unten diskutiert wird. Die Experimente sind gegenüber Abweichungen von der Kugelgestalt der Fermi-Flächen sehr empfindlich, erlauben jedoch eine genaue Bestimmung von U_G.

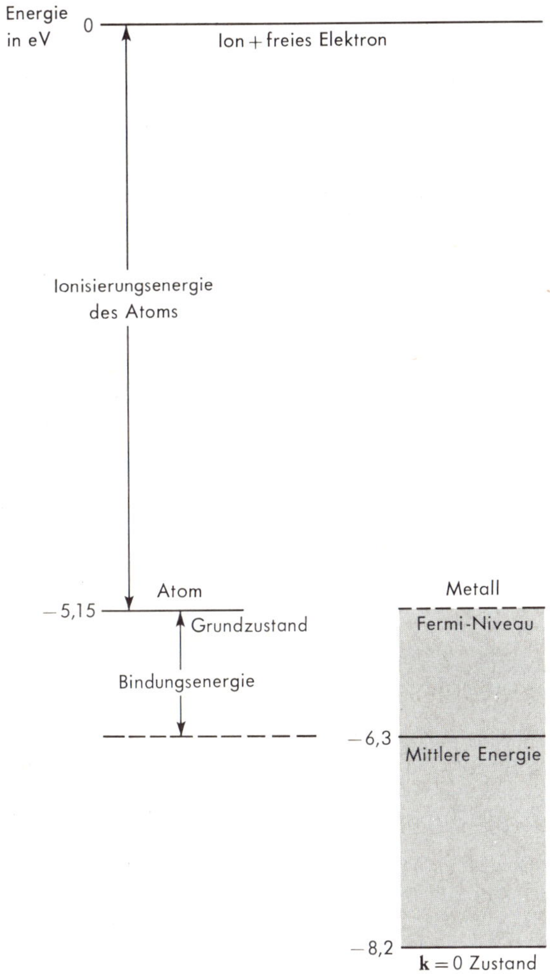

Bild 20: Die Bindungsenergie von metallischem Natrium ist die Differenz zwischen der mittleren Energie eines Elektrons im Metall (- 6,3 eV) und der Energie des Grundzustandes (- 5,15 eV) des 3s-Valenzelektrons im freien Atom.

Pseudopotentiale*)

Die Zustände der Leitungselektronen in Metallen sind im Gebiet zwischen den Ionenrümpfen einfach und ungestört. Doch in der Nähe der Ionenrümpfe sind sie durch eine verzwickte Struktur recht kompliziert, wie Bild 17 für den Grundzustand von Natrium zeigt. Der Raum zwischen den Ionenrümpfen (Bild 22) bestimmt bei vielen Metallen den größten Teil des Volumens. Die potentielle Energie eines Leitungselektrons ist in diesem äußeren Bereich relativ klein: sie besteht aus dem Coulomb-Potential der positiven Ladung der Ionen, wird jedoch reduziert durch die elektrostatische Abschirmung der übrigen Leitungselektronen. Im äußeren Bereich sind die Wellenfunktionen irgendwie geartete ebene Wellen. Das starke und sich schnell ändernde Potential in der Nähe der Atomkerne stört sie ebenso wenig wie die Orthogonalitätsforderung[6]) , der die Wellenfunktionen der Rumpfelektronen unterliegen. Die Orthogonalitätsbedingung

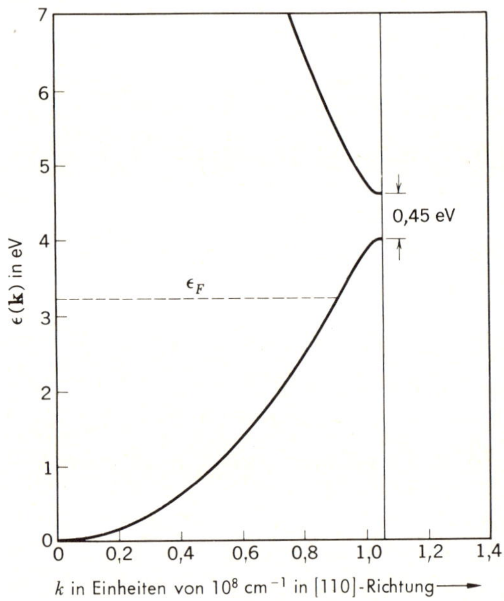

Bild 21: Bandstruktur von Natrium in [100] Richtung, berechnet von A.W. Overhauser, Phys. Rev. **156**, 844 (1967).

*) Zum Verständnis dieses Kapitels ist die Kenntnis der Quantentheorie erforderlich.

[6]) Ein Zustand $\psi(\mathbf{r})$ ist orthogonal zu einem anderen Zustand $\psi_c(\mathbf{r})$, wenn $\int d^3\mathbf{x}\psi^*(\mathbf{r})\psi_c(\mathbf{r}) = 0$.

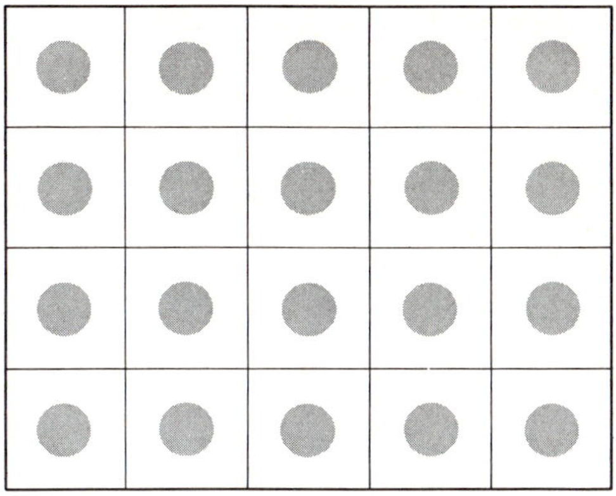

Bild 22: In vielen Metallen stellt das Volumen der Ionenrümpfe nur einen Teil des Metallvolumens dar. In Natrium ist z.B. das Volumen der Ionenrümpfe 4,0 $Å^3$ und das atomare Volumen 38 $Å^3$. Die potentielle Energie ist kleiner außerhalb der Ionenrümpfe als innerhalb, und die Wellenfunktionen der Leitungselektronen sind außerhalb der Rümpfe viel stärker gedämpft.

ist auch die Ursache für das Auftreten von Knoten (Nullstellen) in der Wellenfunktion des Rumpfgebietes: der Zustand des 3s Leitungsbandes von Natrium hat zwei Knoten. Deshalb kann er orthogonal zu den 1s und 2s Elektronen des Ionenrumpfes sein. Der Zustand des 4s Leitungsbandes von Kalium zeigt drei Knoten.

Wenn die Zustände der Leitungselektronen im äußeren Bereich angenähert durch ebene Wellen dargestellt werden können, dann muß ihre Energie näherungsweise vom Wellenvektor für freie Elektronen wie $\epsilon_{\mathbf{k}} = \hbar^2k^2/2m$ abhängen. Das schwache Potential, das ein Elektron im äußeren Gebiet "sieht", kann als Störung behandelt werden. Diese vermischt die Komponenten $\mathbf{k}$ und $\mathbf{k} + \mathbf{G}$ der ebenen Wellen nur an den Rändern der Brillouin-Zone vollständig. Doch wie gehen wir im Rumpfgebiet selbst vor, wo man die Zustände nicht mit ebenen Wellen beschreiben kann und das Potential sehr stark ist? Was im einzelnen im Rumpf selbst geschieht, ist ziemlich bedeutungslos für die $\mathbf{k}$ -Abhängigkeit der Energie ϵ. Wir können nämlich die Energie berechnen, indem wir den Hamilton-Operator auf einen beliebigen Zustand anwenden. Im äußeren Gebiet ergibt diese Operation dann die Energie des freien Elektrons.

Tatsächlich können wir die gegebene potentielle Energie des Rumpfbereiches durch eine effektive potentielle Energie ersetzen, das **Pseudopoten-**

tial. Dieses liefert auch außerhalb des Rumpfes dieselben Wellenfunktionen wie das gegebene Potential [7]) .

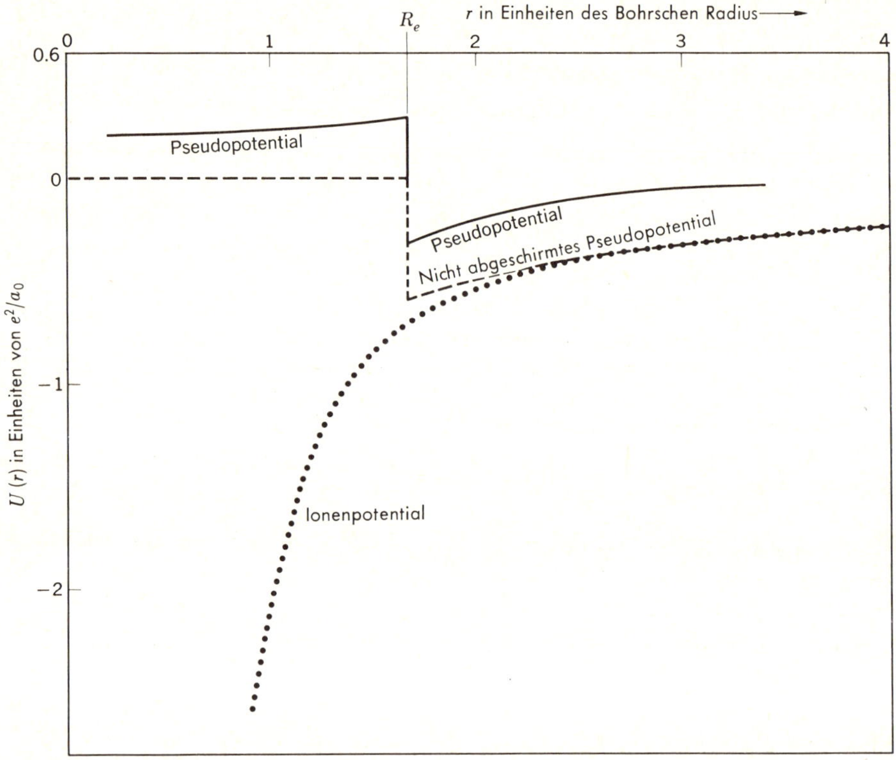

Bild 23: Pseudopotential für metallisches Natrium, ausgehend vom Modell des leeren Rumpfes und abgeschirmt durch die dielektrische Funktion (D.13) nach Thomas-Fermi. Die Berechnung wurde für einen leeren Rumpfradius $R_e = 1{,}66\, a_0$ gemacht, wo a_0 der Bohrsche Radius ist, und für einen Abschirmparameter $\lambda a_0 = 0{,}79$ aus Gl. (8.23).
Die gestrichelte Kurve zeigt das nicht abgeschirmte Potential nach (35). Die punktierte Kurve ist das tatsächliche Ionenrumpfpotential. Entsprechende Werte für $V(r)$ sind - 50,4; - 11,6; - 4,6 für ein $r = 0{,}15$; 0,4 und 0,7. Daher ist das tatsächliche Ionenpotential (das so gewählt ist, daß es mit den Energiewerten des freien Atoms übereinstimmt) sehr viel größer als das Pseudopotential; bei $r = 0{,}15$ über 200 mal größer.

[7]) J.C. Phillips und L. Kleinman, Phys. Rev. **116**, 287 (1959). Die allgemeine Theorie der Pseudopotentiale wird diskutiert von B.J. Austin, V. Heine und L.J. Sham, Phys. Rev. **127**, 276 (1962).

Beunruhigend an der Idee des Pseudopotentials ist lediglich, daß es im Rumpfgebiet fast null ist. Diese Feststellung rührt von einer Vielzahl praktischer Erfahrungen mit Pseudopotentialen her, ebenso aus theoretischen Überlegungen, die manchmal als Annullierungstheorem [8]) bezeichnet werden. Wenn wir einmal das nicht abgeschirmte Pseudopotential als Null innerhalb eines Radius R_e annehmen, dann erhalten wir eine Form, die man das Modell des leeren Rumpfes nennt und sich überraschend gut bewährt hat:

$$(35) \qquad U(r) = \begin{cases} 0 \quad , & \text{für } r < R_e \ ; \\ -\dfrac{e^2}{r} \ , & \text{für } r > R_e \ . \end{cases}$$

Dieses Potential muß noch abgeschirmt werden; d.h. jede Fourierkomponente $U(\mathbf{K})$ von $U(r)$ muß durch die dielektrische Funktion $\epsilon(\mathbf{K})$ des Elektronengases dividiert werden.

Nehmen wir z.B. die dielektrische Funktion (D.13), so erhalten wir das Pseudopotential, das in Bild 23 gezeichnet ist. Das Pseudopotential ist sehr viel schwächer als das wirkliche Potential, doch sind die Wellenfunktionen im äußeren Bereich für beide Potentiale nahezu identisch.

Die Berechnung der Bandstruktur eines Kristalls erfordert nur die Kenntnis der Werte $U(\mathbf{G})$ der Fourierkoeffizienten des Potentials bei den reziproken Gittervektoren. Oft braucht man nur wenige Koeffizienten, um die Bandstruktur ziemlich genau bestimmen zu können. Manchmal berechnet man diese Koeffizienten mit Hilfe von Potentialmodellen, manchmal gewinnt man sie aus Experimenten. Die Werte $U(\mathbf{G})$ vieler Elemente findet man in den Tabellen und Zeichnungen des Übersichtsartikels von Cohen und Heine.

---

[8]) Eine vollständige Übersicht über die Experimente mit verschiedenen Pseudopotentialen und die Berechnungen von Modellen geben M.L.Cohen und V.Heine, Solid state physics **25**, (1970). Die Zweckmäßigkeit des Modells eines leeren Rumpfes ist schon viele Jahre bekannt; siehe H.Hellmann, Acta Physiochimica URSS **1**, 913 (1935) sowie H.Hellmann und W.Kassatotschkin, J.Chem. Phys. **4**, 324 (1936), wo es heißt: "Da das Feld des so bestimmten Ions einen ziemlich flachen Verlauf hat, genügt es in erster Näherung, das Valenzelektron des Gitters einer ebenen Welle gleichzusetzen".

Experimentelle Methoden zur Untersuchung von Fermi-Flächen

Zur Untersuchung der Fermi-Flächen von Metallen hat man eine Reihe wirksamer experimenteller Methoden entwickelt. Dazu [9]) gehören u. a.:

a) Anomaler Skineffekt,
b) Zyklotronresonanz,
c) Widerstandsänderung in Magnetfeldern,
d) De Haas-Van Alphen-Effekt,
e) Ultraschallausbreitung in Magnetfeldern,
f) Optisches Reflexionsvermögen.

Wir werden b) und d) für allgemeine Fermi-Flächen diskutieren. a) und c) sind bereits behandelt, jedoch nur für freie Elektronen.

Zyklotronresonanz in Metallen

In Bild 24 ist eine oft in Zyklotronresonanzexperimenten an Metallen verwendete Geometrie skizziert. Der Bahnradius eines Elektrons in einem Magnetfeld von 10 kG liegt in der Größenordnung von 10^{-3} cm; damit ist er viel größer als die Eindringtiefe (des Skineffekts) bei Frequenzen aus dem Mikrowellenbereich in reinen Metallen bei tiefen Temperaturen. Elektronen auf Bahnen wie der eingezeichneten sehen das HF-Feld nur während eines geringen Teils ihres Umlaufs. Sie werden darum, über viele Umläufe betrachtet, nur dann durch das HF-Feld beschleunigt, wenn sie in aufeinanderfolgenden Umläufen stets in derselben Phase des HF-Feldes in der Eindringtiefe ankommen. Die Resonanzbedingung lautet also: Die Periode T des Elektrons auf seiner Bahn muß gleich einem ganzen Vielfachen n der Periode $2\pi/\omega$ des HF-Feldes sein

$$T = 2\pi n/\omega. \tag{36}$$

Weiter gilt $T = 2\pi/\omega_c = 2\pi m_c^* c/eB$, wobei m_c^* die effektive Masse für Zyklotronresonanz bezeichnet. Also sind die Elektronen in einem durch $2\pi m_c^* c/eB = 2\pi n/\omega$ beschriebenen Magnetfeld in Resonanz, d. h. wenn

$$B = \frac{\omega m_c c}{en}\;; \quad \text{(CGS)} \qquad\qquad B = \frac{\omega m_c}{en}\,. \quad \text{(SI)} \tag{37}$$

---

[9]) Die verschiedenen Methoden werden ausführlich in A. B. Pippard, Dynamics of conduction electrons, Gordon and Breach, 1965, in W. A. Harrison und M. B. Webb (Herausgeber), The Fermi surface, Wiley, 1960 und in QTF besprochen.

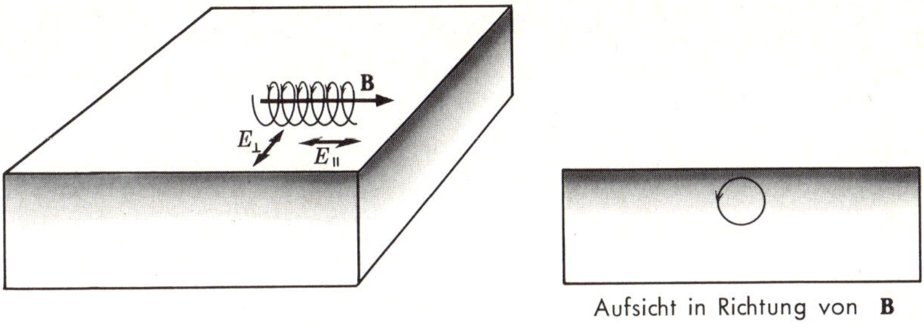

Bild 24: Die "Azbel-Kaner-Anordnung" wird oft zur Untersuchung der Zyklotronresonanz in Metallen verwendet. Das hochfrequente elektrische Feld **E** kann senkrecht oder parallel zu dem statischen Magnetfeld **B** liegen, doch sind sowohl **B** als auch **E** parallel zur Oberfläche des Probekörpers. Die Eindringtiefe des HF-Feldes ist durch die Schattierung angedeutet. Eine Elektronenbahn ist gleichfalls eingezeichnet. In der Nähe des Scheitelpunktes jedes Umlaufs erreicht das Elektron die Eindringtiefe und ist dort dem elektrischen HF-Feld ausgesetzt, wodurch es Energie gewinnt oder verliert.

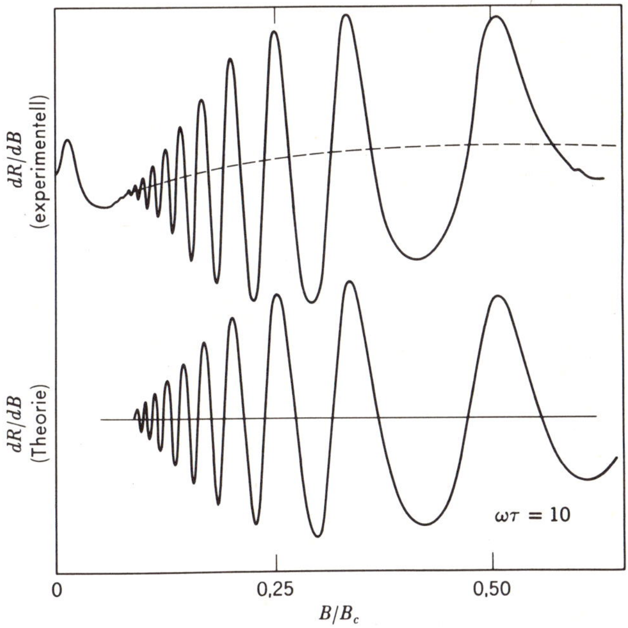

Bild 25: Zyklotronresonanz in Kupfer bei 24 GHz. Vergleich zwischen der berechneten Abhängigkeit des Magnetfeldes von der Ableitung des Oberflächenwiderstandes mit experimentellen Ergebnissen. Hier ist B_c das Feld (37) für $n = 1$. [Nach A. F. Kip, D. N. Langenberg und T. W. Moore, Phys. Rev. **124**, 359 (1961). Ergebnisse bei 400 GHz geben P. Goy und G. Weisbuch an, Phys. kondens. Materie **9**, 200 (1969).

Bild 26:
Fermi-Fläche von Kupfer nach Pippard. Die Brillouin-Zone der fcc-Struktur ist das abgeschnittene Oktaeder, das in Kapitel 2 abgeleitet wurde. Die Fermi-Fläche berührt die Zone im Mittelpunkt der hexagonalen Flächen, also in den [111]-Richtungen des **k**-Raums. Die zwei eingezeichneten "Bauch"-Extremalbahnen sind mit einem *B* gekennzeichnet, die extremale "Halsbahn" durch ein *N*.

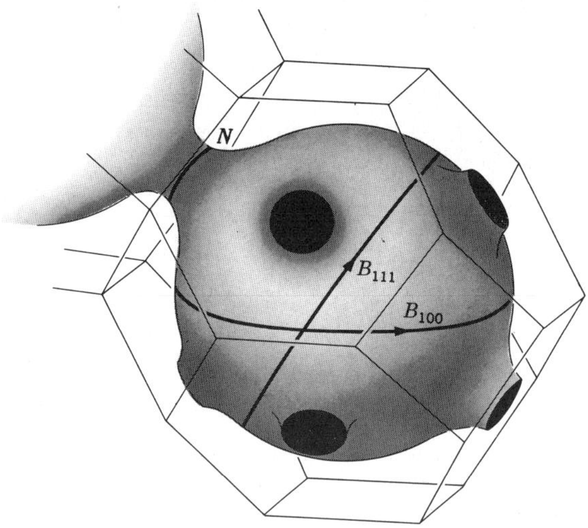

Viele Oberschwingungen ($n > 1$) sind beobachtet worden, so wie z. B. in Bild 25 an reinem Kupfer bei Heliumtemperaturen. Die an Kupfer gewonnenen Ergebnisse bestätigen das Modell (Bild 26) der Fermi-Fläche, das von Pippard aus Ergebnissen über den anomalen Skineffekt abgeleitet wurde. Diese Fermi-Fläche unterscheidet sich deutlich von einer Kugel: acht Ausstülpungen (sogenannte "Hälse") berühren die hexagonalen Flächen der ersten Brillouin-Zone des fcc-Gitters. Die Elektronenkonzentration beträgt in einem einwertigen Metall von fcc Struktur $n = 4/a^3$: es gibt also vier Elektronen in einem Würfel mit dem Volumen a^3. Der Radius einer Fermi-Kugel des freien Elektrons ist

$$(38) \qquad k_F = (3\pi^2 n)^{\frac{1}{3}} = \left(\frac{12\pi^2}{a^3}\right)^{\frac{1}{3}} \cong \frac{4{,}90}{a} ,$$

und der Durchmesser 9,8/a.

Gleichung (2. 55) zeigt, daß der kürzeste Abstand quer durch die Brillouin-Zone (senkrechte Entfernung zwischen hexagonalen Flächen $(2\pi/a)(3)^{\frac{1}{2}} = 10{,}90/a$ beträgt, also etwas größer als 9,8/a ist. Die Fermi-Kugel des freien Elektrons berührt also nicht die Zonengrenze. Wir wissen jedoch aus Kapitel 9, daß das Vorhandensein einer Zonengrenze die Bandenergie nahe der Grenze erniedrigt. Darum ist es ganz einleuchtend, daß die Fermi-Fläche von Kupfer "aushalst" und die hexagonalen Flächen der Zone berührt. Die quadratischen Flächen der Zone sind weiter von einander entfernt, nämlich 12,57/a.

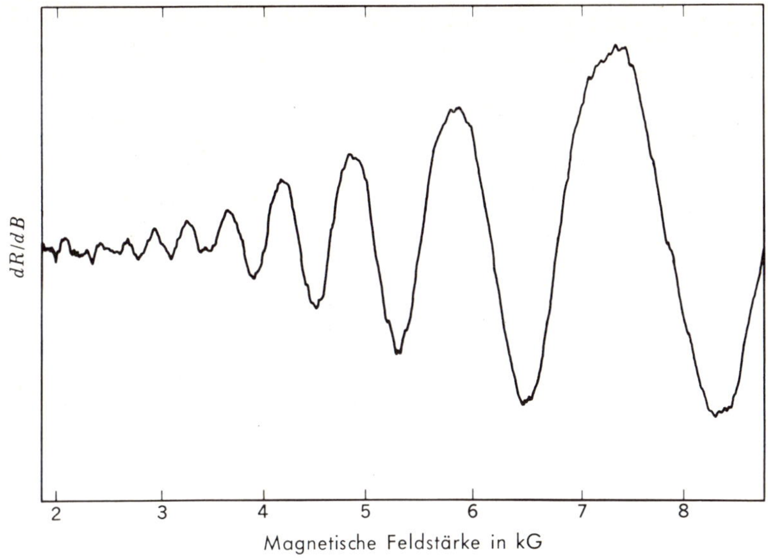

Bild 27: Experimentell ermittelter Differentialquotient der Absorption für Zyklotronresonanz in Kalium bei 68 GHz. Das statische Magnetfeld liegt in einer (110)-Ebene. Sehr ähnlich verlaufende Kurven erhält man für alle Richtungen von **B** in dieser Ebene. [Nach C.C. Grimes und A.F. Kip, Phys. Rev. **132**, 1991 (1963).]

Resonanzmaxima für Kalium zeigt Bild 27. Die Meßergebnisse zeigen an, daß die Fermi-Fläche fast genau Kugelgestalt hat, mit einer Anisotropie von weniger als 1%. Die gemessene effektive Masse ist $m_c^* = (1{,}24 \pm 0{,}02)m$.

Wie hängt die Periode T mit der Gestalt der Fermi-Fläche zusammen? Aus (7) folgt

$$\frac{dk}{dt} = -\frac{eB}{\hbar^2 c}(\nabla \epsilon_{\mathbf{k}})_\perp . \qquad (39) \qquad \text{(CGS)}$$

Hier ist $(\nabla \epsilon_{\mathbf{k}})_\perp$ proportional zur Geschwindigkeitskomponente (im realen Raum) in einer Ebene senkrecht zu **B**. Die Periode findet man dann durch Integration von (39) über einen vollen Umlauf:

$$T = \oint dt = \frac{\hbar^2 c}{eB} \oint \frac{dk}{(\nabla \epsilon_{\mathbf{k}})_\perp} . \qquad (40) \qquad \text{(CGS)}$$

Mit Einsicht und Scharfsinn lassen sich die wesentlichen Kennzeichen der Fermi-Fläche normalerweise aus (40) ableiten. Ersetzt man c durch 1 in den Gleichungen, so erhält man ihre Gültigkeit im SI-System.

Extremalbahnen

Bei der Interpretation der Zyklotron-Resonanz in Metallen ist ein wichtiger Punkt besonders zu beachten. Für eine kugelförmige oder ellipsoidförmige Fermi-Fläche kann man leicht zeigen, daß Umlaufbahnen auf der Fermi-Fläche in einer beliebigen Ebene senkrecht zu B identische Perioden haben, unabhängig von $k_{\mathbf{B}}$, der Projektion von $\mathbf{k}$ auf $\mathbf{B}$. Im allgemeinen Fall haben jedoch Fermi-Flächen unterschiedliche Perioden in Ab-

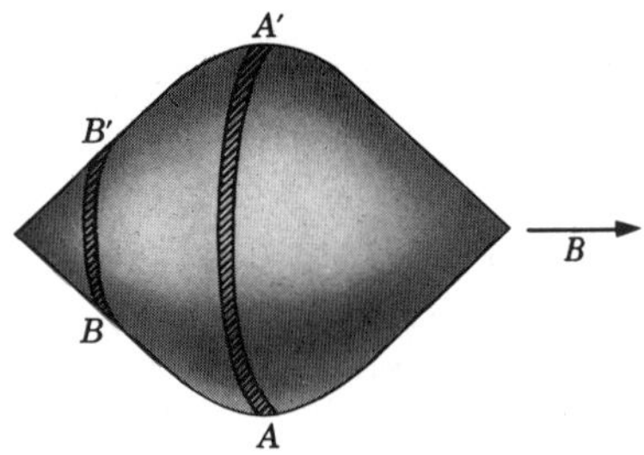

Bild 28:
Die Bahnen im Abschnitt AA' sind Extremalbahnen: die Zyklotronperiode ist über ein genügend breites Stück der Fermi-Fläche angenähert konstant. Bahnen wie die Bahn BB' ändern über den gleichen Querschnitt ihre Periode.

schnitten mit verschiedenen Werten von $k_{\mathbf{B}}$. Die Leistungsabsorption ist dann eine Summe der Beiträge aller Abschnitte oder Bahnen. Die dominierende Reaktion des Systems stammt jedoch von Bahnen, deren Perioden gegenüber kleinen Änderungen von $k_{\mathbf{B}}$ stationär sind. Solche Bahnen nennt man **Extremalbahnen**. So bestimmt beispielsweise in Bild 28 der Abschnitt AA' die beobachte Zyklotronperiode. Diese Überlegung kann auch mathematisch formuliert werden, wir wollen dies hier aber nicht beweisen. Im wesentlichen handelt es sich um eine Frage der Phasenauslöschung: die Beiträge der verschiedenen nicht-extremalen Bahnen heben sich gegenseitig auf, in der Nähe der Extrema aber ändert sich die Phase nur noch langsam, und damit ergibt sich ein resultierendes Signal durch diese Bahnen. Theorie und Experiment stimmen auch darin überein, daß sogar komplizierte Fermi-Flächen zu scharfen Resonanzen führen, da im Experiment die Extremalbahnen sehr stark hervorgehoben werden.

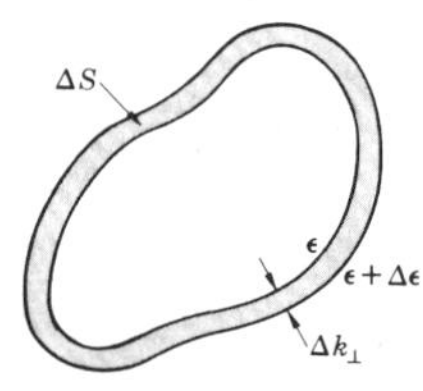

Bild 29:
Bahnen mit konstantem k_B im $\mathbf{k}$-Raum: Eine Bahn verläuft bei der Energie ϵ, die andere bei der Energie $\epsilon + \Delta\epsilon$. $\Delta\epsilon$ ist eine Konstante. Der Abstand $\Delta k_\perp$ der beiden Bahnen kann über einen vollen Umlauf verschiedene Werte annehmen. Die schattierte Fläche zwischen den Bahnen ist ΔS.

Der Ausdruck (40) für die Zyklotronperiode kann auf eine Form gebracht werden, die den Zusammenhang mit der Fläche S im $\mathbf{k}$-Raum herstellt, d. h. mit dem Abschnitt der Fermi-Fläche, der von einer Umlaufbahn eingeschlossen wird. ΔS in Bild 29 soll die Fläche zwischen Bahnen bezeichnen, die gleiches k_B haben, aber voneinander energetisch den Abstand $\Delta\epsilon$ besitzen. Da $(\nabla\epsilon_{\mathbf{k}})_\perp = (\Delta\epsilon)/(\Delta k)_\perp$ ist, kann das Integral in (40) wie folgt umgeformt werden:

$$\oint \frac{dk}{(\nabla\epsilon_{\mathbf{k}})_\perp} = \frac{1}{\Delta\epsilon}\oint (\Delta k)_\perp \, dk. \tag{41}$$

Weiter ist

$$\oint (\Delta k)_\perp \, dk = \Delta S \tag{42}$$

die Fläche zwischen diesen beiden Bahnen, so daß man für (40) schreiben kann

$$T = \frac{\hbar^2 c}{eB}\frac{\partial S}{\partial\epsilon} \; ; \qquad \omega_c = \frac{2\pi e B}{\hbar^2 c}\frac{\partial\epsilon}{\partial S} \equiv \frac{eB}{m_c c} \; ; \qquad m_c \equiv \frac{\hbar^2}{2\pi}\frac{\partial S}{\partial\epsilon} \; . \quad \text{(CGS)} \tag{43}$$

Durch diese Gleichung wird die effektive Zyklotronmasse m_c in Termen des Extremalbereichs der Fermi-Fläche definiert.

De Haas-Van Alphen-Effekt *)

In einem starken [10]) Magnetfeld sind die Quantenzustände eines freien Elektronengases nicht mehr stehende Wellen und die Energie ist nicht mehr einfach $\epsilon_{\mathbf{k}} = \hbar^2 k^2/2m$. Mehrere physikalische Eigenschaften von Metallen werden durch Magnetfelder ganz bemerkenswert verändert. "**De Haas-Van Alphen-Effekt**" ist die Bezeichnung für bestimmte Oszillationen des magnetischen Moments als Funktion des Magnetfeldes. Der Effekt ist im Zweidimensionalen weitaus leichter zu diskutieren als im Dreidimensionalen. Das zweidimensionale Modell ist auch in fast jeder Hinsicht eine gute Ännäherung an die Wirklichkeit, da für reale Fermi-Flächen die Extremalbahnen dieselbe dominierende Rolle spielen wie bei der Zyklotronresonanz. Der De Haas-Van Alphen-Effekt entsteht durch die periodische Veränderung der Gesamtenergie von Elektronen als Funktion eines stati-

---

*) Beim ersten Lesen kann man diesen Abschnitt auslassen.

10) Unter starken Magnetfeldern verstehen wir hier Magnetfelder, in denen ein Elektron mehr als einen Umlauf auf seiner Spiralbahn vollendet, ehe es einen Stoß erleidet, d. h. $\omega_c\tau \gg 1$, wobei ω_c die Zyklotronfrequenz ist. In der Praxis benötigt man tiefe Temperaturen und reine Materialien, um diese Bedingung in üblichen, mit Labormitteln erreichbaren Feldern erfüllen zu können. Der *dHvA*-Effekt ist bei Zimmertemperatur nicht zu beobachten. Notwendig ist außerdem daß $k_B T \ll \hbar\omega_c$, denn sonst sind die Bevölkerungsoszillationen verschmiert. Unsere Untersuchung gilt für $T = 0$.

schen Magnetfelds. Diese Energieschwankungen können experimentell als periodische Veränderung des magnetischen Moments der Metalle nachgewiesen werden. In der folgenden Diskussion ist der Elektronenspin vernachlässigt. Eine elementare Erklärung des Effektes ist in Bild 30 skizziert.

Für die Energieniveaus eines freien Elektrons in den zwei Dimensionen x, y in einem Magnetfeld senkrecht zur xy-Ebene gilt

$$\epsilon_l = \mu_B B(2l + 1). \qquad (44) \qquad \text{(CGS)}$$

Hier ist $\mu_B \equiv e\hbar/2mc$ und l eine Quantenzahl, die nur ganze Werte annimmt. Dies ist die exakte Lösung eines der Grundprobleme aus der elementaren Quantenmechanik. Wir geben hier die Ableitung nicht an, denn (44) ergibt zusammen mit der Auswahlregel $\Delta l = \pm 1$ für Übergänge, die durch ein homogenes elektrisches Feld induziert sind, das übliche Ergebnis für die Zyklotronfrequenz:

$$\hbar\omega_c = \epsilon_{l+1} - \epsilon_l = \frac{e\hbar B}{m_c c} . \qquad (45)$$

Das vorstehende Ergebnis erhält man in SI-Einheiten, wenn man c durch 1 ersetzt.

Wir nehmen nun an, daß man für die Energie von Elektronen auf einer allgemeinen Fermi-Fläche im Zweidimensionalen schreiben kann:

$$\epsilon_l = \frac{e\hbar B}{m_c c}\left(l + \frac{1}{2}\right) . \qquad (46)$$

Im Allgemeinen muß der Phasenfaktor in (46) nicht 1/2 sein, aber wir schreiben konkret 1/2, um mit (44) für freie Elektronen übereinzustimmen. Die Beziehung (43) für die effektive Zyklotronmasse

$$m_c = \frac{\hbar^2}{2\pi}\frac{\partial S}{\partial \epsilon} , \qquad (47)$$

ist erfüllt, wenn

$$\epsilon_l = \frac{\hbar^2}{2\pi m_c} S_l , \qquad (48)$$

gilt; S_l ist die Fläche der Bahn l im **k**-Raum. Der Vergleich mit (46) liefert

$$\boxed{S_l = \frac{2\pi e B}{\hbar c}\left(l + \frac{1}{2}\right) .} \qquad (49)$$

Also ist in einem Magnetfeld die Bahnfläche im **k**-Raum gequantelt. Der Ausdruck für S hat allgemeine Gültigkeit und ist nicht auf freie Elektronen oder räumliche Energieflächen beschränkt. Die Herleitung erfolgt in (34) bis (48). Die Größe $2\pi \cdot \hbar c/e$ heißt Flußquant und hat den Zahlenwert $4{,}14 \cdot 10^{-7}$ Gauß/cm^2.

Wie verhält sich in einem Magnetfeld die Verteilung der Quantenzustände im **k**-Raum? Die Zustände werden dann nicht mehr wie in Bild 31a durch k_x und k_y beschrieben, sondern durch die Quantenzahl l wie in Bild 31b. Die Anzahl [11]) der Zustände für ein gegebenes l kann recht

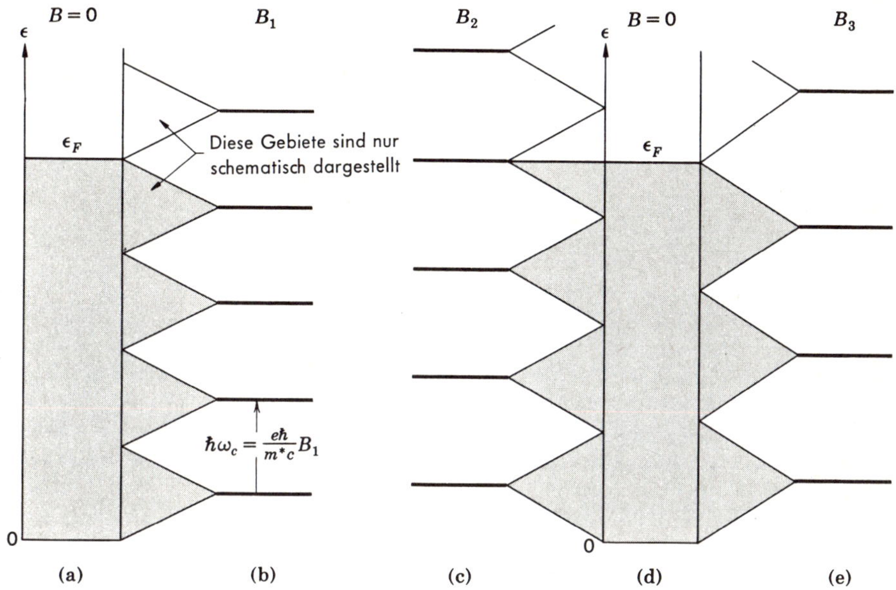

Bild 30: **Erklärung des De Haas- van Alphen-Effektes im Zweidimensionalen für ein freies Elektronengas in einem Magnetfeld. Der Elektronenspin wird vernachlässigt, um das Problem deutlicher zu machen. Schattiert in *a* und *d* findet man die besetzten Zustände des Fermi-Sees bei fehlendem Magnetfeld. *b*, *c*, und *e* zeigen die Energieniveaus im Magnetfeld. In *b* hat das Feld den Wert B_1 derart, daß die Gesamtenergie der Elektronen dieselbe ist wie bei fehlendem Magnetfeld: viele Elektronen haben ihre Energie erhöht, viele erniedrigt durch die Bahnquantisierung im Magnetfeld B_1. Vergrößert man das Feld auf B_2 so erhöht sich auch die Gesamtenergie der Elektronen, weil die obersten Elektronen ihre Energie erhöht haben. Im Falle *e* ist für das Feld B_3 die Energie wieder gleich jener im Feld $B = 0$. Die Gesamtenergie hat ein Minimum in den Punkten $B_1, B_3, B_5, \ldots$ und ein Maximum in den Punkten $B_2, B_4, \ldots$.**

[11]) Diese Zahl nennt man Entartung. Für $B = 0$ findet man leicht die Zustandsdichte eines freien Elektronengases gemäß der Argumentation aus Kapitel 7. Sie ist unter Vernachlässigung des Spins $\mathfrak{D}(\epsilon) = L^2 m/2\pi\hbar^2$. Die Anzahl der Zustände in einem Energiebereich der Ausdehnung $\hbar\omega_c$ ist $\mathfrak{D}(\epsilon)\hbar\omega_c = L^2 e\mathrm{B}/2\pi\hbar c$ in Übereinstimmung mit (50). Also werden durch das Anlegen eines Magnetfeldes die Kontinuumszustände aus einem Energiebereich $\hbar\omega_c$ zusammengefaßt.

hoch werden, denn alle erlaubten Zustände in (a) ohne Feld müssen auch irgendwo in (b) untergebracht werden, wenn das Feld eingeschaltet wird. Es ist nicht schwer zu zeigen[12]), daß in einem quadratischen Probekörper der Seitenlänge L für jeden Wert der Quantenzahl l die Zahl der Quantenzustände $(L/2\pi)^2(2\pi e\mathbf{B}/\hbar c)$ beträgt. Genau diese Anzahl von Zuständen ist zu erwarten, wenn jeder Ring des Bildes 31 die Zustände aufnimmt, die im $\mathbf{k}$-Raum zwischen ihm und dem nächsten Ring liegen. Für die Entartung des Niveaus l folgt also:

(50) $$\text{Entartung} \equiv \xi B = (L/2\pi)^2(2\pi e/\hbar c)B; \qquad \text{(CGS)}$$

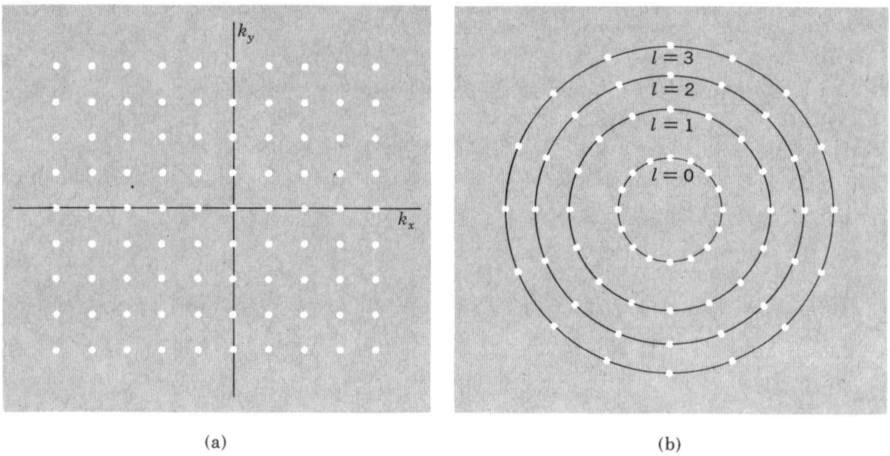

Bild 31: (a) Erlaubte Elektronenzustände im Zweidimensionalen ohne Magnetfeld. (b) In einem genügend starken Magnetfeld kann man die Zustände der freien Elektronen als auf Kreise in der früheren k_xk_y-Ebene beschränkt betrachten. Aufeinanderfolgende Kreise entsprechen aufeinanderfolgenden Quantenzahlen l in dem Ausdruck $(l+\frac{1}{2})\hbar\omega_c$ für die Energie. Die Fläche zwischen benachbarten Kreisen ist

$$\pi\,\Delta(k^2) = 2\pi k(\Delta k) = (2\pi m/\hbar^2)\,\Delta\epsilon = 2\pi m\omega_c/\hbar = 2\pi eB/\hbar c.$$

Die Winkelkoordinate der Punkte hat keine Bedeutung. Die Anzahl der Quantenzustände auf einem Kreis ist konstant und gleich der Fläche zwischen benachbarten Kreisen, multipliziert mit der Anzahl der Zustände pro Flächeneinheit in (a) d. h. unter Vernachlässigung des Elektronenspins gleich $(2\pi eB/\hbar c)(L/2\pi)^2 = L^2eB/2\pi\hbar c$. Unter einem genügend starken Magnetfeld versteht man ein Magnetfeld, bei dem ein Elektron mindestens mehrere Umläufe auf seiner Bahn vollenden kann, ehe es mit einem Gitterfehler, einem Phonon oder mit der Begrenzung des Probekörpers zusammenstößt.

---

[12]) QTF, Kap. 11.

Der Entartungsparameter ξ ist durch diese Gleichung definiert. Die Entartung wird grob durch das Verhältnis des Flußes BL^2 durch die Probe zum Flußquant $2\pi\hbar \cdot c/e$ wiedergegeben. In SI-Einheiten lasse man das c weg.

Wo liegt nun das Fermi-Niveau? Bei einem System aus N spinlosen Elektronen am absoluten Nullpunkt sind die Energieniveaus bis zu einer bestimmten Quantenzahl λ vollständig und die Zustände im Niveau $(\lambda + 1)$ teilweise besetzt, nämlich soweit, daß alle Elektronen untergebracht sind[13]. Da die Entartung proportional zu B ist, ist λ umso kleiner, je höher das Feld ist. Die Elektronenverteilung zeigt Bild 32. Steigert man B, dann treten bestimmte Werte von B auf, bei denen λ ganz plötzlich um Eins abnimmt (Bild 32). Bei diesen B-Werten ist kein Niveau teilweise besetzt, so daß gilt

(51) $$\xi B_\lambda(\lambda + 1) = N.$$

Dies besagt, daß die Entartung ξB_λ eines Niveaus multipliziert mit der Anzahl der besetzten Niveaus $\lambda + 1$ gleich der Anzahl der Teilchen N

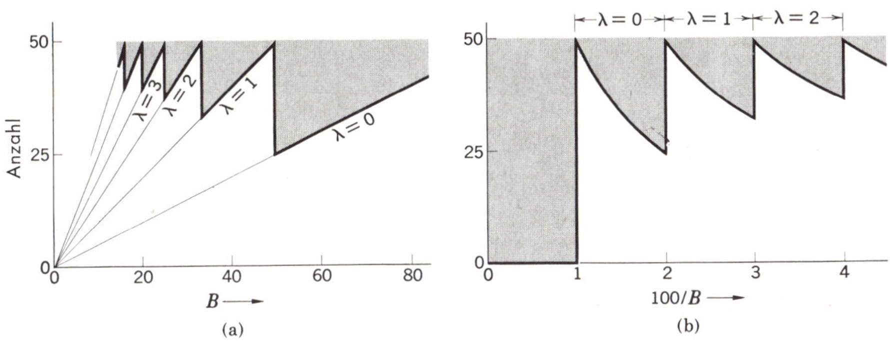

Bild 32: (a) Die dick ausgezogenen Linien geben die Anzahl der Teilchen in vollständig besetzten Niveaus an, und zwar für ein zweidimensionales System mit $N = 50$ und $\xi = 0,50$ in einem Magnetfeld B. Die schattierten Flächen geben die Anzahl der Teilchen in teilweise besetzten Niveaus an. λ bezeichnet die Quantenzahl des höchsten vollständig besetzten Niveaus. Also sind für $B = 40$, $\lambda = 1$, die Niveaus $l = 0$ und $l = 1$ vollständig besetzt, und im Niveau $l = 2$ sind 10 Teilchen. Für $B = 50$ ist das Niveau $l = 2$ leer. (b) Dieselben Punkte über $1/B$ aufgetragen, die periodische Abhängigkeit von $1/B$ ist offensichtlich.

13) D.h., λ ist definiert als Maximalwert von l in (46), für den alle Zustände vollständig mit Elektronen besetzt sind.

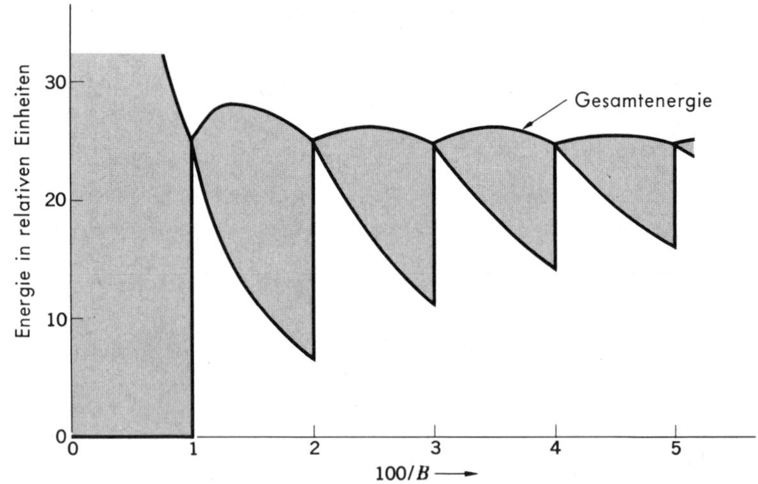

Bild 33: Die obere Kurve stellt die gesamte Elektronenenergie dar, aufgetragen gegen $1/B$. Die Energie ist eine oszillierende Funktion von $1/B$. Die Oszillationen der Energie können durch Messung des magnetischen Moments, gegeben durch $-dE/dB$, nachgewiesen werden. Thermische und Transporteigenschaften des Metalls oszillieren ebenfalls, sobald nachfolgende Energiezustände das Fermi niveau schneiden, wenn das Feld vergrößert wird. Das schattierte Gebiet im Bild gibt den Beitrag der nur teilweise besetzten Niveaus zur Energie wieder. Die Parameter dieses Bildes sind die gleichen wie für Bild 32; die Einheiten von B sind so gewählt, daß $B = \hbar\,\omega_c$.

ist. Wir erinnern uns, daß $l = 0$ ein erlaubtes Niveau ist, deshalb steht +1 in $\lambda + 1$. Wir formen (51) um:

$$\frac{1}{B_\lambda} = \frac{\xi(\lambda + 1)}{N} \, . \qquad (52)$$

Es ist nun nicht mehr überraschend, daß bestimmte Eigenschaften des Systems periodische Funktionen von $1/B$ sein können, und zwar wie in Bild 32b mit der Periode ξ/N.

Die Energie der Elektronen in v o l l s t ä n d i g b e s e t z t e n Niveaus ist

$$E_1 = \sum_{l=0}^{\lambda} (\xi B)(\hbar\omega_c)\left(l + \frac{1}{2}\right) = \frac{1}{2}(\xi B)(\hbar\omega_c)(\lambda + 1)^2 \, . \qquad (53)$$

ξB ist wie in (50) die Anzahl der Elektronen in jedem Niveau. Die Energie der Elektronen in dem t e i l w e i s e b e s e t z t e n Niveau $\lambda + 1$ ist

$$E_2 = (\hbar\omega_c)(\lambda + \tfrac{3}{2})[N - (\xi B)(\lambda + 1)] \, . \qquad (54)$$

$(\xi B)(\lambda + 1)$ gibt die Anzahl der Elektronen in den tiefer gelegenen, besetzten Niveaus an. Die Gesamtenergie des Systems aus N Elektronen

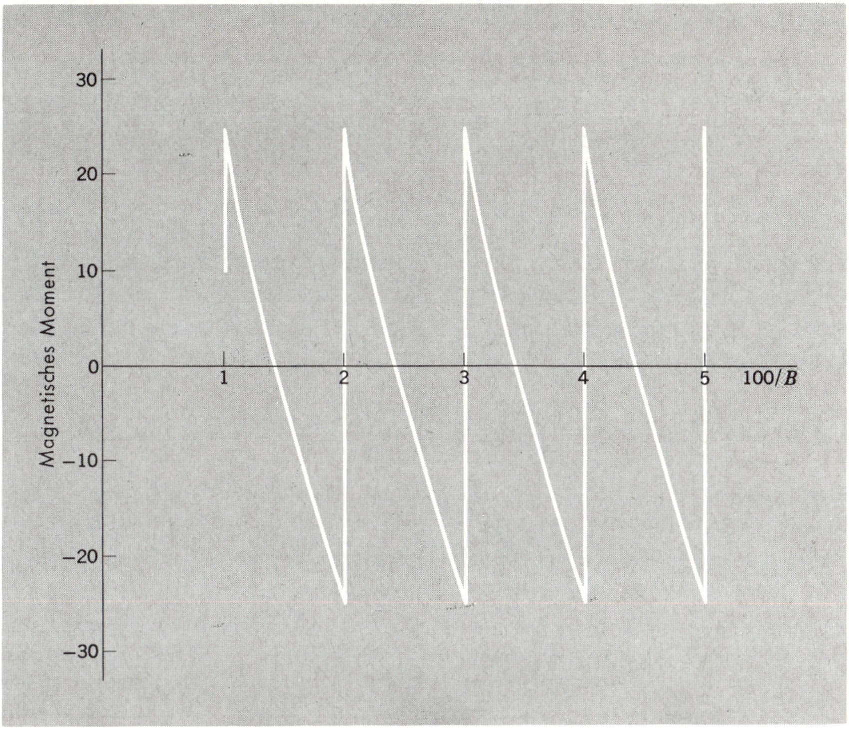

Bild 34: Am absoluten Nullpunkt ist das magnetische Moment gleich $-\partial E/\partial B$. Die in Bild 33 aufgetragene Energie führt zu dem hier dargestellten magnetischen Moment, das eine oszillatorische Funktion von $1/\mathbf{B}$ ist. Die positiven Momente sind paramagnetisch (Kapitel 15), die negativen sind diamagnetisch. Effekte durch den Elektronenspin sind nicht berücksichtigt. In verunreinigten Proben oder bei endlichen Temperaturen sind die Amplituden der Schwingung kleiner, oder die Schwingungen sind teilweise verschmiert, da die Energieniveaus nicht mehr ganz scharf definiert sind.

ist die Summe aus E_1 und E_2. Die einzelnen Beiträge zur Energie sind in Bild 33 dargestellt.

Das magnetische Moment μ eines Systems ist am absoluten Nullpunkt durch $\mu = -\partial E/\partial B$ bestimmt. Das Moment des Systems aus Bild 33 ist, wie in Bild 34 dargestellt, eine oszillatorische Funktion von $1/B$. Dieses oszillatorische Verhalten des magnetischen Moments des Fermi-Gases bei tiefen Temperaturen bezeichnet man als De Haas-Van Alphen-Effekt. Aus (49) ersieht man, daß die Oszillationen jeweils nach gleichen Intervallen von $1/B$ auftreten,

(55) $$\Delta(1/B) = 2\pi e/\hbar cS\,.$$

Hier ist S die Extremalfläche der Fermi-Fläche senkrecht zu **B**. Diese Periode ist mit der aus (52) identisch, denn es gilt $\xi = L^2e/2\pi\hbar c$, und $N = (L/2\pi)^2 S$.

Aus Meßergebnissen für $\Delta(1/B)$ in verschiedenen Richtungen von **B** kann man die entsprechenden Extremalflächen S ableiten. Auf diese Weise kann man viel über die Form und Größe der Fermi-Fläche [14]) erfahren.

Beispiel: Fermi-Fläche von Gold. Shoenberg findet, daß in Gold für einen weiten Bereich von Feldrichtungen das magnetische Moment die Periode $2 \cdot 10^{-9}$ Gauß$^{-1}$ besitzt. Aus (55) folgt, daß diese Periode einer extremalen Umlaufbahn der Fläche

$$S = \frac{2\pi e/\hbar c}{\Delta(1/B)} \cong \frac{9{,}55 \cdot 10^7}{2 \cdot 10^{-9}} \cong 4{,}8 \cdot 10^{16}\ \mathrm{cm}^{-2}$$

entspricht. Aus Tabelle 7.1 entnimmt man $k_F = 1{,}2 \cdot 10^8\ \mathrm{cm}^{-1}$ für eine Fermi-Kugel freier Elektronen in Kupfer, was einer Extremalfläche von $4{,}5 \cdot 10^{16}\ \mathrm{cm}^{-2}$ entspricht. Dies stimmt ganz allgemein gesehen mit dem experimentellen Wert überein. Nach Shoenberg sind die tatsächlichen Perioden $2{,}05 \cdot 10^{-9}$ Gauß$^{-1}$ für die Bahn B_{111} des Bildes 32 und $1{,}95 \cdot 10^{-9}$ Gauß$^{-1}$ für die Bahn B_{100}. In Gold findet man auch eine große Periode, nämlich $6 \cdot 10^{-8}$ Gauß$^{-1}$ in [111]-Richtung, die entsprechende Bahnfläche beträgt $1{,}6 \cdot 10^{15}\ \mathrm{cm}^{-2}$. Das ist die Fläche der "Halsbahn" N des Bildes 26.

Eine andere Extremalfläche, den "Hundeknochen" zeigt Bild 35; seine Fläche in Gold beträgt nur das 0,4-fache der "Bauchfläche". Experi-

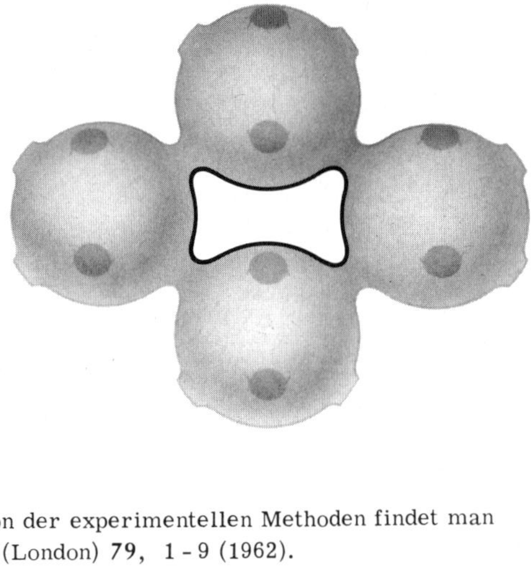

Bild 35:
"Hundeknochen"-Bahn eines Elektrons auf der Fermi-Fläche von Kupfer und Gold in einem Magnetfeld. Diese Fermi-Fläche ist auch in Bild **26** dargestellt.

[14]) Literaturhinweise und eine Diskussion der experimentellen Methoden findet man bei D. Shoenberg, Proc. Phys. Soc. (London) **79**, 1 - 9 (1962).

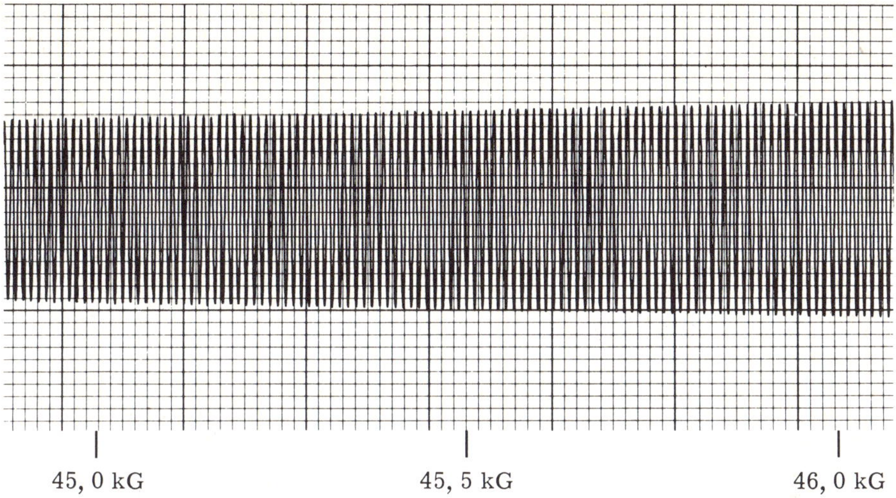

Bild 36: De Haas-Van Alphen-Effekt in Gold mit **B** in [110]-Richtung. Die Oszillationen stammen von der "Hundeknochen"-Bahn des Bildes 35. Das Signal hängt von der zweiten Ableitung des magnetischen Moments nach der Feldstärke ab. Diese Ergebnisse wurden mit einer Feldmodulationstechnik in einer supraleitenden Spule hoher Homogenität bei rund 1, 2 K ermittelt. (Nach I. M. Templeton.)

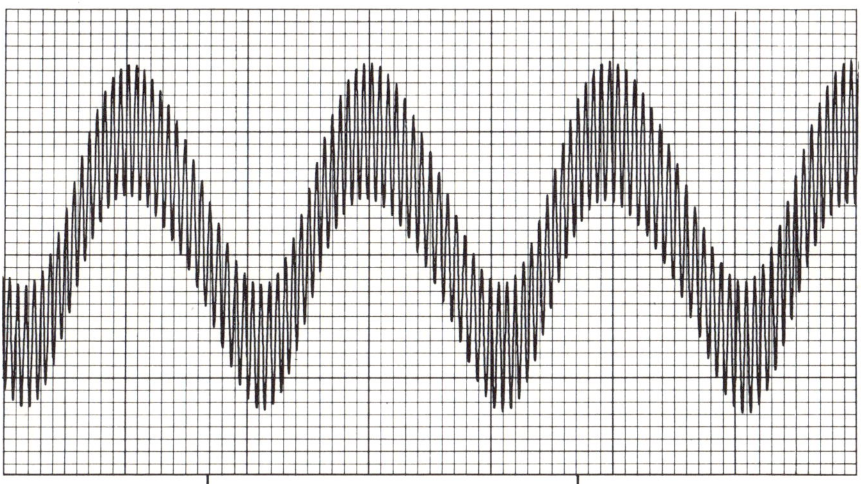

Bild 37: De Haas-Van Alphen-Effekt in Gold mit **B** in [111]-Richtung, dargestellt sind die "Bauch"- (kleiner Abstand) und die "Hals"-Oszillationen (großer Abstand). (Nach I. M. Templeton.) In Bild 26 sind diese Bahnen als B_{111} bzw. N dargestellt.

mentelle Ergebnisse zeigen die Bilder 36 und 37. Rechnet man das Beispiel in SI-Einheiten, dann läßt man c aus der Beziehung für S fallen und benutzt die Periode $2 \cdot 10^{-5}$ Tesla^{-1}.

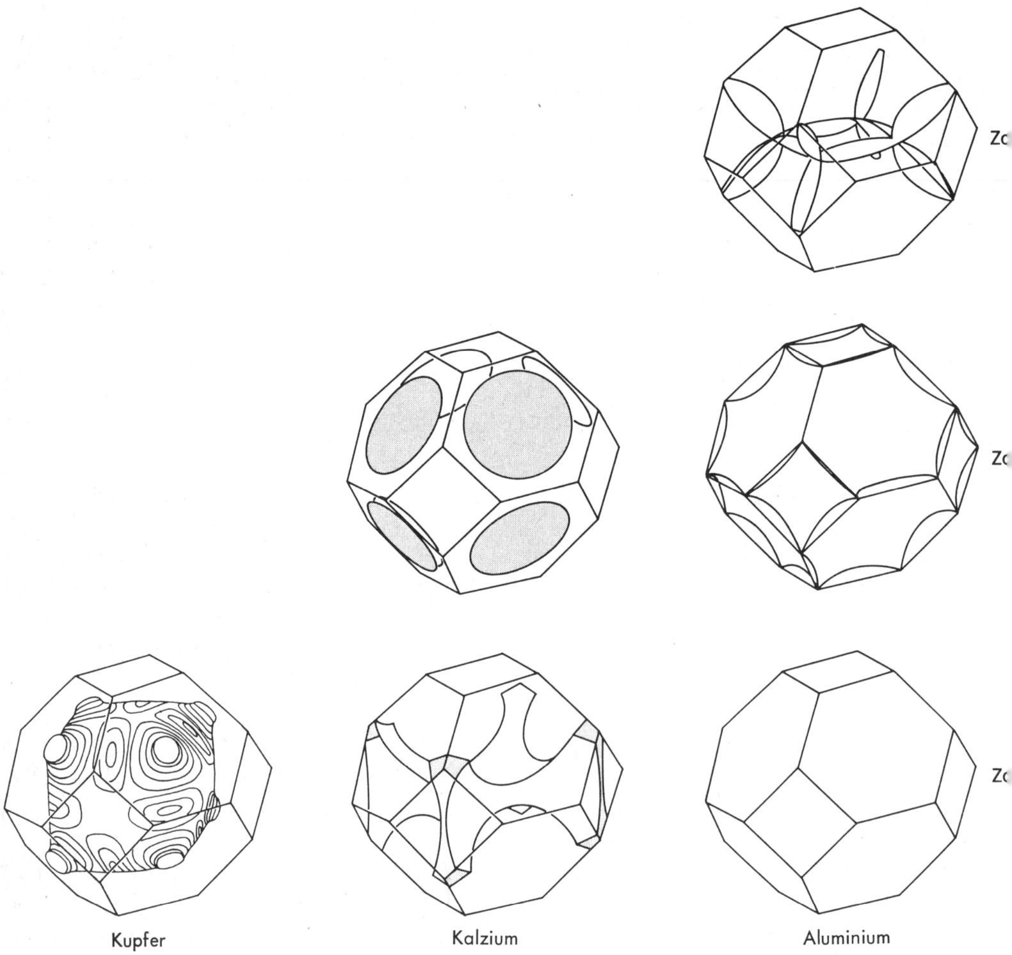

Bild 38: Fermi-Flächen freier Elektronen für fcc-Metalle mit einem (Cu), zwei (Ca) und drei (Al) Valenzelektronen in der primitiven Elementarzelle. Die Fermi-Fläche für Kupfer wurde aus einer Kugel deformiert, um mit den experimentellen Ergebnissen in Einklang zu kommen. Die zweite Zone von Kalzium enthält Blasen voll von Elektronen; die zweite Zone von Aluminium ist nahezu mit Elektronen besetzt. Die komplexe Struktur der ersten Zone von Kalzium und der dritten Zone von Aluminium werden nur z.T. gezeigt: jeder abgebildeten Struktur können zwei ähnliche Strukturen in derselben Zone zugeordnet werden, die so orientiert sind, daß das System der drei Strukturen kubische Symmetrie besitzt. (Nach A.R. Mackintosh. "Fermi surface of metals", Scientific American, Juli 1963, S. 110-120).

Fermi-Flächen von fcc Metallen

In Bild 38 zeigen wir die Fermi-Flächen des freien Elektrons, die für drei Metalle mit fcc Kristallstruktur konstruiert wurden: Kupfer, mit einem Valenzelektron; Kalzium mit zwei Valenzelektronen und Aluminium mit drei Valenzelektronen. Die Fermi-Flächen wurden nach dem reduzierten Zonen-Schema gezeichnet. Entwickelt wurden die Fermi-Flächen des freien Elektrons aus Kugeln mit dem Radius k_F, der folgende Werte hat:

$$\text{Cu: } \frac{4{,}90}{a} \qquad \text{Ca: } \frac{7{,}8}{a} \qquad \text{Al: } \frac{10{,}2}{a} \; .$$

a ist die Gitterkonstante der kubischen Elementarzelle; diese Werte folgen aus (38) mit geeigneter Änderung aufgrund der verschiedenen Valenz.

Der Wert von k_F, für den eine Kugel gerade den Rand der ersten Brillouinzone des fcc Gitters berührt, beträgt $k_F = 5{,}45/a$. Die Normale vom Ursprung zur hexagonalen Fläche der Zone ist $(\pi/a) \cdot (\hat{\mathbf{x}} + \hat{\mathbf{y}} + \hat{\mathbf{z}})$ und hat die Länge $3^{\frac{1}{2}} \cdot \pi/a$. Für Kalzium und Aluminium gehen also die Fermi-Kugeln des freien Elektrons über die erste Brillouin-Zone hinaus. Aus Messungen des magnetischen Widerstands an Kalzium weiß man, daß es in der zweiten Zone Elektronen gibt, deren Zahl gleich der Anzahl der Löcher in der ersten Zone ist.

Bei Aluminium füllt die Fermi-Kugel des freien Elektrons die erste Brillouin-Zone ganz aus und überlappt die zweite und dritte Zone sehr stark. Die Fermi-Fläche der dritten Brillouin-Zone ist ziemlich kompliziert, obwohl sie aus verschiedenen Oberflächenstücken der Kugel des freien Elektrons besteht. Das Modell der freien Elektronen liefert außerdem in der vierten Zone kleine Höhlungen ("Taschen") von Löchern; wenn man jedoch das Gitterpotential berücksichtigt, verschwinden sie und die Elektronen werden der dritten Zone zugeschlagen. Die allgemeine Beschaffenheit der vorhergesagten Fermi-Flächen für Aluminium wurden recht gut durch das Experiment bestätigt[15]).

Zusammenfassung (in CGS-Einheiten)

1. Eine Fermi-Fläche ist die Fläche konstanter Energie ϵ_F im $\mathbf{k}$-Raum. Die Fermi-Flächen trennen am absoluten Nullpunkt besetzte Zustände von leeren Zuständen. Die Gestalt der Fermi-Fläche zeigt sich am besten im reduzierten Zonen-Schema, doch wird die Verknüpfung der Flächen am deutlichsten im periodischen Zonen-Schema.

2. Die Bewegung eines Wellenpakets, um einen Wellenvektor $\mathbf{k}$ als Zentrum, beschreibt man durch $\mathbf{F} = \hbar \cdot d\mathbf{k}/dt$, wobei $\mathbf{F}$ die wirkende Kraft

---

[15]) W.A.Harrison, Phys. Rev. **118**, 1182 (1960).

ist. Im reellen Raum erhält man die Bewegung aus der Gruppengeschwindigkeit $\mathbf{v}_g = \hbar^{-1}\nabla_{\mathbf{k}}\epsilon(\mathbf{k})$. Die Bewegung im $\mathbf{k}$ -Raum läßt in einem Magnetfeld die Unterscheidung dreier Arten von Bahnen zu: elektronenartige, löcherartige und offene Bahnen. Die effektive Masse m^* eines Elektrons zum Wellenvektor $\mathbf{k}$ ist durch

$$\left(\frac{1}{m^*}\right)_{\mu\nu} = \frac{1}{\hbar^2}\frac{\partial^2\epsilon}{\partial k_\mu \partial k_\nu}$$

gegeben. Je kleiner die Energielücke, desto kleiner ist m^* nahe der Lücke.

3. Ein Kristall mit einem Loch hat einen unbesetzten Elektronenzustand in einem sonst besetzten Band. Die Eigenschaften des Loches sind denen der N-1 Elektronen gleich: a) Fehlt das Elektron im Zustand mit dem Wellenvektor $\mathbf{k}_e$, dann ist der Wellenvektor des Loches

$$\mathbf{k}_h = -\mathbf{k}_e \; .$$

b) Die Änderungsrate von $\mathbf{k}_h$ in einem äußeren Feld verlangt die Zuordnung einer positiven Ladung zum Loch: $e_h = e = -e_e$ Folglich gilt

$$\frac{d\mathbf{k}_h}{dt} = e\left(\mathbf{E} + \frac{1}{c}\mathbf{v}_h \times \mathbf{B}\right) .$$

c) Hat ein Elektron im Zustand $\mathbf{k}_e$ die Geschwindigkeit $\mathbf{v}_e$, dann muß man dem Loch mit dem Wellenvektor $\mathbf{k}_h = -\mathbf{k}_e$ die Geschwindigkeit

$$\mathbf{v}_h = \mathbf{v}_e \; .$$

zuschreiben.

d) Bezogen auf ein besetztes Band als Nullpunkt, beträgt die Energie eines Loches

$$\epsilon_h(\mathbf{k}_h) = -\epsilon(\mathbf{k}_e) \; .$$

Sie ist positiv.

e) Am selben Ort eines Energiebandes ist die effektive Masse eines Loches derjenigen eines Elektrons entgegengerichtet:

$$m_h = -m_e \; .$$

4. Die Bindung einfacher Metalle ist der Grund für die Erniedrigung der Energie im $\mathbf{k} = 0$ - Zustand des Leitungsbandes. Dies gilt, wenn man die Schrödinger-Randbedingung für die Wellenfunktion durch die Wigner-Seitz-Randbedingung ersetzt.

5. Über die Periodizität des De Haas- van Alphen-Effektes mißt man den extremen Bereich des Querschnittes S der Fermi-Fläche im $\mathbf{k}$ -Raum; den Wirkungsquerschnitt wählt man senkrecht zu B:

$$\Delta\left(\frac{1}{B}\right) = \frac{2\pi e}{\hbar c S} .$$

Aufgaben

1. Brillouin-Zonen eines rechtwinkligen Gitters. Zeichnen Sie die ersten zwei Brillouin-Zonen eines primitiven rechtwinkligen zweidimensionalen Gitters mit den Achsen a und $b = 3a$.

2. Brillouin-Zone, quadratisches Gitter. a) Konstruieren Sie die vierte Zone des quadratischen Gitters. b) Bestimmen Sie für die Fermi-Fläche des Bildes 2 im reduzierten Zonenschema die Form desjenigen Teils der Fermi-Fläche, der in der vierten Zone liegt.
Bezeichnen Sie das Gebiet, das mit Elektronen besetzt ist.

3. Hcp-Struktur. Betrachten Sie dreidimensional die erste Brillouin-Zone eines Kristalls mit einem einfach hexagonalen Gitter und den Gitterkonstanten a und c, wie es schon in Aufgabe 2.2 behandelt wurde. Sei $\mathbf{G}_c$ der kürzeste reziproke Gittervektor, parallel zur c-Achse des Kristallgitters.
a) Zeigen Sie, daß für eine hcp-Kristallstruktur die Fourierkomponente $U(\mathbf{G}_c)$ des Kristallpotentials $U(\mathbf{r})$ Null ist.
b) Ist auch $U(2\mathbf{G}_c)$ Null?
c) Warum kann man prinzipiell einen Isolator erhalten, der so beschaffen ist, daß zweiwertige Atome auf den Gitterpunkten eines einfach hexagonalen Gitters sitzen?
d) Warum kann man keinen Isolator bekommen, der aus einwertigen Atomen in einer hcp-Struktur besteht?

4. Brillouin-Zonen eines zweidimensionalen zweiwertigen Metalls. Ein zweidimensionales Metall mit der Gestalt eines quadratischen Gitters hat zwei Leitungselektronen pro Atom. Zeichnen Sie in der Näherung fast freier Elektronen sorgfältig die Energieflächen des Elektrons und des Lochs. Wählen Sie für die Elektronen ein Zonen-Schema, so daß die Fermi-Fläche als geschlossen nachgewiesen werden kann.

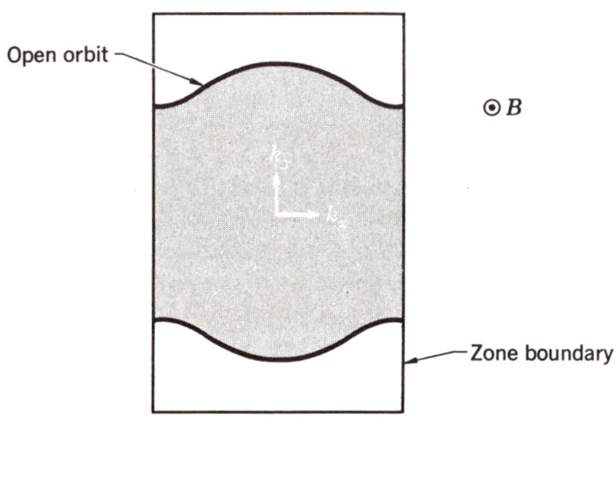

Bild 39: Offene Bahn in einer tetragonalen Brillouin-Zone.

5. Eigenschaften von Defektelektronen. Die Energie in der Nähe der Bandkante eines Valenzbandes ist durch $\epsilon_{\mathbf{k}} = -1 \cdot 10^{-26}\, k^2$ erg gegeben. Nun soll ein Elektron aus dem Quantenzustand $\mathbf{k} = 1 \cdot 10^7\, \hat{\mathbf{k}}_x\ \mathrm{cm}^{-1}$ entfernt werden. Das Band sei sonst vollständig besetzt. a) Geben Sie Vorzeichen und Größe der effektiven Masse des Loches (Defektelektrons) an. b) Geben Sie Richtung und Betrag des Wellenvektors des Loches an. c) Der Pseudoimpuls des Defektelektrons? d) Die Geschwindigkeit des Loches? e) Die Energie des Loches bezogen auf die Bandkante des Valenzbandes? f) Der von dem Loch transportierte elektrische Strom?

6. Offene Bahnen. In einem einwertigen tetragonalen Metall verbindet eine offene Bahn gegenüberliegende Grenzflächen einer Brillouin-Zone (Bild 39). Die Flächen haben den Abstand $G = 2 \times 10^8\ \mathrm{cm}^{-1}$. Ein Magnetfeld $B = 10^3$ Gauß = 10^{-1} Tesla steht senkrecht zur Ebene der offenen Bahn. a) Welche Größenordnung hat die Periode der Bewegung im $\mathbf{k}$-Raum? Setzen Sie $v \approx 10^8$ cm/sec. b) Beschreiben Sie im reellen Raum die Bewegung eines Elektrons auf dieser Bahn in Gegenwert eines Magnetfeldes.

7. Bindungsenergie für ein Kastenpotential. a) Bestimmen Sie einen Ausdruck für die Bindungsenergie eines Elektrons in einem einzelnen Potentialtopf der Tiefe U_0 und der Breite a. (Das ist die allgemein übliche, erste Aufgabe der elementaren Quantenmechanik.) Nehmen Sie an, die Lösung sei symmetrisch bezüglich des Kastenmittelpunkts. b) Bestimmen Sie die Bindungsenergie in Einheiten von U_0 zahlenmäßig für den Spezialfall $|U_0| = 2\hbar^2/ma^2$, und vergleichen Sie Ihr Ergebnis mit dem entsprechenden Grenzfall aus Bild 18.

8. Zyklotronresonanz auf einer kugelförmigen Fermi-Fläche. Zeigen Sie mit (40), daß die Periode der Zyklotronresonanz für ein Teilchen auf einer kugelförmigen Fermi-Fläche unabhängig von k_B ist, der Projektion von $\mathbf{k}$ auf die Richtung von $\mathbf{B}$.

9. De Haas-Van Alphen-Periode von Kalium. a) Berechnen Sie die Periode $\Delta(1/B)$, die nach dem Modell des freien Elektrongases für Kalium zu erwarten ist. b) Wie groß ist die Fläche der Extremalbahn im realen Raum für $B = 10$ kG $= 1$ T?

Literaturhinweise

Solid state physics **24** (1970) enthält drei gute Artikel über Pseudopotentiale: V. Heine, "The pseudopotential concept", Seite 1; M. L. Cohen und V. Heine, "Fitting of pseudopotentials to experimental data and their subsequent application", Seite 37; V. Heine und D. Weaire, "Pseudopotential theory of cohesion and structure", Seite 249.

W.A.Harrison und M.B.Webb, Hrsg., The Fermi surface, Wiley, 1960.
J.M.Ziman, Principles of the theory of solids, Cambridge University Press, 1964.
P.W.Anderson, Concepts in solids, Benjamin, 1963.
A.B. Pippard, Dynamics of conduction electrons, Gordon and Breach, 1965. (Eine geometrische Behandlung der mit Fermi-Flächen verknüpften Probleme.)
W.A.Harrison, Solid state theory, McGraw-Hill, 1970.
N.H.March, Liquid metals, Pergamon, 1968.
J.Ziman, Hrsg., Electrons, Bd. 1 von Physics of metals, Cambridge, 1969.
C.B.Duke, Tunneling in solids, Academic, 1969.
J.F.Cochran und R.R.Haering, Hrsg., Electrons in metals, Gordon and Breach, 1968.
N.F.Mott und H.Jones, Theory of the properties of metals and alloys, Oxford, 1936. (Dover Paperback Nachdruck.)
R.Peierls, Quantum theory of solids, Oxford, 1955.
F.Seitz, Modern theory of solids, McGraw-Hill, 1940.
G.H.Wannier, Elements of solid state theory, Cambridge University Press, 1959.
A.H.Wilson, Theory of metals, 2. Aufl., Cambridge University Press, 1959.

11. Halbleiter

Es besteht ein wesentlicher Unterschied zwischen einem Halbleiter wie Germanium und einem guten Leiter wie Silber...
Der Widerstand eines guten Leiters fällt rasch mit fallender Temperatur, während der eines schlechten Leiters wächst und sehr groß wird, wenn die Temperatur sich dem absoluten Nullpunkt nähert.

A.H.Wilson

["The theory of electronic semiconductors," Proc.Roy.Soc.(London) **A 133**, 458 (1933)].

Am absoluten Nullpunkt wären reine, fehlerfreie Kristalle der meisten Halbleiter Isolatoren. Die charakteristischen Halbleitereigenschaften werden nämlich normalerweise durch thermische Anregung, Fremdatome, Gitterfehler oder stöchiometrische Abweichungen (das sind Abweichungen von der nominalen chemischen Zusammensetzung) hervorgerufen. In der Praxis versteht man unter Halbleitern elektrische Leiter, deren spezifischer Widerstand bei Zimmertemperatur im allgemeinen im Bereich zwischen $\sim 10^{-2}$ bis $\sim 10^{9}\ \Omega \cdot$ cm liegt, zwischen dem von guten Leitern ($\sim 10^{-6}$ Ohm·cm) und dem von Isolatoren ($\sim 10^{14}$ bis $\sim 10^{22}$ Ohm ·cm). Bild 1 zeigt die für Metalle, Halbmetalle und Halbleiter typischen Ladungsträgerkonzentrationen.

Der elektrische Widerstand von Halbleitern ist gewöhnlich stark temperaturabhängig. Zu den zahlreichen technischen Errungenschaften, die auf den Eigenschaften der Halbleiter beruhen, gehören u. a. Transistoren, Gleichrichter, Modulatoren, Detektoren, Thermistoren und Photozellen. In diesem Kapitel werden die wichtigsten physikalischen Eigenschaften halbleitender Kristalle besprochen, mit besonderer Betonung von Silizium und Germanium. Wichtige Kristalle sind beispielsweise auch noch Kupferoxyd (Cu_2O), Selen, PbTe, PbS, SiC, InSb, GaAs und Graphit.

Noch einige Worte zur Nomenklatur: Halbleitende Verbindungen mit der chemischen Formel AB, wobei A ein dreiwertiges und B ein fünfwertiges Element ist, nennt man III - V (drei - fünf) Verbindungen. Beispiele hierfür sind Indiumantimonid und Galliumarsenid. Ist A dagegen zweiwertig und B sechswertig so nennt man die Verbindung II - VI Verbindung, wie zum Beispiel Zinksulfid und Cadmiumsulfid. Manchmal nennt man Silizium und Germanium Diamant-Typ Halbleiter, da sie die gleiche Kristallstruktur besitzen wie Diamant. Diamant selbst zählt dagegen mehr zu den Isolatoren, als zu den Halbleitern. Am Schluß möchte ich noch das Siliziumcarbid SiC als Beispiel für IV- IV Verbindungen anführen.

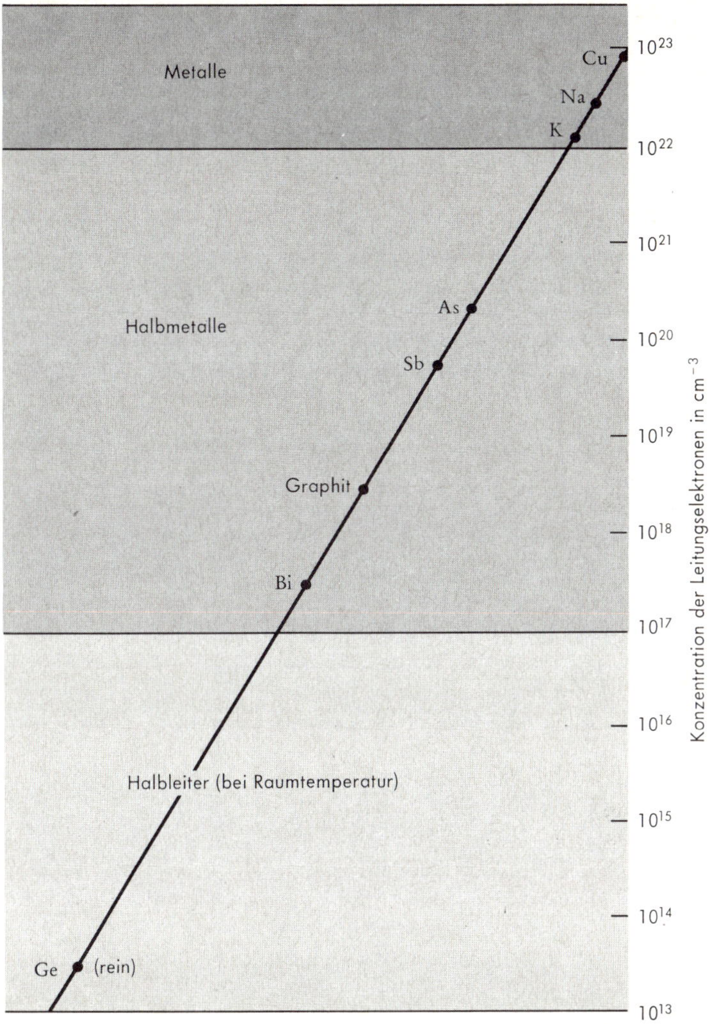

Bild 1: Ladungsträgerkonzentration in Metallen, Halbmetallen und Halbleitern. Der Bereich der Halbleiter kann durch Erhöhen der Konzentration der Fremdatome nach oben ausgedehnt werden.

Eigenleitung

Außer bei tiefen Temperaturen zeigt ein sehr reiner Halbleiter die sogenannte Eigenleitung. Sie ist von der Störstellenleitung in weniger idealen Kristallen zu unterscheiden. Man bezeichnet als **Temperaturbereich der Eigenleitung** den Bereich, in dem die elektrischen Eigenschaften eines Halbleiters nicht wesentlich durch Störstellen im Kristall beeinflußt sind. Die charakteristische Eigenschaft des Bändermodells, die auf den Mechanismus der Eigenleitung führt, ist in Bild 2 veranschaulicht. Am ab-

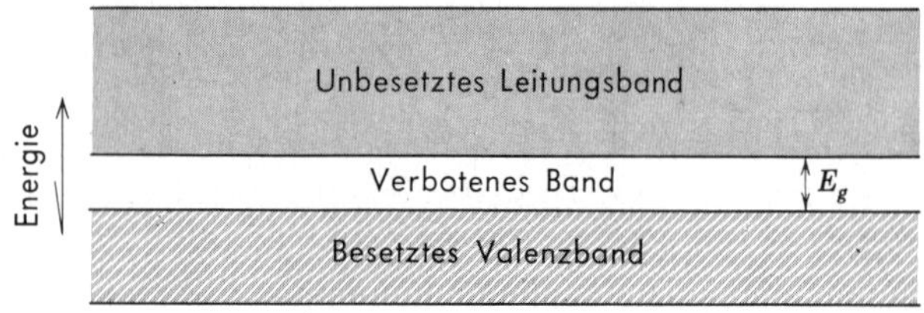

Bild 2: Bänderschema eines Eigenhalbleiters. Bei 0 K ist die elektrische Leitfähigkeit null, da alle Quantenzustände im Valenzband besetzt sind und alle Quantenzustände im Leitungsband unbesetzt. Steigt die Temperatur, so werden Elektronen aus dem Valenzband in das Leitungsband thermisch angeregt, wo sie beweglich sind.

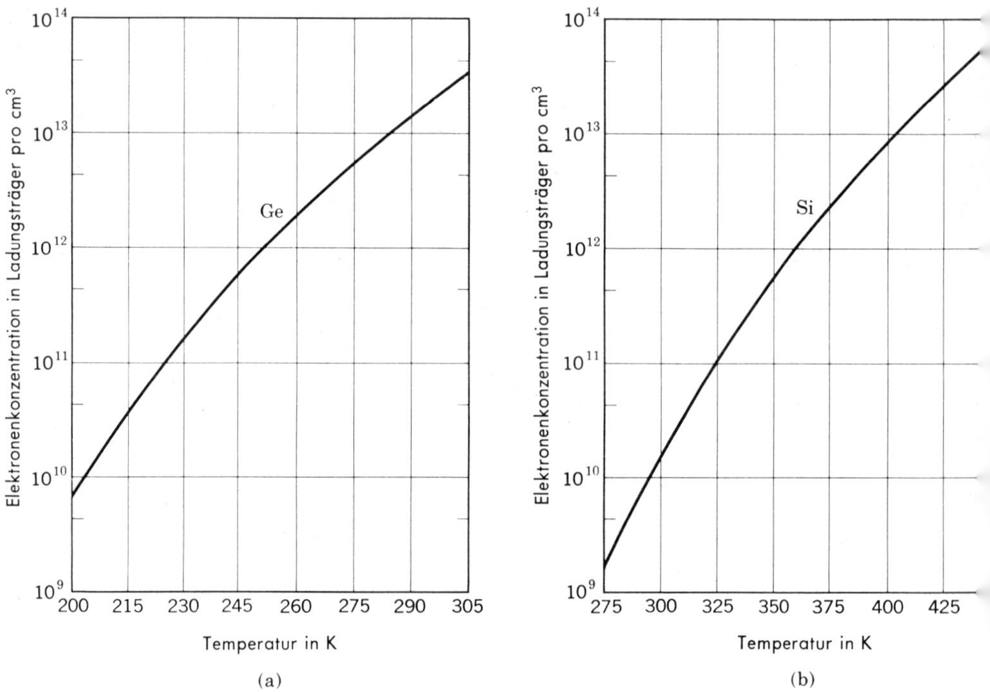

Bild 3: Elektronenkonzentration bei Eigenhalbleitung als Funktion der Temperatur in Germanium (a) und Silizium (b). Bei Eigenhalbleitung ist die Konzentration der Löcher gleich der Elektronenkonzentration. Da die Energielücke in Ge (0, 67 eV) kleiner ist als in Si (1,14 eV), ist die Elektronenkonzentration bei Eigenhalbleitung in Ge größer als in Si (nach W. C. Dunlap).

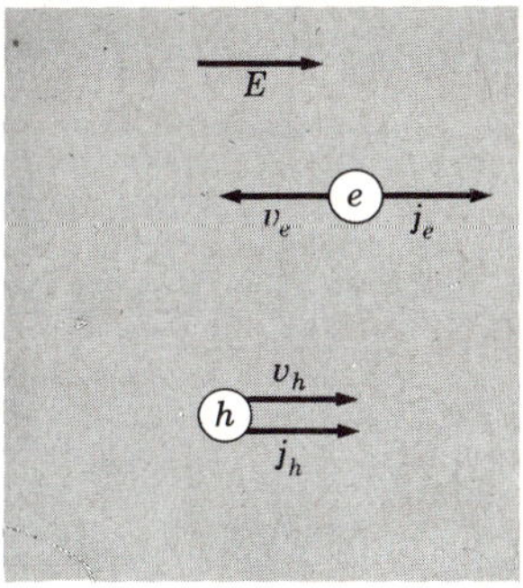

Bild 4:
Bewegung von Elektronen und Löchern in einem elektrischen Feld E. Die Richtungen der Ladungsträgergeschwindigkeit und des Stromes sind jeweils eingezeichnet.

soluten Nullpunkt soll das Leitungsband leer sein. Es ist durch eine Energielücke E_g vom vollständig besetzten Valenzband getrennt.

Die **Bandlücke** ist die Energiedifferenz zwischen dem niedrigsten Punkt im Leitungsband, der sogenannten **Leitungsbandkante**, und dem höchsten Punkt des Valenzbandes, der **Valenzbandkante**.

Bei steigender Temperatur werden Elektronen vom Valenzband ins Leitungsband (Bild 3) thermisch angeregt. Sowohl die Elektronen im Leitungsband als auch die unbesetzten Zustände oder Löcher, die nun im Valenzband entstanden sind, tragen zur elektrischen Leitfähigkeit bei (Bild 4). Bei Temperaturen unterhalb des Eigenleitbereiches werden die elektrischen Eigenschaften von Störstellen (u.a. Fremdatome) bestimmt. Man spricht dann von der Störstellenleitung. Bei genügend hohen Temperaturen - wie in Bild 3 - überwiegt die Eigenleitung, da sich dann mehr Elektronen im Valenzband befinden als Elektronen durch Fremdatome vorhanden sind.

Bandlücke

Der Wert der Eigenleitfähigkeit hängt weitgehend vom Verhältnis zwischen der Breite der Bandlücke und der Temperatur ab, also von E_g/k_BT. Ist dieses Verhältnis groß, dann ist die Konzentration der Ladungsträger gering. In Tabelle 1 sind die Werte der Bandlücken repräsentativer Halbleiter zusammengestellt. Diese Werte bestimmt man normalerweise durch optische Absorption.

Die Schwelle für kontinuierlich optische Absorption bei der Frequenz ω_g bestimmt die Energielücke $E_g = \hbar\omega_g$ in Bild 6a und 7a. Hier wird ein Photon vom Kristall absorbiert und gleichzeitig ein Elektron und ein Loch erzeugt. Diesen Vorgang bezeichnet man als **direkten Prozeß**. Ist dagegen wie in Bild 6b und 7b die minimale Energielücke durch Elektronen und Löcher bestimmt, die durch einen ins Gewicht fallenden Wellenvektor $\mathbf{k}_c$ getrennt sind, so wird durch einen direkten Photonenübergang

Tabelle 1: Werte für die Energielücke zwischen Valenz- und Leitungsband für verschiedene Halbleiter, jeweils am absoluten Nullpunkt und bei Raumtemperatur.
(i = indirekte Lücke; d = direkte Lücke)

Kristall	Lücke	E_g, eV 0 K	E_g, eV 300 K	Kristall	Lücke	E_g, eV 0 K	E_g, eV 300 K
Diamond	i	5,4		HgTe*	d	-0,30	
Si	i	1,17	1,14	PbS	d	0,29	0,34-0,37
Ge	i	0,74	0,67	PbSe	d	0,17	0,27
αSn	d	0,00	0,00	PbTe	d	0,19	0,30
InSb	d	0,23	0,18	CdS	d	2,58	2,42
InAs	d	0,36	0,35	CdSe	d	1,84	1,74
InP	d	1,29	1,35	CdTe	d	1,61	1,45
GaP	i	2,32	2,26	ZnO		3,44	3,2
GaAs	d	1,52	1,43	ZnS		3,91	3,6
GaSb	d	0,81	0,78	SnTe	d	0,3	0,18,
AlSb	i	1,65	1,52	AgCl		-	3,2
SiC (hex)		3,0	-	AgI		-	2,8
Te	d	0,33	-	Cu_2O		2,17	-
ZnSb		0,56	0,56	TiO_2		3,03	-

*) HgTe ist ein Halbmetall, die Bänder überlappen sich.
Daten aus D. Long, Energy Sands in semiconductors, Interscience, 1968; und dem AIP Handbook.

bei der Energie der Minimallücke der Erhaltungssatz für Wellenvektoren verletzt: die Bedingung $\mathbf{k}$ (Photon) $= \mathbf{k}_c$ kann nicht erfüllt werden, da in dem in Frage kommenden Energiebereich ($\sim$1 eV) die Wellenzahlen der Photonen vernachlässigbar klein sind. Wird jedoch ein Phonon mit dem Wellenvektor $\mathbf{K}$ und der Frequenz Ω in einem **indirekten Prozeß** erzeugt, dann kann - wie gewünscht - gelten:

$$\mathbf{k}\,(\text{Photon}) = \mathbf{k}_c + \mathbf{K} \cong 0; \qquad \hbar\omega = E_g + \hbar\Omega\,.$$

Die Phononenenergie $\hbar\Omega$ ist im allgemeinen sehr viel kleiner als E_g: effektiv benutzt man das Phonon als billige Impulsquelle, billig deshalb, weil die Phononenenergien meist sehr klein (0,01 - 0,03 eV) sind im Vergleich zur Energielücke. Ist die Temperatur genügend hoch, so daß das benötigte Phonon bereits vorhanden ist, dann kann auch ein Prozeß stattfinden, bei dem ein Phonon absorbiert wird.

Die Bandlücke kann auch aus der Temperaturabhängigkeit der Leitfähigkeit oder der Ladungsträgerkonzentration im Bereich der Eigenleitung bestimmt werden. Die Ladungsträgerkonzentration erhält man dazu aus dem Hall-Effekt (Kapitel 8), dessen Ergebnisse manchmal noch durch Leitfähigkeitsmessungen ergänzt werden.

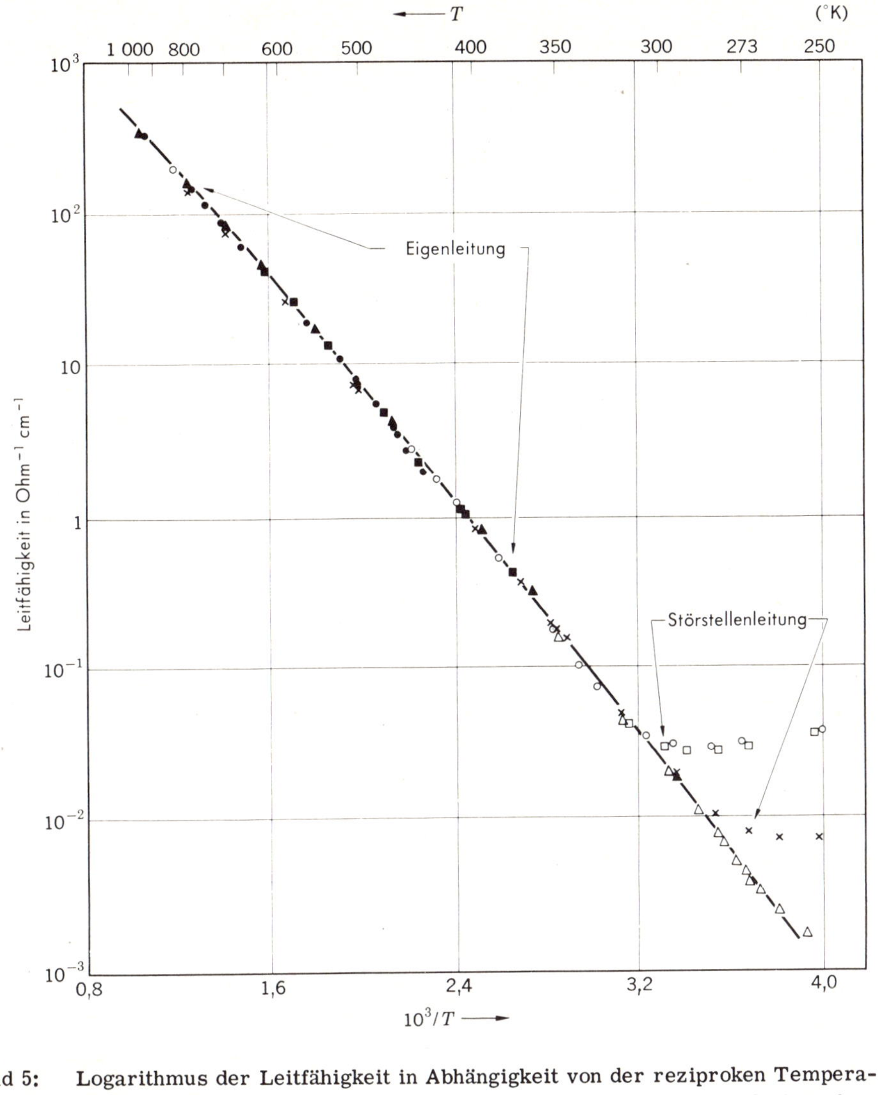

Bild 5: Logarithmus der Leitfähigkeit in Abhängigkeit von der reziproken Temperatur für Germaniumkristalle mit verschiedenen Konzentrationen drei- und fünfwertiger Verunreinigungen. Der am stärksten temperatur-abhängige Anteil der Leitfähigkeit ist die Ladungsträgerkonzentration. Bei tiefen Temperaturen wird die Konzentration der Ladungsträger durch die Konzentration der Fremdatome beeinflußt; bei höheren Temperaturen wird sie jedoch durch die Eigenhalbleitung des Kristalls bestimmt. Im Bereich der Eigenhalbleitung wird die Temperaturabhängigkeit der Leitfähigkeit durch den Exponentialfaktor $\exp(-E_g/2k_BT)$ in der Ladungsträgerkonzentration beherrscht $-E_g$ ist die Energie der Bandlücke. Trägt man den Logarithmus der Leitfähigkeit gegen $1/T$ auf, so erhält man bei Eigenhalbleitung eine gerade Linie. Man schätze aus der Zeichnung die Größe der Energielücke in Germanium ab ($\sim$ 0,7 eV). (Nach F. J. Morin und J. P. Maita, Phys. Rev. **96**, 28 (1954)).

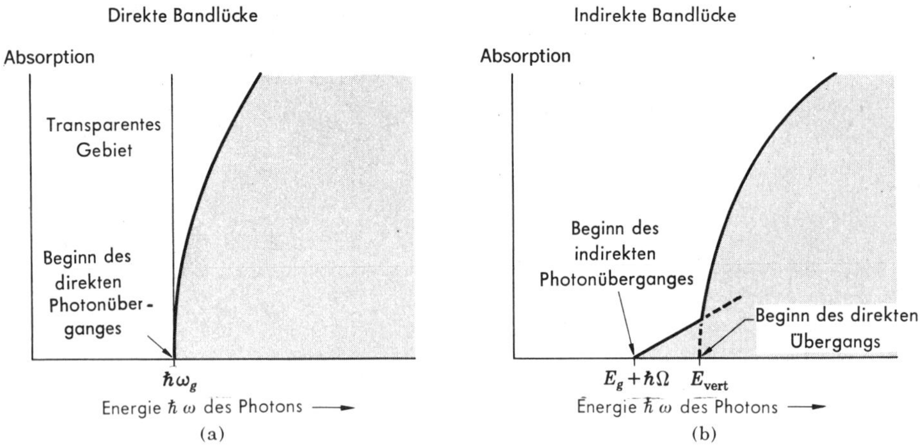

Bild 6: Optische Absorption als Funktion der Photonenenergie für einen reinen Isolator am absoluten Nullpunkt. In (a) hängt die Absorptionsschwelle sehr einfach von der Photonenenergie ab; aus dem Schwellwert läßt sich die Energielücke als $E_g = \hbar\omega_g$ direkt bestimmen. In (b) ist die optische Absorption direkt oberhalb des Schwellwertes geringer als im Fall (a): Besitzt das Photon die Energie $\hbar\omega = E_g + \hbar\Omega$ so werden bei der Absorption des Photons drei "Teilchen" erzeugt: ein freies Elektron, ein freies Loch und ein Phonon mit der Energie $\hbar\Omega$. In (b) ist E_{vert} der Schwellwert für die gleichzeitige Erzeugung eines freien Elektrons und eines Loches ohne gleichzeitige Erzeugung eines Phonons. Einen derartigen Übergang nennt man vertikal; er ähnelt dem direkten Übergang in (a). Die beiden Abbildungen weisen unterhalb des Schwellwertes keine Absorptionslinien wie sie im Experiment manchmal beobachtet werden auf. Diese Linien entstehen durch die Erzeugung gebundener Elektron-Loch-Paare, die man Exzitonen nennt. In Kapitel 18 ist für Galliumarsenid die Absorption durch Erzeugung von Exzitonen abgebildet.
Bei höheren Temperaturen sind bereits genügend Phononen vorhanden; wird ein Phonon absorbiert, so ist die Schwellenergie $\hbar\omega = E_g - \hbar\Omega$. Achtung: In der Abbildung sind nur die Übergänge am Schwellwert eingezeichnet. Normalerweise finden Übergänge zwischen allen Punkten der beiden Bänder statt, wenn Wellenvektor- und Energieerhaltungssatz dabei erfüllt sind.

Nur mit Hilfe optischer Messungen ist es möglich zu entscheiden, ob die Bandlücke direkt oder indirekt ist. Die Bandkanten in Ge und Si werden durch indirekte Übergänge, die in InSb durch einen direkten Übergang miteinander verbunden (Bild 8). Die Bandlücke in α Sn ist direkt und genau Null [1]; HgTe und HgSe sind Halbmetalle mit einer negativen Bandlücke; ihre Bänder überlappen sich.

[1] S. Groves und W. Paul, Phys. Rev. Letters **11**, 194 (1963).

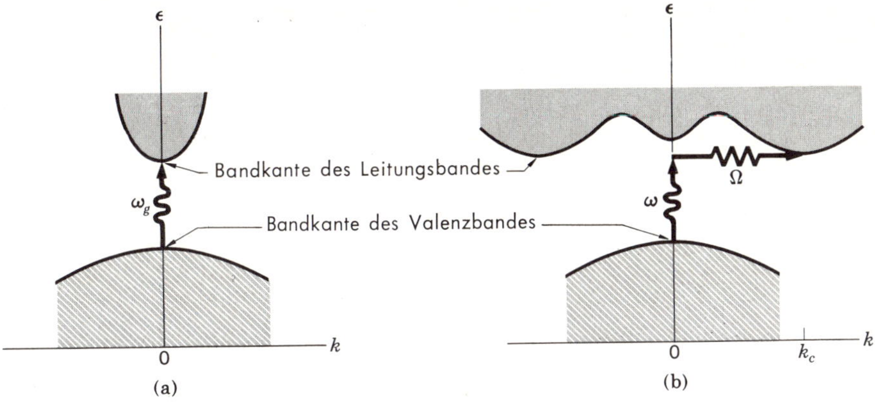

Bild 7: In (a) liegt der tiefste Punkt des Leitungsbandes bei demselben **k**-Wert auf wie der höchste Punkt des Valenzbandes. Ein direkter (vertikaler) optischer Übergang ist eingezeichnet. Dabei ändert sich **k** nur unbedeutend, da das absorbierte Photon einen sehr kleinen Wellenvektor besitzt. Die Schwellfrequenz ω_g für Absorption durch direkte Übergänge bestimmt die Energielücke $E_g = \hbar\omega_g$. Am direkten Übergang in (b) sind sowohl ein Photon als auch ein Phonon beteiligt, da die Bandkanten des Leitungs- und des Valenzbandes im **k**-Raum weit auseinander liegen. Die Schwellenergie für den indirekten Prozeß in (b) ist größer als die tatsächliche Bandlücke. Die Absorptionsschwelle für den indirekten Übergang liegt bei $\hbar\omega = E_g + \hbar\Omega$. Ω ist hier die Frequenz eines emittierten Phonons mit dem Wellenvektor $\mathbf{K} \cong -\mathbf{k}_c$.

Massenwirkungsgesetz

Im folgenden werden wir für den Fall der Eigenleitung die Ladungsträgerkonzentration in Abhängigkeit von der Bandlücke berechnen. Es soll zuerst die Anzahl der Elektronen, die bei der Temperatur T in das Leitungsband angeregt sind, als Funktion des chemischen Potentials oder des Fermi-Niveaus μ berechnet werden. In der Halbleiterphysik nennt man μ das **Fermi-Niveau** oder die **Fermi-Kante**. Die Energie wird wie in Bild 9 von der oberen Bandkante des Valenzbandes gemessen. In dem uns interessierenden Temperaturbereich kann man für das Leitungsband $\epsilon - \mu \gg k_BT$ voraussetzen. Damit vereinfacht sich die Fermi-Dirac-Verteilung auf

(1) $$f \cong e^{(\mu-\epsilon)\beta}, \qquad (\beta \equiv 1/k_BT).$$

Dies ist die Wahrscheinlichkeit, daß ein Elektronenzustand im Leitungsband besetzt ist. Bekanntlich ist μ die Energie, für die $f = \frac{1}{2}$ ist, (1)

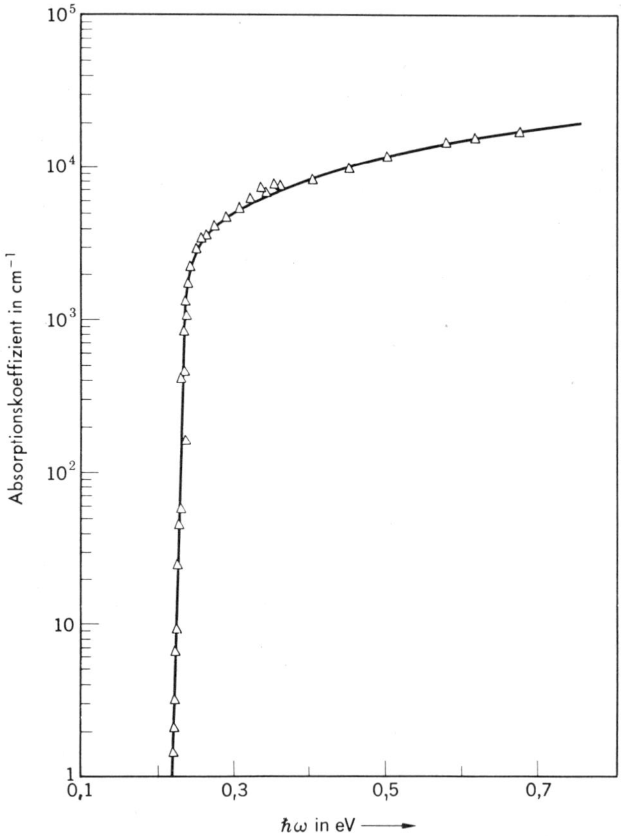

Bild 8: **Optische Absorption in reinem Indiumantimonid InSb. Da sowohl Leitungs- wie auch Valenzbandkante in der Mitte der Brillouinzone bei $\mathbf{k}$ = 0 liegen, ist der Übergang direkt (nach G.W. Gobeli und H.Y. Fan).**

dagegen ist eine Näherung, die nur für $f \ll 1$ gilt. Wir nehmen an, daß für die Energie eines Elektrons im Leitungsband gilt

$$\epsilon_{\mathbf{k}} = E_g + \hbar^2 k^2 / 2m_e . \tag{2}$$

m_e ist die effektive Masse eines Elektrons. Also gilt nach (7.24) für die Anzahl der Zustände pro Volumeinheit, deren Energie zwischen ϵ und $\epsilon + d\epsilon$ liegt,

$$\mathfrak{D}_e(\epsilon)\, d\epsilon = \frac{1}{2\pi^2} \left(\frac{2m_e}{\hbar^2} \right)^{3/2} (\epsilon - E_g)^{1/2}\, d\epsilon . \tag{3}$$

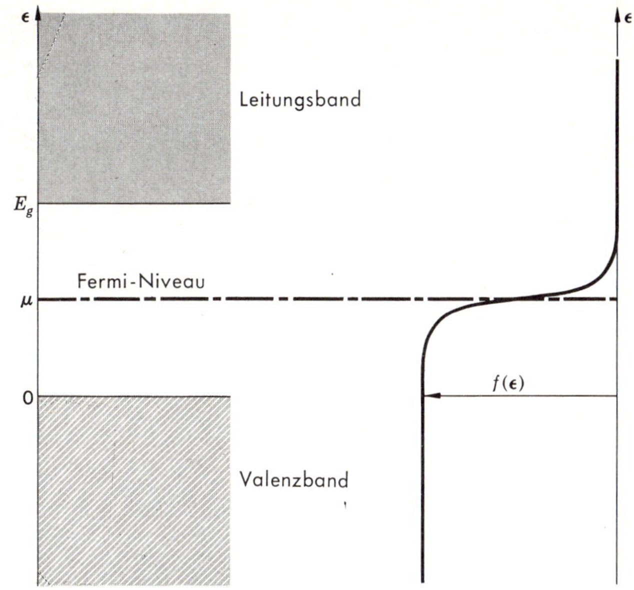

Bild 9: Energieskala für statistische Berechnungen. Die Fermische Verteilungsfunktion ist im gleichen Maßstab eingezeichnet, und zwar für eine Temperatur, für die $k_BT \ll E_g$ ist. Das Fermi-Niveau μ wurde, wie bei einem Eigenhalbleiter, in die Bandlücke gelegt.

Aus (1) und (3) folgt für die Zahl der Elektronen im Leitungsband pro Volumeinheit:

$$n = \int_{E_g}^{\infty} \mathfrak{D}_e(\epsilon) f_e(\epsilon)\, d\epsilon = \frac{1}{2\pi^2}\left(\frac{2m_e}{\hbar^2}\right)^{3/2} e^{\mu\beta} \int_{E_g}^{\infty} (\epsilon - E_g)^{1/2} e^{-\epsilon\beta}\, d\epsilon . \tag{4}$$

Integriert ergibt sich

$$n = 2(2\pi m_e k_B T/h^2)^{3/2} e^{(\mu - E_g)\beta} . \tag{5}$$

Unsere Aufgabe ist nicht gelöst, solange μ noch unbekannt ist. Es lohnt sich in diesem Zusammenhang, die Konzentration der Löcher p für den Gleichgewichtsfall zu berechnen. Die Verteilungsfunktion für Löcher f_h hängt mit der Verteilungsfunktion für die Elektronen f_e durch die Bezie-

---

[2]) In der Notation von Physik der Wärme, Kapitel 11, kann man das Ergebnis als

$$n = \frac{2\lambda e^{-E_g/k_BT}}{V_Q(e)} , \tag{5a}$$

schreiben, mit dem Quantenvolumen eines Leitungselektrons

$$V_Q(e) \equiv \left(\frac{2\pi\hbar^2}{m_e k_B T}\right)^{\frac{3}{2}} \tag{5b}$$

und

$$\lambda \quad e^{\mu/k_BT} .$$

Eine andere Ableitung findet man in C. Kittel, Am. J. of Phys. **35**, 483 (1967).

hung $f_h = 1 - f_e$ zusammen, denn ein Loch ist ja als ein fehlendes Elektron definiert. Also gilt

(6) $$f_h = 1 - \frac{1}{e^{(\epsilon-\mu)\beta}+1} = \frac{1}{e^{(\mu-\epsilon)\beta}+1} \cong e^{(\epsilon-\mu)\beta},$$

vorausgesetzt, es ist $(\mu - \epsilon) \gg k_B T$. Verhalten sich die Löcher in der Nähe der Oberkante des Valenzbandes wie Teilchen mit der effektiven Masse m_h, dann ist die Zustandsdichte der Löcher

(7) $$\mathfrak{D}_h(\epsilon)\, d\epsilon = \frac{1}{2\pi^2}\left(\frac{2m_h}{\hbar^2}\right)^{3/2}(-\epsilon)^{1/2}\, d\epsilon,$$

da die Energie von der Oberkante des Valenzbandes nach oben positiv gezählt wird. Verfährt man wie vorher, so folgt für die Konzentration p der Löcher im Valenzband

(8) $$p = \int_{-\infty}^{0} \mathfrak{D}_h(\epsilon) f_h(\epsilon)\, d\epsilon = 2(2\pi m_h k_B T/h^2)^{3/2} e^{-\mu\beta}.$$

Multipliziert man die Ausdrücke für n und p, so folgt die nützliche Gleichgewichtsbeziehung

(9) $$\boxed{np = 4(2\pi k_B T/h^2)^3 (m_e m_h)^{3/2}\, e^{-E_g\beta}.}$$

Dieses Ergebnis hängt nicht vom Fermi-Niveau μ ab. Es ist ein Ausdruck für das Massenwirkungsgesetz [3]. In der Ableitung ist nirgends angenommen, das Material sei eigenleitend. Das Ergebnis (9) gilt genauso gut bei Anwesenheit von Störstellen. Die einzige Annahme, die in (9) eingeht, ist, daß der Abstand des Fermi-Niveaus von den Bandkanten beider Bänder verglichen mit $k_B T$ groß sein soll. Bild 10 zeigt experimentelle Ergebnisse [4] für Silizium. Bei 300 K ist unter der Annah-

[3] Eine einfache Überlegung zeigt, daß das Produkt np bei gegebener Temperatur konstant ist. Dazu setzen wir voraus, die Gleichgewichtsbesetzung der Elektronen und Löcher werde durch die Photonenstrahlung eines schwarzen Körpers aufrechterhalten. Die Photonen erzeugen $A(T)$ Elektronen-Loch-Paare pro Zeiteinheit, während $B(T)np$ Photonen pro Zeiteinheit durch die Rekombination Elektron + Loch = Photon entstehen. Also gilt

$$dn/dt = A(T) - B(T)np = dp/dt.$$

Im Gleichgewicht ist $dn/dt = 0$ und $dp/dt = 0$, woraus folgt, daß $np = A(T)/B(T)$.

[4] Der Faktor von $\exp(-E_g/k_B T)$ in **Bild 10** ist beträchtlich größer als der aus (9) berechnete Wert. Man beachte, daß für eine Temperaturabhängigkeit der Lücke wie $E_g(T) = E_g(0)(1 - \alpha T)$ vor $\exp[-E_g(0)/k_B T]$ der temperaturunabhängige Faktor $\exp(\alpha E_g/k_B)$ tritt.

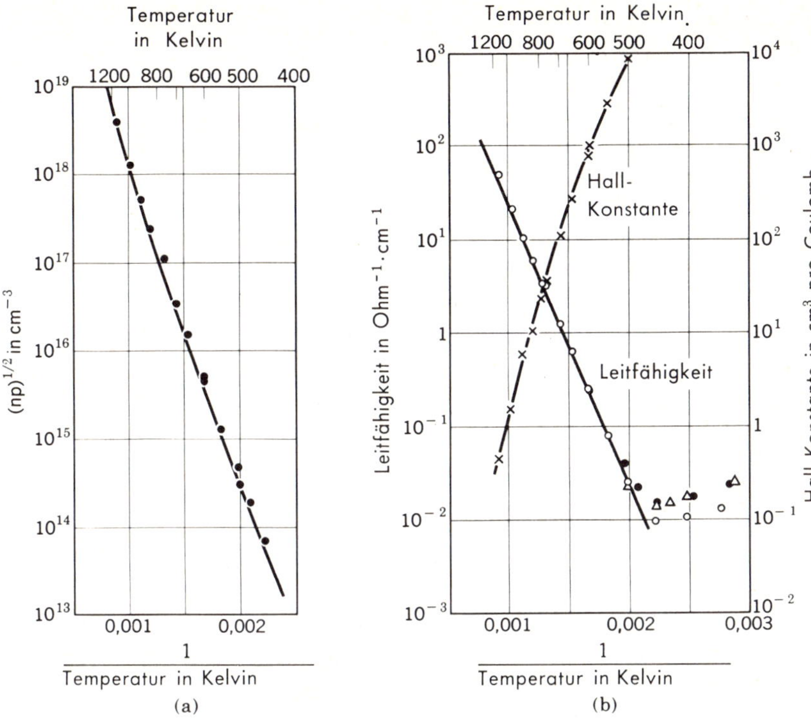

Bild 10: (a) Logarithmus des Produktes $(np)^{1/2}$ der Ladungsträgerkonzentrationen im Bereich der Eigenleitung von Silizium als Funktion des Kehrwerts der absoluten Temperatur. Die eingezeichneten Punkte sind aus Experimenten abgeleitet. Die ausgezogene Kurve ist eine empirische Funktion, angepaßt an die Punkte unter 700° K: $np = 1,5 \cdot 10^{33} \cdot T^3 \exp(-1,21/k_B T)$. Die Boltzmannkonstante ist hier in eV/°K einzusetzen. Aus diesem Ausdruck bestimmt man die Energielücke $E_g(T = 0) = 1,21$ eV. (b) Leitfähigkeit und Hall-Konstante im Eigenleitbereich von Silizium. [Nach F. J. Morin und J. P. Maita, Phys. Rev. **96**, 28 (1954).]

me $m_e = m_h = m$ das Produkt der Ladungsträgerkonzentrationen $n \cdot p$ für Germanium $3,6 \cdot 10^{27} cm^{-6}$ und für Silizium $4,6 \cdot 10^{19} cm^{-6}$.

Aus (9) geht hervor, daß bei einer bestimmten Temperatur das Produkt aus den Konzentrationen der Elektronen und Löcher konstant ist, unabhängig von der Konzentration der Störstellen: erhöht man n durch einen geringfügigen Anteil geeigneter Fremdatome, dann muß p abnehmen, da das Produkt aus beiden konstant bleiben muß. Dieses Ergebnis ist für die Praxis sehr wichtig - man kann nämlich die Gesamtkonzentration der Ladungsträger $n + p$ manchmal ganz gewaltig durch den kontrollierten Einbau geeigneter Fremdatome vermindern. Diese Verminderung wird als **Ladungsträgerkompensation** bezeichnet.

Ladungsträgerkonzentration bei Eigenleitung

Für einen rein eigenleitenden Halbleiter ist $n = p$: durch die thermische Anregung eines Elektrons aus dem Valenzband entsteht dort ein Loch. Also folgt aus (9) [der Index i bezeichne die Entstehung durch Eigenleitung (vom Englischen intrinsic)],

$$n_i = p_i = 2(2\pi k_B T/h^2)^{3/2}(m_e m_h)^{3/4} e^{-E_g\beta/2}. \tag{10}$$

Die Ladungsträgerkonzentration bei Eigenleitung hängt exponentiell von $E_g/2k_BT$ ab; dabei ist E_g die Breite der verbotenen Energielücke. Durch Gleichsetzen von (5) und (8) folgt

$$e^{2\mu\beta} = (m_h/m_e)^{3/2} e^{E_g\beta} \tag{11}$$

oder

$$\mu = \tfrac{1}{2}E_g + \tfrac{3}{4}k_BT \ln(m_h/m_e). \tag{12}$$

Ist $m_h = m_e$, dann ist $\mu = \frac{1}{2}E_g$, und das Fermi-Niveau liegt genau in der Mitte der verbotenen Energielücke.

Dieses Ergebnis steht keineswegs im Widerspruch zu der Tatsache, daß die Besetzungswahrscheinlichkeit des Ferminiveaus 1/2 ist: Gäbe es am Ferminiveau einen erlaubten Energiezustand, so wäre seine Besetzungswahrscheinlichkeit tatsächlich 1/2.

Beweglichkeit im Bereich der Eigenleitung

Die **Beweglichkeit**[5]) ist als der Betrag der Driftgeschwindigkeit im elektrischen Feld der Feldstärke Eins definiert.

$$\mu = |v|/E.$$

Die Beweglichkeit ist also nach Definition für Elektronen und Löcher gleichermaßen positiv, obwohl deren Driftgeschwindigkeiten entgegengesetzt gerichtet sind.

In einem idealen Eigenhalbleiter ist die Beweglichkeit durch die Streuung am Gitter festgelegt, d. h. durch Stöße zwischen Elektronen und Phono-

[5]) Schreibt man stets μ_e und μ_h für die Beweglichkeit der Elektronen und der Löcher, so kann jede Verwechslung der Beweglichkeit μ mit dem chemischen Potential μ vermieden werden.

nen. In Wirklichkeit sind jedoch in jeder Probe Fremdatome vorhanden, die bei tiefen Temperaturen, d.h. dort, wo keine Phononen angeregt sind, die Streuung von Elektronen beherrschen. Bei höheren Temperaturen überwiegt aber immer die Streuung durch das Gitter.

Die elektrische Leitfähigkeit für den Fall, daß sowohl Elektronen als auch Löcher vorhanden sind, ist durch die Summe der beiden Einzelbeiträge gegeben:

$$\sigma = (ne\mu_e + pe\mu_h); \tag{13 a}$$

n und p sind die Konzentrationen der Elektronen bzw. der Löcher. Aus dem Vergleich mit dem Ausdruck $\sigma = ne^2\tau/m$ für die Gleichstromleitfähigkeit folgt

$$\mu_e = e\tau_e/m_e; \qquad \mu_h = e\tau_h/m_h. \tag{13 b}$$

Die Beweglichkeiten hängen über einen bestimmten Bereich meist nach einem einfachen Potenzgesetz von der Temperatur ab. Die Temperaturabhängigkeit der Leitfähigkeit im Bereich der Eigenleitung wird von der Exponentialfunktion $\exp(-E_g/2k_BT)$ für die Ladungsträgerkonzentration beherrscht. Dieses Verhalten bildet die Grundlage für die Bestimmung der Energielücke aus der elektrischen Leitfähigkeit.

In Tabelle 2 sind experimentell bestimmte Werte für die Beweglichkeit bei Zimmertemperatur angegeben [6]. Zum Vergleich: Die Beweglichkeit in metallischem Kupfer beträgt 35 cm²/Volt · sec bei Zimmertemperatur.

Tabelle 2: Beweglichkeit von Ladungsträgern bei Zimmertemperatur. (Die meisten Werte sind wahrscheinlich durch die Streuung an Phononen festgelegt. Weitere Daten findet man im AIP Handbook, 3. Aufl. in dem Artikel von H. P. R. Frederikse über Festkörperphysik.)

Kristall	Beweglichkeit in cm²/Volt · sec		Kristall	Beweglichkeit in cm²/Volt · sec	
	Elektronen	Löcher		Elektronen	Löcher
Diamant	1800	1200	GaSb	2500-4000	650
Si	1600	400	PbS	600	200
Ge	3800	1800	PbSe	900	700
InSb	77000	1250	PbTe	17000	
InAs	23000	~100	AgCl	50	
InP	3400	650	KBr (100°K)	100	

[6]) Beweglichkeiten für Elektronen in Alkalihalogenidkristallen findet man bei R. K. Ahrenkiel und F. C. Brown, Phys. Rev. **136**, A 223 (1964).

In den meisten der aufgeführten Substanzen sind die Werte wahrscheinlich durch die Streuung am Gitter, d. h. die Streuung an Phononen bestimmt. Die Kristalle mit kleinen Energielücken haben meist hohe Elektronenbeweglichkeiten. Wie in Kapitel 10 besprochen, führen kleine Lücken auf kleine effektive Massen, die das Auftreten von hohen Beweglichkeiten begünstigen. Die höchste, in einem Halbleiter gemessene Beweglichkeit ist $5 \cdot 10^6$ cm^2 /Volt · sec für Elektronen in PbTe bei 4 K.

Der Zahlenwert der Beweglichkeit in elektrostatischen CGS-Einheiten ist 300 mal so groß wie die Beweglichkeit in cm^2/Volt · sec ausgedrückt.

Störstellenleitung

Bestimmte Arten von Fremdatomen und Kristallfehlern beeinflussen die elektrischen Eigenschaften von Halbleitern ganz beträchtlich. Baut man Bor im Verhältnis 1 zu 10^5 in Silizium ein, so wird bei Zimmertemperatur die Leitfähigkeit 10^3 mal so groß wie bei reinem Silizium. In halbleitenden Verbindungen wirkt ein stöchiometrischer Mangel der einen Komponente wie eine Störstelle. Solche Halbleiter werden dann als **Mangelhalbleiter** bezeichnet (siehe Aufgabe 5). Den kontrollierten Einbau von Fremdatomen in Halbleiter nennt man **Dotieren**.

Im besonderen wollen wir nun die Wirkung von Fremdatomen in Silizium und Germanium untersuchen. Diese Elemente kristallisieren in der Diamantstruktur, die in Bild 1.29 gezeigt wird. Entsprechend seiner chemischen Wertigkeit Vier bildet jedes Atom vier kovalente Bindungen, eine Bindung mit jedem seiner vier nächsten Nachbarn. Wird im Gitter ein normales Atom durch ein fünfwertiges Atom, wie Phosphor, Arsen oder Antimon, ersetzt, so erfolgt der Einbau dieses Fremdatoms in die Struktur mit der geringstmöglichen Störung, d. h. es bilden sich vier kovalente Bindungen zu den nächsten Nachbarn aus; dabei bleibt jedoch ein Valenzelektron des Störatoms übrig.

Quantenzustände der Fremdatome

Bild 11 zeigt eine Struktur mit einer positiven Überschußladung durch das Fremdatom, das ein Elektron verloren hat. (Das Überschußelektron ist gleichfalls eingezeichnet.) Untersuchungen der Gitterkonstanten und die Bestimmung der Ladungsträgerdichte ergaben, daß die fünfwertigen Fremdatome im Gitter die normalen Atomplätze einnehmen und nicht etwa Zwischengitterplätze. Fremdatome, die ionisiert werden können und dabei ein Elektron abgeben, nennt man **Donatoren**. Der Kristall als Ganzes bleibt dabei neutral.

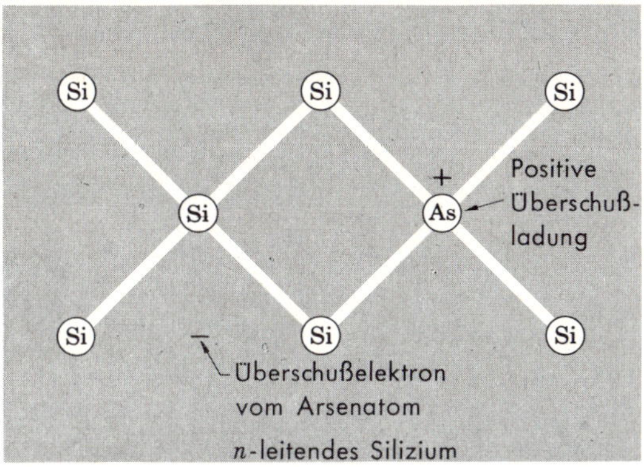

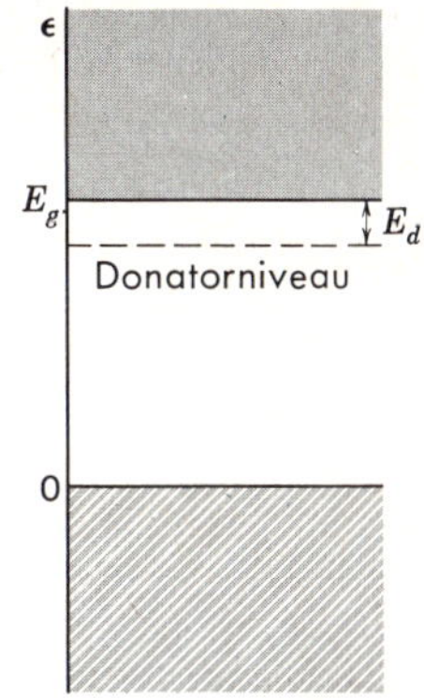

Bild 11: Die zu einem Arsenfremdatom in Silizium gehörenden Ladungen. Arsen besitzt fünf Valenzelektronen, Silizium dagegen nur vier. Vier der Valenzelektronen des Arsens gehen eine tetraedrische Bindung mit den benachbarten Siliziumatomen ein. Das fünfte Elektron ist für die elektrische Leitung verfügbar. Das Arsenatom wird als **Donator** bezeichnet, da es bei seiner Ionisierung ein Elektron an das Leitungsband abgibt.

Das Überschußelektron bewegt sich in dem Coulomb-Potential $e/\epsilon r$ des Fremdions. Hier bedeutet ϵ in kovalenten Kristallen die statische Dielektrizitätskonstante des Mediums. Der Faktor $1/\epsilon$ berücksichtigt die Abnahme der Coulomb-Kraft zwischen Ladungen, die durch die elektronische Polarisierung des Mediums verursacht wird. Diese Behandlung gilt für Bahnkurven, die groß sind gegenüber den interatomaren Abständen und für langsame Bewegungen des Elektrons, so daß die Umlauffrequenz klein ist gegenüber der Frequenz ω_g, die der Energielücke entspricht. Diese Bedingungen werden in Ge und Si von den Überschußelektronen von P, As oder Sb recht gut erfüllt.

Wir wollen nun die Ionisierungsenergie eines Donatoratoms abschätzen. Die Bohrsche Theorie des Wasserstoffatoms kann leicht so abgeändert werden, daß auch die Dielektrizitätskonstante des Mediums und die effektive Masse eines Elektrons im periodischen Potential des Kristalls berücksicht sind. Die Ionisierungsenergie atomaren Wasserstoffes ist im CGS-System $-e^4m/2\hbar^2$, in SI-Einheiten $-e^4m/2(4\pi\epsilon_0\hbar)^2$. Im Halbleiter ersetzen wir e^2 durch e^2/ϵ und m durch die effektive Masse m^* und erhalten dann

(14) $$E_d = \frac{e^4m^*}{2\epsilon^2\hbar^2} \; ; \quad \text{(CGS)} \qquad \text{(SI)} \quad E_d = \frac{e^4m^*}{2(4\pi\epsilon\epsilon_0\hbar)^2} \; ,$$

als Ionisationsenergie der Donatoren in einem Halbleiter. Der Bohr'sche Radius des Wasserstoffgrundzustandes ist $\hbar^2/me^2$ im CGS- oder $4\pi\epsilon_0\hbar^2/ /me^2$ im SI-System. Der Bohr'sche Radius des Donatoratoms ist dann

$$(15) \qquad a_d = \frac{\epsilon\hbar^2}{m^*e^2} \quad \text{(CGS)}; \qquad \textbf{(SI)} \quad a_d = \frac{4\pi\epsilon\epsilon_0\hbar^2}{m^*e^2} .$$

Die Anwendung dieses Ergebnisses auf Germanium und Silizium wird erschwert durch die anisotrope effektive Masse der Leitungselektronen, wie weiter unten besprochen wird. Trotzdem ist die Dielektrizitätskonstante die wichtigste Korrektur: sie geht in die Energie (14) quadratisch ein, die effektive Masse dagegen nur mit der ersten Potenz.

Um uns einen allgemeinen Überblick über die Störstellenniveaus zu verschaffen, verwenden wir als effektive Masse der Elektronen in Germanium $m^* \approx 0,1\,m$ und $m^* \approx 0,2\,m$ in Silizium. Die statische Dielektrizitätskonstante beträgt für Diamant 5, 5, für Silizium 11,7 und für Germanium 15,8. In einigen anderen Halbleitern ist die statische Dielektrizitätskonstante noch wesentlich größer: 205, 400 und 1770 in PbS, PbTe und SnTe.

Die Ionisierungsenergie des freien Wasserstoffatoms beträgt 13, 6 eV. Für Germanium ergibt sich nach unserem Modell die Ionisierungsenergie der Donatoren $E_d = 0,006$ eV, wenn man die Energie von Wasserstoff mit dem Faktor $m^*/m\epsilon^2 = 4 \cdot 10^{-4}$ multipliziert. Das entsprechende Ergebnis für Silizium ist 0, 02 eV. Berechnungen,[7]) bei denen der korrekte Tensor für die anisotrope effektive Masse verwendet wurde, ergeben für Germanium 0, 00905 eV und 0, 0298 eV für Silizium. Weitere Korrekturen sind von Luttinger und Kohn für Silizium berücksichtigt worden. In Tabelle 3 sind beobachtete Werte für die Ionisierungsenergien von Donatoren angegeben.

Tabelle 3: Ionisierungsenergien E_d von Donatoren für fünfwertige Fremdatome in Germanium und Silizium, in eV

	P	As	Sb
Si	0, 045	0, 049	0, 039
Ge	0, 0120	0, 0127	0, 0096

[7]) J. M. Luttinger und W. Kohn, Phys. Rev. **98**, 915 (1955); M. Lampert, Phys. Rev. **97**, 352 (1955); C. Kittel und A. H. Mitchell, Phys. Rev. **96**, 1488 (1954); siehe auch QTS, Kap. 14.

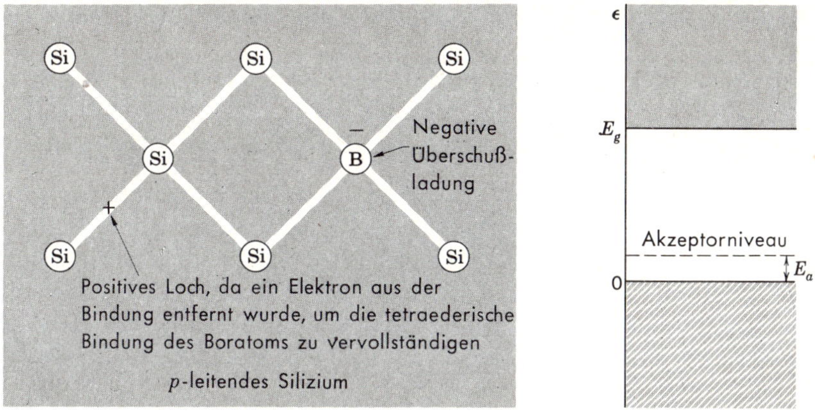

Bild 12: Bor besitzt nur drei Valenzelektronen. Es kann seine tetraedrische Bindung nur dadurch vervollständigen, daß es aus einer Si-Si-Bindung ein Elektron nimmt und so ein Loch im Valenzbad des Siliziums erzeugt. Das positive Loch trägt dann zur Leitung bei. Das Boratom wird als **Akzeptor** bezeichnet, da es bei seiner Ionisierung ein Elektron aus dem Valenzband aufnimmt. Bei 0 K ist das Loch gebunden.

Aus (15) geht hervor, daß der Radius der ersten Bohrschen Umlaufbahn um $\epsilon m/m^*$ größer ist als der entsprechende Wert 0,53 Å für das freie Wasserstoffatom. Dieser Radius beträgt damit in Germanium (160)·(0,53) ≅ ≅ 80 Å und (60)·(0,53) ≅ 30 Å in Silizium. Diese Radien sind relativ groß, so daß sich die Orbitale der Fremdatome schon bei vergleichsweise kleinen Verunreinigungs-Konzentrationen überlappen.

Genau wie ein Elektron an ein fünfwertiges Fremdatom gebunden sein kann, kann in Germanium und Silizium ein Loch an ein dreiwertiges Fremdatom gebunden sein (Bild 12). Typische dreiwertige Fremdatome sind B, Al, Ga und In. Solche Fremdatome werden **Akzeptoren** genannt, da sie Elektronen aus dem Valenzband aufnehmen können, die dann dort ein Loch zurücklassen. Wenn ein Akzeptor ionisiert werden soll, dann muß ein Elektron energetisch angehoben werden. Man bringt ein Elektron zum Akzep-

Tabelle 4: Ionisierungsenergien E_a von Akzeptoren für dreiwertige Fremdatome in Germanium und Silizium, in eV

	B	Al	Ga	In
Si	0,045	0,057	0,065	0,16
Ge	0,0104	0,0102	0,0108	0,0112

tor und erhält ein Loch im Valenzband. Die Verhältnisse bei Aktzeptoren entsprechen grundsätzlich den Verhältnissen bei Elektronen, obwohl sie anfangs größere Ansprüche an das Vorstellungsvermögen stellen. Im üblichen Bandschema sinkt ein Elektron nach unten, wenn es Energie verliert, während ein Loch dabei nach oben steigt.

In Tabelle 4 sind experimentell bestimmte Werte der Ionisierungsenergien für Akzeptoren in Germanium und Silizium angegeben. Diese ähneln ersichtlich denen für Donatoren. Das modifizierte Bohrsche Modell läßt sich qualitativ auf Löcher genausogut anwenden wie auf Elektronen. In Germanium und Silizium tritt jedoch, wie wir sehen werden, an der Oberkante des Valenzbandes eine Entartung auf, die die Bestimmung der effektiven Masse schwieriger werden läßt.[7a]

Ein Blick auf die Tabellen 3 und 4 zeigt, daß die Ionisierungsenergien von Donatoren und Akzeptoren bei Zimmertemperatur mit $k_B T$ (0,026 eV) vergleichbar sein können. Es ist daher zu erwarten, daß die thermische Ionisierung der Donatoren und Akzeptoren für die elektrische Leitfähigkeit von Germanium und Silizium bei Zimmertemperatur wichtig ist. Sind beträchtlich mehr Donatoratome als Akzeptoren vorhanden, so gelangen durch die thermische Ionisierung der Donatoren freie Elektronen in das Leitungsband. Die Leitfähigkeit des Materials wird durch Elektronen (negative Ladungen) bestimmt. Man bezeichnet es daher als n-leitend. Überwiegen die Akzeptoren, dann werden Löcher im Valenzband freigesetzt, und die elektrische Leitfähigkeit wird von Löchern (positiven Ladungen) beherrscht: das Material ist p-leitend. Das Vorzeichen der Hallspannung (Kapitel 8) ermöglicht eine erste Entscheidung, ob das Material n- oder p-leitend ist. Das Vorzeichen der Thermospannung ist ein weiterer, im Labor leicht durchzuführender Test: Befinden sich die beiden Enden einer leitenden Probe auf verschiedenen Temperaturen, so versuchen alle Ladungsträger an das kältere Ende zu gelangen[8]. Diese Ladungsträgerkonzentration verursacht eine Spannung. Das Vorzeichen der Spannung wird durch die Ladung der Majoritätsladungsträger bestimmt.

Bekanntlich ist die Anzahl der Löcher und der Elektronen beim Fehlen von Fremdatomen gleich groß: solche Materialien zeigen nur Eigenleitung. Die Elektronenkonzentration bei reiner Eigenleitung n_i bei 300 K beträgt $2,5 \cdot 10^{13}$ cm^{-3} in Germanium und $1,4 \cdot 10^{10}$ cm^{-3} in Silizium, der spezifische elektrische Widerstand beträgt unter diesen Bedingungen 43 Ohm · cm für Germanium und $2,6 \cdot 10^5$ Ohm · cm für Silizium. Die nied-

---

[7a]) Siehe auch N.O. Lipari und A. Baldereschi, Phys. Rev. Lett. **25**, 1660 (1970).

[8]) Dies folgt aus TP Gleichung (11.83).

rigsten Fremdatomkonzentrationen, die man heute erreichen kann, liegen in der Größenordnung von 10^{12} Fremdatomen pro cm^3, so daß man in Germanium bei Zimmertemperatur reine Eigenleitung erzielen kann, nicht aber in Silizium. Fremdatome, die nicht ionisieren, haben keinen Einfluß auf die Ladungsträgerkonzentration und können deshalb in höheren Anteilen vorhanden sein, ohne durch elektrische Meßmethoden entdeckt zu werden.

Thermische Ionisierung von Fremdatomen

Die Berechnung der Gleichgewichtskonzentration von Leitungselektronen und ionisierten Donatoren verläuft genauso wie die Berechnung der thermischen Ionisierung von Wasserstoffatomen, eines der Standardprobleme der statistischen Mechanik. Sind keine Akzeptoren vorhanden, so gilt für den Grenzfall tiefer Temperaturen $k_B T \ll E_d$

$$(16) \qquad \boxed{n \cong (n_0 N_d)^{\frac{1}{2}} e^{-E_d/2k_BT} \ ,}$$

mit $n_0 \equiv 2(m_e k_B T/2\pi\hbar^2)^{\frac{3}{2}}$ und N_d der Konzentration der Donatoren. Um Gleichung (16) zu erhalten, wendet man das Massenwirkungsgesetz an $[e]\,[N_d^+]/\,[N_d]$ = Funktion der Temperatur und setzt dann $[N_d^+] = [e] = n$.

Identische Resultate gelten unter der Annahme $N_d = 0$ auch für Akzeptoren, wenn man die richtigen Umformungen vornimmt. Bei vergleichbaren Konzentrationen der Donatoren und der Akzeptoren wird die Sache schwierig, und man muß die Gleichungen normalerweise numerisch lösen.

Beweglichkeit bei Anwesenheit von Störstellen

Die Streuung an Phononen bestimmt die Beweglichkeit der Ladungsträger, wenn relativ wenig Störstellen vorhanden sind, oder bei hohen Temperaturen. Die Streuung an Fremdatomen kann bei höheren Störstellenkonzentrationen wichtig werden. Die Streuung hängt auch davon ab, ob das Fremdatom neutral ist oder ionisiert. Bei neutralen Atomen ist das Problem der Streuung an einem Wasserstoffatom gleichwertig. Dabei ist zu beachten, daß die Fläche der ersten Bohrschen Umlaufbahn mit dem Faktor $(\epsilon m/m^*)^2$ zu multiplizieren ist. Eine exakte Lösung für den Streuquerschnitt neutraler Atome ist in dem bei Halbleitern interessierenden Energiebereich trotzdem sehr schwierig. Die Streuung von Ladungsträgern an ionisierten Donatoren und Akzeptoren ist von Conwell und Weisskopf behandelt worden. Sie benutzten dazu die Rutherfordsche Streuformel. Bild 13 zeigt, wie bei AgCl infolge der Streuung an Störstellen die Beweglichkeit der Elektronen vermindert wird.

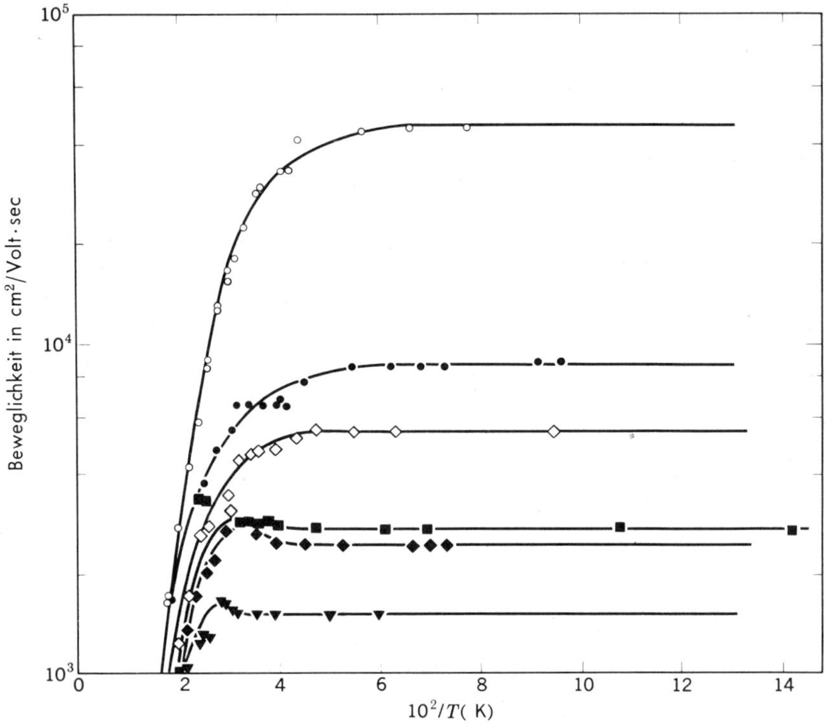

Bild 13: Beweglichkeit der Elektronen in verschiedenen AgCl-Kristallen. Die höchste gefundene Beweglichkeit beträgt 45 000 cm^2/Volt · sec. Die Beweglichkeit wird bei tiefen Temperaturen durch die Reinheit des Kristalles und bei hohen Temperaturen durch Streuung an optischen Phononen beschränkt. (Nach T. Masumi, R.K. Ahrenkiel und F.C. Brown.)

Analyse von experimentellen Ergebnissen

Ein gutes allgemeines Bild vom physikalischen Verhalten von Halbleitern erhält man, wenn man die elektrische Leitfähigkeit und die Hall-Konstante als Funktionen der Temperatur und der Dotierung (mit Fremdatomen) über weite Bereiche mißt [9]. In einem einfachen Metall ist die Hall-Konstante durch

$$R_H = -\frac{1}{nec} .$$

---

[9]) Ergebnisse für Germanium findet man bei E.M. Conwell, Proc. I.R.E. **40**, 1327 (1952), P.P. Debey und E.M. Conwell, Phys. Rev. **93**, 693 (1954), für Silizium bei F.J. Morin und J.P. Maita, Phys. Rev. **96**, 28 (1954).

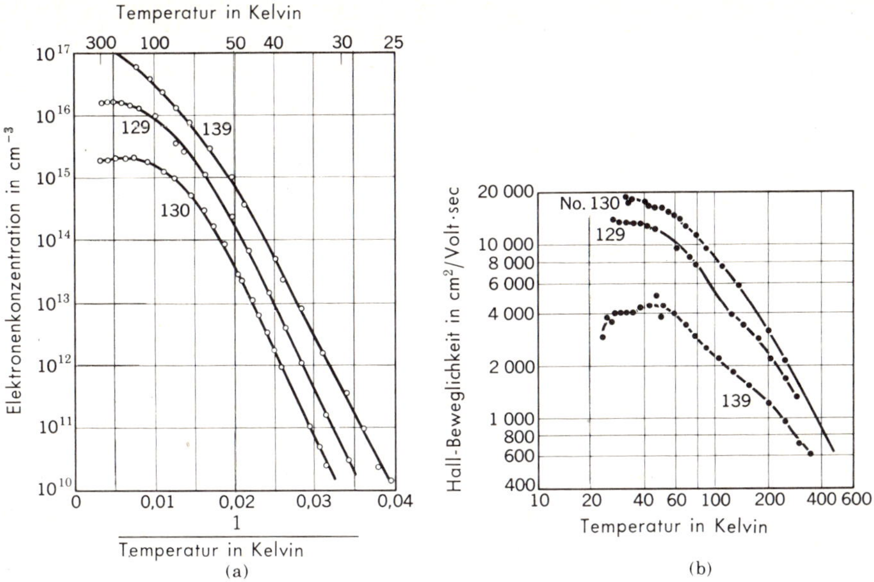

Bild 14: Siliziumkristalle mit Arsen dotiert. (a) Ladungsträgerkonzentration als Funktion des Kehrwerts der absoluten Temperatur. (b) Beweglichkeit als Funktion der Temperatur. (Nach Morin und Maita.)

gegeben. n ist dabei die Elektronenkonzentration. In Halbleitern kann der Zusammenhang zwischen n und R_H geringfügig abweichen, je nach dem, wie die mittlere freie Weglänge von der Geschwindigkeit abhängt. Bild 14a zeigt Ladungsträgerkonzentrationen, die aus Messungen der Hall-Spannung in Abhängigkeit von der Temperatur an einer Reihe Arsen-dotierter Siliziumkristalle bestimmt wurden. Oberhalb der Zimmertemperatur sind im wesentlichen alle Donatoren ionisiert. Unter 100 K sinkt die Ladungsträgerkonzentration ab, da die Donatoren neutral werden.

Bestehen die Ladungsträger überwiegend aus einer Sorte, so erhält man deren Beweglichkeit μ einfach aus dem Produkt aus der Leitfähigkeit und der Hall-Konstanten

$$c|R_H|\sigma = c\left(\frac{1}{nec}\right)\left(\frac{ne^2\tau}{m^*}\right) = \frac{e\tau}{m^*} = \mu \; ; \qquad \text{(CGS)}$$

(17)

$$|R_H|\sigma = \left(\frac{1}{ne}\right)\left(\frac{ne^2\tau}{m^*}\right) = \frac{e\tau}{m^*} = \mu \; , \qquad \text{(SI)}$$

abgesehen von Faktoren in der Größenordnung von Eins. Das Produkt $c|R_H|\sigma$ wird als **Hall-Beweglichkeit** bezeichnet. Die Temperaturabhän-

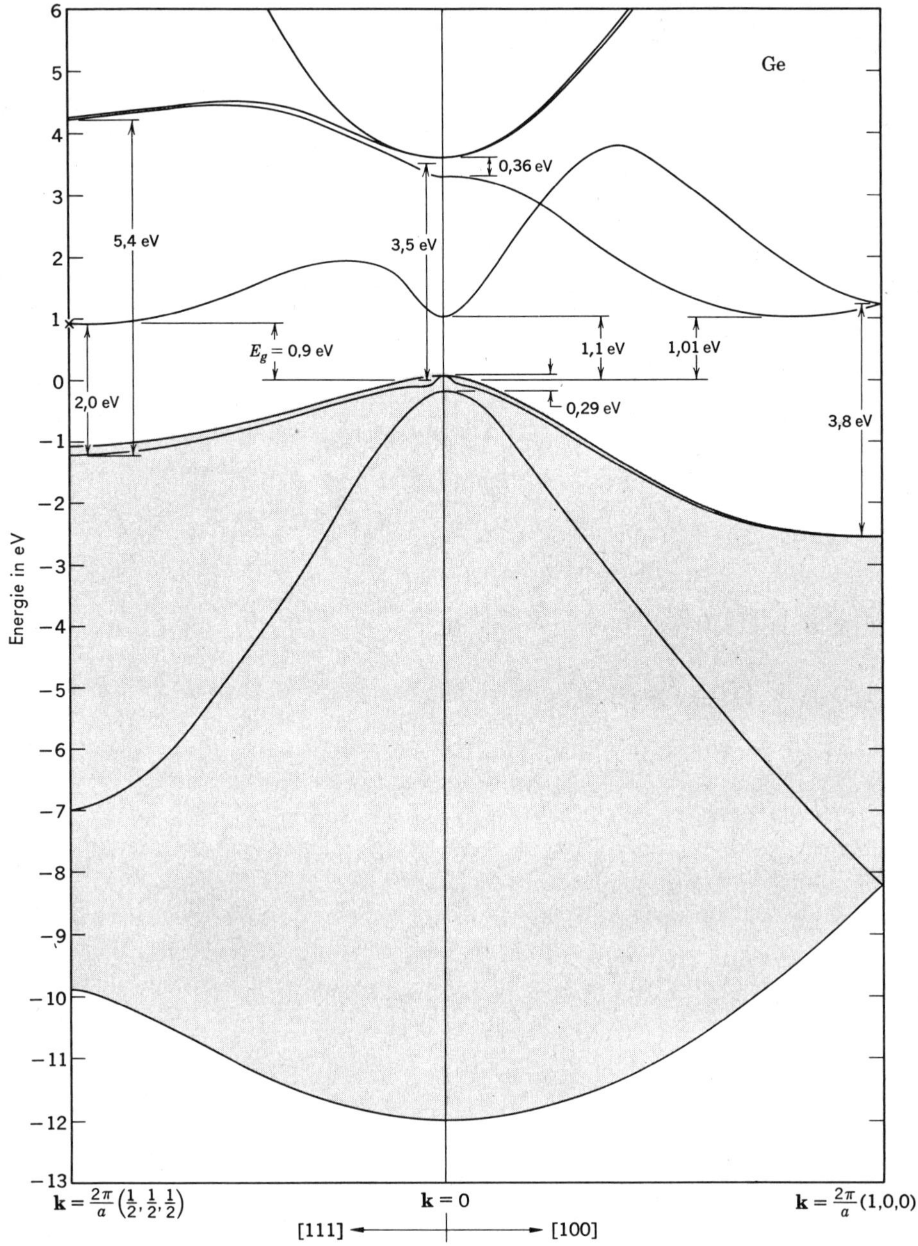

Bild 15: Die berechnete Bandstruktur von Germanium nach C. Y. Fong. Sie stimmt in groben Zügen ausgezeichnet mit experimentellen Ergebnissen überein. Die vier Valenzbänder sind grau gezeichnet. Die Feinstruktur des Valenzbandes wird durch die Spin-Bahn-Kopplung verursacht.

gigkeit der Hall-Beweglichkeit für die Reihe Arsen-dotierter Siliziumkristalle zeigt Bild 14b.

Energiebänder in Si und Ge

Eine Übersicht über die Struktur des Leitungs- und des Valenzbandes von Germanium zeigt Bild 15. Diese Darstellung beruht auf einer Kombination theoretischer und experimenteller Ergebnisse. Die Bandkante des Valenzbandes liegt in beiden Kristallen bei $\mathbf{k} = 0$ und entsteht aus den Zuständen $p_{3/2}$ und $p_{1/2}$ des freien Atoms. Das Niveau $p_{3/2}$ ist wie im Atom vierfach entartet, die vier Zustände entsprechen Werten der Quantenzahl m_J von $\pm\frac{3}{2}$ und $\pm\frac{1}{2}$. Das Niveau $p_{1/2}$ ist zweifach entartet (mit $m_J = \pm\frac{1}{2}$). Die $p_{3/2}$ -Zustände liegen energetisch höher als die $p_{1/2}$ -Zustände; der Energieunterschied ist ein Maß für die Spinbahnwechselwirkung.

Die Bandkante des Leitungsbandes liegt weder in Si noch in Ge bei $\mathbf{k} = 0$. Dies ist aus der Zyklotronresonanz und aus dem Auftreten von indirekten optischen Absorptionen zwischen den Bandkanten des Leitungsbandes und des Valenzbandes bekannt (Bild 6b).

Zyklotronresonanz in Halbleitern

Bei einer Anzahl von Halbleitern war es möglich, die Gestalt der Energieflächen des Leitungs- und des Valenzbandes in der Nähe der Bandkanten[10]) durch Zyklotronresonanz zu bestimmen, d. h., es war möglich, die Energie $\epsilon(\mathbf{k})$ als Funktion des Wellenvektors $\mathbf{k}$ zu bestimmen. Die Ermittlung der Energiefläche ist der Bestimmung des Tensors der effektiven Masse gleichwertig, da

$$\left(\frac{1}{m^*}\right)_{ij} = \hbar^{-2}\frac{\partial^2\epsilon}{\partial k_i \partial k_j}.$$

Die Zyklotronresonanz in Halbleitern unterscheidet sich in gewisser Hinsicht von der in Metallen. Ist nämlich die Konzentration der Ladungsträger genügend niedrig, dann durchdringt das HF-Feld den ganzen Körper. Also wirkt längs der gesamten Bahn ein homogenes HF-Feld auf den Ladungsträger ein. Die auf diesen Fall anzuwendende Absorptionstheorie wird im folgenden entwickelt. Die Stromträger werden auf Spiralbahnen

[10]) Die letzten Fortschritte in der Analyse des Reflexionsvermögens der Halbleiter im Ultravioletten führten auf eine angenäherte Bestimmung der Gesamtform der Energieflächen. Zu den experimentellen Methoden gehören dabei die Modulation des Reflexionsvermögens durch elektrische Felder und durch elastische Spannung. Siehe Cardona "Modulation Spectroscopy" Solid State Physics Suppl. **11** (1969).

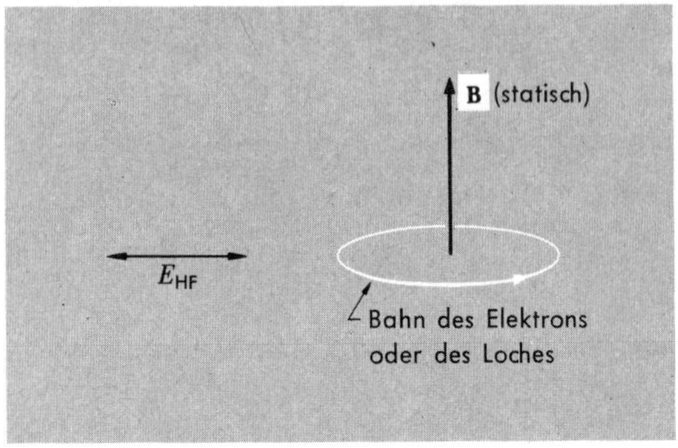

Bild 16:
Ausrichtung der Felder in einem Experiment zur Zyklotronresonanz in einem Halbleiter. Der Umlaufsinn ist für Elektronen und Löcher entgegengesetzt.

um die Achse des statischen Magnetfeldes **B** beschleunigt. Dabei ist ihre Umlauffrequenz

$$\omega_c = \frac{eB}{m^*c}\,, \text{ (CGS)} \qquad \textbf{(SI)}\quad \omega_c = \frac{eB}{m^*}\,,$$

m^* ist hier die entsprechende effektive Masse. Resonanzabsorption der Energie eines elektrischen HF-Feldes senkrecht zum statischen Magnetfeld (Bild 16) tritt immer dann auf, wenn die Frequenz des HF-Feldes gleich der Zyklotronfrequenz ist. Löcher und Elektronen besitzen in Magnetfeldern entgegengesetzten Umlaufsinn.

Es ist durchaus interessant, die Zahlenwerte der verschiedenen physikalischen Größen, auf die es in solchen Experimenten ankommt, abzuschätzen. Wir gehen von $m^*/m \cong 0,1$ aus, einem für Zyklotronresonanz repräsentativen Wert. Für $f_c = 24\,000$ MHz oder $\omega_c = 1,5 \cdot 10^{11}\ \text{sec}^{-1}$ ist die Resonanz bei $\mathbf{B} \cong 860$ Gauß erreicht. Die Linienbreite wird durch die Relaxationszeit τ (für Stöße) festgelegt. Außerdem verlangt man, daß $\omega_c\tau \geq 1$ ist, damit man auch eine ausgeprägte Resonanz erhält. In anderen Worten, die mittlere freie Weglänge muß groß genug sein, daß die Ladungsträger im Durchschnitt den Bruchteil $1/2\pi$ eines vollen Kreises zwischen zwei Stößen vollenden können. Für $\omega_c = 1,5 \cdot 10^{11}\ \text{sec}^{-1}$ muß also $\tau = 10^{-11}$ sec oder länger sein. Bei Zimmertemperatur liegen die Relaxationszeiten von Ladungsträgern in Kristallen normalerweise im Bereich von 10^{-13} bis 10^{-15} sec. Um genügend große Relaxationszeiten zu erhalten, muß man deshalb meist an hochreinen Kristallen bei der Temperatur des flüssigen Heliums messen. Benutzt man höhere Frequenzen, so sind die experimentellen Anforderungen, wenn man davon absieht, daß dann auch höhere Magnetfelder nötig sind, geringer. In einigen Laboratorien stehen bereits Felder bis 400 kG oder mehr zur Verfügung.

Wir leiten die Zyklotronresonanzfrequenz für ein Elektron auf einer rotationselliptischen Energiefläche ab, da man das Ergebnis auf die Leitungsbandkante in Si, Ge und vielen anderen Kristallen anwenden kann. Mißt man den Wellenvektor von der Bandkante an, so kann man die Energie in der folgenden Form schreiben

$$\epsilon(\mathbf{k}) = \hbar^2\left(\frac{k_x^2 + k_y^2}{2m_t} + \frac{k_z^2}{2m_l}\right) , \tag{18}$$

m_t ist die transversale, m_l die longitudinale Masse. Eine Oberfläche mit $\epsilon(\mathbf{k})$ = const ist ein Rotationsellipsoid. Die Geschwindigkeitskomponenten im realen Raum hängen mit $\mathbf{k}$ über $\mathbf{v} = \hbar^{-1}\nabla_{\mathbf{k}}\epsilon$ zusammen

$$v_x = \frac{\hbar k_x}{m_t} ; \qquad v_y = \frac{\hbar k_y}{m_t} ; \qquad v_z = \frac{\hbar k_z}{m_l} .$$

Die Bewegungsgleichung im $\mathbf{k}$ - Raum lautet dann

$$\hbar\frac{d\mathbf{k}}{dt} = -\frac{e}{c}\mathbf{v}\times\mathbf{B} . \qquad \text{(CGS)} \tag{19}$$

Die Gleichungen (19) bis (29) sind im CGS-System angegeben. Sie können aber dadurch, daß c durch 1 ersetzt wird, in das SI-System transformiert werden. Liegt $\mathbf{B}$ in der Aquatorialebene des Ellipsoids, parallel zur k_x -Achse, so ist

$$\hbar\frac{dk_x}{dt} = 0 ;$$

$$\hbar\frac{dk_y}{dt} = -\frac{eB}{c}v_z = -\hbar\frac{eB}{m_l c}k_z , \tag{20}$$

oder

$$\frac{dk_y}{dt} = -\omega_l k_z ; \qquad \omega_l \equiv \frac{eB}{m_l c} ; \tag{21}$$

und

$$\frac{dk_z}{dt} = \frac{eB}{c}v_y = \hbar\frac{eB}{m_t c}k_y , \tag{22}$$

oder

$$\frac{dk_z}{dt} = \omega_t k_y ; \qquad \omega_t \equiv \frac{eB}{m_t c} . \tag{23}$$

Wir differenzieren (21) nach der Zeit und erhalten

$$\frac{d^2k_y}{dt^2} = -\omega_l\frac{dk_z}{dt} . \tag{24}$$

Setzen wir (23) für dk_z/dt ein, so ergibt sich die Bewegungsgleichung eines einfachen harmonischen Oszillators

$$\frac{d^2k_y}{dt^2} + \omega_l\omega_t k_y = 0 \,, \tag{25}$$

mit der Eigenfrequenz

$$\boxed{\omega_0 = (\omega_l\omega_t)^{\frac{1}{2}} = \frac{eB}{(m_l m_t)^{\frac{1}{2}}c}} \,. \tag{26}$$

Dies ist die Zyklotronfrequenz für den Fall, daß **B** in der Äquatorialebene der Energiefläche liegt.

Liegt **B** parallel zur Symmetrieachse des Ellipsoids (der k_z -Achse), so erhält man die Bewegungsgleichungen

$$\frac{dk_x}{dt} = -\omega_t k_y; \qquad \frac{dk_y}{dt} = \omega_t k_x \,. \tag{27}$$

Woraus

$$\frac{d^2k_x}{dt^2} + \omega_t{}^2 k_x = 0 \tag{28}$$

folgt. Diese Gleichung beschreibt einen Oszillator mit der Eigenfrequenz

$$\boxed{\omega_0 = \omega_t = \frac{eB}{m_t c}} \,. \tag{29}$$

Die effektive Masse, durch die die Zyklotronresonanzfrequenz bestimmt ist, erhält man für den allgemeinen Fall, daß das Magnetfeld einen Winkel θ mit der longitudinalen Achse des Ellipsoids einschließt, aus

$$\left(\frac{1}{m_c}\right)^2 = \frac{\cos^2\theta}{m_t{}^2} + \frac{\sin^2\theta}{m_t m_l} \,. \tag{30}$$

Für $\theta = \frac{1}{2}\pi$ und 0 erhält man hieraus die effektiven Massen für Gleichung (26) und (29)

Ein typisches Ergebnis für die Zyklotronresonanz in Germanium zeigt Bild 17. Man sieht, daß zwei effektive Massen für Löcher und drei für Elektronen auftreten. Jede Elektronenmasse hat ihren Ursprung in einer oder in mehreren Energieflächen, die die Form von Rotationsellipsoiden besitzen. Für jede Masse ist die Orientierung des Rotationsellipsoides relativ zum Magnetfeld verschieden. In Bild 18 sind Punkte eingetragen, die für Elektronen aus Experimenten an Germanium bei 4 K erhalten wurden. Hier wurde die effektive Masse als Funktion des Winkels zwischen einem statischen Magnetfeld in einer (110)-Ebene und einer [001]-Richtung in dieser Ebene ausgemessen. Die Massenparameter, die man aus dem Anpassen einer theoretischen Kurve an die experimentellen Punk-

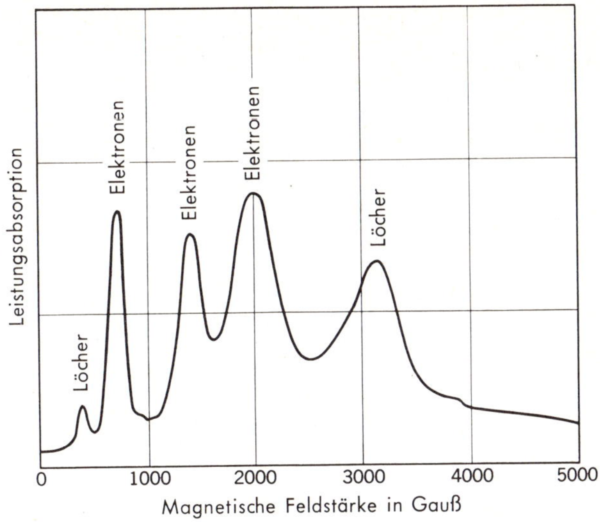

Bild 17:
Zyklotron-Resonanzabsorption in Germanium bei 24 GHz und 4 K. Das statische Magnetfeld liegt in einer (110)-Ebene und bildet einen Winkel von 60° mit einer [100]-Achse. Die Elektronen und Löcher wurden durch Photonen aus einer Glühbirne erzeugt.

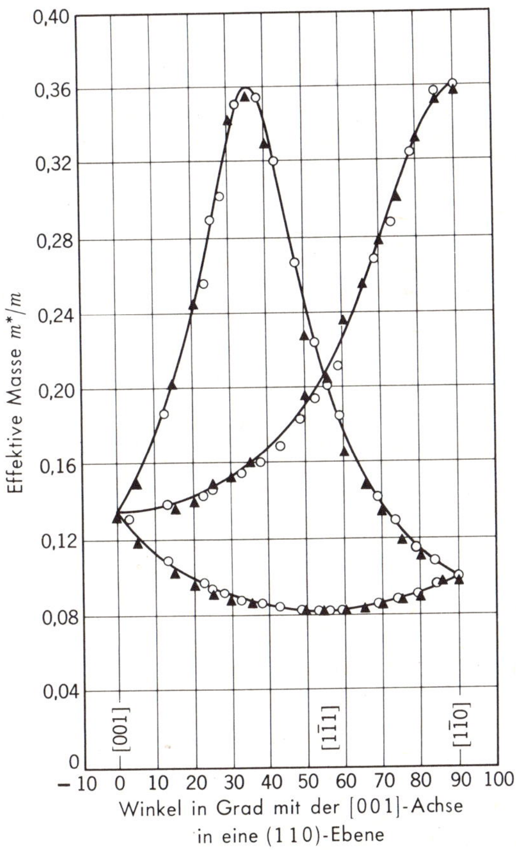

Bild 18:
Effektive Masse der Elektronen in Germanium für Zyklotronresonanz bei 4 K und statischen Magnetfeldern in einer (110)-Ebene. (Nach Dresselhaus, Kip und Kittel.)

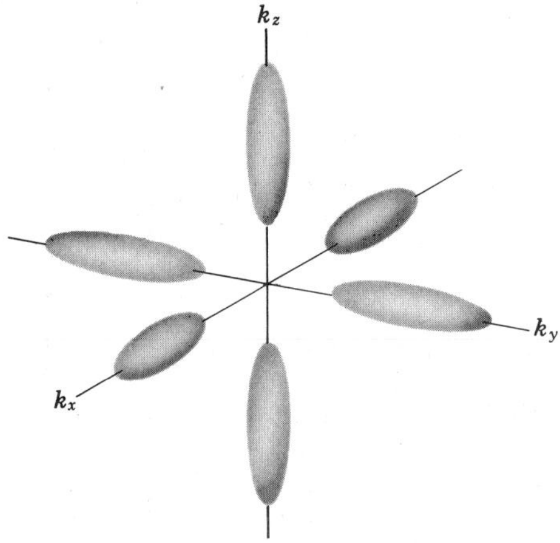

Bild 19:
Ellipsoide konstanter Energie für Elektronen in Silizium. Für diese Zeichnung wurde $m_l^*/m_t^* = 5$ gesetzt.

te[11]) ermittelte, sind $m_l = 1,59\ m$ und $m_t = 0,082\ m$. Es ergibt sich damit eine Schar aus kristallographisch gleichwertigen Energieellipsoiden, die in alle ⟨111⟩-Richtungen der Brillouin-Zone orientiert sind. Die Mittelpunkte der Ellipsoide liegen auf dem Rand der Zone, wie man aus anderen Experimenten weiß.

In Silizium sind die Energieflächen in Kantennähe des Leitungsbandes Rotationsellipsoide in die ⟨100⟩-Richtungen der Brillouin-Zone. Die Massenparameter sind $m_l = 0,98\ m$ und $m_t = 0,19\ m$ und (Bild 19).

In Germanium und in Silizium sind die Kanten des Valenzbandes kompliziert (Bild 15). Die in diesen Kristallen beobachteten Defektelektronen sind durch zwei effektive Massen gekennzeichnet. Man spricht deshalb auch von leichten und schweren Löchern (Defektelektronen). Die beiden verschiedenen Massen der Löcher entstehen aus den beiden Bändern, die von dem $p_{3/2}$ -Niveau des Atoms gebildet werden. Die Energieflächen haben die Form (QTF, Seite 288)

$$(31) \qquad \epsilon(\mathbf{k}) = Ak^2 \pm [B^2k^4 + C^2(k_x^2k_y^2 + k_y^2k_z^2 + k_z^2k_x^2)]^{1/2}.$$

Je nach Wahl des Vorzeichens erhält man zwei Massen. In Einheiten von $\hbar^2/2m$ gilt:

Si:	$A = -4,0;$	$\lvert B\rvert = 1,1;$	$4,1;$
Ge:	$A = -13,3;$	$\lvert B\rvert = 8,6;$	$\lvert C\rvert = 12,5.$

Damit haben die Defektelektronen in Germanium ungefähr die Massen $0,04\ m$ und $0,3\ m$, in Silizium ungefähr $0,16\ m$ und $0,5\ m$.

[11]) B.W. Levinger und D.R. Frankel, J. Phys. Chem. Solids **20**, 281 (1961).

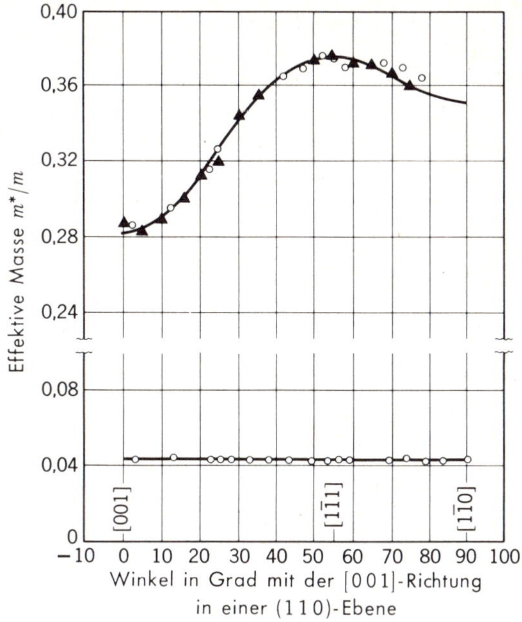

Bild 20:
Effektive Masse der Löcher in Germanium für Zyklotronresonanz bei 4° K und Magnetfeldrichtungen in einer (110)-Ebene.

Es tritt außerdem noch eine gewisse Anisotropie auf, die sich für schwere Defektelektronen leicht sichtbar machen läßt (Bild 20).

In Tabelle 5 sind die effektiven Massen für vier III-V Verbindungen aufgeführt, deren Valenz- und Leitungsbandkante bei k = 0 in der Mitte der Brillouin-Zone liegen. Die effektive Masse der Elektronen und die der leichten Löcher ist übereinstimmend mit der Theorie (QTS, Seite 309) der Größe der Energielücke annähernd proportional. Die beiden Energieflächen für leichte und schwere Löcher sind deformierte Kugeln. Die effektiven Massen m_{lh} und m_{hh} der Löcher sind deshalb als Mittelwerte definiert.

Tabelle 5: Effektive Massen von Elektronen und Löchern

(In kubischen Kristallen, deren Leitungs- und Valenzbandkante bei k = 0 liegen.)

Kristall	Energielücke in eV	Elektronenmasse m_e/m	Masse eines schweren Loches m_{hh}/m	Masse eines leichten Loches m_{lh}/m
InSb	0,23	0,0155	0,4	0,016
InAs	0,36	0,024	0,41	0,026
GaSb	0,81	0,042	-	0,052
GaAs	1,52	0,07	0,68	0,07

Der P-N-Übergang

Was geschieht, wenn sich in Bild 21 zwei Halbleiter, ein p- und ein n-leitender berühren? Auf der p-leitenden Seite der Kontaktfläche gibt es freie Löcher und eine gleichgroße Anzahl negativ geladener Akzeptorionen, die den Kristall nach außen elektrisch neutral erscheinen lassen. Auf der n-leitenden Seite des Überganges befinden sich freie Elektronen und positiv geladene Donatoratome. Auch dieser Bereich des Kristalls erscheint nach außen neutral. Auf der p-Seite sind also Löcher die Majoritätsladungsträger, auf der n-Seite Elektronen. Mit den Majoritätsladungsträgern befindet sich jeweils eine geringe Konzentration von Minoritätsladungsträgern, die in der Abbildung etwas übertrieben gezeichnet sind, im thermischen Gleichgewicht.

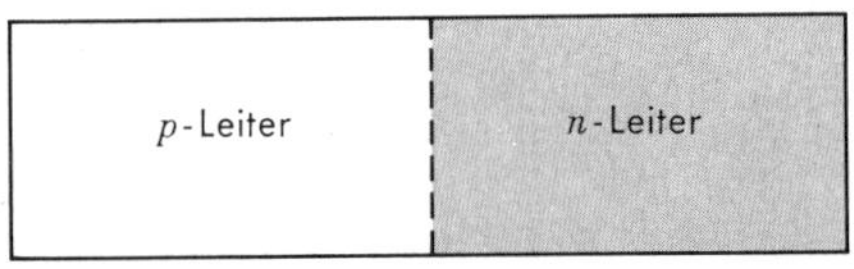

Bild 21: Einen P-N-Übergang stellt man dadurch her, daß man zwei aneinander grenzende Teile eines Kristalls verschieden behandelt. Man kann z.B. um ein p-leitendes Gebiet zu erzeugen, in dem überwiegend Löcher die beweglichen Ladungsträger sind, während der Kristallzucht die Wachstumszone des Kristalls mit Akzeptoratomen dotieren. Während der Kristall weiterwächst, dotiert man ihn dann mit Donatoratomen, um ein n-leitendes Gebiet zu erzeugen, in dem die Majoritätsladungsträger Elektronen sind. Die Zone zwischen den beiden Gebieten kann ungefähr 10^{-4} cm dick sein.

Die auf die p-Seite konzentrierten Löcher möchten den gesamten Kristall gleichmäßig erfüllen. Die Elektronen dagegen diffundieren von der n- zur p-Seite. Die Diffusion der Ladungsträger stört aber die elektrische Neutralität: Sobald durch thermische Diffusion ein Ladungsaustausch stattgefunden hat, befindet sich auf der p-Seite ein Überschuß negativ geladener, ionisierter Akzeptor-Atome und auf der n-Seite ein Überschuß positiver Donatorionen. Diese beiden entgegengesetzt geladenen Raumladungen erzeugen ein elektrisches Feld von n nach p, das der Diffusion entgegenwirkt und die Trennung der beiden verschiedenen Ladungsträgertypen aufrecht erhält. Wegen dieses elektrischen Feldes weist an der Stelle des P-N-Überganges das elektrostatische Potential einen Sprung auf.

Das elektrochemische Potential [12]) dagegen ist im gesamten Kristall und auch in der Übergangsschicht konstant, auch wenn das elektrostatische Potential dort einen Sprung aufweist. Im thermischen Gleichgewicht ist der resultierende Löcher- oder Elektronenstrom Null, da der Strom nicht alleine dem Gradienten des elektrostatischen, sondern dem Gradienten des elektrochemischen Potentials proportional ist. (Der Konzentrationsgradient hebt den Gradienten des elektrostatischen Potentials genau auf.) Ein Voltmeter mißt Differenzen des elektrochemischen Potentials. Verbindet man ein Voltmeter mit den beiden Enden des Kristalls, so zeigt es deshalb keine Spannungsdifferenz an.

Verbindet man die beiden Enden des Kristalls mit einem Leiter und beleuchtet dann den P-N-Übergang, so fließt ein Strom in diesem Stomkreis. Bei der Absorption eines Photons entsteht ein Elektron und ein Loch. Entsteht das Elektron-Loch-Paar in der Übergangsschicht, so wird durch das elektrische Feld in der Grenzschicht das Loch in das p-leitende Gebiet, das Elektron in das n-leitende gebracht. Es fließt also ein Strom von n nach p. In der Übergangsschicht wird die Energie des Photons in elektrische Energie umgewandelt. Nach diesem Prinzip arbeiten die Solarzellen, die zum Beispiel dazu benutzt werden, elektrische Energie für Satelliten zu gewinnen.

Sogar im thermischen Gleichgewicht fließt aber ein kleiner Strom von Elektronen J_{nr} aus dem n-leitenden Bereich in den p-leitenden Bereich, in dem die Elektronen mit Löchern rekombinieren. Dieser Strom wird durch einen Elektronenfluß J_{ng} aus thermisch im p-Bereich erzeugten Elektronen ausgeglichen, die in den n -Bereich diffundieren, denn sonst würden sich auf der einen Seite der Grenzschicht Elektronen ansammeln, d.h.

(32) $$J_{nr}(0) + J_{ng}(0) = 0 \, .$$

Gleichrichter

Ein P-N-Übergang kann als Gleichrichter benutzt werden. Legt man eine Spannung in Durchlaßrichtung an, so fließt ein großer Stom; polt man die

---

[12]) Im thermischen Gleichgewicht ist das elektrochemische Potential für einen bestimmten Ladungsträgertyp überall gleich; siehe dazu *TP* Gleichung (11.85). Für Löcher gilt

$$k_B T \log p(\mathbf{r}) + e\varphi(\mathbf{r}) = \text{constant},$$

hier ist p die Konzentration der Löcher und φ das elektrostatische Potential; wo φ hoch ist, wird p also niedrig sein. Analog gilt für Elektronen

$$k_B T \log n(\mathbf{r}) - e\varphi(\mathbf{r}) = \text{constant},$$

und wo φ niedrig ist wird n niedrig sein.

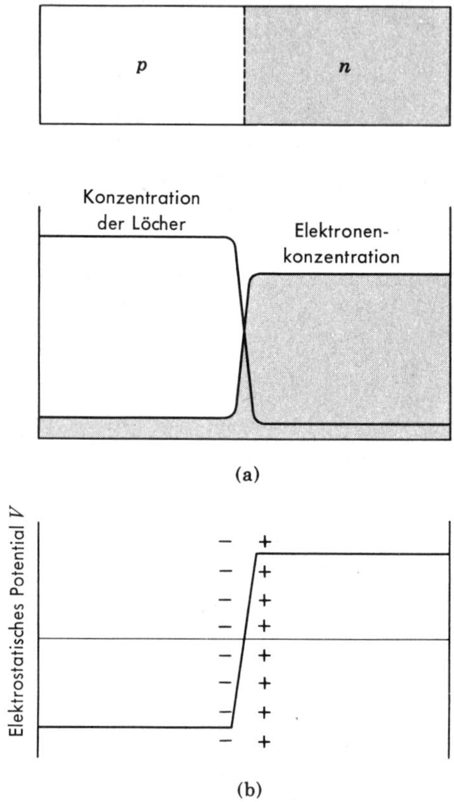

Bild 22: (a) Änderung der Loch- und Elektronenkonzentration in einem P-N-Übergang ohne eine von außen angelegte Spannung. Die beweglichen Ladungsträger sind im thermischen Gleichgewicht mit Akzeptor- und Donator-Ionen. Nach dem Massenwirkungsgesetz ist das Produkt pn der Löcher- und Elektronenkonzentration überall im gesamten Kristall gleich groß.
(b) Das elektrostatische Potential ionisierter Akzeptoren (-) und Donatoren (+) in der Nähe des Überganges. Das Potential verhindert die Diffusion von Löchern von der p- zur n-Seite und die Diffusion der Elektronen von der n- zur p-Seite.

Spannung um, fließt nur noch ein kleiner Strom. Legt man eine Wechselspannung an, so fließt über eine ganze Periode gemittelt der Strom nur in Durchlaßrichtung; der Übergang hat den Strom also gleichgerichtet (Bild 23).

Wird die äußere Spannung in Sperrichtung angelegt, d.h. ist das p-Gebiet an eine negative und das n-Gebiet an eine positive Spannung angeschlossen, so wird die Potentialdifferenz zwischen den Bereichen er-

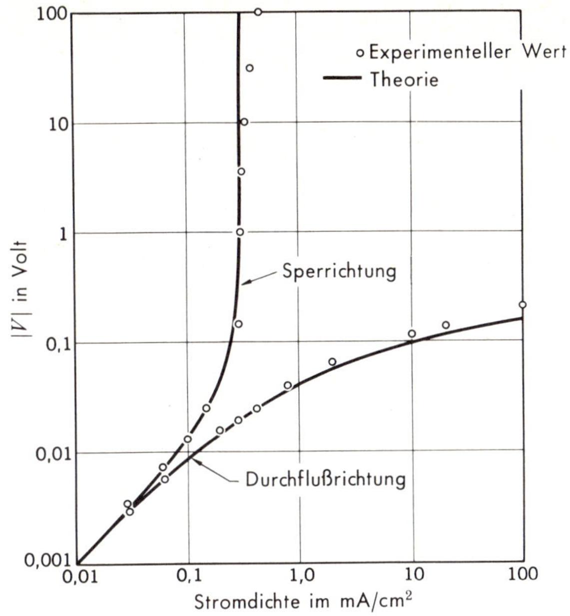

Bild 23:
Gleichrichterwirkung eines *p-n*-Übergangs in Germanium, nach Shockley.

höht. Jetzt kann praktisch kein Elektron mehr die Potentialschwelle von der niedrigen Seite der Barriere zur hohen Seite überschreiten. Der Rekombinationsstrom wird um den Boltzmann-Faktor [13]) verkleinert:

$$J_{nr}(V\,\text{Sperr}) = J_{nr}(0)\ \exp\,(-e|V|/k_BT). \qquad (33)$$

Der thermisch erzeugte Strom von Elektronen wird von der Sperrspannung nicht wesentlich beeinflußt, da die Elektronen in jedem Fall die Potentialschwelle (von p nach n) hinunterfließen:

$$J_{ng}(V\,\text{Sperr}) = J_{ng}(0)\ . \qquad (34)$$

Wir sahen in Gleichung (32), daß $J_{nr}(0) = -J_{ng}(0)$.

Legt man also eine Spannung in Sperrichtung an, so überwiegt der Erzeugungsstrom den Rekombinationsstrom.

Wird eine Spannung in **Flußrichtung** angelegt, so steigt der Rekombinationsstrom mit dem Boltzmann-Faktor an, da die Potentialschwelle erniedrigt wird und damit mehr Elektronen von der *n*-Seite auf die *p*-Seite fließen können:

$$J_{nr}(V\,\text{Flußrichtung}) = J_{nr}(0)\ \exp\,(e|V|/k_BT). \qquad (35)$$

---

[13]) Der Boltzmann-Faktor gibt die Anzahl der Elektronen mit ausreichender Energie zur Überwindung der Potentialbarriere an.

Der Erzeugungsstrom bleibt wieder unverändert:

(36) $$J_{ng}(V \text{ Flußrichtung}) = J_{ng}(0).$$

Der Löcherstrom durch die Grenzschicht verhält sich völlig analog. Erniedrigt die äußere Spannung die Höhe der Barriere für Elektronen, dann erniedrigt sie sie auch für Löcher, so daß also unter denselben Spannungsbedingungen ein großer Löcherstrom vom p-Bereich in den n-Bereich und ein großer Elektronenstrom in der entgegengesetzten Richtung fließt.

Diese beiden elektrischen Ströme, die von den Löchern und den Elektronen getragen werden, addieren sich. Der gesamte Strom aus beiden Beiträgen, den Löchern und den Elektronen, ergibt sich damit zu

(37) $$I = I_s(e^{eV/k_BT} - 1).$$

I_s ist die Summe der beiden Erzeugungsströme. Nach Bild 23 ist diese Gleichung für p-n-Übergänge in Germanium gut erfüllt.

Polaronen

Ein Elektron in einem Kristallgitter tritt durch seine elektrische Ladung mit den Ionen oder Atomen des Gitters in Wechselwirkung und kann so eine lokale Deformation des Gitters erzeugen. Diese Deformation folgt dem Elektron bei seiner Wanderung durch das Gitter. Eine solche Kombination aus einem Elektron und seinem Dehnungsfeld wird als **Polaron**[14]) bezeichnet. Die vielleicht wichtigste Folge der Gitterdeformation ist die damit verbundene Zunahme der effektiven Masse des Elektrons: da die Ionenrümpfe in Bewegung gesetzt werden, wenn sich das Elektron bewegt, verhält sich das Elektron so, als hätte sich seine Masse erhöht. Das Elektron zieht die Ionen des Gitters mit sich (Bild 24). Es ist zu erwarten, daß dieser Effekt in Ionenkristallen groß sein wird, da die Coulomb-Wechselwirkung zwischen geladenen Ionen und Elektronen sehr stark ist. In kovalenten Kristallen ist der Effekt nur klein, da neutrale Atome nur eine schwache Wechselwirkung mit Elektronen besitzen.

Die Stärke der Elektrongitterwechselwirkung wird durch eine dimensionslose **Kopplungskonstante** α angegeben.

(38) $$\frac{1}{2}\alpha = \frac{\text{Deformationsenergie}}{\hbar\omega_L}$$

---

[14]) Siehe QTF, Kap. 7, C. G. Kuper und G. D. Whitfield, Herausgeber, Polarons and excitons, Plenum Press, New York, 1963. Besonders wichtig ist der Artikel "Experiments on the polaron" von F. C. Brown.

Hier ist ω_L die Frequenz der longitudinalen optischen Phononen für verschwindenden Wellenvektor. Man kann $\frac{1}{2}\alpha$ als "die Anzahl der Phononen, die ein langsam in einem Kristall wanderndes Elektron umgeben", auffassen. Werte von α (nach F.C. Brown), die aus verschiedenen Experimenten und der Theorie abgeleitet wurden, sind im folgenden aufgeführt:

Tabelle 6: Kopplungskonstanten α für Polaronen, deren effektive Massen m^*_{pol} und die effektiven Massen m^* von Elektronen im Leitungsband.

Kristall	KCl	KBr	AgCl	AgBr	ZnO	PbS	InSb	GaAs
α	3,97	3,52	2,00	1,69	0,85	0,16	0,014	0,06
m^*_{pol}	1,25	0,93	0,51	0,33	-	-	0,014	-
m^*	0,50	0,43	0,35	0,24	-	-	0,014	-
m^*_{pol}/m^*	2,5	2,2	1,5	1,4	-	-	1,0	-

In Ionenkristallen besitzt α sehr hohe Werte, in kovalenten dagegen niedrige. Die Werte für die effektive Masse des Polarons m_{pol} wurden aus Messungen [15] der Zyklotronresonanzfrequenz ermittelt. Die Werte der effektiven Masse des Elektrons m^* im nicht deformierten Gitter wurden aus der effektiven Masse des Polarons nach Gleichung (39) berechnet. In der letzten Spalte der Tabelle sind Werte für den Quotienten m^*_{pol}/m^* aufgeführt, der angibt, um wieviel die Masse des freien Elektrons durch die Gitterdeformation scheinbar vergrößert wird.

Die Theorie stellt den Zusammenhang zwischen der effektiven Masse des Polarons m_{pol} und der effektiven Masse des Elektrons im ungestörten Gitter her [16])

$$(39) \qquad m^*_{pol} \cong m^*\left(\frac{1 - 0.0008\alpha^2}{1 - \frac{1}{6}\alpha + 0.0034\alpha^2}\right) .$$

Für $\alpha \ll 1$ gilt näherungsweise $m^*_{pol} \simeq m^*(1 + \frac{1}{6}\alpha)$. Da die Kopplungskonstante α immer positiv ist, ist die Polaronenmasse immer größer als die effektive Masse, was infolge der Trägheit der Ionen auch zu erwarten ist. Für große α ist die Beweglichkeit gering, falls die Temperatur hoch genug ist, um die Anregung optischer Phononen zu erlauben. Man beachte in diesem Zusammenhang die geringe Beweglichkeit in AgCl und KBr (Tabelle 2).

---

15) I.G.Austen and N.F.Mott, Polarons in crystalline and non-crystalline materials, Advances in Physics **18**, 41 (1969).

16) J.W.Hodby, J.A.Borders, F.C.Brown and S.Foner, Phys. Rev. Letters **19**, 952 (1967). D.C.Langreth, Phys. Rev. **159**, 717 (1967); siehe auch QTF, Seite 154.

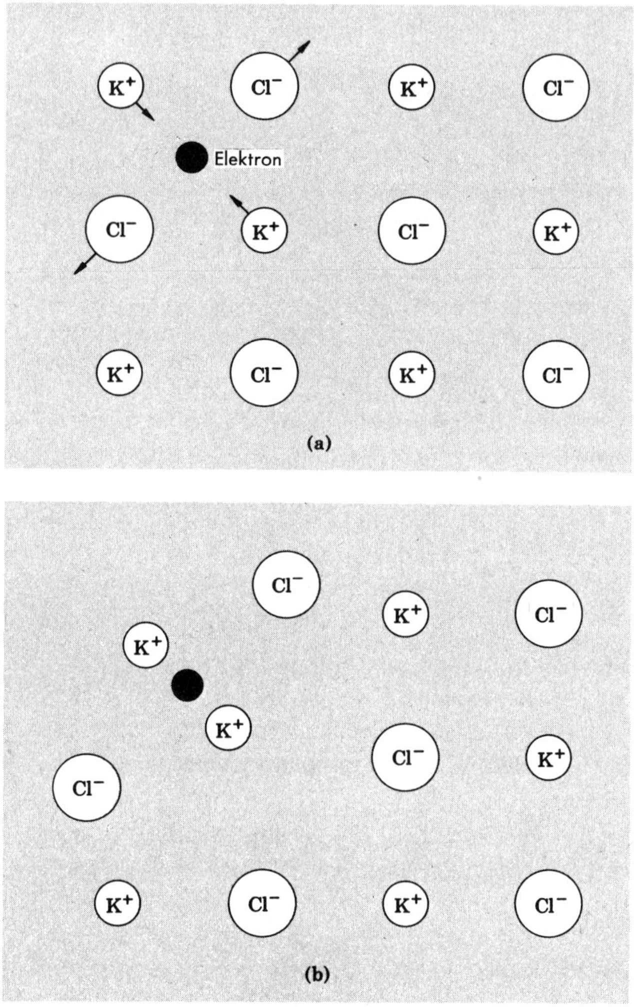

Bild 24: Bildung eines Polarons a) Leitungselektron in einem starren Ionengitter KCl. Die auf die Ionen wirkenden Kräft sind eingezeichnet. b) Das gleiche Elektron in einem elastischen oder deformierbaren Gitter. Man nennt das Elektron zusammen mit seinem Verzerrungsfeld Polaron. Die Verschiebung der Ionen vergrößert die effektive Trägheit und damit die effektive Masse des Elektrons in KCl ist sie um einen Faktor 2,5 größer als die effektive Masse in einem starren Gitter. In Extremfällen, meistens in Verbindung mit Löchern, kann so ein Elektron in einem Gitter eine Haftstelle erzeugen die das Elektron einfängt (selftrapping). In kovalenten Kristallen sind die Kräfte, die das Elektron auf die Atome ausübt, kleiner als in Ionenkristallen. In kovalenten Kristallen sind Polaronen deshalb "klein".

Üblicherweise unterscheidet man zwischen großen und kleinen Polaronen. Das Elektron eines großen Polarons bewegt sich in einem Band mit einer etwas vergrößerten effektiven Masse. Das Elektron eines kleinen Polarons [16a]) ist dagegen die meiste Zeit an ein einziges Ion gebunden. Bei hohen Temperaturen springt dann das thermisch aktivierte Elektron von einem Ion zum nächsten; bei tiefen Temperaturen tunnelt es langsam durch den Kristall; es benimmt sich so, als ob es eine große Masse besäße.

Halbmetalle

In Halbmetallen liegt die Unterkante des Leitungsbandes energetisch etwas niedriger als die Oberkante des Valenzbandes. Diese Überlappung der beiden Bänder führt zu einer gewissen Konzentration von Löchern im Valenzband und einer kleinen Konzentration von Elektronen im Leitungsband (Tabelle 7). Drei Halbmetalle, Arsen, Antimon und Wismut, findet man in der fünften Gruppe des Periodensystems. Im Kristallgitter bilden die Atome dieser drei Elemente Paare [17]) . In der primitiven Zelle findet man dann zwei Ionen und zehn Valenzelektronen. Eine kleine Überlappung des fünften und sechsten Energiebandes erzeugt eine gleichgroße Anzahl

Tabelle 7: Experimentelle Werte für die Elektronen- und Lochkonzentrationen in Halbmetallen.

Halbmetall	n_h, in cm^{-3}	n_e, in cm^{-3}
Arsen [1])	$(2,12 \pm 0,01) \cdot 10^{20}$	$(2,12 \pm 0,01) \cdot 10^{20}$
Antimon [2])	$(5,54 \pm 0,05) \cdot 10^{19}$	$(5,49 \pm 0,03) \cdot 10^{19}$
Wismut [3])	$2,88 \cdot 10^{17}$	$3,00 \cdot 10^{17}$
Graphit [4])	$2,72 \cdot 10^{18}$	$2,04 \cdot 10^{18}$

1) M.G. Priestley, L.R. Windmiller, J.B. Ketterson und Y. Eckstein, Phys. Rev. **154**, 671 (1967).
2) L.R. Windmiller, Phys. Rev. **149**, 472 (1966).
3) R.N. Bhargava, Phys. Rev. **156**, 785 (1967).
4) J.W. McClure, Phys. Rev. **108**, 612 (1957).

16a) D.C. Langreth, Phys. Rev. **159**, 717 (1967); siehe auch QTF, Seite 154. Die Theorie kleiner Polaronen wir von T. Holstein, Ann. Phys. **8** 343 (1959) behandelt; siehe auch J. Appel, Solid State Physics **21** , 193 (1968).

17) M.H. Cohen, L.M. Falicov und S. Golin, IBM J. Res. Develop. **8** , 215 (1964) zeigen, daß die qualitativen Details der Energiebänder durch die Kristallstrukturen dieser Elemente bestimmt sind. Dieser Band des Journals enthält außerdem die Kurzreferate der Konferenz über Halbmetalle.

von Elektronen und Löchern in beinahe elliptischen Bereichen am Rande der Brillouin-Zone. Wie bei Halbleitern, so kann auch bei Halbmetallen die Konzentration von Elektronen und Löchern durch dotieren mit geeigneten Verunreinigungen geändert werden. Da die Überlappung der Bänder druckabhängig ist, kann die Ladungsträgerkonzentration durch äußeren Druck geändert werden. Die Fermiflächen der Halbmetalle werden in den in der Tabelle zitierten Arbeiten im Detail behandelt.

Beweglichkeit von Protonen, Pionen und Müonen

Aus Messungen der Beweglichkeit wissen wir, daß sich Elektronen in Kristallen relativ ungehindert fortbewegen können; der am häufigsten studierte Fall sind ja Metalle und Halbleiter in denen Elektronen als Bloch'sche Wellen oder Wellenpakete behandelt werden können. Positronen und Elektron-Positron-Paare scheinen sich ähnlich zu verhalten. Wie sieht es aber mit schwereren Teilchen - Protonen, Pionen oder Müonen - aus. Pflanzen sie sich auch als Bloch'sche Wellen fort?

Es gibt einige wichtige Experimente für Protonen. In manchen Festkörpern sind Protonen sehr beweglich. Sie bewegen sich aber nicht stetig wie ein Wellenpaket, sondern springen statistisch von einem Platz zum anderen. Diese Bewegung kann durch die thermische Anregung des Protons über eine Potentialschwelle oder durch quantenmechanisches tunneln durch einen Potentialwall erklärt werden.

Vielleicht wird sie auch durch thermische Fluktuationen [18] unterstützt. Die Bewegung schwerer Ionen kann auch von der Existenz von Leerstellen abhängen (Kapitel 19).

Die Beweglichkeit von Protonen in Eis [19] beträgt bei - 10^{0}C 0,1 bis 0,5 cm^2 /Volt · sec; das ist das 10^{-2} -bis 10^{-5} -fache der Elektronenbeweglichkeiten in Tabelle 2. Da die Masse des Protons 1840 mal größer als die Masse eines Elektrons ist, sollten deshalb die Relaxationszeiten von beiden vergleichbar sein: Ein freies Proton in Eis ist also recht lebhaft.

Wir erwarten, daß ein in einen Kristall injiziertes Proton sich nicht stetig als Welle, sondern statistisch durch Sprünge bewegt. Dadurch, daß es seine Umgebung im Gitter polarisiert oder verzerrt, erzeugt ein Proton eine Haftstelle. Es gräbt sich seine Grube selbst: Wenn das Proton lo-

[18] J.A.Sussmann, Phys. Kondensierte Materie **2** , 146 (1964).

[19] Einen hervorragenden Überblick geben M.Eigen und L. De Maeyer, Self-dissocatic and protonic charge transport in water and ice, Proc. Roy. Soc. (London) **247 A**, 565 (1958).

kalisiert ist, ist die Energie des Gesamtsystems niedriger, als wenn es als Welle über den gesamten Kristall verteilt ist. Dieses Self-trapping ist für Protonen wahrscheinlicher als für Elektronen, da bei gleicher Energie die de Broglie-Wellenlänge für ein Proton kürzer ist als für ein Elektron. Bei gleicher Energie verhalten sich ihre Wellenlängen wie

$$\frac{\lambda_e}{\lambda_p} = \left(\frac{M_p}{m_e}\right)^{\frac{1}{2}} = (1840)^{\frac{1}{2}} \cong 43 \quad . \tag{40}$$

Daß das Proton lokalisiert an ein einzelnes, wahrscheinlich negatives Ion gebunden ist, wobei es das Gitter an dieser Stelle etwas deformiert, scheint also eine Folge seiner kleineren de Broglie-Wellenlänge zu sein.

Es gibt auch Fälle in denen Elektronen oder häufiger Löcher das Gitter an einer Stelle deformieren und dann an dieser Haftstelle hängenbleiben. Dies geschieht vor allem dann, wenn die Bandkante entartet und der Kristall polar ist mit einer starken Teilchen-Gitter-Kopplung, wie zum Beispiel in Alkali- und Silberhalogeniden. In diesem Zusammenhang bedeutet entartet, daß bei einem $\mathbf{k}$ -Wert mehrere Bänder den gleichen Energiewert besitzen. Die Valenzbandkante ist häufiger entartet als die Kante des Leitungsbandes. Wie in Kapitel 19 im Zusammenhang mit den v_K -Zentren diskutiert wird, scheinen vor allem die Löcher in den Alkali- und Silberhalogeniden dieses Selftrapping zu zeigen.

Im allgemeinen besitzen Ionenkristalle bei Raumtemperatur niedrige Ionen-Leitfähigkeiten, normalerweise weniger als 10^{-6} $(\mathrm{Ohm \cdot cm})^{-1}$. Es wurde aber auch über eine Familie von Verbindungen mit Leitfähigkeiten von 0,2 $(\mathrm{Ohm \cdot cm})^{-1}$ bei 20°C berichtet [20]. Diese Verbindungen haben die Zusammensetzung MAg_4I_5, wobei M für K, Rb oder NH_4 steht. Die Ag^+-Ionen besetzen nur einen Bruchteil der Ag^+-Gitterplätze. Der Leitungsmechanismus der Ag^+-Ionen sieht dann so aus, daß Silberionen von einem Platz im Gitter zur benachbarten Leerstelle springen. Für die hohe Leitfähigkeit des Kristalls sind viele parallele Kanäle von Leerstellen verantwortlich.

Amorphe Halbleiter

Amorphe, kovalente Legierungen, die halbleitend sind, können in den verschiedensten Zusammensetzungen hergestellt werden; am häufigsten verwendet man Elemente der IV-, V- und VI-ten Gruppe des Periodensystems. Sie verhalten sich wie Eigenhalbleiter mit niedrigen Beweglichkeiten. Die

[20] Siehe B.B.Owens and G.R.Argue, Science **157**, 308 (1967); S.Geller, Science **157**, 310 (1967).

Temperaturabhängigkeit ihrer Leitfähigkeit wird wie bei Ionenleitfähigkeit, Gleichung 19.12, durch eine Aktivierungsenergie charakterisiert. Es ist sehr interessant sich zu fragen, was in einem ungeordneten Festkörper mit dem Bändermodell geschieht. Die wesentlichen Ergebnisse des Bändermodells folgen daraus, daß man eine regelmäßige Kristallstruktur voraussetzt. Wenn wir uns an die Diskussion des Debye-Waller-Faktors am Ende des zweiten Kapitels zurückerinnern, so wissen wir jedoch, daß die Braggreflexion und damit die Bandlücke nicht verschwindet, wenn ein Festkörper durch thermische Bewegungen seine periodische Struktur verliert. Man glaubt, daß die Bandlücke in amorphen Legierungen so geändert werden muß, daß sich Valenz- und Leitungsband teilweise überlappen; das bedeutet, daß in manchen Bereichen einer Probe ein Elektron im Valenzband eine höhere Energie besitzt als ein Elektron in einem lokalisierten, chemisch nicht gebundenen Leitungszustand in einem anderen Teil der Probe. Die Beweglichkeit der Zustände in der Bandlücke ist jedoch sehr niedrig; eine thermische Aktivierung zum Transport einer Ladung von einem lokalisierten Zustand zu einem anderen ist also notwendig. Dieses Modell der amorphen Festkörper nennt man Mott und Cohen-Fritzsche-Ovshinsky-Modell [21].

Aufgaben

1. Störstellenbahnen. Für Indiumantimonid ist $E_g = 0,23$ eV, die Dielektrizitätskonstante $\epsilon = 17$, die effektive Masse der Elektronen $m_e = 0,014\,m$. Berechnen Sie a) die Ionisierungsenergie der Donatoren, b) den Bahnradius für den Grundzustand. c) Ab welcher Donatorenkonzentration treten deutliche Überlappungseffekte zwischen den Bahnen benachbarter Fremdatome auf? Diese Überlappung kann ein Störstellenband erzeugen - ein Energieband, das elektrische Leitung wahrscheinlich durch einen Sprungmechanismus ermöglicht, bei dem Elektronen von einem Fremdatom auf ein benachbartes Fremdion springen.

2. Ionisierung von Donatoren. In einem speziellen Halbleiter soll die Konzentration der Donatoren 10^{13} cm^{-3} betragen, ihre Ionisierungsenergie sei $E_d = 10^{-3}$ eV, die effektive Masse der Elektronen $10^{-2}\,m$. a) Wie groß ist die Konzentration der Leitungselektronen bei 4 K? b) Bestimmen Sie die Hallkonstante. Hinweis: Es sollen keine Akzeptoren vorhanden sein.

---

[21]) N. F. Mott, Advan. Phys. **16**, 49 (1967). Phil. Mag. **17**, 1259 (1968). M. H. Cohen, H. Fritzsche, S. R. Ovshinsky, Phys. Rev. Lett. **22**, 1065 (1969).

3. Hall-Effekt bei Anwesenheit von Elektronen und Löchern. Gegeben seien die Konzentrationen n und p, die Relaxationszeiten τ_e, τ_h und die Massen m_e, m_h. Zeigen Sie, daß die Hall-Konstante durch die folgende Beziehung

$$R_H = \frac{1}{ec} \cdot \frac{p - nb^2}{(p + nb)^2} \qquad \text{(CGS)}$$

gegeben ist. Hier ist $b = \mu_e/\mu_h$ das Beweglichkeitsverhältnis. In der Ableitung dieser Formel sind Terme der zweiten Ordnung (B^2) zu vernachlässigen. Im SI-System fällt c weg.

Hinweis: Man bestimme bei Anwesenheit eines Längsfeldes die Feldstärke in Querrichtung, die nötig ist, damit der elektrische Strom senkrecht zur Körperachse verschwindet. Man benutze (8.39), aber für zwei Arten von Ladungsträgern; $(\omega_c\tau)^2$ sei klein im Verhältnis zu $\omega_c\tau$.

4. Störstellenkompensation. a) Erklären Sie die Erscheinung der Störstellenkompensation, d.h. die Verringerung der Ladungsträgerkonzentration und der Leitfähigkeit von Halbleitern, die anfangs nur n- oder p-leitend waren und die dann mit Fremdatomen des entgegengesetzten Leitungsmechanismus dotiert wurden. b) Beweist demnach ein spezifischer Widerstand, der sich fast wie bei Eigenleitung verhält, daß ein Halbleiter rein ist?

5. Kupferoxyd. Cu_2O ist im Bereich der Störleitung normalerweise p-leitend. Dieses Verhalten schreibt man dem Mangel eines Bestandteiles zu. a) Welcher Bestandteil muß fehlen, um diesen Leitungsmechanismus zu erklären? b) Dünne Kupferoxydulschichten erscheinen gegen das Licht betrachtet rot. Begründen Sie diesen Sachverhalt.

Literaturhinweise [21])

R. L. Sproull, Modern physics, 2. Aufl., Wiley, New York London, 1963 (enthält eine gute elementare Behandlung der Halbleiter-Bauelemente).

J. L. Moll, Physics of semiconductors, McGraw-Hill, 1964 (enthält die Physik der Halbleitertechnik).

S. Wang, Solid state electronics, Mc Graw-Hill, 1966. (Eine gute Einführung in die Physik der Halbleiterelemente)

[21]) Eine ausgezeichnete, gut ausgewählte Bibliographie findet man bei P. Handler, "Resource letter Scr-1 on semiconductors", Am. J. Phys. **32**, 329 (1964).

R. A. Smith, Semiconductors, Cambridge University Press, 1959.

R. B. Adler, A. C. Smith, R. L. Longini, Introduction to semiconductor physics, Wiley, New York London, 1964.

R. A. Smith (Herausgeber), Semiconductors (Italienische Physikalische Gesellschaft, Kurs **22**), Academic Press, 1963.

Selected constants related to semiconductors (Constantes sélectionées **12**), Pergamon, 1961.

F. Gutmann and L. E. Lyons, Organic semiconductors, Wiley, 1967.

D. Long, Energy bands in semiconductors, Interscience, 1968.

E. H. Putley, Hall effect and related phenomena, Butterworths, 1960.

A. F. Gibson, P. Aigrain and R. E. Burgess, ed., Progress in semiconductors, Heywood, London.

A. E. Owen, "Semiconducting glass", Contemp. Physics **11** , 227, 257 (1970).

R. K. Willardson (fortlaufende Serie), A. C. Beer, ed., Semiconductors and semimetals, Academic Press.

J. Dosse, Der Transistor, R. Oldenbourg, München, 4. Aufl. 1962.

12. Supraleitung

Eine Bemerkung zu den Bezeichnungen:
In diesem Kapitel bedeutet B_a ein von außen an eine Probe angelegtes Magnetfeld. Im CGS-System wird der kritische Wert des angelegten Feldes B_{ac}, übereinstimmend mit den Angewohnheiten der Physiker, die auf dem Gebiet der Supraleitung arbeiten, als H_c bezeichnet. Die Werte von B_{ac} werden in Gauss angegeben, im SI-System in Tesla. Im SI-System gilt $B_{ac} = \mu_0 H_c$.

Der elektrische Widerstand vieler Metalle und Legierungen verschwindet schlagartig, wenn die Probe auf eine ausreichend tiefe, oft im Temperaturbereich des flüssigen Heliums liegende Temperatur abgekühlt wird. Diese Erscheinung wurde im Jahre 1911 von Kamerlingh Onnes [1]) in Leiden entdeckt, drei Jahre nachdem ihm erstmals die Verflüssigung von Helium geglückt war. Seine Originalmessungen an Quecksilber zeigt Bild 1.

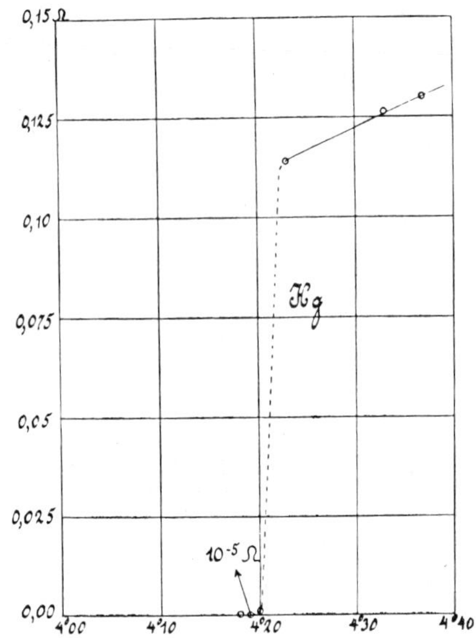

Bild 1:
Widerstand (in Ohm) einer Quecksilberprobe in Abhängigkeit von der absoluten Temperatur. Dieses Diagramm von Kamerling Onnes kennzeichnet die Entdeckung der Supraleitung.

Man beachte die Schärfe des Temperaturintervalls, in dem die Widerstandsänderung erfolgt. Dieser Sachverhalt wird folgendermaßen ausgedrückt: Bei einer kritischen Temperatur T_c (der Sprungtemperatur) erfolgt in der Probe ein Phasenübergang von einem Zustand normaler elektrischer Leitfähigkeit zum supraleitenden Zustand.

[1]) H. Kamerlingh Onnes, Akad. van Wetenschappen (Amsterdam) **14**, 113, 818 (1911): "Der Wert des verwendeten Quecksilberwiderstands betrug im flüssigen Zustand bei 0° C 172,7 Ohm; die Extrapolation vom Schmelzpunkt bis 0° C mit Hilfe des Temperaturkoeffizienten von festem Quecksilber liefert dort für den Festkörper einen entsprechenden Widerstand von 39,7 Ohm. Bei 4,3° K war dieser auf 0,084 Ohm gesunken, er betrug also das 0,0021-fache des Widerstandes, den Quecksilber bei 0° C besitzen würde. Bei 3° K war der Widerstand unter $3 \cdot 10^{-6}$ Ohm gefallen, d.h. bis zu einem Zehnmillionstel seines Wertes bei 0° C. Dieser Wert stellte die obere Grenze des Widerstandes dar, als die Temperatur weiter bis auf 1,5° K sank." Hinweise auf historisch interessante Literaturstellen findet man bei C.J. Gorter, Rev. Mod. Phys. Jhrg. **36**, 1 (1964).

Experimentelle Übersicht

Im supraleitenden Zustand ist der Gleichstromwiderstand exakt gleich Null, oder er liegt zumindest so nahe bei Null, daß in supraleitenden Ringen elektrische Dauerströme beobachtet werden konnten, die bis zum Abbruch des Experimentes nach über einem Jahr ohne Abschwächung flossen. File und Mills [2]) studierten das Abklingen von Supraströmen in einer Spule aus $Nb_{0,75}$ $Zr_{0,25}$, indem sie mit sehr genauen magnetischen Kernresonanzmethoden (Kapitel 17) das von dem Suprastrom erzeugte Magnetfeld bestimmten. Sie fanden, daß die Abklingzeit des Suprastroms nicht weniger als 100 000 Jahre beträgt. In einigen supraleitenden Materialien, besonders in solchen, die für supraleitende Magnete verwendet werden, treten endliche Abklingzeiten auf, da eine irreversible Umverteilung des magnetischen Flusses im Material stattfindet.

Die magnetischen Eigenschaften der Supraleiter sind ebenso bemerkenswert wie ihre elektrischen. Diese magnetischen Eigenschaften lassen sich nicht durch die Annahme erklären, das eigentliche Merkmal des supraleitenden Zustands sei sein verschwindender elektrischer Widerstand. Experimentell ist nachgewiesen, daß ein kompakter Supraleiter in einem schwachen Magnetfeld sich wie ein idealer Diamagnet verhält, die magnetische Induktion in seinem Innern also null ist. Bringt man eine Probe in ein Magnetfeld und kühlt sie dann bis unter die Sprungtemperatur, so wird der ursprünglich vorhandene magnetische Fluß aus ihr herausgedrängt. Man bezeichnet dies als **Meißner-Effekt**. Diese Folge von Vorgängen zeigt Bild 2. Die einzigartigen magnetischen Eigenschaften von Supraleitern sind von grundlegender Wichtigkeit für die Charakterisierung des supraleitenden Zustands.

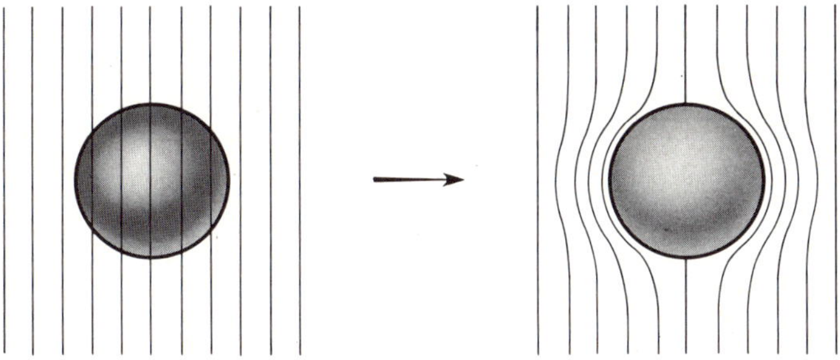

Bild 2: Meißner-Effekt in einer supraleitenden Kugel, die bei konstantem äußeren Magnetfeld abgekühlt wird; beim Unterschreiten der Sprungtemperatur werden die Induktionsfeldlinien aus der Kugel herausgedrängt.

[2]) J. File und R. G. Mills, Phys. Rev. Letters **10**, 93 (1963).

Der supraleitende Zustand ist, wie man jetzt weiß, ein geordneter Zustand der Leitungselektronen des Metalls. Diese Ordnung besteht in der Bildung von lose gebundenen Elektronenpaaren. Bei Temperaturen unterhalb der Sprungtemperatur sind die Elektronen geordnet, darüber ungeordnet. Die Natur und der Ursprung dieser Ordnung wurden zuerst 1957 von Bardeen, Cooper und Schrieffer [3]) erklärt. In dem vorliegenden Kapitel entwickeln wir, soweit das auf elementare Weise möglich ist, die Physik des supraleitenden Zustands. Wir werden auch die physikalischen Grundlagen der Materialien diskutieren, die für supraleitende Magnete verwendet werden, nicht jedoch ihre Technologie.

Auftreten der Supraleitung

Die Supraleitung trifft man in vielen metallischen Elementen des periodischen Systems an [4]), ebenso in Legierungen, intermetallischen Verbindungen und Halbleitern [5]). Der heute bekannte Bereich von Sprungtemperaturen erstreckt sich von 21 K für die Legierung $Nb_3(Al_{0,8}Ge_{0,2})$ bis zu 0,01 K für einen Halbleiter. Viele Metalle zeigten selbst bei der Untersuchung bis zu tiefsten Temperaturen, gewöhnlich bis weit unter 1 K, keine Supraleitfähigkeit. So wurden Li, Na und K bis hinab zu 0,08 K, bzw. 0,09 K und 0,08 K auf Supraleitfähigkeit untersucht, blieben aber auch dann immer noch Normalleiter. Ähnlich erstreckte sich die Untersuchung von Cu, Ag und Au bis 0,05 K, 0,35 K und 0,05 K; auch dort waren diese Metalle noch Normalleiter.

Theoretische Berechnungen [6]) ergaben, daß, falls Natrium und Kalium überhaupt supraleitend werden, ihre Sprungtemperaturen bei Normaldruck wesentlich tiefer als 10^{-5} K liegen. Caesium wird bei einem Druck von 110 kbar nach mehreren Phasenübergängen supraleitend (T_c = 1,5 K).

---

[3]) J. Bardeen, L. N. Cooper und J. R. Schrieffer, Phys. Rev. **106**, 162 (1957); **108**, 1175 (1957).

[4]) B. T. Matthias, T. H. Geballe und V. B. Compton geben in Rev. Mod. Phys. **35**, 1 - 22 (1963), eine Übersicht mit Daten über das Auftreten der Supraleitung.

[5]) Supraleitung in gewissen Halbleitern wurde theoretisch vorausgesagt von M. L. Cohen, Phys. Rev. **134**, 511 (1964); Rev. Mod. Phys. **36**, 240 (1964). J. F. Schooley et al. beschreiben in Phys. Rev. Letters **14**, 305 (1965), Experimente mit $SrTiO_3$, das einen Mangel an Sauerstoff aufwies (Mangelhalbleiter); die niedrigste Ladungsträgerkonzentration, die untersucht wurde, betrug $2 \cdot 10^{18}$ cm^{-3}, der Sprungpunkt für diese Probe lag bei $T_c \gtrsim 0,01°$ K.

[6]) J. P. Carbotte und R. C. Dynes, Phys. Rev. **172**, 476 (1968) experimentelle Ergebnisse für Cäsium findet man bei J. Wittig, Phys. Rev. Lett. **24**, 812 (1970).

Wird jedes nicht magnetische metallische Element bei genügend tiefen Temperaturen zu einem Supraleiter? Diese Frage ist bis jetzt nicht beantwortet. Bei der experimentellen Suche nach Supraleitern mit extrem tiefen Sprungtemperaturen ist es außerordentlich wichtig, auch geringste Spuren paramagnetischer Fremdelemente von der Probe zu entfernen, da diese die Sprungtemperatur beträchtlich erniedrigen können. Eisenatome in Konzentrationen von einigen ppm (Teilen pro Million) zerstören die Supraleitung von Mo, das im reinen Zustand eine Sprungtemperatur von $T_c = 0,92$ K aufweist; ein Atomprozent Gadolinium erniedrigt die Sprungtemperatur von Lanthan[7]) von 5,6 K auf 0,6 K (Bild 3). Unmagnetische Fremdatome zeigen keinen ausgeprägten Effekt auf die Sprungtemperatur, sie können jedoch das Verhalten des Supraleiters in starken Magnetfeldern beeinflussen.

Bild 3: Sprungtemperaturen in Mischkristallen aus Lanthan mit einem Atomprozent seltener Erden, nach Mathias, Suhl und Corenzwit. Die meisten der seltenen Erden besitzen im Mischkristall (d.h. bei fester Lösung in Lanthan) elektronische magnetische Momente.

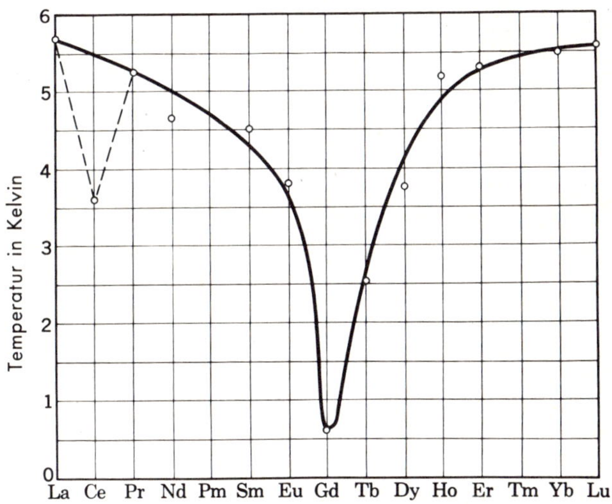

In Tabelle 1 sind die als supraleitend bekannten Elemente zusammen mit ihren Sprungtemperaturen aufgeführt. Keines der einwertigen Metalle ist darunter, kein ferromagnetisches Metall und kein Element der seltenen Erden außer Lanthan (dessen $4f$-Elektronenschale vollkommen leer ist).

Die Sprungtemperaturen einer Anzahl interessanter supraleitender Verbindungen sind in Tabelle 2 zusammengestellt.

[7]) H. Suhl und B. T. Matthias, Phys. Rev. Letters **2**, 5 (1959).

Tabelle 1: Supraleitungsparameter der Elemente.

(Ein Stern bedeutet, daß das betreffende Element nur in dünnen Filmen oder in einer Kristallmodifikation, die nur unter hohem Druck stabil ist, supraleitend ist. In Tabelle 6.1 bzw. 7.2 sind die zu entsprechenden Werte der Debyetemperatur θ und des Parameters γ für die spezifische Wärme der Elektronen zu finden.)

Sprungtemperatur in K.

Kritisches Magnetfeld bei T = 0K in Gauß (10^{-4} Tesla).

Li	Be											B	C	N	O	F	Ne
Na	Mg											Al	Si*	P	S	Cl	Ar
												1,180					
												105					
K	Ca	Sc	Ti	V	Cr	Mn	Fe	Co	Ni	Cu	Zn	Ga	Ge*	As	Se*	Br	Kr
			0,39	5,38							0,875	1,091					
			100	1420							53	51					
Rb	Sr	Y*	Zr	Nb	Mo	Tc	Ru	Rh	Pd	Ag	Cd	In	Sn (w)	Sb*	Te*	I	Xe
			0,546	9,20	0,92	7,77	0,51				0,56	3,4035	3,722				
			47	1980	95	1410	70				30	293	309				
Cs*	Ba*	La fcc	Hf	Ta	W	Re	Os	Ir	Pt	Au	Hg (α)	Tl	Pb	Bi*	Po	At	Rn
		6,00		4,483	0,012	1,698	0,655	0,14			4,153	2,39	7,193				
		1100		830	1,07	198	65	19			412	171	803				
Fr	Ra	Ac															

Ce*	Pr	Nd	Pm	Sm	Eu	Gd	Tb	Dy	Ho	Er	Tm	Yb	Lu
Th	Pa	U (α)	Np	Pu	Am	Cm	Bk	Cf	Es	Fm	Md	No	Lw
1,368	1,4	0,68											
1,62													

Tabelle 2: Supraleitung einiger ausgewählter Verbindungen

Verbindung	T_c in °K	Verbindung	T_c in °K
Nb_3Sn	18,05	V_3Ga	16,5
Nb_6Sn_5	2,07	V_3Si	17,1
Nb_3Al	17,5	UCo	1,70
Nb_3Au	11,5	Ti_2Co	3,44
NbN	16,0	La_3In	10,4
MoN	12,0	InSb[a])	1,9

[a]) **Metallische Phase unter Druck.**

Zerstörung der Supraleitung durch Magnetfelder

Ein genügend starkes Magnetfeld zerstört die Supraleitung. Der Schwellwert oder auch der kritische Wert des Magnetfeldes, bei dem die Zerstörung der Supraleitfähigkeit erfolgt, wird mit $H_c(T)$ bezeichnet; er ist eine Funktion der Temperatur. Bei der Sprungtemperatur ist die kritische Feldstärke null: $H_c(T_c) = 0$. Bild 4 zeigt die Abhängigkeit der kritischen Feldstärke von der Temperatur für verschiedene supraleitende Elemente. Die Schwellwertkurven trennen den supraleitenden Zustand links unten in der Abbildung vom normalleitenden Zustand rechts oben. In Bild 5 ist für eine Reihe von Supraleitern die Abhängigkeit des Feldes $H_c(0)$ von T_c aufgetragen.

Noch eine wichtige Bemerkung: Wir sollten den kritischen Wert des von außen angelegten Magnetfeldes eigentlich B_{ac} nennen; diese Bezeichnung ist jedoch in der Physik der Supraleitung unüblich. Wir sollen immer da-

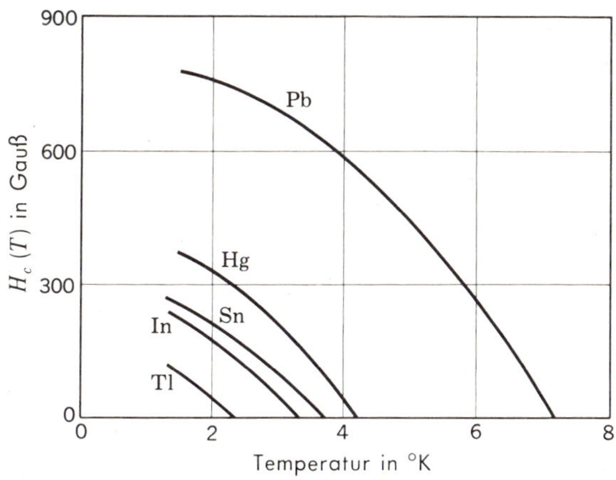

Bild 4: Schwellwert des kritischen Feldes $H_c(T)$ in Abhängigkeit von der Temperatur bei verschiedenen Supraleitern. Oberhalb der Kurve ist die Probe normalleitend, darunter supraleitend.

ran denken, daß im CGS-System $H_c \equiv B_{ac}$ und im SI-System $H_c \equiv B_{ac}/\mu_0$ wobei B_a immer ein von außen angelegtes Magnetfeld bedeutet.

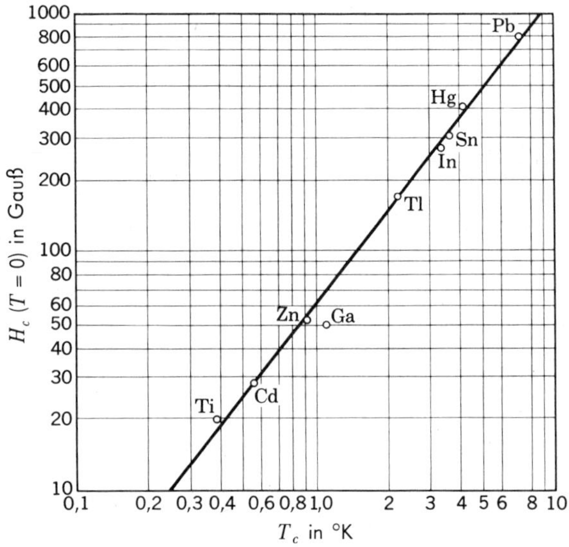

Bild 5:
Kritische Feldstärke H_c bei $T = 0$ für Supraleiter in kompakter Form, aufgetragen über der Sprungtemperatur in doppelt-logarithmischem Maßstab.

Meißner-Effekt

Meißner und Ochsenfeld [8]) fanden, daß bei der Abkühlung eines Supraleiters in einem Magnetfeld bis unter den Sprungpunkt die Feldlinien der magnetischen Induktion B beim Übergang aus der Probe herausgedrängt werden (Bild 2). Diese Erscheinung wird als Meißner-Effekt bezeichnet. Ein kompakter Supraleiter verhält sich also in einem von außen angelegten Magnetfeld B_a so, als sei innerhalb der Probe B = 0. Beschränken wir uns uns auf lange dünne Proben, deren Längsachse parallel zu B_a ist, so erhalten wir eine besonders nützliche Beschreibung dieses Effektes. In diesem Spezialfall ist der Beitrag des Entmagnetisierungsfeldes zu B vernachlässigbar (siehe Gleichung 13.15 und 17.43). Wir erhalten dann [9])

---

[8]) W. Meißner und R. Ochsenfeld, Naturwiss. **21**, 787 (1933).

[9]) Der Diamagnetismus, die Magnetisierung M und die magnetische Suszeptibilität $\chi = M/H$ werden in Kapitel 15 behandelt. Der Betrag der diamagnetischen Suszeptibilität von kompakten Supraleitern liegt sehr viel höher als in typischen diamagnetischen Substanzen. In Gleichung (1) ist M die Magnetisierung die den Suprströmen in der Probe entspricht.

$$B = B_a + 4\pi M = 0 \ ; \qquad \text{oder} \qquad \frac{M}{B_a} = -\frac{1}{4\pi} \ ; \qquad \text{(CGS)}$$

(1)

$$B = B_a + \mu_0 M = 0 \ ; \qquad \text{oder} \qquad \frac{M}{B_a} = -\frac{1}{\mu_0} \ . \qquad \text{(SI)}$$

Dieses sehr wichtige Ergebnis kann nicht alleine daraus gewonnen werden, daß man einen Supraleiter als ein Medium mit verschwindendem Widerstand charakterisiert. Geht bei endlichem $\mathbf{j}$ der Widerstand ρ gegen Null, so folgt aus dem Ohmschen Gesetz, $\mathbf{E} = \rho\mathbf{j}$, daß $\mathbf{E}$ null sein muß. Weiter gilt die Maxwellsche Gleichung $d\mathbf{B}/dt = -c \operatorname{rot} \mathbf{E}$, so daß man für den Widerstand Null erhält:

$$d\mathbf{B}/dt = 0.$$

Diese Argumentation ist nicht ganz durchsichtig, aber das Resultat zeigt doch, daß sich der Fluß im Metall bei der Abkühlung unter den Sprungpunkt nicht ändern kann. Der Meißner-Effekt widerspricht diesem Ergebnis und läßt vermuten, daß der ideale Diamagnetismus eine wesentliche Eigenschaft des supraleitenden Zustands ist [10].

Die Magnetisierungskurve, die man bei einem Supraleiter unter den Bedingungen des Meißner-Ochsenfeld-Experiments erwarten kann, ist in Bild 6a aufgetragen. Sie gilt quantitativ für eine Probe in Form eines langen Vollzylinders [11], die sich in einem longitudinalen Magnetfeld befindet. Reine Proben vieler Materialien zeigen dieses Verhalten; man nennt sie **Supraleiter erster Art** oder, wie früher, weiche Supraleiter. Die Werte für H_c liegen bei Supraleitern erster Art immer viel zu tief, als daß diese in Spulen für supraleitende Magnete eine technische Anwendung finden könnten.

---

[10] Es ist noch ein weiterer Unterschied zwischen einem Supraleiter und einem vollkommenen Leiter zu erwarten, sofern der letztere als ein Leiter definiert wird, in dem keine Streuung der Elektronen erfolgt. Wenn man das Eindringen eines Feldes in einen idealen Leiter im einzelnen durchrechnet, stellt sich heraus, daß ein vollkommener Leiter, der in ein Magnetfeld gebracht wird, keine Abschirmung aus dauernd fließenden Wirbelströmen aufbauen kann: das Feld dringt mit einer Geschwindigkeit von ungefähr 1 cm pro Stunde ein. Siehe dazu A.B. Pippard, Dynamics of Conduction electrons, Gordon and Breach, 1965.

[11] Bei einer anderen Geometrie braucht das Feld nicht homogen um die Probe herum zu sein, und es kann außerdem bei Feldstärken unterhalb H_c eindringen; in eine Kugel z.B. dringt das Feld bei $\frac{2}{3}H_c$ ein. Dies ist eine Konsequenz des nichtverschwindenden Entmagnetisierungsfaktors einer Kugel.

Andere Materialien besitzen eine Magnetisierungskurve in der Art von Bild 6b; man bezeichnet sie als **Supraleiter zweiter Art**. Es sind das oft

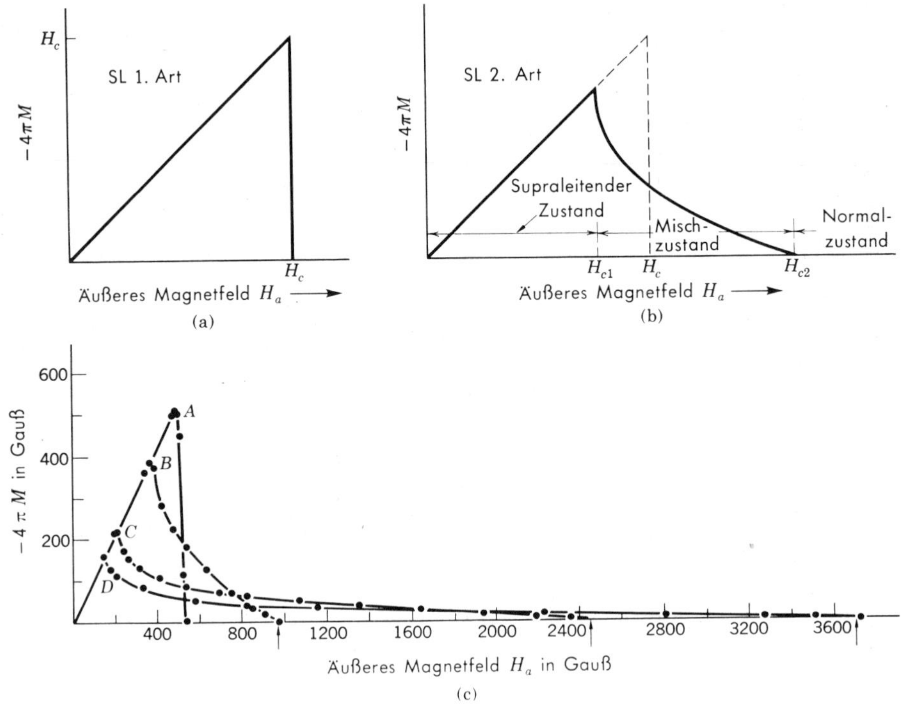

Bild 6a: Magnetisierung über angelegter Feldstärke für einen kompakten Supraleiter mit vollkommenem Meißner-Effekt (idealer Diamagnetismus). Ein Supraleiter mit diesem Verhalten wird als Supraleiter erster Art bezeichnet. Oberhalb der kritischen Feldstärke ist die Probe normalleitend; die Magnetisierung ist dann so gering, daß sie bei diesem Maßstab nicht mehr sichtbar ist. Auf der Ordinate ist minus $4\pi M$ aufgetragen: das negative Vorzeichen von M entspricht dem diamagnetischen Verhalten. In der Bezeichnung des Textes ist $4\pi M \equiv H_b$, wobei H_b das Magnetfeld des supraleitenden Stromes ist, der beim Einschalten eines äußeren Magnetfeldes induziert wird.

Bild 6b: Magnetisierungskurve eines Supraleiters zweiter Art. Bei der Feldstärke H_{c1} beginnt der Fluß in die Probe einzudringen; diese Feldstärke ist dabei kleiner als die thermodynamische kritische Feldstärke H_c. Zwischen H_{c1} und H_{c2} befindet sich die Probe in einem Mischzustand und zeigt bis H_{c2} supraleitende elektrische Eigenschaften. Oberhalb von H_{c2} ist die Probe in jeder Hinsicht normalleitend, abgesehen von möglichen Oberflächeneffekten.

Bild 6c: Magnetisierungskurven von getempertem polykristallinem Blei und Blei-Indium-Legierungen bei 4, 2° K. (*A*) Blei; (*B*) Blei mit 2, 8 Gewichtsprozent Indium; (*C*) Blei-8, 32 Gew.-Proz. Indium; (*D*) Blei-20, 4 Gew.-Proz. Indium. (Nach Livingston.)

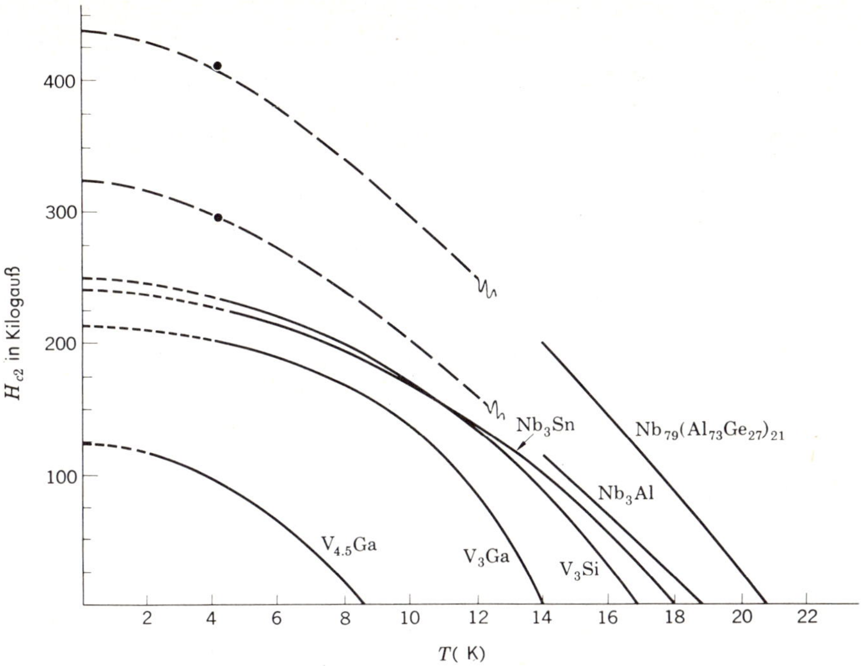

Bild 7: Die Temperaturabhängigkeit des oberen kritischen Feldes für verschiedene Hochfeldsupraleiter (nach S. Foner, E. J. McNiff, Jr., B. T. Matthias, T. H. Geballe, R. H. Willens und E. Corenzwit).

Legierungen (wie in Bild 6c) oder Übergangsmetalle mit großem elektrischen Widerstand im Normalzustand, d. h. die mittlere freie Weglänge ihrer Elektronen im Normalzustand ist klein. Später werden wir sehen, weshalb die mittlere freie Weglänge bei der Magnetisierung von Supraleitern eine Rolle spielt. Supraleiter zweiter Art besitzen supraleitende elektrische Eigenschaften bis hinauf zu einem mit H_{c2} bezeichneten Feld, dem **oberen kritischen Feld**. Zwischen dem **unteren kritischen Feld** H_{c1} und dem **oberen kritischen Feld** H_{c2} ist die Flußdichte $B \neq 0$. Man spricht von einem unvollständigen Meißnereffekt. Der Wert von H_{c2} kann mehr als hundertmal so groß wie der Wert H_c sein, den man aus der Thermodynamik des Phasenüberganges ohne äußeres Feld erhält. Im Gebiet zwischen H_{c1} und H_{c2} behandelt man den Supraleiter mit Hilfe von Flußlinien und spricht dann vom **Wirbelzustand** (Bild 36). In einer Legierung von Nb, Al und Ge wurde bei 4, 2 K ein Feld von 410 kG (41 Tesla)

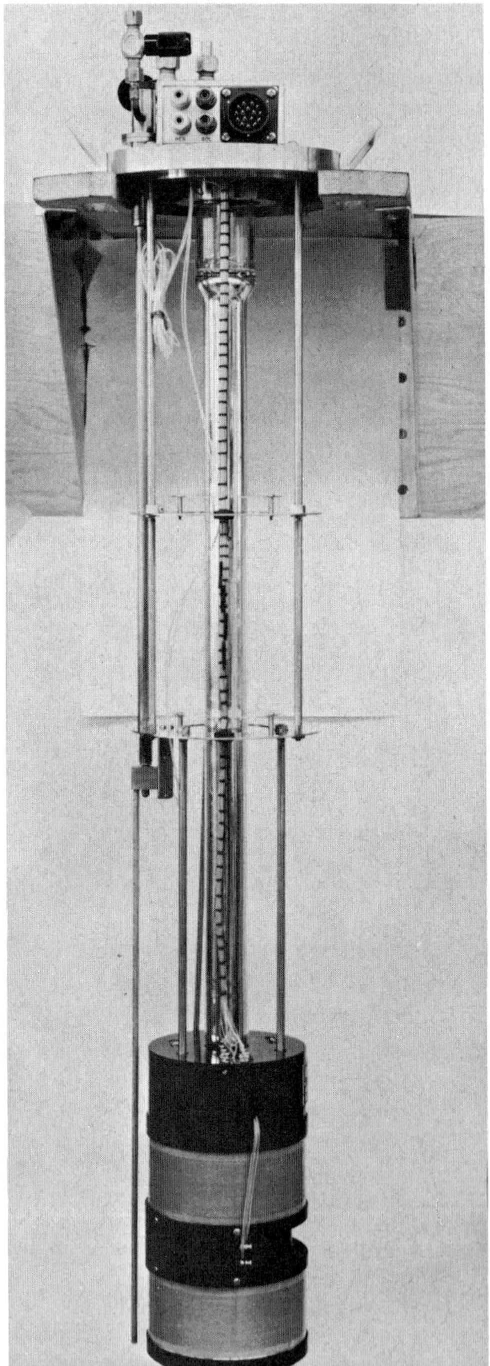

Bild 8:
Anordnung eines supraleitenden Magneten zum Eintauchen in einen Kryostaten mit flüssigem Helium.

erreicht[12]). Käufliche, mit einem harten Supraleiter bewickelte Spulen erzeugen stabile Felder, die etwas über 100 kG liegen. Ein harter Supraleiter ist ein Supraleiter zweiter Art, der wegen einer besonderen mechanischen Behandlung viele Haftstellen für Flußlinien und damit eine grosse magnetische Hysterese aufweist.

Spezifische Wärme

In allen Supraleitern erfolgt beim Abkühlen unter T_c ohne Magnetfeld eine ausgeprägte Abnahme der Entropie. Bild 9 zeigt Meßergebnisse für Aluminium. Diese Entropieabnahme beim Übergang vom normalleitenden

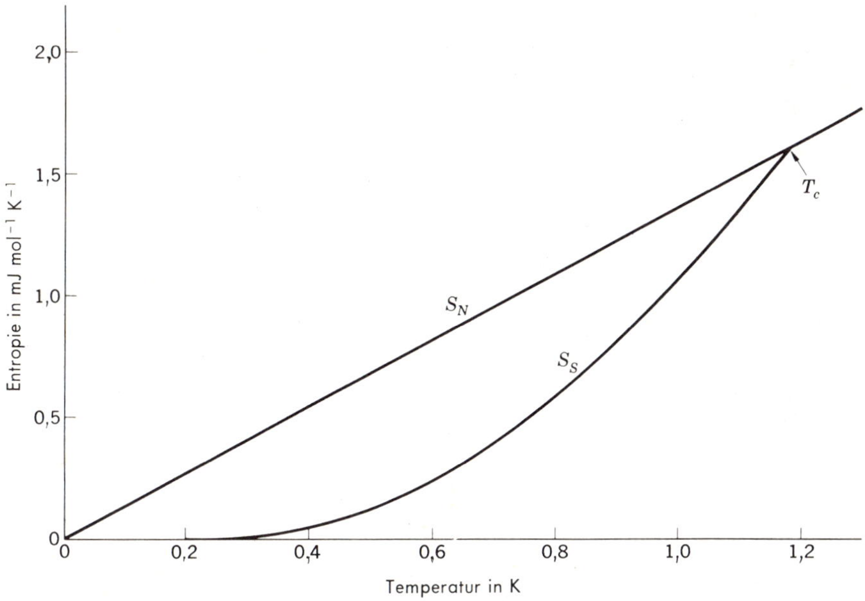

Bild 9: Die Temperaturabhängigkeit der Entropie S von Aluminium im normal- und im supraleitenden Zustand. Im supraleitenden Zustand ist die Entropie niedriger, da die Elektronen hier einen höheren Ordnungsgrad aufweisen als im normalleitenden Zustand. Die Probe kann bei jeder Temperatur unterhalb der kritischen Temperatur T_c dadruch normalleitend gemacht werden, daß man ein Magnetfeld anlegt, das stärker als das kritische ist (freundlicherweise von N.E. Phillips zur Verfügung gestellt).

[12]) Genaue Daten findet man bei T.G. Belincourt und R.R. Hake, Phys. Rev. **131**, 140 (1963). Y. Shapira und L.J. Neuringer, Phys. Rev. **140** A 1638 (1965); S. Foner, E.J. McNiff, Jr., B.T. Matthias, T.H. Geballe, R.H. Willens und E. Corenzwit. Phys. Lett. **31 A**, 349 (1970).

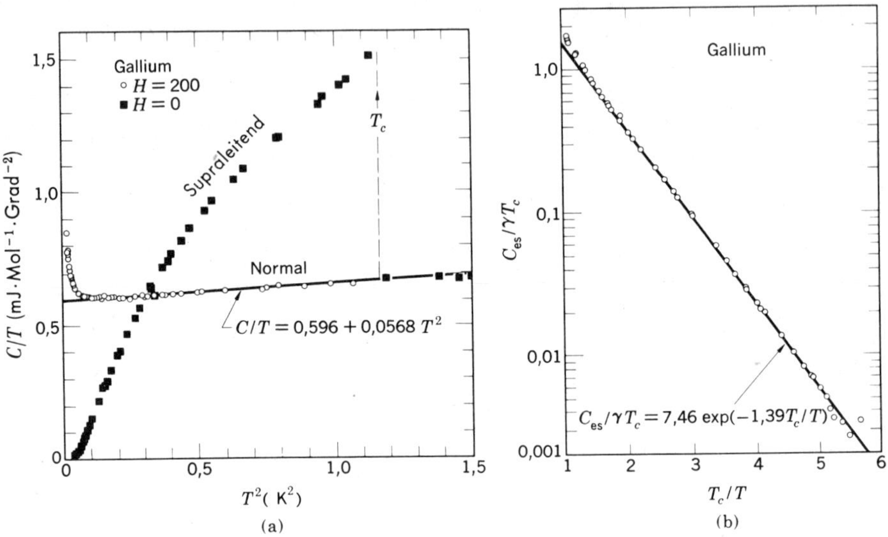

Bild 10: (a) Molwärme von Gallium im normalen und im supraleitenden Zustand. Im Normalzustand (der bei einer Feldstärke von 200 G wiederhergestellt wird) liefern Elektronen, Gitter und (bei tiefen Temperaturen) Kernquadrupole Beiträge. In (b) ist der elektronische Beitrag C_{es} zur spezifischen Wärme des supraleitenden Zustandes im logarithmischen Maßstab über T_c/T aufgetragen; die exponentielle Abhängigkeit von $1/T$ ist offensichtlich. Hier ist: $\gamma = 0,60\,mJ$ Mol⁻¹ · Grad⁻². [Nach N.E. Phillips, Phys. Rev. **134**, 385 (1964).]

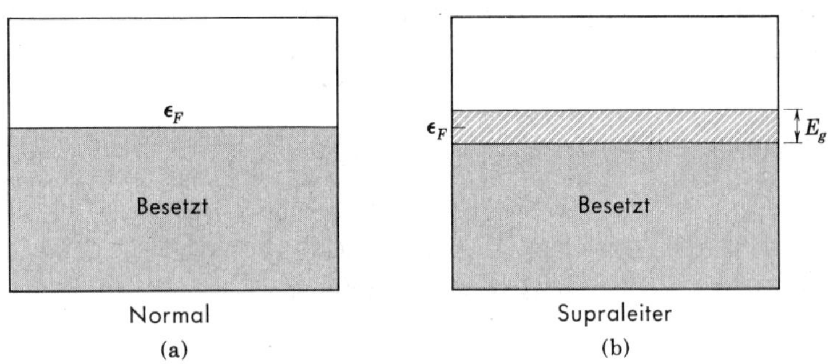

Bild 11: (a) Leitungsband im Normalzustand; (b) Energielücke an der Fermi-Kante im supraleitenden Zustand. Elektronen in angeregten Zuständen oberhalb der Lücke verhalten sich wie normale Elektronen: in HF - Feldern verursachen sie einen Widerstand; im Gleichstromfall werden sie von den supraleitenden Elektronen kurzgeschlossen. Am absoluten Nullpunkt befinden sich keine Elektronen oberhalb der Lücke. In dem Bild ist die Lücke E_g übertrieben eingezeichnet: ein typischer Wert ist $E_g/\epsilon_F \sim 10^{-4}$.

zum supraleitenden Zustand zeigt, da die Entropie ein Maß für den Grad der Unordnung in einem System ist, daß der Ordnungsgrad des supraleitenden Zustands höher ist als der des normalleitenden. Im supraleitenden Zustand besitzen einige oder alle Elektronen, die im Normalzustand thermisch angeregt wären, einen hohen Ordnungsgrad. Die Entropieänderung ist gering; in Aluminium ist sie in der Größenordnung von 10^{-4} k_B pro Atom. Bild 10 zeigt den Verlauf der spezifischen Wärme für Gallium; in (a) sind der normale und der supraleitende Zustand miteinander verglichen, aus (b) ist zu entnehmen, daß der elektronische Beitrag zur spezifischen Wärme im supraleitenden Zustand exponentiell von 1/T abhängt (Bild 11). Diese Abhängigkeit deutet auf die Anregung der Elektronen über eine Energielücke hin (Bild 10). Man nimmt an, daß eine Energielücke ein charakteristisches(aber nicht allgemeingültiges) Merkmal des supraleitenden Zustands ist. Ihre Begründung findet sie durch die Bardeen-Cooper-Schrieffer (BCS)- Theorie der Supraleitung.

Energielücke

Die Energielücke in Supraleitern ist von ganz anderer Art als die Energielücke in Isolatoren[13]). Es hat sich herausgestellt [14]), daß im Exponentialausdruck für die spezifische Wärme der halbe Wert für die Energielücke einzusetzen ist. Nach Bild 10b befolgt die spezifische Wärme von Gallium das Gesetz $e^{-\Delta/k_BT}$, wobei $\Delta \cong 1{,}4\ k_BT_c$ ist. Die Energielücke beträgt danach $E_g \equiv 2\Delta = 2(1{,}4\ k_BT_c)$ oder $E_g/k_BT_c = 2{,}8$. Dies ist gleichzeitig ein repräsentativer Wert für das Verhältnis E_g/k_BT_c. In Tabelle 3 sind Werte der Energielücke [15]) für verschiedene Supraleiter angegeben; sie wurden mit dem noch zu besprechenden Tunneleffekt der Elektronen bestimmt. Oft nennt man diese Größe Δ **den Parameter der Energielücke**.

Ohne Magnetfeld ist der Übergang vom supraleitenden in den normalen Zustand ein Phasenübergang zweiter Ordnung. Bei solchen Übergängen tritt keine latente Wärme auf, wohl aber ein Sprung in der spezifischen Wärme, der sehr deutlich in Bild 10a zu erkennen ist. Weiterhin nimmt die Energielücke kontinuierlich bis zum Wert Null ab, wenn die Temperatur bis zum Sprungpunkt T_c gesteigert wird; dies zeigt Bild 12. Ein Pha-

---

[13]) In einem Isolator hängt die Lücke mit dem Gitter zusammen; in einem Supraleiter dagegen mit dem Fermigas.

[14]) Aus der Theorie und aus dem Vergleich mit optischen und anderen Bestimmungsmethoden der Lücke.

[15]) Eine Übersicht findet sich bei D. H. Douglass jr. und L. M. Falicov, Progress in low temperature physics **4**, 97 - 193 (1964).

Tabelle 3: Energielücken in Supraleitern bei T = 0.

										Al	**Si**
				$E_g(0)$ in 10^{-4}eV.						3,4	
				$E_g(0)/k_BT_c$.						3,3	
Sc	**Ti**	**V**	**Cr**	**Mn**	**Fe**	**Co**	**Ni**	**Cu**	**Zn**	**Ga**	**Ge**
		16,							2,4	3,3	
		3,4							3,2	3,5	
Y	**Zr**	**Nb**	**Mo**	**Tc**	**Ru**	**Rh**	**Pd**	**Ag**	**Cd**	**In**	**Sn** (w)
		30,5	2,7						1,5	10,5	11,5
		3,80	3,4						3,2	3,6	3,5
La fcc	**Hf**	**Ta**	**W**	**Re**	**Os**	**Ir**	**Pt**	**Au**	**Hg** (α)	**Tl**	**Pb**
19.		14,							16,5	7,35	27,3
3,7		3,60							4,6	3,57	4,38

senübergang erster Ordnung dagegen wäre durch eine latente Übergangswärme und eine bei T_c nicht verschwindende Energielücke charakterisiert.

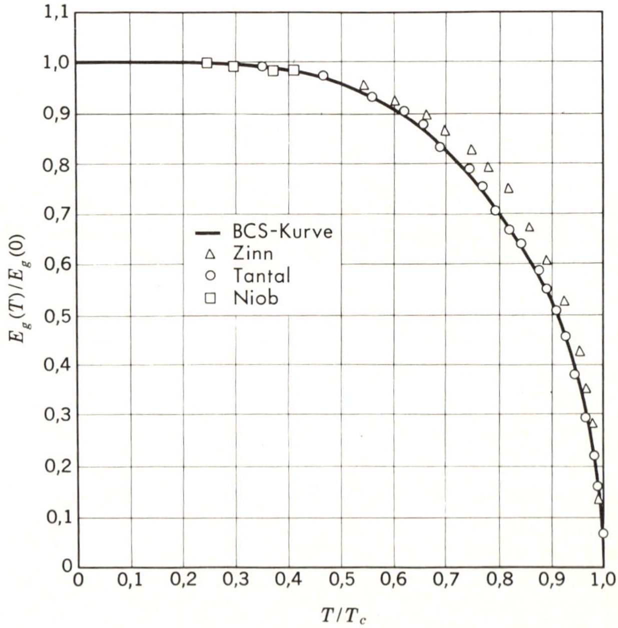

Bild 12:
Normierte Werte der beobachteten Energielücke $E_g(T)/E_g(0)$ als Funktion der reduzierten Temperatur nach Townsend und Sutton. Die ausgezogene Kurve ergibt sich aus der BCS - Theorie.

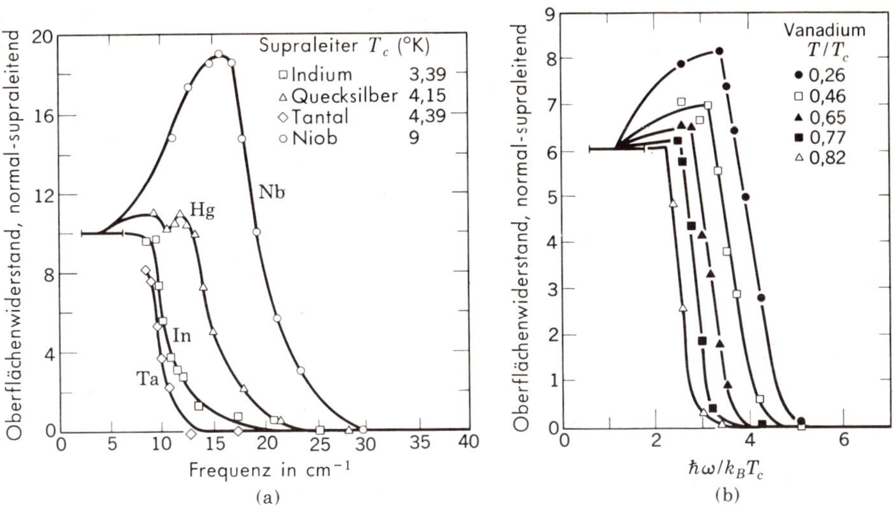

Bild 13: Bei hohen Frequenzen nähert sich der Oberflächenwiderstand eines Supraleiters dem eines normalen Metalls.

(a) Meßwerte bei tiefen Temperaturen der Größe "(Oberflächenwiderstand im normalleitenden Zustand) minus (Oberflächenwiderstand im supraleitenden Zustand)" als Funktion der Frequenz. Die Kurven sind so normiert, daß sie bei der tiefsten Frequenz alle dieselben Werte haben. (b) Dieselbe Größe für Vanadium als Funktion der Temperatur. (Nach Richards und Tinkham.)

Verhalten im Mikrowellen- und Infrarotbereich

Das Auftreten einer Energielücke in Supraleitern legt den Gedanken nahe, daß genau so wie bei Halbleitern mit einer Lücke Photonen, deren Energie geringer ist als die Energielücke, durch ein supraleitendes Metall hindurchgehen. Diese Vermutung wurde von Glover und Tinkham und mehreren anderen im Experiment bestätigt.

Von allen Metallen werden wegen der Fehlanpassung der Wellenwiderstände an der Grenze vom Vakuum zum Metall fast alle auffallenden Photonen reflektiert; nur bei sehr dünnen Filmen mit Dicken in der Grössenordnung von 20 A ist die Transmission im supraleitenden Zustand grösser als für Normalleiter, so daß thermisch angeregte normale Elektronen jetzt Energie absorbieren können.

Für Photonen, deren Energie kleiner ist als die der Lücke, verschwindet der spezifische Widerstand eines Supraleiters beim absoluten Nullpunkt.

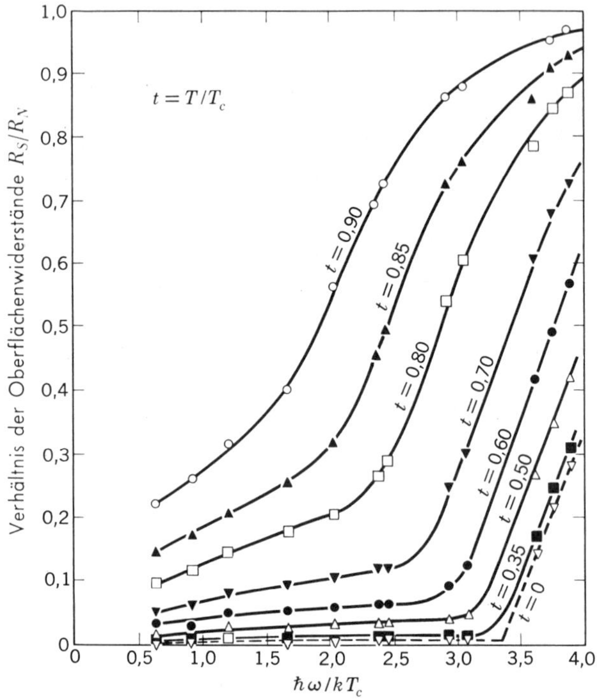

Bild 14:
Isothermen des Verhältnisses der Oberflächenwiderstände von Aluminium in Abhängigkeit von der Photonenfrequenz. (Nach Biondi und Garfunkel.)

In Bild 13 sind experimentelle Ergebnisse für das ferne Infrarot [16]) angegeben, in Bild 14 für den Mikrowellenbereich [17]) bei verschiedenen Temperaturen. Man sieht daraus, daß für $T \ll T_c$ der Widerstand im supraleitenden Zustand bei der Energie der Lücke eine steile Schwelle aufweist. Für Photonen mit geringer Energie ist die Oberfläche ohne Widerstand; solche mit höherer Energie erfahren einen Widerstand, der sich dem des normalleitenden Zustandes nähert, da diese Photonen Übergänge zu unbesetzten "normalen" Energieniveaus oberhalb der Lücke hervorrufen. Bei steigender Temperatur nimmt nicht nur die Breite der Energielücke ab (wie in Bild 12), sondern man erhält auch einen nichtverschwindenden Widerstand für Photonen unterhalb der Lücke, außer bei der Frequenz Null. Im Gleichstromfall werden etwa vorhandene normale Elektronen, die thermisch angeregt die Lücke übersprangen, von den supraleitenden Elektronen kurzgeschlossen. Bei Frequenzen $\omega > 0$ verhindern Trägheitseffekte einen exakten Kurzschluß.

---

[16]) P. L. Richards und M. Tinkham, Phys. Rev. **119**, 575 (1960).

[17]) M. A. Biondi und M. P. Garfunkel, Phys. Rev. Letters **2**, 143 (1959).

Bild 15:
Abhängigkeit der Sprungtemperatur vom mittleren Atomgewicht für getrennte Quecksilberisotope in doppelt logarithmischer Darstellung. [Nach Reynolds, Serin und Nesbitt, Phys. Rev. **84**, 691 (1951).]

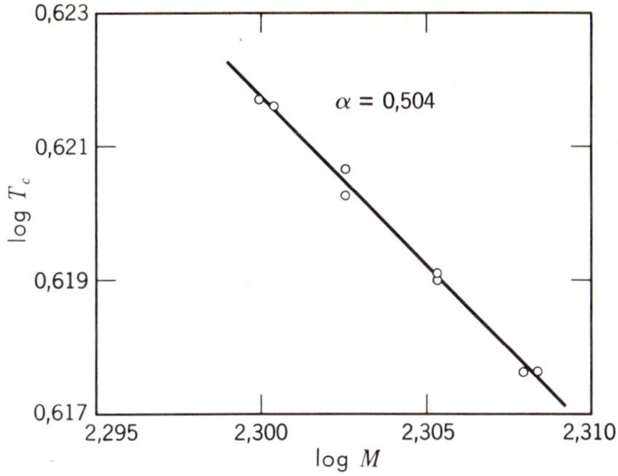

Isotopieeffekt

Es wurde beobachtet, daß sich die Sprungtemperatur von Supraleitern mit der Isotopenmasse verändert. Die ersten Untersuchungen stammen von Maxwell[18]), sowie von Reynolds und Mitarbeitern[19]). In Quecksilber ändert sich T_c von 4,185° K bis 4,146° K, wenn die mittlere Isotopenmasse M zwischen 199,5 und 203,4 atomaren Masseneinheiten variiert.

Die Übergangstemperatur ändert sich etwas, wenn man verschiedene Isotope eines Elementes miteinander mischt.

Die Meßergebnisse innerhalb jeder Isotopenreihe können durch einen Ausdruck der Gestalt

$$M^{\alpha} T_c = \text{const.} \tag{2}$$

wiedergegeben werden, wie z. B. für Quecksilber in Bild 15. Experimentelle Werte von α sind in Tabelle 4 angegeben. Da die Sprungtemperatur T_c von der Masse des Isotops abhängt, müssen wir annehmen, daß Gitterschwingungen und damit Elektron-Gitter-Wechselwirkungen irgend etwas mit Supraleitung zu tun haben [20]). Eine andere Erklärung dafür, daß T_c von der Anzahl der Neutronen im Atomkern abhängt, ist unwahrscheinlich. Das ursprüngliche einfache BCS-Modell ergab $T_c \propto \theta_{\text{Debye}} \propto M^{-\frac{1}{2}}$ so daß man in Gleichung $\alpha = \frac{1}{2}$ erhält; berücksichtigt man noch

---

[18]) E. Maxwell, Phys. Rev. **78**, 477 (1950).

[19]) Reynolds, Serin, Wright und Nesbitt, Phys. Rev. **78**, 487 (1950).

[20]) Das Fehlen von Isotopieeffekten in Ru und Os kann mit Hilfe der Bandstruktur dieser Metalle erklärt werden, J. W. Garland jr., Phys. Rev. Letters **11**, 114 (1963). siehe auch W. I. McMillan, Phys. Rev. **167**, 331 (1968).

Tabelle 4: Isotopieeffekt in Supraleitern

Experimentelle Werte von α in $M^{\alpha}T_c$ = const.; M ist die Masse des Isotops. (Nach einer Zusammenstellung von J. W. Garland, jr., Phys. Rev. Letters **11**, 114 (1963) mit Korrekturen von Dr. V. Compton.)

Substanz	α	Substanz	α
Zn	$0,45 \pm 0,05$	Ru	$0,00 \pm 0,05$
Cd	$0,51 \pm 0,10$	Os	$0,15 \pm 0,05$
Sn	$0,47 \pm 0,02$	Mo	$0,33$
Hg	$0,50 \pm 0,03$	Nb_3Sn	$0,08 \pm 0,02$
Pb	$0,49 \pm 0,02$	Mo_3Ir	$0,33 \pm 0,03$
Tl	$0,61 \pm 0,10$	Zr	$0,00 \pm 0,05$

die Coulomb-Wechselwirkung der Elektronen, so ändert sich der Zusammenhang zwischen T_c und M. Dafür, daß trotzdem häufig $\alpha = 0,5$ gefunden wird, gibt es keine zwingende Erklärung.

Theoretischer Überblick

Ein theoretisches Verständnis der Erscheinungen, die mit der Supraleitung verbunden sind, wurde in mehreren Stufen gewonnen. Gewisse Resultate ergeben sich direkt aus der Thermodynamik. Viele wichtige Ergebnisse können mit phänomenologischen Gleichungen beschrieben werden, den sogenannten London-Gleichungen und den Landau-Ginzburg-Gleichungen. Eine erfolgreiche quantenmechanische Beschreibung der Supraleitung gelang Bardeen, Cooper und Schrieffer; die mikroskopische Grundlage ihrer Theorie wurde in späteren Arbeiten ausgebaut und ergab wieder die Landau-Ginzburg-Gleichungen. Unser Überblick wird notgedrungen etwas skizzenhaft sein, da ein großer Teil der Theorie von der Sache her sehr anspruchsvoll ist.

Thermodynamik des supraleitenden Phasenübergangs

Van Laer und Keesom [21]) zeigten experimentell, daß der Übergang zwischen normal- und supraleitendem Zustand thermodynamisch reversibel ist, genauso wie der Übergang zwischen flüssiger und gasförmiger Phase einer Substanz bei langsamem Verdampfen. Auch der Meißner-Effekt läßt vermuten, daß es sich um einen reversiblen Übergang handelt: die supraleitenden Ströme werden nicht durch die Erzeugung von Joulescher

[21]) P. H. van Laer und W. H. Keesom, Physica **5**, 993 (1938).

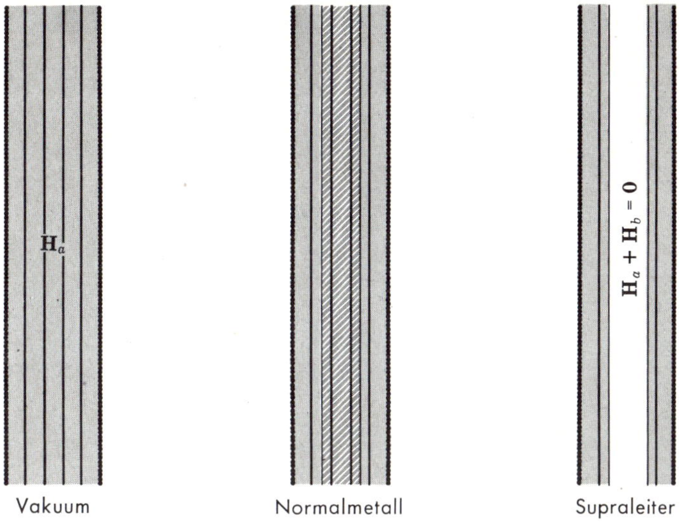

Bild 16: Statisches Magnetfeld innerhalb einer unendlich langen Spule: wenn diese leer ist, wenn sie ein normales Metall enthält und wenn sie einen Supraleiter enthält. Das Magnetfeld im Vakuum und im Normalmetall ist $\mathbf{B}_a$; es hat denselben Wert $\mathbf{B}_a$ im Gebiet zwischen Spule und Supraleiter, im Supraleiter selbst jedoch ist $\mathbf{B}_a + \mathbf{B}_b = 0$.

Wärme aufgezehrt, wenn die Supraleitfähigkeit durch das Einschalten eines Magnetfeldes zerstört wird. Ist der Übergang reversibel, so kann man darauf die Gesetze der Thermodynamik anwenden[22]. Man erhält daraus die Entropiedifferenz zwischen normal- und supraleitendem Zustand, ausgedrückt durch das kritische Feld H_c in Abhängigkeit von T. Wir werden nur Supraleiter erster Art mit vollkommenem Meißner-Effekt betrachten; innerhalb des Supraleiters ist also immer $\mathbf{B} = 0$ (Bild 16). Es wird sich erweisen, daß das kritische Feld[23] H_c ein geeignetes Maß für die Energiedifferenz zwischen supraleitendem und normalem Zustand beim absoluten Nullpunkt darstellt.

Der Energieunterschied zwischen supraleitendem und normalleitendem Zustand, der den Supraleiter energetisch stabil macht, kann kalorimetrisch oder magnetisch bestimmt werden. Wir messen dazu die spezifi-

---

[22] C. Gorter und H. B. G. Casimir, Physica 1, (1934). Das Ergebnis ist analog zur Dampfdruckgleichung für dp/dT.

[23] Das Symbol H_c bezieht sich im folgenden immer auf eine kompakte Probe, nie jedoch auf einen dünnen Film. Bei Supraleitern 2. Art soll unter H_c das **thermodynamische kritische Feld** verstanden werden, das aus der Stabilisierungsenergie bestimmt werden kann.

sche Wärme eines Metalls in einem Magnetfeld, wenn es normal leitet und ohne magnetisches Feld, wenn es sich im supraleitenden Zustand befindet. Aus der Differenz der beiden spezifischen Wärmen berechnen wir für T = 0 die Energiedifferenz zwischen den beiden Zuständen, die sogenannte **Stabilisierungsenergie** des supraleitenden Zustandes [24]. Die Stabilisierungsenergie und die freie Energie kann man auch aus dem Wert des von außen angelegten Magnetfeldes bestimmen, das gerade ausreicht, die Supraleitung zu zerstören und die Probe in den normalleitenden Zustand zu überführen. Diese Argumentation beruht auf dem beinahe perfekten Diamagnetismus wie ihn Supraleiter erster Art zeigen. Wegen des Meißnereffekts verschwindet in einem massiven Supraleiter die magnetische Induktion B; der Supraleiter verhält sich wie ein idealer Diamagnet. In Gleichung (1) erhielten wir im Grenzfall dünner Filme oder langer Zylinder deren Achse parallel zum äußeren Feld ist.

(3)
$$\mathbf{B} \equiv \mathbf{B}_a + 4\pi\mathbf{M} = 0 \ ; \qquad \mathbf{M} = -\frac{\mathbf{B}_a}{4\pi} \ ; \qquad \text{(CGS)}$$
$$\mathbf{B} \equiv \mathbf{B}_a + \mu_0\mathbf{M} = 0 \ ; \qquad \mathbf{M} = -\frac{\mathbf{B}_a}{\mu_0} \ . \qquad \text{(SI)}$$

Der einfachste Weg um den Einfluß eines äußeren Magnetfeldes B_a auf den Phasenübergang Normal-Supraleiter zu verstehen, ist folgender: Man betrachtet die Arbeit, die nötig ist, einen Supraleiter aus dem Unendlichen, wo das äußere Magnetfeld verschwindet, an eine Stelle **r** im Feld eines Dauermagneten zu bringen. Die bei diesem Prozeß verrichtete Arbeit (Bild 17) ist

(4)
$$W = -\int_0^{\mathbf{B}_a} \mathbf{M} \cdot d\mathbf{B}_a \ ,$$

pro Einheitsvolumen der Probe [25]. Diese Arbeit steckt nun in der Energie des Magnetfeldes. Wir benutzen die thermodynamische Identität

(5)
$$dU = T\,dS - \mathbf{M} \cdot d\mathbf{B}_a \ ,$$

und erhalten für einen Supraleiter bei dem ja **M** mit $\mathbf{B}_a$ durch Gleichung (3) verknüpft ist

---

[24] Wenn wir die Messungen der spezifischen Wärme hierzu benutzen, so setzen wir voraus, daß im Normalzustand die thermodynamischen Eigenschaften unabhängig vom Magnetfeld sind.

[25] Diese Arbeit wird in den Kapiteln 22 und 23 von C. Kittel, Physik der Wärme, R. Oldenbourg, 1973, ausführlich diskutiert.

(6) $$dU_S = T\,dS + \frac{1}{4\pi} B_a\, dB_a \;; \qquad dU_S = T\,dS + \frac{1}{\mu_0} B_a\, dB_a \,.$$

Am absoluten Nullpunkt ist TdS = 0. Wir erhalten für die Zunahme der Energiedichte des Supraleiters, wenn man ihn von einer Stelle , wo das Magnetfeld verschwindet, an eine andere Stelle bringt, an der die Feldstärke B_a herrscht

(7) $$U_S(B_a) - U_S(0) = \frac{1}{8\pi} B_a^2 \;; \qquad U_S(B_a) - U_S(0) = \frac{1}{2\mu_0} B_a^2 \,,$$

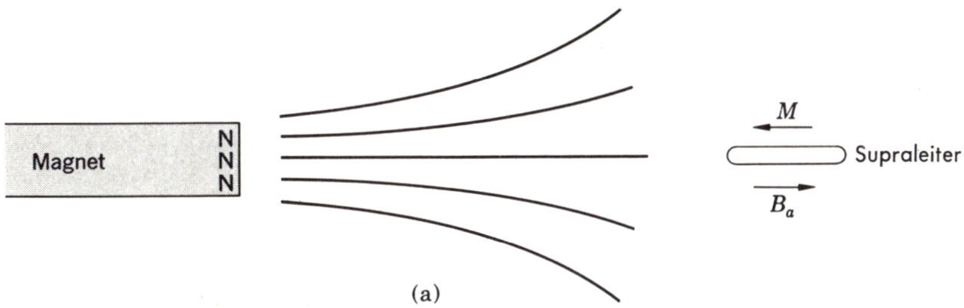

(a)

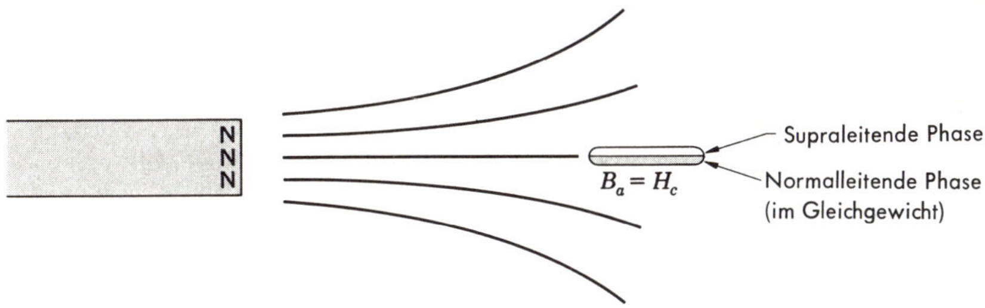

(b)

Bild 17: a) In einem Supraleiter, der den vollständigen Meißnereffekt aufweist, ist $B = 0$, so als ob die Magnetisierung M in CGS-Einheiten gleich $M = -B_a/4\pi$ wäre. Die Arbeit, die man verrichten muß, um einen Supraleiter aus dem Unendlichen an einen Punkt zu bringen, an dem das Feld eines Permanentmagneten B_a ist, ist gleich

(CGS) $$W = -\int \mathbf{M} \cdot d\mathbf{B}_a = \frac{1}{8\pi} B_a^2 \,,$$

pro Volumeneinheit.

b) Erreicht das äußere Feld den Wert B_{ac} , so kann der normale und der supraleitende Zustand nebeneinander im Gleichgewicht vorhanden sein. In diesem Fall sind die Dichten der freien Energie in beiden Fällen gleich $F_N(T, B_{ac}) = F_S(T, B_{ac})$.

Betrachten wir nun ein normales, nicht-magnetisches Metall. Vernachläßigt man die kleine Suszeptibilität [26]) des Metalls, so gilt M = 0 und die Energiedichte dieser Probe ist feldunabhängig. Es gilt also auch bei der kritischen Feldstärke

$$(8) \qquad U_N(B_{ac}) = U_N(0) \ .$$

Gleichung (7) und (8) liefern uns alles, was wir zur Bestimmung der Stabilisierungsenergie eines Supraleiters bei T = 0 benötigen. Bei der kritischen Feldstärke B_{ac} sind die Energiedichten für Normal- und Supraleiter gleich groß

$$(9) \qquad U_N(B_{ac}) = U_S(B_{ac}) = U_S(0) + \frac{1}{8\pi} B_{ac}^2 \ ;$$

$$U_N(B_{ac}) = U_S(B_{ac}) = U_S(0) + \frac{1}{2\mu_0} B_{ac}^2 \ .$$

In SI-Einheiten ist $H_c \equiv B_{ac}/\mu_0$, während in CGS-Einheiten $H_c \equiv B_{ac}$ gilt. Ist das von außen angelegte Feld gleich dem kritischen Feld B_{ac}, so ist die Probe in beiden Zuständen stabil. Aus Gleichung (8) folgt

$$(10) \qquad U_N(0) = U_S(0) + \frac{1}{8\pi} B_{ac}^2 \ ;$$

$$\Delta U \equiv U_N(0) - U_S(0) = \frac{1}{8\pi} B_{ac}^2 \cdot \text{(CGS)}$$

Wobei ΔU die Energiedichte bedeutet, durch die bei T = 0 K Supraleitung als stabiler Zustand existieren kann. Aus Tabelle 1 entnehmen wir als Beispiel, daß für Aluminium bei T = 0 K B_{ac} 105 Gauss beträgt; für ΔU erhält man daraus in glänzender Übereinstimmung mit kalorimetrischen Messungen, die einen Wert von 430 erg/cm ^{3} lieferten

$$(11) \qquad \Delta U = \frac{(105)^2}{8\pi} \cong 440 \text{ ergs/cm}^3 \ . \qquad \text{(CGS)}$$

Bei endlichen Temperaturen sind die normal- und die supraleitende Phase im Gleichgewicht, wenn ihre freien Energien $F = U - TS$ gleich sind.

---

[26]) Für Supraleiter erster Art ist diese Annahme gerechtfertigt. In Supraleitern zweiter Art für die $H_c \ll H_{c2}$ ist und in hohen Magnetfeldern vermindert die Änderung des Spinparamagnetismus der Leitungselektronen (Kapitel 15) die Energie der normalen Phase im Vergleich zur supraleitenden wesentlich. In einigen Supraleitern zweiter Art wird das obere kritische Feld durch diesen Effekt begrenzt. Clogston schlug vor, daß $H_{c2}(\text{max}) = 18{,}400\, T_c$; H_{c2} in Gauß, T_c in Kelvin. Siehe A.M.Clogston, Phys. Rev. Lett. **9** , 266 (1962); B.Chandrasekhar, Appl. Phys. Lett. **1** , 7 (1962).

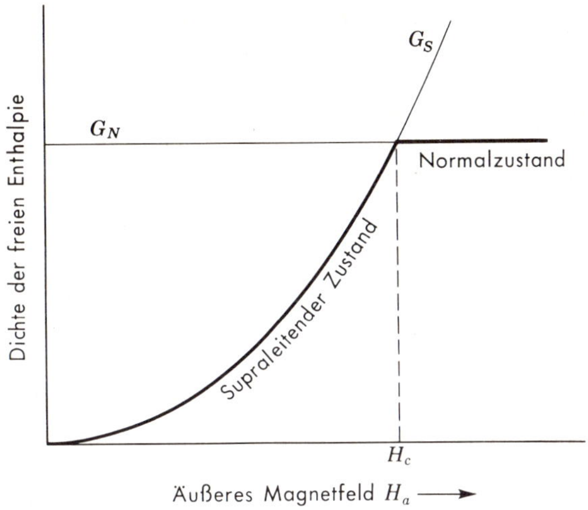

Bild 18: Die Dichte der freien Enthalpie $F_N(\mathbf{B}_a, T)$ eines unmagnetischen Normalmetalls ist näherungsweise unabhängig von der Stärke des angelegten Magnetfeldes $\mathbf{B}_a$. Bei der Temperatur, für die dieses Bild gilt, ist das Material ohne Magnetfeld supraleitend, so daß $F_S(0, T)$ kleiner ist als F_N. Im supraleitenden Zustand erhöht ein angelegtes Magnetfeld durch den Meißner-Effekt die Enthalpiedichte F_S um $\mathbf{B}_a/8\pi$, so daß $F_S(\mathbf{B}_a, T) = F_S(0,0) + \frac{1}{8\pi}\mathbf{B}_a^2$. Für $\mathbf{B}_a > \mathbf{B}_c$ ist die Dichte der freien Enthalpie im normalleitenden Zustand kleiner als im supraleitenden Zustand, so daß der normalleitende Zustand stabil ist.

In Bild 18 sind die freien Energien der beiden Phasen als Funktion des äußeren Magnetfeldes aufgetragen. Bild 19 zeigt die experimentell bestimmte Temperaturabhängigkeit der freien Energien in Aluminium. Am Phasenübergang ist die Steigung dF/dT für beide Phasen gleich groß, so daß keine latente Übergangswärme auftritt.

London-Gleichung

Wir sahen, daß der Meißnereffekt im Supraleiter gleichbedeutend mit einer magnetischen Suszeptibilität $\chi = -1/4\pi$ im CGS-System oder $\chi = -1$ im SI-System war. Diese weitreichende Annahme scheint jede weitere Diskussion zu erübrigen, sie kann aber das experimentell beobachtete Eindringen des magnetischen Flußes in dünne supraleitende Filme nicht erklären. Ist es möglich, den Meißnereffekt durch Modifizieren einer der grundlegenden Gleichungen der Elektrodynamik, wie zum Beispiel des Ohmschen Gesetzes, abzuleiten? Die Maxwellschen Gleichungen wollen wir dabei aber unverändert lassen.

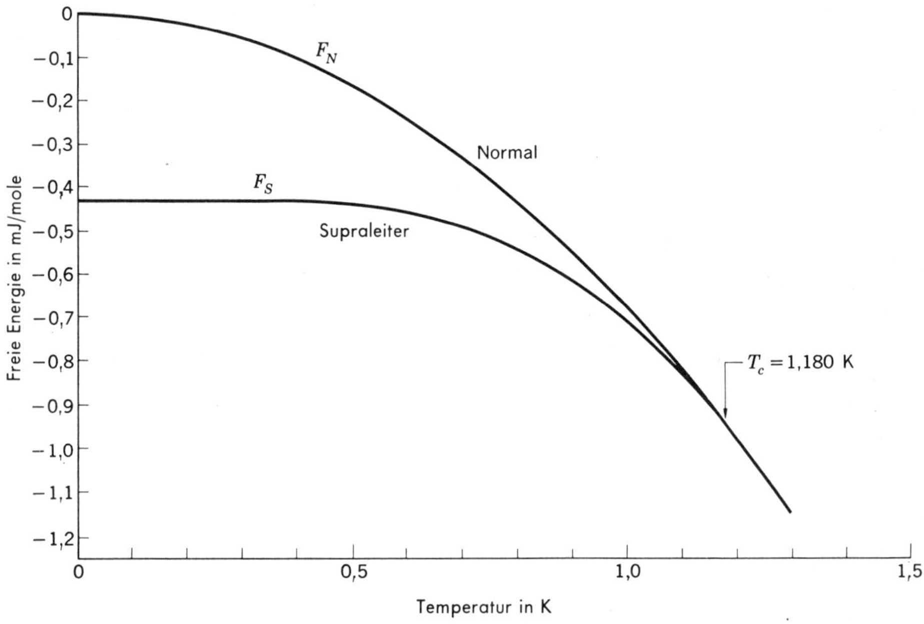

Bild 19: **Experimentell bestimmte Werte der freien Energie als Funktion der Temperatur für supra- und für normalleitendes Aluminium. Unterhalb der Sprungtemperatur $T_c = 1{,}180$ K ist die freie Energie im supraleitenden Zustand am niedrigsten. Bei T_c treffen sich die beiden Kurven und besitzen in diesem Punkt die gleiche Krümmung. Es handelt sich also um einen Phasenübergang zweiter Art (keine latente Übergangswärme bei T_c). Die Kurve F_S ist ohne äußeres Feld gemessen, F_N in einem Magnetfeld das ausreicht, die Probe normalleitend zu machen; F_N ist jedoch sonst von der Stärke des angelegten Feldes unabhängig (von N.E. Phillips freundlicherweise zur Verfügung gestellt).**

Im normalleitenden Zustand wird das Fließen eines Stromes durch das Ohmsche Gesetz beschrieben

$$\text{(12)} \qquad \mathbf{j} = \sigma \mathbf{E} \ .$$

Wir müssen dieses Gesetz stark ändern, damit elektrische Leitung und Meißnereffekt in Supraleitern erklärt werden können. Wir wollen einfach ein Postulat aufstellen und uns ansehen, was geschieht. Wir fordern, daß im supraleitenden Zustand die Stromdichte dem Vektorpotential **A** des örtlichen Magnetfeldes proportional sein soll. Im CGS-System schreiben wir, aus Gründen, die wir später verstehen werden, für die Proportionalitätskonstante $-c/4\pi\lambda_L^2$, c ist hier die Lichtgeschwindigkeit und λ_L eine

Konstante mit der Dimension einer Länge. Die Proportionalitätskonstante ist im SI-System dann $-1/\mu_0\lambda_L^2$:

(13) $$\mathbf{j} = -\frac{c}{4\pi\lambda_L^2}\mathbf{A} \; ; \qquad \mathbf{j} = -\frac{1}{\mu_0\lambda_L^2}\mathbf{A} \, .$$

Dies ist die London-Gleichung [27]). Die Eigenschaften des Vektorpotentials werden in Anhang I abgeleitet. Auf beiden Seiten von Gleichung (13) bilden wir nun die Rotation und erhalten unter Verwendung der Beziehung zwischen Feld $\mathbf{B}$ und Potential $\mathbf{A}$

(14) $$\text{rot}\,\mathbf{j} = -\frac{c}{4\pi\lambda_L^2}\mathbf{B} \; ; \qquad \text{rot}\,\mathbf{j} = -\frac{1}{\mu_0\lambda_L^2}\mathbf{B} .$$

Zuerst zeigen wir, daß die London-Gleichung den Meißnereffekt richtig beschreibt. Wir wissen aus den Maxwell-Gleichungen, daß im statischen Fall

$$\text{rot}\,\mathbf{B} = \frac{4\pi}{c}\mathbf{j} \; ; \quad \text{(CGS)} \qquad \text{rot}\,\mathbf{B} = \mu_0\mathbf{j}_0 ;$$

gilt. Wir bilden auf beiden Seiten die Rotation

(16) $$\text{rot rot}\,\mathbf{B} = -\nabla^2\mathbf{B} = \frac{4\pi}{c}\,\text{rot}\,\mathbf{j} \; ;$$

$$\text{rot rot}\,\mathbf{B} = -\nabla^2\mathbf{B} = \mu_0\,\text{rot}\,\mathbf{j},$$

und erhalten mit (14) für den Supraleiter

(17) $$\boxed{\nabla^2\mathbf{B} = \frac{1}{\lambda_L^2}\mathbf{B} \, .}$$

Diese Gleichung beinhaltet den Meißnereffekt: $\mathbf{B}(\mathbf{r}) = \mathbf{B}_0$ erfüllt Gleichung (17) nur dann, wenn das konstante Feld $\mathbf{B}_0$ identisch gleich Null ist. Dieses Ergebnis folgt daraus, daß $\nabla^2\mathbf{B}_0$ immer gleich Null ist, $\mathbf{B}_0/\lambda_L^2$ aber

---

[27]) F. London und H. London, Proc. Roy. Soc. (London) **A 149**, 72 (1935); Physica **2**, 341 (1935). Bei der London-Gleichung wird vorausgesetzt, daß das Vektorpotential der London-Eichung genügt, die fordert, daß div $\mathbf{A} = 0$ und $\mathbf{A}_n = 0$ auf jeder äusseren Oberfläche, durch die kein äußerer Strom geschickt wird. Der Index n bedeutet, daß die Komponente senkrecht zur Oberfläche stehen soll. Die wirklichen physikalischen Randbedingungen sind dann div $\mathbf{j} = 0$ und $\mathbf{j}_n = 0$. Die London-Gleichung in der Form von (13) gilt nur für einen einfach-zusammenhängenden Supraleiter; in einem Ring oder Rohr kommen noch weitere Terme hinzu; Gleichung (14) ist jedoch unabhängig von der Geometrie der Probe immer gültig.

nur dort, wo $\mathbf{B}_0$ gleich Null ist. Die Gleichung (17) hat also keine nichtverschwindende, im ganzen Raum konstante Lösung; **in einem Supraleiter kann also kein räumlich konstantes Feld herrschen.**

Ein exponentiell von der Oberfläche an abfallendes Magnetfeld ist im rein supraleitenden Zustand im Innern eines reinen Supraleiters die einzige mögliche Lösung. Nehmen wir an, daß wie in Bild 20 ein halbunendlicher Supraleiter den Raum $x > 0$ einnimmt, ist $\mathbf{B}(0)$ das Magnetfeld an der Oberfläche des Leiters, so erhält man für das Feld in seinem Innern [28])

$$(18) \qquad B(x) = B(0)\exp(-x/\lambda_L).$$

Wie man sofort sieht, erfüllt $\mathbf{B}(x)$ Gleichung (17). Für dieses Beispiel nahmen wir ein zur Grenzfläche paralleles Magnetfeld an. λ_L ist also ein Maß dafür, wie tief das Feld in den Supraleiter eindringt; man nennt λ_L deshalb **Londonsche Eindringtiefe.** Man weiß, daß die Londonsche Gleichung etwas zu stark vereinfacht ist. Es ist daher nicht verwunderlich, wenn gemessene Eindringtiefen nicht genau mit λ_L übereinstimmen.

Eine einfache Überlegung zeigt uns den physikalischen Gehalt der Londongleichung und liefert uns eine Abschätzung für λ_L. Allgemein gilt für die elektrische Stromdichte

$$(19) \qquad \mathbf{j} = nq\mathbf{v},$$

n ist die Konzentration der Ladungsträger mit der Ladung q. In Anwesenheit eines Magnetfeldes, das wir durch das Vektorpotential $\mathbf{A}$ beschreiben, hängt die Geschwindigkeit $\mathbf{v}$ mit dem Impuls $\mathbf{p}$ nach (I.16) folgendermaßen zusammen.

$$(20) \qquad \mathbf{p} = m\mathbf{v} + \frac{q}{c}\mathbf{A}\,; \qquad \mathbf{v} = \frac{1}{m}\left(\mathbf{p} - \frac{q}{c}\mathbf{A}\right) \qquad \text{(CGS)}$$

Gleichung (19) kann man dann als

$$(21) \qquad \mathbf{j} = \frac{nq}{m}\mathbf{p} - \frac{nq^2}{mc}\mathbf{A}.$$

schreiben. Im SI-System wird c durch 1 ersetzt.

[28]) Dieser Ausdruck und die London-Gleichung können nicht völlig exakt sein, da sie einmal die mittlere freie Weglänge der Elektronen und dann die durch die Unschärferelation bedingte Ortsunschärfe vernachlässigen. In der Theorie wird deshalb eine Kohärenzlage eingeführt. Die London-Beziehung zwischen $\mathbf{j}(\mathbf{r})$ und $\mathbf{A}(\mathbf{r})$ ist für Felder, die räumlich stark veränderlich sind, nicht streng gültig; ein über eine Kohärenzlänge gemittelter lokaler Wert von $\mathbf{A}$ sollte jedoch ausreichen um $\mathbf{j}(\mathbf{r})$ zu bestimmen.

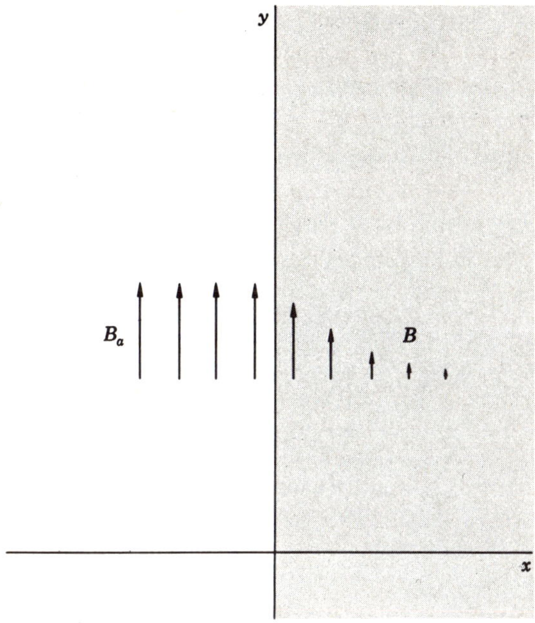

Bild 20: **Das Eindringen eines von außen angelegten Magnetfeldes in einen halbunendlichen Supraleiter. Die Eindringtiefe λ ist als die Entfernung definiert, innerhalb der das Feld auf $1/e$ abfällt. Typische Werte für λ in Supraleitern liegen in der Größenordnung von 500 Å .**

Setzt man für den Supraleiter $\mathbf{p} = 0$, so erhält man aus (21) die London-Gleichung. Die Quantentheorie der Supraleitung ist in der Lage zu erklären, warum im supraleitenden Zustand der Gesamtimpuls $\mathbf{p}$ verschwindet, obwohl er im Normalzustand alles andere als Null ist. Mit $\mathbf{p} = 0$ reduziert sich Gleichung (21) zu

$$\mathbf{j} = -\frac{nq^2}{mc}\mathbf{A} \ ; \quad \text{(CGS)} \qquad \text{(SI)} \quad \mathbf{j} = -\frac{nq^2}{m}\mathbf{A} \ .$$

Dies ist die London-Gleichung mit

$$\lambda_L{}^2 = \frac{mc^2}{4\pi nq^2} \ ; \quad \text{(CGS)} \qquad \text{(SI)} \quad \lambda_L{}^2 = \frac{m}{\mu_0 nq^2} \ .$$

Sind Elektronenpaare mit der Ladung $q = -2e$ die Ladungsträger, so ist die Konzentration n in (23) die Hälfte der Konzentration der Leitungselektronen. Die Masse m ist dann die Masse zweier Elektronen. Ein typi-

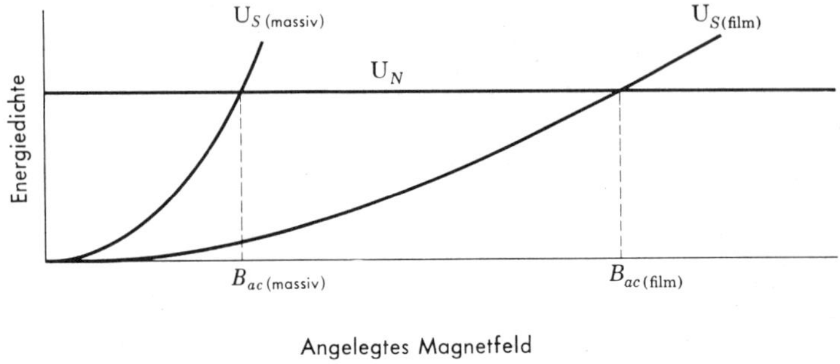

Bild 21: Die Vergrößerung des kritischen Feldes in einem dünnen Film im Vergleich zum kritischen Feld eines massiven Supraleiters. Im Film wird das von aussen angelegte Magnetfeld nur unvollständig abgeschirmt: Dadurch, daß die Abschirmung schwächer ist, ist auch die Magnetfeldabhängigkeit der Freien Energie im Film geringer als in einem kompakten Supraleiter. Am absoluten Nullpunkt ist bei einem bestimmten, von außen angelegten Magnetfeld der Zustand mit der niedrigsten Energiedichte stabil.

scher experimenteller Wert [29]) für die Eindringtiefe in einem Metall ist 500 Å ; die gleiche Größenordnung erhält man aus Gleichung (23).

Ein von außen angelegtes Magnetfeld wird einen dünnen Film einigermassen gleichförmig durchdringen, wenn dessen Dicke viel kleiner ist als λ_L; der Meißner-Effekt in einem dünnen Film ist also unvollständig. In diesem Fall ist das induzierte Feld viel kleiner als B_a. Die Auswirkungen von B_a auf die Energiedichte des supraleitenden Zustandes sind deshalb nur gering, so daß Gleichung (7) keine Rolle spielt. Aus unseren früheren, thermodynamischen Überlegungen (Bild 21) folgt dann, daß das kritische Feld H_c von dünnen Filmen in parallelen Magnetfeldern sehr hoch sein sollte Bild (33).

Kohärenzlänge

Die Londonsche Eindringtiefe λ_L ist eine den Supraleiter charakterisierende fundamentale Länge. Es gibt noch eine zweite, davon unabhängige Länge von gleicher Wichtigkeit, **die Kohärenzlänge** ξ. Die Kohärenzlänge ist ein Maß für die Entfernung, innerhalb der sich in einem örtlich veränderlichen Magnetfeld der Lückenparameter nicht wesentlich ändern kann. Die London-Gleichung (13) ist eine lokale Gleichung, da sie die Stromdichte an einem Punkt **r** mit dem Vektorpotential am selben Punkt verknüpft.

[29]) J. M. Lock, Proc. Roy. Soc. (London) **A 208**, 391 (1951).

Solange die Stromdichte $\mathbf{j}(\mathbf{r})$ direkt proportional zu $\mathbf{A}(\mathbf{r})$ ist, muß der Strom jeder Änderung des Vektorpotentials direkt folgen. Die Kohärenzlänge aber ist ein Maß für den Bereich, über den man $\mathbf{A}$ mitteln muß, bevor man $\mathbf{j}$ berechnet. In der Theorie tauchen sogar zwei verschiedene Kohärenzlängen auf; auf diese Details wollen wir aber nicht eingehen.

Jede räumliche Änderung des Elektronensystems erfordert zusätzliche kinetische Energie [30]. Es ist vernünftig, die räumliche Variation von $\mathbf{j}(\mathbf{r})$ so einzuschränken, daß die zusätzliche kinetische Energie kleiner als die Stabilisierungsenergie des supraleitenden Zustandes ist. Unter Verwendung der Unschärferelation erhält man für die Kohärenzlänge bei $T = 0$ eine plausible Abschätzung:

Wir vergleichen die ebene Welle $\psi(x) = e^{ikx}$ mit der stark veränderten Wellenfunktion

$$\varphi(x) = 2^{-\frac{1}{2}}(e^{i(k+q)x} + e^{ikx}) \; . \tag{24}$$

Die Wahrscheinlichkeitsdichte der ebenen Welle ist im gesamten Raum konstant

$$\psi^*\psi = e^{-ikx}e^{ikx} = 1 \; . \tag{25}$$

Während $\varphi^*\varphi$ mit dem Wellenvektor q moduliert ist

$$\begin{aligned} \varphi^*\varphi &= \tfrac{1}{2}(e^{-i(k+q)x} + e^{-ikx})(e^{i(k+q)x} + e^{ikx}) \\ &= \tfrac{1}{2}(2 + e^{iqx} + e^{-iqx}) = 1 + \cos qx \; . \end{aligned} \tag{26}$$

Die kinetische Energie der Welle $\psi(x)$ ist

$$\epsilon = \frac{\hbar^2}{2m} k^2 \; . \tag{27}$$

Die kinetische Energie der modulierten Dichteverteilung ist höher

$$\int dx\, \varphi^* \left(-\frac{\hbar^2}{2m}\frac{d^2}{dx^2}\right) \varphi = \frac{1}{2}\left(\frac{\hbar^2}{2m}\right)[(k+q)^2 + k^2] \cong \frac{\hbar^2}{2m} k^2 + \frac{\hbar^2}{2m} kq \; , \tag{28}$$

wobei wir unter der Annahme $q \ll k$ q^2 vernachlässigen.

Die zur Modulation notwendige Energie ist $\hbar^2 kq/2m$. Ist diese Energie größer als die Energielücke, so wird die Supraleitung zerstört. Der kritische Wert q_0 des Modulationsvektors ist definiert als

$$\frac{\hbar^2}{2m} k_F q_0 = E_g \; . \tag{29}$$

---

[30] Die Modulation einer Eigenfunktion erhöht die kinetische Energie, da dadurch der Wert des Integrals von $(d\psi/dx)^2$ steigt.

Tabelle 5: Berechnete intrinsische Kohärenzlänge und Londonsche Eindringtiefe bei T = 0. (Nach R. Meservey und B. B. Schwartz)

Metall	Intrinsische Pippardsche Kohärenzlänge ξ_0, in 10^{-6} cm	Londonsche Eindringtiefe λ_L, in 10^{-6} cm	$\frac{\xi_0}{\lambda_L}$
Sn	23,	3,4	6,2
Al	160,	1,6	100,
Pb	8,3	3,7	2,2
Cd	76,	11,0	6,9
Nb	3,8	3,9	0,98

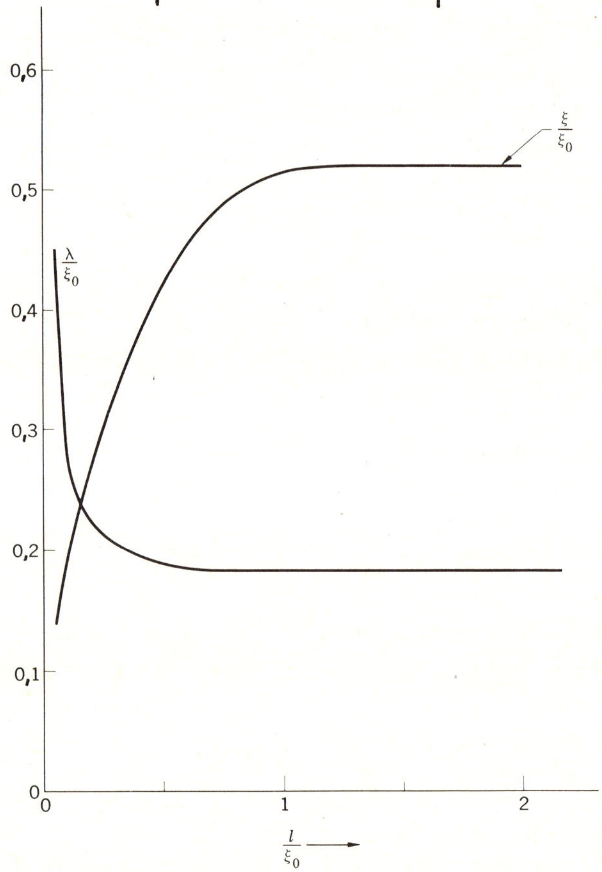

Bild 22: Schematische Darstellung der Abhängigkeit der Eindringtiefe λ und der Kohärenzlänge ξ von der mittleren freien Weglänge l der Leitungselektronen im normalleitenden Zustand. Alle Längen sind auf die intrinsische Kohärenzlänge ξ_0 normiert. Die eingezeichneten Kurven gelten für $\xi_0 = 10\lambda_L$. Bei kleinen mittleren freien Weglängen ist die Kohärenzlänge kurz und die Eindringtiefe groß. Dann ist das Verhältnis λ/ξ sehr groß und begünstigt damit das Auftreten von Supraleitern zweiter Art.

Die **intrinsische Kohärenzlänge** ξ_0 definieren wir als $\xi_0 = 2\pi/q_0$ und erhalten aus (29)

$$\xi_0 = \frac{2\pi\hbar^2 k_F}{2mE_g} = \frac{\pi\hbar v_F}{E_g} , \tag{30}$$

mit der Geschwindigkeit v_F des Elektrons an der Fermifläche. Die BCS-Theorie (31) liefert ein ähnliches Ergebnis.

$$\boxed{\xi_0 = \frac{2\hbar v_F}{\pi E_g} .} \tag{31}$$

In Tabelle 5 sind einige berechnete Werte für ξ_0 angeführt.

Die intrinsische Kohärenzlänge ist eine für Supraleiter charakteristische Größe. In verunreinigten Materialien und in Legierungen ist die Kohärenzlänge ξ kürzer als ξ_0. Dies kann man qualitativ verstehen; Im verunreinigten Metall sind die Elektroneneigenfunktionen bereits moduliert. Wir können eine vorgegebene örtlich begrenzte Änderung der Stromdichte mit geringerem Energieaufwand aus modulierten Eigenfunktionen konstruieren als aus glatten Eigenfunktionen.

Die Kohärenzlänge ξ tauchte zum ersten Mal in den Lösungen zweier phänomenologischer Gleichungen, die unter dem Namen Landau-Ginzburg-Gleichungen bekannt sind, auf. Diese Gleichungen kann man auch aus der BCS-Theorie her ableiten. Sie beschreiben die Struktur der Übergangsschicht zwischen einer normal- und einer supraleitenden Phase. Die Theorie zeigt, daß die Kohärenzlänge und die wirkliche Eindringtiefe λ von der mittleren freien Weglänge des Elektrons im normalleitenden Zustand abhängen. Die Zusammenhänge werden in Bild 22 erläutert.

BCS - Theorie der Supraleitung

Die vorstehenden Kapitel vermitteln einen einfachen zusammenfassenden Überblick über das reichhaltige experimentelle und phänomenologische Wissen von den Supraleitern. Zum gegenwärtigen Zeitpunkt scheint keine Notwendigkeit zu bestehen, für die verschiedenen Spalten und Reihen des Periodischen Systems, für reine Metalle und Legierungen oder für verschiedene Kristallstrukturen grundlegend verschiedene Theorien der Supraleitung zu entwickeln. Diese Gesichtspunkte betreffen nur die quantitativen Details der supraleitenden Eigenschaften, aber offensichtlich auch nur innerhalb des Rahmens der allgemeinen Theorie, die wir nun diskutieren. Die Grundlage einer allgemeinen Quantentheorie der Supraleitung

[31]) Siehe QTF, Seite 187-188.

bilden die klassischen Veröffentlichungen von Bardeen, Cooper und Schrieffer aus dem Jahr 1957[32]).

Unter anderen liefert die BCS-Theorie folgende Resultate:

1) Eine anziehende Wechselwirkung [33]) zwischen den Elektronen kann zu einem Grundzustand des gesamten elektronischen Systems führen, der von angeregten Zuständen durch eine Energielücke getrennt ist. Das kritische Feld, die thermischen Eigenschaften [34]) und ein Großteil der elektromagnetischen Eigenschaften sind Folgen der Energielücke. Die mathematische Ableitung der Energielücke und des speziellen BCS-Grundzustands wird in Anhang L gegeben. Unter besonderen Umständen kann Supraleitung auch ohne Energielücke auftreten.

2) Die Elektron-Gitter-Elektron-Wechselwirkung ist anziehend und kann die Coulomb-Abstoßung zwischen Elektronen überwiegen. Diese Wechselwirkung führt zu einer Energielücke der beobachteten Größe. Die indirekte Wechselwirkung erfolgt grob gesagt auf folgende Art: Ein Elektron tritt mit dem Gitter in Wechselwirkung und deformiert es; ein zweites Elektron sieht das deformierte Gitter und nutzt die Deformation aus, um seine Energie zu erniedrigen. So erfolgt im Endeffekt über die Gitterdeformation oder ein Phononenfeld eine Wechselwirkung zwischen dem ersten und dem zweiten Elektron. Die Debye-Frequenz des Phononenspektrums erscheint in der Theorie der Wechselwirkung in zwangloser Weise und führt zum Isotopie-Effekt.

3) Die Londonsche Eindringtiefe und die Pippardsche Kohärenzlänge ergeben sich als natürliche Konsequenz des BCS-Grundzustands. Für Magnetfelder, die sich langsam räumlich ändern, erhält man die London-Gleichung. Diese Tatsache ist sehr wichtig, da die London-Gleichung eine der wesentlichsten Erscheinungen der Supraleitung beschreibt, nämlich den Meißner-Effekt[35]).

---

[32]) J. Bardeen, L. N. Cooper und J. R. Schrieffer, Phys. Rev. **106**, 162 (1957); **108**, 1175 (1957).

[33]) Genau genommen braucht die resultierende Wechselwirkung nicht anziehend zu sein, es genügt, wenn sie im supraleitenden Zustand weniger abstoßend ist als im Normalzustand.

[34]) Die in Tabelle 3 zusammengestellten Meßwerte des Verhältnisses $E_g(0)/k_BT_c$ liegen nahe bei den aus der BCS-Theorie zu erwartenden Werten. Der Charakter des Phasenübergangs normal/supraleitend wird richtig beschrieben.

[35]) Der Wert der Eindringtiefe ist nicht mehr einfach durch Gleichung (23) gegeben; die qualitativen Ergebnisse sind jedoch die gleichen.

4) Das Kriterium für das Auftreten der Supraleitung und für den Wert der Sprungtemperatur eines Elements oder einer Legierung enthält, wie man festgestellt hat, die Zustandsdichte der Elektronen $\mathfrak{D}(\epsilon_F)$ am Fermi-Niveau und die Elektron-Gitter-Wechselwirkung U, die aus dem spezifischen elektrischen Widerstand abgeschätzt werden kann. Für $U\mathfrak{D}(\epsilon_F) \ll 1$ erwartet man aus der BCS-Theorie

$$T_c = 1{,}14\,\Theta \exp\left[-1/U\mathfrak{D}(\epsilon_F)\right], \tag{32}$$

wobei Θ die Debye-Temperatur ist. Bei dieser Beziehung wird unter U eine anziehende Wechselwirkung verstanden (in unserer Schreibweise ist U also positiv); andernfalls ist der Grundzustand nicht supraleitend. Dieses Ergebnis für T_c wird zumindest qualitativ durch die experimentellen Daten bestätigt. Hier tritt ein interessantes scheinbares Paradoxon auf: Je höher der spezifische Widerstand bei Zimmertemperatur [36]) ist, desto größer ist auch die Wahrscheinlichkeit, daß das Metall beim Abkühlen zum Supraleiter wird. Dies ist richtig, wenn wir Metalle mit vergleichbaren Dichten von Leitungselektronen betrachten. Eine weitere einfache Folgerung ist die, daß Elemente mit einer geraden Zahl von Valenzelektronen pro Atom weniger wahrscheinlich zum Supraleiter werden als solche mit einer ungeraden Zahl von Valenzelektronen: das ist aber nur eine andere Ausdrucksweise für das in Kapitel 9 Gesagte: Eine gerade Zahl von Valenzelektronen ist für das Auffüllen einer Brillouin-Zone günstig, so daß $\mathfrak{D}(\epsilon_F)$ klein wird.

5) Der magnetische Fluß durch einen supraleitenden Ring ist quantisiert. Die effektive Ladungseinheit, die man hieraus findet, ist eher 2e als e. Der BCS-Grundzustand besteht aus Elektronenpaaren. Die Abhängigkeit der Flußquantisierung [37]) von der Elektronenpaarladung 2e ist also auch eine Folge der BCS-Theorie

BCS - Grundzustand

In Kapitel 7 sahen wir, daß der Grundzustand eines Fermi-Gases aus nichtwechselwirkenden Elektronen gerade der aufgefüllte Fermi-See ist (Bild 23).

---

[36]) Da der spezifische Widerstand bei Zimmertemperatur ein Maß für die Elektron-Phonon-Wechselwirkung darstellt. In der angegebenen BCS-Beziehung für T_c ist $\mathfrak{D}(\epsilon_F)$ als Dichte der Zustände für einen Spin aufzufassen.

[37]) Über frühe Experimente mit Flußquantisierung berichten H. S. Deaver und W. M. Fairbank in Phys. Rev. Letters 7, 43 (1961); R. Doll und M. Näbauer, Phys. Rev. Letters 7, 51 (1961). Wegen einer einfachen Darstellung der Theorie siehe Anhang J und auch K.

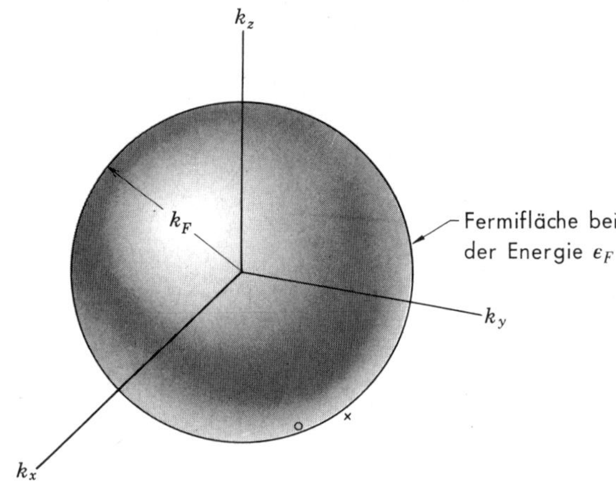

Bild 23: Grundzustand eines Fermi-Gases ohne Wechselwirkung; alle Einteilchenzustände mit $k \leq k_F$ sind besetzt; für $k > k_F$ sind alle Zustände unbesetzt. Ein angeregter Zustand mit beliebig kleiner Anregungsenergie kann erzeugt werden, wenn ein Elektron von einem Punkt *o* gerade unterhalb der Fermi-Oberfläche in einen Punkt *x* gerade oberhalb der Fermi-Oberfläche übergeführt wird.

Dieser Zustand, den wir als den Fermi-Zustand bezeichnen, erlaubt beliebig kleine Anregungen - man kann einen angeregten Zustand erzeugen, indem man ein Elektron aus der Fermi-Oberfläche herausnimmt und es ein wenig über die Fermi-Oberfläche anhebt. Die BCS-Theorie zeigt demgegenüber, daß bei einer geeigneten anziehenden Wechselwirkung zwi-

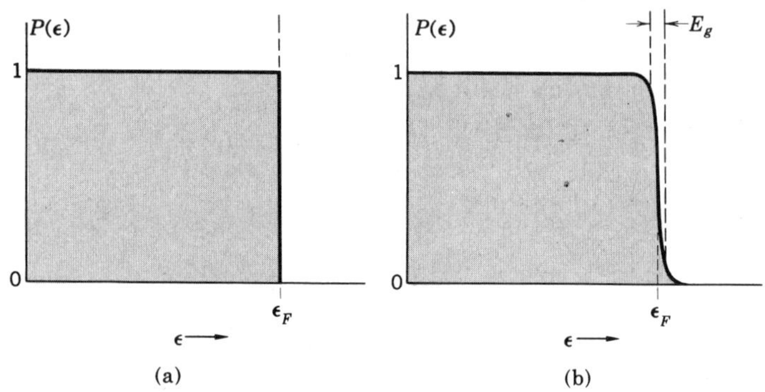

Bild 24: (a) Besetzungswahrscheinlichkeit P eines Einelektronenzustandes mit Energie ϵ im Grundzustand eines nicht wechselwirkenden Fermi-Gases; (b) der BCS - Grundzustand unterscheidet sich vom Fermi-Zustand durch die Wahrscheinlichkeitsverteilung in einem Energiebereich E_g an der Fermi-Kante. (Beide Kurven gelten für T = 0 K)

schen den Elektronen der Grundzustand durch eine endliche Energie E_g von dem niedrigsten angeregten Zustand getrennt ist.

Die Entstehung des BCS-Grundzustands ist in Bild 24 angedeutet. Der BCS-Zustand in (b) enthält Beimischungen von Einelektronenzuständen, die sowohl oberhalb als auch unterhalb der Fermi-Energie ϵ_F liegen. Auf den ersten Blick scheint der BCS-Zustand eine höhere Energie als der Fermi-Zustand zu haben. Der Vergleich von (a) und (b) zeigt, daß die kinetische Energie des BCS-Zustands höher ist als die des Fermi-Zustands.

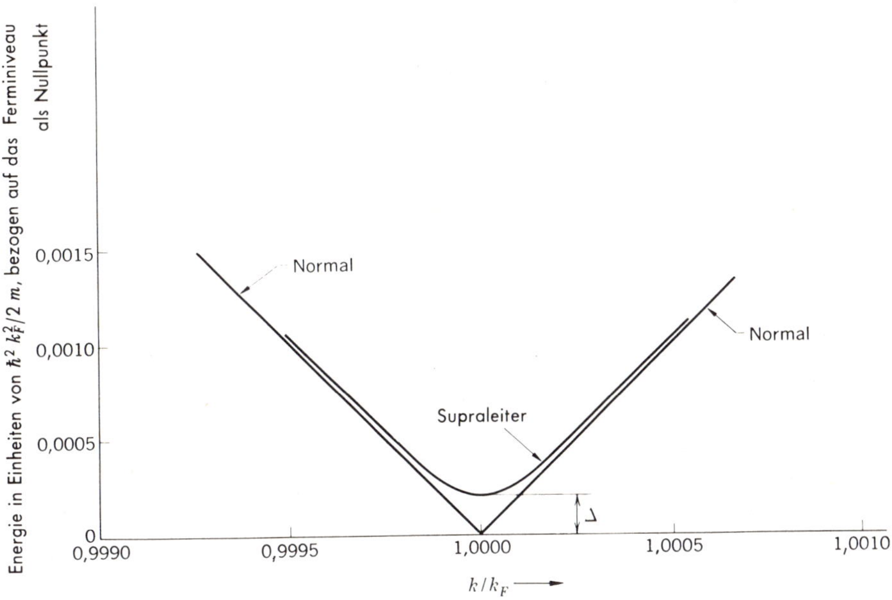

Bild 25: Die Anregungsenergien von Quasiteilchen im normal- und im supraleitenden Zustand als Funktion des Wellenvektors. Als Energienullpunkt wurde der Grundzustand eines Fermigases gewählt. Fügt man zum normalleitenden System ein Elektron hinzu, so erhält man eine Anregung mit $k > k_F$. Unter der Voraussetzung $k - k_F \ll k_F$ besitzt die Anregung die Energie

$$\epsilon_k = \frac{\hbar^2}{2m}(k^2 - k_F^2) \cong \frac{\hbar^2}{m} k_F(k - k_F)$$

Entfernt man aus dem normalleitenden System ein Elektron, so erhält man eine lochartige Anregung mit $k < k_F$. Ihre Anregungsenergie ist

$$\epsilon_k = \left(\frac{\hbar^2}{2m}\right)(k_F^2 - k^2) \cong \frac{\hbar^2}{m} k_F(k_F - k).$$

Im supraleitenden Zustand ist die Anregungsenergie eines Quasiteilchens $E_k = (\epsilon_k^2 + \Delta^2)^{\frac{1}{2}}$, wobei Δ der Energielückenparameter ist. Für die Zeichnung wurde $\Delta = 0{,}0002\ \epsilon_F$ zugrundegelegt.

Jedoch bewirkt die anziehende potentielle Energie des BCS-Zustands eine Erniedrigung der Gesamtenergie des BCS-Zustands in Bezug auf den Fermi-Zustand, dies kommt im Bild jedoch nicht zum Ausdruck. Einteilchenzustände, die etwas oberhalb der Fermi-Energie liegen, erscheinen deshalb im BCS-Zustand, da der Wert der Energielücke proportional zur Zahl der Zustände ist, die am Aufbau des BCS-Zustands beteiligt sind. Dieser Punkt wird in Anhang L näher erläutert.

Verwendet man zur Beschreibung des BCS-Grundzustands eines Vielelektronensystems die Besetzungszahlen von Einteilchenzuständen, so sind die Zustände in der Nähe von ϵ_F ungefähr wie bei einer Fermi-Dirac-Verteilung für eine endliche Temperatur gefüllt. Ein weiteres Kennzeichen des BCS-Zustands ist, daß die Einteilchenzustände in Paaren besetzt sind: wenn ein Zustand mit Wellenvektor $\mathbf{k}$ und Spin nach oben besetzt ist, so auch der Zustand mit Wellenvektor $-\mathbf{k}$ und Spin nach unten. Ist $\mathbf{k}_1\uparrow$ unbesetzt, so auch $-\mathbf{k}_1\downarrow$.

Dauerströme

Die Stabilität von Dauerströmen in einem Supraleiter läßt sich in verschiedener Weise [38]) begründen. Die einleuchtendste Erklärung stammt von Landau und betrifft das Spektrum elementarer Anregungen, das in Bild 25

[38]) G. Rickayzen, Theory of Superconductivity, Interscience 1965 faßt den heutigen Standpunkt zusammen: "Die unendlich gute Leitfähigkeit ist die am schwersten zu verstehende Eigenschaft der Supraleiter. Woher kommt es, daß Streumechanismen, Verunreinigungen, Phononen usw. die in normalen Metallen die Ströme so wirkungsvoll begrenzen ihre Macht verlieren, sobald das Metall supraleitend wird? Wir können sicher sein, daß wir nie in der Lage sein werden, theoretisch zu beweisen, daß Supraleiter eine unendlich gute Leitfähigkeit besitzen. Wir können nie zeigen, daß kein Streumechanismus den Strom begrenzen kann, da immer die Möglichkeit besteht, daß wir irgend einen schwachen Streumechanismus übersehen haben. Wahrscheinlich sind wir nie in der Lage zu zeigen, daß der Widerstand geringer ist, als das experimentell bestimmte Minimum von 10^{-20} ohm cm, da dies gleichbedeutend damit wäre, alle Mechanismen aufzuführen und zu studieren, die in normalleitenden Metallen 10^{-11} kleiner sind als die Phononenstreuung. Das einzige worauf wir hoffen können ist, daß wir zeigen können, daß einige der augenfälligsten Streumechanismen, die im Normalzustand sicherlich die Leitfähigkeit begrenzen, die Leitfähigkeit des Supraleiters (zumindest in einigen Näherungen) nicht begrenzen.

Wir werden auch nie in der Lage sein experimentell zu beweisen, daß die Leitfähigkeit unendlich ist. Der oben angeführte Extremwert wurde ja dadurch gewonnen, da man einen Strom in einem Ring beobachtete. Die obere Grenze für die Leitfähigkeit eines einfach geformten Supraleiters liegt viel niedriger.

Auch sollte sich theoretisch die Leitfähigkeit von Ringen und Drähten unterscheiden. In Drähten können wir die Widerstandslosigkeit nur durch die Abwesenheit von Streumechanismen erklären. In Ringen kommt noch die Flußquantisierung hinzu.

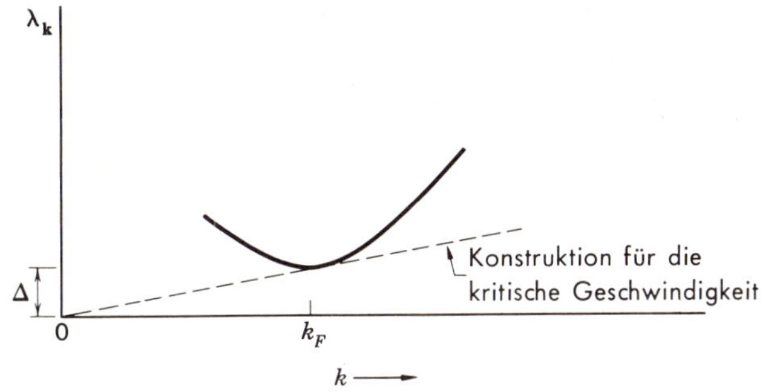

Bild 26: Spektrum der elementaren Anregungen in der Nähe des Grunzustandes eines Supraleiters. Die Ordinate gibt die Energie (über dem Grundzustand) eines Teilchens aus einem Paar angeregter Teilchen. Auf der Abszisse ist der Betrag des Wellenvektors aufgetragen. Die gestrichelte Linie hat eine Steigung von $\hbar v_c$, wobei v_c die kritische Geschwindigkeit ist.

und 26 dargestellt ist; diese Argumentation gilt jedoch nicht für Supraleiter ohne Energielücke[39]). Man betrachte dazu ein Kristallgitter der Masse M, das eine Störstelle enthält, z.B. ein Phonon oder ein Fremdatom. Das Gitter ströme mit der Geschwindigkeit $\mathbf{v}$ relativ zum Elektronengas (der Dauerstrom hat die Geschwindigkeit $-\mathbf{v}$ relativ zum Gitter). Die Geschwindigkeit $\mathbf{v}$ wird dann abnehmen, sobald die Relativbewegung in dem Elektronengas Anregungen erzeugen kann. Bei einem Stoßprozeß, in dem eine Anregung mit Energie E_k und Impuls $\hbar\mathbf{k}$ erzeugt wird, ist wegen der Gültigkeit des Energie- und Impulserhaltungssatzes

$$\frac{1}{2}Mv^2 = \frac{1}{2}Mv'^2 + E_k; \qquad M\mathbf{v} = M\mathbf{v}' + \hbar\mathbf{k}. \tag{33}$$

Die Kombination dieser Gleichungen liefert

$$0 = -\hbar\mathbf{k}\cdot\mathbf{v} + (\hbar^2k^2/2M) + E_k. \tag{34}$$

Für $M \to \infty$ kann der Term mit $1/M$ vernachlässigt werden. Der kleinste Wert von v, für den die Gleichung $E_k = \hbar\mathbf{k}\cdot\mathbf{v}$ erfüllt werden kann, ist die kritische Geschwindigkeit v_c

$$v_c = \min\,(E_k/\hbar k). \tag{35}$$

Existiert eine Energielücke, so ist $E_k > 0$ und damit auch $v_c > 0$. Supraleitende Ströme können also mit kleineren Geschwindigkeiten als v_c

---

39) Supraleiter ohne Energielücke können durch die Anwesenheit magnetischer Verunreinigungen erzeugt werden. Siehe auch E.B.Hansen, Infinite Conductivity of Ordinary and Gapless Superconductors. Physica **39**, 271 (1968); K. Maki, Gapless Superconductivity, in R.D.Parks Superconductivity, Dekker 1969 p. 1035.

fließen, ohne einen Energieverlust durch Anregung von Elektronen aus dem supraleitenden in den normalleitenden Zustand befürchten zu müssen. Die Werte für die kritische Stromdichte liegen dabei ziemlich hoch (Aufgabe 2).

Dieselben Überlegungen gelten im wesentlichen auch für den Fall eines Elektronenpaares

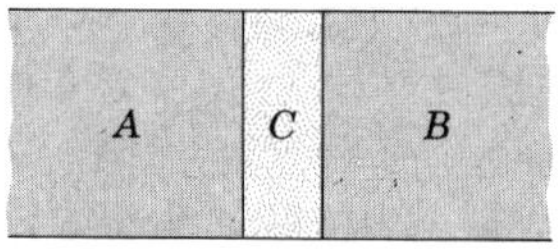

Bild 27:
Zwei durch eine dünne Isolationsschicht C getrennte Metalle A und B.

Tunneleffekt einzelner Teilchen

Man betrachte zwei Metalle, die wie in Bild 27 durch einen Isolator getrennt sind. Normalerweise verhindert der Isolator den Übertritt der Leitungselektronen von einem Metall zum andern. Ist die Schicht jedoch hinreichend dünn (dünner als 10 oder 20 Å), so existiert für ein Elektron, das auf die Schicht auftrifft, eine endliche Wahrscheinlichkeit, von einem Metall in das andere zu gelangen: diese Erscheinung nennt man **Tunneleffekt**. Die Vorstellung, daß Teilchen Potentialschwellen durchtunneln können, ist so alt wie die Quantenmechanik selbst. In vielen Experimenten

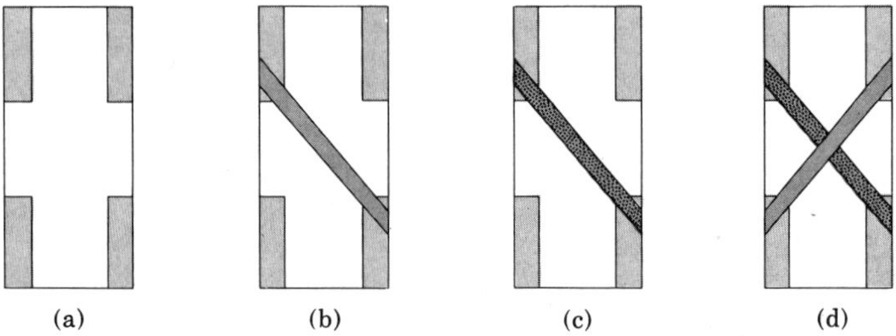

Bild 28: Herstellung eines $Al/Al_2O_3/Sn$ "sandwichs" (Schichtpakets). (a) Objektträger mit Indiumkontakten. (b) Ein aufgedampftes Aluminiumbändchen (1 mm breit und 1000 bis 3000 Å dick) verbindet zwei Kontakte. (c) Das Aluminiumband wird oxydiert. (d) Ein aufgedampfter Zinnfilm kreuzt das Aluminiumband und bildet so das $Al/Al_2O_3/Sn$ "sandwich". Die äußeren Stromzuführungen werden an die Indiumkontakte gelegt; zwei Kontakte werden zur Strommessung und zwei zur Spannungsmessung benutzt. Die Sprungtemperaturen von Sn und Al sind 3,7 bzw. 1,2 K; im Temperaturbereich dazwischen ist das Sn-Band supraleitend, das Al-Band normalleitend. Die Al_2O_3-Schicht stellt den Isolator dar. (Nach Giaever und Megerle.)

Bild 29:
(a) Lineare Strom-Spannungs-Abhängigkeit für eine Grenzschicht aus zwei normalleitenden Metallen und einer trennenden Oxydschicht; (b) Strom-Spannungs-Abhängigkeit, wenn ein Metall normalleitend und das andere supraleitend ist.

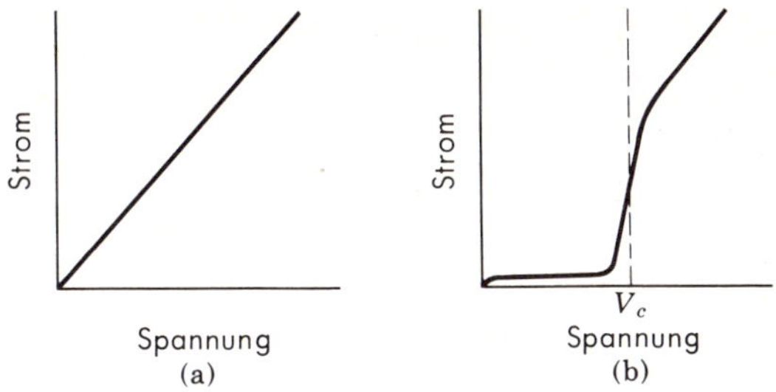

ist die Isolationsschicht einfach eine dünne Oxydschicht, die man, wie in Bild 28, auf einem von zwei aufgedampften Metallfilmen erzeugt.

Wenn beide Metalle Normalleiter sind, folgt der Zusammenhang zwischen Strom und Spannung bei niedrigen Spannungen dem Ohmschen Gesetz, d. h. der Strom ist der angelegten Spannung direkt proportional (Bild 29) [40].

Giaever [41] entdeckte, daß sich die Strom-Spannungscharakteristik von der geraden Linie des Bildes 29a zu der in Bild 29b gezeichneten Kurve umwandelt, wenn eines der Metalle supraleitend wird. In Bild 30a sind die Zustandsdichten der Elektronen in einem Supraleiter und in einem Normalleiter gegenübergestellt. Im Supraleiter tritt eine Energielücke auf, deren Mitte mit dem Fermi-Niveau zusammenfällt. Beim absoluten Nullpunkt kann solange kein Strom fließen, bis die angelegte Spannung den Wert $V = E_g/2e = \Delta/e$ erreicht. Die Energielücke E_g entspricht dem Aufbrechen eines supraleitenden Elektronenpaares in ein Paar normalleitender Elektronen oder ein Elektronen-Loch-Paar. Der Strom beginnt zu fließen sobald $2eV = 2\,\Delta$. Bei von Null verschiedenen Temperaturen fließt auch bei geringen Spannungen ein Strom, da der Supraleiter Elektronen enthält, die thermisch über die Energielücke angeregt sind.

Bild 25 zeigt eine andere Darstellung der Schwellspannung für den Tunneleffekt. Die eine Kurve gibt die Anregungsenergie, bezogen auf das Ferminiveau als Energienullpunkt an, die nötig ist, um ein Elektron oder ein Loch zum Fermisee des normalleitenden Metalls hinzuzufügen. Die zweite Kurve stellt die auf das gleiche Ferminiveau bezogene Anregungsenergie eines Quasiteilchens in einem Supraleiter dar. Die Schwellspannung, die mindestens nötig ist, um ein Elektron vom Normal- zum Supraleiter transportieren zu können, ist $eV = \Delta$. Das Studium von Supraleitern mit Hilfe von Einelektronen-Tunnelexperimenten war außerordentlich

---

[40]) Siehe zum Beispiel I. Giaever und K. Megerle, Phys. Rev. **122**, 1101 (1961); J. Bardeen, Phys. Rev. Letters **6**, 57 (1961).

[41]) I. Giaever, Phys. Rev. Letters **5**, 147, 464 (1960).

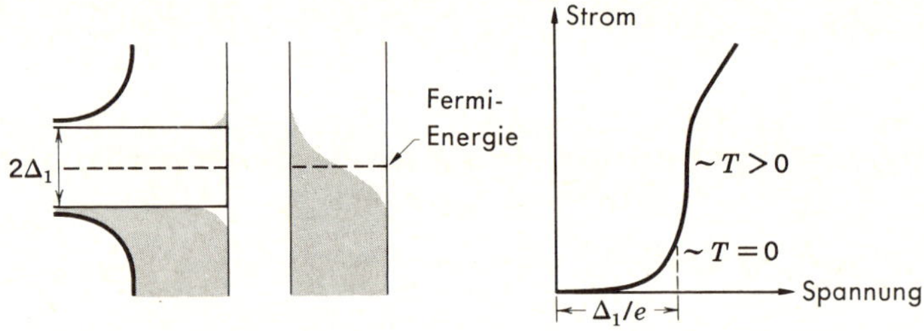

Bild 30: Energieschema mit Zustandsdichte und Strom-Spannungs-Charakteristik für eine Grenzschicht mit Tunneleffekt. In a) ist in senkrechter Richtung die Energie, in waagerechter die Zustandsdichte aufgetragen. Ein Metall ist supraleitend, das andere normalleitend. b) Die Strom-Spannungs-Charakteristik; bei T = 0 erwartet man bei der gestrichelten Linie einen starken Stromanstieg.

erfolgreich. Die Ergebnisse stehen in guter Übereinstimmung mit der BCS-Theorie. Die bemerkenswerten Effekte die beim Tunneln von Paaren supraleitender Elektronen auftreten, beim sogenannten Josephson-Effekt werden in Anhang K diskutiert.

Supraleiter zweiter Art

Im Mechanismus der Supraleitung gibt es keinen Unterschied zwischen Supraleitern erster und zweiter Art. In beiden Fällen handelt es sich um die Elektron-Phonon-Elektron - Wechselwirkung. Beide Arten zeigen ähnliche thermische Eigenschaften beim Übergang "supraleitend - normalleitend" ohne äußeres Magnetfeld. Der Meißner-Effekt jedoch ist für beide Arten vollkommen verschieden (Bild 6). Ein guter Supraleiter erster Art verdrängt ein Magnetfeld, bis die Supraleitung schlagartig und vollkommen zerstört wird, wobei dann gleichzeitig das Feld vollkommen eindringt. Bei einem guten Supraleiter zweiter Art ist die Feldverdrängung nur für relativ schwache Felder vollkommen, genauer gesagt bis zu einem Feld H_{c1}. Oberhalb H_{c1} wird das Feld nur teilweise verdrängt, die Probe bleibt jedoch elektrisch supraleitend. Bei viel höheren Feldstärken, manchmal 100 kG oder mehr, dringt der Fluß vollkommen ein, und die ganze Supraleitfähigkeit verschwindet; dieses Feld wird mit H_{c2} bezeichnet. Eine dünne Schicht an der Oberfläche der Probe kann sogar bis zu einer noch höheren Feldstärke H_{c3} supraleitend bleiben. Ein wesentlicher Unterschied zwischen einem Supraleiter erster und zweiter Art liegt in der Größe der mittleren freien Weglänge der Leitungselektronen im Normalzustand bei tiefen Temperaturen. Ist die Kohärenzlänge ξ größer als die Eindringtiefe λ, so gehört der Supraleiter zur ersten Art. Dies ist der Fall bei den meisten reinen Metallen, die Supraleiter sind. Wenn die mittlere freie Weglänge oder die Kohärenzlänge viel kleiner als die Eindringtiefe ist, gehört der Supraleiter zur zweiten Art (Bild 22). Manchmal genügt eine geringe Beimischung eines Legierungselements, um ein Metall von einem Supraleiter erster Art zu einem zweiter Art umzuwandeln. So wird durch Zugabe von zwei Gewichtsprozent Indium Blei aus einem Supraleiter erster Art zu einem Supraleiter zweiter Art, obwohl die Sprungtemperatur bei diesem Legierungsgrad kaum geändert wird. Auch ist keine Änderung in der Energielücke zu erwarten. An der eigentlichen elektronischen Struktur und den supraleitenden Eigenschaften von Blei wurde durch dieses Legieren nichts Wesentliches geändert, und doch zeigt sich im Magnetfeld ein völlig anderes Verhalten.

Die Theorie der Supraleiter zweiter Art wurde von Ginzburg, Landau, Abrikosov und Gorkov entwickelt. Kunzler und sein Mitarbeiter beobachten später, daß Drähte aus Nb_3Sn in Feldern nahe an 100 kG noch große Suprasströme leiten können.

Betrachten wir die Grenzfläche zwischen einem supraleitenden und einem normalleitenden Gebiet innerhalb einer Metallprobe. An der Grenzfläche tritt eine zusätzliche Energie auf. Diese **Oberflächenenergie** kann positiv oder negativ sein. Für beide Fälle gibt es viele Beispiele. Die Oberflächenenergie nimmt ab, wenn das von außen angelegte Magnetfeld wächst. Ist die Oberflächenenergie immer positiv, so ist der Supraleiter ein Supraleiter erster Art. Bei Supraleitern zweiter Art wird die Oberflächenenergie negativ, wenn das Magnetfeld wächst. In Bild 6b ist die Oberflächenenergie bei Feldstärken über H_{c1} negativ.

Das Vorzeichen der Oberflächenenergie beeinflußt zwar die kritischen Felder wesentlich, ist jedoch für die Temperatur, bei der Phasenübergang stattfindet, ohne Bedeutung. Wir werden sehen, daß das Vorzeichen der Oberflächenenergie vom Verhältnis der Eindringtiefe λ zur Kohärenzlänge abhängt (Bild 31). Das Ergebnis läßt sich am einfachsten anhand des Ginzburg-Landau-Parameters

$$\kappa = \frac{\lambda}{\xi\sqrt{2}}$$

diskutieren. Während in einem Supraleiter erster Art $\kappa < 1/\sqrt{2}$ gilt, ist $\kappa > 1/\sqrt{2}$ für Supraleiter zweiter Art. Dies bedeutet, daß bei einem Supraleiter zweiter Art das Magnetfeld tiefer als eine Kohärenzlänge in die Probe eindringt. Der Faktor $\sqrt{2}$ ist historisch begründet.

Es dauerte sehr lange, bis man die Konsequenzen einer negativen Oberflächenenergie verstand. Die Gesamtenergie wird umso niedriger, je mehr innere Oberflächen man in die Probe packt; solange bis die Oberflächen beginnen, sich gegenseitig abzustoßen. Die Oberflächen weisen die verschiedensten Formen auf. Der Normalfall sind normelleitende zylin-

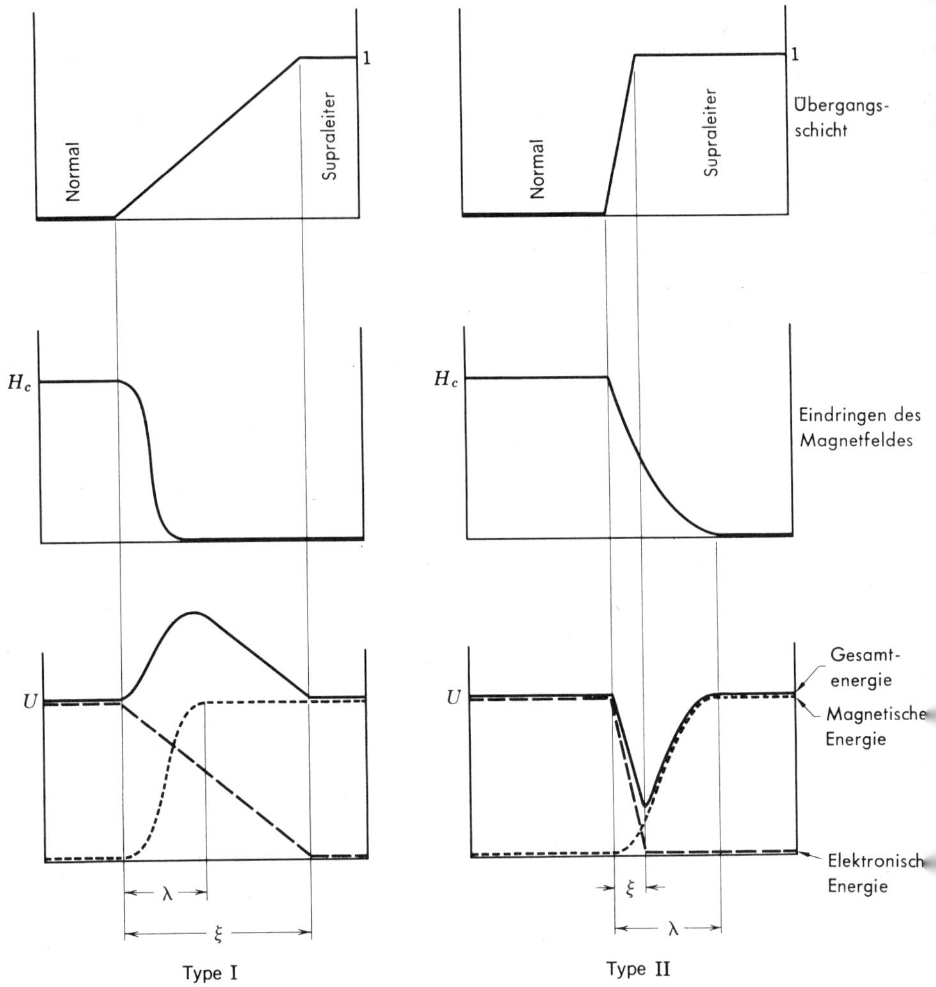

Bild 31: Energieverhältnisse an der Grenze zwischen einem normal- und einem supraleitenden Bereich in einem Supraleiter erster und einem zweiter Art. Bemerkenswert ist das Anwachsen der Gesamtenergie bei einer inneren Oberfläche in einem Supraleiter erster Art und das Absinken der Gesamtenergie bei Supraleitern zweiter Art; die Oberflächenenergie ist also für Supraleiter erster Art positiv und negativ für Supraleiter zweiter Art (nach J. L. Olsen und E. Fischer).

drische Kerne, die in die supraleitende Phase eingebettet sind. Die induzierten Supraströme fließen in Wirbeln um die in einem ziemlich regelmäßigen Muster angeordneten Kerne. Diesen Zustand eines Supraleiters

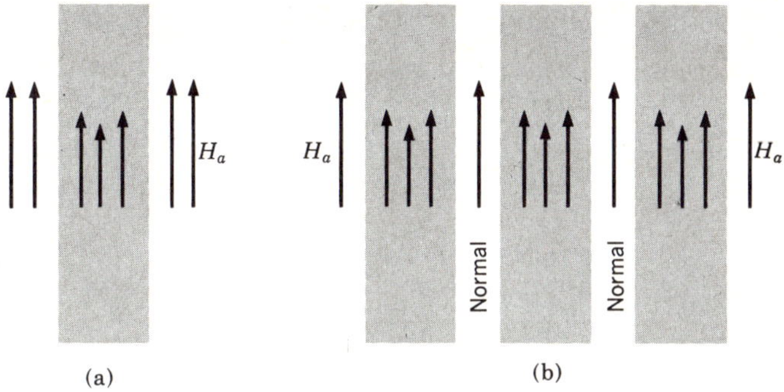

Bild 32: (a) Eindringen eines Magnetfeldes in einen dünnen Film, dessen Dicke ungefähr der Londonschen Eindringtiefe λ_L entspricht. Die Pfeillänge deutet die Magnetfeldstärke an. (b) Eindringen des Magnetfeldes in eine homogene, kompakte Probe, die sich im Mischzustand befindet, bei dem sich normalleitende und supraleitende Schichten abwechseln. Die supraleitenden Schichten sind dünn im Vergleich zu λ_L. (Die schichtartige Struktur (Lamellenstruktur) ist hier der Einfachheit halber gezeichnet; die tatsächliche Struktur besteht aus normalleitenden Fasern, die von supraleitenden Gebieten umgeben sind). Die N-Gebiete des Wirbelzustandes sind nicht normal; sie können durch niedrige Werte von Δ wie in Bild 38 charakterisiert werden.

nennt man **Wirbelzustand**. Er unterscheidet sich wesentlich vom Zwischenzustand [42]), der nur in einer begrenzten Geometrie existieren kann.

Die Energie einer massiven supraleitenden Probe nimmt in einem Magnetfeld zu, wenn das Feld nicht in die Probe eindringt. In Aufgabe 1 und 2

---

[42]) Es ist nicht besonders schwierig, sich die Struktur eines Supraleiters erster Art vorzustellen in dem sowohl supraleitende als auch normalleitende Bereiche nebeneinander existieren. Normal- und supraleitende Schichten sind abwechselnd aufeinander gestapelt. Da die Oberflächenenergie positiv ist, wäre die Energie der Elektronen kleiner, wenn man die inneren Oberflächen entfernen würde. In einer begrenzten Geometrie, wie z.B. in einer Kugel, wird die Gesamtenergie des Systems jedoch anwachsen, wenn man die Oberflächen aus dem Körper verdrängt und die gesamte Probe supraleitend macht. In einem gewissen Bereich von Magnetfeldstärken ist die Gesamtenergie des Systems, wenn die Probe innere Oberflächen besitzt, größer als wenn sie völlig supraleitend wäre. Es ist zu schwierig, das Problem an dieser Stelle hier zu analysieren; das experimentelle und theoretische Ergebnis für eine Kugel aus einem Supraleiter erster Art ist folgendes: Liegt das von außen angelegte Feld unter $2/3\ H_c$, so befindet sich die gesamte Probe im supraleitenden Zustand; ist es größer als H_c, so ist die gesamte Probe normalleitend. Liegt das von außen angelegte Magnetfeld jedoch zwischen $2/3\ H_c$ und H_c, so existieren die beiden Phasen in einem **Zwischenzustand** nebeneinander. Man wendet dieses Wort nur auf Supraleiter mit positiver Oberflächenenergie an; dies wird in der zweiten amerikanischen Auflage dieses Buches auf Seite 470 bis 473 ausführlich behandelt. Das Problem ist dem des Ursprungs ferromagnetischer Domänen wie es in Kapitel 16 diskutiert wird analog.

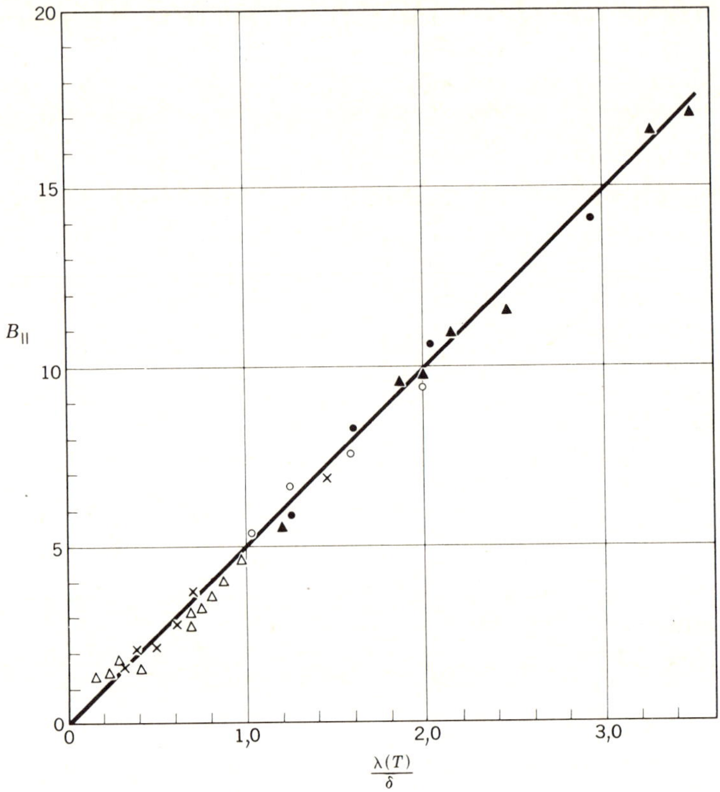

Bild 33: Kritische Felder dünner Zinnfilme, die parallel zu dem von außen angelegten Feld waren, bezogen auf das kritische Feld einer kompakten Zinnprobe. Die Ergebnisse stammen aus Messungen an fünf verschiedenen Filmen mit Dicken zwischen 850 Å und 4500 Å. Bei jedem Film wurde die Eindringtiefe durch Änderung der Temperatur variiert. Auf der Abzisse ist das Verhältnis der Eindringtiefe λ zur Filmdicke δ aufgetragen.

wird das Eindringen des Feldes in einen Film behandelt. Einen sehr dünnen Film kann ein paralleles Feld beinahe gleichförmig durchdringen (Bild 32a). In diesem Fall nimmt die Energie des supraleitenden Films nur langsam zu, wenn das von außen angelegte Feld wächst. Das kritische Feld eines dünnen supraleitenden Films ist also sehr hoch (Bild 21 und 33). Da nur ein Teil des magnetischen Flußes verdrängt wird, ist in diesem Film die magnetische Suszeptibilität viel kleiner als $1/4\pi$ (oder 1 im SI-System); der Film besitzt aber die normale Energielücke und weist keinen Ohmschen Widerstand auf. In dünnen Filmen wurde Supraleitung nachgewiesen bei magnetischen Felder, die mehr als hundertmal größer waren, als das kritische Feld H_c einer massiven Probe aus dem gleichen

Material. Ein dünner Film wird nicht als Supraleiter zweiter Art bezeichnet. Sein Verhalten zeigt aber, daß unter geeigneten Bedingungen in hohen Magnetfeldern Supraleitung möglich ist.

Wirbelzustand

Die Ergebnisse an dünnen Filmen legen eine Frage nahe: Gibt es in einem homogenen massiven Supraleiter, der sich in einem Magnetfeld befindet, stabile Anordnungen normalleitender dünner Zylinder oder Platten, die jeweils von einem supraleitenden Gebiet umgeben sind? In einem derartigen Mischzustand würde das von außen angelegte Magnetfeld die dünnen normalleitenden Bereiche gleichförmig durchdringen und auch in das umgebende supraleitende Gebiet etwas eindringen (Bild 31b). Mit dem Wort **Wirbelzustand** beschreibt man dabei die Stromverteilung in der massiven Probe (Bild 36). Die normal- und die supraleitende Phase des Wirbelzustandes unterscheiden sich weder chemisch noch kristallographisch. Der Wirbelzustand ist stabil, da das Eindringen des Feldes in das supraleitende Material die Oberflächenenergie negativ werden läßt. **Der Supra leiter zweiter Art ist durch einen Wirbelzustand charakterisiert, der in einem gewissen Magnetfeldbereich** nämlich zwischen H_{c1} und H_{c2} **stabil ist.**

Abschätzung von H_{c1}

Sobald das von außen angelegte Magnetfeld größer als H_{c1} ist, bildet sich in einem Supraleiter zweiter Art der Wirbelzustand aus. Der Wert von H_{c1} wird kleiner sein als das thermodynamische kritische Feld H_c, das so definiert ist, daß $H_c^2/8\pi$ gleich der Energiedifferenz zwischen normal- und supraleitendem Zustand ohne ein äußeres Magnetfeld ist. Der Energieunterschied muß kalorimetrisch bestimmt werden, da die magnetischen Eigenschaften hier bei H_c keinen Phasenübergang aufweisen (Bild 6c).

Um H_{c1} abschätzen zu können, betrachten wir die Stabilität des Mischzustandes im Grenzfall $\xi < \lambda$; die Kohärenzlänge soll also klein im Verhältnis zur Eindringtiefe sein. Wir berechnen für den Wirbelzustand die Energie eines Flußlinienbündels oder eines normalleitenden Zylinders. Das mittlere Feld im Fluxoid sei B_a. Der Kern des Fluxoids wird im wesentlichen normalleitend sein, sein Radius von der Größenodnung der Kohärenzlänge, die die Dicke der Grenzschicht zwischen normal- und supraleitender Phase angibt. Die Energie des normalleitenden Flußkernes relativ zur Energie des reinen Supraleiters ist das Produkt von Stabilisierungsenergie und Querschnitt des Fluxoids

$$f_{\text{core}} \approx \frac{1}{8\pi} H_c^2 \times \pi\xi^2 \,, \tag{36}$$

(CGS)

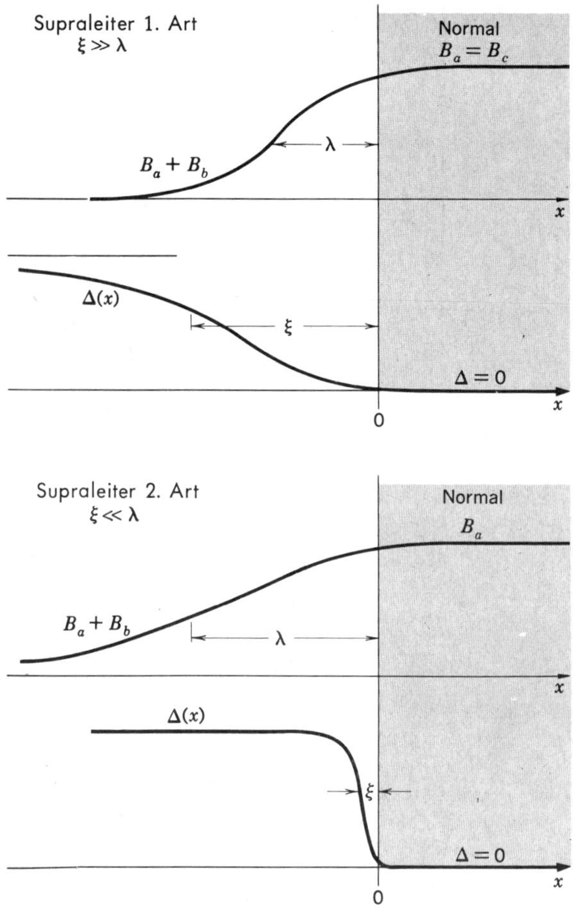

Bild 34:
Änderung des Magnetfeldes und des Energielückenparameters an der Nahtstelle von supraleitender und normalleitender Zone für Supraleiter erster und zweiter Art.

pro Längeneinheit. Dadurch daß das von außen angelegte Feld B_a in das supraleitende Material in der Umgebung des Kerns eindringt, erniedrigt sich die Energie (Bild 34)

$$f_{\text{mag}} \approx -\frac{1}{8\pi} B_a^2 \times \pi\lambda^2 \ . \qquad \text{(CGS)} \tag{37}$$

Für einen einzelnen Wirbelkern können wir diese beiden Beiträge addieren und erhalten

$$f = f_{\text{core}} + f_{\text{mag}} \approx \tfrac{1}{8}(H_c^2\xi^2 - B_a^2\lambda^2) \, . \qquad \text{(CGS)} \tag{38}$$

Der Wirbel ist stabil, wenn $f < 0$; liegt das Vorzeichen von f fest, so ist damit auch das Vorzeichen der Oberflächenenergie gegeben. Den Schwell-

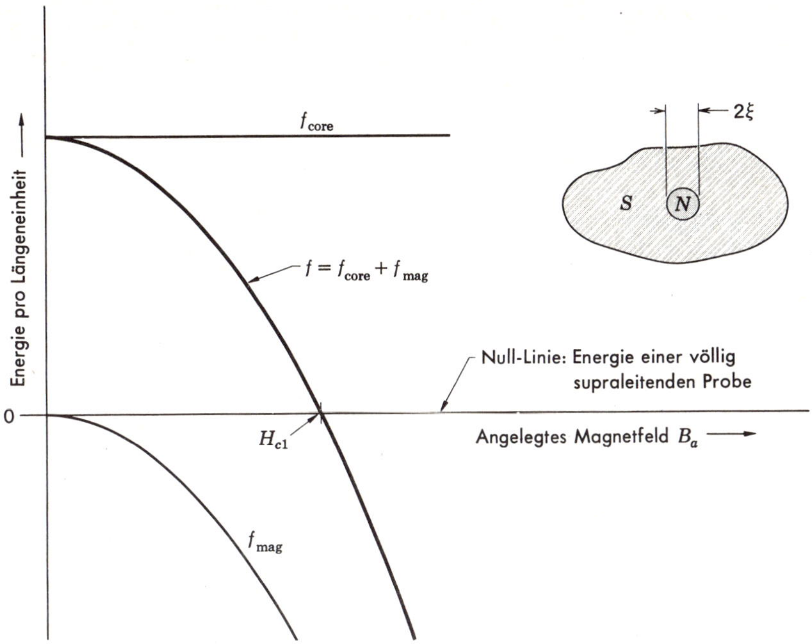

Bild 35: Die Bestimmung des unteren kritischen Feldes H_{c1} für die Bildung des Wirbelzustandes. Die Energie pro Längeneinheit f, die ein normalleitender Zylinder N mit dem Radius ξ in einer supraleitenden Umgebung S besitzt ist als Funktion des von außen angelegten Magnetfeldes B_a aufgetragen. Die Beiträge des N- und des S-Bereiches zu f werden als f_{core} und f_{mag} bezeichnet. Die gezeichneten Werte gelten für $\lambda = 3\xi$. Die Null-Linie entspricht der Energie der völlig supraleitenden Probe. Der Wirbelzustand ist stabil, wenn $B_a > H_{c1}$, da dann f negativ ist.

wert H_{c1} des anglegten Feldes, der nötig ist, um ein Fluxoid zu erzeugen, erhält man, wenn man f = 0 setzt und H_{c1} statt B_a schreibt

(39) $$\boxed{\frac{H_{c1}}{H_c} \approx \frac{\xi}{\lambda}} .$$

Der Schwellwert H_{c1} trennt das Gebiet positiver Oberflächenenergie $(B_a > H_{c1})$ vom Gebiet negativer Oberflächenenergie $(B_a < H_{c1})$. Dieser Zusammenhang wird auch in Bild 35 gezeigt. Abrikosov [43]) hat eine genauere Berechnung von H_{c1} durchgeführt.

In der Nähe des oberen kritischen Feldes sind die Flußfäden dicht gedrängt; das äußere Feld erfüllt die Probe fast gleichförmig. Durch das

[43]) A. A. Abrikosov, Soviet Phys. -JETP **5**, 1174 (1957); seine ursprüngliche Voraussage von Supraleitern zweiter Art erfolgte lange vor der Entwicklung einer Quantentheorie der Supraleitung.

Bild 36:
Räumliche Verteilung der Linien konstanter Energielücke in einem Supraleiter zweiter Art knapp unterhalb der oberen kritischen Feldstärke H_{c2}, nach W. H. Kleiner, L. M. Roth und S. H. Autler, Phys. Rev. **133**, A1226 (1964). Im Zentrum eines jeden Fluxoids geht die Energielücke gegen Null. Ein dreieckiges Gitter dieser Art wurde experimentell durch Neutronenbeugung in Saclay gefunden.

Gitter der Flußfäden ist das Feld im Inneren der Probe etwas wellig. Bei Magnetfeldern, die mindestens so groß wie das obere kritische Feld sind, wird die Supraleitung in einer massiven Probe zerstört. Berechnet man das obere kritische Feld H_{c2}, so ergibt sich

$$(H_{c1}H_{c2})^{\frac{1}{2}} \approx H_c \, . \tag{40}$$

Das geometrische Mittel des oberen und des unteren kritischen Feldes ist also gleich dem thermodynamischen kritischen Feld.

In Bild 36 sind die theoretisch berechneten Werte der räumlichen Änderung des Energielückenparameters Δ eingezeichnet. Die Gitterkonstante des Fluxoidgitters, sie liegt in der Größenordnung von 10^{-5} cm, wird durch die Kohärenzlänge ξ bestimmt. Die Existenz des Flußliniengitters wurde durch Neutronenstreuung [44]) und durch Bestreuen des Supraleiters mit einem magnetischen Pulver [45]) wie in Bild 37 nachgewiesen. Die Struktur eines Flußfadens wird in Bild 38 skizziert.

---

[44]) Dies konnte in Saclay mit Hilfe von Neutronenstreuung beobachtet werden (D. Cribier et al.).

[45]) H. Träuble und U. Essmann, J. Appl. Phys. **39**, 4052 (1968); die Methode wird im Jahrbuch Aka. Wiss. Göttingen (1967) 18 beschrieben.

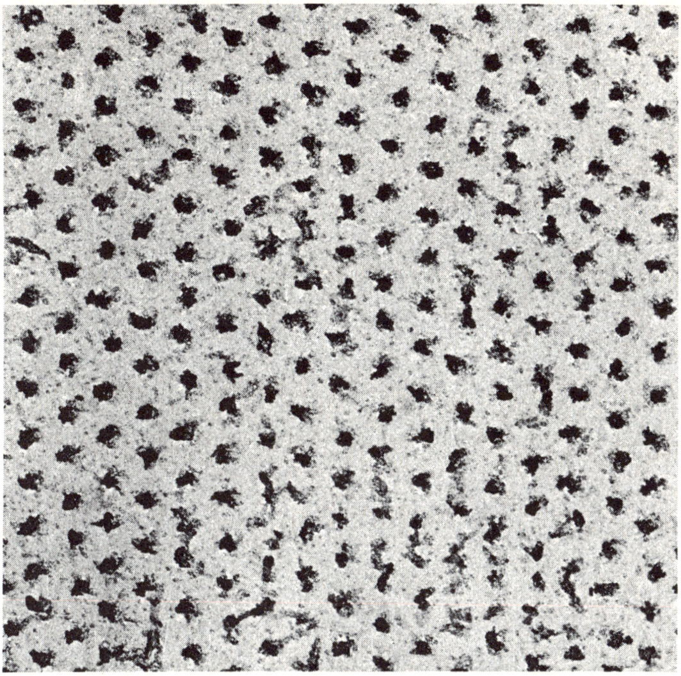

Bild 37: Dreiecksgitter der Flußlinien, die durch die Deckfläche eines supraleitenden Zylinders treten. Die Austrittspunkte der Flußlinien sind mit kleinen ferromagnetischen Teilchen markiert. Die Elektronenmikroskopische Aufnahme ist mit 8300-facher Vergrößerung aufgenommen (freundlicherweise von U. Essmann und H. Träuble zur Verfügung gestellt).

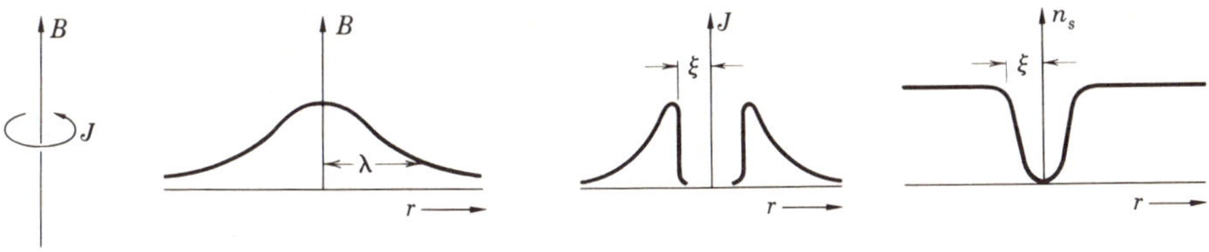

Bild 38: Die Gestalt des Fluxoids im Mischzustand wird durch einen zirkularen Suprastrom hervorgerufen. Der Kern der Flußlinie mit Größe $\approx\xi$ befindet sich im Normalzustand; er enthält den größten Anteil des Flusses, jedoch reicht das Feld bis zu einer Entfernung von $\approx\lambda$ auch in den supraleitenden Bereich hinein. Die Stromdichte ist J; die Dichte der supraleitenden Elektronen ist n_S. Jede Flußlinie enthält ein Flußquant $hc/2e = 2\cdot 10^{-7}$ Gauß$\cdot$cm^2. (Nach Y. B. Kim, Physics Today, Sept. 1964, S. 21 - 30.)

Zusammenfassung
(in CGS-Einheiten)

1. Unendlich gute Leitfähigkeit ist eine wesentliche Eigenschaft jedes beliebigen Supraleiters.

2. Eine massive, supraleitende Metallprobe ist ein perfekter Diamagnet. Die magnetische Induktion im Inneren der Probe ist Null B = 0. Dies ist der Meißner-Effekt. Das äußere Magnetfeld dringt in eine dünne Schicht an der Oberfläche der Probe ein. Die Dicke dieser Schicht wird durch die Eindringtiefe λ charakterisiert.

3. Es gibt zwei Typen von Supraleitern. In einer massiven Probe eines Supraleiters vom Typ I wird der supraleitende Zustand zerstört und die Probe normalleitend sobald das von außen angelegte magnetische Feld einen kritischen Wert H_c überschreitet. Ein Supraleiter vom Typ II besitzt zwei kritische Felder $H_{c1} < H_c < H_{c2}$. Im Gebiet zwischen H_{c1} und H_{c2} befindet sich der Supraleiter in einem Mischzustand, dem Wirbelzustand. Die Energiedichte die den rein supraleitenden Zustand stabilisiert ist $H_c^2/8\pi$, sowohl für Supraleiter erster Art als auch für die supraleitende Komponente des Supraleiters zweiter Art.

4. Im supraleitenden Zustand trennt eine Energielücke $E_g \approx 4k_BT_c$ die supraleitenden Elektronen von den normalleitenden über der Lücke. Die Existenz der Energielücke wurde durch Messungen der spezifischen Wärme, der Infrarotabsorption und des Tunneleffekts nachgewiesen.

5. Die London Gleichung

$$\mathbf{j} = -\frac{c}{4\pi\lambda_L^2}\mathbf{A} \qquad \text{oder} \qquad \text{rot}\,\mathbf{j} = -\frac{c}{4\pi\lambda_L^2}\mathbf{B}$$

erklärt zusammen mit der Eindring-Gleichung $\nabla^2 B = B/\lambda_L^2$, wobei $\lambda_L \approx (mc^2/4\pi ne^2)^{\frac{1}{2}}$ die London'sche Eindringtiefe ist, den Meißner-Effekt.

6. In der London Gleichung sind A oder B gewichtete Mittel über die Kohärenzlänge ξ. Die intrinsische Kohärenzlänge ist $\xi_0 = 2\hbar v_F/\pi E_g$.

7. Nach der BCS-Theorie wird der supraleitende Zustand von Elektronenpaaren mit dem Impuls $\mathbf{k}\uparrow$ und $-\mathbf{k}\downarrow$ gebildet.

8. Drei Längen sind für die Theorie der Supraleitung von großer Bedeutung: Die Londonsche Eindringtiefe λ die intrinsische Kohärenzlänge ξ_0 und die mittlere freie Weglänge ℓ eines Elektrons.

9. Bei Supraleitern zweiter Art gilt $\xi < \lambda$. Die kritischen Felder hängen folgendermaßen zusammen. $H_c^2 \approx (\xi/\lambda)H_c$ und $H_{c2} \approx (\lambda/\xi)H_c$. H_{c2} kann Werte bis zu 400 kG erreichen.

Aufgaben

1. Eindringen eines Magnetfeldes in eine Platte. Die London-Gleichung läßt sich mit der in (30) definierten Londonschen Eindringtiefe λ_L als $\lambda_L{}^2\nabla^2\mathbf{B} = \mathbf{B}$ schreiben. a) Man zeige, daß für das Feld $B(x)$ innerhalb einer supraleitenden Platte gilt (Plattendicke δ):

$$B(x) = B_a \frac{\cosh(x/\lambda_L)}{\cosh(\delta/2\lambda_L)}.$$

B_a ist das Feld außerhalb der Platte, $x = 0$ bedeutet die Plattenmitte. B_a soll parallel zur Plattenoberfläche gerichtet sein. b) Die effektive Magnetisierung $M(x)$ in der Platte ist durch $B(x) = B_a + 4\pi M(x)$ definiert. Es ist zu zeigen, daß für $\delta \ll \lambda_L$ gilt:

$$4\pi M(x) = -H_a(1/8\lambda_L{}^2)(\delta^2 - 4x^2).$$

Im SI-System ersetzt man $4\ \pi$ durch μ_0

2. Kritische Geschwindigkeit. a) Gesucht ist die kritische Geschwindigkeit v_c von Gleichung (25), wenn für das Spektrum der elementaren Anregungen gilt:

$$E_{\mathbf{k}} = [\Delta^2 + \epsilon_{\mathbf{k}}{}^2]^{1/2}$$

und wenn $\Delta = 1 \cdot 10^{-16}$ erg und m gleich der Masse des freien Elektrons ist. $\epsilon_{\mathbf{k}}$ ist dabei die Energie des freien Elektrons, bezogen auf das Fermi-Niveau. Man setze $k_F = 0{,}66 \cdot 10^8\ \mathrm{cm}^{-1}$. b) Man schätze die kritische Stromdichte ab, wenn v_c den in a) gefundenen Wert hat und die Elektronendichte $n = 1 \cdot 10^{22}$ pro cm^3 beträgt.

3. Parameter eines Supraleiters. Ein Metall habe eine Leitungselektronenkonzentration von $n = 1 \cdot 10^{23}$ Elektronen pro cm^3; eine Debye-Temperatur von $\Theta = 300$ K und den Sprungpunkt bei $0{,}3$ K. a) Wie groß ist die Zustandsdichte $\mathfrak{D}(\epsilon_F)$ beim Fermi-Niveau für ein freies Elektronengas? b) Aus der im Text angegebenen BCS-Beziehung ist die Elektron-Elektron-Wechselwirkung zu bestimmen. c) Die BCS-Theorie liefert für die Energielücke $E_g \cong 3{,}5\, k_B T_c$ und für die Dichte der Stabilisierungsenergie $G_N(0, 0) - G_S(0, 0)$ des supraleitenden Zustands $\frac{1}{2}\mathfrak{D}(\epsilon_F)\ \Delta^2$, mit $E_g = 2\Delta$. Welchen Wert hat das kritische Feld H_c bei $T = 0$ K? d) Wie groß ist die Kohärenzlänge ξ_0?

4. Das kritische Feld dünner Filme.
a) Man zeige unter Benutzung der Ergebnisse von Aufgabe 1b, daß für die Energiedichte in einem dünnen supraleitenden Film der Dicke δ in einem äußeren Magnetfeld B_a bei $T = 0$ K gilt

$$U_S(x, B_a) = U_S(0) + \frac{1}{64\pi\lambda^2}(\delta^2 - 4x^2)B_a{}^2 \qquad \text{(CGS)}$$

wobei $\delta \ll \lambda$ angenommen wurde. Im SI-System wird π durch $\frac{1}{4}\mu_0$ ersetzt. Man vernachlässige den Beitrag der kinetischen Energie zu dem Problem.

b) Man zeige, daß der über die Dicke des Films gemittelte Beitrag des Magnetfeldes zu U_S als

$$\frac{1}{96\pi} B_a{}^2 \left(\frac{\delta}{\lambda}\right)^2$$

geschrieben werden kann

c) Man zeige, daß das kritische Feld des dünnen Films proportional zu $H_c \cdot \lambda/\delta$ ist, wenn man nur den magnetischen Beitrag zu U_S betrachtet; H_c ist das kritische Feld einer massiven Probe aus dem gleichen Material. Experimentelle Ergebnisse zeigt Bild 33.

5. Zwei-Flüssigkeitsmodell des Supraleiters. Im Rahmen des Zwei-Flüssigkeitsmodells eines Supraleiters nimmt man an, daß die Stromdichte bei Temperaturen T zwischen dem absoluten Nullpunkt und der kritischen Temperatur $0 < T < T_c$ als Summe der Beiträge normaler und supraleitender Elektronen geschrieben werden kann: $\mathbf{j} = \mathbf{j}_N + \mathbf{j}_S$. Für $\mathbf{j}_N$ gilt das Ohmsche Gesetz $\mathbf{j}_N = \sigma_0 \mathbf{E}$, für $\mathbf{j}_S$ die Londongleichung. Hierbei ist σ_0 eine gewöhnliche normale Leitfähigkeit. Sie ist etwas geringer als im Normalzustand, da bei der Temperatur T nur noch ein Bruchteil der Elektronen "normal" ist. Man vernachlässige im folgenden sowohl für j_N wie auch für j_S alle Trägheitseffekte.

a) Man leite für elektromagnetische Wellen in einem Supraleiter aus den Maxwellgleichungen die Dispersionsrelation zwischen Wellenvektor $\mathbf{k}$ und Frequenz ω ab. $\lambda_L{}^2$ erhält man aus Gleichung 23, wenn man n durch n_S ersetzt. Man beachte, daß rot $\mathbf{B} = -\nabla^2\mathbf{B}$.

$$k^2c^2 = 4\pi\sigma_0\omega i - c^2\lambda_L^{-2} + \omega^2 \ ;$$

$$\boldsymbol{k^2 = \mu_0\sigma_0\omega i - \lambda_L^{-2} + \omega^2\mu_0\epsilon_0} \ ,$$

b) τ sei die Relaxationszeit der normalen Elektronen, n_N ihre Konzentration. Man zeige unter Verwendung von $\sigma_0 = n_N e^2\tau/m$, daß bei Frequenzen unter $1/\tau$ die Dispersionsrelation die normalleitenden Elektronen praktisch nicht betrifft, so daß die Bewegung der Elektronen allein durch die Londongleichung beschrieben wird. Der Suprastrom schließt die normalen Elektronen kurz. Die Londongleichung selbst erweist sich nur dann als gültig, wenn $\hbar\omega$ klein im Vergleich zur Energielücke ist. Die interessierenden Frequenzen sind kleiner als die Plasmafrequenz, Kapitel 8.

Literaturhinweise

E.A. Lynton, Superconductivity, Wiley, 1962. (Eine ausgezeichnete kurze Einführung.)

R.D. Parks, ed., Superconductivity, Dekker, 1969. Vollständige, nützliche Sammlung zusammenfassender Artikel (1412 Seiten).

G. Rickayzen, Theory superconductivity, Interscience, 1965. Ausgezeichnete Einführung in die Theorie.

M. Tinkham, Superconductivity, in: De Witt et al., Herausgeber, Low temperature physics, Gordon and Breach, 1962.

Superconductivity conference, Rev. Mod. Phys. 36, 1 - 331 (1964).

J.R. Schrieffer, Theory of superconductivity, Benjamin, 1964.

D. Shoenberg, Superconductivity, Cambridge University Press, 2. Aufl. 1960.

B.W. Roberts, "Superconducting materials", in: Progress in cryogenics, Nat. Bur. Stand. Techn. Note 4, 161 (1964). (Enthält Tabellen mit Eigenschaften)

J.M. Blatt, Theory of superconductivity, Academic Press, 1964.

P. Nozieres, Superfluidity in Bose and Fermi fluids, D.F. Brewer, ed., Quantum fluids, North-Holland, 1966. Auf Seite 1-9 sehr gute Diskussion des Meißnereffekts.

P.R. Wallace, ed., Superconductivity, Gordon and Breach, 1969, 2 vols.

C.G. Kupert, Introduction to the theory of superconductivity, Oxfort, 1968.

Supraleiter zweiter Art

P.G. de Gennes, Superconductivity of metals and alloys, Benjamin, 1966.

D. Saint-James, G. Sarma, E.J. Thomas. Type II superconductivity, Pergamon, 1969.

Anwendungen

V.L. Newhouse, Applied superconductivity, Wiley, 1964.

P.F. Chester, Superconducting magnets, Repts. Prog. Physics **30**, pt. II, 561-614 (1967).

Geschichte

K. Mendelssohn, Quest for absolute zero, McGraw-Hill, 1969, paperback.

F. London, Superfluids, Vol. I., Wiley, 1950.

13. Dielektrische Eigenschaften

Schreibweise:

$\epsilon_0 = 10^7/4\pi c^2;$

$D = E + 4\pi P = \epsilon E = (1 + 4\pi\chi)E$; $\alpha = p/E_{\text{local}}$; (CGS)

$\mathbf{D = \epsilon_0 E + P = \epsilon\epsilon_0 E = (1 + \chi)\epsilon_0 E)}$; $\boldsymbol{\alpha = p/E_{\text{local}}}$; (SI)

$\epsilon_{\text{CGS}} = \epsilon_{\text{SI}}$; $4\pi\chi_{\text{CGS}} = \chi_{\text{SI}}$; $\alpha_{\text{SI}} = 4\pi\epsilon_0\alpha_{\text{CGS}}$.

Wir leiten zuerst den Zusammenhang zwischen dem von außen angelegten Feld und dem Feld im Innern eines dielektrischen Kristalls her. Anschliessend diskutieren wir die dielektrische Polarisierbarkeit von Atomen, Molekülen und Kristallen in statischen Feldern und bei hohen Frequenzen. Die Untersuchung elektrischer Felder in dielektrischer Materie beginnt mit der Suche nach einer Antwort auf die folgenden zwei Fragen:

a) Welche Beziehung besteht in der Materie zwischen der dielektrischen Polarisation **P** und dem makroskopischen Feld **E** ? Beide Größen erscheinen in den Maxwell-Gleichungen, die gewöhnlich wie folgt geschrieben werden:

	(CGS)	(SI)
(1)	$\mathrm{rot}\,\mathbf{H} = \frac{4\pi}{c}\mathbf{j} + \frac{1}{c}\frac{\partial}{\partial t}(\mathbf{E} + 4\pi\mathbf{P})$;	$\mathrm{rot}\,\mathbf{H} = \mathbf{j} + \frac{\partial}{\partial t}(\varepsilon_0\mathbf{E} + \mathbf{P})$;
(2)	$\mathrm{rot}\,\mathbf{E} = -\frac{1}{c}\frac{\partial\mathbf{B}}{\partial t}$;	$\mathrm{rot}\,\mathbf{E} = -\frac{\partial\mathbf{B}}{\partial t}$;
(3)	$\mathrm{div}(\mathbf{E} + 4\pi\mathbf{P}) = 4\pi\rho$;	$\mathrm{div}(\varepsilon_0\mathbf{E} + \mathbf{P}) = \rho$;
(4)	$\mathrm{div}\,\mathbf{B} = 0$;	$\mathrm{div}\,\mathbf{B} = 0$.

b) Welche Beziehung besteht zwischen der dielektrischen Polarisation und dem lokalen Feld am Ort eines Atoms in einem Kristallgitter? Das Dipolelement des Atoms wird durch dieses lokale Feld erzeugt.

Polarisation

Die **Polarisation P** ist definiert als das **Dipolmoment pro Volumeneinheit,** wobei über das Volumen einer Kristallzelle gemittelt wird. Die Definition des gesamten Dipolmoments lautet (Bild 1):

$$\mathbf{p} = \Sigma q_n \mathbf{r}_n \quad , \qquad \text{(5a)}$$

$\mathbf{r}_n$ ist der Ortsvektor der Ladung q_n. Der Wert dieser Summe ist unabhängig von dem für die Ortsvektoren gewählten Ursprung, vorausgesetzt,

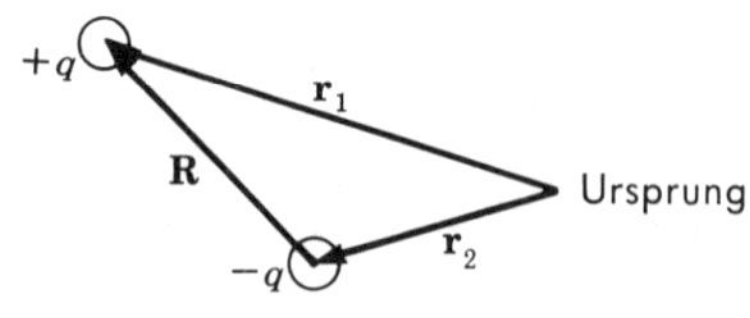

Bild 1:
Das Dipolmoment zweier Ladungen $\pm q$ beträgt $\mathbf{p} = q\mathbf{r}_1 - q\mathbf{r}_2 = q\mathbf{R}$; es ist von der negativen zur positiven Ladung gerichtet.

Bild 2:
Das permanente Dipolmoment eines Wassermoleküls hat den Betrag $1,9 \cdot 10^{-18}$ esE/cm und weist vom O^{--}-Ion zur Mitte der Verbindungslinie der beiden H^{+}-Ionen. Zur Umrechnung in SI-Einheiten multipliziert man mit $1/3 \cdot 10^{11}$.

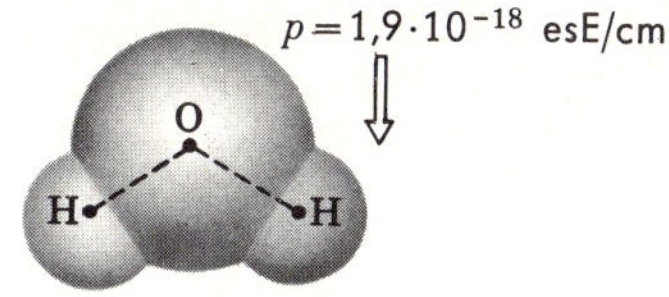

das System ist neutral. Bild 2 zeigt das Dipolmoment eines Wassermoleküls.

Das elektrische Feld im Abstand $\mathbf{r}$ von einem punktförmigen Dipol mit Moment $\mathbf{p}$ ist nach dem bekannten Ergebnis aus der elementaren Elektrostatik gegeben durch:

(5b)
$$\mathbf{E}(\mathbf{r}) = \frac{3(\mathbf{p}\cdot\mathbf{r})\mathbf{r} - r^2\mathbf{p}}{r^5}\,; \qquad \text{(CGS)}$$

$$\mathbf{E}(\mathbf{r}) = \frac{3(\mathbf{p}\cdot\mathbf{r})\mathbf{r} - r^2\mathbf{p}}{4\pi\epsilon_0 r^5}\,. \qquad \text{(SI)}$$

Die Kraftlinien für einen in Richtung der z-Achse weisenden Dipol sind in Bild 3 eingezeichnet.

Makroskopisches elektrisches Feld

Einen Beitrag zum elektrischen Feld im Inneren des Körpers liefert das von außen angelegte elektrische Feld, definiert durch:

(6) $\mathbf{E}_0$ = : das von vorgegebenen äußeren Ladungen erzeugte Feld.

Einen weiteren Beitrag zum elektrischen Feld liefert die Summe aller Felder der Ladungen, die in dem Körper enthalten sind. Ist der Körper

Bild 3:
Elektrostatisches Potential und Feldkomponenten in CGS-Einheiten an der Stelle r, θ eines in z-Richtung orientierten Dipols $\mathbf{p}$. Für $\theta = 0$ ist $E_x = E_y = 0$ und $E_z = 2p/r^3$; für $\theta = \pi/2$ ist $E_x = E_y = 0$ und $E_z = -p/r^3$ (nach E. M. Purcell). Zur Umrechnung in SI-Einheiten ersetze man p durch $\mathbf{P}/4\pi\epsilon_0$.

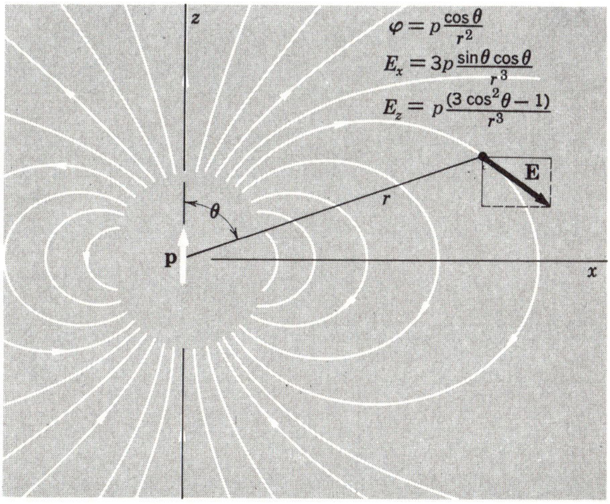

neutral, so kann der Beitrag zum gemittelten Feld in Form von Gleichung (5) als Summe der Felder atomarer Dipole ausgedrückt werden.

Wir definieren das gemittelte elektrische Feld $\mathbf{E}(\mathbf{r}_0)$ als das **durchschnittliche Feld im Volumen einer Kristallzelle**, die den Gitterpunkt r_0 enthält:

$$\text{(7)} \qquad \mathbf{E}(\mathbf{r}_0) = \frac{1}{V_c} \int dV\, \mathbf{e}(\mathbf{r}) \ ,$$

wobei $\mathbf{e}(\mathbf{r})$ das mikroskopische Feld am Ort $\mathbf{r}$ bedeutet. Das Feld $\mathbf{E}$ ist eine Größe [1], die sich mit dem Ort viel weniger verändert als das mikroskopische Feld $\mathbf{e}$. Für $\mathbf{e}(\mathbf{r})$ hätten wir ebenso das Dipolfeld (5b) schreiben können, das ja das ungemittelte mikroskopische Feld eines Dipols ist.

$\mathbf{E}$ nennen wir das **makroskopische elektrische Feld;** ist es bekannt, so lassen sich alle Probleme der Elektrodynamik der Kristalle lösen, vorausgesetzt, man kennt die Beziehung zwischen $\mathbf{E}$, der Polarisation $\mathbf{P}$ und der Stromdichte $\mathbf{j}$ aus Gleichung (1). Weiterhin wird vorausgesetzt, daß die in Frage kommenden Wellenlängen groß sind im Vergleich zum Gitterabstand [2].

Will man den Beitrag der Polarisation zum makroskopischen Feld ermitteln, so kann die Summation über alle Dipole in der Probe vereinfacht werden. Nach einem bekannten Theorem der Elektrostatik [3] ist das

---

[1] Falls die Probe nicht kristallin ist, muß man über ein Volumen mitteln, das groß genug ist, um die charakteristische Struktur des Materials erkennen zu lassen.

[2] Eine ausführliche Herleitung der Maxwell-Gleichung für die makroskopischen Felder $\mathbf{E}$ und $\mathbf{B}$, ausgehend von den Maxwell-Gleichungen für die mikroskopischen Felder $\mathbf{e}$ und $\mathbf{h}$, wird in verschiedenen Lehrbüchern angegeben; so z.B. J.H. Van Vleck, Electric and magnetic susceptibilities, Oxford, 1932, S. 1-13. Die anschaulichste elementare Darstellung findet man bei E.M. Purcell, Electricity and magnetism, McGraw-Hill, 1965, Kap. 9 und 10.

[3] In CGS-Einheiten ist das elektrostatische Potentional eines Dipols $\mathbf{p}$

$$\text{(8a)} \qquad \varphi(\mathbf{r}) = \mathbf{p} \cdot \operatorname{grad} \frac{1}{r} \ .$$

Für die über ein Volumen verteilte Polarisation $\mathbf{P}$ gilt

$$\text{(8b)} \qquad \varphi(\mathbf{r}) = \int dV \left(\mathbf{P} \cdot \operatorname{grad} \frac{1}{r} \right) ,$$

was über eine Vektorbeziehung zu

$$\text{(8c)} \qquad \varphi(\mathbf{r}) = \int dV \left(-\frac{1}{r} \operatorname{div} \mathbf{P} + \operatorname{div} \frac{\mathbf{P}}{r} \right)$$

wird. Ist $\mathbf{P}$ konstant, so ist div $\mathbf{P} = 0$, und mit dem Gaußschen Theorem erhält man

$$\text{(8d)} \qquad \varphi(\mathbf{r}) = \int dS \frac{P_n}{r} = \int dS \frac{\sigma}{r} \ ,$$

wobei dS ein Oberflächenelement des Körpers ist. Damit ist der Beweis erbracht.

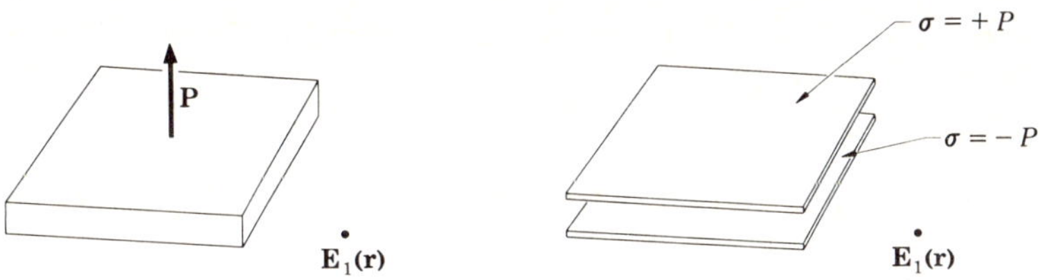

Bild 4: (a) Eine homogen polarisierte dielektrische Scheibe, mit dem Polarisationvektor **P** senkrecht zur Scheibenebene.
(b) Ein Paar homogen polarisierter, paralleler Platten erzeugt das gleiche elektrische Feld $\mathbf{E}_1$ wie bei (a). Die Ladung der oberen Platte hat die Oberflächendichte $\sigma = +P$, die der unteren Platte die Oberflächendichte $\sigma = -P$.

makroskopische elektrische Feld eines homogen polarisierten Körpers gleich dem Vakuumfeld einer fiktiven Ladung mit der Dichte

$$\sigma = \hat{\mathbf{n}} \cdot \mathbf{P} \tag{8}$$

auf der Oberfläche dieses Körpers; $\hat{\mathbf{n}}$ ist dabei der Einheitsvektor in Richtung der Flächennormalen, dessen positive Richtung aus der polarisierten Materie hinausweist.

Wir wenden das Resultat (8) auf eine dünne dielektrische Platte mit der homogenen Polarisation $\mathbf{P}$ pro Volumeneinheit an (Bild 4a). Das durch die Polarisation erzeugte elektrische Feld $\mathbf{E}_1(\mathbf{r})$ ist gleich dem Feld, das durch die gedachte Ladung mit der Dichte $\sigma = \hat{\mathbf{n}} \cdot \mathbf{P}$ an der Oberfläche der Platte entsteht. An der oberen Begrenzung weist der Einheitsvektor $\hat{\mathbf{n}}$ aufwärts, an der unteren abwärts. Der obere Rand trägt die gedachte Ladung $\sigma = \hat{\mathbf{n}} \cdot \mathbf{P} = P$ pro Einheitsfläche, der untere die Ladung $-P$ pro Einheitsfläche.

Das diesen Ladungen entsprechende Feld $\mathbf{E}_1$ hat an jedem Punkt zwischen den beiden Flächen, der hinreichend weit von den Rändern entfernt ist, eine einfache Form. Nach dem Gaußschen Gesetz ist:

(9)
$$E_1 = -4\pi|\sigma| = -4\pi P \; ; \qquad \text{(CGS)}$$
$$E_1 = -\frac{|\sigma|}{\epsilon_0} = -\frac{P}{\epsilon_0} \, . \qquad \text{(SI)}$$

Um das gesamte makroskopische Feld im Innern der Platte zu erhalten, addieren wir $\mathbf{E}_1$ zum angelegten Feld $\mathbf{E}_0$:

(10)
$$\mathbf{E} = \mathbf{E}_0 + \mathbf{E}_1 = \mathbf{E}_0 - 4\pi P\hat{\mathbf{z}} \; ; \qquad \text{(CGS)}$$
$$\mathbf{E} = \mathbf{E}_0 + \mathbf{E}_1 = \mathbf{E}_0 - \frac{P}{\epsilon_0}\hat{\mathbf{z}} \, , \qquad \text{(SI)}$$

wobei z der Einheitsvektor senkrecht zur Oberfläche der Platte ist. Wir definieren:

(11) $\mathbf{E}_1$ = : Feld einer Oberflächenladung der Dichte $\hat{\mathbf{n}} \cdot \mathbf{P}$ auf dem Rand eines einfach zusammenhängenden Körpers.

Dieses Feld ist im Raum innerhalb und außerhalb des Körpers leicht veränderlich und genügt den Maxwell-Gleichungen (1) bis (3), die dort für das makroskopische Feld $\mathbf{E}$ aufgeführt sind. Der Grund dafür, das $\mathbf{E}_1$, verglichen mit atomaren Dimensionen, nur schwach ortsveränderlich ist, liegt im Übergang von den einzelnen Dipolen $\mathbf{p}_j$ des Gitters zu der mehr verschmierten Polarisation $\mathbf{P}$.

Entelektrisierungsfeld, E_1

Bei vielen unserer Probleme ist die Geometrie so, daß die Polarisation im Innern des Körpers homogen ist. In diesem Fall sind $\mathbf{E}_0$ und $\mathbf{E}_1$ die einzigen Beiträge zum makroskopischen Feld:

(12) $$\mathbf{E} = \mathbf{E}_0 + \mathbf{E}_1 \, .$$

Dabei ist $\mathbf{E}_0$ das von außen angelegte Feld und $\mathbf{E}_1$ das Feld der homogenen Polarisation.

Das Feld $\mathbf{E}_1$ wird **Entelektrisierungsfeld** genannt, weil es im Innern des Körpers dazu neigt, dem angelegten Feld entgegen zu wirken (Bild 5). Proben mit der Form eines Ellipsoids, wozu als Grenzfälle Kugeln, Zylinder und Scheiben gehören, haben eine vorteilhafte Eigenschaft: Eine homogene Polarisation erzeugt ein homogenes Elektrisierungsfeld. Dieses bekannte mathematische Ergebnis wird in klassischen Büchern über Elektrizität und Magnetismus bewiesen [4]. Sind P_x, P_y, P_z die Komponenten

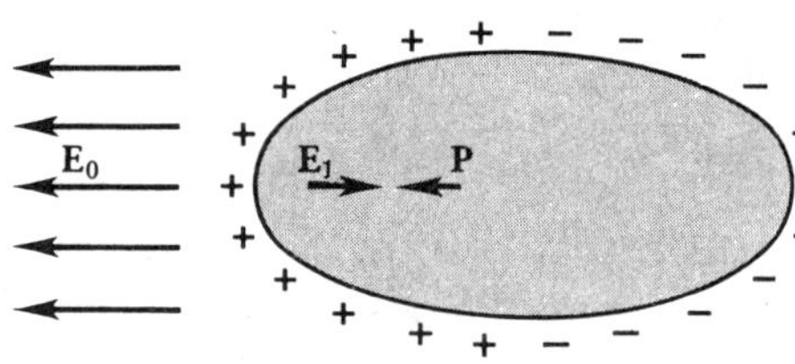

Bild 5: **Das Entelektrisierungsfeld $\mathbf{E}_1$ ist $\mathbf{P}$ entgegengerichtet. Die gedachten Oberflächenladungen sind abgedeutet: Innerhalb des Ellipsoids ist das Feld dieser Ladungen $\mathbf{E}_1$.**

[4]) R. Becker, Theorie der Elektrizität, Bd. 1, Teubner, 1972.

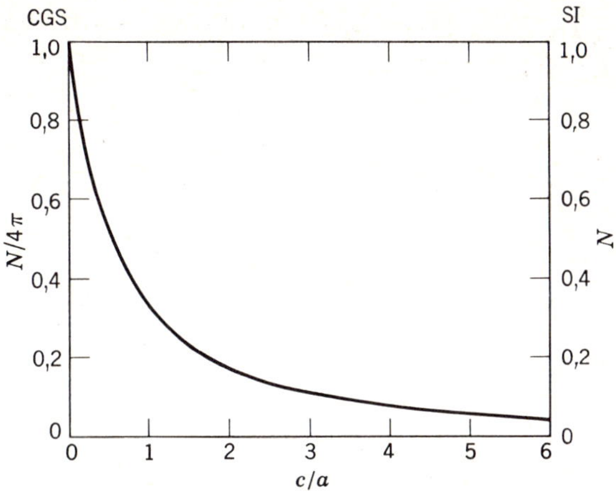

Bild 6:
Zur Figurenachse eines Rotationsellipsoids paralleler Entelektrisierungsfaktor N als Funktion des Achsenverhältnisses c/a.

der Polarisation **P** bezüglich der Hauptachsen eines Ellipsoids, so kann man für die Komponenten des Entelektrisierungsfeldes schreiben:

(13)
$$E_{1x} = -N_x P_x \; ; \qquad E_{1y} = -N_y P_y \; ; \qquad E_{1z} = -N_z P_z \; ; \qquad \text{(CGS)}$$

$$\mathbf{E_{1x} = -\frac{N_x P_x}{\epsilon_0} \; ; \qquad E_{1y} = -\frac{N_y P_y}{\epsilon_0} \; ; \qquad E_{1z} = -\frac{N_z P_z}{\epsilon_0} \, .} \qquad \text{(SI)}$$

Hierbei sind N_x, N_y, N_z die **Entelektrisierungsfaktoren**; ihr Wert hängt vom Verhältnis der Hauptachsen des Ellipsoids ab. Die N sind positiv und erfüllen die Summenregel

$N_x + N_y + N_z = 4\pi$ im CGS-System,
$N_x + N_y + N_z = 1$ im SI-System.

In Bild 6 sind Werte von N für Rotationsellipsoide aufgetragen; weitere Fälle wurden von Osborn [5]) und von Stoner berechnet. Für einige Grenzfälle hat N folgende Werte

Gestalt der Probe	Achse	N (CGS)	N (SI)
Kugel	beliebig	$4\pi/3$	**1/3**
dünne Platte	senkrecht dazu	4π	**1**
dünne Platte	in ihrer Ebene	0	**0**
langer Kreiszylinder	longitudinal	0	**0**
langer Kreiszylinder	transversal	2π	**1/2**

[5]) J.A.Osborn, Physical Review **67**, 351 (1945); E.C.Stoner, Philosophical Magazine **36**, 803 (1945).

In zwei Fällen ist es möglich, das Entelektrisierungsfeld zum Verschwinden zu bringen. Entweder man arbeitet mit einer langen dünnen Probe oder man stellt eine elektrische Verbindung zwischen Elektroden her, die man an den gegenüberliegenden Oberflächen einer dünnen Platte befestigt.

In einem Ellipsoid induziert ein von außen angelegtes homogenes Feld $\mathbf{E}_0$ eine homogene Polarisation. Wir führen die **dielektrische Suszeptibilität** χ ein, über die das makroskopische Feld $\mathbf{E}$ im Innern des Ellipsoids mit der Polarisation $\mathbf{P}$ verbunden ist:

(14)
$$\mathbf{P} = \chi\mathbf{E} \ ; \qquad \text{(CGS)}$$
$$\mathbf{P} = \epsilon_0\chi\mathbf{E} \ . \qquad \text{(SI)}$$

Ist $\mathbf{E}$ homogen und parallel zu einer Hauptachse des Ellipsoids, so ist wegen (13)

(15)
$$E = E_0 + E_1 = E_0 - NP \ ; \qquad \text{(CGS)}$$
$$E = E_0 - \frac{NP}{\epsilon_0} \ , \qquad \text{(SI)}$$

und deshalb

(16)
$$P = \chi(E_0 - NP) \ ; \qquad P = \frac{\chi}{1 + N\chi} E_0 \ ; \qquad \text{(CGS)}$$
$$P = \chi(\epsilon_0 E_0 - NP) \ ; \qquad P = \frac{\chi\epsilon_0}{1 + N\chi} E_0 \ . \qquad \text{(SI)}$$

Der Wert der Polarisation hängt vom Entelektrisierungsfaktor N ab. Falls die Suszeptibilität χ sehr groß im Vergleich zu N ist, gilt:

(17)
$$P \approx \frac{E_0}{N} \ ; \ \text{(CGS)} \qquad \text{(SI)} \ P \approx \frac{\epsilon_0 E_0}{N} \ .$$

In diesem Grenzfall wird die Polarisation vollständig durch die Form der Probe bestimmt. Diese Situation muß vermieden werden, wenn wir an der Bestimmung der dielektrischen Suszeptibilität eines Materials interessiert sind.

Lokales elektrisches Feld am Ort eines Atoms

Der Wert des lokalen elektrischen Feldes am Ort eines Atoms unterscheidet sich wesentlich vom Wert des makroskopischen elektrischen Feldes. Wir können uns davon überzeugen, wenn wir in einem Kristall mit der

Form einer Kugel das lokale Feld an einem Ort mit kubischer Anordnung der Umgebung [6]) betrachten. Das makroskopische elektrische Feld in einer Kugel ist wegen (15)

(18)
$$\mathbf{E} = \mathbf{E}_0 + \mathbf{E}_1 = \mathbf{E}_0 - \frac{4\pi}{3}\mathbf{P} \; ; \qquad \text{(CGS)}$$
$$\mathbf{E} = \mathbf{E}_0 + \mathbf{E}_1 = \mathbf{E}_0 - \frac{1}{3\epsilon_0}\mathbf{P} \; . \qquad \text{(SI)}$$

Betrachten wir nun aber das Feld, das auf das Atom im Mittelpunkt der Kugel wirkt. (Dieses Atom ist nicht unbedeutend, wie wir später sehen werden.) Falls alle Dipole parallel zur z-Achse liegen und den Betrag p haben, so ist wegen (5b) die z-Komponente des Feldes, das von allen anderen Dipolen herrührt, im Mittelpunkt:

(19)
$$E_{\text{dipole}} = p\sum_i \frac{3z_i^2 - r_i^2}{r_i^5} = p\sum_i \frac{2z_i^2 - x_i^2 - y_i^2}{r_i^5} \; . \qquad \text{(CGS)}$$

Im SI-System wird p durch $p/4\pi\epsilon_0$ ersetzt. Wegen der Symmetrie des Gitters und der Kugel sind die x-, y- und z-Richtung äquivalent, so daß

(20)
$$\sum_i \frac{z_i^2}{r_i^5} = \sum_i \frac{x_i^2}{r_i^5} = \sum_i \frac{y_i^2}{r_i^5} \; ,$$

und deshalb

(21)
$$E_{\text{dipole}} = 0 \; .$$

In einer kugelförmigen Probe ist also das exakte lokale Feld am Ort eines Atoms mit kubischer Umgebung gleich dem von außen angelegten Feld

(22)
$$\mathbf{E}_{\text{local}} = \mathbf{E}_0 \; .$$

Das lokale Feld ist also nicht gleich dem makroskopischen Durchschnittsfeld.

Wir leiten nun einen Ausdruck für das lokale Feld an einem Ort in einem beliebigen Gitter her, das nicht unbedingt kubische Symmetrie haben muß. Das lokale Feld am Ort eines Atoms ist die Summe aus dem elektrischen

---

[6]) Atomplätze in kubischen Kristallen haben nicht notwendigerweise kubische Symmetrie: So hat der O^{--}-Platz in der Struktur des Bariumtitanats (Bild 14.2) keine kubische Umgebung. Die Plätze des Na^+ und Cl^- in der NaCl-Struktur und des Cs^+ und Cl^- in der CsCl-Struktur haben jedoch kubische Symmetrie. Unter einem Feld am Ort eines Atoms verstehen wir das Feld, das am Ort des Atoms wirkt.

Feld $\mathbf{E}_0$ der äußeren Quellen und dem Feld der Dipole innerhalb der Probe. Der Einfachheit halber wird das Dipolfeld so zerlegt, daß ein Teil der Summation über die Dipole durch eine Integration ersetzt werden kann. Wir schreiben:

$$\mathbf{E}_{\text{local}} = \mathbf{E}_0 + \mathbf{E}_1 + \mathbf{E}_2 + \mathbf{E}_3 \; . \tag{23}$$

Dabei bedeuten:

$\mathbf{E}_0$ = das Feld, das durch vorgegebene Ladungen außerhalb des Körpers erzeugt wird,

$\mathbf{E}_1$ = das Entelektrisierungsfeld einer Ladungsdichte $\hat{\mathbf{n}} \cdot \mathbf{P}$ auf der äusseren Oberfläche der Probe,

$\mathbf{E}_2$ = das Lorentz-Feld: das Feld der Polarisationsladungen auf der Innenseite eines kugelförmigen Hohlraums, der (als mathematische Fiktion) aus der Probe herausgeschnitten wurde und seinen Mittelpunkt im Bezugsatom hat (Bild 7),

$\mathbf{E}_3$ = das Feld der Atome innerhalb des Hohlraums.

Der Beitrag $\mathbf{E}_1 + \mathbf{E}_2 + \mathbf{E}_3$ zum lokalen elektrischen Feld stellt das gesamte Feld am Ort eines Atoms dar, das von den Dipolmomenten aller anderen Atome in der Probe hervorgerufen wird:

$$\mathbf{E}_1 + \mathbf{E}_2 + \mathbf{E}_3 = \sum_i \frac{3(\mathbf{p}_i \cdot \mathbf{r}_i)\mathbf{r}_i - r_i^2\mathbf{p}_i}{r_i^5} . \tag{24}$$

Im SI-System ersetze man $\mathbf{p}_i$ durch $\mathbf{p}_i/4\pi\epsilon_0$. Dipole, die vom Bezugsort eine größere Entfernung als etwa zehn Gitterkonstanten haben, liefern einen Beitrag, der die Summe leicht verändert. Dieser Beitrag läßt sich durch zwei Oberflächen-Integrale ersetzen (Fußnote 3). Ein Integral wird über die Oberfläche der ellipsoiden Probe gebildet und liefert $\mathbf{E}_1$ nach Gleichung (11). Das zweite Integral bestimmt $\mathbf{E}_2$ und kann über jede beliebige innere Oberfläche berechnet werden, die einen geeigneten Abstand zum Bezugsort hat (z. B. 50 Å), da zur Berechnung von $\mathbf{E}_3$ nur Dipole betrachtet werden, die zu dem von der ersten und zweiten Oberfläche eingeschlossenen Volumen gehören. Für die innere Oberfläche nimmt man am besten die einer Kugel.

Lorentz-Feld, E_2

Im Jahr 1878 berechnete Lorentz das Feld $\mathbf{E}_2$, das von den Polarisationsladungen auf der Oberfläche des fiktiven Hohlraums herrührt. Bezeichnet man mit θ den Polarwinkel (Bild 8), bezogen auf die Polarisationsrichtung als Achse, so ist die Flächenladungsdichte auf der Oberfläche

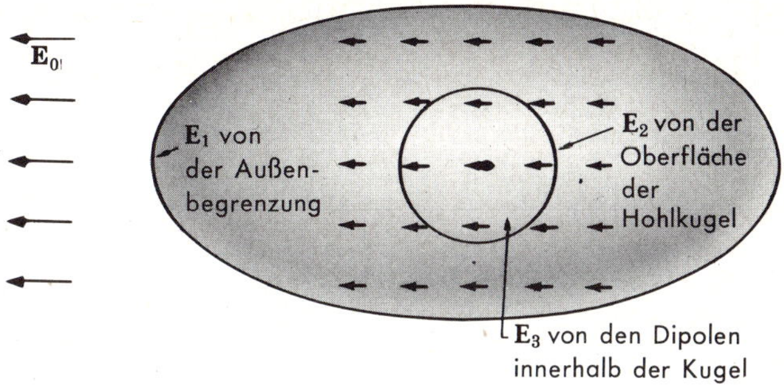

Bild 7: Das für ein Atom im Kristall maßgebende innere elektrische Feld ist die Summe aus dem von außen angelegten Feld $\mathbf{E}_0$ und dem Feld, das von den anderen Atomen im Kristall herrührt. Bei der üblichen Methode zur Summation der Dipolfelder der übrigen Atome wird zuerst einzeln über eine begrenzte Anzahl von Nachbaratomen summiert, die sich in einer gedachten, zum Bezugsatom konzentrischen Kugel befinden; dadurch wird das Feld $\mathbf{E}_3$ definiert; es verschwindet, wenn das Bezugsatom in einer Umgebung mit kubischer Symmetrie sitzt. Die Atome außerhalb der Kugel können als homogen polarisiertes Dielektrikum aufgefaßt werden. Ihr Beitrag zum Feld am Bezugsort ist $\mathbf{E}_1 + \mathbf{E}_2$, wobei $\mathbf{E}_1$ das zu der äußeren Oberfläche gehörige Entelektrisierungsfeld ist und $\mathbf{E}_2$ das Feld, das von der Oberfläche des kugelförmigen Hohlraums herrührt.

des Hohlraums gleich $-P \cos \theta$. Das elektrische Feld im Mittelpunkt der Hohlkugel mit Radius a ist dann

(25)
$$\mathbf{E}_2 = \int_0^{\pi} (a^{-2})(2\pi a \sin\theta)(a\,d\theta)(\mathbf{P}\cos\theta)(\cos\theta) = \frac{4\pi}{3}\mathbf{P} \; ; \quad \text{(CGS)}$$
$$\mathbf{E}_2 = \frac{1}{3\epsilon_0}\mathbf{P} \, . \quad \text{(SI)}$$

Das Feld der Dipole innerhalb eines Hohlraums, E_3

Das von den Dipolen innerhalb des kugelförmigen Hohlraums erzeugte Feld $\mathbf{E}_3$ ist der einzige Betrag, der von der Kristallstruktur abhängt. In den Gleichungen (19) und (21) wurde gezeigt, daß für einen Bezugspunkt mit kubischer Umgebung in einer Kugel

(26) $$\mathbf{E}_3 = 0$$

ist, falls alle Atome durch zueinander parallele Dipole ersetzt werden können. Dies bestätigt das Ergebnis (23) für das lokale Feld. Für tetragonale und einfache hexagonale Gitter gibt Müller [7] Werte von $\mathbf{E}_3$ an.

[7]) H. Mueller, Phys. Rev. **47**, 947 (1935); **50**, 547 (1936); ebenso L.W. McKeehan, Phys. Rev. 43, 1022, 1025 (1933).

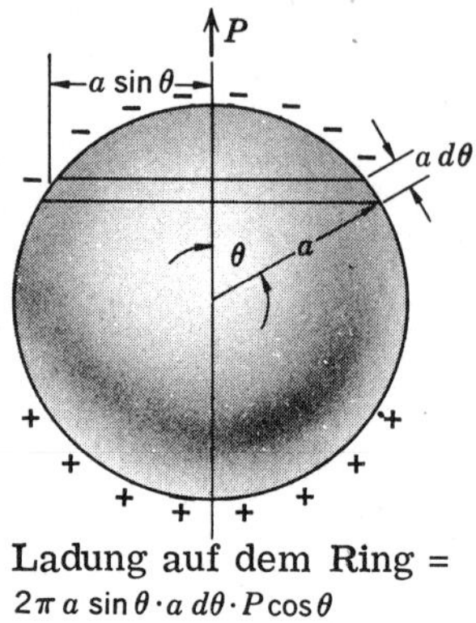

Bild 8:
Berechnung des Feldes innerhalb einer Hohlkugel, die sich in einem homogen polarisierten Medium befindet.

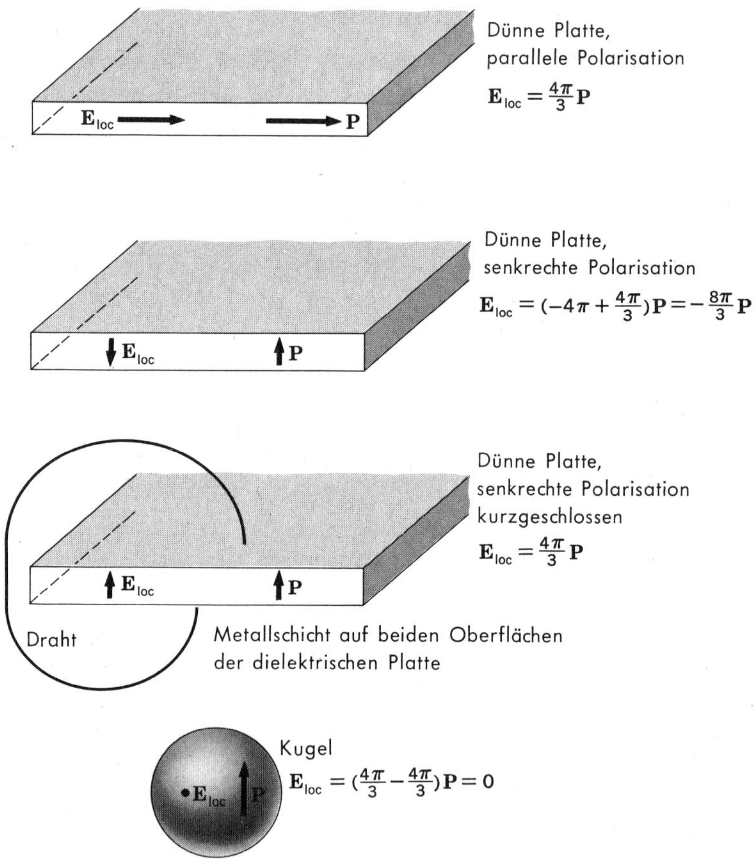

Bild 9: **Das von der Polarisation alleine hervorgerufene lokale elektrische Feld an Gitterplätzen mit lokaler kubischer Symmetrie für vier wichtige geometrische Verhältnisse. (Um die gleichen Formeln im SI-System zu erhalten, multipliziere man P mit $1/4\pi\epsilon_0$.)**

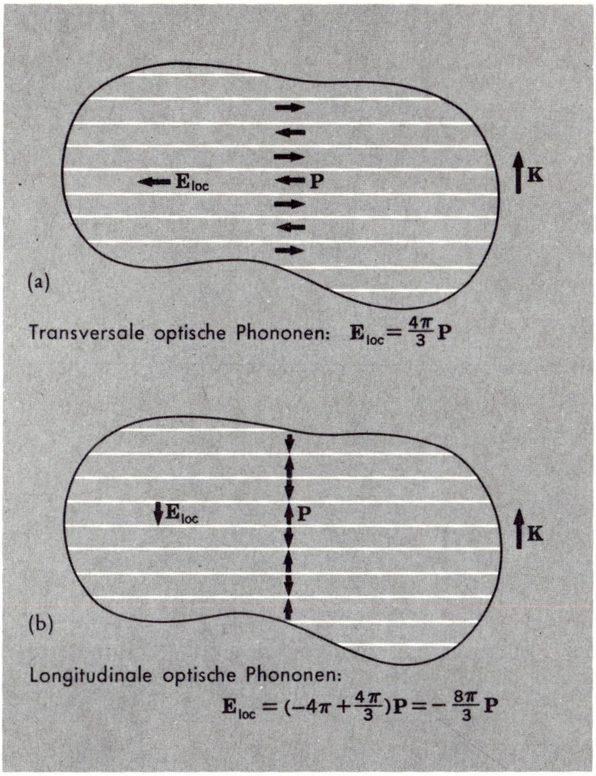

Bild 10: Das lokale elektrische Feld (der langreichweitige Anteil der Wechselwirkung) trägt dazu bei, die von einem transversalen optischen Phonon erzeugte Gitterdeformation zu vergrößern (a), schwächt aber die Deformation von einem longitudinalen optischen Phonon ab (b). Es gilt daher $\omega_L > \omega_T$. Die angegebenen Werte der lokalen Feldstärken gelten für Ionen in kubischer Umgebung. Die Linien deuten die Knotenlinien (oder -ebenen) an.

Das gesamte lokale Feld an einem Ort mit kubischer Umgebung ist:

(27)

$$\mathbf{E}_{\text{local}} = \mathbf{E}_0 + \mathbf{E}_1 + \frac{4\pi}{3}\mathbf{P} = \mathbf{E} + \frac{4\pi}{3}\mathbf{P} \; ; \qquad \text{(CGS)}$$

$$\mathbf{E}_{\text{local}} = \mathbf{E} + \frac{1}{3\epsilon_0}\mathbf{P} \; , \qquad \text{(SI)}$$

was aus (23) und (26) folgt. Bild 9 zeigt lokale Felder für verschiedene Geometrien. Die Gleichung (27) heißt die **Lorentz-Beziehung**: Das Feld, das auf ein Atom an einem Ort mit kubischer Symmetrie wirkt, ist das makroskopische Feld $\mathbf{E}$ der Gleichung (18) plus das Feld $4\pi\mathbf{P}/3$ bzw.

$\mathbf{P}/3\epsilon_0$, das von der Polarisation der anderen Atome in der Probe herrührt. Experimentelle Daten [8]) für kubische Ionenkristalle bestätigen die Lorentz-Beziehung. Das lokale Feld für die Moden optischer Phononen in Ionenkristallen hängt von der Polarisation ab, wie Bild 10 zeigt.

Dielektrizitätskonstante und Polarisierbarkeit

Die **Dielektrizitätskonstante** ε eines isotropen oder kubischen Mediums relativ zum Vakuum wird definiert als:

(28)

$$\epsilon \equiv \frac{E + 4\pi P}{E} = 1 + 4\pi\chi \; ; \qquad \text{(CGS)}$$

$$\epsilon = \frac{\epsilon_0 E + P}{\epsilon_0 E} = 1 + \chi \; . \qquad \text{(SI)}$$

Die Suszeptibilität hängt mit der Dielektrizitätskonstanten zusammen über:

(29)

$$\chi = \frac{P}{E} = \frac{\epsilon - 1}{4\pi} \; ; \qquad \text{(CGS)}$$

$$\chi = \frac{P}{\epsilon_0 E} = \epsilon - 1 \; . \qquad \text{(SI)}$$

E ist dabei das makroskopische Feld. In einem nichtkubischen Kristall wird das dielektrische Verhalten durch die Komponente des Tensors der Suszeptibilität oder der Dielektrizitätskonstanten beschrieben:

(30)

$$P_\mu = \chi_{\mu\nu} E_\nu \; ; \qquad \epsilon_{\mu\nu} = 1 + 4\pi\chi_{\mu\nu} \; . \qquad \text{(CGS)}$$

$$P_\mu = \chi_{\mu\nu} \epsilon_0 E_\nu \; ; \qquad \epsilon_{\mu\nu} = 1 + \chi_{\mu\nu} \; . \qquad \text{(SI)}$$

Die **Polarisierbarkeit** α eines Atoms wird über das lokale elektrische Feld an dessen Ort definiert:

(31) $$p = \alpha E_{\text{local}} \; ,$$

wobei p das Dipolmoment ist. Diese Beziehung wird sowohl im CGS- als auch im SI-System benutzt, wenn auch einige Autoren α im SI-System durch $p = \alpha\epsilon_0 E_{\text{local}}$ definieren. Während die Polarisierbarkeit die Eigenschaft eines Atoms ist, hängt die Dielektrizitätskonstante von der An-

[8]) J. Tessman, A. Kahn und W. Shockley, Phys. Rev. **92** , 890 (1953); E. Kartheuser und J. Deltour, Physics Letters **19**, 548 (1965).

ordnung der Atome im Kristall ab. Die Einheit der Polarisierbarkeit im CGS-System ist (Länge)^3, da das Dipolmoment die Einheit (Ladung) × (Länge) hat und das Feld (Ladung) × (Länge)$^{-2}$.

Näherungsweise kann man die Polarisation eines Kristalls durch das Produkt aus den Polarisierbarkeiten der Atome und den lokalen elektrischen Feldern ausdrücken:

$$P = \sum_j N_j p_j = \sum_j N_j \alpha_j E_{\text{loc}}(j) \ . \tag{32}$$

Dabei sind N_j die Konzentration und α_j die Polarisierbarkeit der Atome j; $E_{\text{loc}}(j)$ ist das lokale Feld an den Atomplätzen j. Als nächstes soll die Dielektrizitätskonstante in Zusammenhang mit der Polarisierbarkeit gebracht werden. Das Ergebnis wird von der Beziehung abhängen, die zwischen dem makroskopischen und dem lokalen elektrischen Feld gilt. Die Herleitung wird nur im CGS-System gebracht, das Ergebnis aber in beiden Maßeinheiten angegeben.

Falls das lokale Feld durch die Lorentz-Beziehung (27) bestimmt ist, gilt

$$P = (\Sigma N_j \alpha_j)\left(E + \frac{4\pi}{3} P\right) \ . \qquad \text{(CGS)} \tag{33}$$

Nach **P** aufgelöst ergibt sich für die Suszeptibilität

$$\chi = \frac{P}{E} = \frac{\Sigma N_j \alpha_j}{1 - \frac{4\pi}{3} \Sigma N_j \alpha_j} \ . \qquad \text{(CGS)} \tag{34}$$

Mit der Definition $\epsilon = 1 + 4\pi\chi$ im CGS-System läßt sich (34) umschreiben, und man erhält das **Clausius-Mossotti-Gesetz**

$$\frac{\epsilon - 1}{\epsilon + 2} = \frac{4\pi}{3} \Sigma N_j \alpha_j \ ; \text{(CGS)} \qquad \text{(SI)} \ \frac{\epsilon - 1}{\epsilon + 2} = \frac{1}{3\epsilon_0} \Sigma N_j \alpha_j \ . \tag{35}$$

Dieses Gesetz stellt den Zusammenhang zwischen der Dielektrizitätskonstanten und der elektronischen Polarisierbarkeit her, jedoch nur für Kristallstrukturen, für die das lokale Feld das Lorentz-Feld in (27) ist.

Messung der Dielektrizitätskonstanten

Die üblichen Methoden zur Messung der Dielektrizitätskonstanten beruhen auf dem Vergleich zwischen der Kapazität C'' eines Kondensators, der mit der Meßsubstanz gefüllt ist und der Kapazität C' des leeren Kondensators. Das Verhältnis C''/C' ist gleich ϵ, d. h. gleich der Dielektrizitätskonstanten. Der Kapazitätswert kann im Prinzip mit einem LC-Schwing-

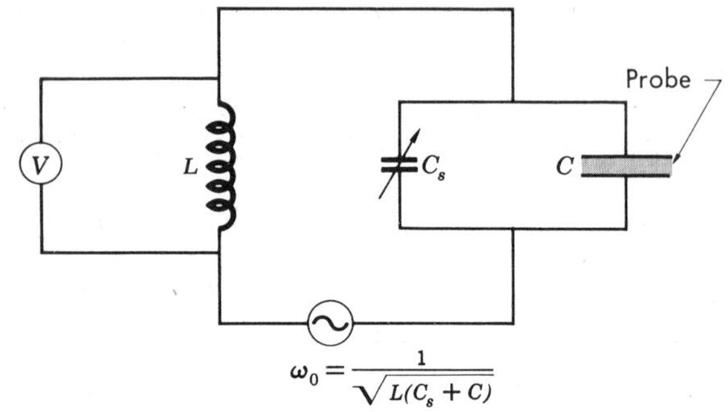

Bild 11:
Schematisch dargestellte Anordnung zur Messung von Dielektrizitätskonstanten.

kreis entsprechend Bild **11** bestimmt werden. C_s ist ein geeichter Drehkondensator und C der Kondensator, der die Probe aufnimmt. C' und C'', damit also auch ϵ, werden bestimmt, indem man den geeichten Kondensator so einstellt, daß die Resonanzfrequenz $\omega_0 = [L(C_s + C)]^{-1/2}$ konstant bleibt, während der Kondensator C aufgefüllt wird.

Beschreibungen von tatsächlich verwendeten Schaltungen findet man in sehr großer Zahl in der Literatur. Bei Mikrowellenfrequenzen muß die Meßmethode etwas abgewandelt werden; man mißt dort oft die Wellenlänge λ der Mikrowellen in der Probe und erhält daraus über die Beziehung λ (Vakuum)/ λ (Probe) $= (\epsilon\mu)^{1/2}$ die Dielektrizitätskonstante (μ ist die Permeabilität relativ zum Vakuum).

Elektronische Polarisierbarkeit

Die gesamte Polarisierbarkeit läßt sich gewöhnlich in drei Anteile aufspalten [9]) : einen elektronischen und einen ionischen Beitrag, sowie einen der permanenten Dipole (Bild 12). Der elektronische Beitrag (Elektronenpolarisation, Verschiebungspolarisation der Elektronen) entsteht durch die Verschiebung der Elektronenhülle relativ zum Kern. Die Verschiebung geladener Ionen relativ zu anderen Ionen liefert den ionischen Anteil (Verschiebungspolarisation der Ionen). Die Dipolpolarisierbarkeit (Orientierungspolarisation) kommt durch Moleküle mit permanenten elektrischen Dipolmomenten zustande, deren Orientierung sich in einem angelegten elektrischen Feld ändern kann. Die verschiedenen Beiträge werden in Bild 13 erläutert.

---

[9]) In heterogenen Stoffen gibt es normalerweise auch eine Polarisation an den Phasengrenzen, die von der Ladungsanhäufung an den Grenzflächen zwischen Bereichen verschiedener Strukturen herrührt. Dies ist zwar nur von geringer grundsätzlicher, jedoch von großer praktischer Bedeutung, da käufliche Isolierstoffe normalerweise heterogen sind.

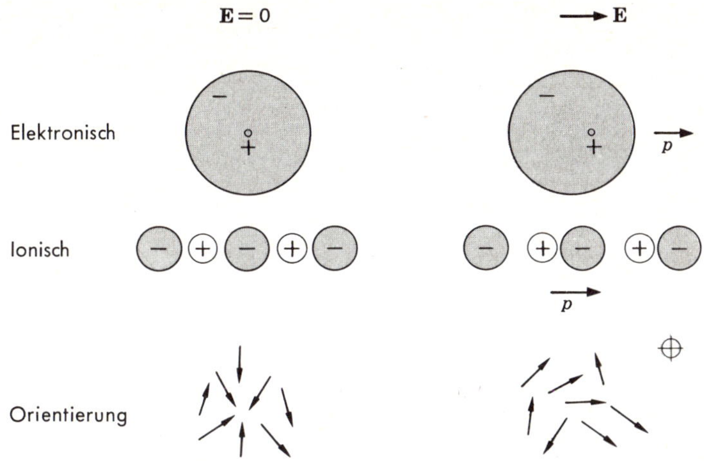

Bild 12: Beiträge zur Polarisierbarkeit.

Im Bereich der optischen Frequenzen ist es fast ausschließlich die Elektronenpolarisation, die die Dielektrizitätskonstante hervorruft. Der ionische und der Dipolbeitrag sind wegen der Trägheit der Moleküle und Ionen bei hohen Frequenzen klein. Im optischen Bereich vereinfacht sich (35) zu

(36) $$\frac{n^2 - 1}{n^2 + 2} = \frac{4\pi}{3} \Sigma N_i \alpha_i \text{ (elektronisch);} \qquad \text{(CGS)}$$

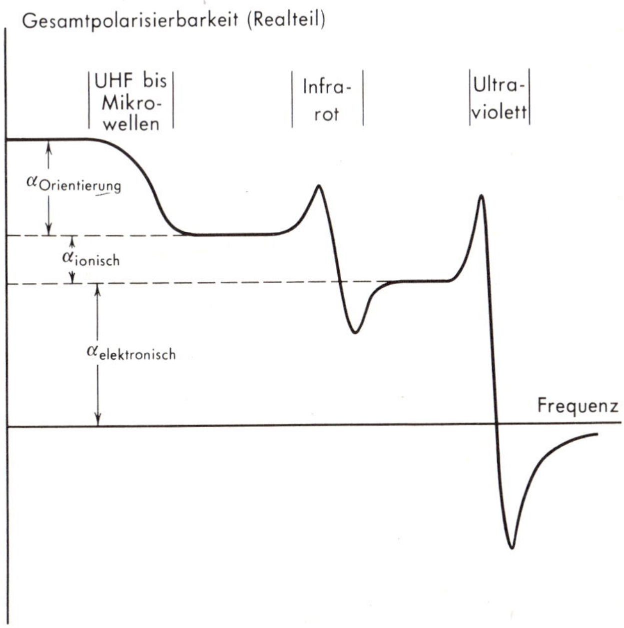

Bild 13: Frequenzabhängigkeit der verschiedenen Beiträge zur Polarisierbarkeit (schematisch).

Tabelle 1: Elektronische Polarisierbarkeiten in 10^{-24} cm^3

Werte nach L. Pauling, Proc. Roy. Soc. (London) **A 114**, 181 (1927); J. Pirenne und E. Kartheuser, Physica **20**, 2005 (1964) und nach J. Tessman, A. Kahn und W. Shockley, Phys. Rev. **92**, 890 (1953). Die PK- und TKS-Polarisierbarkeiten gelten für die D-Linien von Natrium. Die Werte sind in CGS-Einheiten angegeben; um sie in SI-Einheiten zu erhalten, multipliziere man sie mit $1/9 \cdot 10^{-15}$.

			He	Li^+	Be^{2+}	B^{3+}	C^{4+}
Pauling			0.201	0.029	0.008	0.003	0.0013
PK				0.029			
	O^{2-}	F^-	Ne	Na^+	Mg^{2+}	Al^{3+}	Si^{4+}
Pauling	3.88	1.04	0.390	0.179	0.094	0.052	0.0165
PK-(TKS)	(2.4)	0.87		0.312			
	S^{2-}	Cl^-	Ar	K^+	Ca^{2+}	Sc^{3+}	Ti^{4+}
Pauling	10.2	3.66	1.62	0.83	0.47	0.286	0.185
PK-(TKS)	(5.5)	3.06		1.14	(1.1)		(0.19)
	Se^{2-}	Br^-	Kr	Rb^+	Sr^{2+}	Y^{3+}	Zr^{4+}
Pauling	10.5	4.77	2.46	1.40	0.86	0.55	0.37
PK-(TKS)	(7.)	4.28		1.76	(1.6)		
	Te^{2-}	I^-	Xe	Cs^+	Ba^{2+}	La^{3+}	Ce^{4+}
Pauling	14.0	7.10	3.99	2.42	1.55	1.04	0.73
PK-(TKS)	(9.)	6.52		3.02	(2.5)		

hier wurde die Maxwellsche Beziehung $n^2 = \epsilon$ benutzt; n ist der Brechungsindex. Aus Beziehung (36) lassen sich für eine große Zahl von Kristallen empirische Werte der elektronischen Polarisierbarkeit bestimmen; sie stehen in vernünftiger Übereinstimmung mit den beobachteten Werten der Brechungsindizes (Tabelle 1). Diese Übersicht ist in sich nicht ganz widerspruchsfrei, da die elektronische Polarisierbarkeit eines Ions noch in geringem Maße von seiner jeweiligen Umgebung abhängen kann. Die negativen Ionen können stark polarisiert werden, da sie sehr groß sind (Tabelle 3.7).

Klassische Theorie der Elektronenpolarisation. Ein Elektron, das harmonisch an ein Atom gebunden ist, zeigt Resonanzabsorption bei der Frequenz $\omega_0 = (\beta/m)^{1/2}$; β ist die Kraftkonstante. Beim Anlegen eines Feldes E_{loc} erfährt das Elektron eine Verschiebung um die Strecke

$$eE_{loc} = \beta x = m\omega_0^2 x. \tag{37}$$

Die statische elektronische Polarisierbarkeit ist danach

(38) $$\alpha\,(\text{elektronisch}) = \frac{p}{E_{\text{loc}}} = \frac{ex}{E_{\text{loc}}} = \frac{e^2}{m\omega_0{}^2}.$$

Die elektronische Polarisierbarkeit wird noch frequenzabhängig sein; das folgende Beispiel zeigt, daß für die Frequenz ω gilt

(39) $$\alpha\,(\text{elektronisch}) = \frac{e^2/m}{\omega_0{}^2 - \omega^2};$$

im sichtbaren Bereich ist jedoch die Frequenzabhängigkeit (Dispersion) für die meisten durchsichtigen Stoffe gewöhnlich nicht sehr bedeutsam.

Beispiel: Frequenzabhängigkeit. Gesucht ist die Frequenzabhängigkeit der elektronischen Polarisierbarkeit eines Elektrons mit der Resonanzfrequenz ω_0, wenn das System als einfacher harmonischer Oszillator aufgefaßt wird.

Die Bewegungsgleichung im lokalen elektrischen Feld $E_{\text{loc}} \sin \omega t$ lautet

(40) $$m\, d^2x/dt^2 + m\omega_0{}^2 x = eE_{\text{loc}} \sin \omega t,$$

so daß man mit $x = x_0 \sin \omega t$ erhält:

$$m(-\omega^2 + \omega_0{}^2)x_0 = eE_{\text{loc}}.$$

Das Dipolmoment hat die Amplitude

(41) $$p_0 = ex_0 = \frac{e^2 E_{\text{loc}}}{m(\omega_0{}^2 - \omega^2)}.$$

Daraus folgt (39).

In der Quantentheorie lautet der (39) entsprechende Ausdruck

(42) $$\alpha\,(\text{elektronisch}) = \frac{e^2}{m} \sum_j \frac{f_{ij}}{\omega_{ij}{}^2 - \omega^2}.$$

f_{ij} ist die **Oszillatorstärke** des elektrischen Dipolübergangs zwischen den atomaren Zustände i und j. Gleichung (42) gilt streng für Atome; für den Festkörper müßte sie noch geringfügig abgeändert werden.

Orientierungspolarisation

Die statische Dielektrizitätskonstante von Wasser hat bei Zimmertemperatur den Wert 81, bei den optischen Frequenzen jedoch nur 1,77. Der Unterschied wird hauptsächlich durch die Orientierungspolarisation verursacht, die bei tiefen Frequenzen wirksam ist, bei Frequenzen über 10^{10} Hz durch die Dämpfung jedoch ausgeschaltet wird. Die charakeri-

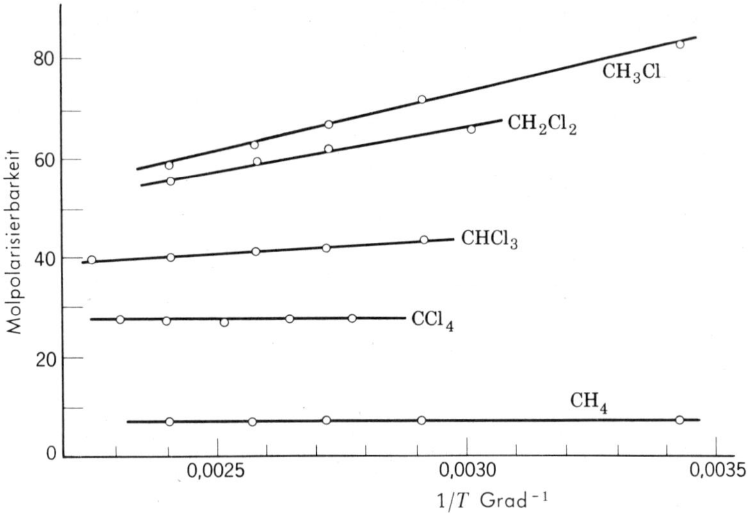

Bild 14: Molpolarisation (d.h. die Größe $[(\epsilon - 1)/(\epsilon + 2)]$ mal Molvolumen) für polare und nichtpolare, substituierte Methanverbindungen im gasförmigen Zustand. [Nach R. Sanger, Physik Z. **27**, 556 (1926).]

stische Temperaturabhängigkeit der Orientierungspolarisation von polaren Molekeln zeigt Bild 14; CH_3Cl besitzt ein permanentes elektrisches Dipolmoment, CH_4 und CCl_4 dagegen nicht, da sie symmetrisch sind.

Dem Bestreben des elektrischen Feldes, einen Permanentdipol auszurichten, steht die thermische Bewegung entgegen. Die potentielle Energie U eines Moleküls mit dem permanenten Moment $\mathbf{p}$ in einem Feld $\mathbf{E}$ ist

$$(45) \qquad U = -\mathbf{p}\cdot\mathbf{E} = -pE\cos\theta,$$

wenn θ den Winkel zwischen dem Moment und der Feldrichtung bezeichnet.

Dann ist:

$$(46) \qquad P = Np\,\langle\cos\theta\rangle,$$

wobei N die Zahl der Moleküle pro Volumeneinheit und $\langle\cos\theta\rangle$ das thermische Mittel ist.

Gemäß der Boltzmannschen Verteilung ist die relative Wahrscheinlichkeit, ein Molekül in einem Raumwinkelelement $d\Omega$ zu finden, proportional zu $\exp(-U/k_BT)$ und weiter

$$(47) \qquad \langle\cos\theta\rangle = \frac{\int e^{-\beta U}\cos\theta\,d\Omega}{\int e^{-\beta U}\,d\Omega}.$$

Als Abkürzung wurde eingeführt: $\beta \equiv 1/k_B T$. Die Integration ist über den gesamten Raum zu erstrecken;

$$\langle \cos\theta \rangle = \frac{\int_0^\pi 2\pi \sin\theta \cos\theta \, e^{\beta pE \cos\theta} \, d\theta}{\int_0^\pi 2\pi \sin\theta \, e^{\beta pE \cos\theta} \, d\theta}. \tag{48}$$

Setzt man $s \equiv \cos\theta$ und $x \equiv pE/k_B T$, so wird

$$\begin{aligned} \langle \cos\theta \rangle &= \int_{-1}^{1} e^{sx} s \, ds \Big/ \int_{-1}^{1} e^{sx} \, ds = \frac{d}{dx} \ln \int_{-1}^{1} e^{sx} \, ds \\ &= \frac{d}{dx} \ln (e^x - e^{-x}) - \frac{d}{dx} \ln x = \operatorname{ctnh} x - \frac{1}{x} \equiv L(x). \end{aligned} \tag{49}$$

Dadurch wird die **Langevin-Funktion** $L(x)$ definiert. Diese Funktion[10] ist in Bild 15 aufgetragen; man erkennt daraus deutlich die Sättigungseigenschaft für $pE \gg k_B T$.

Der experimentell wichtigste Fall liegt vor, falls $p \cdot E \ll k_B \cdot T$ ist. Die Dipolelemente von Molekülen liegen in CGS-Einheiten in der Größenordnung von 10^{-18} esE; bei einem elektrischen Feld von $E = 3000$ V/cm = 10 el. stat. V/cm ist dann also $pE \approx 10^{-17}$ erg. In SI-Einheiten haben Di-

Bild 15: Verlauf der Langevin-Funktion $L(x)$ in Abhängigkeit von $x = pE/k_B T$. Die Anfangssteigung ist durch die gestrichelte Linie angegeben. Bei $pE/k_B T = 5$ erreicht die Polarisation 80% des Sättigungswertes.

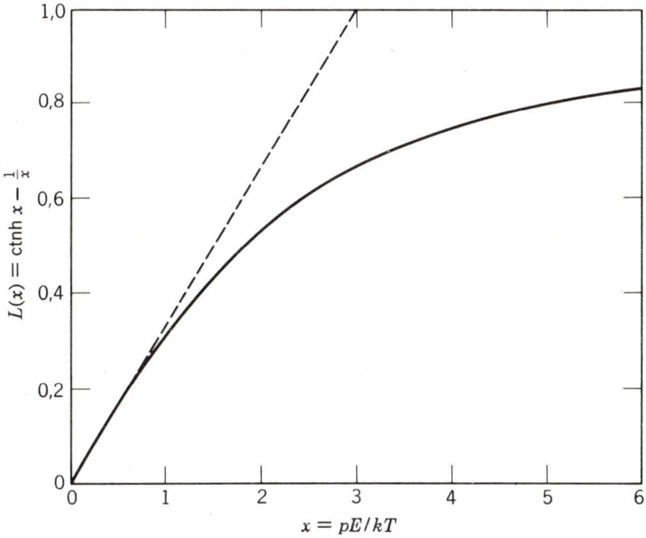

[10]) Die Langevin-Funktion findet man tabelliert bei Jahnke-Emde-Lösch, Tables of higher funktions, McGraw-Hill, 6th ed., 1960, Tabelle 51.

polmomente die Größenordnung von 10^{-29} cm. Bei Zimmertemperatur wird $k_BT \approx 4 \cdot 10^{-14}$ und damit $x \equiv pE/k_BT \approx 1/4000$. Im Grenzfall $x \ll 1$ erhält man

$$\text{ctnh}\, x = \frac{1}{x} + \frac{x}{3} - \frac{x^3}{45} + \cdots; \qquad L(x) \cong x/3 = pE/3k_BT \tag{50}$$

und somit die Polarisation zu

$$P = Np\,\langle\cos\theta\rangle = Np^2E/3k_BT. \tag{51}$$

Die Orientierungspolarisierbarkeit pro Molekül ist

$$\alpha\,(\text{Dipol}) = p^2/3k_BT. \tag{52}$$

Sie hat bei Zimmertemperatur die gleiche Größenordnung wie die elektronische Polarisierbarkeit.

In der Praxis wird das Dipolmoment p bestimmt, indem man entweder α oder $(\epsilon - 1)/(\epsilon + 2)$ aus (35) als Funktion von $1/T$ aufträgt (Bild 14); die Steigung ist in einfacher Weise mit p verknüpft. Auf diese Art erhält man beispielsweise $p\,(H_2O) = 1{,}87 \cdot 10^{-18}$ esE. Die Momente werden oft in **Debyeschen Einheiten** gleich 10^{-18} esE ausgedrückt; diese liegt in der Größenordnung einer Elektronenladung, multipliziert mit einem interatomaren Abstand.

Dipolorientierung im Festkörper

Die Fähigkeit eines Moleküls, sich in einem Festkörper gerichtet einzustellen, hängt sehr stark von seiner Gestalt und von der Stärke seiner Wechselwirkung mit der Umgebung ab. Je vollkommener die Kugelgestalt und je geringer das Dipolmoment eines Moleküls sind, umso leichter und schneller kann es sich, einem veränderlichen elektrischen Feld folgend, einstellen. Festes Methan (CH_4) rotiert als symmetrisches unpolares Molekül ziemlich frei im Festkörper; ebenso die Moleküle in festem Wasserstoff. Weniger symmetrische Moleküle wie HCl und H_2O haben mehrere stabile Einstellrichtungen und gehen nur relativ langsam von einer stabilen Einstellung zur andern über. Die mittlere Zeitspanne zwischen den Umorientierungen wird als **Relaxationszeit** bezeichnet.

Bild 16 zeigt die Dielektrizitätskonstante von festem H_2S als Funktion der Temperatur. Man beachte das rasche Anwachsen der Dielektrizitätskonstanten bei Erniedrigung der Temperatur; der plötzliche Abfall unterhalb 105 K kennzeichnet vermutlich den Übergang zu einem geordneten Zustand, in dem die Richtungen der H_2S Moleküle regelmäßig geordnet sind. Der Verlauf der Dielektrizitätskonstante oberhalb der Übergangstemperatur läßt an eine freie Rotation denken, doch ergibt sich eine ähnliche Temperaturabhängigkeit, wenn für jeden Dipol nur eine diskrete Zahl von erlaubten Einstellrichtungen zur Verfügung steht; dieser Verlauf ist also noch kein Beweis für eine freie Rotation.

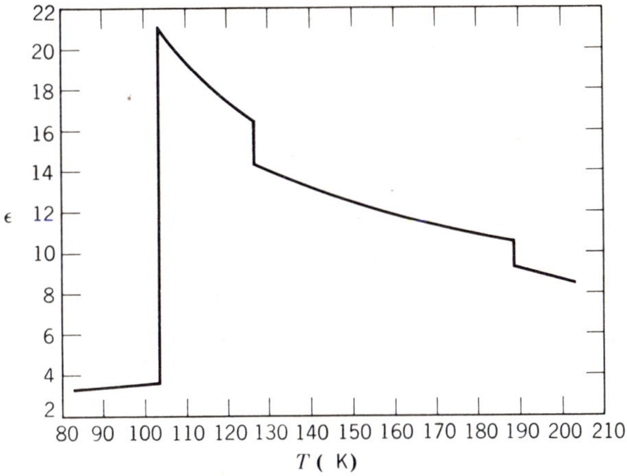

Bild 16: Temperaturabhängigkeit der Dielektrizitätskonstanten von Schwefelwasserstoff bei 5 KHz. Der Phasenübergang "fest-flüssig" erfolgt bei 190 K. [Nach Smyth und Hitchkock, J. Am. Chem. Soc. **56**, 1084 (1934).]

Dielektrische Relaxation und dielektrischer Verlust

In Festkörpern und Flüssigkeiten, die aus polaren Molekülen zusammengesetzt sind, stellt der Unterschied zwischen der Dielektrizitätskonstanten bei tiefen Frequenzen und der bei den optischen Frequenzen (wo sie gleich dem Quadrat des optischen Brechungsindex ist) im wesentlichen ein Maß für den Beitrag der Orientierungspolarisation zur Dielektrizitätskonstante dar. Wir hatten die Relaxationszeit als das Zeitintervall eingeführt, das die Wiederherstellung des Gleichgewichtszustandes in einem gestörten System charakterisiert; die **Relaxationsfrequenz** ist das Reziproke der Relaxationszeit. Wenn die Frequenz eines angelegten Feldes höher ist als die Relaxationsfrequenz, so wird das System dem Feld nicht folgen oder darauf reagieren. Die Relaxationsfrequenzen für die Dipoleinstellung erstrecken sich über einen großen Bereich und können sehr stark von der Temperatur abhängen. In Wasser mit Zimmertemperatur tritt Relaxation bei ungefähr $3 \cdot 10^{10}$ Hz auf. In Eis von $-20°$ C liegt die Relaxationsfrequenz, wie man aus Bild 17 entnimmt, in der Gegend von 1 kHz.

Debeysche Relaxationszeit

Von Debye [11]) stammt eine elegante Beschreibung der dielektrischen Relaxation von polaren Molekülen in Flüssigkeiten. Sein Hauptresultat besagt, daß der Orientierungsanteil der Polarisierbarkeit in folgender Weise von der angelegten Frequenz ω abhängt (für $E \propto \exp(-i\omega t)$):

$$\alpha(\omega) = \frac{\alpha_0}{1 - i\omega\tau}; \tag{53}$$

dabei ist τ die Relaxationszeit und α_0 die statische Orientierungspolarisierbarkeit. In Flüssigkeiten ist die Relaxationszeit mit der Viskosität η über die näherungsweise gültige Beziehung

$$\tau = 4\pi\eta a^3/k_B T \tag{54}$$

verknüpft, wobei a der Radius des als kugelförmig angenommenen Moleküls ist. Für Wasser bei Zimmertemperatur erhalten wir daraus $\tau \approx 10^{-11}$ sec, wenn $a \approx 10^{-8}$ cm und $\eta = 0{,}01$ Poise gesetzt wird; diese Relaxationsfrequenz steht in guter Übereinstimmung mit dem Experiment.

In Festkörpern sind die Relaxationszeiten gewöhnlich sehr viel länger als in Flüssigkeiten, da ein Festkörper inneren Bewegungen einen sehr viel stärkeren Widerstand entgegensetzt. Breckenridge [12]) wies auf den Zusammenhang zwischen den beobachteten dielektrischen Verlusten in Alkalihalogenidkristallen und der Bewegung von Gitterdefekten in den Kristallen hin. Dielektrische Verluste auf Grund von Elektronen, die in Übergangsmetalloxyden von einem Gitterplatz zum anderen springen, sind von S. Van Houten und A. J. Bosman, Proc. 1963 Buhl Int. Conf. Transition Metal Compounds, Seite 123 bis 136, diskutiert worden.

Shepherd und Feher [13]) haben berichtet, daß OH^--Ionen, die anstelle von Cl^--Ionen in einem KCl-Kristall eingebaut wurden, in der Nähe von 1 K Relaxationszeiten von weniger als 10^{-10} sec besitzen. Das OH^--Ion hat 6 gleich wahrscheinliche Orientierungen im Festkörper; das Dipolmoment weist dann jedesmal in Richtung einer Würfelkante.

---

11) P. Debye, Polare Molekeln, Leipzig, 1929. Zur Behandlung der Übergangs vom resonanzmäßigen zum relaxationsmäßigen Verhalten siehe J. H. van Vleck und V. F. Weisskopf, Rev. Modern Phys. **17**, 227 (1945).

12) R. G. Breckenridge in Imperfections in nearly perfect crystals, Herausgeber Shockley, Hollomon, Maurer und Seitz, Wiley 1952, J. Volger, Prog. Semiconductors **4**, 207 (1959).

13) I. Shepherd und G. Feher, Phys. Rev. Let. **15**, 194 (1965).

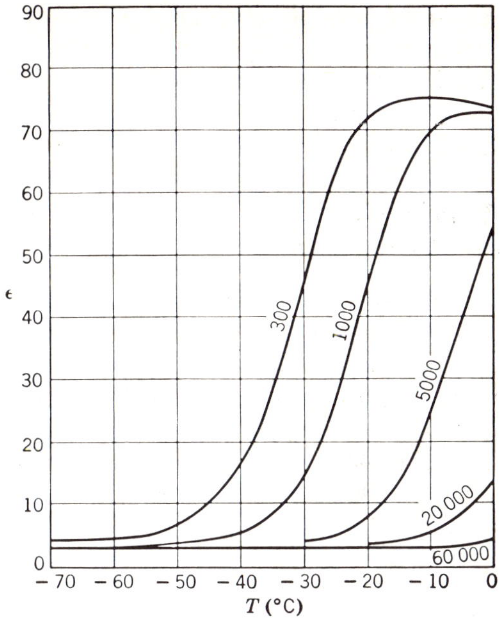

Bild 17:
Abhängigkeit der Dielektrizitätskonstanten des Eises von Temperatur und Frequenz (in Hz). [Nach Smyth und Hitchkock, J. Am. Chem. Soc. 54 , 4631 (1932).]

Komplexe Dielektrizitätskonstante

Treten Relaxationseffekte auf, so ist es zweckmäßig, die Dielektrizitätskonstante komplex zu schreiben. Bei einer Polarisierbarkeit entsprechend (53) lautet die Dielektrizitätskonstante unter der Annahme, das lokale Feld sei gleich dem äußeren Feld:

$$\epsilon = \epsilon' + i\epsilon'' = 1 + \frac{4\pi\alpha_0 N}{1 - i\omega\tau} = 1 + \frac{4\pi\alpha_0 N}{1 + \omega^2\tau^2} + i\,\frac{4\pi\alpha_0\omega\tau N}{1 + \omega^2\tau^2}. \tag{55}$$

(CGS)

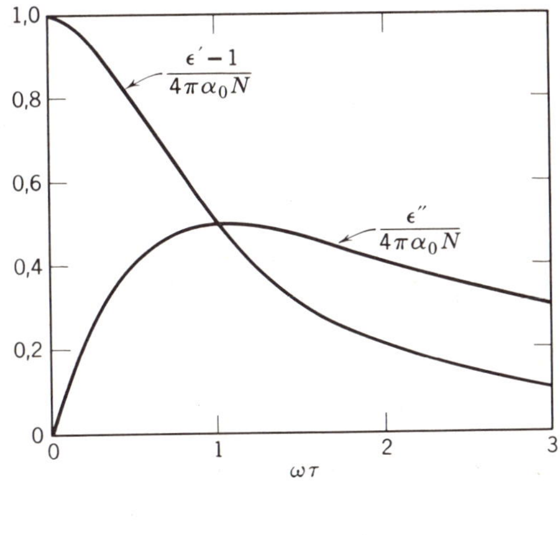

Bild 18:
Frequenzabhängigkeit von Real- und Imaginärteil der Dielektrizitätskonstanten $\epsilon = \epsilon' + i\epsilon''$, für den Fall, daß ein Relaxationsmechanismus vorliegt (CGS-Einheiten).

Diese Funktion ist in Bild 18 aufgetragen. Man beachte, daß die Abnahme des Realteils von ϵ in der Nähe des Maximums des Imaginärteils auftritt; dies ist ein Beispiel für das allgemein gültige Ergebnis, daß $\epsilon''(\omega)$ sich mit der Frequenz ändert[14]), wenn auch $\epsilon'(\omega)$ eine Funktion der Frequenz ist. Im SI-System ersetze man 4π durch $1/\epsilon_0$.

Zusammenfassung

(In CGS-Einheiten)

1. Das über das Volumen einer Probe gemittelte elektrische Feld ist das elektrische Feld $\mathbf{E}$ der Maxwell-Gleichungen. Es ist als makroskopisches Feld bekannt.

2. Das elektrische Feld am Ort $\mathbf{r}_j$ des Atoms j ist das lokale elektrische Feld $\mathbf{E}_{loc}$. Es wird als Summe über alle Ladungen berechnet und aus Ausdrücken wie $\mathbf{E}_{loc}(\mathbf{r}_j) = \mathbf{E}_0 + \mathbf{E}_1 + \mathbf{E}_2 + \mathbf{E}_3(\mathbf{r}_j)$ zusammengesetzt, wobei sich nur $\mathbf{E}_3$ innerhalb einer Kristallzelle stark ändert. Hier bedeuten:

$\mathbf{E}_0$ = das äußere elektrische Feld;

$\mathbf{E}_1$ = das vom Rand der Probe herrührende Entelektrisierungsfeld;

$\mathbf{E}_2$ = das Feld der Polarisation außerhalb einer Kugel mit dem Mittelpunkt in $\mathbf{r}_j$;

$\mathbf{E}_3(\mathbf{r}_j)$ = das von allen Atomen im Innern der Kugel herrührende Feld am Ort $\mathbf{r}_j$.

3. Das makroskopische Feld $\mathbf{E}$ der Maxwell-Gleichungen ist $\mathbf{E}_0 + \mathbf{E}_1$ und im allgemeinen nicht gleich $\mathbf{E}_{loc}(\mathbf{r}_j)$.

4. Das Entelektrisierungsfeld in einem Ellipsoid ist $E_{1\mu} = -N_{\mu\nu}P_\nu$, wobei $N_{\mu\nu}$ der Tensor der Entelektrisierung ist. Die Polarisation $\mathbf{P}$ ist das Dipolmoment pro Volumeneinheit. In einer Kugel ist

$$N = \frac{4\pi}{3} .$$

5. Das Lorentz-Feld ist

$$\mathbf{E}_2 = \frac{4\pi}{3}\mathbf{P} .$$

6. Die Polarisierbarkeit α eines Atoms wird über das lokale elektrische Feld durch $\mathbf{p} = \alpha\mathbf{E}_{loc}$ definiert.

---

[14]) Der Zusammenhang zwischen $\epsilon'(\omega)$ und $\epsilon''(\omega)$ wird durch die sogenannte Kramers-Kronig-Beziehung vermittelt; siehe dazu beispielsweise C. Kittel, Elementary Statistical Physics, Wiley, S. 206 - 210.

7. Die dielektrische Suszeptibilität χ und die Dielektrizitätskonstante ϵ werden über das makroskopische Feld E definiert, und zwar durch $\mathbf{D} = \mathbf{E} + 4\pi\mathbf{P} = \epsilon\mathbf{E} = (1 + 4\pi\chi)\mathbf{E}$ oder durch $\chi = P/E$. Im SI-System ist $\chi = P/\epsilon_0 E$.

8. Ein Atom an einem Ort mit kubischer Symmetrie hat das lokale Feld $\mathbf{E}_{\text{loc}} = \mathbf{E} + (4\pi/3)\mathbf{P}$ und genügt der Clausius-Mossotti-Gleichung (35).

9. Im Grenzfall $p \cdot E \ll k_B \cdot T$ beschreibt die Langevin-Debye-Gleichung $\alpha = \alpha_0 + p^2/3k_BT$ den Beitrag eines permanenten elektrischen Dipolmoments p zur Polarisierbarkeit.

Aufgaben

1. **Polarisierbarkeit von atomarem Wasserstoff.** Man betrachte ein semiklassisches Modell des Grundzustandes eines Wasserstoffatoms in einem elektrischen Feld, das senkrecht zur Bahnebene steht (Bild 19), und zeige, daß für dieses Modell gilt: $\alpha = a_H{}^3$; a_H ist der Radius der ungestörten Bahn. Anmerkung: Wenn das äußere Feld in x-Richtung weist, muß die x-Komponente des Kernfeldes in der verschobenen Lage der Elektronenbahn gleich dem äußeren Feld sein. Das korrekte quantenmechanische Ergebnis ist um den Faktor 9/2 größer als das angegebene. (Gemeint ist das α_0 in der Entwicklung $\alpha = \alpha_0 + \alpha_1 E + \cdots$.)

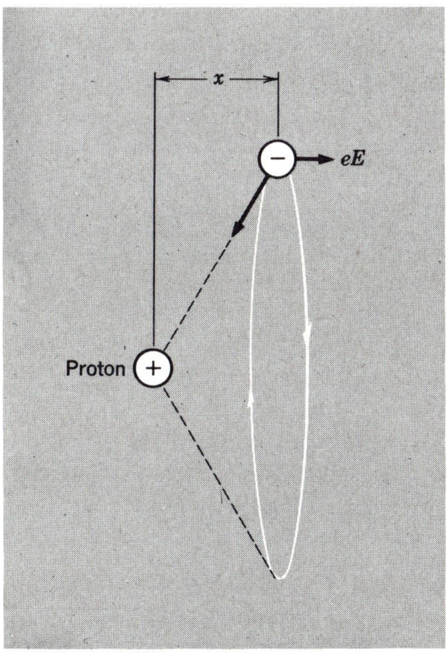

Bild 19:
Ein Elektron auf einer Kreisbahn mit dem Radius a_H wird um die Strecke x verschoben, wenn man ein elektrisches Feld E in $-x$-Richtung anlegt. Die vom Kern auf das Elektron ausgeübte Kraft ist $e^2/a_H{}^2$ in CGS- und $e^2/4\pi\epsilon_0 a_H{}^2$ in SI-Einheiten.

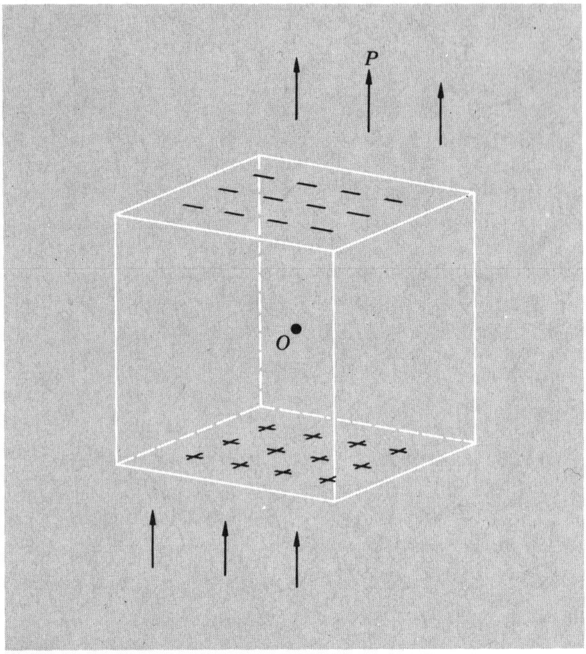

Bild 20:
Im Mittelpunkt O eines kubischen Hohlraumes, der auf seiner oberen und unteren Fläche eine homogene Oberflächenladungsdichte $\pm P$ trägt, hat die Feldstärke den Wert $-4\pi P/3$. Man löse dieses Problem durch Aufsuchen der vertikalen Feldkomponente, die von einem rechteckigen Streifen mit Breite dx erzeugt wird, und durch Integration über eine Fläche. (In SI-Einheiten ist das Feld im Mittelpunkt $P/3\,\varepsilon_0$.)

2. Feld eines kubischen Hohlraumes. Bei der Bestimmung des lokalen Feldes braucht der Hohlraum nicht kugelförmig gewählt zu werden; man kann stattdessen auch einen Würfel betrachten (Bild 20), dessen eine Seite senkrecht zur Polarisation steht. In diesem Fall ist die Dichte der Polarisationsladungen auf der oberen und unteren Würfelfläche einheitlich und hat den Wert $\mp P$; auf den anderen Flächen sitzt jetzt keine Ladung. Man zeige, daß im Mittelpunkt dieses Hohlraumes genau wie im Fall des kugelförmigen Hohlraumes gilt: $E_2 = 4\pi P/3$.

(Im SI-System heißt das Ergebnis $E_2 = P/3\epsilon_0$.) Vergleiche dieses Ergebnis mit dem Ergebnis (9) für eine unendlich große Platte.

3. Polarisierbarkeit einer leitenden Kugel. Man zeige, daß für die Polarisierbarkeit einer leitenden Metallkugel mit Radius a gilt: $\alpha = a^3$. Dieses Ergebnis erhält man sehr einfach, wenn man beachtet, daß innerhalb der Kugel $E = 0$ ist, und wenn man dann den Entelektrisierungsfaktor $4\pi/3$ für eine Kugel verwendet (Bild 21). Das Resultat liefert für α Werte, die in der Größenordnung der beobachteten Polarisierbarkeiten von Atomen liegen. Ein Gitter mit N leitenden Kugeln pro Volumeinheit hat eine Dielektrizitätskonstante von $\epsilon = 1 + 4\pi Na^3$, wenn $Na^3 \ll 1$.

Bild 21:
Das Gesamtfeld innerhalb einer leitenden Kugel ist **Null.** Wenn ein äußeres Feld $\mathbf{E}_0$ angelegt wird, muß das von den Oberflächenladungen der Kugel erzeugte Feld $\mathbf{E}_1$ das Feld $\mathbf{E}_0$ gerade aufheben, so daß innerhalb der Kugel gilt: $\mathbf{E}_0 + \mathbf{E}_1 = 0$. $\mathbf{E}_1$ kann aber auch als Entelektrisierungsfeld $-4\pi\mathbf{P}/3$ einer gleichförmig polarisierten Kugel mit Polarisation $\mathbf{P}$ aufgefaßt werden. Gesucht ist die Beziehung von $\mathbf{P}$ zu $\mathbf{E}_0$ und das Dipolmoment $\mathbf{p}$ der Kugel. (In SI-Einheiten ist das Entelektrisierungsfeld - $P/3\,\varepsilon_0$.)

Die angenommene Proportionalität von α zur 3. Potenz des Innenradius gilt recht genau für die Ionen der Alkalimetalle und der Halogene. Um das Problem im SI-System zu lösen, benutze man den Entelektrisierungsfaktor 1/3. Das Ergebnis ist dasselbe.

4. Wirkung eines Luftspalts. Man diskutiere die Auswirkung eines Luftspalts (Bild 22) zwischen den Kondensatorplatten und dem Dielektrikum auf die Messung von hohen Dielektrizitätskonstanten. Welches ist die größtmögliche scheinbare Dielektrizitätskonstante, wenn die Dicke des Luftspalts 10^{-3} der Gesamtdicke beträgt?

5. Polarisation an Phasengrenzen. Man zeige, daß ein Plattenkondensator, der aus zwei parallelliegenden Materialschichten besteht - die eine Schicht habe die Dielektrizitätskonstante ϵ, keine Leitfähigkeit und die Dicke d, während für die andere Schicht der Einfachheit halber $\epsilon = 0$ angenommen wird, außerdem eine endliche Leitfähigkeit σ und die Dicke qd -, sich so

Bild 22:
Ein Luftspalt mit Dicke qd befindet sich zwischen einer Kondensatorplatte und einer dielektrischen Platte der Dicke d.

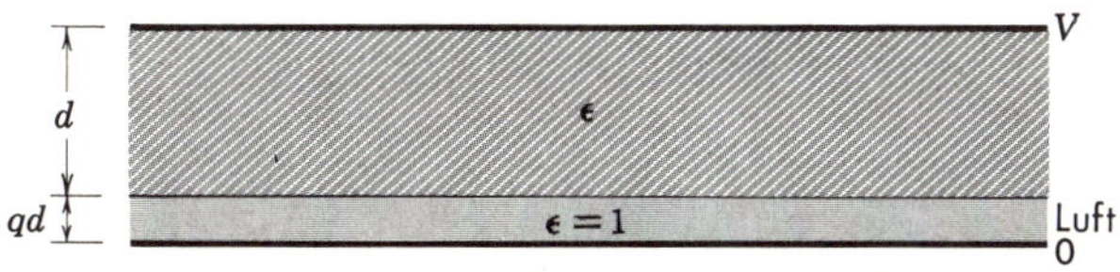

verhält, als sei der Raum zwischen den Kondensatorplatten mit einem homogenen Dielektrikum ausgefüllt, dessen Dielektrizitätskonstante

$$\epsilon_{\text{eff}} = \frac{\epsilon(1 + q)}{1 - (i\epsilon\omega q/4\pi\sigma)}$$

ist, wobei ω die Kreisfrequenz bedeutet. [K. W. Wagner, Arch. Elektrotech. **2**, 371 (1941).] Manchmal treten Werte von ϵ_{eff} auf, die bis zu 10^4 oder 10^5 betragen und die hauptsächlich durch den Maxwell-Wagner-Mechanismus bedingt sind; diese hohen Werte sind jedoch immer von großen Verlusten begleitet. Eine Analyse der dielektrischen Eigenschaften eines Nickel-Zink-Ferrits findet man bei C. G. Koops, Phys. Rev. **83**, 121 (1951).

6. Brechungsindizes. Mit Hilfe von Tabelle 1 schätze man den Brechungsindex von festem Xenon ab.

7. Dielektrizitätskonstante eines gedämpften Oszillators. Ein gedämpfter Oszillator mit Masse m und Ladung q habe die Bewegungsgleichung

$$m\left(\frac{d^2x}{dt^2} + \frac{1}{\tau}\frac{dx}{dt} + \omega_0{}^2x\right) = qE_0e^{-i\omega t}\,;$$

ω_0 ist die Resonanzfrequenz und τ die Relaxationsfrequenz, die die Dämpfungseffekte beschreibt. a) Unter Vernachlässigung der Wechselwirkungen zwischen den Oszillatoren zeige man, daß N solche Oszillatoren pro Volumeinheit folgenden Beitrag zur Dielektrizitätskonstante liefern:

$$\epsilon = 1 + \frac{4\pi Nq^2/m}{\omega_0{}^2 - \omega^2 - i\omega/\tau}. \qquad \text{(CGS)}$$

b) Mit der Annahme $\omega\tau \gg 1$ ist eine grobe Skizze des Verlaufs von ϵ' und ϵ'' in Abhängigkeit von ω/ω_0 aufzuzeichnen; ϵ' ist dabei der Realteil und ϵ'' der Imaginärteil von ϵ.

8. Bestimmung der Dielektrizitätskonstanten von PbTe unter Verwendung der LST-Beziehung. Untersuchungen der Elektronenbeweglichkeit in dem Halbleiter Bleitellurid bei tiefen Temperaturen, die von R. S. Allgeier und W. W. Scanlon, Phys. Rev. **111**, 1029 (1958), durchgeführt wurden, lassen vermuten, daß seine statische Dielektrizitätskonstante sehr groß ist. Die elektrische Leitfähigkeit stört die genaue Messung der Dielektrizitätskonstanten bei tiefen Frequenzen. Aus der Neutronenstreuung ergeben sich [W. Cochran, Phys. Letters **13**, 193 (1964)] die Frequenzen der longitudinalen und transversalen optischen Phononen im Grenzfall eines verschwindenden Wellenvektors zu $\nu_L = 3{,}2 \cdot 10^{12}$ Hz und $\nu_T = 1{,}0 \cdot 10^{12}$ Hz. Mit $\epsilon(\infty) = 28$ und der Lyddane-Sachs-Teller-Beziehung zeige man, daß $\epsilon(0) \approx 300$.

9. Polarisation einer Kugel. Eine Kugel mit Dielektrizitätskonstante ϵ wird in ein homogenes äußeres elektrisches Feld E_0 gebracht. a) Welchen Wert hat das über das Volumen gemittelte elektrische Feld E in der Kugel? b) Man zeige, daß die Polarisation in der Kugel $P = \chi E_0/[1 + (4\pi\chi/3)]$ ist, wobei $\chi = (\epsilon - 1)/4\pi$. (CGS). Hinweis: Bei dieser Aufgabe ist es nötig, E_{loc} zu berechnen; es ist im Gegenteil sogar irreführend, da ϵ und χ gemäß $P = \chi E$ definiert sind. Wir setzen voraus, daß E_0 bei der Einführung der Kugel unverändert bleiben soll. Ein festes E_0 kann man sich herstellen, indem positive Ladungen auf eine dünne Platte eines Isolators und negative Ladungen auf eine gegenüberliegende Platte gebracht werden. Sind die Platten immer weit von der Kugel entfernt, so wird ihr Feld auch dann unverändert bleiben, wenn die Kugel zwischen sie hineingestellt wird.

Literaturhinweise

H. Fröhlich, Theory of dielectrics: dielectric constant and dielectric loss, Oxford, 1949.

C. P. Smyth, Dielectric behavior and structure, McGraw-Hill, 1955.

J. H. Van Vleck, Theory of electric and magnetic susceptibilities, Oxford, 1932.

A. R. von Hippel, Dielectrics and waves, Wiley, 1954.

A. R. von Hippel, Herausgeber, Dielectric materials and applications, Wiley, 1954.

W. F. Brown, Jr., "Dielectrics", in: Handb. d. Physik **17**, 1 - 263 (1956).

V. Daniel, Dielectric relaxation, Academic Press, 1967.

J. B. Birks, Herausgeber, Progress in dielectrics, Chemical Rubber. A series.

14. Ferroelektrische Kristalle

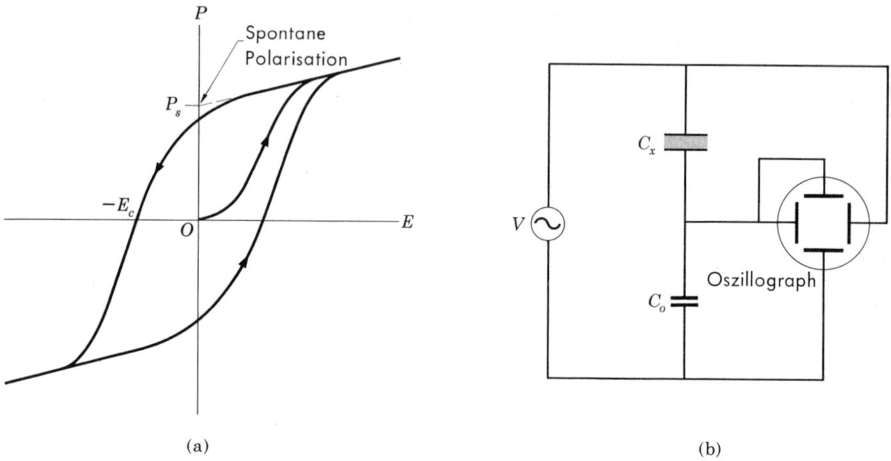

Bild 1: (a) Ferroelektrische Hystereseschleife; E_c ist die Koerzitivkraft. (b) Schaltung zur Vorführung der Schleife. Die Spannung am ferroelektrischen Kristall C_x wird an die horizontale Ablenkplatte des Oszillographen gelegt. Der lineare Kondensator C_0 liegt in Serie mit C_x. Die Spannung am C_0 ist proportional zur Polarisation von C_x und wird an die vertikalen Ablenkplatten gelegt. [Nach C.B. Sawyer und C.H. Tower, Phys. Rev. **35**, 269 (1930).]

Ein ferroelektrischer Kristall weist auch bei Abwesenheit eines äußeren elektrischen Feldes ein elektrisches Dipolmoment auf. Im **ferroelektrischen Zustand** fällt also der Schwerpunkt der positiven Ladungen des Kristalls nicht mit dem der negativen Ladungen zusammen.

In Bild 1 ist der typische Verlauf der Polarisation in Abhängigkeit vom elektrischen Feld[1]) für den ferroelektrischen Zustand aufgetragen. Diese Schleife wird als **Hystereseschleife** bezeichnet. Sie ist ein Kennzeichen des ferroelektrischen Zustands. Bei einem Kristall im normalen dielektrischen Zustand tritt gewöhnlich keine wahrnehmbare Hysterese auf, wenn das elektrische Feld langsam gesteigert und dann umgepolt wird.

---

1) In einigen Kristallen läßt sich das ferroelektrische Dipolmoment selbst nicht durch solche elektrischen Felder verändern, deren Feldstärke bis zu dem maximalen Wert ansteigt, wo ein elektrischer Durchbruch im Kristall erfolgt. In diesen Kristallen wird oft beim Erhitzen eine Änderung des spontanen Momentes beobachtet: eine Änderung der Temperatur ändert den Wert des Dipolmoments. Solche Kristalle werden als **pyroelektrisch** bezeichnet, während Kristalle, bei denen die Richtung des spontanen Moments durch ein elektrisches Feld geändert werden kann, ferroelektrisch sind. Lithiumniobat, $LiNbO_3$, ist bei Raumtemperatur pyroelektrisch. Es hat eine hohe Übergangstemperatur (T_C = 1470 K) und eine sehr große Sättigungspolarisation. Bei dieser Substanz ist es nur bei Temperaturen über 1000°C möglich, durch Anlegen eines elektrischen Feldes eine bleibende Polarisation zu erzeugen.

Normalerweise verschwindet die Ferroelektrizität bei einer gewissen Temperatur, der sogenannten **Übergangstemperatur**; darüber befindet sich der Kristall in dem sogenannten **parelektrischen** Zustand. Der Ausdruck "parelektrisch" erinnert an die Analogie mit dem Paramagnetismus (Kap. 15) und besagt unter anderem, daß mit steigender Temperatur die Dielektrizitätskonstante schnell abnimmt.

Klassifizierung der ferroelektrischen Kristalle

In Tabelle 1 sind einige der Kristalle aufgeführt, die gewöhnlich als ferroelektrisch bezeichnet werden; daneben ist die Übergangstemperatur oder der Curie-Punkt T_c angegeben, bei dem der Kristall von dem polarisierten Zustand, der bei tiefen Temperaturen existiert, übergeht in den unpolarisierten Zustand, der bei hohen Temperaturen vorliegt. Die thermische Bewegung führt zu einer Zerstörung der ferroelektrischen Ordnung. Es sind auch ferroelektrische Kristalle bekannt, die keinen Curie-Punkt besitzen, da sie schmelzen, bevor sie die ferroelektrische Phase verlassen. In der Tabelle sind weiter noch die Werte der spontanen Polarisation P_s aufgenommen.

Die ferroelektrischen Kristalle können in zwei Hauptgruppen unterteilt werden: in die Umordnungs- und die Verschiebungsgruppe, je nachdem, ob der Übergang mit der Umordnung einzelner Ionen oder mit der Verschiebung eines ganzen Untergitters aus Ionen einer Sorte relativ zu einem anderen Untergitter verbunden ist.

Die Umordnungsgruppe schließt Kristalle mit Wasserstoffbrückenbindungen ein, bei denen die Bewegung des Protons mit den ferroelektrischen Eigenschaften zusammenhängt, wie beim Kaliumdihydrogenphosphat [2]) (KH_2PO_4) und dessen isomorphe Salze. Das Verhalten von Kristallen, bei denen der Wasserstoff durch Deuterium ersetzt wurde, ist hierbei besonders interessant:

	KH_2PO_4	KD_2PO_4	KH_2AsO_4	KD_2AsO_4
Curie-Temperatur	123 K	213 K	96 K	162 K

Die Substitutionen der Protonen durch Deuteronen verdoppelt beinahe T_c, obwohl die relative Änderung des Molekulargewichts der Verbindung weniger als 2% beträgt. Man nimmt an, daß diese außerordentlich große

---

2) G. Busch und P. Scherrer, Naturwiss. **23**, 737 (1935); R. J. Meyer und J. L. Bjorkstam, J. Phys. Chem. Solids **23**, 619 (1962).

Tabelle 1: Ferroelektrische Kristalle [a])

Den in CGS-Einheiten angegebenen Wert von P_s muß man durch $3 \cdot 10^5$ dividieren, um ihn in der SI-Einheit Cm^{-2} zu erhalten, und durch $3 \cdot 10^3$, um ihn in der Einheit $\mu C/cm^2$ zu erhalten.

		T_c in K	P_s (esE) bei T in K	
KDP-Gruppe	KH_2PO_4	123	16000	[96]
	KD_2PO_4	213	13500	
	RbH_2PO_4	147	16800	[90]
	RbH_2AsO_4	111		
	KH_2AsO_4	96	15000	[80]
	KD_2AsO_4	162		
	CsH_2AsO_4	143		
	CsD_2AsO_4	212		
TGS-Gruppe	Triglyzinsulfat	322	8400	[293]
	Triglyzinselenat	295	9600	[273]
Perowskite	$BaTiO_3$	393	78000	[296]
	$SrTiO_3$ [b])	32	(9000)	[4]
	WO_3	223		
	$KNbO_3$	712	90000	[523]
	$PbTiO_3$	763	>150000	[300]
	$LiTaO_3$		70000	[720]
	$LiNbO_3$	147	900000	-

a) Eine Tabelle mit 76 ferroelektrischen Kristallen (mit Ausnahme von Mischkristallen) findet man im Anhang A von F. Jona und G. Shirane, Ferroelektric crystals, Pergamon, 1962. Dieses Buch ist eine ausgezeichnete Quelle für Daten über Kristallstrukturen von Ferroelektrika. Weitere Daten geben E. Nakumura, T. Mitsui und J. Furuichi, J. Phys. Soc. Japan 18, 1477 (1963).

b) Es ist noch sehr unsicher, ob $SrTiO_3$ eine ferroelektrische Phase besitzt; es kann bis hinab zu 1 K parelektrisches Verhalten aufweisen. Möglicherweise läßt sich durch ein elektrisches Feld bei tiefen Temperaturen eine ferroelektrische Phase induzieren.

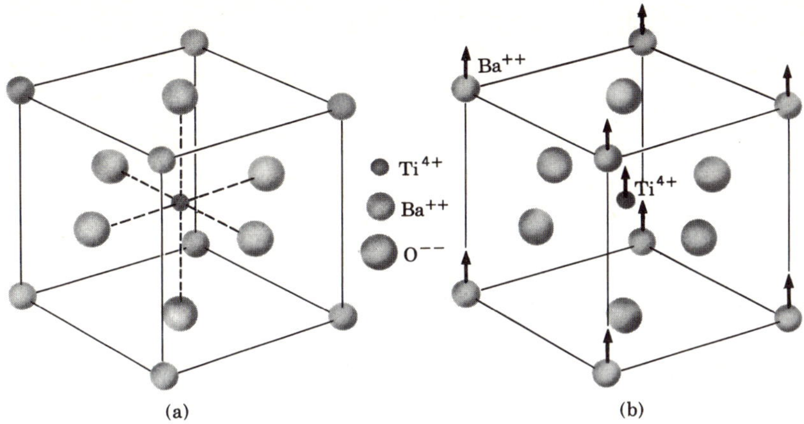

Bild 2: (a) Die Perowskitstruktur von Bariumtitanat. Der Prototyp dieser Kristallstruktur ist Kalziumtitanat (Perowskit). Der Aufbau ist kubisch, mit Ba^{2+}-Ionen an den Würfelecken, O^{2-}-Ionen im Zentrum der Seitenflächen und einem Ti^{4+}-Ion in der Mitte des Würfels. (b) Unterhalb des Curie-Punktes ist der Aufbau leicht deformiert: die Ba^{++} und Ti^{4+}-Ionen sind relativ zu den O^{--}-Ionen verschoben und rufen damit ein Dipolmoment hervor. Das obere und untere Sauerstoffion kann möglicherweise etwas nach unten wandern.

Isotopieverschiebung auf einen Quanteneffekt beruht [3], bei dem die Massenabhängigkeit der de Broglie-Wellenlänge mit im Spiel ist.

Ergebnisse der Neutronenstreuung [4] zeigen, daß oberhalb der Curie-Temperatur die Protonenverteilung längs der Wasserstoffbindung symmetrisch verlängert ist, während die Verteilung unterhalb der Curie-Temperatur in stärkerem Maße konzentriert ist und in bezug auf die Nachbarionen asymmetrisch liegt, und zwar so, daß ein Ende der Wasserstoffbindung gegenüber dem anderen von dem Proton bevorzugt wird.

Die Verschiebungsgruppe der Ferroelektrika besteht aus Ionenkristallen, deren Struktur eng mit der Perowskit- und Ilmenitstruktur zusammenhängt. Der einfachste ferroelektrische Kristall [5] ist GeTe mit der Na-

---

3) J. Pirenne, Physica **15**, 1019 (1949). Eine Theorie des Übergangs gibt J. C. Slater, J. Chem. Phys. **9**, 16 (1941); siehe auch T. Nagamiya, Prog. Theor. Phys. **7**, 275 (1952); H. B. Silsbee, E. A. Uehling und V. H. Schmidt, Phys. Rev. **133**, A 165 (1964).

4) B. C. Fracer und R. Pepinsky, Acta Cryst. **6**, 273 (1953); R. S. Pease und G. E. Bacon, Proc. Roy. Soc. (London) **A 220**, 397 (1953); **A 236**, 359 (1955).

5) **G. S. Pawley, W. Cochran, R. A. Cowley und G. Dolling, Phys. Rev. Letters 17, 753 (1966).**

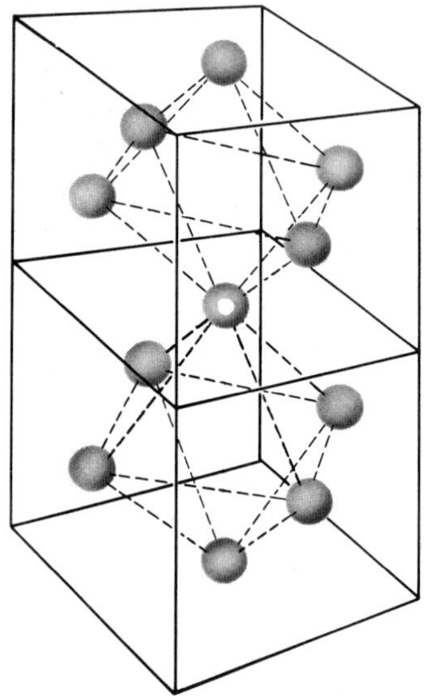

Bild 3:
Zwei kubische Elementarzellen von Bariumtitanat, bei denen nur die O^{--}-Ionen eingezeichnet sind. Diese Ionen bilden miteinander verbundene Oktaeder, wobei die Ti^{4+}-Ionen im Zentrum sitzen. Die lokale Symmetrie um jedes Sauerstoffion ist nicht kubisch. So sind z. B. die O^{--}-, die Ti^{4+}-oder die Ba^{++}-Ionen in bezug auf das mit einem weißen Punkt gekennzeichnete Ion nicht kubisch angeordnet.

triumchloridstruktur. Wir werden uns hauptsächlich mit Kristallen beschäftigen, die die Perowskitstruktur aufweisen (Bild 2 und 3).

Ferroelektrizität in Ionenkristallen

Zuerst wollen wir die Größenordnung der ferroelektrischen Effekte in Bariumtitanat betrachten. Bei Zimmertemperatur hat die beobachtete Sättigungspolarisation P_s den Wert $8 \cdot 10^4$ esE (Bild 4). Das Volumen einer Einheitszelle ist $(4 \cdot 10^{-8})^3 = 64 \cdot 10^{-24}$ cm³, und folglich das Dipolmoment einer Einheitszelle:

(1)
$$p \cong (8 \times 10^4 \text{ esu cm}^{-2})(64 \times 10^{-24} \text{ cm}^3) \cong 5 \times 10^{-18} \text{ esu cm} \quad ; \quad \text{(CGS)}$$
$$p \cong (3 \times 10^{-1} \text{ C m}^{-2})(64 \times 10^{-30} \text{ m}^3) \cong 2 \times 10^{-29} \text{ C m} \; . \quad \text{(SI)}$$

Nimmt man an, daß in der idealen Perowskitstruktur die positiven Ionen (Ba^{++} und Ti^{4+}) um die Strecke $\delta = 0{,}1$ Å gegenüber den negativen O^{--}-Ionen verschoben werden[6]), so erhält das Dipolmoment einer Einheitszelle den Betrag $6e\delta = \cong 3 \cdot 10^{-18}$ esE.

---

[6]) Die tatsächlichen Verschiebungen sind nicht genau bekannt. G. Shirane, H. Danner und R. Pepinsky [Phys. Rev. 105 , 856 (1957)] geben folgende Verschiebungen in der tetragonalen Phase an, bezogen auf die zentralen vier O^{--}-Ionen: δ (Ba) = = 0,09 Å ; δ (Ti) = 0,15 Å ; $\delta(O_I)$ = - 0,03 Å . In $LiNbO_3$ sind die Verschiebungen erheblich größer, nämlich 0,9 Å und 0,5 Å für die Lithium- bzw. Niobionen.

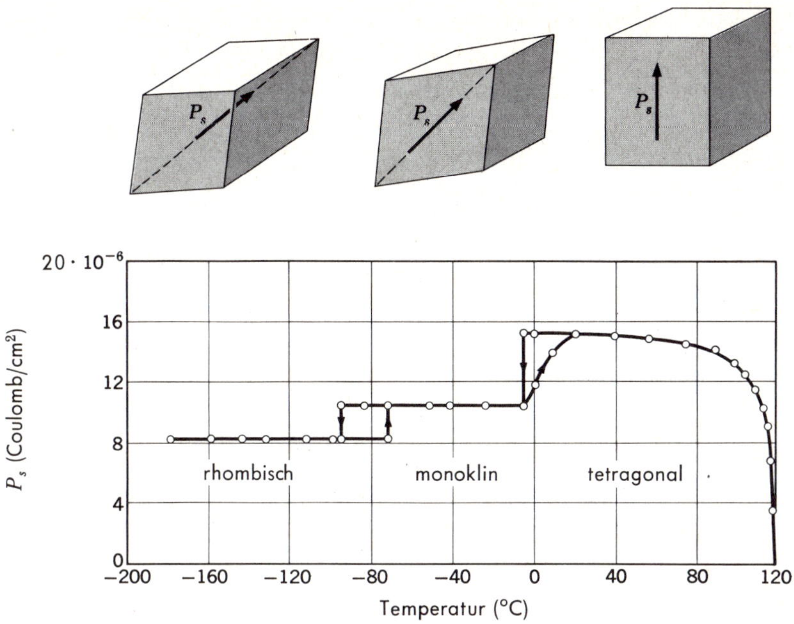

Bild 4: Projektion der spontanen Polarisation von Bariumtitanat auf eine Würfelkante als Funktion der Temperatur. Die Sprünge bei 0° C und −80°C werden durch kleine Änderungen der Kristallstruktur verursacht. Oberhalb von 0° C ist die Richtung der spontanen Polarisation parallel zu einer Würfelkante; unterhalb von 0° C ist sie parallel zur Flächendiagonalen und unterhalb von −80°C parallel zur Raumdiagonale. [Nach W.J. Merz, Phys. Rev. **76**, 1221 (1949).]

Polarisationskatastrophe

Das Auftreten der Ferroelektrizität läßt sich unter zwei Gesichtspunkten betrachten, die beide eng zusammenhängen. Einmal kann man das Entstehen einer spontanen Polarisation ("Polarisationskatastrophe") untersuchen, d.h. das starke Anwachsen der Polarisation unter gewissen kritischen Bedingungen. Zum anderen kann die Begründung mit Hilfe eines transversalen optischen Phonons sehr niedriger Frequenz [7]) erfolgen. Diese beiden Gesichtspunkte sind über die Lyddane-Sachs-Teller-Beziehung verknüpft, die in Kap. 5 abgeleitet wurde.

Bei einer Polarisationskatastrophe nimmt das von der Polarisation hervorgerufene lokale elektrische Feld schneller zu als die elastische Rück-

7) P.W. Anderson, Moscow dielectric conference, 1960; W. Cochran, Adv. in Physics **9**, 387 (1960); G.L. Ginzburg, Sov. Physics (Solid State) **2**, 1824 (1960).

stellkraft für ein Ion im Kristall und führt dadurch zu einer asymmetrischen Verschiebung der Ionen. Rückstellkräfte höherer Ordnung beschränken schließlich diese Verlagerung auf eine endliche Verschiebung. Das Auftreten der Ferroelektrizität in einer ansehlichen Zahl von Kristallen mit Perowskitstruktur läßt vermuten, daß diese Struktur besonders leicht eine spontane Polarisation entstehen läßt. Berechnungen der lokalen Felder, die von Slater[8] und anderen durchgeführt wurden, ließen den physikalischen Grund für die ausgezeichnete Stellung der Perowskitstruktur klar hervortreten.

Zuerst geben wir eine einfache Form der Katastrophentheorie wieder mit der Annahme, daß das lokale Feld aller Atome gleich $\mathbf{E} + 4\pi\mathbf{P}/3$ (CGS) bzw. $\mathbf{E} + \mathbf{P}/3\epsilon_0$ (SI) ist, wie in Kapitel 13 abgeleitet. Die im folgenden wiedergegebene Theorie führt zu einem Phasenübergang zweiter Ordnung[9]; die physikalischen Ideen können jedoch auch auf Phasenübergänge erster Ordnung übertragen werden.

Der Ausdruck (13.35) für die Dielektrizitätskonstante läßt sich in die Form

$$(2) \qquad \epsilon = \frac{1 + \frac{8\pi}{3} \Sigma N_i \alpha_i}{1 - \frac{4\pi}{3} \Sigma N_i \alpha_i} \qquad \text{(CGS)}$$

umschreiben, wobei α_i der elektronische plus ionische Anteil der Polarisierbarkeit eines Ions der Sorte i ist und N_i die Zahl der Ionen i pro Volumeinheit. Die Zahlenfaktoren vor $\Sigma N_i \alpha_i$ ergeben sich aus dem Lorentzschen lokalen Feld $E + (4\pi/3)P$. (CGS)

Die Dielektrizitätskonstante wird unendlich, entsprechend einer endlichen Polarisation für ein angelegtes Feld mit Feldstärke 0, wenn

$$(3) \qquad \Sigma N_i \alpha_i = 3/4\pi. \qquad \text{(CGS)}$$

Dies stellt die Bedingung für das Auftreten einer spontanen Polarisation dar.

[8] J. C. Slater, Phys. Rev. **78**, 748 (1950). Es ist anzumerken, daß die O^{--}-Ionen in der Perowskitstruktur keine kubische Umgebung haben. Die Faktoren für die lokalen Felder an diesen Orten stellen sich als sehr groß heraus.

[9] Bei einem Übergang zweiter Ordnung tritt keine latente Wärme auf; der Ordnungsparameter (in diesem Fall ist es die Polarisation) ist bei der Übergangstemperatur nicht unstetig. Bei einem Übergang erster Ordnung gibt es eine latente Wärme; der Ordnungsparameter verhält sich bei der Übergangstemperatur unstetig.

Der Wert von ϵ in (2) ist empfindlich gegenüber kleinen Abweichungen von $\Sigma N_i\alpha_i$ vom kritischen Wert $3/4\pi$. Schreibt man

$$(4) \qquad (4\pi/3) \Sigma N_i\alpha_i = 1 - 3s, \qquad \text{(CGS)}$$

mit $s \ll 1$, so ergibt sich für die Dielektrizitätskonstante in (2):

$$(5) \qquad \epsilon \cong 1/s.$$

Weiter wollen wir annehmen, daß in der Nähe der kritischen Temperatur der Wert von s in (4) linear von der Temperatur abhängt:

$$(6) \qquad s \cong (T - T_c)/\xi.$$

ξ ist dabei eine Konstante. Eine derartige Veränderung von $\Sigma N_i\alpha_i$ mag von der normalen thermischen Ausdehnung des Gitters herrühren. Die Dielektrizitätskonstante hat dann die Form

$$(7) \qquad \epsilon \cong \frac{\xi}{T - T_c}.$$

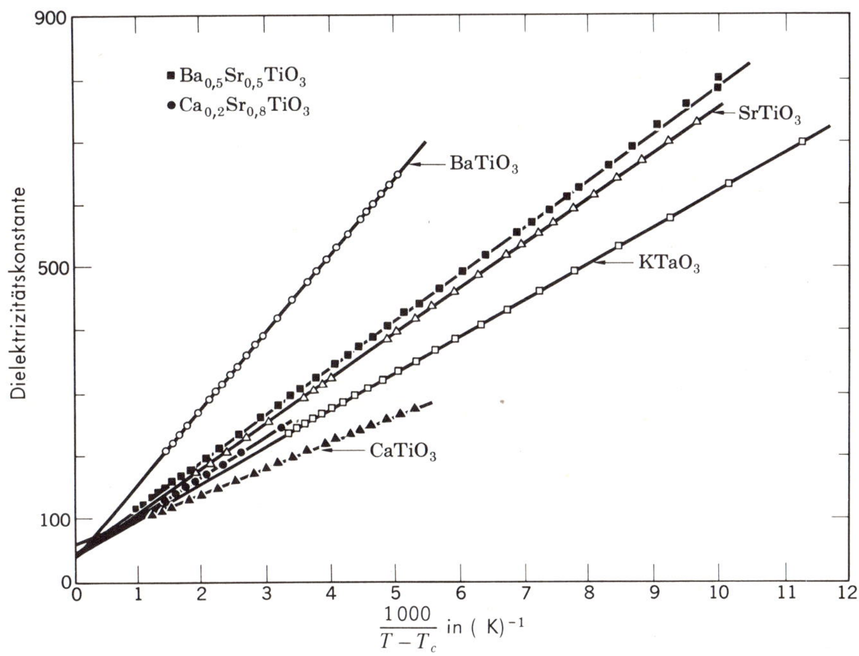

Bild 5: Dielektrizitätskonstante über $1/(T - T_c)$ im parelektrischen Zustand $(T > T_c)$ von Perowskiten nach G. Rupprecht und R. O. Bell, Phys. Rev. **135**, A748 (1964). Eine Darstellung der Abhängigkeit von $1/(T - T_0)$ wäre ebenfalls interessant.

Dies entspricht ziemlich gut der beobachteten Temperaturabhängigkeit im parelektrischen Zustand (Bild 5).

Art des Phasenübergangs[10])

Eine konsistente formale thermodynamische Theorie des Verhaltens ferroelektrischer Kristalle erhält man, wenn man die Entwicklung der Energie als Funktion der Polarisation P betrachtet. Wir nehmen an, daß sich die Landausche[11]) freie Energiedichte $\hat{F}$ in einer Dimension wie folgt formal entwickeln läßt

(8a) $$\hat{F}(P;T,E) = -EP + g_0 + \tfrac{1}{2}g_2P^2 + \tfrac{1}{4}g_4P^4 + \tfrac{1}{6}g_6P^6 + \cdots ,$$

wobei die Koeffizienten g_n temperaturabhängig sind. Die Reihe enthält keine Glieder mit ungeraden Potenzen von P, wenn der unpolarisierte Kristall ein Inversionszentrum hat. Im thermischen Gleichgewicht ist der Wert von P durch das Minimum von $\hat{F}$ als Funktion von P gegeben. Durch diesen Wert von $\hat{F}$ am Minimum wird die Helmholtzsche freie Energie $F(T,E)$ definiert. Die Gleichgewichtspolarisation in einem elektrischen Feld E genügt der Bedingung

(8b) $$\frac{\partial \hat{F}}{\partial P} = 0 = -E + g_2P + g_4P^3 + g_6P^5 + \cdots .$$

---

10) Ein Beispiel für einen Phasenübergang erster Ordnung stellt der Übergang "flüssig-dampfförmig" bei konstantem Druck dar (das Kochen von Wasser). Ein Ferroelektrikum mit einem Übergang erster Ordnung zwischen dem ferroelektrischen und dem parelektrischen Zustand ist durch einen Sprung (wie in Bild 10a) der Sättigungspolarisation bei der Übergangstemperatur gekennzeichnet. Ein Beispiel für einen Phasenübergang zweiter Ordnung liefert der Übergang zwischen dem ferromagnetischen und dem paramagnetischen Zustand (Kapitel 16). Eine gute Darstellung der Phasenübergänge zweiter Ordnung findet man in Kapitel 18 von J. C. Slater, Introduction to Chemical physics, McGraw-Hill, 1939, und in Kapitel 14 von L. Landau und E. Lifshitz, Statistische Physik, Berlin, 1966. Eine Potenzreihenentwicklung wie (8a) muß nicht immer möglich sein. So scheint z. B. beim Übergang in KH_2PO_4 eine logarithmische Singularität in der spezifischen Wärme aufzutreten. Eine solche Singularität entzieht sich der Klassifizierung in erste oder zweite Ordnung.

11) In TP findet man auf den Seiten 300 bis 304 eine Diskussion der Landau-Funktion und auf Seite 361 eine Diskussion des Ausdrucks -EP. Die Helmholtzsche freie Energie findet man in der Übersicht A des Kapitels 22 in TP. Das mögliche Vorkommen von Kristallen mit einer umorientierbaren Polarisation in anderen Winkeln als 90° und das damit verbundene Auftreten ungerader Potenzen von P_s in der Landau-Funktion wurde besonders von L. A. Shuvalov und K. Aizu diskutiert. H. Schmid berichtet von einer Realisation dieser Möglichkeit bei den Borsäuren. Weitere Literatur hierzu sind die Proceedings of the Kyoto conference, die am Ende dieses Kapitels aufgeführt sind.

Um einen ferroelektrischen Zustand zu erhalten, muß man annehmen, daß der Koeffizient bei P^2 für eine bestimmte Temperatur T_0 den Wert Null durchläuft:

$$(9) \qquad g_2 = \gamma(T - T_0),$$

γ ist dabei eine positive Konstante, und T_0 kann entweder gleich der Übergangstemperatur oder kleiner als diese sein. Ein kleiner positiver Wert von g_2 bedeutet, daß das Gitter "weich" ist und leicht instabil wird. Ein negativer Wert von g_2 bedeutet, daß das unpolarisierte Gitter instabil ist. Die Temperaturabhängigkeit von g_2 läßt sich auf die thermische Ausdehnung und andere Effekte anharmonischer Wechselwirkungen des Gitters zurückführen.

Übergang zweiter Ordnung

Wenn g_4 positiv ist, trägt der Term g_6 nichts Neues bei und kann daher weggelassen werden. Ohne äußeres Feld ergibt sich für die Polarisation nach (8b):

$$(10) \qquad \gamma(T - T_0)P_s + g_4 P_s^3 = 0 \; ,$$

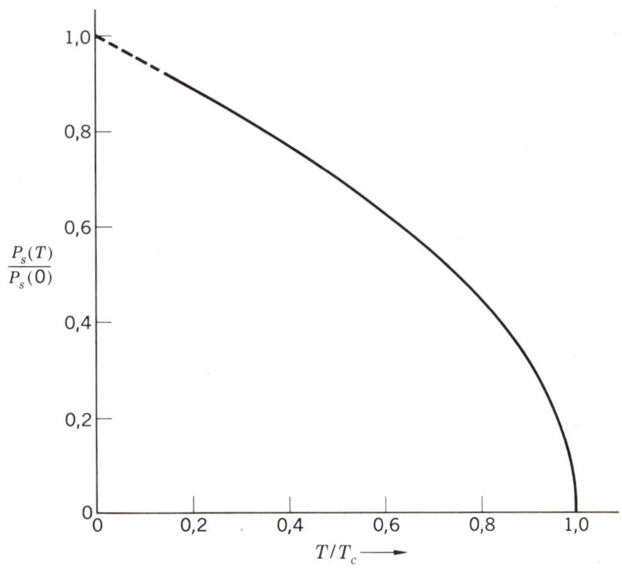

Bild 6: Spontane Polarisation in Abhängigkeit von der Temperatur für einen Phasenübergang zweiter Ordnung. (Die Kurve entspricht bei tiefer Temperatur nicht der Wirklichkeit: der 3. Hauptsatz der Thermodynamik verlangt $dP_s/dT \to 0$ für $T \to 0$. Gleichung (a) kann also nicht für $T \approx 0$ gelten.)

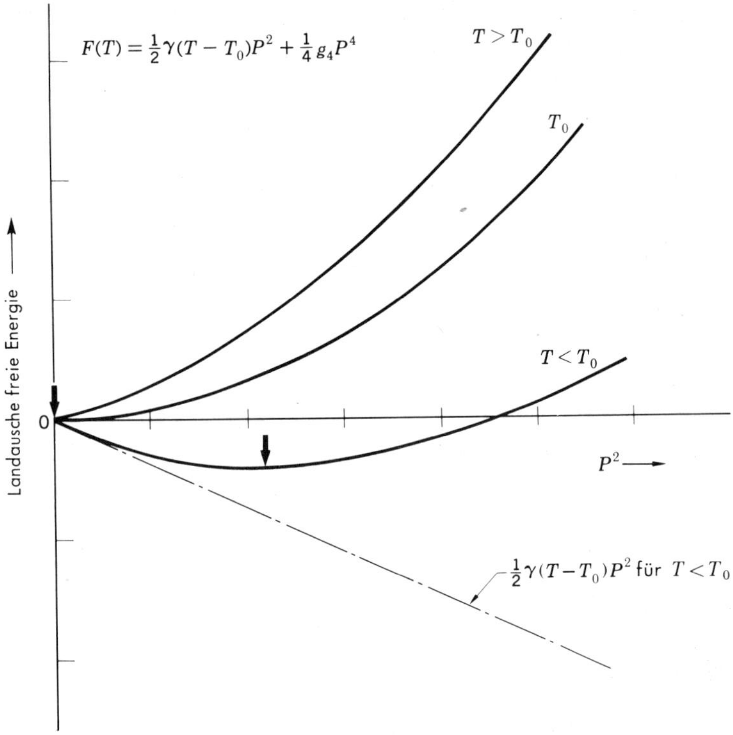

Bild 7: Die freie Energie als Funktion von (Polarisation)^2 bei repräsentativen Temperaturen. Wenn die Temperatur unter T_0 sinkt, wächst die Gleichgewichtspolarisation allmählich so, wie es durch die Lage des Minimums der freien Energie bestimmt wird. Die Pfeile kennzeichnen die Minima.

so daß entweder $P_s = 0$ ist oder

(11) $$P_s^2 = (\gamma/g_4)(T_0 - T).$$

Für $T \geqq T_0$ liegt die einzige reelle Wurzel von (10) bei $P_s = 0$, da γ und g_4 beide positiv sind. T_0 ist also die Curie-Temperatur.

Für $T < T_0$ liegt das Minimum der Landauschen freien Energie bei

(12) $$|P_s| = (\gamma/g_4)^{1/2}(T_0 - T)^{1/2}$$

(siehe Bild 6). Der Phasenübergang ist ein Übergang zweiter Ordnung, da die Polarisation (12) bei der Übergangstemperatur kontinuierlich gegen Null geht. In Bild 7 ist die Landausche freie Energie in Abhängigkeit von P^2 für drei repräsentative Temperaturen aufgetragen. Der Übergang in Triglyzinsulfat (Bild 8) ist ein Beispiel für einen Übergang zweiter

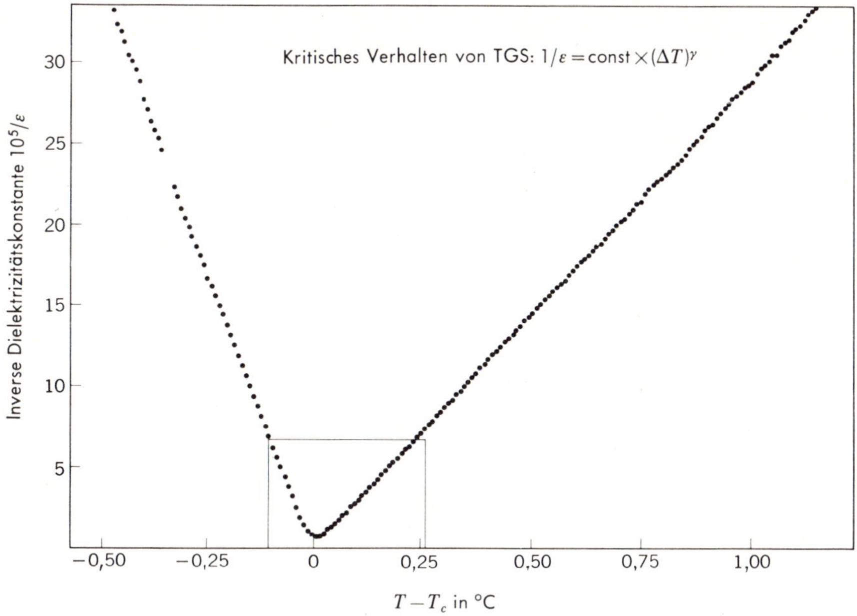

Bild 8: **Das Verhalten der inversen Dielektrizitätskonstanten von Triglyzinsulfat in Abhängigkeit von der Temperaturdifferenz $\Delta T = T - T_c$ mit einer Übergangstemperatur von 49,92°C. Die Linearität wird für einen Übergang zweiter Ordnung in der Theorie vorhergesagt, und auch der Unterschied in den Steigungen entspricht der Theorie. (Nach J.A. Gonzalo.)**

Ordnung. Der beobachete Exponent [12]) von $(T_0 - T)$ bei der Sättigungs-Polarisation P_s ist 0,51 ± 0,05.

Übergang erster Ordnung

Der Übergang ist von erster Ordnung, wenn g_4 negativ ist. In diesem Fall muß g_6 mitgenommen und positiv gesetzt werden, damit F nicht gegen minus unendlich strebt (Bild 9). Für $E = 0$ lautet die Gleichgewichtsbedingen nach (8b):

$$\gamma(T - T_0)P_s - |g_4|P_s^3 + g_6P_s^5 = 0 \ , \tag{13}$$

so daß entweder gilt $P_s = 0$, oder aber

$$\gamma(T - T_0) - |g_4|P_s^2 + g_6P_s^4 = 0. \tag{14}$$

---

[12]) **J.A. Gonzalo, Phys. Rev. 144, 662 (1966); P.P. Craig, Physics Letters 20, 140 (1966).**

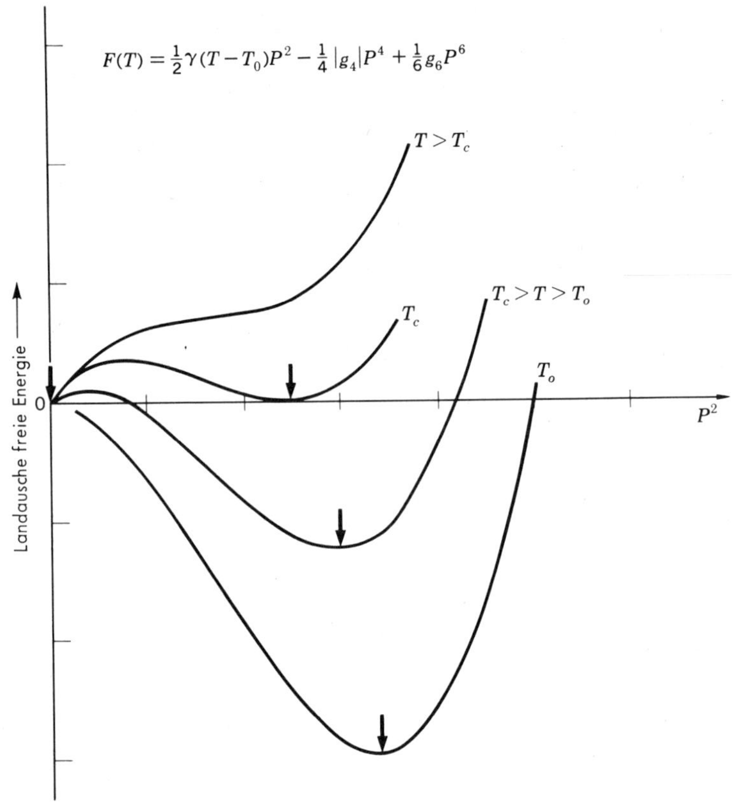

Bild 9: **Landausche freie Energie aufgetragen gegen die (Polarisation)² bei einem Phasenübergang erster Ordnung und verschiedenen repräsentativen Temperaturen. Bei T_c hat die freie Energie gleiche Minima für $P = 0$ und für einen endlichen Wert P. Ist T kleiner als T_c, so liegt das absolute Minimum bei größeren Werten von P; beim Durchgang von T durch T_c tritt ein Sprung in der Lage des absoluten Minimums auf. Die Pfeile markieren die Minima.**

Bei der Übergangstemperatur T_c muß die freie Energie der parelektrischen und der ferroelektrischen Phase gleich sein; d.h. für $P_s = 0$ ist der Wert von F derselbe wie bei dem durch (14) bestimmten Minimum. Bild 10 zeigt den charakteristischen Temperaturverlauf von P_s für einen Phasenübergang erster Ordnung; man beachte den Unterschied zu dem in Bild 6 aufgetragenen Verlauf bei einem Übergang zweiter Ordnung. Der Übergang in $BaTiO_3$ ist von erster Ordnung.

Die Dielektrizitätskonstante wird aus der Gleichgewichtspolarisation in einem äußeren Feld E berechnet und ist nach (8b) gegeben. Bei Tempe-

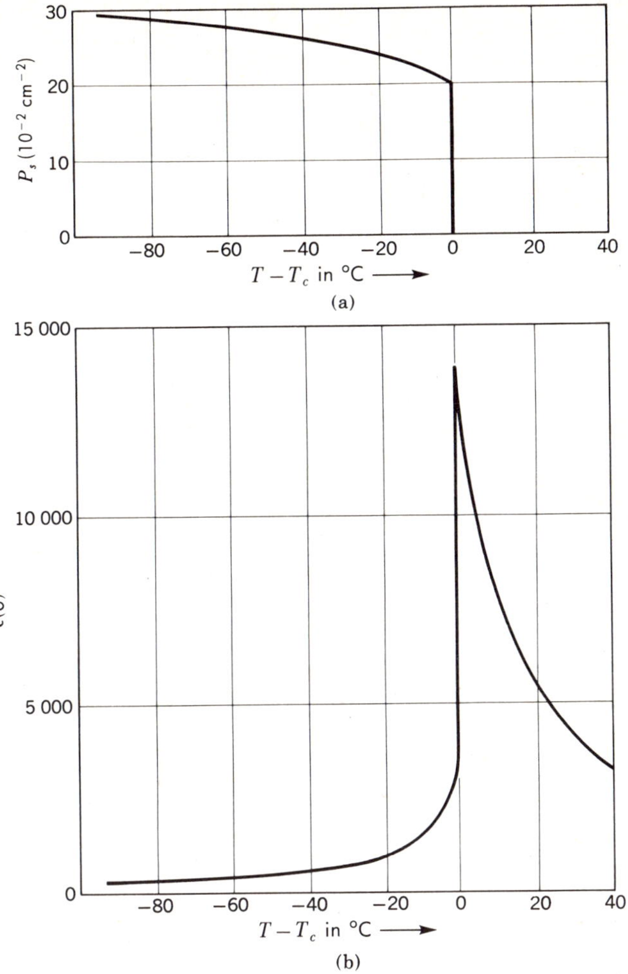

Bild 10:
Berechnete Werte für die spontane Polarisation (a) und für die statische Dielektrizitätskonstante (b) als Funktion der Temperatur mit Parametern, wie sie für Bariumtitanat gelten. (Nach R. W. Cochran.)

raturen oberhalb der Curie-Temperatur können im Gleichgewichtsfall die Glieder mit P^4 und P^6 normalerweise vernachlässigt werden; dann ist

(15) $$E = \gamma(T - T_0)P$$

oder

(16) $$\epsilon(T > T_c) = 1 + 4\pi\frac{P}{E} = 1 + \frac{4\pi/\gamma}{T - T_0}\,. \qquad \text{(CGS)}$$

Diese Gleichung hat die Gestalt von (7). Das Ergebnis (16) gilt sowohl für Übergänge erster als auch zweiter Ordnung; im ersten Fall ist jedoch

$T_0 < T_c$, im zweiten $T_0 = T_c$. Es sei noch einmal daran erinnert, daß T_0 durch (9) definiert ist, während T_c die Temperatur angibt, bei der der Übergang tatsächlich erfolgt.

Schreibt man den temperaturabhängigen Teil von (16) in der Form $C/(T - T_0)$, so ergeben sich die in Tabelle 2 aufgeführten experimentellen Werte.

Tabelle 2:

Ferroelektrische Konstanten

Kristall	C in 10^4 K	T_c in K	T_0 in K
$BaTiO_3$	17	381	370
$KNbO_3$	27	683	623
$PbTiO_3$	11	763	693
KH_2PO_4	0,3	123	123

Niederfrequente optische Phononen

Die Lyddane-Sachs-Teller-Beziehung (Kapitel 5) sagt, daß

$$(17) \qquad \frac{\omega_T^2}{\omega_L^2} = \frac{\epsilon(\infty)}{\epsilon(0)} .$$

Dabei ist ω_T die Frequenz eines transversalen optischen Phonons, dessen Wellenvektor in der Nähe von Null liegt. Für die Ferroelektrizität ist es wichtig, daß (17) eine unendlich große statische Dielektrizitätskonstante für das Verschwinden der Frequenz der transversalen optischen Phononen fordert. Immer, wenn ein sehr großer Wert, etwa 100 bis 10 000, für die statische Dielektrizitätskonstante $\epsilon(0)$ beobachtet wird, erwarten wir einen sehr kleinen Wert für ω_T. Für $\omega_T = 0$ ist der Kristall instabil, da es dann keine wirksame rücktreibende Kraft gibt. Das ferroelektrische $BaTiO_3$ hat bei 24°C eine niederfrequente optische Gitterschwingung mit einem Wellenvektor um 12 cm^{-1} [13]), was schon eine recht niedrige Frequenz für optische Gitterschwingungen ist.

Beim Übergang erster Ordnung zum ferroelektrischen Zustand findet man beim Übergang selbst nie $\omega_T = 0$ oder $\epsilon(0) = \infty$. Die LST-Beziehung läßt nur vermuten, daß sich $\epsilon(0)$ für eine Temperatur T_0 singulär verhält. Bei einem gewöhnlichen Übergang erster Ordnung geschieht dieser Sprung bei einer Temperatur $T_c > T_0$; ω_T wird dabei nie Null und $\epsilon(0)$ nie unendlich.

[13]) J. M. Ballantyne, Phys. Rev. **136**, A 429 (1964).

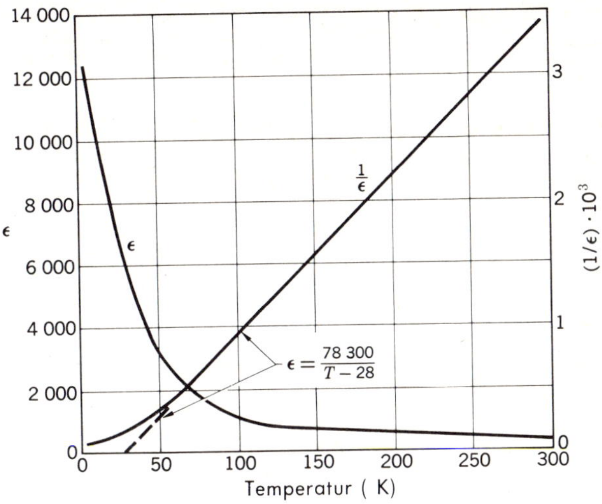

Bild 11:
Dielektrizitätskonstante eines $SrTiO_3$-Kristalls in Abhängigkeit von der Temperatur, nach T. Mitsui und W. B. Westphal, Phys. Rev. **124**, 1354 (1961).

Experimente mit Strontiumtitanat

Der Zusammenhang zwischen einer hohen Dielektrizitätskonstanten und einem niederfrequenten optischen Phonon wird durch Experimente mit Strontiumtitanat, $SrTiO_3$, sehr gut bestätigt. Die Dielektrizitätskonstante (Bild 11) nimmt in der Gegend von 30 K und darunter sehr große Wer-

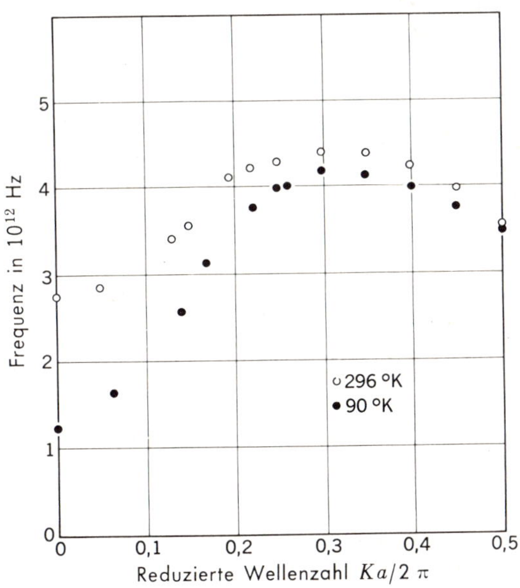

Bild 12:
Dispersion des transversalen optischen Zweiges mit niedrigster Frequenz in [100]-Richtung in Strontiumtitanat bei 90 K und bei 296 K nach R. A. Cowley, Phys. Rev. Letters **9**, 159 (1962).

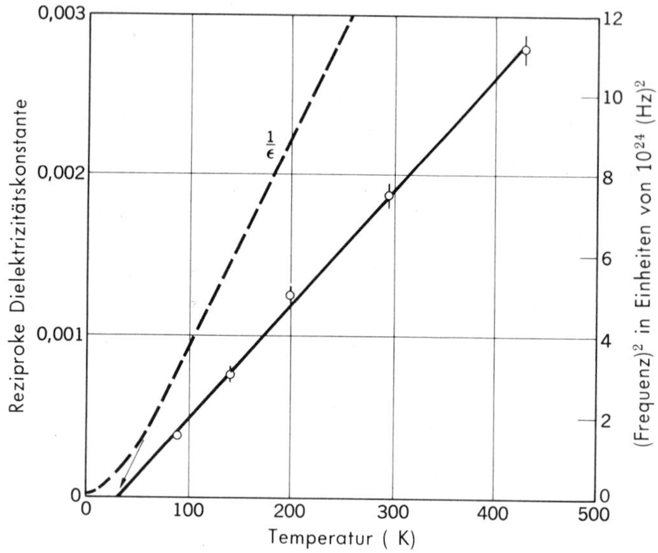

Bild 13: Abhängigkeit des Quadrats der Frequenz der transversalen optischen Eigenschwingung mit $\mathbf{K} = 0$ in $SrTiO_3$ von der Temperatur, nach den Neutronbeugungsexperimenten von Cowley. Die ausgezogene Linie liefert eine Curie-Temperatur von 32 ± 5 K. Die gestrichelte Linie stellt das Reziproke der Dielektrizitätskonstanten nach den Messungen von Mitsui und Westphal dar.

te an [14]). Experimente mit Neutronenstreuung (Bild 12) ergeben eine starke Abnahme der Frequenz des niedersten optischen Phonons zwischen Zimmertemperatur und 90 K [15]). In Bild 13 führt die Extrapolation der Phononenfrequenz bei 32 K auf den Wert Null; dies steht in näherungsweiser Übereinstimmung mit der Extrapolation der reziproken Dielektrizitätskonstanten. Wenn innerhalb eines gewissen Temperaturbereichs für die reziproke statische Dielektrizitätskonstante die Temperaturabhängigkeit $1/\epsilon(0) \propto (T - T_0)$ besteht, so sagt die LST-Beziehung, daß das Quadrat der Frequenz der optischen Mode eine ähnliche Temperatuabhängigkeit aufweisen muß: $\omega_T^2 \propto (T - T_0)$ vorausgesetzt, ω_L ist temperaturunabhängig. Dieses Ergebnis für ω_T^2 wird durch Bild 13 sehr gut

---

[14]) Bis jetzt herrscht noch keine endgültige Klarheit über den Zustand des Kristalls unter 30 K.

[15]) Wegen einer Diskussion der Gitterdynamik von $SrTiO_3$ siehe R. A. Cowley, Phys. Rev. **134**, A 981 (1964). Möglicherweise erhält man große Änderungen in der Frequenz des niedersten transversalen optischen Phonons, wenn man die Parameter zur Beschreibung der inneratomaren Kräfte nur ein wenig abändert.

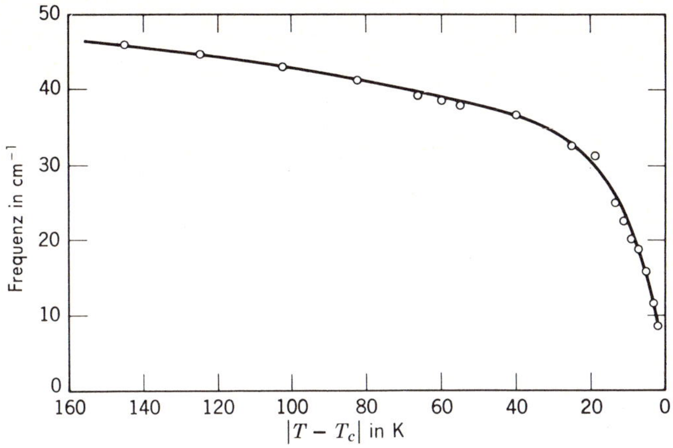

Bild 14: Verringerung der Frequenz transversaler Phononen im ferroelektrischen SbSJ bei Annäherung an die Curietemperatur von tiefen Temperaturen her. (Nach Raman-Streuexperimenten von C. H. Perry und D. K. Agrawal, Solid State Comm. **8** , 225 (1970).)

bestätigt. Bild 14 zeigt Meßwerte von ω_T in Abhängigkeit von T für SbSJ, einem anderen ferroelektrischen Kristall.

Antiferroelektrizität

Die eben besprochenen ferroelektrischen Verschiebungen stellen nicht die einzig mögliche Instabilität dar, die sich in einem dielektrischen Kristall ausbilden kann. In der Perowskitstruktur treten andere Deformationen auf. Obwohl diese nicht zu einer spontanen Polarisation führen, ergeben

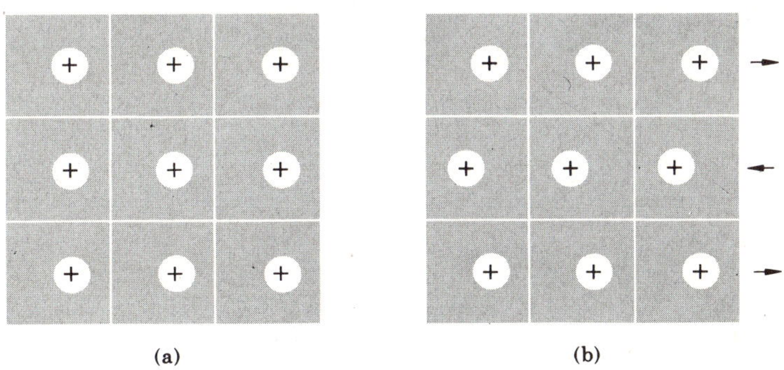

Bild 15: Vergleich von (a) ferroelektrischen und (b) antiferroelektrischen Deformationen. Nur die Verschiebung der positiven Ionen ist dargestellt.

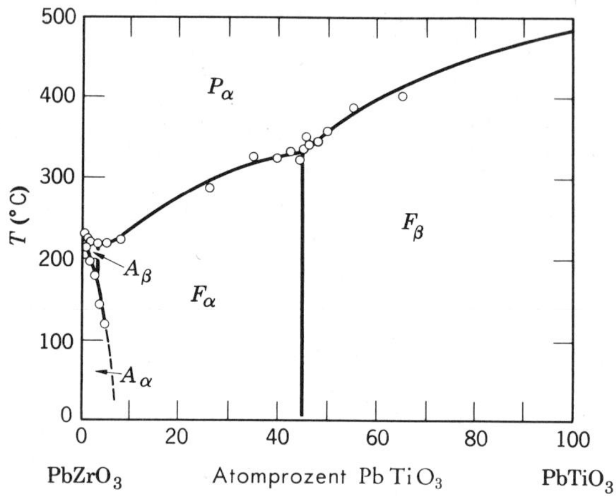

Bild 16:
Phasendiagramm eines $PbZrO_3$-$PbTiO_3$-Systems: *A* bedeutet antiferroelektrisch, *F* ferroelektrisch und *P* parelektrisch. [Nach E. Sawaguchi, J. Phys. Soc. Japan, **8**, 615 (1953).]

sie doch Änderungen der Dielektrizitätskonstanten. Eine Klasse dieser Deformationen wird als **antiferroelektrisch** bezeichnet; hier werden benachbarte Reihen von Ionen in entgegengesetzten Richtungen verschoben (Bild 15).

Die Perowskitstruktur scheint gegen viele Arten von Deformationen empfindlich zu sein, die oft nur geringe Energieunterschiede gegeneinander zeigen. Das Phasendiagramm von gemischten Perowskitsystemen, wie z. B. das $PbZrO_3$ - $PbTiO_3$ - System in Bild 16, zeigt Übergänge zwischen par-, ferro- und antiferroelektrischen Zuständen.

In Ammoniumsalzen und in Halogenwasserstoffen treten bei tiefen Temperaturen geordnete antiferroelektrische Strukturen mit permanenten elektrischen Dipolen auf. Einige weitere Kristalle, von denen man annimmt, sie haben eine unpolare geordnete Struktur, sind in Tabelle 3 zusammengestellt.

Tabelle 3:
Antiferroelektrische Kristalle. (Aus einer Zusammenstellung von Walter J. Merz.)

Kristall	Übergangstemperatur zum antiferroelektrischen Zustand in K
WO_3	1 010
$NaNbO_3$	793,911
$PbZrO_3$	506
$PbHfO_3$	488
$NH_4H_2PO_4$	148
$ND_4D_2PO_4$	242
$NH_4H_2AsO_4$	216
$ND_4D_2AsO_4$	304
$(NH_4)_2H_3IO_6$	254

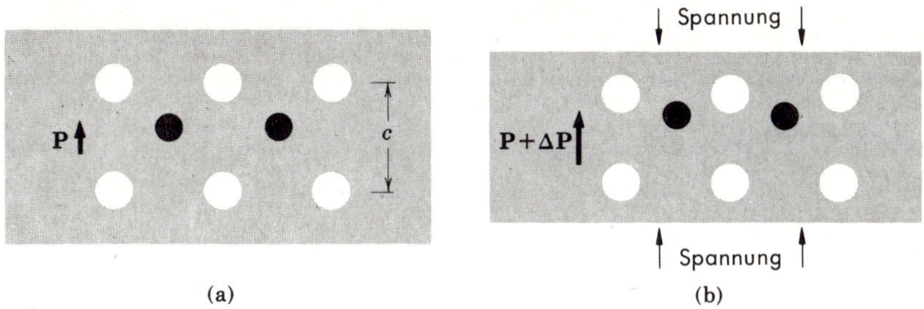

Bild 17: Ferroelektrischer Kristall ohne mechanische Spannung (a) und unter Spannung (b). Die Spannung ändert die Polarisation um **ΔP**, die sogenannte induzierte piezoelektrische Polarisation.

Piezoelektrizität

Alle ferroelektrischen Kristalle sind auch piezoelektrisch: eine mechanische Spannung Z, der ein Kristall unterworfen wird, ändert dessen elektrische Polarisation (Bild 17). Umgekehrt verursacht ein an den Kristall angelegtes elektrisches Feld in ihm eine mechanische Verzerrung.

In schematischer eindimensionaler Schreibweise lauten die piezoelektrischen Gleichungen

$$(18) \qquad P = Zd + E\chi; \qquad e = Zs + Ed. \qquad \text{(CGS)}$$

Dabei ist P die Polarisation, Z die (mechanische) Spannung, d der **piezoelektrische Koeffizient**, E das elektrische Feld, χ die dielektrische Suszeptibilität, e die elastische Dehnung und s der Elastizitätskoeffizient. Um (18) im SI-System zu erhalten, ersetze man χ durch $\varepsilon_0 \cdot \chi$.

Diese Beziehungen beschreiben das Entstehen einer Polarisation beim Anlegen einer mechanischen Spannung und das Entstehen einer elastischen Verzerrung beim Anlegen eines elektrischen Feldes. Praktische Anwendung findet der erste Vorgang in Dehnungsmeßstreifen und in Meßgeräten für Ultraschall; der zweite Effekt wird in Ultraschallgeneratoren ausgenutzt.

Ein piezoelektrischer Kristall braucht nicht unbedingt ferroelektrisch zu sein: ein schematisches Beispiel für eine derartige Struktur gibt [16]) Bild 18. Quarz ist piezoelektrisch, aber nicht ferroelektrisch; Bariumtitanat ist beides. Als Beispiel für die Größenordnung sei $d \approx 10^{-7}$ cm/el.stat.Volt für Quarz und $d \approx 10^{-5}$ cm/el. stat. Volt für Bariumtitanat angegeben.

---

[16]) Siehe auch Kapitel 11 von A. Holden und P. Singer, Crystal and crystal growing, Doubleday Anchor, 1960.

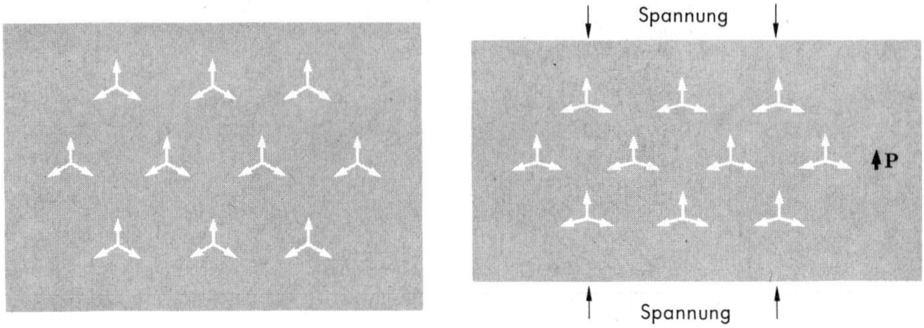

Bild 18: (a) Der mechanisch nicht beanspruchte Kristall hat eine dreizählige Symmetrieachse. Die Pfeile bedeuten Dipolmomente; jede Dreiergruppe von Pfeilen stellt eine ebene Ionengruppe aus $A_3{}^+B^{---}$ dar, bei der das B^{---} im Schnittpunkt sitzt. Die Summe der drei Dipolmomente eines jeden Schnittpunktes ist Null. (b) Wird der Kristall einer Spannung ausgesetzt, so entsteht in der angegebenen Richtung eine Polarisation. Die Summe der Dipolmomente um jeden Schnittpunkt verschwindet jetzt nicht mehr.

Die allgemeine Definition der piezoelektrischen Koeffizienten lautet

$$d_{ik} = (\partial e_k/\partial E_i)_Z . \tag{19}$$

Dabei ist $i \equiv x, y, z$ und $k \equiv xx, yy, zz, yz, zx, xy$. Zur Umrechnung der in cm/el. stat. Volt gegebenen Werte von d_{ik} auf Meter/Volt ist mit $3 \cdot 10^4$ zu multiplizieren.

Ferroelektrische Domänen

Wir wollen jetzt einen ferroelektrischen Kristall betrachten (beispielsweise Bariumtitanat in der tetragonalen Phase), bei dem die spontane Polarisation parallel zur c-Achse des Kristalls liegt und entweder nach oben oder nach unten weist. Im allgemeinen Fall wird ein ferroelektrischer Kristall aus Bereichen bestehen, den sogenannten **Domänen**, innerhalb deren die Polarisation überall gleiche Richtung hat, während die Polarisationsrichtungen der Nachbardomänen anders liegen; im Beispiel des Bildes 19 sind sie entgegengesetzt. Die resultierende Gesamtpolarisation des Kristalls wird davon abhängen, wie groß der Volumunterschied zwischen den nach oben und den nach unten ausgerichteten Domänen ist. Der Kristall als Ganzes erscheint dann unpolarisiert, wenn die Volumina der Bereiche mit entgegengesetzten Polarisationsrichtungen gleich groß sind (die Messung der Polarisation erfolgt dabei mit Hilfe der Ladungen auf Elektroden, die an den Kristallflächen angebracht werden). Das gesamte Dipolmoment des Kristalls kann durch die Wanderung der Wände

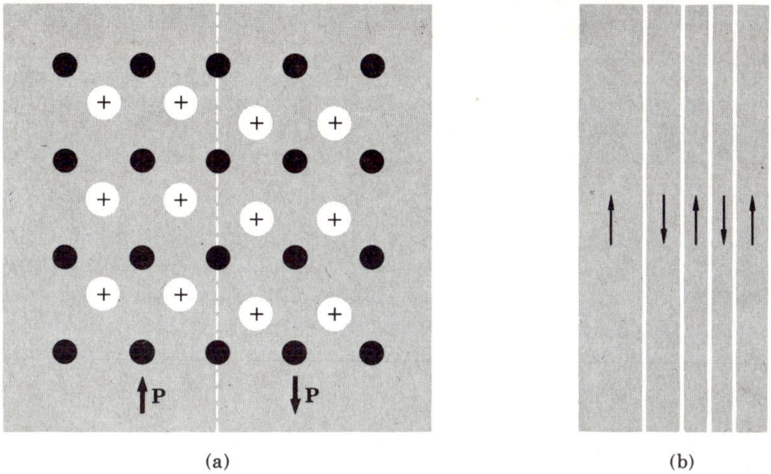

Bild 19: (a) Schematische Darstellung der Verschiebung der Atome auf beiden Seiten einer Grenzfläche zwischen Domänen mit entgegengerichteter Polarisation in einem ferroelektrischen Kristall. (b) Domänenstruktur mit 180° -Grenzflächen zwischen Domänen mit entgegengesetzter Polarisation.

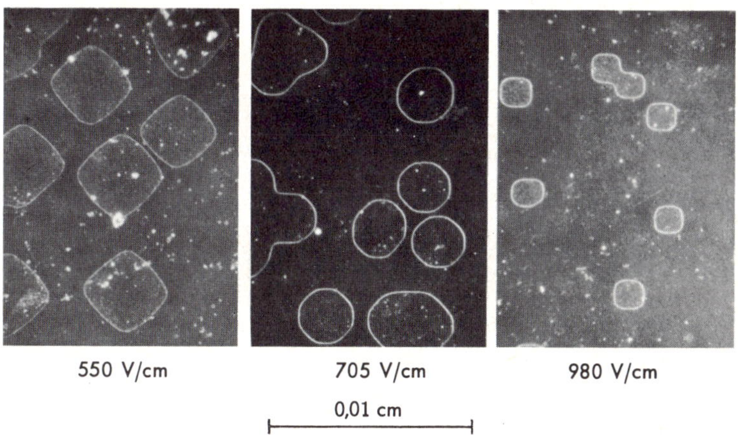

Bild 20: Ferroelektrische Domänen an der Oberfläche eines Bariumtitanateinkristalls. Die Fläche steht senkrecht zur tetragonalen oder c-Achse. Die Gesamtpolarisation des Kristalls, die vom Domänenvolumen bestimmt wird, steigt beträchtlich, wenn die elektrische Feldstärke parallel zur Achse von 530 V/cm auf 980 V/cm gesteigert wird. Die Domänenwände wurden durch Anätzen des Kristalls mit einer schwachen Säure sichtbar gemacht. (Mit freundlicher Genehmigung von R. C. Miller.)

zwischen den Domänen oder durch die Keimbildung von Domänen geändert werden.

Bild 20 bringt eine Reihe von Mikroaufnahmen eines Bariumtitanateinkristalls, der sich in einem elektrischen Feld befindet, das senkrecht zur Bildebene und parallel zur tetragonalen Achse liegt. Die geschlossenen Kurven sind Grenzflächen zwischen Domänen, deren Polarisation in die Papierebene hinein- und aus dieser herausweist. Die Domänenwände wandern zur Seite und ändern ihre Größe und Gestalt, wenn sich der Betrag des elektrischen Feldes ändert. In $BaTiO_3$ liegen charakteristische Werte für die Ausdehnung der Domänen bei 10^{-4} bis 10^{-2} cm; die Dicke der Grenzfläche zwischen den Domänen beträgt in manchen Fällen nur eine Gitterkonstante.

Die Bewegung von Domänenwänden in Ferroelektrika ist nicht einfach: von 180°-Wänden [18]) in $BaTiO_3$ ist bekannt [17]), daß sie sich in einem elektrischen Feld nicht als Ganzes parallel zu sich selbst verschieben; vielmehr scheint sich die Wandbewegung als Folge einer fortgesetzten Keimbildung zu ergeben, die durch thermische Schwankungen entlang der Mutterwand angeregt wird. Die Geschwindigkeit, mit der sich neue Keime bilden [19]), ist der bestimmende Faktor für die Fortbewegung der Wand. Hier liegen die Verhältnisse also völlig anders als bei ferromagnetischen Domänen (Kapitel 16).

Aufgaben

1. Ferroelektrisches Kriterium für Atome. Gegeben sei ein System aus zwei Atomen mit festem Abstand a und der Polarisierbarkeit α für jedes Atom. Welche Beziehung muß zwischen a und α gelten, wenn dieses System ferroelektrisch sein soll? Hinweis: Das Dipolfeld ist am stärksten entlang der Dipolachse.

2. Sättigungspolarisation beim Curie-Punkt. Bei einem Übergang erster Ordnung liefert die Gleichgewichtsbedingung (14), bei der T gleich T_c gesetzt wird, eine Bestimmungsgleichung für die Polarisation $P_s(T_c)$.

Eine weitere Bedingung beim Curie-Punkt lautet: $F(P_s, T_c) = F(0, T_c)$.
a) Man zeige, daß die Kombination beider Bedingungen liefert: $P_s^2(T_c) =$

---

17) W. J. Merz, Phys. Rev. **95**, 690 (1954); R. Landauer, J. Appl. Phys. **28**, (1957); R. C. Miller und A. Savage, Phys. Rev. **115**, 1176 (1959).

18) Eine 180°-Wand ist die Grenzschicht zwischen Bereichen mit entgegengesetzten Polarisierungsrichtungen.

19) R. C. Miller und G. Weinreich, Phys. Rev. 117, 1460 (1960).

$= 3|g_4|/4g_6$. b) Unter Verwendung dieses Resultats beweise man, daß $T_c = T_0 + (3g_4^2)/(16\gamma g_6)$.

3. Piezoelektrizität. a) Gegeben sei eine Scheibe eines piezoelektrischen Kristalls, deren Ebene senkrecht zur Richtung von E und Z aus Gleichung (18) steht. Gesucht sind die effektiven Elastizitätskoeffizienten für den Fall, daß die Oberflächen der Scheibe einmal kurzgeschlossen und einmal elektrisch getrennt sind. b) Man betrachte eine longitudinale Schallwelle, die eine Verzerrung $e(x, t) = A\cos(kx - \omega t)$ hervorruft. Wie lautet der Ausdruck für die Polarisation $P(x, t)$? Mit Hilfe der Maxwellschen Gleichung $\operatorname{div}(\mathbf{E} + 4\pi\mathbf{P}) = 0$ bestimme man $E(x, t)$. Dieses elektrische Feld ist wichtig bei der Bestimmung der Wechselwirkung von Elektronen mit elastischen Wellen in piezoelektrischen Halbleitern. Die entsprechende Maxwellgleichung im SI-System heißt $\operatorname{div}(\epsilon_0\mathbf{E} + \mathbf{P}) = 0$.

Literaturhinweise

J.C. Burfoot, Ferroelectrics, an introduction to the physical principles, Van Nostrand, 1967.

E. Fatuzzo and W.J. Merz, Ferroelectricity, North-Holland (Interscience), 1967.

E.F. Weller, ed., Ferroelectricity, Elsevier, 1967. Valuable symposium survey. Ferroelectrics, IEEE Transactions on electron devices, vo.. vol. ED-16, No. 6, June 1969. Survey of ferroelectric technology.

A.F. Devonshire, "Theory of ferroelectrics", Advances in Physics **3**, 85-130 (1954).

W.P. Mason, Piezoelectric crystals, Van Nostrand, 1950.

F. Jona and G. Shirane, Ferroelectric crystals, Pergamon, 1962.

W. Cochran, "Crystal stability and the theory of ferroelectricity", Advances in Physics **9**, 387 (1960); **10**, 401-420 (1961).

W. Känzig, "Ferroelectrics and antiferroelectrics", Solid state physics **4**, 1-197 (1957).

P.W. Forsbergh, "Piezoelectricity, electrostriction, and ferroelectricity", Encyclo. of physics **17**, 264-392 (1956).

Proceedings of the Second International Conference on Ferroelectricity, Kyoto, 1969. J. Phys. Soc. Japan **28**, Suppl. (1970).

15. Diamagnetismus und Paramagnetismus

Anmerkung: Bei den in diesem Kapitel behandelten Problemen ist das magnetische Feld **B** immer fast gleich dem von außen angelegten Feld $\mathbf{B}_a$, so daß wir in den meisten Fällen **B** statt $\mathbf{B}_a$ schreiben können.

In diesem und in den beiden folgenden Kapiteln werden magnetische Erscheinungen behandelt. Kapitel 16 befaßt sich mit Ferromagnetismus und Antiferromagnetismus, Kapitel 17 mit der magnetischen Resonanz.

Magnetismus ist untrennbar mit Quantenmechanik verbunden. Ein klassisches System kann im thermischen Gleichgewicht, selbst wenn man ein Magnetfeld anlegt, kein magnetisches Moment besitzen. Dieses Theorem ist gültig, obwohl es nicht offensichtlich richtig ist [1]; dort wo $\hbar$ immer kleiner wird bis es verschwindet, wäre der Verlust des Magnetismus eine der Katastrophen, die die Welt erschüttern würden.

Das magnetische Moment eines freien Atoms hat drei prinzipielle Ursachen. Einmal den Spin den Elektronen besitzen, dann den Bahndrehimpuls der Elektronen, die sich um den Atomkern herumbewegen und schließlich die Änderung des Drehimpulses durch ein Magnetfeld. Wir werden sehen, daß die ersten beiden Effekte paramagnetische Beiträge zur Magnetisierung liefern, der dritte dagegen einen diamagnetischen. Im 1s Grundzustand des Wasserstoffatoms ist der Drehimpuls Null. Das magnetische Moment des Wasserstoffatoms ist dann in erster Linie das des Elektronenspins mit einem zusätzlichen kleinen induzierten diamagnetischen Anteil. Im $1s^2$ Zustand von Helium ist sowohl Spin, als auch Drehimpuls gleich Null; He besitzt deshalb nur ein induziertes Moment. Bei Atomen mit gefüllten Elektronenschalen sind Gesamtspin und Drehimpuls gleich Null. Atome mit magnetischen Momenten besitzen unvollständige Elektronenschalen.

Die **Magnetisierung M** ist definiert als das magnetische Moment pro Volumeneinheit. Die Definition der **magnetischen Suszeptibilität** pro Volumen einheit (Volumsuszeptibilität) lautet

(1) $$\chi = \frac{M}{B}\ ;\ \text{(CGS)} \qquad \text{(SI)}\ \ \chi = \frac{\mu_0 M}{B}\ .$$

Dabei bedeutet B die makroskopische magnetische Feldstärke. In beiden Maßsystemen ist χ dimensionslos. Der Einfachheit halber werden wir M/B manchmal als Suszeptibilität bezeichnen ohne das Maßsystem anzugeben. Sehr häufig wird die Suszeptibilität auch auf die Einheitsmasse (Massensuszeptibilität) oder auf ein Mol der Substanz bezogen. Die Molsuszeptibilität wird als χ_M geschrieben, das magnetische Moment pro Gramm manchmal als σ.

Stoffe mit einer negativen magnetischen Suszeptibilität werden als **diamagnetisch** bezeichnet. Substanzen mit einer positiven Suszeptibilität heißen

[1]) Das Theorem, das auf J.H. van Leeuwen zurückgeht, wird von J.H. van Vleck, Electric and Magnetic Susceptibilities, Oxford 1932 pp 94-104 behandelt.

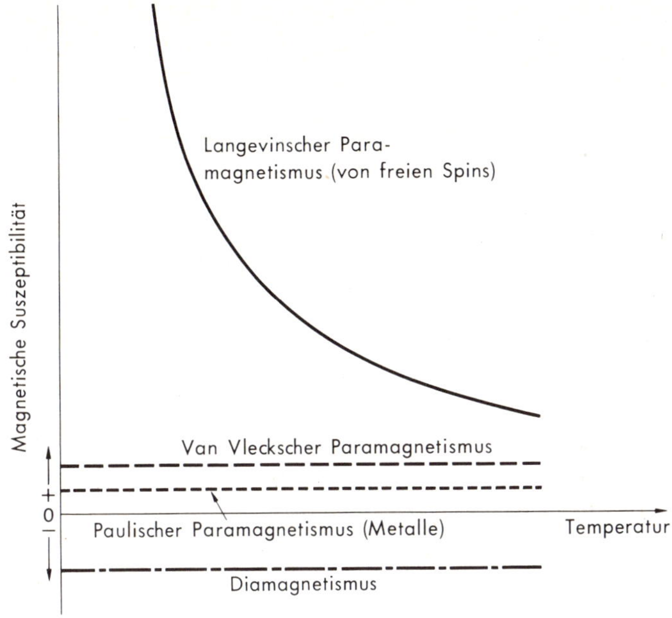

Bild 1: Charakteristische magnetische Suszeptibilitäten von diamagnetischen und paramagnetischen Substanzen.

paramagnetisch (siehe Bild 1). Magnetische Momente, die nach einem bestimmten Schema zusammengebaut sind, werden in Kapitel 16 besprochen; diese Anordnung kann ferromagnetisch, ferrimagnetisch, antiferromagnetisch, spiralförmig oder noch komplizierterer Natur sein. Magnetische Kernmomente führen zum **Kernparamagnetismus**. Die magnetischen Momente von Kernen sind größenordnungsmäßig 10^{-3} mal kleiner als das magnetische Moment des Elektrons.

Die Langevinsche Gleichung für den Diamagnetismus

Das diamagnetische Verhalten hängt mit dem Bestreben der elektrischen Ladungen zusammen, das Innere eines Körpers teilweise gegen ein äußeres Magnetfeld abzuschirmen. In der Elektrodynamik ist die Lenzsche Regel wohlbekannt, nach welcher bei einer Änderung des Flusses durch einen Stromkreis dort ein Strom induziert wird, der dieser Flußänderung entgegenwirkt. In einem Kreis ohne Widerstand, wie in einem Supraleiter oder auf der Bahn eines Elektrons in einem Atom, fließen diese induzierten Ströme so lange, wie das Feld vorhanden ist. Das von dem induzierten Strom erzeugte Magnetfeld ist dem äußeren Magnetfeld entgegengerichtet.

Das entsprechende magnetische Moment ist also ein diamagnetisches. Selbst in einem normalen Metall liefern die Leitungselektronen einen diamagnetischen Beitrag, der auch durch die Zusammenstöße der Elektronen nicht zerstört wird. Gewöhnlich verwendet man bei der Behandlung des Diamagnetismus von Atomen und Ionen das Larmorsche Theorem[2]. Dieses besagt, daß die Bewegung eines Elektrons um einen Zentralkern in einem Magnetfeld bis zur ersten Ordnung von B dieselbe ist wie in Abwesenheit von B, abgesehen von einer Präzession mit der Kreisfrequenz

(2) $$\omega = \frac{eB}{2mc} \;;\ \text{(CGS)} \qquad \textbf{(SI)}\quad \omega = \frac{eB}{2m} .$$

Wenn das Feld langsam angelegt wird, ist die Bewegung vom rotierenden Bezugssystem aus gesehen dieselbe wie die ursprüngliche Bewegung im Ruhesystem vor dem Einschalten des Feldes. War der mittlere Elektronenstrom um den Kern anfangs null, so ruft das Magnetfeld einen endlichen mittleren Strom um den Kern hervor, der wiederum einem magnetischen Moment äquivalent ist. Die Richtung dieses Moments und die Richtung des äußeren Feldes sind entgegengesetzt.

Die Larmor-Präzession einer Elektronenhülle ist gleichbedeutend mit einem elektrischen Strom

(3) $$\textbf{(SI)}\quad I = \text{(Ladung)(Umläufe pro Zeiteinheit)} = (-Ze)\left(\frac{1}{2\pi}\cdot\frac{eB}{2m}\right) .$$

Das magnetische Moment μ einer Stromschleife wird durch das Produkt aus Strom und Fläche der Schleife gegeben. Die Fläche einer Schleife mit Radius ρ beträgt $\pi\rho^2$. Für Z Elektronen ergibt sich

(4) $$\mu = -\frac{Ze^2B}{4mc^2}\langle\rho^2\rangle \quad \text{(CGS)} \qquad \textbf{(SI)}\quad \mu = -\frac{Ze^2B}{4m}\langle\rho^2\rangle .$$

Dabei bedeutet

(5) $$\langle\rho^2\rangle = \langle x^2\rangle + \langle y^2\rangle$$

den Mittelwert des Quadrats des senkrechten Abstands zwischen Elektron und der Achse des Feldes durch den Kern.

Das mittlere Quadrat des Abstands zwischen Elektron und Kern ist

(6) $$\langle r^2\rangle = \langle x^2\rangle + \langle y^2\rangle + \langle z^2\rangle .$$

---

[2] H. Goldstein, Classical mechanics, Addision-Wesley, 1953, Seite 176-178. Die Larmorfrequenz ist genau die Hälfte der Zyklotronfrequenz eines freien Elektrons in einem Magnetfeld.

Bei einer Ladungsverteilung mit Kugelsymmetrie gilt $\langle x^2\rangle = \langle y^2\rangle = \langle z^2\rangle$ und somit

(7) $$\langle r^2\rangle = \tfrac{3}{2}\langle \rho^2\rangle .$$

Aus (4) und (7) folgt für die diamagnetische Volumsuszeptibilität - wenn N die Zahl der Atome pro Volumeinheit ist -:

(8) $$\chi = N\mu/H = -\frac{Ze^2N}{6mc^2}\langle r^2\rangle . \qquad \chi = \frac{\mu_0 N\mu}{B} = -\frac{\mu_0 NZe^2}{6m}\langle r^2\rangle .$$

Damit haben wir das klassische Langevinsche Ergebnis gefunden. Eine quantentheoretische Ableitung folgt in Anhang M.

Die Berechnung der diamagnetischen Suszeptibilität eines isolierten Atoms reduziert sich also auf die Berechnung von $\langle r^2\rangle$ für die Elektronenverteilung innerhalb des Atoms. Dies kann mit Hilfe der Quantenmechanik erfolgen. Experimentelle Werte für neutrale Atome erhält man am einfachsten für die Edelgase.

Typische Meßwerte für Molsuszeptibilitäten sind die folgenden:

	He	Ne	Ar	Kr	Xe
χ_M in 10^{-6} cm³/Mol	−1,9	−7,2	−19,4	−28,0	−43,0

In dielektrischen Festkörpern wird der diamagnetische Beitrag der Ionenrümpfe ungefähr durch die Langevin-Formel beschrieben. Der Beitrag der Leitungselektronen ist etwas komplizierter, wie sich aus dem in Kapitel 10 besprochenen de Haas-van Alphen-Effekt deutlich ersehen läßt.

Diamagnetismus von Molekülen

Bei der Ableitung der Larmor-Gleichung wird implizit vorausgesetzt, daß die Feldrichtung eine Symmetrieachse des Systems ist. In den meisten molekularen Systemen ist diese Bedingung nicht erfüllt, und man muß daher auf die allgemeine Theorie von van Vleck (Anhang M) zurückgreifen. Für ein vielatomiges Molekül mit Spinquantenzahl Null ergibt sich für die gesamte molare Suszeptibilität

(9) $$\chi_M = -\frac{Le^2}{6mc^2}\sum\langle r^2\rangle + 2L\sum_s \frac{|\langle s|\mu_z|0\rangle|^2}{E_s - E_0} . \qquad \text{(CGS)}$$

Dabei ist L die Loschmidtsche Zahl, $\langle s|\mu_z|0\rangle$ das Matrixelement der z-Komponente des magnetischen Bahnmoments, für den Übergang vom Grundzustand 0 zum angeregten Zustand s, und $E_s - E_0$ der Energieunterschied der beiden Zustände. Das Material ist diamagnetisch oder paramagnetisch, je nachdem, ob das erste oder das zweite Glied in (9) überwiegt. Das zweite bedeutet den sogenannten **van Vleckschen Paramagnetismus**.

Für den Normalzustand eines H_2-Moleküls errechnen van Vleck und Frank[3])

$$\chi_M = -4{,}71 \cdot 10^{-6} + 0{,}51 \cdot 10^{-6} = -4{,}20 \cdot 10^{-6}$$

cm^3/Mol. Die experimentellen Werte liegen zwischen −3,9 und $-4{,}0 \cdot 10^{-6}$.

Paramagnetismus

Elektronischen Paramagnetismus (d. h. einen positiven Beitrag zu χ) findet man bei:

a) Atomen, Molekülen und Gitterfehlstellen mit einer ungeraden Zahl von Elektronen, da in diesem Fall der Gesamtspin des Systems nicht null sein kann; Beispiele: freie Natriumatome, gasförmiges Stickstoffoxyd (NO), organische freie Radikale wie Triphenylmethyl $C(C_6H_5)_3$, *F*-Zentren in Alkalihalogeniden;

b) freien Atomen und Ionen mit einer teilweise gefüllten inneren Schale, Übergangselementen, zu den Übergangselementen isoelektronische Ionen, seltenen Erden und Aktiniden; Beispiele: Mn^{2+}, Gd^{3+}, U^{4+} (viele dieser Ionen zeigen auch oft - allerdings nicht notwendigerweise - paramagnetisches Verhalten, wenn sie in einen Festkörper eingebaut sind);

c) einigen wenigen Verbindungen mit einer geraden Anzahl von Elektronen, z. B. bei molekularem Sauerstoff und organischen Biradikalen;

d) bei Metallen.

Wir werden hier die Klassen (b) und (d) betrachten.

Die Langevinsche Gleichung für den Paramagnetismus und das Curiesche Gesetz

Wir betrachten einen Stoff mit N Atomen pro Volumeinheit, die alle das magnetische Moment μ besitzen. Eine Magnetisierung ergibt sich als Folge der Einstellung dieser magnetischen Momente in einem äußeren Magnetfeld. Die thermische Bewegung steht mit dem Bestreben des magnetischen Feldes, die Momente auszurichten, in Widerstreit. Die Wechselwirkungsenergie eines Momentes μ mit einem äußeren Magnetfeld **B** beträgt

$$U = -\boldsymbol{\mu} \cdot \mathbf{B}. \qquad (10)$$

---

[3]) J. H. van Vleck und A. Frank, Proc. Natl. Acad. Sci. U.S. **15**, 539 (1929).

Die Berechnung der Magnetisierung im thermischen Gleichgewicht erfolgt über genau dieselben Schritte (13.46) bis (13.49) wie die Ableitung der Debyeschen Orientierungspolarisierbarkeit, wenn man $\boldsymbol{\mu}$ anstelle von **p** und **B** anstelle von **E** schreibt. Die Magnetisierung wird dann durch die Langevin-Gleichung

(11) $$M = N\mu L(x)$$

dargestellt, wobei $x \equiv \mu B/k_B T$ ist und wobei die Langevin-Funktion $L(x)$

(12) $$L(x) \equiv \operatorname{ctnh} x - \frac{1}{x}$$

lautet. Für $x \ll 1$ folgt aus Gleichung (12.29) $L(x) \cong x/3$, so daß für die Magnetisierung mit der **Curie-Konstanten** C

(13) $$M \cong N\mu^2 B/3k_B T \cong C \cdot B/T$$

gilt.

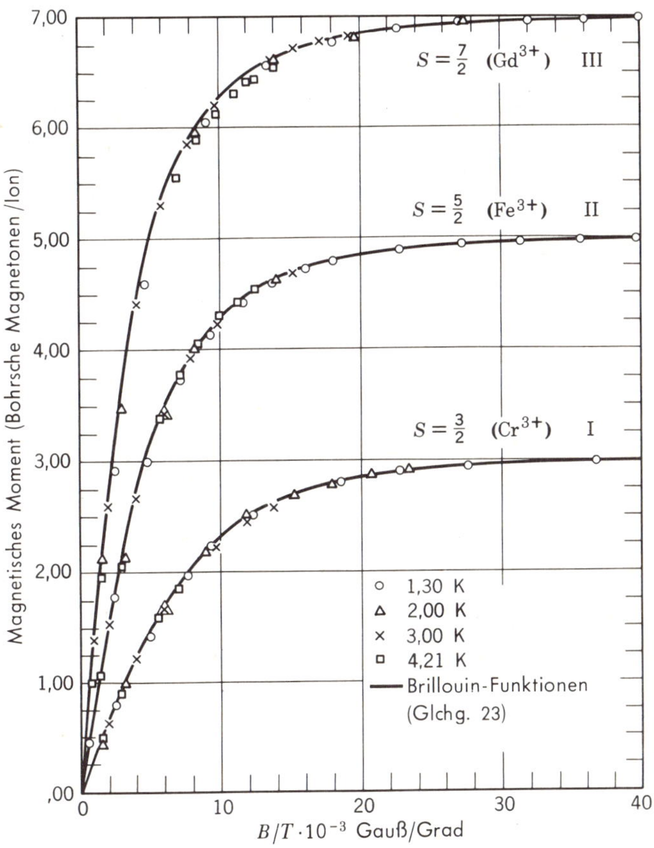

Bild 2: Abhängigkeit des magnetischen Moments von B/T für kugelförmige Proben aus (I) Kalium-Chrom-Alaun, (II) Eisen-III-Alaun und (III) Gadolinium-Sulfat-Oktahydrat. Bei 1,3 K und etwa 50 000 Gauß wird eine 99,3%ige magnetische Sättigung erreicht. [Nach W. E. Henry, Phys. Rev. **88**, 559 (1952).]

(14) $$C \equiv \frac{N\mu^2}{3k_B} .$$

Das Ergebnis (13) ist das bekannte **Curiesche Gesetz**, das im Grenzfall $\mu B \ll k_B T$ gilt. Für ein Elektron ist $\mu = 0{,}927 \cdot 10^{-20}$ erg/Gauß oder $0{,}927 \cdot 10^{-23}$ Joule/Tesla.

Bei Zimmertemperatur in einem Feld von 10^4 Gauß haben wir $\mu B/k_B T \simeq 2 \cdot 10^{-3}$. In diesem Fall läßt sich die Langevin-Funktion also sicher durch $\mu B/3k_B T$ annähern. Bei tiefen Temperaturen wurden Sättigungseffekte wie in Bild 2 beobachtet.

Quantentheorie des Paramagnetismus

Das magnetische Moment eines Atoms oder eines Ions im freien Raum lautet:

(15) $$\boxed{\boldsymbol{\mu} = \gamma\hbar\mathbf{J} = -g\mu_B\mathbf{J}.}$$

Dabei ist der Gesamtdrehimpuls $\hbar\mathbf{J}$ die Summe aus Bahndrehimpuls $\hbar\mathbf{L}$ und Spin $\hbar\mathbf{S}$. Die Konstante γ ist gleich dem Verhältnis des magnetischen Momentes zum Drehimpuls. Sie heißt **magnetomechanisches Verhältnis** oder auch **gyromagnetisches Verhältnis**.

Für elektronische Systeme wird wie in (15) eine Größe g definiert:

(15 a) $$g\mu_B \equiv -\gamma\hbar.$$

Sie wird als **Landé-Faktor** oder **g-Faktor** bezeichnet und ist gleich dem Verhältnis der Zahl der Bohrschen Magnetonen zu dem in Einheiten von $\hbar$ gemessenen Drehimpuls. Für den Spin des Elektrons hat g den Wert 2,0023. Gewöhnlich rechnet man mit 2,00. Bei einem freien Atom mit Bahndrehimpuls bestimmt sich der g-Faktor aus der Landéschen Gleichung[4]) zu

(16) $$g = 1 + \frac{J(J+1) + S(S+1) - L(L+1)}{2J(J+1)} .$$

Das **Bohrsche Magneton** ist als $e\hbar/2mc$ im CGS-System und als $e\hbar/2m$ im SI-System definiert. Es ist praktisch gleich dem magnetischen Moment des Spins eines freien Elektrons.

Die Energieniveaus eines Systems im Magnetfeld sind

(17) $$E = m_J g\mu_B B.$$

---

[4]) Eine Ableitung gibt Born, Seite 164 und 370. (Siehe Literaturhinweise am Ende des Kapitels.)

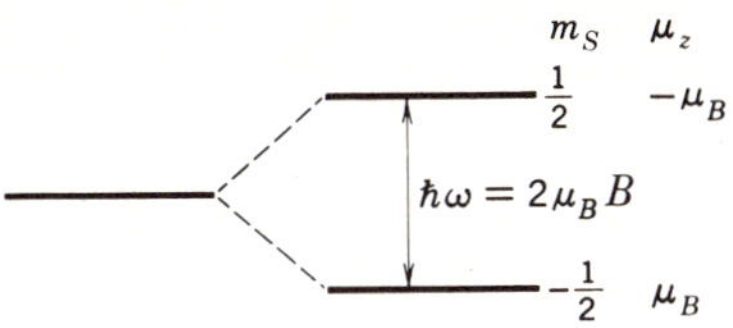

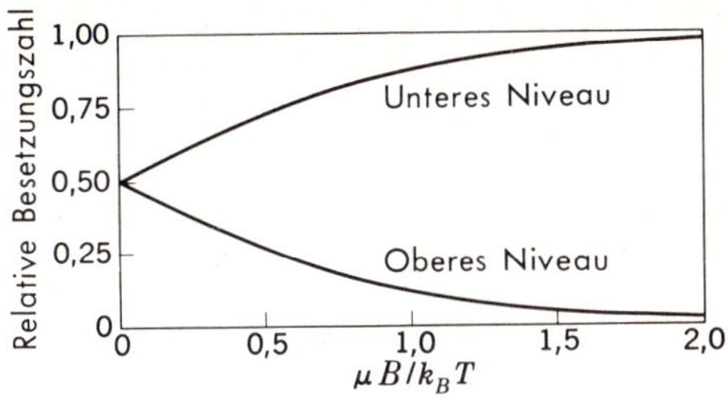

Bild 3: Aufspaltung der Energieniveaus eines Elektrons in einem Magnetfeld, das parallel zur positiven z-Achse gerichtet ist, bei alleiniger Berücksichtigung des Spins. Beim Elektron hat das magnetische Moment $\boldsymbol{\mu}$ entgegengesetztes Vorzeichen zum Spin, so daß $\boldsymbol{\mu} = -g\mu_B \mathbf{S}$. Im unteren Energiezustand liegt das magnetische Moment parallel zum Magnetfeld.

Bild 4: Relative Besetzungszahlen eines Zwei-Niveau-Spinsystems im thermischen Gleichgewicht bei der Temperatur T und dem Magnetfeld H. Das magnetische Moment ist proportional zur Differenz beider Kurven.

m_J ist dabei die magnetische Quantenzahl. Sie kann die Werte $J, J-1, \ldots, -J$ annehmen. Für einen einzelnen Spin ohne Bahndrehimpuls gilt $m_J = \pm\frac{1}{2}$ und $g = 2$, damit folgt

(18) $$E = \pm\mu_B B.$$

Bild 3 zeigt diese Aufspaltung.

Besitzt ein System nur zwei Niveaus, so ist deren Besetzung im Gleichgewichtsfall (mit $\beta \equiv 1/k_B T$) gleich

(19)
$$\frac{N_1}{N} = \frac{\exp(\beta\mu B)}{\exp(\beta\mu B) + \exp(-\beta\mu B)};$$
$$\frac{N_2}{N} = \frac{\exp(-\beta\mu B)}{\exp(\beta\mu B) + \exp(-\beta\mu B)}.$$

Hier bedeuten N_1 und N_2 die Besetzungszahlen des unteren bzw. des oberen Niveaus und $N = N_1 + N_2$ die Gesamtzahl der Atome. Die relativen Besetzungszahlen sind in Bild 4 aufgetragen.

Die Projektion des magnetischen Moments im oberen Zustand auf die Feldrichtung ist $-\mu$, im unteren Zustand μ. Die resultierende Magnetisierung bei N Atomen pro Volumeinheit ist

(20) $$M = (N_1 - N_2)\mu = N\mu \cdot \frac{e^x - e^{-x}}{e^x + e^{-x}} = N\mu \tanh x$$

mit $x \equiv \mu B/k_B T$. Man beachte, daß wegen des Unterschieds zwischen kontinuierlicher und gequantelter Einstellung die Funktionen L in (11) und

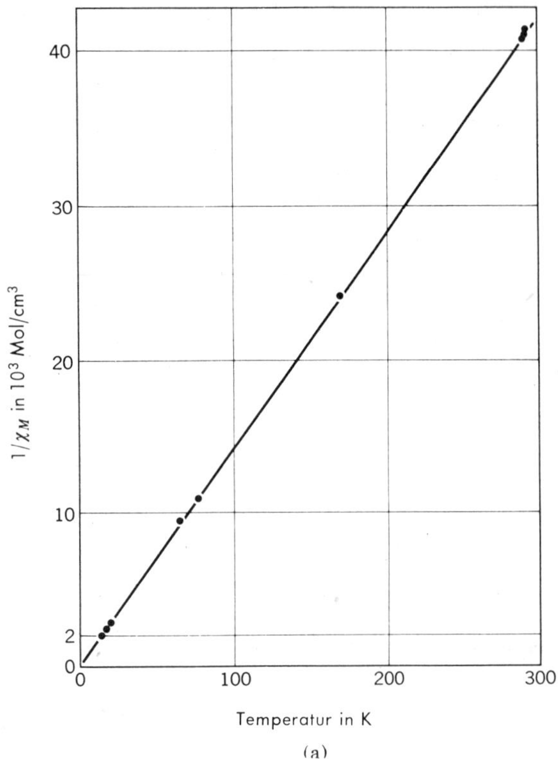

Bild 5a: **Temperaturabhängigkeit der reziproken Suszeptibilität $1/\chi$ eines Gadoliniumsalzes $Gd(C_2H_5SO_4)_3 \cdot 9H_2O$. Die gerade Linie entspricht dem Curiegesetz (nach L.C. Jackson und H. Kamerlingh Onnes, Leiden Communications 168a).**

tanh in (20) voneinander verschieden sind. Bei geringen Feldstärken haben die Funktionen auch verschiedene Entwicklungen.

Für $x \ll 1$ ist $\tanh x \cong x$, und man erhält

(21) $$M \cong N\mu(\mu B/k_B T).$$

Die Suszeptibilität läßt sich also auch hier in der Curieschen Form schreiben. Resultate für paramagnetische Ionen in einem Gadoliniumsalz zeigt Bild 5a, 5b zeigt Messungen an He^3 Kernen in festem He^3.

Ein Atom mit Gesamtdrehimpulsquantenzahl J besitzt in einem Magnetfeld $2J + 1$ äquidistante Energieniveaus. Die Magnetisierung ist dann

(23) $$M = NgJ\mu_B B_J(x), \qquad (x \equiv gJ\mu_B B/k_B T).$$

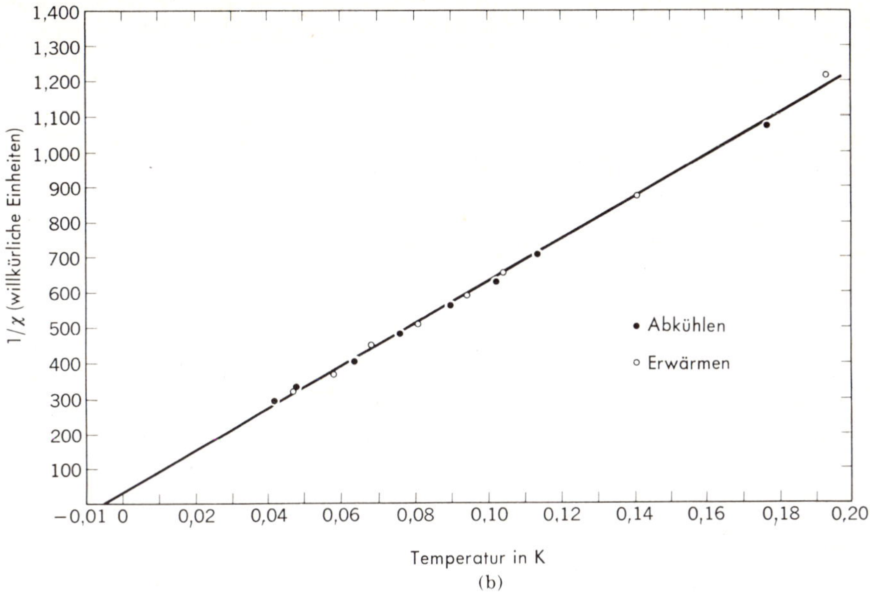

Bild 5b: **Temperaturabhängigkeit der reziproken Suszeptibilität von He^3 bei einem Molvolumen von 23,6 cm^3 /mole. Die magnetische Suszeptibilität wird durch die He^3 -Kerne verursacht (nach P. B. Pipes und W. M. Fairbanks, Phys. Rev. Lett. 23, 520 (1969)).**

Dabei ist die **Brillouin-Funktion** B_J definiert als

$$B_J(x) = \frac{2J+1}{2J} \operatorname{ctnh}\left(\frac{(2J+1)x}{2J}\right) - \frac{1}{2J} \operatorname{ctnh}\left(\frac{x}{2J}\right). \tag{24}$$

Gleichung (20) ist ein Spezialfall von (23) mit $J = \frac{1}{2}$. Für $x \ll 1$ gilt

$$\operatorname{ctnh} x = \frac{1}{x} + \frac{x}{3} - \frac{x^3}{45} + \cdots.$$

Die Suszeptibilität χ ergibt sich daraus mit (23) und (24) zu

$$\chi \cong NJ(J+1)g^2\mu_B{}^2/3k_BT = Np^2\mu_B{}^2/3k_BT = C/T. \tag{25}$$

Hierbei ist p die durch

$$p \equiv g[J(J+1)]^{1/2} \tag{26}$$

definierte **effektive Anzahl Bohrscher Magnetonen** (bzw. $p = g\,\mu_B\,J\,(J+1)$ das effektive Moment).

Ionen seltener Erden

Die Ionen der seltenen Erden weisen einander sehr ähnliche chemische Eigenschaften auf. Deshalb gelang es erst viele Jahre nach ihrer Entdeckung, diese Elemente in hoher Reinheit darzustellen. Ihre magnetischen Eigenschaften sind erstaunlich; die Ionen weisen eine systematische Variation und zugleich eine verständliche Vielfalt der magnetischen Eigenschaften auf. Die chemischen Eigenschaften der dreiwertigen Ionen ähneln sich so stark da die äußersten Elektronenschalen bei allen eine $5s^2$ $5p^6$ Konfiguration wie neutrales Xenon besitzten. In Lanthan, dem letzten Element vor der Gruppe der Seltenen Erden, ist die 4f-Schale leer. Zer besitzt ein 4f Elektron; die Anzahl der 4f-Elektronen nimmt in der Gruppe stetig zu, bis wir bei Ytterbium $4f^{13}$ haben und bei Lutetium mit $4f^{14}$ die 4f-Schale gefüllt ist (siehe Innenseite des vorderen Bucheinbandes). Die Radien der dreiwertigen Ionen nehmen langsam von 1,11 Å bei Zer bis 0,94 Å bei Ytterbium ab. Dies ist die bekannte "Lanthaniden-Konzentration". Verursacht wird das unterschiedliche magnetische Verhalten der Ionen durch die sich von Element zu Element ändernde Anzahl der 4f-Elektronen in der teilweise abgeschirmten inneren Schale, die einen Radius von ungefähr 0,3 Å besitzt. Selbst in den Metallen bleibt der 4f-Ionenrumpf unversehrt und behält seine atomaren Eigenschaften. Keine andere Gruppe von Elementen im Periodensystem ist derartig interessant.

Die bisherige Betrachtung gilt für Atome mit einem $(2J + 1)$-fach entarteten Grundzustand, dessen Entartung durch ein Magnetfeld aufgehoben wird. Der Einfluß aller höher gelegenen Energieniveaus des Systems ist dabei vernachlässigt. Diese Annahmen scheinen bei einer Anzahl von Ionen der seltenen Erden erfüllt zu sein (Tabelle 1). Die Berechnung der Magnetonenzahlen erfolgte mit den g-Werten aus der Landéschen Formel (16) und mit der Termbezeichnung des Grundzustandes, die man aus der Hundschen Theorie der Spektralterme erhält (diese Theorie wird in Lehrbüchern der Atomspektroskopie behandelt).

Die Diskrepanz zwischen den experimentell ermittelten Magnetonenzahlen und den unter diesen Annahmen berechneten ist bei den Eu^{3+}- und den Sm^{3+}-Ionen recht ausgeprägt. Bei diesen Ionen wird es notwendig, auch höhere Zustände des $(L - S)$-Multipletts[5]) zu berücksichtigen, da die Abstände zwischen benachbarten Multiplettniveaus bei Zimmertemperatur im Vergleich zu $k_B T$ nicht groß sind.

---

[5]) Ein Multiplett ist die Gesamtheit der Niveaus mit verschiedenem J zu gegebenem L und S. Die Niveaus eines Multipletts sind durch die Spin-Bahn-Wechselwirkung aufgespalten.

Tabelle 1: Effektive Magnetonzahlen p für dreiwertige Ionen der Lanthaniden. (Nahe bei Zimmertemperatur.)

Ion	Konfiguration	Grundterm	p (berechnet) = $= g[J(J+1)]^{1/2}$	p (exp) (Näherung)
Ce^{3+}	$4f^1 5s^2 p^6$	$^2F_{5/2}$	2, 54	2, 4
Pr^{3+}	$4f^2 5s^2 p^6$	$^3H_4$	3, 58	3, 5
Nd^{3+}	$4f^3 5s^2 p^6$	$^4I_{9/2}$	3, 62	3, 5
Pm^{3+}	$4f^4 5s^2 p^6$	$^5I_4$	2, 68	-
Sm^{3+}	$4f^5 5s^2 p^6$	$^6H_{5/2}$	0, 84	1, 5
Eu^{3+}	$4f^6 5s^2 p^6$	$^7F_0$	0	3, 4
Gd^{3+}	$4f^7 5s^2 p^6$	$^8S_{7/2}$	7, 94	8, 0
Tb^{3+}	$4f^8 5s^2 p^6$	$^7F_6$	9, 72	9, 5
Dy^{3+}	$4f^9 5s^2 p^6$	$^6H_{15/2}$	10, 63	10, 6
Ho^{3+}	$4f^{10} 5s^2 p^6$	$^5I_8$	10, 60	10, 4
Er^{3+}	$4f^{11} 5s^2 p^6$	$^4I_{15/2}$	9, 59	9, 5
Tm^{3+}	$4f^{12} 5s^2 p^6$	$^3H_6$	7, 57	7, 3
Yb^{3+}	$4f^{13} 5s^2 p^6$	$^2F_{7/2}$	4, 54	4, 5

Der vollständige theoretische Ausdruck für die Suszeptibilität unter Berücksichtigung höherer Zustände kann sehr kompliziert sein. In Anhang M sind die beiden Grenzfälle betrachtet, daß die Niveauaufspaltung $\ll k_B T$ bzw. $\gg k_B T$ ist. Niveaus, deren Abstand vom Grundzustand $\gg k_B T$ ist, können einen van Vleckschen Term (9) zur Suszeptibilität beitragen, der in einem gewissen Bereich temperaturunabhängig ist.

Hundsche Regeln

Wendet man die Hundschen Regeln auf Elektronen in den vorgegebenen Schalen eines Atoms an, so lauten sie:
Die Elektronen werden auf die einzelnen Orbitale so verteilt, daß der Grundzustand folgendermaßen charakterisiert werden kann:

1. Der Gesamtspin s besitzt den maximalen Wert der durch das Pauli-Prinzip zugelassen wird.
2. Der Bahndrehimpuls L hat den Maximalwert, der mit dem obigen Wert von s konsistent ist
3. Der Gesamtdrehimpuls ist gleich $|L - S|$ wenn die Schale weniger als halbvoll ist und gleich $L + S$ wenn sie mehr als halbvoll ist (ist die Schale halbgefüllt, so ergibt die Anwendung der ersten Regel $L = 0$, so daß $J = S$).

Die erste Hundsche Regel ist eine Folge des Pauliprinzips und der Coulombabstoßung zwischen den Elektronen. Das Pauliprinzip verhindert, daß zwei Elektronen mit dem gleichen Spin gleichzeitig am selben Ort sind. Elektronen mit parallelen Spins sind deshalb weiter von einander entfernt als Elektronen mit entgegengesetzten Spins. Wegen der Coulombwechselwirkung haben Elektronen mit dem gleichen Spin eine niedrigere Energie; die mittlere potentielle Energie ist für parallele Spins niedriger als für antiparallele Spins.

Ein gutes Beispiel ist das Mn^{2+} Ion. Dieses Ion besitzt fünf 3d Elektronen, die 3d-Schale ist also halb gefüllt. Die Spins dieser Elektronen können alle parallel sein wenn sich jedes Elektron auf einem anderen Orbital befindet; es gibt genau fünf verschiedene Orbitale, die durch die Quantenzahlen $m_L = 2, 1, 0, -1, -2$ charakterisiert sind. Jedes wird von einem Elektron besetzt. Wir erwarten $S = 5/2$ und da $\Sigma m_L = 0$ ist, ist der einzig mögliche Wert von L wie auch experimentell nachgewiesen wurde Null.

Die zweite Hundsche Regel wird am besten durch Modellrechnungen angewendet. So führen z.B. Pauling und Wilson [6] eine auf der p^2 Konfiguration basierende Berechnung der Spektralterme durch. Die dritte Hundsche Regel ist eine Folge des Vorzeichens der Spin-Bahn-Kopplung: Ein einzelnes Elektron besitzt eine minimale Energie, wenn sein Spin antiparallel zum Bahndrehimpuls ist. Wenn wir die Schale aber Schritt für Schritt auffüllen, so sind die Paare m_L, m_S mit niederer Energie bald aufgebraucht; wegen des Pauliprinzips muß, sobald die Schale mehr als zur Hälfte gefüllt ist, der niedrigste noch unbesetzte Zustand einen Spin der parallel zum Drehimpuls ist aufweisen.

Einige Beispiele für die Hundschen Regeln: Das Ion Ce^{3+} hat ein einziges f-Elektron; bei einem f-Elektron ist $l = 3$ und $s = \frac{1}{2}$. Da die f-Schale weniger als bis zur Hälfte gefüllt ist, hat J nach vorstehender Regel den Wert $|L - S| = L - \frac{1}{2} = \frac{5}{2}$. Das Ion Pr^{3+} hat zwei f-Elektronen: eine der Regeln besagt, daß sich die Spins addieren und $S = 1$ ergeben. Ohne das Pauli-Prinzip zu verletzen, kann m nicht für beide f-Elektronen gleichzeitig den Wert $m_l = 3$ besitzen, so daß sich als maximaler Wert von L, der mit dem Pauli-Prinzip verträglich ist, nicht 6 sondern 5 ergibt. Der Wert von J ist dann $|L - S| = 5 - 1 = 4$.

Ionen der Eisengruppe

Tabelle 2 zeigt, daß die experimentellen Magnetonenzahlen für Salze der Eisengruppe im Periodischen System nur sehr schlecht mit (26) übereinstimmen. Eine gute Übereinstimmung besteht oft mit Magnetonenzahlen,

---

[6]) **L. Pauling und E. B. Wilson, Introduction to Quantum Mechanics McGraw-Hill 1935, pp 239-246.**

Tabelle 2: Effektive Magnetonzahlen für Ionen der Eisengruppe

Ion	Konfiguration	Grundterm	p (berechnet) = $= g[J(J+1)]^{1/2}$	p (berechnet) = $= 2[S(S+1)]^{1/2}$	p (exp)[a]
Ti^{3+}, V^{4+}	$3d^1$	$^2D_{3/2}$	1,55	1,73	1,8
V^{3+}	$3d^2$	$^3F_2$	1,63	2,83	2,8
Cr^{3+}, V^{2+}	$3d^3$	$^4F_{3/2}$	0,77	3,87	3,8
Mn^{3+}, Cr^{2+}	$3d^4$	$^5D_0$	0	4,90	4,9
Fe^{3+}, Mn^{2+}	$3d^5$	$^6S_{5/2}$	5,92	5,92	5,9
Fe^{2+}	$3d^6$	$^5D_4$	6,70	4,90	5,4
Co^{2+}	$3d^7$	$^4F_{9/2}$	6,63	3,87	4,8
Ni^{2+}	$3d^8$	$^3F_4$	5,59	2,83	3,2
Cu^{2+}	$3d^9$	$^2D_{5/2}$	3,55	1,73	1,9

[a]) Repräsentative Werte

$p = 2[S(S+1)]^{1/2}$, die berechnet werden, als wäre überhaupt kein Bahndrehimpuls vorhanden. Man drückt diesen Sachverhalt so aus, daß man sagt, die Bahndrehimpulse seien ausgelöscht.

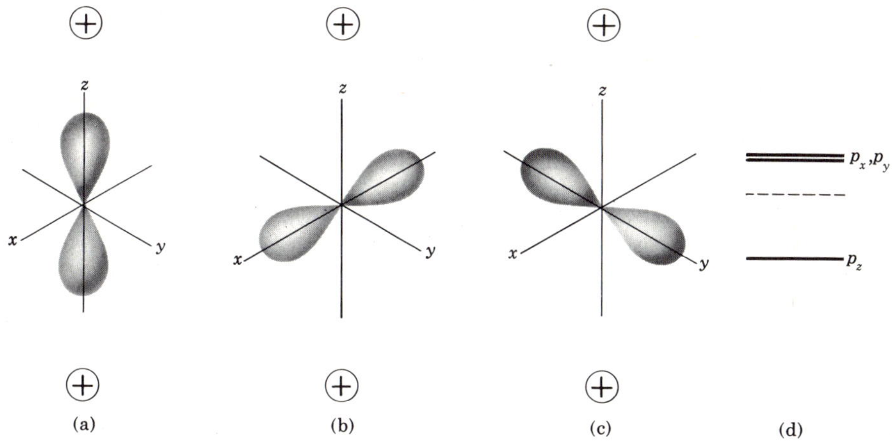

Bild 6: Ein Atom mit Bahndrehimpuls $L = 1$ befindet sich im einachsigen kristallelektrischen Feld zweier positiver Ionen auf der z-Achse. Im freien Atom besitzen die Zustände mit $m_L = \pm 1, 0$ gleiche Energie - sie sind entartet. Im Kristall hat das Atom eine geringere Energie, wenn die Elektronenwolke den positiven Ionen nahe ist [wie in (a)], als wenn sie sich [wie in (b) und (c)] in der Mitte zwischen beiden befindet. Die Wellenfunktionen, die zu dieser Ladungsverteilung führen, haben die Gestalt $zf(r)$, $xf(r)$ und $yf(r)$. Sie werden jeweils als p_z, p_x und p_y-Bahn bezeichnet. In einem achsialsymmetrischen Feld, wie in dem eingezeichneten, sind die p_x- und p_y-Bahnen entartet. Die auf das freie Atom bezogenen Energieniveaus sind in (d) als gestrichelte Linien eingezeichnet. Weist das elektrische Feld keine Achsialsymmetrie auf, so haben alle drei Zustände verschiedene Energie.

Kristallfeldaufspaltung

Der Grund für das unterschiedliche Verhalten der Salze der seltenen Erden und der Eisengruppe liegt darin, daß in den seltenen Erden die für den Paramagnetismus verantwortliche $4f$-Schale tief innerhalb des Ions liegt, nämlich unter der $5s$- und der $5p$-Schale, während in den Ionen der Eisengruppe die für den Paramagnetismus verantwortliche $3d$-Schale die äußerste Schale ist. Diese $3d$-Schale spürt das starke lokale elektrische Feld, das von den Nachbarionen ausgeht. Man nennt dieses inhomogene elektrische Feld das **kristallelektrische Feld** oder kurz Kristallfeld. Die Wechselwirkung des paramagnetischen Ions mit dem Kristallfeld hat hauptsächlich zwei Effekte: einmal wird die Kopplung zwischen dem $\mathbf{L}$- und dem $\mathbf{S}$-Vektor weitgehend aufgehoben, so daß die Zustände keine bestimmten J-Werte mehr besitzen, und zum anderen können die $2L + 1$-Unterniveaus, die zu einem gegebenen L gehören und die im freien Ion entartet sind, durch das Kristallfeld aufgespalten werden (Bild 6). Diese Aufspaltung vermindert den Beitrag der Bahnbewegung zum magnetischen Moment.

Auslöschung des Bahndrehimpulses

In einem auf einen festgehaltenen Kern hin gerichteten elektrischen Feld bleibt die Ebene einer klassischen Bahn im Raum feststehend, so daß die Komponenten des Bahndrehimpulses L_x, L_y, L_z konstant sind. In der Quantentheorie sind bei einem Zentralfeld eine Komponente des Drehimpulses, die man normalerweise als L_z wählt, und das Quadrat des Gesamtdrehimpulses L^2 Konstanten der Bewegung. In einem nicht-zentralsymmetrischen Feld bleibt die Ebene der Bewegung nicht fest. Die Drehimpulskomponenten sind nicht mehr konstant und können bei der Mittelung sogar Null ergeben. In einem Kristall ist, wie in Anhang M genau gezeigt wird, L_z keine Konstante der Bewegung mehr, wohl aber auch weiterhin und in guter Näherung L^2. Wenn der Mittelwert von L_z verschwindet, sagt man, der Bahndrehimpuls sei **ausgelöscht**.

Das magnetische Moment eines Zustands wird durch den Mittelwert des Operators $\mu_B(\mathbf{L} + 2\mathbf{S})$ für das magnetische Moment gegeben. In einem Magnetfeld parallel zur z-Achse ist der Beitrag der Bahnbewegung zum magnetischen Moment proportional dem quantentheoretischen Erwartungswert von L_z. Das magnetische Moment der Bahnbewegung wird ausgelöscht, wenn der mechanische Drehimpuls L_z ausgelöscht wird.

Führt man die Spin-Bahn-Wechselwirkung als zusätzliche Störung des Systems ein, so kann der Spin einen Teil des Bahndrehimpulses mit sich wegführen. Wenn das Vorzeichen der Wechselwirkung eine parallele Einstellung von Spin und magnetischen Bahnmoment begünstigt, wird das gesamte magnetische Moment größer als für den Spin alleine und der g-Faktor größer als 2. Die experimentellen Ergebnisse stehen in Übereinstimmung mit den bekannten Änderungen des Vorzeichens der Spin-Bahn-Wechselwirkung: $g > 2$, wenn die $3d$-Schale mehr als zur Hälfte gefüllt ist; $g = 2$, wenn sie halb voll ist; $g < 2$, wenn sie weniger als halb voll ist.

Kernparamagnetismus

Die magnetischen Momente der Kerne sind um einen Faktor $\sim m/M_p \sim 10^{-3}$ kleiner als das magnetische Moment des Elektrons (M_p ist die Protonenmasse). Gemäß (14) ist damit die Suszeptibilität eines paramagnetischen Kernsystems bei gleicher Zahl von Teilchen um einen Faktor $\sim 10^{-6}$ kleiner als für ein paramagnetisches Elektronensystem. Die Suszeptibilität von festem Wasserstoff, der bezüglich der Elektronen diamagnetisch ist, bezüglich der Protonen jedoch paramagnetisch, wurde bei sehr tiefen Temperaturen von Lasarew und Schubnikow [7]) gemessen. In Bild 5b werden Ergebnisse für festes He_3 gezeigt. Der Kernmagnetismus wird in Kapitel 17 behandelt.

Kühlung durch adiabatische Entmagnetisierung eines paramagnetischen Salzes

Die erste Methode, mit der es möglich war, Temperaturen weit unter 1 K zu erreichen, war die adiabatische Entmagnetisierung [8]). Mit ihrer Hilfe wurden Temperaturen von 10^{-3} K und darunter erreicht. Sie beruht auf der Tatsache, daß sich die Entropie eines Systems magnetischer Momente bei festgehaltener Temperatur erniedrigt, wenn ein Magnetfeld angelegt wird. (Die Entropie ist ein Maß für die Unordnung in einem System: je größer die Unordnung, desto höher die Entropie.) Im Magnetfeld erfahren die Momente eine teilweise Ausrichtung (sie werden zu einem gewissen Teil geordnet), so daß durch das Feld die Entropie erniedrigt wird.

---

[7]) B. Lasarew und L. Schubnikow, Physik. Z. Sowjetunion **11**, 445 (1937); siehe auch D. F. Evans, Phil. Mag. **1**, 370 (1956).

[8]) P. Debye, Ann. Physik **81**, 1154 (1926), und W. F. Giauque, J. Am. Chem. Soc. **49**, 1864 (1927), schlugen diese Methode unabhängig voneinander vor. Bei vielen Anwendungsfällen wurde diese Methode durch den kontinuierlich arbeitenden He_3-He_4-Entmischungs-Kryostaten verdrängt. Die in flüssigem He^4 gelösten He^3-Atome spielen hierbei die Rolle von Atomen in einem Gas. Durch "Verdampfen" des He^3 kühlt man. Literaturhinweise findet man bei J. C. Wheatley, Amer. J. Phys. **36**, 181 (1968) vor allem auf Seite 198-210.

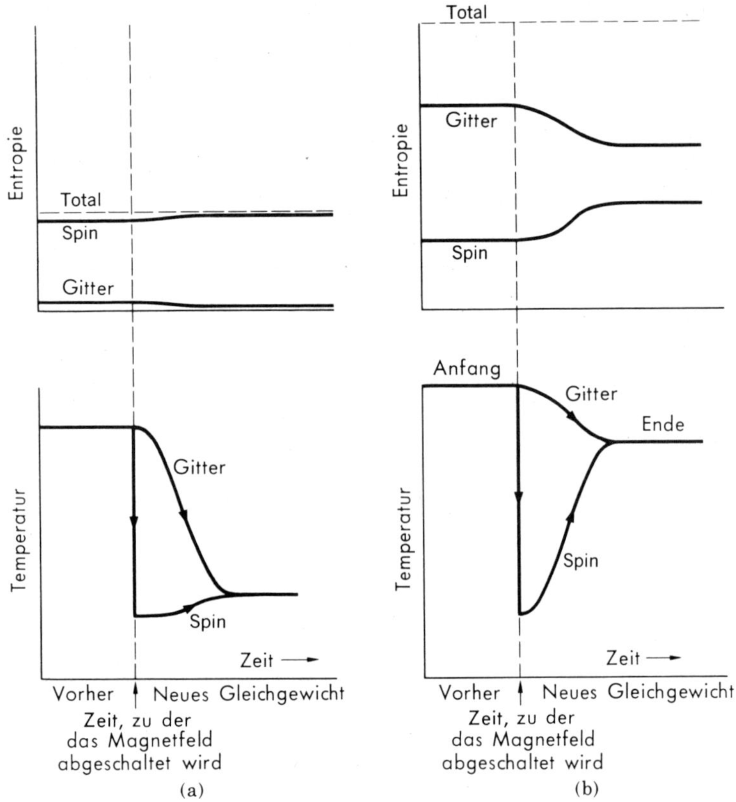

Bild 7: Während der adiabatischen Entmagnetisierung bleibt die Gesamtentropie der Probe konstant. Die Verhältnisse in (a) sind für den Abkühlprozeß günstig, im Fall (b) dagegen nicht. Bei (a) ist die Anfangsentropie des Gitters klein im Vergleich zur Entropie des Spinsystems, während sie bei (b) groß ist, so daß die tiefe Spintemperatur, die unmittelbar nach dem Abschalten des Magnetfeldes erreicht wird, nur zu einer geringen Abkühlung des Gitters ausreicht.

Auch bei einer Temperaturerniedrigung nimmt die Entropie ab, da sich dann mehr Momente ausrichten.

Wenn das Magnetfeld entfernt werden kann, ohne daß sich dabei die Entropie des Spinsystems ändert, entspricht die Ordnung des Spinsystems einer tieferen Temperatur als derselbe Ordnungsgrad bei Anwesenheit des Feldes. Bei adiabatischer Entmagnetisierung der Probe kann die in das Spinsystem fließende Entropie nur aus dem System der Gitterschwingungen stammen (Bild 7). In dem interessierenden Temperaturbereich ist die Entropie der Gitterschwingungen gewöhnlich zu vernachlässigen. Die Entropie des Spinsystems wird daher im wesentlichen während der adiabatischen Entmagnetisierung der Probe konstant bleiben. Die magnetische Kühlung ist kein zyklischer, sondern ein einmaliger Prozeß.

Zuerst brauchen wir einen Ausdruck für die Spinentropie eines Systems aus N Ionen, die alle den Spin S besitzen, und zwar für eine Temperatur, die so hoch ist, daß das Spinsystem völlig ungeordnet ist. T soll also sehr viel höher sein als eine für die Wechselwirkungsenergie charakteristische Temperatur Δ ($E_{\text{int}} \equiv k_B\Delta$). Die Wechselwirkung führt zu einer bevorzugten Spineinstellung. Einige derartige Wechselwirkungen sind im Kapitel 17 behandelt. Die Definition der Entropie σ eines Systems mit G möglichen Zuständen lautet

(27) $$\sigma = k_B \log G \ .$$

Bei einer Temperatur, die so hoch ist, daß alle $2S+1$ Zustände eines jeden Ions ungefähr gleich stark besetzt sind, ist diese Anzahl gleich der Zahl der Möglichkeiten, N Spins auf $2S+1$ Zustände zu verteilen. Also gilt

(28) $$G = (2S+1)^N.$$

Daraus folgt für die Spinentropie[9])

(29) $$\sigma_S = k_B \ln (2S+1)^N = Nk_B \ln (2S+1).$$

Ein Magnetfeld vermindert nun gerade diese Spinentropie. Das Feld spaltet die $2S+1$ Zustände energiemäßig auf, und die tieferen Niveaus werden dann stärker besetzt.

Die bei dem Abkühlungsprozeß durchlaufenen Schritte zeigen die Bilder 8 und 9. Das Feld wird bei der Temperatur T_1 eingeschaltet. Zwischen Probe und Umgebung ist dabei für einen guten Wärmekontakt gesorgt, so daß man sich auf dem isothermen Weg ***ab*** bewegt. Längs des Weges ***bc*** konstanter Entropie gelangt man zur Temperatur T_2. Der Wärmekontakt bei T_1 wird durch Heliumgas vermittelt, unterbrochen wird er durch Abpumpen des Gases.

Beispiel: Wir betrachten eine Volumeinheit eines Kristalls, die N ungepaarte Elektronen mit Spin $\frac{1}{2}$ und magnetischem Moment μ enthält. Die spezifische Wärme des Gitters sei $C_{\text{lat}} = 3AT^3$; A ist eine Konstante. Die Gitterentropie ist

(30) $$\sigma_{\text{lat}} = \int_0^T (C_{\text{lat}}/T)\, dT = AT^3.$$

---

[9]) Hier bedeutet σ_S die Entropie des Spinsystems.

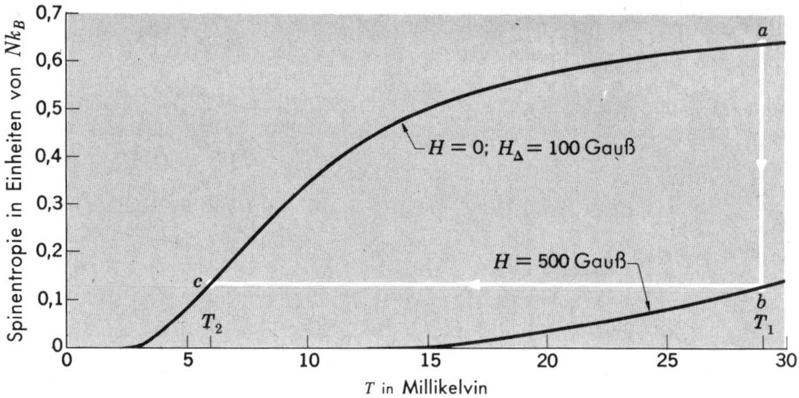

Bild 8: Entropie eines Spin-1/2-Systems als Funktion der Temperatur. Für das statistisch sich ändernde innere Magnetfeld H_Δ ist ein Wert von 100 Gauß angenommen. Die Probe wird längs *ab* isotherm magnetisiert und danach der Wärmekontakt unterbrochen. Das Ausschalten des äußeren Magnetfeldes erfolgt längs *bc*. Der Übersichtlichkeit der Abbildung halber wurden Anfangstemperatur T_1 und Stärke des äußeren Magnetfeldes geringer angenommen als in der Praxis üblich.

Die Entropie des Spinsystems im Magnetfeld B ist einfach zu bestimmen. Die Zustandssumme pro Spin lautet

(31) $$Z = e^{-\beta\delta} + e^{\beta\delta} \equiv 2 \cosh \beta\delta$$

mit $\beta \equiv 1/k_BT$ und $\delta \equiv \mu B$. Die freie Energie von N Spins mit $S = \frac{1}{2}$ beträgt

(32) $$F_S = -Nk_BT \ln Z = -Nk_BT \ln(2 \cosh \beta\delta).$$

Die Spinentropie σ_S ist

(33) $$\sigma_S = -(\partial F_S/\partial T)_H = Nk_B[\ln(2 \cosh \beta\delta) - \beta\delta \tanh \beta\delta].$$

Sie ist in Bild 10 als Funktion von $\mu B/k_BT$ aufgetragen.

Die Konstante A in der Beziehung (30) für die Gitterentropie liegt bei einem repräsentativen Festkörper in der Größenordnung $10^{-6}\ N_a k_B$ (siehe Kapitel 6). N_a bezeichnet hier die Zahl der Atome. Die Zahl der Atome kann in dem Paramagneten je nach chemischer Zusammensetzung und Verdünnungsgrad 10 oder 100 mal größer sein als die Zahl des Spins. Vergleichen wir bei Temperaturen von 1 K und darunter σ_{lat} mit σ_S, so ist die Gitterentropie gegenüber der Spinentropie vernachlässigbar. Dieser Fall tritt gewöhnlich in der Praxis auf, vorausgesetzt, die Anfangstemperatur ist nicht zu hoch. Ist dagegen die Gitterentropie anfangs grö-

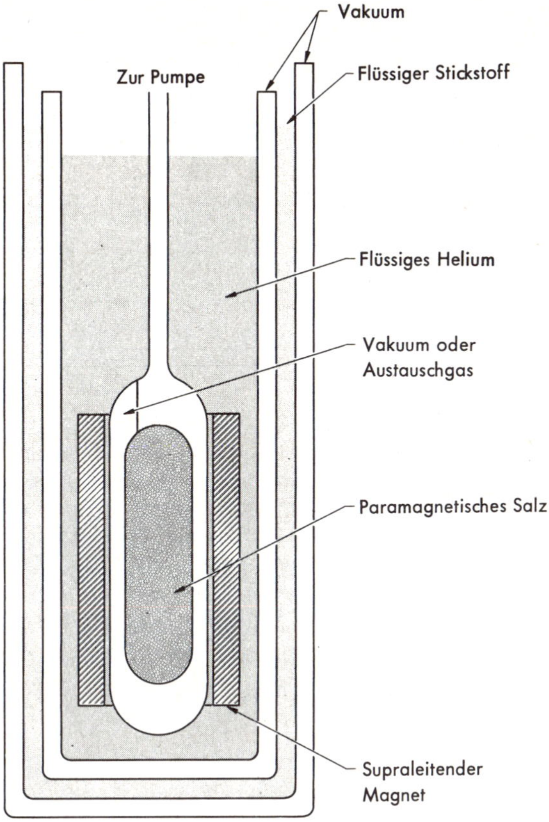

Bild 9: Apparatur zur magnetischen Abkühlung. Aus "Heat and Thermodynamics" von M.W. Zemansky, 5te Auflage (Copyright C 1968 McGraw-Hill, Inc. Mit freundlicher Genehmigung des McGraw-Hill-Verlages).

ßer als die Spinentropie, so bleibt der Kühleffekt nach der Entmagnetisierung vernachlässigbar klein.

In Bild 10 ist $T_1 = 1$ K und $\boldsymbol{B} = 10$ kG. Die Probe wird in diesem Fall auf 0,01 K abgekühlt. Die bei der adiabatischen Entmagnetisierung erreichbare Endtemperatur ist durch die **Nullfeldaufspaltung** der Spinenergieniveaus begrenzt, d.h. durch die Aufspaltung, die schon bei Abwesenheit äußerer Magnetfelder auftritt. Die Nullfeldaufspaltung kann durch elektrostatische Wechselwirkung mit den anderen Ionen im Kristall hervorgerufen werden, oder durch die Wechselwirkung der magnetischen Momente untereinander, oder durch Wechselwirkungen der Kernmomente. In Bild 10 entspricht die Nullfeldaufspaltung der Spinniveaus einem inneren Magnetfeld $\boldsymbol{B}_\Delta$ von 100 Gauß. Die Nullfeldaufspaltung verkleinert die En-

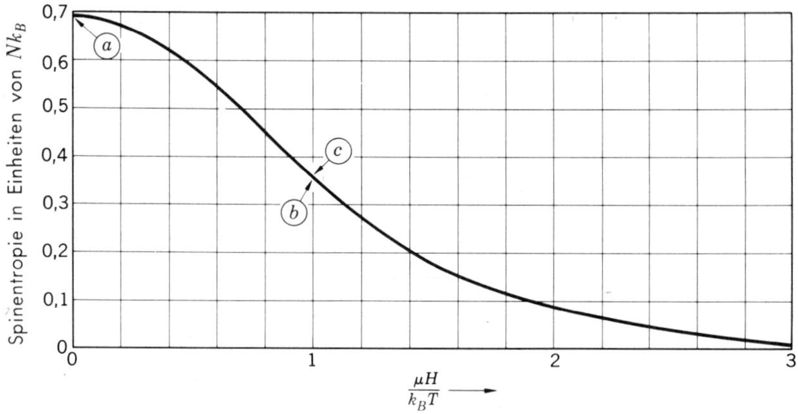

Bild 10: Entropie eines Spin-1/2-Systems als Funktion von $\mu B/k_BT$. Im Experiment wählt man die Anfangstemperatur der Probe zu 1 K. Das statistisch sich ändernde innere Magnetfeld B_Δ hat die Größenordnung 100 Gauß. Dann wird $\mu_B B_\Delta/k_B T_1 \approx 10^{-18}/10^{-16} \approx 10^{-2}$. Der Zustand der Probe entspricht also dem Punkt *a* des Bildes. Magnetisiert man die Probe isotherm in einem Feld von 10 kG, so ist $\mu_B B/k_B T_1 \approx 1$, und man gelangt zu Punkt *b*. (Die gesamte Gitterentropie wird als sehr klein gegen den Betrag angenommen, um den die Entropie des Spinsystems erniedrigt wurde.) Wird jetzt das äußere Magnetfeld entfernt, so bleibt die Entropie konstant, und es muß gelten: $\mu_B B_\Delta/k_B T \approx 1$ oder $T_2 \approx 0{,}01$ K am Punkt *c*.

tropie bei *a* und *c* in Bild 8, verglichen mit einer kleineren Nullfeldaufspaltung. Die Endtemperatur ist daher höher als bei kleinerer Aufspaltung.

Kernentmagnetisierung

Als Ergebnis der vorstehenden Überlegungen zur Abkühlung durch adiabatische Entmagnetisierung eines paramagnetischen Salzes halten wir fest, daß sich T_2, die erreichte Endtemperatur, wie in Bild 10 als $B/T_1 = B_\Delta/T_2$ oder als

$$T_2 = T_1\,(B_\Delta/B) \tag{34}$$

angeben läßt. Dabei entspricht B_Δ der Nullfeldaufspaltung, T_1 ist die Ausgangstemperatur. Da magnetische Kernmomente sehr viel kleiner als die magnetischen Momente von Elektronen sind, sind auch die magnetischen Kernwechselwirkungen sehr viel schwächer als die entsprechenden oder ähnlichen elektronischen Wechselwirkungen. Bei einem Kernparamagneten erwartet man eine 100 mal tiefere Temperatur als bei einem elektronischen Paramagneten.

Die Anfangstemperatur T_1 muß bei der Kernspin-Entmagnetisierung tiefer liegen als bei der Elektronenspin-Entmagnetisierung.

Bei den Anfangswerten $\boldsymbol{B} = 50$ kG und $T_1 = 0{,}01$ K wird $\mu H/k_B T_1 \approx 0{,}5$ und die Entropieabnahme bei der Magnetisierung beträgt über 10% der maximalen Spinentropie. Dies genügt, um den Einfluß des Gitters [10]) zu unterdrücken, und es rechtfertigt die Anwendung von Gleichung (34), mit der dann eine Endtemperatur von $T_2 \approx 10^{-7}$ K abgeschätzt werden kann. Die ersten derartigen Kühlexperimente [11]) wurden an Kupferkernen im Metall durchgeführt. Die Ausgangstemperatur betrug 0,02 K. Sie wurde in einer ersten Kühlstufe mit Hilfe elektronischer Kühlung hergestellt. Die tiefste erreichte Temperatur betrug $1{,}2 \cdot 10^{-6}$K. Die Ergebnisse in Bild 11 liegen auf einer Geraden, entsprechend Gleichung (34): $T_2 = T_1 (3{,}1/\boldsymbol{B})$; $\boldsymbol{B}$ ist in Gauß gemessen; also beträgt $\boldsymbol{B}_\Delta = 3{,}1$ Gauß. Der Grund, weshalb man Kerne in einem Metall und nicht in einem Isolator benutzt, liegt darin, daß die Leitungselektronen einen raschen Wärmekontakt zwischen Gitter und Kernen bei der Temperatur der ersten Stufe

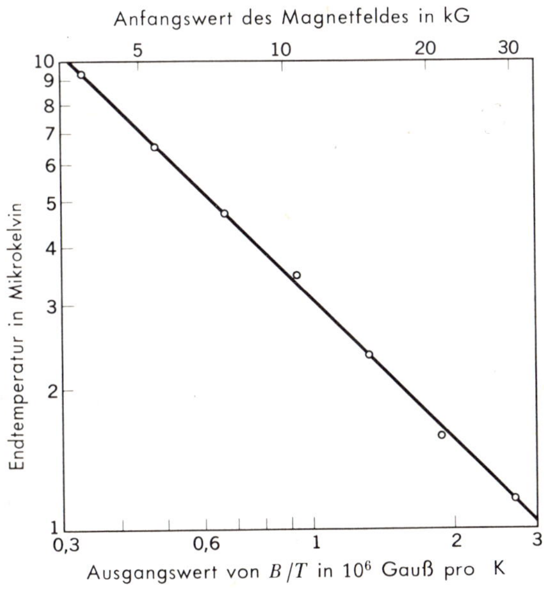

Bild 11: Kernentmagnetisierung von Kupferkernen im Metall bei einer Anfangstemperatur von 0,012 K und verschiedenen Anfangsfeldstärken. [Nach M. V. Hobden und N. Kurti, Phil. Mag. **4**, 1092 (1959).]

---

10) Wenn die Kerne in einem Metall stecken, muß auch noch die spezifische Wärme der Leitungselektronen berücksichtigt werden.

11) N. Kurti, F. N. H. Robinson, F. E. Simon und D. A. Spohr, Nature **178**, 450 (1956); R. E. Walstedt, E. L. Hahn, C. Froidevaux und E. Geissler, Proc. Roy. Soc. London, **A 284**, 499 (1965). Übersichtsartikel: N. Kurti, Cryogenics **1**, 2 (1960); Adv. in Cryogenic Engineering **8**, 1 (1963).

vermitteln. Der Wert von B_Δ ist gleich dem effektiven magnetischen Wechselwirkungsfeld der magnetischen Momente der Kupferkerne.

Paramagnetische Suszeptibilität der Leitungselektronen

"Wir werden daher versuchen zu zeigen, wie auf der Basis dieser Statistik die Tatsache, daß viele Metalle diamagnetisch oder nur schwach paramagnetisch sind, in Übereinstimmung mit der Existenz des magnetischen Moments der Elektronen gebracht werden kann." (W. Pauli, 1927)

Die klassische Theorie des freien Elektronengases gibt keine befriedigende Beschreibung für die paramagnetische Suszeptibilität der Leitungselektronen. Zu jedem Elektron gehört ein magnetisches Moment von einem Bohrschen Magneton μ_B. Man könnte erwarten, daß die Leitungselektronen einen Curie-ähnlichen paramagnetischen Beitrag zur Suszeptibilität des Metalls liefern:

$$M = \frac{N\mu_B{}^2}{k_B T} B \; . \tag{35}$$

Tatsächlich beobachtet man aber bei den meisten normalen nichtferromagnetischen Metallen eine Suszeptibilität, die temperaturunabhängig ist und die nur etwa 0,01 des Wertes beträgt, der sich für Zimmertemperatur aus Gleichung (35) ergibt.

Pauli[12]) zeigte, daß die Anwendung der Fermi-Dirac-Verteilung (Kapitel 7) die Theorie in der notwendigen Weise korrigiert. Zuerst die qualitative Erklärung: Die Wahrscheinlichkeit, daß sich ein Atom parallel zum Feld H einstellt, übertrifft nach Gleichung (21) die Wahrscheinlichkeit für die antiparallele Einstellung um ungefähr $\mu \boldsymbol{B}/k_B T$. Bei N Atomen folgt daraus ein resultierendes magnetisches Moment von $\sim N\mu^2 \boldsymbol{B}/k_B T$: das bekannte Ergebnis. Für die meisten Leitungselektronen in einem Metall ist jedoch die Wahrscheinlichkeit für das Umklappen beim Anlegen eines Feldes gleich Null, da die meisten Zustände im Fermi-See mit parallelem Spin schon besetzt sind. Nur die Elektronen in einem Bereich der Größenordnung $k_B T$ an der oberen Grenze der Fermi-Verteilung haben die Möglichkeit, im Feld umzuklappen. So trägt nur der Bruchteil T/T_F der gesamten Elektronenzahl zur Suszeptibilität bei. Damit folgt:

$$M \approx \frac{N\mu^2 B}{k_B T} \cdot \frac{T}{T_F} = \frac{N\mu^2}{kT_F} B \; .$$

---

[12]) W. Pauli, Z. Physik **41**, 81 (1927).

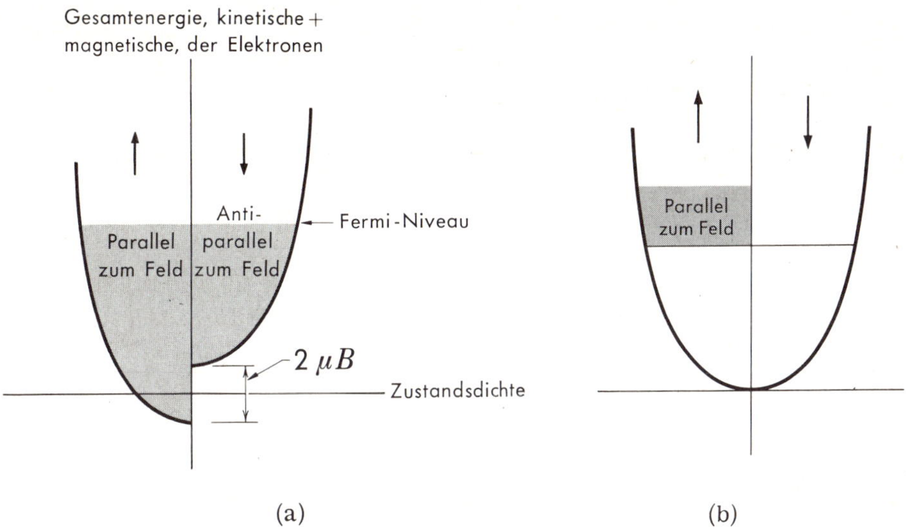

Bild 12: Paulischer Paramagnetismus bei 0 K; die Zustände in den schattierten Bereichen in a) sind besetzt. Die Zahl der Elektronen in den Bändern mit Spin nach "unten" und nach "oben" stellt sich so ein, daß beide bis zum Ferminiveau besetzt sind. Das chemische Potential (Ferminiveau) ist für Spin nach "unten" und Spin nach "oben" gleich. In Teil b) ist der Überschuß der Elektronen im Magnetfeld mit Spin nach oben eingezeichnet.

Dieser Ausdruck ist temperaturunabhängig und er hat die beobachtete Größenordnung.

Jetzt soll die paramagnetische Suszeptibilität eines freien Elektronengases für $T \ll T_F$ berechnet werden. Der Rechengang wird durch Bild 12a nahegelegt. Einen anderen Weg geht Aufgabe 8. Die Konzentration der Elektronen mit magnetischem Moment parallel zum Magnetfeld ist

$$(36)\quad N_+ = \frac{1}{2}\int_{\mu B}^{\epsilon_F} d\epsilon\, f(\epsilon)\, \mathfrak{D}(\epsilon + \mu B) \;\cong\; \frac{1}{2}\int_0^{\epsilon_F} d\epsilon\, f(\epsilon)\, \mathfrak{D}(\epsilon) + \frac{1}{2}\mu B\, \mathfrak{D}(\epsilon_F).$$

Dabei ist $f(\epsilon)$ die Fermi-Diracsche Verteilungsfunktion und $\frac{1}{2}\mathfrak{D}(\epsilon + \mu B)$ die Zustandsdichte für eine Spinrichtung, wobei die Energieverschiebung nach unten um $-\mu B$ berücksichtigt ist. (Man zeichne sich die Integranden in N_+ und N_- auf.) Die angegebene Näherung gilt für $k_B T \ll \epsilon_F$. Die Konzentration der Elektronen mit magnetischem Moment antiparallel zu B ist

$$(37)\quad N_- = \frac{1}{2}\int_{\mu B}^{\epsilon_F} d\epsilon\, f(\epsilon)\, \mathfrak{D}(\epsilon - \mu B) \;=\; \frac{1}{2}\int_0^{\epsilon_F} d\epsilon\, f(\epsilon)\, \mathfrak{D}(\epsilon) - \frac{1}{2}\mu B\, \mathfrak{D}(\epsilon_F)\ .$$

Die Magnetisierung ist

(38) $$M = \mu(N_+ - N_-),$$

so daß sich mit $\mathfrak{D}(\epsilon_F) = 3N/2\epsilon_F = 3N/2k_BT_F$ aus Kapitel 7 ergibt:

(39) $$M \cong \mu^2\,\mathfrak{D}(\epsilon_F)B; \qquad \chi = \mu^2\,\mathfrak{D}(\epsilon_F) = 3N\mu^2/2k_BT_F.$$

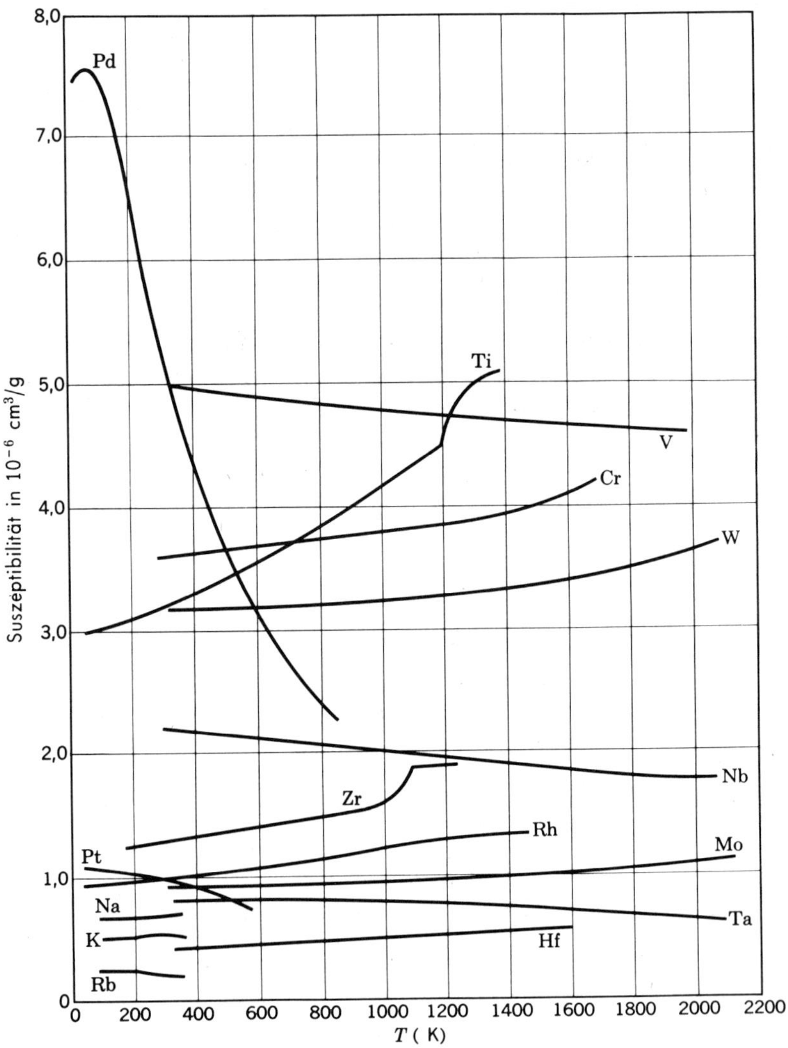

Bild 13: Temperaturabhängigkeit der magnetischen Suszeptibilität von Metallen. (Mit freundlicher Genehmigung von C. J. Krisman.)

Dieses Ergebnis stellt die **Paulische Spinsuszeptibilität** der Leitungselektronen dar.

Bei der Ableitung der paramagnetischen Suszeptibilität haben wir vorausgesetzt, daß die Bewegung der Elektronen durch das Magnetfeld nicht beeinflußt wird. Aus Kapitel 10 wissen wir aber, daß ein Magnetfeld die Wellenfunktion verändert. Nach Landau[13]) führt dies im Fall freier Elektronen zu einem diamagnetischen Moment, das gleich $-\frac{1}{3}$ des paramagnetischen Momentes ist. Damit lautet die gesamte Suszeptibilität χ_{tot} eines freien Elektronengases

(40) $$\chi_{tot} = N\mu_B{}^2/k_B T_F.$$

Bevor (40) mit den gemessenen Suszeptibilitäten verglichen werden kann, müssen noch der Diamagnetismus der Ionenrümpfe, Bandeffekte und Elektron-Elektron-Wechselwirkungen berücksichtigt werden. Über genaue Berechnungen und den Vergleich mit dem Experiment bei Alkalimetallen berichtet Silverstein[14]).

Die magnetische Suszeptibilität liegt bei den meisten Übergangsmetallen (mit nicht abgeschlossenen inneren Elektronenschalen) erheblich höher als bei Alkalimetallen (Bild 13). Diese hohen Werte lassen vermuten, daß bei den Übergangsmetallen die Zustandsdichte der Elektronen in (39) ungewöhnlich groß ist. Dies steht auch in Übereinstimmung mit Messungen der spezifischen Wärme der Elektronen. Wir sahen in Kapitel 10, wie sich dies auf Grund der Bandtheorie verstehen läßt.

Zusammenfassung

(CGS-Einheiten)

1. Die diamagnetische Suszeptibilität von N Atomen mit der Ordnungszahl Z ist $\chi = -Ze^2N\langle r^2\rangle/6mc^2$ mit dem mittleren quadratischen Atomradius $\langle r^2\rangle$. (Langevin)
2. Atome mit einem permanenten magnetischen Moment μ besitzen eine paramagnetische Suszeptibilität $\chi = N\mu^2/3k_BT$ für $\mu B \ll k_BT$. (Curie-Langevin)
3. Für ein System von Spins S = 1/2 ist die exakte Magnetisierung $M = N\mu \tanh(\mu B/k_BT)$ mit $\mu = \frac{1}{2}g\mu_B$. (Brillouin)

---

13) L. Landau, Z. Physik **64**, 629 (1930).

14) S.D. Silverstein, Phys. Rev. **130**, 1703 (1963). Über Messungen der Spinsuszeptibilität von Natrium berichten R.T. Schumacher und W.E. Vehso in J. Phys. Chem. Sol **24**, 297 (1963).

4. Der Grundzustand der Elektronen in einer Schale besitzt den maximalen mit dem Pauliprinzip verträglichen Wert von S und den Maximalwert von L, der mit diesem S konsistent ist. Ist die Schale mehr als zur Hälfte gefüllt, so hat J den Wert $L + S$, ist sie weniger als zur Hälfte gefüllt, so ist $J = |L - S|$.
5. Man kann die adiabatische Entmagnetisierung eines paramagnetischen Salzes zum Erreichen tiefer Temperaturen verwenden. Die erreichbare Endtemperatur liegt in der Größenordnung von $(B_\Delta/B)T_{\text{initial}}$. B_Δ ist das effektive lokale Feld und B das vor der Abkühlung angelegte Magnetfeld.
6. Die paramagnetische Suszeptibilität eines Fermigases von Leitungselektronen ist $\chi = 3N\mu^2/2\epsilon_F$; sie ist solange $k_BT \ll \epsilon_F$ gilt, temperaturunabhängig.

Aufgaben

1. Diamagnetische Suszeptibilität von atomarem Wasserstoff. Die Wellenfunktion des Wasserstoffatoms im Grundzustand (1s) lautet

$$\psi = (\pi a_0^3)^{-1/2} e^{-r/a_0}$$

mit $a_0 = \hbar^2/me^2 = 0{,}529 \cdot 10^{-8}$ cm. Entsprechend der statistischen Interpretation der Wellenfunktion ist dann die Ladungsdichte $\rho(x, y, z) = -e|\psi|^2$. Man zeige, daß in diesem Zustand $\langle r^2 \rangle = 3a_0^2$ ist und berechne die molare diamagnetische Suszeptibilität von atomarem Wasserstoff ($-2{,}36 \cdot 10^{-6}$ cm^3/Mol).

2. Langevinscher Paramagnetismus. Man beweise, daß in der Langevinschen Theorie die beiden ersten Glieder der Reihenentwicklung der differentiellen Suszeptibilität lauten:

$$\chi = dM/dB = (N\mu^2/3k_BT)\left[1 - \tfrac{1}{5}(\mu B/k_BT)^2 + \cdots\right].$$

3. Hundsche Regeln. Mit Hilfe der Hundschen Regeln ist der Grundzustand folgender Ionen anzugeben: a) Eu^{++} in der Konfiguration $4f^7\,5s^2p^6$; b) Yb^{3+}; c) Tb^{3+}. Die Ergebnisse von b) und c) stehen in Tabelle 1 (dort unter der Bezeichnung Grundterm). Ihre Ableitung ist im einzelnen anzugeben.

4. Angeregte Triplettzustände. Einige organische Moleküle haben angeregte Triplettzustände ($S = 1$), deren Energie $k_B\Delta$ über dem Singulett-($S = 0$)-Grundzustand liegt. a) Wie groß ist das magnetische Moment $\langle\mu\rangle$ in einem Feld B? b) Man zeige, daß die Suszeptibilität für $T \gg \Delta$ näherungsweise unabhängig ist von Δ. c) Man erkläre an Hand einer

Skizze die Abhängigkeit der Lage der Energieniveaus und der Entropie von der Größe des angelegten Magnetfeldes wie dieses System durch adiabatische Magnetisierung (nicht Entmagnetisierung!) abgekühlt werden kann.

5. Spezifische Wärme der inneren Freiheitsgrade. a) Man betrachte ein Zweiniveausystem mit einem Energieabstand $k_B\Delta$ zwischen oberem und unterem Niveau. Die Aufspaltung kann durch ein Magnetfeld oder auf andere Weise entstehen. Man zeige, daß sich die spezifische Wärme pro System schreiben läßt als

$$C = \left(\frac{\partial E}{\partial T}\right)_\Delta = k_B \frac{(\Delta/T)^2\, e^{\Delta/T}}{(1 + e^{\Delta/T})^2} .$$

Diese Funktion ist in Bild 14 aufgetragen. Maxima dieser Art in der spezifischen Wärme werden oft als Schottky-Anomalien bezeichnet. Die ma-

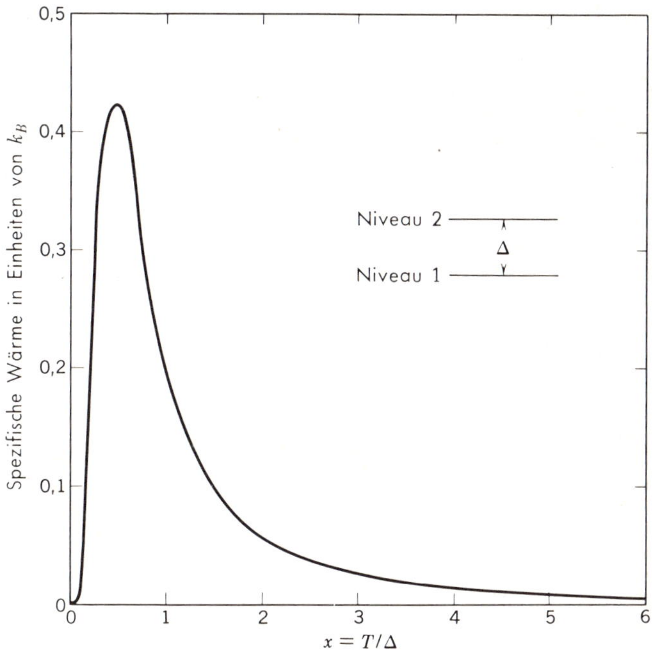

Bild 14: Spezifische Wärme eines Zwei-Niveau-Systems als Funktion von T/Δ. Dabei bedeutet Δ den Energieabstand der Niveaus. Die Schottkyanomalie ist ein sehr nützliches Werkzeug, um die Aufspaltung der Energieniveaus von Ionen in Seltenen Erden und Übergangsmetallen, sowie in Verbindungen und Legierungen zu bestimmen.

ximale spezifische Wärme ist recht groß, für $T \ll \Delta$ und für $T \gg \Delta$ ist sie jedoch gering. b) Man zeige, daß für $T \gg \Delta$ gilt $C \cong k_B(\Delta/2T)^2 + \cdots$.

Die Hyperfein-Wechselwirkung zwischen magnetischen Kernmomenten und elektronischen magnetischen Momenten in paramagnetischen Salzen (und in Systemen mit geordneten Elektronenspins) verursacht eine Aufspaltung mit $\Delta \simeq 0{,}001$ bis $0{,}1$ K. Diese Aufspaltungen äußern sich experimentell oft dadurch, daß bei der spezifischen Wärme im Bereich $T \gg \Delta$ ein Glied mit $1/T^2$ auftritt. Elektrische Kernquadrupol-Wechselwirkungen (siehe Kapitel 17) mit kristallelektrischen Feldern ergeben ebenfalls Aufspaltungen (Bild 15).

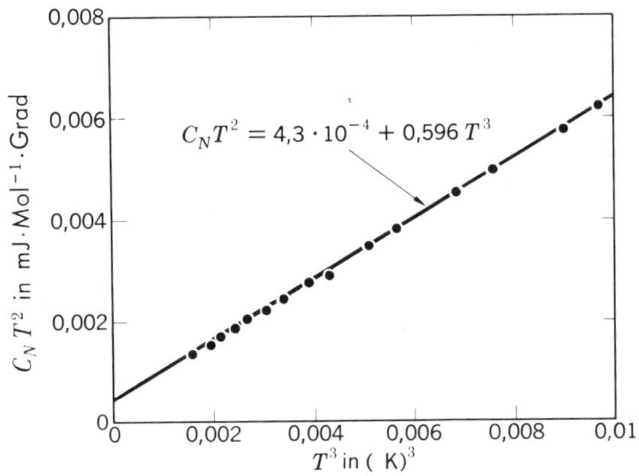

Bild 15:
Molwärme von Gallium für $T < 0{,}21$ K. Die Beiträge von den Kernquadrupolen ($C \propto T^{-2}$) und von den Leitungselektronen ($C \propto T$) bestimmen hauptsächlich die spezifische Wärme bei sehr tiefen Temperaturen. [Nach N. E. Phillips, Phys. Rev. **134**, 385 (1964).]

6. **Spinentropie und Gitterentropie.** Mit Hilfe einer Überschlagsrechnung vergleiche man die Entropie (für $H = 0$) bei 2 K von 1 cm³ Eisenaluminiumalaun $FeNH_4(SO_4)_2 \cdot 12H_2O$ mit der von 1 cm³ Natrium bei derselben Temperatur. (Das Ergebnis zeigt, daß man das Salz zur Kühlung anderer Stoffe verwenden kann.) Bei 2 K ist für Eisenaluminiumalaun $T/\Delta > 10$, wenn $k_B\Delta$ die Nullfeldaufspaltung ist. Kernspineffekte sind zu vernachlässigen.

7. **Parelektrisches Abkühlen.** Es ist bekannt, daß OH^--Ionen anstelle von Cl^--Ionen in KCl Kristallen eingebaut werden können. Das elektrische Dipolmoment des OH^--Ions soll sich frei einstellen können. Sein Betrag ist $\sim 4 \cdot 10^{-18}$ esE. a) Wie groß ist die gesamte Aufspaltung in erg für $E = 60$ kV/cm parallel zu [100]? b) Bei welcher Temperatur ist $k_B T$ gleich dieser Gesamtaufspaltung? Anmerkung: Die erste Beobachtung der parelektrischen Kühlung bei diesem System stammt von W. Känzig, H. R. Hart, jr. und S. Roberts, Phys. Rev. Letters **13**, 543 (1964). Sheperd, I. und Feher, G., Phys. Rev. Letters **13**, 194 (1965)

kühlten einen Kristall mit $2{,}9 \cdot 10^{18}$ OH^--Ionen/cm³ von 1,27 K auf ungefähr 0,4 K ab, indem sie, ausgehend von einer Anfangsfeldstärke von 75 kV/cm, eine adiabatische Entelektrisierung durchführten.

8. Paulische Spinsuszeptibilität. Die Spinsuszeptibilität des Leitungselektronengases am absoluten Nullpunkt kann auch auf einem anderen Weg abgeleitet werden. Gegeben seien die Konzentrationen der Elektronen mit Spin nach oben und Spin nach unten.

$$N^+ = \tfrac{1}{2}N(1 + \zeta) \; ; \qquad N^- = \tfrac{1}{2}N(1 - \zeta) \; .$$

a) Man zeige, daß in einem magnetischen Feld B für die Gesamtenergie der Elektronen mit Spin nach oben für ein freies Elektronengas

$$E^+ = E_0(1 + \zeta)^{\frac{5}{3}} - \tfrac{1}{2}N\mu B(1 + \zeta) \; ,$$

ist, wobei $E_0 = \frac{3}{10}N\epsilon_F$ durch die Fermienergie ϵ_F ohne äußeres Feld gegeben ist. Man finde einen ähnlichen Ausdruck für E^-. b) Man minimiere $E_{\text{total}} = E^+ + E^-$ durch Variation von ζ und suche in der Näherung $\zeta \ll 1$ den Gleichgewichtswert von ζ. Dann zeige man, daß für die Magnetisierung in Übereinstimmung mit Gleichung (39) $M = 3N\mu^2 B/2\,\epsilon_F$ gilt.

9. Ferromagnetismus der Leitungselektronen. Man kann den Effekt der Austauschwechselwirkung unter den Leitungselektronen dadurch annähern, daß man annimmt, Elektronen mit parallelen Spins übten aufeinander eine Wechselwirkung mit der Energie $-V$ aus, V ist positiv, während Elektronen mit antiparallelen Spins keine Wechselwirkung aufeinander ausüben. a) Man zeige unter Zuhilfenahme der Ergebnisse von Aufgabe 8, daß

$$E^+ = E_0(1 + \zeta)^{\frac{5}{3}} - \tfrac{1}{8}VN^2(1 + \zeta)^2 - \tfrac{1}{2}N\mu B(1 + \zeta) \; ;$$

die Gesamtenergie der Elektronen mit Spin nach oben ist. Man finde einen ähnlichen Ausdruck für E^-. b) Man minimiere die Energie E_{total} und bestimme ζ für den Grenzfall $\zeta \ll 1$. Man zeige, daß für die Magnetisierung gilt

$$M = \frac{3N\mu^2}{2\epsilon_F - \frac{3}{2}VN}B \; .$$

Dies bedeutet, daß die Austauschwechselwirkung die Suszeptibilität vergrößert. c) Man zeige, daß ohne äußeres Magnetfeld $B = 0$ die totale Energie für $\zeta = 0$ instabil ist, wenn $V > 4\epsilon_F/3N$. Falls diese Bedingung erfüllt ist, besitzt der ferromagnetische Zustand eine niedere Energie als der paramagnetische. Wegen der Annahme $\zeta \ll 1$ ist dies zwar eine hinreichende, jedoch keine notwendige Bedingung für das Auftreten von Ferromagnetismus.

Literaturhinweise

L. F. Bates, Modern magnetism, Cambridge University Press, 4. Aufl. 1961.

P. W. Selwood, Magnetochemistry, Interscience, 2. Aufl. 1965.

J. H. Van Vleck, The theory of electric and magnetic susceptibilities, Oxford, 1932. (Hervorragende Ableitung grundlegender Zusammenhänge.)

L. Orgel, Introduction to transition metal chemistry, Wiley, 2te Auflage, 1966.

H. B. G. Casimir, Magnetism and very low temperatures, Cambridge University Press, 1940. (Ein klassisches Werk)

N. Kurti, Nuovo Cimento (Supplemento) **6**, 1101 - 1139 (1957).

D. de Klerk, "Adiabetic demagnetization", in: Handb. der Physik **15**, 38 - 209 (1956). Diese Quelle enthält detaillierte Entropiedaten für viele paramagnetische Salze.

W. A. Little, "Magnetic cooling", in: Prog. in cryogenics **4**, 101 (1964).

H. Weinstock, "Thermodynamic and statistical aspects of magnetic cooling", Amer. J. Physics **36**, 36 (1968). Elementarer Überblick.

G. K. White, Experimental techniques in low temperature physics, Oxford, 1968, 2. Auflage.

R. L. Sanford und I. L. Cooter, "Basic magnetic quantities and the measurement of the magnetic properties of materials", NBS Monograph **47**, (1962).

R. M. White, Quantum theory of magnetism, McGraw-Hill, 1970.

H. Knoepfel, Pulsed high magnetic fields, North Holland (1970).

A. Abragam und B. Bleaney, Electron paramagnetic resonance of transition ions, Clarendon (1970).

16. Ferromagnetismus und Antiferromagnetismus

Eine Bemerkung zu den Bezeichnungen:

$$\text{(CGS)} \quad B = H + 4\pi M \; ; \qquad \textbf{(SI)} \quad \boldsymbol{B = \mu_0(H + M)} \, .$$

In beiden Meßsystemen nennen wir das von außen angelegte Magnetfeld B_a. Im CGS-System haben wir $B_a = H_a$, während im SI-System $B_a = \mu_0 H_a$ gilt. Die Suszeptibilität ist $\chi = M/B_a$ im CGS- und $\chi = M/H_a = \mu_0 M/B_a$ im SI-System.

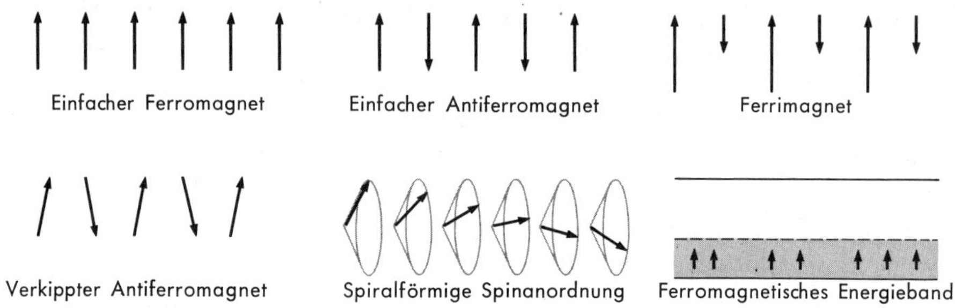

Bild 1: **Mögliche Ordnungszustände von Elektronenspins. Man beachte, daß die dargestellte, spezielle Spirale ein magnetisches Moment entlang ihrer Achse hat.**

Ferromagnetismus

Ein Ferromagnet besitzt ein spontanes magnetisches Moment - d.h. ein Moment, das auch ohne äußeres Magnetfeld vorhanden ist. Ein spontanes Moment bedeutet, daß die Elektronenspins und die magnetischen Momente nach einem regelmäßigen Schema zusammengebaut sind. Dieses Schema braucht nicht einfach zu sein: alle in Bild 1 skizzierten Spinanordnungen haben, mit Ausnahme des einfachen Antiferromagneten (und der Spirale, wenn die Spinrichtungen in einer Ebene liegen), ein spontanes magnetisches Moment, das normalerweise als Sättigungsmoment bezeichnet wird.

Curie-Punkt und Austauschintegral

Wir betrachten einen Paramagneten mit einer Konzentration von N Ionen mit Spin S. Wenn es nun eine innere Wechselwirkung gibt, die dazu führt, daß sich die magnetischen Momente untereinander parallel einstellen, so wird daraus ein Ferromagnet. Eine derartige Wechselwirkung können wir postulieren, und wir nennen sie dann **Austauschfeld** oder **Molekularfeld**[1]). Der ordnenden Tendenz des Austauschfeldes steht die Wärmebewegung entgegen, die bei höheren Temperaturen die Spinordnung zerstört.

Als dem Austauschfeld gleichwertig kann ein Magnetfeld $\mathbf{B}_E$ angesehen werden. Der Betrag dieses Feldes erreicht Werte bis zu 10^7 Gauß. Als

---

1) Es wird auch als Molekularfeld oder nach Pierre Weiß, der dieses Feld als erster einführte, als Weiß' sches Feld bezeichnet. In den Ausdrücken für die Energie $-\boldsymbol{\mu}\cdot\mathbf{B}_E$ und das Drehmoment $\boldsymbol{\mu}\times\mathbf{B}_E$ eines magnetischen Momentes $\boldsymbol{\mu}$ steht das Austauschfeld B_E wie ein reales Magnetfeld. B_E ist jedoch in Wirklichkeit kein Magnetfeld und taucht deshalb auch nicht in den Maxwell-Gleichungen auf: So ist z.B. durch rot $\mathbf{H} = 4\pi\mathbf{j}/c$ mit B_E keine Stromdichte $\mathbf{j}$ verbunden. $\mathbf{B}_E$ ist typisch 10^4 mal größer als das mittlere Magnetfeld der magnetischen Dipole eines Ferromagneten.

weitere Annahme setzen wir voraus, daß $\mathbf{B}_E$ proportional zur Magnetisierung $\mathbf{M}$ ist. Diese Magnetisierung $\mathbf{M}(\mathbf{B}, T)$ ist als magnetisches Moment pro Volumeinheit definiert; wenn nichts anderes gesagt wird, verstehen wir darunter den Wert im thermischen Gleichgewicht bei der Temperatur T und im Feld $\mathbf{B}$. Bei Anwesenheit von Domänen (d. h. Bereichen, die in verschiedenen Richtungen magnetisiert sind), bezieht sich die Magnetisierung auf den Wert innerhalb einer Domäne.

In der **Molekularfeldnäherung** nehmen wir an, daß auf jedes magnetische Atom ein zur Magnetisierung proportionales Magnetfeld wirkt.

(1) $$\mathbf{B}_E = \lambda \mathbf{M} \ ,$$

wobei λ eine von der Temperatur unabhängige Konstante ist. Nach (1) sieht jeder Spin die mittlere Magnetisierung aller anderen Spins. In Wirklichkeit sind es zwar oft nur die näheren Nachbarn, unter deren Einfluß er steht; für eine erste Bekanntschaft mit dem Problem ist die obige grobe Vereinfachung jedoch sehr nützlich.

Die **Curie-Temperatur** T_c ist die Temperatur, oberhalb der die spontane Magnetisierung verschwindet; sie trennt die ungeordnete paramagnetische Phase bei $T > T_c$ von der geordneten ferromagnetischen Phase bei $T < T_c$. T_c läßt sich mit Hilfe von λ ausdrücken. Nehmen wir die paramagnetische Phase: Ein äußeres Feld B_a ruft eine endliche Magnetisierung hervor, die ihrerseits ein endliches Austauschfeld B_E erzeugt. Also ist, wenn χ die Suszeptibilität bedeutet,

(2)
$$M = \chi(B_a + B_E) \ ; \qquad \text{(CGS)}$$
$$\mu_0 M = \chi(B_a + B_E) \ . \qquad \text{(SI)}$$

Aus Kapitel 15 wissen wir, daß man die Magnetisierung nur dann in der Form "konstantes χ mal Feld" schreiben kann, wenn der Bruchteil der ausgerichteten Momente klein ist: an dieser Stelle wird die Annahme wesentlich, daß sich die Probe in der paramagnetischen Phase befindet. Die Suszeptibilität χ eines Paramagneten folgt dem Curieschen Gesetz, $\chi = C/T$, wobei C die Curie-Konstante ist. Mit (1) und (2) wird $MT = C(B_a + \lambda M)$ und

(3) $$\chi = \frac{M}{B_a} = \frac{C}{(T - C\lambda)} \ . \qquad \text{(CGS)}$$

Die Suszeptibilität hat bei $T = C\lambda$ eine Singularität. Bei dieser Temperatur (und darunter) existiert eine spontane Magnetisierung, da für ein

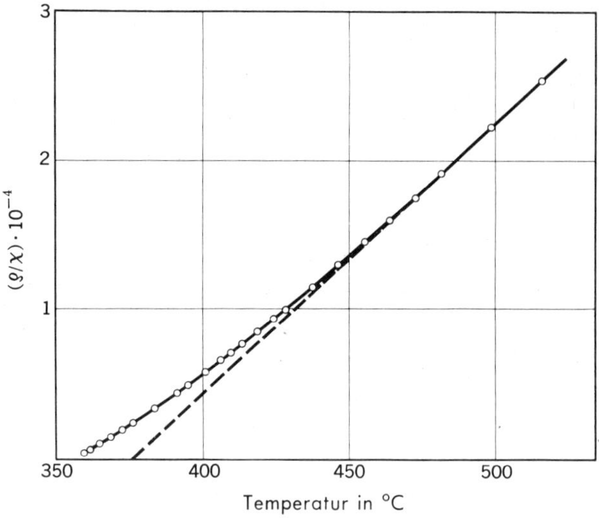

Bild 2: Kehrwert der Massensuszeptibilität von Nickel in der Umgebung der Curie-Temperatur (385° C). ρ ist die Dichte. Die gestrichelte Linie entspricht der linearen Extrapolation aus dem hohen Temperaturbereich. Nach P. Weiss und R. Forrer. Der Kurvenverlauf in der Nähe von T_c wurde von J. S. Kouvel und M. E. Fisher in Phys. Rev. **136**, A1626 (1964) untersucht.

unendliches χ bei verschwindendem B_a ein endliches M auftreten kann. Aus (3) folgt das **Curie-Weiss'sche Gesetz**:

$$\chi = \frac{C}{T - T_c} \; ; \qquad T_c = C\lambda \, . \qquad \text{(CGS)} \tag{4}$$

Diese Beziehung gibt den beobachteten Verlauf der Suszeptibilität im paramagnetischen Bereich oberhalb des Curie-Punktes recht gut wieder.

Genauere Rechnungen [2]) liefern

$$\chi \propto \frac{1}{(T - T_c)^{1.33}}$$

für Temperaturen in der Nähe von T_c, in Übereinstimmung mit den in Tabelle 1 aufgeführten experimentellen Ergebnissen.

[2]) Die experimentellen Werte der Suszeptibilität lassen sich für $T \gg T_c$ ziemlich genau durch $C/(T - \theta)$ wiedergeben, wobei θ beträchtlich größer ist als die tatsächliche Übergangstemperatur T_c. Siehe dazu den Übersichtsartikel von C. Domb in: G. T. Rado und H. Suhl, Magnetism, Band 2A, Academic Press, 1965. Literaturhinweise auf Experimente geben R. W. Kedzie und D. H. Lyons, Phys. Rev. Letters **15**, 632 (1965).

Tabelle 1: Exponenten für Ferromagneten am kritischen Punkt

Nähert man sich dem kritischen Punkt T_c von oben, so ist die Suszeptibilität χ proportional zu $(T - T_c)^{-\gamma}$; nähert man sich mit der Temperatur $T \rightarrow T_c$ von unten, so ist die Magnetisierung proportional zu $(T_c - T)^{\beta}$. In der Molekularfeldnäherung ist $\gamma = 1$ und $\beta = \frac{1}{2}$. Die experimentellen Daten in dieser Tabelle wurden von H. E. Stanley zusammengestellt.

	γ	β	T_c in K
Fe	1,33 ± 0,015	0,34 ± 0,04	1043
Co	1,21 ± 0,04	-	1388
Ni	1,35 ± 0,02	0,42 ± 0,07	627,2
Gd	1,3 ± 0,1	-	292,5
CrO_2	1,63 ± 0,02	-	386,5
$CrBr_3$	1,215 ± 0,02	0,368 ± 0,005	32,56
EuS	-	0,33 ± 0,015	16,50

Bild 2 zeigt Meßergebnisse für Nickel. Aus (4) und der Definition (15.25) der Curie-Konstanten C kann die Konstante λ für das Molekularfeld ermittelt werden:

(5) $$\lambda = T_c/C = 3k_BT_c/Ng^2S(S+1)\mu_B^2.$$

Für Eisen ist $T_c \approx 1000$ K, $g \approx 2$ und[3]) $S \approx 1$; (5) liefert dann $\lambda \approx 5000$. Mit $M_s \approx 1700$ folgt $B_E \approx \lambda M \approx (5000)\cdot(1700) \approx 10^7$ G. Das Austauschfeld in Eisen ist sehr viel stärker als das tatsächliche Magnetfeld, das von den anderen magnetischen Ionen im Kristall herrührt: ein magnetisches Ion erzeugt an einem benachbarten Gitterpunkt ein Feld von $\approx \mu_B/a^3$ oder rund 10^3 G.

Das Austauschfeld kann als näherungsweise Darstellung der quantenmechanischen Austauschwechselwirkung aufgefaßt werden. Unter gewissen Annahmen läßt sich zeigen[4]), daß die Energie der Wechselwirkung zwischen zwei Atomen i und j mit Spin $\mathbf{S}_i$ und $\mathbf{S}_j$ einen Term

(6) $$U = -2J\mathbf{S}_i \cdot \mathbf{S}_j$$

enthält, wobei J das Austauschintegral ist, welches mit der Überlappung der Ladungsverteilungen in den Atomen i und j zusammenhängt. Gleichung (6) wird als **Heisenberg-Modell** bezeichnet.

---

[3]) Für Eisen setzen wir $S = 1$; Tabelle **2** zeigt, daß im Metall das Moment pro Atom nahe bei $2\mu_B$ liegt.

[4]) Dies wird in fast allen Büchern über Quantentheorie behandelt; siehe auch J. H. van Vleck, Revs. Modern Phys. **17**, 27 (1945). Über die Herkunft der Austauschwechselwirkung in Isolatoren gibt P. W. Anderson in Rado und Suhl, Bd. I, 25 (1963) eine Übersicht; über ihren Ursprung in Metallen berichtet C. Herring in Bd. IV.

Die Ladungsverteilung eines Systems, das aus zwei Spins besteht, hängt davon ab, ob die Spins parallel oder antiparallel [5]) sind; das Pauli-Prinzip besagt, daß zwei Elektronen mit dem gleichen Spin nicht gleichzeitig am gleichen Ort sein können; bei antiparallelen Spins ist dies jedoch möglich. Die elektrostatische Energie unseres Zweielektronensystems hängt deshalb von der relativen Orientierung der Spins ab: Die **Austauschenergie** ist als Energieunterschied zwischen den beiden möglichen Spineinstellungen definiert. Die Austauschenergie zweier Elektronen kann wie in (6) in der Form $-2J\mathbf{s}_1 \cdot \mathbf{s}_2$ geschrieben werden, gerade so als ob es eine direkte Kopplung zwischen den Richtungen der beiden Spins gäbe [6]).

Wir wollen jetzt eine näherungsweise gültige Beziehung zwischen dem Austauschintegral J in (6) und der Austauschkonstanten λ in (1) ableiten. Dazu nehmen wir an, das betrachtete Atom habe z nächste Nachbarn; jedes dieser Atome sei mit dem Zentralatom über die Wechselwirkung J verbunden. Für weiter entfernte Atome sei J gleich Null. Um nun diesen einen Spin in Anwesenheit aller anderen Spins umzuklappen, braucht man die Energie

$$U = 4Jz\bar{S}^2 = 2\mu B_E = 2\mu(\lambda M_s) = 2\mu(\lambda\mu/\Omega). \tag{7}$$

Dabei ist $\bar{S}$ der Mittelwert von $\mathbf{S}$ in Richtung der Magnetisierung und Ω das Volumen pro Atom. Die Komponenten dieses Mittelwertes senkrecht zur mittleren Magnetisierung wurden hier vernachlässigt.

Das mittlere magnetische Moment eines Spins ist $\mu = g\bar{S}\mu_B$ und die Sättigungsmagnetisierung $M_s = \mu/\Omega$. Also folgt aus (7)

$$\lambda = 2Jz\Omega/g^2\mu_B^2, \tag{8}$$

wenn z wieder die Anzahl der nächsten Nachbarn ist.

---

[5]) Sind zwei Spins antiparallel, so müssen in der Kombination $u(\mathbf{r}_1)v(\mathbf{r}_2) + u(\mathbf{r}_2)v(\mathbf{r}_1)$ die Wellenfunktionen der Spins symmetrisch sein. Sind die Spins parallel, muß wegen des Pauliprinzips der räumliche Teil der Wellenfunktion antisymmetrisch sein. Dies ist in der Kombination $u(\mathbf{r}_1)v(\mathbf{r}_2) - u(\mathbf{r}_2)v(\mathbf{r}_1)$ der Fall. Vertauschen wir hier die beiden Koordinaten $\mathbf{r}_1$ und $\mathbf{r}_2$ miteinander, so wechselt die Wellenfunktion ihr Vorzeichen. Nehmen wir an, daß beide Spins sich an der gleichen Stelle befinden, so ist $\mathbf{r}_1 = \mathbf{r}_2$ und die antisymmetrische Funktion verschwindet. Das heißt, die Wahrscheinlichkeit zwei Elektronen mit parallelen Spins am gleichen Ort anzutreffen ist Null. Siehe auch Bild 3.6.

[6]) Gleichung (6) ist eine Gleichung für die Spinoperatoren $\mathbf{S}_i, \mathbf{S}_j$; für viele Überlegungen im Ferromagnetismus ist es aber eine gute Näherung, wenn man die Spins als klassische Drehimpulsvektoren auffaßt.

Mit (5) und $\Omega = 1/N$ erhalten wir als Ergebnis in der Molekularfeld-Näherung

$$(9) \qquad J = \frac{3k_B T_c}{2zS(S+1)}.$$

Bessere Näherungsmethoden für dieses quantenstatistische Problem liefern für $zJ/k_B T_c$ etwas andere Ergebnisse. So finden Rushbrooke und Wood[7]) für die *sc*-, *bcc*- und *fcc*-Struktur mit $S = \frac{1}{2}$ die Werte $k_B T_c/zJ =$ $= 0,28$, $0,325$ bzw. $0,346$; dagegen ergibt sich aus (9) für alle drei Strukturen das Resultat 0, 500. Wird für Eisen das Heisenberg-Modell (6) mit $S = 1$ zugrunde gelegt, so entspricht die beobachtete Curie-Temperatur dem Wert $J = 1,19 \cdot 10^{-2}$ eV.

Temperaturabhängigkeit der Sättigungsmagnetisierung

Die Molekularfeld-Näherung kann auch unterhalb der Curie-Temperatur angewandt werden, wenn man die Magnetisierung als Funktion der Temperatur sucht. Die Überlegungen sind die gleichen wie oben, nur nimmt man für die Magnetisierung anstelle des Curieschen Gesetzes den vollständigen Brillouin-Ausdruck (15.23). Für den Spin $\frac{1}{2}$ gilt[8]) gemäß (15.20): $M = N\mu \tanh(\mu B/k_B T)$. Vernachlässigt man das äußere Magnetfeld und ersetzt statt dessen B durch das Molekularfeld $B_E = \lambda M$, so ist

$$(10) \qquad M = N\mu \tanh(\mu\lambda M/k_B T).$$

Es wird sich herausstellen, daß diese Gleichung Lösungen mit nichtverschwindendem M im Temperaturbereich zwischen 0 und T_c besitzt.

Zur Lösung von Gleichung (10) führen wir eine reduzierte Magnetisierung $m \equiv M/N\mu$ und die reduzierte Temperatur $t \equiv k_B T/N\mu^2\lambda$ ein und erhalten (10) in der Form

$$(11) \qquad m = \tanh(m/t) .$$

Dann zeichnen wir wie in Bild (3) die linke und rechte Seite dieser Gleichung einzeln als Funktion von m auf. Der Schnittpunkt der beiden Kurven liefert den Wert von m bei der interessierenden Temperatur. Die kritische Temperatur ist $t = 1$ oder $T_c = N\mu^2 \lambda/k_B$ in Übereinstimmung mit (5) für $S = \frac{1}{2}$.

[7]) G. S. Rushbrooke und P. J. Wood, Molecular Physics **1**, 257 (1958).

[8]) Die spontane oder Sättigungsmagnetisierung bezeichnen wir mit M_s; nur da, wo keine Verwechslung möglich ist, auch manchmal mit M.

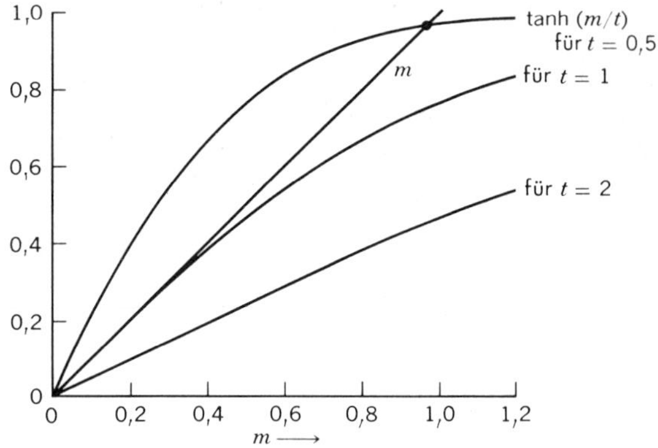

Bild 3: Graphische Lösung der Gleichung (11) für die spontane Magnetisierung m in Abhängigkeit von der Temperatur. Die reduzierte Magnetisierung ist definiert als $m = M/N\mu$. Die linke Seite von Gleichung (11) ist als gerade Linie m mit der Steigung 1 eingezeichnet. Die rechte Seite der Gleichung tanh (m/t) ist für drei verschiedene Werte der reduzierten Temperatur $t = k_B T/N\mu^2\lambda = T/T_c$ gegen m aufgetragen. Die drei Kurven entsprechen den Temperaturen $2T_c$, T_c, und 0,5 T_c. Die Kurve für $t = 2$ schneidet die Gerade m nur für $m = 0$; das System befindet sich also im paramagnetischen Bereich (es wird kein Feld von außen angelegt). Die Kurve für $t = 1$ berührt die Gerade m im Ursprung; diese Temperatur charakterisiert den Beginn des Ferromagnetismus. Bei $t = 0{,}5$ befinden wir uns schon im ferromagnetischen Gebiet; die Kurve schneidet die Gerade ungefähr bei $m = 0{,}94\,N\mu$. Für $t \to 0$ wandert der Schnittpunkt nach oben bis $m = 1$; bei T = 0 sind also alle magnetischen Momente ausgerichtet.

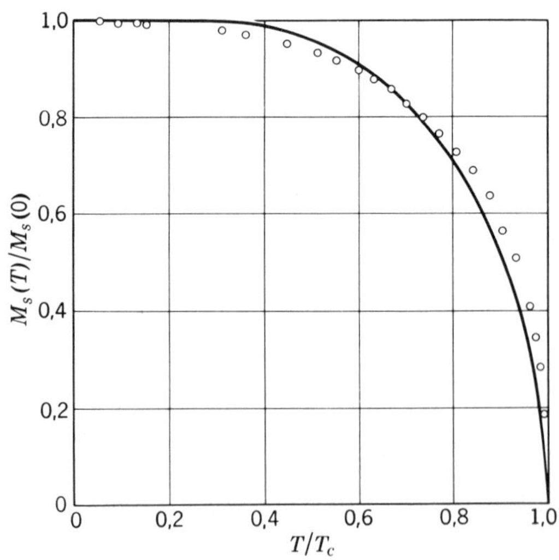

Bild 4: Sättigungsmagnetisierung von Nickel als Funktion der Temperatur; die theoretische Kurve ergibt sich für $S = \frac{1}{2}$ aus der Weiss'schen Theorie des Molekularfeldes. Die experimentellen Daten stammen von P. Weiss und R. Forrer, Ann. phys. **5**, 153 (1926).

Die auf diese Weise erhaltenen Kurven $\boldsymbol{M}$ $(\boldsymbol{T})$ geben die experimentellen Ergebnisse in groben Zügen wieder, wie es z. B. Bild 4 für Nickel zeigt. Mit wachsendem $\boldsymbol{T}$ nimmt die Magnetisierung stetig ab, bis sie bei $T = T_c$ den Wert Null erreicht. Dieses Verhalten charakterisiert den Phasenübergang ferromagnetisch/paramagnetisch als von zweiter Ordnung.

Bei tiefen Temperaturen läßt sich der Verlauf von M nur schlecht mit Hilfe des Molekularfeldes beschreiben. Für $T \ll T_c$ wird das Argument des tanh in (11) groß; also gilt

$$\tanh \xi \cong 1 - 2e^{-2\xi} \ldots . \tag{12}$$

In niederster Ordnung ist die Abweichung $\Delta M \equiv M(0) - M(T)$

$$\Delta M \cong 2N\mu \exp\left(-2\lambda N\mu^2/k_B T\right). \tag{13}$$

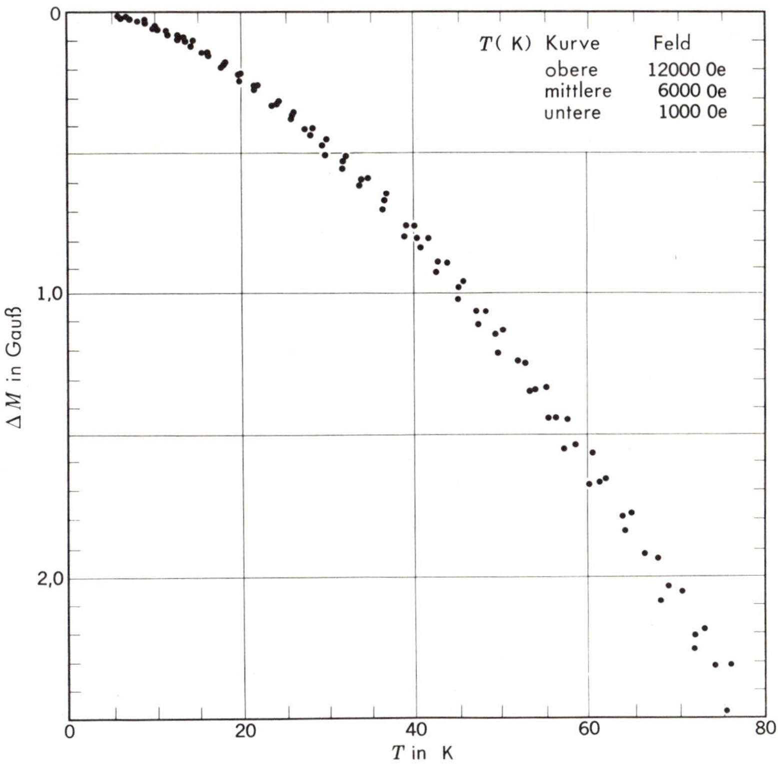

Bild 5: Abnahme der Magnetisierung von Nickel mit der Temperatur oberhalb von 4, 2 K, nach Argyle, Charap und Pugh. Im Diagramm ist $\Delta M \equiv 0$ bei 4, 2 K.

Nach (5) wird für $g = 2$ und $S = \frac{1}{2}$ das Argument des Exponentialausdrucks gleich $-2T_c/T$. Damit gilt für $T = 0{,}1\,T_c$: $\Delta M/N\mu \cong 2\exp(-20) \cong$ $\cong 4 \cdot 10^{-9}$.

Die Experimente zeigen, daß bei tiefen Temperaturen ΔM viel stärker von der Temperatur abhängt, als man nach (13) erwarten kann. Bei $T = 0{,}1\,T_c$ ist nach den Werten von Bild 5 $\Delta M/M \cong 2 \cdot 10^{-3}$. Zur richtigen Wiedergabe der Meßergebnisse muß der maßgebende Term in ΔM die Gestalt

$$\Delta M/M(0) = C_{3/2}T^{3/2} \tag{14}$$

haben. Die Konstante $C_{3/2}$ hat dabei[9]) für Ni den experimentellen Wert $(7{,}5 \pm 0{,}2) \cdot 10^{-6}$ Grad$^{-3/2}$ und für Eisen $(3{,}4 \pm 0{,}2) \cdot 10^{-6}$ Grad$^{-3/2}$. Gleichung (14) findet in der unten besprochenen Theorie der Spinwellen eine natürliche Erklärung.

Sättigungsmagnetisierung beim absoluten Nullpunkt

Tabelle 2 gibt eine Übersicht über repräsentative Werte der Sättigungsmagnetisierung M_s, der effektiven Magnetonzahl n_B und der ferromagnetischen Curie-Temperatur. Die effektive Magnetonzahl eines Ferromagneten ist definiert durch $M_s(0) = n_B N \mu_B$, wenn N die Anzahl der "Moleküle" des Elements oder der Verbindung pro Volumeinheit bedeutet. Man verwechsle n_B nicht mit der paramagnetischen effektiven Magnetonzahl p aus (15.26).

Die beobachteten Werte von n_B sind oft nicht ganzzahlig. Dafür lassen sich mehrere Gründe anführen. Einer davon ist die Spin-Bahn-Wechselwirkung, die das magnetische Bahnmoment entweder etwas vermehrt oder vermindert. In ferromagnetischen Metallen kommt als zweite Ursache die Magnetisierung der Leitungselektronen hinzu, die lokal um einen paramagnetischen Ionenrumpf herum auftritt. Aus der in Bild 1 gezeichneten Spinanordnung in einem Ferrimagneten läßt sich eine dritte Ursache erschließen: Wenn auf jedes Atom mit Spinprojektion $-S$ zwei Atome mit $+S$ kommen, beträgt der Mittelwert des Spins $\frac{1}{3}S$.

In manchen Fällen kann man auch ein Bändermodell[10]) heranziehen, so z. B. für die Erklärung von $n_B = 0{,}60$ bei Nickel. Der Gedankengang ist

---

[9]) B. E. Argyle, S. Charap und E. W. Pugh, Phys. Rev. **132**, 2051 (1963).

[10]) E. C. Stoner, Repts. Prog. Phys. **11**, 43 (1948); Proc. Roy. Soc. (London) **A 165**, 372 (1938); C. Herring und C. Kittel, Phys. Rev. **81**, 869 (1951); E. C. Mattis, Theory of magnetism, Harper and Row, 1965, Kap. 7; C. Herring in: Rado und Suhl, Bd. IV.

Tabelle 2: Ferromagnetische Kristalle
(Die Auswahl der Daten erfolgte mit freundlicher Unterstützung von R. M. Bozorth. Ausführliche Quellen sind: A. I. P. Handbook, 1963, Sec. 5g; Landolt-Bornstein **2**, Teil 9, 6. Aufl., 1962.)

Stoff	Sättigungsmagnetisierung M_s in Gauß		n_B (0° K) pro Molekülverband	Ferromagnetische Curie-Temperatur in °K
	Zimmertemperatur	0° K		
Fe	1707	1740	2,22	1043
Co	1400	1446	1,72	1400
Ni	485	510	0,606	631
Gd	-	2010	7,10	292
Dy	-	2920	10,0	85
Cu_2MnAl	500	(550)	(4,0)	710
MnAs	670	870	3,4	318
MnBi	620	680	3,52	630
Mn_4N	183	-	1,0	743
MnSb	710	-	3,5	587
MnB	152	163	1,92	578
CrTe	247	-	2,5	339
$CrBr_3$	-	-	-	37
CrO_2	515	-	2,03	392
$MnOFe_2O_3$	410	-	5,0	573
$FeOFe_2O_3$	480	-	4,1	858
$CoOFe_2O_3$	400	-	3,7	793
$NiOFe_2O_3$	270	-	2,4	858
$CuOFe_2O_3$	135	-	1,3	728
$MgOFe_2O_3$	110	-	1,1	713
UH_3	-	230	0,90	180
EuO	-	1920	6,8	69
$GdMn_2$	-	215	2,8	303
$Gd_3Fe_5O_{12}$	0	605	16,0	564
$Y_3Fe_5O_{12}$ (YIG)	130	200	5,0	560

in den Bildern 6 und 7 angedeutet. Für das nicht ferromagnetische Kupfer zeigt Bild 6 die Beziehung zwischen dem $4s$- und $3d$-Band. Entreißt man dem Kupfer ein Elektron, so erhält man Nickel, das z. B. im $3d$-Band einen unbesetzten Zustand aufweisen kann. Bei der in Bild 7a für $T > T_c$ gezeichneten Bandstruktur des Nickels wurden, bezogen auf Kup-

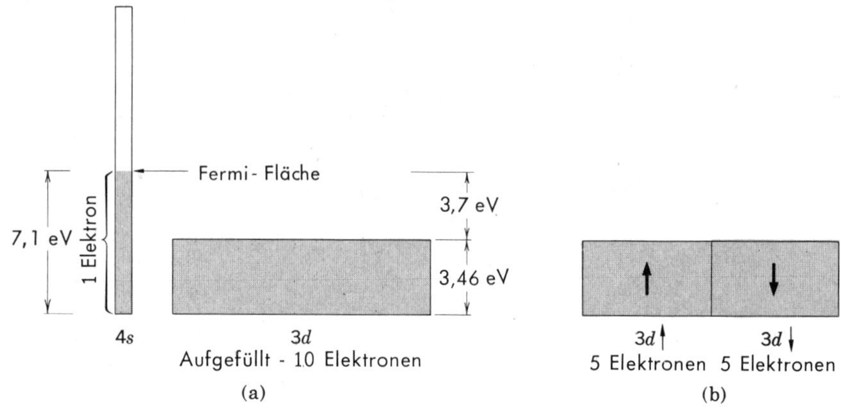

Bild 6a: Schematische Darstellung des $4s$- und $3d$-Bandes in metallischem Kupfer. Das $3d$-Band kann 10 Elektronen pro Atom aufnehmen und ist im Fall von Kupfer aufgefüllt. Im $4s$-Band finden 2 Elektronen pro Atom Platz; es ist halb gefüllt gezeichnet, da Kupfer ein Valenzelektron außerhalb der gefüllten $3d$-Schale besitzt. Die angegebenen Energiewerte stammen aus Rechnungen von Howarth; die Energiewerte der beiden unteren Bandkanten fallen rein zufällig zusammen.

Bild 6b: Das gefüllte $3d$-Band von Kupfer kann durch zwei getrennte Unterbänder mit entgegengesetzter Spinorientierung dargestellt werden, wobei jedes einzelne 5 Elektronen enthält. Da, wie eingezeichnet, beide Unterbänder gefüllt sind, ist der resultierende Gesamtspin (und daher die Gesamtmagnetisierung) des d-Bandes null.

fer, dem $3d$-Band $2 \cdot 0,27 = 0,54$ "Elektronen" entnommen, dem $4s$-Band 0,46 "Elektronen". Die Bandstruktur von Nickel beim absoluten Nullpunkt ist in Bild 7b gezeichnet. Nickel ist ferromagnetisch und hat beim absoluten Nullpunkt $n_B = 0,60$ Bohrsche Magnetonen pro Atom. Berücksichtigt[11]) man noch den Beitrag der elektronischen Bahnbewegung zum magnetischen Moment, so erhält man bei Nickel pro Atom einen Überschuß von 0,54 Elektronen, deren Spin vorzugsweise in eine Richtung weist. Die Vergrößerung der Suszeptibilitat von Metallen durch Austausch-Wechselwirkung ist Inhalt der Übungsaufgabe 15.9. Gibt es überhaupt einfache ferromagnetische Isolatoren, bei denen im Grundzustand alle

---

[11]) P. Argyres und C. Kittel, Acta Met. **1**, 241 (1953). Die Zahl der effektiven ferromagnetischen Elektronen n_e ist gerade n_B, wenn noch der Beitrag der Bahnbewegung in Rechnung gestellt wird. Es ist dann $n_e = 2n_B/g$; g ist der in Kapitel **15** und **17** definierte Landé-Faktor. In metallischem Nickel ist $g = 2,20$.

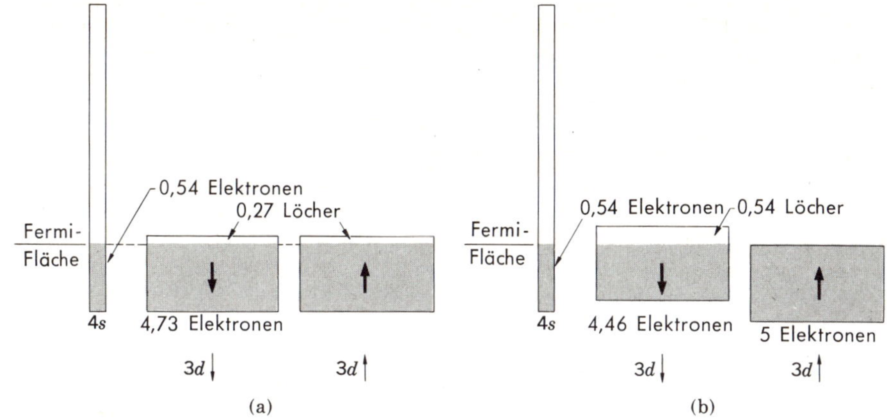

Bild 7a: Energiebänder in Nickel oberhalb der Curie-Temperatur. Das resultierende magnetische Moment ist null, da im $3d\downarrow$ - und im $3d\uparrow$-Band gleichviele Löcher vorhanden sind.

Bild 7b: Schematische Darstellung der Energiebänder in Nickel beim absoluten Nullpunkt. Die Energien des $3d\uparrow$ - und des $3d\downarrow$ -Unterbandes sind durch die Austauschwechselwirkung voneinander getrennt. Das $3d\uparrow$ -Band ist aufgefüllt; das $3d\downarrow$ -Band enthält 4,46 Elektronen und 0,54 Löcher. Beim $4s$-Band kann man normalerweise annehmen, daß es in beiden Spinrichtungen gleichviele Elektronen enthält, so daß eine Unterteilung in Unterbänder nicht nötig ist. Das resultierende magnetische Moment von $0,54\,\mu_B$ pro Atom wird von der überschüssigen Besetzung des $3d\uparrow$ -Bandes gegenüber dem $3d\downarrow$ -Band hervorgerufen. Bequemerweise schreibt man oft die Magnetisierung den 0,54 Löchern im $3d\downarrow$ -Band zu.

Ionenspins parallel stehen? Zu den wenigen bis heute bekannten einfachen Ferromagneten gehören [13]) $CrBr_3$, EuO und EuS.

Spinwellen

Im Grundzustand eines einfachen Ferromagneten stehen, wie in Bild 8a, alle Spins parallel. Wir betrachten nun N Spins mit je $S = \frac{1}{2}$ auf einer Geraden oder auf einem Kreis und nehmen an, die nächstbenachbarten Spins seien über die Heisenberg-Wechselwirkung (6) gekoppelt:

$$U = -2J \sum_{p=1}^{n} \mathbf{S}_p \cdot \mathbf{S}_{p+1} . \tag{15}$$

[12]) Eine Übersicht über Eigenschaften ferromagnetischer Europiumverbindungen findet man bei T. R. McGuire und M. W. Shafer, J. Appl. Phys. **35**, 984 (1964); [13]) zahlreiche Hinweise auf Arbeiten über $CrBr_3$ geben H. L. Davis und A. Narath, Phys. Rev. **134**, A 433 (1964).

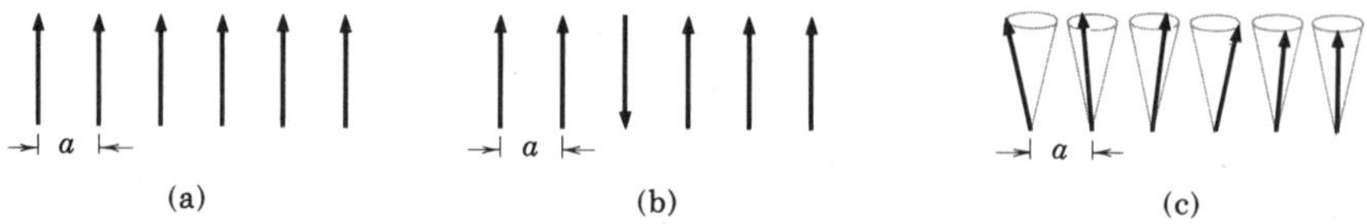

Bild 8: (a) Grundzustand eines einfachen Ferromagneten im klassischen Bild; alle Spins stehen parallel. (b) Eine mögliche Anregung: ein Spin ist umgeklappt. (c) Die energetisch tiefliegenden Anregungszustände sind Spinwellen. Dabei präzessieren die Enden der Spinvektoren auf Kegelmänteln, und aufeinanderfolgende Spins weisen eine Phasenvoreilung um einen konstanten Winkel auf.

Hierbei ist J das Austauschintegral und $\hbar \mathbf{S}_p$ der Drehimpuls des Spins am Ort p. Fassen wir die Spins $\mathbf{S}_p$ als klassische Vektoren auf, so gilt im Grundzustand $\mathbf{S}_p \cdot \mathbf{S}_{p+1} = S^2$, und die Austauschenergie des Systems wird $U_0 = -2NJS^2$. Wie groß ist die Energie des ersten angeregten Zustands? Ein angeregter Zustand kann z. B. erzeugt werden, wenn man wie in Bild 8b einen speziellen Spin umklappt. Nach (15) ist damit ein Energiezuwachs von $8JS^2$ verbunden, so daß $U_1 = U_0 + 8JS^2$.

Es sind aber auch Anregungen mit viel geringerer Energie möglich, nämlich solche, bei denen dieses Umklappen auf alle Spins gleichmäßig verteilt ist (Bild 8c). Diese elementaren Anregungen eines Spinsystems haben Wellencharakter und werden **Spinwellen** genannt, oder, wenn sie quantisiert sind, **Magnonen** (Bild 9). Sie sind analog den Gitterschwingungen oder Phononen. Spinwellen sind Schwingungen bei denen sich die Orientierung von Spins relativ zum Gitter periodisch ändert, Gitterschwingungen sind Schwingungen, bei denen sich die Lage von Atomen in einem Gitter periodisch ändert. Im folgenden geben wir eine klassische Ableitung der Dispersionsrelation für Magnonen unter Zugrundelegung der Wechselwirkung (15)

In (15) taucht der p-te Spin im folgenden Term auf

$$(16a) \qquad -2J\mathbf{S}_p \cdot (\mathbf{S}_{p-1} + \mathbf{S}_{p+1}) \ .$$

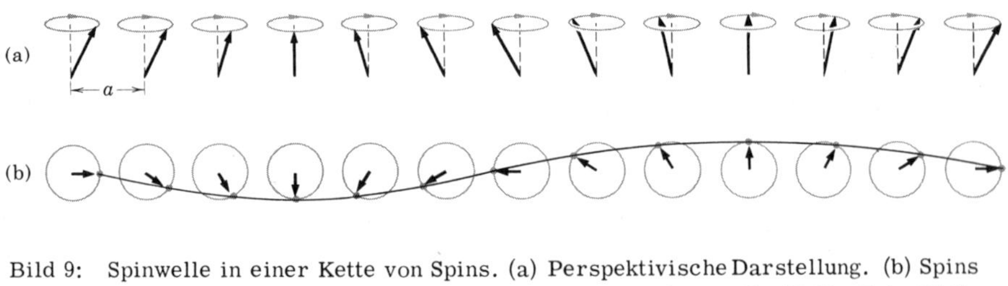

Bild 9: Spinwelle in einer Kette von Spins. (a) Perspektivische Darstellung. (b) Spins von oben gesehen; eine Wellenlänge ist eingezeichnet; die Wellenlinie läuft durch die Spitzen der Spinvektoren.

Wie in (15.15) ist das magnetische Moment am Ort p gleich

(16b) $$\boldsymbol{\mu}_p = -g\mu_B \mathbf{S}_p \ ,$$

(16a) wird dann

(16c) $$-\boldsymbol{\mu}_p \cdot [(-2J/g\mu_B)(\mathbf{S}_{p-1} + \mathbf{S}_{p+1})] \ ,$$

was die Form

(16d) $$-\boldsymbol{\mu}_p \cdot \mathbf{B}_p$$

besitzt. Das an diesem Moment angreifende effektive Magnetfeld oder Austauschfeld ergibt sich aus dem Vergleich von (16d) mit (16c)

(17) $$\mathbf{B}_p = (-2J/g\mu_B)(\mathbf{S}_{p-1} + \mathbf{S}_{p+1}) \ .$$

Nach den Regeln der elementaren Mechanik ist die zeitliche Ableitung des Drehimpulses $\hbar\mathbf{S}_p$ gleich dem am Spin angreifenden Drehmoment $\boldsymbol{\mu}_p \times \mathbf{B}_p$:

(18) $$\hbar \frac{d\mathbf{S}_p}{dt} = \boldsymbol{\mu}_p \times \mathbf{B}_p$$

oder

(19) $$\frac{d\mathbf{S}_p}{dt} = (-g\mu_B/\hbar)\mathbf{S}_p \times \mathbf{B}_p = (2J/\hbar)(\mathbf{S}_p \times \mathbf{S}_{p-1} + \mathbf{S}_p \times \mathbf{S}_{p+1}).$$

In kartesischen Komponenten ist also

(20) $$dS_p^x/dt = (2J/\hbar)[S_p^y(S_{p-1}^z + S_{p+1}^z) - S_p^z(S_{p-1}^y + S_{p+1}^y)]$$

und entsprechend für dS_p^y/dt und dS_p^z/dt. In diesen Gleichungen tauchen Produkte von Spinkomponenten auf; sie sind nichtlinear.

Wenn die Amplitude der Anregung klein ist (d. h. S_p^x, $S_p^y \ll S$), läßt sich das Gleichungssystem näherungsweise linearisieren, indem man $S_p^z = S$ setzt und die Produktterme von S^x und S^y in der Gleichung dS^z/dt vernachlässigt. Die so linearisierten Gleichungen lauten

(21 a) $$dS_p^x/dt = (2JS/\hbar)(2S_p^y - S_{p-1}^y - S_{p+1}^y);$$

(21 b) $$dS_p^y/dt = -(2JS/\hbar)(2S_p^x - S_{p-1}^x - S_{p+1}^x);$$

(21 c) $$dS_p^z/dt = 0.$$

Analog zu dem in Kapitel 5 behandelten Fall der Phononen setzen wir die Lösungen von (21) in Form laufender Wellen an:

(22) $$S_p^x = u e^{i(pka-\omega t)}; \qquad S_p^y = v e^{i(pka-\omega t)}.$$

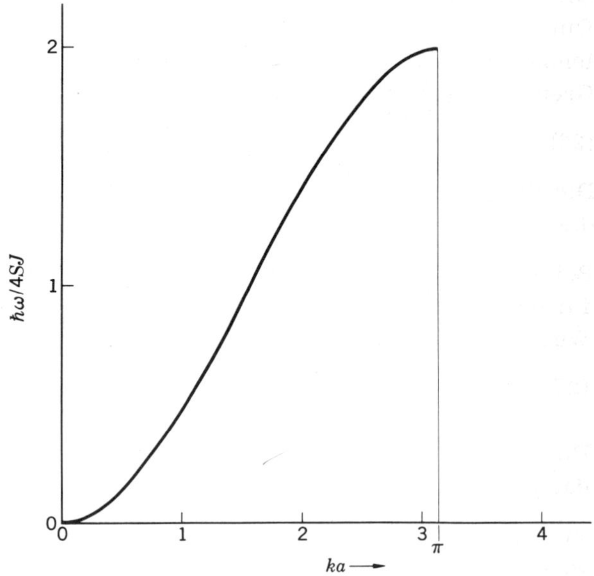

Bild 10: Dispersionskurve für Spinwellen in einem eindimensionalen Ferromagneten bei Nächster-Nachbar-Wechselwirkung.

Dabei sind u, v Konstante, p ist eine ganze Zahl und a die Gitterkonstante. Einsetzen in (21) liefert

(23 a) $$-i\omega u = (2JS/\hbar)(2 - e^{-ika} - e^{ika})v = (4JS/\hbar)(1 - \cos ka)v;$$

(23 b) $$-i\omega v = -(2JS/\hbar)(2 - e^{-ika} - e^{ika})u = -(4JS/\hbar)(1 - \cos ka)u.$$

Diese Gleichungen haben nur dann eine Lösung für u und v, wenn die Determinante der Koeffizienten verschwindet:

(24) $$\begin{vmatrix} i\omega & (4JS/\hbar)(1 - \cos ka) \\ -(4JS/\hbar)(1 - \cos ka) & i\omega \end{vmatrix} = 0.$$

Daraus folgt

(25) $$\hbar\omega = 4JS(1 - \cos ka).$$

Dieses Ergebnis ist in Bild 10 aufgetragen. Aus (23) ergibt sich dann mit dieser Lösung $v = -iu$; dies entspricht einer zirkularen Präzession[14]) eines jeden Spins um die z-Achse.

[14]) Dies ist ersichtlich, wenn man die Realteile von (22) nimmt und v gleich $-iu$ setzt. Dann wird

$$S_p^x = u \cos(pka - \omega t); \; S_p^y = u \sin(pka - \omega t).$$

Gleichung (25) ist die Dispersionsbeziehung $\omega(k)$ für Spinwellen mit einer Dimension bei Nächster-Nachbar-Wechselwirkung [15]). Bei großen Wellenlängen ist $ka \ll 1$ und damit auch $(1 - \cos ka) \cong \frac{1}{2}(ka)^2$. In diesem Grenzfall wird (25) zu

$$\hbar\omega \cong (2JSa^2)k^2. \tag{26}$$

Die Frequenz ist hier proportional zu k^2, während im gleichen Grenzfall die Frequenz eines Phonons proportional zu k ist.

Bei einem ferromagnetischen kubischen Gitter (*sc*, *bcc* oder *fcc*) erhält man für die Dispersionsrelation unter Zugrundelegung der Nächsten-Nachbar-Wechselwirkung (siehe auch Aufgabe 1)

$$\hbar\omega = 2JS[z - \sum_{\delta} \cos(\mathbf{k} \cdot \boldsymbol{\delta})]. \tag{27}$$

Die Summation läuft dabei über die mit $\boldsymbol{\delta}$ bezeichneten z Vektoren, die das Zentralatom mit seinen nächsten Nachbarn verbinden.

Für alle drei kubischen Gitter lautet der maßgebende Term in der Entwicklung von (27) für $ka \ll 1$

$$\hbar\omega = (2JSa^2)k^2. \tag{28}$$

a ist die Gitterkonstante. Der Koeffizient von k^2 kann oft sehr genau mit Hilfe der Spinwellenresonanz [16]) in dünnen Filmen bestimmt werden.

Quantisierung der Spinwellen

Gemäß den quantenmechanischen Regeln für Drehimpulse kann die Quantenzahl für den Gesamtspin eines Systems aus N Spins S nur die Werte $NS, NS - 1, NS - 2, \ldots$ annehmen. Im ferromagnetischen Zustand ist diese Quantenzahl NS: alle Spins stehen parallel. Die Anregung einer Spinwelle erniedrigt den Wert des Gesamtspins, da die Spins dann nicht mehr alle parallel stehen. Der Zusammenhang zwischen der Amplitude der Spinwelle und der Abnahme in der z-Komponente der Gesamtspinquantenzahl wird im folgenden abgeleitet.

Für eine Spinwelle (22) mit $v = -iu$ gilt, wie weiter oben festgestellt wurde,

$$S_p^x = ue^{i(pka-\omega t)}; \qquad S_p^y = -iue^{i(pka-\omega t)}. \tag{29}$$

---

[15]) Genau dasselbe Resultat ergibt sich aus der quantenmechanischen Rechnung; siehe QTF, Kapitel 4.

[16]) Siehe Kapitel 17.

Die Spinkomponente u senkrecht zur z-Richtung ist unabhängig von der Zeit und vom Ort p. Bei kleinen Amplituden $u/S \ll 1$ ist die z-Komponente eines Spins

(30) $$S_z = (S^2 - u^2)^{1/2} \cong S - u^2/2S.$$

Die Quantentheorie erlaubt für $NS - S_z$ nur ganzzahlige Werte.

Gibt N die Gesamtzahl der Spins an und ist $NS - n_k$ die z-Komponente des Gesamtspins für den Fall, daß eine Spinwelle k angeregt ist, so folgt aus (30) die Quantisierungsbedingung für die Amplitude u_k der Spinwelle

(31) $$n_k \cong \frac{Nu_k{}^2}{2S}\,; \qquad \text{oder} \qquad u_k{}^2 \cong \frac{2Sn_k}{N}\,.$$

n_k ist eine ganze Zahl. Man bezeichnet $n_\mathbf{k}$ als die Zahl der **Magnonen** mit Wellenvektor $\mathbf{k}$, die angeregt sind. Jedes Magnon erniedrigt die z-Komponente des Gesamtspins um Eins.

Erfüllt nun die Energie $\epsilon_\mathbf{k}$ dieselbe Quantenbedingung

(32) $$\epsilon_\mathbf{k} = n_\mathbf{k}\hbar\omega_\mathbf{k}$$

wie für Photonen und Phononen? Die Austauschenergie (15) hängt vom Kosinus des Winkels zwischen den Spins am Ort p und $p+1$ ab. Nach (29) ist die Phasendifferenz zur gleichen Zeit t zwischen aufeinanderfolgenden Spins gleich ka rad. Die Spitzen der beiden Spinvektoren in Bild 11 haben den Abstand $2u \sin \frac{1}{2}ka$; der Winkel φ zwischen den Spinvektoren erfüllt also die Beziehung

(33) $$\sin \tfrac{1}{2}\varphi = (u/S) \sin \tfrac{1}{2}ka.$$

Für $u/S \ll 1$ ist der Kosinus von φ

(34) $$\cos \varphi = 1 - 2(u/S)^2 \sin^2 \tfrac{1}{2}ka.$$

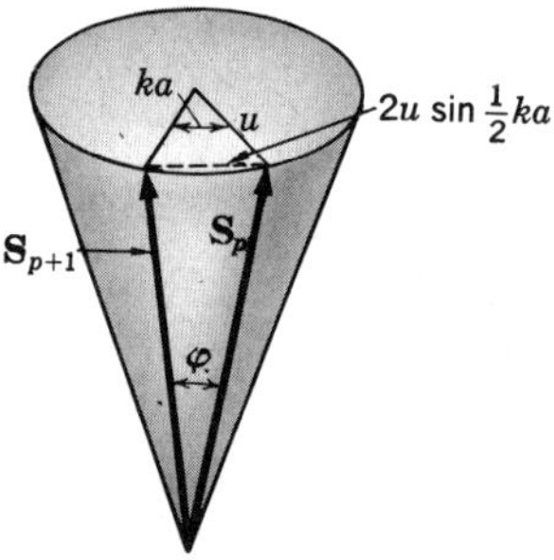

Bild 11:
Zusammenhang zwischen der Amplitude u der Spinwelle, dem Phasenwinkel ka und dem Winkel φ, der von zwei aufeinanderfolgenden Spinvektoren eingeschlossen wird. Die Länge der gestrichelten Linie beträgt $2u \sin \frac{1}{2}ka$; die des Spinvektors beträgt S, so daß

$$S \sin \tfrac{1}{2}\varphi = u \sin \tfrac{1}{2}ka.$$

Damit wird die Energie (15) zu

(35) $$U \cong -2JNS^2 + 4Ju^2 \sin^2 \tfrac{1}{2}ka = -2JNS^2 + 2JNu^2(1 - \cos ka).$$

Die Anregungsenergie einer Spinwelle mit Amplitude $u_{\mathbf{k}}$ und Wellenvektor k ist $\epsilon_{\mathbf{k}} = 2JNu_k{}^2(1 - \cos ka)$. Mit Quantisierungsbedingung (31) folgt daraus

(36) $$\epsilon_{\mathbf{k}} = 4JS(1 - \cos ka)n_{\mathbf{k}} = n_{\mathbf{k}}\hbar\omega_{\mathbf{k}},$$

wenn $\hbar\omega_k$ aus (25) entnommen wird. Gleichung (36) hat die Gestalt von (32).

Thermische Anregung von Magnonen

Die Bose-Verteilung[17]) bestimmt den Mittelwert von $n_{\mathbf{k}}$ im thermischen Gleichgewicht:

(37) $$\langle n_{\mathbf{k}} \rangle = \frac{1}{\exp(\beta\hbar\omega_{\mathbf{k}}) - 1}$$

(hier ist wieder $\beta = 1/k_BT$). Die Gesamtzahl der bei einer Temperatur T angeregten Magnonen ist

(38) $$\sum_{\mathbf{k}} n_{\mathbf{k}} = \int d\omega\, \mathfrak{D}(\omega)\langle n(\omega)\rangle.$$

$\mathfrak{D}(\omega)$ bedeutet, wie in Kapitel 6 für Phononen, die Zahl der Mangonenzustände $\mathbf{k}$ pro Frequenzintervall Eins. Das Integral ist über den erlaubten Bereich von $\mathbf{k}$ zu erstrecken; dies ist aber gerade die erste Brillouin-Zone. Bei genügend tiefen Temperaturen kann auch zwischen 0 und ∞ integriert werden, da $\langle n(\omega)\rangle$ für $\omega \to \infty$ exponentiell gegen Null geht.

Magnonen haben für jeden Wert von $\mathbf{k}$ nur eine einzige Polarisation. In drei Dimensionen ist die Zahl der Zustände, deren Wellenzahl kleiner als k ist, pro Volumeinheit gleich $(1/2\pi)^3(4\pi k^3/3)$; die Zahl der Magnonen $\mathfrak{D}(\omega)d\omega$, deren Frequenz im Intervall $d\omega$ bei ω liegt, ist also $(1/2\pi)^3(4\pi k^2)(dk/d\omega)\, d\omega$. In der Näherung (28) wird dann

$$d\omega/dk = 4JSa^2k/\hbar = 2(2JSa^2/\hbar)^{1/2}\omega^{1/2}.$$

Die Zustandsdichte für Magnonen ist

(39) $$\mathfrak{D}(\omega) = \frac{1}{4\pi^2} \cdot \left(\frac{\hbar}{2JSa^2}\right)^{3/2} \omega^{1/2}.$$

[17]) Die Überlegung ist genau dieselbe wie für Phononen oder Photonen. Die Bose-Verteilung ist überall dort anzuwenden, wo die angeregten Zustände eines harmonischen Oszillators ohne jede Einschränkung besetzt werden können.

Mit (39) kann (38) berechnet werden:

$$(40)\quad \sum_{\mathbf{k}} n_{\mathbf{k}} = \frac{1}{4\pi^2}\left(\frac{\hbar}{2JSa^2}\right)^{3/2}\int_0^\infty d\omega\,\frac{\omega^{1/2}}{e^{\beta\hbar\omega}-1} = \frac{1}{4\pi^2}\left(\frac{k_BT}{2JSa^2}\right)^{3/2}\int_0^\infty dx\,\frac{x^{1/2}}{e^x-1}.$$

Das bestimmte Integral ist in Tabellen aufgeführt und hat den Wert $(0{,}0587)\,(4\,\pi^2)$.

Die Zahl N der Atome pro Volumeinheit ist Q/a^3, mit $Q = 1,\ 2,\ 4$ für die Gitter *sc*, *bcc* und *fcc*. Nun ist aber $(\Sigma n_{\mathbf{k}})/NS$ gleich der relativen Änderung der Magnetisierung $\Delta M/M(0)$, so daß gilt:

$$(41)\quad \boxed{\frac{\Delta M}{M(0)} = \frac{0{,}0587}{SQ}\cdot\left(\frac{k_BT}{2JS}\right)^{3/2}.}$$

Dieses von Felix Bloch[19]) zuerst abgeleitete Resultat[18]) wird als das **Blochsche $T^{3/2}$-Gesetz** bezeichnet; es hat die vom Experiment geforderte Gestalt (14). Der physikalische Hintergrund des $T^{3/2}$-Gesetzes wird in Übungsaufgabe (8) behandelt.

Elastische und unelastische Neutronenstreuung

In Kapitel 5 lernten wir die Bestimmung von Phononenspektren mit Hilfe der unelastischen Röntgen- oder Neutronenstreuung kennen. Ein Röntgenphoton sieht die räumliche Ladungsverteilung der Elektronen, gleichgültig, ob diese Ladungsverteilung magnetisiert ist oder nicht. Ein Neutron jedoch wird von zwei Eigenschaften eines Kristalls beeinflußt: von der Verteilung der Kerne und auch von der Verteilung der elektronischen Magnetisierung. Eine Aufnahme der Neutronenbeugung an Eisen gibt Bild 12 wieder.

Das magnetische Moment des Neutrons tritt mit dem magnetischen Moment des Elektrons in Wechselwirkung. Der Wirkungsquerschnitt für diese Wechselwirkung liegt in derselben Größenordnung wie für die Neutron-

---

18) Das Ergebnis (41) ist genau das erste Glied der Entwicklung im Heisenberg-Modell. Zur Berechnung der höheren Glieder muß die vollständige Dispersionsrelation verwendet und die Integration über die erste Brillouin-Zone erstreckt werden; weiterhin sind noch zu berücksichtigen: Magnon-Magnon-Wechselwirkungen, äußere Magnetfelder, Anisotropiefelder und Dipolwechselwirkungen unter den Spins. Eine elementare Methode zur Berücksichtigung von Magnon-Magnon-Wechselwirkungen, soweit das heute schon möglich ist, behandelt M. Bloch, Phys. Rev. Letters **9**, 286 (1962); J. Appl. Phys. **34**, 1151 (1963).

19) F. Bloch, Z. Physik **61**, 206 (1931).

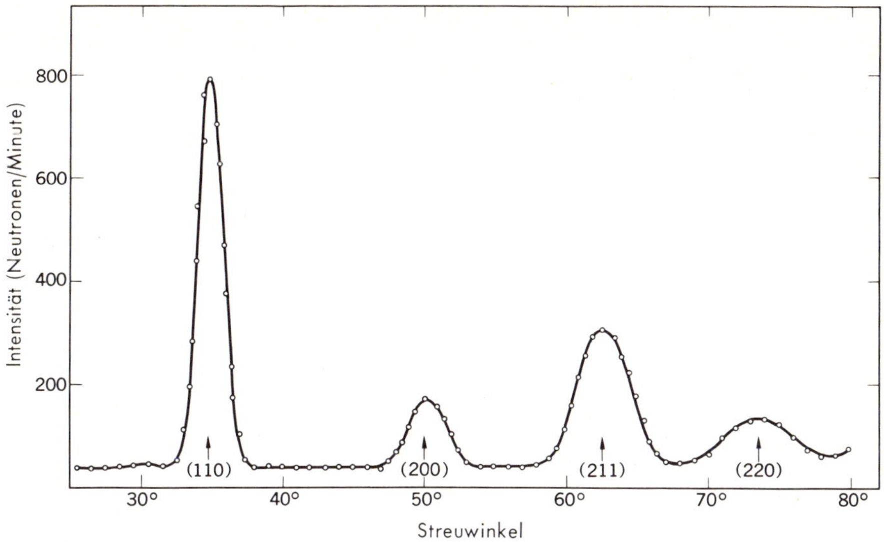

Bild 12: Neutronenbeugung an Eisen. Die beobachteten Reflexionen erfüllen die Indexregel für ein kubisch innenzentriertes Gitter: die Summe der Indizes der Reflexionsebenen ergibt eine gerade Zahl. [Nach C. G. Shull, E. O. Wollan und W. C. Koehler, Phys. Rev. **84**, 912 (1951).]

Kern-Wechselwirkung. Die Beugung von Neutronen an einem magnetischen Kristall erlaubt die Bestimmung der Verteilung, Richtung und Anordnung der magnetischen Momente. Darüber hinaus kann ein Neutron unelastisch an der magnetischen Struktur gestreut werden, wobei gleichzeitig ein Ma-

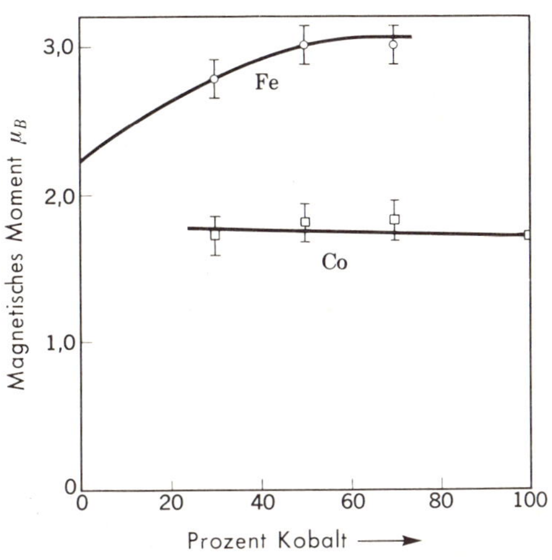

Bild 13:
Magnetische Momente, die den $3d$-Elektronen in Fe-Co-Legierungen zugeordnet werden können, als Funktion der Zusammensetzung, nach M. F. Collins und J. B. Forsyth, Phil. Mag. **8**, 401 (1963).

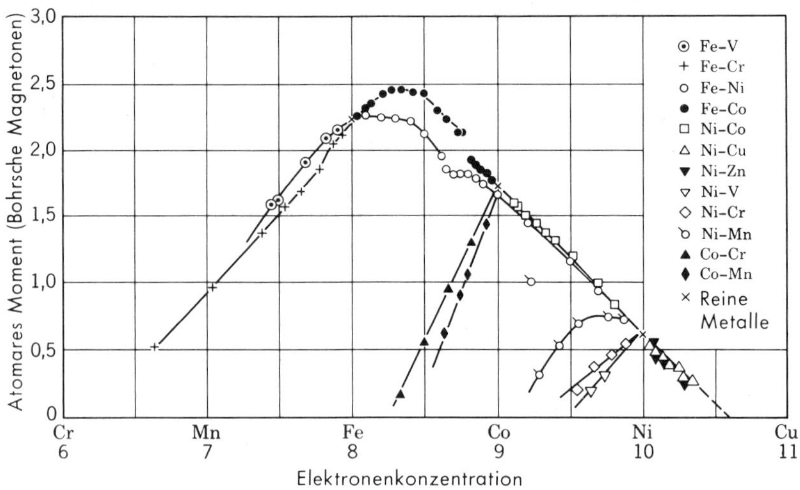

Bild 14: Mittlere atomare Momente von binären Legierungen aus Elementen der Eisengruppe, nach Bozorth.

gnon erzeugt oder vernichtet wird; solche Ereignisse erlauben die experimentelle Bestimmung von Magnonenspektren.

Mit Hilfe der Neutronenbeugung können auch die magnetischen Momente untersucht werden, die zu bestimmten Komponenten einer Legierung gehören. Bild 13 zeigt Meßwerte für ein binäres Fe-Co-Legierungssystem (dieses ist ferromagnetisch). Auffallend ist hier, daß das magnetische Moment des Kobaltatoms durch das Legieren anscheinend nicht beeinflußt wird, das zum Eisenatom gehörige Moment aber bis auf ungefähr $3\mu_B$ zunimmt, wenn die Kobaltkonzentration ansteigt. Bild 14 zeigt diese berühmte Abhängigkeit der Magnetisierung.

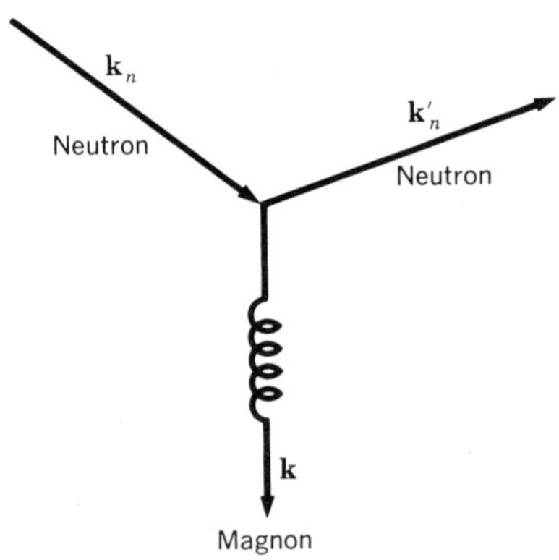

Bild 15:
Erzeugung eines Magnons durch Streuung eines Neutrons.

In einem unelastischen Streuprozeß kann ein Neutron ein Magnon erzeugen oder vernichten (Bild 15). Hat das einfallende Neutron den Wellenvektor $\mathbf{k}_n$ und wird es unter Erzeugung eines Magnons mit Wellenvektor $\mathbf{k}$ nach $\mathbf{k}'_n$ gestreut, so folgt aus der Erhaltung des Quasiimpulses

$$\mathbf{k}_n = \mathbf{k}'_n + \mathbf{k} + \mathbf{G}. \tag{42}$$

$\mathbf{G}$ ist dabei ein reziproker Gittervektor. Weiter folgt aus der Erhaltung der Energie

$$\frac{\hbar^2 k_n{}^2}{2M_n} = \frac{\hbar^2 k_n'{}^2}{2M_n} + \hbar\omega_{\mathbf{k}}. \tag{43}$$

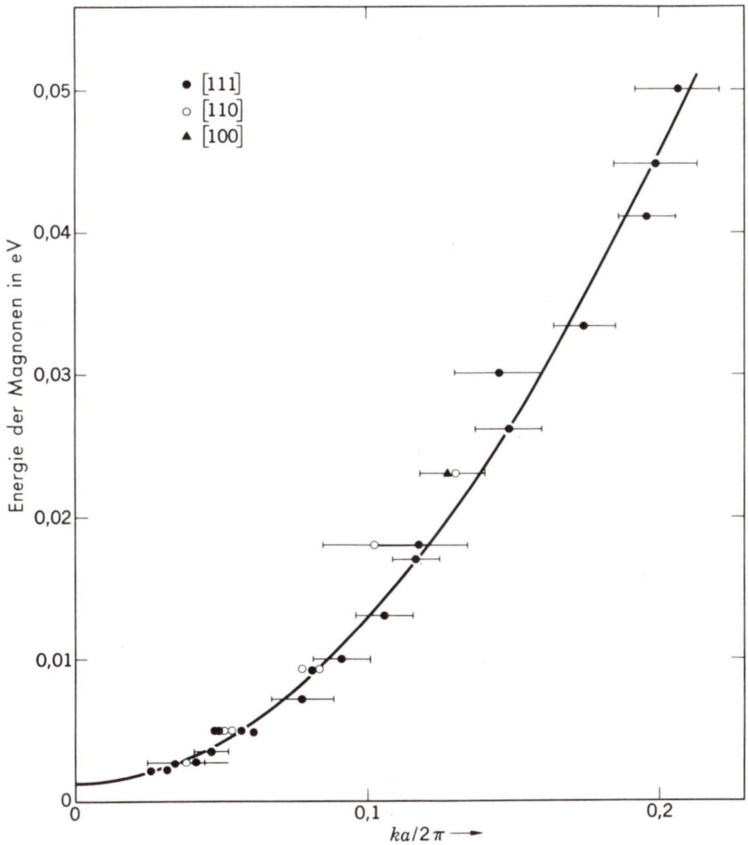

Bild 16: Magnonenspektrum einer kubisch flächenzentrierten Kobaltlegierung (92 Co, 8 Fe) bei Zimmertemperatur, nach R. N. Sinclair und B. N. Brockhouse, Phys. Rev. **120**, 1638 (1960). Die ausgezogene Linie stellt die bestangepaßte theoretische Kurve dar. Die angegebenen Meßwerte erstrecken sich nicht weit in die Brillouin-Zone hinein.

$\hbar\omega_{\mathbf{k}}$ ist die Energie des erzeugten Magnons. Das experimentell bestimmte Magnonenspektrum einer kobaltreichen Legierung ist Bild 16 dargestellt.

Die Dispersionskurve der Magnonen kann von der Phononendispersionskurve des gleichen Kristalls durch zwei Effekte experimentell getrennt werden: 1) Bei Temperaturen, die etwas über der Curie-Temperatur liegen, verschwinden die Magnonen (oder ihre mittlere freie Weglänge wird sehr klein). 2) Die Intensität der von Magnonen gestreuten Neutronen ist dem Quadrat der Komponente des Spins der Probe proportional, die senkrecht auf den Impulsübertrag $\hbar(\mathbf{k}_n' - \mathbf{k}_n)$ steht (siehe auch Quantentheorie des Festkörpers). Die relativen Intensitäten der inelastischen Streuung an Phononen und Magnonen können deshalb durch geeignetes Drehen der Probe variiert werden. Dadurch ist es möglich, Magnonen eindeutig nachzuweisen.

Ferrimagnetismus

In vielen ferromagnetischen Kristallen entspricht die Sättigungsmagnetisierung bei $T = 0$ K nicht einer parallelen Ausrichtung der magnetischen Momente, die zu den paramagnetischen Ionen gehören, selbst nicht in solchen Kristallen, wo man ziemlich sicher ist, daß die einzelnen paramagnetischen Ionen ihre normalen magnetischen Momente besitzen. Das bekannteste Beispiel ist Magnetit, Fe_3O_4 oder $FeO \cdot Fe_2O_3$. Nach Tabelle

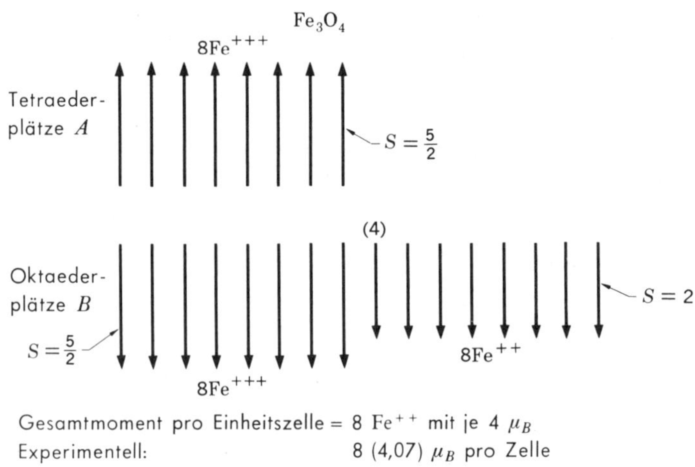

Bild 17: Schematische Spinanordnung in Magnetit, $FeO \cdot Fe_2O_3$. Die Momente der Fe^{3+}-Ionen heben sich gegenseitig auf, nur die Momente der Fe^{++}-Ionen bleiben übrig. Die Anordnung der Ionen im Gitter zeigt Bild 19.

15.2 besitzen die dreiwertigen Eisenionen (Fe^{+++}) den Spin $S = \frac{5}{2}$ und keinen Bahndrehimpuls. Jedes Ion sollte also $5\mu_B$ zum Sättigungsmoment beitragen. Die zweiwertigen Eisenionen (Fe^{++}) haben den Spin 2 und müßten daher $4\mu_B$ beitragen, ganz abgesehen von einem möglichen restlichen

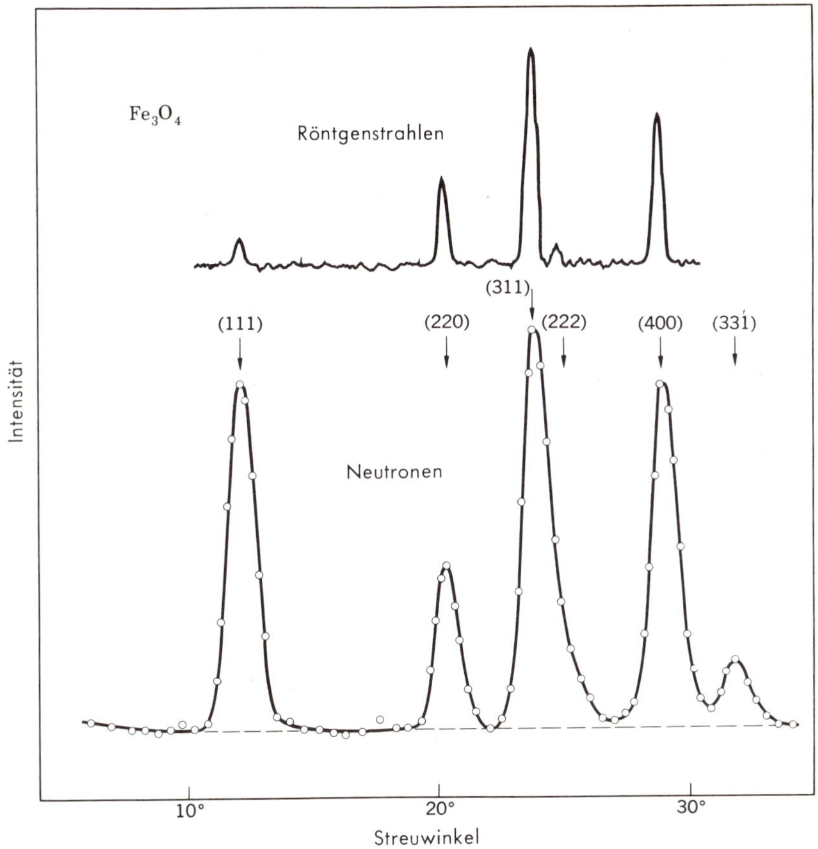

Bild 18: Röntgenbeugungs- und Neutronenbeugungsaufnahmen von Magnetit bei Zimmertemperatur. In der Neutronenaufnahme tritt ein ausgeprägter Beitrag von der magnetischen Streuung auf; man beachte die Stärke der (111)-Neutronenlinie. Die relativen Intensitäten der Neutronenbeugungslinien hängen von der Anordnung der elektronischen magnetischen Momente von Fe^{++} und Fe^{3+} ab. Die Intensitäten, die für eine Néelsche ferrimagnetische Struktur berechnet wurden, stimmen gut mit den beobachteten Intensitäten überein:

Reflexion	(111)	(220)	(311) + (222)	(400)	(331)
Berechnete Intensität	934	343	1060	765	110
Beobachtete Intensität	860	360	1070	780	135

(Nach Shull, Wollan und Koehler.)

Beitrag des Bahndrehimpulses. Die Zahl der effektiven Bohrschen Magnetonen sollte daher pro Fe_3O_4 ungefähr $2 \cdot 5 + 4 = 14$ sein, vorausgesetzt, die Spins stünden alle parallel. Der beobachtete Wert ist aber 4,1 (Tabelle 2). Zur Erklärung dieser Diskrepanz [20]) nimmt man an, daß die Momente der Fe^{+++}-Ionen antiparallel zueinander stehen: Das beobachtete Moment ist dann allein dem Fe^{++}-Ion zuzuschreiben (Bild 17). Die Ergebnisse der Neutronenbeugung stehen mit diesem Modell in Übereinstimmung (Bild 18).

Die Folgerungen, die sich aus dieser besonderen Spinanordnung ziehen lassen, wurden von L. Néel systematisch untersucht, besonders auch im Hinblick auf eine wichtige Klasse magnetischer Oxyde, die unter dem Namen Ferrite [21]) bekannt sind. Der Ausdruck **ferrimagnetisch** wurde ursprünglich zur Bezeichnung der ferromagnetischen Spinanordnung nach Art des Ferrits geprägt (Bild 17); heute verwendet man ihn für fast alle Verbindungen, bei denen das Moment einiger Ionen antiparallel zu dem anderer Ionen steht. Viele Ferrimagnete sind schlechte elektrische Leiter, eine Eigenschaft, die für viele praktische Anwendungen sehr günstig ist.

Die kubischen Ferrite haben die in Bild 19 dargestellte Kristallstruktur des **Spinells**. Pro Einheitswürfel besitzt dieser acht besetzte Tetraederplätze (A) und sechzehn besetzte Oktaederplätze (B). Die Gitterkonstante beträgt ungefähr 8 Å. Eine bemerkenswerte Eigenschaft des Spinells besteht darin, daß alle Austauschwechselwirkungen (AA, AB und BB) anscheinend zu einer Bevorzugung der antiparallelen Einstellung unter den Spins führen, die über diese Wechselwirkung gekoppelt sind. Da jedoch die AB-Wechselwirkung die stärkste ist, stehen die A-Spins ebenso wie die B-Spins untereinander parallel, so daß insgesamt die A-Spins antiparallel zu den B-Spins stehen. Wir nehmen an, daß alle Austauschintegrale J_{AA}, J_{AB}, und J_{BB} negativ sind [22]) .

Im folgenden soll nun gezeigt werden, daß drei antiferromagnetische Wechselwirkungen zum Ferrimagnetismus führen können. Die für die Spingitter A und B maßgebenden Molekularfelder lassen sich schreiben als

(44) $$\mathbf{B}_A = -\lambda \mathbf{M}_A - \mu \mathbf{M}_B; \qquad \mathbf{B}_B = -\mu \mathbf{M}_A - \nu \mathbf{M}_B;$$

---

[20]) L. Néel, Ann. phys. **3**, 137 (1948).

[21]) Die übliche chemische Formel eines **Ferrits** lautet $MO \cdot Fe_2O_3$; M ist ein zweiwertiges Kation, z.B. Zn, Cd, Fe, Ni, Cu, Co oder Mg.

[22]) Wenn J in $u = -2J \cdot \mathbf{S}_i \cdot \mathbf{S}_j$ positiv ist, heißt das Austauschintegral ferromagnetisch; bei negativem J ist das Austauschintegral antiferromagnetisch.

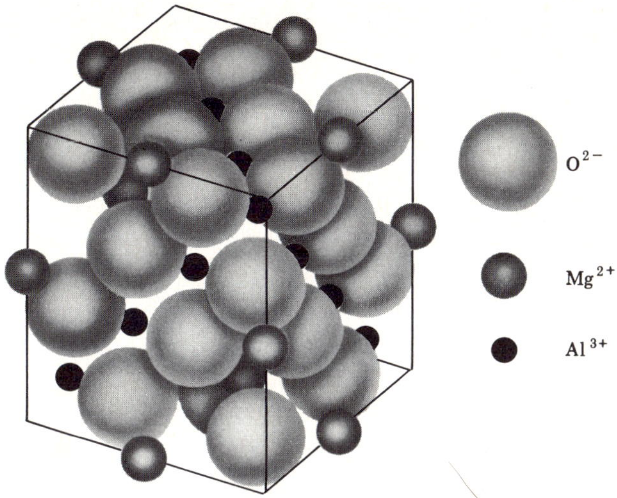

Bild 19: Kristallstruktur von Spinell $MgAl_2O_4$; die Mg^{++}-Ionen sitzen an den Ecken eines Tetraeders, und jedes ist von vier Sauerstoffionen umgeben; die Al^{3+}-Ionen besetzen die Ecken eines Oktaeders und sind jeweils von sechs Sauerstoffionen umgeben. Diese Struktur entspricht dem **normalen Spinell**: die zweiwertigen Metallionen sitzen auf Tetraederplätzen. Bei der Struktur des **inversen Spinells** sind die Tetraederecken durch dreiwertige Metallionen besetzt, während die Oktaederecken zur Hälfte mit zweiwertigen und zur Hälfte mit dreiwertigen Metallionen besetzt sind.

λ, μ, ν sollen positiv sein. Das Minuszeichen entspricht dann einer antiparallelen Wechselwirkung. Die Wechselwirkungsenergie ist

$$U = -\tfrac{1}{2}(\mathbf{B}_A \cdot \mathbf{M}_A + \mathbf{B}_B \cdot \mathbf{M}_B) = \tfrac{1}{2}\lambda M_A^2 + \mu \mathbf{M}_A \cdot \mathbf{M}_B + \tfrac{1}{2}\nu M_B^2 . \tag{45}$$

Sie ist geringer, wenn $\mathbf{M}_A$ antiparallel zu $\mathbf{M}_B$ ist und nicht beide parallel stehen. Für den antiparallelen Fall sollte die Energie mit dem Wert Null verglichen werden, da $M_A = M_B = 0$ eine mögliche Lösung darstellt. Ist also

$$\mu M_A M_B > \tfrac{1}{2}(\lambda M_A^2 + \nu M_B^2), \tag{46}$$

so steht im Grundzustand M_A direkt entgegengesetzt zu M_B. Unter gewissen Umständen können sogar Spinanordnungen mit noch geringerer Energie auftreten.

Curie-Temperatur und Suszeptibilität von Ferrimagneten

Für die mit A und B bezeichneten Plätze definiert man zwei verschiedene Curiekonstanten C_A und C_B. Dies ist notwendig, da die Anzahl und die

Art der paramagnetischen Ionen auf den beiden Gittern normalerweise verschieden ist. Nehmen wir an, alle Wechselwirkungen seien Null bis auf eine antiparallele Wechselwirkung zwischen den Plätzen A und B: $\mathbf{B}_A = -\mu\mathbf{M}_B$; $\mathbf{B}_B = -\mu\mathbf{M}_A$, μ sei positiv. In Analogie zu den Überlegungen (1) bis (4) erhält man in der Molekularfeldnäherung dann

$$M_A T = C_A(B_a - \mu M_B) \; ; \qquad M_B T = C_B(B_a - \mu M_A) \; , \qquad \text{(CGS)} \tag{47}$$

mit dem von außen angelegten Feld B_a

Diese Gleichungen haben ohne äußeres Feld B_a nichtverschwindende Lösungen für M_A und M_B, wenn

$$\begin{vmatrix} T & \mu C_A \\ \mu C_B & T \end{vmatrix} = 0. \tag{48}$$

Die ferrimagnetische Curie-Temperatur ist also $T_c = \mu(C_A C_B)^{1/2}$.

Die Auflösung von (47) nach M_A und M_B liefert die Suszeptibilität bei $T > T_c$:

$$\chi = \frac{M_A + M_B}{B} = \frac{(C_A + C_B)T - 2\mu C_A C_B}{T^2 - T_c^2}. \tag{49}$$

Man hat hier also etwas kompliziertere Verhältnisse als in (4). Experimentelle Werte für Fe_3O_4 sind in Bild 20 aufgetragen. Die Krümmung der Kurve $1/\chi$ über T ist ein charakteristisches Kennzeichen eines Ferrimagneten. Der Fall $C_A = C_B$ wird in (51) weiter unten betrachtet.

Eisengranate. Die Eisengranate sind kubische ferrimagnetische Isolatoren mit der allgemeinen Formel $M_3Fe_5O_{12}$; M ist dabei ein dreiwertiges Metallion und Fe das dreiwertige Eisenion ($S = \frac{5}{2}$, $L = 0$). Yttrium-Eisen-

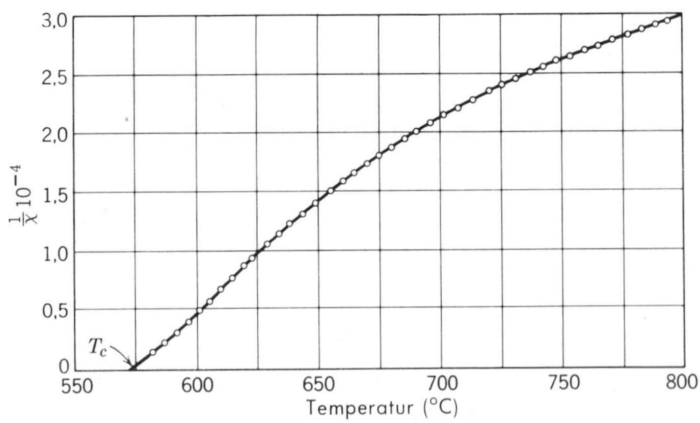

Bild 20: Reziproke Suszeptibilität von Magnetit ($FeO \cdot Fe_2O_3$) oberhalb der Curie-Temperatur.

Granat, $Y_3Fe_5O_{12}$, auch mit YIG bezeichnet*), ist ein Beispiel. Y^{+++} ist hier diamagnetisch.

Die äußere Magnetisierung von YIG ergibt sich als Resultierende von zwei entgegengesetzt magnetisierten Gittern aus Fe^{+++}-Ionen. Beim absolu-

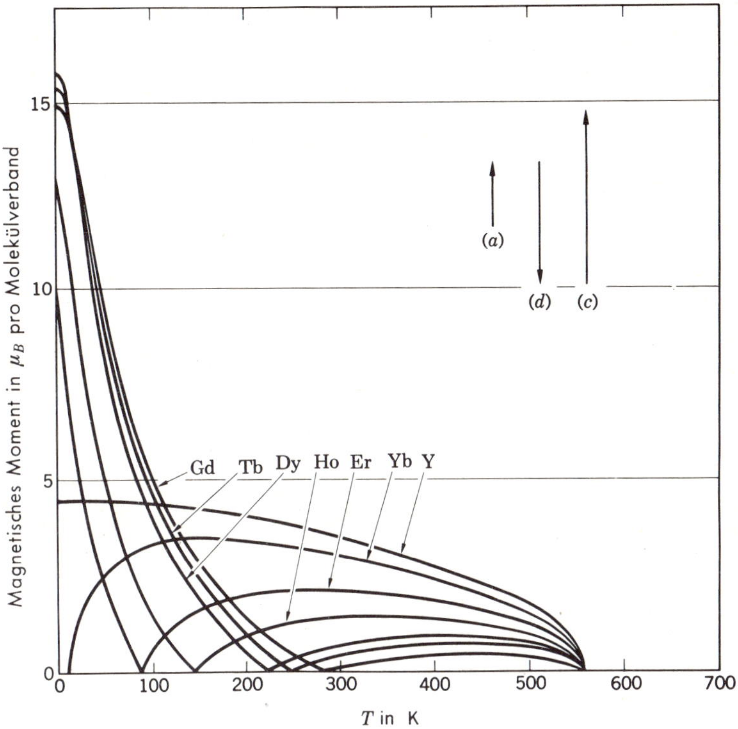

Bild 21: Gemessene Sättigungsmagnetisierung in Abhängigkeit von der Temperatur für verschiedene Eisengranate, nach R. Pauthenet. Ihre Summenformel ist $M_3Fe_5O_{12}$, wobei M ein dreiwertiges Metallion bedeutet. Die Temperatur, bei der die Magnetisierung die Nullinie schneidet, wird als Kompensationstemperatur bezeichnet; an diesem Punkt ist die Magnetisierung des M-Untergitters entgegengesetzt gleich der resultierenden Magnetisierung des Eisen (III)-Ionen-Untergitters. Pro Molekül befinden sich 3 Fe^{3+}-Ionen auf Tetraederplätzen d; 2 Fe^{3+}- auf Oktaederplätzen a und 3 M^{3+}-Ionen auf mit c bezeichneten Plätzen. Die Eisen (III)-Ionen liefern pro Molekül einen Beitrag von $(3-2)\,5\mu_B = 5\mu_B$. Die Kopplung unter den Eisen (III)-Ionen ist stark und bestimmt daher die Curie-Temperatur. Sind die M^{3+}-Ionen solche der seltenen Erden, so sind sie entgegengesetzt zum resultierenden Moment der Fe^{3+}-Ionen magnetisiert. Der Beitrag der M^{3+} fällt mit steigender Temperatur stark ab, da die M-Fe-Kopplung nur schwach ist. Geller und Andere (Phys. Rev. **137**, 1034 (1965)) berichten über Messungen an Einkristallen.

*) Die Abkürzung YIG geht auf das englische "yttrium iron garnet" zurück.

ten Nullpunkt trägt jedes dreiwertige Eisenion $\pm 5\mu_B$ zur Magnetisierung bei, doch sind (auf ein Molekül bezogen) die drei auf den mit *d* bezeichneten Plätzen sitzenden Fe^{+++}-Ionen in der einen Richtung magnetisiert und die beiden Fe^{+++}-Ionen auf den *a* Plätzen in der anderen Richtung; insgesamt erhält man also pro Molekül $5\mu_B$. An den *a* Plätzen ist das von den Ionen auf den *d* Plätzen erzeugte Molekularfeld [23]) $\mathbf{B}_a = -(1{,}5 \cdot 10^4)\mathbf{M}_d$. Die bei YIG beobachtete Curie-Temperatur von 559 K wird durch die $a - d$ Wechselwirkung bewirkt.

Die einzigen magnetischen Ionen in YIG sind die dreiwertigen Eisenionen. Da sich diese in einem $L = 0$-Zustand mit kugelsymmetrischer Ladungsverteilung befinden, ist ihre Wechselwirkung mit Gitterdeformationen und Phononen schwach. Aus diesem Grund treten bei YIG die charakteristischen, sehr engen Linienbreiten in ferromagnetischen Resonanzexperimenten auf (Kapitel 17).

In den Granaten der seltenen Erden [24]) sind die M^{+++}-Ionen paramagnetische, dreiwertige Ionen der seltenen Erden. Bild 21 zeigt einige Magnetisierungskurven. Die Ionen der seltenen Erden sitzen auf Plätzen, die

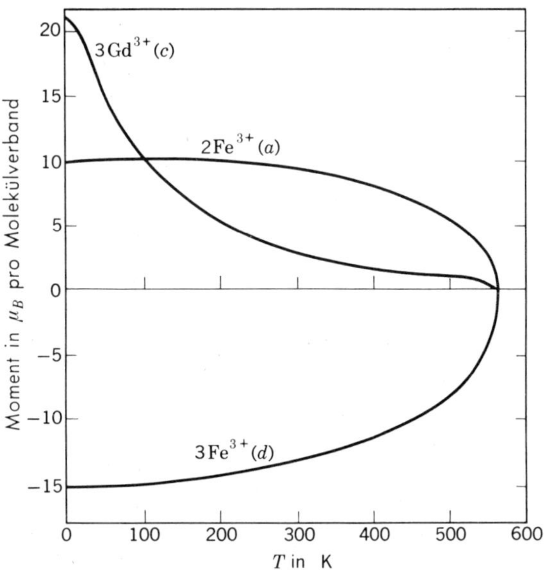

Bild 22:
Magnetisierung der Untergitter in Eisengadoliniumgranat nach Rechnungen von R. Pauthenet. Bei 280 K ist das Gesamtmoment null; die Curie-Temperatur liegt nahe bei 560 K.

---

[23]) S. Geller, H. J. Williams, R. C. Sherwood, J. P. Remeika und G. P. Espinosa, Phys. Rev. **131**, 1080 (1963).

[24]) Eine Übersicht über ihre Eigenschaften geben L. Néel, R. Pauthenet und B. Dreyfus, Prog. in low temperature physics **4**, 344-383 (1964).

mit c bezeichnet sind; die Magnetisierung M_c der Ionen im c-Gitter weist in umgekehrter Richtung wie die Gesamtmagnetisierung der F^{+++}-Ionen auf den Plätzen $a + d$. Bei tiefen Temperaturen (Bild 22) können die Momente der drei seltenen Erden in einem Molekül zusammen das resultierende Moment der Fe^{+++}-Ionen überwiegen; auf Grund der schwachen c-a und c-d-Kopplung verliert aber das Gitter der seltenen Erden mit steigender Temperatur schnell wieder seine Magnetisierung. Das Gesamtmoment geht dann durch Null und steigt wieder an, sobald die Fe^{+++}-Momente überwiegen. In GdIG kann das Molekularfeld am Ort c dargestellt werden durch $\mathbf{B}_c \cong -(2 \cdot 10^3)\,(\mathbf{M}_a + \mathbf{M}_d)$. Dieses Feld ist sehr viel schwächer als das Feld an einem Ort a das sich aus dem vorstehenden Paragraphen ergibt.

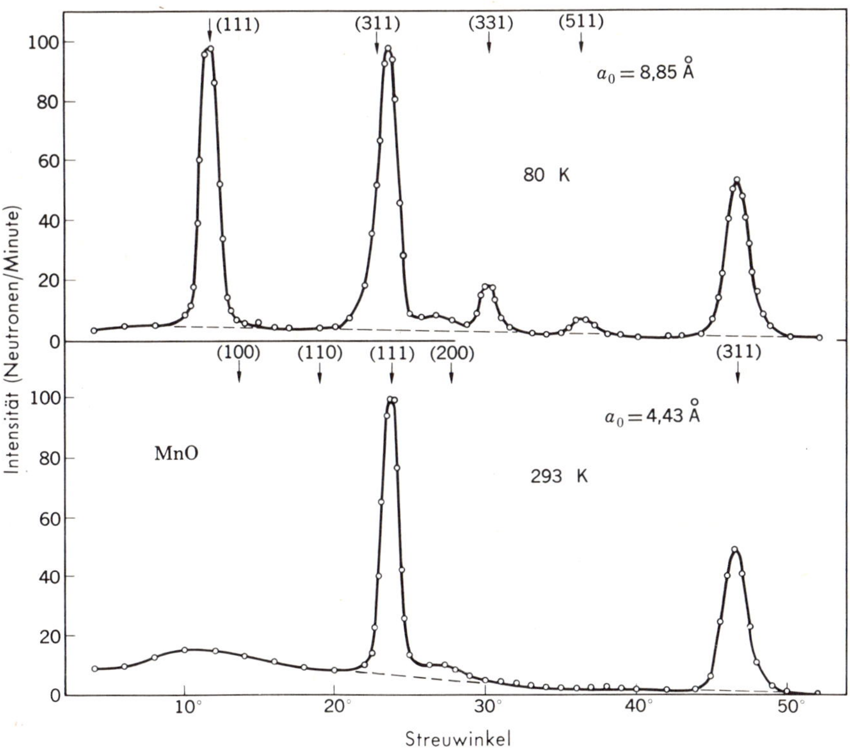

Bild 23: Neutronenbeugungsaufnahme von MnO unterhalb und oberhalb der Spinordnungstemperatur bei 120 K, nach C. G. Shull, W. A. Strauser und E. O. Wollan, Phys. Rev. **83**, 333 (1951). Für die Reflexionsindizes wurde bei 80 K eine 8,85 Å-Elementarzelle und bei 293 eine 4,43 Å-Elementarzelle zugrunde gelegt. Bei der höheren Temperatur sind die Mn^{++}-Ionen immer noch magnetisch aber nicht mehr geordnet.

Antiferromagnetismus

Ein klassisches Beispiel zur Bestimmung einer magnetischen Struktur mit Hilfe von Neutronen zeigt Bild 23 für den Fall von MnO, das die NaCl-Struktur besitzt. Bei 80 K treten zusätzliche Neutronenreflexe auf, die bei 293 K nicht vorhanden sind. Diese Reflexe bei 80 K können einer kubischen Einheitszelle mit Gitterkonstante 8,85 Å zugeordnet werden.

Bei 293 K entsprechen die Reflexe einer *fcc*-Einheitszelle mit Gitterkonstante 4,43 Å. Die aus Röntgenreflexen ermittelte Gitterkonstante ist jedoch 4,43 Å, und zwar bei den beiden Temperaturen 80 K und 293 K. Daraus läßt sich schließen, daß zu der chemischen Einheitszelle der Gitterparameter 4,43 Å gehört; bei 80 K jedoch sind die elektronischen magnetischen Momente der Mn^{++}-Ionen in einer nichtferromagnetischen Weise angeordnet. Wäre diese Anordnung ferromagnetisch, so würden die chemische und die magnetische Elementarzelle die gleichen Reflexe hervorrufen. Die in Bild 24 gezeichnete Spinanordnung steht mit den Ergebnissen aus der Neutronenbeugung und mit den magnetischen Messungen in Einklang. Innerhalb einer einzigen [111]-Ebene sind die Spins parallel, in benachbarten [111]-Ebenen jedoch antiparallel. MnO ist also ein Antiferromagnet, entsprechend Bild 25.

In einem **Antiferromagneten** sind die Spins antiparallel angeordnet, so daß bei Temperaturen unterhalb der Ordnungs- oder **Néel-Temperatur**

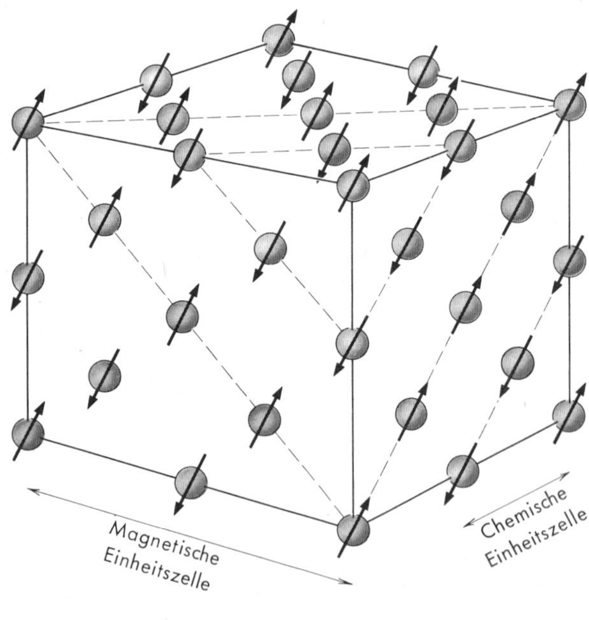

Bild 24:
Ordnungszustand der Spins von Mn^{++}-Ionen in Manganoxyd, (MnO), nach Ergebnissen der Neutronenbeugung. Die O^{--}-Ionen sind nicht eingezeichnet.

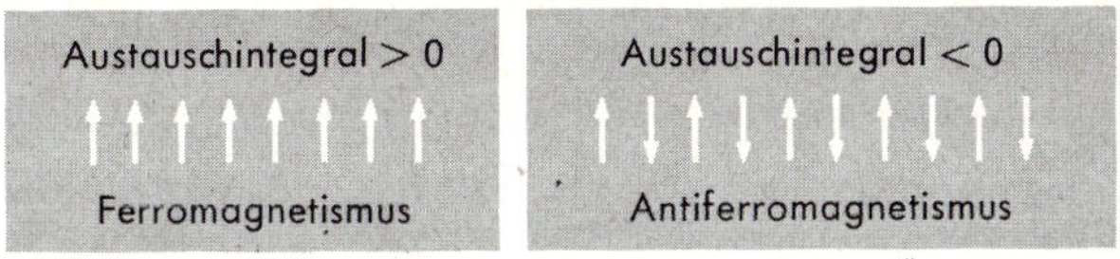

Bild 25: Spinordnung in Ferromagneten ($J > 0$) und Antiferromagneten ($J < 0$).

das Gesamtmoment verschwindet. Die Suszeptibilität eines Antiferromagneten ist bei $T = T_N$ nicht unendlich, sondern hat wie in Bild 26 nur eine schwach ausgeprägte Spitze.

Ein Antiferromagnet ist ein Spezialfall eines Ferrimagneten, bei dem beide Untergitter A und B gleiche Sättigungsmagnetisierung aufweisen. In (47) ist also $C_A = C_B$, und die Néel-Temperatur wird

$$T_N = \mu C. \tag{50}$$

C bezieht sich hier auf ein einzelnes Untergitter. Die Suszeptibilität im paramagnetischen Bereich $T > T_N$ ist nach (49)

$$\chi = \frac{2CT - 2\mu C^2}{T^2 - (\mu C)^2} = \frac{2C}{T + \mu C} = \frac{2C}{T + T_N}. \tag{51}$$

Die experimentellen Ergebnisse für $T > T_N$ lassen sich in der Form

$$\chi = \frac{2C}{T + \theta} \tag{52}$$

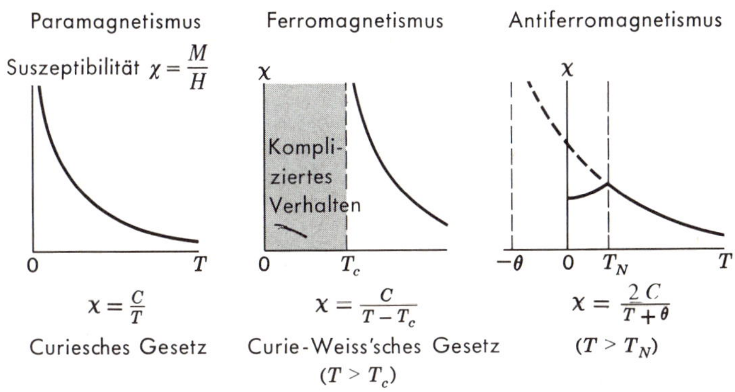

Bild 26: Temperaturabhängigkeit der magnetischen Suszeptibilität von Paramagneten, Ferromagneten und Antiferromagneten. Unterhalb der Néel-Temperatur eines Antiferromagneten sind die Spins antiparallel angeordnet; die Suszeptibilität erreicht ihren Maximalwert bei T_N; an dieser Stelle tritt in der Kurve χ von T ein wohldefinierter Knick auf. Der Übergang macht sich auch durch scharfe Maxima der spezifischen Wärme und des Wärmeausdehnungskoeffizienten bemerkbar.

Tabelle 3: Antiferromagnetische Kristalle

Die Néel-Temperaturen T_N unterscheiden sich oft beträchtlich zwischen den einzelnen Proben; in manchen Fällen tritt auch eine große thermische Hysterese auf. Eine Bibliographie bezüglich experimenteller Daten über antiferromagnetische Substanzen geben T. Nagamiya, K. Yoshida und R. Kubo, Advances in Physics **4**, 1 - 112 (1955) und das A. I. P. Handbook. Zur Bestimmung von θ wurde ein Ausdruck der Form $\chi = C/(T+\theta)$ an die Suszeptibilität oberhalb der tatsächlichen Übergangstemperatur T_N angepaßt.

Substanz	Paramagnetisches Ionengitter	Übergangstemperatur T_N in K	Curie-Weiss θ in K	$\frac{\theta}{T_N}$	$\frac{\chi(0)}{\chi(T_N)}$
MnO	fcc	116	610	5,3	$\frac{2}{3}$
MnS	fcc	160	528	3,3	0,82
MnTe	hex. Schicht	307	690	2,25	
MnF_2	bc tetr	67	82	1,24	0,76
FeF_2	bc tetr	79	117	1,48	0,72
$FeCl_2$	hex. Schicht	24	48	2,0	$<0,2$
FeO	fcc	198	570	2,9	0,8
$CoCl_2$	hex. Schicht	25	38,1	1,53	
CoO	fcc	291	330	1,14	
$NiCl_2$	hex. Schicht	50	68,2	1,37	
NiO	fcc	525	~2000	~4	
α-Mn	kompliziert	~100			
Cr	bcc	308			
CrSb	hex. Schicht	723	550	0,76	$\sim\frac{1}{4}$
Cr_2O_3	kompliziert	307	485	1,58	
$FeCO_3$	kompliziert	35	14	0,4	$\sim\frac{1}{4}$

darstellen. Die in Tabelle 3 zusammengestellten Meßwerte von θ/T_N weichen oft wesentlich von dem Wert 1 ab, den man nach (51) erwartet. Zur Darstellung der beobachteten Größe von θ/T_N müssen Nächste-Nachbar-Wechselwirkungen sowie allgemeinere Anordnungen der Untergitter [25]) berücksichtigt werden. Führt man (Aufgabe 3) zur Beschreibung der Wechselwirkungen innerhalb eines Untergitters eine Molekularfeldkonstante $-\epsilon$ ein, so wird $\theta/T_N = (\mu+\epsilon)/(\mu-\epsilon)$.

Suszeptibilität unterhalb der Néel-Temperatur

Hier treten 2 Fälle auf: das äußere Magnetfeld kann senkrecht oder aber parallel zu den Spinachsen verlaufen. Bei der Néel-Temperatur ist die

[25]) P. W. Anderson, Phys. Rev. **79**, 350, 705 (1950); J. M. Luttinger, Phys. Rev. **81**, 1015 (1951).

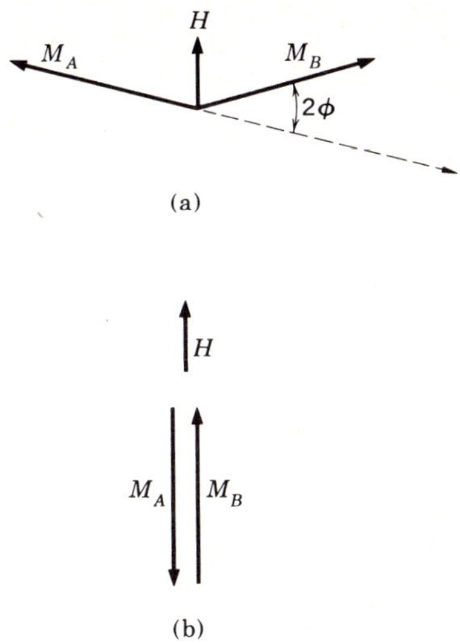

Bild 27:
Berechnung (a) der senkrechten und (b) der parallelen Suszeptibilität bei 0° K (in der Näherung des Molekularfeldes).

Suszeptibilität von der Richtung des Feldes relativ zu den Spinachsen fast unabhängig.

Für den Fall $\mathbf{B} \perp \mathbf{M}_A$, $\mathbf{M}_B$ läßt sich die Suszeptibilität auf elementare Weise berechnen. In Anwesenheit des Feldes beträgt die Energiedichte unter der zusätzlichen Annahme $M = |M_A| = |M_B|$

(53 a) $$U = \mu \mathbf{M}_A \cdot \mathbf{M}_B - \mathbf{B} \cdot (\mathbf{M}_A + \mathbf{M}_B) \cong -\mu M^2[1 - \tfrac{1}{2}(2\varphi)^2] - 2BM\varphi$$

Dabei ist 2φ der Winkel, den die Spins untereinander einschließen (Bild 27a). Die Energie wird minimal, wenn

(53 b) $$dU/d\varphi = 0 = 4\mu M^2\varphi - 2BM; \qquad \varphi = B/2\mu M.$$

Daraus folgt

(53 c) $$\chi_\perp = 2M\varphi/B_a = 1/\mu.$$

Bei der Parallelstellung (Bild 27b) ändert sich die magnetische Energie nicht, wenn die Spinsysteme A und B gleiche Winkel mit der Feldrichtung bilden. Die Suszeptibilität ist bei $T = 0$ K also null:

(54) $$\chi_\parallel(0) = 0.$$

Die Parallelsuszeptibilität nimmt mit steigender Temperatur bis hinauf zu T_N kontinuierlich zu. Bild 28 zeigt Messungsergebnisse für MnF_2. In sehr starken Feldern klappen die Spinsysteme aus der parallelen Stellung in die senkrechte um, da dann die Energie geringer ist.

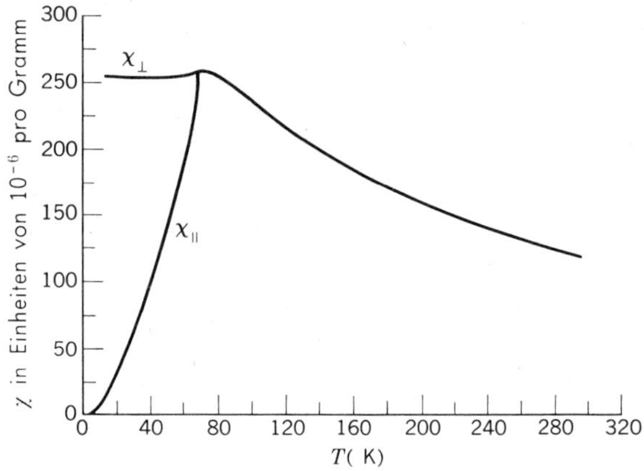

Bild 28: Magnetische Suszeptibilität von Manganfluorid (MnF_2) parallel und senkrecht zur tetragonalen Achse. (Nach S. Foner.)

Antiferromagnetische Magnonen

Für einen eindimensionalen Antiferromagneten läßt sich leicht ein Ausdruck für die Dispersionsrelation der Magnonen ableiten, wenn man bei der Behandlung der ferromagnetischen Kette geeignete Substitutionen einführt. Dazu nehmen wir an, daß die Spins mit geraden Indizes $2p$ das Untergitter A bilden, in dem die Spins nach oben gerichtet sind ($S_z = S$). Die Spins mit ungeraden Indizes $2p + 1$ sollen das Untergitter B bilden, mit Spins nach unten ($S_z = -S$). Wir betrachten nur die Wechselwirkungen unter nächsten Nachbarn und mit negativen J. Unter sorgfältiger Berücksichtigung von (20) läßt sich dann (21 ab) für A schreiben:

(55 a) $$dS^x_{2p}/dt = (2JS/\hbar)(-2S^y_{2p} - S^y_{2p-1} - S^y_{2p+1});$$

(55 b) $$dS^y_{2p}/dt = -(2JS/\hbar)(-2S^x_{2p} - S^x_{2p-1} - S^x_{2p+1}).$$

Die entsprechenden Gleichungen für einen Spin auf B lauten

(56 a) $$dS^x_{2p+1}/dt = (2JS/\hbar)(2S^y_{2p+1} + S^y_{2p} + S^y_{2p+2});$$

(56 b) $$dS^y_{2p+1}/dt = -(2JS/\hbar)(2S^x_{2p+1} + S^x_{2p} + S^x_{2p+2}).$$

Setzen wir jetzt $S^+ = S_x + iS_y$, so wird

(57) $$dS^+_{2p}/dt = (2iJS/\hbar)(2S^+_{2p} + S^+_{2p-1} + S^+_{2p+1});$$

(58) $$dS^+_{2p+1}/dt = -(2iJS/\hbar)(2S^+_{2p+1} + S^+_{2p} + S^+_{2p+2}).$$

Als Lösungsansatz wählen wir

(59) $$S^+_{2p} = ue^{i[2pka-\omega t]}; \qquad S^+_{2p+1} = ve^{i[(2p+1)ka-\omega t]}.$$

Damit wird aus (57) und (58) (mit $\omega_{ex} \equiv -2JS/\hbar = 2|J|S/\hbar$)

(60 a) $$\omega u = \omega_{ex}(2u + ve^{-ika} + ve^{ika});$$

(60 b) $$-\omega v = \omega_{ex}(2v + ue^{-ika} + ue^{ika}).$$

Die Gleichungen (60 ab) haben eine Lösung, wenn

(61) $$\begin{vmatrix} \omega_{ex} - \omega & \omega_{ex}\cos ka \\ \omega_{ex}\cos ka & \omega_{ex} + \omega \end{vmatrix} = 0.$$

Daraus folgt

(62) $$\omega^2 = \omega_{ex}^2(1 - \cos^2 ka); \qquad \omega = \omega_{ex}|\sin ka|.$$

Die Dispersionsrelation (62) für Magnonen in einem Antiferromagneten ist von der für Magnonen (25) in einem Ferromagneten gültigen, vollkommen verschieden. Für $ka \ll 1$ ist (62) in k linear[26]:

(63) $$\omega \cong \omega_{ex}|ka|.$$

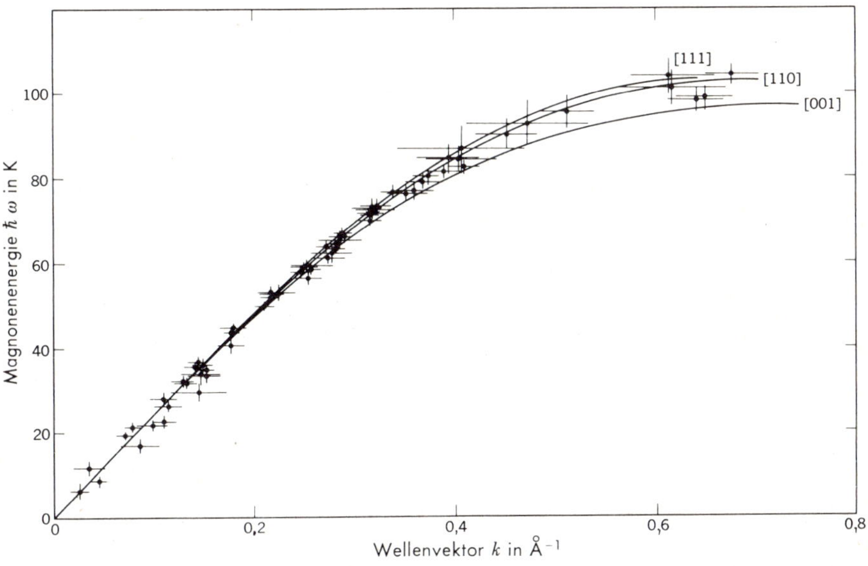

Bild 29: Die bei 4,2 K durch inelastische Neutronenstreuung bestimmte Dispersionskurve der Magnonen in dem kubisch primitiven Antiferromagneten $RbMnF_3$. Die Meßpunkte wurden für k-Vektoren in der (110)-Ebene bestimmt; die Kurven wurden unter der Annahme einer Austauschwechselwirkung zwischen nächsten Nachbarn mit $J/k_B = 3,4$ K für die drei angegebenen Richtungen berechnet (nach C.G.Windsor und R.W.H.Stevenson, Proc. Phys. Soc. (London) **87**, 501 (1966)).

---

[26]) Eine physikalische Begründung des Unterschiedes zwischen den Dispersionsrelationen für ferromagnetische und antiferromagnetische Magnonen geben F.Keffer, H. Kaplan und Y.Yafet, Am. J. Phys. **21**, 250 (1953).

Das mit Hilfe unelastischer Neutronenstreuung ermittelte Magnonenspektrum von MnF_2 ist in Bild 29 aufgetragen. In einem großen Bereich ist die Frequenz eines Magnons seinem Impuls proportional. In MnF_2 konnten bis zu Temperaturen von 0,93 der Neel-Temperatur noch gut aufgelöste Magnonen beobachtet werden. Die auf der Vorstellung von Magnonen beruhende Näherung ist also bis zu hohen Temperaturen noch nützlich. Weitere Einzelheiten über antiferromagnetische Magnonen findet man in Kapitel 4 von QTF.

Ferromagnetische Domänen

Bei mikroskopischer Betrachtung und bei Temperaturen weit unterhalb des Curie-Punktes findet man die magnetischen Momente der Elektronen in einem Ferromagneten im wesentlichen alle ausgerichtet. Der ferromagnetische Körper als Ganzes hat jedoch oft ein magnetisches Moment, das sehr viel kleiner ist als das Sättigungsmoment; zu seiner Sättigung ist ein äußeres Magnetfeld erforderlich. Dieses bei Einkristallen beobachtete Verhalten ist ähnlich dem bei polykristallinen Proben.

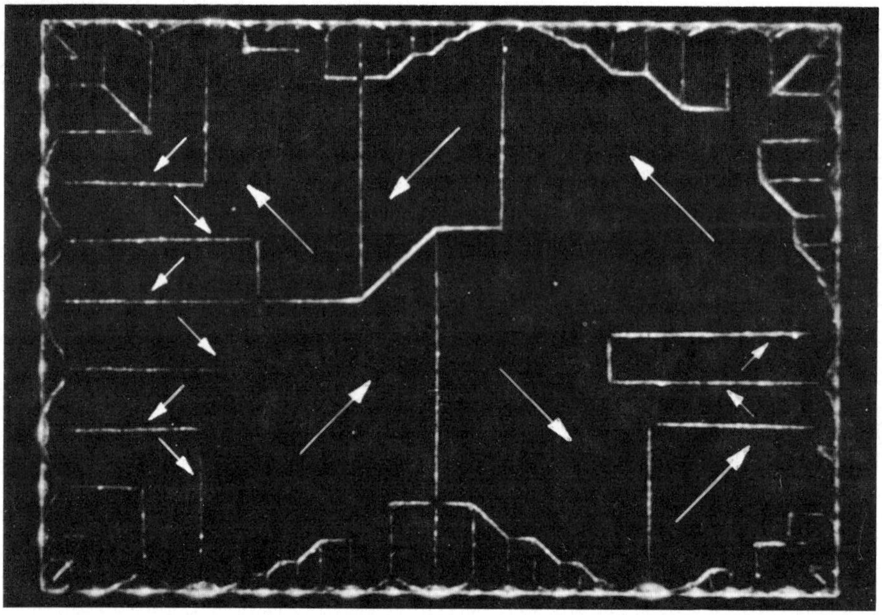

Bild 30: Ferromagnetische Domänen auf der Oberfläche eines einkristallinen Nickelplättchens. Die Domänengrenzen sind mit Hilfe der Bittertechnik sichtbar gemacht. Die Magnetisierungsrichtung innerhalb einer Domäne wird bestimmt, indem man wie in Bild 36a das Wachsen oder Schrumpfen der Domäne in einem äußeren Magnetfeld beobachtet. (Mit freundlicher Genehmigung von R. W. DeBlois.)

Weiss konnte diesen Sachverhalt mit der Annahme erklären, daß diese Ferromagneten in Wirklichkeit aus einer Anzahl von kleinen Bereichen zusammengesetzt sind, in denen die lokale Magnetisierung gesättigt ist. Diese Bereiche werden als Domänen oder auch als Weiss'sche Bezirke bezeichnet. Die Richtungen der Magnetisierung in verschiedenen Domänen brauchen jedoch nicht unbedingt parallel zu sein. Bild 30 zeigt eine Domänenstruktur, deren resultierendes magnetisches Moment ungefähr Null ergibt. Domänen bilden sich auch in Antiferromagneten, in Ferro- und Antiferroelektrika, ferroelastischen Stoffen, Supraleitern und manchmal, bei einem sehr starken de Haas- von Alphen-Effekt, auch in Metallen.

Die Zunahme des magnetischen Moments der Probe unter dem Einfluß eines äußeren Magnetfeldes erfolgt über zwei voneinander unabhängige Prozesse: 1) In schwachen äußeren Feldern wächst das Volumen der Domänen (Bild 31), die in bezug auf das Feld günstig orientiert liegen, auf Kosten

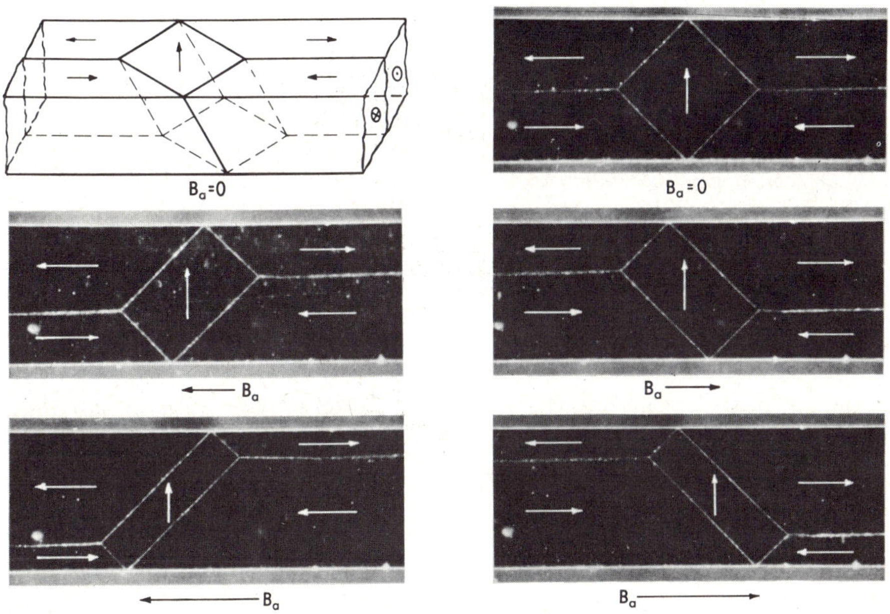

Bild 31a: Kontinuierliche und reversible Verschiebung einer Bloch-Wand in einem Eisenkristall. Die Bezirke, die in Richtung des angelegten Magnetfeldes orientiert sind, wachsen auf Kosten der anderen. Das Feld liegt in einer [001]-Richtung; die Oberfläche ist eine (100)-Ebene; die maximale Feldstärke beträgt ungefähr 10 G. Der Kristall ist ein Einkristallfaden (Kap. 19) mit ungefähr 10^{-2} cm Seitenlänge. (Mit freundlicher Genehmigung von R.W. DeBlois und C.D. Graham.)

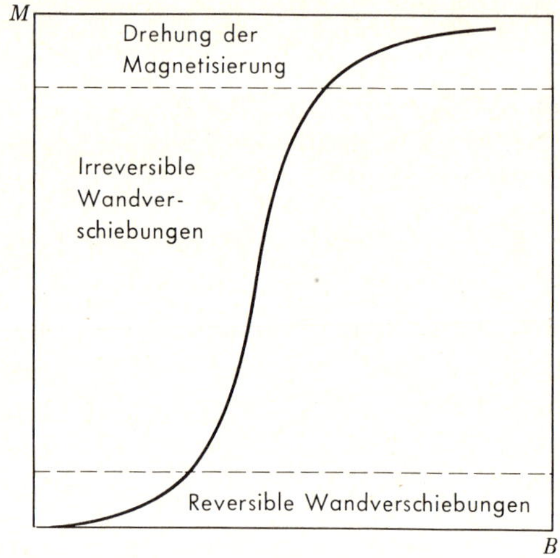

Bild 31b:
Charakteristische Magnetisierungskurve und Magnetisierungsprozesse, die in den verschiedenen Kurvenabschnitten überwiegen.

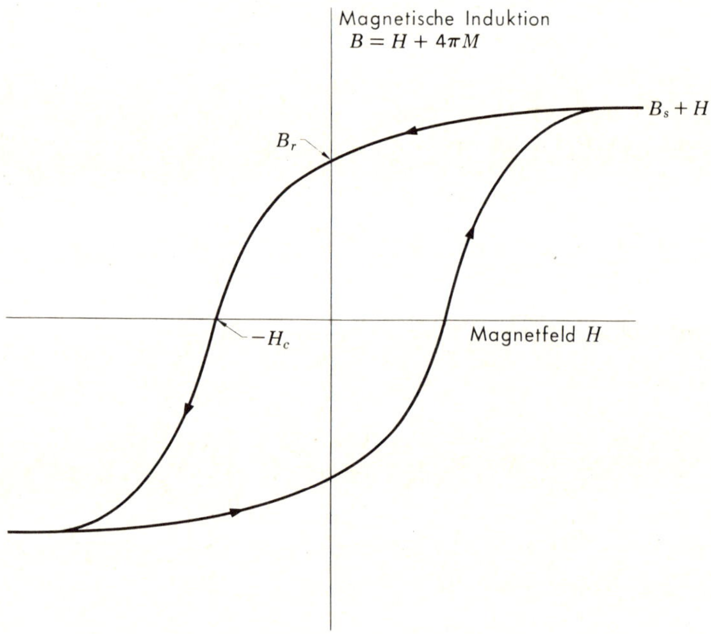

Bild 32: Technische Magnetisierungskurve. Die **Koerzitivkraft** H_c gibt die Feldstärke des Gegenfeldes, bei der die Induktion B verschwindet; die **Remanenz** B_r ist der Wert von B bei $H = 0$; die **Sättigungsinduktion** B_s wird definiert als Grenzwert von $(B - H)$ für große H. Die **Sättigung magnetisierung** M_s ist durch $B_s/4\pi$ gegeben. Im SI-System ist auf der Ordinate $B = \mu_0(H + M)$ aufzutragen. (Die Kurve wurde in vertikaler Richtung stark komprimiert dargestellt.)

der ungünstig orientierten Domänen. 2) In starken äußeren Feldern dreht sich die Magnetisierung in die Richtung des Feldes.

In Bild 32 sind die anhand der Hystereseschleife definierten Fachausdrükke angegeben. Die Domänenstruktur eines ferromagnetischen Materials bestimmt weitgehend ihre für die Praxis wichtigen Eigenschaften. In einem Transformatorkern braucht man eine hohe Permeabilität; beim Permanentmagneten dagegen eine große Koerzitivkraft[27]). Letztere läßt sich erreichen, wenn man die Möglichkeit einer Wandverschiebung unterdrückt, z. B. indem man sehr kleine Teilchen verwendet oder eine zweite metallurgische Phase sich ausscheiden läßt, so daß die Probe innerhalb sehr kleiner Gebiete heterogen wird. Macht man dagegen das Material rein homogen und sorgt man für eine gute Orientierung, so wird die Wandverschiebung erleichtert und daher die Permeabilität groß. Permeabilitäten bis zu $3,8 \cdot 10^6$ wurden erreicht.

Anisotropieenergie

In einem ferromagnetischen Kristall tritt noch eine weitere Energie auf, die dazu führt, daß sich die Magnetisierung in Richtung gewisser genau definierter kristallographischer Achsen ausbildet, in den sogenannten Richtungen leichter Magnetisierung. Diese Energie wird als **magnetokristalline Energie**, **Kristallenergie** oder **Anisotropieenergie** bezeichnet. Sie wird

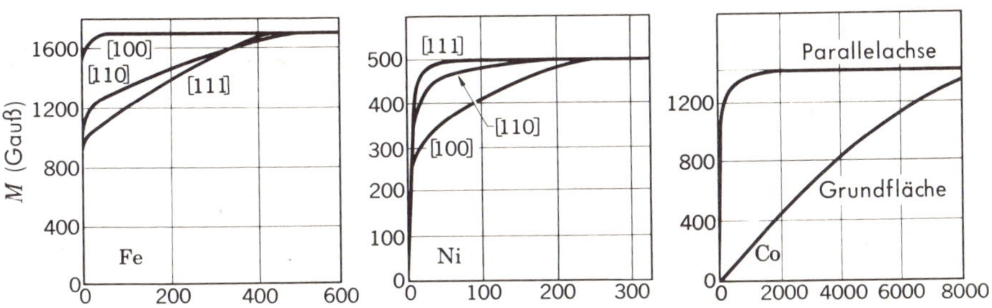

Bild 33: Magnetisierungskurven für Einkristalle aus Eisen, Nickel und Kobalt. Die Kurven für Eisen zeigen, daß [100] die Richtungen leichter Magnetisierung und [111] die Richtungen schwerer Magnetisierung sind. (Nach Honda und Kaya.)

27) Die **Koerzitivkraft** ist definitionsgemäß die Feldstärke eines entgegengerichteten Feldes, bei der die Induktion **B** oder die Magnetisierung **M** den Wert Null erreicht, wenn man vom gesättigten Zustand ausgegangen ist. Gewöhnlich bezieht sich die Definition auf **B** - außer in theoretischen Arbeiten. Bezieht man sie auf **M**, so schreibt man $_I H_c$ oder $_M H_c$.

nicht durch die bisher alleine betrachtete isotrope Austauschwechselwirkung verursacht. Kobalt ist ein hexagonaler Kristall. Seine hexagonale Achse ist bei Zimmertemperatur die Richtung leichter Magnetisierung (Bild 33).

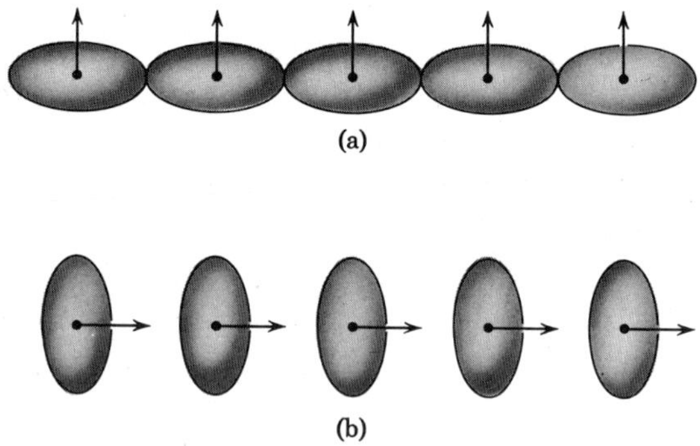

Bild 34: Die asymmetrische Überlappung der Elektronenverteilungen in benachbarten Atomen ist eine der Ursachen für die magnetokristalline Anisotropie. Infolge der Spin-Bahn-Wechselwirkung ist die Ladungsverteilung nicht kugelförmig. Die Asymmetrie hängt mit der Magnetisierungsrichtung über die Spin-Bahn-Kopplung zusammen; eine Änderung der Spinrichtung ändert die Überlappungsenergie. Die Assymetrie hängt mit der Spinrichtung zusammen. Eine Änderung der Richtung der Spins relativ zu den Achsen des Kristalls bewirkt eine Änderung der Austauschenergie und der elektrostatischen Wechselwirkungsenergie der Ladungsverteilung.

Einer der Gründe für das Auftreten der Anisotropieenergie [28]) ist in Bild 34 veranschaulicht. Die Magnetisierung des Kristalls "sieht" das Kristallgitter auf Grund der Überlappung der Elektronenbahnen: der Spin tritt mit der Bahnbewegung über die Spin-Bahn-Kopplung in Wechselwirkung und die Bahnbewegung ihrerseits mit der Kristallstruktur über die elektrostatischen Felder und die sich überlappenden Wellenfunktionen von benachbarten Gitteratomen.

In Kobalt ist die Dichte der Anisotropieenergie durch

(64) $$U_K = K_1' \sin^2 \theta + K_2' \sin^4 \theta$$

gegeben. θ ist der Winkel, den die Magnetisierung mit der hexagonalen Achse einschließt. Bei Zimmertemperatur ist $K_1' = 4{,}1 \cdot 10^6$ erg/cm³; $K_2' = 1{,}0 \cdot 10^6$ erg/cm³.

[28]) Über die Theorie der Anisotropie gibt J. Kanamori in Rado und Suhl, Bd. I, 127 (1963), einen Überblick.

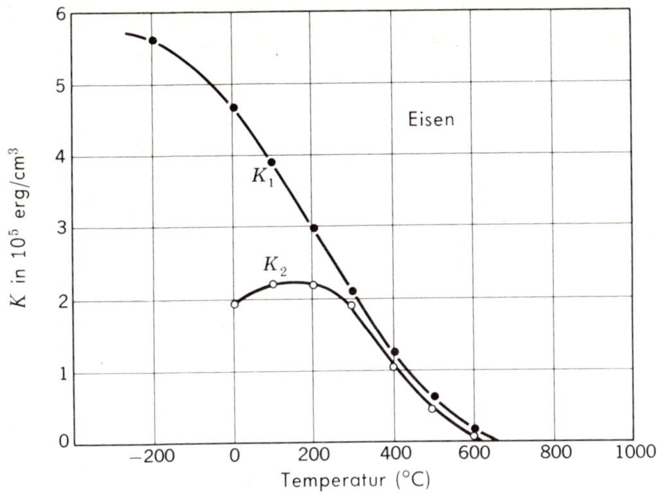

Bild 35: Temperaturabhängigkeit der Anisotropiekonstanten von Eisen.

Eisen ist ein kubischer Kristall; bei ihm sind die Würfelkanten die Richtungen leichter Magnetisierung. Unter Beachtung der kubischen Symmetrie läßt sich die Anisotropieenergie auch von Eisen darstellen, dessen Magnetisierungsrichtung willkürlich verläuft und, bezogen auf die Würfelkanten, die Richtungskosinusse α_1, α_2 und α_3 besitzt. Der Ausdruck für die Anisotropieenergie darf nur gerade Potenzen[29]) von jedem α_i enthalten, und er muß außerdem bei einem Austausch der α_i untereinander invariant bleiben. In niederster Ordnung werden diese Symmetrieforderungen durch $\alpha_1^2 + \alpha_2^2 + \alpha_3^2$ erfüllt. Dieser Ausdruck ist aber identisch gleich eins und beschreibt daher keine Anisotropieeffekte. Der nächsthöhere Potenzreihenansatz ist vierten Grades: $\alpha_1^2\alpha_2^2 + \alpha_1^2\alpha_3^2 + \alpha_3^2\alpha_2^2$, der übernächste sechsten Grades: $\alpha_1^2\alpha_2^2\alpha_3^2$. Man erhält also:

$$U_K = K_1(\alpha_1^2\alpha_2^2 + \alpha_2^2\alpha_3^2 + \alpha_3^2\alpha_1^2) + K_2\alpha_1^2\alpha_2^2\alpha_3^2 . \tag{65}$$

Bei Zimmertemperatur ist $K_1 = 4{,}2 \cdot 10^5\,\mathrm{erg/cm^3}$ und $K_2 = 1{,}5 \cdot 10^5\,\mathrm{erg/cm^3}$. Die Werte für Eisen bei anderen Temperaturen sind in Bild 35 aufgetragen; man beachte, daß $K \to 0$, wenn $T \to T_c$. Für Nickel gilt bei Zimmertemperatur $K_1 = -5 \cdot 10^4\,\mathrm{erg/cm^3}$.

Übergangsschicht zwischen den Domänen

Eine **Bloch-Wand** in einem Kristall ist die Übergangsschicht, die benachbarte Domänen mit verschiedenen Magnetisierungsrichtungen trennt. Die gesamte Änderung der Spinrichtung von einer Domäne zur andern erfolgt

[29]) Da entgegengesetzte Enden eines Kristalls magnetisch gleichwertig sind.

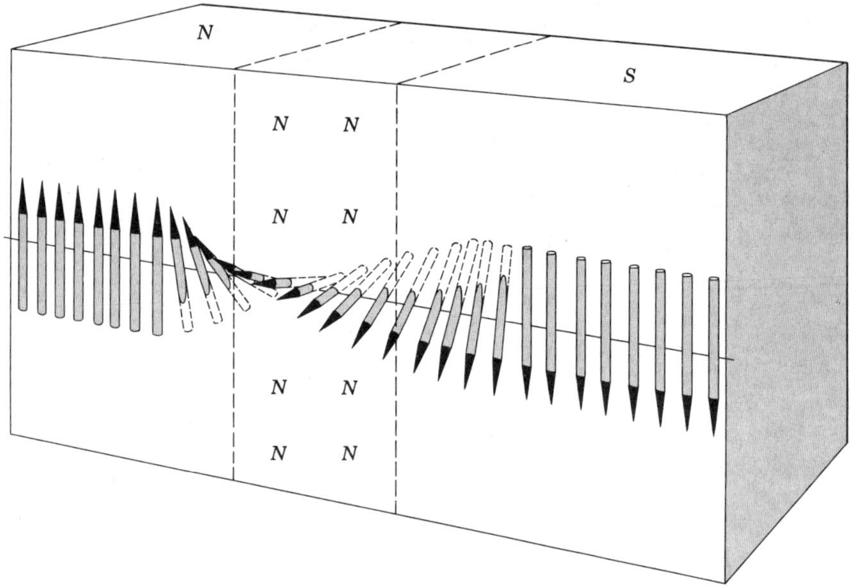

Bild 36: Struktur der Bloch-Wand, die die ferromagnetischen Domänen abgrenzt. Die Dicke des Übergangsbereichs beträgt in Eisen ungefähr 300 Gitterkonstanten.

nicht in einem einzigen unstetigen Sprung innerhalb einer einzigen Netzebene, sondern allmählich und unter Beteiligung vieler Gitterebenen (Bild 36). Die Austauschenergie ist nämlich geringer, wenn sich der Richtungswechsel auf viele Spins verteilt.

Man kann dieses Verhalten verstehen, wenn man die Heisenberg-Gleichung einmal klassisch auffaßt. Außerdem soll auch $\cos\varphi$ durch $1 - \frac{1}{2}\varphi^2$ ersetzt werden. Dann ist $w_{ex} = JS^2\varphi^2$ die Austauschenergie zwischen zwei Spins, die untereinander den kleinen Winkel φ einschließen; J ist das Austauschintegral und S die Spinquantenzahl; ω_{ex} ist dabei auf die Energie paralleler Spins bezogen. Wenn eine Gesamtänderung von π in N gleichen Schritten erfolgt, ist der Winkel zwischen benachbarten Spins gleich π/N und damit die Austauschenergie pro Paar benachbarter Spins gleich $w_{ex} = JS^2(\pi/N)^2$. Die gesamte Austauschenergie einer Kette von $N + 1$ Atomen ist

(66) $$Nw_{ex} = JS^2\pi^2/N.$$

Die Wand würde unbegrenzt dicker werden, gäbe es nicht die Anisotropieenergie. Die Spins in der Wand weisen zum größten Teil nicht in die Richtungen leichter Magnetisierung, so daß zu der Wand eine Anisotropieenergie gehört, die ungefähr proportional zu ihrer Dicke ist.

Betrachten wir einmal eine Wand, die parallel zur Würfelfläche eines einfach kubischen Gitters liegt und die Domänen mit entgegengesetzter Magnetisierungsrichtung trennt. Wir fragen nun nach der Zahl N von Gitterebenen, die in der Wand enthalten sind.

Die Energie (pro Flächeneinheit) der Wand ist gleich der Summe der Beiträge aus Anisotropieenergie und Austauschenergie: $\sigma_w = \sigma_{ex} + \sigma_{\text{anis}}$. Die Austauschenergie für jede Atomkette, die senkrecht zur Wandebene steht, ergibt sich näherungsweise aus (66). Pro Flächeneinheit gibt es $1/a^2$ solcher Ketten (a bedeutet die Gitterkonstante). Also ist $\sigma_{ex} = \pi^2 JS^2/Na^2$. Die Anisotropieenergie liegt in der Größenordnung von Anisotropiekonstante mal Dicke Na, d. h. $\sigma_{\text{anis}} \approx KNa$. Folglich wird

(67) $$\sigma_w \approx (\pi^2 JS^2/Na^2) + KNa.$$

Dieser Ausdruck wird bezüglich N zum Minimum, wenn

(68) $$\partial\sigma_w/\partial N = 0 = -(\pi^2 JS^2/N^2a^2) + Ka$$

oder

(69) $$N = (\pi^2 JS^2/Ka^3)^{1/2}.$$

Die Größenordnung liegt bei $N \approx 300$ (in Eisen).

In unserem Modell ist somit die gesamte Wandenergie pro Flächeneinheit

(70) $$\sigma_w = 2\pi(KJS^2/a)^{1/2}.$$

In Eisen hat sie den Wert $\sigma_w \approx 1$ erg/cm^2. Die genaue Rechnung für eine 180°-Wand in einer (100)-Ebene liefert $\sigma_w = 2(2K_1JS^2/a)^{1/2}$.

Ursprung der Domänen

Landau und Lifshitz [30]) konnten zeigen, daß die Domänenstruktur eine natürliche Folge der verschiedenen in einem ferromagnetischen Körper auftretenden Energiebeiträge ist - der Austauschenergie, der Anisotropieenergie und der magnetischen Energie. Einen direkten Nachweis der Domänenstruktur liefern Mikroaufnahmen von Domänengrenzen; diese lassen sich mit Hilfe von Magnetpulver oder auch mit optischen Methoden unter Verwendung der Faraday-Rotation sichtbar machen. Bei der von F. Bitter entwickelten Pulvertechnik bringt man einen Tropfen einer kolloidalen Aufschlämmung feinverteilten ferromagnetischen Materials, wie z. B. Magnetit, auf die sorgfältig vorbereitete Oberfläche des zu untersuchenden ferromagnetischen Kristalls. Die Kolloidteilchen der Suspension

[30]) Siehe auch den zusammenfassenden Artikel von Kittel und Galt.

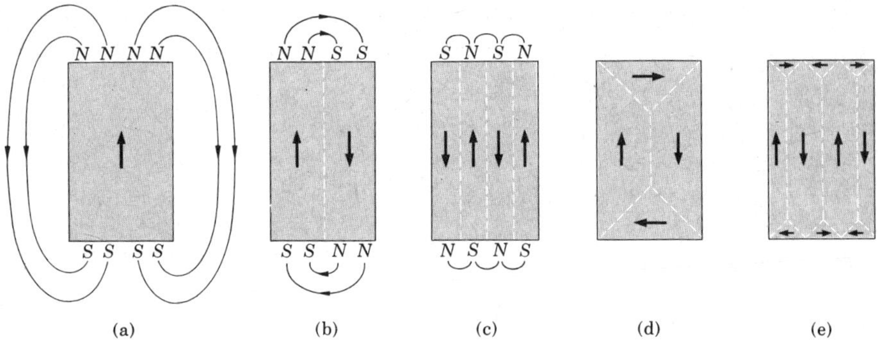

Bild 37: Entstehen der ferromagnetischen Domänen (Weiss'schen Bezirke).

sammeln sich hauptsächlich an den Grenzflächen der Domänen ("Bitter-Streifen") an, da dort starke lokale Magnetfelder die magnetischen Teilchen anziehen. Die Entdeckung durchsichtiger ferromagnetischer Verbindungen macht auch die Untersuchung auf optischem Wege interessant.

Das Auftreten der Domänen läßt sich verstehen, wenn man die in Bild 37 gezeichneten Strukturen betrachtet: jede stellt einen Querschnitt durch einen ferromagnetischen Einkristall dar. In (a) handelt es sich um eine einzige Domäne; die magnetischen Pole, die sich an der Oberfläche des Kristalls ausbilden, haben zur Folge, daß diese Konfiguration eine große magnetische Energie besitzt, nämlich $(1/8\pi)\int B^2\,dV$. Die magnetische Energiedichte für diesen Fall liegt in der Größenordnung von $M_s^2 \approx$ $\approx 10^6\,\mathrm{erg/cm^3}$; M_s bezeichnet die Sättigungsmagnetisierung, die Einheiten sind im CGS-System angegeben.

In (b) wurde durch Aufteilen des Kristalls in zwei Domänen mit entgegesetzter Magnetisierungsrichtung die magnetische Energie um ungefähr die Hälfte reduziert. Im Fall (c) mit N Domänen ist die magnetische Energie wegen der verkleinerten räumlichen Ausdehnung des Feldes nur rund $1/N$ der magnetischen Energie von (a).

Bei der Anordnung der Domänen wie in (d) und (e) ist die magnetische Energie null. Hier bilden die Grenzflächen der dreieckigen, prismenförmigen Domänen in der Nähe der Endflächen des Kristalls gleiche Winkel - nämlich 45° - mit der Magnetisierung in den rechteckigen Domänen und der in den Enddomänen. Die Magnetisierungskomponente senkrecht zur Grenzfläche ist beim Überschreiten dieser Grenze kontinuierlich, und es tritt kein mit der Magnetisierung verbundenes Magnetfeld auf. Der Kreis des Flusses ist innerhalb des Kristalls geschlossen. Deshalb bezeichnet man auch Oberflächendomänen, die den Flußkreis schließen (Bild 38) als **Abschlußdomänen**.

Bild 38: Abschlußdomäne am Ende eines Einkristallfadens aus Eisen. Die Stirnfläche ist eine (100)-Ebene; die Achse des Einkristallfadens ist [001]. (Mit freundlicher Genehmigung von R. V. Coleman, C. G. Scott und A. Isin.)

Domänenstrukturen können oft sehr viel komplizierter sein als hier bei unseren einfachen Beispielen, immer jedoch beruht ihr Entstehen auf der Möglichkeit, die Energie eines Systems zu erniedrigen, indem man von einer gesättigten Konfiguration mit hoher Energie zu einer Domänenkonfiguration mit geringer Energie übergeht.

Koerzitivkraft und Hysterese

Unter der Koerzitivkraft versteht man das Feld $-H_c$, welches erforderlich ist, um die Induktion B zum Verschwinden zu bringen (Bild 32). Sie ist diejenige Eigenschaft eines ferromagnetischen Kristalls, die man von außen am besten und am weitgehendsten beeinflussen kann. Die Koerzitivkraft kann Werte annehmen, die in dem durch folgende Beispiele abgesteckten Bereich liegen: 600 G für den Permanentmagneten eines Lautsprechers (Alnico V), 20 000 G für einen speziellen Magneten mit hoher Stabilität (Fe-Pt), 0,5 G in einem käuflichen Leistungstransformator (Si-Fe) und 0,004 G für einen Impulstransformator (Supermalloy). In einem Transformator wünscht man eine geringe Hysterese; das bedeutet aber auch eine geringe Koerzitivkraft.

Die Koerzitivkraft nimmt mit abnehmender Fehlstellenkonzentration ab; ebenso nimmt sie ab, wenn innere Spannungen durch Tempern (langsames Kühlen) ausgeglichen werden. Legierungen mit einer ausgeschiedenen Phase können eine hohe Koerzitivkraft besitzen (Bild 39).

Die hohe Koerzitivkraft von Stoffen, die aus sehr kleinen Körnchen oder aus einem feinen Pulver bestehen, läßt sich nun auch leicht verstehen. Ein genügend kleines Teilchen mit einem Durchmesser, der kleiner als 10^{-5} oder 10^{-6} cm ist, ist immer als eine einzelne Domäne bis zur Sät-

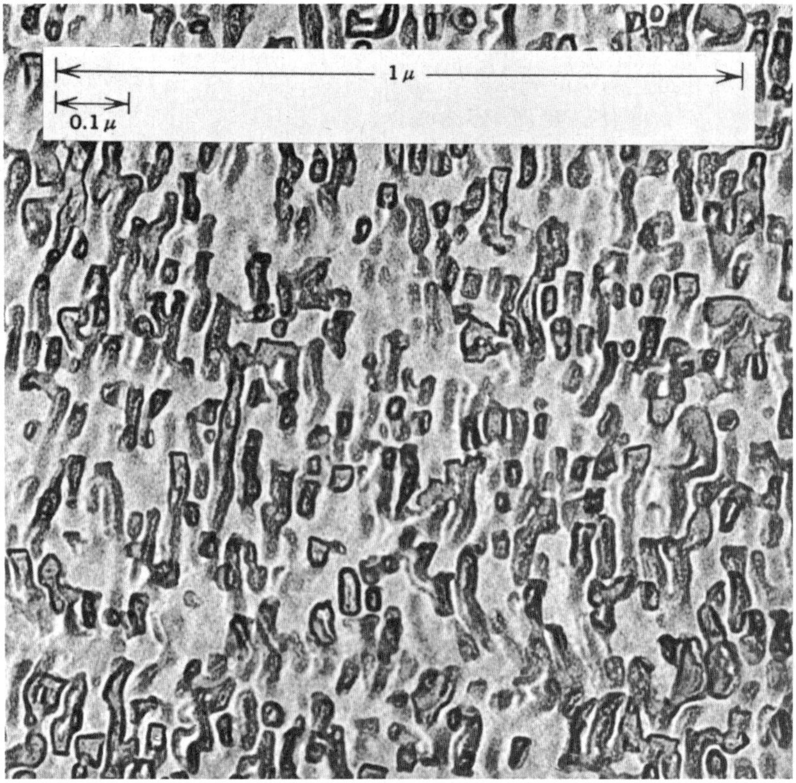

Bild 39: Mikrostruktur von Alnico V im optimalen Zustand als Permanentmagnet. Die Zusammensetzung von Alnico V in Gewichtsprozenten ist 8 Al, 14 Ni, 24 Co, 3 Cu und 51 Fe. Als Permamagnet ist Alnico V ein Zweiphasen-System; kleine Teilchen einer Phase sind in die andere eingebettet. Man sintert das Gemisch in einem Magnetfeld, so daß die Teilchen mit ihrer Längsachse parallel zur Feldrichtung liegen. (Mit freundlicher Genehmigung von F. E. Luborsky.)

tigung magnetisiert, da die Ausbildung eines geschlossenen Flußkreises energetisch unvorteilhaft [31]) ist (Aufgabe 6).

---

[31]) L. Néel, Compt. rend. **224**, 1488 (1947); C. Kittel, Phys. Rev. **70**, 965 (1946). Eine Übersicht über die Technologie der Permanentmagnete gibt F. E. Luborsky, Electro-Technology **70** (1962) - siehe dazu No. 1, S. 100; No. 2, S. 94; No. 3, S. 107. Sorgfältige Berechnungen der kritischen Radien für die Bildung einer einzigen Domäne führte W. F. Brown, Jr., Annals N. Y. Acad. Sci. **147**, 461 (1969) durch; er findet, daß Eisen- bzw. Nickelkugeln mit Radien unter 167 Å und 382 Å eine einzige Domäne aufweisen können.

In einem genügend kleinen Teilchen, das nur aus einer Domäne besteht, kann das Umklappen der Magnetisierung nicht über eine Wandverschiebung erfolgen (für diesen Prozeß ist normalerweise nur ein relativ schwaches Feld erforderlich), sondern nur durch eine Drehung der Magnetisierung des Teilchens als Ganzes. Bei diesem Prozeß sind oft sehr starke Felder nötig, die von der Größe der Anisotropieenergie des Materials und der Form des Teilchens abhängen.

Für die Koerzitivkraft von feinen Eisenteilchen erwartet man theoretisch auf Grund der Drehung, die von der kristallinen Anisotropieenergie behindert wird, einen Wert von rund 500 Gauß. Dies stimmt größenordnungsmäßig mit den Messungen verschiedener Beobachter überein. Höhere Koerzitivkräfte wurden bei länglichen Eisenteilchen festgestellt. In diesem Fall wird die Rotation durch die Formanisotropie der Entmagnetisierungsenergie behindert. Ein vielversprechendes Material für Permanentmagnete[32] ist Co_5Sm. In einem Kobalt-Samarium Einkristall wurde eine Anisotropieenergie beobachtet, die einem Magnetfeld von 290 kG oder 29 T entsprach.

Zusammenfassung
(in CGS-Einheiten)

1. Die Suszeptibilität eines Ferromagneten oberhalb der Curie-Temperatur besitzt in der Molekularfeldnäherung die Form $\chi = C/(T - T_c)$.
2. In der Molekularfeldnäherung ist das effektive Magnetfeld das auf ein magnetisches Moment in einem Ferromagneten wirkt $\mathbf{B}_a + \lambda\mathbf{M}$; mit $\lambda = T_c/C$ und $\mathbf{B}_a$ dem von außen angelegten Magnetfeld.
3. Die elementaren Anregungen in einem Ferromagneten sind Spinwellen. Ohne äußeres Feld lautet ihre Dispersionsrelation für $ka \ll 1$ $\hbar\omega \approx Jk^2a^2$. Die thermische Anregung von Magnonen führt bei tiefen Temperaturen zu einer spezifischen Wärme und einer Änderung der Sättigungs-Magnetisierung, die beide proportional zu $T^{3/2}$ sind.
4. Ein Antiferromagnet besteht aus zwei gleichartigen antiparallelen Spingittern. In einem Ferrimagneten sind die beiden Spingitter ebenfalls antiparallel, das magnetische Moment des einen Gitters ist jedoch größer als das des anderen.
5. In einem Antiferromagneten hat die Suszeptibilität oberhalb der Neel-Temperatur die Temperaturabhängigkeit $\chi = 2C/(T + \theta)$.

---

[32]) Eine Übersicht über permanentmagnetische Legierungen seltener Erden gibt J.J. Becker, J.Appl. Phys. **41**, 1055 (1970).

6. Die Dispersionskurve für Magnonen in einem Antiferromagneten besitzt die Form $\hbar\omega \approx Jka$. Die thermische Anregung der Magnonen liefert ebenso wie die der Phononen bei tiefen Temperaturen einen T^3 abhängigen Beitrag zur spezifischen Wärme.
7. Eine Blochsche Wand trennt Domänen deren Magnetisierungen verschieden gerichtet sind. Die Dicke der Wand beträgt $\approx (J/Ka^3)^{1/2}$ Gitterkonstanten. Die Energie pro Flächeneinheit beträgt $\approx (KJ/a)^{1/2}$; K ist die Dichte der Anisotropieenergie.

Aufgaben

1. **Dispersionsrelation für Magnonen.** Man leite die Dispersionsrelation (27) für einen Spin S in einem einfach kubischen Gitter ab ($z = 6$). Hinweis: Man zeige zuerst, daß (21a) ersetzt wird durch

$$dS_\rho^x/dt = (2JS/\hbar)(6S_\rho^y - \sum_\delta S_{\rho+\delta}^y).$$

Das Zentralatom ist am Ort $\boldsymbol{\rho}$, seine sechs Nachbarn sind mit ihm durch die sechs Vektoren $\boldsymbol{\delta}$ verbunden. Die Lösungen der Gleichungen für dS_ρ^x/dt und dS_ρ^y/dt sollen in der Form $\exp(i\mathbf{k}\cdot\boldsymbol{\rho} - i\omega t)$ angesetzt werden.

2. **Spezifische Wärme der Magnonen.** Unter Verwendung der genäherten Dispersionsrelation für Magnonen, $\omega = Ak^2$, ist das erste Glied der Entwicklung der spezifischen Wärme eines dreidimensionalen Ferromagneten bei tiefen Temperaturen abzuleiten $k_BT \ll J$. Das Ergebnis ist $0,113\, k_B(k_BT/\hbar A)^{3/2}$ pro Volumeinheit. Bild 40 zeigt eine experimentelle Kurve; die spezifische Wärme setzt sich hier aus einem Beitrag der

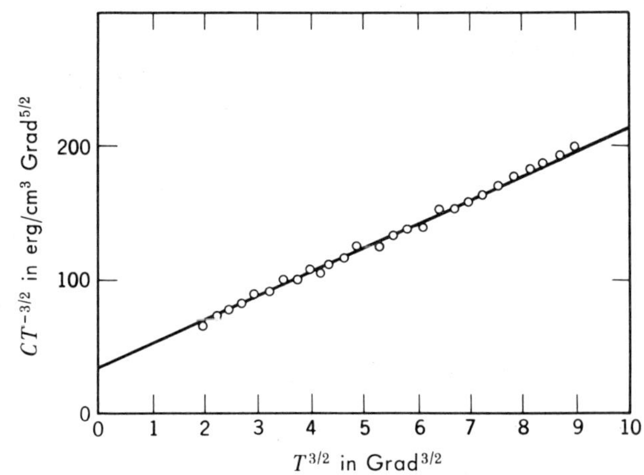

Bild 40: Spezifische Wärme von Yttrium-Eisen-Granat ($Y_3Fe_5O_{12}$) nach S. Shinozaki, Phys. Rev. **122**, 388 (1961). Die Kurve $C/T^{3/2}$ über $T^{3/2}$ ist dann eine Gerade, wenn die spezifische Wärme in der Form $C = aT^{3/2} + bT^3$ dargestellt werden kann; $aT^{3/2}$ gibt den Beitrag der Magnonen und bT^3 den Beitrag der Phononen.

Magnonen proportional zu $T^{3/2}$ und einem Beitrag der Phononen proportional zu T^3 zusammen. Einen Überblick über Messungen der spezifischen Wärme von YIG geben A. J. Henderson, D. G. Onn, H. Meyer und J. P. Remeika Phys. Rev. **185**, 1218 (1969).

3. **Néel-Temperatur.** $B_A = B - \mu M_B - \epsilon M_A$ und $B_B = B - \mu M_A - \epsilon M_B$ seien die effektiven Felder für das Modell eines Antiferromagneten mit zwei Untergittern; dann ist

$$\theta / T_N = (\mu + \epsilon)/(\mu - \epsilon).$$

Beweis!

4. **Magnetoelastische Kopplung.** Die elastische Energiedichte in einem kubischen Kristall ist

$$U_{el} = \tfrac{1}{2}C_{11}(e_{xx}^2 + e_{yy}^2 + e_{zz}^2) + \tfrac{1}{2}C_{44}(e_{xy}^2 + e_{yz}^2 + e_{zx}^2) + C_{12}(e_{yy}e_{zz} + e_{xx}e_{zz} + e_{xx}e_{yy});$$

das erste Entwicklungsglied der Dichte der magnetischen Anisotropieenergie lautet nach (65)

$$U_K \cong K_1(\alpha_1^2\alpha_2^2 + \alpha_2^2\alpha_3^2 + \alpha_3^2\alpha_1^2).$$

Die Kopplung zwischen elastischer Deformation und Magnetisierungsrichtung kann formal berücksichtigt werden, wenn man zur gesamten Energiedichte einen Term

$$U_c \cong B_1(\alpha_1^2 e_{xx} + \alpha_2^2 e_{yy} + \alpha_3^2 e_{zz}) + B_2(\alpha_1\alpha_2 e_{xy} + \alpha_2\alpha_3 e_{yz} + \alpha_3\alpha_1 e_{zx})$$

beifügt, der sich auf Grund der Deformationsabhängigkeit von U_K einstellt. B_1 und B_2 werden als **magnetoelastische Kopplungskonstanten** bezeichnet. Man zeige, daß die gesamte Energie zu einem Minimum wird, wenn

$$e_{ii} = B_1[C_{12} - \alpha_i^2(C_{11} + 2C_{12})]/[(C_{11} - C_{12})(C_{11} + 2C_{12})];$$

$$e_{ij} = -B_2\alpha_i\alpha_j/C_{44} \qquad (i \neq j).$$

Hierauf beruht die Magnetostriktion, d.h. die Längenänderung durch Magnetisierung. Magnetoelastische Effekte höherer Ordnung behandelt D. E. Eastman, Phys. Rev. **148**, 530 (1966).

5. **Koerzitivkraft eines kleinen Teilchens.** Gegeben sei ein kleines kugelförmiges Teilchen eines einachsigen Ferromagneten, das nur aus einer einzigen Domäne besteht. Es ist zu zeigen, daß zum Umklappen der Magnetisierung ein zur Achse paralleles Feld die Stärke

$$H = 2K/M_s \qquad \text{(CGS)}$$

haben muß. Die experimentell ermittelte Koerzitivkraft eines derartigen Teilchens hat ungefähr diesen Betrag. Für die Dichte der Anisotropieenergie ist $U_K = K \sin^2 \theta$ und für die Dichte der Wechselwirkungsenergie mit dem äußeren Feld H ist $U_M = -BM \cos \theta$ einzusetzen; θ ist der Winkel zwischen **B** und **M**. Hinweis: Man entwickle die Energien für kleine Winkel um $\theta = \pi$ und bestimme den Wert von B, bei dem $U_K + U_M$ kein Minimum in der Gegend von $\theta = \pi$ besitzt.

6. Kriterium für Teilchen mit nur einer Domäne. Man zeige, daß für die magnetische Energie E einer gesättigten Kugel mit Durchmesser d gilt: $E \approx M_s^2 d^3$. Eine wesentlich geringere magnetische Energie läßt sich hier erzielen, wenn eine Blochsche Wand in einer Äquatorialebene eingebaut wird. Die Energie dieser Wand beträgt $\pi\sigma_w d^2/4$; σ_w ist die Wandenergie pro Flächeneinheit. Man gebe für Kobalt eine Abschätzung des kritischen Radius, unterhalb dessen die Teilchen als einzelne Domänen stabil sind; für JS^2/a ist der für Eisen gültige Wert einzusetzen.

7. Sättigungsmagnetisierung in der Nähe von T_c. Man zeige, daß in der Molekularfeldtheorie die Sättigungsmagnetisierung kurz unter der Curie-Temperatur die dominierende Temperaturabhängigkeit $(T_c - T)^{\frac{1}{2}}$ besitzt. Der Spin sei 1/2. Das Ergebnis ist das gleiche wie für einen Phasenübergang zweiter Ordnung in einem ferroelektrischen Kristall, wie er in Kapitel 14 diskutiert wird. Die experimentellen Ergebnisse für Ferromagneten (Tab. 1) zeigen, daß der Exponent näher an 0,33 liegen muß.

8. Blochsches $T^{3/2}$-Gesetz. In Bild 6.15 leiten wir ein qualitatives Argument für das Debyesche T^3-Gesetz der Temperaturabhängigkeit der spezifischen Wärme von Phononen ab. Man leite eine ähnliche Schlußfolgerung für das Blochsche $T^{\frac{3}{2}}$ Gesetz, daß für die Temperaturabhängigkeit der Magnetisierung gilt, ab. Benutze die näherungsweise gültige Dispersionsrelation für Magnonen $\omega = Ak^2$.

Literaturhinweise

S. Chikazumi, Physics of magnetism, Wiley, 1964. (Elementare Behandlung des Ferromagnetismus.)

A. H. Morrish, Physical principles of magnetism, Wiley, 1965.

G. T. Rado and H. Suhl, Herausgeber, Magnetism, Academic Press, 1963, mehrere Bände, umfassendes Standardwerk.

R. M. Bozorth, Ferromagnetism, Van Nostrand, 1951.

C. Kittel and J. K. Galt, "Ferromagnetic domains", in: Solid state physics **3**, 437 (1956).

D.J. Craik and R.S. Tebble, Ferromagnetism and ferromagnetic domains, North Holland, 1966.

J. Smit and H.P.J. Wijn, Ferrites, Wiley, 1959.

F. Keffer, "Spin waves", in: Handb. der Physik **18**/2 (1966).

T. Nagamiya, K. Yosida und R. Kubo, "Antiferromagnetism", in: Adv. in Physics **4**, 1 (1955).

J.B. Goodenough, Magnetism and the chemical bond, Interscience, 1963.

D.C. Mattis, Theory of magnetism, Harper & Row. 1965.

A. Herpin, Theorie du magnetisme. Presses universitaires, 1968.

B. Lax und K.J. Button, Microwave ferrites and ferrimagnetics, McGraw-Hill, 1962.

E. Kneller, Ferromagnetismus, Springer, 1962.

17. Magnetische Resonanz

Anmerkung: In diesem Kapitel beziehen sich die Symbole B_a und B_0 auf das von außen angelegte Feld; B_i ist das an einem Ort im Inneren der Probe wirkende Feld, das sich aus dem von außen angelegten und dem Entmagnetisierungsfeld zusammensetzt. Meistens wurde $\mathbf{B}_a = B_0\hat{\mathbf{z}}$ angenommen. Für Leser, die das CGS-System bevorzugen, ist es am einfachsten, wenn sie in diesem Kapitel an der Stelle von B immer H lesen.

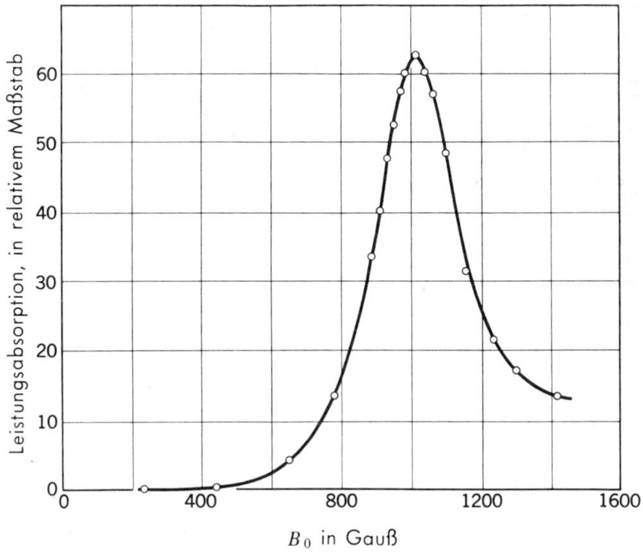

Bild 1: Absorptionskurve bei Elektronenspinresonanz in $MnSO_4$ bei 298 K und 2,75 GHz nach Zavoisky.

In diesem Kapitel werden die dynamischen magnetischen Effekte behandelt, die mit dem Spineigendrehimpuls von Kernen und Elektronen zusammenhängen. In der Festkörperphysik sind die Anwendungen der magnetischen Spinresonanz von sehr großer Bedeutung. Oft werden in der Literatur die wichtigsten derartigen Erscheinungen durch ihre Anfangsbuchstaben (im Englischen) abgekürzt:

NMR: Magnetische Kernresonanz (nuclear magnetic resonance),
NQR: Kernquadrupolresonanz (nuclear quadrupole resonance),
EPR oder ESR: Paramagnetische Elektronenresonanz oder Elektronenspinresonanz (electron paramagnetic resonance oder electron spin resonance),
FMR: Ferromagnetische Resonanz (ferromagnetic resonance),
SWR: Spinwellen-Resonanz
AFMR: Antiferromagnetische Resonanz (antiferromagnetic resonance).

Zavoisky[1]) führte zum ersten Mal ein magnetisches Resonanzexperiment in einem Festkörper durch. Er beobachtete in mehreren paramagnetischen Salzen eine starke Elektronenspinresonanzabsorption (Bild 1). Spinresonanzexperimente an Atomkernen in Flüssigkeiten und Festkör-

[1]) E. Zavoisky, J. Phys. USSR 9, 211, 245, 447 (1945).

pern wurden zuerst von Purcell, Torrey und Pound[2]) und von Bloch, Hansen und Packard[3]) ausgeführt.

Die Ergebnisse, die man aus diesen Resonanzexperimenten an Festkörpern erhält, kann man in vier Kategorien einteilen:

1. Die Feinstruktur des Absorptionsspektrums ergibt Aufschlüße über die elektronische Struktur eines lokalisierten Gitterdefekts.
2. Änderungen der Linienbreite von Absorptionslinien werden durch Bewegungen des untersuchten Spins oder seiner Umgebung verursacht.
3. Die Lage der Linie im Spektrum wird durch interne Magnetfelder an der Stelle des untersuchten Spins bestimmt.
4. Kollektive Spinanregungen

Es ist am besten, als Grundlage für eine spätere kurze Behandlung der anderen Resonanzexperimente zuerst die NMR genauer zu besprechen.

Ihre größte Bedeutung besitzt die NMR jedoch nicht in der Festkörperphysik, sondern in der organischen Chemie. Dort ist die NMR eines der wichtigsten Werkzeuge zur Identifizierung komplexer Moleküle und ihrer Struktur. Ihre Erfolge auf diesem Gebiet verdankt sie der außerordentlich grossen Auflösung, die man bei NMR an diamagnetischen Flüssigkeiten erreichen kann. Die am Ende dieses Kapitels zitierten Arbeiten sind ergiebige Quellen für weitere Informationen.

Magnetische Kernresonanz

Wir betrachten einen Kern mit magnetischem Moment $\boldsymbol{\mu}$ und Drehimpuls $\hbar\mathbf{I}$. Diese beiden Größen sind parallel, man kann also schreiben

$$\boldsymbol{\mu} = \gamma\hbar\mathbf{I}. \tag{1}$$

Das gyromagnetische Verhältnis ist eine Konstante. Konvertionsgemäß bedeutet $\mathbf{I}$ den in Einheiten von $\hbar$ gemessenen Drehimpuls des Kerns. Die Wechselwirkungsenergie mit einem äußeren Magnetfeld $\mathbf{B}$ ist

$$U = -\boldsymbol{\mu}\cdot\mathbf{B}; \tag{2}$$

mit $\mathbf{B} = B_0\hat{\mathbf{z}}$ wird daraus

$$U = -\mu_z B_0 = -\gamma\hbar B_0 I_z. \tag{3}$$

[2]) E. M. Purcell, H. C. Torrey und R. V. Pound, Phys. Rev. **69**, 127 (1946).

[3]) F. Bloch, W. W. Hansen und M. Packard, Phys. Rev. **69**, 127 (1946).

Bild 2:
Aufspaltung eines Energieniveaus für einen Kern mit Spin $I = \frac{1}{2}$ in einem statischen Magnetfeld B_0.

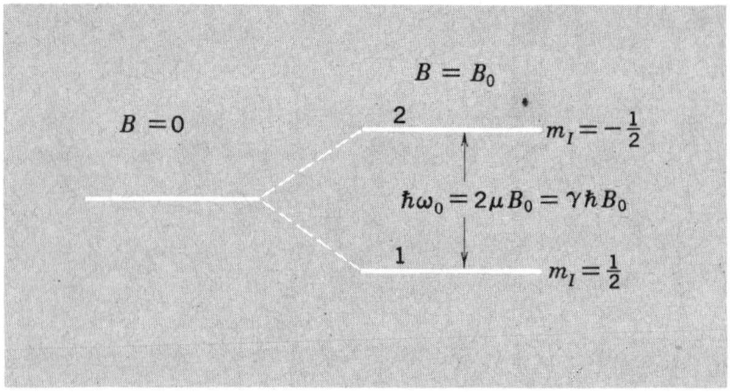

Die erlaubten Werte von I_z sind $m_I = I, I-1, \ldots, -I$; also ist $U = -m_I\gamma\hbar B_0$.

In einem Magnetfeld besitzt ein Kern mit $I = \frac{1}{2}$ zwei Energieniveaus, die entsprechend Bild 2 zu $m_I = \pm\frac{1}{2}$ gehören. Wenn der Energieabstand der beiden Niveaus mit $\hbar\omega_0$ bezeichnet wird, gilt $\hbar\omega_0 = \gamma\hbar B_0$ oder

(4) $$\omega_0 = \gamma B_0.$$

Dies ist die fundamentale Bedingung für die magnetische Resonanzabsorption. Beim Proton [4]) ist $\gamma = 2,675 \cdot 10^4$ sec $^{-1}$ Gauß $^{-1}$ = $2,675 \cdot 10^8$ rad sec $^{-1}$ tesla $^{-1}$ so daß man für die Frequenz ν erhält:

(4a) $$\boxed{\nu(\text{MHz}) = 4.258\ B_0(\text{kilogauss}) = 42.58\ B_0(\text{tesla})}$$

Ein Tesla ist genau gleich 10^4 Gauß

Entsprechend gilt für den Elektronenspin:

(4b) $$\boxed{\nu(\text{GHz}) = 2.80\ B_0(\text{kilogauss}) = 28.0\ B_0(\text{tesla})\ .}$$

Magnetische Daten für einige ausgewählte Kerne sind in Tabelle 1 angegeben.

Bewegungsgleichung

Die zeitliche Änderung des Drehimpulses eines Systems ist gleich dem Drehmoment, das an dem System angreift. Das Drehmoment auf ein ma-

[4]) Das magnetische Moment des Protons ist $1,4106 \cdot 10^{-23}$ erg/Gauß oder $1,4106 \cdot 10^{-26}$ JT $^{-1}$ und damit $\gamma \equiv 2\mu_p/\hbar = 2,68 \cdot 10^4$ sec^{-1} G^{-1}. Als **Kernmagneton** μ_n definiert man $e\hbar/2M_pc$ = $5,0509 \cdot 10^{-24}$ erg/G oder $5,0509 \cdot 10^{-27}$ JT $^{-1}$; es ist also μ_p = 2,793 Kernmagnetonen.

gnetisches Moment $\boldsymbol{\mu}$ in einem Magnetfeld $\mathbf{B}$ ist $\boldsymbol{\mu}\times\mathbf{B}$. Man erhält daraus die Kreiselgleichung

$$\hbar\frac{d\mathbf{I}}{dt} = \boldsymbol{\mu}\times\mathbf{B}_a \tag{5}$$

oder

$$\frac{d\boldsymbol{\mu}}{dt} = \gamma\boldsymbol{\mu}\times\mathbf{B}_a. \tag{6}$$

Die Kernmagnetisierung $\mathbf{M}$ ist definiert als die über alle Kerne in der Volumeinheit erstreckte Summe $\Sigma\boldsymbol{\mu}_i$. Ist nur ein einziges Isotop von Wichtigkeit, braucht man auch nur einen einzigen Wert von γ zu berücksichtigen und man erhält

$$\frac{d\mathbf{M}}{dt} = \gamma\mathbf{M}\times\mathbf{B}_a. \tag{7}$$

Die Kerne sollen sich nun in einem statischen Feld $\mathbf{B} = B_0\hat{\mathbf{z}}$ befinden. Im thermischen Gleichgewicht bei der Temperatur T ist die Magnetisierung längs $\hat{\mathbf{z}}$ gerichtet:

$$M_x = 0;\quad M_y = 0;\quad M_z = M_0 = \chi_0 B_0 = CB_0/T. \tag{8}$$

$C = N\mu^2/3k_B$ ist dabei die in (15.14) definierte Curie-Konstante. Die Magnetisierung eines Systems aus Spins mit $I = \frac{1}{2}$ hängt mit dem Unterschied der Besetzungszahlen $N_1 - N_2$ des oberen und des unteren Niveaus zusammen (Bild 2): $M_z = (N_1 - N_2)\mu$; die N's beziehen sich auf die Volumeinheit. Das Verhältnis der Besetzungszahlen im thermischen Gleichgewicht ist gerade gleich dem Boltzmann-Faktor für die Energiedifferenz

$$N_2^0/N_1^0 = \exp(-2\mu B_0/k_BT), \tag{9}$$

da die Energiedifferenz $2\mu B_0$ beträgt. Die Gleichgewichtsmagnetisierung ist in (15.20) angegeben.

Wie ist es aber, wenn die Magnetisierungskomponente M_z (Längsmagnetisierung) nicht im thermischen Gleichgewicht ist? Wir nehmen an, daß sich M_z dem Gleichgewichtswert mit einer Geschwindigkeit nähert, die proportional zur Abweichung von eben diesem Wert $M_0 = \chi_0 B_0$ ist:

$$dM_z/dt = (M_0 - M_z)/T_1. \tag{10}$$

In der üblichen Bezeichnung ist T_1 die **longitudinale Relaxationszeit** oder die **Spin-Gitter-Relaxationszeit**.

Tabelle 1: Kernresonanzdaten.

Die Daten gelten jeweils für das häufigste Isotop eines Elementes.

(Nach Varian Associates NMR Table, 4te Auflage 1964.)

Häufigstes Isotop das einen von Null verschiedenen Kernspin besitzt

Kernspin in Einheiten von $\hbar$

Natürliche Häufigkeit des Isotops in Prozent

Magnetisches Moment des Kerns in Einheiten von $e\hbar/2M_pC$

H^1																	He^3
1/2																	1/2
99,98																	10^{-6}
2,792																	-2,127
Li	Be											B^{11}	C^{13}	N^{14}	O^{17}	F^{19}	Ne^{21}
3/2	3/2											3/2	1/2	1	5/2	1/2	3/2
92,57	100,											81,17	1,108	99,64	0,04	100,	0,257
3,256	-1,177											2,688	0,702	0,404	-1,893	2,627	-0,662
Na^{23}	Mg^{25}											Al^{27}	Si^{29}	P^{31}	S^{33}	Cl^{35}	Ar
3/2	5/2											5/2	1/2	1/2	3/2	3/2	
100,	10,05											100,	4,70	100,	0,74	75,4	
2,216	0,855											3,639	0,555	1,131	0,643	0,821	
K^{39}	Ca^{43}	Sc^{45}	Ti^{47}	V^{51}	Cr^{53}	Mn^{55}	Fe^{57}	Co^{59}	Ni^{61}	Cu^{63}	Zn^{67}	Ga^{69}	Ge^{73}	As^{75}	Se^{77}	Br^{79}	Kr^{83}
3/2	7/2	7/2	5/2	7/2	3/2	5/2	1/2	7/2	3/2	3/2	5/2	3/2	9/2	3/2	1/2	3/2	9/2
93,08	0 13	100,	7,75	~100,	9,54	100,	2,245	100,	1,25	69,09	4,12	60,2	7,61	100,	7,50	50,57	11,55
0,391	-1,315	4,749	0,787	5,139	0,474	3,461	0,090	4,639	0,746	2,221	0,874	2,011	0,877	1,435	0,533	2,099	-0,967
Rb^{85}	Sr^{87}	Y^{89}	Zr^{91}	Nb^{93}	Mo^{95}	Tc	Ru^{101}	Rh^{103}	Pd^{105}	Ag^{107}	Cd^{111}	In^{115}	Sn^{119}	Sb^{121}	Te^{125}	I^{127}	Xe^{129}
5/2	9/2	1/2	5/2	9/2	5/2		5/2	1/2	5/2	1/2	1/2	9/2	1/2	5/2	1/2	5/2	1/2
72,8	7,02	100,	11,23	100,	15,78		16,98	100,	22,23	51,35	12,86	95,84	8,68	57,25	7,03	100,	26,24
1,348	1,089	0,137	1,298	6,144	0,910		-0,69	0,088	-0,57	-0,113	-0,592	5,507	-1,041	3,342	-0,882	2,794	-0,773
Cs^{133}	Ba^{137}	La^{139}	Hf^{177}	Ta^{181}	W^{183}	Re^{187}	Os^{189}	Ir^{193}	Pt^{195}	Au^{197}	Hg^{199}	Tl^{205}	Pb^{207}	Bi^{209}	Po	At	Rn
7/2	3/2	7/2	7/2	7/2	1/2	5/2	3/2	3/2	1/2	3/2	1/2	1/2	1/2	9/2			
100,	11,32	99,9	18,39	100,	14,28	62,93	16,1	61,5	33,7	100,	16,86	70,48	21,11	100,			
2,564	0,931	2,761	0,61	2,340	0,115	3,176	0,651	0,17	0,600	0,144	0,498	1,612	0,584	4,039			
Fr	Ra	Ac															

Ce^{141}*	Pr^{141}	Nd^{143}	Pm	Sm^{147}	Eu^{153}	Gd^{157}	Tb^{159}	Dy^{163}	Ho^{165}	Er^{167}	Tm^{169}	Yb^{173}	Lu^{175}
7/2	5/2	7/2		7/2	5/2	3/2	3/2	5/2	7/2	7/2	1/2	5/2	7/2
—	100,	12,20		15,07	52,23	15,64	100,	24,97	100,	22,82	100,	16,08	97,40
0,16	3,92	-1,25		-0,68	1,521	-0,34	1,52	-0,53	3,31	0,48	-0,20	-0,677	2,9
Th	Pa	U	Np	Pu	Am	Cm	Bk	Cf	Es	Fm	Md	No	Lw

(a)

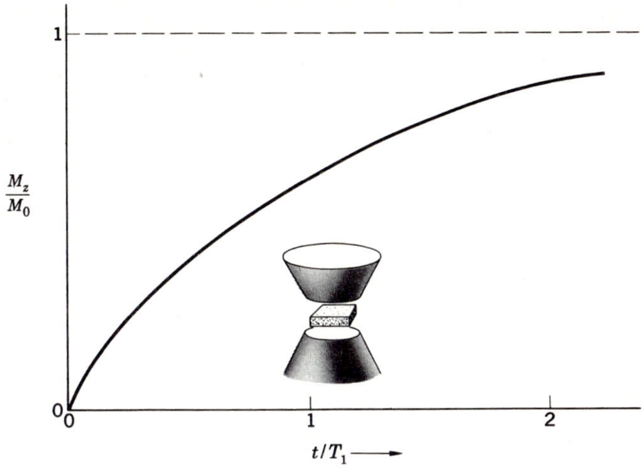

(b)

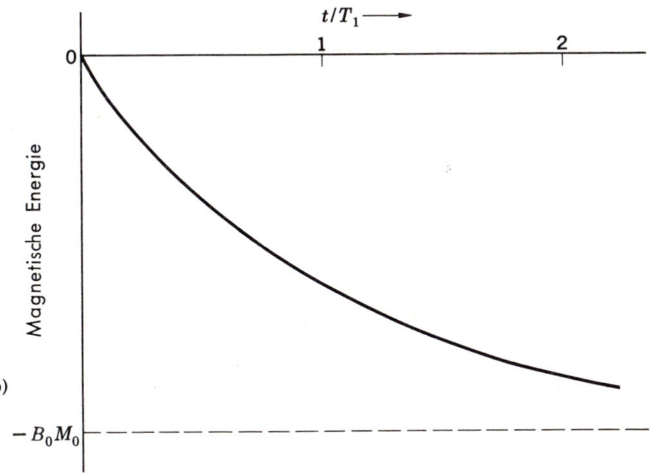

Bild 3a: Zur Zeit $t = 0$ werde eine unmagnetisierte Probe $M_z(0) = 0$ in ein statisches Magnetfeld B_0 gebracht. Die Magnetisierung wächst dann mit der Zeit an und nähert sich dem neuen Gleichgewichtswert $M_0 = \chi_0 B_0$. Dieses Experiment definiert die longitudinale Relaxationszeit T_1.

Bild 3b: Im Experiment des Bildes 3a nimmt die magnetische Energiedichte $-\mathbf{M} \cdot \mathbf{B}$ ab, da ein Teil der Spins in das untere Niveau übergeht. Der asymptotische Wert für $t \gg T_1$ ist $-B_0M_0$. Die Energie wird vom Spinsystem in Form von Schwingungen an das Gitter abgegeben. Man bezeichnet deshalb T_1 auch als Spin-Gitter-Relaxationszeit.

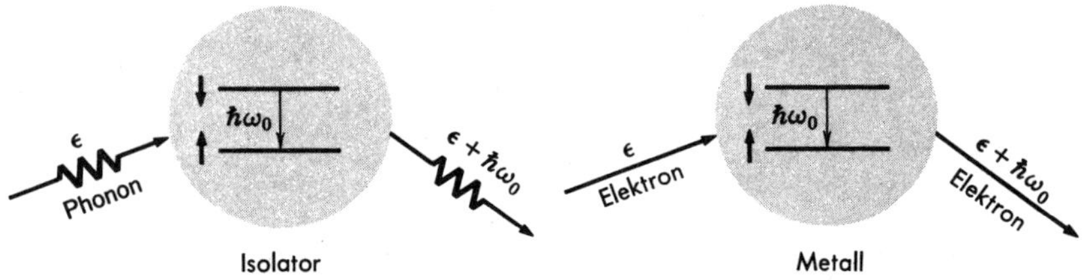

Bild 4a: Zwei wichtige Prozesse die zur longitudinalen Relaxation der Magnetisierung in Isolatoren und Metallen beitragen. Im Isolator wird ein Phonon inelastisch am Spinsystem gestreut. Das Spinsystem geht in einen niedrigeren Energiezustand über; das emittierte Phonon besitzt eine um $\hbar\omega_0$ höhere Energie als das absorbierte. Im Metall ist ein ähnlicher inelastischer Streuprozeß gezeigt, bei dem ein Leitungselektron gestreut wird.

Wenn zur Zeit $t = 0$ eine unmagnetisierte Probe in ein Magnetfeld $H_0\hat{z}$ gebracht wird, nimmt die Magnetisierung vom Anfangswert[5]) $M_z = 0$ bis zum Endwert $M_z = M_0$ zu. Integration von (10) liefert

(11) $$\int_0^{M_z} \frac{dM_z}{M_0 - M_z} = \frac{1}{T_1} \int_0^t dt$$

oder

(12) $$\ln \frac{M_0}{M_0 - M_z} = \frac{t}{T_1}; \qquad M_z(t) = M_0(1 - e^{-t/T_1})$$

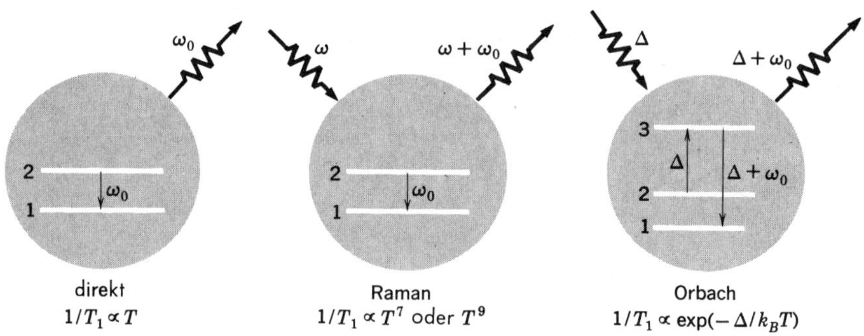

Bild 4b: Spinrelaxation für den Übergang $2 \rightarrow 1$ durch Phononenemission, Phononenstreuung und einen zweistufigen Phononenprozeß. Die Temperaturabhängigkeit der longitudinalen Relaxationszeit T_1 ist für die verschiedenen Prozesse angegeben.

---

[5]) Bevor und unmittelbar nachdem die Probe in das Feld gebracht wird, ist die Besetzungszahl N_1 gleich N_2, entsprechend dem thermischen Gleichgewicht in Abwesenheit des Magnetfeldes. Zur Einstellung der neuen Gleichgewichtsverteilung im Feld $\boldsymbol{B}_0$ müssen einige Spins umgeklappt werden.

entsprechend Bild 3a. Die magnetische Energie $-\mathbf{M}\cdot\mathbf{B}_a$ nimmt ab, solange M_z seinem neuen Gleichgewichtswert zustrebt (Bild 3b). Die Magnetisierung erreicht durch Prozesse, wie sie z.B. im Bild 4 gezeigt werden, das thermische Gleichgewicht.

Die maßgebliche Spin-Gitter-Wechselwirkung von paramagnetischen Ionen in Kristallen erfolgt über die Phononenmodulation des kristallelektrischen Feldes. Bei der Relaxation sind hauptsächlich 3 Prozesse beteiligt (Bild 4b): der direkte Prozeß (Emission oder Absorption eines Phonons); der Raman-Prozeß (Streuung eines Phonons); und der Orbach[6])-Prozeß (Zwischenschalten eines dritten Zustandes). Eine gründliche experimentelle Untersuchung der Spin-Gitter-Relaxation in mehreren Sal-

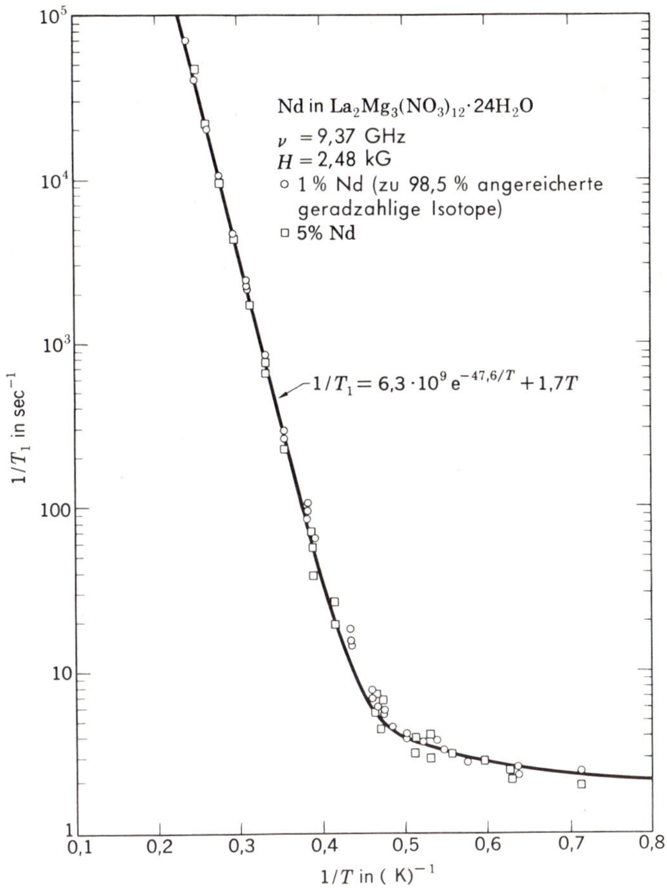

Bild 5: Relaxationswahrscheinlichkeit $1/T_1$ über der reziproken Temperatur (in einfach-logarithmischer Darstellung) für 1 und 5 Prozent Nd in Lanthandoppelnitrat nach Messungen von Scott und Jeffries zwischen 1,4 und 4,3° K. Der Kurvenverlauf zeigt deutlich das Auftreten des Orbach-Prozesses bei höheren Temperaturen und des direkten Ein-Phonon-Prozeßes bei tiefen Temperaturen.

[6]) C. B. P. Finn, R. Orbach und W. P. Wolf, Proc. Phys. (London) **77**, 261 (1961).

zen der seltenen Erden bei Heliumtemperaturen stammt von Scott und Jeffries [7]. Sie führen den Nachweis für das Auftreten dieser drei Prozesse und geben außerdem nützliche Hinweise auf Veröffentlichungen über paramagnetische Relaxation. Ein Beispiel ihrer Ergebnisse ist in Bild 5 gezeigt.

Unter Berücksichtigung von (10) wird die z-Komponente der Bewegungsgleichung (7)

$$dM_z/dt = \gamma(\mathbf{M} \times \mathbf{B})_z + (M_0 - M_z)/T_1\,; \tag{13 a}$$

dabei ist $(M_0 - M_z)/T_1$ ein zusätzliches Glied in der Bewegungsgleichung, das solche Wechselwirkungen beschreibt, die nicht schon im Magnetfeld $\mathbf{B}$ enthalten sind. Das bedeutet, $\mathbf{M}$ wird neben seiner Präzession um das Magnetfeld gleichzeitig dem Gleichgewichtswert $\mathbf{M}_0$ zustreben.

Ist in einem statischen Magnetfeld $B_0\hat{\mathbf{z}}$ die transversale Magnetisierungskomponente M_x anfangs nicht null, so wird M_x bis Null abnehmen; dasselbe gilt für M_y. Diese Abnahme muß erfolgen, da im thermischen Gleichgewicht keine derartigen Querkomponenten vorhanden sind. Die Bewegungsgleichungen müssen etwas abgeändert werden, damit auch diese transversale Relaxation erfaßt wird:

$$dM_x/dt = \gamma(\mathbf{M} \times \mathbf{B})_x - M_x/T_2; \tag{13 b}$$

$$dM_y/dt = \gamma(\mathbf{M} \times \mathbf{B})_y - M_y/T_2. \tag{13 c}$$

T_2 bezeichnet man als **transversale Relaxationszeit**. Die magnetische Energie $-\mathbf{B} \cdot \mathbf{M}$ ändert sich bei einer Änderung von M_x oder M_y nicht, solange $\mathbf{B}$ in $\hat{\mathbf{z}}$-Richtung weist. Bei der Relaxation von M_x oder M_y braucht keine Energie aus dem Spinsystem herauszufließen, so daß die für T_2 gültigen Bedingungen weniger streng sein werden als die für T_1. Je nach den lokalen Bedingungen sind die beiden Zeiten manchmal fast gleich oder manchmal auch $T_1 \gg T_2$. Die Zeit T_2 ist ein Maß dafür, wie lange ein bestimmtes magnetisches Moment, das einen Beitrag zu M_x, M_y liefert, in Phase mit allen anderen bleibt. Lokale Magnetfelder, die von Ort zu Ort verschieden sind, sind die Ursache dafür, daß die einzelnen Spins mit verschiedenen Frequenzen präzedieren. Sind alle Spins anfangs in Phase, so erhält man im Laufe der Zeit eine statistische Phasenbeziehung zwischen den Spins und M_x, M_y verschwinden. Wir können uns T_2 also als eine Zeitspanne vorstellen, die nötig ist, um Phasenbeziehungen zu zerstören.

---

[7]) P. L. Scott und C. D. Jeffries, Phys. Rev. **127**, 32 (1962).

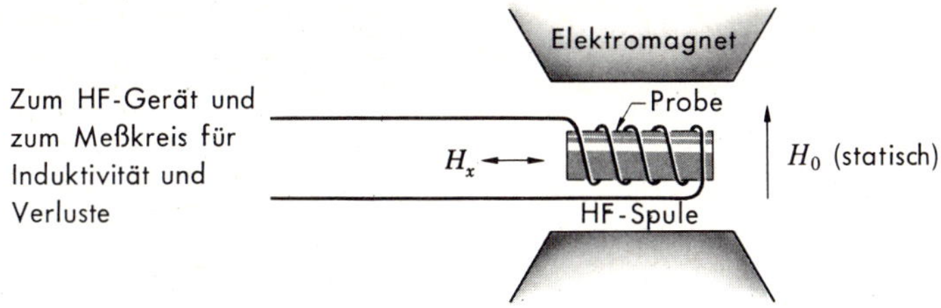

Bild 6: Schematische Anordnung für magnetische Resonanzexperimente.

Das Gleichungssystem (13) bezeichnet man als **Blochsche Gleichungen**. Sie sind in x, y und z nicht symmetrisch, da das System infolge des statischen Magnetfelds längs $\hat{\mathbf{z}}$ eine Vorzugsrichtung erhält. Im Experiment wird gewöhnlich in $\hat{\mathbf{x}}$ oder $\hat{\mathbf{y}}$-Richtung ein magnetisches Hochfrequenzfeld (HF-Feld) angelegt. Unser besonderes Interesse wird sich auf das Verhalten der Magnetisierung in Magnetfeldern mit statischen und HF-Komponenten zu richten haben (Bild 6). Die Blochschen Gleichungen sind leicht einzusehen, trotzdem jedoch nicht exakt; sie beschreiben nicht alle Spinphänomene, insbesondere nicht in Festkörpern.

Wir wollen die Frequenz der freien Präzession des Spinsystems in einem statischen Feld $\mathbf{B}_a = B_0\hat{\mathbf{z}}$ mit $M_z = M_0$ bestimmen. In diesem Spezialfall lauten die Blochschen Gleichungen:

$$\frac{dM_x}{dt} = \gamma B_0 M_y - \frac{M_x}{T_2} \; ; \quad \frac{dM_y}{dt} = -\gamma B_0 M_x - \frac{M_y}{T_2} \; ; \quad \frac{dM_z}{dt} = 0 \; . \tag{14}$$

Als Lösungen setzen wir gedämpfte harmonische Oszillationen an

$$M_x = m \cos \omega t \, e^{-t/T'} \; ; \qquad M_y = -m \sin \omega t \, e^{-t/T'} \; ; \tag{15}$$

in (14) eingesetzt erhalten wir für die linke Gleichung

$$-\omega \sin \omega t - \frac{1}{T'} \cos \omega t = -\gamma B_0 \sin \omega t - \frac{1}{T_2} \cos \omega t \; . \tag{16}$$

Die freie Präzession ist also durch

$$\omega_0 = \gamma B_0 \; ; \qquad T' = T_2 \; . \tag{17}$$

charakterisiert.

Die Bewegung ähnelt der eines zweidimensionalen harmonischen Oszillators. Diese Analogie legt den richtigen Schluß nahe, daß das Spinsystem Resonanzabsorption zeigen wird, wenn man ein Feld anlegt, das ungefähr dem durch die Resonanzbedingung $\omega_0 = \gamma B_0$ gegebenen Feld B_0 gleich ist. Die Halbwertsbreite der Resonanzkurve wird dann ungefähr $\Delta\omega \approx 1/T_2$ sein. Bild 7 zeigt die Resonanz von Protonen in Wasser

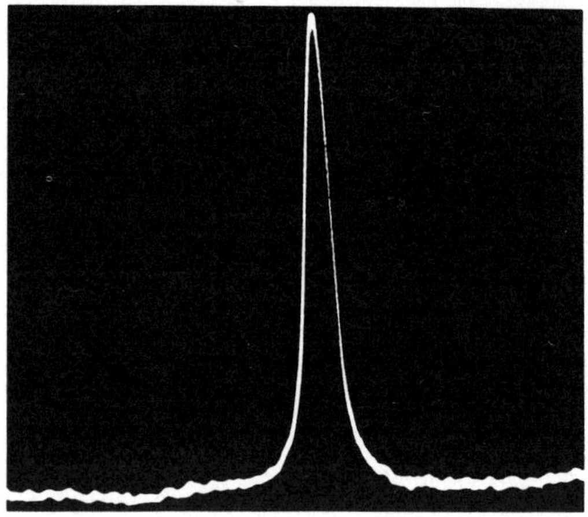

Bild 7:
Resonanzabsorption für Protonen in Wasser. (Aufnahme: E.L. Hahn.)

Die Blochschen Gleichungen können für ein rotierendes Magnetfeld mit der Amplitude

(18) $$B_x = B_1 \cos \omega t \ ; \qquad B_y = -B_1 \sin \omega t$$

gelöst werden. Nach einer einfachen Rechnung erhält man für die Leistungsabsorption aus dem rotierenden Magnetfeld

(19) $$\mathcal{P}(\omega) = \frac{\omega \gamma M_z T_2}{1 + (\omega_0 - \omega)^2 T_2{}^2} B_1{}^2 \ . \qquad \text{(CGS)}$$

Bemerkenswert ist, daß die Halbwertsbreite der Resonanz (d.h. Breite der Resonanzkurve bei der Hälfte des Maximalwertes)

(20) $$(\Delta\omega)_{\frac{1}{2}} = \frac{1}{T_2}$$

ist. Im stationären Zustand geht normalerweise die aus dem HF-Feld absorbierte Energie schließlich in Gitterschwingungen über.

Linienbreite

Bei einem starren Gitter magnetischer Dipole ist normalerweise die magnetische Dipolwechselwirkung die wichtigste Ursache für die Linienverbreiterung. An der Stelle eines magnetischen Dipols μ_1 erzeugt ein zweiter Dipol $\boldsymbol{\mu}_2$ (der Abstand des zweiten Dipols vom ersten sei $\mathbf{r}_{12}$) ein Feld $\Delta\mathbf{B}$

(21) $$\Delta \mathbf{B} = \frac{3(\mu_2 \cdot \mathbf{r}_{12})\mathbf{r}_{12} - \boldsymbol{\mu}_2 \mathbf{r}_{12}^2}{r_{12}^5} , \qquad \text{(CGS)}$$

ein aus der elementaren Magnetostatik bekanntes Ergebnis. Schreibt man B für ΔB, so ist die Größenordnung der Wechselwirkung zwischen den Dipolen

(22) $$B_i \approx \frac{\mu}{r^3} .$$

Die starke Abhängigkeit der Wechselwirkung vom Abstand legt den Schluß nahe, daß Wechselwirkung zwischen Nachbarn vorherrschen wird. Ist a der Abstand nächster Nachbarn, so erhält man

(23) $$B_i \approx \frac{\mu}{a^3} . \qquad \text{(CGS)}$$

Nehmen wir an, daß die Nachbarn statistisch orientiert sind, so gibt uns dieses Ergebnis eine Abschätzung für die Breite der Spinresonanzlinie. Für Protonen mit einem Abstand von 2 Å erhält man

(24) $$B_i \approx \frac{.4 \times 10^{-23}\ \mathrm{G\ cm^3}}{8 \times 10^{-24}\ \mathrm{cm^3}} \approx 2\ \mathrm{gauss} = 2 \times 10^{-4}\ \mathrm{tesla} .$$

Um (21), (22) und (23) in SI-Einheiten zu erhalten, muß man die rechte Seite der Gleichung jeweils mit $\mu_0/4\pi$ multiplizieren.

Linienverengung durch Bewegung

Die Experimente zeigen eindeutig, daß die Linienbreite abnimmt, sobald die Kerne relativ zu einander in schneller Bewegung sind. Bild 8 bringt ein Beispiel für diesen Effekt in Festkörpern: die Diffusion [8]) ähnelt einem sogenannten random walk-Prozeß (d. i. eine statistische Zufallsbewegung, wie z. B. die Brownsche Bewegung) bei dem ein Atom von einem Platz im Kristall zu einem anderen springt. Die mittlere Verweilzeit eines Atoms auf einem Platz ist dabei τ, diese nimmt mit steigender Temperatur ab. In Flüssigkeiten sind die Auswirkungen der Bewegung auf die Linienbreite gewöhnlich sogar noch ausgeprägter als in Festkörpern, da dort die Atome im Vergleich zur Flüssigkeit weniger beweglich sind. Die Breite der Protonenresonanzlinie in Wasser ist nur 10^{-5} der Breite, die man für Wassermoleküle in irgendeiner starren Anordnung erwarten würde.

Die Änderung von T_2 und damit die Änderung der Linienbreite durch die Bewegung der Kerne kann man mit einer elementaren Überlegung abschätzen. Wir wissen aus den Blochschen Gleichungen, daß T_2 ein Maß Maß für die Zeit ist, in der ein bestimmter Spin durch eine Störung des

---

[8]) **Eine detaillierte Studie über T_1 und T_2 in Alkali-Metallen führten D. F. Holcomb und R. E. Norberg in Phys. Rev. 98, 1074 (1955) durch. Diffusion wird in Kapitel 19 diskutiert.**

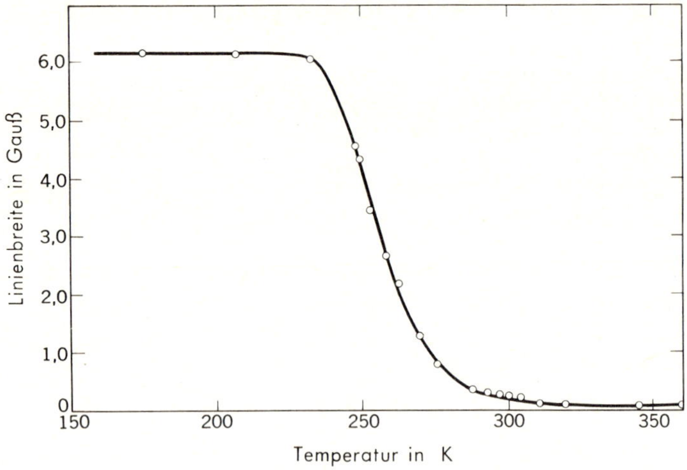

Bild 8: Auswirkung der Kerndiffusion auf die NMR-Linienbreite von Li^7 in metallischem Lithium. Bei tiefen Temperaturen stimmt der Wert des zweiten Moments mit dem theoretischen Wert für ein starres Gitter überein. Bei steigender Temperatur wächst die Diffusionsgeschwindigkeit, und die Linienbreite nimmt ab. Die abrupte Abnahme der Linienbreite oberhalb von 230 K ist nicht die Folge eines Phasenüberganges in dem Metall. Der Abfall tritt auf, sobald die Sprungzeit τ bei Diffusion kleiner als $1/\gamma B_i$ wird. Man kann also aus dem Experiment direkt die Sprungzeit entnehmen, die ein Atom benötigt, um seinen Gitterplatz zu wechseln. (Nach H.S. Gutowsky und B.R. McGarvey, J.Chem. Phys. **20**, 1472 (1952)).

örtlichen Magnetfeldes eine Phasenverschiebung von 1 Radian erleidet. $(\Delta\omega)_0 \approx \gamma B_i$ sei die in einem starren Gitter durch die Störung B_i verursachte örtliche Frequenzverschiebung. Das lokale Feld kann z.B. durch Dipol-Wechselwirkung mit anderen Spins verursacht werden. Befinden sich die Atome jedoch in einer schnellen Relativbewegung, so wird das lokale Feld B_i am Ort eines bestimmten Spins zeitlich rasch fluktuieren. Wir nehmen an, das lokale Feld habe im Mittel während der Zeit τ den Wert B_i und springe dann auf den Wert $-B_i$ wie in Bild 9b. Das statistische Umklappen des Magnetfeldes kann durch die Relativbewegung der Atome verursacht werden z.B. durch die Änderung des Winkels zwischen $\boldsymbol{\mu}$ und $\mathbf{r}$ in (21).

In der Zeit τ präzessiert der Spin dann mit dem zusätzlichen Phasenwinkel $\delta\varphi = \pm\gamma B_i\tau$ bezogen auf seine Präzession im äußeren Feld B_0. Die **Linienverengung durch Bewegung (motional narrowing)** spielt eine Rolle für kleine τ, so daß $\delta\varphi \ll 1$. Nach n Zeitintervallen τ wird

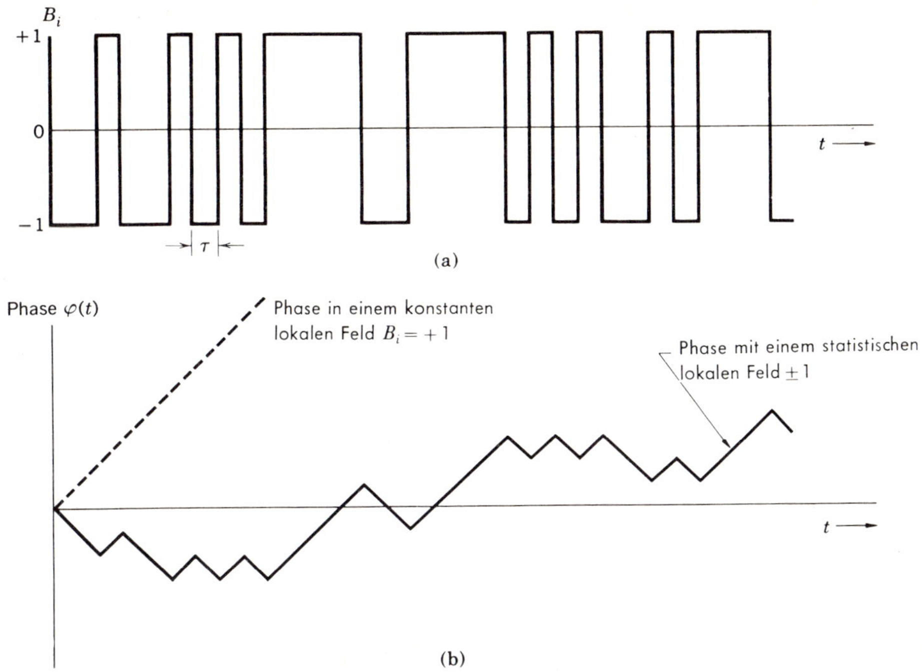

Bild 9: Die Phase eines Spins in einem konstanten lokalen Feld --- verglichen mit der Phasenverschiebung, die ein Spin erfährt, der jeweils innerhalb eines Zeitintervalls τ statistisch einen Gitterplatz mit dem lokalen Feld ±1 einnimmt. Die Phasenverschiebung wird relativ zur Phase eines Spins gemessen, der sich in einem von außen angelegten Feld B_0 bewegt.

der quadratische Mittelwert des Winkels, der die resultierende Phasenabweichung angibt

(25) $$\langle \varphi^2 \rangle = n(\delta\varphi)^2 = n\gamma^2 B_i^2 \tau^2 \; .$$

Dies ergibt sich aus der Analogie zum random walk-Prozeß: die mittlere quadratische Verschiebung nach n Sprüngen mit Länge l in willkürlichen oder statistisch verteilten Richtungen beträgt $\langle r^2 \rangle = nl^2$.

Die für eine Phasenverschiebung von 1 rad erforderliche Zahl von Sprüngen ist $n = 1/\gamma^2 B_i^2 \tau^2$. Dazu braucht man die Zeit

(26) $$T_2 = n\tau = 1/\gamma^2 B_i^2 \tau .$$

Dieses Resultat unterscheidet sich also wesentlich von dem für ein starres Gitter gültigen: $T_2 \cong 1/\gamma B_i$. Nach (26) erhält man für die Linienbreite bei schneller Bewegung mit charakteristischer Zeit τ:

(27) $$\Delta\omega = 1/T_2 = (\gamma B_i)^2\tau$$

oder

(28) $$\Delta\omega = 1/T_2 = (\Delta\omega)_0{}^2\tau .$$

$(\Delta\omega)_0$ ist die Linienbreite eines starren Gitters.

Bei dieser Ableitung wurde vorausgesetzt, daß $(\Delta\omega)_0\tau \ll 1$, da sonst $\delta\varphi$ nicht $\ll 1$ ist. Also wird $\Delta\omega \ll (\Delta\omega)_0$. Je kürzer also τ ist, desto enger die Resonanzlinie! Diesen bemerkenswerten Effekt bezeichnet man als **Linienverengung durch Bewegung (motional narrowing)** [9]. Die Relaxationszeit für die Rotation von Wassermolekülen bei Zimmertemperatur kennt man aus Messungen der Dielektrizitätskonstanten. Sie liegt in der Größenordnung von 10^{-10} sec; mit $(\Delta\omega)_0 \approx 10^5\,\mathrm{sec}^{-1}$ wird damit $(\Delta\omega)_0\tau \approx$ $\approx 10^{-5}$ und $\Delta\omega \approx (\Delta\omega)_0{}^2\tau \approx 1\ \mathrm{sec}^{-1}$.

Durch die Bewegung verschmälert sich also die Resonanzlinie für Protonen auf ungefähr 10^{-5} der statischen Breite.

Hyperfeinaufspaltung

Als Hyperfeinwechselwirkung bezeichnet man die Wechselwirkung zwischen dem magnetischen Moment des Kerns und dem des Elektrons. Für einen Beobachter, der den Kern als Standpunkt wählt, erscheint die Wechselwirkung als Folge des magnetischen Feldes des Elektrons, das es bei seiner Bewegung um den Kern erzeugt. Um den Kern fließt ein elektrischer Strom, wenn sich das Elektron in einem Zustand mit nichtverschwindendem Bahndrehimpuls befindet. Aber selbst wenn der Drehimpuls Null ist, fließt ein Strom von Elektronenspins um den Kern; dieser Strom ist die Ursache der **Hyperfeinkontaktwechselwirkung**, die vor allem in Festkörpern von Bedeutung ist. Mit einem qualitativen physikalischen Bild können wir die Ursache der Kontaktwechselwirkung verstehen. Im folgenden wollen wir uns des CGS-Systems bedienen.

Die Ergebnisse der Diracschen Theorie des Elektrons legen nahe anzunehmen, daß das magnetische Moment des Elektrons $\mu_B = e\hbar/2mc$ da-

---

[9] Die physikalischen Ideen stammen von N. Bloembergen, E. M. Purcell und R. V. Pound Phys. Rev. **73**, 679 (1948). Die Resultate unterscheiden sich von denen der Theorie optischer Linienbreiten. Dort setzt man kräftige Stöße zwischen Atomen (wie in einer Gasentladung) voraus und erhält bei kleinem τ große Linienbreiten. Bei unserem Problem dagegen, das den Kernspin betrifft, handelt es sich um schwache Stösse. Bei den meisten optischen Problemen sind die Zusammenstöße der Atome kräftig genug, um die Phase der Schwingung plötzlich zu ändern. Bei der Kernspinresonanz kann sich während des Zusammenstoßes die Phase sehr langsam ändern, obwohl sich die Frequenz plötzlich ein bißchen ändern kann.

durch verursacht wird, daß ein Elektron mit der Geschwindigkeit c in einer Bahn kreist, deren Radius ungefähr gleich der Compton-Wellenlänge $\lambda\!\!\!^{-}_e = \hbar/mc \sim 10^{-11}$ des Elektrons ist. Dieser Bewegung des Elektrons entspricht einem Strom

$$I \sim e \times (\text{Umläufe pro Zeiteinheit}) \sim \frac{ec}{\lambda\!\!\!^{-}_e} \quad (29)$$

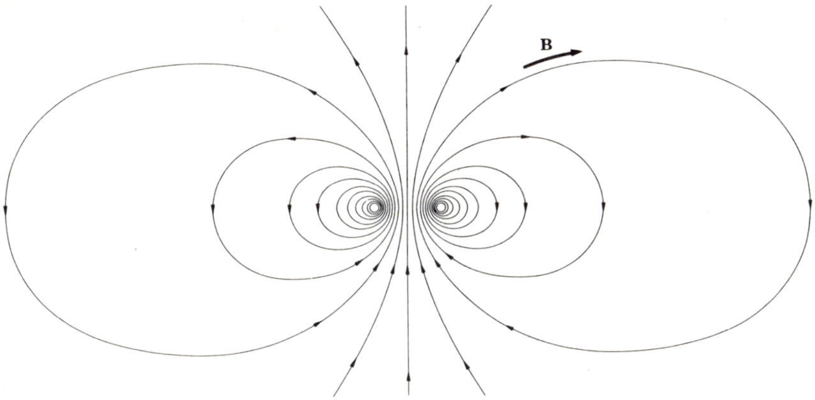

Bild 10: **Das Magnetfeld B einer Ladung, die sich auf einer Kreisbahn bewegt. Der Kontaktanteil der Hyperfeinwechselwirkung mit einem magnetischen Kernmoment stammt aus dem Gebiet innerhalb oder nahe der Stromschleife. Der Mittelwert des Feldes ergibt außerhalb der Schleife über eine Kugelschale Null. Für ein s-Elektron ($L = 0$) trägt also nur der Kontaktanteil zur Wechselwirkung bei.**

Das magnetische Feld (Bild 10) des Stromes ist dann

$$B \sim \frac{I}{\lambda\!\!\!^{-}_e c} \sim \frac{e}{\lambda\!\!\!^{-}_e{}^2} . \quad \text{(CGS)} \quad (30)$$

Der Beobachter auf dem Kern besitzt die Wahrscheinlichkeit,

$$P \approx |\psi(0)|^2 \lambda\!\!\!^{-}_e{}^3 . \quad (31)$$

sich innerhalb des Elektrons zu befinden, oder was gleichbedeutend ist, innerhalb einer Kugel mit dem Volumen $\lambda\!\!\!^{-}_e{}^3$ um das Elektron. $\psi(0)$ ist der Wert der Wellenfunktion des Elektrons am Kernort. Der Mittelwert des Magnetfeldes, das auf den Kern wirkt, ist

$$\bar{B} \approx e|\psi(0)|^2 \lambda\!\!\!^{-}_e \approx \mu_B|\psi(0)|^2 , \quad (32)$$

wobei $\mu_B = e\hbar/2mc = \frac{1}{2}e\lambda\!\!\!^{-}_e$ das Bohrsche Magneton ist.

Der Kontaktterm der Hyperfeinwechselwirkung ist

(33) $$U = -\boldsymbol{\mu}_I \cdot \overline{\mathbf{B}} \approx -\boldsymbol{\mu}_I \cdot \boldsymbol{\mu}_B |\psi(0)|^2 \approx \gamma\hbar\mu_B|\psi(0)|^2 \mathbf{I} \cdot \mathbf{S}$$

I ist der Kernspin in Einheiten von $\hbar$.

Die Kontaktwechselwirkung in einem Atom besitzt die Form

(34) $$U = a\mathbf{I} \cdot \mathbf{S} \ .$$

Einige Werte der Hyperfeinkonstanten a für den Grundzustand freier Atome:

Kern	H^1	Li^7	Na^{23}	K^{39}	K^{41}
I	$\frac{1}{2}$	$\frac{3}{2}$	$\frac{3}{2}$	$\frac{3}{2}$	$\frac{3}{2}$
a in Gauß	507	144	310	83	85
a in MHz	1420	402	886	231	127

Die Werte von a in Gauß für ein Elektron sind als $a/2\mu_B$ definiert.

In einem starken Magnetfeld beeinflußt die Zeemanaufspaltung der Elektronenniveaus das Niveauschema des freien Atoms oder Ions wesentlich; die Hyperfeinwechselwirkung ergibt in starken Feldern eine weitere Aufspaltung $U' \cong am_S m_I$, m_S und m_I sind die magnetischen Quantenzahlen.

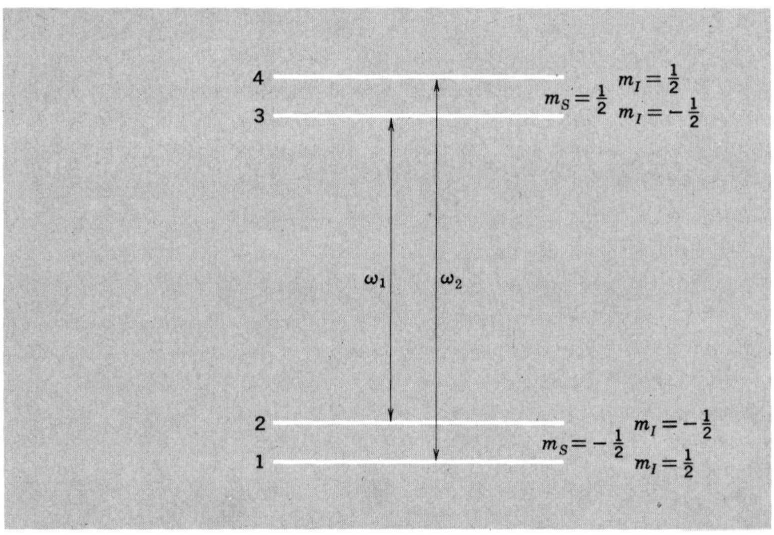

Bild 11: Energieniveaus eines Systems mit $S = \frac{1}{2}$, $I = \frac{1}{2}$ in einem Magnetfeld. Die Zeichnung gilt für den Fall eines starken Magnetfeldes $\mu_B H \gg a$, wobei a die Kopplungskonstante für die Hyperfeinaufspaltung ist und positiv gesetzt wurde. Die vier Niveaus sind durch die magnetischen Quantenzahlen m_S, m_I gekennzeichnet. Für die starken elektronischen Übergänge gilt $\Delta m_I = 0$, $\Delta m_S = \pm 1$.

Im Termschema von Bild 11 haben die beiden eingezeichneten Übergänge des Elektrons $\Delta m_S = \pm 1$, $\Delta m_I = 0$; die Frequenzen sind $\omega = \gamma H_0 \pm a/2\hbar$. Die Übergänge des Kerns sind nicht eingezeichnet; für sie gilt $\Delta m_S = 0$, so daß man $\omega_{nuc} = a/2\hbar$ erhält. Die Frequenz des Kernübergangs $1 \rightarrow 2$ ist gleich der des Überganges $3 \rightarrow 4$. Durch die Hyperfeinwechselwirkung spaltet in einem Atom der Grundzustand auf. Die Aufspaltung in Wasserstoff entspricht einer Frequenz von 1420 MHz; dies ist die aus der Radioastronomie bekannte Frequenz interstellaren atomaren Wasserstofgases.

Beispiele: Paramagnetische lokalisierte Gitterfehler

Die Hyperfeinaufspaltung bei Elektronenspinresonanz liefert wertvolle Information über die Struktur paramagnetischer Punktdefekte wie z.B. F-Zentren in Alkalihalogeniden oder Donatoren in Halbleitern.

F-Zentren in Alkalihalogeniden

Ein F-Zentrum besteht aus einer Leerstelle, an der ein negatives Ion fehlt und einem Überschußelektron, das an die Leerstelle gebunden ist (Bild 12; Kapitel 19). Die Wellenfunktion des eingefangenen Elektrons wird hauptsächlich auf die sechs der Leerstelle benachbarten Alkaliionen aufgeteilt; die Amplitude der Wellenfunktion ist an den Plätzen der zwölf Halogenionen, die die Schale der übernächsten Nachbarn bilden, schon sehr klein. Die Zahlen beziehen sich dabei auf die NaCl-Struktur. Ist $\varphi(\mathbf{r})$ die Wellenfunktion des Valenzelektrons eines einzelnen Alkaliions, so ist eine erste Näherung [10] für die Wellenfunktion des Elektrons im F-Zentrum.

$$\psi(\mathbf{r}) = C \sum_p \varphi(\mathbf{r} - \mathbf{r}_p) \quad (36)$$

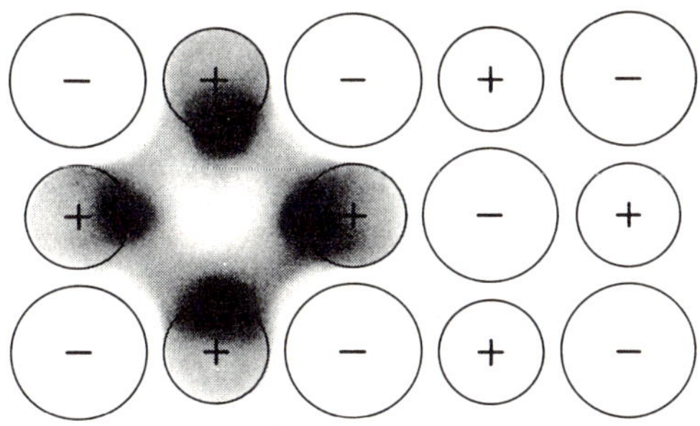

Bild 12:
Ein *F* -Zentrum besteht aus einer Anionlücke und einem an die Leerstelle gebundenen überschüssigen Elektron. Die Aufenthaltswahrscheinlichkeit des Überschußelektrons ist groß in der Nähe der positiven Metallionen, die an die Leerstelle angrenzen.

[10]) Kip, Kittel, Levy und Portis, Phys. Rev. **91**, 1066 (1953); G. Feher, Phys. Rev. **105**, 1122 (1957).

In der NaCl-Struktur sind die Werte $\mathbf{r}_p$ die sechs Radiusvektoren der Alkaliionen, die die Leerstelle umgeben. C ist eine Normierungskonstante. Da die Wellenfunktion $\varphi(\mathbf{r})$ auch die Wellenfunktionen der benachbarten Halogenionen etwas überlappt, ist (36) keine vollständige Beschreibung des F-Zentrums.

Die Breite der Elektronenspin-Resonanzlinie des F-Zentrums wird im wesentlichen durch die Hyperfeinwechselwirkung des eingefangenen Elektrons mit den magnetischen Momenten der Kerne der benachbarten Alkali-Ionen bestimmt. Die beobachtete Linienbreite zeigt, daß das einfache Modell, das wir uns für die Wellenfunktion des Elektrons machten, annähernd richtig ist. Mit Linienbreite meinen wir die Breite der Einhüllenden der möglichen Hyperfeinstruktur-Komponenten. Betrachten wir zum Beispiel ein F-Zentrum in KCl. Natürliches Kalium besteht zu 93 Prozent aus K^{39} mit dem Kern-Spin $I = \frac{3}{2}$. Der Gesamtspin der sechs Kaliumkerne eines F-Zentrums ist dann $I_{\max} = 6 \times \frac{3}{2} = 9$. Die Anzahl der Hyperfeinkomponenten ist folglich $2I_{\max} + 1 = 19$, dies ist die Anzahl der

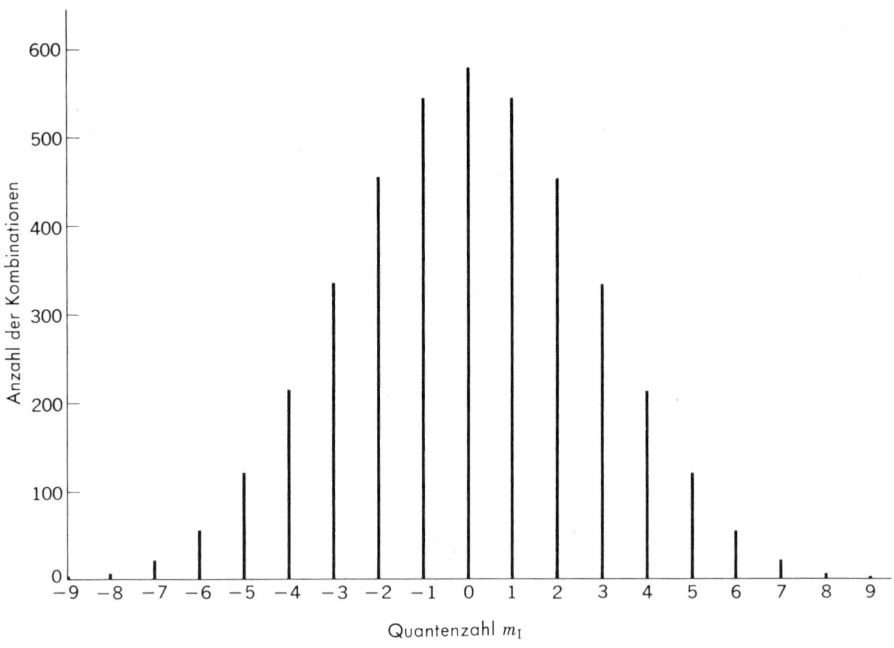

Bild 13: Die 4096 Kombinationsmöglichkeiten der sechs Kernspins von K^{39} verteilt auf die 19 Hyperfeinkomponenten. Jede Komponente wird wegen der zusätzlichen Hyperfeinwechselwirkung mit den 12 benachbarten Cl-Kernen, die Cl^{25} (75%) oder Cl^{37} (25%) sein können, in eine sehr große Anzahl von Komponenten weiter aufspalten. Die Einhüllende oder Komponenten besitzt ungefähr die Form einer Gaußverteilung.

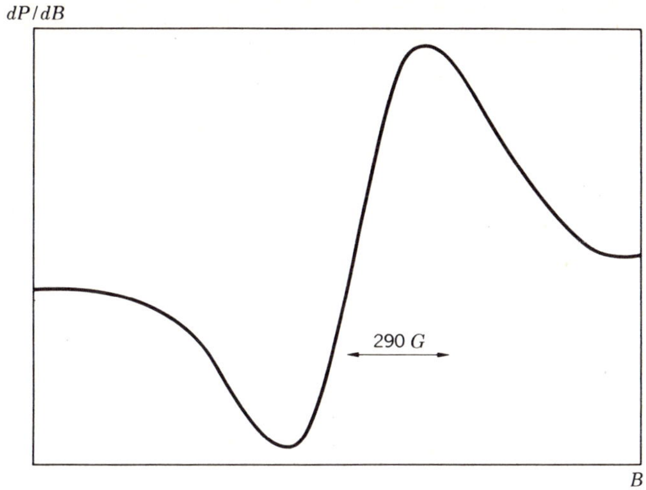

Bild 14: Elektronenspinresonanz an F-Zentren in RbBr. Aufgezeichnet ist die Ableitung dP/dB der Leistungsabsorption in Abhängigkeit von dem von außen angelegten Magnetfeld (nach H.C.Wolf und K.H.Hausser, Naturwissenschaften 46, 646 (1959)).

möglichen Werte, die die Quantenzahl m_I annehmen kann. Es gibt $(2I + 1)^6 = 4^6 = 4096$ unabhängige Anrodnungen der sechs Spins, die sich wie in Bild 13 auf die 19 Komponenten verteilen. Meistens beobachtet man nur die Einhüllende der Absorptionslinien eines F-Zentrums wie z.B. in Bild 14 für RbBr; aber manchmal ist die durch die Metallionen verursachte Aufspaltung so groß, daß die einzelnen Komponenten von Bild 13 auftauchen wie in LiF, NaF und RbCl. Die experimentellen Ergebnisse sind in einem Übersichtsartikel von Markham [11] zusammengefaßt. Die wohl aufsehenerregendste Anwendung der Elektronenspinresonanz auf Farbzentren war die Erforschung der Struktur des V_K -Zentrums, Kapitel 19.

Donatoratome in Silizium

In Siliziumkristallen wirken Phosphor, Arsen und Antimon als Donatoren. Jedes Donatoratom besitzt fünf Valenzelektronen. Vier davon gehen eine kovalente Bindung mit dem Kristallgitter ein; sie sind diamgnetisch. Das fünfte Elektron bildet ein paramagnetisches Zentrum mit dem Spin $S = \frac{1}{2}$. In Bild 15 werden die gemessenen Hyperfeinaufspaltungen gezeigt, die sich im Grenzfall starker Felder aus der Wechselwirkung ergeben.

(37) $$(\Delta m_S = \pm 1, \Delta m_I = 0) \; .$$

[11]) J.J.Markham, F-Centers in Alkali Halides, Akademic, 1966.

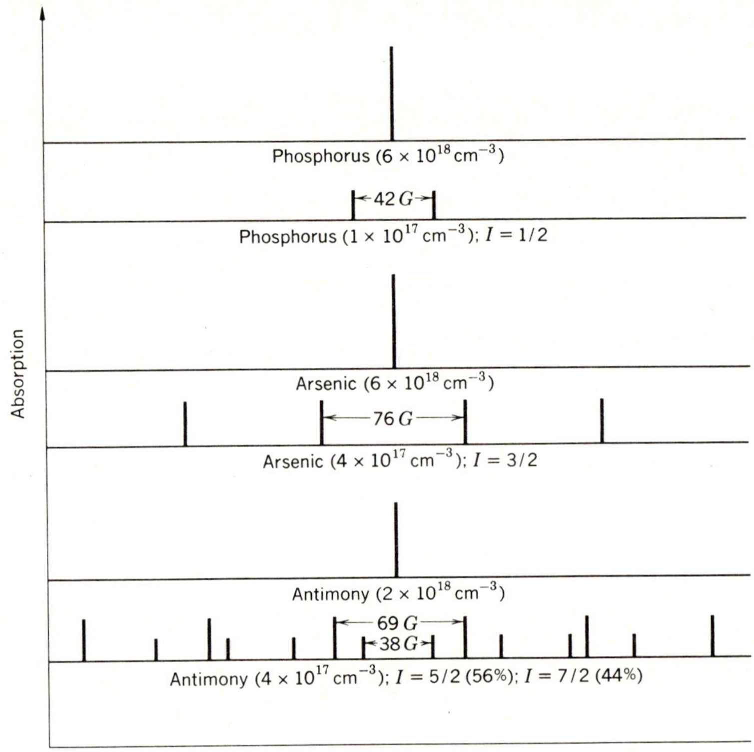

Bild 15: Elektronenspin-Resonanzlinien von P, As und Sb Donatoratomen in Silizium. Die Anzahl der durch Hyperfeinwechselwirkung aufgespaltenen Linien ist 2 I + 1, wobei I der Kernspin ist. Bei höheren Donatorkonzentrationen (bei Phosphor $6 \cdot 10^{18}$ Atome pro cm ^{3}) kann ein Donatoratom so schnell den Gitterplatz wechseln, daß die Hyperfeinstruktur unterdrückt wird (nach R.C. Fletcher, W.A. Yager, G.L. Pearson und F.R. Merrit, Phys. Rev. 95, 844 (1954)).

Die Donatoren P und As besitzen jeweils nur ein natürliches Isotop; die Anzahl der Hyperfeinkomponenten ist deshalb $2I + 1 = 2$ für P und 4 für As. Natürliches Sb besteht jedoch aus zwei häufig vorkommenden Isotopen: zu 56% aus Sb^{121} mit $I = \frac{5}{2}$ und zu 44 % aus Sb^{123} mit $I = \frac{7}{2}$. Insgesamt wurden wie erwartet 6 + 8 = 14 Linien beobachtet. Übersteigt die Konzentration der Donatoren einen Wert von ungefähr $1 \cdot 10^{18}$ Donatoren/cm^{-3}, so findet man bei allen drei Donatoren statt mehreren eine einzige scharfe Linie. Man nimmt an, daß dieser Effekt auf Motional Narrowing (Gleichung 29) durch schnelles Springen der Elektronen von einem Donatoratom zum anderen zurückzuführen ist. Durch das schnelle Wechseln der Donatoratome wird die Hyperfeinaufspaltung gemittelt. Da bei höheren Konzentrationen die Überlappung der Wellenfunktionen der

Donatorelektronen zunimmt, wächst auch die Anzahl der Sprünge. Leitfähigkeitsmessungen zeigen, daß dieser Schluß richtig ist.

Die Wellenfunktion des Donatorelektrons (Kapitel 11) erstreckt sich nicht nur über das zentrale Donatoratom, sondern über viele Hundert Siliziumatome. Die meisten dieser Atome (92%) sind Si^{28} das keinen Kernspin besitzt und deswegen keine Hyperfeinaufspaltung verursacht. 5 Prozent der Atome jedoch sind Si^{29} mit $I = 1/2$. Die Kernspins des Si^{29} ergeben eine zusätzliche Hyperfeinaufspaltung, die zuerst von Feher [12]) mit einer hochauflösenden Elektronen- und Kernspin-Doppelresonanztechnik (ENDOR) nachgewiesen werden konnte; diese Messungen an Silizium geben Aufschluß über die Wellenfunktion der Leitungselektronen und über die Lage der Leitungsbandkante in der Brillouinzone.

Knight-Shift

Bei konstanter Frequenz erhält man Kernspinresonanz an einem Atom in einem Metall bei einer etwas anderen Feldstärke als wenn man das gleiche Atom in einen diamagnetischen Festkörper einbaut. Diesen Effekt nennt man **Knight-Shift.** Bei Studien an Leitungselektronen eines Kerns mit dem Spin **I** und dem gyromagnetischen Verhältnis γ_I ist

$$U = (-\gamma_I \hbar B_0 + a\langle S_z \rangle) I_z \; . \tag{38}$$

Der erste Term stellt die Wechselwirkung mit dem von außen angelegten Feld B_0 dar, der zweite ist die gemittelte Hyperfeinwechselwirkung des Kerns mit den Leitungselektronen. Der Mittelwert $\langle S_z \rangle$ des Spins der Leitungselektronen hängt mit der Paulischen Spinsuszeptibilität χ_s der Leitungselektronen zusammen:

$$M_z = gN\mu_B \langle S_z \rangle = \chi_s B_0 \; . \tag{39}$$

Damit kann man die Wechselwirkung dann als

$$U = \left(-\gamma_I \hbar + \frac{a\chi_s}{gN\mu_B} \right) B_0 I_z = -\gamma_I \hbar B_0 \left(1 + \frac{\Delta B}{B_0} \right) I_z \tag{40}$$

schreiben und definiert als Knightshift

$$K = -\frac{\Delta B}{B_0} = \frac{a\chi_s}{gN\mu_B \gamma_I \hbar} \; . \tag{41}$$

Experimentell ermittelte Werte sind in Tabelle 2 zu finden. In metallischem Li^7 beträgt die Knightshift z.B. $2{,}6 \cdot 10^{-4}$. Der Wert der Hyper-

[12]) G. Feher, Phys. Rev. **114**, 1219 (1959). Diese Technik ist als ENDOR-Technik bekannt. Ergebnisse findet man bei W. Kohn, sol. stat. phys. **5**, 257 (1957).

Tabelle 2: Knightshift bei NMR-Messungen an metallischen Elementen *) (bei Raumtemperatur).

Kern	Knight shift in Prozent	Kern	Knight shift in Prozent
Li^7	0,0261	Cu^{63}	0,237
Na^{23}	0,112	Rb^{87}	0,653
Al^{27}	0,162	Pd^{105}	−3,0
K^{39}	0,265	Pt^{195}	−3,533
V^{51}	0,580	Au^{197}	1,4
Cr^{53}	0,69	Pb^{207}	1,47

*) Nach Berechnungen von L. E. Drain[13])

feinkopplungskonstante a ist in einem Metall etwas anders als in einem freien Atom, da die Wellenfunktionen am Kernort etwas verschiedene Werte besitzen. Aus Messungen der Knightshift von metallischem Li kann man berechnen, daß der Wert von $|\psi(0)|^2$ im Metall 44% von dem des freien Atoms ist; ein theoretisch berechneter Wert für dieses Verhältnis ist 0,49. Nur in wenigen Ausnahmefällen kann der absolute Wert des Spinbeitrags χ_s zur magnetischen Suszeptibilität bestimmt werden und wenn, dann meistens nur durch sehr empfindliche Messungen der Spinresonanz an Leitungselektronen. Meistens wertet man Knightshiftexperimente so aus, daß man für die Kopplungskonstante im Metall einen vernünftigen Wert annimmt und dann χ_s berechnet. Die Knightshift ist vor allem für das Studium von Metallen, Legierungen, weichen und intermetallischen Supraleitern und ungewöhnlichen elektronischen Systemen wie $Na_x WO_3$ von Bedeutung. Einen Überblick über das Anwendungsgebiet der Knightshift gibt Drain [13]).

Kernquadrupolresonanz

Kerne mit Spin $I \geq 1$ besitzen ein elektrisches Quadrupolmoment. Dieses gibt ein Maß für die Elliptizität der Ladungsverteilung im Kern. Klassisch definiert man diese Größe als [14])

(42) $$eQ = \tfrac{1}{2} \int (3z^2 - r^2)\rho(\mathbf{r})\, d^3x\,.$$

$\rho(\mathbf{r})$ ist die Ladungsdichte. Bei einem eiförmigen Kern ist Q positiv, bei einem scheibenförmigen Kern negativ.

---

[13]) L. E. Drain, "Nuclear Magnetic Resonance in Metals", Metallurgical Review, 119 (1967).

[14]) Siehe Slichter, Kapitel 6.

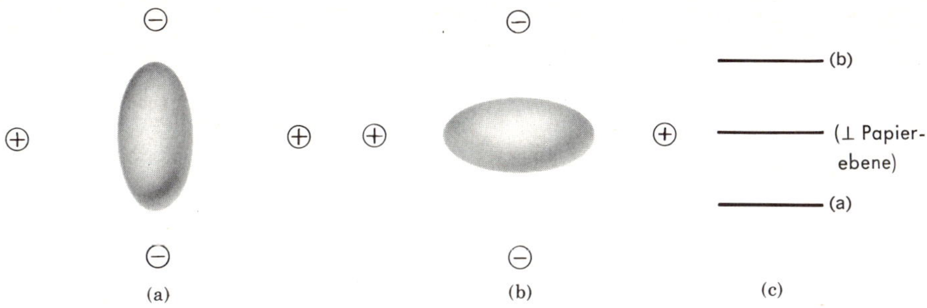

Bild 16: (a) Energetisch niedrigste Orientierung eines Kernquadrupolmoments ($Q > 0$) im lokalen Feld der vier eingezeichneten Ionen. Die Elektronen der Ionen sind nicht gezeichnet. (b) Orientierung mit höchster Energie. (c) Aufspaltung der Energieniveaus für $I = 1$.

Auf einen im Kristall eingebauten Kern wirkt das elektrostatische Feld seiner Umgebung (Bild 16). Ist die Symmetrie dieses Feldes geringer als kubisch, so ergibt sich infolge des Kernquadrupolmoments eine Reihe von Energieniveaus, deren Abstand durch die Wechselwirkung des Quadrupolmoments mit dem lokalen elektrischen Feld bestimmt wird. Genau derselbe Effekt wird in Anhang M für den Fall eines elektronischen Quadrupolmoments behandelt. Dort wird zwar nicht der Ausdruck Quadrupolmoment benutzt, doch hat ein Elektron in einem p-Zustand ($L = 1$) ein Quadrupolmoment, das für die Kristallfeldaufspaltung in diesem Beispiel verantwortlich ist.

Die aufgespaltenen Zustände sind die $2I + 1$ Zustände eines Spins I. Die Quadrupolaufspaltungen können oft direkt beobachtet werden, da ein magnetisches HF-Feld mit richtiger Frequenz Übergänge zwischen den Niveaus hervorruft. Der Ausdruck **Kernquadrupolresonanz** bezieht sich auf Beobachtungen der Kernquadrupolaufspaltungen ohne ein statisches äußeres Magnetfeld.

Die Quadrupolaufspaltungen sind besonders groß in Molekülen mit kovalenter Bindung, so z.B. in Cl_2, Br_2 und J_2. Sie liegen in der Größenordnung von 10^8 Hz.

Ferromagnetische Resonanz

Die Spinresonanz bei Ferromagneten im Mikrowellenbereich[15]) gleicht im Prinzip der Kernspinresonanz. Das magnetische Gesamtmoment der Pro-

[15]) Sie wurde zuerst von J. H. E. Griffiths, Nature **158**, 670 (1946), beobachtet.

be präzessiert um die Richtung des statischen Magnetfeldes. Eine starke Energieabsorption aus dem transversalen HF-Feld tritt dann auf, wenn dessen Frequenz gleich der Präzessionsfrequenz ist. Man kann auch gleichermaßen von der Vorstellung ausgehen, daß sich der makroskopische Vektor, der den Gesamtspin des Ferromagneten darstellt, in dem statischen Magnetfeld quantisiert einstellt, und zwar mit Energieniveaus, die durch die üblichen Zeeman-Frequenzen getrennt sind. Die Auswahlregel $\Delta m_S = \pm 1$ erlaubt dann nur Übergänge zwischen benachbarten Niveaus.

Zu den ungewöhnlichen Eigenschaften der ferromagnetischen Resonanz gehören unter anderen die folgenden:

a) Die Komponenten χ' und χ'' der transversalen dynamischen Suszeptibilität sind sehr groß, da die Magnetisierung eines Ferromagneten in einem gegebenen statischen Feld sehr viel größer ist als die Magnetisierung von Elektron- oder Kernparamagneten im gleichen Feld.

b) Die Gestalt des Probenkörpers spielt eine wichtige Rolle. Da die Magnetisierung groß ist, gilt dasselbe auch für das Entmagnetisierungsfeld[16]).

c) Die starke Austauschkopplung unter den ferromagnetischen Elektronen führt zu einer Unterdrückung des Dipolbeitrags zur Linienbreite, so daß die ferromagnetischen Resonanzlinien unter günstigen Umständen sehr scharf sein können (< 1 G). Der Effekt der Austauschverengung im paramagnetischen Bereich wird später bei der Besprechung der EPR behandelt.

d) Sättigungseffekte wurden bei relativ niedrigen HF-Leistungen festgestellt. Es ist hier nicht wie bei Kernspinsystemen möglich, durch sehr starkes Einstrahlen die Magnetisierung M_z auf Null zu bringen oder gar sie umzudrehen. Bevor der Magnetisierungsvektor überhaupt um einen wesentlichen Betrag aus seiner Anfangsstellung herausgedreht werden kann, "bricht" er auseinander, und die Anregungsenergie verteilt sich auf mehrere Spinwellen.

Einfluß der Probengestalt

In diesem Abschnitt soll der Einfluß der Probengestalt auf die Resonanzfrequenz [17]) behandelt werden. Dazu betrachten wir eine Probe aus einem kubischen ferromagnetischen Isolator, die in Gestalt eines Ellipsoids vorliegt, dessen Hauptachsen parallel zu den x, y, z-Achsen eines kartesischen Koordinatensystems liegen. Die **Entmagnetisierungsfaktoren** N_x,

---

[16]) Siehe dazu das Entelektrisierungsfeld, Kapitel 13.

[17]) C. Kittel, Phys. Rev. **71**, 270 (1947); **73**, 155 (1948).

N_y, N_z sind identisch mit den in Kapitel 13 definierten Entelektrisierungsfaktoren. Die Komponenten des inneren Magnetfeldes $\mathbf{B}_i$ im Ellipsoid hängen mit dem äußeren Feld $\mathbf{B}$ über folgende Beziehungen zusammen:

$$B_x{}^i = B_x{}^0 - N_x M_x \; ; \qquad B_y{}^i = B_y{}^0 - N_y M_y \; ; \qquad B_z{}^i = B_z{}^0 - N_z M_z \; . \tag{43}$$

Das Lorentzfeld $(4\pi/3)\mathbf{M}$ und das Austauschfeld $\lambda\mathbf{M}$ tragen nicht mit zum Drehmoment bei, da ihr Vektorprodukt mit $\mathbf{M}$ identisch gleich Null ist. Im SI-System ersetzt man die Komponenten von $\mathbf{M}$ in (43) durch $\mu_0\mathbf{M}$ und definiert die Entmagnetisierungsfaktoren N geeignet.

In einem äußeren statischen Feld $B_0\hat{\mathbf{z}}$ lauten nach (43) die Komponenten der Bewegungsgleichung (7) für die Spins

$$\begin{aligned} dM_x/dt &= \gamma(M_y B_z{}^i - M_z B_y{}^i) = \gamma[M_y(B_0 - N_z M) - M(-N_y M_y)] \\ &= \gamma[B_0 + (N_y - N_z)M]M_y ; \\ dM_y/dt &= \gamma[M(-N_x M_x) - M_x(B_0 - N_z M)] \\ &= -\gamma[B_0 + (N_x - N_z)M]M_x . \end{aligned} \tag{44}$$

In erster Näherung kann man setzen: $dM_z/dt = 0$ und $M_z = M$. Lösungen von (44) mit der Zeitabhängigkeit $e^{-i\omega t}$ existieren, wenn

$$\begin{vmatrix} i\omega & \gamma[B_0 + (N_y - N_z)M] \\ -\gamma[B_0 + (N_x - N_z)M] & i\omega \end{vmatrix} = 0 . \tag{45}$$

Die ferromagnetische Resonanzfrequenz ist also

$$\omega_0{}^2 = \gamma^2[B_0 + (N_y - N_z)M][B_0 + (N_x - N_z)M] . \tag{46}$$

$$\boldsymbol{\omega_0{}^2 = \gamma^2[B_0 + (N_y - N_z)\mu_0 M][B_0 + (N_x - N_z)\mu_0 M] \; .}$$

Die Frequenz ω_0 wird als die Frequenz der gleichförmigen Schwingung (engl. uniform mode) bezeichnet, im Unterschied zu den Frequenzen von Magnonen und anderen nicht gleichförmigen Schwingungstypen. Alle Momente präzessieren hier in Phase mit der gleichen Amplitude.

Bei einer Kugel ist $N_x = N_y = N_z$ und damit

$$\omega_0 = \gamma B_0 \; . \tag{47}$$

Bild 17 zeigt eine sehr scharfe Resonanzlinie für diese Geometrie.

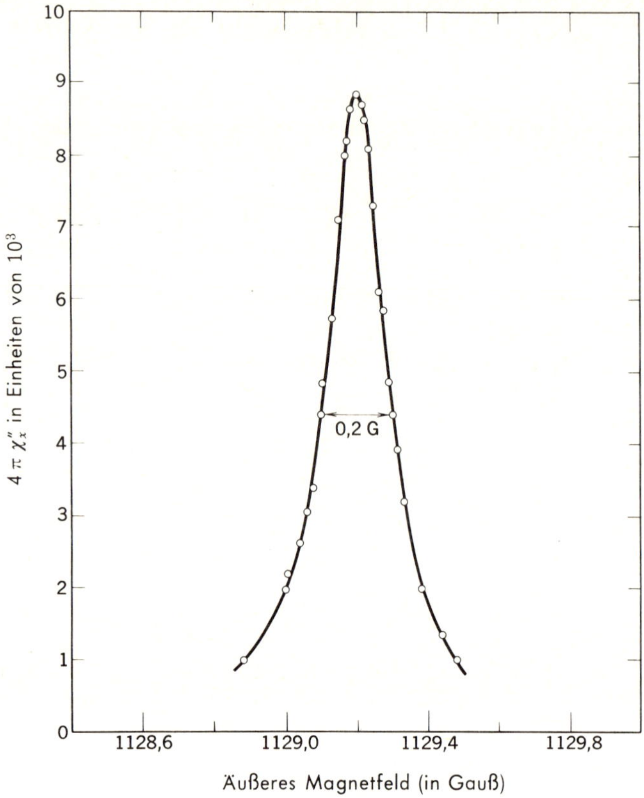

Bild 17: Ferromagnetische Resonanz (FMR) in einer polierten Kugel aus Yttrium-Eisen-Granat bei 3,33 GHz und 300° K, wobei $H_0 \parallel [111]$ ist. Die Halbwertsbreite der Linie beträgt nur 0,2 G. (Nach R.C. LeCraw und E. Spencer, unveröffentlicht.)

Bei einer flachen Scheibe mit dem Magnetfeld $\mathbf{B}_0$ senkrecht zur Scheibenebene ist $N_x = N_y = 0$; $N_z = 4\pi$; also

(48) $$\omega_0 = \gamma(B_0 - 4\pi M) \quad ; \text{(CGS)} \qquad \textbf{(SI)} \quad \omega_0 = \gamma(B_0 - \mu_0 M) \; .$$

Wenn B_0 parallel zur Ebene der Platte und die Platte in der xz-Ebene liegt, dann ist $N_x = N_z = 0$; $N_y = 4\pi$ und

(49) $$\omega_0 = \gamma[B_0(B_0 + 4\pi M)]^{\frac{1}{2}} \; ; \text{(CGS)} \quad \textbf{(SI)} \quad \omega_0 = \gamma[B_0(B_0 + \mu_0 M)]^{\frac{1}{2}} \; .$$

Eine Resonanzlinie für diese Geometrie ist in Bild 18 wiedergegeben.

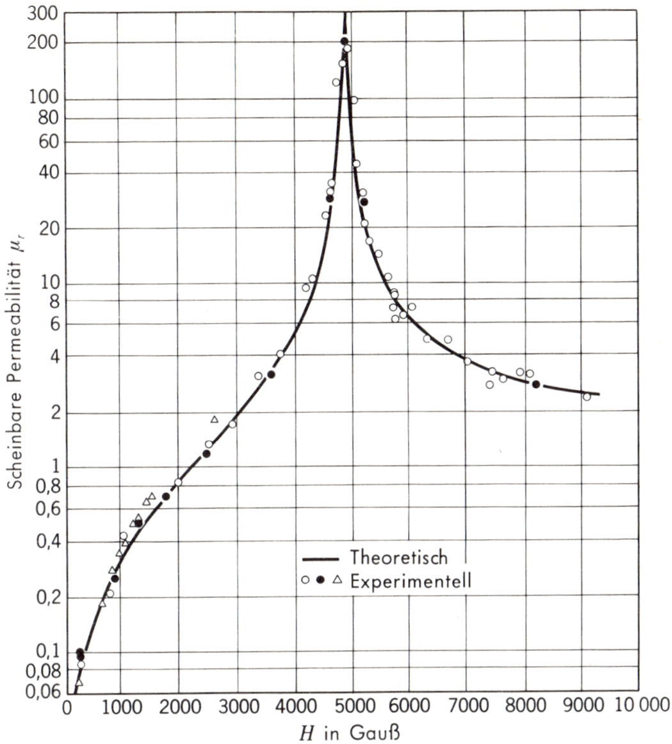

Bild 18: Resonanzkurve für Supermalloy nach Yager und Bozorth. Auf der Ordinate ist jene Kombination von Real- und Imaginärteil der Permeabilität aufgetragen, die die Wirbelstromverluste bestimmt.

Die Experimente liefern γ, aus dem sich mit Hilfe von $-\gamma \equiv g\mu_B/\hbar$ [siehe Kapitel 15] der Lande-Faktor bestimmen läßt. Für metallisches Fe, Co und Ni ist bei Zimmertemperatur der g -Wert 2,10, 2,18 und 2,21.

Spinwellenresonanz

Hochfrequente Magnetfelder können in dünnen ferromagnetischen Filmen [18]) unter bestimmten Bedingungen langwellige Spinwellen anregen.

Eine Bedingung ist, daß die Elektronenspins an der Oberfläche des Films ein anderes Anisotropiefeld besitzen als die Spins im Inneren des Films.

---

[18]) C. Kittel, Phys. Rev. **110**, 1295 (1958), M.H. Seavey, Jr. und P.E. Tannenwald, Phys. Rev. Lett. **1**, 108 (1958); P. Pincus, Phys. Rev. **118**, 658 (1960); eine Studie über die Winkelabhängigkeit findet man bei M. Okochi, J. Phys. Soc. Jap. **28**, 897 (1970).

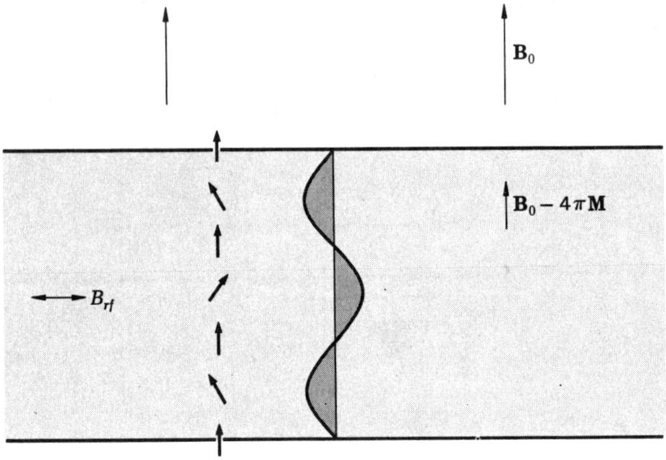

Bild 19: Spinwellenresonanz in einem dünnen Film. Die Oberfläche des Films ist zur Richtung des von außen angelegten statischen Magnetfeldes B_0 senkrecht. Im Bild ist ein Querschnitt durch den Film gezeichnet. Im Film hat das Magnetfeld die Größe $B_0 - 4\pi M$. Man nimmt an, daß die Spins an der Oberfläche des Films durch eine Oberflächenanisotropie gezwungen werden, ihre Richtung beizubehalten. Ein homogenes Hochfrequenzfeld B_{rf} regt Spinwellen mit einer ungeraden Anzahl von halben Wellenlängen an. Die eingezeichnete Welle weist $n = 3$ halbe Wellenlängen auf.

Tatsächlich können wie in Bild 19 die Oberflächenspins unbeweglich sein. Ist das hochfrequente Feld über die Dicke der Probe homogen, so kann es Wellen anregen, die längs der Dicke der Probe eine ungerade Anzahl von halben Wellenlängen aufweisen. Wellen mit einer geraden Anzahl von Wellenlängen entnehmen im Zeitmittel keine Energie aus dem Wechselfeld.

Für den Spezialfall, daß das von außen angelegte statische Magnetfeld senkrecht zur Oberfläche des Films ist, erhält man die Bedingung für **Spinwellenresonanz** (SWR), wenn man in Gleichung (48) auf der rechten Seite einen Austauschanteil zur Resonanzfrequenz hinzufügt. Diesen Austauschanteil kann man als Dk^2 schreiben, D ist eine Konstante, die in dem Modell, das Gleichung (16.26) zugrunde liegt, gleich $2JSa^2$ ist. Bei SWR-Experimenten gilt $ka \ll 1$, so daß man in einem äußeren Feld B_0

$$(50) \qquad \omega_0 = \gamma(B_0 - 4\pi M) + Dk^2 = \gamma(B_0 - 4\pi M) + D\left(\frac{n}{\pi L}\right)^2 \qquad \text{(CGS)}$$

erhält, wobei der Wellenvektor für eine Schwingung mit n halben Wellenlängen in einem Film der Dicke L gegeben ist durch $k = n\pi/L$.

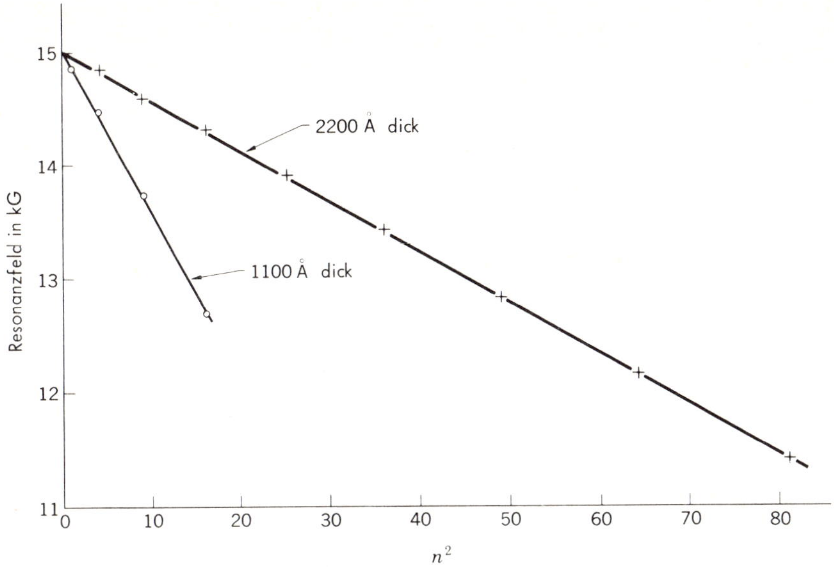

Bild 20: Spinwellenresonanz in Permalloy-Filmen bei 12,33 GHz. Das Magnetfeld, bei dem Resonanz eintritt, ist gegen das Quadrat der Modenzahl n aufgetragen (nach G.I. Lykken, Phys. Rev. Lett. 19, 1431 (1967)).

In Bild 20 sind die Ergebnisse für Messungen an zwei Permalloyfilmen (82 Ni 18 Fe) eingezeichnet. Die Experimente wurden bei konstanter Frequenz durchgeführt. Deshalb nimmt bei steigender Anzahl n der Schwingungsknoten die Feldstärke B_0 bei der man Resonanz τ erhält ab. Trägt man B_0 gegen n^2 auf, so erwartet man, wenn die Bedingung, daß die Oberflächenspins sich nicht bewegen, erfüllt ist, eine gerade Linie. In den für Bild 20 ausgewählten Experimenten ist diese Linearität außerordentlich gut erfüllt.

Bild 21 zeigt eine experimentelle Absorptionskurve.

Antiferromagnetische Resonanz

Wir betrachten einen einachsigen Antiferromagneten, dessen Spins auf den beiden Untergittern 1 und 2 sitzen. Die Magnetisierung $\mathbf{M}_1$ des Untergitters 1 soll durch ein Anisotropiefeld $B_A\hat{\mathbf{z}}$ längs der $+z$-Achse ausgerichtet werden. Das Anisotropiefeld (Kapitel 16) hat seine Ursache in einer Anisotropieenergie mit der Dichte $U_K(\theta_1) = K \sin^2\theta_1$, wobei θ_1 der Winkel zwischen $\mathbf{M}_1$ und der z-Achse ist. Wie in Aufgabe 4 sei $B_A = 2K/M$

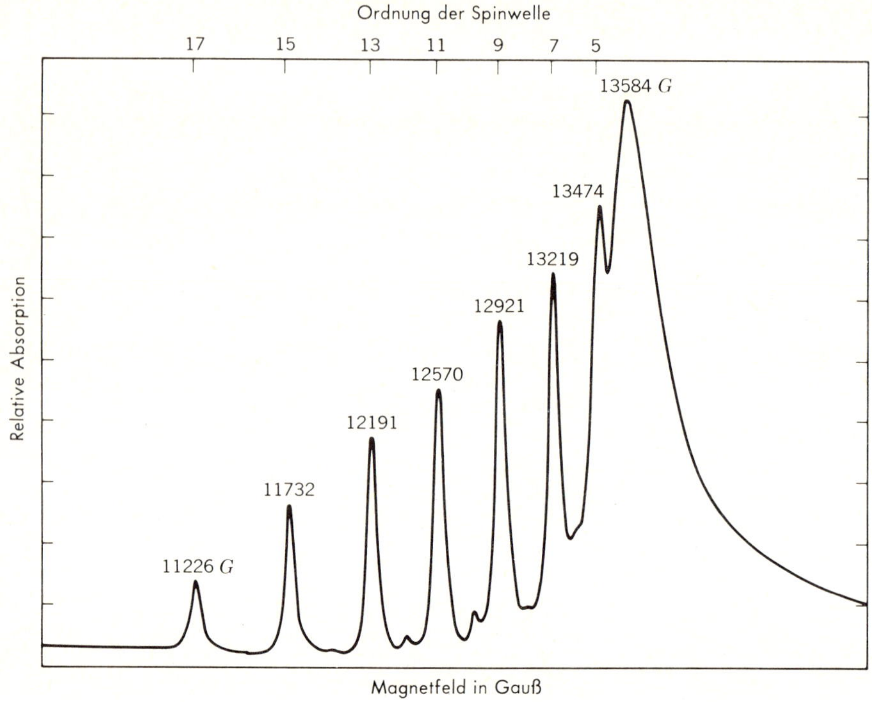

Bild 21: Spinwellenresonanz-Spektrum in einem Permalloy (80 Ni 20 Fe)-Film bei 9 GHz (nach R. Weber, IEEE Transactions on Magnetics, MAG- 4:1, März 1968).

mit $M = |\mathbf{M}_1| = |\mathbf{M}_2|$. Ein Anisotropiefeld $-B_A\hat{\mathbf{z}}$ zwingt die Magnetisierung $\mathbf{M}_2$ in $-z$-Richtung[19]).

Zur Berechnung der Austauschwechselwirkung zwischen $\mathbf{M}_1$ und $\mathbf{M}_2$ verwendet man das Molekularfeld. Die Austauschfelder sind

$$\text{(51)} \qquad \mathbf{B}_1(\mathrm{ex}) = -\lambda\mathbf{M}_2; \qquad \mathbf{B}_2(\mathrm{ex}) = -\lambda\mathbf{M}_1;$$

dabei ist λ positiv. Ohne äußeres Magnetfeld ist das Gesamtfeld, das an $\mathbf{M}_1$ angreift, $\mathbf{B}_1 = -\lambda\mathbf{M}_2 + B_A\hat{\mathbf{z}}$; das Gesamtfeld an $\mathbf{M}_2$ ist $\mathbf{B}_2 = -\lambda\mathbf{M}_1 - B_A\hat{\mathbf{z}}$ (Bild 22). Im folgenden setzen wir $M_1^z = M$ und $M_2^z = -M$.

[19]) Wenn $+z$ eine Richtung leichter Magnetisierung ist, so auch $-z$. Ist ein Untergitter in Richtung $+z$ ausgerichtet, so das andere in Richtung $-z$.

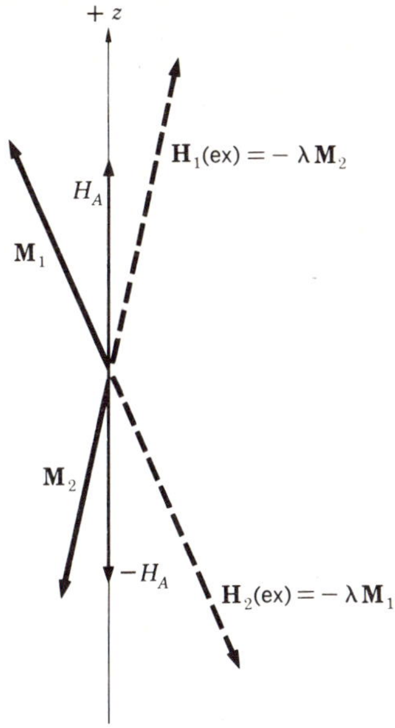

Bild 22:
Effektive Felder bei der antiferromagnetischen Resonanz. Die Magnetisierung $\mathbf{M}_1$ des Untergitters 1 sieht ein Feld $-\lambda\mathbf{M}_2 + B_A\hat{\mathbf{z}}$. Die Magnetisierung $\mathbf{M}_2$ sieht $-\lambda\mathbf{M}_1 - B_A\hat{\mathbf{z}}$. (Beide Enden der Kristallachse sind Richtungen leichter Magnetisierung.)

Die linearisierten Bewegungsgleichungen lauten

$$dM_1^x/dt = \gamma[M_1^y(\lambda M + B_A) - M(-\lambda M_2^y)]; \tag{52}$$
$$dM_1^y/dt = \gamma[M(-\lambda M_2^x) - M_1^x(\lambda M + B_A)];$$

$$dM_2^x/dt = \gamma[M_2^y(-\lambda M - B_A) - (-M)(-\lambda M_1^y)]; \tag{53}$$
$$dM_2^y/dt = \gamma[(-M)(-\lambda M_1^x) - M_2^x(-\lambda M - B_A)].$$

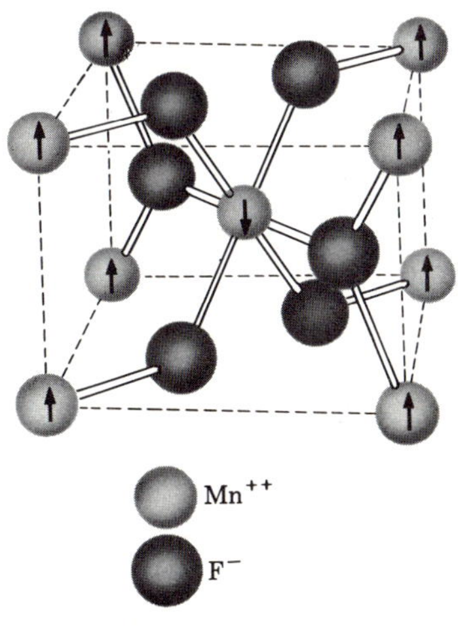

Bild 23:
Chemische und magnetische Struktur von MnF_2. Die Pfeile geben Richtung und Anordnung der magnetischen Momente der Manganatome.

Führt man $M_1^+ = M_1^x + iM_1^y$ und $M_2^+ = M_2^x + iM_2^y$ ein, so können (52) und (53) bei der Zeitabhängigkeit $\exp(-i\omega t)$ zu

(54a) $$-i\omega M_1^+ = -i\gamma[M_1^+(B_A + \lambda M) + M_2^+(\lambda M)];$$

(54b) $$-i\omega M_2^+ = i\gamma[M_2^+(B_A + \lambda M) + M_1^+(\lambda M)]$$

umgeschrieben werden. Diese Gleichungen haben eine Lösung, wenn gilt (es ist $B_E \equiv \lambda M$):

(55) $$\begin{vmatrix} \gamma(B_A + B_E) - \omega & \gamma B_E \\ \gamma B_E & \gamma(B_A + B_E) + \omega \end{vmatrix} = 0.$$

Die AFMR-Frequenz[20]) ist also

(56) $$\omega_0^2 = \gamma^2 B_A(B_A + 2B_E).$$

Normalerweise ist das Austauschfeld viel größer als das Anisotropiefeld; d. h.

(57) $$\omega_0 \cong \gamma(2B_A B_E)^{\frac{1}{2}} .$$

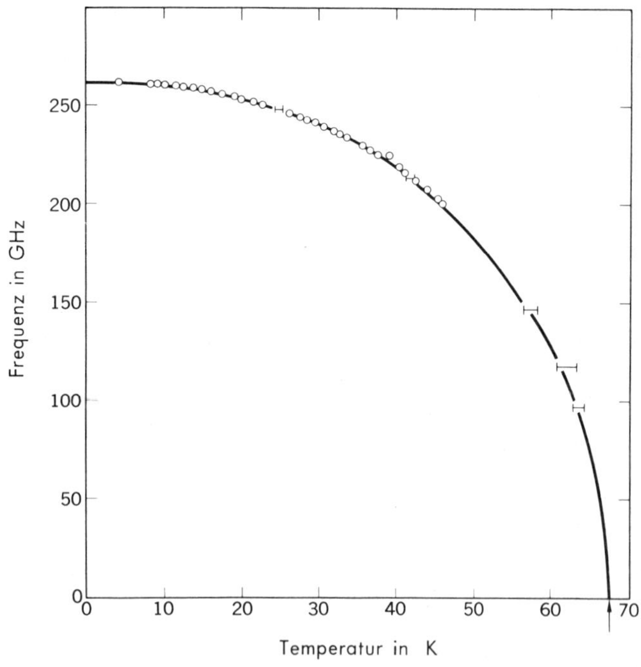

Bild 24: Antiferromagnetische Resonanzfrequenz für MnF_2 in Abhängigkeit von der Temperatur. (Nach Johnson und Nethercot.)

[20]) T. Nagamiya, Prog. Theor. Phys. **6**, 342 (1941); C. Kittel, Phys. Rev. **82**, 565 (1951); F. Keffer und C. Kittel, Phys. Rev. **85**, 329 (1952).

Ein ausgiebig studierter Antiferromagnet ist MnF_2. Seine Struktur zeigt Bild 23, den gemessenen Verlauf von ω_0 mit der Temperatur[21]) Bild 24.

Lange vor den ersten Beobachtungen schätzte Keffer mit Hilfe empirischer Daten B_A und B_E für MnF_2 ab. Er fand $B_E = 540$ kG und $B_A = 8{,}8$ kG bei 0 K und damit $(2B_A B_E)^{1/2} = 100$ kG oder 280 GHz. Die Meßwerte liegen bei 93 kG oder 261 GHz (1 GHz $\equiv 10^9$ Hz).

Von Richards[22]) stammt folgende Zusammenstellung von auf 0 K extrapolierten AFMR-Frequenzen:

Kristall	CoF_2	NiF_2	MnF_2	$FeFe_2$	MnO	NiO
Frequenz in cm^{-1}	28,5	31,1	8,68	52,7	27,6	36,5

Paramagnetische Elektronenresonanz

Die Elektronenspinresonanz ist heute ein sehr weites Forschungsgebiet. Wir können hier aus Platzgründen nur einige Punkte von besonderem Interesse herausgreifen.

Austauschverengung [23])

Wir betrachten einen Paramagneten mit einer Austauschwechselwirkung J zwischen nächstbenachbarten Elektronenspins. Die Temperatur der Probe soll weit über jeder Temperatur T_c liegen, bei der eine Spinordnung eintritt. Unter diesen Bedingungen stellt man fest, daß die Breite der Spinresonanzlinie gewöhnlich viel kleiner ist, als man für die Dipol-Dipol-Wechselwirkung erwarten würde. Dieser Effekt heißt **Austauschverengung**. Er steht in enger Analogie zur Linienverengung durch Bewegung.

Wir fassen die Austauschfrequenz

$$\omega_{\mathrm{ex}} \approx \frac{J}{\hbar} \tag{58}$$

als Sprungfrequenz $1/\tau$ auf. Verallgemeinern wir die Ergebnisse (28), die wir für die Linienverengung durch Bewegung ableiteten, so erhalten wir für die verringerte Halbwertsbreite der durch Austausch verengten Linie

$$\Delta\omega \approx \frac{(\Delta\omega)_0{}^2}{\omega_{\mathrm{ex}}} \quad . \tag{59}$$

---

[21]) F. M. Johnson und A. H. Nethercot, Phys. Rev. **104**, 847 (1956); **114**, 705 (1959); S. Foner, Phys. Rev. **107**, 683 (1957).

[22]) P. L. Richards, J. Appl. Phys. **34**, 1237 (1963).

[23]) J. H. van Vleck, Phys. Rev. **74**, 1168 (1948); F. Keffer, Phys. Rev. **88**, 686 (1952).

Hier ist $(\Delta\omega)_0^2 = \gamma^2\langle B_i^2\rangle$ das Quadrat der statischen Dipolbreite ohne Berücksichtigung des Austausches.

Ein wichtiges und sehr ausgeprägtes Beispiel für die Austauschverengung liefert der paramagnetische organische Kristall DPPH [24]). Dieses freie Radikal besitzt eine Halbwertsbreite der Resonanzlinie (beim halben Wert des Maximums) von 1,35 G, also nur einige Prozent der reinen Dipolbreite.

Nullfeldaufspaltung

Bei einer Anzahl paramagnetischer Ionen liegt die Kristallfeldaufspaltung der Energieniveaus im magnetischen Grundzustand in dem Bereich von 0,1 bis 10 cm^{-1}. Dieser ist mit Hilfe der Mikrowellentechnik [25]) leicht zu-

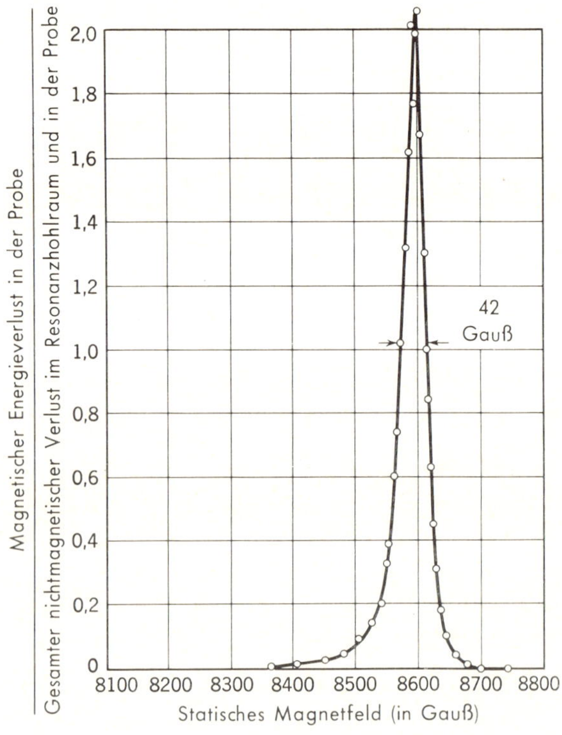

Bild 25: Elektronenspinresonanz in $NiSiF_6 \cdot 6H_2O$ bei 24,45 GHz. (Nach Holden, Kittel und Yager.)

---

24) Diphenylpikrylhydrazyl. Der g-Wert beträgt 2,0036 ± 0,002. Auf Grund seiner scharfen Linienbreite wird es oft zur Eichung von Magnetfeldern verwendet; siehe A. N. Holden et al., Phys. Rev. 77, 147 (1950).

25) Viele der ersten Untersuchungen auf diesem Gebiet stammen von B. Bleaney und Mitarbeitern in Oxford.

gänglich. Bild 25 gibt ein Beispiel: aus dem beobachteten Spektrum des Ni^{++}-Ions kann man eine Nullfeldaufspaltung von $\Delta = 0,49\ \mathrm{cm}^{-1}$ bei Zimmertemperatur entnehmen.

Das Mn^{++}-Ion ist wohlbekannt und wurde in vielen Kristallen als additives Fremdion untersucht. Je nach Umgebung ergab sich eine Aufspaltung seines Grundzustands in dem Bereich von $0,001$ bis $0,020\ \mathrm{cm}^{-1}$.

Zusammenfassung

(in CGS-Einheiten)

1. Die Resonanzfrequenz ω_0 eines freien Spins ist $\omega_0 = \gamma B_0$, $\gamma = \mu/\hbar I$ ist das hygomagnetische Verhältnis.

2. Die Blochschen Gleichungen lauten

$$\frac{dM_x}{dt} = \gamma(\mathbf{M} \times \mathbf{B})_x - M_x/T_2 \;;$$

$$\frac{dM_y}{dt} = \gamma(\mathbf{M} \times \mathbf{B})_y - M_y/T_2 \;;$$

$$\frac{dM_z}{dt} = \gamma(\mathbf{M} \times \mathbf{B})_z + (M_0 - M_z)/T_1 \;.$$

3. Die Halbwertsbreite der Resonanzlinie ist $(\Delta\omega)_{\frac{1}{2}} = 1/T_2$.

4. Sättigungseffekte treten bei großen Hochfrequenzleistungen auf, sobald $\gamma^2 B_1{}^2 T_1 T_2$ größer als 1 wird

5. Die Dipollinienbreite in einem starren Gitter ist $(\Delta B)_0 \sim \mu/a^3$.

6. Können sich die magnetischen Momente mit einer charakteristischen Zeitkonstante $\tau \ll 1/(\Delta\omega)_0$ bewegen, so verringert sich die Linienbreite um den Faktor $(\Delta\omega)_0\tau$. In diesem Grenzfall gilt $1/T_1 \approx 1/T_2 \approx (\Delta\omega)_0{}^2\tau$. In Paramagneten erhält man wegen der Austauschwechselwirkung die Linienbreite $\approx (\Delta\omega)_0{}^2/\omega_{ex}$.

7. In einem Ellipsoid mit den Entmagnetisierungsfaktoren N_x, N_y, N_z erhält man als ferromagnetische Resonanzfrequenz

$$\omega_0{}^2 = \gamma^2 [B_0 + (N_y - N_z)M]\,[B_0 + (N_x - N_z)M] \;.$$

8. Die antiferromagnetische Resonanzfrequenz ist in einer kugelförmigen Probe ohne äußeres Feld $\omega_0{}^2 = \gamma^2 B_A(B_A + 2B_E)$. B_A ist das Anisotropie-, B_E das Austauschfeld.

Aufgaben

1. Elektrische Ersatzschaltung. Wir betrachten eine leere Spule mit Selbstinduktivität L_0 und Widerstand R_0; wenn die Spule völlig durch ein Spinsystem ausgefüllt wird, das durch die Suszeptibilitätskomponenten $\chi'(\omega)$ und $\chi''(\omega)$ charakterisiert ist, wird die Induktivität bei der Frequenz ω zu

$$L = [1 + 4\pi\chi'(\omega)]L_0.$$

In Serie dazu liegt der effektive Widerstand

$$R = 4\pi\omega\chi''(\omega)L_0 + R_0.$$

Beweis! Bei dieser Aufgabe sind χ' und χ'' für ein linear polarisiertes HF-Feld definiert.

Hinweis: Man betrachte die Impedanz der Spule .

2. Rotierendes Koordinatensystem. Wir definieren den Vektor $\mathbf{F}(t) = F_x(t)\hat{\mathbf{x}} + F_y(t)\hat{\mathbf{y}} + F_z(t)\hat{\mathbf{z}}$. Das Koordinatensystem mit den Einheitsvektoren $\hat{\mathbf{x}}$, $\hat{\mathbf{y}}$, $\hat{\mathbf{z}}$ soll mit einer momentanen Winkelgeschwindigkeit Ω rotieren, so daß gilt $d\hat{\mathbf{x}}/dt = \Omega_y\hat{\mathbf{z}} - \Omega_z\hat{\mathbf{y}}$, usw. a) Man zeige, daß $d\mathbf{F}/dt = (d\mathbf{F}/dt)_R + \mathbf{\Omega} \cdot \mathbf{F}$, wobei $(d\mathbf{F}/dt)_R$ die zeitliche Ableitung von $\mathbf{F}$ ist, genommen im rotierenden System R. b) Weiter ist zu zeigen, daß (7) als $(d\mathbf{M}/dt)_R = \gamma\mathbf{M} \times (\mathbf{B} + \Omega/\gamma)$ geschrieben werden kann. Dies ist die Bewegungsgleichung von $\mathbf{M}$ in einem rotierenden Koordinatensystem. Die Transformation auf ein rotierendes System ist außergewöhnlich nützlich. Sie wird in der Literatur sehr oft angewandt. c) Es sei $\mathbf{\Omega} = -\gamma B_0\hat{\mathbf{z}}$; im rotierenden System tritt damit kein statisches Magnetfeld auf. Immer noch vom rotierenden System aus betrachtet, soll jetzt während einer Zeit t ein Gleichfeldimpuls $B_1\hat{\mathbf{x}}$ eingeschaltet werden. Unter der Annahme, daß die Magnetisierung ursprünglich in $\hat{\mathbf{z}}$-Richtung wies, ist eine Bedingung für die Impulslänge t abzuleiten, so daß am Ende des Impulses die Magnetisierung in $-\hat{\mathbf{z}}$-Richtung weist. (Relaxationseffekte sollen vernachlässigt werden.) d) Man beschreibe diesen Impuls vom Laborsystem aus (d. h. vom ruhenden Bezugssystem aus).

3. Hyperfeineffekte bei ESR in Metallen. Wir nehmen an, daß der Elektronenspin eines Leitungselektrons in einem Metall ein effektives Magnetfeld sieht, das von der Hyperfeinwechselwirkung des Elektronenspins mit dem Kernspin herrührt. Die z-Komponente des Feldes, das das Leitungselektron sieht, soll sich in der Form

$$B_i = \left(\frac{a}{N}\right)\sum_{j=1}^{N} I_j^z$$

schreiben lassen, wobei I_j^z mit gleicher Wahrscheinlichkeit $\pm\frac{1}{2}$ ist. a) Man beweise, daß $\langle B_i^2 \rangle = (a/2N)^2 N$ ist. b) Man zeige, daß für $N \gg 1$ gilt, $\langle B_i^4 \rangle = 3(a/2N)^4 N^2$.

4. FMR im Anisotropiefeld. Man betrachte eine kugelförmige Probe eines einachsigen ferromagnetischen Kristalls, der eine Anisotropieenergie mit Dichte $U_K = K \sin^2 \theta$ besitzt; θ ist der Winkel zwischen Magnetisierung und z-Achse. K soll positiv sein. Man zeige, daß die ferromagnetische Resonanzfrequenz in einem äußeren Magnetfeld $B_0\hat{\mathbf{z}}$ durch $\omega_0 = \gamma(B_0 + B_A)$ gegeben ist, wobei $B_A \equiv 2K/M_s$ ist.

5. Frequenz der Austausch-Resonanz. Man betrachte einen Ferrimagneten mit zwei Untergittern A und B der Magnetisierung $\mathbf{M}_A$ und $\mathbf{M}_B$. Wenn das Spinsystem in Ruhe ist, liegt $\mathbf{M}_B$ entgegengerichtet zu $\mathbf{M}_A$. Die gyromagnetischen Verhältnisse sind γ_A, γ_B, die Molekularfelder $\mathbf{B}_A = -\lambda \mathbf{M}_B$ und $\mathbf{B}_B = -\lambda \mathbf{M}_A$. Man zeige, daß bei

$$\omega_0^2 = \lambda^2 (\gamma_A |M_B| - \gamma_B |M_A|)^2$$

eine Resonanz auftritt. Man bezeichnet diese als Austausch-Resonanz[26]).

Literaturhinweise

Einführung

C. P. Slichter, Principles of magnetic resonance, with examples of solid state physics, Harper and Row, 1963. (Eine ausgezeichnete Einführung.)

G. E. Pake, "Nuclear magnetic resonance", in: Solid state physics **2**, 1 - 91 (1956).

G. E. Pake, Paramagnetic resonance, Benjamin, 1962.

A. A. Manenkov und R. Orbach, ed., Spin- lattice relaxation in ionic solids, Harper & Row, 1966. Eine Sammlung klassischer Veröffentlichungen.

N. Bloembergen, E. M. Purcell und R. V. Pound, Relaxation effects in nuclear magnetic resonance absorption, Phys. Rev. **73**, 679 - 712 (1948).

Magnetische Kernresonanz

A. Abragam, Nuclear magnetism, Oxford, 1961. (Genau und umfassend.)

T. P. Das und E. L. Hahn, "Nuclear quadrupole resonance spectroscopy", in: Solid state physics, Supplement **I**, (1958).

---

[26]) Eine Übersicht über Experimente gibt S. Foner (siehe Literaturhinweise).

V. Jaccarino, Nuclear resonance in antiferromagnets, in: Magnetism **II A**, herausgegeben von G. T. Rado und H. Suhl, Academic Press.

A. M. Portis und R. H. Lindquist, Nuclear resonance in ferromagnetic materials, in: Magnetism **II A**, 357.

E. L. Hahn, "Spin echoes", in: Physics Today **6**, 4 (Nov. 1963).

Elektronenresonanz

B. Bleaney und K. W. H. Stevens, "Paramagnetic resonance", in: Repts. Prog. Phys. **16**, 108 (1953).

K. D. Bowers und J. Owen, "Paramagnetic resonance II", in: Repts. Prog. Phys. **18**, 304 (1955).

J. W. Orton, "Paramagnetic resonance data", in: Repts. Prog. Phys. **22**, 204 (1959).

W. Low, "Paramagnetic resonance in solids", in: Solid state physics, Supplement **2**, 1960.

S. A. Altshuler und B. M. Kozyrev, Electron paramagnetic resonance, Academic Press, 1964.

K. J. Standley und R. A. Vaughan, Electron spin relaxation in Solids, Hilger, London 1964.

Ferro- und antiferromagnetische Resonanz

M. Sparks, Ferromagnetic relaxation theory, McGraw-Hill, 1964.

S. Foner, Antiferromagnetic and ferrimagnetic resonance, Magnetism **I**, 384.

C. W. Haas und H. B. Callen, "Ferromagnetic relaxation and resonance line widths", in: Magnetism **I**, 450.

R. W. Damon, "Ferromagnetic resonance at high power", in: Magnetism **I**, 552.

18. Optische Eigenschaften von Isolatoren

Farbe der Kristalle

Kristalle, die bei Zimmertemperatur elektrisch isolieren, sind normalerweise durchsichtig. Ein 1 cm dickes Stück eines solchen Kristalls erscheint dem Auge klar, wenn auch nur selten in dem Maße wie Fensterglas. Bei farblosen Kristallen dürfen im sichtbaren Spektralbereich von 7400 bis 3600 Å, entsprechend 1,7 bis 3,5 eV keine starken Elektronen- oder Schwingungsübergänge stattfinden. Wir betrachten jetzt kurz die Herkunft der Färbung einiger bekannter Festkörper. Bei nicht zu starker Absorption ist die Farbe eines Pulvers aus kleinen Kristallen normalerweise gleich der Farbe des Lichtes, das von dem Kristall durchgelassen wird.

1) Ein reiner fehlerfreier Diamant ist farblos. Die Energielücke hat in Diamant den Wert 5,33 eV, so daß im Sichtbaren keine elektronischen Übergänge vom Valenzband in das Leitungsband erfolgen. Durch Bestrahlung, die Gitterdefekte hervorruft, können Diamanten gefärbt werden (Kapitel 19).

2) Kadmiumsulfid ist gelb-orange. Die Energielücke beträgt 2,42 eV; der blaue Spektralbereich wird also im Kristall absorbiert.

3) Silizium ist metallisch glänzend. Seine Bandlücke mit 1,14 eV liegt energetisch unter dem sichtbaren Spektralbereich: alle Wellenlängen des sichtbaren Lichts verursachen elektronische Übergänge[1]) vom Valenz- in das Leitungsband. Eine dünne Siliziumschicht ($< 0,01$ cm) jedoch ist im Roten schwach durchlässig, da in diesem Stoff der Absorptionsprozeß bei Frequenzen in der Nähe der Lücke sowohl ein Phonon als auch ein Photon erfordert und deshalb nicht sehr intensiv sein kann. Die Schwellenergie für direkte Absorption liegt mit 2,5 eV in der Mitte des sichtbaren Spektralbereichs. Zinnoxyd ist ein Halbleiter, der in dünnen Schichten durchlässig ist; er wird deshalb oft als lichtdurchlässige Elektrode gebraucht.

4) Rubin ist ein dunkelroter Edelstein, Saphir ein blauer. Beide sind verunreinigte Kristalle von Al_2O_3; dieses ist im reinen Zustand farblos. Die Farbe des Rubins wird von ungefähr 0,5 Prozent Cr^{3+} hervorgerufen, das in Gitterplätze eingebaut wird, die normalerweise von Al^{3+}-Ionen besetzt werden. Die blaue Farbe des Saphirs stammt von Ti^{3+}-Ionen, die sich als Fremdatome in Al_2O_3 befinden.

---

[1]) Das bedeutet, daß das metallische Aussehen von Silizium bis 0 K erhalten bleibt und nicht etwa durch möglicherweise vorhandene freie Ladungsträger hervorgerufen wird.

5) Viele Verbindungen, die Übergangselemente enthalten, sind gefärbt, selbst wenn in den Kristallen keine Energielücke im Sichtbaren auftritt. Für viele Ionen der Übergangselemente ist nämlich charakteristisch, daß sie angeregte Elektronenzustände mit Energien im Sichtbaren besitzen. Der angeregte Zustand kann in der Nähe oder direkt am Ion des Übergangselements lokalisiert sein [2]).

6) Einige Kristalle können durch Bestrahlung gefärbt werden, d.h. durch Beschuß mit energiereichen Teilchen, Gammastrahlen oder ultraviolettem Licht. Elektronen oder Defektelektronen, die an Gitterfehlstellen eingefangen sind, besitzen oft im Sichtbaren Absorptionslinien; dieser Punkt wird in Kapitel 19 genauer besprochen.

7) Die Ausscheidung metallischer Verunreinigungen als feine Kolloidteilchen im ganzen Kristallbereich kann ebenfalls eine Färbung verursachen, und zwar auf Grund der Wellenlängenabhängigkeit des Streuquerschnitts der Teilchen. Die Herstellung von Rubinglas durch die kontrollierte Ausscheidung von Gold ist das klassische Beispiel.

Exzitonen

Aus Kapitel 11 wissen wir, daß in einem Kristall bei Absorption von Photonen, deren Energie größer ist als die Lückenenergie E_g, ein Elektron-Loch-Paar erzeugt wird. Die so (Bild 1) erzeugten Elektronen und Defektelektronen sind frei und bewegen sich unabhängig voneinander durch den Kristall. Da aber zwischen Elektron und Loch eine anziehende Coulomb-Wechselwirkung besteht, ist es möglich, daß die beiden Teilchen in

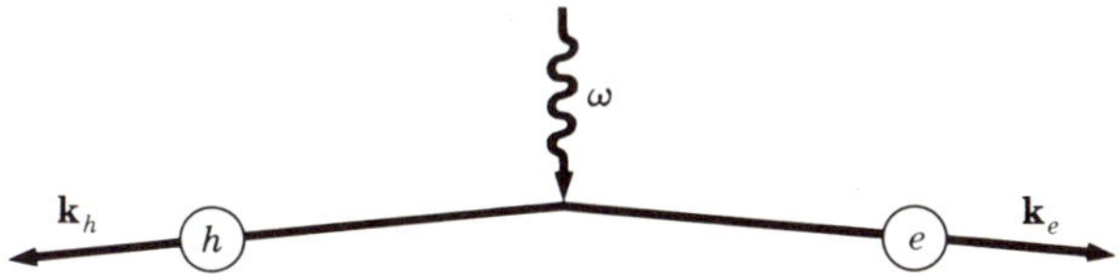

Bild 1: Absorption eines Photons mit einer Frequenz oberhalb der Energielücke. Das Photon hebt ein Elektron (e) aus dem Valenz- in das Leitungsband. Dabei bleibt ein Loch (h) im Valenzband zurück. Die Wellenzahlen der Photonen sind in dem interessierenden Energiebereich vernachlässigbar, d. h. $\mathbf{k}_h \cong -\mathbf{k}_e$.

---

[2]) In welchem Sinn man die Aussage zu verstehen hat, daß eine solche Anregung lokalisiert ist, wird später im Abschnitt über stark gebundene Exzitonen erläutert.

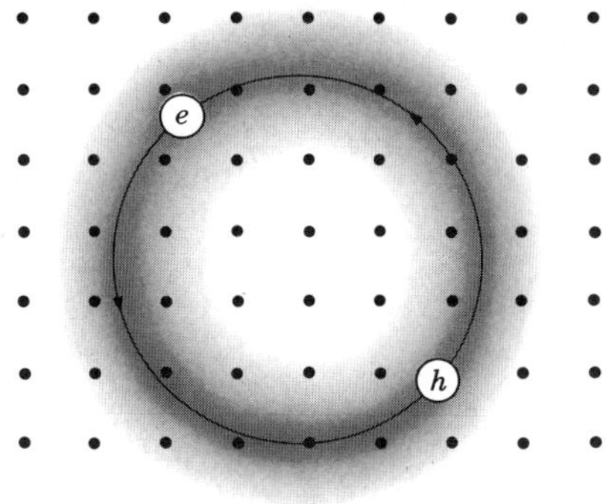

Bild 2:
Ein Exziton ist ein gebundenes Elektron (e)-Loch (h)-Paar, das sich normalerweise frei im Kristall bewegen kann. Es gleicht in mancher Hinsicht einem Positroniumatom, das aus einem Positron und einem Elektron besteht. Das eingezeichnete Exziton ist ein Mottsches Exziton: es ist schwach gebunden, der mittlere Elektron-Loch-Abstand ist groß im Vergleich zur Gitterkonstanten.

einen gebundenen Zustand übergehen. Die Photonenenergie, die man, ausgehend vom gefüllten Valenzband, aufwenden muß, um ein gebundenes Paar zu erzeugen, ist geringer als die Lückenenergie E_g.

Das gebundene Elektron-Loch-Paar (Bild 2) wird als **Exziton** bezeichnet; es kann sich durch den Kristall bewegen und dabei Anregungsenergie, nicht aber Ladung, transportieren. So ist ein Exziton[3]) also ein neutraler und beweglicher Anregungszustand eines Kristalls: es kann durch den Kristall wandern und seine Bildungsenergie bei der Rekombination[4]) wieder abgeben. Infolge seiner Ladungsneutralität trägt es nicht direkt zur elektrischen Leitfähigkeit bei.

Wir wollen die Exzitonen in zwei verschiedenen Grenzfällen betrachten: Im ersten, von Frenkel angegebenen, wird das Exziton als stark gebunden aufgefaßt; im zweiten, der von Mott und Wannier betrachtet wurde, ist das Exziton schwach gebunden, d. h. der Abstand zwischen Elektron und Loch ist groß im Vergleich zur Gitterkonstanten.

---

3) Zu den wichtigen Originalveröffentlichungen über Exzitonen gehören die folgenden: J. Frenkel, Phys. Rev. **37**, 17, 1276 (1931); Physik. Z. Sowjetunion **9**, 158 (1936); R. Peierls, Ann. Physik **13**, 905 (1932); J. C. Slater und W. Shockley, Phys. Rev. **50**, 705 (1936); G. H. Wannier, Phys. Rev. **52**, 191 (1937); W. R. Heller und A. Marcus, Phys. Rev. **84**, 809 (1951); N. F. Mott, Trans. Faraday Soc. **34**, 500 (1938); D. H. Dexter und W. R. Heller, Phys. Rev. **84**, 377 (1951); A. S. Davydov, J. E. T. P. **18**, 210 (1948).

4) Man sagt, ein Exziton rekombiniere, wenn das Elektron in den unbesetzten Zustand (Loch) zurückfällt, aus dem es angeregt wurde.

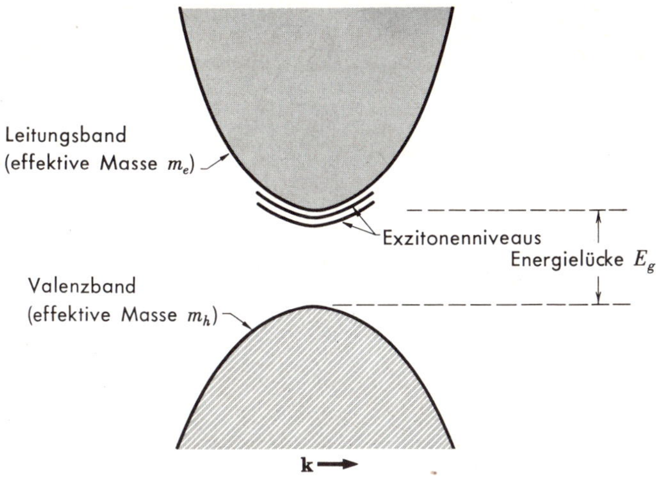

Bild 3a: Lage der Exzitonniveaus relativ zur Kante des Leitungsbandes für eine einfache Bandstruktur: die Kanten sowohl des Leitungsbandes als auch des Valenzbandes liegen bei $\mathbf{k} = 0$. Ein Exziton kann (kinetische) Translationsenergie besitzen. Ist jedoch die Translationsenergie größer als seine Bindungsenergie, so verhält es sich gegenüber dem Zerfall in ein freies Elektron und ein freies Loch metastabil. Jedes Exziton ist potentiell instabil gegenüber Strahlungsrekombination, bei der das Elektron in ein Loch im Valenzband zurückfällt und dabei ein Photon oder Phononen emittiert.

Schwach gebundene Exzitonen

Wir betrachten ein Elektron im Leitungsband eines Kristalls und ein Loch im Valenzband. Elektron und Loch ziehen sich wegen des attraktiven Coulomb-Potentials gegenseitig an:

(1) $$U(r) = -e^2/\epsilon r. \qquad \text{(CGS)}$$

r ist der Abstand der Teilchen und ϵ eine genäherte Dielektrizitätskonstante[5]. Es werden gebundene Zustände des Exzitonensystems auftreten, deren Energie noch tiefer als die Unterkante des Leitungsbandes liegt (Bild 3 und 4). Das Problem hat eine starke Ähnlichkeit mit der Berechnung des Wasserstoffatoms, sofern die Energieflächen für das Elektron

[5]) Der Beitrag der Gitterpolarisation zur Dielektrizitätskonstanten braucht im allgemeinen nicht berücksichtigt zu werden, da die Bewegungsfrequenz des Exzitons grösser ist als die Frequenz optischer Phononen. Man kennt aber auch Beispiele, bei denen die Frequenz des Exzitons niedriger ist als die Frequenz optischer Phononen. Siehe hierzu R.Z. Bachrach und F.C. Brown, Phys. Rev. Lett. **21**, 685 (1968); S.D. Mahanti, C.M. Varma, Phys. Rev. Lett. 115 (1970).

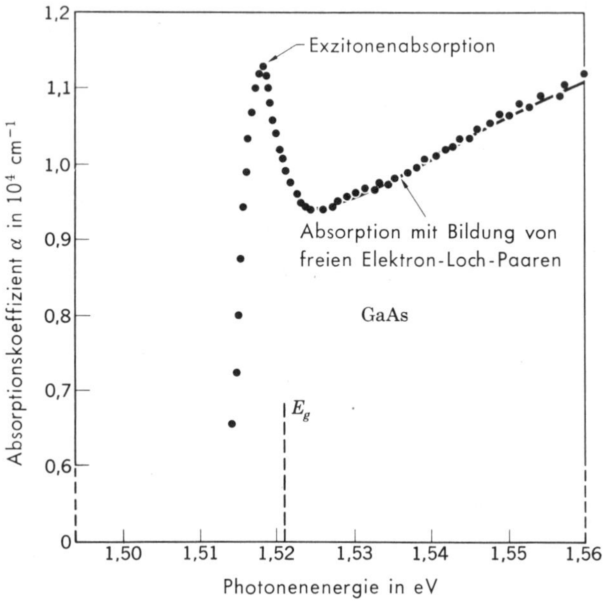

Bild 3b: Auswirkung eines Exzitonniveaus auf die optische Absorption eines Halbleiters bei Photonenenergien nahe dem Bandabstand E_g. Das Diagramm zeigt die optische Absorptionskante und die Spitze der Exzitonabsorption in Galliumarsenid bei 21° K, nach M. D. Sturge, Phys. Rev. **127**, 768 (1962). Die Ordinate gibt den Absorptionskoeffizienten α, der gemäß $I(x) = I_0 \exp(-\alpha x)$ definiert ist. Energielücke und Bindungsenergie des Exzitons können aus der Gestalt der Absorptionskurve bestimmt werden: der Bandabstand beträgt danach 1,521 eV, die Bindungsenergie des Exzitons 0,0034 eV.

und das Defektelektron kugelförmig und nicht entartet sind. Die Energieniveaus, bezogen auf die Oberkante des Valenzbandes, lassen sich durch eine etwas abgewandelte Rydberg-Gleichung darstellen:

(2) $$E_n = E_g - \frac{\mu e^4}{2\hbar^2 \epsilon^2 n^2}. \qquad \text{(CGS)}$$

Dabei ist n die Hauptquantenzahl und μ die reduzierte Masse

(3) $$\frac{1}{\mu} = \frac{1}{m_e} + \frac{1}{m_h},$$

die sich aus den effektiven Massen m_e und m_h des Elektrons und des Defektelektrons zusammensetzt. Für allgemeinere Energieflächen kann das Exzitonproblem recht kompliziert werden, es besteht aber wenig Zwei-

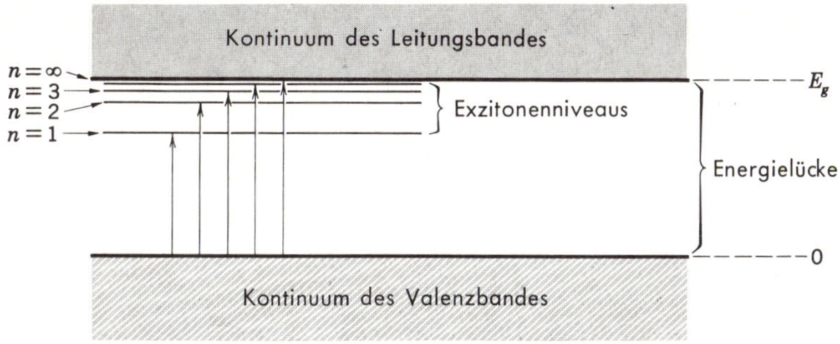

Bild 4: Energieniveaus eines Exzitons mit ruhendem Schwerpunkt. Die Pfeile bedeuten optische Übergänge von der Oberkante des Valenzbandes; der längste entspricht der Ionisierungsenergie des Exzitons und damit der Energielücke zwischen den Kanten von Valenz- und Leitungsband. Mit jedem Exzitonniveau ist ein kontinuierlicher Bereich von Zuständen verbunden, da der Schwerpunkt eines Exzitons Translationsenergie besitzen kann. (Genaugenommen ist jedes Exzitonniveau ein Exzitonband.) Bei direkten optischen Übergängen ändert sich die gesamte Translationsenergie fast nicht. Scharfe Exzitonlinien sind daher möglich. Der Nullpunkt der Energieskala rechts wurde in die Oberkante des Valenzbandes gelegt. Die Bindungsenergie des Exzitons, bezogen auf ein freies Elektron und ein freies Loch ist E_b. Die niedrigste Absorptionslinie des Kristalls bei $T = 0$ ist nicht E_b sondern $E_g - E_b$.

fel daran, daß in Isolatoren fast immer gebundene Exziton-Zustände[6]) auftreten.

Die Energie des Grundzustands eines Exzitons ergibt sich aus (2), wenn man dort $n = 1$ setzt; sie entspricht der Ionisierungsenergie, die aufgewendet werden muß, um das Exziton aus seinem tiefsten Zustand heraus aufzubrechen. Es ist schwierig, so hohe Exzitonenkonzentrationen herzustellen, daß direkt Übergänge zwischen den Exzitonenniveaus beobachtet werden können; in optischer Absorption jedoch lassen sich die Übergänge mit $\hbar\omega_n = E_n$ zwischen der Oberkante des Valenzbandes und einem Exzitonenniveau feststellen.

Ein Kristall ist bekannt, dessen Exzitonenspektrum durch Gleichung (2) ziemlich genau beschrieben wird. Gross[7]) und andere untersuchten op-

[6]) Es muß nicht immer möglich sein, innere und Schwerpunktskoordinaten zu trennen; bei ellipsoidförmigen Energieflächen ist dies jedoch der Fall.

[7]) E. F. Gross, B. P. Zakharchenya und N. M. Reinov, Doklady Akad. Nauk S.S.S.R. **92**, 265 (1953); **97**, 57, 221 (1954); **99**, 231, 527 (1954); S. Nikitine, G. Perny und M. Sieskind, Compt. rend. (Paris) **238**, 67 (1954); J.H. Apfel und N.L. Hadley, Phys. Rev. **100**, 1689 (1955); A. G. Samoilovich und L. L. Kornblit, Doklady Akad. Nauk S.S.S.R. **100**, 43 (1955); S. Nikitine, Helv. Phys. Acta **28**, 307 (1955).

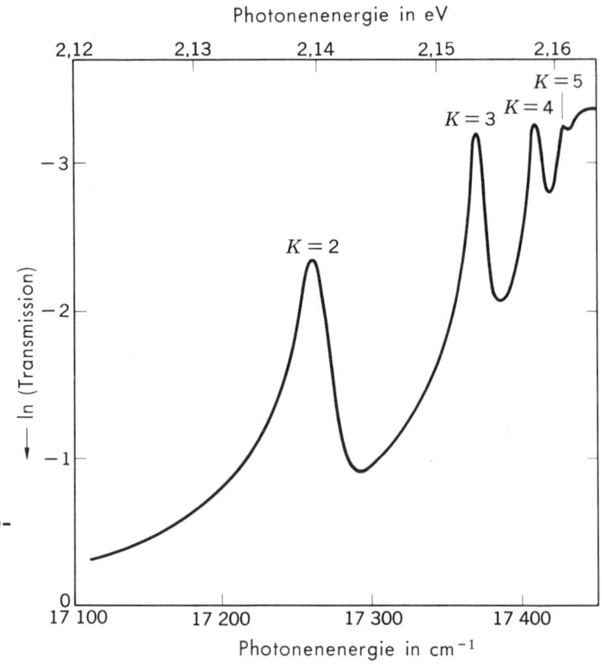

Bild 5:
Logarithmus der optischen Transmission in Abhängigkeit von der Photonenenergie in Kupfer-I-Oxyd bei 77° K; es zeigt sich eine Serie von Exzitonlinien. [Nach P.W. Baumeister, Phys. Rev. **121**, 359 (1961).] Auf der Ordinate sind nach oben abnehmende Werte des Logarithmus aufgetragen: ein Maximum entspricht starker Absorption. Die Energielücke E_g ist ungefähr 2,17 eV.

tische Absorptionslinien in Kupfer-I-Oxyd bei tiefen Temperaturen und erhielten dabei Energieabstände zwischen den Exzitonenniveaus, die überraschend gut mit der Rydberg-Gleichung (2) übereinstimmen, insbesondere für Zustände mit $n > 2$. Die Bilder 5 und 6 zeigen Ergebnisse und die Versuchsanordnung von Baumeister. Die von Apfel und Hadley gemessenen Linien folgen der empirischen Beziehung $\nu(\mathrm{cm}^{-1}) = 17\,508 - (800/n^2)$. Mit $\epsilon = 10$ ergibt sich aus dem Koeffizienten von $1/n^2$ der

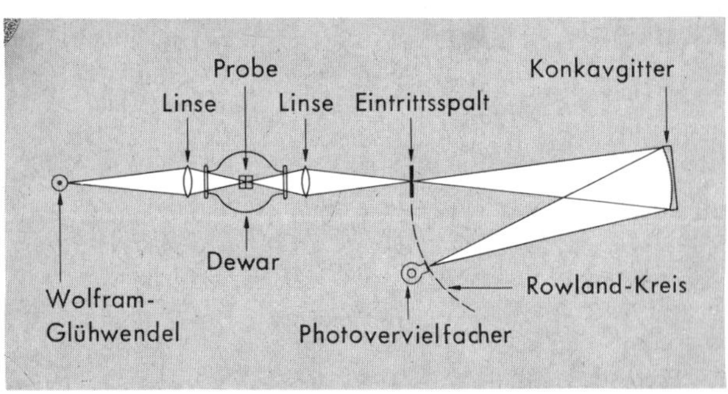

Bild 6:
Baumeistersche Apparatur zur Messung der Absorptionskoeffizienten von Exzitonlinien in Cu_2O.

Wert $\mu \cong 0,7\,m$. Unglücklicherweise sind für Cu_2O keine entsprechenden unabhängigen Werte von m_e und m_h verfügbar[8]).

Der konstante Term 17 508 cm^{-1} entspricht einer Energielücke E_g = 2,17 eV.

Stark gebundene Exzitonen

Bei einem **Frenkelschen Exziton** ist die Anregung auf einem Atom oder in dessen Nähe lokalisiert, und zwar in dem Sinn, daß das Loch normalerweise beim gleichen Atom sitzt wie das Elektron; das Paar als ganzes kann sich aber an einer beliebigen Stelle im Kristall befinden. Ein Frenkelsches Exziton ist im wesentlichen ein angeregter Zustand eines einzelnen Atoms, mit der Fähigkeit, von einem Atom zum anderen weiterzuspringen, entsprechend der Stärke der Kopplung zwischen den Nachbarn. Die Fortpflanzung der Anregungswelle durch den Kristall hat gro-

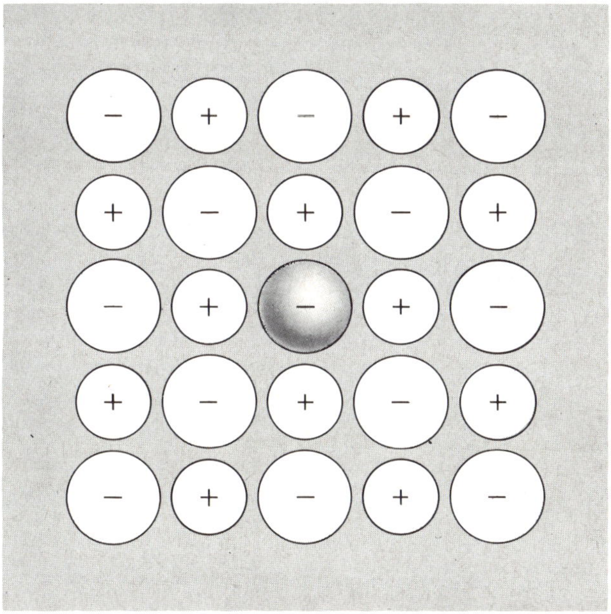

Bild 7: Schematische Darstellung eines stark gebundenen oder Frenkelschen Exzitons, das an einem Atom in der (100)-Ebene eines Alkalihalogenidkristalls lokalisiert ist. Ein ideales Frenkelsches Exziton wandert als Welle durch den ganzen Kristall, doch bleiben das Elektron und das Loch immer nahe zusammen. Man beachte den Unterschied zu Bild 2.

[8]) Weitere Einzelheiten über die Interpretation der Exzitonserien in Cu_2O enthalten die Artikel von R. J. Elliott und von M. Grosmann in Polarons and excitons, Plenum, New York (1963). Im selben Band gibt T. P. McLean eine ausgezeichnete Darstellung der Exzitonen in Germanium. Eine erschöpfende Analyse der Exzitonen in CdS stammt von D. G. Thomas und J. Hopfield, Phys. Rev. **124**, 657 (1961). Diese Arbeit enthält auch einen beachtenswerten Nachweis der Bewegung von Exzitonen durch das Gitter.

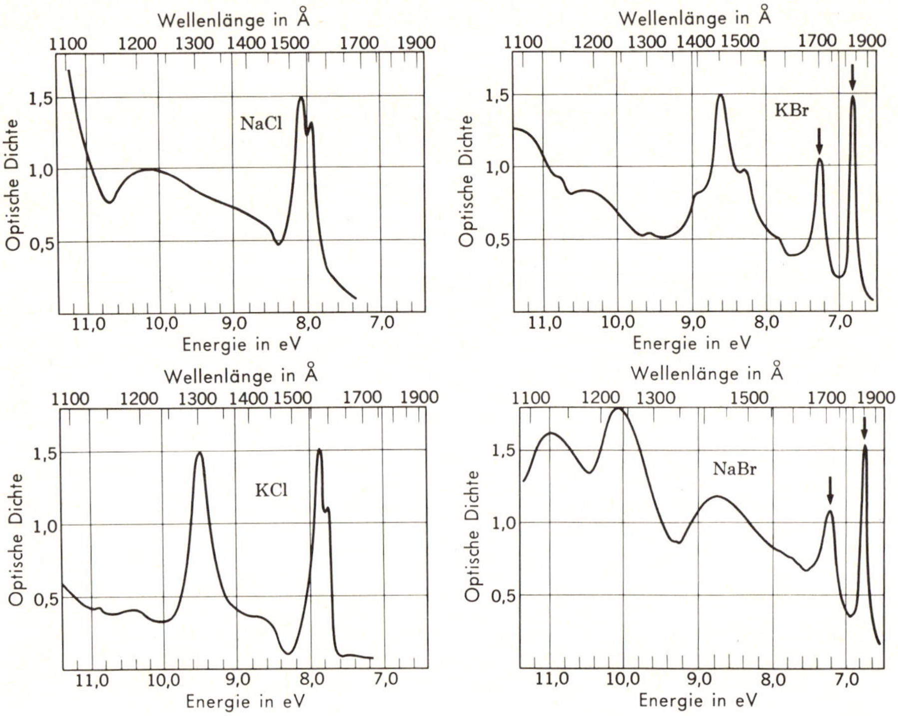

Bild 8: Optische Absorptionsspektren dünner Alkalihalogenidschichten bei 80° K. [Nach J. E. Eby, K. J. Teegarden und T. B. Dutton, Phys. Rev. **116**, 1099 (1959).] Die Ordinaten geben die Absorption in relativen Einheiten an. Die Dublettstruktur in Bromiden ist durch Pfeile gekennzeichnet. Die energetisch niedrigsten Anregungen der Halogenionen sind Dublettzustände: der Grundzustand in Br^- ist ein $^1S_0$-Zustand gemäß der Elektronenkonfiguration $4p^6$; die niedrigsten Anregungszustände entstehen aus der Konfiguration $4p^5\,5s$. Der $4p^5$-Rumpf kann einen Gesamtdrehimpuls von $J = \frac{3}{2}$ oder $\frac{1}{2}$ mit einem Energieabstand von ungefähr 0,5 eV besitzen; die beobachtete Dublettstruktur rührt von dieser Aufspaltung her.

ße Ähnlichkeit mit der Wanderung des umgeklappten Spins eines Magnons durch den Kristall.

In Alkalihalogenidkristallen (Bild 7) sind die Exzitonen mit niedrigster Energie bei den negativen Halogenionen lokalisiert: diese besitzen tieferliegende Anregungsniveaus für Elektronen als die positiven Ionen. Reine Alkalihalogenidkristalle sind im sichtbaren Teil des Spektrums durchsichtig, ihre Spektralabsorption im Vakuumultraviolett weist jedoch eine beträchtliche Strukturierung[9]) auf (Bild 8). Man weiß (besonders aus der Arbeit von L. Apker und E. Taft), daß keine freien Elektronen und Löcher entstehen, wenn Licht im Bereich des Absorptionsmaximums mit geringster Energie absorbiert wird. Vielmehr führt diese Absorption mit großer Wahrscheinlichkeit zur Erzeugung von Exzitonen.

Bei den Bromiden ist eine Dublettstruktur besonders auffallend. Mott hat auf deren Ähnlichkeit mit der Dublettstruktur der niedrigsten Anregungszustände des Kryptonatoms hingewiesen, das dieselbe Anzahl von Elektronen besitzt wie das Br^--Ion. Die Tatsache bildet eine starke Stütze für die Auffassung, die niedrigsten Energiezustände in den Alkalibromiden seien als Exzitonen zu identifizieren, die an den Br^--Ionen sitzen[10]). Die Aufspaltung wird durch die Spin-Bahn-Wechselwirkung verursacht.

Exzitonenwellen *)

Man kann leicht zeigen, daß die Eigenzustände eines Exzitons die Form fortschreitender Wellen haben. Wir betrachten dazu eine lineare Kette oder einen Ring mit N Atomen. Wenn u_j die Wellenfunktion des Grundzustandes des j-ten Atoms ist, so ist der Grundzustand des "Kristalls" durch

(4) $$\psi_g = u_1 u_2 \cdots u_{N-1} u_N \ ,$$

gegeben. Wir haben hierbei Wechselwirkungen zwischen den Atomen vernachläßigt. Befindet sich ein einzelnes Atom j in einem angeregten Zustand v_j , so wird das Gesamtsystem durch die Funktion

(5) $$\varphi_j = u_1 u_2 \cdots u_{j-1} v_j u_{j+1} \cdots u_N$$

beschrieben. Diese Funktion hat die gleiche Energie wie eine entsprechend aufgebaute Funktion φ_l , bei der das l-te Atom angeregt ist. Gibt es zwischen einem angeregten Atom und einem Atom im Grundzustand irgendeine Wechselwirkung, so kann die Anregungsenergie von dem angeregten Atom auf ein anderes übertragen werden. Die Funktionen φ , die ein bestimmtes angeregtes Atom (und N-1 nichtangeregte Atome) beschrei-

---

9) R. Hilsch und R. W. Pohl, Z. Phys. **57**, 145 (1929); **59**, 812 (1930); N. F. Mott und R. W. Gurney, Electronic processes in ionic crystals, Oxford, 1948.

10) Bezüglich der Identifizierung der anderen Maxima in den Absorptionsspektra von Alkalihalogeniden siehe J. C. Phillips, Phys. Rev. Letters **12**, 142 (1964); R. S. Knox und N. Inchauspé, Phys. Rev. **116**, 1093 (1959); A. W. Overhauser, Phys. Rev. **101**, 1702 (1956).

*) **Für das Verständnis dieses Abschnitts sind Quantenmechanikkenntnisse nötig.**

ben, sind keine stationären Zustände unseres Systems. Die Eigenfunktionen kann man leicht finden. Wir können diese Wechselwirkung folgendermaßen formulieren:

Wenden wir den Hamiltonoperator des Systems auf die Funktion φ_j , bei der das j-te Atom angeregt ist an, so erhalten wir

$$\mathcal{H}\varphi_j = \epsilon\varphi_j + T(\varphi_{j-1} + \varphi_{j+1}) \ . \tag{6}$$

ϵ ist dabei die Anregungsenergie des freien Atoms; die Wechselwirkung T ist ein Maß für das Wandern der Anregung von j zu seinen nächsten Nachbarn j-1 und j+1. Die Lösungen von (6) sind Blochsche Wellen.

$$\psi_k = \sum_j e^{ikj}\varphi_j \ . \tag{7}$$

Man sieht dies leicht, wenn man (6) umformt zu

$$\mathcal{H}\psi_k = \sum_j e^{ikj}\,\mathcal{H}\varphi_j = \sum_j e^{ikj}[\epsilon\varphi_j + T(\varphi_{j-1} + \varphi_{j+1})] \ . \tag{8}$$

Die Terme auf der rechten Seite ordnen wir um und erhalten

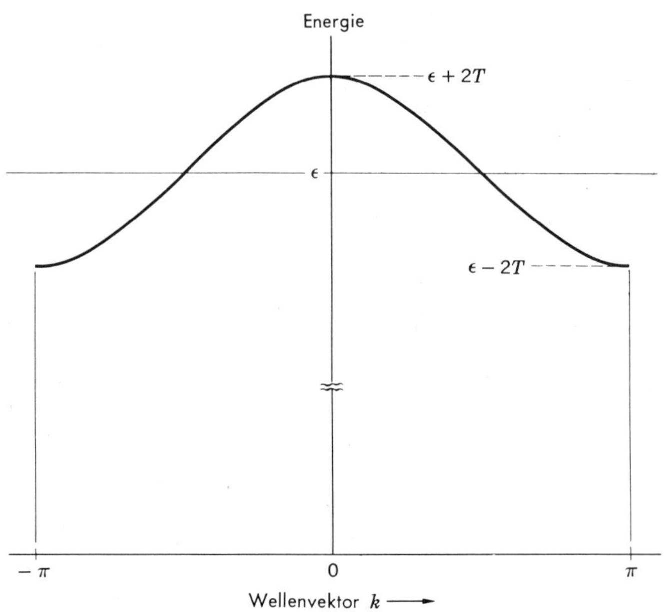

Bild 9: Die Abhängigkeit der Energie eines Frenkelexzitions vom Wellenvektor, berechnet unter der Annahme einer positiven Wechselwirkung T zwischen nächsten Nachbarn.

$$\mathcal{H}\psi_k = \sum_j e^{ikj}[\epsilon + T(e^{ik} + e^{-ik})]\varphi_j = (\epsilon + 2T\cos k)\psi_k \quad . \tag{9}$$

Die Energieeigenwerte dieser Gleichung sind

$$E_k = \epsilon + 2T\cos k \quad . \tag{10}$$

(Bild 9). Nehmen wir periodische Randbedingungen an, so sind die erlaubten Werte des Wellenvektors $\mathbf{k}$:

$$k = \frac{2\pi}{N}s \ ; \qquad s = -\tfrac{1}{2}N, -\tfrac{1}{2}N + 1, \ldots, \tfrac{1}{2}N - 1 \ . \tag{11}$$

Exzitonen in Molekülkristallen

Molekülkristalle stellen ebenfalls Beispiele für das Frenkelsche Exzitonmodell mit starker Bindung dar. In einem Molekülkristall ist die kovalente Bindung innerhalb eines Moleküls im Vergleich zur van der Waals-Bindung zwischen den Molekülen sehr stark. Elektronische Anregungslinien eines Einzelmoleküls erscheinen im kristallinen Festkörper als Exziton. Dabei sind die Linien allerdings oft etwas verschoben. Bei tiefen Temperaturen findet man im Festkörper ziemlich scharfe Linien, die aber im Vergleich zum Molekül stärker struktuiert sein können [11]). In solchen Festkörpern stehen die Exzitonenenergien in viel engerem Zusammenhang mit den spektroskopischen Eigenschaften des isolierten Moleküls als bei dem früher diskutierten Mott-Wannierschen Modell.

Ausgedehnte und interessante Untersuchungen wurden an Exzitonen in Anthrazenkristallen durchgeführt (Bild 10). Die niedrigliegenden Exzitonenniveaus von Anthrazen sind in Bild 11 angegeben. Der optische Übergang zwischen dem Grundzustand (Singulett) und dem niedrigsten angeregten Elektronenzustand (Triplett) ist zwar kein erlaubter elekrischer Dipol-

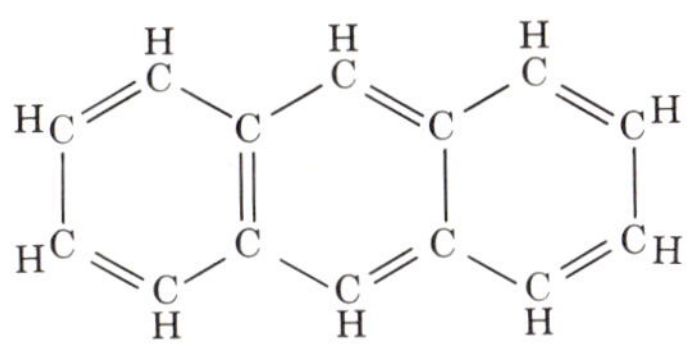

Bild 10:
Chemische Strukturformel von Anthrazen.

[11]) Siehe beispielsweise den von D. Fox und O. Schnepp, J. Chem. Phys. **23**, 767 (1955), behandelten Fall des festen Benzols; die allgemeine Theorie wird von A. S. Davydov diskutiert, J. Exptl. Theoret. Phys. (U.S.S.R.) **18**, 210 (1948), H. Winston, J. Chem. Phys. **19**, 156 (1951). Sobald sich zwei nichtäquivalente Moleküle in einer Elementarzelle befinden, besitzt die Dispersionsrelation $E(\mathbf{k})$ zwei Zweige. Den Abstand der beiden Zweige bei $k = 0$ nennt man **Davydor-Aufspaltung**.

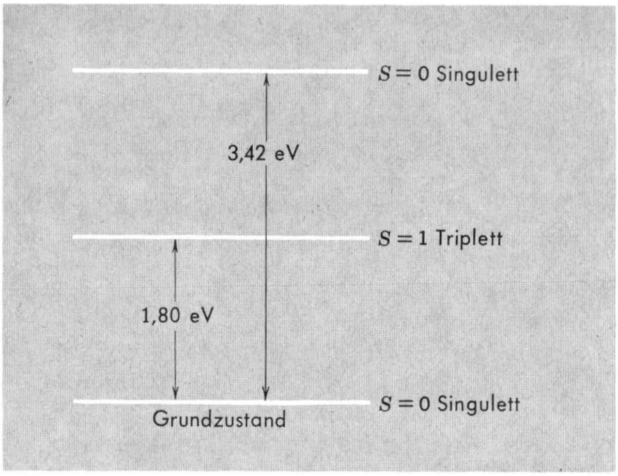

Bild 11: Energetisch tiefliegende Exzitonzustände von Anthrazen. Der Elektronenspin ist mit S bezeichnet.

übergang, doch ist die Übergangswahrscheinlichkeit von Null verschieden. Zudem läßt sich eine recht erhebliche Konzentration von Triplettexzitonen erzeugen, wenn man den Kristall mit intensivem Laserlicht der Photonenenergie 1,79 eV bestrahlt. Zwei Triplettexzitonen können sich zu einem einzigen Exziton mit Energie 3,42 eV vereinigen[12]. Die überschüssige Energie wird an Phononen abgegeben. Das Exziton mit 3,42 eV ist mit dem Grundzustand durch einen erlaubten Übergang verbunden; das bei diesem Prozeß emittierte Photon kann im Experiment nachgewiesen werden (Bild 12).

Es gibt einige Systeme, besonders gewisse Salze von Tetracyanchinodimethan mit Eisenradikalen, bei denen der Molekülkristall angeregte elek-

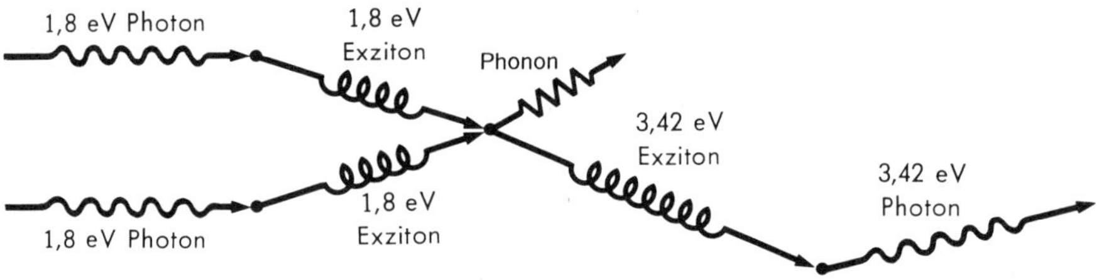

Bild 12: Nachweis von Exzitonen in Anthrazen. (Nach Avakian, Kepler u. a.)

[12]) R. G. Kepler, J. C. Caris, P. Avakian und E. Abramson, Phys. Rev. Letters **10**, 400 (1963); P. Avakian und R. E. Merrifield, Phys. Rev. Letters **13**, 541 (1964).

tronische Triplettzustände mit Energie so nahe beim Singulettgrundzustand besitzt, daß sie schon bei Zimmertemperatur stark besetzt sein können[13]. Diese Triplettexzitonen wurden mit Hilfe von Elektronenspinresonanz untersucht. Das Fehlen einer Hyperfeinverbreiterung der Exzitonenresonanzlinie (Aufgabe 17.3) weist darauf hin, daß die Exzitonen ziemlich frei durch den Kristall zu wandern vermögen.

Festkörperquantenelektronik

Die Wirkung eines Masers

Kristalle können als Mikrowellen- und Lichtverstärker und als Quellen kohärenter Strahlung benutzt werden. Ein **Maser** verstärkt Mikrowellen durch stimulierte Emission von Strahlung; ein **Laser** verstärkt nach dem gleichen Prinzip Licht. Das Prinzip, das Townes entdeckte, kann man mit Hilfe eines magnetischen Systems (Bild 13), das zwei Niveaus besitzt, verstehen: n_u Atome befinden sich auf dem oberen, n_l auf dem unteren Niveau.

Wir strahlen in das System mit der Frequenz ω ein. Die Amplitude der magnetischen Komponente des Strahlungsfeldes sei B_{rf}. Die Übergangswahrscheinlichkeit pro Zeiteinheit für ein einzelnes Atom ist

$$(12) \qquad P = \left(\frac{\mu B_{\mathrm{rf}}}{\hbar}\right)^2 \frac{1}{\Delta\omega} \; ;$$

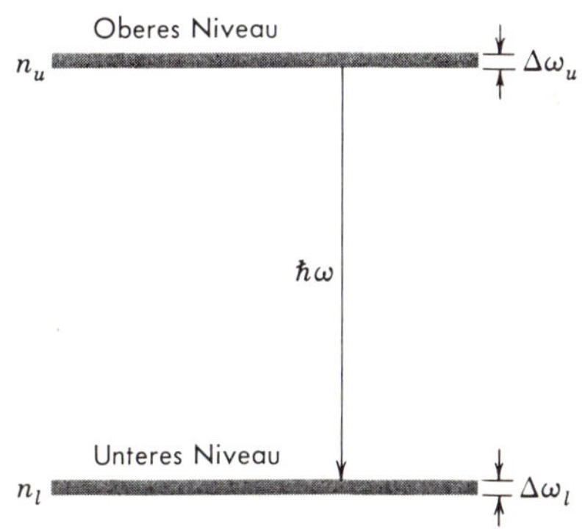

Bild 13: Zwei-Niveau-System zur Erklärung des Masereffekts. Die Besetzungszahlen des oberen und des unteren Niveaus seien n_u und n_l. Die emittierte Strahlung besitzt die Frequenz ω; die Halbwertsbreite der Strahlung ist $\Delta\omega = \Delta\omega_u + \Delta\omega_l$.

---

[13]) D.B. Chesnut und W.D. Phillips, J. Chem. Phys. **35**, 1002 (1961); D.B. Chesnut, J. Chem. Phys. **40**, 405 (1964).

mit dem magnetischen Moment μ des Atoms und dem Energieabstand der beiden Niveaus. Gleichung (12) ist ein Standardergebnis der quantenmechanischen Störungsrechnung, oft auch Fermis Goldene Regel genannt. Die von den Atomen im oberen und unteren Zustand pro Zeiteinheit nach außen abgestrahlte Energie ist

$$(13)\qquad \mathcal{P} = \left(\frac{\mu B_{\mathrm{rf}}}{\hbar}\right)^2 \frac{1}{\Delta\omega} \cdot \hbar\omega \cdot (n_u - n_l)\ .$$

$\hbar\omega$ ist die Energie pro Photon; $n_u - n_l$ ist die Differenz der Atome n_u die anfangs ein Photon emittieren können und der Anzahl der Atome n_l , die ein Photon absorbieren können. Im thermischen Gleichgewicht ist $n_u < n_l$, so daß insgesamt keine Energie nach außen abgestrahlt werden kann; im Nichtgleichgewicht aber, wenn $n_u > n_l$ ist, kann das System mehr Energie nach außen abstrahlen als eingestrahlt wird. Wenn wir mit $n_u > n_l$ beginnen und die emittierte Strahlung in das System zurückreflektieren, vergrößern wir B_{rf} und steigern so die Emissionsrate. Diese Steigerung hält so lange an, bis die Bevölkerung des oberen Niveaus abnimmt und schließlich die Besetzungszahlen der beiden Niveaus einander gleich sind.

Bringt man den Kristall in einen Hohlraumresonator, so erhält man den oben geschilderten Prozeß. In den Wänden des Resonators wird es gewisse Energieverluste geben: Der Energieverlust pro Zeiteinheit ist

$$(14)\qquad \mathcal{P}_L = \frac{B_{\mathrm{rf}}{}^2 V}{8\pi} \cdot \frac{\omega}{Q}\ ;\ (\mathrm{CGS}) \qquad (\mathrm{SI})\quad \mathcal{P}_L = \frac{B_{\mathrm{rf}}{}^2 V}{2\mu_0} \cdot \frac{\omega}{Q}\ ,$$

V ist das Volumen des Resonators, der eine Güte Q besitzt, $B_{\mathrm{rf}}{}^2$ soll ein über das Volumen gemitteltes Magnetfeld sein. Damit der Maser funktioniert, muß die ausgestrahlte Energie (13) größer als die Energieverluste (14) sein; $\mathcal{P}$ muß größer als $\mathcal{P}_L$ sein. Beide Größen enthalten $B_{\mathrm{rf}}{}^2$. Die Maserbedingung können wir umformen und erhalten eine Bedingung für die Differenz der Besetzungszahlen des oberen und des unteren Niveaus

$$(15)\qquad n_u - n_l > \frac{V\,\Delta B}{8\pi\mu Q}\ ,\ (\mathrm{CGS}) \qquad (\mathrm{SI})\quad n_u - n_l > \frac{V\,\Delta B}{2\mu_0\mu Q}\ ,$$

μ ist das magnetische Moment, die Linienbreite ΔB haben wir dabei über den Energieabstand der beiden Niveaus definiert.

$$(16)\qquad \mu\,\Delta B = \hbar\,\Delta\omega\ .$$

Das Hauptproblem für den Betrieb eines Masers oder Lasers ist es also, einen genügend großen Bevölkerungsüberschuß im höhergelegenen Niveau zu erzeugen. Man erreicht dies in den unterschiedlichsten Apparaturen auf verschiedenen Wegen.

Der Drei-Niveau Maser

Der Drei-Niveau-Maser (Bild 14) ist eine der raffinierten Lösungen des Bevölkerungs-Problems. Paramagnetische Ionen in Kristallen [14]) weisen manchmal die 3 für ein derartiges Masersystem nötigen Niveaus auf. Wir strahlen Hf-Energie mit der Frequenz $\hbar\,\omega_p = E_3 - E_1$ in einer Intensität ein, die ausreicht, die Besetzung der Niveaus 3 und 1 gleich groß zu erhalten. Im folgenden betrachten wir die durch normale thermische Relaxation verursachte Änderung der Besetzungszahl n_2 des Niveaus 2. Benutzen wir die Übergangswahrscheinlichkeiten $\mathcal{P}$ zwischen den einzelnen Niveaus, so erhalten wir

(17) $$\frac{dn_2}{dt} = -n_2P(2\to 1) - n_2P(2\to 3) + n_3P(3\to 2) + n_1P(1\to 2)\ .$$

Im Gleichgewicht gilt $dn_2/dt = 0$; wegen der eingestrahlten Hf-Energie ist außerdem $n_3 = n_1$

(18) $$\frac{n_2}{n_1} = \frac{P(3\to 2) + P(1\to 2)}{P(2\to 1) + P(2\to 3)}\ .$$

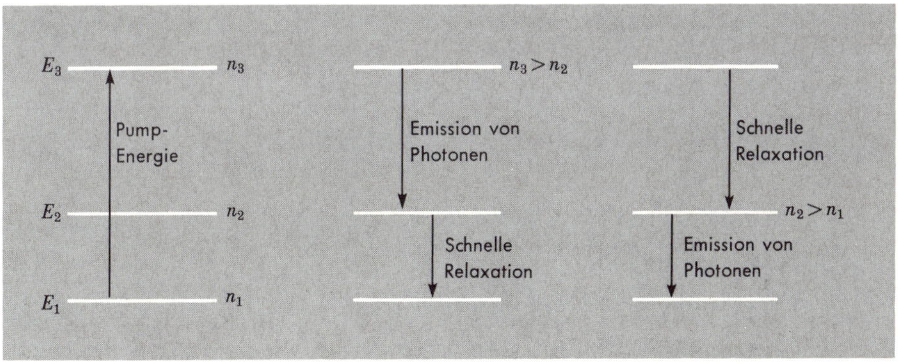

Bild 14: Drei-Niveau-Maser. Zwei mögliche Betriebsarten werden gezeigt, die beide davon ausgehen, daß durch Sättigung der Niveaus 3 und 1 durch hochfrequente Strahlung die Besetzungszahlen n_3 und n_1 gleich sind.

---

[14]) N. Bloembergen, Phys. Rev. **104**, 329 (1956).

Die Übergangswahrscheinlichkeiten werden durch viele Details der paramagnetischen Ionen und ihrer Umgebung beeinflußt, aber im Prinzip funktioniert dieses System immer. Ist $n_2 > n_1$ so können wir den Maser zwischen Niveau2 und 1 betreiben, ist aber $n_2 < n_1 = n_3$ so kann man Niveau 3 und 2 für einen Maser verwenden.

Rubin ist ein für den Betrieb eines Drei-Niveau-Masers ausgezeichneter Kristall. Rubin ist Al_2O_3 mit Cr^{3+} Verunreinigungen. Die Cr^{3+} Ionen besitzen einen Spin $S = \frac{3}{2}$; in einem magnetischen Feld spaltet der Grundzustand deshalb in 4 Niveaus auf. Für den Maser werden 3 dieser 4 Niveaus benutzt. Aus Rubin werden hochwertige rauscharme Mikrowellenverstärker gebaut, die in der Radioastronomie und im Satellitenfunk Verwendung finden.

Rubinlaser

Der gleiche Kristall Rubin, der im Mikrowellen-Maser benutzt wird, zeigte als erster im optischen Gebiet Maser-Verstärkung[15]; allerdings werden dafür andere Energieniveaus des Cr^{3+} benutzt (Bild 15). Unge-

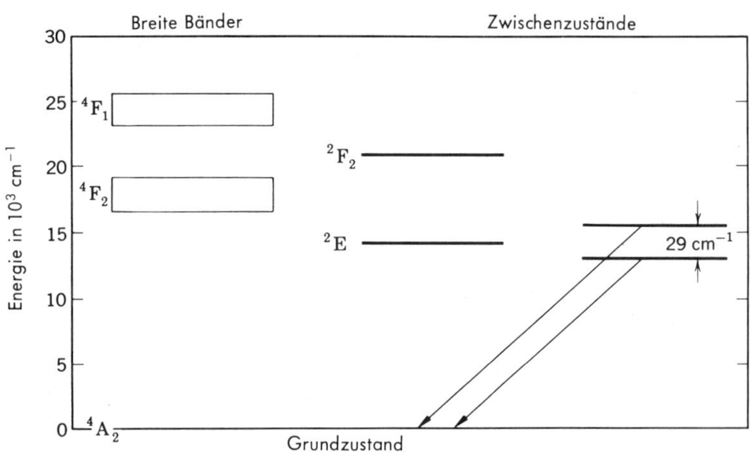

Bild 15: **Der Teil des Niveauschemas der Cr^{3+} -Ionen in Rubin, der zum Betrieb eine Lasers verwendet wird. Zuerst regt man den Übergang in die breiten Bänder an; unter Emission von Phononen zerfallen sie in die Zwischenniveaus. Gehen die Ionen von den Zwischenzuständen in den Grundzustand über, so emittieren sie Photonen.**

15) T.H. Maiman, Phys. Rev. Lett. **4** , 564 (1960), Phys. Rev. **123**, 1145 (1961); die Prinzipien von Infrarot- und Optischen Lasern findet man bei A. L. Schawlow und C. H. Townes, Phys. Rev. **112**, 1940 (1958).

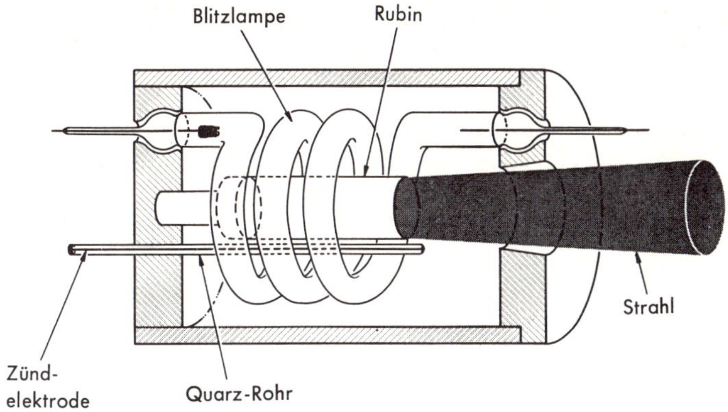

Bild 16: Apparatur wie sie in seiner Arbeit zur gepulsten Anregung von Rubin von Maiman benutzt wurde. Die Länge des Lasers war 5 cm, sein äußerer Durchmesser 2,5 cm.

fähr 15000 cm^{-1} über dem Grundzustand gibt es ein Paar von Niveaus, ^2E, die 29 cm^{-1} voneinander entfernt sind. Oberhalb von ^2E liegen zwei breite Niveaubänder $^4F_1$ und $^4F_2$. Da diese beiden Bänder so breit sind, können sie durch breitbandige Licht-Quellen wie z.B. Xenon-Blitzlampen ausreichend bevölkert werden.

Beim Betrieb des Rubinlasers werden die breiten ^4F-Bänder durch Einstrahlung mit breitbandigem Licht gefüllt. Die so angeregten Atome zerfallen innerhalb von 10^{-7} sec durch strahlungslose Übergänge unter Emission von Phononen in die ^2E-Niveaus. Der niedere der beiden ^2E-Zustände zerfällt langsam, in ca. $5 \cdot 10^{-3}$ sec, durch Emission eines Photons in den Grundzustand. In E_2 kann sich also eine große Anzahl angeregter Atome ansammeln. Um den Laser-Effekt zu erhalten, muß die Besetzungszahl in diesem Niveau größer als im Grundzustand sein. Bei 10^{20} angeregten Cr^{3+} Ionen pro cm^3 beträgt die im Rubin gespeicherte Energie 10^8 erg cm^{-3}. Der Rubinlaser kann einen Impuls mit sehr hoher Leistung emittieren, wenn diese gespeicherte Energie auf einmal frei wird. Der Wirkungsgrad eines Rubinlasers für die Umwandlung von elektrischer Energie in Laserlicht ist ungefähr 1%.

Ein anderer bekannter Festkörperlaser ist der Neodym-Glas-Laser aus Kalziumwolframatglas, das mit Nd^{3+} Ionen dotiert ist. Er arbeitet als Vier-Niveau-Laser (Bild 17). Bei einem derartigen Laser ist es nicht nötig, die Besetzung des Grundzustandes zu verringern, damit der Lasereffekt auftreten kann.

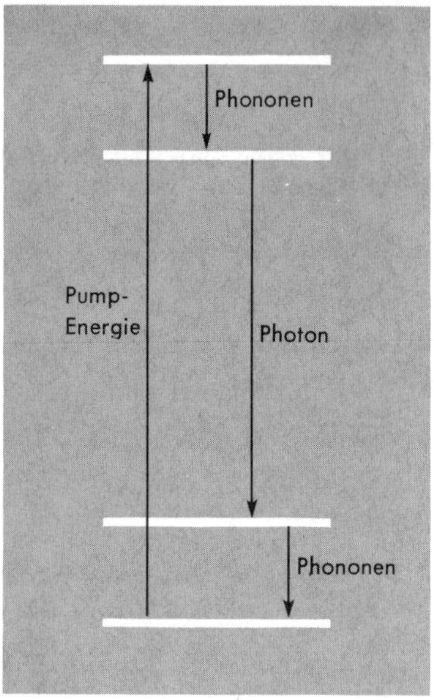

Bild 17: Ein Vier-Niveau-Laser wie z. B. der Neodym-Laser.

Halbleiterlaser

Rekombiniert ein Elektron mit einem Loch, so wird Energie frei (Bild 18). Es liegt deshalb nahe anzunehmen, daß auch im P-N-Übergang eines Halbleiters stimulierte Emission von Strahlung möglich sein müßte. Die angelegte Gleichspannung liefert die Pumpenenergie. Da die Kristall-Luft-Grenzflächen elektromagnetische Wellen sehr gut reflektiert, ist das halbleitende Kristallblättchen selbst ein Resonator. Die Kristalle werden normalerweise poliert oder geputzt, damit sie zwei planparallele Oberflächen besitzen; die Strahlung wird in der Ebene des P-N-Übergangs abgestrahlt.

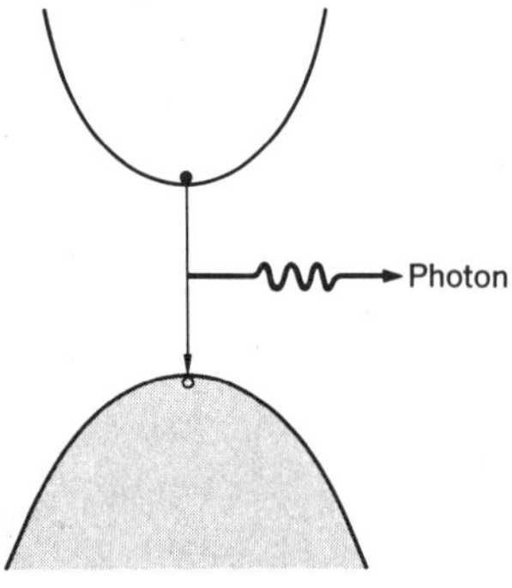

Bild 18a: Direkte Abstrahlung eines Photons bei der Rekombination eines Elektrons mit einem Loch.

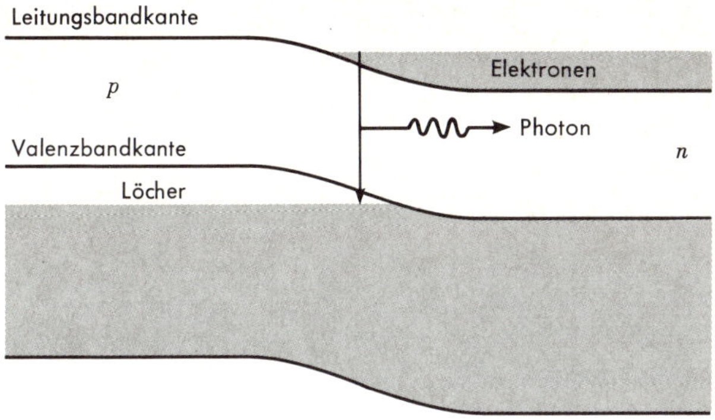

Bild 18b: Übergang zwischen einer entarteten p-leitenden und einer entarteten n-leitenden Zone in einem Halbleiter, an den eine Spannung angelegt ist. Legt man an den P-N-Übergang der Diode eine Spannung in Durchlaßrichtung an, so erhält man Rekombinationsstrahlung. Die Injektion von Minoritätsladungsträgern durch den Übergang ermöglicht die Rekombination und damit auch die Emission von Photonen.

Kristalle mit einer direkten Bandlücke (beide Bandkanten befinden sich im k-Raum an der gleichen Stelle), haben hohe Rekombinationswahrscheinlichkeiten; sie werden im allgemeinen für Halbleiterlaser verwendet. Bei indirekten Bandlücken benötigt man für einen Übergang und damit die Emission eines Photons, ein Phonon; die Rekombinationswahrscheinlichkeiten sind wegen konkurrierender Prozesse geringer. Der erste Halbleiterlaser arbeitete mit Galliumarsenid [16]. Der Laser, den man intensiv studierte, emittiert im nahen Infrarot bei ungefähr 8383 Å (1,48 eV) Licht; die exakte Wellenlänge kann durch Änderung der Temperatur oder des Druckes variiert werden. Die Energielücke ist direkt; Leitungs-und Valenzbandkante liegen bei $k = 0$. Das System besitzt einen hohen Wirkungsgrad: Ungefähr 50% der elektrischen Energie wird in Licht umgewandelt. Andere Halbleiterlaser bestehen aus GaP ($\lambda = 0{,}65\ \mu$) und InSb ($\lambda = 5{,}3\ \mu$).

Photoleitfähigkeit

Unter Photoleitfähigkeit versteht man die Zunahme der elektrischen Leitfähigkeit eines isolierenden Kristalls, wenn er einer Strahlung ausgesetzt

[16]) Berichte über erste experimentelle Arbeiten findet man bei R.N.Hall, G.E.Fenner, J.D.Kingsley, T.J.Soltys und R.O.Carlson, Phys. Rev. Letters **9**, 366 (1962); M.I.Nathan, W.P.Dumke, G.Burns, F.H.Dill, Jr., und G. Lasher Appl. Phys. Letters **1**, 62 (1962); T.M.Quist, R.H.Rediker, R.J.Keyes, W.E.Krag, B.Lax, A.L.McWhorter und H.J.Zeigler, Appl. Phys. Letters **1**, 91 (1962).

wird. Ein Großteil der grundlegenden Arbeit auf diesem Gebiet stammt von Gudden, Pohl und Rose. Dieser (innere) lichtelektrische Effekt (Photoeffekt) findet praktische Anwendungen in Fersehkameras, Infrarotdetektoren, Belichtungsmessern und - indirekt - beim photographischen Prozeß. Die direkte Wirkung des Bestrahlens zeigt sich in einer Vermehrung der beweglichen Ladungsträger im Kristall. Ist die Energie des einfallenden Photons größer als die Energielücke E_g, so erzeugt jedes im Kristall absorbierte Photon ein freies Elektron-Loch-Paar. Das Photon wird absorbiert, indem es ein Elektron, das ursprünglich im Valenzband saß, in das Leitungsband hochhebt. Sowohl das Loch im Valenzband, als auch das Elektron im Leitungsband können zur Leitfähigkeit beitragen.

Das Elektron und das Loch werden schließlich wieder rekombinieren. Bis dahin jedoch erleiden beide normalerweise ganz verschiedene Schicksale. So kann jedes für mehr oder weniger lange Zeit irgendwo im Kristall, z. B. an einer Fehlstelle oder einem Fremdatom, eingefangen sein[17]). Im allgemeinen tragen bei einer bestimmten Probe Elektronen und Löcher nicht beide in vergleichbarem Umfang zur Photoleitfähigkeit bei.

Der Begriff des Einfangs ist zum Verständnis des photoleitenden Verhaltens eines Kristalls von grundlegender Wichtigkeit. Die atomaren Prozesse, die in den Einfangszentren, den sog. Haftstellen, ablaufen, sind mit ihren Mechanismen zwar noch nicht immer bis ins einzelne verstanden, es ist aber sicher, daß die experimentellen Tatsachen der Photoleitung nur unter Zuhilfenahme von Haftstellen richtig beschrieben werden können. Die Rolle, die sie dabei spielen, wird im nächsten Abschnitt behandelt.

Auch wenn die Energie des einfallenden Photons unter der Schwelle für die Erzeugung von Elektron-Loch-Paaren liegt, besteht noch die Möglichkeit einer Ionisation von Donor- oder Akzeptorfremdatomen; je nach Art des Fremdatoms erzeugt das Photon dabei bewegliche Elektronen oder Löcher.

Zuerst wollen wir das einfachstmögliche Modell eines Photoleiters betrachten. Diesem entsprechen zwar, wenn überhaupt, nur wenige reale Kristalle, doch ergeben sich aus der Unzulänglichkeit der daraus abge-

---

17) Es sind Kristalle bekannt (wie z. B. AgBr und AgCl), bei denen das Loch sofort nach der Erzeugung eines Elektron-Loch-Paares eingefangen wird. Man nimmt an, daß das Loch von einem Halogenion eingefangen wird und ein stabiles V_K-Zentrum bildet. (Kapitel 19)

Bild 19:
Modell eines idealen Photoleiters. Elektron-Loch-Paare werden von einer äußeren Lichtquelle im ganzen Kristallvolumen erzeugt. Die Rekombination erfolgt durch direkte Vereinigung der Elektronen mit den Löchern; die von einer Elektrode abgesaugten Elektronen werden von der anderen nachgeliefert.

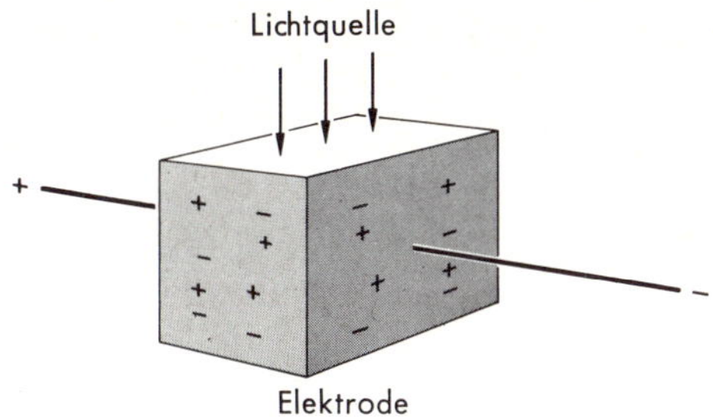

leiteten Voraussagen Hinweise zur Verbesserung dieser Modellvorstellungen. Man nimmt also an (Bild 19), daß bei der Bestrahlung mit einer äußeren Lichtquelle gleichförmig im ganzen Kristallvolumen Elektron-Loch-Paare erzeugt werden. Die Rekombination soll über die direkte Vernichtung von Löchern durch die Elektronen erfolgen. Weiterhin sollen die Elektronen, die den Kristall an einer Elektrode verlassen, ersetzt werden durch Elektronen, die von der entgegengesetzten Elektrode einströmen. Zweckmäßigerweise vernachlässigt man die Beweglichkeit der Löcher im Vergleich zur Beweglichkeit der Elektronen. Diese Annahme ist in vielen photoleitenden Substanzen erfüllt.

In diesem Modell ist die zeitliche Änderung der Elektronenkonzentration n gegeben durch

(19) $$dn/dt = L - Anp = L - An^2.$$

Es wurde hier $n = p$ berücksichtigt; L ist die Zahl der Photonen, die pro Volumeinheit und Zeiteinheit absorbiert werden. Der Term Anp gibt die Zahl der bimolekularen Rekombinationsprozesse pro Zeiteinheit an. Sie ist proportional zum Produkt der Konzentrationen von Elektronen und Löchern.

Im stationären Zustand ist $dn/dt = 0$ und damit die stationäre Elektronenkonzentration

(20) $$n_0 = (L/A)^{1/2}.$$

Die zugehörige Leitfähigkeit hat den Wert

(21) $$\sigma = n_0 e\mu = (L/A)^{1/2} e\mu.$$

μ ist die Beweglichkeit der Elektronen. Nach dieser Beziehung ändert sich der Photostrom bei einer gegebenen Spannung mit der Lichtintensität L gemäß $L^{0,5}$. Die gemessenen Exponenten liegen zwischen 0, 5 und 1, 0 oder noch höher.

Wird das Licht plötzlich ausgeschaltet, so erfolgt die Abnahme der Ladungsträger gemäß

(22) $$dn/dt = -An^2.$$

Diese Gleichung hat die Lösung

(23) $$n = \frac{n_0}{1 + Atn_0}.$$

n_0 ist die Konzentration zur Zeit $t = 0$, bei der das Licht ausgeschaltet wurde. In der Zeit

(24) $$t_0 = 1/An_0 = (LA)^{-1/2} = n_0/L$$

fällt die Ladungsträgerkonzentration auf den Wert $\frac{1}{2}n_0$. Aus der elementaren Theorie ergibt sich also eine **Zeitkonstante t_0**, die bei einer gegebenen Lichtintensität direkt proportional zur Photoleitfähigkeit sein sollte: empfindliche Photoleiter hätten danach große Zeitkonstanten. In der Praxis findet man die genauen Details dieser vorausgesagten Eigenschaften allerdings nur selten bestätigt.

Unter der **Empfindlichkeit** bzw. dem Verstärkungsfaktor G versteht man das Verhältnis aus der Zahl der Ladungsträger, die die Probe durchqueren und der Zahl der Photonen, die in der Probe absorbiert werden. Ist d die Dicke der Probe und deren Querschnittsfläche gleich Eins, so ruft ein Potential V unter Berücksichtigung von (20) einen Teilchenfluß von

(25) $$J_N = \frac{n_0 \mu V}{d} = \frac{V\mu}{d^2(AL)^{1/2}}(Ld)$$

hervor. Die Empfindlichkeit ist $G \equiv J_N/Ld$ oder

(26) $$G = \frac{V\mu}{d^2(AL)^{1/2}}.$$

Die Laufzeit T_d eines Ladungsträgers zwischen den Elektroden ist

(27) $$T_d = \frac{d}{V\mu/d} = \frac{d^2}{V\mu}.$$

Die Lebensdauer T_e eines Elektrons bis zur Rekombination ist gegeben durch t_0 in (24):

(28) $$T_e = (LA)^{-1/2}.$$

Die Verstärkung (26) läßt sich damit ausdrücken als

(29) $$G = T_e/T_d;$$

d. h. die Verstärkung ist gleich dem Verhältnis aus der Lebensdauer eines Ladungsträgers und seiner Laufzeit zwischen den Elektroden. Dieser Ausdruck für die Verstärkung gilt allgemein und ist nicht auf das zugrunde gelegte spezielle Modell beschränkt. Setzt man jedoch die Lebensdauer T_e gleich der beobachteten Zeitkonstante, so errechnet man aus (29) Verstärkungen, die viel größer sind als die experimentell beobachteten, in manchen Fällen sogar um einen Faktor 10^8. Der Beschreibung des photoleitenden Prozesses muß also noch ein neuer Mechanismus hinzugefügt werden. Dazu dienen die Haftstellen.

Haftstellen

Haftstellen sind Atome oder Störstellen im Kristall, die ein Elektron oder ein Loch festzuhalten vermögen. Der eingefangene Ladungsträger kann zu einer späteren Zeit wieder emittiert werden. Es ist zweckmäßig und bequem, Modelle zu betrachten, bei denen in jedem Augenblick alle Löcher und ein Teil der Elektronen im Leitungsband eingefangen sind. Wir werden hier nur sehr einfache Modelle untersuchen.

Funktionsmäßig sind zwei Arten von Haftstellen zu unterscheiden. Die eine Art verhält sich hauptsächlich wie ein in Kapitel 11 besprochenes Rekombinationszentrum, das Elektronen und Löchern die Rekombination erleichtert und damit zur Wiederherstellung des thermischen Gleichgewichts beiträgt. Die zweite Art beeinflußt im wesentlichen die Bewegungsfreiheit der Ladungsträger eines Vorzeichens. Wir werden uns mit dieser zweiten Art von Haftstellen beschäftigen.

Zuerst betrachten wir einen Kristall mit N Haftniveaus für Elektronen pro Volumeinheit (Bild 20). Die Temperatur soll im Vergleich zu den hier wichtigen Ionisierungsenergien so klein sein, daß die Konzentration

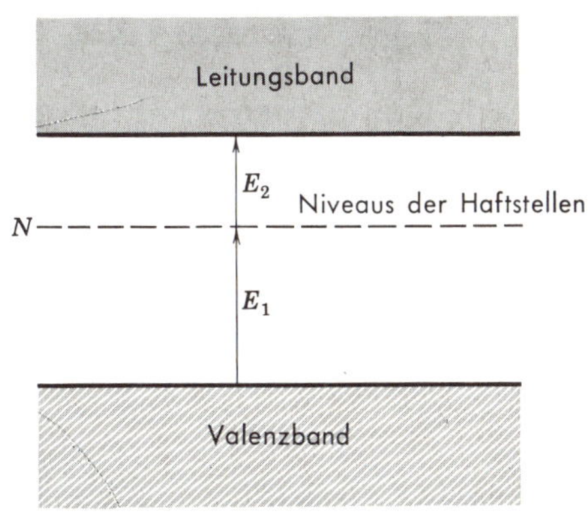

Bild 20:
Modell der Photoleitfähigkeit mit Haftstellen für Elektronen der Konzentration N.

von thermisch erzeugten Ladungsträgern vernachlässigt werden kann. Der Einfachheit halber nehmen wir an, der Rekombinationskoeffizient A beschreibe sowohl die Elektron-Loch-Rekombination als auch den Einfang der Elektronen. Dann gilt

$$dn/dt = L - An(n + N). \tag{30}$$

n ist die Elektronenkonzentration im Leitungsband. In (30) wurde der Effekt nicht berücksichtigt, daß durch thermische Ionisierung Ladungsträger von Haftstellen zurück in das Leitungsband gelangen können. Im stationären Zustand ist

$$n_0(n_0 + N) = L/A. \tag{31}$$

Hier sind nun zwei Grenzfälle zu diskutieren. Es macht Schwierigkeiten, Kristalle zu züchten, deren Haftstellenkonzentration N sehr viel kleiner ist als 10^{14} cm^{-3}. Bei kleinen Strömen liegt die Ladungsträgerkonzentration n_0 möglicherweise weit unter diesem Wert, vielleicht bei 10^8 oder 10^{10}cm^{-3}. Im Grenzfall $n_0 \ll N$ ergibt sich anstelle von (20) das Resultat

$$n_0 = L/AN. \tag{32}$$

Der Photostrom ist nun direkt proportional zur Lichtintensität L. Bei hohen Intensitäten mit $n_0 \gg N$ gilt wie im früheren Fall ohne Haftstellen $n_0 = (L/A)^{1/2}$. Dieser Umschlag im Verhalten bei wachsender Lichtintensität zeigt sich auch in den Experimenten.

Das Abklingverhalten des Systems nach dem Ausschalten des Lichts ergibt sich aus der Lösung der Bilanzgleichung (30) mit $L = 0$:

$$\ln \frac{n + N}{n} - \ln \frac{n_0 + N}{n_0} = NAt. \tag{33}$$

Für $N \gg n_0$ vereinfacht sich die Lösung zu $n = n_0 \exp(-NAt)$. Danach beträgt die Zeit, nach der das Signal auf e^{-1} seines Anfangswertes abgeklungen ist

$$t_0 = 1/NA, \tag{34}$$

im Gegensatz zu dem früheren Ergebnis (24) beim Fehlen von Haftstellen. Die Anwesenheit von Haftstellen verkleinert also Leitfähigkeit und Zeitkonstante.

Das Modell kann noch verbessert werden, wenn man die Ionisierung von eingefangenen Ladungsträgern berücksichtigt. Man erhält dann in Übereinstimmung mit der Beobachtung eine Zeitkonstante, die viel größer als die Lebensdauer der Ladungsträger ist. Weitere Einzelheiten findet man im Buch von Rose (siehe Literaturhinweise).

Raumladungseffekte

Wenn die Beleuchtung nicht über den ganzen Kristall hinweg gleichförmig ist oder wenn die Elektroden nicht ungehindert Ladungsträger in den Kristall hinein- oder heraustransportieren können, bilden sich Raumladungen aus, die zu einer beträchtlichen Verminderung des Photostroms führen können. Nehmen wir an, an einen Kristallstab mit 1 cm Dicke werden durch Elektroden, die den Kristall nicht berühren, 300 Volt angelegt. Dieses elektrische Feld ist dann zu dem Feld äquivalent, das von rund $2 \cdot 10^8$ Ladungsträgern/cm^2 erzeugt wird, die auf gegenüberliegenden Flächen des Stabes angesammelt sind.

Sobald diese Ladung auf den Oberflächen des Kristalls sitzt, hört der Stromfluß auf, da dann das elektrische Feld der Oberflächenladungen das von den Elektroden erzeugte Feld gerade aufhebt. Die zur Ansammlung der Oberflächenladungen erforderlichen Zeiten und Ströme sind nicht groß. Diese Polarisationseffekte bilden das größte Hindernis bei Messungen der Photoleitfähigkeit; man wendet deshalb oft Impulsmethoden an. Der Kristallzähler, bei dem ein Impuls von Ladungsträgern auftritt, ist ein nützliches Hilfsmittel zur Untersuchung von Beweglichkeit und Einfangeffekten in Kristallen.

Kristallzähler

Mit dem Kristallzähler können einzelne ionisierende Teilchen mit Hilfe des Stromstoßes nachgewiesen werden, der beim Durchgang des Teilchens durch einen Kristallstab entsteht. Im ersten praktisch verwendeten Kristallzähler wurden Betastrahlen beim Passieren eines Silberchlorid-Kristalls registriert. Das grundsätzliche Schaltbild ist in Bild 21 angegeben.

Der Zählvorgang ist einfach: die von dem ionisierenden Teilchen erzeugten Ladungsträger bewegen sich unter dem Einfluß eines äußeren elektri-

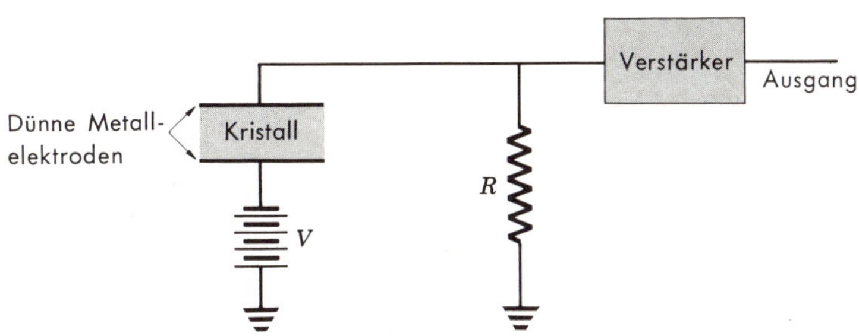

Bild 21: Schematisches Schaltbild eines Kristallzählers.

schen Feldes, bis sie entweder zu den Elektroden gelangen oder aber eingefangen werden. Die resultierende Ladungsverschiebung influenziert auf den Elektroden eine dazu proportionale Ladung. Dieses Elektrodensignal wird verstärkt.

Wir untersuchen jetzt genauer den Spannungsimpuls, der von einem Alphateilchen herrührt. In Kristallen ist die Reichweite natürlicher Alphateilchen normalerweise sehr klein, sie liegt in der Größenordnung von 10^{-3} cm. Es sollen nun n freie Elektronen erzeugt werden, sobald ein Alphateilchen die negative Elektrode durchdringt und kurz danach steckenbleibt. Der Beitrag der Löcher wird vernachlässigt, da sie sofort von der naheliegenden Kathode aufgesogen werden. Ein Elektron, das im Kristall über eine Strecke x wandert, influenziert auf den Elektroden eine Ladung $Q = ex/d$; d ist die Kristalldicke. Elektronen, die auf die Anode zuwandern, werden längs ihres Weges eingefangen, und zwar mit einer Einfangzeit T:

$$n = n_0 \exp(-t/T) = n_0 \exp(-x/\mu ET). \tag{35}$$

Es gilt nämlich $x = \mu Et$, wobei μ die Beweglichkeit und E die elektrische Feldstärke ist. Die Zahl der in dx bei x eingefangenen Elektronen beträgt $dn = dx\,(n_0/\mu ET)\exp(-x/\mu ET)$.

Die Gesamtladung, die am Kondensator erscheint, ist damit

$$Q = \frac{e}{d}\int x\,dn = \frac{n_0 e}{d\mu ET}\int_0^d x e^{-x/\mu ET}\,dx + n_0 e \exp(-d/\mu ET). \tag{36}$$

Der zweite Term auf der rechten Seite entsteht durch Elektronen, die durch den ganzen Kristall bis hin zur Anode gelangen. Integriert ergibt sich

$$Q = (n_0 e\mu ET/d)(1 - e^{-d/\mu ET}). \tag{37}$$

Die Größe $\delta = \mu ET$ wird als Reichweite der Ladungsträger bezeichnet. In Bild 22 ist Q über δ/d aufgetragen.

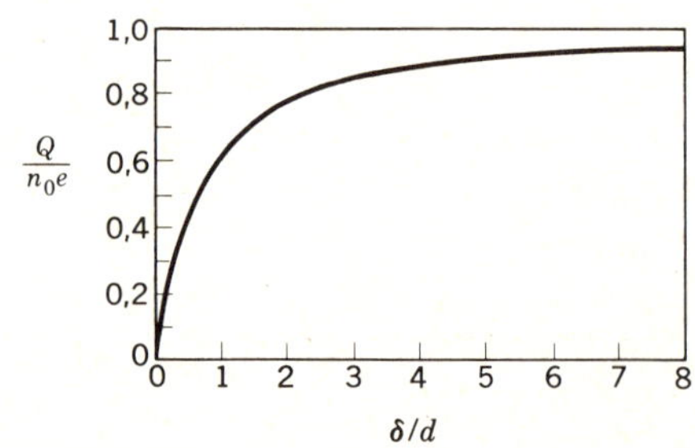

Bild 22:
Influenzierte Ladung auf den Elektroden für den Fall, daß ein Alphateilchen auf einen Kristallzähler auftrifft, als Funktion des Verhältnisses von Elektronenreichweite δ zu Kristalldicke d.

Aus Messungen der Anstiegszeit kann man die Einfangzeit T entnehmen, aus der Messung der Impulshöhe erhält man $\delta = \mu ET$. Beide Größen zusammen liefern die Beweglichkeit.

Lumineszenz

Unter Lumineszenz versteht man die Absorption von Energie in Materie und ihre Wiederausstrahlung im sichtbaren Spektralbereich oder in dessen Nähe. Die anfängliche Anregung kann durch Licht, Teilchenbeschuß, mechanische Beanspruchung, chemische Reaktionen oder durch Wärme erfolgen. Findet die Emission schon während der Anregung oder innerhalb von 10^{-8} sec danach statt, wird dieser Prozeß gewöhlich als **Fluo reszenz** bezeichnet. Die Zeitspanne von 10^{-8} sec wird deshalb gewählt, da sie größenordnungsmäßig der Lebensdauer entspricht, die ein atomarer Zustand für einen erlaubten elektrischen Dipolübergang im sichtbaren Spektralbereich besitzt. Tritt die Emission erst nach beendigter Anregung ein, so heißt der Prozeß auch **Phosphoreszenz** oder **Nachleuchten**. Die Verzögerungszeit kann in der Größenordnung von Mikrosekunden bis zu Stunden liegen. Kristalline lumineszierende Festkörper werden als **Phosphore** bezeichnet.

Viele Festkörper sind mit geringem Wirkungsgrad lumineszierend in bezug auf die Umwandlung anderer Energieformen in Strahlung. Die Fähigkeit eines bestimmten Materials, mit hohem Wirkungsgrad zu lumineszieren, hängt oft mit sogenannten **Aktivatoren** (Lumineszenzzentren) zusammen; dies sind besondere in geringen Mengen vorhandene Fremdatome. Die lumineszierenden Kristalle können in zwei Klassen eingeteilt werden: einmal Photoleiter (der Prototyp ist hier Cu-aktiviertes ZnS) und zum andern Kristalle, bei denen die Photoleitfähigkeit nur als Begleiterscheinung zum Lumineszenzeffekt hinzutritt.

Thalliumaktiviertes Natriumchlorid

Mit Thallium aktivierte Alkalihalogenidphosphore wurden ausgiebig untersucht[18]). Sie stellen gute Beispiele für Phosphore dar, die nicht gleichzeitig photoleitend sind.

Der Phosphor KCl : Tl besteht aus einem Ionengitter, bei dem einige K^+-Ionen durch Tl^+-Ionen ersetzt sind. Die optische Absorption des reinen KCl-Kristalls (Bild 8) beginnt bei 1650 Å und erstreckt sich zu kürzeren Wellenlängen. Mit dem Thallium tauchen zwei glockenförmige Absorp-

---

[18]) Eine Übersicht über diese Arbeiten gibt F. E. Williams, Advances in Electronics **5**, 137 (1953); eine frühe Diskussion gibt F. Seitz, J. Chem. Phys. **6**, 150 (1938).

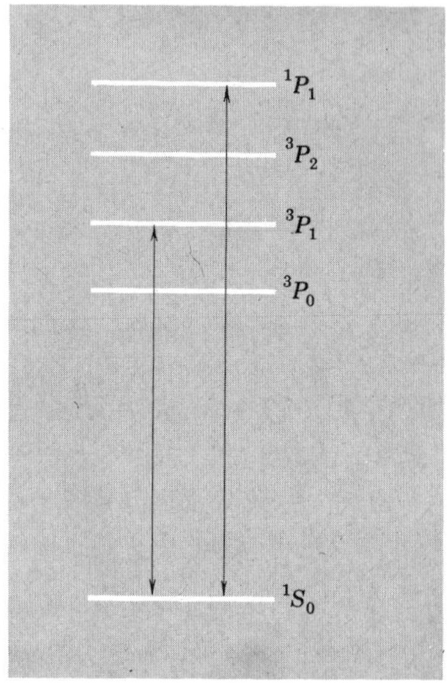

Bild 23:
Grundzustand und niedrigste Anregungszustände eines freien Tl^+-Ions mit eingezeichneten Übergängen.

tionsbänder auf, deren Zentrum bei 1960 Å bzw. 2490 Å liegt und außerdem ein breites Emissionsband mit dem Zentrum bei 3050 Å. Die Absorptions- und Emissionsbanden gehören zu angeregten Zuständen des Tl^+-Ions.

Die Elektronenkonfiguration des Grundzustandes von Tl^+ ist $6s^2$. Die Bezeichnung des Zustandes selbst lautet $^1S_0$. (Die Spins der beiden s-Elektronen stehen antiparallel.) Die niedrigsten angeregten Zustände entstehen aus der Konfiguration $6s\,6p$ und tragen die Bezeichnung (Bild 23) $^3P_0$, $^3P_1$, $^3P_2$ und $^1P_1$. Ihr Abstand beträgt jeweils ungefähr 1 eV. Nach der spektroskopischen Auswahlregel, die Übergänge von $J = 0$ nach $J' = 0$ verbietet, erwartet man keinen Übergang $^1S_0 \leftrightarrow {}^3P_0$. Der Übergang $^1S_0 \leftrightarrow {}^3P_2$ wird durch die allgemeine Auswahlregel $\Delta J = 0, \pm 1$ ausgeschlossen. Die Auswahlregel $\Delta S = 0$ ist nicht sehr streng, und die Übergänge $^1S_0 \rightarrow {}^3P_1$ und $^1S_0 \rightarrow {}^1P_1$ haben daher vergleichbare Intensität. Ersterer führt zum Absorptionsband bei 2490 Å, letzterer zum Absorptionsband bei 1960 Å. Die Emission bei 3050 Å gehört zu dem nach unten gerichteten Übergang $^3P_1 \rightarrow {}^1S_0$ (Bild 24).

Die Absorption vom Grundzustand aus erfolgt gemäß dem Franck-Condon-Prinzip[19]) so, daß währenddessen die Nachbarionen im Gitter ungefähr

[19]) Das Frank-Condon-Prinzip besagt, daß die Atome in einem Molekül während eines elektronischen Übergangs ihre Kernabstände nicht ändern.

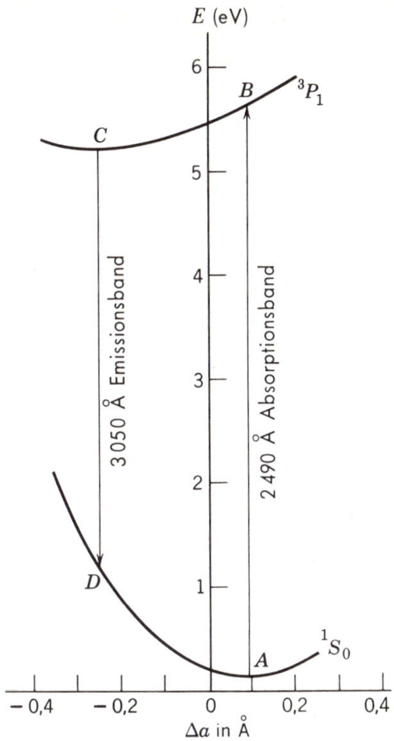

Bild 24:
Zwei Energieniveaus von Tl^+ in KCl, aufgetragen als Funktion einer Koordinate, die die symmetrische Verschiebung der 6 benachbarten Cl^--Atome beschreibt. Im Grundzustand liegt das Thalliumatom in einem Bereich nahe dem Punkt *A*, dessen Ausdehnung durch die thermische Bewegung des Gitters bedingt wird. Wenn der Kristall mit Licht von ≈ 2490 Å bestrahlt wird, kann ein Übergang zum oberen Zustand bei *B* erfolgen. Entsprechend dem Franck-Condon-Prinzip tritt die Absorption bei der Gitterkonfiguration auf, die den Grundzustand kennzeichnet. Die Absorption erfolgt also von *A* nach *B* und nicht von *A* nach *C*. Nach dem Übergang findet eine Umverteilung der Nachbarionen statt, und das System nimmt die Gleichgewichtslage *C* ein. Die Energiedifferenz *B* – *C* wird durch Erzeugung von Gitterschwingungen abgeführt. Von *C* aus emittiert das Ion Licht in einem Band bei 3050 Å, geht dabei nach *D* über und kehrt von dort zur Gleichgewichtslage *A* zurück, wobei es wieder Energie an das Gitter abgibt. (Nach F. E. Williams.)

ihre Lage beibehalten. Bei den einzelnen Absorptionsvorgängen, befinden sich die benachbarten Atome jeweils an einer anderen Stelle. Die Breite des Absorptionsbandes läßt sich recht gut mit Hilfe der Nullpunkts- und der thermischen Bewegung des Gitters erklären. Wegen dieser Bewegungen erfolgen die Übergänge innerhalb eines gewissen Streubereichs der Werte für die Konfigurationskoordinate [20]. Die Lebensdauer des angeregten Zustands ($^3P_1$ z.B.) ist 10^5 mal größer als die Periode einer Gitterschwingung. So wird sich das System nach der Absorption und vor der Reemission im $^3P_1$ -Zustand in das thermische Gleichgewicht setzen. Die Lumineszenzemission erfolgt vom $^3P_1$ -Zustand zum $^1S_0$ -Zustand, und zwar bei dem Wert der Konfigurationskoordinate, der in der Nähe des Energieminimums des angeregten Zustands liegt. Die Energie, die bei der Umordnung $B \to C$ und $D \to A$ auftritt, wird in Form von Phononen emittiert.

[20] Eine Konfigurationskoordinate ist irgendeine passende Linearkombination der Ortsvektoren von Kernen solcher Ionen, die in der interessierenden Nachbarschaft liegen. In unserem Fall ist Δa als die symmetrische Verschiebung von den idealen KCl-Gitterplätzen der sechs Cl^--Ionen definiert, die das Tl^+-Ion binden.

Die Lumineszenz von Phosphoren, die mit zweiwertigem Mangan aktiviert sind, weist Parallelitäten zu den von Thallium aktivierten Phosphoren auf. Zweiwertiges Mangan ist in vielen Kristallen ein sehr wirksamer Aktivator. Anwendungen sind Fluoreszenzlampen und Oszillographenschirme.

Aufgaben

1. **Bahn-g-Faktor des Exzitons.** Wie lautet der Landé-Faktor für ein Mottsches Exziton, das aus einem Elektron und einem Loch mit effektiver Masse m_e, bzw. m_h zusammengesetzt ist? (Zuerst ist der Schwerpunkt aufzusuchen, dann das gesamte magnetische Moment der Bahnbewegung zu berechnen, wobei berücksichtigt werden muß, daß sich Elektron und Loch so verhalten, als seien sie entgegengesetzt geladen; damit ist schließlich g zu bestimmen. Die ganze Rechnung soll klassisch durchgeführt werden.)

2. **Stark-Effekt beim Mottschen Exziton.** a) Man setze $m_e = m_h = m$ und $\epsilon = 10$ und schätze damit die elektrische Feldstärke ab, die erforderlich ist, damit beim Mottschen Exziton das Niveau $n = 2$ eine Stark-Aufspaltung erster Ordnung von 1 cm^{-1} erhält. b) Dieses Feld ist mit dem zu vergleichen, das bei atomarem Wasserstoff erforderlich ist. (Bei dieser Aufgabe sollen die Ergebnisse der Theorie des Stark-Effekts verwendet werden, die in den meisten elementaren Lehrbüchern der Quantentheorie zu finden sind.)

3. **Vorzeichen der photoleitenden Ladungsträger.** Es sei eine Kristallscheibe gegeben, deren Photoleitfähigkeit bekanntermaßen nur von einer Art von Ladungsträgern hervorgerufen wird, wobei man aber nicht weiß, ob es sich um Elektronen oder Löcher handelt. Man beschreibe ein Experiment (mit Licht von solcher Wellenlänge, daß es auf kurzer Strecke im Kristall absorbiert wird), mit dessen Hilfe man die Art der Ladungsträger feststellen kann, ohne dabei den Halleffekt zu verwenden.

4. **Aktivatorkonzentration.** In KCl sind Thallium-Ionen Tl^+ die Aktivatoren für Lumineszenz. Man nimmt an, daß sie statistisch verteilt Gitterplätze der Alkalimetallatome einnehmen. Das Verhältnis der Konzentrationen sei $[Tl^+]/[K^+] \equiv c$. Es sind nur solche Thalliumionen wirksame Aktivatoren, die unter ihren nächsten Kationnachbarn keine weiteren Thalliumionen besitzen. Gesucht ist die Ableitung und graphische Darstellung eines Ausdrucks für den Verlauf der Konzentration c^* wirksamer Aktivatoren als Funktion von c.

Literaturhinweise

R.S. Knox, "Theory of excitons", in: Solid state physics, Supplement **5**, 1963.

C.G. Kuper und G.D. Whitfield, Herausgeber, Polarons and excitons, Plenum, New York, 1963.

D.S. McClure, "Electronic spectra of molecules and ions in crystals", in: Solid state physics **8**, 1 (1959).

H.C. Wolf, "The electronic spectra of aromatic molecular crystals", in: Solid state physics **9**, 1 (1959).

A.S. Davydov, Theory of molecular excitons, McGraw-Hill, 1962.

A. Rose, Concepts in photoconductivity, Interscience, 1963.

C.C. Klick und J.S. Schulmann, "Luminiescence in solids", in: Solid state physics **5**, 97 (1957).

D. Fox, M.M. Davis und A. Weißburger, Physics and chemistry of the organic solid state, Interscience, 1963, mehrere Bände.

R.F. Wallis, ed., Localized excitations in solids, Plenum Press, 1968.

J. Tauc, ed., Optical properties of solids, Academic, 1966.

A. Yariv, Quantum elekctronics, Wiley, 1967.

D. Ross, Lasers, light amplifiers, and oscillators, Academic, 1969.

W.V. Smith und P.P. Sorokin, The laser, McGraw-Hill, 1966.

C.H. Gooch, ed., Gallium arsenide lasers, Wiley-Interscience, 1969.

J.W. Orton, D.H. Paxman und J.C. Walling, Solid state maser, Pergamon 1970.

19. Atomare Fehlstellen in Festkörpern und Legierungen

Jede Abweichung von der idealen periodischen Gitterstruktur, dem sogenannten Idealkristall, ist eine Fehlordnung oder ein Kristallfehler. Atomare Fehlstellen sind normalerweise chemische Verunreinigungen, unbesetzte Gitterplätze und Zwischengitteratome (d. h. überschüssige Atome, die nicht auf regulären Gitterplätzen sitzen). Eine solche Störstelle ist in der Nähe eines Punktes oder eines Atoms im Gitter lokalisiert, im Gegensatz zu einer linienhaften oder flächenhaften Fehlordnung. Linienhafte Fehlordnungen werden in Kapitel 20 betrachtet. Flächenhafte Fehlordnungen können in den Anfangsstadien der Ausbildung einer neuen Kristallstruktur innerhalb eines schon bestehenden Kristalls auftreten.

Reale Kristalle sind in irgendeiner Hinsicht immer unvollkommen und fehlgeordnet. Bei einigen Festkörpern hat man die Natur dieser Fehlordnung schon recht gut verstanden. So wurde viel Arbeit auf Alkali- und Silberhalogenide, Germanium, Silizium, Kupfer und auf Legierungen im allgemeinen verwendet. Legierungen zeichnen sich durch eine hohe Konzentration von Fehlstellen aus.

Viele wichtige Eigenschaften der Festkörper werden in ebenso starkem Maße durch die Fehlordnung wie durch den eigentlichen Kristall bestimmt, der oft nur als Träger, Lösungsmittel oder Gerüst für die Fehlordnung dient. Die Leitfähigkeit einiger Halbleiter wird ausschließlich durch Spuren chemischer Verunreinigungen verursacht. Die Lumineszenz von Kristallen hängt fast immer mit der Anwesenheit von Störstellen zusammen. Die Diffusion von Atomen durch Festkörper kann durch Fremdatome oder Fehlordnungen außerordentlich stark beschleunigt werden. Die mechanischen und plastischen Eigenschaften von Festkörpern werden gewöhnlich durch Fehlordnungen bestimmt.

Leerstellen im Gitter

Die einfachste Fehlordnung ist eine **Gitterleerstelle**, also ein fehlendes Atom oder Ion; man bezeichnet diese auch als **Schottkysche Fehlordnung**. In Illustrationen und chemischen Gleichungen deutet man eine Gitterlücke oft mit einem Quadrat an (Bild 1). Im Idealkristall wird eine Schottkysche Fehlordnung erzeugt, indem man ein Atom von einem Gitterplatz im Innern des Kristalls zu einem Gitterplatz auf der Kristalloberfläche überführt.

Im thermischen Gleichgewicht gibt es in einem sonst idealen Kristall immer eine gewisse Zahl von Gitterleerstellen, da eine Unordnung die Entropie erhöht. Bei endlicher Temperatur muß sich der Kristall entsprechend der Gleichgewichtsbedingung in einem Zustand minimaler frei-

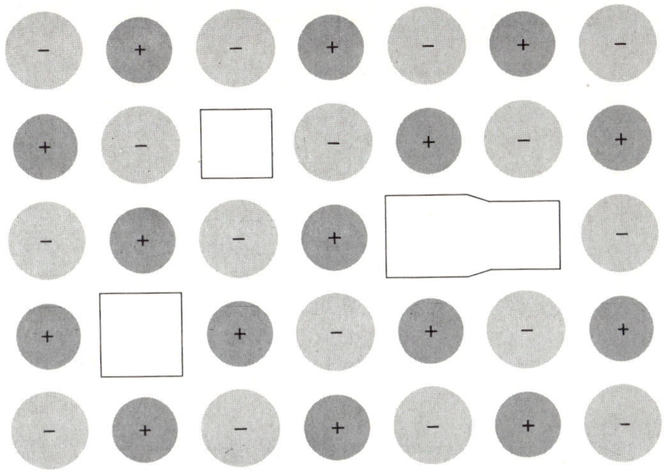

Bild 1: Gitterebene eines reinen Alkalihalogenidkristalls mit unbesetzten Gitterplätzen, die von einem positiven Ion, einem negativen Ion und einem gekoppelten Paar entgegengesetzten Vorzeichens eingenommen werden sollten.

er Energie[1]) $F = E - TS$ befinden. In Metallen mit enggepackten Gitterstrukturen ist die relative Anzahl der Gitterplätze, die bei Temperaturen gerade unterhalb des Schmelzpunkts nicht besetzt sind, größenordnungsmäßig 10^{-3} bis 10^{-4}. Bei einigen Legierungen jedoch, besonders bei den sehr harten Karbiden der Übergangsmetalle wie z. B. TiC, kann dieser Anteil der Gitterleerstellen einer Komponente bis zu 50 Prozent betragen.

Die Wahrscheinlichkeit dafür, daß im thermischen Gleichgewicht bei der Temperatur T ein bestimmter Gitterplatz nicht besetzt ist, ist einfach durch den Boltzmannfaktor gegeben

$$(1) \qquad P = e^{-E_V/k_BT} \; .$$

E_v ist die Energie die nötig ist, ein Atom von einem Gitterplatz im Innern des Kristalls an dessen Oberfläche zu bringen. Die typische Bindungsenergie nächster Nachbarn in einem Festkörper ist normalerweise in der Größenordnung von 1 eV. Bei N Atomen ist die Anzahl n der im thermischen Gleichgewicht befindlichen Leerstellen durch das Verhältnis zwischen leeren und besetzten Gitterplätzen gegeben:

$$(2) \qquad \frac{n}{N-n} = e^{-E_V/k_BT} \; .$$

[1]) Der Einfachheit halber betrachten wir das System bei konstantem Volumen; es macht keine Schwierigkeiten, auch den Fall konstanten Drucks zu behandeln, für den $G = E - TS + pV$ (d. h. die freie Enthalpie) das passende thermodynamische Potential ist.

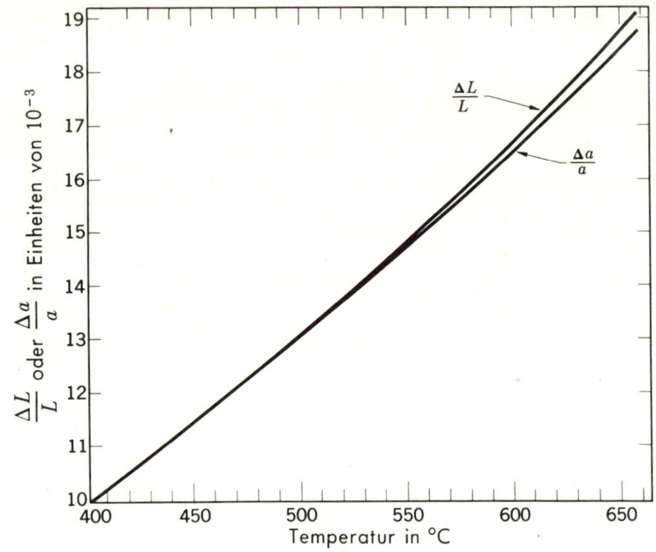

Bild 2: Die Differenz zwischen der Linearausdehnung $\Delta L/L$ der Probe beim Erwärmen und der relativen Änderung des Gitterparameters $\Delta a/a$, die durch Röntgenbeugung bestimmt wird, gibt ein Maß für die Konzentration der Leerstellen. (Eine Leerstelle beeinflußt das Beugungsexperiment nur wenig, doch wächst die Länge der Probe, wenn Atome aus Gitterplätzen in ihrem Innern an die Oberfläche wandern.) Die Kurve gilt für Aluminium nach R. O. Simmons und R. W. Balluffi, Phys. Rev. **117**, 52 (1960). Der Ordinatenmaßstab ist für 20° C auf den Wert Null normiert.

Für $n \ll N$ vereinfacht sich dieses Ergebnis zu

(3) $$n \cong N \exp\left(-E_V/k_B T\right).$$

Mit $E_V \sim 1$ eV und $T \sim 1000$ K wird $n/N \sim e^{-12} \sim 10^{-5}$. Die Gleichgewichtskonzentration der Leerstellen nimmt mit sinkender Temperatur ab. Die tatsächliche Leerstellenkonzentration wird dann größer sein als ihr Gleichgewichtswert, wenn der Kristall bei höherer Temperatur gezüchtet und anschließend schnell abgekühlt wurde. Bei diesem Prozeß werden nämlich die Leerstellen eingefroren (siehe dazu den Fall der Diffuision weiter unten). Die thermische Erzeugung von Gitterleerstellen in Aluminium zeigt Bild 2.

In Ionenkristallen ist es im allgemeinen energetisch günstig, wenn ungefähr gleichviele Kation- wie Anionlücken entstehen. Bei der Bildung solcher Leerstellenpaare bleibt der Kristall lokal elektrostatisch neutral.

Für die Anzahl der Paare erhält man nach einer statistischen Betrachtung

$$n \cong N \exp(-E_p/2k_BT). \tag{4}$$

E_p ist die Bildungsenergie für ein Paar.

Eine weitere Art von Kristallfehlern ist die **Frenkelsche Fehlordnung** (Bild 3): Ein Atom wandert von einem Gitterplatz zu einem Zwischengitterplatz, d.h. zu einem Platz, der normalerweise nicht von einem Atom besetzt werden sollte. Die Berechnung der Zahl der Frenkelschen Fehlstellen im Gleichgewicht erfordert keine grundsätzlich neuen Überlegungen (Aufgabe 1) [2]. Ist die Zahl n der Frenkelschen Fehlstellen sehr viel kleiner als die Zahl N der Gitterplätze und die der Zwischengitterplätze N', so ergibt sich das Resultat

$$n \cong (NN')^{1/2} \exp(-E_I/2k_BT). \tag{5}$$

E_I ist die Energie, die man braucht, um ein Atom von einem Gitterplatz zu einem Zwischengitterplatz zu bringen.

Aus Leitfähigkeits- und Dichtemessungen kann man schließen, daß in reinen Alkalihalogeniden die häufigsten Gitterleerstellen Schottky-Defekte sind. In reinen Silberhalogeniden sind es dagegen Frenkel-Defekte. Bei der Erzeugung von Schottky-Defekten wird die Dichte des Kristalls erniedrigt, da zwar das Volumen größer wird, nicht aber die Masse. Die

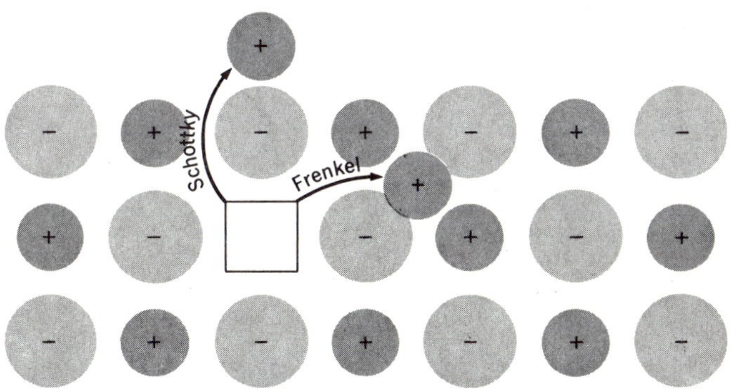

Bild 3: Schottkysche und Frenkelsche Fehlordnung in einem Ionenkristall. Die Pfeile geben die Verschiebung der Ionen an. Bei der Schottkyschen Fehlordnung wird das Ion zur Oberfläche des Kristalls transportiert; bei der Frenkelschen Fehlordnung wird es auf einen Zwischengitterplatz gesetzt.

[2]) Eine andere Methode gibt C. Kittel in Am. J. Phys. **35**, 483 (1967) an.

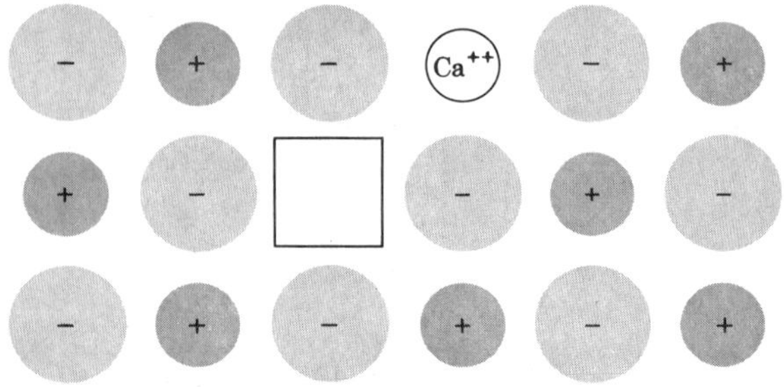

Bild 4: Erzeugung einer Gitterlücke durch Auflösen von $CaCl_2$ in KCl: Zur Erhaltung der elektrischen Neutralität bleibt für jedes zweiwertige Kation Ca^{++} der Gitterplatz eines positiven Ions unbesetzt. Die beiden Cl^--Ionen von $CaCl_2$ besetzen normale Gitterplätze der negativen Ionen.

Erzeugung von Frenkel-Defekten ändert das Kristallvolumen [3]) nicht. Die Dichte bleibt dabei also gleich.

Kontrollierbare Konzentrationen von Gitterlücken treten in Alkalihalogeniden auf, die Zusätze von zweiwertigen Elementen enthalten. Werden beim Ziehen eines KCl-Kristalls bestimmte Mengen von $CaCl_2$ zugesetzt, so ändert sich dessen Dichte, da für jedes Ca^{++}-Ion eine K^+-Gitterleerstelle entsteht. Das Ca^{++}-Ion wird im KCl-Gitter auf normale K^+-Plätze eingebaut, die beiden Cl^--Ionen auf zwei Cl^--Plätze (Bild 4). Es ist also insgesamt ein Metallion zu wenig vorhanden und man erhält eine Leerstelle auf dem entsprechenden Gitterplatz. Die experimentellen Ergebnisse zeigen (Bild 5), daß der Zusatz von $CaCl_2$ zu KCl die Dichte des Kristalls verringert. Ohne das Auftreten von Leerstellen müßte die Dichte zunehmen, da Ca^{++} ein kleineres und schwereres Ion ist als K^+.

Der Mechanismus der elektrischen Leitfähigkeit in Alkali- und Silberhalogenidkristallen beruht gewöhnlich auf der Bewegung von Ionen und nicht auf der von Elektronen. Dies läßt sich durch den Vergleich des Ladungstransports mit dem Massentransport nachweisen. Letzterer wurde mit Hilfe des Materials gemessen, das sich auf den am Kristall angebrachten Elektroden niederschlug. Die Leitfähigkeit durch Ionen wird als **Ionenleitfähigkeit** oder elektrolytische Leitfähigkeit bezeichnet.

Das Studium der Ionenleitfähigkeit ist ein wichtiges Hilfsmittel zur Untersuchung von Gitterfehlordnungen. Bei Alkali- und Silberhalogeniden,

[3]) Ein Zwischengitteratom benötigt zwar Platz, doch wird das übrige Gitter etwas zusammengedrückt. Nach der Elastizitätstheorie ist unter gewissen Bedingungen die gesamte Volumänderung null.

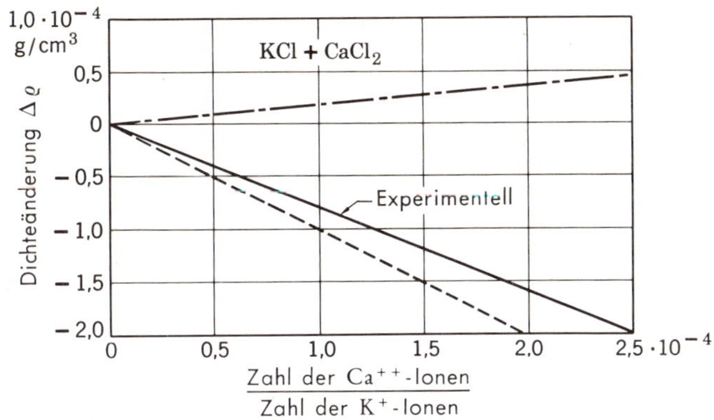

Bild 5: Dichteänderung von KCl bei Zugabe definierter Mengen von $CaCl_2$. Die ausgezogene Linie entspricht den experimentellen Werten; die untere, gestrichelte Linie gibt die zu erwartende Änderung, wenn das Kalziumion und die Leerstelle zusammen dasselbe Volumen einnehmen wie zwei Kaliumionen. Die obere, strichpunktierte Gerade zeigt die zu erwartende Dichte, wenn die Dichten der beiden Salze additiv sind.

die bekannte Zusätze von zweiwertigen Metallionen wie z. B. Cd, Ca, Sr, Ba, Mg enthalten, ist bei nicht zu hohen Temperaturen die Ionenleitfähigkeit direkt proportional zur Menge des zweiwertigen Zusatzes. Der Grund dafür liegt aber nicht etwa darin, daß die zweiwertigen Ionen von Haus aus sehr beweglich wären. Vielmehr schlägt sich in überwiegendem Maße das einwertige Metall an der Kathode nieder, und nicht das zweiwertige. **Für die verstärkte Diffusion sind also die Gitterleerstellen verantwortlich, die durch die zweiwertigen Ionen verursacht werden** (Bild

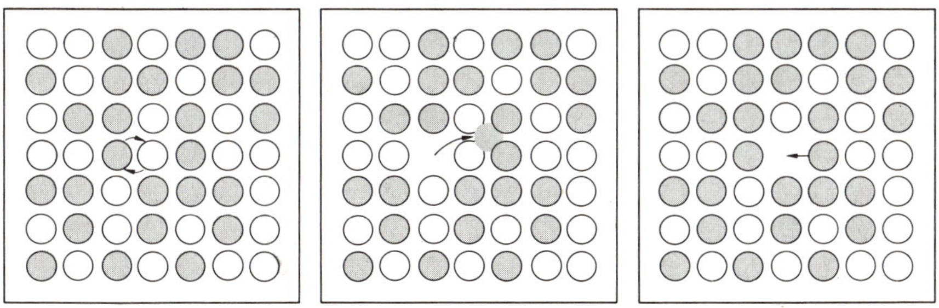

(a) (b) (c)

Bild 6: Drei grundlegende Diffusionsprozesse: (a) Atomaustausch durch Rotation um einen Mittelpunkt. Es können auch mehr als 2 Atome zusammen rotieren. (b) Wanderung über Zwischengitterplätze. (c) Platzwechsel der Atome mit Gitterleerstellen. (Nach Seitz.)

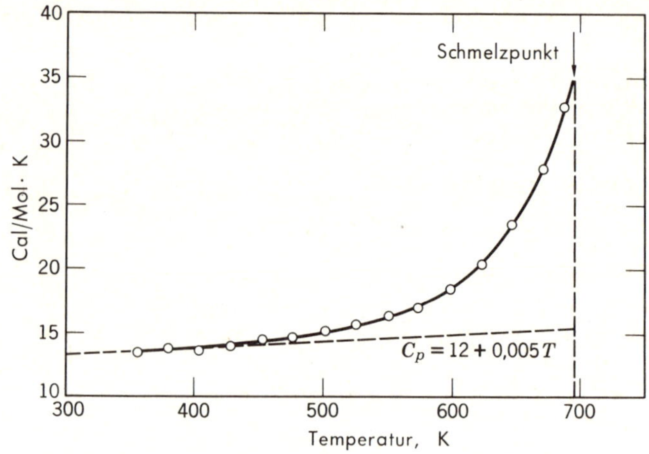

Bild 7: Molwärme von Silberbromid bei konstantem Druck. Es zeigt sich ein zusätzlicher Beitrag zur spezifischen Wärme, der von der Bildung von Gitterfehlstellen herrührt. [Nach R. W. Christy und A. W. Lawson, J. Chem. Phys. **19**, 517 (1951).]

6c). Die Diffusion einer Leerstelle in einer Richtung ist gleichwertig mit der Diffusion eines Atoms in die andere Richtung.

Werden Gitterfehlordnungen thermisch erzeugt, so liefert ihre Bildungsenergie einen extra Beitrag zur spezifischen Wärme des Kristalls (Bild 7).

Breckenridge [4]) hat festgestellt, daß ein zusammengehöriges Paar von Leerstellen mit verschiedenem Vorzeichen ein elektrisches Dipolmoment aufweist. Er konnte in Alkalihalogeniden Beiträge zur Dielektrizitätskonstanten und zum dielektrischen Verlust bei mehreren Frequenzen beobachten. Diese werden der Bewegung von Leerstellenpaaren zugeschrieben: die dielektrische Relaxationszeit (Kapitel 13) ist nämlich ein Maß für die Zeit, die eine Leerstelle braucht, um sich relativ zur anderen um einen Gitterplatz fortzubewegen. (Das Dipolmoment kann sich bei tiefen Frequenzen ändern, nicht aber bei hohen.) In Natriumchlorid beträgt die Relaxationsfrequenz bei 85° C 1000 Hz.

Diffusion

In einem Festkörper mit Konzentrationsgefälle bei den Fremdatomen oder den Leerstellen tritt ein Fluß dieser "Teilchen" durch den Körper auf. Im Gleichgewicht sind die Fremdatome oder Leerstellen gleichmäßig verteilt. Der resultierende Fluß J_N von Teilchen einer Sorte ist im Fest-

[4]) R. G. Breckenridge, J. Chem. Phys. **16**, 959 (1948).

körper mit dem Gradienten der Konzentration N dieser Teilchensorte durch die folgende, als **1. Ficksches Gesetz** bezeichnete, phänomenologische Beziehung verknüpft:

$$\mathbf{J}_N = -D \operatorname{grad} N. \tag{6}$$

Hier ist J_N die Zahl der Teilchen, die die Flächeneinheit pro Zeiteinheit durchqueren. Die Konstante D ist der **Diffusionskoeffizient**, er hat die Einheit cm^2/sec. Das Minuszeichen bedeutet, daß die Diffusion von Bereichen mit hoher Konzentration weg erfolgt.

Die Form (6) des Diffusionsgesetzes reicht im allgemeinen völlig aus, obwohl streng genommen nicht der Konzentrationsgradient allein die treibende Kraft für die Diffusion ist, sondern der Gradient im chemischen Potential [5]).

Die Temperaturabhängigkeit des Diffusionskoeffizienten läßt sich oft durch

$$D = D_0 \exp(-E/k_B T) \tag{7}$$

wiedergeben. E ist hier die **Aktivierungsenergie** für den Prozeß. Experimentelle Ergebnisse für die Diffusion von Kohlenstoff in Alphaeisen zeigt Bild 8. Man entnimmt daraus $E = 0{,}87\,\text{eV}$ und $D_0 = 0{,}020\,\text{cm}^2/\text{sec}$.

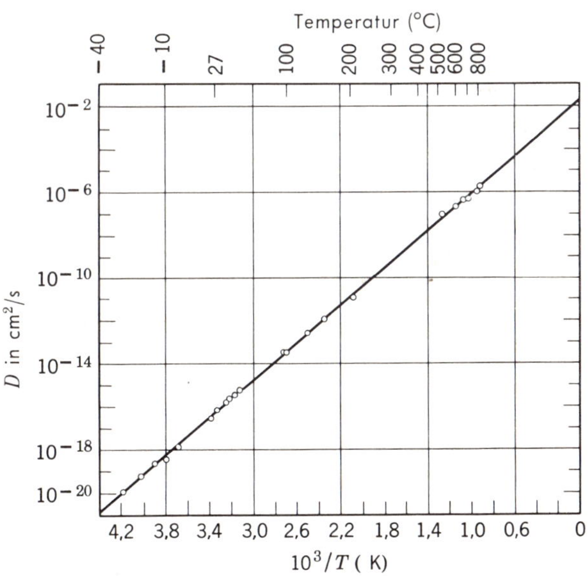

Bild 8: Diffusionskoeffizient für Kohlenstoff in Eisen, nach Wert. Der Logarithmus von D ist direkt proportional zu $1/T$. Zur Diffusion von Stickstoff in α-Eisen siehe A.E. Lord, Jr. und D.N. Besher, Acta Metal. **14**, 1659 (1966).

---

5) Siehe J. Bardeen und C. Herring, Diffusion in alloys and the Kirkendall effect, Imperfections in nearly perfect crystals, Wiley, 1952.

Damit ein Atom diffundieren kann, muß es erst die Potentialschwelle überschreiten, die von seinen Nachbarn dargestellt wird. Wir betrachten nun die Diffusion von Fremdatomen auf Zwischengitterplätzen. Dieselben Resultate ergeben sich auch für die Diffusion von Leerstellen. Hat die Potentialschwelle die Höhe E, so besitzt das Atom nur während des Bruchteils $\exp(-E/k_BT)$ der Gesamtzeit genügend thermische Energie, um sie überschreiten zu können. Wenn ν (in Hertz) eine charakteristische atomare Schwingungsfrequenz bezeichnet, ist die Wahrscheinlichkeit p, daß das Atom irgendeinmal während einer Sekunde genug Energie zur Überwindung der Schwelle hat, gegeben durch

(8) $$p \approx \nu \exp(-E/k_BT).$$

In einer Sekunde stößt das Atom ν mal gegen die Schwelle. Bei jedem Stoß ist die Wahrscheinlichkeit des Überspringens gleich $\exp(-E/k_BT)$. Die Größe p wird auch als Sprungfrequenz bezeichnet. ν liegt größenordnungsmäßig bei 10^{14} Hz.

Wir betrachten jetzt zwei parallele Ebenen mit Fremdatomen auf Zwischengitterplätzen. Der Ebenenabstand betrage eine Gitterkonstante a. Auf der einen Ebene befinden sich S Fremdatome, auf der anderen $(S + a\,dS/dx)$. Die Zahl der Atome, die in einer Sekunde zwischen den Ebenen hindurchtreten, beträgt $\approx -pa\,dS/dx$. Ist N die Gesamtkonzentration der Fremdatome, so ist pro cm^2 einer Ebene $S = aN$. Der Diffusionsfluß läßt sich dann schreiben als

(9) $$J_N \approx -pa^2\,dN/dx.$$

Der Vergleich mit (6) liefert das Endresultat

(10) $$\boxed{D = (\nu a^2)\exp(-E/k_BT).}$$

Es hat die Gestalt von (7) mit $D_0 = \nu a^2$.

Bei geladenen Ionen kann man die Ionenbeweglichkeit μ und die Leitfähigkeit σ mit Hilfe der Einsteinschen Beziehung $k_BT\mu = qD$ aus dem Diffusionskoeffizienten bestimmen:

(11) $$\mu = (q\nu a^2/k_BT)\exp(-E/k_BT);$$

(12) $$\sigma = Nq\mu = (Nq^2\,\nu a^2/k_BT)\exp(-E/k_BT).$$

N bedeutet jetzt die Konzentration der Fremdionen mit Ladung q.

Die relative Anzahl der Leerstellen ist in jenem Temperaturbereich nicht von der Temperatur abhängig, in dem die Zahl der Leerstellen durch die Zahl der zweiwertigen Metallionen bestimmt ist. In diesen Bereich liefert die Steigung der Funktion $\ln\sigma$ über $1/k_BT$ den Wert von E_+, d.h.

Tabelle 1: Aktivierungsenergie E_+ für die Bewegung einer positiven Ionenleerstelle

Die Werte E_f für die Bildungsenergie eines Leerstellenpaares sind ebenfalls angegeben. Die bei den Silbersalzen in Klammern angegebenen Zahlen gelten für Silberionen auf Zwischengitterplätzen.

Kristall	E_+ (eV)	E_f (eV)	Nach Messungen von
NaCl	0,86	2,02	Etzel und Maurer
LiF	0,65	2,68	Haven
LiCl	0,41	2,12	Haven
LiBr	0,31	1,80	Haven
LiI	0,38	1,34	Haven
KCl	0,89	2,1-2,4	Wagner; Kelting und Witt
AgCl	0,39 (0,10)	1,4*)	Teltow
AgBr	0,25 (0,11)	1,1*)	Compton

*) Für Frenkeldefekte

die Aktivierungsenergie für Kationlücken zum Überspringen der Potentialschwelle (Tabelle 1). Bei Zimmertemperatur liegt die Sprungfrequenz in der Größenordnung von 1 sec^{-1}, bei 100 K von $10^{-25} sec^{-1}$. Die Diffusion ist also bei tiefen Temperaturen sehr gering.

In dem Temperaturbereich, in dem die Leerstellenkonzentration durch thermische Erzeugung bestimmt wird, ist deren relative Zahl durch

$$(13) \qquad f \cong \exp\,(-E_f/2k_BT)$$

gegeben. Dabei ist E_f die Bildungsenergie für ein Leerstellenpaar, und zwar entweder für eine Schottkysche oder für eine Frenkelsche Fehlordnung. Nach (11) und (13) ist hier die Steigung von $\ln \sigma$ über $1/k_BT$ gleich $E_+ + \frac{1}{2}E_f$. Aus Messungen in verschiedenen Temperaturbereichen läßt sich die Bildungsenergie E_f eines Leerstellenpaares und die Sprungaktivierungsenergie E_+ bestimmen.

Der Diffusionskoeffizient kann direkt mit radioaktiven Markierungsmethoden gemessen werden. Dazu verfolgt man die räumliche oder zeitliche Änderung einer bekannten Anfangsverteilung von radioaktiven Ionen. Die daraus bestimmten Diffusionskoeffizienten können dann mit Werten aus Messungen der Ionenleitfähigkeit verglichen werden. Diese beiden Werte stimmen im allgemeinen nicht innerhalb der Meßgenauigkeit überein, so daß man weitere Diffusionsmechanismen annehmen muß, die nicht von einem Ladungstransport begleitet sind. So führt z. B. die Diffusion von Paaren aus positiven und negativen Leerstellen oder die Diffusion eines assoziierten Komplexes aus einem zweiwertigen Ion und zwei Leerstellen nicht zu einem Ladungstransport.

Bei der Leerstellendiffusion sollte ein kleiner Unterschied zwischen dem mit radioaktiven Atomen gemessenen und dem aus der Ionenleitfähigkeit ermittelten Diffusionskoeffizienten auftreten. Solche Unterschiede wurden von Johnson [6]) beobachtet.

Metalle

In einatomigen Metallen erfolgt die Selbstdiffusion normalerweise über Gitterleerstellen. Unter **Selbstdiffusion** versteht man die Diffusion von Metallatomen selbst, und nicht die von Fremdatomen. Nach Rechnungen von Huntington [7]) erwartet man in Kupfer eine Aktivierungsenergie für Selbstdiffusion einmal im Bereich zwischen 2,4 und 2,7 eV, wenn die Diffusion über Leerstellen erfolgt, und zum andern im Bereich zwischen 5,1 und 6,4 eV, wenn sie über Zwischengitterplätze erfolgt. Die gemessenen Aktivierungsenergien haben Werte von 1,7 bis 2,1 eV.

Aktivierungsenergien für die Diffusion in Li und Na können auch aus Messungen der Temperaturabhängigkeit der Breite der Kernresonanzlinie bestimmt werden. Nach Kapitel 17 wird die Resonanzlinie enger, wenn die Frequenz der Sprünge eines Atoms von einem Platz zum andern im Vergleich zu der Frequenz groß wird, die der statischen Linienbreite entspricht. Für Li und Na bestimmten Holcomb und Norberg [8]) mit NMR die Werte 0,57 eV und 0,45 eV. Für Natrium ergeben Selbstdiffusionsmessungen ebenfalls 0,45 eV.

Farbzentren

Reine Alkalihalogenidkristalle sind im gesamten sichtbaren Spektralbereich durchsichtig. Eine Färbung können sie auf verschiedene Weise erhalten: a) durch die Einführung von chemischen Fremdatomen, b) durch überschüssige Metallionen (dazu wird der Kristall im Dampf des Alkalimetalls erhitzt und dann schnell abgekühlt - ein NaCl-Kristall, der in Natriumdampf erhitzt wird, erscheint gelb, ein in Kaliumdampf erhitz-

---

[6]) W. A. Johnson, Trans. AIME **147**, 331 (1943). Der Diffusionskoeffizient ist kleiner für die Diffusion eines der radioaktiven Indikatoratome als für die Diffusion einer Leerstelle. Nehmen wir an, ein Indikatoratom habe einen Sprung nach vorne gemacht und dabei seinen Platz mit einer Leerstelle vertauscht. Es befindet sich dann bezüglich der Leerstelle nicht mehr in einer völlig beliebigen Lage, da diese ja direkt hinter dem Indikatoratom sitzt. Folglich wird es eine gewisse Wahrscheinlichkeit dafür geben, daß das Indikatoratom zurückspringt und die Leerstelle auffüllt.

[7]) W. M. Lomer, Prog. metal physics **8**, (1959), beobachtete die Ausbildung von Leerstellen in Kupfer.

[8]) D. F. Holcomb und R. E. Norberg, Phys. Rev. **93**, 919 (1954).

ter KCl-Kristall wird fuchsinrot), c) durch Röntgenstrahlung, Gammastrahlung, Neutronen- und Elektronenbeschuß, d) durch Elektrolyse.

Ein Farbzentrum ist eine Störstelle, die sichtbares Licht absorbiert. Eine gewöhnliche Gitterlücke verleiht den Alkalihalogenidkristallen keine Färbung, beeinflußt jedoch ihre Absorption im Ultravioletten.

F-Zentren

Das einfachste Farbzentrum ist ein *F*-Zentrum. *F* steht als Abkürzung für Farbe. Zur Erzeugung von *F*-Zentren wird der Kristall normalerweise Röntgenstrahlung ausgesetzt oder aber in überschüssigem Alkalidampf erhitzt. Das zu den *F*-Zentren verschiedener Alkalihalogenide gehörige zentrale Absorptionsband (*F*-Band) ist in Bild 9 dargestellt. In Tabelle 2 sind die Quantenenergien angegeben. Die experimentellen Eigenschaften der *F*-Zentren wurden ausgiebig untersucht, zuerst von Pohl.

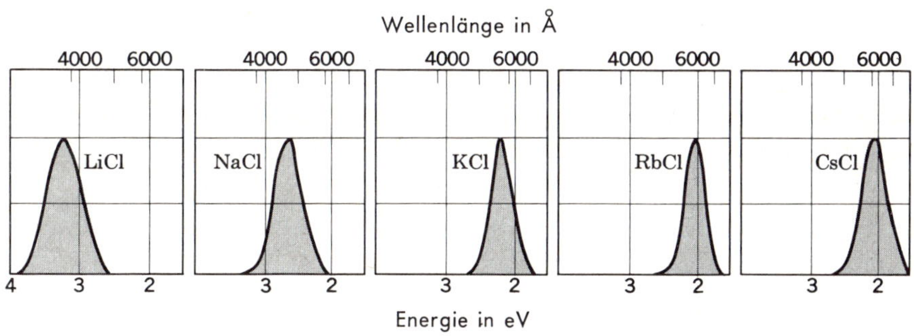

Bild 9: *F*-Bänder für verschiedene Alkalihalogenide: Optische Absorption als Funktion der Wellenlänge für Kristalle mit *F*-Zentren.

Wie in Kapitel 17 beschrieben wurde, gelang es mit Hilfe der Elektronenspinresonanz, das *F*-Zentrum als Elektron zu identifizieren, das in der Leerstelle eines negativen Ions eingefangen ist (Bild 10). Ein entsprechendes Modell wurde auch von de Boer vorgeschlagen. Wenn in einen Alkalihalogenidkristall überschüssige Alkaliatome gebracht werden, entsteht eine entsprechende Zahl von Anionlücken. Das Valenzelektron des Alkaliatoms ist nicht an das Atom gebunden. Es wandert im Kristall umher und wird schließlich in einem unbesetzten Gitterplatz eines negativen Ions eingefangen. (Die Anionlücke hat in einem idealen periodi-

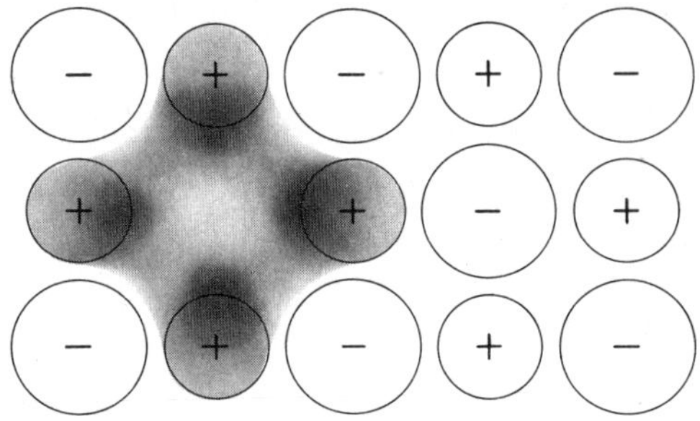

Bild 10:
Ein F-Zentrum besteht aus einer Anionlücke und einem an die Leerstelle gebundenen überschüssigen Elektron. Die Aufenthaltswahrscheinlichkeit des Überschußelektrons ist groß in der Nähe der positiven Metallionen, die an die Leerstelle angrenzen.

schen Gitter denselben Effekt wie eine isolierte positive Ladung [9]) : sie zieht ein Elektron an und bindet es.)

Dieses Modell stimmt mit folgenden experimentellen Tatsachen überein:

a) Die optische Absorption im F-Band ist charakteristisch für den Kristall und nicht für das im Dampf benutzte Alkalimetall - anders ausgedrückt, das Band in Kaliumchlorid ist fast genau gleich, wenn der Kristall einmal in Natrium- und einmal in Kaliumdampf erhitzt wird. (Der Alkalidampf ist nur dazu da, im Trägerkristall ein F-Zentrum zu erzeugen.)

b) In Kristallen, die durch Erhitzen in Alkalidampf gefärbt wurden, stellt man bei der chemischen Analyse einen Überschuß an Alkalimetallionen fest, typischerweise 10^{16} bis 10^{19} pro cm^3. Die integrierte spektrale Absorption im F-Band entspricht quantitativ der, die man aus der bekannten Überschußmenge des Alkalimetalls erwartet.

c) Gefärbte Kristalle haben eine geringere Dichte als ungefärbte. Dies stimmt mit dem einfachen Bild überein, daß die Einführung von Leerstellen die Dichte verringert.

Tabelle 2: Meßwerte für die Absorptionsenergien von F-Zentren (in eV)

LiCl	3,1	NaBr	2,3
NaCl	2,7	KBr	2,0
KCl	2,2	RbBr	1,8
RbCl	2,0	LiF	5,0
CsCl	2,0	NaF	3,6
LiBr	2,7	KF	2,7

[9]) Man kann die elektrostatische Wirkung der Anionlücke simulieren, indem man eine positive Ladung q zu der normalen Ladung $-q$ eines negativen Ions im Gitter hinzufügt.

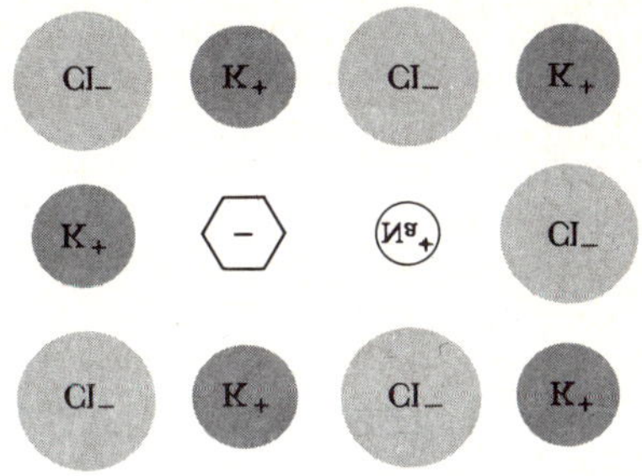

Bild 11:
Ein F_A-Zentrum in KCl: Eines der sechs K^+-Ionen, die ein F-Zentrum binden, ist durch ein anderes Alkaliion ersetzt, hier durch Na^+. Das Sechseck stellt eine Anionlücke mit einem darin eingefangenen Elektron dar

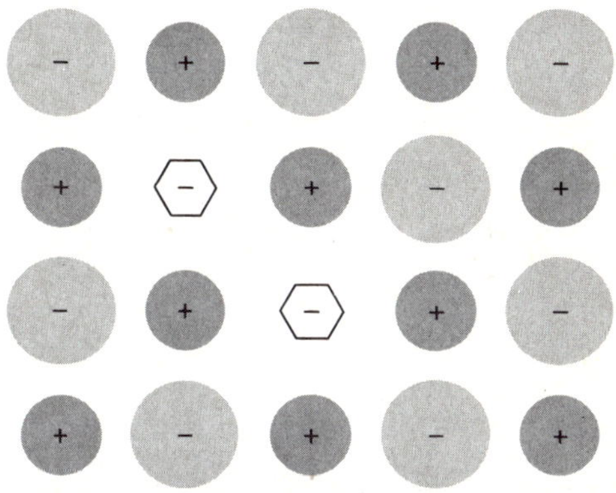

Bild 12:
Ein M-Zentrum besteht aus zwei benachbarten F-Zentren.

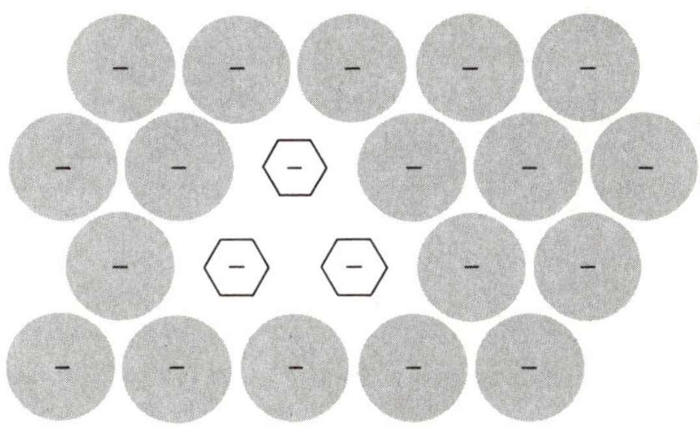

Bild 13: Ein R-Zentrum besteht aus drei aneinandergrenzenden F-Zentren, d. h. aus einer Gruppe von drei Anionlücken in einer [111]-Ebene des NaCl-Gitters und drei zugehörigen Elektronen. (Die [111]-Ebenen darüber und darunter bestehen aus positiven Ionen.)

Andere Zentren in Alkalihalogeniden

Das F-Zentrum ist das einfachste Zentrum mit einem eingefangenen Elektron in einem Alkalihalogenidkristall. Die optische Absorption eines F-

Zentrums entsteht durch einen elektrischen Dipolübergang zu einem gebundenen angeregten Zustand [10]) des F-Zentrums.

Für das F_A-Zentrum sind zwei Absorptionsbänder charakteristisch, im Gegensatz zu dem einzigen Absorptionsband des F-Zentrums. Beim F_A-Zentrum ist einer der sechs nächsten Nachbarn des F-Zentrums durch ein anderes [11]) Alkaliion ersetzt (Bild 11).

Kompliziertere Zentren mit eingefangenen Elektronen bestehen aus Gruppen von F-Zentren, wie z.B. nach Bild 12 und 13. Zwei benachbarte F-Zentren bilden ein M-Zentrum, drei F-Zentren ein R-Zentrum. Diese und andere Zentren werden gewöhnlich durch ihre optischen Eigenschaften identifiziert.

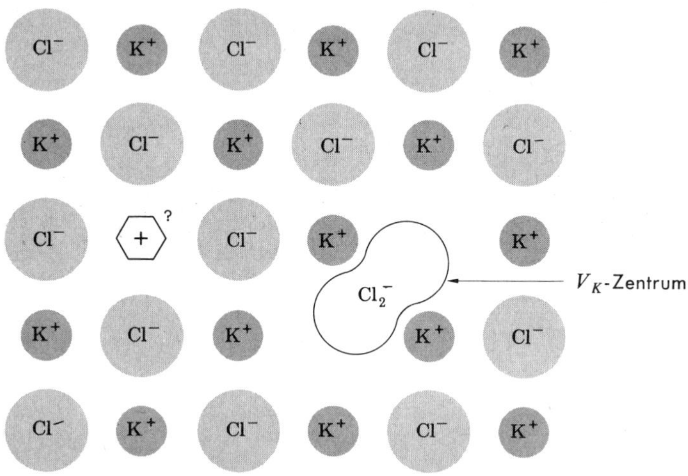

Bild 14: Ein V_K-Zentrum entsteht, wenn ein Defektelektron durch ein Paar negativer Ionen eingefangen wird. Diese stabile Konfiguration ähnelt einem negativ geladenen Halogenmolekülion, in KCl also Cl_2^-. Beim V_K-Zentrum sind keine Leerstellen oder Extraatome beteiligt. Das links eingezeichnete Zentrum existiert wahrscheinlich nicht, oder aber es ist nicht stabil: Das Sechseck stellt ein Defektelektron dar, das in der Nähe einer Kationlücke eingefangen ist. Ein solches Zentrum entspräche einem F-Zentrum mit umgekehrtem Vorzeichen. Defektelektronen werden eher in einem V_K-Zentrum als in einem Anti-F-Zentrum eingefangen.

[11]) R. K. Swank und F. C. Brown, Phys. Rev. **130**, 34 (1963).

[10]) F. Lüty und H. Pick, J. Phys. Soc. Japan Suppl. II **18**, 240 (1963).

Auch Defektelektronen können eingefangen werden und dann Farbzentren bilden. Loch-Zentren unterscheiden sich etwas von Elektron-Zentren: ein Loch in der gefüllten p^6-Schale eines Halogenions führt zu einer p^5-Elektronenkonzentration, während ein Elektron, das zu der gefüllten p^6-Schale eines Alkaliions hinzugefügt wird, eine p^6s-Konfiguration ergibt.

Die Chemie dieser beiden Konfigurationen ist verschieden. Das Gegenstück zum *F*-Zentrum wäre ein Defektelektron, das in der Leerstelle eines positiven Ions eingefangen ist. Ein solches Zentrum konnte bis jetzt experimentell nicht nachgewiesen werden.

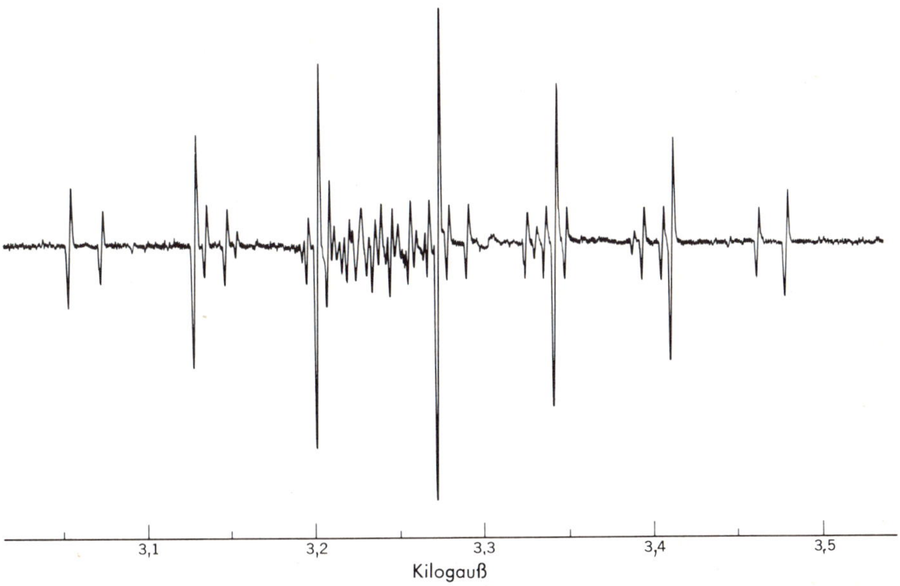

Bild 15: **Spinresonanz der V_K-Zentren in KCl nach Castner und Känzig. Die sieben dominierenden Linien sind die Hyperfeinkomponenten eines Elektrons, das mit den magnetischen Momenten von zwei Cl^{35}-Kernen in einem Cl_2^--Molekül wechselwirkt. Jeder Kern besitzt den Spin 3/2; es gibt also sieben Einstellungsmöglichkeiten für die Spins der beiden Kerne.**
Das Spektrum wird im Detail in Kapitel 7.4 von C.P.Slichter, Principles of Magnetic Resonance, Harper and Row 1963, behandelt.

Das am besten bekannte Zentrum mit einem eingefangenen Defektelektron ist das V_K-Zentrum (Bild 14). Man nimmt an, daß in einem perfekten Alkalihalogenidkristall jedes Halogenion ein Defektelektron einfangen und damit ein V_K-Zentrum bilden kann. Aus Elektronenspinresonanzexperimenten[12]) weiß man, daß die Struktur eines V_K-Zentrums einem negativen Halogenmolekülion gleicht: in KCl ähnelt das V_K-Zentrum einem Cl_2^- -Ion. Bild 15 zeigt das Ergebnis dieser ESR-Messungen.

Legierungen

Die in Kapitel 9 und 10 entwickelte Bandstruktur von Festkörpern beruht auf der Annahme, daß der Kristall unter den Translationen des primitiven Gitters invariant bleibt. Was geschieht aber nun mit dieser Bandstruktur, wenn der Kristall nicht mehr periodisch ist, sondern Verunreinigungen enthält, die statistisch verteilt auf Gitterplätzen sitzen, oder wenn es sich um eine aus zwei Elementen bestehende Legierung handelt? Die Translationssymmetrie des Gitters ist dann nicht mehr vollkommen. Wird man in diesem Fall erwarten müssen, daß alle die Folgerungen aus der Bändertheorie, wie z. B. Fermi-Fläche und Energielücke, nicht mehr gelten? Wird aus einem Isolator ein Leiter?

Experiment und Theorie[13]) ergeben übereinstimmend, daß die Zerstörung der Translationssymmetrie viel geringere Auswirkungen zeitigt, als man auf den ersten Blick erwarten würde. Gehört die Verunreinigung zur selben Spalte des periodischen Systems wie das von ihr verdrängte ursprüngliche Atom, sind die Folgen sogar besonders gering. Zum Teil liegt das daran, daß die mittlere Zahl der Valenzelektronen konstant bleibt.

Ein Maß für die Auswirkung des Legierens stellt der Restwiderstand dar. Ein Atomprozent Kupfer, das in Silber gelöst wird, erhöht den spezifischen elektrischen Restwiderstand um 0,07 μOhm · cm. Das entspricht einem Streuquerschnitt von vielleicht 0,03 der Fläche des Fremdatoms. In ähnli-

[12]) W. Tränzig, Phys. Rev. **99**, 1890 (1955); T. G. Castner und W. Känzig J. Phys. Chem. Solids **3**, 178 (1957). M. H. Cohen, Phys. Rev. **101**, 1432 (1958). Den für den Einfang verantwortliche Mechanismus ist der Jahn-Teller Effekt (Anhang M). Berechnungen über die Struktur des v_k -Zentrums führen T. P. Das, A. N. Jette und R. S. Knox, Phys. Rev. **134**, 17 1079 (1964) sowie D. F. Daly und R. L. Mieher, Phys. Rev. Lett. **19**, 637 (1967) durch.

[13]) Diese Fragen lassen sich mit den in Kapitel 9 behandelten Methoden der orthogonalisierten ebenen Wellen und der effektiven Potentiale behandeln. Eine geringe Konzentration von Fremdatomen kann sich nicht stark auf die Fourier-Komponente U_G des Potentials $U(\mathbf{r})$ auswirken, die für die Bandlücken und für das Verhalten der Energieflächen in der Nähe der Bandlücken verantwortlich ist: Eine Verunreinigung bringt Fourier-Komponenten von $U(\mathbf{r})$ bei Wellenvektoren mit sich, die keine reziproke Gittervektoren sind; solche Komponenten können aber nie groß werden, solange die Fremdatome statistisch verteilt sind. Von ungeordneten Legierungen erhält man also scharfe Röntgenbeugungslinien. Siehe auch das Literaturverzeichnis am Ende von Kapitel 11.

cher Weise ist auch die Beweglichkeit von Elektronen in Si-Ge-Legierungen viel höher als man nach folgender einfachen geometrischen Überlegung erwarten würde: da ein Germaniumatom (32 Elektronen) sehr wenig Ähnlichkeit mit einem Siliziumatom (14 Elektronen) besitzt, sollte eigentlich ein Si-Atom in Ge oder ein Ge-Atom in Si ein wirksames Streuzentrum für Ladungsträger sein. Aus diesen Tatsachen folgt, daß das wirksame Streupotential einer Verunreinigung sehr klein sein kann.

Für eine Verminderung der Bandlücke speziell infolge der statistischen Natur des Legierens gibt es keine experimentellen Hinweise. Beispiele hierfür sind Silizium und Germanium, die in allen möglichen Zusammensetzungen Mischkristalle bilden. In den Legierungen ändert sich die Energie der Bandkanten kontinuierlich mit der Zusammensetzung (Bild 16).

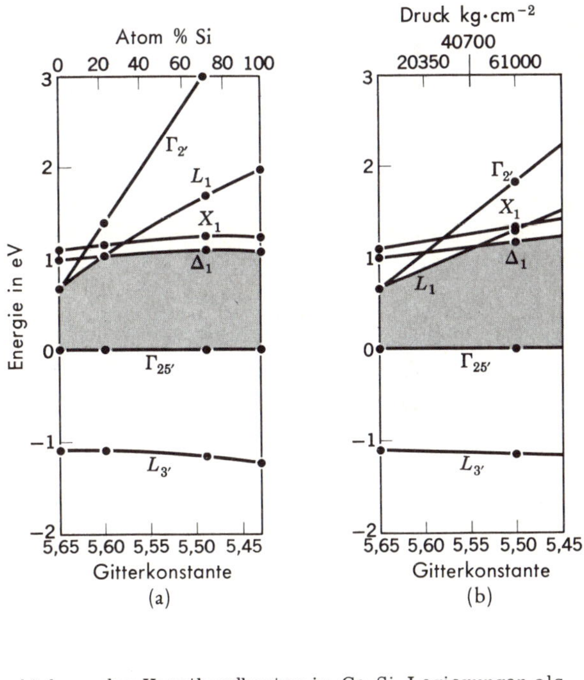

Bild 16: (a) Berechnete Verschiebung der Hauptbandkanten in Ge-Si-Legierungen als Funktion der Siliziumkonzentration. Der Punkt $\Gamma_{25'}$ im **k**-Raum gibt die Kante des Valenzbandes für Ge und auch für Si; L_1 ist die Kante des Leitungsbandes in Si. (Man vergleiche dazu Bild 10.12 und 10.13.) Die Rechnungen stammen von F. Bassani und D. Brust, Phys. Rev. **131**, 1524 (1963), die auch ausführliche Literaturhinweise auf experimentelle Daten geben. (b) Berechnete Verschiebung als Funktion des Druckes für reines Ge. Qualitativ ist die Bandkantenverschiebung durch Druck ähnlich der durch Legieren, wie man aus dem Vergleich der Energiewerte bei gleichen Werten der Gitterkonstanten feststellt.

Man nimmt an, daß durch das Legieren die Dichte der Zustände in der Nähe der Bandkante etwas verschmiert wird.

Wir betrachten jetzt Substitutionsmischkristalle zweier verschiedenwertiger Metalle A und B. Die Verteilung der Atome A und B auf gleichwertige Gitterplätze soll statistisch ungeordnet sein. Die ausgeprägten Effekte, die sich einstellen, wenn diese Verteilung regelmäßig und nicht willkürlich ist, werden unter der Überschrift Ordnungs-Unordnungs-Umwandlung besprochen.

Hume-Rothery hat empirische Forderungen aufgestellt, die bei Mischkristallen erfüllt sein müssen. Eine dieser Forderungen betrifft die Größe. Es bilden sich nur sehr schwer Mischkristalle aus, wenn sich die Atomdurchmesser [14]) von **A** und **B** um mehr als 15 Prozent unterscheiden. Die Größenverhältnisse sind in dem System Cu(2,55Å) - Zn(2,66Å) günstig: Zink löst sich in Kupfer als fcc-Mischkristall bis zu einem Zinkgehalt von 38 Atomprozent. Im System Cu(2,55Å) - Cd(2,97Å) sind die Größenverhältnisse etwas ungünstig: Cadmium ist nur bis zu 1,7 Atomprozent in Kupfer löslich. Bezogen auf Kupfer sind die Atomdurchmesser für Zink 1,04 und für Cadmium 1,165.

Selbst wenn die Größen zueinander passen, bilden sich Mischkristalle nicht aus, wenn **A** und **B** eine starke Neigung haben, stabile und chemisch genau definierte Verbindungen einzugehen. Ist **A** stark elektronegativ und **B** stark elektropositiv, so werden sich wahrscheinlich Verbindungen wie **AB** oder $\boldsymbol{A_2B}$ aus der Lösung ausscheiden. Obwohl das Verhältnis der Atomdurchmesser für As in Cu günstig ist (1,02), sind nur 6 Prozent As löslich. Für Sb in Mg ist das Verhältnis ebenfalls günstig (1,09), und trotzdem ist die Löslichkeit von Sb in Mg sehr klein.

Gewisse Aspekte der elektronischen Struktur von Legierungen lassen sich mit Hilfe der mittleren Zahl [15]) von Leitungselektronen pro Atom beschreiben. Man bezeichnet diese mit n. In der Legierung 50 Prozent Cu - 50 Prozent Zn hat n den Wert 1,50; im System 50 Cu - 50 Al ist $n = 2,00$. Einige der auffallendsten Effekte, die beim Legieren von Elementen mit verschiedener Wertigkeit auftreten, haben ihren Ursprung in der Änderung der Elektronenkonzentration [16]). Hume-Rothery bemerkte als erster die wichtige Rolle, die die mittlere Elektronenkonzentration bei der Bestimmung struktureller Änderungen in gewissen Legierungssystemen spielt.

---

[14]) Unter Atomdurchmesser versteht man hier den kürzesten Abstand in der Kristallstruktur des Elements (Tabelle 1.5).

[15]) Diese Zahl wird auch oft **Elektronenkonzentration** genannt.

[16]) J. Friedel, Advances in Physics **3**, 446 (1954).

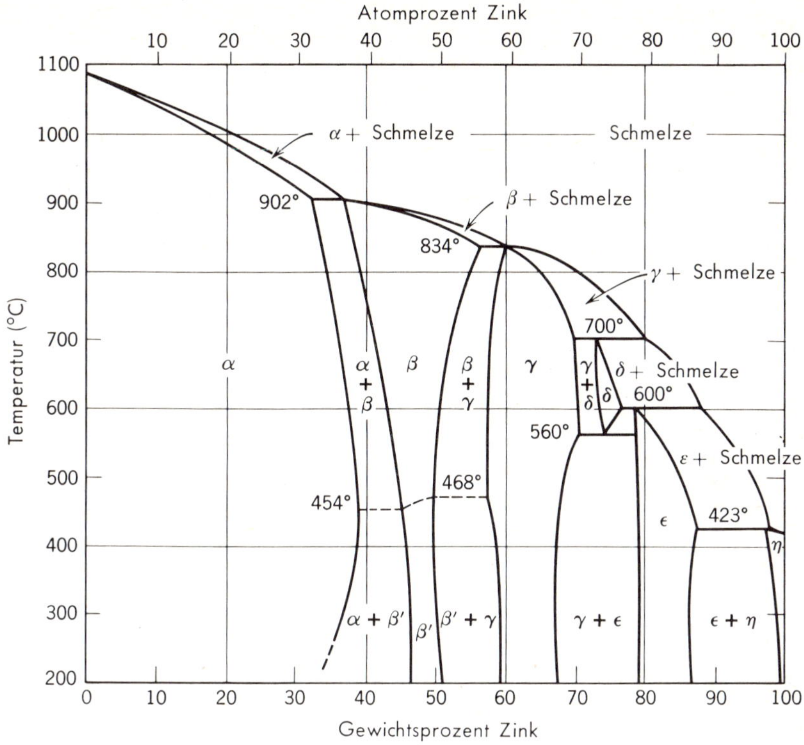

Bild 17: Gleichgewichtsphasendiagramm für ein Kupfer-Zink-Legierungssystem. Die α-Phase ist kubisch flächenzentriert (fcc); β und β' sind kubisch raumzentriert (bcc); γ hat eine komplexe Struktur; ϵ und η sind beide hexagonal dichtest gepackt (hcp), doch hat ϵ ein c/a-Verhältnis von $\approx 1,56$, während in η (d.h. in reinem Zink) der Wert $c/a = 1,86$ beträgt. Die β'-Phase ist geordnet kubisch raumzentriert. Das soll heißen: Die meisten Cu-Atome sitzen auf Gitterplätzen eines NaCl-Untergitters, und die meisten Zinkatome in einem zweiten NaCl-Untergitter, das das erste durchdringt. Die β-Phase ist durch ein ungeordnetes, kubisch raumzentriertes Gitter charakterisiert: jeder Gitterplatz ist mit gleicher Wahrscheinlichkeit von einem Cu oder Zn-Atom besetzt, wobei es fast keine Rolle spielt, welche Atome die Nachbarplätze einnehmen.

In Bild 17 ist das Phasendiagramm eines Kupfer-Zink Systems[17]) wiedergegeben. Die fcc-Struktur von reinem Kupfer ($n = 1$) bleibt bei der Zu-

[17]) Die wichtigen Phasen werden in der Metallurgie gewöhnlich mit griechischen Buchstaben bezeichnet: im Cu-Zn System gibt es die α-Phase (fcc), dann noch β (bcc), γ (komplizierte kubische Zelle mit 52 Atomen), ϵ (hcp) und η (hcp); ϵ und η unterscheiden sich beträchtlich im Verhältnis c/a. Die Bedeutung der Buchstaben hängt von dem spezifischen Legierungssystem ab.

gabe von Zink ($n = 2$) so lange bestehen, bis die Elektronenkonzentration 1, 38 beträgt. Eine bcc-Struktur tritt bei einer minimalen Elektronenkonzentration von ungefähr 1, 48 auf. Die γ-Phase existiert in dem Bereich von n zwischen 1, 58 und 1, 66. Die hcp-Phase erscheint in der Nähe von 1, 75.

Unter dem Begriff Hume-Rothery-Phase versteht man eine Zwischenphase (wie z. B. die β-Phase von CuZn), deren Kristallstruktur durch das ziemlich genau festgelegte Verhältnis aus der Zahl der Elektronen zur Zahl der Atome bestimmt ist. Die einzelnen Werte dieses Verhältnisses bezeichnet man als **Hume-Rothery-Regeln**. Sie lauten zum Beispiel für die β-Phase 1, 50, für die γ-Phase 1, 62 und für die ϵ-Phase 1, 75. In Tabelle 3 sind einige repräsentative Meßwerte zusammengestellt.

Tabelle 3: Anzahl der Elektronen pro Atom für Hume-Rotherg-Phasen

Legierung	Maximaler Wert für fcc-Phase	Minimal Wert für bcc-Phase	Bereich der γ - Phase	Bereich der hcp-Phase
Cu-Zn	1, 38	1, 48	1, 58-1, 66	1, 78-1, 87
Cu-Al	1, 41	1, 48	1, 63-1, 77	
Cu-Ga	1, 41			
Cu-Si	1, 42	1, 49		
Cu-Ge	1, 36			
Cu-Sn	1, 27	1, 49	1, 60-1, 63	1, 73-1, 75
Ag-Zn	1, 38		1, 58-1, 63	1, 67-1, 90
Ag-Cd	1, 42	1, 50	1, 59-1, 63	1, 65-1, 82
Ag-Al	1, 41			1, 55-1, 80

Zugrundegelegt wurde dabei die normale chemische Wertigkeit von 1 für Cu und Ag, von 2 für Zn und Cd, von 3 für Al und Ga und von 4 für Si, Ge und Sn.

Die Hume-Rothery-Regeln lassen sich einfach mit der Bändertheorie für ein fast freies Elektronengas erklären. Die beobachtete Grenze für die fcc-Phase liegt in der Nähe der Elektronenkonzentration von 1,36, bei der die eingeschriebene Fermi-Kugel die Begrenzung der ersten Brillouin-Zone für das fcc-Gitter berührt. Die beobachtete Elektronenkonzentration für die bcc-Phase liegt ebenfalls nahe bei der Konzentration von 1, 48, für die eine eingeschriebene Fermi-Kugel die Zonenbegrenzung für ein bcc-Gitter berührt. Bei der γ-Phase erfolgt die Berührung zwischen Fermi-Kugel und Zonenbegrenzung bei der Konzentration 1, 54, bei der hcp-Phase mit dem idealen c/a-Verhältnis bei der Konzentration 1, 69.

Weshalb besteht nun ein Zusammenhang zwischen der Elektronenkonzentration, bei der eine neue Phase auftaucht, und der Elektronenkonzentration, bei der eine Berührung zwischen der Fermi-Fläche und der Grenze der Brillouin-Zone erfolgt? Die Antwort: Man benötigt mehr Energie, um einer Legierung weitere Elektronen hinzuzufügen, wenn die gefüllten Zustände schon die Zonenbegrenzung erreicht haben. Zusätzliche Elektronen können nur in Zuständen oberhalb der Energielücke untergebracht werden. Dies erfolgt an der Zonenbegrenzung oder in Zuständen hoher Energie nahe den Ecken der niederliegenden Zone. Es kann deshalb für die Kristallstruktur energetisch günstiger sein, sich in eine andere umzuwandeln, die bis zur Berührung eine größere Fermi-Fläche besitzt. Auf diese Weise machte H. Jones die Reihenfolge fcc, bcc, γ, hcp verständlich.

Die Umwandlung von fcc nach bcc ist in Bild 18 veranschaulicht. Dort wurde für die fcc-Struktur, bzw. die bcc-Struktur die Zahl der Zustände pro Energieintervall Eins als Funktion der Energie aufgetragen. Mit zunehmender Elektronenzahl wird schließlich ein Punkt erreicht, wo es leichter ist, zusätzliche Elektronen in der Brillouin-Zone des bcc-Gitters unterzubringen als in der Brillouin-Zone des fcc-Gitters. Die Zeichnung gilt für Kupfer.

Anhand von Bild 16.7b sollen die Verhältnisse im s- und d-Band in reinem Nickel bei 0 K betrachtet werden. In der angegebenen Verteilung ist eine gewisse Willkür enthalten: Man kann noch Elektronen aus den d-Bändern in das s-Band bringen, vorausgesetzt, man entnimmt dem einen d-Unterband 0,54 mehr als dem anderen. Der Nachweis, daß die getroffene Wahl der Wirklichkeit entspricht, läßt sich mit Bild 19 führen. Dort ist die Auswirkung der Zugabe von Kupfer zu Nickel auf die Magnetonen-

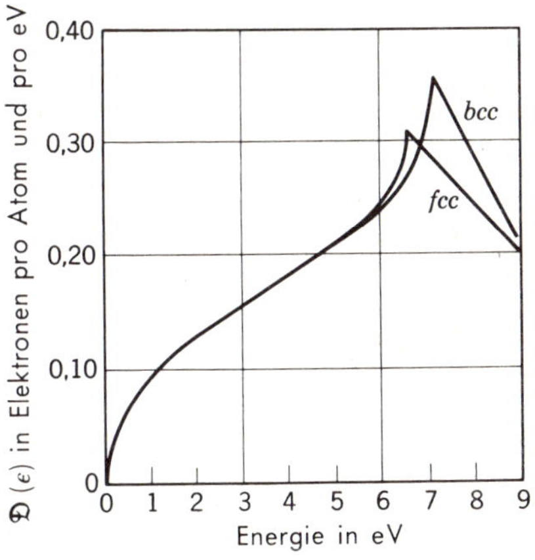

Bild 18: Zustandsdichte in der ersten Brillouin-Zone eines fcc- und eines bcc-Gitters als Funktion der Energie.

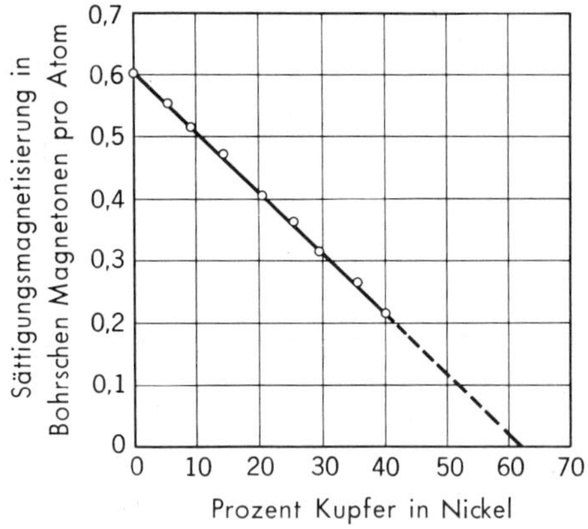

Bild 19:
Zahl der Bohrschen Magnetonen pro Atom in ferromagnetischen Nickel-Kupfer-Legierungen.

zahl dargestellt. Mit jedem Kupferatom wird ein zusätzliches Elektron hinzugefügt, da die Ordnungszahl von Kupfer um Eins größer ist als die von Nickel. Die Zustandsdichte für Elektronen ist im *d*-Band mehr als zehn Mal so groß wie im *s*-Band. Deshalb gelangt das extra Elektron zu mindestens 90 Prozent in das *d*-Band und zu weniger als 10 Prozent in das *s*-Band. Man hat festgestellt, daß bei ungefähr 60 Atomprozent Kupfer die Zahl der ferromagnetischen Magnetonen gegen Null geht.

Bei 60 Atomprozent Kupfer wurden dem *d*-Band ungefähr 0, 54 Elektronen pro Atom und dem *s*-Band ungefähr 0, 06 Elektronen hinzugefügt. Diese 0, 54 zusätzlichen Elektronen im *d*-Band füllen gerade beide *d*-Unterbänder auf (Bild 16. 7b) und ergeben damit die Magnetisierung Null. Dies steht in ausgezeichneter Übereinstimmung mit der Beobachtung. Bild 20 zeigt die Verteilung der Elektronen in 60Cu40Ni. Bei geringen Cu-Konzentrationen sollte die Abnahme der Magnetonzahl von derjenigen reinen Nickels eine lineare Funktion der Kupferkonzentration sein. Bild 19 bestätigt diese Erwartung.

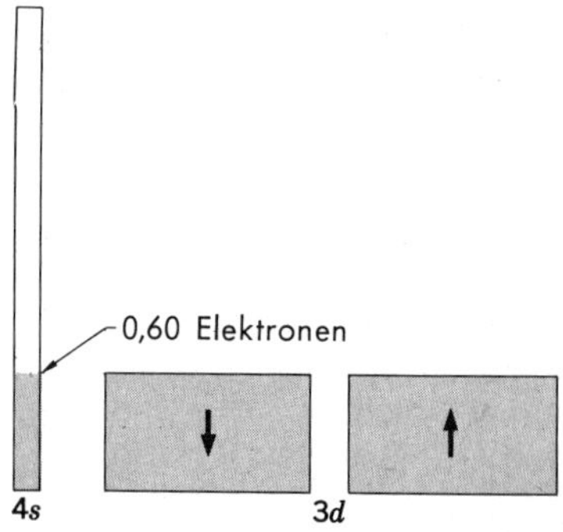

Bild 20:
Verteilung der Elektronen in der Legierung 60Cu40Ni. Die zusätzlichen 0, 6-Valenzelektronen, die vom Kupfer geliefert werden, füllen das *d*-Band vollständig auf und erhöhen die Zahl der Elektronen im *s*-Band gegenüber Bild 15. 7b geringfügig.

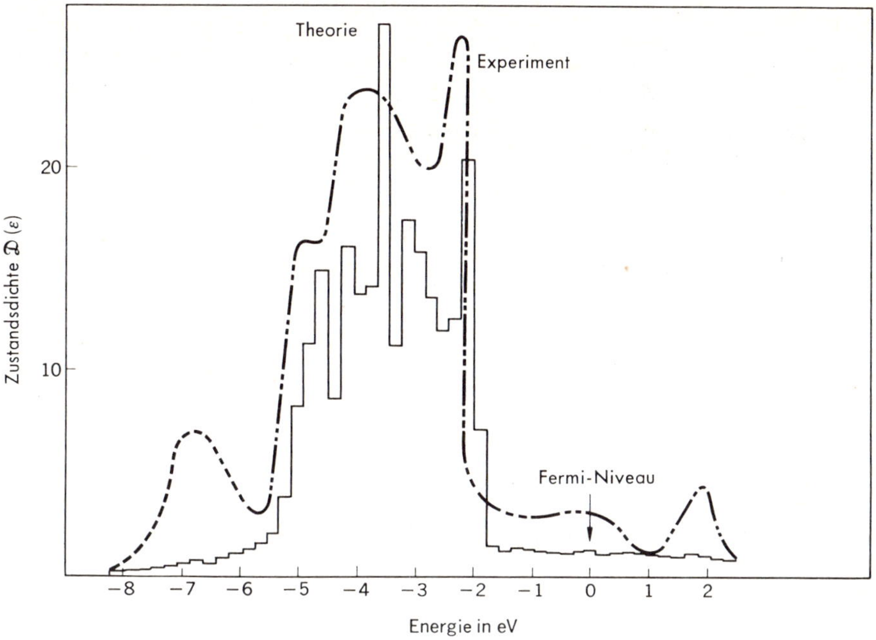

Bild 21: Zustandsdichte im 3d- und 4s-Band von Kupfer. Die berechneten Werte stammen von C.V. Fong und M.L. Cohen (nicht veröffentlicht), die experimentellen von W.E. Spicer aus International Colloquium on Optical Properties and Electronic Structure of Metals and Alloys, F. Abeles, North-Holland, 1966.

Der Einfachheit halber ist in den Übersichtszeichnungen die Zustandsdichte als energieunabhängig und überall gleich angegeben. Tatsächlich ist sie jedoch alles andere als gleichförmig: Bild 21 zeigt die Ergebnisse für Nikkel nach einer Berechnung von Burdick. Das d-Band ist durch eine hohe Zustandsdichte charakterisiert. Die Zustandsdichte an der Fermi-Fläche gibt einen ungefähren Hinweis auf die Zunahme der spezifischen Wärme der Elektronen und auf die der Paulischen paramagnetischen Suszeptibilität, die, verglichen mit einwertigen Metallen, bei den Übergangsmetallen auftritt.

Magnetische Legierungen und Kondo-Effekt

In verdünnten festen Lösungen magnetischer Ionen in einem nichtmagnetischen metallischen Kristall wie z. B. Mn und Cu hat die Austauschwechselwirkung zwischen dem Ion und den Leitungselektronen weitreichende Folgen. In der Umgebung des magnetischen Ions wird das Gas der Leitungselektronen magnetisiert. Bild 22 zeigt die räumliche Abhängigkeit der Magnetisierung. Diese Magnetisierung der Leitungselektronen ist

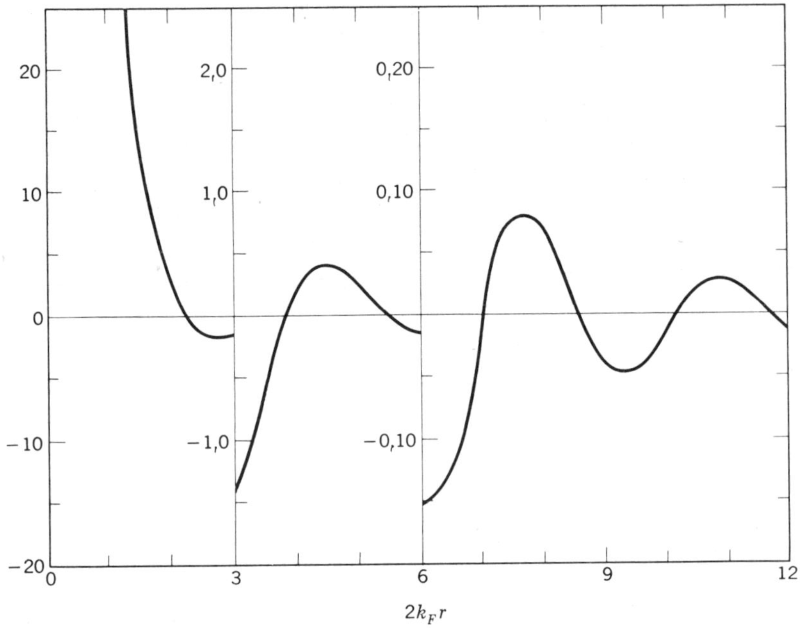

Bild 22: **Magnetisierung eines freien Elektronengases in der Umgebung des Ursprunges $r = 0$ an dem sich ein punktförmiges magnetisches Moment befindet; berechnet nach der RKKY-Theorie. Auf der Abzisse ist $2k_F r$ aufgetragen, wobei k_F der Radius der Fermikugel ist (nach de Gennes).**

die Ursache für eine indirekte Austauschwechselwirkung [18]) zwischen zwei magnetischen Ionen. Das zweite Ion spürt die, durch das erste induzierte Magnetisierung. Diese Wechselwirkung bekannt als **RKKY-Wechselwirkung,** spielt auch bei der magnetischen Ordnung der Spins der metallischen seltenen Erden eine Rolle. Dort werden die Spins der 4f-Ionen-Rümpfe durch die im Leitungselektronengas erzeugte Magnetisierung miteinander gekoppelt.

Eine interessante Folge der magnetischen Ion-Leitungselektronen-Wechselwirkung ist der **Kondo-Effekt.** In verdünnten magnetischen Legierungen von Cu, Ag, Au, Mg, Zn mit Cr, Mn, Fe, Mo, Re und Os als Verunreinigungen und einigen anderen Legierungen wurde bei tiefen Temperaturen

---

[18]) Eine Übersicht über indirekte Austausch-Wechselwirkungen in Metallen gibt C. Kittel, sol. stat. phys. **22**, 1 (1968); zusammenfassende Artikel über den Kondo-Effekt sind J. Kondo, "Theory of Dilute Magnetic Alloys", sol. stat. phys. **23**, 184 (1969) und A.J. Heeger, "Localized Moments and Nonmoments in Metals: The Kondo Effect", sol. stat. phys. **23**, 248 (1969).

ein Minimum in der Widerstands-Temperatur-Kurve gefunden. Das Auftreten eines Widerstandsminimums ist mit dem Vorhandensein des lokalisierten magnetischen Moments des zulegierten Ions aufs engste verknüpft. Findet man ein Widerstandsminimum, so müssen lokalisierte Momente vorhanden sein. Kondo zeigte, daß der anomal große Streuquerschnitt magnetischer Ionen bei tiefen Temperaturen eine esoterische Folge der dynamischen Natur der Streuung und der Schärfe der Fermioberfläche bei tiefen Temperaturen ist. Der Temperaturbereich, in dem der Kondo-Effekt wichtig ist, zeigt Bild 23. Bisher wurde keine einfache physikali-

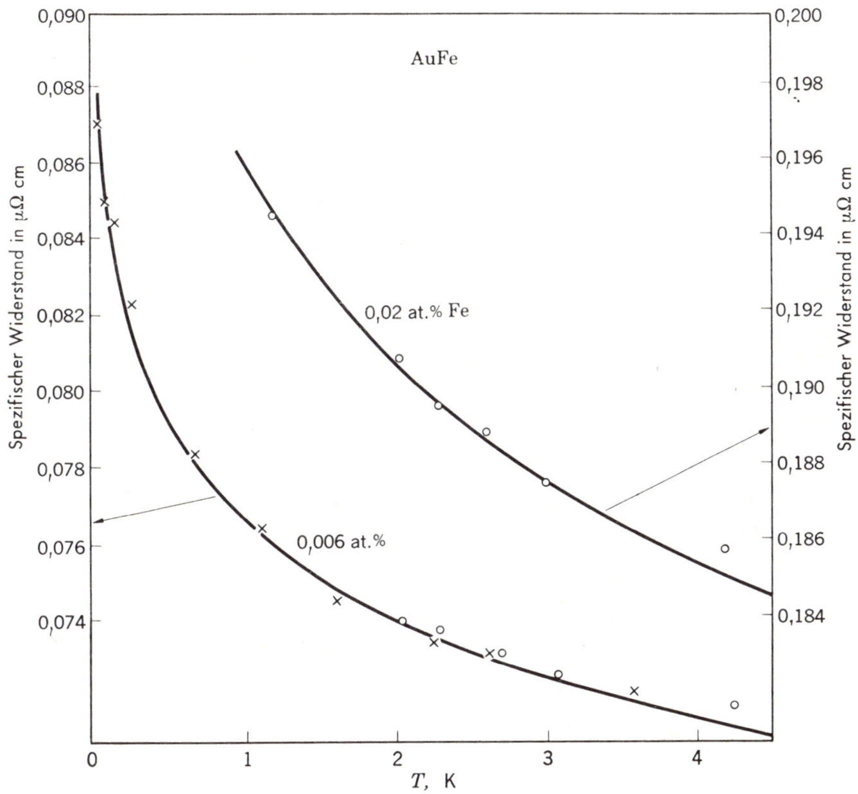

Bild 23: Vergleich experimenteller und theoretischer Ergebnisse über das Anwachsen des elektrischen Widerstandes verdünnter Legierungen von Eisen in Gold bei tiefen Temperaturen. Das Widerstandsminimum liegt rechts von den gezeichneten Kurven, da der spezifische Widerstand bei hohen Temperaturen wegen der Streuung der Elektronen an thermisch angeregten Phononen ansteigt. Die experimentellen Werte stammen von D.K.C. Mac Donald, W.B. Pearson und I.M. Templeton, Proc. Roy. Soc. (London) **A 266**, 161 (1962), die theoretisch berechneten Kurven von J. Kondo, Prog. Theo. Phys. **32**, 37 (1964).

sche Erklärung für diesen Effekt gefunden, die Originalveröffentlichung ist jedoch gut zu verstehen. Das wesentliche Ergebnis ist, daß der spinabhängige Teil des elektrischen Widerstandes gegeben ist durch

$$\rho_{\text{spin}} = c\rho_M\left[1 + \frac{3zJ}{\epsilon_F}\log T\right] , \tag{14}$$

wobei J die Austauschenergie, z die Anzahl der nächsten Nachbarn, c die Konzentration der zulegierten Ionen und m ein Maß für die Stärke der Austauschstreuung ist. Ist J negativ, so steigt der spinabhängige Anteil des Widerstandes mit fallender Temperatur. Ist im interessierenden Temperaturbereich der durch Elektron-Phonon-Streuung verursachte Widerstand proportional T^5, so hat der Gesamtwiderstand die Form

$$\rho = aT^5 + c\rho_0 - c\rho_1 \log T \ . \tag{15}$$

Die Temperatur des Widerstandsminimums erhalten wir aus

$$\frac{d\rho}{dT} = 5aT^4 - \frac{c\rho_1}{T} = 0 , \tag{16}$$

zu

$$T_{\min} = \left(\frac{c\rho_1}{5a}\right)^{\frac{1}{5}} . \tag{17}$$

In Übereinstimmung mit dem Experiment ist diese Temperatur der fünften Wurzel der Konzentration der magnetischen Verunreinigung proportional.

Ordnungs-Unordnungs-Umwandlung

Die gestrichelte waagrechte Linie im Bereich der β-Phase des Phasendiagramms von Cu-Zn (Bild 17) gibt die Übergangstemperatur zwischen geordneten und ungeordneten Zuständen der Legierung an. Betrachten wir eine Legierung, die aus gleichvielen Metallatomen zweier Sorten A und B aufgebaut ist. Besteht dann in der gegenseitigen Lage der Atome A und B eine regelmäßige und periodische Ordnung, wie z. B. in Bild 24a, so sagt man, die Legierung sei **geordnet**. Bei statistisch willkürlicher Verteilung von A und B, wie in Bild 24b, ist die Legierung **ungeordnet**. Viele Eigenschaften einer Legierung hängen empfindlich vom Ordnungsgrad ab.

Bei der gewöhnlich auftretenden Ordnung einer AB-Legierung mit bcc-Struktur sind alle nächsten Nachbarn von B-Atomen A-Atome und umgekehrt. Diese Anordnung ergibt sich, wenn die maßgebliche Wechsel-

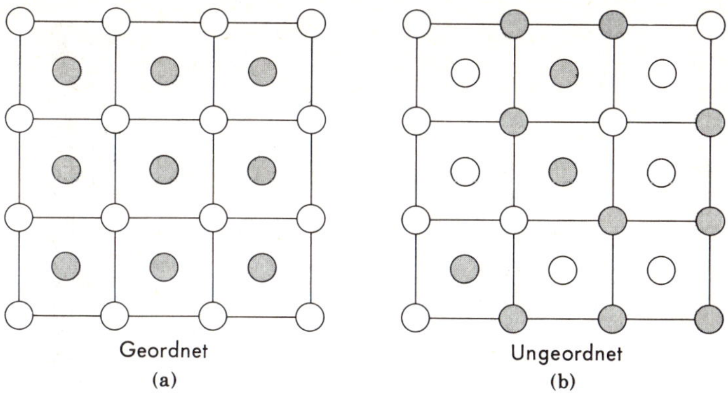

Bild 24: Geordnete (a) und ungeordnete (b) Verteilung der AB-Ionen in der Legierung AB.

wirkung zwischen den Atomen eine gegenseitige Anziehung der A- und B-Atome ist. (Ist die maßgebliche Wechselwirkung eine Abstoßung unter den A- und B-Atomen, so bildet sich ein Zwei-Phasensystem aus, bei dem einige Kristallite die eine chemische Zusammensetzung haben und andere Kristallite die andere.)

Beim absoluten Nullpunkt ist die Legierung vollständig geordnet. Mit steigender Temperatur nimmt die Ordnung ab, bis eine Übergangstemperatur erreicht wird, oberhalb der die Struktur ungeordnet wird. Diese Übergangstemperatur kennzeichnet das Verschwinden einer **Fernordnung**, d. h. einer Ordnung, die sich über viele interatomare Abstände erstreckt. Eine gewisse **Nahordnung** oder Korrelation kann aber auch noch oberhalb des Übergangs bestehen bleiben. Bild 25a zeigt die Fernordnung in einer

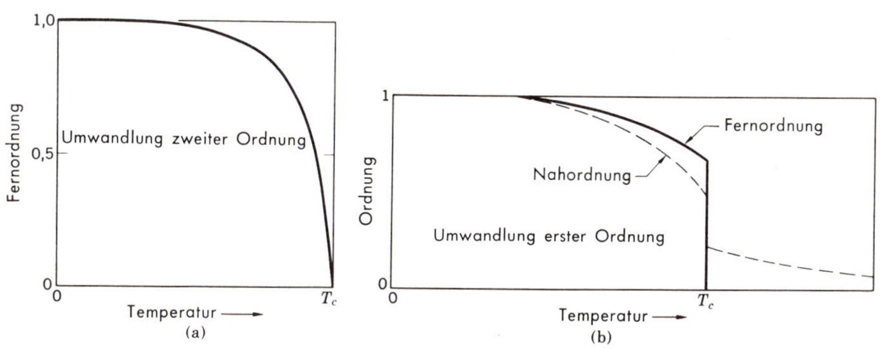

Bild 25: (a) Fernordnung in einer AB-Legierung als Funktion der Temperatur. Es handelt sich um einen Phasenübergang zweiter Ordnung (siehe Kap. 13).
(b) Fernordnung und Nahordnung für eine AB_3-Legierung, nach Nix und Shockley. Der Phasenübergang ist hier von erster Ordnung.

AB-Legierung. Bild 25b gibt die Fern- und Nahordnung für eine Legierung der Zusammensetzung AB_3 wieder. Der Ordnungsgrad wird weiter unten definiert.

Bei der raschen Abkühlung einer Legierung von hohen Temperaturen zu einer Temperatur, die unter der des Übergangs liegt, kann ein metastabiler Zustand erzeugt werden, bei dem eine Unordnung in der Struktur eingefroren ist, die nicht einem Gleichgewichtszustand entspricht. Der umgekehrte Effekt tritt auf, wenn eine geordnete Probe bei konstanter Temperatur durch starken Teilchenbeschuß in einen ungeordneten Zustand übergeführt wird.

Der Ordnungsgrad kann experimentell durch Röntgenbeugung untersucht werden. Die ungeordnete Struktur in Bild 24b hat genau dieselben Beugungslinien wie ein Gitter, dessen Punkte nur mit Atomen einer Sorte besetzt sind, da das wirksame Streuvermögen jeder Ebene gleich dem Mittel der Streuvermögen von A und B ist. Bei der geordneten Struktur in Bild 24a treten zusätzliche Beugungslinien auf, die man bei der ungeordneten Struktur nicht findet. Diese extra Linien bezeichnet man als **Überstrukturlinien**.

Eine geordnete CuZn-Legierung hat die Cäsiumchlorid-Struktur (Bild 1.26). Das Raumgitter ist einfach kubisch, die Basis besitzt ein Cu-Atom bei 0 0 0 und ein Zn-Atom bei $\frac{1}{2}\,\frac{1}{2}\,\frac{1}{2}$. Die Strukturamplitude für die Beugung (2.61) wird dann

$$\mathcal{S}(hkl) = f_{\mathrm{Cu}} + f_{\mathrm{Zn}} e^{-i\pi(h+k+l)}. \tag{18}$$

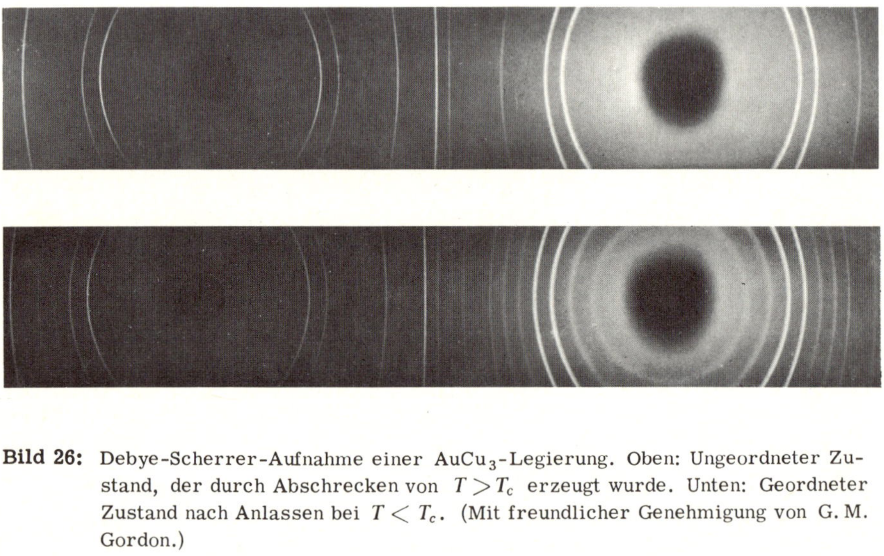

Bild 26: Debye-Scherrer-Aufnahme einer $AuCu_3$-Legierung. Oben: Ungeordneter Zustand, der durch Abschrecken von $T > T_c$ erzeugt wurde. Unten: Geordneter Zustand nach Anlassen bei $T < T_c$. (Mit freundlicher Genehmigung von G. M. Gordon.)

Atome B; auf dem Gitter b sitzen $\frac{1}{2}(1-P)N$ Atome A und $\frac{1}{2}(1+P)N$ Atome B. Die Anzahl w der verschiedenen Anordnungen dieser Atome ist

$$w = \left[\frac{N!}{[\frac{1}{2}(1+P)N]!\,[\frac{1}{2}(1-P)N]!}\right]^2. \tag{24}$$

Mit der Boltzmannschen Definition der Entropie als $S = k_B \ln w$ und der Stirlingschen Näherungsformel findet man

$$S = 2Nk_B \ln 2 - Nk_B[(1+P)\ln(1+P) + (1-P)\ln(1-P)].$$

Für $P = \pm 1$ wird $S = 0$ und für $P = 0$ wird $S = 2Nk_B \ln 2$.

Im Gleichgewicht ist die Ordnung durch die Forderung bestimmt, daß die freie Energie $F = E - TS$ bezüglich des Ordnungsparameters P zu einem Minimum wird. Die Differentiation von F nach P liefert die Minimumsbedingung

$$4NPU + Nk_BT \ln \frac{1+P}{1-P} = 0. \tag{25}$$

Diese transzendente Gleichung für P kann graphisch gelöst werden. Es ergibt sich die sanft abfallende Kurve in Bild 25a. In der Nähe des Übergangs läßt sich (25) entwickeln und liefert $4NPU + 2Nk_BTP = 0$. Bei der Übergangstemperatur ist $P = 0$ und somit

$$T_c = -2U/k_B. \tag{26}$$

Damit ein Übergang auftritt, muß die effektive Wechselwirkung negativ sein (d. h. anziehend).

Der **Parameter r der Nahordnung** ist ein Maß für den Bruchteil der mittleren Anzahl q von AB-Bindungen unter nächsten Nachbarn. Wenn eine AB-Legierung völlig ungeordnet ist, hat jedes Atom A im Mittel vier AB-Bindungen. Maximal sind acht möglich. Man kann z. B. definieren [20]

$$r = (q-4)/4 \tag{27}$$

und erhält dann $r = 1$ für eine vollkommene Ordnung und $r = 0$ für die völlige Unordnung. Es ist zu beachten, daß r nur ein Maß für die lokale Ordnung um ein Atom ist, während sich der Parameter P auf die Ordnung in der gesamten Besetzung eines bestimmten Untergitters bezieht. Oberhalb der Übergangstemperatur T_c ist die Fernordnung genau null, die Nahordnung nimmt dagegen bei dem Übergang kontinuierlich ab (Bild 25b).

---

[20] Eine sorgfältige Darstellung von Nah- und Fernordnung findet man bei H. A. Bethe, Proc. Roy. Soc. (London) **A 150**, 552 (1935).

Aufgaben

1. Frenkelsche Fehlordnung. Man zeige, daß im Gleichgewicht die Zahl n der Frenkelschen Fehlstellen in einem Gitter mit N Gitterplätzen und N' möglichen Zwischengitterplätzen durch die Gleichung

$$E_I = k_B T \ln\left[(N-n)(N'-n)/n^2\right]$$

gegeben ist. Für $n \ll N, N'$ folgt daraus

$$n \cong (NN')^{1/2} \exp\left(-E_I/2k_B T\right).$$

E_I ist die Energie, die man zur Überführung eines Atoms aus einem Gitterplatz zu einem Zwischengitterplatz braucht.

2. Schottkysche Fehlstellen. Zur Überführung eines Natriumatoms aus dem Innern eines Natriumkristalls an seine Oberfläche sei eine Energie von 1 eV erforderlich. Wie groß ist die Konzentration von Schottky-Leerstellen bei 300 K.

3. F-Zentrum. a) Man fasse ein F-Zentrum als freies Elektron mit Masse m auf, das sich im Feld einer Punktladung e in einem Medium mit der Dielektrizitätskonstanten $\epsilon = n^2$ bewegt. Wie groß ist der Energieunterschied $1s$ - $2p$ von F-Zentren in NaCl? b) Man vergleiche mit Hilfe von Bild 9 die Anregungsenergie des F-Zentrums in NaCl mit der Energiedifferenz $3s$ - $3p$ im freien Natriumatom.

4. Überstruktur-Linien in Cu_3Au. Die Legierung Cu_3Au (75% Cu, 25% Au) besitzt unterhalb 400°C einen geordneten Zustand, bei dem die Goldatome auf den 0 0 0 Plätzen und die Kupferatome auf den $\frac{1}{2}\frac{1}{2}0$, $\frac{1}{2}0\frac{1}{2}$ und $0\frac{1}{2}\frac{1}{2}$ Plätzen eines flächenzentrierten kubischen Gitters sitzen. Wie lauten die Indizes der neuen Röntgenreflexe, die auftauchen, wenn die Legierung vom ungeordneten in den geordneten Zustand übergeht? Es sind alle neuen Reflexe mit $n \leqq 2$ anzugeben.

5. Unordnungsanteil der spezifischen Wärme. Die spezifische Wärme, die mit den Ordnungs-Unordnungs-Effekten in einer AB-Legierung zusammenhängt, ist mit Hilfe von $P(T)$ auszudrücken. (Die zu (24) gehörige Entropie wird als Mischungsentropie bezeichnet.)

Literaturhinweise

J. H. Schulmann und W. D. Compton, Color centers in solids, Pergamon, 1962.

L. A. Girifalco, Atomic migration in crystals, Blaisdell, New York, 1964. (Elementare Behandlung.)

P. G. Shewmon, Diffusion in solids, McGraw-Hill, 1963.
D. Lazarus, "Diffusion in metals", in: Solid state physics **10**, 71 (1960).
C. C. Klick, "Point defects in insulators", in: Science **150**, 451 (1965).
J. Friedel, "Electronic structure of primary solid solutions in metal", in: Advances in Physics **3**, 446 (1954).
W. Hume-Rothery, Electrons, atoms, metals, and alloys, Dover, 3. Aufl. 1963.
L. Guttman, "Order-disorder phenomena in metals", in: Solid state physics **3**, 145 (1956).
J. J. Markham, F centers in alkali halides, Academic, 1966.
N. B. Hannay, Solid state chemistry, Prentice-Hall, 1967. Calculations of the properties of vacancies and interstitials, National Bureau of Standards Misc. Publ. 287.
Y. Quere, Defauts ponctuels dans les metaux, Masson, 1967.
R. R. Hasiguti, ed., Lattice defects in semiconductors, Pennsylvania State University Press, 1967.

20. Versetzungen

Das vorliegende Kapitel ist hauptsächlich der Deutung der plastischen mechanischen Eigenschaften kristalliner Festkörper mit den Mitteln der Versetzungstheorie gewidmet. Die plastischen Eigenschaften, wie z. B. Fließen und Gleiten sind jene, die mit irreversiblen Deformationen verbunden sind; die elastischen Verformungen sind dagegen reversibel. Wir werden sehen, daß Versetzungen auch beim Kristallwachstum eine Rolle spielen. Die Leichtigkeit, mit der sich die reinen Einkristalle vieler Festkörper plastisch deformieren, ist verblüffend. Diese den Kristallen eigene Schwäche kann sich auf verschiedene Weise äußern. Reines Silberchlorid schmilzt bei 455°C, trotzdem ist seine Festigkeit bei Zimmertemperatur ungefähr wie die von Käse, und es läßt sich in dünne Scheiben auswalzen. Reine Aluminiumkristalle verhalten sich nur bis zu einer Dehnung von ungefähr 10^{-5} elastisch (d.h. sie befolgen das Hookesche Gesetz) und deformieren sch danach plastisch. Theoretische Abschätzung der Elastizitätsgrenze idealer Kristalle ergeben Werte, die bis zu 10^3 oder 10^4 mal größer sind als die kleinsten beobachteten Werte; normalerweise jedoch liegt der Faktor bei 10^2.

Es gibt nur wenige Ausnahmen [1]) von der Regel, daß reine Kristalle plastisch und kaum widerstandsfähig sind.

Schubfestigkeit von Einkristallen

Von Frenkel [2]) stammt eine einfache Methode zur Abschätzung der theoretischen Schubfestigkeit eines idealen Kristalls. Wir betrachten dazu in Bild 1 die Kraft, die man benötigt, um 2 Netzebenen gegeneinander zu verschieben. Für kleine elastische Dehnungen ist die Spannung σ mit der Verschiebung x über die Beziehung

$$\sigma = Gx/d \qquad (1)$$

verknüpft (Kapitel 4). d ist der Ebenenabstand und G der richtig gewählte Schubmodul, wie z. B. $G = C_{44}$ für eine Verschiebung in eine $\langle 100 \rangle$-Richtung auf einer $\{100\}$-Ebene im kubischen Kristall.

Wenn die Verschiebung groß und gerade bis zu dem Punkt gelangt ist, an dem das Atom A in der Zeichnung direkt über dem Atom B liegt, befin-

---

[1]) Die Ausnahmen scheinen tatsächlich zu existieren. Beispielsweise sind hochreine Germanium- und Siliziumkristalle bei Zimmertemperatur nicht plastisch und geben nur durch Bruch nach. Auch Glas gibt bei Zimmertemperatur nur durch Bruch nach, es ist jedoch nicht kristallin. Der Bruch von Glas wird durch eine Konzentration der Spannungen an winzigen Sprüngen verursacht. Diese Deutung stammt von A. A. Griffith, Phil. Trans. Roy. Soc. (London) **A 221**, 163 (1921).

[2]) J. Frenkel, Z. Physik **37**, 572 (1926).

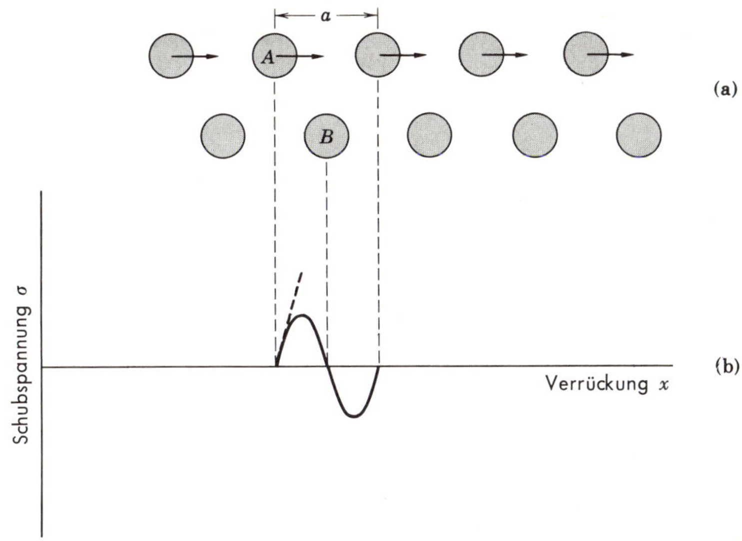

Bild 1: (a) Relative Scherung zweier Netzebenen (im Querschnitt gezeichnet) in einem homogen verzerrten Kristall; (b) Schubspannung als Funktion der relativen Verschiebung der Ebenen aus ihrer Gleichgewichtslage. Die dick eingezeichnete gestrichelte Linie gibt die Anfangssteigung entsprechend dem Schubmodul G.

den sich die beiden Netzebenen in einer labilen Gleichgewichtslage, und die Spannung wird null. In erster Näherung läßt sich die Beziehung zwischen Spannung und Verschiebung durch eine Sinusfunktion angeben:

$$\sigma = (Ga/2\pi d) \sin (2\pi x/a). \tag{2}$$

a ist der interatomare Abstand in Richtung des Schubes. Für kleine Werte von x/a vereinfacht sich diese Beziehung zu (1).

Die kritische Schubspannung σ_c, bei der das Gitter unstabil wird, ist gleich dem Maximalwert von σ oder

$$\sigma_c = Ga/2\pi d. \tag{3}$$

Mit $a \simeq d$ folgt $\sigma_c \simeq G/2\pi$. Diese Rechnung führt also zu dem Ergebnis, daß die ideale kritische Schubspannung größenordnungsmäßig gleich $\frac{1}{6}$ des Schubmoduls ist.

Die Daten aus Tabelle 1 zeigen, daß die Experimente viel kleinere Werte für die Elastizitätsgrenze liefern, als nach Gleichung (3) zu erwarten ist. Die theoretische Abschätzung (3) läßt sich noch verbessern, wenn man die tatsächliche Form der intermolekularen Kräfte berücksichtigt, sowie die anderen mechanisch-stabilen Konfigurationen, die bei einer

Tabelle 1: Vergleich zwischen Schubmodul und Elastizitätsgrenze. (Nach Mott.)

	Schubmodul G in dyn/cm^2	Beobachtete Elastizitätsgrenze σ_c in dyn/cm^2	G/σ_c
Sn, Einkristall	$1,9 \cdot 10^{11}$	$1,3 \cdot 10^{7}$	15000
Ag, Einkristall	$2,8 \cdot 10^{11}$	$6 \cdot 10^{6}$	45000
Al, Einkristall	$2,5 \cdot 10^{11}$	$4 \cdot 10^{6}$	60000
Al, rein, Vielkristall	$2,5 \cdot 10^{11}$	$2,6 \cdot 10^{8}$	900
Al, handelsüblich	$\sim 2,5 \cdot 10^{11}$	$9,9 \cdot 10^{8}$	250
Duralumin	$\sim 2,5 \cdot 10^{11}$	$3,6 \cdot 10^{9}$	70
Fe, weich, Vielkristall	$7,7 \cdot 10^{11}$	$1,5 \cdot 10^{9}$	500
Wärmebehandelter Flußstahl	$\sim 8 \cdot 10^{11}$	$6,5 \cdot 10^{9}$	120
Chromnickelstahl	$\sim 8 \cdot 10^{11}$	$1,2 \cdot 10^{10}$	65

Scherung des Gitters möglich sind. Wie Mackenzie gezeigt hat, können diese beiden Effekte die theoretische ideale Schubfestigkeit auf ungefähr $G/30$ erniedrigen; dies entspricht einem kritischen Schubwinkel von rund 2 Grad[3]).

Die beobachteten geringeren Schubfestigkeiten der realen Kristalle lassen sich aber nur durch das Auftreten von Fehlordnungen erklären, die Ursache und Ausgangspunkte der mechanischen Nachgiebigkeit bilden. Man weiß heute, daß in fast allen Kristallen besondere, als Versetzungen bezeichnete Kristallfehler auftreten und daß deren Bewegung für das Gleiten bei sehr geringen äußeren Spannungen verantwortlich ist.

Gleitung

In vielen Kristallen erfolgt die plastische Deformation durch eine **Gleitung**; ein Beispiel dafür gibt Bild 2. Bei diesem Vorgang rutscht ein Teil des Kristalls als Ganzes über einen benachbarten Teil hinweg. Oft erfolgt die Gleitung in einer Ebene; man spricht dann von einer Gleitebene. Die Bewegungsrichtung der Gleitung wird als Gleitrichtung bezeichnet.

Auf die große Bedeutung, die die Gittereigenschaften für die plastische Verformung haben, weist auch die sehr ausgeprägte anisotrope Natur der Gleitung hin. Sogar in kubischen Metallen erfolgt die Bewegung längs wohldefinierter kristallographischer Ebenen mit kleinen Millerschen Indizes, so z.B. bei fcc-Metallen in den $\{111\}$ -Ebenen und bei den

[3]) J. K. Mackenzie, Dissertation, Bristol, 1949. W. L. Bragg und W. M. Lomer, Proc. Roy. Soc. (London) **196**, 171 (1949), zeigten, daß die beobachtete Schubfestigkeit eines idealen zweidimensionalen Seifenblasenmodells in dieser Größenordnung liegt.

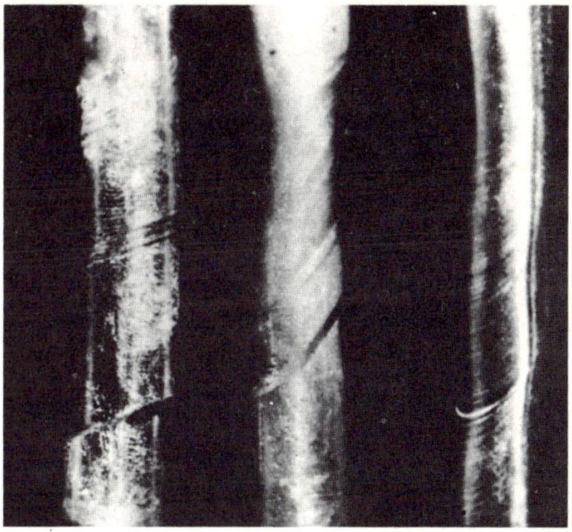

Bild 2:
Translationsgleitung in einem Zinkeinkristall. (Aufnahme von E. R. Parker.)

bcc-Metallen in den {110}-, {112}- und {123}-Ebenen. Meistens fällt die Gleitrichtung mit der Geraden zusammen, die am dichtesten mit Atomen besetzt ist, also mit ⟨110⟩ in fcc-Metallen und ⟨111⟩ in bcc-Metallen.

Damit die Kristallstruktur auch nach der Gleitung dieselbe ist wie vorher, muß der Verschiebungs- oder Gleitvektor gleich einer Gittertranslation sein. Die kleinste Gittertranslation, ausgedrückt mit Hilfe der Gitterkonstanten a, hat für die fcc-Struktur die Form $(a/2)(\hat{\mathbf{x}} + \hat{\mathbf{y}})$; für die bcc-Struktur ist sie $(a/2)(\hat{\mathbf{x}} + \hat{\mathbf{y}} + \hat{\mathbf{z}})$. In fcc-Kristallen treten jedoch auch unvollständige Verschiebungen auf, die die regelmäßige Reihenfolge *ABCABC* ... der dichtest gepackten Ebenen (Kapitel 1) stören und damit **Stapelfehler** wie z. B. *ABCABABC*. ... verursachen. Man erhält dann ein "Gemisch" aus einer fcc- und hcp-Stapelung.

Die Deformation eines Kristalls durch Gleitung ist inhomogen. Große Querverschiebungen treten bei wenigen, weit voneinander entfernten Gleitebenen auf, während die dazwischenliegenden Kristallteile im wesentlichen unverformt bleiben. Eine beiläufig zu bemerkende Eigenschaft der Gleitung beinhaltet das Schmidsche Gesetz der kritischen Schubspannung: eine Gleitung erfolgt längs einer bestimmten Gleitebene und Richtung dann, wenn die entsprechende Komponente der Schubspannung den kritischen Wert erreicht.

Die Gleitung ist eine Art der plastischen Deformation. In einigen Kristallen, insbesondere in solchen mit hcp- und bcc-Strukturen wird noch eine zweite, die sogenannte **Zwillingsbildung** beobachtet. Während des Gleitprozesses erfolgt eine beträchtliche Verschiebung auf einigen wenigen weit voneinander entfernten Gleitebenen. Während der Zwillingsbildung dagegen tritt auf jeder von vielen benachbarten kristallographischen Ebenen eine teilweise Verschiebung auf. Nach der Deformation durch Zwillingsbildung ist der verschobene Kristall das Spiegelbild des nicht verformten Teils. Obwohl Gleitung und Zwillingsbildung beide durch die Bewegung von Versetzungen verursacht werden, soll unser Hauptaugenmerk nur auf die Gleitung gerichtet sein.

Versetzungen

Die beobachteten geringen Werte der kritischen Schubspannung haben ihre Ursache in der Bewegung einer speziellen linienförmigen Fehlordnung, der sogenannten Versetzung durch das Gitter. Die Vorstellung, daß die Gleitung infolge des Wanderns von Versetzungen vorwärtsschreitet, wurde 1934 von Taylor, Orowan und Polanyi unabhängig voneinander veröffentlicht. Der Begriff "Versetzung" wurde etwas früher von Prandtl und Dehlinger in die Physik eingeführt.

Es gibt mehrere Grundtypen von Versetzungen. Wir beschreiben zuerst eine **Stufenversetzung**. Bild 3 zeigt einen einfach kubischen Kristall, bei dem in der linken Hälfte der Gleitebene eine Gleitung um einen Atomabstand erfolgte, nicht jedoch in der rechten Hälfte. Die Grenze zwischen

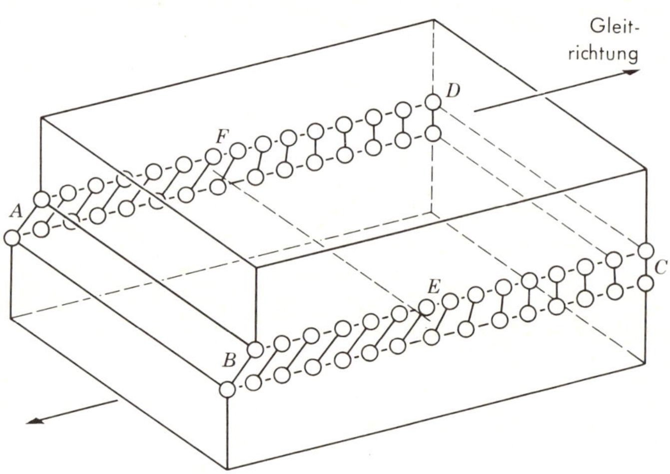

Bild 3: Stufenversetzung *EF* in der Gleitebene *ABCD*. Die Abbildung zeigt den abgeglittenen Bereich *ABEF*, in dem die Atome um mehr als eine halbe Gitterkonstante verschoben wurden und den nicht abgeglittenen Bereich *FECD*, bei dem die Verschiebung weniger als eine halbe Gitterkonstante ausmacht.

dem abgeglittenen und dem nicht abgeglittenen Bereich bezeichnet man als Versetzung. Ihre Lage ist durch das Ende einer überzähligen senkrechten Halbebene von Atomen gekennzeichnet, die wie in Bild 4 in die obere Kristallhälfte eingezwängt wurde. In der Nähe der Versetzung ist der Kristall stark deformiert. Die einfache Stufenversetzung erstreckt

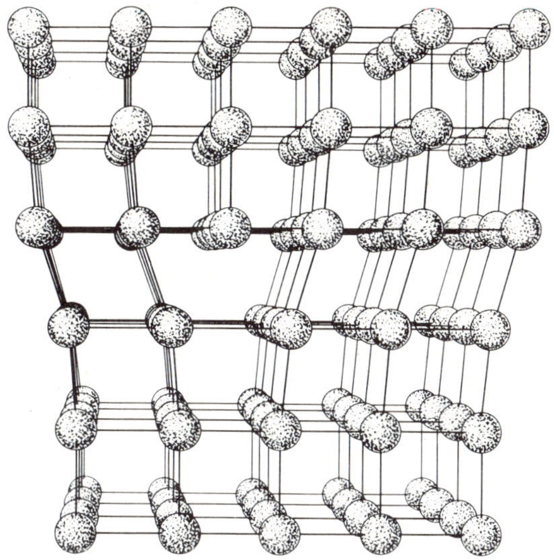

Bild 4:
Struktur einer Stufenversetzung. Man kann sich die Deformation durch Einschub einer zusätzlichen Gitterebene in der oberen Hälfte der y-Achse entstanden denken. Die Atome in der oberen Kristallhälfte werden bei dem Einschub zusammengedrängt, die in der unteren Hälfte auseinandergezogen.

sich in der Gleitebene unbegrenzt in einer Richtung, die senkrecht zur Gleitrichtung steht. Bild 5 zeigt die Photographie einer Versetzung in einem zweidimensionalen Seifenblasenmodell nach der Methode von Bragg und Nye [4]).

Der für die Beweglichkeit einer Versetzung verantwortliche Mechanismus ist in Bild 6 veranschaulicht. Die Bewegung einer Stufenversetzung durch einen Kristall ist analog dem Wandern einer Falte in einem Teppich: die Falte allein bewegt sich leichter als der ganze Teppich. Bei der Relativbewegung von Atomen beiderseits der Gleitebene erfahren die Atome auf der Gleitebene von einigen Nachbarn abstoßende und von anderen anziehende Kräfte. Diese heben sich in erster Näherung gegenseitig auf.

Die äußere Spannung, die man braucht, um eine Versetzung von der Stelle zu bewegen, hat sich bei der Rechnung als ziemlich klein herausgestellt; sie liegt möglicherweise unter 10^5 dyn/cm^2, vorausgesetzt, die Bindungs-

---

[4]) W. L. Bragg und J. F. Nye, Proc. Roy. Soc. (London) **A 190**, 474 (1947); W.L. Bragg und W. M. Lomer, Proc. Roy. Soc. (London) **A 196**, 171 (1949).

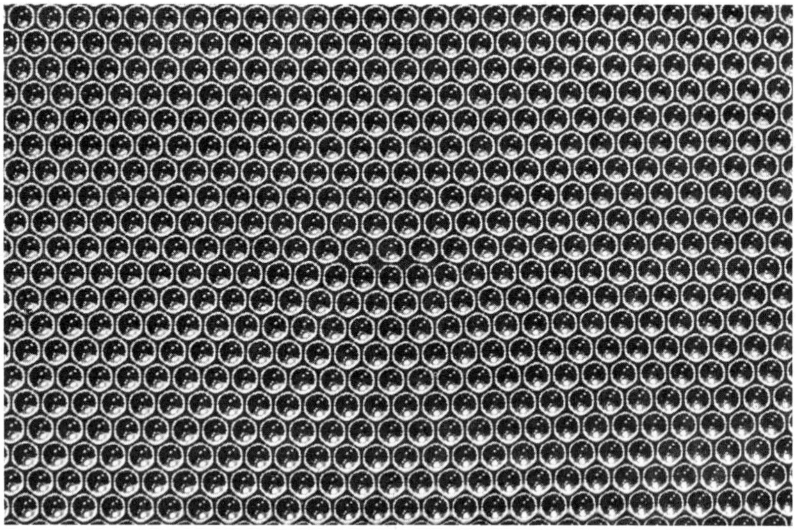

Bild 5: Versetzung in einem zweidimensionalen Seifenblasenmodell. Man erkennt die Versetzung am besten, wenn man die Seite um 30° dreht und unter einem geringen Winkel daraufschaut. (Aufnahme: W. M. Lomer, nach Bragg und Nye.)

kräfte im Kristall haben keine ausgeprägte Vorzugsrichtung. Versetzungen können also einen Kristall sehr plastisch machen. Die Wanderung einer Versetzung durch den ganzen Kristall ist der Gleitbewegung eines Kristallteils gleichwertig.

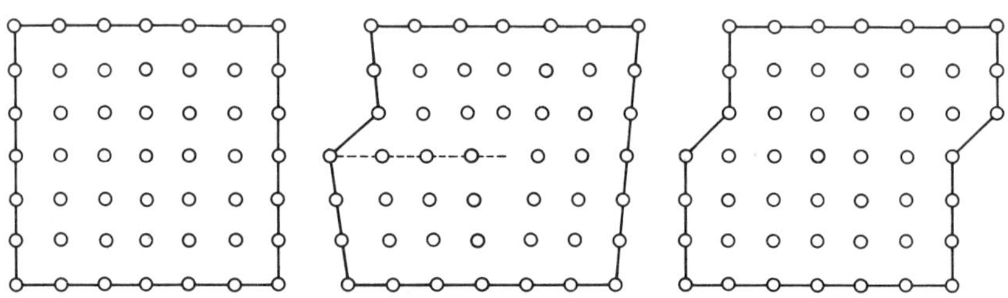

Bild 6: Bewegung einer Versetzung unter dem Einfluß einer Schubspannung, die die obere Fläche der Probe nach rechts zieht. (Nach Taylor.)

Der zweite einfache Versetzungstyp ist die **Schraubenversetzung**; sie ist in Bild 7 und 8 skizziert. Eine Schraubenversetzung kennzeichnet die Grenze zwischen abgeglittenen und nicht abgeglittenen Teilen des Kristalls. Diese Grenze liegt hier p a r a l l e l zur Gleitrichtung und nicht senkrecht dazu wie im Fall der Stufenversetzung. Man kann sich die Er-

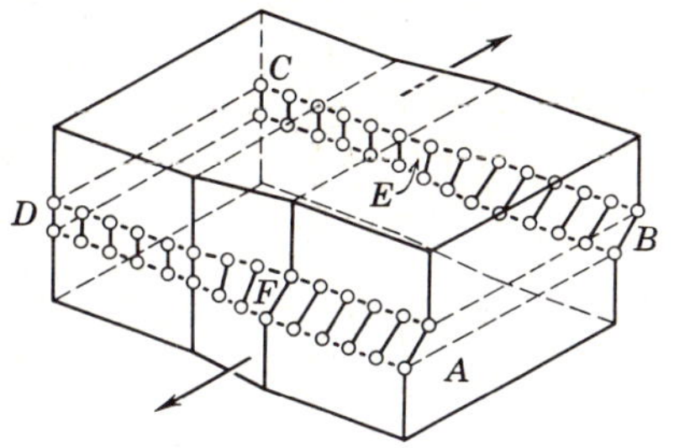

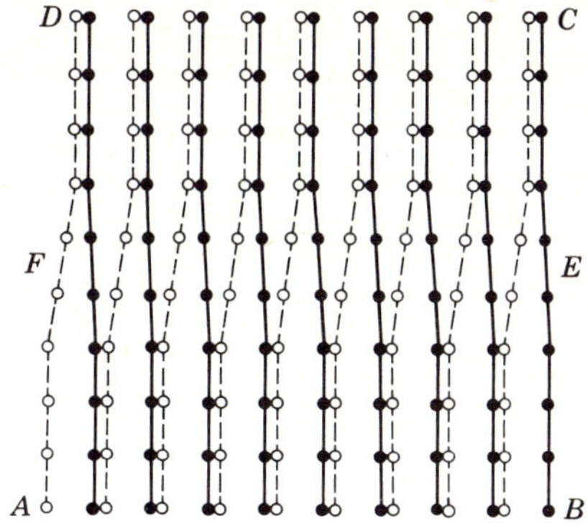

Bild 7: Schraubenversetzung. Der Teil *ABEF* der Gleitebene ist in einer Richtung parallel zur Versetzungslinie *EF* abgeglitten. Man kann sich die Schraubenversetzung als spiralförmige Anordnung von Gitterebenen vorstellen, auf denen nach einem vollständigen Umlauf um die Versetzungslinie die benachbarte Ebene erreicht wird. (Nach Cottrell)

Bild 8:
Andere Ansicht einer Schraubenversetzung. Die gestrichelte senkrechte Linie, die die Versetzung kennzeichnet, ist von verzerrtem Material umgeben.

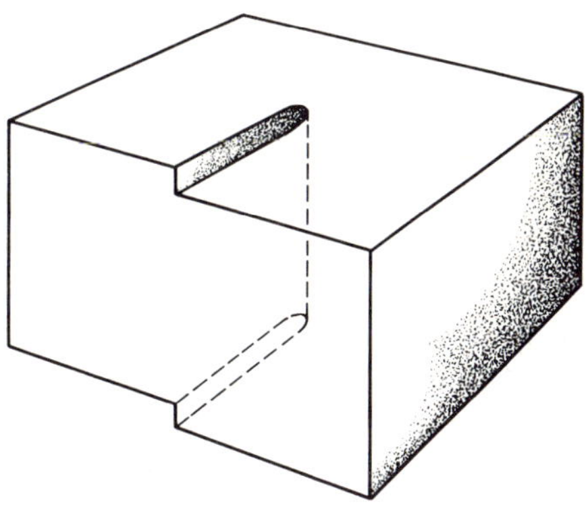

zeugung einer Schraubenversetzung so vorstellen, als schneide man mit einem Messer den Kristall halbwegs durch und erzeuge dann parallel zur Schnittkante eine Scherung um einen Atomabstand. Bei einer Schraubenversetzung werden aufeinanderfolgende Netzebenen in die Oberfläche einer Spirale übergeführt; dies erklärt den Namen dieser Versetzung.

Burgers-Vektor

Andere Versetzungsformen lassen sich aus Teilen von Stufen- und Schraubenversetzungen zusammensetzen. Nach Burgers kann die allgemeinste Form einer linearen Versetzung in einem Kristall wie in Bild 9 beschrieben werden. Dazu betrachtet man irgendeine geschlossene Kurve, die innerhalb des Kristalls nicht notwendig eben zu sein braucht, oder aber eine

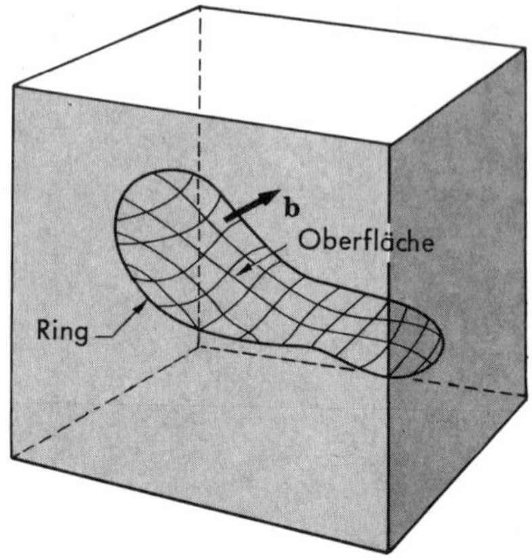

Bild 9: Allgemeines Verfahren zur Herstellung eines Versetzungsringes in einem Medium (hier durch den Würfel angedeutet). Der Ring ist durch die geschlossene Kurve im Innern des Würfels dargestellt. Man legt einen Schnitt durch die Oberfläche, die durch die Kurve und die eingezeichneten Höhenlinien festgelegt ist. Das Material auf der einen Seite des Schnittes wird relativ zu dem auf der anderen Seite um einen Vektor **b** verschoben, der bezüglich der Oberfläche willkürlich gerichtet sein kann. Für diese Verschiebung müssen äußere Kräfte angewandt werden. Das Medium ist dabei so aufzufüllen oder zu beschneiden, daß es auch nach der Verschiebung kontinuierlich bleibt. Danach werden die Teile im verschobenen Zustand wieder zusammengefügt und die äußeren Kräfte entfernt. **b** ist der Burgers-Vektor der Versetzung. (Nach Seitz.)

offene Kurve, deren beide Enden auf seiner Oberfläche liegen. Dann wird folgendes Verfahren angewandt: a) Man lege einen Schnitt durch irgendeine einfache, von der Kurve begrenzte Fläche. b) Auf der einen Seite dieses Schnitts verschiebe man das Material um einen Vektor **b** relativ zu der anderen Seite; **b** wird hier als der **Burgers-Vektor** bezeichnet. c) In Bereichen, wo **b** nicht parallel zur Schnittfläche liegt, verursacht diese Relativverschiebung entweder eine Lücke oder eine Überlappung der beiden Hälften. In diesen Fällen stellt man sich vor, daß entweder Material hinzugefügt wird, um die Lücke aufzufüllen oder aber etwas weggenommen wird, damit keine Überlappung auftritt. d) Schließlich füge man das Material auf beiden Seiten wieder zusammen. Während der Zeit des Zusammenfügens werden die Verschiebungen beibehalten, danach jedoch soll sich das Medium in das innere Gleichgewicht setzen können. Die sich dann einstellende Verformung wird durch die Begrenzungskurve und den Burgers-Vektor vollständig charakterisiert. Damit auch nach dem Zusammenbau der kristalline Charakter des Materials erhalten bleibt, muß der Burgers-Vektor gleich einer Gittertranslation sein.

Der Burgers-Vektor einer Schraubenversetzung (Bild 7 und 8) liegt parallel zur Versetzungslinie; derjenige einer Stufenversetzung ist senkrecht zur Versetzungslinie und liegt in der Gleitebene.

Spannungsfelder von Versetzungen

Das Spannungsfeld einer Schraubenversetzung ist besonders einfach. Bild 10 zeigt eine Zylinderschale, die eine achsiale Schraubenversetzung umgibt. Man sieht deutlich, daß die Schale mit dem Umfang $2\pi r$ eine Scherung um den Betrag b in Achsenrichtung z erfuhr; diese ergibt eine Verzerrungskomponente $e_{\varphi z} = b/2\,\pi\,r$. Die entsprechende Schubspannung in einem elastischen Kontinuum ist

(4) $$\sigma_{\varphi z} = G e_{\varphi z} = G b/2\,\pi\,r\,.$$

Dieser Ausdruck gilt nicht in den Gebieten, die unmittelbar an die Versetzungslinie anstoßen, da hier die Verzerrungen zu groß sind, als daß noch die Kontinuums- oder die lineare Elastizitätstheorie anwendbar wäre.

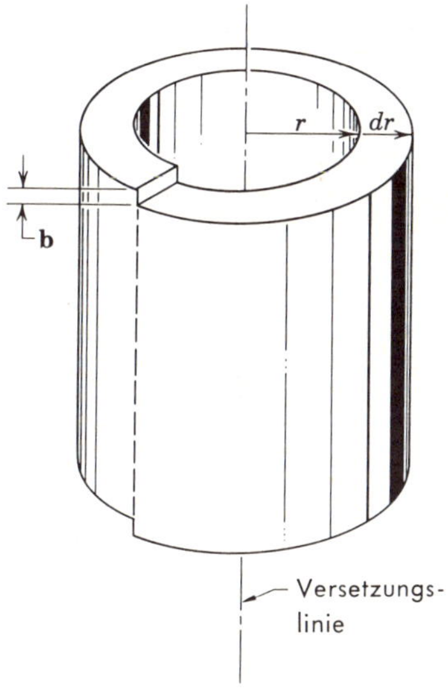

Bild 10:
Elastisch verzerrter Kreisring, der eine Schraubenversetzung mit Burgersvektor **b** umgibt.

Die elastische Energie der Zylinderschale ist pro Längeneinheit $dE_s = \frac{1}{2} G e_{\varphi z}^2\, dV = (Gb^2/4\,\pi)\, dr/r$. Die gesamte elastische Energie pro Längeneinheit einer Schraubenversetzung ergibt sich daraus durch Integration zu

(5) $$E_s = (Gb^2/4\pi)\ln(R/r_0).$$

R und r_0 sind die passend gewählten oberen und unteren Grenzen für die Variable r. Ein vernünftiger Wert von r_0 ist vergleichbar mit dem Betrag b des Burgers-Vektors oder der Gitterkonstanten; R kann nicht größer als die Kristalldimensionen werden, bleibt bei vielen Anwendungen jedoch wesentlich kleiner. Der Wert des Verhältnisses R/r_0 spielt keine große Rolle, da es logarithmisch eingeht.

Jetzt soll die Energie einer Stufenversetzung berechnet werden, die im Ursprung des Koordinatensystems liegt (Bild 4). Die Zugspannungen in radialer und achsialer Richtung seien σ_{rr} und $\sigma_{\theta\theta}$, die Schubspannung $\sigma_{r\theta}$. In einem isotropen elastischen Kontinuum sind σ_{rr} und $\sigma_{\theta\theta}$ proportional zu $(\sin\theta)/r$: man braucht also eine Funktion, die wie $1/r$ abfällt und ihr Vorzeichen ändert, wenn y durch $-y$ ersetzt wird. Die Schubspannung $\sigma_{r\theta}$ ist proportional zu $(\cos\theta)/r$: betrachtet man die Ebene $y = 0$ in Bild 4, so wird deutlich, daß die Schubspannung eine ungerade Funktion von x ist. Aus Dimensionsgründen müssen die Porportionalitätskonstanten bei der Spannung proportional zum Schubmodul G und zum Burgers-Vektor b der Verschiebung sein. Das Endresultat, dessen Ableitung in den angegebenen, weiterführenden Büchern zu finden ist, lautet

(6) $$\sigma_{rr} = \sigma_{\theta\theta} = -\frac{Gb}{2\pi(1-\nu)}\,\frac{\sin\theta}{r}, \qquad \sigma_{r\theta} = \frac{Gb}{2\pi(1-\nu)}\,\frac{\cos\theta}{r}.$$

ν ist die in Aufgabe 4.1 definierte Poissonsche Querkontraktionszahl (bei den meisten Kristallen ist $\nu \gtrsim 0,3$). Die Verformungsenergie pro Längeneinheit einer Stufenversetzung ist

(7) $$E_e = [Gb^2/4\pi(1-\nu)]\ \ln(R/r_0).$$

Dieses Ergebnis ähnelt dem für eine Schraubenversetzung sehr.

Wie groß ist die Schubspannungskomponente σ_{xy} in Ebenen, die parallel zur Gleitebene in Bild 4 liegen? Aus den Spannungskomponenten σ_{rr}, $\sigma_{\theta\theta}$ und $\sigma_{r\theta}$, die für eine Ebene im Abstand y oberhalb der Gleitebene berechnet werden, findet man

(8) $$\sigma_{xy} = \frac{Gb}{2\pi(1-\nu)}\,\frac{\sin 4\theta}{4y}.$$

In Aufgabe 3 wird gezeigt, daß die von einer gleichmäßig verteilten Schubspannung erzeugte Kraft pro Längeneinheit der Versetzung gleich $F = b\sigma$ ist. Dieses Ergebnis gilt auch für die Kraft, die eine Versetzung auf die andere ausübt. Man findet also für die Kraft pro Länge, die eine Stufenversetzung am Ursprung auf eine gleichartige am Ort (y, θ) ausübt, das Resultat[5])

[5]) Genaugenommen ist F die Kraftkomponente in Gleitrichtung. Es tritt noch eine zweite Kraftkomponente senkrecht zur Gleitrichtung auf; sie hat jedoch keine Bedeutung bei tiefen Temperaturen, wo die einzig mögliche Bewegung einer Versetzung in der Gleitebene verläuft.

$$(9) \qquad F = b\sigma_{xy} = \frac{Gb^2}{2\pi(1-\nu)} \frac{\sin 4\theta}{4y}.$$

Kleinwinkelkorngrenzen

Nach Burgers[6]) bestehen die Kleinwinkelkorngrenzen (auch als Feinkorngrenzen bezeichnet) zwischen benachbarten Kristalliten oder Kristallkörnern aus einer Reihe von Versetzungen. Ein einfaches Beispiel für das Burgerssche Modell einer Korngrenze zeigt Bild 11. Die Grenze sitzt auf einer (010)-Ebene in einem einfach kubischen Gitter und trennt zwei Kristallteile, denen eine [001]-Achse gemeinsam ist. Eine derartige Grenze nennt man eine reine Kippgrenze: die falsche Orientierung läßt sich durch eine kleine Drehung beschreiben, die ein Teil des Kristalls relativ zum anderen um die gemeinsame [001]-Achse erfahren hat. Die Kippgrenze läßt sich durch eine Kette von Stufenversetzungen mit Abstand $D = b/\theta$ darstellen; b ist der Burgers-Vektor der Versetzungen.

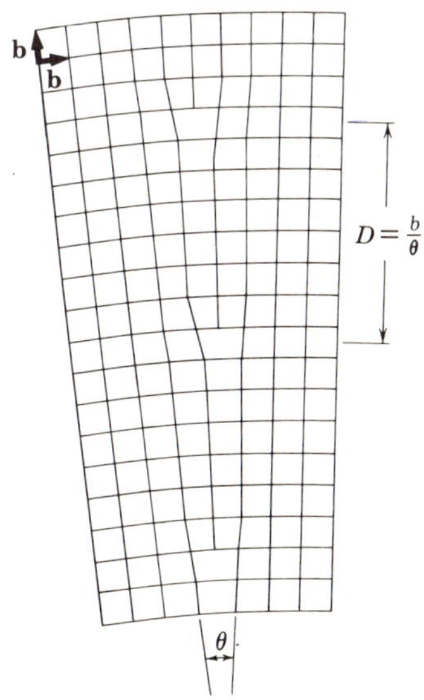

Bild 11:
Kleinwinkelkorngrenze. (Nach Burgers.)

Die Experimente haben dieses Modell bestätigt. Bild 12 zeigt die Verteilung von Versetzungen längs Kleinwinkelkorngrenzen, wie man sie im Elektronenmikroskop beobachtet. Weiterhin entwickelten Read und Shock-

[6]) J. M. Burgers, Proc. Konikl. Ned. Akad. Wetenschap. **42**, 193 (1939); Proc. Phys. Soc. (London) **52**, 23 (1940).

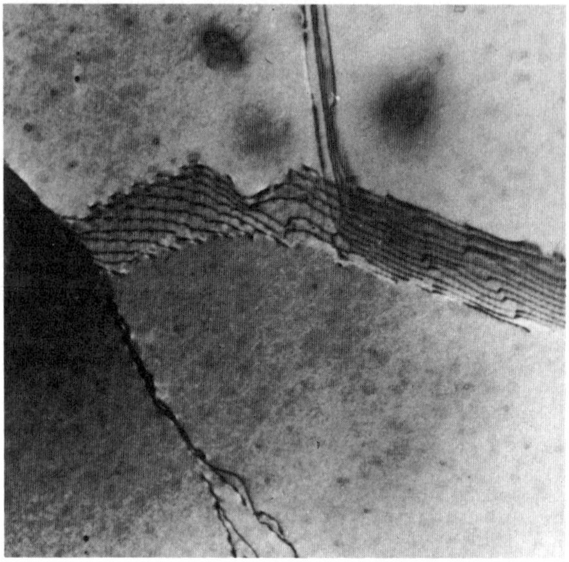

Bild 12: Elektronenmikroskopische Aufnahme der Versetzungsstruktur bei Kleinwinkelkorngrenzen in einem Al-7% Mg-Mischkristall. 17 000-fache Vergrößerung. (Aufnahme von R. Googrich und G. Thomas.)

ley[7]) eine Theorie für die Korngrenzenenergie als Funktion des Kippwinkels, deren Ergebnisse in ausgezeichneter Übereinstimmung mit den Messungen stehen. Es ist noch anzumerken, daß sich der Bereich elastischer Verformung in der Nähe einer Korngrenze nicht sehr weit in die beiden Kristalle ausdehnt, sondern im wesentlichen auf eine dünne Scheibe beschränkt bleibt, deren Dicke gleich dem Abstand D der Versetzungen ist. Jede Versetzung ist von ihrem eigenen Deformationsfeld umgeben und außerdem von denen der Versetzungen darüber und darunter. Diese letzteren Deformationsfelder heben sich gegenseitig fast auf, da sie gleichen Beträg aber verschiedenes Vorzeichen haben; die Verformungsenergie in der Nähe einer Versetzung stammt also hauptsächlich von ihrem eigenen Deformationsfeld. In dieser Näherung liefert (7) für die elastische Deformationsenergie pro Längeneinheit einer Versetzung in der Korngrenze den Ausdruck $[Gb^2/4\pi(1-\nu)]\ \ln(\alpha D/b)$; dabei wurde r_0 gleich b gesetzt, α ist eine Zahl in der Nähe von 1. Pro Längeneinheit der Korngrenze gibt es $1/D = \theta/b$ Versetzungen, so daß man für die Energie der Korngrenze erhält:

$$\gamma = -\left(\frac{Gb}{4\pi(1-\nu)}\right)\theta(\ln\theta + \ln\alpha). \tag{10}$$

Die Energie γ der Korngrenze ist null, wenn θ null ist, und nimmt mit wachsendem θ zu, wobei zu Beginn eine senkrechte Tangente auftritt.

---

7) W. T. Read und W. Shockley, Phys. Rev. **78**, 275 (1950).

Bei weiterer Zunahme von θ erreicht γ ein Maximum γ_m und nimmt dann wieder ab. Ist θ_m der Wert von θ, bei dem $\gamma = \gamma_m$, so vereinfacht sich (10) zu

$$(11) \qquad \gamma/\gamma_m = (\theta/\theta_m)[1 - \ln(\theta/\theta_m)].$$

Diese Gleichung ist in Bild 13 mit den Meßwerten für die relative Korngrenzenenergie als Funktion von θ verglichen. Die Übereinstimmung ist bis $\theta \geq 30°$ bemerkenswert gut; sie reicht also bis über den eigentlich zu erwartenden Gültigkeitsbereich dieses Modells hinaus.

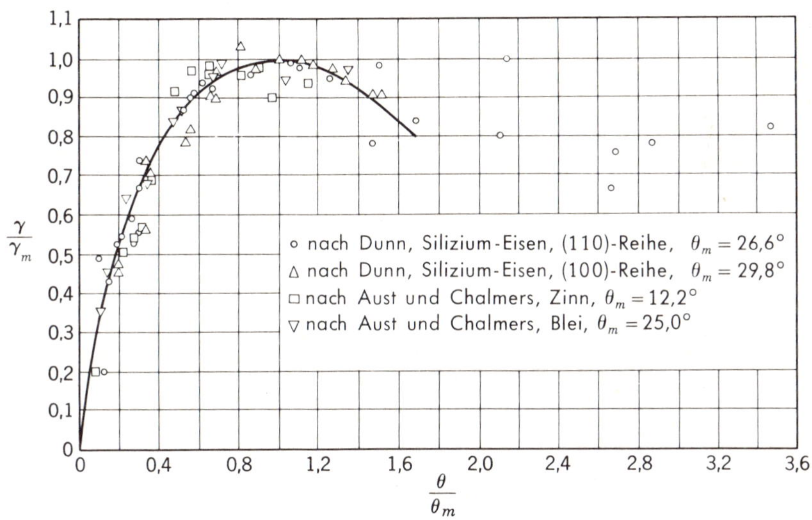

Bild 13: Vergleich zwischen theoretischer Kurve und den Messungen der relativen Korngrenzenenergie als Funktion des Winkels zwischen den Körnern. Die Gleichung der theoretischen Kurve lautet: $\gamma/\gamma_m = (\theta/\theta_m)[1 - \ln(\theta/\theta_m)]$. (Entnommen aus Dislocations in Crystals, von W. T. Read jr., Copyright 1953, McGraw-Hill Book Company, Inc.)

Eine direkte Bestätigung des Burgersschen Modells lieferten Vogel[8]) und Mitarbeiter durch die quantitative Untersuchung von Feinkorngrenzen in Germaniumkristallen mit Hilfe von Röntgenstrahlen und optischen Mitteln. Den Abstand D der Versetzungen bestimmten sie durch Auszählen von Ätzgruben längs der Schnittlinie einer Kleinwinkelkorngrenze mit einer angeätzten Germaniumoberfläche (Bild 14). Dabei wurde angenommen, daß jede Ätzgrube das Ende einer Verletzung bedeutet. Der Kippwinkel,

---

[8]) F. L. Vogel, W. G. Pfann, H. E. Corey und E. E. Thomas, Phys. Rev. **90**, 489 (1953); F. L. Vogel, Jr., Acta Met. **3**, 245 (1955).

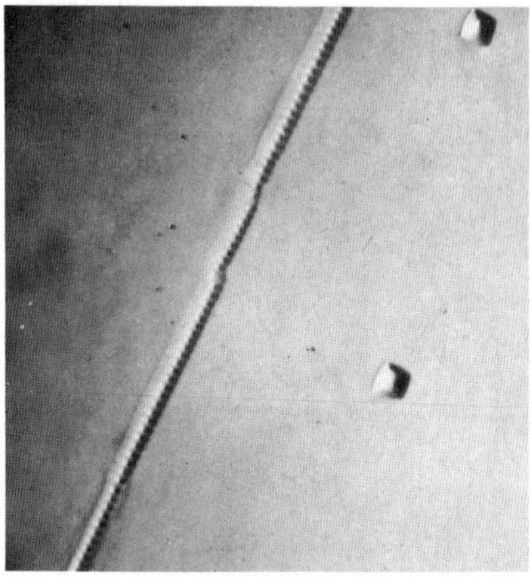

Bild 14:
Ätzgruben an der Versetzung entlang einer Kleinwinkelkorngrenze auf einer (100)-Oberfläche von Germanium; der Winkel an der Korngrenze beträgt 27,5 sec. Die Grenzfläche liegt in einer $(0\bar{1}\bar{1})$-Ebene; die Versetzungslinie ist [100]. Der Burgers-Vektor entspricht der kleinsten Gittertranslation, d. h. $|\mathbf{b}| = a/\sqrt{2} = 4$ Å. [Nach F. L. Vogel jr., Acta Metallurgica **3**, 245 (1955).]

der sich aus der Beziehung $\theta = b/D$ berechnen läßt, stimmt gut mit dem Winkel überein, der direkt mit Röntgenstrahlung gemessen wurde.

Die Auffassung von Feinkorngrenzen als Ketten von Versetzungen erfährt eine weitere Unterstützung durch die Tatsache, daß sich reine Kippgrenzen beim Anlegen einer geeigneten Spannung senkrecht zu sich selbst bewegen. Diese Bewegung wurde von Washburn und Parker mit einem schönen Experiment nachgewiesen (Bild 15). Die Probe ist ein Zweikristall aus Zink, mit einer 2°-Kippgrenze und einem Abstand zwischen den Versetzungen von ungefähr 30 Netzebenen. Die eine Seite des Kristalls wurde eingespannt und an einem Punkt auf der entgegengesetzten Seite der Grenze eine Kraft angebracht. Die Bewegung der Grenze erfolgte dann durch das gemeinsame Wandern aller Versetzungen in der Kette, wobei sich jede Versetzung um ein gleiches Stück in ihrer eigenen Gleitebene fortbewegte. Zu der Bewegung waren Spannungen in der Größenordnung der kritischen Schubspannung für Zinkkristalle notwendig, eine Tatsache, die sehr deutlich darauf hinweist, daß die normale Deformation durch die Bewegung von Versetzungen zustande kommt.

Korngrenzen und Versetzungen bieten der Diffusion von Atomen nur einen relativ geringen Widerstand im Vergleich zur Diffusion in einem Idealkristall. Eine Versetzung stellt für Diffusionsvorgänge geradezu eine offene Tür dar. Man weiß, daß die Diffusion in plastisch verformten Materialien größer ist als in getemperten Kristallen. Die Diffusion längs Korngrenzen bestimmt auch die Geschwindigkeit einiger Ausscheidungsvorgänge in Festkörpern: die Ausscheidung von Zinn aus einem Blei-Zinn-Mischkristall erfolgt bei Zimmertemperatur bis zu 10^8 mal schneller, als zu erwarten wäre, wenn man von der Diffusion in einem idealen Gitter ausgeht.

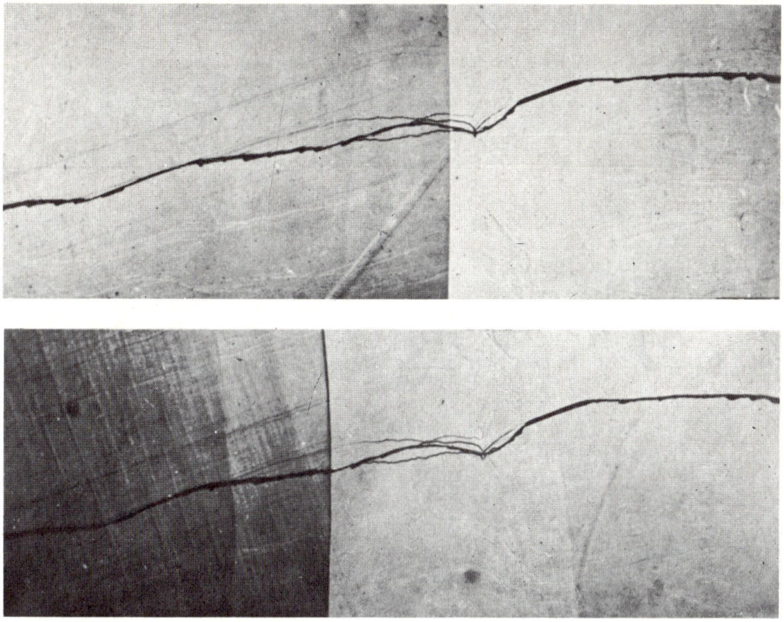

Bild 15: Wanderung einer Kleinwinkel-Korngrenze unter dem Einfluß einer Spannung. Die Grenzfläche ist die gerade senkrechte Linie; sie ist bei senkrechter Beleuchtung fotographiert, wodurch die Winkeländerung von 2° in der durch Spaltung entstandenen Oberfläche des Kristalls sichtbar gemacht wird. Die unregelmäßige horizontale Linie stellt einen niedrigen Absatz in der Spaltfläche dar; sie dient als Bezugsmarke. Der Kristall ist links eingespannt, rechts greift an ihm eine Kraft an, die senkrecht zur Bildebene steht. Oberes Bild: ursprüngliche Lage der Grenzfläche. Unten: um 0,4 mm nach rückwärts verschoben. (Aufnahme von J. Washburn und E. R. Parker.)

Versetzungsdichte

Die Versetzungsdichte gibt die Zahl der Versetzungslinien, die eine Flächeneinheit im Kristall durchsetzen. Sie erstreckt sich von 10^2 bis 10^3 Versetzungen pro cm^2 in besten Germanium- und Siliziumkristallen bis zu 10^{11} oder 10^{12} Versetzungen/cm^2 in stark deformierten Metallkristallen. In Tabelle 2 sind die Methoden verglichen, die man zur Abschätzung von Versetzungsdichten heranziehen kann. Das Buch von Amelinckx ist ein ausgezeichnetes Übersichtswerk über alle heute gebräuchlichen Methoden zur Beobachtung von Versetzungen.

In gegossenen oder getemperten (langsam abgekühlten) Kristallen entspricht das tatsächlich Bild der Versetzungen entweder einer Gruppe von Kleinwinkelkorngrenzen oder einem dreidimensionalen Netzwerk von in Zellen angeordneten Versetzungen (Bild 16).

Tabelle 2: Methoden zur Abschätzung von Versetzungsdichten[a]

Verfahren	Probendicke	im Bild erfaßter Bereich	Maximal untersuchbare Dichte pro cm^2
Elektronen-mikroskopie	> 1000 Å	~ 100 Å	10^{11}-10^{12}
Transmission von Röntgenstrahlung	0,1-1,0 mm	5μ	10^4-10^5
Reflektion von Röntgenstrahlung	$< 2\mu$ (min.) - 50μ (max.)	2μ	10^6-10^7
Dekoration[c]	$\sim 10\mu$ (Tiefe des Brennflecks)	$0,5\mu$	$2 \cdot 10^7$
Ätzgruben	keine Begrenzung	$0,5\mu$[b]	$4 \cdot 10^8$

[a] Nach W. G. Johnston, Prog. Ceramin Sci. **2**, 1 (1961)
[b] Auflösungsgrenze von Ätzgruben
[c] der Versetzungen mit Verunreinigungen

Bild 16: Zellartige Struktur des dreidimensionalen Versetzungsnetzwerkes in deformiertem Aluminium. (Aufnahme von P. R. Swann.)

Die Versetzungsdichte in stark deformierten Kristallen läßt sich aus der infolge plastischer Verformung erhöhten inneren Energie abschätzen. Nach (5) und (7) beträgt die Energie einer Versetzung pro Längeneinheit ungefähr $(Gb^2/4\pi)\ln(R/r_0)$. R ist vergleichbar dem Abstand der Versetzungen, $r_0 \approx b$ und somit $R/r_0 \approx 10^3$. Die Energie der Versetzung ist dann rund $5 \cdot 10^{-4}$ erg/cm oder 8 eV pro Netzebene, durch die die Versetzung hindurchgeht. Die maximale in Gitterverzerrungen gespeicherte Energie, die sich nach starken plastischen Verformungen einstellt, so z. B. nach einem Verdrillen, Feilen oder Zusammenpressen, konnte bei mehreren Metallen auf thermische Weise gemessen werden. Sie beträgt bei nicht zu großer Deformation ungefähr 10 Prozent der Energie, die man zum plastischen Fließen aufwenden muß. Bei fortgesetztem plastischen Fließen nähert sich die gespeicherte Energie jedoch einem Sättigungswert. Die Messungen ergeben rund 10^8 erg/cm^3. Beträgt die Energie einer Versetzung pro Längeneinheit $5 \cdot 10^{-4}$ erg/cm, so entfallen auf den Kubikzentimeter des Kristalls ungefähr 10^{11} cm Versetzungslinien. Dies entspricht einer Versetzung pro Quadrat mit 100 Atomen auf jeder Seite. Eine derartige Dichte ist für stark deformierte Kristalle charakteristisch.

Ein Problem stellt das Auftreten von Versetzungen in gegossenen und getemperten Kristallen dar. Im thermischen Gleichgewicht darf es keine Versetzungen geben, da ihre Energie viel zu groß ist im Vergleich zu dem Entropiezuwachs, den sie verursachen. Die Versetzungen müssen also durch irgendeinen Nichtgleichgewichtsvorgang während des Erstarrens der Schmelze in den Kristall eingeführt worden sein. Auch bei sorgfältigstem Tempern lassen sie sich nicht mehr entfernen. Ihr Entstehungsmechanismus während des Erstarrens ist noch nicht bekannt. Man nimmt aber an, daß er mit der Ausscheidung von Gitterleerstellen beim Abkühlen des Kristalls zusammenhängt.

Gitterleerstellen, die sich längs einer schon bestehenden Stufenversetzung ausscheiden, zehren einen Teil der überschüssigen Halbebene von Atomen auf und bewirken dadurch ein Hochklettern der Versetzung, d.h. eine Bewegung im rechten Winkel zur Gleitrichtung. Sind keine Versetzungen vorhanden, so wird der Kristall mit Gitterleerstellen übersättigt; ihrer Ausscheidung in pfennigförmigen Leerstellenscheiben folgt möglicherweise ein Zusammenbruch dieser Scheiben und die Bildung von Versetzungsschleifen, die dann mit weiterer Leerstellenausscheidung wachsen (Bild 17).

Ein zweites Problem, das später noch behandelt wird, stellt die starke Zunahme der Versetzungsdichte bei plastischer Verformung dar. Während der Verformung zeigen Messungen der Versetzungsdichte eine Zunahme von rund 10^8 auf ungefähr 10^{11} Versetzungen/cm^2, also eine Steigerung um das 1000-fache. Gleichermaßen verblüffend ist folgende Tatsache: Nachdem eine Versetzung über ihre ganze Gleitebene hinweg gewandert ist, müßte ein Absatz von nur einem Atomabstand Breite entstehen; tatsächlich wurden aber Absätze mit 100 bis 1000 Atomabständen festgestellt.

Bild 17: Elektronenmikroskopische Aufnahme von Versetzungsringen; diese entstehen durch Anhäufung und Zusammenfall von Leerstellen, wenn wie hier Al-5% Mg von 550°C abgeschreckt wird. Die spiralförmigen Versetzungen entstehen durch "Klettern" von Schraubenversetzungen als Folge der Leerstellenausscheidung. 43 000-fach vergrößert. (Aufnahme von A. Eikum und G. Thomas.)

Versetzungsvervielfachung und Gleitung

Wir betrachten einen geschlossenen Versetzungsring mit Radius r, der ein abgeglittenes Gebiet von gleichem Radius umgibt. Der Charakter eines Versetzungsringes liegt ungefähr in der Mitte zwischen einer Stufen- und einer Schraubenversetzung. Da die Deformationsenergie einer Versetzungsringes proportional zu ihrem Umfang zunimmt, hat der Ring das Bestreben sich zusammenzuziehen. Tritt dagegen eine die Gleitung begünstigende Schubspannung auf, so neigt der Ring dazu, sich auszudehnen. Ein Abschnitt einer Versetzung, dessen beide Enden festgehalten sind (Bild 18), wird als **Frank-Read-Quelle**[9]) bezeichnet; wie im Bild kann diese zur Erzeugung einer großen Zahl von konzentrischen Versetzungsringen auf einer einzigen Gleitebene führen. Diese und ähnliche Mechanismen zur Vervielfachung von Versetzungen rufen die Gleitung und die vergrößerte Versetzungsdichte während der plastischen De-

---

[9]) Die klassische Frank-Read-Quelle wird nicht so oft beobachtet wie gewisse Abwandlungen davon: siehe dazu G. Thomas, J. of Metals, Apr. 1964.

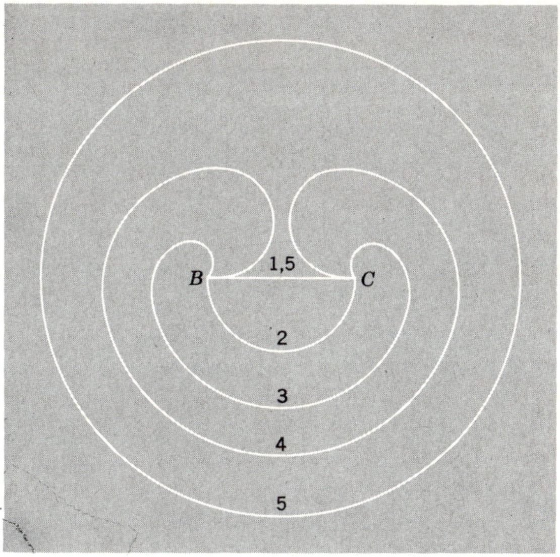

Bild 18:
Frank-Read-Mechanismus zur Vervielfachung von Versetzungen: Das Bild zeigt aufeinanderfolgende Stadien der Erzeugung eines Versetzungsringes durch das Segment *BC* einer Versetzungslinie. Der Prozeß kann sich beliebig oft wiederholen.

formation hervor. Ein schönes Beispiel für eine Versetzungsquelle zeigt Bild 19.

Festigkeit von Legierungen

Reine Kristalle sind sehr plastisch und fließen schon bei kleinen mechanischen Spannungen. Zur Erhöhung der Fließ- (bzw. Streck-) Grenze einer Legierung bis zu Schubspannungen von 10^{-2} G kennt man vier verschiedene Möglichkeiten: das mechanische Blockieren der Bewegung von Versetzungen, das Festhalten von Versetzungen mit Hilfe gelöster Fremdatome, das Verhindern der Versetzungsbewegung durch Nahordnung und ein Vergrößern der Versetzúngsdichte so lange, bis sich die Versetzungen verknäueln. Bei allen diesen vier Mechanismen beruht die Erhöhung der Festigkeit auf der Tatsache, daß die Bewegung der Versetzungen unterdrückt wird. Ein fünfter Mechanismus, nämlich die Entfernung aller Versetzungen aus dem Kristall, funktioniert vielleicht bei gewissen feinen, haarförmigen Kristallen (engl. whisker); diese werden im Abschnitt über Kristallwachstum besprochen.

Die mechanische Blockierung der Versetzungsbewegung läßt sich am direktesten erzielen, wenn man kleine Teilchen einer zweiten Phase in ein Kristallgitter einbaut. Dieser Prozeß läuft beim Härten von Stahl ab, wo Eisenkarbidpartikel in Eisen ausgeschieden werden, und ebenso bei der Aluminiumhärtung, wo die Ausscheidung von Al_2Cu-Partikeln erfolgt.

Bild 20 zeigt Versetzungen, die an Verunreinigungen hängen geblieben sind.

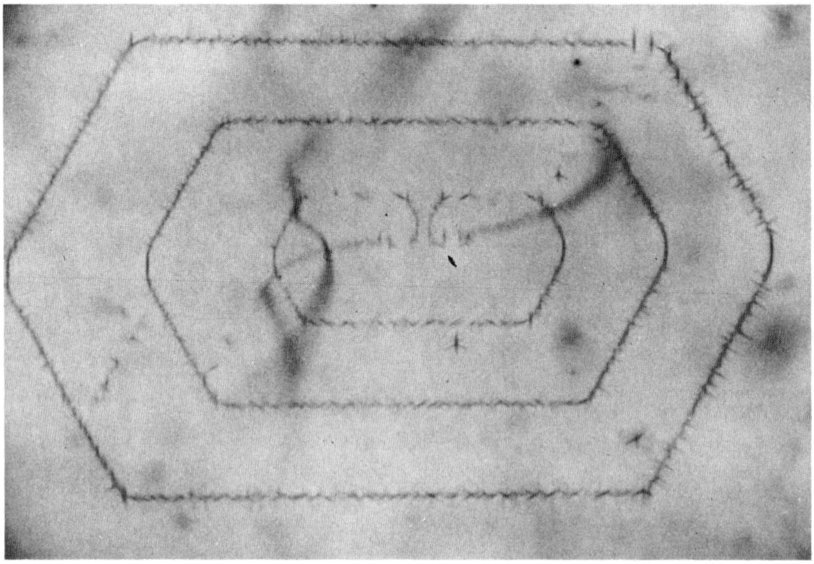

Bild 19: Frank-Read-Versetzungsquelle in Silizium, das mit einem Kupferniederschlag versehen und bei infraroter Beleuchtung beobachtet wurde. Es zeigen sich zwei vollständige Versetzungsringe, der dritte, innerste steht kurz vor der Vollendung. (Nach W. C. Dash, Dislocations and Mechanical Properties of Crystals, Fisher et al. (Herausgeber), Wiley, 1955, S. 57 - 68.)

Bei der Verfestigung durch Zusatz von kleinen Partikeln sind zwei Fälle zu unterscheiden: Entweder läßt sich das Partikel ebenso wie die Grundsubstanz deformieren, was bedeutet, daß es von der Versetzung durchquert werden kann, oder aber das Partikel läßt die Versetzung nicht durch. Bei undurchdringlichen Partikeln[10]) ist die Spannung, die man braucht, um eine Versetzung zwischen Partikel im Abstand L auf einer Gleitebene hindurchzuzwängen, ungefähr gleich

$$(12) \qquad \sigma/G = b/L.$$

Je kleiner der Abstand L, desto größer die Streckspannung σ. Bevor die Partikel sich ausscheiden, ist L groß und die Festigkeit gering. Bei vollständiger Ausscheidung, wenn also viele Partikel vorhanden sind, hat L ein Minimum und die Festigkeit ein Maximum. Hält man danach die Legierung bei einer hohen Temperatur, so wachsen einige Partikel auf Kosten der anderen, L nimmt dabei zu und die Festigkeit ab.

Die Festigkeit von verdünnten Mischkristallen beruht wahrscheinlich auf

[10]) Harte intermetallische Phasen, wie z. B. feuerfeste Oxyde, können von den Versetzungen nicht durchschnitten werden.

der Verankerung von Versetzungen an gelösten Fremdatomen. Cottrell hat darauf hingewiesen, daß die Löslichkeit eines Fremdatoms in der Nachbarschaft einer Versetzung größer ist als irgendwo sonst im Kristall. Beispielsweise wird sich ein Atom, das den Kristall zu dehnen versucht, bevorzugt in dem ausgeweiteten Bereich nahe einer Stufenversetzung lösen. Ein kleines Atom dagegen wird das zusammengepreßte Gebiet bei einer Versetzung bevorzugen - bei einer Versetzung treten beide Bereiche auf, ein ausgeweiteter und ein zusammengedrückter. Auf Grund dieser Affinität der gelösten Atome zu den Versetzungen wird jede Versetzung während des Abkühlens eine Wolke von gelösten Atomen um sich versammeln; dies geschieht während der Zeit, in der die Beweglichkeit der gelösten Atome groß ist. Bei tieferen Temperaturen hört die Diffusion der gelösten Atome im wesentlichen auf, und die Wolke wird unbeweglich. Wandert eine Versetzung weg und läßt dabei ihre Atomwolke hinter sich, so muß die Energie des Kristalls zunehmen, und zwar infolge der größerwerdenden Spannung, der sich die Versetzung ausgesetzt sieht, sobald sie sich von der Wolke der gelösten Atome entfernt. Das Vorhandensein der Wolke verfestigt also den Kristall.

In reinen Kristallen bleibt die Bindung über die Gleitebene hinweg auch nach der Wanderung einer Versetzung über diese Ebene völlig ungeändert. Die innere Energie des Kristalls bleibt also davon unbeeinflußt. Dasselbe gilt auch für ungeordnete Mischkristalle, da die feste Lösung nach der Gleitung innerhalb einer Gleitebene ebenfalls vollkommen ungeordnet ist. In den meisten Mischkristallen findet man jedoch eine Nahordnung, wie sie in Kapitel 18 definiert wurde. Die verschiedenen Atomsorten sind nicht völlig willkürlich auf die Gitterplätze verteilt, sondern es gibt entweder zuviel oder zuwenig Paare ungleicher Atome. In geordneten Legierungen bewegen sich daher die Versetzungen gerne in Paaren: die zweite Versetzung bringt wieder Ordnung in die von der ersten Versetzung verursachte lokale Unordnung.

Die Festigkeit eines kristallinen Materials wächst bei plastischer Deformation. Diese Erscheinung wird als **Kaltverfestigung** bezeichnet. Man nimmt an, daß die Festigkeit einmal auf Grund der erhöhten Versetzungsdichte zunimmt und zum anderen infolge der größeren Schwierigkeiten, die die vielen Versetzungen der Wanderung einer bestimmten Versetzung über die Gleitebene hinweg entgegensetzen. Diese Schwierigkeit tritt besonders dann auf, wenn eine Schraubenversetzung eine zweite zu kreuzen versucht; bei diesem Prozeß können Gitterleerstellen und Zwischengitteratome entstehen. Die Kaltverfestigung wird oft zum Verfestigen von Materialien verwendet, ihre Brauchbarkeit ist jedoch auf so tiefe Temperaturen beschränkt, bei denen noch keine Erholung auftritt. Wichtig ist bei der Kaltverfestigung nicht die Gesamtdichte der Versetzungen, sondern deren Anordnung. In den meisten Metallen bilden die Versetzungen gerne Zellen (Bild 16) versetzungsfreier Bereiche, deren Abmessungen in der Größenordnung von einem Mikron liegen. Solange sich aber keine gleichförmige hohe Versetzungsdichte ausbildet, kann ein Metall seine theoretische Festigkeit durch Kaltverfestigung nicht erreichen, da in den versetzungsfreien Bereichen immer noch Gleitungen auftreten können. Eine gleichförmige Dichte kann man durch Explosivverformung oder durch spezielle thermo-mechanische Behandlungen erzielen[11].

Alle diese Mechanismen zur Verfestigung von Kristallen können die Streckfestigkeit bis auf 10^{-3} G oder 10^{-2} G erhöhen. Sie alle versagen bei Temperaturen, an denen die Diffusion mit merklicher Geschwindigkeit einsetzt. Bei schneller Diffusion lösen sich die ausgeschiedenen Teilchen auf; die Wolken aus gelösten Atomen ziehen mit den gleitenden Versetzungen mit; hinter den wandernden Versetzungen stellt sich die Nahordnung von selbst wieder her. Und schließlich nimmt infolge des Kletterns von Versetzungen und des Temperns die Versetzungsdichte ab. Die sich damit ergebende zeitabhängige Deformation wird als **Kriechen** bezeichnet. Diese irreversible Bewegung erfolgt vor der elastischen Grenze. Die Suche nach Legierungen, die bei sehr hohen Temperaturen zu gebrauchen sind, ist eine Suche nach verminderten Diffusionsgeschwindigkeiten, so daß die vier Verfestigungsmechanismen auch noch bei diesen Temperaturen wirksam sind. Das Hauptproblem guter Legierungen ist jedoch nicht die Festigkeit, sondern die Geschmeidigkeit; Bruch ist die häufigste Fehlerursache in der Technik.

Versetzungen und Kristallwachstum

Frank[12] und seine Mitarbeiter zeigten, daß in einigen Fällen das Vorhandensein von Versetzungen der bestimmende Faktor beim Kristallwachstum ist. Wenn Kristalle bei geringer Übersättigung (größenordnungsmäßig 1 Prozent) gezüchtet werden, ist die Wachstumsgeschwindigkeit bedeutend größer als die für einen idealen Kristall berechnete. Die tatsächliche Wachstumsgeschwindigkeit läßt sich nach Frank durch den Einfluß der Versetzungen auf das Wachstum erklären.

Nach der Theorie des Wachstums idealer Kristalle braucht man bei der Kristallzüchtung aus der Dampfphase zum Keimen neuer Kristalle eine

---

[11]) V. F. Zackay, Strength of steel, Sci. Amer. **209**, 71 (August, 1963).

[12]) Eine ausführliche Übersicht über dieses Gebiet gibt Neugebauer, Herausgeber, Growth and perfection of crystals, Wiley, 1959; siehe auch Kapitel 7 von J. Friedel, Dislocations, Addison-Wesley, 1964. Hochpolymere, lange Molekülketten kristallisieren in ebenen Blättchen, siehe einen Übersichtsartikel von A. Keller, Physics Today **23**, 42 (1970).

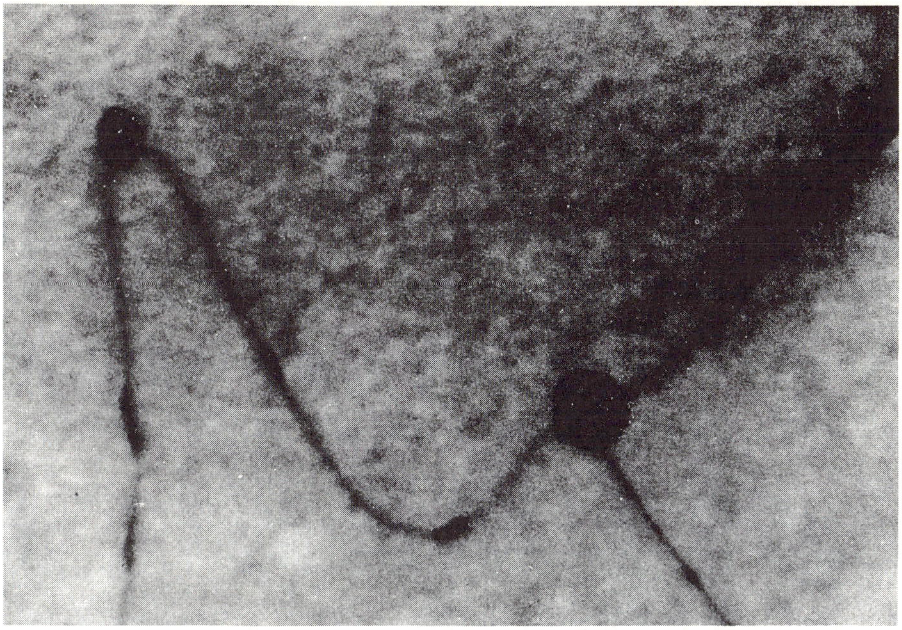

Bild 20: Versetzungen, die an Verunreinigungen in Magnesiumoxid verankert sind (die elektronenmikroskopische Aufnahme wurde freundlicherweise von G. Thomas und J. Washburn zur Verfügung gestellt).

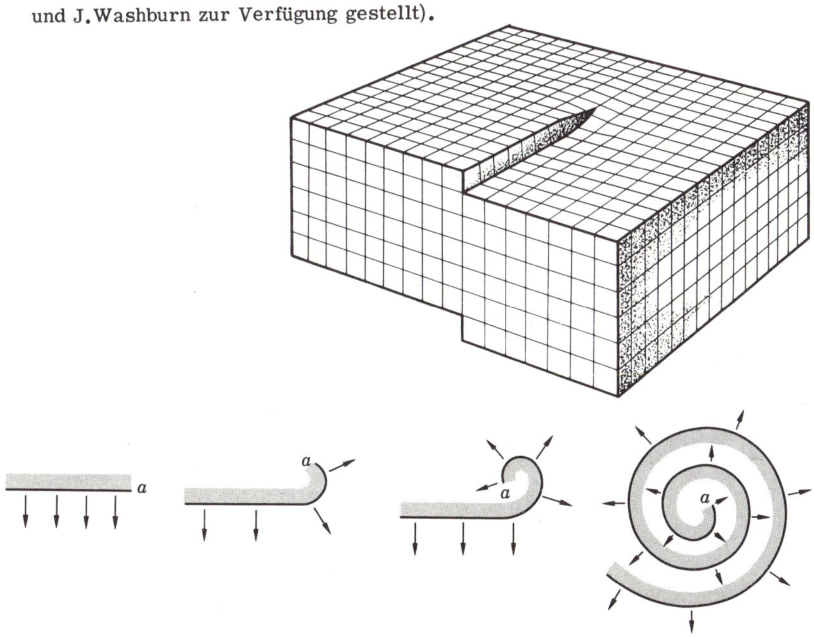

Bild 21: Ausbildung einer spiralförmigen Stufe, die entsteht, wenn eine Schraubenversetzung die Kristalloberfläche durchdringt. Jeder Würfel stellt ein Molekül

Übersättigung (d. h. Druck/Gleichgewichtsdampfdruck) von größenordnungsmäßig 10, zur Ausbildung von Flüssigkeitströpfchen ungefähr von 5 und zur Bildung einer zweidimensionalen monomolekularen Schicht auf der Oberfläche eines idealen Kristalls von 1, 5. Volmer und Schultze beobachteten das Wachstum von Jodkristallen bis zu Dampfübersättigungen von weniger als 1 Prozent. Dort hätte eigentlich die Wachstumsgeschwindigkeit e^{-3000} mal kleiner sein sollen als die Geschwindigkeit, die man als die minimal feststellbare Wachstumsgeschwindigkeit definiert. Es handelt sich also um einen schwerwiegenden Widerspruch zwischen Experiment und Theorie.

Dieser Widerspruch klärt sich auf, wenn man berücksichtigt, daß es beim idealen Kristall sehr schwierig ist, auf einer schon abgeschlossenen Oberfläche eine neue monomolekulare Schicht anzufangen. Ist jedoch eine Schraubenversetzung vorhanden (Bild 21), so braucht man nie eine neue Schicht anzufangen: der Kristall wächst spiralförmig an der Kante der eingezeichneten Diskontinuität. (Ein Atom wird an eine Stufe stärker gebunden als an eine Ebene.) Die für diesen Mechanismus berechneten Wachs-

Bild 22: Aufnahme einer hexagonalen Wachstumsspirale auf einem SiC Kristall mit Hilfe des Phasenkontrastmikroskops. Die Höhe der Stufen beträgt 165 Å (mit freundlicher Genehmigung von A.R. Verma).

Bild 23: Elementare Wachstumsspiralen auf SiC mit fast ungestörter Kreissymmetrie; aufgenommen mit dem Phasenkontrastmikroskop. In der linken Hälfte des Bildes taucht eine Rechts- und eine Linksschraubenversetzung auf der Kristalloberfläche auf. Die Spirale der Linksschraube weist 3 Umläufe auf, bis sie auf die Stufen der Rechtsschraube stößt. Danach entstehen, in Übereinstimmung mit der Theorie konzentrischer Schleifen die - von einer leichten Verzerrung in einem kleinen Gebiet abgesehen - kreisförmig sind. Die Höhe der Stufen dieser Kreise beträgt 15 Å . Bei diesem Kristall handelt es sich um SiC vom Typ 6H. Auf der rechten Hälfte des Bildes ist eine Linksspirale und ihre Verschneidung mit den kreisförmigen Stufen zu sehen (Aufnahme von A.R.Verma).

tumsgeschwindigkeiten stehen in guter Übereinstimmung mit der Beobachtung. Es ist zu erwarten, daß alle Kristalle, die in der Natur bei geringen Übersättigungen gewachsen sind, Versetzungen enthalten, da sie sonst gar nicht hätten entstehen können.

Wachstumsspiralen wurden bei einer großen Anzahl von Kristallen beobachtet. Ein sehr schönes Beispiel für die Wachstumsform, die aus einer einzelnen Schraubenversetzung entsteht, zeigt Bild 22. Bild 23 zeigt Wachstumsspiralen mehrerer Versetzungen.

Wenn die Wachstumsgeschwindigkeit unabhängig von der Kantenrichtung in der Oberflächenebene ist, erfolgt das Wachstum in einer Archimedischen Spirale

$$r = a\theta. \tag{13}$$

a ist eine Konstante. Die Übersättigung bestimmt dabei den kleinstmöglichen Krümmungsradius in der Nähe der Versetzung. Bei zu kleinem Krümmungsradius verdampfen die Atome an der gekrümmten Kante so lange, bis die Gleichgewichtskrümmung erreicht ist. Etwas weiter weg vom Ursprung nimmt jeder Teil der Stufe mit konstanter Geschwindigkeit neue Atome auf, so daß $dr/dt = \text{const}$.

Einkristallfäden

Bei sehr großer Übersättigung wachsen manchmal dünne haarförmige Kristalle, sogenannte **Einkristallfäden** (engl. **whisker**), ohne daß sich bei ihnen notwendigerweise mehr als vielleicht nur eine Versetzung ausbildet. Möglicherweise besitzen diese Kristalle sogar nur eine einzige achsiale Schraubenversetzung, die ihr im wesentlichen eindimensionales Wachstum begünstigt. Aus dem Fehlen von Versetzungen kann man auf eine hohe Streckfestigkeit schließen, die in der Größenordnung des früher in diesem Kapitel berechneten Wertes von $G/30$ liegen sollte. Eine, wenn überhaupt vorhandene, einzelne achsiale Schraubenversetzung verursacht kein Fließen, da beim Biegen des Kristalls keine Schubspannung auftritt, die parallel zu ihrem Burgers-Vektor liegt; nur solche Spannungen können aber eine Gleitung bewirken. Herring und Galt [13]) untersuchten Einkristallfäden aus Zinn mit einem Radius von $\sim 10^{-4}$ cm, deren elastische Eigenschaften denen eines idealen Kristalls nahekommen. Sie beobachteten Dehnungen an der Fließgrenze von rund 10^{-2}, entsprechend einer Schubspannung von 10^{-2} G, die also ungefähr 1000 mal größer war als in massivem Zinn, und konnten damit die früheren Abschätzungen der Festigkeit idealer Kristalle bestätigen.

Theoretische oder ideale elastische Eigenschaften wurden bei einer Reihe von Materialien beobachtet. Die elastische Deformation eines Einkristallfadens aus Kupfer bei starker Beanspruchung zeigt Bild 24. Ferromagnetische Domänenstrukturen von Eisen-Einkristallfäden wurden in Kapitel 15 gezeigt. Ein Nickeleinkristallfaden wird in Bild 25 gezeigt.

---

[13]) C. Herring und J. K. Galt, Phys. Rev. **85**, 1060 (1952); W. W. Piper und W. L. Roth, Phys. Rev. **92**, 503 (1953).

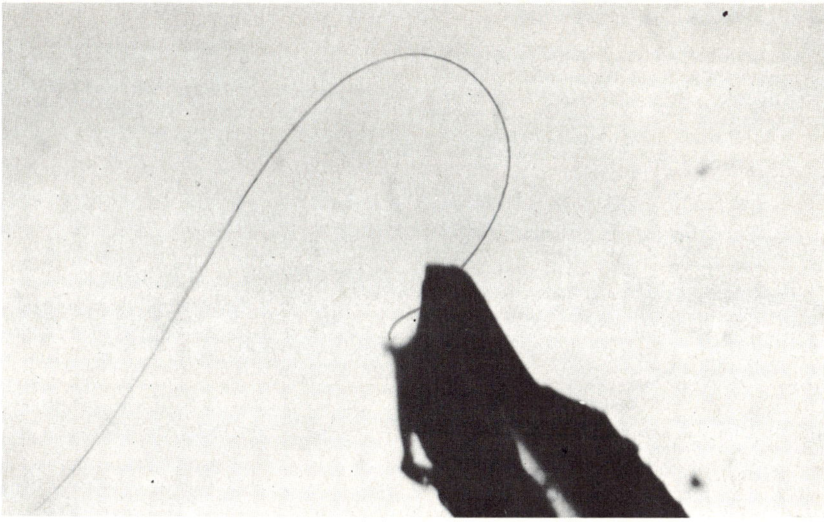

Bild 24: Einkristallfaden (Whisker) aus Kupfer bei 1, 5 prozentiger Dehnung. (Aufnahme von S. S. Brenner.)

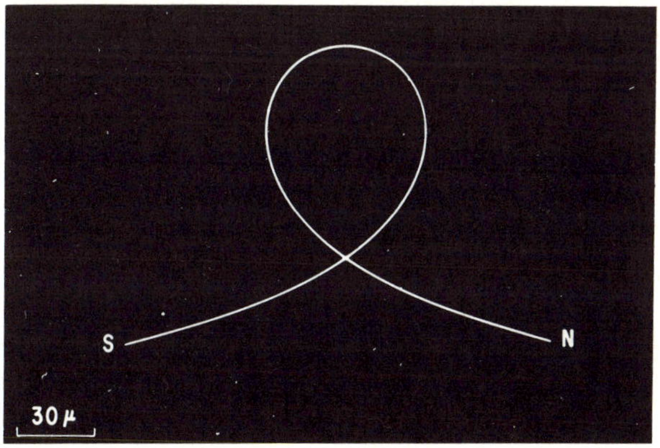

Bild 25: Ein Nickeleinkristallfaden mit 1000 Å Durchmesser der zu einer Schleife gebogen ist (Aufnahme von R. W. De Blois).

Aufgaben

1. Linien dichtester Packung. Man zeige, daß die Linien der dichtesten atomaren Packung in der fcc-Struktur ⟨110⟩ und in der bcc-Struktur ⟨111⟩ sind.

2. Versetzungspaare. a) Man gebe ein Versetzungspaar an, das einer Reihe von Gitterleerstellen gleichwertig ist; b) man suche ein Versetzungspaar, das einer Reihe von Zwischengitteratomen äquivalent ist.

3. Kraft auf eine Versetzung. Man betrachte einen würfelförmigen Kristall mit Seitenlänge L, der eine Stufenversetzung mit Burgers-Vektor $\mathbf{b}$ enthält. Wenn der Kristall an der Ober- und Unterfläche einer Schubspannung σ in Richtung der Gleitung ausgesetzt wird, ist die Kraft, die pro Längeneinheit an der Versetzung angreift: $F = b\sigma$. Man beweise dies unter Berücksichtigung des Energiesatzes.

Literaturhinweise

J. Friedel, Dislocations, Addison-Wesley, 1964 (eine gründliche und moderne Darstellung).

J. Weertman and J. R. Weertman, Elementary dislocations theory, Macmillan, 1964 (eine gute Einführung).

S. Amelinckx, Direct observation of dislocations, Academic Press, 1964.

G. Thomas und J. Washburn, Herausgeber, Electron microscopy and strength of crystals, Wiley, 1963.

G. Thomas, Transmission electron microscopy of metals, Wiley, 1962.

C.S. Barrett und T.B. Massalski, Structure of metals, McGraw-Hill, 3rd ed., 1966.

J.P. Hirth und J. Lothe, Theory of dislocations, McGraw-Hill, 1968.

F.R.N. Nabarro, Theory of crystal dislocations, Oxford U. Press, 1967.

Anhang

A. Ausbreitung elektromagnetischer Wellen in einem Kristall

Zur Ableitung der Dispersionsrelation $\omega(\mathbf{k})$ für die Frequenz als Funktion des Wellenvektors $\mathbf{k}$ untersuchen wir die Normalschwingungsformen ("Normalmoden") des elektromagnetischen Feldes in einem unendlich ausgedehnten Kristall [1]). Die Dispersionsrelation zeigt das Auftreten verbotener Bänder bei Werten von $\mathbf{k}$, die die Bragg-Bedingung $2\mathbf{k}\cdot\mathbf{G} = G^2$ erfüllen. Für Frequenzen innerhalb eines verbotenen Bandes sind die Wellenvektoren nicht reell; das bedeutet aber, daß sich dann in dem Kristall keine ungedämpfte Welle ausbreiten kann, wenn die Bragg-Bedingung erfüllt ist. Zur Lösung des Problems verwenden wir die Fourier-Analyse.

Als grundlegende Annahme setzen wir voraus, daß die Polarisation $\mathbf{P}(\mathbf{x})$, d. h. das elektrische Dipolmoment pro Volumeinheit, linear mit der elektrischen Feldstärke $\mathbf{E}(\mathbf{x})$ verknüpft ist:

(1) $$\mathbf{P}(\mathbf{x}) = \chi(\mathbf{x})\mathbf{E}(\mathbf{x}).$$

$\chi(\mathbf{x})$ ist die dielektrische Suszeptibilität (Kapitel 12) des Kristalls am Punkt $\mathbf{x}$.

In Gleichung (1) steckt noch die aus Zweckmäßigkeitsgründen gemachte Annahme, daß der Zusammenhang zwischen $\mathbf{P}$ und $\mathbf{E}$ ein l o k a l e r ist; mit anderen Worten, die Polarisation bei $\mathbf{x}$ ist durch das elektrische Feld bei $\mathbf{x}$ bestimmt und nicht durch das elektrische Feld an anderen Punkten $\mathbf{x}'$. Im Gebiet der Röntgenfrequenzen ist χ im allgemeinen größenordnungsmäßig 10^{-4} oder kleiner. Die Suszeptibilität kann eine Funktion sowohl des Ortes $\mathbf{x}$ als auch der Frequenz ω sein; ihre Frequenzabhängigkeit braucht hier aber nicht zu interessieren, außer bei Frequenzen in der Nähe der Röntgenabsorptionskante oder einer optischen Resonanz.

In einem idealen Kristall läßt sich die Suszeptibilität in eine Fourier-Reihe zerlegen:

(2) $$\chi(\mathbf{x}) = \sum_{\mathbf{G}} \chi_{\mathbf{G}} e^{i\mathbf{G}\cdot\mathbf{x}}.$$

$\mathbf{G}$ läuft dabei über alle reziproken Gittervektoren, einschließlich $\mathbf{G} = 0$. Man sieht leicht, daß bei reellem $(\mathbf{x})$ $\chi_{\mathbf{G}}$ gleich $\chi^*_{-\mathbf{G}}$ sein muß, denn die Terme (3)

(3) $$\chi_{\mathbf{G}} e^{i\mathbf{G}\cdot\mathbf{x}} + \chi_{-\mathbf{G}} e^{-i\mathbf{G}\cdot\mathbf{x}}$$

sind gleich ihrem konjugiert komplexen.

[1]) Dieses Problem wird in verschiedenen Veröffentlichungen behandelt, so z. B. von K. Forsterling, Ann. d. Phys. **19**, 261 - 289 (1934); E. Fues, Z. Physik **109**, 14 - 24 und 236 - 259 (1938).

Der Beweis, daß in die Summe nur reziproke Gittervektoren eingehen, wurde in Kapitel 2 gebracht, denn $\chi(\mathbf{x})$ ist bei einer Basisgittertranslation invariant.

Die Fourier-Komponenten $\chi_\mathbf{G}$ der Suszeptibilität sind außerordentlich wichtig, da sie direkt proportional zu den Röntgenstruktur-Faktoren $\mathcal{S}_\mathbf{G}$ von Kapitel 2 sind. Man kann (2) invertieren, um $\chi_\mathbf{G}$ durch $\chi(\mathbf{x})$ auszudrücken:

(4) $$\chi_\mathbf{G} = V^{-1}\int_V d^3x\,\chi(\mathbf{x})e^{-i\mathbf{G}\cdot\mathbf{x}} \ ,$$

V ist das Volumen des Kristalls.

Zur Ableitung dieser Beziehung sind beide Seiten von (2) mit $e^{-i\mathbf{G}'\cdot\mathbf{x}}$ zu multiplizieren und dann über das Volumen V des Kristalls zu integrieren (oder über das Volumen V_c einer Einheitszelle):

(5) $$\int d^3x\,\chi(\mathbf{x})e^{-i\mathbf{G}'\cdot\mathbf{x}} = \sum_\mathbf{G} \chi_\mathbf{G}\int d^3x\,e^{i(\mathbf{G}-\mathbf{G}')\cdot\mathbf{x}} = \chi_{\mathbf{G}'}V;$$

das Integral von $\exp\,[i(\mathbf{G}-\mathbf{G}')\cdot\mathbf{x}]$ ist nämlich gleich V für $\mathbf{G}=\mathbf{G}'$ und sonst null. Um letzteres einzusehen, kann man als Beispiel ein eindimensionales Gitter mit N Zellen der Gitterkonstanten a betrachten. Dann ist $G - G' = 2\pi h/a$ (h ist eine ganze Zahl) und

(6) $$\int_0^{Na} dx\,e^{i2\pi hx/a} = (1/2\pi iha)\,(e^{i2\pi Nh} - 1) = 0,$$

da Nh ganz ist.

Elektromagnetische Wellengleichung

Das elektromagnetische Feld in einem Kristall braucht unter einer Gittertranslation nicht invariant zu sein, so daß die allgemeine Fourier-Zerlegung des elektrischen Feldvektors in einem unendlich ausgedehnten Kristall ein Fourier-Integral erforderlich macht anstelle einer Summe, wie in (2):

(7) $$\mathbf{E}(\mathbf{x}) = \int d^3K\,\mathbf{E}(\mathbf{K})e^{i\mathbf{K}\cdot\mathbf{x}}.$$

Setzt man (2) und (7) in (1) ein, so ergibt sich die Polarisation

(8) $$\mathbf{P}(\mathbf{x}) = \Big(\sum_\mathbf{G}\chi_\mathbf{G}e^{i\mathbf{G}\cdot\mathbf{x}}\Big)\Big(\int d^3k\,\mathbf{E}(\mathbf{k})e^{i\mathbf{k}\cdot\mathbf{x}}\Big) = \sum_\mathbf{G}\chi_\mathbf{G}\int d^3K\,\mathbf{E}(\mathbf{K}-\mathbf{G})e^{i\mathbf{K}\cdot\mathbf{x}}\ .$$

Dabei ist $\mathbf{K} = \mathbf{k} + \mathbf{G}$ die Integrationsvariable.

Wir interessieren uns für die elektromagnetische Wellengleichung

(9) $$c^2 \nabla^2 \mathbf{E} = \frac{\partial^2}{\partial t^2}(\mathbf{E} + 4\pi \mathbf{P})$$

und suchen nach Lösungen, bei denen alle Fourier-Komponenten $\mathbf{E}(\mathbf{K} - \mathbf{G})$ für alle $\mathbf{G}$ dieselbe Zeitabhängigkeit $e^{-i\omega t}$ besitzen. Solche Lösungen werden als die Normalschwingungen des elektromagnetischen Feldes im Kristall bezeichnet. Aus (7) folgt dann

(10) $$c^2 \nabla^2 \mathbf{E} = -c^2 \int d^3K\, K^2 \mathbf{E}(\mathbf{K}) e^{i\mathbf{K}\cdot\mathbf{x}}$$

und aus (7) und (8)

(11) $$\frac{\partial^2}{\partial t^2}(\mathbf{E} + 4\pi \mathbf{P}) = -\omega^2 \int d^3K \Big\{ (1 + 4\pi\chi_0)\mathbf{E}(\mathbf{K}) + 4\pi \sum_{G \neq 0} \chi_{\mathbf{G}} \mathbf{E}(\mathbf{K} - \mathbf{G}) \Big\} e^{i\mathbf{K}\cdot\mathbf{x}} .$$

Die Wellengleichung (9) ist erfüllt, wenn die Koeffizienten von $e^{i\mathbf{K}\cdot\mathbf{x}}$ in (10) und (11) gleich sind:

(12) $$\boxed{c^2 K^2 \mathbf{E}(\mathbf{K}) = \omega^2 \sum_{\mathbf{G}} \epsilon_{\mathbf{G}} \mathbf{E}(\mathbf{K} - \mathbf{G}).}$$

Dabei ist ϵ_0 für $1 + 4\pi\chi_0$ und $\epsilon_{\mathbf{G}}$ für $4\pi\chi_{\mathbf{G}}$ gesetzt. Man hat somit ein System linearer, homogener algebraischer Gleichungen, die über die Fourier-Koeffizienten $\epsilon_{\mathbf{G}}$ von der Kristallstruktur abhängen. Wir suchen nun nach Näherungslösungen von (12) im Röntgengebiet. Dabei wird $\epsilon_0 \gg \epsilon_{\mathbf{G}}$ vorausgesetzt wegen $\chi_{\mathbf{G}} \ll 1$.

Braggsche Reflexion

Für Röntgenstrahlung kann der Wellenvektor $\mathbf{k}$ in der Größenordnung eines nichtverschwindenden $\mathbf{G}$ liegen. Der interessanteste Fall tritt ein, wenn für ein bestimmtes $\mathbf{G}$ zufällig die Beziehung

(13) $$(\mathbf{k} - \mathbf{G})^2 = k^2 \quad \text{oder}$$
$$2\mathbf{k}\cdot\mathbf{G} = G^2$$

gilt, d.h. gerade die Bragg-Bedingung. Wenn diese näherungsweise erfüllt ist, können sowohl $c^2(\mathbf{k} - \mathbf{G})^2$ als auch c^2k^2 beide ungefähr gleich demselben Wert $\omega^2\epsilon_0$ sein. Dann sind $\mathbf{E}(\mathbf{k})$ und $\mathbf{E}(\mathbf{k} - \mathbf{G})$ d.h. einfallende und Bragg-reflektierte Welle die dominierenden Wellen im Kristall. Setzt man $\mathbf{K}$ gleich $\mathbf{k}$, so vereinfacht sich (12) zu

(14) $$c^2k^2\mathbf{E}(\mathbf{k}) = \omega^2[\epsilon_0\mathbf{E}(\mathbf{k}) + \epsilon_{\mathbf{G}}\mathbf{E}(\mathbf{k} - \mathbf{G})]$$

und mit $\mathbf{k} - \mathbf{G}$ anstelle $\mathbf{K}$ zu

(15) $$c^2(\mathbf{k} - \mathbf{G})^2\mathbf{E}(\mathbf{k} - \mathbf{G}) \cong \omega^2[\epsilon_0\mathbf{E}(\mathbf{k} - \mathbf{G}) + \epsilon_{-\mathbf{G}}\mathbf{E}(\mathbf{k})].$$

Nach der im Anschluß an (2) gemachten Überlegung kann auch $\epsilon_{-\mathbf{G}}$ durch $\epsilon_{\mathbf{G}}^*$ ersetzt werden.

Die Gleichungen (14) und (15) sind zwei gekoppelte lineare Gleichungen für die Feldamplituden $\mathbf{E}(\mathbf{k})$ und $\mathbf{E}(\mathbf{k} - \mathbf{G})$. Sie besitzen nichttriviale Lösungen, wenn die Determinante verschwindet:

(16) $$\begin{vmatrix} c^2k^2 - \omega^2\epsilon_0 & -\omega^2\epsilon_{\mathbf{G}} \\ -\omega^2\epsilon_{\mathbf{G}}^* & c^2(\mathbf{k} - \mathbf{G})^2 - \omega^2\epsilon_0 \end{vmatrix} = 0$$

oder

(17) $$\omega^4(\epsilon_0^2 - |\epsilon_{\mathbf{G}}|^2) - \omega^2\epsilon_0 c^2[k^2 + (\mathbf{k} - \mathbf{G})^2] + c^4k^2(\mathbf{k} - \mathbf{G})^2 = 0.$$

Die Bragg-Bedingung ist erfüllt, wenn $(\mathbf{k} - \mathbf{G})^2$ genau gleich k^2 ist. Ein derartiger Wert von $\mathbf{k}$ sei $\mathbf{k}_0$. Dann vereinfacht sich (17) zu

(18) $$\omega^4(\epsilon_0^2 - |\epsilon_{\mathbf{G}}|^2) - 2\omega^2\epsilon_0 c^2k_0^2 + c^4k_0^4 = 0.$$

Die Auflösung nach ω^2 liefert die beiden Wurzeln

(19) $$\omega_\pm^2 = \frac{c^2k_0^2}{\epsilon_0 \pm |\epsilon_{\mathbf{G}}|}.$$

Für reelle Werte von ω zwischen ω_+ und ω_- sind die Wurzeln von (17) für k komplex und entsprechen somit räumlich gedämpften Wellen. In Bild 1 sind diese Wurzeln eingezeichnet. Die Frequenzen zwischen ω_+ und ω_- liegen in einem sogenannten **verbotenen Band**. Wellen, die in diesem Frequenzbereich liegen, können sich im Kristall nicht ausbreiten, sondern werden stark reflektiert.

Am deutlichsten zeigt sich dieses Verhalten an einem Beispiel, bei dem $\mathbf{k}$ und $\mathbf{k} - \mathbf{G}$ betragsmäßig ungefähr gleich sind, aber genau entgegengesetzte Richtungen haben. Dazu setzt man in (19) $k = \frac{1}{2}G + \delta$ mit $\delta \ll \frac{1}{2}G$. Dann ist

(20) $$\delta^4 - 2\delta^2(\tfrac{1}{4}G^2 + \omega^2\epsilon_0/c^2) + (\tfrac{1}{4}G^2)^2 - 2(\tfrac{1}{4}G^2)(\omega^2\epsilon_0/c^2) + \\ + (\omega^4/c^4)(\epsilon_0^2 - |\epsilon_{\mathbf{G}}|^2) = 0.$$

Terme in δ^4 werden vernachlässigt. Wir suchen jetzt eine Lösung von δ für die beliebige Frequenz $\omega^2 = (\frac{1}{2}Gc)^2/\epsilon_0$, die zwischen ω_+ und ω_- liegt. Gleichung (20) wird dann

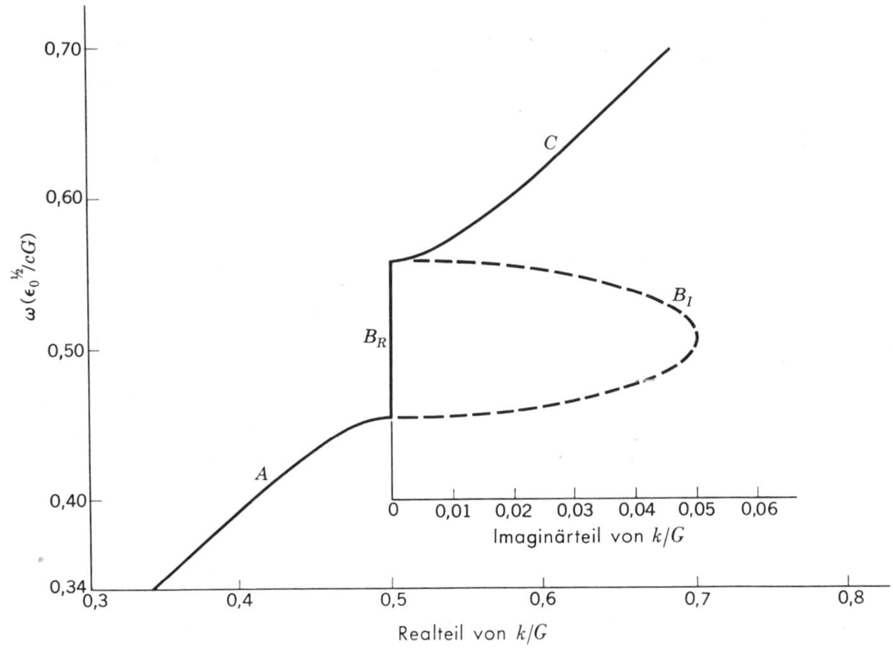

Bild 1: Frequenzlücke bei der Bragg-Reflexion. Setzt man in Gleichung (17) reelle Frequenzen ein und löst sie nach der Wellenzahl k auf, so stellt sich k auf den Zweigen A und C der Dispersionsrelation als reell heraus. Zweig A geht von Null bis gerade unterhalb $k = \frac{1}{2}G$. Zweig C beginnt gerade oberhalb $k = \frac{1}{2}G$. Der Zweig B bei $k = \frac{1}{2}G$ ist komplex: der Realteil von k auf Zweig B ist immer gleich $k = \frac{1}{2}G$; der Imaginärteil von k auf Zweig B ist als B_I aufgetragen. Der gezeichneten Dispersionsrelation ist $\epsilon_G = 0,2\,\epsilon_0$ zugrunde gelegt.

(21) $$-2\delta^2(\tfrac{1}{2}G^2) + [-(\tfrac{1}{4}G^2)^2 + (\tfrac{1}{4}G^2/\epsilon_0)^2(\epsilon_0^2 - \epsilon_{\mathbf{G}}^2)] = 0$$

oder

(22) $$4\delta^2 = -(\tfrac{1}{4}G^2)(\epsilon_{\mathbf{G}}/\epsilon_0)^2; \qquad \delta = \pm i(\tfrac{1}{2}G)(\epsilon_{\mathbf{G}}/2\epsilon_0),$$

so daß für eine Frequenz, die nahe der Mitte des verbotenen Bandes liegt, der Wellenvektor gegeben ist durch

(23) $$k = \tfrac{1}{2}G(1 \pm i\epsilon_{\mathbf{G}}/2\epsilon_0).$$

Das räumliche Abklingen der Welle ist im wesentlichen durch $\epsilon_{\mathbf{G}}$ bestimmt, d. h. durch die Komponente der Dielektrizitätskonstanten beim reziproken Gittervektor $\mathbf{G}$.

B. Herleitung der Van der Waals-Wechselwirkung

Wir betrachten zwei identische lineare harmonische Oszillatoren 1 und 2, die durch R voneinander getrennt sind. Jeder Oszillator trägt die Ladung $\pm e$ mit den Abstandskoordinaten x_1 und x_2, wie man Bild 1 entnehmen kann. Die Teilchen oszillieren um die x-Achse. p_1 und p_2 seien die Impulse $m(dx_1/dt)$ und $m(dx_2/dt)$. Der Hamilton-Operator für das ungestörte System ist dann

(1) $$\mathcal{H}_0 = \frac{1}{2m}p_1{}^2 + \tfrac{1}{2}\beta x_1{}^2 + \frac{1}{2m}p_2{}^2 + \tfrac{1}{2}\beta x_2{}^2 \ .$$

Bild 1: Koordinaten der beiden Oszillatoren.

Die nichtgekoppelten Oszillatoren haben jeweils die Resonanzfrequenz

(2) $$\omega_0 = \left(\frac{\beta}{m}\right)^{\frac{1}{2}} ,$$

wie sie einem einfachen harmonischen Ozialltor entspricht. $\mathcal{H}_1$ sei die Wechselwirkungsenergie der beiden Oszillatoren. Die geometrische Anordnung ist aus Bild 1 ersichtlich. Mit der internuklearen Koordinate R gilt

(3a) $$\mathcal{H}_1 = \frac{e^2}{R} + \frac{e^2}{R + x_1 - x_2} - \frac{e^2}{R + x_1} - \frac{e^2}{R - x_2} \ ;$$

für die Näherung $|x_1|, |x_2| \ll R$ erhalten wir

(3b) $$\mathcal{H}_1 \cong -\frac{2e^2 x_1 x_2}{R^3} \ .$$

Der gesamte Hamilton-Operator mit der angenäherten Form (3b) für $\mathcal{H}_1$ kann durch die Transformation nach Normalschwingungen diagonalisiert werden:

(4) $$x_s \equiv \frac{1}{\sqrt{2}}(x_1 + x_2) \ ; \qquad x_a \equiv \frac{1}{\sqrt{2}}(x_1 - x_2) \ ;$$

löst man nach x_1 und x_2 auf, so gilt:

(5) $$x_1 = \frac{1}{\sqrt{2}}(x_s + x_a) \ ; \qquad x_2 = \frac{1}{\sqrt{2}}(x_s - x_a) \ .$$

Die Indizes s und a bezeichnen die symmetrischen und antisymmetrischen Schwingungen der Bewegung. Weiterhin sind die Impulse p_1 und p_2 mit den beiden Schwingungen verknüpft:

(6) $$p_1 \equiv \frac{1}{\sqrt{2}}(p_s + p_a) \ ; \qquad p_2 \equiv \frac{1}{\sqrt{2}}(p_s - p_a) \ .$$

Der gesamte Hamilton-Operator $\mathcal{H}_0 + \mathcal{H}_1$ lautet nach der Transformation (5) und (6):

(7) $$\mathcal{H} = \left[\frac{1}{2m}p_s^2 + \frac{1}{2}\left(\beta - \frac{2e^2}{R^3}\right)x_s^2\right] + \left[\frac{1}{2m}p_a^2 + \frac{1}{2}\left(\beta + \frac{2e^2}{R^3}\right)x_a^2\right] .$$

Untersucht man (7), so findet man die beiden Frequenzen der gekoppelten Oszillatoren zu

(8) $$\omega = \left[\left(\beta \pm \frac{2e^2}{R^3}\right)\Big/ m\right]^{\frac{1}{2}} \cong \omega_0\left[1 \pm \frac{1}{2}\left(\frac{2e^2}{\beta R^3}\right) - \frac{1}{8}\left(\frac{2e^2}{\beta R^3}\right)^2 + \cdots\right] ,$$

wobei ω_0 durch (2) gegeben ist. In Gleichung (8) haben wir die Wurzel entwickelt.

Die Nullpunktsenergie des Systems beträgt $\frac{1}{2}\hbar(\omega_s + \omega_a)$; die Summe wird wegen der Wechselwirkung um den Betrag

(9) $$\Delta U = \tfrac{1}{2}\hbar(\Delta\omega_s + \Delta\omega_a) = -\hbar\omega_0 \cdot \frac{1}{8}\left(\frac{2e^2}{\beta R^3}\right)^2$$

erniedrigt. Das ist eine anziehende Wechselwirkung, die mit der minus sechsten Potenz vom Abstand der beiden Oszillatoren abhängt. Die Polarisierbarkeit eines Oszillators beträgt

(10) $$\alpha \equiv \frac{\text{elektrisches Dipolmoment}}{\text{elektrische Feldintensität}} = \frac{e^2}{\beta} ,$$

mit der Überlegung aus Kapitel 13. Folglich gilt

(11) $$\Delta U = -\hbar\omega_0 \frac{\alpha^2}{2R^6} = -\frac{C}{R^6} ,$$

mit $C \equiv \hbar\omega_0\alpha^2$. Das ist die Van der Waals-Wechselwirkung der Gleichung (3.3). Die Wechselwirkung ist ein Quanteneffekt in dem Sinne, daß $\Delta U \to 0$ für $\hbar \to 0$. Um noch einmal zusammenzufassen: die Nullpunktsenergie des Systems wird durch die Dipol-Dipol-Wechselwirkung $\mathcal{H}_1 = -2e^2x_1x_2/R^3$ aus Gleichung (3) herabgesetzt, obwohl das über ein isoliertes Atom gemittelte Dipolmoment $-ex_1$ null ist.

Es gibt sogar eine anziehende Van der Waals-Wechselwirkung zwischen den Platten eines Plattenkondensators. Die Theorie für diese Anordnung ist einfach und elegant: sie geht auf Casimir [1]) zurück. Diese Wechselwirkung paralleler Platten wurde in direkter Weise von Derjaguin [2]) gemessen.

Berechnungen der Van der Waals-Wechselwirkung zwischen zwei H-Atomen findet man in dem Buch von Pauling und Wilson [3]). Retardierende Effekte verändern die Form der Wechselwirkung bei sehr großen Abständen: Casimir und Polder [4]) haben Korrekturen hierfür berechnet.

C. Van Hove-Singularitäten der Zustandsdichte

An dem Ergebnis (6.34) für die Zustandsdichte

$$\mathfrak{D}(\omega) = \left(\frac{L}{2\pi}\right)^3 \int \frac{dS_\omega}{v_g}, \tag{1}$$

sieht man sofort, daß der Integrand singulär wird, wenn die Gruppengeschwindigkeit $v_g \equiv |\nabla_{\mathbf{K}}\omega|$ verschwindet, d.h. überall dort, wo das Gebiet der Frequenz ω als Funktion des Wellenvektors $\mathbf{K}$ lokal flach ist. Die entsprechenden Punkte im $\mathbf{K}$-Raum heißen kritische Punkte. Ein kritischer Punkt kann ein Maximum, ein Minimum oder ein Sattelpunkt sein. Wir betrachten nacheinander die Zustandsdichte in der Nähe dieser Punkte. Die Überlegungen sind nicht auf Phononen beschränkt, sondern gelten ganz allgemein für Dispersionsbeziehungen $\omega(\mathbf{K})$. Deshalb kann man sie auch auf die Probleme der Energiebänder von Elektronen (Kapitel 9) und Spinwellenspektren (Kapitel 16) anwenden. Die Sattelpunkte sind besonders auffällige Erscheinungsformen in der Darstellung der Zustandsdichte als abhängige Größe von der Frequenz (Bilder 1c und 1d).

Sei $\mathbf{K}_c$ ein kritischer Punkt. Wir entwickeln nun die Frequenz um diesen Punkt in Termen von $\mathbf{q} = \mathbf{K} - \mathbf{K}_c$. Die ersten Glieder der Entwicklung sind von der Form

$$\omega(\mathbf{q}) = \omega_c + a_1 q_1{}^2 + a_2 q_2{}^2 + a_3 q_3{}^2 + \cdots, \tag{2}$$

q_1, q_2, q_3 sind die lokalen Hauptachsen einer Fläche konstanter Frequenz und ω_c ist die Frequenz am kritischen Punkt.

---

1) H.G.B.Casimir, Proceedings of the Amsterdam Academy of Sciences 51, 793 (1948).

2) B.Derjaguin, Scientific American, Juli 1960, S. 47-53.

3) L. Pauling und E.B.Wison, Introduction to quantum mechanics, McGraw-Hill, 1935, Kap. 47.

4) H.B.G.Casimir und D.Polder, Physical Review 73, 360 (1948).

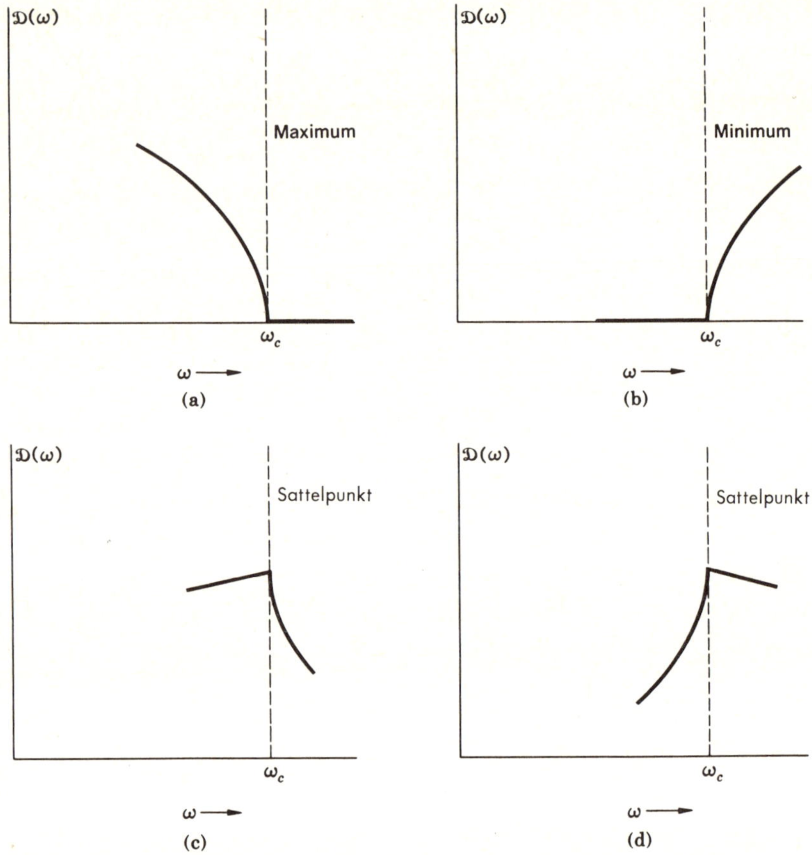

Bild 1: **Unstetigkeitsstellen der Zustandsdichte $\mathfrak{D}(\omega)$ in der Nähe der kritischen Punkte für ein Maximum, ein Minimum und zwei Typen von Sattelpunkten. Die gezeichneten Kurven stellen nur die Beiträge zur Zustandsdichte dar, die vom lokalen Bereich der Frequenzfläche in der Nähe eines kritischen Punktes herrühren. Diese Beiträge müssen zum allgemeinen Hintergrund der Zustandsdichte addiert werden, der durch den Rest der Frequenzfläche $\omega(\mathbf{k})$ gebildet wird.**

a) **Maximum.** Zur Vereinfachung nehmen wir an, daß die lokale Frequenzfläche kugelförmig ist:

(3) $$\omega(q) = \omega_c - aq^2 \ .$$

Das Volumen einer Kugel mit dem Radius q im Fourier-Raum ist

$$\Omega = \frac{4\pi}{3} q^3 = \frac{4\pi}{3} \cdot \left(\frac{\omega_c - \omega}{a} \right)^{\frac{3}{2}} ,$$

und die Zustandsdichte in der Nähe von ω_c lautet

$$\mathfrak{D}(\omega) = \left(\frac{L}{2\pi}\right)^3 \left|\frac{d\Omega}{d\omega}\right| = \left(\frac{L}{2\pi}\right)^3 \frac{2\pi}{a^{\frac{3}{2}}}(\omega_c - \omega)^{\frac{1}{2}} \tag{4}$$

für $\omega < \omega_c$, und

$$\mathfrak{D}(\omega) = 0 \tag{5}$$

für $\omega > \omega_c$, soweit der Beitrag dieses Gebietes der Frequenzfläche eine Rolle spielt. Dies ist in Bild 1a dargestellt.

b) **Minimum.** Wir nehmen folgendes an:

$$\omega(q) = \omega_c + aq^2 \ . \tag{6}$$

Mit der obigen Überlegung folgt

$$\mathfrak{D}(\omega) = 0 \ , \qquad \omega < \omega_c \ ; \tag{7}$$

und

$$\mathfrak{D}(\omega) = \left(\frac{L}{2\pi}\right)^3 \frac{2\pi}{a^{\frac{3}{2}}}(\omega - \omega_c)^{\frac{1}{2}} \ , \qquad \omega > \omega_c \ . \tag{8}$$

Dies ist in Bild 1b dargestellt.

c) **Sattelpunkt.** Wir nehmen diesmal an, daß

$$\omega(q) = \omega_c - a(q_1{}^2 + q_2{}^2 - q_3{}^2) \ . \tag{9}$$

Um die Zustandsdichte für $\omega < \omega_c$ zu erhalten, führen wir eine Koordinatentransformation durch:

$$\begin{aligned} q_1 a^{\frac{1}{2}} &= (\omega_c - \omega)^{\frac{1}{2}} \cosh \xi \cos \varphi \ ; \\ q_2 a^{\frac{1}{2}} &= (\omega_c - \omega)^{\frac{1}{2}} \cosh \xi \sin \varphi \ ; \\ q_3 a^{\frac{1}{2}} &= (\omega_c - \omega)^{\frac{1}{2}} \sinh \xi \ . \end{aligned} \tag{10}$$

Durch Einsetzen kann man sich davon überzeugen, daß (10) der Gleichung (9) genügt. Dazu braucht man die Beziehungen

$$\cosh^2\xi - \sinh^2\xi = 1 \ ; \qquad \cos^2\varphi + \sin^2\varphi = 1 \ . \tag{11}$$

Das Volumenelement im Fourier-Raum lautet

$$dq_1\, dq_2\, dq_3 = \left| J\left(\frac{q_1,q_2,q_3}{\omega,\xi,\varphi}\right)\right| d\omega\, d\xi\, d\varphi \ , \tag{12}$$

J ist der Jakoby-Operator der Transformation

$$(13) \qquad J = \begin{vmatrix} \frac{\partial q_1}{\partial \omega} & \frac{\partial q_2}{\partial \omega} & \frac{\partial q_3}{\partial \omega} \\ \frac{\partial q_1}{\partial \xi} & \frac{\partial q_2}{\partial \xi} & \frac{\partial q_3}{\partial \xi} \\ \frac{\partial q_1}{\partial \varphi} & \frac{\partial q_2}{\partial \varphi} & \frac{\partial q_3}{\partial \varphi} \end{vmatrix} = \frac{(\omega_c - \omega)^{\frac{1}{2}}}{2a^{\frac{3}{2}}} \cosh \xi \ .$$

Die Auflösung ist direkt und nicht langwierig. Die Zustandsdichte (immer noch für $\omega < \omega_c$) ist dann durch

$$(14) \quad \mathfrak{D}(\omega) = \left(\frac{L}{2\pi}\right)^3 d\omega \int J\, d\xi \int d\varphi = \left(\frac{L}{2\pi}\right)^3 d\omega \cdot \frac{(\omega_c - \omega)^{\frac{1}{2}}}{2a^{\frac{3}{2}}} \int d(\sinh \xi) \int d\varphi$$

gegeben; $d\omega \int J\, d\xi \int d\varphi$ ist das Volumen im Fourier-Raum, das durch die Flächen konstanter Frequenz zwischen ω und $\omega + d\omega$ gebildet wird. Wir haben die Beziehung $(\cosh \xi)\, d\xi = d(\sinh \xi)$ benutzt. Das Integral über $d\varphi$ ergibt 2π. Wir begrenzen das uns interessierende Gebiet um den kritischen Punkt auf das Innere einer festen Kugel mit dem Radius Q um $\mathbf{K}_c$; so liefert $\mathfrak{D}(\omega)$ nur den Beitrag aus dem Innern dieser Kugel. Die obere Grenze für sinh ξ findet man aus der Beziehung

$$Q^2 = q_1{}^2 + q_2{}^2 + q_3{}^2 = \frac{\omega_c - \omega}{a}(\cosh^2\xi + \sinh^2\xi)$$

$$(15) \qquad = \frac{\omega_c - \omega}{a}(1 + 2\sinh^2\xi) \ .$$

Daraus folgt

$$(16) \qquad \int d(\sinh \xi) = \frac{1}{\sqrt{2}}\left(\frac{aQ^2}{\omega_c - \omega} - 1\right)^{\frac{1}{2}}$$

und

$$(17) \qquad \mathfrak{D}(\omega) \propto (Q^2 + \omega - \omega_c)^{\frac{1}{2}} \ , \qquad \omega < \omega_c \ .$$

Für $\omega - \omega_c \ll Q$ kann man (17) entwickeln und erhält

$$(17a) \qquad \mathfrak{D}(\omega) \propto Q - \frac{\omega_c - \omega}{2Q} \ .$$

Um die Zustandsdichte für $\omega > \omega_c$ zu erhalten, gehen wir von der Transformation

$$(18) \qquad \begin{aligned} q_1 a^{\frac{1}{2}} &= (\omega - \omega_c)^{\frac{1}{2}} \sinh \xi \cos \varphi \ ; \\ q_2 a^{\frac{1}{2}} &= (\omega - \omega_c)^{\frac{1}{2}} \sinh \xi \sin \varphi \ ; \\ q_3 a^{\frac{1}{2}} &= (\omega - \omega_c)^{\frac{1}{2}} \cosh \xi \end{aligned}$$

aus. Das Volumenelement ist

$$dq_1\, dq_2\, dq_3 = \frac{(\omega - \omega_c)^{\frac{1}{2}}}{2a^{\frac{3}{2}}}\, d\omega\, d\xi\, d\varphi\ , \tag{19}$$

und die Grenzen für cosh ξ sind

$$1 \leq \cosh \xi \leq \frac{1}{\sqrt{2}} \left(\frac{aQ^2}{\omega_c - \omega} + 1 \right)^{\frac{1}{2}} . \tag{20}$$

Die Zustandsdichte lautet dann

$$\mathfrak{D}(\omega) \propto \tfrac{1}{2}(Q^2 + \omega - \omega_c)^{\frac{1}{2}} - (\omega - \omega_c)^{\frac{1}{2}}\ , \qquad \omega > \omega_c\ . \tag{21}$$

Die Ableitung von $\mathfrak{D}(\omega)$ nach ω ist bei $\omega = \omega_c$ unendlich, denn der entscheidende Term der Ableitung ist

$$\frac{d\,\mathfrak{D}(\omega)}{d\omega} \propto -\frac{1}{2(\omega - \omega_c)^{\frac{1}{2}}}\ , \tag{22}$$

dies geht gegen $-\infty$ für $\omega \to \omega_c$. Bild 1c zeigt das Verhalten von $\mathfrak{D}(\omega)$ in der Nähe eines Sattelpunktes der Form (9). Das Verhalten in der Nähe eines Sattelpunktes, der die Gestalt

$$\omega(q) = \omega_c - a(q_1{}^2 - q_2{}^2 - q_3{}^2) \tag{23}$$

hat, zeigt Bild 1d als die Umkehrung von Bild 1c.

Das Van Hove-Theorem. Van Hove [1]) bewies mit topologischen Methoden, daß jeder Typus eines Sattelpunktes [(9) und (23) sind Spezialfälle] mindestens dreimal für jede Art Dispersionsrelation $\omega(\mathbf{k})$ auftritt. Die Phononendispersionskurven von Aluminium (siehe Bild (6.12)) geben viele der erwarteten Unstetigkeitsstellen wieder.

D. Die Wellenvektor-abhängige dielektrische Funktion eines Fermi-Gases freier Elektronen.

Die dielektrische Funktion, die weiter unten definiert wird, beschreibt die wichtigen Eigenschaften eines Elektronengases. Zur Aufstellung der

[1]) Van Hove, Phys. Rev. **89**, 1189 (1953). Der Index eines kritischen Punktes bedeutet die Anzahl der positiven Vorzeichen in der quadratischen Hauptachsenentwicklung von ω in der Nähe des kritischen Punktes. Dreidimensional hat jeder Ast von $\omega(q)$ mindestens ein Maximum, drei Sattelpunkte von jedem Typus (Indizes 1 und 2) und ein Minimum. Dies steht in Übereinstimmung mit einem Theorem der Topologie, das auf M. Morse zurückgeht.

dielektrischen Funktion betrachten wir das Verhalten eines Elektrons gegenüber einem angelegten äußeren elektrostatischen Feld. Wir beginnen unsere Überlegungen mit einem einheitlichen Elektronengas mit der Ladungskonzentration $-n_0 e$, die einem Hintergrund einer positiven Ladungskonzentration $n_0 e$ überlagert ist. Der positive Ladungshintergrund wird nun mechanisch so deformiert, daß eine sinusförmige Variation entsteht:

(1) $$\rho^+(x) = n_0 e + \rho_K^{\text{ext}} \sin Kx \ .$$

Der Ausdruck $\rho_K^{\text{ext}} \sin Kx$ ruft ein elektrostatisches Feld hervor, das wir das äußere Feld nennen, das auf das Elektronengas wirkt.

Das elektrostatische Potential φ einer Ladungsverteilung erhält man aus der Poisson-Gleichung $\nabla^2\varphi = -4\pi\rho$. Mit

(2) $$\varphi = \varphi_K^{\text{ext}} \sin Kx \ ; \qquad \rho = \rho_K^{\text{ext}} \sin Kx \ ,$$

liefert die Poisson-Gleichung die Beziehung

(3) $$K^2 \varphi_K^{\text{ext}} = 4\pi \rho_K^{\text{ext}} \ .$$

Das Elektronengas wird durch den vereinigten Einfluß des elektrostatischen Potentials φ_K^{ext} der positiven Ladungsverteilung und des bis jetzt noch unbekannten induzierten elektrostatischen Potentials.

$$\varphi_K^{\text{ind}} \sin Kx$$

der Deformation des Elektronengases selbst deformiert. Die Ladungsdichte des Elektrons lautet:

(4) $$\rho^-(x) = -n_0 e + \rho_K^{\text{ind}} \sin Kx \ ,$$

ρ_K^{ind} ist die Amplitude der Änderung der Ladungsdichte, die im Elektronengas induziert wird. Wir wollen ρ_K^{ind} durch ρ_K^{ext} berechnen.

Die Amplitude des gesamten elektrostatischen Potentials [1])

(5) $$\varphi_K = \varphi_K^{\text{ext}} + \varphi_K^{\text{ind}}$$

der positiven und negativen Ladungsverteilungen ist mit der Änderung der totalen Ladungsdichte

(6) $$\rho_K = \rho_K^{\text{ext}} + \rho_K^{\text{ind}}$$

---

[1]) φ_K^{ext} bezieht sich hier auf den positiven Ladungshintergrund
φ_K^{ind} auf das Elektronengas.

über die Poisson-Gleichung verknüpft. Dann erhalten wir, wie in Gl. (3)

$$K^2\varphi_K = 4\pi\rho_K \; . \tag{7}$$

Die Deformation ρ_K^{ind} des Elektrons jedoch ist mit dem totalen elektrostatischen Potential φ_K über die Thomas-Fermi-Gleichung (8.21b) verbunden:

$$-e[n(\mathbf{r}) - n_0] = \rho_K^{\text{ind}} \sin Kx = -\frac{3n_0e^2}{2\epsilon_F}\varphi_K \sin Kx \; , \tag{8}$$

oder

$$\varphi_K = -\frac{2\epsilon_F}{3n_0e^2}\rho_K^{\text{ind}} \; . \tag{9}$$

Wir können (7) und (9) miteinander kombinieren und erhalten so das Verhältnis der Änderung der induzierten Ladung zur Änderung der totalen Ladung:

$$\frac{\rho_K^{\text{ind}}}{\rho_K} = -\frac{6\pi n_0e^2}{\epsilon_F K^2} = -\frac{\lambda^2}{K^2} \; . \tag{10}$$

Wir haben das Verhältnis (10) durch die reziproke Abschirmlänge $\lambda \equiv (6\pi n_0e^2/\epsilon_F)^{\frac{1}{2}}$ ausgedrückt.

Die dielektrische Funktion $\epsilon(K, \omega)$ ist ein Maß für das Verhalten des Elektronengases gegenüber einem äußeren elektrischen Feld mit dem Wellenvektor K und der Frequenz ω. Man definiert die dielektrische Funktion durch die folgende Beziehung zwischen der Amplitude ρ_K^{ext} der einwirkenden Ladungsdichte und der Amplitude φ_K des Gesamtpotentials:

$$\boxed{K^2\varphi_K = \frac{4\pi}{\epsilon(K, \omega)}\rho_K^{\text{ext}} \; .} \tag{11}$$

Sowohl φ_K als auch ρ_K^{ext} haben die gleiche Frequenz ω. Gleichung (11) stellt die Poisson-Gleichung (7) dar, enthält jetzt jedoch anstelle der totalen Ladungsdichte ρ_K auf der rechten Seite die äußere Ladungsdichte ρ_K^{ext}. Man beachte, daß an einer Nullstelle von $\epsilon(K, \omega)$ das Potential φ_K selbst bei Abwesenheit einer äußeren Ladung endlich sein kann. Unter dieser Bedingung oszilliert das System frei ohne antreibende äußere Kraft.

Dividieren wir (11) durch (7), so erhalten wir für $\epsilon(K, \omega)$ einen Ausdruck in Termen der Ladungsdichten:

$$\epsilon(K, \omega) = \frac{\rho_K^{\text{ext}}}{\rho_K} = 1 - \frac{\rho_K^{\text{ind}}}{\rho_K} \; . \tag{12}$$

---

[2]) Die Thomas-Fermi-Gleichung ist als Näherung gut für große Wellenlängen ($K \to 0$) und die Frequenz null.

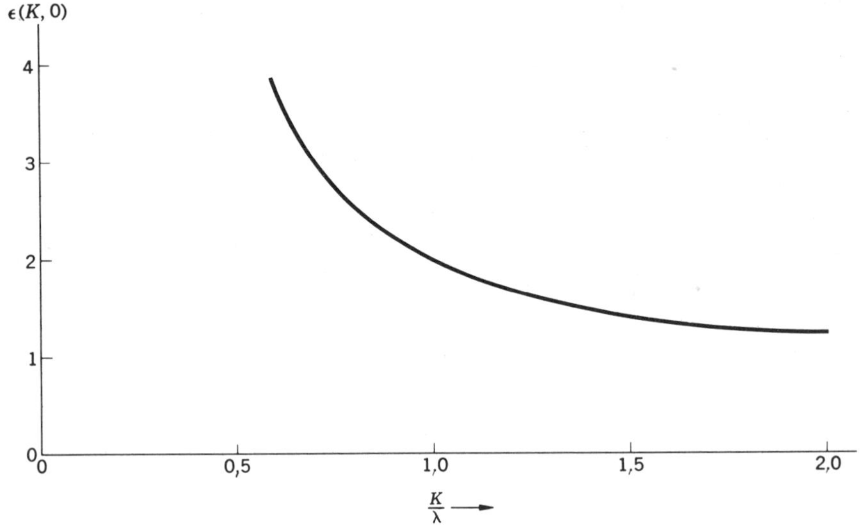

Bild 1: Dielektrische Funktion eines freien Fermi-Elektronengases in Abhängigkeit vom Wellenvektor in der Thomas-Fermi-Näherung. Die horizontale Achse ist der Wellenvektor mal die Abschirmlänge $1/\lambda$.

Mit Hilfe von (10) bekommen wir das Ergebnis der dielektrischen Funktion nach Thomas-Fermi:

$$(13) \qquad \boxed{\epsilon(K,0) = 1 + \frac{\lambda^2}{K^2}\;; \qquad \lambda^2 \equiv \frac{6\pi n_0 e^2}{\epsilon_F}\,.}$$

Dies ist in Bild 1 dargestellt. Eine genauere Näherung für die dielektrische Funktion hat Lindhard [3]) angegeben.

Vergleicht man (7) und (11), so kann man die dielektrische Funktion auch noch anders ausdrücken:

$$(14) \qquad \varphi_K = \frac{\varphi_K^{\text{ext}}}{\epsilon(K,\omega)}\,.$$

Das totale elektrostatische Potential φ_K ist also gleich dem angelegten Potential, dividiert durch die dielektrische Funktion. Wir definieren nun φ_K^{ext} als Potentialänderung der positiven Ionenrümpfe in einem Metall beim Passieren eines Phonons mit dem Wellenvektor K und nennen $\epsilon(K,\omega)$

---

[3]) Eine gute Abhandlung über die Lindhardsche dielektrische Funktion findet man bei J. Ziman, Principles of the theory of solids, Cambridge, 1964, Kap. 5. Die einzelnen algebraischen Schritte zur Auflösung der Zimanschen Gleichung gibt im Einzelnen C. Kittel in Solid state physics **22**, 1 (1968), Abschnitt 6 an.

die dielektrische Funktion des Elektronengases. Dann ist φ_K das Gesamtpotential des Phonons, wobei die Beiträge des Leitungselektrons und des Ionenrumpfes mit eingeschlossen sind.

Wegen $\epsilon(K, 0) \to \infty$ für $K \to 0$, geht das Gesamtpotential φ_K gegen null für endliche äußere Potentiale langer Wellenlänge: das Elektronengas schirmt eine langwellige Störung sehr wirksam ab. Eine kurzwellige Störung wird dagegen weniger effektiv abgeschirmt. Die Abschirmung einer freien Ladung zeigt Bild 8.9.: die stark variierenden Komponenten (großes K) des Coulomb-Potentials $1/r$ werden weniger stark abgeschirmt als die schwach variierenden (kleines K) Komponenten. Deshalb wird der langwellige Anteil des Coulomb-Potentials durch das Elektronengas abgeschirmt, während der steile Hauptteil des Potentials ohne Abschirmung ist. In QTF wird gezeigt, Gleichung (1.24), daß

$$\varphi_K^{\text{ext}} = \frac{4\pi}{K^2} \tag{15}$$

die Fourier-Komponenten des **reinen Coulomb-Potentials** $1/r$ sind. Folglich erhalten wir mit (13) und (14) für das **abgeschirmte Coulomb-Potential**

$$\varphi_K = \frac{4\pi}{\epsilon(K)K^2} = \frac{4\pi}{K^2 + \lambda^2} \ . \tag{16}$$

Der Unterschied zwischen dem reinen und dem abgeschirmten Potential ist besonders bezeichnend für $K \ll \lambda$. Das abgeschirmte Potential ist für diesen Fall vom Wellenvektor unabhängig:

$$\varphi_K \cong \frac{4\pi}{\lambda^2} = \frac{2}{3}\epsilon_F \cdot \frac{1}{n_0 e^2} \ . \tag{17}$$

Wir haben zwei Grenzfälle der dielektrischen Funktion eines Elektronengases hergeleitet:

$$\epsilon(K, 0) = 1 + \frac{\lambda^2}{K^2} \ ; \qquad \epsilon(0, \omega) = 1 - \frac{\omega_p{}^2}{\omega^2} \ . \tag{18}$$

Man beachte, daß $\epsilon(K, 0)$ für $K \to 0$ nicht gegen denselben Grenzwert strebt wie $\epsilon(0, \omega)$ für $\omega \to 0$. Das bedeutet, daß wir nahe dem Nullpunkt der ω-K-Ebene die dielektrische Funktion vorsichtig behandeln müssen. Die vollständige Theorie zeigt, daß wir im Bereich $\omega < v_F K$ (v_F ist die Fermi-Geschwindigkeit) die Thomas-Fermische dielektrische Funktion für das Elektronengas erhalten:

$$\epsilon(K, \omega) \cong 1 + \frac{\lambda^2}{K^2} \ . \tag{19}$$

Diese Gleichung gilt für kleine K. Berechnungen der allgemeinen Funktion $\epsilon(K, \omega)$ stellen sich als sehr kompliziert heraus.

Wir wenden dieses Ergebnis auf Schwingungszustände eines Gitters mit positiven Ionen der Masse M in einem See von Elektronen der Masse m an. Die dielektrische Funktion für die positiven Ionen allein lautet

$$(20)\qquad 1-\frac{4\pi ne^2}{M\omega^2}\,.$$

Wir setzen voraus, daß ihre Ausdehnung ausreichend groß ist, so daß die Ionen voneinander unabhängig sind. Wir führen jetzt das Elektronengas in diese Überlegung ein und betrachten die totale dielektrische Funktion, also für das Gitter und die Elektronen:

$$(21)\qquad \epsilon(K,\omega)=1-\frac{4\pi ne^2}{M\omega^2}+\frac{\lambda^2}{K^2}\,,$$

die Abschirmkonstante λ des Elektrons ist durch (13) gegeben. Für kleine K- und ω-Werte können wir den Term 1 vernachlässigen. Die Nullstellen von $\epsilon(K,\omega)$ beschreiben die longitudinalen Schwingungszustände des Systems, wie wir im Kapitel 5 dargelegt haben. Für die Nullstelle von $\epsilon(K,\omega)$ erhalten wir mit $\epsilon_F\equiv\frac{1}{2}mv_F^2$

$$(22)\qquad \omega^2=\frac{4\pi n^2e^2}{M\lambda^2}K^2=\frac{4\pi ne^2}{M}\cdot\frac{\epsilon_F}{6\pi ne^2}K^2=\frac{m}{3M}v_F^2K^2\,,$$

oder

$$(23)\qquad \omega=vK\;;\qquad v=\sqrt{\frac{m}{3M}}\,v_F\,.$$

Hiermit werden langwellige akustische Phononen beschrieben. Die Geschwindigkeit stimmt ziemlich gut mit experimentellen Daten der Geschwindigkeit longitudinaler Wellen in Alkalimetallen überein. Für Kalium errechnen wir den Wert $v = 1{,}8\cdot 10^5$ cm/sec; die beobachtete longitudinale Wellengeschwindigkeit beträgt in [100]-Richtung $2{,}2\cdot 10^5$ cm/sec bei 4K. Wegen $v \ll v_F$ ist die Bedingung $\omega < v_FK$ für die Anwendbarkeit der dielektrischen Funktion (19) auf das Elektronengas erfüllt.

Es gibt auch einen anderen Nullstellentyp von $\epsilon(K,\omega)$ für das Problem positiver Ionen, die in einem Elektronensee eingebettet sind. Für den Fall hoher Frequenzen addieren wir zu Gl. (20) anstelle von (19) den dielektrischen Beitrag $-\omega_p^2/\omega^2$ des Elektronengases, wie er durch $\epsilon(0,\omega)$ in (18) angegeben wird.

Wir erhalten dann

$$(24)\qquad \epsilon(0,\omega)=1-\frac{4\pi ne^2}{M\omega^2}-\frac{4\pi ne^2}{m\omega^2}\,.$$

Diese Funktion hat eine Nullstelle für

$$(25)\qquad \omega^2=\frac{4\pi ne^2}{\mu}\;;\qquad \frac{1}{\mu}=\frac{1}{M}+\frac{1}{m}\,.$$

Das ist gerade die Plasmafrequenz des Elektrons, in der die Korrektur der reduzierten Masse für die Bewegung der positiven Ionen berücksichtigt ist.

E. Fermi-Dirac-Verteilung

Mit Hilfe einer kleinen Vorbereitung in statistischer Mechanik kann man die Fermi-Dirac-Verteilungsfunktion sehr leicht herleiten. Die Fermi-Dirac-Verteilung gibt die Wahrscheinlichkeit $f(\epsilon)$ dafür an, daß ein einzelner Teilchenzustand der Energie ϵ besetzt ist, wenn das System, dem das Teilchen angehört, bei der Temperatur T im thermischen Gleichgewicht ist. Entsprechend dem Gibbs-Faktor [1]), der eine Verallgemeinerung des Boltzmann-Faktors ist, ist die Wahrscheinlichkeit $P(N, \epsilon_l)$ dafür, daß ein System N Teilchen enthält und sich im Zustand der Gesamtenergie ϵ_l befindet, proportional zu

(1) $$\exp\left[(\mu N - \epsilon_l)/k_B T\right] .$$

Das chemische Potential μ legt man so fest, daß die totale Teilchenzahl richtig herauskommt, wie wir es in Kapitel 7 behandelt haben.

Wir wollen (1) auf einen Zustand anwenden, der höchstens ein Elektron enthalten kann. Die Energie soll null sein, wenn der Zustand unbesetzt ist.

Folglich ist

(2) $$P(0,0) \propto e^0 = 1 .$$

Die Energie ist gerade ϵ, wenn der Zustand durch ein Elektron besetzt ist, so daß

(3) $$P(1,\epsilon) \propto e^{(\mu-\epsilon)/k_B T}$$

gilt. Die Wahrscheinlichkeit dafür, daß der Zustand besetzt ist, kann man auch wie folgt angeben:

(4) $$f(\epsilon) \equiv P(1,\epsilon) = \frac{P(1,\epsilon)}{P(0,0) + P(1,\epsilon)} = \frac{e^{(\mu-\epsilon)/k_B T}}{1 + e^{(\mu-\epsilon)/k_B T}} = \frac{1}{e^{(\epsilon-\mu)/k_B T} + 1} ;$$

das ist das gewünschte Ergebnis.

---

[1]) C. Kittel, Physik der Wärme, R. Oldenbourg, 1973.

F. Näherung bei fester Bindung für Elektronen in Metallen

Es ist nützlich, die Ausbildung von erlaubten und verbotenen Elektronenbändern noch von einem anderen Gesichtspunkt aus zu betrachten. Man geht dazu von den Energieniveaus der neutralen, weit voneinander getrennten Atome aus und betrachtet die Niveauveränderungen durch die Überlappung der Ladungsverteilungen benachbarter Atome. Daß sich beim Zusammenfügen der Atome zum Metall eine Aufspaltung des Energieniveaus der freien Atome in Bänder einstellt, läßt sich am einfachsten verstehen, wenn man zwei Wasserstoffatome betrachtet, die sich beide im $1s$-(Grund-) Zustand befinden. Bild 1 zeigt in (a) die Wellenfunktionen ψ_A, ψ_B für die getrennten Atome. Bringt man die Atome näher zusammen, so überlappen sich ihre Wellenfunktionen und ergeben die beiden Kombinationen $\psi_A \pm \psi_B$. Bei jeder Kombination sind die Elektronen gleichmäßig auf die beiden Protonen verteilt, doch hat ein Elektron im Zustand $\psi_A + \psi_B$ eine etwas geringere Energie als im Zustand $\psi_A - \psi_B$, und zwar

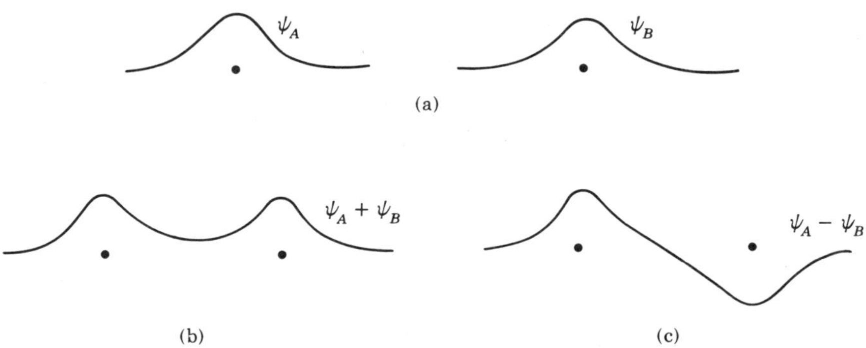

Bild 1: (a) Schematische Darstellung der Wellenfunktionen von Elektronen zweier Wasserstoffatome in großer Entfernung. (b) Wellenfunktion des Grundzustands bei größerer Annäherung. (c) Wellenfunktion des angeregten Zustands.

aus folgendem Grund: Im Zustand $\psi_A + \psi_B$, der in (b) gezeichnet ist, hält sich das Elektron zu gewissen Zeiten in dem Bereich zwischen den beiden Protonen auf und befindet sich dann gleichzeitig im anziehenden Potential beider Protonen, was zu einer Erhöhung der Bindungsenergie führt. Im Zustand $\psi_A - \psi_B$ entsprechend (c), verschwindet die Aufenthaltswahrscheinlichkeit in der Mitte zwischen den Kernen, es tritt also kein zusätzlicher Beitrag zur Bindungsenergie auf. Bei Annäherung der beiden Atome entstehen somit aus jedem Niveau des isolierten Atoms zwei getrennte Energieniveaus. Bei N Atomen ergibt jedes Niveau des isolierten Atoms N neue Niveaus, und diese N Niveaus gehören dann zu einem oder zu mehreren Bändern.

Bringt man freie Atome in größerer Nähe zusammen, so bewirkt die Coulomb-Wechselwirkung zwischen den Atomrümpfen und den sich überlappenden Teilen der Elektronenverteilung eine Aufspaltung der Energieniveaus des Gesamtsystems und damit eine Aufspaltung der Niveaus in Bänder. Ein Zustand des freien Atoms mit den Quantenzahlen ns geht im Metall in ein Energieband über. Hier ist n die Hauptquantenzahl, s besagt, daß kein Bahndrehimpuls vorhanden ist. Die Breite des Bandes ist proportional zur Stärke der Wechselwirkung bzw. der Überlappung zwischen Nachbaratomen, die sich alle im Zustand ns befinden. Aus den $p, d, \ldots$-Zuständen ($l = 1, 2, \ldots$) des freien Atoms bilden sich ebenfalls Bänder. Die im freien Atom $(2l + 1)$ entarteten Zustände ergeben $(2l + 1)$ Bänder. Betrachtet man Bereiche des Wellenvektors, die nicht gerade sehr klein sind, so hat im allgemeinen keines dieser Bänder dieselbe Energie wie irgendein anderes Band. Bei gewissen Werten von $\mathbf{k}$ in der Brillouin-Zone können jedoch zwei oder mehr Bänder energetisch zusammenfallen.

Die Näherungsmethode, die von den Wellenfunktionen der freien Atome ausgeht, wird als **Näherung bei fester Bindung** (auch als gebundene Näherung) bezeichnet. Ein einfaches Beispiel für ihre Anwendung folgt unten. Die Näherung bei fester Bindung ist anscheinend recht gut für die inneren Elektronen von Atomen, sie liefert jedoch oft keine gute Beschreibung für die Leitungselektronen selbst. Man verwendet sie, um näherungsweise die d-Bänder einiger Übergangsmetalle und die Valenzbänder von Edelgaskristallen zu beschreiben.

Der Grundzustand eines Elektrons, das sich im Potential $U(r)$ eines isolierten Atoms befinde, sei $\phi(\mathbf{r})$ und die Energie E_0; weiterhin soll ϕ ein s-Zustand sein. Die Behandlung von Bändern, die aus entarteten $(p, d, \ldots)$ Atomniveaus entstehen, ist etwas komplizierter. Wenn die Beeinflussung eines Atoms durch ein anderes klein ist, kann man näherungsweise für die Wellenfunktion eines Elektrons im gesamten Kristall ansetzen:

$$\psi_{\mathbf{k}}(\mathbf{r}) = \sum_j C_{\mathbf{k}j}\phi(\mathbf{r} - \mathbf{r}_j) . \tag{1}$$

Die Summe läuft über alle Gitterpunkte. (Wir nehmen an, die primitive Basis enthalte nur ein Atom.) Diese Funktion ist von der Blochschen Form, wenn $C_{\mathbf{k}j} = e^{i(\mathbf{k}\cdot\mathbf{r}_j)}$ ist, also

$$\psi_{\mathbf{k}}(\mathbf{r}) = \sum_j e^{i(\mathbf{k}\cdot\mathbf{r}_j)}\phi(\mathbf{r} - \mathbf{r}_j) . \tag{2}$$

Der Beweis, daß (2) in der Blochschen Form geschrieben ist, wird geführt, indem man die Auswirkung einer Translation **T** betrachtet, die zwei Gitterpunkte verbindet:

$$\psi_{\mathbf{k}}(\mathbf{r}+\mathbf{T}) = \sum_j e_i^{(\mathbf{k}\cdot\mathbf{r}_j)}\,\phi(\mathbf{r}+\mathbf{T}-\mathbf{r}_j) = \tag{3}$$

$$= e_i^{(\mathbf{k}\cdot\mathbf{T})}\sum_j e^{i\mathbf{k}\cdot(\mathbf{r}_j-\mathbf{T})}\,\phi[\mathbf{r}-(\mathbf{r}_j-\mathbf{T})] = e^{i(\mathbf{k}\cdot\mathbf{T})}\psi_{\mathbf{k}}(\mathbf{r}).$$

Dies ist aber genau die Blochsche Forderung.

In erster Näherung findet man die Energie, indem man die Diagonalelemente der Störmatrix $H'(\mathbf{r})$ berechnet, die den Unterschied zwischen dem Potential im Kristall und dem Potential eines isolierten Atoms ausdrückt. Es ergibt sich

$$\langle\mathbf{k}|H'|\mathbf{k}\rangle = \sum_j\sum_m e^{i\mathbf{k}\cdot(\mathbf{r}_j-\mathbf{r}_m)}\langle\phi_m|H'|\phi_j\rangle \tag{4}$$

mit $\phi_m \equiv \phi(\mathbf{r}-\mathbf{r}_m)$. Setzt man $\boldsymbol{\rho}_m = \mathbf{r}_m - \mathbf{r}_j$, so wird dies zu

$$\langle\mathbf{k}|H'|\mathbf{k}\rangle = N\sum_m e^{-i\mathbf{k}\cdot\boldsymbol{\rho}_m}\int dV\,\phi(\mathbf{r}-\boldsymbol{\rho}_m)H'\phi(\mathbf{r}). \tag{5}$$

Vernachlässigt man nun in (5) alle Integrale mit Ausnahme solcher, die für nächste Nachbarn (verbunden durch $\boldsymbol{\rho}$) zu berechnen sind, und schreibt man weiter für einen Kristall mit N Atomen

$$\int dV\phi^*(\mathbf{r})H'\phi(\mathbf{r}) = -\alpha/N; \qquad \int dV\phi^*(\mathbf{r}-\boldsymbol{\rho})H'\phi(\mathbf{r}) = -\gamma/N, \tag{6}$$

so erhält man

$$\langle\mathbf{k}|H'|\mathbf{k}\rangle = -\alpha - \gamma\sum_m e^{-i\mathbf{k}\cdot\boldsymbol{\rho}_m}.$$

Die Energie erster Ordnung ist also

$$\epsilon_k = E_0 - \alpha - \gamma\sum_m e^{i(\mathbf{k}\cdot\boldsymbol{\rho}_m)}. \tag{7}$$

Bei einem einfach kubischen Gitter sitzen die nächsten Nachbaratome an den Plätzen

$$\boldsymbol{\rho}_m = (\pm a, 0, 0); \qquad (0, \pm a, 0); \qquad (0, 0, \pm a). \tag{8}$$

Damit wird aus (7)

$$\epsilon_{\mathbf{k}} = E_0 - \alpha - 2\gamma(\cos k_x a + \cos k_y a + \cos k_z a). \tag{9}$$

Die Energien sind also auf ein Band mit Breite 12 γ beschränkt. Je schwächer die Überlappung, desto schmaler ist das Energieband. Bild 2 zeigt verschiedene Flächen konstanter Energie für ein Band der Form (9).

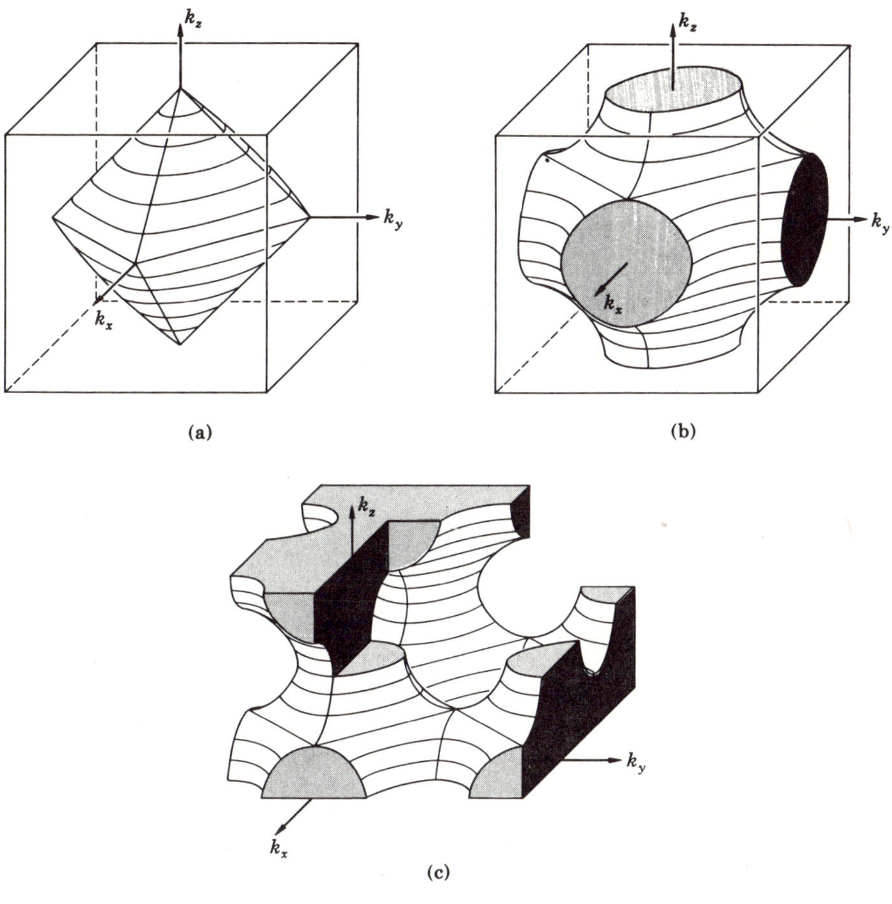

Bild 2: Flächen konstanter Energie in der Brillouin-Zone eines einfach kubischen Gitters. Wir nehmen an, das Energieband sei

$$\epsilon_{\mathbf{k}} = -\alpha - 2\gamma(\cos k_x a + \cos k_y a + \cos k_z a).$$

a) Fläche konstanter Energie $\epsilon = -\alpha + 2|\gamma|$.
b) Fläche konstanter Energie $\epsilon = -\alpha$. Das volle Volumen enthält ein Elektron pro primitive Einheitszelle.
c) Fläche konstanter Energie $\epsilon = -\alpha$ im periodischen Zonenschema.

Die Verknüpfung der Bahnen ist hier deutlicher als in b). Loch- und Elektronenbahn sind leicht aufzufinden. (Die Zeichnungen stammen von A. Sommerfeld und H. Bethe, sie wurden von H. Ruehle ausgeführt.)

Für $ka \ll 1$ ist

(10) $$\epsilon_{\mathbf{k}} \cong E_0 - \alpha - 6\gamma + \gamma k^2 a^2.$$

Die Energie an der Unterkante des Bandes ist unabhängig von der Bewegungsrichtung. Die effektive Masse ist

(11) $$m^* = \hbar^2/2\gamma a^2.$$

Wenn das Überlappungsintegral γ klein ist, wird das Band eng und die effektive Masse groß.

Für jeden Zustand eines Elektrons im freien Atom gibt es ein Band von Energien im Kristall. Wir haben hier nur einen Zustand des freien Atoms betrachtet und daher auch nur ein Band erhalten. Die Zahl der Zustände in der Zone, die einem nichtentarteten Atomniveau entsprechen, ist gleich $2N$, wenn N die Zahl der Atome ist. Dies ist leicht einzusehen: (9) ist periodisch in $\mathbf{k}$, und es können deshalb nur solche Werte von $\mathbf{k}$ unabhängige Wellenfunktionen definieren, die im $\mathbf{k}$-Raum innerhalb der ersten Brillouin-Zone liegen. Im einfach kubischen Fall ist das Polyeder definiert durch $-\pi/a < k_x < \pi/a$ usw. Das Volumen dieser Zone ist $8\pi^3/a^3$. Die Zahl der Zustände pro Volumeinheit des $\mathbf{k}$-Raums ist jedoch $V/4\pi^3$ (es werden beiden Spinrichtungen gezählt), so daß man für die Zahl der Zustände erhält $2V/a^3 = 2N$.

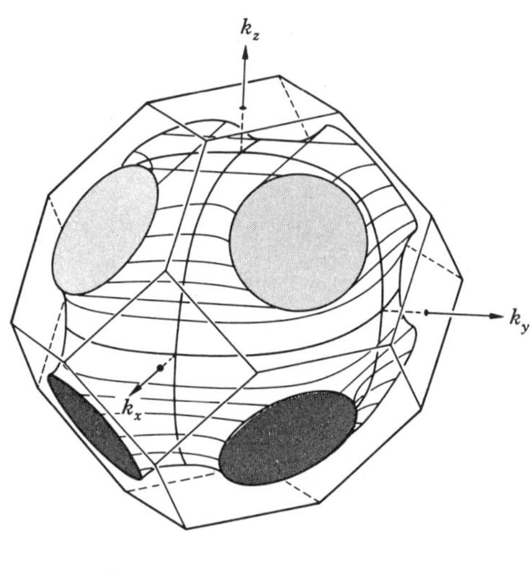

Bild 3: Eine Fläche konstanter Energie einer fcc Kristallstruktur in der Näherung fester Bindungen der nächsten Nachbarn. Die dargestellte Fläche hat die Energie $\epsilon = -\alpha + 2|\gamma|$.

V ist das Volumen des Kristalls und $1/a^3$ die Zahl der Atome pro Einheitsvolumen. Für die bcc Struktur mit acht nächsten Nachbarn liefert dasselbe Modell:

$$\epsilon_{\mathbf{k}} = -\alpha - 8\gamma \cos \tfrac{1}{2}k_x a \cos \tfrac{1}{2}k_y a \cos \tfrac{1}{2}k_z a \ , \tag{12}$$

was aus Gl. (7) folgt. Für die fcc Struktur mit zwölf nächsten Nachbarn ergibt sich

$$\epsilon_{\mathbf{k}} = -\alpha - 4\gamma(\cos \tfrac{1}{2}k_y a \cos \tfrac{1}{2}k_z a + \cos \tfrac{1}{2}k_z a \cos \tfrac{1}{2}k_x a + \cos \tfrac{1}{2}k_x a \cos \tfrac{1}{2}k_y a) \ . \tag{13}$$

Bild 3 zeigt eine Fläche konstanter Energie gemäß (13). Man beachte, daß die Fläche die hexagonalen Flächen der Zonengrenze berührt.

G. Bewegung eines Teilchens im Impuls- und Ortsraum unter dem Einfluß elektrischer und magnetischer Felder

Manchmal ist es etwas schwierig, sich die stoßfreie Bewegung eines Elektrons in den verschiedenen Energiebändern vorzustellen. Es ist deshalb vorteilhaft, explizite Lösungen für die Fälle zu betrachten, denen man gewöhnlich begegnet. Wir wollen die Bewegung im $\mathbf{r}$ - Raum und im $\mathbf{k}$ - Raum beschreiben, da die Bewegungsgleichungen $\mathbf{r}$ und $\mathbf{k}$ enthalten und miteinander verbinden.

Kugelförmiges Leitungsband

Wir betrachten die Bewegung des Wellenpakets eines Elektrons im Energieband eines kubischen Kristalls. Die Energie des Bandes soll bei $\mathbf{k} = 0$ ein einfaches Minimum haben und in der Nähe dieses Punktes die Form

$$\epsilon(\mathbf{k}) = \frac{\hbar^2}{2m_e} k^2 \ , \tag{1}$$

wobei m_e die effektive Masse eines Elektrons ist. Die Flächen konstanter Energie im $\mathbf{k}$ -Raum sind Kugelflächen, weshalb ein solches Band **sphärisch** genannt wird.

In keinem Festkörper hat das Energieband innerhalb der gesamten Brillouin-Zone die Form (1). In Wirklichkeit werden die Energiebänder durch die Grenzbereiche deformiert. Das Band (F.9) hat zum Beispiel die Form

$$\epsilon(\mathbf{k}) = 2\gamma(3 - \cos k_x a - \cos k_y a - \cos k_z a) \ , \tag{2}$$

mit $\varepsilon(0) = 0$. γ ist dabei eine Konstante, die von der Überlappung der Wellenfunktionen benachbarter Atome abhängt. Entwickelt man den Cosinus bis zur Ordnung $(ka)^4$, so erhält man

(3) $$\epsilon(\mathbf{k}) = \gamma[k^2a^2 - \tfrac{1}{12}(k_x^4 + k_y^4 + k_z^4)a^4 + \cdots] ,$$

was für $k \cdot a < 0.1 \cdot \pi$ bis auf ein Prozent sphärisch ist.

Solange man in dem Bereich der BZ bleibt, für den die sphärische Näherung gilt, ist die Bewegung des Wellenpakets besonders einfach. Die Gruppengeschwindigkeit im Ortsraum ist dann durch

(4) $$\frac{d\mathbf{r}}{dt} \equiv \mathbf{v} \equiv \frac{1}{\hbar} \nabla_{\mathbf{k}}\epsilon(\mathbf{k}) \simeq \frac{\hbar}{m_e}\mathbf{k}$$

gegeben, wobei $\mathbf{r}$ der mittlere Aufenthaltsort des Wellenpakets im Ortsraum ist. Durch Integration dieser Bewegung nach der Zeit erhält man

(5) $$\mathbf{r}(t) = \mathbf{r}(0) + \frac{\hbar}{m_e}\int_0^t dt\,\mathbf{k}(t) .$$

In einem elektrischen Feld wird die zeitliche Änderung des Wellenvektors durch $\hbar\, d\mathbf{k}/dt = -e\mathbf{E}$ beschrieben. Unter der Bedingung, daß das Feld homogen und konstant ist, ergibt die Integration

(6) $$\mathbf{k}(t) = \mathbf{k}(0) - \frac{e}{\hbar}\mathbf{E}t .$$

Unabhängig von der Form des Energiebandes nimmt $\mathbf{k}$ also gleichmäßig in Richtung von $\mathbf{E}$ zu. Nochmalige Integration ergibt

(7) $$\int_0^t dt\,\mathbf{k}(t) = \mathbf{k}(0)t - \frac{1}{2}\frac{e}{\hbar}\mathbf{E}t^2 .$$

Um die Bewegung des Wellenpakets im Ortsraum zu erhalten, setze man (7) in (5) ein, so daß

(8) $$\boxed{\mathbf{r}(t) = \mathbf{r}(0) + \frac{\hbar\mathbf{k}(0)}{m_e}t - \frac{1}{2}\frac{e}{m_e}\mathbf{E}t^2 ,}$$

wobei $\mathbf{r}(0)$ der Ort und $\mathbf{k}(0)$ der Wellenvektor des Pakets zur Zeit $t = 0$ sind. Dieses Ergebnis stimmt völlig mit dem für ein freies Teilchen mit der Masse m_e und der Ladung $-e$ überein, da für ein sphärisches Band $\hbar\mathbf{k}(0)/m_e$ gleich der Gruppengeschwindigkeit $\mathbf{v}(0)$ zur Zeit $t = 0$ ist.

Nun behandeln wir die Bewegung in einem homogenen konstanten Magnetfeld $\mathbf{B}$, das parallel zur z-Achse verläuft. Die entsprechende Gleichung für die Lorentzkraft ist

(9) $$\hbar\frac{d\mathbf{k}}{dt} = -\frac{e}{c}\mathbf{v}\times\mathbf{B} .$$

Dabei ist $\mathbf{v} \equiv \hbar^{-1} \nabla_{\mathbf{k}}\epsilon$ die Geschwindigkeit des Wellenpakets im Ortsraum, wie in (4) für ein sphärisches Band. Die Verbindung von (4) und (9) liefert

(10) $$\hbar \frac{d\mathbf{k}}{dt} = -\frac{e\hbar}{m_e c} \mathbf{k} \times \mathbf{B} \ .$$

Definiert man die Zyklotronfrequenz ω_c durch $\omega_c \equiv eB/m_e c$, so erhält man mit $\mathbf{B} = B\hat{\mathbf{z}}$

(11) $$\frac{dk_x}{dt} = -\omega_c k_y \ ; \qquad \frac{dk_y}{dt} = \omega_c k_x \ ; \qquad \frac{dk_z}{dt} = 0 \ .$$

Die Lösungen von (11) haben die Form

(12) $$k_x(t) = K\cos(\omega_c t + \varphi) \ ; \qquad k_y(t) = K\sin(\omega_c t + \varphi) \ ; \qquad k_z = \text{constant},$$

wovon man sich durch Einsetzen vergewissern kann. K und φ sind dabei Konstanten, die so gewählt werden müssen, daß sie den Anfangsbedingungen der Bewegung genügen. Falls sich das Elektron zu Anfang auf der Fermi-Fläche befindet, erfüllt K^2 die Bedingung

(13) $$K^2 + k_z^2 = k_F^2 = k_x^2 + k_y^2 + k_z^2 \ .$$

Falls diese Bedingung zur Zeit $t = 0$ erfüllt wird, so wird sie auch zu allen Zeiten von den Lösungen (12) erfüllt, da K und k_z Konstanten sind. Im $\mathbf{k}$ -Raum bewegt sich das Teilchen deshalb mit der Frequenz ω_c auf der Fermi-Fläche auf einem Kreis mit dem Radius K, wobei k_z konstant ist.

Die Lage des Teilchens im Ortsraum findet man durch Integration von $\mathbf{v} = \hbar^{-1} \nabla_{\mathbf{k}}\epsilon(\mathbf{k})$ unter Benutzung von (12):

$$x(t) = x(0) + \frac{\hbar}{m_e}\int_0^t dt\, k_x = x(0) + \frac{\hbar K}{m_e \omega_c}[\sin(\omega_c t + \varphi) - \sin\varphi] \ ;$$

$$y(t) = y(0) - \frac{\hbar K}{m_e \omega_c}[\cos(\omega_c t + \varphi) - \cos\varphi] \ ; \qquad z(t) = z(0) + \frac{\hbar k_z t}{m_e} \ .$$

(14)

Im Ortsraum bewegt sich das Teilchen um die Achse des Magnetfeldes auf einer Helix mit dem Radius

(15) $$R = \frac{\hbar K}{m_e \omega_c} = \frac{\hbar c K}{eB} \ ,$$

was der klassischen Beziehung $v_\perp = \omega_c R$ entspricht, wobei $v_\perp$ die Geschwindigkeit im Ortsraum in einer Ebene senkrecht zu $\mathbf{B}$ ist.

Beachte, daß der Radius R der Umlaufbahn im Ortsraum dem Radius K der Umlaufbahn im Impulsraum proportional ist mit der Proportionalitätskonstanten $\hbar c/eB$. In Bild 1 ist der Radius R als Funktion des Wellenvektors K für eine Magnetfeldstärke von 10^4 Gauß aufgetragen.

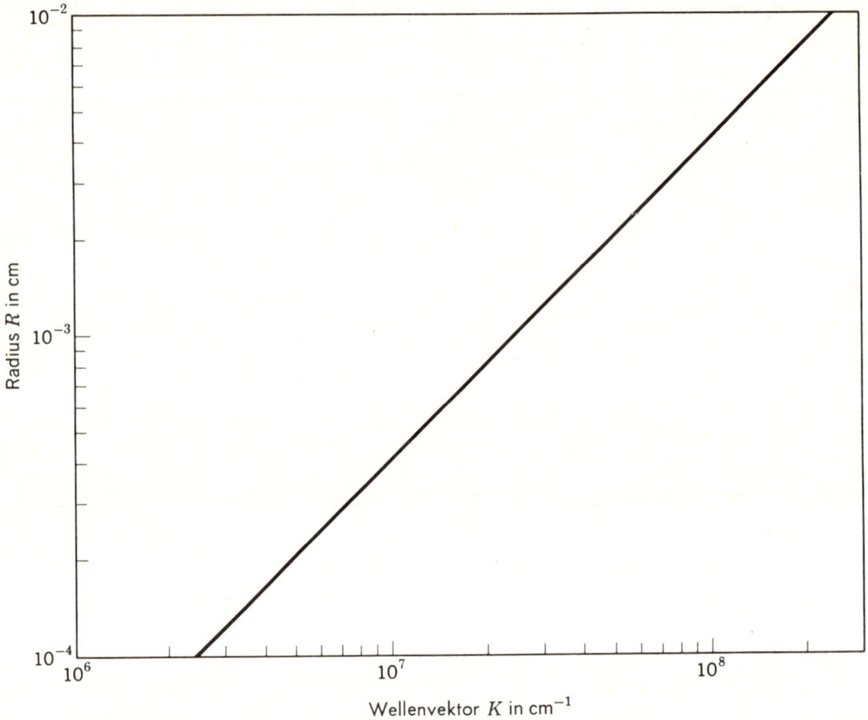

Bild 1: Elektron in einem Magnetfeld H = 10^4 Gauß. Der Radius R der Bahn im Ortsraum ist gegen den Radius K der Bahn im Fourier-Raum aufgetragen.

H. Mott-Übergang

Entsprechend dem Bild freier Elektronen in einem Festkörper ist ein Kristall mit einer ungeraden Zahl von Elektronen pro primitiver Einheitszelle immer ein Metall. Wie de Boer und Verwey 1937 beobachteten, stimmt dieses Bild für viele Übergangsmetalloxide nicht. So ist CoO z.B. ein Halbleiter und kein Metall, obwohl die Zahl der Elektronen ungerade ist. Beginnend im Jahre 1949 stellte Mott [1]) in einer Anzahl von Veröffentlichungen die Hypothese auf, daß ein Raumgitter aus wasserstoffähnlichen Atomen nicht unbedingt ein Metall ergeben muß, sondern ebenso einen Isolator oder Halbleiter bilden kann. Nach dieser Hypothese wird ein aus Wasserstoffatomen bestehendes, einfach-kubisches Gitter am absoluten Nullpunkt nur dann ein Metall sein, wenn die Gitterkonstante kleiner als ein bestimmter kritischer Wert a_c ist, wobei nach Motts erster Abschätzung

(1) $$a_c \cong 4{,}5 a_0$$

ist, mit

(2) $$a_0 = \frac{\epsilon \hbar^2}{me^2}$$

als Radius der ersten Bohrschen-Umlaufbahn eines Wasserstoffatoms in einem Medium mit der Dielektrizitätskonstanten ϵ. Bei größeren Werten der Gitterkonstanten $(a > a_c)$ wird der Kristall ein Isolator sein. Mittlerweile gibt es eine genügende Anzahl experimenteller Ergebnisse, die die Tatsache eines solchen Metall-Isolator-Übergangs bestätigen. Wir besprechen drei theoretische Beweisführungen für einen solchen Übergang.

Wir betrachten zwei Wasserstoffatome mit großem Abstand im Vakuum. Die Energie, die notwendig ist, um ein Elektron von einem Atom zu entfernen, ist die Ionisationsenergie $E_I = me^4/2\hbar^2 = 13{,}60$ eV. Die Energie, die man gewinnt, wenn das Elektron dem zweiten Atom hinzugefügt wird, ist die Elektronenaffinität $E_B = 0{,}77$ eV, was dem experimentellen Wert von Tabelle 3.4 entspricht. Die Energie, die benötigt wird, um einen polaren Zustand zu bilden, d.h. die **Polarisations-Energie**, ist dann für Wasserstoff

(3) $$E_p = E_I - E_B = 13{,}60 - 0{,}77 = 12{,}83 \text{ eV} .$$

Aus Anhang F, in dem die Näherung bei fester Bindung (tight-binding approximation) für die Bandstruktur eines einfach-kubischen Metalls diskutiert wurde, wissen wir, daß die Energie des Grundzustandes des Leitungsbandes um

(4) $$E_h = 6\gamma$$

[1]) Einen Überblick zu diesem Problem gibt N. F. Mott, Canadian J. Physics **34**, 1356 (1956); Phil. Mag. **6**, 287 (1961). Das Verhalten von Übergangsmetalloxiden wurde von I. G. Austin und N. F. Mott, Science **168**, 71 (1970) untersucht. Zu den Kristallen die einen Metall-Isolator-Übergang zeigen, gehören VO_2, V_2O_3, Ti_2O_3, Fe_2O_3, NiS und NbO_2. Die Sitzungsprotokolle einer Konferenz über Metall-Isolator-Übergänge sind in Rev. Mod. Phys. **40**, 673 (1968) erschienen. (Der Wert des von Mott im ersten Literaturhinweis angegebenen Überlappintegrals muß wahrscheinlich noch mit zwei mulipliziert werden.)

niedriger liegt, als die des 1s-Zustandes eines Atoms. Dabei ist γ die Überlapp-Energie der Wellenfunktion zu den nächsten Nachbaratomen. Die Größe E_h wird oft **Sprung-Energie** (hopping-energy) genannt. Die Überlapp-Energie [2]) zweier Wasserstoffatome mit dem Abstand a ist

$$(5) \qquad \gamma = 2\left(\frac{me^4}{2\hbar^2}\right)\left(1 + \frac{a}{a_0}\right)e^{-a/a_0} \ .$$

Die Mottsche Hypothese besteht darin, daß der Kristall dann metallisch ist, wenn die Sprung-Energie größer ist als die Polarisations-Energie oder wenn $6\gamma > E_p$. Im Bild 1 ist dieses Kriterium graphisch dargestellt. Vernachlässigt man E_B im Vergleich zu E_I in (3), so lautet das Übergangskriterium

$$(6) \qquad 12\left(1 + \frac{a}{a_0}\right)e^{-a/a_0} = 1 \ .$$

Die Lösung der Gleichung ist

$$(7) \qquad a_c \cong 4{,}1a_0 \ ,$$

im Vergleich zu $a_c \cong 4{,}2a_0$, wenn man das Ergebnis (3) für E_p nimmt.

Die Polarisations-Energie wird niedriger sein, wenn das von dem einen Atom entfernte Elektron bei einem benachbarten Atom verbleibt. Die für das Gebilde eines solchen Elektron-Loch-Paares korrigierte Polarisations-Energie ist

$$(8) \qquad E_p(a) = E_p - \frac{e^2}{a} = E_p - \frac{e^2}{a_0}\cdot\frac{a_0}{a} \ ,$$

mit

$$(9) \qquad \frac{e^2}{a_0} = \frac{me^4}{\hbar^2} = 2\,\mathrm{Ry} \ .$$

Im Bild 1 ist auch die korrigierte Polarisations-Energie aufgetragen, und man sieht, daß diese Kurve die der Sprung-Energie bei $a \cong 4{,}8a_0$ schneidet. In dem Bereich zwischen $4{,}2\ a_0$ und $4{,}8\ a_0$ kann ein Isolator gebundene Elektron-Loch-Paare enthalten, die eventuell beweglich sind. Man nennt einen solchen Isolator einen **exitonischen Isolator** (siehe Diskussion der Exitonen in Kapitel 18).

Abschätzungen für Kupfer ergeben 2 eV für die Polarisations-Energie und 6 eV für die Sprung-Energie. Das Verhältnis $E_p/E_h \cong \frac{1}{3}$ stimmt mit dem metallischen Verhalten überein.

---

[2]) **L. Pauling und E. B. Wilson, Introduction to quantum mechanics, McGraw-Hill, 1935, Gleichung (42-12).**

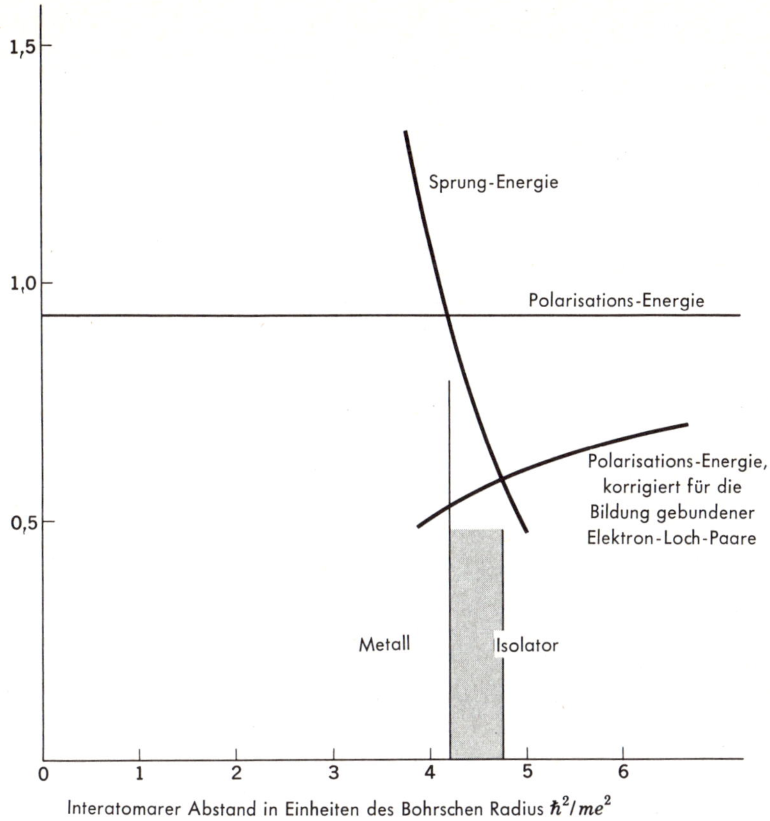

Bild 1: Abhängigkeit der Sprung- und Polarisations-Energie vom interatomaren Abstand für zwei Wasserstoffatome in ihrem Grundzustand. Für die Polarisations-Energie wurden 12,83 eV genommen. Die Sprung-Energie wurde für ein einfach-kubisches Gitter aus Wasserstoffatomen berechnet. Die korrigierte Polarisations-Energie erniedrigt sich durch das anziehende Coulomb-Potial zwischen einem Elektron und einem Loch, das heißt zwischen einem H^--Ion und einem Proton, um den eingezeichneten Betrag. Der schattierte Bereich representiert daher einen Isolator mit beweglichen Elektronen-Loch-Paare, also einen exitonischen Isolator.

Abschirmung von Elektron-Loch-Paaren

Man kann sich dem Problem eines Übergangs auch von einem anderen Gesichtspunkt nähern. Wir beginnen im metallischen Zustand und dehnen das Gitter aus wasserstoffähnlichen Atomen so lange aus, bis der Festkörper ein Isolator wird. Wir nehmen an, daß die Zustandsänderung beginnt, wenn die Leitungselektronen des Metalls mit den Ionen einen gebundenen Zustand bilden können. Wir werden sehen, daß dieses Problem die Abschirmung der Coulomb-Wechselwirkung durch andere Leitungselektronen einschließt. Der gebundene Zustand kann sich bei geringen Dichten bilden, so daß das Metall ein Isolator wird.

Die abgeschirmte potentielle Energie eines Elektron-Loch-Paares oder eines Elektron-Proton-Paares ist nach Gleichung (8.25) gegeben

$$(10) \qquad U(r) = -\frac{e^2}{r}e^{-\lambda r} ,$$

wobei

$$(11) \qquad \lambda^2 = \frac{6\pi n_0 e^2}{\epsilon_F} = \frac{4me^2 n_0^{\frac{1}{3}}}{\hbar^2}\cdot\left(\frac{3}{\pi}\right)^{\frac{1}{3}} \cong \frac{4n_0^{\frac{1}{3}}}{a_0} ,$$

mit $\epsilon_F = (\hbar^2/2m)(3\pi^2 n_0)^{\frac{2}{3}}$.

Es ist bekannt [3], daß das Potential (10) nur dann einen gebundenen Zustand für ein Elektron im Feld einer festen, positiven Ladung e hat, falls

$$(12) \qquad \lambda < \frac{1}{a_0} .$$

Mit (11) wird die Ungleichung zu

$$\frac{4n_0^{\frac{1}{3}}}{a_0} < \frac{1}{a_0{}^2} .$$

Für einen Isolator gilt dann mit $n_0 = 1/a^3$

$$(13) \qquad a > 4a_0 .$$

Die auf diesem Wege abgeleitete Bedingung ähnelt sehr dem früheren Resultat (8).

Knox-Modell des exitonischen Zustands

Knox [4]) betrachtete Exitonen in Halbleitern mit einer indirekten Bandlücke. Die Energie, die notwendig ist, um ein Exiton zu bilden, ist $E_g - E_B$, wobei E_B die Bindungsenergie eines Exitons ist. Für das Wasserstoffmodell eines Exitons (Kapitel 18) ist

$$(14) \qquad E_B = \frac{\mu e^4}{2\epsilon^2\hbar^2} ,$$

---

[3]) J.M.Blatt und V.F.Weißkopf, Theoretical nuclear physics, Wiley, 1953, S.55.

[4]) R.S.Knox, "Theory of exitons", Solid state physics, Anhang 5, Academic Press, 1963, S. 100.

wobei μ die reduzierte Masse eines Elektron-Loch-Paares bedeutet:

$$\frac{1}{\mu} = \frac{1}{m_e} + \frac{1}{m_h} \tag{15}$$

und ϵ die Dielektrizitätskonstante. Die Dielektrizitätskonstante und die reduzierte Masse dürften unabhängig von der Größe der indirekten Lücke sein, obwohl sie stark von der direkten Lücke abhängen können. Die Annahme, daß sich die indirekte Lücke E_g unter Druck verkleinert und beliebig klein wird, während E_B fest bleibt, ist einleuchtend. Wird E_g kleiner als E_B, so ist die notwendige Exitonenbildungsenergie negativ, und der normale Grundzustand des Kristalls ist instabil bezüglich der Bildung von Exitonen.

I. Vektorpotential, zusätzlicher Impuls des Feldes, Eichtransformation und Quantisierung der Umlaufbahn

Dieses Kapitel fügen wir deshalb ein, weil man kaum irgendwo eine gründliche Behandlung des magnetischen Vektorpotentials $\mathbf{A}$ findet und wir dieses Vektorpotential in der Supraleitungstheorie benötigen. Es mag zunächst seltsam erscheinen, daß die Hamilton-Funktion eines Teilchens in einem Magnetfeld die weiter unten in (18) abgeleitete Form

$$\mathcal{H} = \frac{1}{2M}\left(\mathbf{p} - \frac{Q}{c}\mathbf{A}\right)^2 + Q\varphi \ , \tag{1}$$

hat, wobei Q die Ladung, M die Masse, $\mathbf{A}$ das Vektorpotential und φ das elektrostatische Potential sind. Dieser Ausdruck ist sowohl in der klassischen als auch in der Quantenmechanik gültig. Da die kinetische Energie eines Teilchens durch ein statisches Magnetfeld nicht geändert wird, erwartet man kaum, daß das Vektorpotential eines Magnetfeldes in der Hamilton-Funktion erscheint. Wie wir jedoch sehen werden, liegt die Ursache darin, daß sich der Impuls $\mathbf{p}$ aus zwei Teilen zusammensetzt, einem uns bekannten kinetischen Impuls

$$\mathbf{p}_{\text{kin}} = M\mathbf{v} \tag{2}$$

und einem Impuls des Potentials oder des Feldes

$$\mathbf{p}_{\text{field}} = \frac{Q}{c}\mathbf{A} \ . \tag{3}$$

Der Gesamtimpuls ist

$$\boxed{\mathbf{p} = \mathbf{p}_{\text{kin}} + \mathbf{p}_{\text{field}} = M\mathbf{v} + \frac{Q}{c}\mathbf{A} \ ,} \tag{4}$$

und die kinetische Energie

$$(5)\qquad \frac{1}{2}Mv^2 = \frac{1}{2M}(Mv)^2 = \frac{1}{2M}\left(\mathbf{p} - \frac{Q}{c}\mathbf{A}\right)^2 .$$

Das Vektorpotential [1]) ist mit dem Magnetfeld durch die Formel

$$(6)\qquad \mathbf{B} = \operatorname{rot} \mathbf{A}$$

verknüpft. Wir nehmen an, daß es sich um ein unmagnetisches Material handelt und können deshalb **B** und **H** gleichsetzen.

Lagrangesche Bewegungsgleichungen

Die Vorschrift der klassischen Mechanik zum Auffinden der Hamilton-Funktion ist klar: Wir müssen die Lagrange-Funktion finden. In verallgemeinerten Koordinaten lautet sie

$$(7)\qquad L = \frac{1}{2}M\dot{q}^2 - Q\varphi(\mathbf{q}) + \frac{Q}{c}\dot{\mathbf{q}}\cdot\mathbf{A}(\mathbf{q}) .$$

Diese Formel ist deshalb richtig, da sie zu den richtigen Bewegungsgleichungen einer Ladung in einem elektromagnetischen Feld führt, wie wir gleich zeigen werden.

In kartesischen Koordinaten heißt die Lagrangesche Bewegungsgleichung für x

$$(8)\qquad \frac{d}{dt}\frac{\partial L}{\partial \dot{x}} - \frac{\partial L}{\partial x} = 0$$

und entsprechend für y und z. Aus (7) erhalten wir

$$(9)\qquad \frac{\partial L}{\partial x} = -Q\frac{\partial \varphi}{\partial x} + \frac{Q}{c}\left(\dot{x}\frac{\partial A_x}{\partial x} + \dot{y}\frac{\partial A_y}{\partial x} + \dot{z}\frac{\partial A_z}{\partial x}\right) ;$$

$$(10)\qquad \frac{\partial L}{\partial \dot{x}} = M\dot{x} + \frac{Q}{c}A_x ;$$

$$(11)\qquad \frac{d}{dt}\frac{\partial L}{\partial \dot{x}} = M\ddot{x} + \frac{Q}{c}\frac{dA_x}{dt} = M\ddot{x} + \frac{Q}{c}\left(\frac{\partial A_x}{\partial t} + \dot{x}\frac{\partial A_x}{\partial x} + \dot{y}\frac{\partial A_x}{\partial y} + \dot{z}\frac{\partial A_x}{\partial z}\right) .$$

Deshalb wird (8) zu

$$(12)\qquad M\ddot{x} + Q\frac{\partial \varphi}{\partial x} + \frac{Q}{c}\left[\frac{\partial A_x}{\partial t} + \dot{y}\left(\frac{\partial A_x}{\partial y} - \frac{\partial A_y}{\partial x}\right) + \dot{z}\left(\frac{\partial A_x}{\partial z} - \frac{\partial A_z}{\partial x}\right)\right] = 0$$

[1]) Eine grundlegende Behandlung des Vektorpotentials gibt E. M. Purcell, Electricity and magnetism, McGraw-Hill, 1965.

oder

$$M\frac{d^2x}{dt^2} = QE_x + \frac{Q}{c}[\mathbf{v}\times\mathbf{B}]_x \ , \tag{13}$$

mit

$$E_x = -\frac{\partial\varphi}{\partial x} - \frac{1}{c}\frac{\partial A_x}{\partial t} \ ; \tag{14}$$

$$\mathbf{B} = \operatorname{rot}\mathbf{A} \ . \tag{15}$$

Gleichung (13) ist die Gleichung der Lorentz-Kraft. Dies bestätigt, daß der Ansatz (7) richtig war. Aus (14) sehen wir, daß $\mathbf{E}$ einen Anteil mit dem elektrostatischen Potential φ und einen weiteren mit der zeitlichen Ableitung des Vektorpotentials $\mathbf{A}$ besitzt.

Ableitung der Hamilton-Funktion

Der Impuls $\mathbf{p}$ wird mit der Lagrange-Funktion wie folgt definiert

$$\mathbf{p} \equiv \frac{\partial L}{\partial\dot{\mathbf{q}}} = M\dot{\mathbf{q}} + \frac{Q}{c}\mathbf{A} \ , \tag{16}$$

was mit (4) übereinstimmt. Die Hamilton-Funktion $\mathcal{H}(\mathbf{p},\mathbf{q})$ ist durch

$$\mathcal{H}(\mathbf{p},\mathbf{q}) \equiv \mathbf{p}\cdot\dot{\mathbf{q}} - L \tag{17}$$

definiert. Daraus folgt:

$$\mathcal{H} = M\dot{q}^2 + \frac{Q}{c}\dot{\mathbf{q}}\cdot\mathbf{A} - \frac{1}{2}M\dot{q}^2 + Q\varphi - \frac{Q}{c}\dot{\mathbf{q}}\cdot\mathbf{A} = \frac{1}{2M}\left(\mathbf{p} - \frac{Q}{c}\mathbf{A}\right)^2 + Q\varphi \ , \tag{18}$$

wie in (1).

Feldimpuls (Impuls des Strahlungsfeldes)

Der Impuls des elektromagnetischen Feldes eines Teilchens, das sich in einem Magnetfeld bewegt, ist durch das Volumenintegral des Poynting-Vektors gegeben:

$$\mathbf{p}_{\text{field}} = \frac{1}{4\pi c}\int dV\,\mathbf{E}\times\mathbf{B} \ . \tag{19}$$

Wir rechnen in der nichtrelativistischen Näherung, in der $v \ll c$ ist und v die Teilchengeschwindigkeit bedeutet. Für kleine Werte von v/c nehmen wir an, daß $\mathbf{B}$ allein von äußeren Quellen herrührt, $\mathbf{E}$ jedoch von der Ladung des Teilchens. Für eine Ladung Q am Ort $\mathbf{r}'$ gilt

$$\mathbf{E} = -\nabla\varphi \ ; \qquad \nabla^2\varphi = -4\pi Q\,\delta(\mathbf{r}-\mathbf{r}') \ , \tag{20}$$

so daß

$$\mathbf{p}_f = -\frac{1}{4\pi c}\int dV\,\nabla\varphi \times \text{rot}\,\mathbf{A}\ . \tag{21}$$

Mit einer gebräuchlichen Vektorbeziehung (Madelung, S. 115) erhält man

$$\int dV\,\nabla\varphi \times \text{rot}\,\mathbf{A} = -\int dV\,[\mathbf{A} \times \text{rot}\,(\nabla\varphi) - \mathbf{A}\,\text{div}\,\nabla\varphi - (\nabla\varphi)\,\text{div}\,\mathbf{A}]\ . \tag{22}$$

Es ist aber rot $(\nabla\varphi) = 0$, und die Eichung können wir so wählen, daß div $\mathbf{A} = 0$ ist. Man nennt dies die transversale Eichung.

Damit ergibt sich

$$\mathbf{p}_f = -\frac{1}{4\pi c}\int dV\,\mathbf{A}\,\nabla^2\varphi = \frac{1}{c}\int dV\,\mathbf{A}Q\,\delta(\mathbf{r}-\mathbf{r}') = \frac{Q}{c}\mathbf{A}\ . \tag{23}$$

Das ist die Darstellung des Feldbeitags zum Gesamtimpuls $\mathbf{p} = M\mathbf{v} + Q\mathbf{A}/c$.

Eichtransformation

Es sei $\mathcal{H}\psi = \epsilon\psi$, mit

$$\mathcal{H} = \frac{1}{2M}\left(\mathbf{p} - \frac{Q}{c}\mathbf{A}\right)^2\ . \tag{24}$$

Wir machen eine Eichtransformation nach $\mathbf{A}'$ durch

$$\mathbf{A}' = \mathbf{A} + \nabla\chi\ , \tag{25}$$

wobei χ ein Skalar ist. Nun wird $\mathbf{B} = \text{rot}\,\mathbf{A} = \text{rot}\,\mathbf{A}'$, da rot $(\nabla\chi) \equiv 0$. Die Schrödinger-Gleichung heißt dann

$$\frac{1}{2M}\left(\mathbf{p} - \frac{Q}{c}\mathbf{A}' + \frac{Q}{c}\nabla\chi\right)^2\psi = \epsilon\psi\ . \tag{26}$$

Welches ψ' genügt der Gleichung

$$\frac{1}{2M}\left(\mathbf{p} - \frac{Q}{c}\mathbf{A}'\right)^2\psi' = \epsilon\psi'\ , \tag{27}$$

mit dem gleichen ϵ wie in der Gleichung für ψ? Gleichung (27) ist äquivalent zu

$$\frac{1}{2M}\left(\mathbf{p} - \frac{Q}{c}\mathbf{A} - \frac{Q}{c}\nabla\chi\right)^2\psi' = \epsilon\psi'\ . \tag{28}$$

Wir versuchen es mit

$$\psi' = e^{iQ\chi/\hbar c}\psi\ .$$

Dann ist

$$\mathbf{p}\psi' = e^{iQ\chi/\hbar c}\mathbf{p}\psi + \frac{Q}{c}(\nabla\chi)e^{iQ\chi/\hbar c}\psi \ ,$$

so daß

$$\left(\mathbf{p} - \frac{Q}{c}\nabla\chi\right)\psi' = e^{iQ\chi/\hbar c}\mathbf{p}\psi$$

und

$$\frac{1}{2M}\left(\mathbf{p} - \frac{Q}{c}\mathbf{A} - \frac{Q}{c}\nabla\chi\right)^2\psi' = e^{iQ\chi/\hbar c}\frac{1}{2M}\left(\mathbf{p} - \frac{Q}{c}\mathbf{A}\right)^2\psi = e^{iQ\chi/\hbar c}\epsilon\psi \ . \tag{30}$$

$\psi' = e^{iQ\chi/\hbar c}\psi$ genügt also der Schrödinger-Gleichung nach der Eichtransformation (25). Die Energie ϵ bleibt bei dieser Transformation unverändert. Die Eichtransformation von $\mathbf{A}$ ändert nur die örtliche Phase der Wellenfunktion. Man sieht, daß

$$\psi'^*\psi' = \psi^*\psi \ . \tag{31}$$

Die Ladungsdichte bleibt also bei der Eichtransformation erhalten.

Eichung in der London-Gleichung

Wegen der Kontinuitätsgleichung für die Strömung elektrischer Ladungen fordern wir, daß in Supraleitern

$$\mathrm{div}\,\mathbf{j} = 0$$

ist, so daß das Vektorpotential in der London-Gleichung $\mathbf{j} = -c\mathbf{A}/4\pi\lambda_L{}^2$ die Beziehung

$$\mathrm{div}\,\mathbf{A} = 0 \tag{32}$$

erfüllen muß. Weiterhin gibt es keinen Strom durch die Grenzfläche zwischen dem Vakuum und dem Supraleiter. Die Normalkomponente des Stroms auf dieser Grenzfläche muß verschwinden: $j_n = 0$. Deshalb gilt für das Vektorpotential in der London-Gleichung

$$A_n = 0 \ . \tag{33}$$

Die Eichung des Vektorpotentials in der London-Gleichung für die Supraleitung ist so zu wählen, daß (32) und (33) erfüllt werden.

QUANTISIERUNG DER UMLAUFBAHN IN EINEM MAGNETFELD

Zur Behandlung des de Haas-van Alphen-Effekts nehmen wir an, daß die Umlaufbahnen eines Teilchens mit der Ladung Q in einem Magnetfeld nach der Bohr-Sommerfeld-Beziehung quantisiert sind

$$(34)\qquad \oint \mathbf{p}\cdot d\mathbf{r} = (n+\gamma)2\pi\hbar \ ,$$

wobei n eine ganze Zahl ist und γ eine Phasenkorrektur, die für ein freies Elektron den Wert 1/2 hat. Für Gleichung (4) schreiben wir

$$(35)\qquad \mathbf{p} = \hbar\mathbf{k} + \frac{Q}{c}\mathbf{A} \ ,$$

dabei bedeutet $\hbar\mathbf{k}$ den kinetischen Impuls des Teilchens und $\mathbf{A}$ das Vektorpotential des Magnetfeldes. Dann ist

$$(36)\qquad \oint \mathbf{p}\cdot d\mathbf{r} = \oint \hbar\mathbf{k}\cdot d\mathbf{r} + \frac{Q}{c}\oint \mathbf{A}\cdot d\mathbf{r} \ .$$

Die Bewegungsgleichung eines Teilchens mit der Ladung Q in einem Magnetfeld ist

$$(37)\qquad \hbar\frac{d\mathbf{k}}{dt} = \frac{Q}{c}\frac{d\mathbf{r}}{dt}\times\mathbf{B} \ .$$

Das kann nach der Zeit integriert werden und ergibt

$$(38)\qquad \hbar\mathbf{k} = \frac{Q}{c}\mathbf{r}\times\mathbf{B} \ ,$$

abgesehen von einer additiven Konstanten, die keinen Einfluß auf das Endergebnis hat. Eins der Kurvenintegrale in (36) ergibt somit

$$(39)\qquad \oint \hbar\mathbf{k}\cdot d\mathbf{r} = \frac{Q}{c}\oint \mathbf{r}\times\mathbf{B}\cdot d\mathbf{r} = -\frac{Q}{c}\mathbf{B}\cdot\oint \mathbf{r}\times d\mathbf{r} = -\frac{2Q}{c}\Phi \ ,$$

wobei Φ der magnetische Fluß durch die Umlaufbahn im Ortsraum ist. Dabei wurde das folgende geometrische Ergebnis benutzt

$$(40)\qquad \oint \mathbf{r}\times d\mathbf{r} = 2\times\text{(Fläche, die von der Umlaufbahn eingeschlossen wird).}$$

Das andere Kurvenintegral in (36) ist nach dem Stokeschen-Theorem

$$(41)\qquad \frac{Q}{c}\oint \mathbf{A}\cdot d\mathbf{r} = \frac{Q}{c}\int \operatorname{rot}\mathbf{A}\cdot d\boldsymbol{\sigma} = \frac{Q}{c}\int \mathbf{B}\cdot d\boldsymbol{\sigma} = \frac{Q}{c}\Phi \ ,$$

wobei $d\boldsymbol{\sigma}$ das Flächenelement im Ortsraum ist. Das Kurvenintegral des Impulses lautet also

$$(42)\qquad \oint \mathbf{p}\cdot d\mathbf{r} = -\frac{Q}{c}\Phi = (n+\gamma)2\pi\hbar \ ,$$

so daß die Umlaufbahn eines Elektrons derart quantisiert ist, daß der Fluß durch sie der Bedingung

(43) $$\boxed{\Phi_n = (n + \gamma)\frac{2\pi\hbar c}{e}}$$

genügt. In Anhang J werden wir darauf zurückkommen.

Der Wert des Flußquants läßt sich einfach durch die Feinstrukturkonstante $e^2/\hbar c$ ausdrücken:

(44) $$\frac{2\pi\hbar c}{e} = 2\pi e \cdot \frac{\hbar c}{e^2} = 2\pi e(137.04) = 4.14 \times 10^{-7} \text{ gauss-cm}^2 .$$

Für die Theorie des de Haas-van Alphen-Effekts benötigt man die Fläche der Umlaufbahn im Impulsraum. In (43) erhielten wir den Fluß durch die Umlaufbahn im Ortsraum. (37) besagt, daß das Linienelement Δr in einer Ebene senkrecht zu $\mathbf{B}$ mit Δk durch

(45) $$\Delta r = \frac{\hbar c}{eB}\Delta k$$

verbunden ist. Eine Fläche S_n im $\mathbf{k}$ -Raum hängt deshalb mit der Fläche A_n der Umlaufbahn im $\mathbf{r}$ -Raum durch die Beziehung

(46) $$A_n = \left(\frac{\hbar c}{eB}\right)^2 S_n$$

zusammen. Mit (43) folgt deshalb

(47) $$\Phi_n = \left(\frac{\hbar c}{e}\right)^2 \frac{1}{B} S_n = (n + \gamma)\frac{2\pi\hbar c}{e} .$$

Daher gilt für die Fläche einer Umlaufbahn im $\mathbf{k}$ -Raum

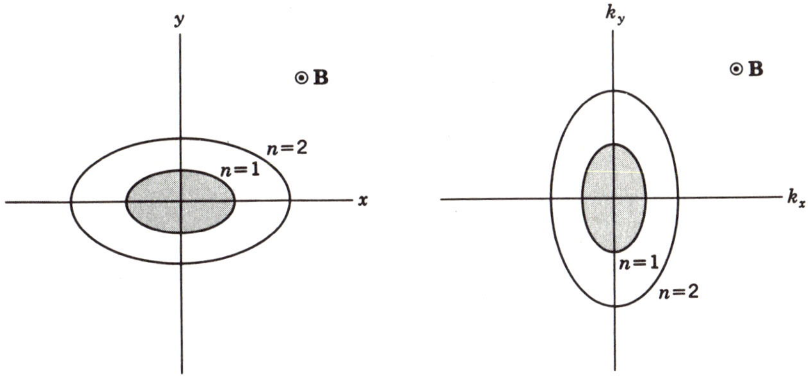

Bild 1: Umlaufbahnen eines Elektrons im Magnetfeld im Orts- und Impulsraum. Die Bahnen sind für $\gamma = 0$ gezeichnet. Der Fluß durch die innere Bahn im Ortsraum ist $2\pi\hbar c/e$.

(48) $$S_n = (n + \gamma)\frac{2\pi e}{\hbar c}B \ .$$

Dieses Ergebnis stammt von L. Onsager und I.M. Lifschitz. In Bild 1 sind zwei Umlaufbahnen gezeichnet.

J. Flußquantisierung in einem supraleitenden Ring

Es wird ein Beweis dafür gebracht, daß der magnetische Gesamtfluß durch einen supraleitenden Ring nur quantisierte Werte annehmen kann, die ganzzahlige Vielfache des Flußquants $2\pi\hbar c/q$ sind, wobei nach dem Experiment $|q| = 2e$ ist. Dieses Ergebnis bestätigt die Bedeutung von Elektronenpaaren bei der Bildung des supraleitenden Zustandes. Dic Flußquantisierung ist ein schönes Beispiel für einen weitreichenden Quanteneffekt. In diesem Fall erstreckt sich die Kohärenz des supraleitenden Zustandes über einen Ring oder ein Solenoid.

Das elektromagnetische Feld ist ein Beispiel für ein Bosonenfeld. Die Intensität des elektrischen Feldes $\mathbf{E}(\mathbf{r})$ wirkt qualitativ wie eine Feldamplitude. In halbklassischer Näherung kann die Energiedichte wie

$$\frac{E^*(\mathbf{r})E(\mathbf{r})}{4\pi} \cong n(\mathbf{r})\hbar\omega \ ,$$

geschrieben werden, wobei $n(\mathbf{r})$ die Zahl der Photonen mit der Frequenz ω pro Volumeneinheit ist. Die Gesamtzahl der Photonen in dem Volumen sei groß verglichen mit eins. Dann ist

$$E(\mathbf{r}) \cong (4\pi\hbar\omega)^{\frac{1}{2}}n(\mathbf{r})^{\frac{1}{2}}e^{i\theta(\mathbf{r})} \ ; \qquad E^*(\mathbf{r}) = (4\pi\hbar\omega)^{\frac{1}{2}}n(\mathbf{r})^{\frac{1}{2}}e^{-i\theta(\mathbf{r})} \ ,$$

wobei $\theta(\mathbf{r})$ die Phase des Feldes ist. Zur Beschreibung von Bosonen führen wir nun ähnlich Wahrscheinlichkeitsamplituden für Teilchen ein, dabei bildet ein Elektronenpaar ein Teilchen. (Die Analogie zu Photonen besteht nicht exakt, sie trägt aber zum Verständnis bei.)

Der Grundzustand eines Supraleiters wird von schwach gebundenen Elektronenpaaren gebildet, sogenannten Cooper-Paaren. Obwohl ein einzelnes Elektron ein Fermion ist, verhält sich ein Elektronenpaar wie ein Boson [1]. Die folgenden Argumente gelten insbesonders für ein Bosone-

[1] Die Kondensationstemperatur der Bosonen, wie sie für Konzentrationen in Metallen berechnet wurde, ist von der Größenordnung der Fermi-Temperatur (10^4 -10^5 K). Die Übergangstemperatur des Supraleiters liegt viel niedriger; bei ihr brechen die Elektronenpaare in zwei Fermionen auf. Das Modell des Supraleiters, der aus nicht wechselwirkenden Bosonen aufgebaut ist, darf nicht zu wörtlich genommen werden, es gibt nämlich 10^6 Elektronen in dem Volumen, das von einem Cooper-Paar besetzt wird.

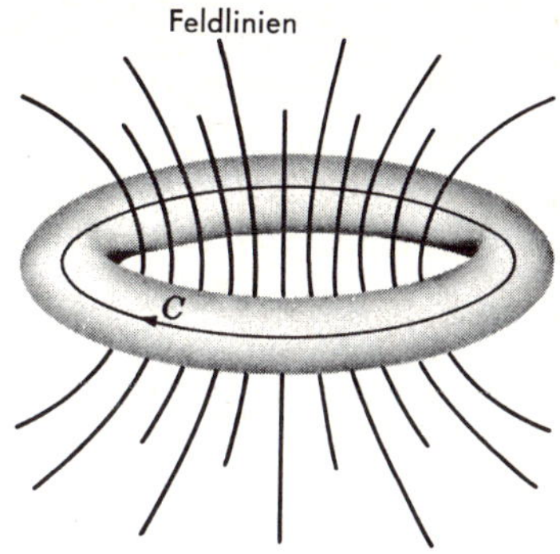

Bild 1: Integrationsweg C durch das Innere eines supraleitenden Ringes.

gas, bei dem sich eine große Zahl von Bosonen in derselben Umlaufbahn befindet. Die Wahrscheinlichkeitsamplitude der Bosonen kann dann wie eine klassische Größe behandelt werden, so wie das elektromagnetische Feld für die Photonen benutzt wird. Die Ausführungen gelten nicht für ein Metall im Normalzustand, da sich ein Elektron im Normalzustand wie ein einzelnes, ungepaartes Fermion verhält.

Zuerst zeigen wir, daß ein geladenes Boson der London-Gleichung in der Form (11.26) genügt.

$\psi(\mathbf{r})$ sei die Wahrscheinlichkeitsamplitude des Teilchens. Wir nehmen an, daß die Dichte

(1) $$n = \psi^*\psi = \text{constant}$$

ist. Am absoluten Nullpunkt ist n halb so groß wie die Elektronendichte im Leitungsband, da n sich auf die Paare bezieht. Dann kann man schreiben

(2) $$\psi = n^{\frac{1}{2}}e^{i\theta(\mathbf{r})} \; ; \qquad \psi^* = n^{\frac{1}{2}}e^{-i\theta(\mathbf{r})} \; .$$

Die Phasendifferenz $\theta(\mathbf{r})$ ist wichtig für das Folgende. Wir machen die gute Näherung, daß ψ eher eine klassische Amplitude als ein Quantenfeldoperator ist.

Benutzt man (I.4), so gilt für die Teilchengeschwindigkeit

(3) $$\mathbf{v} = \frac{1}{m}\left(\mathbf{p} - \frac{q}{c}\mathbf{A}\right) = \frac{1}{m}\left(-i\hbar\nabla - \frac{q}{c}\mathbf{A}\right) .$$

Der Teilchenfluß ist durch

(4) $$\psi^*\mathbf{v}\psi = \frac{n}{m}\left(\hbar\nabla\theta - \frac{q}{c}\mathbf{A}\right)$$

gegeben, deshalb wird die elektrische Stromdichte im Ring, der ein mehrfach zusammenhängender Bereich ist, zu

(5) $$\mathbf{j} = q\psi^*\mathbf{v}\psi = \frac{nq}{m}\left(\hbar\nabla\theta - \frac{q}{c}\mathbf{A}\right) .$$

Auf beiden Seiten bilden wir die Rotation und erhalten

(6) $$\text{rot } \mathbf{j} = -\frac{nq^2}{mc}\mathbf{B} ,$$

wobei wir die Tatsache benutzt haben, daß die Rotation des Gradienten eines Skalars gleich Null ist. Gleichung (6) ist eine Form der London-Gleichung.

Die Quantisierung des magnetischen Flußes durch einen Ring ist eine Aufsehen erregende Konsequenz von Gleichung (5). C sei ein geschlossener Weg durch das Innere eines supraleitenden Materials, der weit genug entfernt von der Oberfläche verläuft (Bild 1). Der Meißner-Effekt besagt, daß **B** und **j** im Inneren Null sind. (5) wird aber Null, wenn

(7) $$\hbar c\nabla\theta = q\mathbf{A} .$$

Für die Phasenänderung beim einmaligen Umlaufen des Ringes gilt

(8) $$\oint_C \nabla\theta \cdot dl = \theta_2 - \theta_1 .$$

In der klassischen Näherung ist die Wahrscheinlichkeitsamplitude meßbar, deshalb kann ψ nur einen Wert annehmen und es muß

(9) $$\theta_2 - \theta_1 = 2\pi s ,$$

sein, wobei s eine ganze Zahl ist.

Nach dem Stokeschen-Theorem gilt weiterhin

(10) $$\oint_C \mathbf{A} \cdot dl = \int_C (\text{rot } \mathbf{A}) \cdot d\boldsymbol{\sigma} = \int_C \mathbf{B} \cdot d\boldsymbol{\sigma} = \Phi ,$$

wobei $d\boldsymbol{\sigma}$ ein Flächenelement auf der Fläche ist, die von C eingeschlossen wird. Φ ist der magnetische Fluß durch C. Mit (7), (9) und (10) erhält man

$$2\pi\hbar cs = q\Phi ,$$

oder

(11) $$\Phi = \left(\frac{2\pi\hbar c}{q}\right)s .$$

Der Fluß durch den Ring ist also in ganzzahlige Vielfache von $2\pi\hbar c/q$ quantisiert [2]. Nach dem Experiment ist $q = -2e$ was für Elektronenpaare stimmt. Das Flußquant in einem Supraleiter ist also

$$\frac{2\pi\hbar c}{2e} \cong 2.07 \times 10^{-7} \text{ gauss-cm}^2 \; . \tag{12}$$

Die Einheit des Flußes nennt man **Fluxoid.** Es sei noch bemerkt, daß das einfache Ergebnis (11) nicht stimmt, wenn der Fluß den Ring selbst durchdringt, etwa bei einem Ring aus dünnem Material.

Der Fluß durch den Ring setzt sich aus dem Fluß Φ_{ext} äußerer Quellen und dem Fluß Φ_{sc} der Supraleitungsströme zusammen, die an der Oberfläche des Rings fließen:

$$\Phi = \Phi_{ext} + \Phi_{sc} \; . \tag{13}$$

Der Fluß Φ ist quantisiert. Da es normalerweise keine Quantisierungsbedingung für den Fluß der äußeren Quellen gibt, muß sich Φ_{sc} selbst entsprechend einstellen, damit Φ den quantisierten Wert annimmt.

K. Josephson-Tunneleffekt in Supraleitern

In Kapitel 12 besprachen wir das quantenmechanisch mögliche Tunneln [1] einzelner Elektronen von einem Supraleiter durch einen Isolator in einen weiteren Supraleiter oder ein normales Metall. Die dort gezeigten Ergebnisse sind typisch für Tunnelexperimente, wenn bei der Konstruktion der Verbindung nicht besondere Vorkehrungen getroffen werden, wie sie weiter unten beschrieben werden.

Unter geeigneten Bedingungen beobachtet man einen bemerkenswerten Effekt, der mit dem Tunneln supraleitender Elektronenpaare von einem Supraleiter durch eine Isolatorschicht in einen anderen Supraleiter zusammenhängt (Bild 1). Das Tunneln von Paaren unterscheidet sich wesentlich vom Tunneln einzelner Teilchen. Es schließt folgende Effekte ein:

Gleichstrom-Josephson-Effekt (DC-Josephson-Effekt): Ohne daß irgendein elektrisches oder magnetisches Feld angelegt wird, fließt ein Gleichstrom durch die Verbindung.

---

[2] Der Effekt wurde von B.S. Deaver, Jr. und W.M. Fairbank, Phys. Rev. Letters **7**, 43 (1961) entdeckt, ebenso von R. Doll und M. Näbauer, Phys. Rev. Letters **7**, 51 (1961).

[1] Jedes Tunneln ist ein Quanteneffekt: Unter Tunneln verstehen wir das Durchdringen eines Potentialwalls durch ein Teilchen, d.h. das Durchdringen eines Bereiches, der dem Teilchen in der klassischen Mechanik versperrt ist.

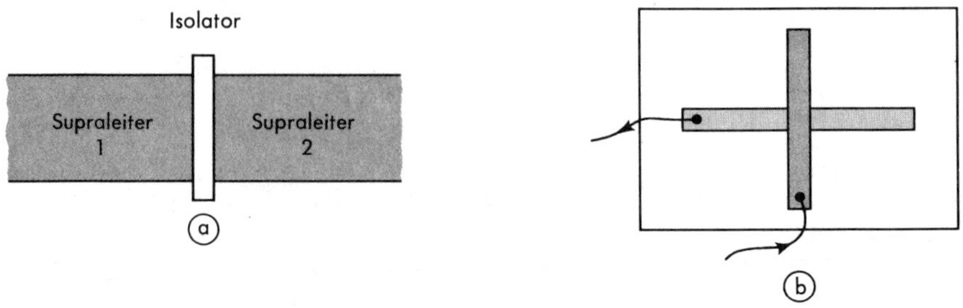

Bild 1a: Eine Tunnelverbindung, die aus zwei durch eine dünne Isolierschicht getrennten Supraleitern besteht. Der Isolator kann eine Oxidschicht mit einer Dicke von ungefähr 10 Å sein, die sich auf einem der Supraleiter bildet.

Bild 1b: In der Praxis kann eine Tunnelverbindung durch Aufdampfen eines rechteckigen Bleistreifens auf einen gläsernen Objektträger hergestellt werden. Der Streifen kann dann oxidieren und ein zweiter Bleistreifen wird rechtwinklig zum ersten angebracht. Der Widerstand der Verbindung kann von der Grössenordnung von 1 Ohm sein, die Kontaktfläche von 10^{-4} cm^2 und der größte Josephsonstrom um 1 m A liegen. Das Erdmagnetfeld erzeugt den nachteiligen Effekt einer Phasenverschiebung über der Verbindungsfläche, so daß es eventuell abgeschirmt werden muß.

Wechselstrom-Josephson-Effekt (AC-Josephson-Effekt): Eine an die Verbindung angelegte Gleichspannung erzeugt in der Verbindung einen oszillierenden Strom im Radiofrequenzbereich. Dieser Effekt wurde zur präzisen Bestimmung des Wertes $\hbar/e$ herangezogen. Ein zusammen mit einer Gleichspannung angelegter Wechselstrom im Radiofrequenzbereich kann dann weiterhin einen Gleichstrom in der Verbindung erzeugen.

Makroskopische, quantisierte Interferenz: Ein durch einen supraleitenden Kreis, der zwei solche Verbindungen enthält, durchgeführtes konstantes Magnetfeld bewirkt, daß der maximale Strom Interferenzeffekte als Funktion der Magnetfeldintensität aufweist. Dieser Effekt kann für hochempfindliche Magnetometer benutzt werden.

Unsere Diskussion der Phänomene einer Josephson-Verbindung schließt sich an die Erläuterungen des Anhangs J an.

DC-JOSEPHSON-EFFEKT

ψ_1 und ψ_2 seien die Wahrscheinlichkeitsamplituden von Elektronenpaaren auf der einen bzw. anderen Seite einer Josephson-Verbindung. Zur Vereinfachung seien beide Supraleiter identisch. Zunächst nehmen wir an, daß beide auf dem Potential Null sind.

Die zeitabhängige Schrödinger-Gleichung $i\hbar\partial\psi/\partial t = \mathcal{H}\psi$ auf beide Amplituden angewendet, ergibt

$$(1) \qquad i\hbar\frac{\partial\psi_1}{\partial t} = \hbar T\psi_2 \ ; \qquad i\hbar\frac{\partial\psi_2}{\partial t} = \hbar T\psi_1 \ ,$$

was eine starke, jedoch ausgezeichnete Vereinfachung dieses Problems ist. Hierbei soll $\hbar T$ den Effekt der Elektronenpaarkopplung oder die **Transferwechselwirkung** durch den Isolator beschreiben. T hat die Einheit einer Frequenz und ist ein Maß für das Eindringen von ψ_1 in den Bereich 2 und von ψ_2 in den Bereich 1. Falls der Isolator sehr dick ist, wird T gleich Null und kein Paar tunnelt.

Es sei

$$(2) \qquad \psi_1 = n_1^{\frac{1}{2}}e^{i\theta_1} \ ; \qquad \psi_2 = n_2^{\frac{1}{2}}e^{i\theta_2} \ .$$

Dann ist

$$(3) \qquad \frac{\partial\psi_1}{\partial t} = \tfrac{1}{2}n_1^{-\frac{1}{2}}e^{i\theta_1}\frac{\partial n_1}{\partial t} + i\psi_1\frac{\partial\theta_1}{\partial t} = -iT\psi_2 \ ,$$

wobei (1) in der Form $\partial\psi_1/\partial t = -iT\psi_2$ benutzt wurde. Ebenso gilt dann

$$(4) \qquad \frac{\partial\psi_2}{\partial t} = \tfrac{1}{2}n_2^{-\frac{1}{2}}e^{i\theta_2}\frac{\partial n_2}{\partial t} + i\psi_2\frac{\partial\theta_2}{\partial t} = -iT\psi_1 \ .$$

Wir multiplizieren (3) mit $n_1^{\frac{1}{2}}e^{-i\theta_1}$ und erhalten mit $\delta \equiv \theta_2 - \theta_1$,

$$(5) \qquad \frac{1}{2}\frac{\partial n_1}{\partial t} + in_1\frac{\partial\theta_1}{\partial t} = -iT(n_1n_2)^{\frac{1}{2}}e^{i\delta} \ .$$

Multiplikation von (4) mit $n_2^{\frac{1}{2}}e^{-i\theta_2}$ ergibt

$$(6) \qquad \frac{1}{2}\frac{\partial n_2}{\partial t} + in_2\frac{\partial\theta_2}{\partial t} = -iT(n_1n_2)^{\frac{1}{2}}e^{-i\delta} \ .$$

Der Vergleich von Real- bzw. Imaginärteil in (5) und ebenso in (6) liefert

$$(7) \qquad \frac{\partial n_1}{\partial t} = 2T(n_1n_2)^{\frac{1}{2}}\sin\delta \ ; \qquad \frac{\partial n_2}{\partial t} = -2T(n_1n_2)^{\frac{1}{2}}\sin\delta \ ;$$

$$(8) \qquad \frac{\partial\theta_1}{\partial t} = -T\left(\frac{n_2}{n_1}\right)^{\frac{1}{2}}\cos\delta \ ; \qquad \frac{\partial\theta_2}{\partial t} = -T\left(\frac{n_1}{n_2}\right)^{\frac{1}{2}}\cos\delta \ .$$

Ist $n_1 \cong n_2$ wie bei identischen Supraleitern, so erhält man aus (8)

$$(8a) \qquad \frac{\partial\theta_1}{\partial t} = \frac{\partial\theta_2}{\partial t} \ ; \qquad \frac{\partial}{\partial t}(\theta_2 - \theta_1) = 0 \ .$$

Aus (7) sieht man, daß

$$(9) \qquad \frac{\partial n_2}{\partial t} = -\frac{\partial n_1}{\partial t} \ .$$

Der Strom von (1) nach (2) ist proportional zu $\partial n_2/\partial t$ oder, was das gleiche ist, proportional zu $-\partial n_1/\partial t$. Aus (7) schließen wir deshalb, daß der Strom J supraleitender Paare durch die Verbindung von der Phasendifferenz δ wie

$$J = J_0 \sin \delta = J_0 \sin (\theta_2 - \theta_1) \tag{10}$$

abhängt, wobei J_0 proportional zur Transferwechselwirkung T ist. Der Strom J_0 ist der größte Strom, der ohne Spannung durch die Verbindung fließen kann.

Ohne daß also eine Spannung angelegt wird, fließt ein Gleichstrom mit einem Wert zwischen J_0 und $-J_0$ durch die Verbindung, je nachdem wie groß die Phasedifferenz $\theta_2 - \theta_1$ ist. Das ist der Gleichstrom-Josephson-Effekt (Bild 2).

AC-JOSEPHSON-EFFEKT

An die Verbindung sei eine Spannung V angelegt. Dies ist möglich, da die Verbindung ein Isolator ist. Beim Durchlaufen der Verbindung ändert sich die potentielle Energie eines Elektronenpaares um den Wert qV, wo-

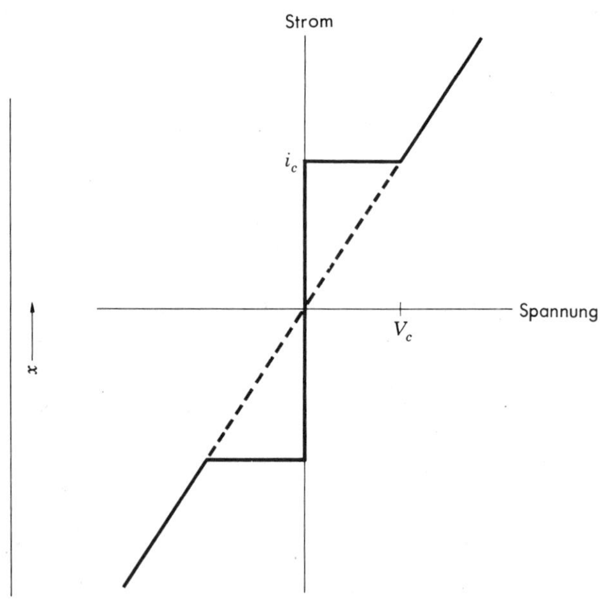

Bild 2: Strom-Spannungscharakteristik einer Josephson-Verbindung. Ohne angelegte Spannung fließen Gleichströme bis zu einem kritischen Strom der Stärke i_c : Das ist der DC-Josephsoneffekt. Bei Spannungen über V_c hat die Verbindung einen bestimmten Widerstand, der Strom hat jedoch einen oszillierenden Anteil mit der Frequenz $\omega = 2eV/\hbar$: Das ist der AC-Josephsoneffekt.

bei q = - 2 e ist. Wir können also sagen, daß ein Paar auf der einen Seite die potentielle Energie - eV und ein Paar auf der anderen Seite die potentielle Energie + eV hat. Die Bewegungsgleichungen, die (1) ersetzen, sind also

$$(11)\qquad i\hbar\frac{\partial\psi_1}{\partial t} = \hbar T\psi_2 - eV\psi_1 \ ; \qquad i\hbar\frac{\partial\psi_2}{\partial t} = \hbar T\psi_1 + eV\psi_2 \ .$$

Wir fahren wie oben fort und finden statt (5) die Gleichung

$$(12)\qquad \frac{1}{2}\frac{\partial n_1}{\partial t} + in_1\frac{\partial\theta_1}{\partial t} = ieV\, n_1\hbar^{-1} - iT(n_1n_2)^{\frac{1}{2}}e^{i\delta} \ .$$

Die Gleichung zerfällt in den Realteil

$$(13)\qquad \frac{\partial n_1}{\partial t} = 2T(n_1n_2)^{\frac{1}{2}}\sin\delta \ ,$$

genau wie in dem Fall ohne Spannung V, und den Imaginälteil

$$(14)\qquad \frac{\partial\theta_1}{\partial t} = \frac{eV}{\hbar} - T\left(\frac{n_2}{n_1}\right)^{\frac{1}{2}}\cos\delta \ ,$$

der sich von (8) durch den Term $eV/\hbar$ unterscheidet.

Durch Erweiterung von (6) erhält man dann

$$(15)\qquad \frac{1}{2}\frac{\partial n_2}{\partial t} + in_2\frac{\partial\theta_2}{\partial t} = -i\, eV\, n_2\hbar^{-1} - iT(n_1n_2)^{\frac{1}{2}}e^{-i\delta} \ ,$$

woraus

$$(16)\qquad \frac{\partial n_2}{\partial t} = -2T(n_1n_2)^{\frac{1}{2}}\sin\delta \ ;$$

$$(17)\qquad \frac{\partial\theta_2}{\partial t} = -\frac{eV}{\hbar} - T\left(\frac{n_1}{n_2}\right)^{\frac{1}{2}}\cos\delta$$

folgt. Aus (14) und (17) erhält man dann mit $n_1 \cong n_2$

$$(18)\qquad \frac{\partial(\theta_2-\theta_1)}{\partial t} = \frac{\partial\delta}{\partial t} = -\frac{2eV}{\hbar} \ .$$

Nach Integration von (18) sehen wir, daß mit einer an die Verbindung angelegten Gleichspannung sich die Phasendifferenz der Wahrscheinlichkeitsamplituden wie

$$(19)\qquad \delta(t) = \delta(0) - \frac{2eVt}{\hbar}$$

ändert.

Der Strom ist nun durch (10) mit der Phase (19) gegeben:

$$(20)\qquad \boxed{J = J_0\sin\left[\delta(0) - \frac{2eVt}{\hbar}\right]} \ .$$

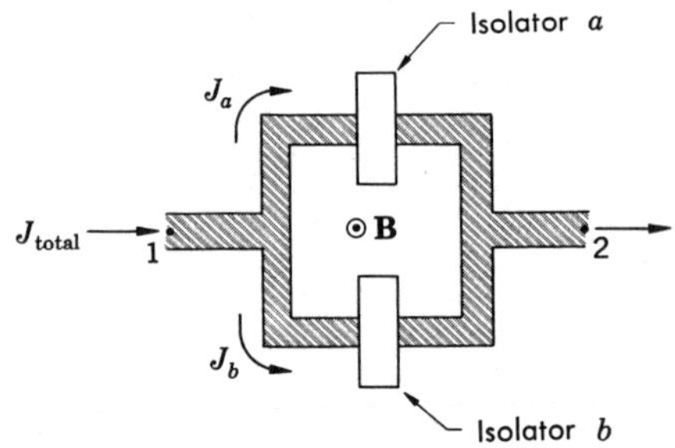

Bild 3: Anordnung eines Experiments zur makroskopischen, quantisierten Interferenz. Durch das Innere der Schleife dringt der magnetische Fluß Φ .

Der Strom oszilliert mit der Frequenz

$$(21) \qquad \omega = \frac{2eV}{\hbar} .$$

Das ist der **Wechselstrom-Josephson-Effekt.** Eine Gleichspannung von 1 μV erzeugt eine Frequenz von 483, 6 MHz.

Die Beziehung (21) besagt, daß ein Photon der Energie $\hbar\omega = 2\,eV$ emittiert oder absorbiert wird, wenn ein Elektronenpaar die Grenzschicht durchläuft. Die Messung der Spannung und der Frequenz liefert einen sehr genauen Wert von $e/\hbar$ [2]).

MAKROSKOPISCHE, QUANTISIERTE INTERFERENZ

In Anhang J sahen wir, daß die Phasendifferenz entlang eines geschlossenen Kreises, der insgesamt den magnetischen Fluß Φ umschließt, durch

$$(22) \qquad \theta_2 - \theta_1 = \frac{2e}{\hbar c}\Phi$$

gegeben ist. Der Fluß setzt sich aus dem des äußeren Feldes und aus dem Fluß der Ströme in dem Kreis selbst zusammen. Betrachten wir nun zwei parallel geschaltete Josephson-Verbindungen (Bild 3). Es sei keine Spannung angelegt.

Die Phasendifferenz zwischen den Punkten 1 und 2 entlang des Weges a sei δ_a . Entlang eines Weges durch die Verbindung b sei die Phasendifferenz δ_b . Ohne Magnetfeld müssen beide Phasen gleich sein. Nun durchdringe ein Fluß Φ das Innere des Kreises. Dies können wir durch

---

[2]) W.H.Parker, B.N.Taylor und D.N.Langenberg, Phys. Rev. Letters **18**, 187 (1967).

ein gerades Solenoid erreichen, das senkrecht zur Papierebene und innerhalb des Kreises liegt. Nach (22) ist

(23) $$\delta_b - \delta_a = \frac{2e}{\hbar c}\Phi$$

oder

(24) $$\delta_b = \delta_0 + \frac{e}{\hbar c}\Phi \; ; \qquad \delta_a = \delta_0 - \frac{e}{\hbar c}\Phi \; .$$

Der Gesamtstrom ist die Summe aus J_a und J_b. Der Strom durch jede Verbindung hat die Form (10), so daß

$$J_{\text{Total}} = J_0\left\{\sin\left(\delta_0 + \frac{e}{\hbar c}\Phi\right) + \sin\left(\delta_0 - \frac{e}{\hbar c}\Phi\right)\right\} = 2(J_0 \sin\delta_0)\cos\frac{e\Phi}{\hbar c} \; .$$
(25)

Der Strom ändert sich mit Φ. Die Stromstärke hat ihr Maximum, wenn

(26) $$\frac{e\Phi}{\hbar c} = r\pi \; , \qquad r = \text{ganzzahlig}.$$

Bild 4 zeigt die Periodizität des Stromes. Die Änderung mit der kurzen Periode ist der durch (25) und (26) vorhergesagte Interferenzeffekt der beiden Verbindungen. Die Änderung über den gesamten Bereich ist ein

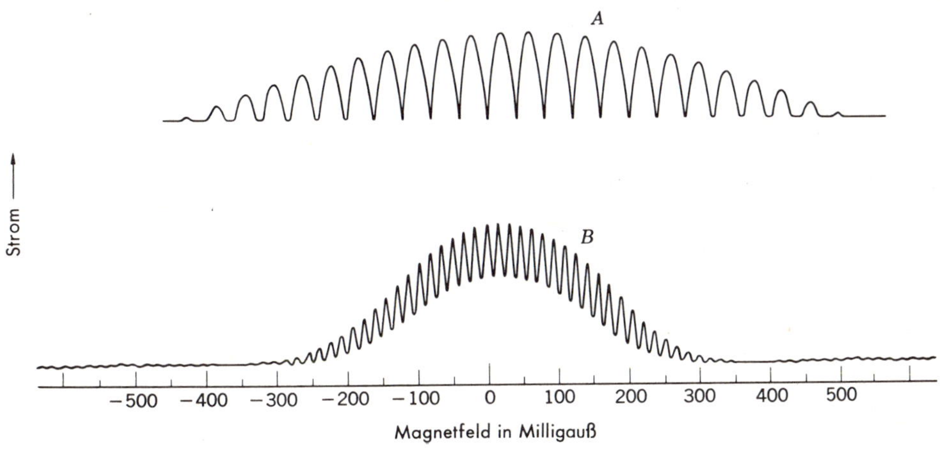

Bild 4: Experimentelle Aufzeichnung von I_{max} gegen das Magnetfeld, die den Interferenz- und Beugungseffekt zweier Verbindungen A und B zeigt. Die Perioden des Feldes sind 39,5 und 16 mG für A bzw. B. Die größten Stromstärken sind ungefähr 1 mA (A) und 0,5 mA (B). In beiden Fällen ist der Abstand der Verbindungen 3 mm und die Größe der Verbindungen 0,5 mm. Der Nullrückgang bei A rührt von einem magnetischen Untergrundfeld her. (Nach R.C. Jaklevic, J. Lambe, J.E. Mercereau und A.H. Silver, Phys. Rev. **140**, A 1628 (1965).)

Beugungseffekt, der durch die endliche Ausdehnung jeder Verbindung entsteht, wodurch Φ vom Integrationsweg abhängig wird. Das Tunneln von Paaren wurde wegen dieses Beugungseffektes nicht schon früher bei Tunnelexperimenten mit einzelnen Teilchen beobachtet. Einzelne Teilchen unterliegen keinem Beugungseffekt, der Beitrag der Paare jedoch wird durch die Beugung aufgehoben, wenn man nicht besondere Vorkehrungen bei der Konstruktion und der magnetischen Abschirmung trifft.

LITERATURVERZEICHNIS

B.D. Josephson, Physics Letters **1**, 251 (1662). (schwierig)

R. Feynman, Vorlesungen über Physik, R. Oldenbourg und Addison-Wesley, 1971, Band III, Kapitel 21/9. (einfachste Darstellung)

J. Clarke, The Josephson effect and $e/\hbar$, Amer. J. Phys. **38**, 1071 (1970). (ausgezeichnete elementare Zusammenfassung)

G. F. Zharkov, Sov. Phys. Uspekhi **9**, 198 (1966). (guter Überblick)

P.W. Anderson, in, Lectures on the many-body problem, E.R. Caianiello, Herausgeber, Academic Press, 1964; Band 2, Seite 113-135. (zum physikalischen Verständnis)

P.W. Anderson und J. M. Rowell, Probable observation of the Josephson superconducting tunnel effect, Phys. Rev. Letters **10**, 230 (1963).

R.C. Jaklevic, J. Lamb, A.H. Silver und J.E. Mercereau, Quantum interference effects in Josephson tunneling, Phys. Rev. Letters **12**, 159 (1964); Quantum interference from a static vector potential in a field free region, Phys. Rev. Letters **12**, 274 (1964); Macroscopic quantum interference in superconductors, Phys. Rev. **140**, A 1628 (1965). (ausgezeichnete Veröffentlichungen)

Zum AC-Josephsoneffekt

S. Shapiro, Phys. Rev. Letters **11**, 80 (1963).

R.E. Eck, D.J. Scalapino, und B.N. Taylor, Phys. Rev. Letters **13**, 15 (1964).

D.D. Coon und M.D. Fiske, Phys. Rev. **138**, A 744 (1965).

P.L. Richards, S. Shapiro und C.C. Grimes, Student laboratory demonstration of flux quantization and the Josephson effect in superconductors, Amer. J. Phys. **36**, 690 (1968).

L. BCS-Theorie der Energielücke eines Supraleiters

Die BCS-Theorie ist in ihrer ursprünglichen Form[1]) nicht schwer zu verstehen. Noch einfacher erscheint sie, wenn man nach P. W. Anderson eine Spinanalogie zu Hilfe zieht. Eine ausführliche Behandlung ist in *QTS*, Kapitel 8 gegeben. Das Wesentliche an der Theorie des Grundzustandes läßt sich ohne große mathematischen Schwierigkeiten verstehen, wenn man noch einige vereinfachende Annahmen macht. Wir werden deshalb zuerst ein mathematisches Problem betrachten, das für das spätere einen sehr nützlichen Hintergrund liefert. Es handelt sich jetzt also nicht um die Supraleitfähigkeit, doch ist der Zusammenhang damit sehr eng.

Ein spezielles Eigenwertproblem

Wir betrachten ein nicht gestörtes Einteilchensystem, in dessen Termschema eines der Niveaus R-fach entartet ist und außerdem eine Energie hat, die weit von allen anderen Niveaus entfernt ist. Mit anderen Worten, wir betrachten R unabhängige Zustände des Systems, die alle dieselbe Energie haben. Jetzt soll eine zusätzliche Wechselwirkung, eine schwache Störung, berücksichtig werden. Dadurch spalten die R Zustände auf und besitzen nicht mehr alle dieselbe Energie, sondern überdekken stattdessen einen gewissen Energiebereich.

Die zu dem entarteten Niveau gehörigen R Zustände seien mit $\varphi_1, \varphi_2, \ldots$ bezeichnet. Sie erfüllen die Schrödinger-Gleichung des ungestörten Problems. Der Nullpunkt der Energie kann so gewählt werden, daß $H_0\varphi = 0$ ist. In erster Näherung lassen sich die neuen Zustände des Systems in Anwesenheit der Störung U als Linearkombination der alten Zustände schreiben[2]):

$$\psi_j = \sum_{s=1}^{R} c_{js}\varphi_s. \tag{1}$$

Die auf diese Art gebildeten ψ's sollen exakte Lösungen der Schrödinger-Gleichung des gestörten Systems sein:

$$(H_0 + U)\psi_j = U\psi_j = \epsilon_j\psi_j. \tag{2}$$

1) J. Bardeen, L. N. Cooper und J. R. Schrieffer, Phys. Rev. **106**, 162 (1957); **108**, 1175 (1957).

2) Dies ist gerade die quantenmechanische Störungstheorie erster Ordnung für entartete Zustände.

Hier ist auf Grund der Wahl des Energienullpunktes $H_0\psi_j = 0$. Mit (1) läßt sich (2) schreiben als

$$\sum_s c_{js} U\varphi_s = \epsilon_j \sum_s c_{js}\varphi_s. \tag{3}$$

Jetzt werden beide Seiten von (3) mit irgendeinem φ_m^* multipliziert und anschließend über das Volumen integriert. Mit der Matrixschreibweise $\langle m|U|s\rangle$ für das Integral mit U erhält man

$$\sum_s c_{js}\langle m|U|s\rangle = \epsilon_j c_{jm}. \tag{4}$$

Der Ausdruck auf der rechten Seite ergibt sich infolge der Orthogonalität und der Normierung der φ's.

Es gibt R Gleichungen der Form (4), je eine für die R verschiedenen Möglichkeiten, ein φ_m^* auszuwählen, mit dem (3) multipliziert wird. Für jedes j erhält man einen identischen Satz von R unabhängigen simultanen Gleichungen für die R Unbekannten c_{jm}. Diese Gleichungen haben nur dann eine nichttriviale Lösung, wenn die Determinante aus den Koeffizienten der c_{jm} verschwindet:

$$\begin{vmatrix} \langle 1|U|1\rangle - \epsilon \cdots \langle 1|U|R\rangle \\ \vdots \\ \langle R|U|1\rangle \cdots \langle R|U|R\rangle - \epsilon \end{vmatrix} = 0. \tag{5}$$

Die Aufgabe besteht jetzt darin, die Wurzeln ϵ dieser Determinante zu bestimmen; dies kann im Einzelfall ein sehr verwickeltes numerisches Problem sein.

Es gibt jedoch einen besonders einfachen Fall, für den sich die Wurzeln durch Raten finden lassen. Dazu nehmen wir an, jedes Matrixelement sei gleich Eins. Dann vereinfacht sich (5) zu

$$\begin{vmatrix} 1-\epsilon & 1 & \cdots & 1 \\ 1 & 1-\epsilon & \cdots & 1 \\ \vdots & & & \\ 1 & 1 & \cdots & 1-\epsilon \end{vmatrix} = 0. \tag{6}$$

Die Eigenwerte von (6) lassen sich jetzt auf einfache Weise bestimmen.

Es gibt einen mathematischen Satz, der besagt, daß die Summe aller Wurzeln einer Determinante gleich der Summe aller Diagonalelemente $\langle j|U|j\rangle$ ist. Die Summe der Diagonalelemente von (6) ist R, und damit ist

$$\sum_{j=1}^{R} \epsilon_j = R. \tag{7}$$

Nach einem weiteren Satz ist die Summe der Quadrate aller Wurzeln einer Determinante gleich der Summe der Quadrate aller Elemente der Determinante. Also

$$(8)\qquad \sum_{j=1}^{R} \epsilon_j^2 = R^2.$$

Wir behaupten nun, daß eine Wurzel der Determinante (6), z. B. ϵ_1, den Wert R hat und daß die anderen $R-1$ Wurzeln alle gleich Null sind. Diese Lösung befriedigt beide Forderungen (7) und (8). Es ist nun zu beweisen, daß es tatsächlich eine Wurzel mit dem Wert R gibt. Dazu bildet man die symmetrische Kombination der Basisvektoren φ_s:

$$(9)\qquad \psi_1 = R^{-1/2} \sum_s \varphi_s .$$

Dann ist die Energie

$$(10)\qquad \epsilon_1 = \langle \psi_1 | U | \psi_1 \rangle = \frac{1}{R} \sum_{js} \langle j|U|s \rangle = \frac{1}{R} R^2 = R.$$

Diese Wurzel alleine ergibt schon die Summe (8). Die anderen Wurzeln müssen also null sein. Q. E. D.

Wenn das Potential U eine anziehende und stark lokalisierte Wechselwirkung beschreibt, so werden die Matrixelemente in (4) und (5) negativ und ungefähr gleich groß. Für alle Zustände j, s gelte die Annahme

$$(11)\qquad \langle j|U|s \rangle = -\delta .$$

Hier ist δ eine positive Konstante. Eine entsprechende Modifikation von (6), (8) und (10) liefert dann

$$(12)\qquad \epsilon_1 = -R\delta .$$

Dieser Einzelzustand liegt, wie in Bild E. 1 eingezeichnet, abgespalten unter dem restlichen Spektrum: es tritt eine Energielücke zwischen dem

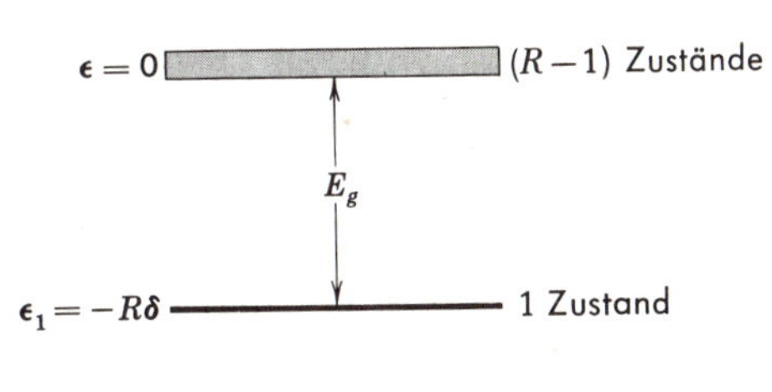

Bild 1: Energieeigenwertspektrum für R Zustände, die durch eine Störung U gekoppelt sind; die Störung besitzt für alle Zustände j und s gleiche Matrixelemente $\langle j|U|s \rangle = -\delta$. Man beachte, daß ein einzelner Zustand durch eine Energielücke $E_g = R\delta$ abgespalten ist.

Grundzustand und dem ersten angeregten Zustand auf. Man ersieht daraus eine bemerkenswerte Stabilisierung eines einzelnen Zustands; obgleich die Wechselwirkung δ schwach sein kann, ist $R\delta$ groß, wenn nur die Entartung R groß ist.

Elektronenpaare und supraleitender Zustand

In dem eben behandelten Problem gehörten die Zustände φ_s zu einem Einteilchensystem. Jetzt wollen wir ein System aus N freien Elektronen betrachten, zwischen denen anfangs keine gegenseitige Wechselwirkung besteht. Die verschiedenen Zustände Φ des N-Teilchensystems lassen sich durch die Angabe der Besetzungszahlen aller Einteilchenzustände charakterisieren (diese sind wegen des Pauli-Prinzips entweder null oder eins). Einen Einelektronenzustand kann man z. B. durch $\mathbf{k}\uparrow$ festlegen; das bedeutet, der Wellenvektor ist $\mathbf{k}$ und der Spin nach oben gerichtet. Will man den Zustand des gesamten N-Teilchensystems mit Hilfe von Einteilchenzuständen ausdrücken, so ist es sehr zweckmäßig, die Bezeichnungen der besetzten Einteilchenzustände anzugeben. Beim Fehlen von Wechselwirkungen zwischen den Elektronen ist jeder Einteilchenzustand entweder besetzt oder leer. Man kann dann schreiben

$$\Phi_s \equiv \mathbf{k}_1\uparrow;\ \mathbf{k}_2\downarrow;\ \mathbf{k}_3\downarrow;\ \ldots\ ;\ \mathbf{k}_N\uparrow. \tag{13}$$

Die tiefgestellten Indizes an den $\mathbf{k}$ bezeichnen die speziellen Werte der Wellenvektoren gemäß irgendeiner willkürlich getroffenen Übereinkunft.

Es sei nun eine Wechselwirkung[3]) eingeführt, die paarweise zwischen den Elektronen bestehe:

$$\mathfrak{U} = \sum_{nm} U(\mathbf{r}_m - \mathbf{r}_n). \tag{14}$$

Jeder Term der Summe bewirkt eine Streuung zweier Elektronen (z. B. der beiden an den Stellen p und r in der Wellenfunktion Φ_s) in zwei unbesetzte Elektronenzustände, d. h. in solche, die in Φ_s nicht schon als besetzt erscheinen. Mit anderen Worten, ein Streuprozeß führt das System aus dem N-Teilchenzustand Φ_s in einen anderen N-Teilchenzustand Φ_u über.

---

[3]) In Supraleitern ergeben sich die wichtigen Beiträge zu U aus der Coulomb-Abstoßung und aus der indirekten Kopplung zweier Elektronen über die Gitterverzerrungen, die bei der Elektron-Phonon-Wechselwirkung auftreten. Die gesamte Wechselwirkung kann anziehend werden für Elektronen, die in der Nähe der Fermi-Fläche sitzen, insbesondere für solche, die sich innerhalb einer Debye-Energie $\pm\hbar\omega_D$ von der Fermi-Kante entfernt aufhalten. Es sind dann gerade diese Elektronen, die entsprechend (16) den supraleitenden Grundzustand aufbauen.

Es erhebt sich nun die Frage, ob man hier ebenso wie vorher[4]) die weitreichende Annahme machen kann, daß die Matrixelemente der Wechselwirkung $\mathfrak{U}$ zwischen allen Zuständen Φ_s und Φ_u gleich sind. Dies wird im allgemeinen nicht möglich sein. Zum einen ist keine Streuung von $\Phi_s \equiv \mathbf{k}_1\uparrow; \mathbf{k}_2\downarrow; \mathbf{k}_3\downarrow \ldots$ zu einem Zustand mit verschiedenem Gesamtspin wie z. B. $\Phi_v \equiv \mathbf{k}_a\downarrow; \mathbf{k}_b\downarrow; \mathbf{k}_3\downarrow \ldots$ möglich, da die Wechselwirkung (14) keine Spinoperatoren enthält und damit auch nicht in der Lage ist, den Gesamtspin des Systems zu ändern. Teilchen in $\mathbf{k}_1\uparrow$ und $\mathbf{k}_2\downarrow$ können nicht nach $\mathbf{k}_a\downarrow$ und $\mathbf{k}_b\downarrow$ gestreut werden. Das Matrixelement von $\mathfrak{U}$ zwischen Φ_s und Φ_v ist also null. Zum zweiten können Matrixelemente auftauchen, die entweder Plus- oder Minuszeichen besitzen: wenn die Teilchen mit einem positiven Matrixelement aus $\Phi_s \equiv \mathbf{k}_1\uparrow; \mathbf{k}_2\downarrow; \mathbf{k}_3\downarrow \ldots$ nach $\Phi_w \equiv \mathbf{k}_c\uparrow; \mathbf{k}_d\downarrow; \mathbf{k}_3\downarrow \ldots$ gestreut werden können, so ist auch eine Streuung nach $\Phi_x \equiv \mathbf{k}_d\downarrow; \mathbf{k}_c\uparrow; \mathbf{k}_3\downarrow \ldots$ möglich. Nun unterscheidet sich aber Φ_x von Φ_w nur durch den Stellungswechsel von $\mathbf{k}_c\uparrow$ und $\mathbf{k}_d\downarrow$. Nach dem Pauli-Prinzip bewirkt die Umkehrung der Reihenfolge zweier Zustände oder zweier Elektronen in einer Wellenfunktion einen Vorzeichenwechsel der Wellenfunktion. Also ist

$$(15) \qquad \langle w|\mathfrak{U}|s\rangle = -\langle x|\mathfrak{U}|s\rangle.$$

Dies besagt aber, daß nicht alle Matrixelemente dasselbe Vorzeichen besitzen können.

Es gibt nun aber eine raffinierte Methode, die Matrixelemente so anzuordnen, daß sie alle dasselbe Vorzeichen bekommen. Es läßt sich ein Vielkörperproblem finden, bei dem alle Matrixelemente gleich sein dürfen. Dazu sollen nur solche Vielteilchenzustände berücksichtigt werden, die durch Paare von Elektronen besetzt sind. Die Definition eines Paares ist nicht zwingend festgelegt: normalerweise lautet sie $\mathbf{k}\uparrow; -\mathbf{k}\downarrow$. Das heißt, wenn $\mathbf{k}\uparrow$ besetzt ist, fordern wir, daß auch $-\mathbf{k}\downarrow$ besetzt ist[5]). Die Vielteilchenzustände, die wir betrachten wollen, haben die Gestalt

$$(16) \qquad \Phi_A \equiv \mathbf{k}_1\uparrow; -\mathbf{k}_1\downarrow; \mathbf{k}_2\uparrow; -\mathbf{k}_2\downarrow; \ldots .$$

Diese Zustände bilden nur einen Unterraum des Problems. Durch die Beschränkung auf diesen Unterraum erhält man aber ein Problem, das lösbar ist. Es läßt sich zeigen, daß durch diese Beschränkung nur Fehler in der Größenordnung $1/N$ eingeschleppt werden; N ist die Zahl der Elektronen.

---

[4]) Siehe Gleichung (11), wo es sich um ein Einteilchenproblem handelt.

[5]) Man könnte auch Paare mit parallelen Spins bilden, wie z. B. $\mathbf{k}\uparrow; -\mathbf{k}\uparrow$, doch ist deren Energie auf Grund von Austauscheffekten höher.

Innerhalb des Unterraumes der Paarzustände der Gestalt (16) ist es dann vertretbar, alle Matrixelemente von $\mathcal{U}$ als gleich anzusehen. Dann erhält man in direkter Analogie zu der früheren Lösung (12) ein Spektrum mit einem Grundzustand, der durch eine Energielücke E_g von den angeregten Zuständen getrennt ist. Bei dieser Diskussion wurde die kinetische Energie der ungestörten Elektronen[6] vernachlässigt. Mit der BCS-Theorie läßt sich aber zeigen, daß die Berücksichtigung der kinetischen Energie die Energielücke nicht zerstört.

M. Kapitel über die Quantentheorie des Magnetismus

Quantentheorie des Diamagnetismus mononuklearer Systeme

Aus (I.18) wissen wir, daß sich der Einfluß des Magnetfeldes im Hamiltonoperator durch die zusätzlichen Glieder

(1) $$\mathcal{H}' = \frac{ie\hbar}{2mc}(\nabla \cdot \mathbf{A} + \mathbf{A} \cdot \nabla) + \frac{e^2}{2mc^2}A^2$$

ausdrücken läßt, die für ein Elektron im Atom normalerweise als kleine Störung aufgefaßt werden können. Bei einem homogenen und in z - Richtung weisenden Magnetfeld kann man schreiben

(2) $$A_x = -\tfrac{1}{2}yB\ , \qquad A_y = \tfrac{1}{2}xB\ , \qquad A_z = 0\ .$$

Damit wird (1) zu

(3) $$\mathcal{H}' = \frac{ie\hbar B}{2mc}\left(x\frac{\partial}{\partial y} - y\frac{\partial}{\partial x}\right) + \frac{e^2B^2}{8mc^2}(x^2 + y^2)\ .$$

Der erste Term auf der rechten Seite ist proportional zur Komponente L_z des Bahndrehimpulses, wenn $\mathbf{r}$ vom Kernmittelpunkt aus gemessen wird. In mononuklearen Systemen führt dieser Term nur zu einem paramagnetischen Beitrag. Der zweite Ausdruck liefert für ein kugelsymmetrisches System zur Störungsenergie erster Ordnung den Beitrag

(4) $$E' = \frac{e^2B^2}{12mc^2}\langle r^2\rangle\ .$$

Das zugehörige magnetische Moment ist

(5) $$\mu = -\frac{\partial E'}{\partial B} = -\frac{e^2\langle r^2\rangle}{6mc^2}B\ .$$

---

[6]) Diese Näherung wird als Näherung bei starker Kopplung bezeichnet.

Dies steht in Übereinstimmung mit dem klassischen Ergebnis. Wegen weiterer Einzelheiten ist das Buch von Van Vleck zu empfehlen.

Van Vleckscher temperaturunabhängiger Paramagnetismus

Wir betrachten ein atomares oder molekulares System, das im Grundzustand kein magnetisches Moment besitzt. Damit ist gemeint, daß das diagonale Matrixelement des Operators des magnetischen Moments gleich Null ist.

Es gebe nun ein nichtdiagonales Matrixelement $\langle s|\mu_z|0\rangle$ dieses Operators, das den Grundzustand 0 mit einem angeregten Zustand s verbindet, dessen Energie um $\Delta = E_s - E_0$ über dem Grundzustand liegt. In einem schwachen Feld ($\mu_z B \ll \Delta$) wird dann gemäß der üblichen Störungstheorie die Wellenfunktion des Grundzustandes gleich

$$\psi_0' = \psi_0 + (B/\Delta)\langle s|\mu_z|0\rangle\psi_s \ , \tag{6}$$

und entsprechend die Wellenfunktion des angeregten Zustandes

$$\psi_s' = \psi_s - (B/\Delta)\langle 0|\mu_z|s\rangle\psi_0 \ . \tag{7}$$

Der gestörte Grundzustand hat jetzt ein Moment von

$$\langle 0'|\mu_z|0'\rangle \cong 2B|\langle s|\mu_z|0\rangle|^2/\Delta \ , \tag{8}$$

und der obere Zustand das Moment

$$\langle s'|\mu_z|s'\rangle \cong -2B|\langle s|\mu_z|0\rangle|^2/\Delta \ . \tag{9}$$

Hier sind nur zwei Fälle von Interesse:

Fall (a). $\Delta \ll k_B T$. Der Grundzustand hat gegenüber dem angeregten Zustand eine überschüssige Besetzungszahl von ungefähr $N\Delta/2k_BT$. Die sich einstellende Magnetisierung ist damit

$$M = \frac{2B|\langle s|\mu_z|0\rangle|^2}{\Delta} \cdot \frac{N\Delta}{2k_BT} \tag{10}$$

Daraus ergibt sich ~~die~~ Suszeptibilität zu

$$\chi = N|\langle s|\mu_z|0\rangle|^2/k_BT \ . \tag{11}$$

Hier ist N die Zahl der Moleküle pro Volumeinheit. Der Beitrag hat die bekannt Curiesche Gestalt, obwohl hier die Magnetisierung durch die Polarisation der Zustände des Systems erfolgt, während bei freien Spins die Magnetisierung das Ergebnis einer Umverteilung der Ionen auf die

Spinzustände ist. Es ist noch anzumerken, daß die Aufspaltung Δ nicht in (11) erscheint.

Fall (b). $\Delta \gg k_B T$. Hier ist fast ausschließlich der Grundzustand besetzt, d. h.

$$M = \frac{2NB|\langle s|\mu_z|0\rangle|^2}{\Delta} . \qquad (12)$$

Die Suszeptibilität ist also

$$\chi = \frac{2N|\langle s|\mu_z|0\rangle|^2}{\Delta} . \qquad (13)$$

Sie ist unabhängig von der Temperatur. Dieser Beitrag wird als Van Vleckscher Paramagnetismus bezeichnet.

Auslöschung des Bahndrehimpulses durch kristallelektrische Felder

Wir betrachten ein einzelnes Elektron mit Bahndrehimpulsquantenzahl $L = 1$, das sich um einen Kern bewegt. Das ganze System soll sich weiterhin in einem inhomogenen kristallelektrischen Feld befinden. Der Spin des Elektrons bleibe unberücksichtigt.

In einem Kristall mit rhombischer Symmetrie (Kapitel 1) erzeugen die Ladungen der Nachbarionen um den betrachteten Kern ein elektrostatisches Potential der Form

$$eV = Ax^2 + By^2 - (A + B)z^2. \qquad (14)$$

A und B sind Konstanten. Die Ordnung dieses Polynoms in x, y, z ist die Kleinstmögliche, wenn die Gleichung sowohl eine Lösung der Laplaceschen Gleichung $\nabla^2 V = 0$ als auch mit der Symmetrie des Kristalls verträglich sein soll.

Im feldfreien Raum ist der Grundzustand dreifach entartet, entsprechend den magnetischen Quantenzahlen $m_L = 1, 0, -1$. In einem magnetischen Feld spalten diese Niveaus mit Energiebeträgen auf, die proportional zum Feld B sind. Diese feldproportionale Aufspaltung ist gerade für die normale paramagnetische Suszeptibilität des Ions verantwortlich. Im Kristall sieht das Bild etwas anders aus. Für die drei Wellenfunktionen, die zu dem ungestörten Grundzustand des Ions gehören, setzen wir an:

$$U_x = xf(r); \qquad U_y = yf(r); \qquad U_z = zf(r). \qquad (15)$$

Diese Wellenfunktionen sind orthogonal; außerdem sollen sie auch normiert sein. Man kann beweisen, daß jedes der U's die Eigenschaft

$$\mathfrak{L}^2 U_i = L(L + 1)U_i = 2U_i \qquad (16)$$

besitzt, wobei $\mathfrak{L}^2$ der in Einheiten von $\hbar$ ausgedrückte Operator für das Quadrat des Bahndrehimpulses ist. Dem Ergebnis (16) entnimmt man, daß die ausgewählten Wellenfunktionen tatsächlich p-Funktionen mit $L = 1$ sind.

Weiter stellt man fest, daß die U's bezüglich der Störung diagonal sind, da aus Symmetriegründen die nichtdiagonalen Elemente verschwinden

$$\langle U_x|eV|U_y\rangle = \langle U_x|eV|U_z\rangle = \langle U_y|eV|U_z\rangle = 0. \tag{17}$$

Als Beispiel sei

$$\langle U_x|eV|U_y\rangle = \int xy|f(r)|^2\{Ax^2 + By^2 - (A+B)z^2\}\,dx\,dy\,dz \tag{18}$$

betrachtet. Der Integrand ist eine ungerade Funktion von x (und auch von y), das Integral wird also zu Null. Die Energieniveaus ergeben sich dann aus den diagonalen Matrixelementen:

$$\langle U_x|eV|U_x\rangle = \int |f(r)|^2\{Ax^4 + By^2x^2 - (A+B)z^2x^2\}\,dx\,dy\,dz = \\ = A(I_1 - I_2). \tag{19}$$

Dabei ist

$$I_1 = \int |f(r)|^2x^4\,dx\,dy\,dz; \qquad I_2 = \int |f(r)|^2x^2y^2\,dx\,dy\,dz \tag{20}$$

und

$$\langle U_y|eV|U_y\rangle = B(I_1 - I_2); \qquad \langle U_z|eV|U_z\rangle = -(A+B)(I_1 - I_2). \tag{21}$$

Im Kristallfeld sind die drei Eigenzustände p-Funktionen, deren keulenförmige Winkelverteilungen in Richtung der x-, bzw. y- und z-Achse weisen.

Der Bahndrehimpuls jedes dieser Niveaus ist null, da

$$\langle U_x|L_z|U_x\rangle = \langle U_y|L_z|U_y\rangle = \langle U_z|L_z|U_z\rangle = 0.$$

Dieser Effekt wird als **Auslöschung** bezeichnet. Das Niveau hat immer noch einen genau bestimmten Gesamtdrehimpuls, da ja $\mathfrak{L}^2$ diagonal ist und so mit $L = 1$ ergibt; die räumlichen Komponenten des Drehimpulses sind aber keine Konstanten der Bewegung mehr, ihr zeitliches Mittel ist in erster Näherung null. Daher verschwinden in derselben Näherung auch die Komponenten des magnetischen Bahnmomentes. In dem Löschprozeß besteht die Rolle des Kristallfeldes darin, die ursprünglich entarteten Niveaus in nichtmagnetische Niveaus aufzuspalten, die durch Energien $\gg \mu H$ voneinander getrennt sind, so daß das Magnetfeld im Vergleich zum Kristallfeld nur noch eine kleine Störung darstellt.

Auf einem Gitterplatz mit kubischer Symmetrie gibt es im Potential keinen Ausdruck der Gestalt (14), d. h. also keinen, der in den Elektronenkoordinaten quadratisch ist. Nun ist der Grundzustand eines Ions mit einem p-

Elektron (oder mit einem Loch in der *p*-Schale) dreifach entartet. Die Energie des Ions wird jedoch erniedrigt, wenn es sich bezüglich seiner Umgebung etwas verschiebt und damit ein nichtkubisches Potential ähnlich (14) hervorruft. Eine derartige Verschiebung wird als **Jahn-Teller-Effekt** bezeichnet. Dieser ist oft groß und wichtig, insbesondere bei den Mn^{3+}- und Cu^{2+}-Ionen[1]) und bei Defektelektronen in Alkali- und Silberhalogeniden.

[1]) Siehe Orgel, Introduction to transition metal chemistry, Wiley, 1960; umfangreiche Literaturhinweise gibt M. D. Sturge, Phys. Rev. **140**, A 880 (1965).

Autorenregister

Sachregister